Introductory Algebra
Eleventh Edition

기초수학

Introductory Algebra
Eleventh Edition

기초수학

Margaret L. Lial · John Hornsby · Terry McGinnis 지음
응용수학부 교재편찬위원회 옮김

Pearson

KM 경문사

차 례

1장 실수 체계

2장 선형방정식, 부등식과 응용

3장 그래프, 선형방정식, 그리고 함수

차 례

7장 유리식과 함수

8장 제곱근, 제곱근과 제곱근 함수

9장 이차방정식, 부등식, 함수

10장 역함수, 지수함수와 로그함수

11장 비선형함수, 원뿔 곡선, 비선형 연립방정식

12장 수열과 급수

1장 실수 체계

1.1 기본 개념

[학·습·목·표]

1. 집합기호를 사용하여 집합쓰기
2. 수직선 사용하기
3. 수 집합의 공통표현 알기
4. 덧셈의 역원 찾기
5. 절댓값 사용하기
6. 부등호 기호 사용하기
7. 실수의 그래프 집합

목표 1 집합기호를 사용하여 집합쓰기 집합은 그 집합의 원소라 불리는 대상들의 모임이다. 대수에서 집합의 원소는 대개 숫자이다. 집합 중괄호 $\{\ \ \}$는 원소들을 묶는 데 사용된다. 예를 들어, 2는 집합 $\{1, 2, 3\}$의 원소이다. 집합 $\{1, 2, 3\}$의 원소의 개수를 셀 수 있을 때 그 집합을 유한집합(finite set)이라 한다.

앞으로는 집합 $N=\{1, 2, 3, 4, 5, 6, \cdots\}$을 자연수(natural numbers) 또는 세는 수(counting numbers)라고 한다. 세 점 '$\cdots$'은 목록이 무한정 같은 패턴으로 계속됨을 보여준다. 자연수는 그 집합의 모든 원소를 나열할 수 없으므로 무한집합(infinite set)이다.

자연수 집합에 0이 포함되면 음이 아닌 정수(whole number)의 집합이 되고 다음과 같이 쓴다.

$$W=\{0, 1, 2, 3, 4, 5, 6, \cdots\}$$

원소가 없는 집합을 공집합(empty set or null set)이라고 하고 $\varnothing$ 또는 $\{\ \}$라고 쓴다.

> ⓘ 주의 공집합을 $\{\varnothing\}$으로 쓰면 안 된다. $\{\varnothing\}$은 공집합 $\varnothing$를 원소로 갖는 집합이므로 공집합의 기호는 $\varnothing$ 또는 $\{\ \}$이다.

2가 집합 $\{1, 2, 3\}$의 원소라는 사실을 표현하기 위해 기호 $\in$를 사용한다.

$$2 \in \{1, 2, 3\}$$

숫자 2는 자연수 집합 N의 한 원소이므로 $2 \in N$로 쓸 수 있다.

0이 집합 N의 원소가 아님을 나타내기 위해서 $\notin$ 기호를 사용하여 다음과 같이 나타낸다.

$$0 \notin N$$

두 집합이 정확히 같은 원소를 포함하고 있을 때 두 집합이 같다고 한다. 예를 들어, $\{1, 2\}$와 $\{2, 1\}$은 집합에 동일한 원소가 포함되어 있기 때문에 같다. (순서는 중요하지 않다.) 반면에, $\{1, 2\}$와 $\{0, 1, 2\}$는 한 집합에 원소 0이 포함되어 있고 다른 집합에는 0이 없으므로 $\{1, 2\} \neq \{0, 1, 2\}$($\neq$는 '같지 않음'을 의미)이다.

대수학에서는 숫자를 표현하거나 숫자 집합을 정의하기 위해 변수(variables)라는 문자를 자주 사용한다. 예를 들어

$$\{x \mid x\text{는 3과 15 사이의 자연수}\}$$

("3과 15 사이의 자연수인 모든 원소들의 집합"이라고 읽는다.)는 집합

$$\{4, 5, 6, 7, \cdots, 14\}$$

로 나타낸다.

$\{x \mid x$는 3과 15 사이의 자연수$\}$는 집합을 나타내는 아래 표기법(조건제시법)의 한 예이다.

$$\{x \mid x\text{는 } P\text{라는 성질을 갖는다.}\}$$

예제 1 원소나열법

각 집합의 원소를 나열하라.

(a) $\{x \mid x$는 4보다 작은 자연수$\} = \{1, 2, 3\}$

(b) $\{y \mid y$는 자연수 중 처음으로 나오는 짝수 5개$\} = \{2, 4, 6, 8, 10\}$

(c) $\{z \mid z$는 7보다 크거나 같은 자연수$\} = \{7, 8, 9, 10, \cdots\}$ ■

연습문제 1을 풀어보자.

예제 2 조건제시법

각 집합을 조건제시법으로 써라.

(a) $\{1, 3, 5, 7, 9\} = \{y \mid y$는 자연수 중 처음으로 나오는 홀수 5개$\}$

(b) $\{5, 10, 15, \cdots\} = \{x \mid x$는 0보다 큰 5의 배수$\}$ ■

연습문제 13, 15를 풀어보자.

목표 2 수직선 사용하기 수의 집합을 그림으로 나타내기 위한 좋은 방법은 수직선을 사용하는 것이다. 수직선을 만드는 방법은 수평선에서 임의의 점을 선택하여 0이라 지정하고, 0 오른쪽의 점을 선택하고 1이라 나타낸 다음 0의 오른쪽에 양수, 0의 왼쪽에는 음수를 나타낸다. 숫자 0은 양수도 음수도 아니다. 수직선은 그림 1과 같다.

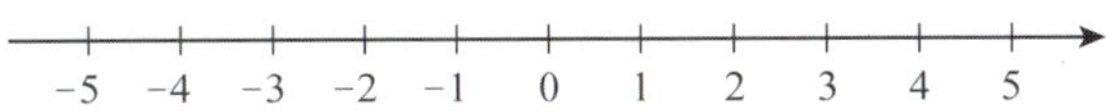

그림 1

양수와 음수 및 0을 포함하여 그림 1의 수직선 상의 일련의 숫자는 정수 집합의 일부이고 다음과 같이 쓴다.

$$I = \{\cdots, -3, -2, -1, 0, 1, 2, 3, \cdots\}$$

수직선의 각 숫자는 그 숫자가 나타내는 점의 좌표(coordinate)를 나타내며 점은 숫자의 그래프이다. 그림 2는 선택된 숫자의 그래프를 수직선에 표시한 예이다.

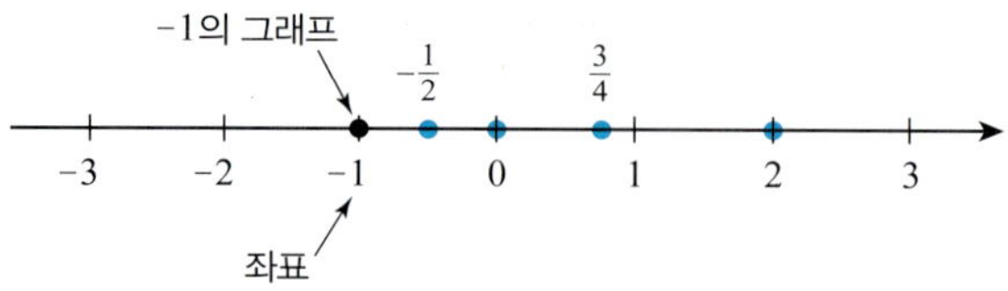

그림 2

그림 2의 수직선에서 그래프로 나타낸 분수는 유리수의 예이다. 유리수는 분모가 0이 아닌 두 정수의 비율로 표현될 수 있다. 유리수는 $\frac{3}{5}=0.6$, $\frac{1}{8}=0.125$, $\frac{11}{4}=2.75$와 같은 유한소수나 $\frac{1}{3}=0.33333\cdots$ 또는 $\frac{3}{11}=0.272727\cdots$와 같은 무한소수의 형식으로 표현될 수 있으며 $\frac{3}{11}=0.272727\cdots$ 같은 순환소수는 $0.\overline{27}$와 같이 바를 사용하여 표기하기도 한다.

유한소수도 아니고 순환소수도 아닌 소수는 유리수가 아니므로 무리수(irrational number)라고 부른다. 많은 제곱근은 무리수다. 예를 들면 $\sqrt{2}=1.4142136\cdots$ 그리고 $-\sqrt{7}=-2.6457513\cdots$은 패턴 없이 무한 반복된다. (일부 제곱근은 유리수이다. $\sqrt{16}=4$, $\sqrt{100}=10$ 등) 또 다른 무리수의 예로는 원의 지름에 대한 둘레의 비율인 π가 있다.

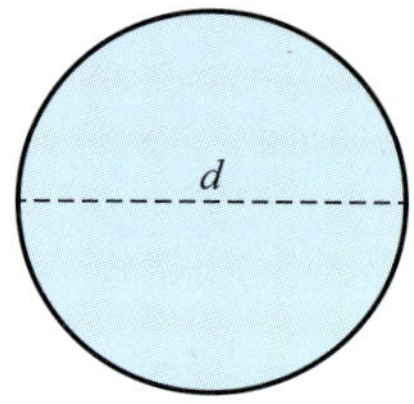

$\pi=\frac{C}{d}$

방금 논의된 유리수와 무리수의 일부가 그림 3의 수직선에 그려져 있다. 유리수는 무리수와 함께 실수집합을 만든다. 수직선의 모든 점은 실수에 해당하며 모든 실수는 수직선의 점에 해당한다.

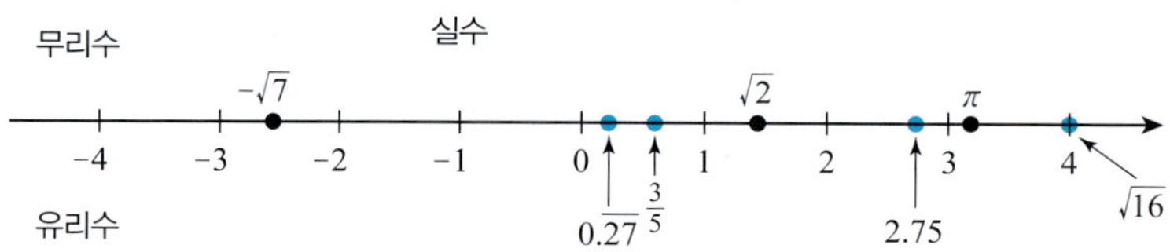

그림 3

목표 3 **수 집합의 공통표현 알기** 이 텍스트의 나머지 부분에서 다음 수 집합들이 사용된다.

수들의 집합

자연수 또는 가산	$\{1, 2, 3, 4, 5, 6, \cdots\}$
음이 아닌 정수	$\{0, 1, 2, 3, 4, 5, 6, \cdots\}$
정수	$\{\cdots, -3, -2, -1, 0, 1, 2, 3, \cdots\}$
유리수	$\left\{\frac{p}{q} \mid p$와 q는 정수, $q\neq 0\right\}$
	예: $\frac{4}{1}$ 또는 4, 1.3, $-\frac{9}{2}$ 또는 $-4\frac{1}{2}$, $\frac{16}{8}$ 또는 2, $\sqrt{9}$ 또는 3, $0.\overline{6}$

무리수	$\{x \mid x$는 유리수가 아닌 실수$\}$
	예: $\sqrt{3}$, $-\sqrt{2}$, π
실수	$\{x \mid x$는 수직선 상의 점에 의해 표현되는 수$\}$*

다양한 수 집합 간의 관계가 그림 4에 나와 있다. 특히 이 그림은 실수의 집합이 유리수와 무리수 모두를 포함한다는 것을 보여준다. 모든 실수는 유리수이거나 무리수이다. 또한 정수는 유리수 집합의 원소이며 음이 아닌 정수와 자연수는 정수 집합의 원소라는 점에 유의하라.

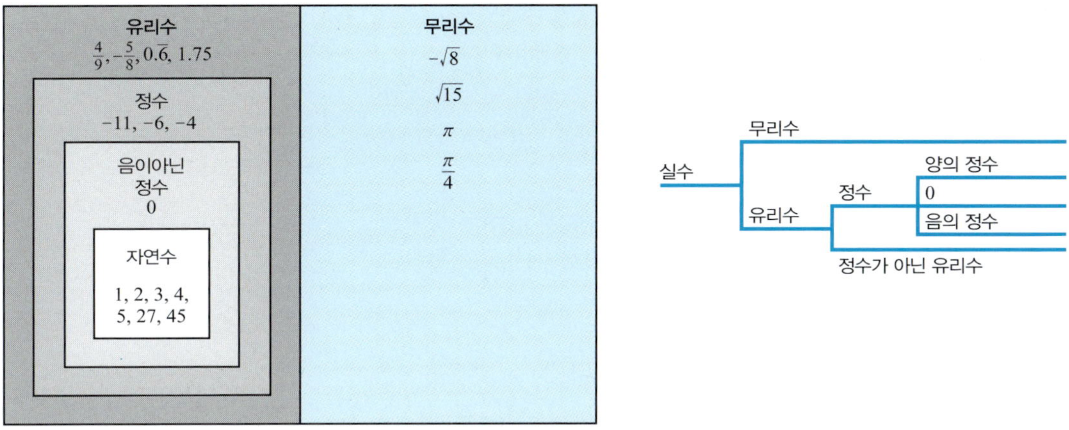

그림 4

《예제 3》 수 집합 식별하기

집합 $\left\{-8, -\sqrt{6}, -\frac{9}{64}, 0, 0.5, \frac{2}{3}, 1.\overline{12}, \sqrt{3}, 2\right\}$에서 다음 수 집합의 원소는 무엇인가?

(a) 정수

$-8, 0, 2$

(b) 유리수

$-8, -\frac{9}{64}, 0, 0.5, \frac{2}{3}, 1.\overline{12}, 2$

(c) 무리수

$-\sqrt{6}$, $\sqrt{3}$

(d) 실수

집합 속의 모든 원소 ■

연습문제 25를 풀어보자.

《예제 4》 수 집합간의 관계결정

다음 문장이 참인지 거짓인지 결정하라.

(a) 모든 무리수는 실수이다.

이것은 사실이다. 그림 4에서 볼 수 있듯이 실수 집합에는 모든 무리수가 포함된다.

(b) 모든 유리수는 정수이다.

---

* 수직선 상에 표현되지 않는 수의 예로 $\sqrt{-1}$ 이 있다. 이 수는 복소수라 부르고 8장에서 논의된다.

이 문장은 거짓이다. 일부 유리수는 정수이지만 $\frac{2}{3}$와 $-\frac{1}{4}$과 같은 유리수는 정수가 아니다. ■

연습문제 27을 풀어보자.

목표 4 덧셈의 역원 찾기 그림 1의 수직선을 다시 살펴보자. 각 양수의 경우 0의 반대쪽에 0부터 같은 거리에 있는 음수가 있다. 즉, -5는 5의 덧셈에 대한 역원이다.

덧셈에 대한 역원

임의의 실수 a에 대해서, $-a$는 a의 덧셈에 대한 **역원**이며 $-a$의 역원은 $-(-a)=a$이다. 그리고 어떤 수와 그 수의 덧셈에 대한 역원의 합은 항상 0이다.

예를 들어, -4는 4의 덧셈에 대한 역원이며 -5의 덧셈에 대한 역원은 $-(-5)=5$이고 $-4+4=0$, $-(-5)+(-5)=0$이다. 0의 덧셈에 대한 역원은 0이다.

$+4$, $+8$, -9 및 -5와 같은 양 또는 음의 부호로 작성된 숫자를 부호 있는 숫자라고 하고 양수는 대개 양의 부호를 사용하지 않아도 부호 있는 숫자라고 할 수 있다.

수	역원
6	-6
-4	4
$\frac{2}{3}$	$-\frac{2}{3}$
-8.7	8.7
0	0

목표 5 절댓값 사용하기 기하학적으로, 숫자 a의 **절댓값**은 $|a|$로 쓰고 수직선의 0에서 a까지의 거리이다. 예를 들어, 5의 절댓값은 -5의 절댓값과 같다. 왜냐하면 수직선의 0에서 5까지의 거리와 -5까지의 거리가 같기 때문이다. 즉,

$$|5|=5, \quad |-5|=5.$$

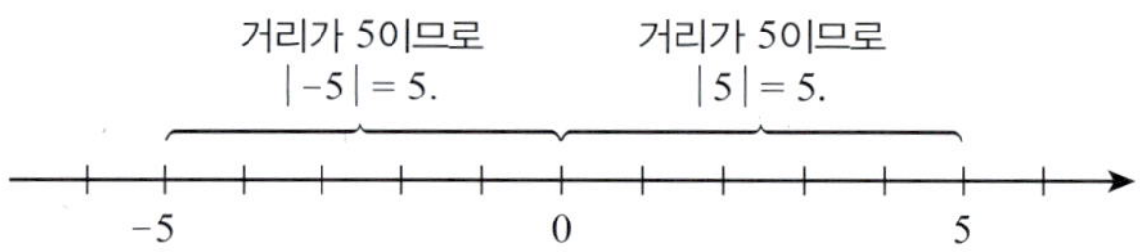

그림 5

ⓘ 주의 절댓값은 거리를 나타내고 거리는 항상 양수 또는 0이다.

절댓값의 정의는 다음과 같다.

$$|a|=\begin{cases} a, & a \geq 0 \\ -a, & a < 0 \end{cases}$$

이 정의의 둘째 부분인 $|a|=-a$ (만약 a가 음수인 경우)는 신중하게 생각해야 한다. a가 음수이면 $-a$, 예를 들어 $a=-3$이면 $|a|=|-3|=-(-3)=3$이다.

예제 5 절댓값 구하기

다음 각 값들을 구하라.

(a) $|13| = 13$

(b) $|-2| = -(-2) = 2$

(c) $|0| = 0$

(d) $-|8| = -(8) = -8$

(e) $-|-8| = -(8) = -8$

(f) $|-2| + |5| = 2 + 5 = 7$ ■

✎연습문제 43, 47, 49, 53을 풀어보자.

절댓값은 부호와 상관없이 크기를 비교하는 문제에 유용하게 사용된다.

예제 6 산업에서 변화율 비교

1994년부터 2005년까지 가장 빠르게 성장하거나 급격히 감소하고 있는 일부 산업에서 예상되는 고용 변화율이 아래 표와 같다.

산업(1994~2005)	변화율(%)
의료 서비스	5.7
컴퓨터, 데이터처리 서비스	4.9
탁아 서비스	4.3
고무와 플라스틱을 제외한 신발	−6.7
가정용 오디오 및 비디오 장비	−4.2
수하물, 핸드백, 가죽 제품	−3.3

위의 표에서 최대의 변화율과 최소의 변화율을 보인 산업은 무엇인가? 먼저 최대 변화를 보인 것은 증가와 감소와 관계없이 절댓값이 가장 큰 값이므로 신발산업이며 그 값은 $|-6.7| = 6.7$이다. 마찬가지로 최소 변화를 보인 값은 수하물, 핸드백, 가죽 제품으로 $|-3.3| = 3.3$이다. ■

✎연습문제 59를 풀어보자.

목표 6 부등호 기호 사용하기 $4+2=6$은 등식이다. 이 식은 등호 왼쪽과 오른쪽에 있는 양이 같다는 것을 뜻한다. $4 \neq 6$("4는 6과 같지 않음")은 부등식이다. 즉 기호의 왼쪽과 오른쪽에 있는 2개의 양이 같지 않다는 뜻이다. 2개의 숫자가 같지 않으면 하나가 다른 숫자보다 작아야 한다. 기호 $<$는 '미만'을 의미한다. 예를 들어,

$$8 < 9, \quad -6 < 15, \quad -6 < -1, \quad 0 < \frac{4}{3}.$$

기호 $>$는 '초과'를 의미한다. 예를 들어,

$$12 > 5, \quad 9 > -2, \quad -4 > -6, \quad \frac{6}{5} > 0.$$

그림 6의 수직선은 숫자 4와 9의 그래프를 보여준다. $4 < 9$라는 것은 4가 9의 왼쪽에 있는 것을 의미한

다. 즉, 수직선에서 작은 숫자가 항상 큰 숫자의 왼쪽에 있다.

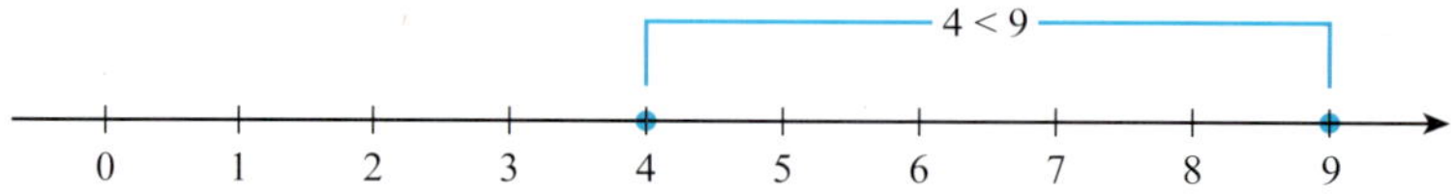

그림 6

수직선 상에서 부등식

수직선 상에서 a가 b의 왼쪽에 있으면 $a<b$, b가 a의 왼쪽에 있으면 $a>b$이다.

순서를 정하기 위해 수직선을 사용할 수 있다. 그림 7의 수직선에 표시된 바와 같이, -6은 1의 왼쪽에 있다. 따라서 $-6<1$ 또는 $1>-6$이다.

그림 7

ⓘ 주의 음수의 순서는 주의하여라. -5는 그림 7의 수직선에서 -2의 왼쪽에 있기 때문에 $-5<-2$ 또는 $-2>-5$이다. -5는 -2보다 더 작은 수이다.

다음 표는 부등식의 기호와 의미를 요약한 것이다.

의미	부호
모든 음수는 0보다 작다	만일 a가 음수이면, $a<0$
모든 양수는 0보다 크다	만일 a가 양수이면, $a>0$
0은 음수도 아니고 양수도 아니다.	

| 부등식의 기호 |

기호	의미	예
$\neq$	~와 같지 않다	$3 \neq 7$
$<$	~보다 작다	$-4<-1$
$>$	~보다 크다	$3>-2$
$\leq$	~보다 작거나 같다	$6 \leq 6$
$\geq$	~보다 크거나 같다	$-8 \geq -10$

부등식	참인 이유
$6 \leq 8$	$6 < 8$
$-2 \leq -2$	$-2 = -2$
$-9 \geq -12$	$-9 > -12$
$-3 \geq -3$	$-3 = -3$
$6 \cdot 4 \leq 5(5)$	$24 < 25$

부등호 '≤'를 사용할 때 '<' 또는 '=' 부분 중 하나가 참이면 부등식은 참이다. 따라서 $-2 \leq -2$는 참이다.

목표 7 실수의 그래프 집합 부등식 기호와 변수는 실수 집합을 나타내는 데 사용된다. 예를 들어, 집합 $\{x \mid x > -2\}$는 -2보다 큰 실수로 구성된다. 수직선에서 -2의 오른쪽으로 화살표를 그어 집합의 원소를 표시한다. -2를 괄호를 사용하여 -2가 주어진 집합의 원소가 아님을 나타낸다. 그림 8에 표시된 결과는 집합 $\{x \mid x > -2\}$의 그래프이다.

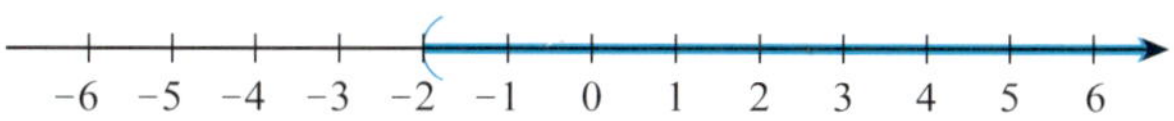

그림 8

-2보다 큰 숫자들의 집합은 수진선 상의 구간의 예이다. 구간을 쓰려면 구간표기법을 사용해야 한다. 이 표기법을 사용하여 -2보다 큰 모든 숫자의 구간을 $(-2, \infty)$로 쓴다. 무한대 기호(∞)는 숫자를 나타내지 않는다. 그것은 그 구간이 -2보다 큰 모든 실수를 포함한다는 것을 보여준다. 왼쪽 괄호는 -2가 포함되지 않음을 나타낸다. 모든 실수의 집합은 $(-\infty, \infty)$로 표기한다.

예제 7 구간표기법으로 작성된 부등식 표시

구간표기법으로 $\{x \mid x < 4\}$를 작성하고 구간을 그래프로 나타내라.

풀이 구간은 $(-\infty, 4)$로 표기하고 그래프는 그림 9와 같이 나타낸다. 집합의 원소가 모두 4보다 작은 실수이므로 그래프는 왼쪽으로 확장된다.

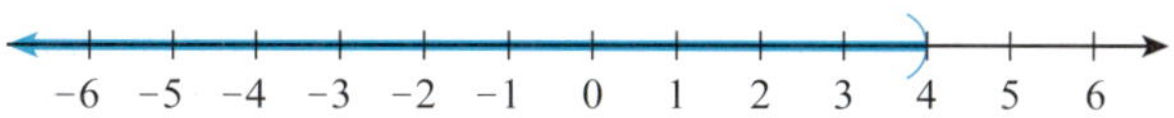

그림 9 ■

연습문제 101을 풀어보자.

집합 $\{x \mid x \leq -6\}$는 -6 이하의 실수가 포함된다. -6이 집합의 일부임을 보여주기 위해 그림 10과 같이 -6에 대괄호를 사용한다. 구간표기법에서 이 집합은 $(-\infty, -6]$으로 표시한다.

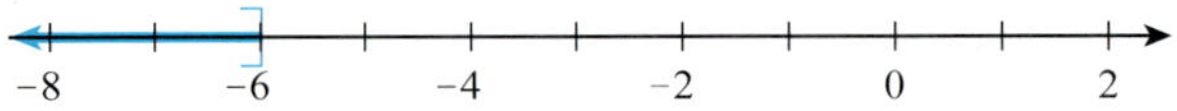

그림 10

예제 8 구간표기법으로 작성된 부등식의 그래프

구간표기법으로 $\{x \mid x \geq -4\}$를 쓰고 구간을 그래프로 나타내라.

풀이 이 집합은 구간표기법으로 $[-4, \infty)$로 나타내며 그래프는 그림 11에 나와 있다. -4는 집합의 일부이므로 -4에서 대괄호를 사용한다.

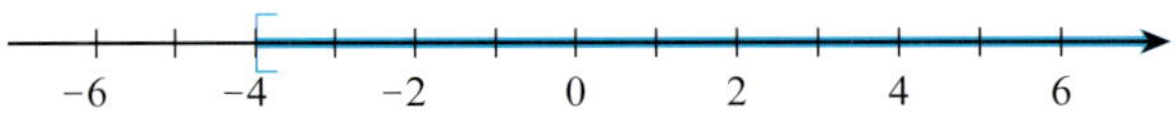

그림 11

연습문제 103을 풀어보자.

> ① 주의 이전 과정에서는 -2에서 괄호 대신 열린 점(○)으로 $\{x \mid x > -2\}$를 나타낼 수 있었다. 또한 -4에서 대괄호 대신 단색 점(●)을 사용하여 $\{x \mid x \geq -4\}$를 나타낼 수 있었다.

주어진 두 숫자 사이의 수 집합, 예를 들어 $\{x \mid -2 < x < 4\}$은 -2와 4 사이의 모든 실수를 포함하지만 -2와 4 자체는 포함하지 않는다. 이 집합은 $(-2, 4)$와 같이 구간표기법으로 표현된다. 그래프에서는 -2와 4에 괄호가 있고 -2와 4 사이에 굵은 선이 있다. 그림 12를 참조하라.

부등식 $-2 < x < 4$는 "x는 -2 보다 크고 4보다 작다" 또는 "x는 -2와 4 사이에 있다"라고 읽는다.

그림 12

예제 9 부등식의 그래프

구간표기법으로 $\{x \mid 3 < x \leq 10\}$을 나타내고 그려라.

풀이 3에서 괄호와 10에서 대괄호를 사용하여 구간표기법 $(3, 10]$으로 나타낸다. 그래프는 그림 13과 같다. 부등식 $3 < x \leq 10$은 "x는 3보다 크고 10보다 작거나 같다" 또는 "x는 3과 10 사이에 있고, 3은 제외되며 10은 포함된다."라고 읽는다.

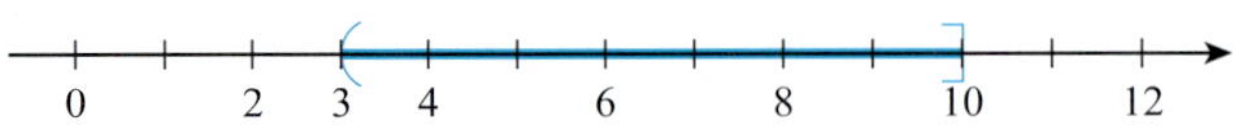

그림 13

연습문제 109를 풀어보자.

1.1 연습문제

[1~12] 다음 집합을 원소나열법으로 써라.

1. $\{x \mid x$ 는 6보다 작은 자연수$\}$
2. $\{m \mid m$ 은 9보다 작은 자연수$\}$
3. $\{z \mid z$ 는 4보다 큰 정수$\}$
4. $\{y \mid y$ 는 8보다 큰 정수$\}$
5. $\{z \mid z$ 는 4보다 작거나 같은 정수$\}$
6. $\{p \mid p$ 는 3보다 작은 정수$\}$
7. $\{a \mid a$ 는 8보다 큰 짝수$\}$
8. $\{k \mid k$ 는 1보다 작은 홀수$\}$
9. $\{x \mid x$ 는 유리수이고 동시에 무리수인 수$\}$
10. $\{r \mid r$ 은 양수이고 동시에 음수인 수$\}$
11. $\{p \mid p$ 는 절댓값이 4인 수$\}$
12. $\{w \mid w$ 는 절댓값이 7인 수$\}$

[13~16] 다음을 조건제시법으로 나타내어라.(조건제시법의 표현이 유일하지는 않다.)

13. $\{2, 4, 6, 8\}$
14. $\{11, 12, 13, 14\}$
15. $\{4, 8, 12, 16, \cdots\}$
16. $\{\cdots, -6, -3, 0, 3, 6, \cdots\}$
17. 두 집합이 $\{x \mid x$ 는 3보다 큰 자연수$\}$와 $\{y \mid y$ 는 3보다 큰 자연수$\}$와 같이 표현되었다. 같은 집합인가 다른 집합인가?
18. 집합 $\{\varnothing\}$와 $\varnothing$는 같은 집합인가 다른 집합인가?

[19~22] 각 집합의 원소를 수직선 상에 나타내어라.

19. $\{-3, -1, 0, 4, 6\}$
20. $\{-4, -2, 0, 3, 5\}$
21. $\left\{-\frac{2}{3}, 0, \frac{4}{5}, \frac{12}{5}, \frac{9}{2}, 4.8\right\}$
22. $\left\{-\frac{6}{5}, -\frac{1}{4}, 0, \frac{5}{6}, \frac{13}{4}, 5.2, \frac{11}{2}\right\}$
23. 그래프와 좌표의 차이를 설명하라.
24. 실수 0.36과 $0.\overline{36}$이 수직선 위에서 다른 위치에 표시되는 이유를 설명하여라.

[25~26] 아래 집합에서 어떤 원소들이 (a) 자연수, (b) 음이 아닌 정수, (c) 정수, (d) 유리수, (e) 무리수, (f) 실수인가?

25. $\{-8, -\sqrt{5}, -0.6, 0, \frac{3}{4}, \sqrt{3}, \pi, 5, \frac{13}{2}, 17, \frac{40}{2}\}$
26. $\{-9, -\sqrt{6}, -0.7, 0, \frac{6}{7}, \sqrt{7}, 4.\overline{6}, 8, \frac{21}{2}, 13, \frac{75}{5}\}$

[27~36] 다음 문장들이 맞는지 틀렸는지를 결정하라.

27. 모든 정수는 음이 아닌 정수이다.
28. 모든 자연수는 정수이다.
29. 모든 무리수는 정수이다.
30. 모든 정수는 유리수이다.
31. 모든 자연수는 음이 아닌 정수이다.
32. 어떤 유리수는 무리수이다.
33. 어떤 유리수는 음이 아닌 정수이다.
34. 어떤 실수는 정수이다.
35. 모든 수의 절댓값은 그 수의 덧셈에 대한 역원의 절댓값과 같다.
36. 0이 아닌 모든 수의 절댓값은 양수이다.

[37~42] 다음 수들의 (a) 덧셈에 대한 역원과 (b) 절댓값을 구하라.

37. 6
38. 8
39. -12
40. -15
41. $\frac{6}{5}$
42. 0.13

[43~58] 다음 값들을 구하라.

43. $|-8|$
44. $|-11|$
45. $\left|\frac{3}{2}\right|$
46. $\left|\frac{7}{4}\right|$
47. $-|5|$
48. $-|17|$
49. $-|-2|$
50. $-|-8|$
51. $-|4.5|$
52. $-|12.6|$
53. $|-2|+|3|$
54. $|-16|+|12|$
55. $|-9|-|-3|$
56. $|-10|-|-5|$
57. $|-1|+|-2|-|-3|$
58. $|-6|+|-4|-|-10|$

[59~60] 다음 문제를 풀어라.

59. 오른쪽 표는 미국의 일부 대도시의 1990년부터 1999년까지의 인구 변화율이다.
    (a) 어느 도시의 인구변화가 가장 큰가? 이는 무엇을 의미하는가? 이 변화는 증가했는가? 감소했는가?
    (b) 어느 도시의 인구변화가 가장 적은가? 이는 무엇을 의미하는가? 이 변화는 증가했는가? 감소했는가?

도시	변화율(%)
뉴욕	1.4
로스앤젤레스	4.2
시카고	0.6
필라델피아	−10.6
휴스턴	8.7
디트로이트	−6.1

60. 오른쪽 표는 2002년 4월 미국의 특정 무역 상대국에 대한 순 무역 수지를 백만 달러의 단위로 나타낸 것이다. 음수는 수입이 수출을 초과했다는 것을 의미하고 양수는 수출이 수입을 초과했다는 것을 의미한다.
    (a) 어느 나라가 수출과 수입 간에 가장 큰 차이가 있는지 설명하여라.
    (b) 어느 나라가 수출과 수입 간에 가장 작은 차이가 있는지 설명하여라.

국가	무역수지(백만 달러)
독일	−2815
중국	−7552
네덜란드	823
프랑스	−951
터키	96
오스트레일리아	373

[61~64] 해수면은 바다의 표면을 의미한다. 바다와 같은 수역의 깊이는 해수면 아래의 평균 깊이를 피트 단위로 나타내는 음수로 표현할 수 있다. 반면에, 산의 고도는 양수로 표현될 수 있는데, 높이를 해발로 피트 단위로 나타낸다.

수역	평균 깊이 (피트, 음수)	산	고도 (피트, 양수)
태평양	−12,925	맥킨리	20,320
남중국해	−4,802	포인 석세스	14,158
캘리포니아 만	−2,375	마틀랄	14,636
카리브 해	−8,448	레이니어	14,410
인도양	−12,598	스틸	16,644

61. 위 바다들을 가장 깊은 곳부터 차례로 써라.

62. 가장 낮은 산부터 순서대로 써라.

63. 태평양의 깊이의 절댓값은 인도양의 깊이의 절댓값보다 크다. (참, 거짓)

64. 캘리포니아 만의 깊이의 절댓값은 카리브 해의 깊이의 절댓값보다 크다. (참, 거짓)

[65~72] 아래 부등식이 참인지 거짓인지를 수직선을 이용하여 답하라.

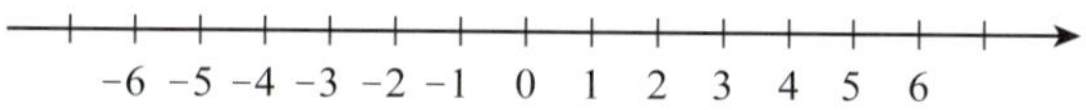

65. $-6 < -2$ 66. $-4 < -3$ 67. $-4 > -3$ 68. $-2 > -1$

69. $3 > -2$ 70. $5 > -3$ 71. $-3 \geq -3$ 72. $-4 \leq -4$

[73~80] 아래 식을 부등호 >을 사용하는 대신 <을, 부등호 <을 사용하는 대신 >을 사용해서 다시 나타내어라.

73. $6 > 2$ 74. $4 > 1$ 75. $-9 < 4$ 76. $-5 < 1$

77. $-5 > -10$ 78. $-8 > -12$ 79. $0 < x$ 80. $-2 < x$

[81~92] 아래 문장들을 부등호를 사용하여 나타내어라.

81. 7이 y보다 크다.

82. -4는 12보다 작다.

83. 5는 5보다 크거나 같다.

84. -3은 -3보다 작거나 같다.

85. $3t-4$는 10보다 작거나 같다.

86. $5x+4$는 19보다 크거나 같다.

87. $5x+3$은 0과 같지 않다.

88. $6x+7$은 -3과 같지 않다.

89. t는 -3과 5 사이에 있다.

90. r은 -4와 12 사이에 있다.

91. $3x$는 -3보다 크거나 같고 4보다 작다.

92. $5y$는 -2보다 크고 6보다 작거나 같다.

[93~100] 아래 부등식의 각 항을 간단히 정리하고 참인지 거짓인지 말하라.

93. $-6 < 7+3$

94. $-7 < 4+2$

95. $2 \cdot 5 \geq 4+6$

96. $8+7 \leq 3 \cdot 5$

97. $-|-3| \geq -3$

98. $-|-5| \leq -5$

99. $-8 > -|-6|$

100. $-9 > -|-4|$

[101~112] 다음 각 집합을 구간표기법을 사용하여 다시 쓰고 수직선 상에 그려라.

101. $\{x \mid x > -1\}$

102. $\{x \mid x < 5\}$

103. $\{x \mid x \leq 6\}$

104. $\{x \mid x \geq -3\}$

105. $\{x \mid 0 < x < 3.5\}$

106. $\{x \mid -4 < x < 6.1\}$

107. $\{x \mid 2 \leq x \leq 7\}$

108. $\{x \mid -3 \leq x \leq -2\}$

109. $\{x \mid -4 < x \leq 3\}$

110. $\{x \mid 3 \leq x < 6\}$

111. $\{x \mid 0 < x \leq 3\}$

112. $\{x \mid -1 \leq x < 6\}$

1.2 실수의 연산

학·습·목·표

1. 실수의 덧셈
2. 실수의 뺄셈
3. 수직선에서 두 점 사이의 거리 구하기
4. 실수의 곱셈
5. 실수의 나눗셈

이 장에서는 실수를 더하고, 빼고, 곱하고, 나누는 규칙을 검토한다.

목표 1 실수의 덧셈 덧셈 문제에 대한 답을 합이라고 한다. 실수에서 더하기의 규칙은 다음과 같다.

실수의 덧셈

부호가 같은 두 수의 덧셈은 그들의 절댓값을 더하고 부호는 두 수의 부호와 같다.

부호가 다른 두 수의 덧셈은 절댓값이 큰 수에서 작은 수를 빼고 부호는 절댓값이 큰 수의 부호와 같다.

예제 1 두 음수의 덧셈

다음 각각의 합을 구하라.

(a) $-12+(-8)$

풀이 각각의 절댓값은

$$|-12| = 12, \quad |-8| = 8$$

이므로 두 수의 절댓값을 합하고 음수의 부호를 붙인다. 즉, $-12+(-8) = -(12+8) = -(20) = -20$

(b) $-6+(-3) = -(|-6|+|-3|) = -(6+3) = -9$

(c) $-1.2+(-0.4) = -(1.2+0.4) = -1.6$

(d) $-\frac{5}{6}+\left(-\frac{1}{3}\right)= -\left(\frac{5}{6}+\frac{1}{3}\right)= -\left(\frac{5}{6}+\frac{2}{6}\right)= -\frac{7}{6}$ ■

✎연습문제 11을 풀어보자.

예제 2 부호가 다른 두 수의 덧셈

다음 각각의 합을 구하라.

(a) $-17+11$

풀이 먼저 각각의 절댓값을 구하면

$$|-17|=17, \quad |11|=11$$

이고, 절댓값이 큰 수(17)에서 작은 수(11)를 뺀다.

$$17-11=6$$

-17의 절댓값이 11의 절댓값보다 크므로 부호는 $-$이다. 즉,

$$-17+11=-6$$

↑ $|-17|>|11|$이므로 음수

(b) $4+(-1)=4-1=3$

↑ $|4|>|-1|$이므로 양수

(c) $-9+17=17-9=8$

(d) $-16+12=-(16-12)=-4$

(e) $-\frac{4}{5}+\frac{2}{3}$

풀이

$$\frac{4}{5}=\frac{4\cdot 3}{5\cdot 3}=\frac{12}{15},\ \frac{2}{3}=\frac{2\cdot 5}{3\cdot 5}=\frac{10}{15}$$

$$-\frac{4}{5}+\frac{2}{3}=-\frac{12}{15}+\frac{10}{15}$$

$$=-\left(\frac{12}{15}-\frac{10}{15}\right) \quad -\frac{12}{15}\text{의 절댓값이 더 크기 때문에}$$

$$=-\frac{2}{15}$$

(f) $-2.3+5.6=3.3$

■

✎연습문제 13, 15, 17을 풀어보자.

목표 2 실수의 뺄셈 뺄셈 문제에 대한 답을 차라 부른다. 따라서 6과 4의 차는 2이다. 뺄셈이 어떻게 정의되는지를 알기 위해 다음을 보면

$$6-4=2$$
$$6+(-4)=2$$

마찬가지로 $9-3=6$ 그리고 $9+(-3)=6$이므로 $9-3=9+(-3)$이다. 9에서 3을 빼기 위해 3의 덧셈에 대한 역원을 9와 더한다. 이 예로부터 뺄셈에 대한 다음의 규칙을 알 수 있다.

실수의 뺄셈

모든 실수 a와 b에 대하여

$$a-b=a+(-b)$$

이다. 즉, 둘째 수의 부호를 바꾼 다음 더한다.

예제 3 실수의 뺄셈

다음 각각의 차를 구하라.

(a) $6-8=6+(-8)=-2$ (덧셈으로 바꾼다. 둘째 수의 부호를 바꾼다.)

(b) $-12-4=-12+(-4)=-16$ (바꾼다. 부호를 바꾼다.)

(c) $-10-(-7)=-10+[-(-7)]$ 이 과정은 생략하기도 한다.

$=-10+7$

$=-3$

(d) $-2.4-(-8.1)=-2.4+8.1=5.7$

(e) $\frac{8}{3}-\left(-\frac{5}{3}\right)=\frac{8}{3}+\frac{5}{3}=\frac{13}{3}$ ■

연습문제 19, 23, 25, 27을 풀어보자.

덧셈과 뺄셈이 모두 포함된 문제를 계산할 때는 왼쪽에서 오른쪽으로 순서대로 더하거나 빼면 된다. 단, 괄호가 있으면 괄호 안부터 계산한다.

예제 4 실수의 덧셈과 뺄셈

아래에 제시된 연산을 하여라.

(a) $15-(-3)-5-12=(15+3)-5-12$ 왼쪽에서 오른쪽으로 계산

$=18-5-12$

$=13-12$

$=1$

(b) $-9-[-8-(-4)]+6=-9-[-8+4]+6$ 괄호 안부터 계산

$=-9-[-4]+6$

$=-9+4+6$

$=-5+6$

$=1$ ■

연습문제 39, 41을 풀어보자.

목표 3 수직선에서 두 점 사이의 거리 구하기 그림 14의 수직선은 몇 개의 점을 보여준다. 점 4와 점 7 사이의 거리를 구하려면 $7-4=3$을 계산한다. 거리는 항상 양수(또는 0)이기 때문에 답이 양수(또는 0)가 되도록 빼야 한다. 또는 차의 절댓값으로 구할 수 있다. 그러면 4와 7 사이의 거리는 $|7-4|=|3|=3$ 또는 $|4-7|=|-3|=3$이다.

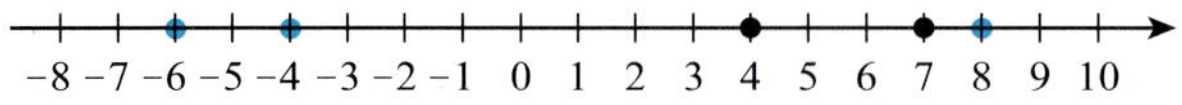

그림 14

거리

수직선에서 두 점 사이의 거리는 두 수의 차의 절댓값이다.

예제 5 수직선 상에서 두 점 사이의 거리 구하기

그림 14를 참고하여 두 점 사이의 거리를 구하라.

(a) 8과 -4

풀이 두 수의 차의 절댓값을 순서에 관계없이 계산한다.

$$|8-(-4)|=12 \qquad \text{또는} \qquad |-4-8|=12$$

(b) -4와 -6

풀이 $|-4-(-6)|=2 \qquad \text{또는} \qquad |-6-(-4)|=2$ ■

연습문제 51을 풀어보자.

목표 4 실수의 곱셈 곱셈 문제에 대한 답을 곱이라고 한다. 예를 들어, 8과 3의 곱은 24이다. 실수들의 곱의 부호를 찾는 규칙은 다음과 같다.

실수들의 곱셈

부호가 같은 경우 부호가 같은 두 수의 곱은 양수이다.
부호가 다른 경우 부호가 다른 두 수의 곱은 음수이다.

예제 6 실수의 곱셈

다음 각각의 곱을 구하라.

(a) $-3(-9)=27$ 같은 부호, 곱은 양수

(b) $-0.5(-0.4)=0.2$

(c) $-\dfrac{3}{4}\left(-\dfrac{5}{3}\right)=\dfrac{5}{4}$

(d) $6(-9)=-54$ 다른 부호, 곱은 음수

(e) $-0.05(0.3)=-0.015$

(f) $\dfrac{2}{3}(-3)=-2$

(g) $-\dfrac{5}{8}\left(\dfrac{12}{13}\right)=-\dfrac{15}{26}$ ■

연습문제 61, 65, 67, 73을 풀어보자.

목표 5 실수의 나눗셈 앞서 덧셈을 이용하여 뺄셈을 정의했다. 이제 곱셈을 이용하여 나눗셈을 정의한다. 나누기의 결과를 몫(quotient)이라 한다. 두 실수의 몫 $a \div b (b \neq 0)$는 $q \cdot b = a$인 실수 q와

같다. 즉,

$$q \cdot b = a\text{인 경우 } a \div b = q.$$

예를 들어, $4 \cdot 9 = 36$이므로 $36 \div 9 = 4$이고 $-7(-5) = 35$이므로 $35 \div (-5) = -7$이다. $a \div b$를 $\frac{a}{b}$로 나타낼 수 있다. 그러므로 $35 \div (-5)$를 $\frac{35}{-5}$로 쓸 수 있다. 위에서 "어떤 숫자에 -5를 곱하면 35인가?"라는 질문에 대한 답은 -7이므로 $\frac{35}{-5} = -7$이다. $\frac{5}{0}$를 생각해보자. 어떤 수에 0을 곱해서 5가 나오는 수는 없다. 한편 모든 수에 0을 곱하면 0이므로, $\frac{0}{0}$을 만족하는 값은 모든 실수이다. 나눗셈에서는 언제나 유일한 몫이 필요하므로 0으로 나눈 값은 정의되지 않는다. 따라서 다음은 정의되지 않는다.

$$\frac{15}{0}\text{와 } -\frac{1}{0}$$

> ⓘ 주의 0으로 나눈 값은 정의되지 않는다. 그러나 0을 0이 아닌 수로 나누면 몫이 0이 된다.
> 예를 들면, $\frac{6}{0}$은 정의되지 않지만, $\frac{0}{6} = 0$이다($0 \cdot 6 = 0$이므로).
> 0이 포함된 나눗셈 문제는 주의해야 한다.

$\frac{a}{b} = a \cdot \frac{1}{b}$이므로 b로 나누는 것은 $\frac{1}{b}$를 곱하는 것과 같다. 만일 $b \neq 0$이면 $\frac{1}{b}$은 b의 역수(또는 곱셈에 대한 역원)이다. 어떤 수와 그의 역수와의 곱은 1이다. 아래에는 몇 개의 수와 그의 역수를 제시해 놓았다. 0과 곱해서 결과가 1이 되는 수는 없으므로 0에 대한 역수는 없다.

수	역수	
$-\frac{2}{5}$	$-\frac{5}{2}$	$-\frac{2}{5}\left(-\frac{5}{2}\right) = 1$
-6	$-\frac{1}{6}$	$-6\left(-\frac{1}{6}\right) = 1$
$\frac{7}{11}$	$\frac{11}{7}$	$\frac{7}{11}\left(\frac{11}{7}\right) = 1$
0.05	20	$0.05(20) = 1$
0	없다	

> ⓘ 주의 어떤 수와 그의 덧셈에 대한 역원은 서로 다른 부호를 가진다. 어떤 수와 그의 역수는 항상 같은 부호를 갖는다.

앞의 논의로부터 다음과 같이 나눗셈을 정의한다.

나눗셈

모든 실수 a와 $b(b \neq 0)$에 대하여,

$$a \div b = \frac{a}{b} = a \cdot \frac{1}{b} \text{ 이다.}$$

즉, 첫째 수에 둘째 수의 역수를 곱한다.

나눗셈은 역수와의 곱으로 정의되므로 몫의 부호도 곱하기의 경우와 같다.

실수의 나눗셈

부호가 같은 경우 0이 아닌 두 실수의 몫은 양수이다.
부호가 다른 경우 0이 아닌 두 실수의 몫은 음수이다.

예제 7 실수의 나눗셈

다음 각각의 몫을 구하라.

(a) $\frac{-12}{4} = -12 \cdot \frac{1}{4} = -3$ $\quad$ $\frac{a}{b} = a \cdot \frac{1}{b}$

(b) $\frac{6}{-3} = 6\left(-\frac{1}{3}\right) = -2$ $\quad$ -3의 역수는 $-\frac{1}{3}$이다.

(c) $\frac{-\frac{2}{3}}{-\frac{5}{9}} = -\frac{2}{3} \cdot \left(-\frac{9}{5}\right) = \frac{6}{5}$ $\quad$ $-\frac{5}{9}$의 역수는 $-\frac{9}{5}$이다. ■

연습문제 75, 77, 87을 풀어보자.

곱셈과 나눗셈의 규칙은 다음과 같은 결과를 제시한다.

분수식과 같은 형태

분수식 $\frac{-x}{y}$, $\frac{x}{-y}$, $-\frac{x}{y}$는 모두 같다. $(y \neq 0)$ $\quad$ 예: $\frac{-4}{7} = \frac{4}{-7} = -\frac{4}{7}$

분수 $\frac{x}{y}$와 $\frac{-x}{-y}$는 같다. $\quad$ 예: $\frac{4}{7} = \frac{-4}{-7}$

$\frac{x}{-y}$와 $\frac{-x}{-y}$는 자주 사용하는 표현은 아니다.

모든 분수에는 분자의 부호, 분모의 부호 및 분수 자체의 부호가 있다. 3개의 부호 중 2개를 변경해도 분수의 값은 바뀌지 않는다. 하나의 부호만 변경하거나 3개의 부호를 모두 변경하면 값이 바뀐다.

1.2 연습문제

[1~10] 아래 문장을 완성하고 예를 들어라.

1. ______________ 이면 양수와 음수의 합은 0이다.
2. 두 양수의 합은 ______________ 이다.
3. 두 음수의 합은 ______________ 이다.
4. ______________ 이면 양수와 음수의 합은 음수이다.
5. ______________ 이면 양수와 음수의 합은 양수이다.
6. ______________ 이면 두 양수의 차는 음수이다.
7. ______________ 이면 두 음수의 차는 음수이다.
8. 부호가 같은 두 수의 곱은 ______________.
9. 부호가 다른 두 수의 곱은 ______________.
10. 0이 아닌 수를 0으로 나누면 ______________, 0을 0이 아닌 수로 나누면 ______________이다.

[11~34] 아래와 같이 제시된 대로 덧셈과 뺄셈을 하여라.

11. $-6+(-13)$
12. $-8+(-15)$
13. $13+(-4)$
14. $19+(-13)$
15. $-\frac{7}{3}+\frac{3}{4}$
16. $-\frac{5}{6}+\frac{3}{8}$
17. $-2.3+0.45$
18. $-0.238+4.55$
19. $-6-5$
20. $-8-13$
21. $8-(-13)$
22. $13-(-22)$
23. $-16-(-3)$
24. $-21-(-8)$
25. $-12.31-(-2.13)$
26. $-15.88-(-9.22)$
27. $\frac{9}{10}-\left(-\frac{4}{3}\right)$
28. $\frac{3}{14}-\left(-\frac{1}{4}\right)$
29. $|-8-6|$
30. $|-7-9|$
31. $-|-4+9|$
32. $-|-5+7|$
33. $-2-|-4|$
34. $9-|-13|$

[35~50] 아래의 제시된 연산을 하여라.

35. $-7+5-9$
36. $-12+13-19$
37. $6-(-2)+8$
38. $7-(-3)+12$
39. $-9-4-(-3)+6$
40. $-10-5-(-12)+8$
41. $-8-(-12)-(2-6)$
42. $-3+(-14)+(-5+3)$
43. $-0.382+4-0.6$

44. $3-2.94-(-0.63)$

45. $\left(-\frac{5}{4}-\frac{2}{3}\right)+\frac{1}{6}$

46. $\left(-\frac{5}{8}+\frac{1}{4}\right)-\left(-\frac{1}{4}\right)$

47. $-\frac{3}{4}-\left(\frac{1}{2}-\frac{3}{8}\right)$

48. $\frac{7}{5}-\left(\frac{9}{10}-\frac{3}{2}\right)$

49. $|-11|-|-5|-|7|+|-2|$

50. $|-6|+|-3|-|4|-|-8|$

[51~54] 아래 수직선에 표시한 점들을 보고 각 점과 점 사이의 거리를 구하라.

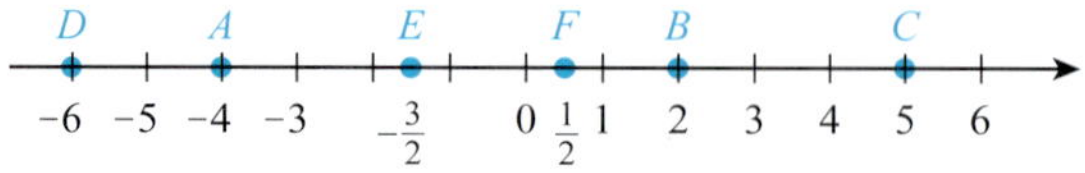

51. A와 B

52. A와 C

53. D와 F

54. E와 C

55. 두 음수의 차가 5가 되는 예를 보이고, 뺄셈을 덧셈으로 변경한 후 결과값의 부호를 결정하는 규칙을 설명하시오.

56. 양수와 음수의 합이 4가 되는 예를 보이고, 부호가 다른 두 수를 더할 때 결과값의 부호를 결정하는 규칙을 설명하시오.

57. 보통 "마이너스가 2개이면 플러스"라고 하는데 어떤 경우 참인가? 또한 어떤 경우 거짓인가? 위의 의미를 전달할 수 있는 명확한 문장으로 설명하라.

58. 0이 아닌 수의 역수는 그 수와 같은 부호를 가져야 하는지 설명하라.

[59~74] 곱셈으로 아래 식을 계산하라.

59. $5(-7)$

60. $6(-6)$

61. $-8(-5)$

62. $-10(-4)$

63. $-10\left(-\frac{1}{5}\right)$

64. $-\frac{1}{2}(-12)$

65. $\frac{3}{4}(-16)$

66. $\frac{4}{5}(-35)$

67. $-\frac{5}{2}\left(-\frac{12}{25}\right)$

68. $-\frac{9}{7}\left(-\frac{35}{36}\right)$

69. $-\frac{3}{8}\left(-\frac{24}{9}\right)$

70. $-\frac{2}{11}\left(-\frac{99}{4}\right)$

71. $-2.4(-2.45)$

72. $-3.45(-2.14)$

73. $3.4(-3.14)$

74. $5.66(-2.1)$

[75~92] 가능한 경우 나눗셈하여라.

75. $\frac{-14}{2}$

76. $\frac{-26}{13}$

77. $\frac{-24}{-4}$

78. $\frac{-36}{-9}$

79. $\frac{100}{-25}$

80. $\frac{300}{-60}$

81. $\frac{0}{-8}$

82. $\frac{0}{-10}$

83. $\frac{5}{0}$

84. $\frac{12}{0}$

85. $-\frac{10}{17}\div\left(-\frac{12}{5}\right)$

86. $-\frac{22}{23}\div\left(-\frac{33}{4}\right)$

87. $\frac{\frac{12}{13}}{-\frac{4}{3}}$

88. $\frac{\frac{5}{6}}{-\frac{1}{30}}$

89. $-\frac{27.72}{13.2}$

90. $\frac{-126.7}{36.2}$

91. $\dfrac{-100}{-0.01}$ 　　　　92. $\dfrac{-50}{-0.05}$

[93~96] 다음 각 문제를 풀어라.

93. 주노(알래스카 주)에서 기록된 최고 기온은 90°F였다. 기록된 최저 기온은 −22°F였다. 두 온도의 차를 구하라.

94. 1936년 8월 10일, 알칸사스는 120°F의 온도가 기록되었고 1905년 2월 13일, 알칸사스는 −29°F의 온도를 기록했다. 두 온도의 차를 구하라.

95. 500개의 주요 종목의 성과를 측정하는 지수인 Standard and Poor's 500은 1995년에 연평균 37.58%의 수익을 올렸다. 2000년에는 연간 수익률 −9.10%를 기록했다. 두 퍼센트의 차를 구하라.

96. 2001년 1월 조지 부시 대통령이 취임했을 때 미국 연방 예산은 2,360억 달러의 흑자를 기록했다. 조지 부시 대통령이 1993년 1월 퇴임했을 때 2,550억 달러의 적자를 기록했다. 이 두 금액의 차이를 구하라.

[97~98] 아래 표는 사회보장 재정이다(단위: 10억 달러). 이 표를 이용하여 다음을 구하라.

연도	세액	복지비용
2000	538	409
2010	916	710
2020	1479	1405
2030	2041	2542

97. 위 표에서 연도별 사회보장 세액과 복지비용 사이의 차를 구하라.

98. 위 표에 2030년의 현상을 설명하라.

[99~102] 아래 표는 캘리포니아의 수출 그래프이다. 이 표를 이용하여 다음 문제를 풀어라.

캘리포니아의 수출

1996년 대비 1997년 매월 수출된 20-ft의 컨테이너 수

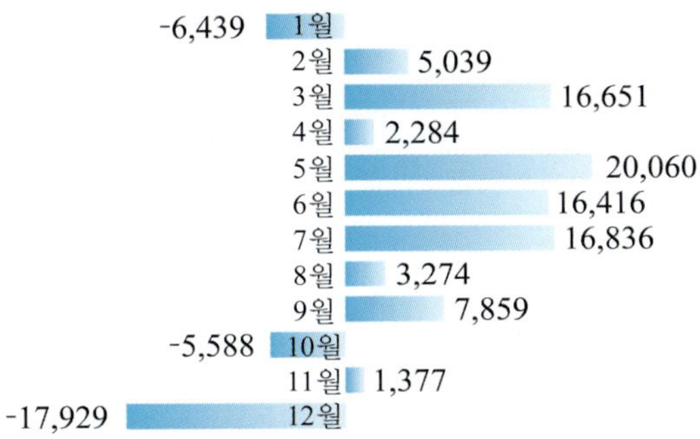

99. 1월과 2월의 차를 구하라.

100. 4월과 5월의 차를 설명하라.

101. 다음 중 10월과 11월 사이의 변화를 가장 잘 예측한 것은?

A. −6000 B. −6500 C. −7000 D. −7500

102. 다음 중 11월과 12월 사이의 차를 가장 잘 예측한 것은 어느 것인가?

A. 17,000 B. 18,000 C. 19,000 D. 20,000

1.3 지수, 근호, 연산의 순서

학·습·목·표
1. 지수 사용하기
2. 제곱근 찾기
3. 연산 순서
4. 대수식의 계산

곱하여 어떤 수가 되는 하나 또는 그 이상의 수를 어떤 수의 인수라고 한다. 예를 들면 $2 \cdot 6 = 12$에서 2와 6은 12의 인수이다. 12의 다른 정수 인수는 1, 3, 4 12, −1, −2, −3, −4, −6 및 −12이다.

목표 1 지수 사용하기 대수학에서 지수는 반복되는 곱을 나타내기 위해서 사용한다. 예를 들면, $2 \cdot 2 \cdot 2 \cdot 2 \cdot 2$는

$$\underbrace{2 \cdot 2 \cdot 2 \cdot 2 \cdot 2}_{5\text{개 인수}} = 2^5$$

로 나타내고 여기서 5는 2가 인수로서 5번 사용되었음을 의미하며, 5는 '지수', 2는 '밑'이라 한다.

$$2^5$$
(5 ← 지수, 2 ← 밑)

2^5는 "2의 5제곱"이라고 읽으며 다음과 같다.

$$2^5 = 2 \cdot 2 \cdot 2 \cdot 2 \cdot 2 = 32$$

지수 표현

a가 실수이고 n이 자연수이면

$$a^n = \underbrace{a \cdot a \cdot a \cdot \cdots \cdot a}_{a\text{의 } n\text{개의 인수}}$$

여기서 a는 밑(base), n은 지수(exponent 또는 power)라고 하고 a^n은 지수 표현이라고 한다.

예제 1 지수의 사용

다음을 각각 지수를 사용하여 나타내어라.

(a) $4 \cdot 4 \cdot 4 = 4^3$

(b) $\frac{3}{5} \cdot \frac{3}{5} = \left(\frac{3}{5}\right)^2$

(c) $(-6)(-6)(-6)(-6) = (-6)^4$

(d) $x \cdot x \cdot x \cdot x \cdot x \cdot x = x^6$ ■

연습문제 13, 15, 17, 19를 풀어보자.

예제 1의 (a)와 (b)에서 지수 2와 3을 나타내기 위해 제곱(squared)이라는 용어를 각각 사용한다. 그림 15(a)의 제곱은 길이와 너비가 같은 정사각형의 면적을 의미하고, 15(b)의 세제곱은 길이와 너비 그리고 높이가 같은 정육면체의 부피를 의미한다.

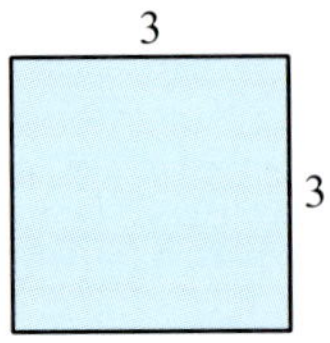

(a) $3 \cdot 3 = 3$의 제곱, 또는 3^2

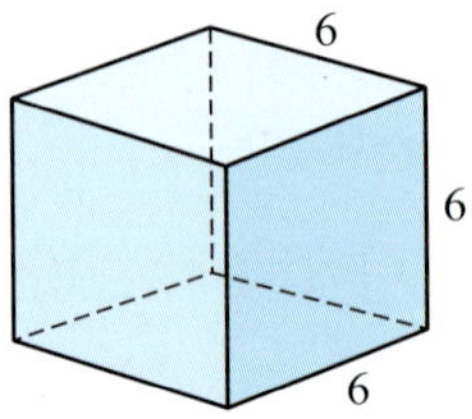

(b) $6 \cdot 6 \cdot 6 = 6$의 세제곱, 또는 6^3

그림 15

예제 2 지수 표현 계산하기

지수로 표현된 각각의 값을 구하라.

(a) $5^2 = 5 \cdot 5 = 25$

(b) $\left(\frac{2}{3}\right)^3 = \frac{2}{3} \cdot \frac{2}{3} \cdot \frac{2}{3} = \frac{8}{27}$

(c) $2^6 = 2 \cdot 2 \cdot 2 \cdot 2 \cdot 2 \cdot 2 = 64$ ■

연습문제 21, 27을 풀어보자.

예제 3 음수의 지수값 계산

다음 각각의 지수값을 계산하라.

(a) $(-3)^5 = (-3)(-3)(-3)(-3)(-3) = -243$

(b) $(-2)^6$

풀이 지수 6은 밑 -2에 적용되므로

$$(-2)^6 = (-2)(-2)(-2)(-2)(-2)(-2) = 64.$$

(c) -2^6

풀이 지수 6은 밑 2에 적용되므로

$$-2^6 = -(2 \cdot 2 \cdot 2 \cdot 2 \cdot 2 \cdot 2) = -64.$$ ■

연습문제 29, 31, 33을 풀어보자.

예제 3을 일반화하면 다음과 같다.

> 홀수 개의 음의 인수의 곱은 음수이다.
> 짝수 개의 음의 인수의 곱은 양수이다.

ⓘ 주의 예제 3(b)와 3(c)에 나타난 바와 같이, $-a^n$과 $(-a)^n$를 구분하는 것은 중요하다.

$$-a^n = -1\underbrace{(a\cdot a\cdot a\cdot \cdots \cdot a)}_{a\text{의 } n\text{개의 인수}} \quad \text{밑 } a$$

$$(-a)^n = \underbrace{(-a)(-a)\cdot \cdots \cdot(-a)}_{-a\text{의 } n\text{개의 인수}} \quad \text{밑 } -a$$

목표 2 제곱근 찾기 예제 2(a)에서와 같이 $5^2=5\cdot5=25$이므로 5의 제곱은 25이다. 제곱의 역을 제곱근이라고 한다. 25의 한 제곱근은 5이며 $(-5)^2=25$이므로 25의 또 다른 제곱근은 -5이다. 따라서 25는 5와 -5, 2개의 제곱근을 갖는다.

우리는 제곱근의 기호를 $\sqrt{\ }$로 쓰고 근호라고 부른다. 또한 근호 안에는 음이 아닌 실수가 들어가야 하고 그 값은 언제나 양수이다. 예를 들어 $\sqrt{25}=5$이고 $-\sqrt{25}=-5$이다. $\sqrt{-25}$와 같이 근호 안의 수가 음수이면 값은 실수가 아니다.

예제 4 제곱근 찾기

실수 제곱근 값을 각각 구하라.

(a) $\sqrt{36}=6$ $\quad 6^2=36$

(b) $\sqrt{0}=0$ $\quad 0^2=0$

(c) $\sqrt{\frac{9}{16}}=\frac{3}{4}$ $\quad \left(\frac{3}{4}\right)^2=\frac{9}{16}$

(d) $\sqrt{0.16}=0.4$ $\quad (0.4)^2=0.16$

(e) $\sqrt{100}=10$ $\quad 10^2=100$

(f) $-\sqrt{100}=-10$ $\quad$ 근호 밖의 부호가 음수

(g) $\sqrt{-100}$은 근호 안에 음수가 있기 때문에 실수가 아니다. 어떠한 실수도 제곱해서 -100이 될 수 없다.

(e), (f), (g)의 차이에 대하여 주의하자. ■

연습문제 37, 41, 43, 47을 풀어보자.

ⓘ 주의 $\sqrt{0}=0$을 제외하고 기호 $\sqrt{\ }$는 양의 제곱근이고 $-\sqrt{\ }$는 음의 제곱근이다.

목표 3 연산 순서 $5+2\cdot3$과 같이 간단히 표현된 식의 계산을 위해 5와 2를 더하기와 2와 3을 곱하기 중 먼저 해야 할 연산은? 이처럼 하나 이상의 연산기호가 포함된 식은 다음과 같은 연산의 순서를 사용한다.

연산의 순서

1. 분수에서 분모와 분자를 분리해서 계산한다.
2. 소괄호 ( ), 대괄호 [ ] 또는 절댓값 | |이 있으면 가장 안쪽에서 시작하여 바깥쪽으로 계산한다.
3. 모든 지수, 근호 및 절댓값을 계산한다.
4. 곱셈 또는 나눗셈을 왼쪽에서 오른쪽으로 순서대로 계산한다.
5. 덧셈과 뺄셈을 왼쪽에서 오른쪽으로 순서대로 계산한다.

예제 5 연산의 순서

다음을 간단히 하라.

(a) $5+2\cdot 3$

풀이 곱셈을 먼저 계산 후 덧셈을 계산한다.

$$\begin{aligned} 5+2\cdot 3 &= 5+6 && \text{곱셈} \\ &= 11 && \text{덧셈} \end{aligned}$$

(b) $24\div 3\cdot 2+6$

풀이 왼쪽에서 오른쪽으로 순서대로 곱셈과 나눗셈을 한다. 따라서 나눗셈을 먼저 계산한다.

$$\begin{aligned} 24\div 3\cdot 2+6 &= 8\cdot 2+6 && \text{나눗셈} \\ &= 16+6 && \text{곱셈} \\ &= 22 && \text{덧셈} \end{aligned}$$

■

연습문제 53, 57을 풀어보자.

예제 6 연산의 순서

다음을 각각 간단히 하라.

(a) $10\div 5+2|3-4|$

풀이 절댓값을 먼저 계산한다.

$$\begin{aligned} 10\div 5+2|3-4| &= 10\div 5+2|-1| && \text{절댓값 안쪽의 뺄셈} \\ &= 10\div 5+2\cdot 1 && \text{절댓값 계산} \\ &= 2+2 && \text{나눗셈, 곱셈} \\ &= 4 && \text{덧셈} \end{aligned}$$

(b) $4\cdot 3^2+7-(2+8)$

풀이 괄호 안을 먼저 계산한다.

$$\begin{aligned} 4\cdot 3^2+7-(2+8) &= 4\cdot 3^2+7-10 && \text{괄호 안 덧셈} \\ &= 4\cdot 9+7-10 && \text{지수 계산} \\ &= 36+7-10 && \text{곱셈} \\ &= 43-10 && \text{덧셈} \\ &= 33 && \text{뺄셈} \end{aligned}$$

(c) $\frac{1}{2} \cdot 4+(6 \div 3-7)$

풀이 괄호 안을 계산할 때 나눗셈 계산 후 뺄셈을 한다.

$$\begin{aligned} \frac{1}{2} \cdot 4+(6 \div 3-7) &= \frac{1}{2} \cdot 4+(2-7) && \text{괄호 안 나눗셈} \\ &= \frac{1}{2} \cdot 4+(-5) && \text{괄호 안 뺄셈} \\ &= 2+(-5) && \text{곱셈} \\ &= -3 && \text{덧셈} \end{aligned}$$

■

연습문제 65, 71을 풀어보자.

예제 7 연산의 순서

$\frac{5+(-2^3)(2)}{6 \cdot \sqrt{9}-9 \cdot 2}$을 간단히 하라.

풀이 분수의 분자와 분모를 각각 계산한다.

$$\begin{aligned} \frac{5+(-2^3)(2)}{6 \cdot \sqrt{9}-9 \cdot 2} &= \frac{5+(-8)(2)}{6 \cdot 3-9 \cdot 2} && \text{지수와 근호 계산} \\ &= \frac{5-16}{18-18} && \text{곱셈} \\ &= \frac{-11}{0} && \text{뺄셈} \end{aligned}$$

0으로 나눈 값은 정의되지 않으므로 주어진 식은 정의되지 않는다. ■

연습문제 75를 풀어보자.

목표 4 대수식의 계산

$6ab$, $5m-9n$, $-2(x^2+4y)$와 같이 상수와 변수가 덧셈과 뺄셈 그리고 곱셈과 나눗셈으로 결합된 식을 대수식이라 부른다.

대수식의 값을 구하기 위해서 각 변수 대신에 이 변수의 값을 대입해서 계산할 수 있다. 대수 표현은 문제 해결에 사용되기도 한다. 예를 들어, 영화표가 각각 7달러인 경우 x장의 표에 대해 지불해야 하는 금액은 대수식 $7x$로 나타낼 수 있다. 여기서 또 다른 수의 표 수를 대입하여 표 구입비용을 계산할 수 있다.

예제 8 대수식 계산

$m=-4$, $n=5$, $p=-6$, $q=25$일 때 다음 각 대수식을 계산하라.

(a) $5m-9n$

풀이 $m=-4$, $n=5$를 대입하면

$$5m-9n=5(-4)-9(5)=-20-45=-65$$

(b) $\dfrac{m+2n}{4p}=\dfrac{-4+2(5)}{4(-6)}=\dfrac{-4+10}{-24}=\dfrac{6}{-24}=-\dfrac{1}{4}$

(c) $-3m^3-n^2(\sqrt{q})=-3(-4)^3-(5)^2(\sqrt{25})$ $m=-4,\ n=5,\ q=25$ 대입

$=-3(-64)-25(5)$ 지수와 근호 계산

$=192-125$ 곱셈

$=67$ 뺄셈

■

연습문제 79, 85를 풀어보자.

ⓘ 주의 식을 계산할 때 오류를 방지하려면 예제 8에서와 같이 변수가 음수로 대체되면 괄호로 묶어 사용한다.

1.3 연습문제

[1~10] 다음 식이나 문장이 참인가 거짓인가 판단하라. 만일 거짓이면 참이 될 수 있도록 고쳐라.

1. $-4^6=(-4)^6$

2. $-4^7=(-4)^7$

3. $\sqrt{16}$은 양수이다.

4. $3+5\cdot 6=3+(5\cdot 6)$

5. $(-2)^7$은 음수이다.

6. $(-2)^8$은 양수이다.

7. 양수 8개와 음수 8개의 곱은 양수이다.

8. 양수 3개와 음수 3개의 곱은 양수이다.

9. 지수 표현 -3^5에서 -3은 밑이다.

10. a가 양수이면 $\sqrt{a}$는 양수이다.

11. 다음 지수 표현을 계산하라.

(a) 8^2 (b) -8^2 (c) $(-8)^2$ (d) $-(-8)^2$

12. 다음 지수 표현을 계산하라.

(a) 4^3 (b) -4^3 (c) $(-4)^3$ (d) $-(-4)^3$

[13~20] 지수를 사용하여 다음 식을 나타내어라.

13. $10\cdot 10\cdot 10\cdot 10$

14. $8\cdot 8\cdot 8$

15. $\dfrac{3}{4}\cdot\dfrac{3}{4}\cdot\dfrac{3}{4}\cdot\dfrac{3}{4}\cdot\dfrac{3}{4}$

16. $\frac{1}{2}\cdot\frac{1}{2}$

17. $(-9)(-9)(-9)$

18. $(-4)(-4)(-4)(-4)$

19. $z\cdot z\cdot z\cdot z\cdot z\cdot z\cdot z$

20. $a\cdot a\cdot a\cdot a\cdot a$

[21~36] 아래 식을 계산하여라.

21. 4^2

22. 2^4

23. 0.28^3

24. 0.91^3

25. $\left(\frac{1}{5}\right)^3$

26. $\left(\frac{1}{6}\right)^4$

27. $\left(\frac{4}{5}\right)^4$

28. $\left(\frac{7}{10}\right)^3$

29. $(-5)^3$

30. $(-2)^5$

31. $(-2)^8$

32. $(-3)^6$

33. -3^6

34. -4^6

35. -8^4

36. -10^3

[37~48] 다음 식의 제곱근을 구하고 실수와 실수가 아닌 수를 구별하여라.

37. $\sqrt{81}$

38. $\sqrt{64}$

39. $\sqrt{169}$

40. $\sqrt{225}$

41. $-\sqrt{400}$

42. $-\sqrt{900}$

43. $\sqrt{\frac{100}{121}}$

44. $\sqrt{\frac{225}{169}}$

45. $-\sqrt{0.49}$

46. $-\sqrt{0.64}$

47. $\sqrt{-36}$

48. $\sqrt{-121}$

49. 아래의 근호 값에 알맞은 값이나 표현을 고르시오

(a) $\sqrt{144}$ (b) $\sqrt{-144}$ (c) $-\sqrt{144}$

A. -12 B. 12 C. 실수가 아니다.

50. $\sqrt{-900}$ 이 실수가 아닌 이유를 설명하여라.

51. a가 양수이면 $-\sqrt{-a}$ 은 양수인가, 음수인가 아니면 실수가 아닌가?

52. a가 양수라면 $-\sqrt{a}$ 은 양수인가, 음수인가 아니면 실수가 아닌가?

[53~78] 계산 순서를 이용하여 다음 식을 간단히 하여라.

53. $12+3\cdot 4$

54. $15+5\cdot 2$

55. $6\cdot 3-12\div 4$

56. $9\cdot 4-8\div 2$

57. $10+30\div 2\cdot 3$

58. $12+24\div 3\cdot 2$

59. $-3(5)^2-(-2)(-8)$

60. $-9(2)^2-(-3)(-2)$

61. $5-7\cdot 3-(-2)^3$

62. $-4-3\cdot 5+6^2$

63. $-7(\sqrt{36})-(-2)(-3)$

64. $-8(\sqrt{64})-(-3)(-7)$

65. $6|4-5|-24\div 3$

66. $-4|2-4|+8\cdot 2$

67. $|-6-5|(-8)+3^2$

68. $(-6-3)|-2-3|\div 9$

69. $6+\frac{2}{3}(-9)-\frac{5}{8}\cdot 16$

70. $7-\frac{3}{4}(-8)+12\cdot\frac{5}{6}$

71. $-14\left(-\frac{2}{7}\right)\div(2\cdot 6-10)$

72. $-12\left(-\frac{3}{4}\right)-(6\cdot 5\div 3)$

73. $\frac{(-5+\sqrt{4})(-2^2)}{-5-1}$

74. $\dfrac{(-9+\sqrt{16})(-3^2)}{-4-1}$

75. $\dfrac{2(-5)+(-3)(-2)}{-8+3^2-1}$

76. $\dfrac{3(-4)+(-5)(-8)}{2^3-2-6}$

77. $\dfrac{5-3\left(\dfrac{-5-9}{-7}\right)-6}{-9-11+3\cdot 7}$

78. $\dfrac{-4\left(\dfrac{12-(-8)}{3\cdot 2+4}\right)-5(-1-7)}{-9-(-7)-[-5-(-8)]}$

[79~86] $a=-3,\ b=64,\ c=6$**일 때 아래 식을 계산하여라.**

79. $3a+\sqrt{b}$

80. $-2a-\sqrt{b}$

81. $\sqrt{b}+c-a$

82. $\sqrt{b}-c+a$

83. $4a^3+2c$

84. $-3a^4-3c$

85. $\dfrac{2c+a^3}{4b+6a}$

86. $\dfrac{3c+a^2}{2b-6c}$

[87~89] 다음 문제를 풀어라.

아이오와 린 컨트리 주민의 재산세를 결정하는 데는 다음 식을 사용한다.

$$(v\times 0.5485-4850)\div 1000\times 31.44$$

여기서 v는 주택 가격일 때, 아래 가격의 주택에 대한 재산세를 위 식을 이용하여 계산하여라.

87. \$100,000

88. \$150,000

89. \$200,000

1.4 실수의 성질

[학·습·목·표]
1. 분배법칙의 성질 이용
2. 역원의 성질 이용
3. 항등원의 성질 이용
4. 교환법칙과 결합법칙의 성질 이용
5. 0의 곱셈의 성질 이용

어떤 대상에 대한 연구를 할 때 그 성질을 알면 매우 편리하다. 예를 들어, 물은 0℃로 차가워지면 얼음으로 변하는 성질이 있다. 이 사실을 알면 물의 상황을 예측하는 데 도움이 된다.

수의 연구도 마찬가지다. 이 절에서 학습할 실수의 기본 속성은 연산에서 꾸준히 일어나는 결과를 반영하여 변수를 가진 대수식에도 적용할 정도로 일반적이다.

목표 1 분배법칙의 성질 이용 다음을 주목하자.

$$2(3+5)=2\cdot 8=16$$

이고

$$2\cdot 3+2\cdot 5=6+10=16$$

이므로

$$2(3+5)=2\cdot 3+2\cdot 5.$$

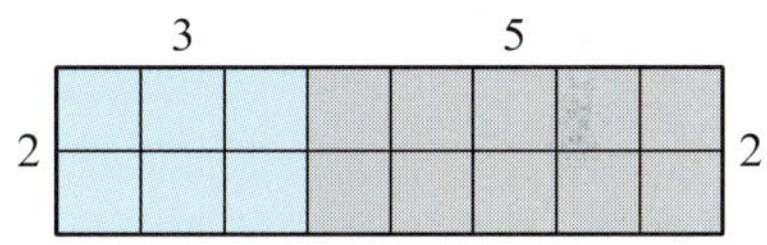

왼쪽 부분의 영역은 $2\cdot 3=6$.
오른쪽 부분의 영역은 $2\cdot 5=10$.
전체 직사각형의 영역은 $2(3+5)=16$.

그림 16

이 개념은 사각형으로 나누어진 그림 16에서 볼 수 있다. 마찬가지로

$$-4[5+(-3)]=-4(2)=-8$$

이며

$$-4(5)+(-4)(-3)=-20+12=-8$$

이므로

$$-4[5+(-3)]=-4(5)+(-4)(-3).$$

이러한 계산방식은 덧셈에 대한 곱셈의 분배법칙 또는 간단히 분배법칙으로 모든 실수에 일반화된다.

분배법칙

임의의 실수 a, b 및 c에 대하여

$$a(b+c)=ab+ac,\quad (b+c)a=ba+ca.$$

분배법칙은 다음과 같이 쓸 수도 있다.

$$ab+ac=a(b+c), \quad ba+ca=(b+c)a$$

분배법칙은 2개 이상의 숫자로 확장될 수 있다.

$$a(b+c+d)=ab+ac+ad$$

이 성질은 곱 $a(b+c)$를 합 $ab+ac$로 다시 쓸 수 있는 방법이므로 중요하다.

> ⓘ 주의 $a(b+c)$를 $ab+ac$로 다시 쓸 때 '괄호 제거하기' 과정이라고 한다.

예제 1 분배법칙 성질 이용

분배법칙을 이용하여 각 식을 다시 써라.

(a) $3(x+y)$

풀이 곱을 합으로 다시 쓰기 위해 분배법칙의 첫째 형태를 이용한다.

$$3(x+y)=3x+3y$$

(b) $-2(5+k)=-2(5)+(-2)(k)$

$\quad\quad = -10-2k$

(c) $4x+8x$

풀이 합을 곱으로 다시 쓰기 위해 분배법칙의 둘째 형태를 이용한다.

$$4x+8x=(4+8)x=12x$$

(d) $3r-7r=3r+(-7r)$ 빼셈 정의

$\quad\quad =[3+(-7)]r$ 분배법칙

$\quad\quad = -4r$

(e) $5p+7q$

공통된 숫자나 변수가 없으므로, 분배법칙을 적용할 수 없다.

(f) $6(x+2y-3z)=6x+6(2y)+6(-3z)$

$\quad\quad =6x+12y-18z$ ■

✎연습문제 11, 13, 15, 19를 풀어보자.

예제 1(d)에 설명된 것처럼 분배법칙의 성질을 빼셈에도 적용할 수 있다. 즉,

$$a(b-c)=ab-ac.$$

목표 2 역원의 성질 이용 1.1절에서 a의 덧셈에 대한 역원은 $-a$이고 a와 a의 덧셈에 대한 역원의 합은 0이다. 예를 들어, 3과 -3은 -8과 8처럼 서로 덧셈에 대한 역원이고 두 수의 합은 0이다. 0은 자신의 덧셈에 관한 역원이다. 1.2절에서는 두 수를 곱해서 1이 되면 서로 역수임을 알았다. 이를 곱셈에

대한 역원이라고 한다. 따라서 4와 $\frac{1}{4}$은 서로 곱셈에 대한 역원이고 $-\frac{2}{3}$와 $-\frac{3}{2}$도 서로 곱셈에 대한 역원이다.(역수는 같은 부호를 갖는다는 것을 상기하라.) 덧셈과 곱셈의 역원에 대한 성질을 실수의 대수적 성질로 확장할 수 있다.

역원에 대한 성질

임의의 실수 a에 대해 다음을 만족하는 하나의 실수 $-a$가 존재한다.

$$a+(-a)=0, \quad -a+a=0.$$

두 수를 합한 결과인 0이 덧셈에 관한 항등원이다.
0이 아닌 모든 실수 a에 대하여 다음을 만족하는 실수 $\frac{1}{a}$이 존재한다.

$$a\cdot\frac{1}{a}=1, \quad \frac{1}{a}\cdot a=1.$$

두 수를 곱한 결과인 1이 곱셈에 대한 항등원이다.

목표 3 항등원의 성질 이용 숫자 0과 1은 각각 특별한 속성을 가지고 있다. 0은 어떤 수에 더해도 자기 자신이 나오는 유일한 수이다. 이러한 이유로, 0을 덧셈에 대한 항등원이라고 한다. 마찬가지로 어떤 수에 1을 곱해도 그 수가 변하지 않는 유일한 수이므로 1을 곱셈에 대한 항등원이라고 한다. 다음에서 항등원의 성질을 요약하고 이러한 속성은 대수로 확장된다.

항등원의 성질

임의의 실수 a에 대하여,

$$a+0=0+a=a.$$

a에 0을 더해도 계산 결과는 a와 같다. 마찬가지로

$$a\cdot 1=1\cdot a=a.$$

a에 1을 곱해도 계산 결과는 a와 같다.

예제 2 항등원의 성질 $1\cdot a=a$ 이용

각 식을 간단히 하라.

(a) $12m+m=12m+1m$ 항등원 성질
$=(12+1)m$ 분배법칙 성질
$=13m$ 괄호 안 계산

(b) $y+y=1y+1y$ 항등원 성질

$= (1+1)y$ 분배법칙 성질

$= 2y$ 괄호 안 계산

(c) $-(m-5n) = -1(m-5n)$ 항등원 성질

$= -1(m)+(-1)(-5n)$ 분배법칙 성질

$= -m+5n$ 곱하기 ■

✎연습문제 21, 23을 풀어보자.

예제 2의 $12m$ 및 $5n$과 같은 대수식은 항의 예이다. 항은 숫자 또는 숫자와 하나 이상의 변수의 곱이다. 정확히 변수와 차수가 같은 항을 동류항이라 한다.

동류항의 예로는 $5p$와 $-21p$, $-6x^2$과 $9x^2$이다. $3m$과 $16x$, $7y^3$과 $-3y^2$은 동류항이 아니다. 항에 있는 숫자인수는 계수라고 부른다. 즉, $9x^2$에서 9는 이 항의 계수이다.

목표 4 교환법칙과 결합법칙의 성질 이용 예제 2의 (a)와 (b)에서와 같은 식을 단순화하는 것을 동류항 계산이라고 부른다. 오직 동류항끼리만 계산할 수 있다.

$$-2m+5m+3-6m+8$$

과 같은 식을 동류항 계산하기 위해서는 2개의 성질이 추가로 필요하다. 대수연산으로부터 알 수 있는 결과는

$$3+9=12, \quad 9+3=12$$

이고

$$3 \cdot 9 = 27, \quad 9 \cdot 3 = 27$$

이다. 또한

$$(5+7)+(-2)=12+(-2)=10, \quad 5+[7+(-2)]=5+5=10.$$

마찬가지로

$$(5 \cdot 7)(-2) = 35(-2) = -70, \quad (5)[7 \cdot (-2)] = 5(-14) = -70$$

이다. 이러한 산술적인 예를 대수식으로 확장할 수 있다.

교환법칙과 결합법칙의 성질

임의의 실수 a, b, c에 대하여

$$\left.\begin{aligned} a+b&=b+a \\ ab&=ba \end{aligned}\right\}\text{교환법칙}$$

$$\left.\begin{aligned} a+(b+c)&=(a+b)+c \\ a(bc)&=(ab)c \end{aligned}\right\}\text{결합법칙}$$

교환법칙의 성질은 항이나 인수의 순서를 바꾸어 계산하는데 사용된다. 결합법칙의 성질은 대수식에서 항 또는 인수를 다시 묶어서 계산하는데 사용된다.

예제 3 교환법칙과 결합법칙의 성질 이용

$-2m+5m+3-6m+8$을 간단히 하라.

풀이

$-2m+5m+3-6m+8$	
$=(-2m+5m)+3-6m+8$	연산 순서
$=(-2+5)m+3-6m+8$	분배법칙
$=3m+3-6m+8$	

연산 순서에 따라 다음 단계는 $3m$과 3을 더해야 하지만 항이 다르다. $3m$과 $-6m$을 계산하기 위하여 결합법칙과 교환법칙을 이용하여 연산 순서에 따라 대괄호와 소괄호를 삽입하여 계산한다.

$[(3m+3)-6m]+8$	
$=[3m+(3-6m)]+8$	결합법칙
$=[3m+(-6m+3)]+8$	교환법칙
$=[(3m+[-6m])+3]+8$	결합법칙
$=(-3m+3)+8$	동류항 계산
$=-3m+(3+8)$	결합법칙
$=-3m+11$	더하기

실제로 이러한 많은 단계를 사용하지는 않지만 대수식에서 동류항 계산을 하기 위해서는 언제나 다시 재배열되고 결합법칙과 교환법칙을 사용한다는 것을 알아야 한다. ■

연습문제 27을 풀어보자.

예제 4 실수의 성질 이용하기

다음 각 식을 간단히 하라.

(a) $5y-8y-6y+11y=(5-8-6+11)y$	분배법칙
$=2y$	동류항 계산
(b) $3x+4-5(x+1)-8=3x+4-5x-5-8$	분배법칙
$=3x-5x+4-5-8$	교환법칙
$=-2x-9$	동류항 계산
(c) $8-(3m+2)=8-1(3m+2)$	항등원
$=8-3m-2$	분배법칙
$=6-3m$	동류항 계산
(d) $3x(5)(y)=[3x(5)]y$	계산 순서
$=[3(x\cdot 5)]y$	결합법칙

$$= [3(5x)]y \qquad \text{교환법칙}$$
$$= [(3 \cdot 5)x]y \qquad \text{결합법칙}$$
$$= (15x)y \qquad \text{곱하기}$$
$$= 15(xy) \qquad \text{결합법칙}$$
$$= 15xy$$

앞에서 언급했듯이 이 단계의 대부분은 일반적으로 사용하지 않는다. ■

✎연습문제 29, 31을 풀어보자.

목표 5 0의 곱셈의 성질 이용 0은 덧셈에 대한 항등원으로 모든 a에 대하여 $a+0=a$가 되는 특별한 성질을 가지고 있다. 0의 곱셈에 대한 성질은 임의의 실수에 0을 곱해도 0이 된다.

0의 곱셈에 대한 성질

임의의 실수 a에 대하여 $a \cdot 0 = 0$ 과 $0 \cdot a = 0$이다.

1.4 연습문제

[1~4] 다음 식에 맞는 답을 찾아라.

1. 덧셈에 대한 항등원은?

   A. $-a$ B. 0 C. 1 D. $\frac{1}{a}$

2. 곱셈에 대한 항등원은?

   A. $-a$ B. 0 C. 1 D. $\frac{1}{a}$

3. a의 덧셈에 대한 역원은?

   A. $-a$ B. 0 C. 1 D. $\frac{1}{a}$

4. a의 곱셈에 대한 역원은? $(a \neq 0)$

   A. $-a$ B. 0 C. 1 D. $\frac{1}{a}$

[5~10] 다음 문장을 완성하여라.

5. 0의 곱셈의 성질은 0과 어떤 실수와의 ____________은 ____________.
6. 교환법칙은 2개의 항 또는 인수들의 ____________를 바꾸는 데 사용된다.
7. 결합법칙은 3개의 항 또는 인수들의 ____________를 바꾸는 데 사용된다.
8. ____________ 변수와 ____________ 차수를 갖는 항들을 동류항이라 한다.
9. 식을 간단히 할 때, ____________항들은 결합될 수 있다.

10. $-8yz^2$에서 계수는 ______________이다.

[11~24] 다음 식을 간단히 하여라.

11. $2(m+p)$
12. $3(a+b)$
13. $-12(x-y)$
14. $-10(p-q)$
15. $5k+3k$
16. $6a+5a$
17. $7r-9r$
18. $4n-6n$
19. $-8z+4w$
20. $-12k+3r$
21. $a+7a$
22. $s+9s$
23. $-(2d-f)$
24. $-(3m-n)$

[25~38] 다음 식을 간단히 하여라.

25. $-12y+4y+3+2y$
26. $-5r-9r+8r-5$
27. $-6p+5-4p+6+11p$
28. $-8x-12+3x-5x+9$
29. $3(k+2)-5k+6+3$
30. $5(r-3)+6r-2r+4$
31. $-2(m+1)-(m-4)$
32. $6(a-5)-(a+6)$
33. $0.25(8+4p)-0.5(6+2p)$
34. $0.4(10-5x)-0.8(5+10x)$
35. $-(2p+5)+3(2p+4)-2p$
36. $-(7m-12)-2(4m+7)-8m$
37. $2+3(2z-5)-3(4z+6)-8$
38. $-4+4(4k-3)-6(2k+8)+7$

[39~52] 괄호 안의 성질을 사용해서 다음 식을 간단히 하여라.

39. $5x+8x=$______________ (분배법칙)
40. $9y-6y=$______________ (분배법칙)
41. $5(9r)=$______________ (결합법칙)
42. $-4+(12+8)=$______________ (결합법칙)
43. $5x+9y=$______________ (교환법칙)
44. $-5\cdot 7=$______________ (교환법칙)
45. $1\cdot 7=$______________ (항등원 성질)
46. $-12x+0=$______________ (항등원 성질)
47. $-\frac{1}{4}ty+\frac{1}{4}ty=$______________ (역원 성질)
48. $-\frac{9}{8}\left(-\frac{8}{9}\right)=$______________ (역원 성질)
49. $8(-4+x)=$______________ (분배법칙)
50. $3(x-y+z)=$______________ (분배법칙)
51. $0(0.875x+9y-88z)=$______________ (0의 곱셈의 성질)
52. $0(35t^2-8t+12)=$______________ (0의 곱셈의 성질)

53. 교환법칙이 성립하는 예와 성립하지 않는 쉬운 예를 들어라.

54. 역연산의 쉬운 예를 들어라.

분배법칙의 성질을 이용하여 $38 \cdot 17+38 \cdot 3$을 아래와 같이 계산할 수 있다.

$$\begin{aligned} 38 \cdot 17+38 \cdot 3 &= 38(17+3) \quad \text{분배법칙} \\ &= 38(20) \\ &= 760 \end{aligned}$$

[55~60] 다음을 위 방법을 이용해서 계산하여라.

55. $96 \cdot 19+4 \cdot 19$

56. $27 \cdot 60+27 \cdot 40$

57. $58 \cdot \frac{3}{2}-8 \cdot \frac{3}{2}$

58. $8.75(15)-8.75(5)$

59. $4.31(69)+4.31(31)$

60. $\frac{8}{5}(17)+\frac{8}{5}(13)$

관련 개념(문제 61~66)

개인 또는 그룹 과제용

식 $3x+4+2x+7$을 $5x+11$로 간단히 표현할 때 암산으로 몇 단계가 실행된다. 문제 61~66에서 단계별로 실행된 과정에 사용된 성질을 서술하라.

61. $3x+4+2x+7 = (3x+4)+(2x+7)$

62. $= 3x+(4+2x)+7$

63. $= 3x+(2x+4)+7$

64. $= (3x+2x)+(4+7)$

65. $= (3+2)x+(4+7)$

66. $= 5x+11$

67. 이 절에서 소개된 성질을 설명한 부분은 어느 부분인지 설명하고 예를 들어라.

68. 동류항을 결합할 때 분배법칙이 어떻게 이용되는지 설명하고 예를 들어라.

69. 분배법칙은 $a(b+c)=ab+ac$이다. 이는 엄밀히 말하면 덧셈에 관한 곱셈의 분배법칙이다. 그러면 곱셈에 관한 덧셈의 분배법칙도 있을까? 즉, 모든 실수 a, b, c에 대해서

$$a+(b \cdot c)=(a+b)(a+c)$$

는 성립될까? a, b, c에 특정한 수를 대입하여 확인하라.

70. 식 $a-b=b-a$가 성립되는 서로 다른 수가 있을까? 있다면 예를 들어라.

1장 그룹 활동

미국인들의 소비지출 방법

목표 막대그래프와 원 그래프를 만들고 이해한다.

주어진 자료를 설명하는 데 그래프와 표를 이용하면 매우 효과적이다. 문서화된 자료를 읽는 것보다 그래프와 표를 이용하면 더 빨리 결론을 도출할 뿐만 아니라 비교나 예측도 가능하다.

표의 내용은 1993년부터 1999년 사이의 미국 중산층의 소비지출이다.

| 개인 소비지출표 |

(단위: 십억 달러)

구분	1993	1994	1995	1996	1997	1998	1999
식품, 담배	733.4	761.7	783.8	805.2	832.3	900.2	963.8
의류, 악세사리, 보석	298.1	312.7	323.4	338.0	353.3	368.3	397.2
개인관리	65.1	68.4	71.9	75.0	79.4	80.5	86.0
주택	672.8	712.7	750.3	787.4	829.8	858.2	906.2
가사	504.1	535.0	562.8	592.8	620.7	643.8	682.5
의료	785.5	826.1	871.6	912.4	957.3	1040.9	1102.6
개인사업	357.4	370.4	389.1	416.2	459.1	533.7	586.2
교통	504.0	542.2	572.3	611.6	636.4	648.6	705.5
여가	340.2	370.2	402.5	432.3	462.9	489.8	534.9
교육, 연구	98.5	104.7	112.2	119.7	129.4	139.4	148.9
종교, 복지활동	121.3	131.2	139.8	151.1	157.6	162.6	170.2
계	4,480.4	4,735.3	4,979.7	5,241.7	5,518.2	5,866.0	6,284.0

(출처: 미국 경제 분석국)

A. 그룹 내 각 개인별로 1개씩 분야를 택하여 7년간의 소비지출을 막대그래프로 나타내어라.

B. 그룹 내 각 개인별로 1년 동안의 소비지출을 원그래프로 나타내어라. 모든 소비영역이 포함되어야 하며 필요시 근삿값을 사용한다.

C. 그룹에서는 개인이 만든 도표들을 비교 검증한다.

1. 개인이 도출한 모든 결론에 대해 토론하라.
2. 그래프에 의하면 7년 후 소비지출은 어떻게 변화가 되는가?
3. 그룹이 도출한 결론을 간단히 요약하라.

1장 복습문제

복습문제를 푸는 과정에서 도움이 필요하면 [ ] 안에 제시된 절을 참조하라.

[1.1] **[1~2] 다음 각 집합의 원소들을 수직선에 표시하라.**

1. $\left\{-4, -1, 2, \frac{9}{4}, 4\right\}$
2. $\left\{-5, -\frac{11}{4}, -0.5, 0, 3, \frac{13}{3}\right\}$

[3~5] 각각의 값을 구하라.

3. $|-16|$
4. $-|-4|$
5. $|-8|-|-3|$

[6~9] 집합 $S=\left\{-9, -\frac{3}{4}, -\sqrt{4}, -0.25, 0, 0.\overline{35}, \frac{5}{3}, \sqrt{7}, \sqrt{-9}, \frac{12}{3}\right\}$**일 때, 제시된 원소들을 열거하라.**

6. 음이 아닌 정수
7. 정수
8. 유리수
9. 실수

[10~11] 다음 집합을 원소나열법으로 나타내어라.

10. $\{x|x$는 3과 9 사이의 자연수$\}$
11. $\{y|y$는 4보다 작은 음이 아닌 정수$\}$

[12~14] 다음 각 부등식의 참, 거짓을 밝혀라.

12. $4 \cdot 2 \leq |12-4|$
13. $2+|-2|>4$
14. $4(3+7)> -|40|$

[15~18] 옆의 그래프는 2000년 1월부터 2001년 1월 사이에 자동차 회사들의 판매량 변화를 퍼센트로 나타낸 것이다. 그래프를 참조하여 물음에 답하라.

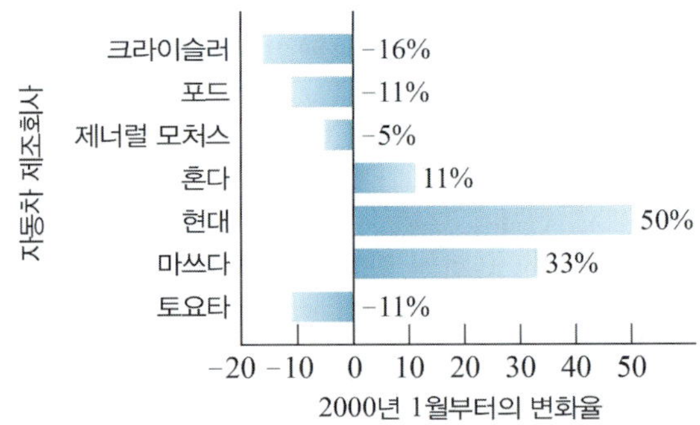

15. 가장 큰 판매량의 변화를 보인 자동차 회사는 어디인가? 변화된 값은?
16. 가장 적은 판매량의 변화를 보인 자동차 회사는 어디인가? 변화된 값은?
17. "혼다의 변화량의 절댓값이 도요타의 변화량의 절댓값보다 크다"는 참인가 거짓인가?
18. "현대의 변화량의 절댓값이 혼다의 변화량의 절댓값보다 4배 많다"는 참인가 거짓인가?

[19~20] 다음 각 집합을 구간표기법으로 나타내고 그 구간을 그려라.

19. $\{x|x< -5\}$
20. $\{x|-2<x\leq 3\}$

[1.2] **[21~28] 제시된 대로 덧셈이나 뺄셈을 하라.**

21. $-\frac{5}{8}-\left(-\frac{7}{3}\right)$

22. $-\frac{4}{5}-\left(-\frac{3}{10}\right)$

23. $-5+(-11)+20-7$

24. $-9.42+1.83-7.6-1.9$

25. $-15+(-13)+(-11)$

26. $-1-3-(-10)+(-7)$

27. $\frac{3}{4}-\left(\frac{1}{2}-\frac{9}{10}\right)$

28. $-|-12|-|-9|+(-4)-|10|$

29. 데스밸리는 해수면보다 282피트 낮고 그 근처에 있는 텔레스코프 피크는 해발고도 11,049피트이다. 둘 사이의 고도 차이는 얼마인가?

[30~33] 제시된 대로 곱셈이나 나눗셈을 하라.

30. $2(-5)(-3)(-3)$

31. $-\frac{3}{7}\left(-\frac{14}{9}\right)$

32. $\frac{75}{-5}$

33. $\frac{-2.3754}{-0.74}$

34. $\frac{5}{7-7}$, $\frac{7-7}{5}$ 둘 중 정의되지 않은 식은 무엇인가?

[1.3] **[35~38] 다음 각각을 계산하라.**

35. 10^4

36. $\left(\frac{3}{7}\right)^3$

37. $(-5)^3$

38. -5^3

[39~42] 다음 근호 값을 구하라. 값이 실수가 아니면 이유는 무엇인가?

39. $\sqrt{400}$

40. $\sqrt{\frac{64}{121}}$

41. $-\sqrt{0.81}$

42. $\sqrt{-64}$

[43~45] 연산의 순서를 이용하여 다음 각각을 계산하라.

43. $-14\left(\frac{3}{7}\right)+6\div 3$

44. $-\frac{2}{3}[5(-2)+8-4^3]$

45. $\frac{-5(3^2)+9(\sqrt{4})-5}{6-5(-2)}$

[46~48] $k=-4$, $m=2$, $n=16$일 때, 다음 각각을 계산하라.

46. $4k-7m$

47. $-3\sqrt{n}+m+5k$

48. $\frac{4m^3-3n}{7k^2-10}$

49. 아래의 체질량지수(BMI)식을 이용하면 이상적인 체중을 알 수 있다.

$$704\times(\text{체중})\div(\text{신장})^2$$

건강한 사람의 체중에 해당하는 BMI값은 19에서 25 사이이다.
단위: 체중(파운드), 신장(인치)

(a) 데릭 지터의 신장은 6피트 3인치, 몸무게 195파운드이다. 이 사람의 BMI값은?

(b) 본인의 BMI값을 구하여 건강한 체중을 유지하고 있는지 살펴보아라.

[1.4] **[50~60] 실수의 성질을 이용하여 다음 각 식을 간단히 하라.**

50. $2q+19q$
51. $13z-17z$
52. $-m+6m$
53. $5p-p$
54. $-2(k+3)$
55. $6(r+3)$
56. $9(2m+3n)$
57. $-(-p+6q)-(2p-3q)$
58. $-3y+6-5+4y$
59. $2a+3-a-1-a-2$
60. $-3(4m-2)+2(3m-1)-4(3m+1)$

[61~68] 괄호 안의 성질을 사용해서 다음 식을 간단히 하여라.

61. $2x+3x=$ ________ (분배법칙)

62. $-4\cdot 1=$ ________ (항등원 성질)

63. $2(4x)=$ ________ (결합법칙)

64. $-3+13=$ ________ (교환법칙)

65. $-3+3=$ ________ (역원의 성질)

66. $5(x+z)=$ ________ (분배법칙)

67. $0+7=$ ________ (항등원 성질)

68. $8\cdot\frac{1}{8}=$ ________ (역원의 성질)

1장 혼합 복습문제

[69~71] 아래의 표는 야후(Yahoo!)의 특정 3년의 세입 세출표이다.(단위 백만 달러)

연도	세입	세출
1996	19.07	21.39
1997	67.41	90.29
1998	203.20	177.61

연도별 세입과 세출의 차이(절댓값)를 구하고 흑자(black)인가 적자(red)인가 알아보아라.(이러한 표현은 회계장부 담당자들이 이익을 검정색 잉크로, 손해를 빨간색 잉크로 기입한 데서 유래되었다. 이러한 관습적 표현은 지금도 사용된다. 예를 들면 Yahoo!와 온라인 중개인들은 주식수익을 검정색으로, 주식손실을 빨간색으로 나타낸다.)

69. 1996
70. 1997
71. 1998

[72~88] 지시된 아래의 연산을 하라.

72. $\left(-\frac{4}{5}\right)^4$
73. $-\frac{5}{8}(-40)$
74. $-25\left(-\frac{4}{5}\right)+3^2-32\div\sqrt{4}$
75. $-8+|-14|+|-3|$
76. $\dfrac{6\cdot\sqrt{4}-3\cdot\sqrt{16}}{-2\cdot5+7(-3)-10}$
77. $-\sqrt{25}$
78. $-\frac{10}{21}\div\left(-\frac{5}{14}\right)$
79. $0.8-4.9-3.2+1.14$
80. -3^2
81. $\dfrac{-38}{-19}$
82. $-2(k-1)+3k-k$
83. $-\sqrt{-100}$
84. $-(3k-4h)$
85. $-4.6(2.48)$
86. $-\frac{2}{3}(-15)+(2^4-8\div4)$
87. $-2x+5-4x-1$
88. $-\frac{2}{3}-\left(\frac{1}{6}-\frac{5}{9}\right)$

89. $k=-4,\ m=2$일 때, $-m(3k^2+5m)$의 값을 구하라.

90. 식 $(3+2)^2$을 풀 때 괄호 안을 먼저 계산해야 할까? 아니면 3의 제곱과 2의 제곱을 계산 후 합해야 할까?

1장 테스트

1. $\left\{-3,\ 0.75,\ \frac{5}{3},\ 5,\ 6.3\right\}$을 수직선 상에 표시하라.

[2~5] $A=\left\{-\sqrt{6},\ -1,\ -0.5,\ 0,\ 3,\ \sqrt{25},\ 7.5,\ \frac{24}{2},\ \sqrt{-4}\right\}$**일 때, 아래의 원소들을 A에서 골라 나열하라.**

2. 음이 아닌 정수
3. 정수
4. 유리수
5. 실수

[6~7] 아래의 각 집합을 구간표기법으로 표기하고, 수직선 상에 표시하라.

6. $\{x|x < -3\}$

7. $\{y|-4 < y \leq 2\}$

[8~13] 다음에 제시된 연산을 하라.

8. $-6+14+(-11)-(-3)$

9. $10-4 \cdot 3+6(-4)$

10. $7-4^2+2(6)+(-4)^2$

11. $\dfrac{10-24+(-6)}{\sqrt{16}(-5)}$

12. $\dfrac{-2[3-(-1-2)+2]}{\sqrt{9}(-3)-(-2)}$

13. $\dfrac{8 \cdot 4-3^2 \cdot 5-2(-1)}{-3 \cdot 2^3+1}$

[14~16] 옆의 표에는 몇 개의 산 정상의 높이와 몇 개의 대양 해구의 깊이(음수)가 나타나 있다. 물음에 답하라. (단위: 피트)

산	높이	해구	깊이
포러커	17,400	필리핀	−32,995
윌슨	14,246	카이만	−24,721
파이크스피크	14,110	자바	−23,376

14. 포러커 산의 높이와 필리핀 해구의 깊이의 차이는 얼마인가?

15. 파이크스피크의 높이와 자바 해구의 깊이의 차이는 얼마인가?

16. 카이만 해구는 자바 해구보다 얼마나 깊은가?

[17~19] 다음 각 근호를 계산하라. 만일 그 값이 실수가 아니면 그 이유를 말하라.

17. $\sqrt{196}$

18. $-\sqrt{225}$

19. $\sqrt{-16}$

20. 다음 중 a가 어떤 조건일 때 $\sqrt{a}$ 값이 존재할까?
(a) 양수일 때 (b) 실수가 아닐 때 (c) 0일 때

21. $k=-3, m=-3, r=25$일 때 $\dfrac{8k+2m^2}{r-2}$의 값을 구하라.

22. 실수의 성질을 이용하여 $-3(2k-4)+4(3k-5)-2+4k$의 값을 구하라.

23. 식 $(3r+8)-(-4r+6)$을 간단히 할 때 빼기 부호가 $-4r$과 6에 어떤 영향을 주는가? 또 간단히 표현한 결과는 무엇인가?

[24~30] 첫째 열 I 의 내용에 알맞은 성질을 둘째 열 II에서 찾아 연결하라. 1개 이상의 연결이 가능하다.

I	II
24. $6+(-6)=0$	A. 분배법칙
25. $-2+(3+6)=(-2+3)+6$	B. 역원의 성질

I	II
26. $5x+15x=(5+15)x$	C. 항등원의 성질
27. $13 \cdot 0=0$	D. 결합법칙
28. $-9+0=-9$	E. 교환법칙
29. $4 \cdot 1=4$	F. 0의 곱셈의 성질
30. $(a+b)+c=(b+a)+c$	

2장 선형방정식, 부등식과 응용

2.1 일변수 선형방정식

학·습·목·표

1. 어떤 수가 선형방정식의 해인지 결정하기
2. 등식의 덧셈과 곱셈 성질을 이용하여 선형방정식 풀기
3. 분배법칙을 이용하여 선형방정식 풀기
4. 분수 또는 소수의 계수를 갖는 선형방정식 풀기
5. 조건부 방정식, 모순, 항등식을 확인하기

앞 장에서 대수식을 사용하기 시작했다. 대수식의 예는 다음과 같다.

$$8x+9, \quad y-4, \quad \frac{x^3y^8}{z}.$$

방정식과 부등식은 균형 척도가 두 양의 가중치를 비교하는 것처럼 대수 표현을 비교한다. 수학의 많은 응용에서 방정식은 두 대수식이 같다는 것을 나타낸다. 일변수 선형방정식은 다음과 같이 실수와 지수가 1인 하나의 변수만으로 구성되어 있다.

$$x+1=-2, \quad x-3=5, \quad 2k+5=10 \quad \text{선형방정식}$$

대수식과 방정식을 구분하는 것은 중요하다. 방정식은 등호가 있지만 대수식에는 등호가 없다.

일변수 선형방정식

일변수 선형방정식은 다음과 같이 쓴다.

$$Ax+B=C$$

A, B, C는 실수이고 $A \neq 0$이다.

선형방정식은 변수의 가장 높은 지수가 1이므로 일차방정식(first degree equation)이라고 부른다. 다음은 선형방정식이 아닌 예이다. (즉, 비선형방정식이다.)

$$x^2+3y=5, \quad \frac{8}{x}=-22, \quad \sqrt{x}=6 \quad \text{비선형방정식}$$

목표 1 어떤 수가 선형방정식의 해인지 결정하기 방정식의 변수에 어떤 수를 넣어서 계산했을 때 식이 참이면 그 수는 방정식의 해이다. 예를 들어, $x-3=5$의 방정식에 x 대신에 8을 대입하면 식이 성립하므로 방정식의 해는 8이다. 따라서 방정식 $x-3=5$의 해집합은 $\{8\}$이다.

동치 방정식(equivalent equations)은 동일한 해를 갖는 방정식이다. 방정식을 풀기 위해서 주어진 방정식으로 시작하여 보다 간단한 동치 방정식으로 바꾼다. 예를 들어, 다음 세 개의 방정식

$$5x+2=17, \quad 5x=15, \quad x=3$$

은 모두 해집합이 $\{3\}$이므로 동치 방정식이다.

목표 2 등식의 덧셈과 곱셈 성질을 이용하여 선형방정식 풀기 동치 방정식을 생성하는 데 사용되는 두 가지 중요한 성질은 등식의 덧셈과 곱셈 성질이다.

등식의 덧셈과 곱셈 성질

• 등식의 덧셈 성질

모든 실수 A, B, C에 대하여

$$A=B\text{이면 } A+C=B+C$$

이다. 즉, 등식의 양변에 같은 수를 더하여도 등식은 성립한다.

• 등식의 곱셈 성질

모든 실수 A, B, $C(C\neq 0)$에 대하여

$$A=B\text{이면 } AC=BC$$

이다. 즉, 등식의 양변에 0이 아닌 같은 수를 곱하여도 등식은 성립한다.

뺄셈과 나눗셈은 각각 덧셈과 곱셈으로 정의되기 때문에, 이러한 성질들은 확장될 수 있다. 등식의 양변에 같은 수를 빼도 등식은 성립하고 등식의 양변을 0이 아닌 같은 수로 나누어도 등식은 성립한다.

예제 1 선형방정식을 풀기 위해 덧셈과 곱셈 성질 이용하기

$4x-2x-5=4+6x+3$을 풀어라.

풀이 먼저, 방정식의 양변에 대하여 동류항 정리를 하면 다음과 같다.

$$2x-5=7+6x$$

다음의 절차를 따른다.

$2x-5+5=7+6x+5$	5를 더한다
$2x=12+6x$	동류항 정리
$2x-6x=12+6x-6x$	$6x$를 뺀다
$-4x=12$	동류항 정리
$\dfrac{-4x}{-4}=\dfrac{12}{-4}$	-4로 나눈다
$x=-3$	

-3이 맞는지를 확인하기 위하여 원래 방정식에 대입해본다.

$$
\begin{aligned}
4x-2x-5&=4+6x+3 && \text{원래 방정식}\\
4(-3)-2(-3)-5&=4+6(-3)+3 && x=-3\\
-12+6-5&=4-18+3 && \text{곱셈}\\
-11&=-11 && \text{참}
\end{aligned}
$$

이 방정식의 해집합은 $\{-3\}$이다. ■

연습문제 13을 풀어보자.

> ① 주의 예제 1에서 등호는 한 줄로 정렬되어 있다. 방정식을 풀 때 한 줄에 둘 이상의 등호 기호를 사용하지 마라.

일반적으로 일변수 선형방정식을 풀기 위하여 다음 단계를 사용한다. (일부 방정식에서는 이 모든 단계가 필요하지 않을 수 있다.)

일변수 선형방정식 풀기

1단계 분수를 없앤다. 양변에 분모의 최소공배수를 곱하여 분수를 제거한다.

2단계 각 변을 간단히 정리한다. 분배법칙을 이용하여 괄호를 없애고 필요에 따라 동류항 정리를 한다.

3단계 한쪽 변에 변수 항을 분리한다. 방정식의 한쪽 변에 변수 항 그리고 다른 변에는 상수로 만들기 위해서 덧셈 성질을 이용한다.

4단계 변수를 분리한다. 곱셈 성질을 사용하여 변수의 계수가 1이 되게 한다.

5단계 확인. 원래 방정식에 앞에서 구한 해를 대입해서 확인한다.

목표 3 분배법칙을 이용하여 선형방정식 풀기 예제 1에서는 2단계의 분배법칙이나 1단계를 사용하지 않았다. 그러나 많은 방정식에서 이 단계 중 하나 또는 둘 모두가 필요하다.

예제 2 선형방정식에서 분배법칙 사용하기

$2(k-5)+3k=k+6$을 풀어라.

풀이
- **1단계**: 이 방정식에는 분수가 없으므로 1단계는 사용하지 않는다.
- **2단계**: 이 방정식의 좌변을 간단히 하고 동류항 정리를 하기 위해 분배법칙을 사용한다.

$$
\begin{aligned}
2(k-5)+3k&=k+6 && \\
2k-10+3k&=k+6 && \text{분배법칙}\\
5k-10&=k+6 && \text{동류항 정리}
\end{aligned}
$$

- **3단계**: 등식의 덧셈 성질을 사용한다.

$$5k-10+10=k+6+10 \quad \text{10을 더한다}$$
$$5k=k+16 \quad \text{동류항 정리}$$
$$5k-k=k+16-k \quad k\text{를 뺀다}$$
$$4k=16 \quad \text{동류항 정리}$$

• 4단계: 좌변의 k를 구하기 위하여 등식의 곱셈 성질을 사용한다.

$$\frac{4k}{4}=\frac{16}{4} \quad \text{4로 나눈다}$$
$$k=4$$

• 5단계: 원래 방정식에 k 대신 4를 대입하여 해집합이 $\{4\}$인지 확인한다. ■

연습문제 15를 풀어보자.

> ⓘ 주의 공간 제약으로 인해 방정식을 풀 때 항상 수행 과정을 표시하지는 않는다. 그러나 해가 올바른지 확인하려면 항상 위와 같은 과정을 수행해야 한다.

목표 4 분수 또는 소수의 계수를 갖는 선형방정식 풀기 분수 또는 소수가 방정식의 계수인 경우 모든 분수의 분모의 최소공배수(LCD)를 방정식의 각 항에 곱하면 더 쉽게 해를 구할 수 있다. 이것은 등식의 곱셈 성질을 이용한 것으로, 정수 계수를 갖는 동치 방정식을 만든다.

예제 3 분수계수를 갖는 선형방정식 풀기

$\dfrac{x+7}{6}+\dfrac{2x-8}{2}=-4$를 풀어라.

풀이 분수계수를 제거하기 위하여 양변에 최소공배수 6을 곱한다.

• 1단계: $6\left(\dfrac{x+7}{6}+\dfrac{2x-8}{2}\right)=6(-4)$

• 2단계:
$$6\left(\frac{x+7}{6}\right)+6\left(\frac{2x-8}{2}\right)=6(-4) \quad \text{분배법칙}$$
$$x+7+3(2x-8)=-24 \quad \text{곱셈}$$
$$x+7+6x-24=-24 \quad \text{분배법칙}$$
$$7x-17=-24 \quad \text{동류항 정리}$$

• 3단계:
$$7x-17+17=-24+17 \quad \text{양변에 17을 더한다.}$$
$$7x=-7 \quad \text{동류항 정리}$$

• 4단계:
$$\frac{7x}{7}=\frac{-7}{7} \quad \text{양변을 7로 나눈다.}$$
$$x=-1$$

• 5단계: 원래 방정식에서 x가 -1인지를 확인하기 위하여 대입해 본다.

$$\begin{aligned} \frac{x+7}{6}+\frac{2x-8}{2} &= -4 \\ \frac{-1+7}{6}+\frac{2(-1)-8}{2} &= -4 \qquad x=-1 \text{ 대입} \\ \frac{6}{6}+\frac{-10}{2} &= -4 \\ 1-5 &= -4 \\ -4 &= -4 \qquad \text{참} \end{aligned}$$

해가 확인되었다. 해집합은 $\{-1\}$이다. ■

연습문제 41을 풀어보자.

다음 절에서는 이자율 및 농도와 관련된 문제를 해결한다. 이러한 문제는 방정식에 소수 계수가 포함된다. 이 소수 계수를 정수로 바꾸기 위해 10의 거듭제곱을 곱한다.

예제 4 소수 계수를 갖는 선형방정식 풀기

$0.06x+0.09(15-x)=0.07(15)$를 풀어라.

풀이 방정식 양변의 각 항에 100을 곱한다. (소수점을 두 자리 오른쪽으로 이동하여 수행)

$$\begin{aligned} 0.06x+0.09(15-x) &= 0.07(15) \\ 6x+9(15-x) &= 7(15) && \text{각 항에 100을 곱한다.} \\ 6x+9(15)-9x &= 105 && \text{분배법칙; 곱셈} \\ -3x+135 &= 105 && \text{동류항 정리} \\ -3x+135-135 &= 105-135 && \text{양변에서 135를 뺀다.} \\ -3x &= -30 \\ \frac{-3x}{-3} &= \frac{-30}{-3} && \text{양변을 } -3\text{으로 나눈다.} \\ x &= 10 \end{aligned}$$

원래의 식 x에 10을 대입하여 해집합이 $\{10\}$임을 확인한다. ■

연습문제 45를 풀어보자.

목표 5 조건부 방정식, 모순, 항등식을 확인하기 앞의 모든 방정식은 하나의 원소를 포함하는 해집합을 가졌다. 예를 들어, $2(k-5)+3k=k+6$은 해집합이 $\{4\}$이다. 어떤 선형방정식들은 해가 없거나 해가 무수히 많을 수가 있다. 아래 표는 이러한 방정식의 형태를 보여준다.

방정식의 형태	해의 개수	풀이과정에서 결과
조건부	1	끝 과정은 $x=a$ (예제 5(a))
모순	없다. 해집합은 $\varnothing$	끝 과정이 거짓 (예: $0=1$, 예제 5(c))
항등식	무한. 해집합은 {모든 실수}	끝 과정이 참, 예: $0=0$ (예제 5(b))

예제 5 조건부 방정식, 항등식, 모순

다음 방정식을 풀고 조건부 방정식인지 항등식인지 모순인지를 결정하라.

(a) $5x-9=4(x-3)$

풀이

$$\begin{aligned} 5x-9&=4x-12 && \text{분배법칙} \\ 5x-9-4x&=4x-12-4x && \text{양변에서 } 4x \text{ 빼기} \\ x-9&=-12 && \text{동류항 정리} \\ x-9+9&=-12+9 && \text{양변에 9 더하기} \\ x&=-3 \end{aligned}$$

이 방정식의 해집합은 $\{-3\}$으로 해가 하나이다. 따라서 $5x-9=4(x-3)$은 조건부 방정식이다.

(b) $5x-15=5(x-3)$

풀이 우변의 괄호를 제거하기 위하여 분배법칙을 사용한다.

$$\begin{aligned} 5x-15&=5x-15 \\ 0&=0 && 5x \text{ 빼고 15 더하기} \end{aligned}$$

계산 결과는 $0=0$으로 이 방정식의 해집합은 {모든 실수}이다. 따라서 $5x-15=5(x-3)$은 항등식이다.

(c) $5x-15=5(x-4)$

풀이

$$\begin{aligned} 5x-15&=5x-20 && \text{분배법칙} \\ 5x-15-5x&=5x-20-5x && 5x\text{를 뺀다.} \\ -15&=-20 && \text{거짓} \end{aligned}$$

이 방정식을 푼 결과가 $-15=-20$이므로 이 방정식의 해는 없다. 즉, 해집합이 $\varnothing$이다. 따라서 $5x-15=5(x-4)$는 모순이다. ■

연습문제 53, 57, 59를 풀어보자.

2.1 연습문제

1. x에 관한 선형방정식은 어느 것인가?

   A. $3x+x-1=0$ B. $8=x^2$ C. $6x+2=9$ D. $\frac{1}{2}x-\frac{1}{x}=0$

2. 1번에서 비선형방정식을 찾고 이유를 설명하라.

3. $3(x+4)=5x$에서 6은 이 방정식의 해인가? 만일 해가 아니라면 이유를 설명하라.

4. -2는 $5(x+4)-3(x+6)=9(x+1)$의 해인가? 만일 해가 아니라면 이유를 설명하라.

5. $4[x+(2-3x)]=2(4-4x)$는 항등식이다. x가 여러분의 성에 들어 있는 문자의 개수라 하자. 이 수가 이 항등식의 해가 될 수 있는지 답하라.

6. $0.06(10-x)(100)$과 같은 식을 아래에서 찾아라.

A. $0.06-0.06x$ B. $60-6x$ C. $6-6x$ D. $6-0.06x$

7. 다음 식이 방정식인지 대수식인지 구별하여라.

(a) $3x=6$

(b) $3x+6$

(c) $5x+6(x-3)=12x+6$

(d) $5x+6(x-3)-(12x+6)$

8. 방정식 $6x+9=6x+8$이 왜 해를 갖지 않는지를 설명하여라.

[9~30] 다음 방정식을 풀어라.

9. $7x+8=1$

10. $5x-4=21$

11. $7x-5x+15=x+8$

12. $2x+4-x=4x-5$

13. $12w+15w-9+5=-3w+5-9$

14. $-4t+5t-8+4=6t-4$

15. $2(x+3)=-4(x+1)$

16. $4(t-9)=8(t+3)$

17. $3(2w+1)-2(w-2)=5$

18. $4(x-2)+2(x+3)=6$

19. $2x+3(x-4)=2(x-3)$

20. $6x-3(5x+2)=4(1-x)$

21. $6p-4(3-2p)=5(p-4)-10$

22. $-2k-3(4-2k)=2(k-3)+2$

23. $-[2z-(5z+2)]=2+(2z+7)$

24. $-[6x-(4x+8)]=9+(6x+3)$

25. $-3m+6-5(m-1)=4m-(2m-4)-9m+5$

26. $4(k+2)-8k-5=-3k+9-2(k+6)$

27. $-[3x-(2x+5)]=-4-[3(2x-4)-3x]$

28. $2[-(x-1)+4]=5+[-(6x-7)+9x]$

29. $-(9-3a)-(4+2a)-3=-(2-5a)+(-a)+1$

30. $-(-2+4x)-(3-4x)+5=-(-3+6x)+x+1$

31. 다음 선형방정식을 풀기 위하여 분모의 최소공배수를 양변에 곱한다. 분모의 최소공배수는 얼마인가?

$$\frac{8x}{3}-\frac{2x}{4}=-13$$

32. 아래 선형방정식을 풀기 위하여 계수를 정수로 만들기 위해 10의 거듭제곱을 양변에 곱한다. 이때 양변에 곱할 수 있는 10의 거듭제곱 중 가장 작은 수는 얼마인가?

$$0.05x+0.12(x+5000)=940$$

33. 아래 방정식을 풀기 위하여 최소공배수 6이 아닌 12를 곱해도 해를 구할 수 있는가?

$$\frac{1}{3}x+\frac{1}{2}x=\frac{1}{6}x$$

34. 예제 4에서 방정식의 해에 대한 점검의 마지막 내용은 무엇인가?

[35~50] 다음 방정식을 풀어라.

35. $-\frac{5}{9}k=2$

36. $\frac{3}{11}z=-5$

37. $\frac{6}{5}x=-1$

38. $-\frac{7}{8}r=6$

39. $\frac{m}{2}+\frac{m}{3}=5$

40. $\frac{x}{5}-\frac{x}{4}=1$

41. $\frac{x-10}{5}+\frac{2}{5}=-\frac{x}{3}$

42. $\frac{2r-3}{7}+\frac{3}{7}=-\frac{r}{3}$

43. $\frac{4t+1}{3}=\frac{t+5}{6}+\frac{t-3}{6}$

44. $\frac{2x+5}{5}=\frac{3x+1}{2}+\frac{-x+7}{2}$

45. $0.05x+0.12(x+5000)=940$

46. $0.09k+0.13(k+300)=61$

47. $0.02(50)+0.08r=0.04(50+r)$

48. $0.20(14{,}000)+0.14t=0.18(14{,}000+t)$

49. $0.05x+0.10(200-x)=0.45x$

50. $0.08x+0.12(260-x)=0.48x$

51. 어떤 학생이 방정식 $8x=7x$의 해를 구하기 위하여 양변을 x로 나누어 $8=7$을 얻었다. 그래서 이 학생은 답을 $\varnothing$이라고 하였다. 이 학생의 답이 틀린 이유를 설명하여라.

52. 조건부 방정식과 항등식의 차이를 설명하여라. 그리고 모순에 대해서도 설명하여라.

[53~60] 다음 각 방정식들이 조건부 방정식인지 항등식인지 모순인지 결정하라. 그리고 해집합을 구하라.

53. $-2p+5p-9=3(p-4)-5$

54. $-6k+2k-11=-2(2k-3)+4$

55. $6x+2(x-2)=9x+4$

56. $-4(x+2)=-3(x+5)-x$

57. $-11m+4(m-3)+6m=4m-12$

58. $3p-5(p+4)+9=-11+15p$

59. $7[2-(3+4r)]-2r=-9+2(1-15r)$

60. $4[6-(1+2m)]+10m=2(10-3m)+8m$

[61~66] 주어진 두 방정식이 동치인가? 만일 아니라면 이유를 설명하여라.

61. $5x=10,\ \frac{5x}{x+2}=\frac{10}{x+2}$

62. $x+1=9,\ \frac{x+1}{8}=\frac{9}{8}$

63. $x=-3,\ \frac{x}{x+3}=\frac{-3}{x+3}$

64. $m=1,\ \frac{m+1}{m-1}=\frac{2}{m-1}$

65. $k=4,\ k^2=16$

66. $p^2=36,\ p=6$

2.2 수식

[학·습·목·표]

1. 특정한 변수에 대하여 방정식 풀기
2. 공식을 사용하여 응용문제 풀기
3. 백분율 문제 풀기

수학적 모델은 실제 상황을 나타내는 방정식 또는 부등식이다. 응용된 많은 문제에 대한 모델이 이미 존재하고 그것을 수식이라고 부른다. 수식은 변수를 사용하여 관계를 설명하는 수학적 방정식이다. 우리가 사용할 수식은 다음과 같다.

$$d=rt,\quad I=prt,\quad P=2L+2W$$

목표 1 특정한 변수에 대하여 방정식 풀기 일부 응용에서는 적합한 수식을 다른 변수에 대해 풀고 그 수식에 대해 해결할 수 있다. 예를 들어 공식 $I=prt$는 대출이나 투자에 대한 이자는 원금(차용 또는 투자 금액)과 이자율(연 단위로 퍼센트) 그리고 기간(연수)을 곱한 금액과 같다. 주정부 이자율로 투자하여 일정 금액의 이자를 얻는 데 걸리는 시간을 미리 알려면 t에 대해서 공식을 풀면 도움이 된다. 이 과정을 특정한 변수에 대한 풀이(solving for a specified variable)라고 부른다.

다음 예제에 사용된 단계는 선형방정식을 푸는 데 사용한 단계와 매우 유사하다. 특정 변수를 해결할 때는 해당 변수를 유일한 변수로 취급하는 것이다. 즉, 다른 모든 변수를 숫자(상수)처럼 취급한다. 다음과 같은 추가 제안 사항이 도움이 될 수 있다.

특정한 변수에 대한 풀이

1단계 방정식의 한 변에 특정한 변수를 포함하는 항을 놓고 다른 변에는 특정 변수가 포함되지 않은 항을 놓는다.

2단계 필요한 경우 분배법칙을 사용하여 특정 변수를 정리한다. 결과는 합 또는 차와 변수의 곱이어야 한다.

3단계 특정 변수의 계수로 양변을 나눈다.

예제 1 특정 변수에 대한 풀이

다음 식을 W에 대하여 풀어라.

$$P=2L+2W$$

풀이 이 식은 직사각형의 둘레 P, 직사각형의 가로 L, 세로 W 사이의 관계를 나타낸다. 그림 1을 참조하라.

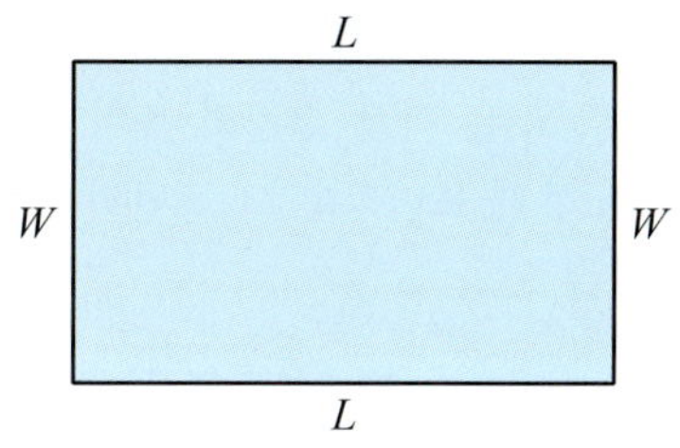

그림 1

- 1단계 :

$$P=2L+2W$$

$$P-2L=2L+2W-2L \qquad 2L \text{ 빼기}$$

$$P-2L=2W$$

- 2단계 : 필요하지 않음.
- 3단계 :

$$\frac{P-2L}{2}=\frac{2W}{2} \qquad \text{양변을 2로 나누기}$$

$$\frac{P-2L}{2}=W \text{ 또는 } W=\frac{P-2L}{2}$$

■

✎연습문제 9를 풀어보자.

> ⓘ 주의 예제 1의 3단계에서 $2L$을 2로 나누어서 분수를 단순화할 수 없다. 분자의 빼기는 나누기 전에 수행해야 한다.
>
> $$\frac{P-2L}{2}\neq P-L$$

예제 2 괄호가 있는 식 풀기

직사각형의 둘레는 가끔 $P=2(L+W)$와 같이 쓴다. 이때 W에 대하여 풀어라.

풀이 예제 1에서처럼 분배법칙을 이용해서 $P=2L+2W$를 풀 수도 있지만 계수 2로 나누어서 풀 수 있는 방법도 있다.

$$P=2(L+W)$$

$$\frac{P}{2}=L+W \qquad \text{양변을 2로 나누기}$$

$$\frac{P}{2}-L=W \text{ 또는 } W=\frac{P}{2}-L \qquad \text{양변에서 } L \text{ 빼기}$$

이 결과는 양변에 $\frac{2}{2}$를 곱하여 나온 예제 1의 결과와 동일함을 알 수 있다.

$$\frac{P}{2}-\frac{2}{2}(L)=W \qquad \frac{2}{2}=1, \text{ 따라서 } L=\frac{2}{2}(L)$$

$$\frac{P}{2}-\frac{2L}{2}=W$$

$$\frac{P-2L}{2}=W \qquad \text{분수의 뺄셈}$$

마지막 줄은 예제 1의 결과와 같다.

■

✎연습문제 15를 풀어보자.

직육면체는 상자 형태인 입체이다. 그림 2를 참조하라. 문자 H, W, L은 각각 그림의 높이, 너비 및 길이를 나타낸다. 어떤 입체도형의 표면적은 그 표면의 전체 면적이다. 직육면체의 표면적 A는

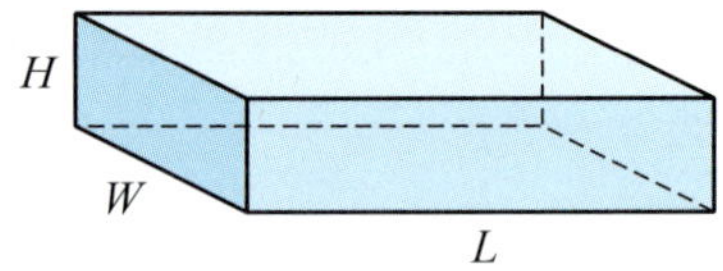

그림 2

$$A = 2HW + 2LW + 2LH.$$

예제 3 **특정한 변수를 풀기 위하여 분배법칙을 사용하기**

직육면체의 표면적을 높이와 너비, 길이를 고려하여 길이에 대한 수식을 작성하라.

풀이 길이 L을 풀려면 L을 유일한 변수로 취급하고 다른 모든 변수를 상수로 취급한다.

$$A = 2HW + 2LW + 2LH$$

$$A - 2HW = 2LW + 2LH \qquad \text{양변에서 } 2HW \text{ 빼기}$$

$$A - 2HW = L(2W + 2H) \qquad \text{분배법칙 사용(우변)}$$

$$\frac{A - 2HW}{2W + 2H} = L \quad \text{또는} \quad L = \frac{A - 2HW}{2W + 2H} \qquad \text{양변을 } 2W + 2H \text{로 나누기}$$

■

연습문제 21을 풀어보자.

> ⓘ **주의** 예제 3과 같은 문제를 해결할 때 가장 일반적인 오류는 분배법칙을 올바르게 사용하지 않는 것이다. 특정한 변수가 하나의 인수가 되도록 수식을 작성해야 한다. 마지막 단계에서 계수로 나눌 수 있다.

목표 2 **공식을 사용하여 응용문제 풀기** 속도가 r이고 시간이 t인 거리 공식 $d = rt$를 사용하여 문제를 해결한다.

예제 4 **평균속도 구하기**

자넷은 15마일 떨어진 직장에 가는데 $\frac{3}{4}$시간이 걸린다. 그녀는 얼마의 속도로 갔는가?

풀이 이 문제를 풀기 위하여 거리 공식 $d = rt$를 사용하여 속도 r에 관하여 푼다.

$$d = rt$$

$$\frac{d}{t} = \frac{rt}{t} \qquad \text{양변을 } t\text{로 나눈다.}$$

$$\frac{d}{t} = r \quad \text{또는} \quad r = \frac{d}{t}$$

이 예제에서는 r에 관하여 풀려면 3단계만 필요하다. 이제 이 공식에 d와 t의 주어진 값을 대입하여 자넷의 속도를 구한다.

$$r = \frac{d}{t}$$

$$r = \frac{15}{\frac{3}{4}} \qquad d=15,\ t=\frac{3}{4}\text{을 대입}$$

$$r = 15 \cdot \frac{4}{3} \qquad \frac{3}{4}\text{의 역수를 우변의 분모, 분자에 곱한다.}$$

$$r = 20$$

그녀의 속도는 20mph이다.

연습문제 25를 풀어보자.

문제 해법

예제 4에서 볼 수 있듯이 주어진 값을 대입하기 전에 특정 변수에 대해 먼저 푸는 것이 편리할 수 있다. 이것은 동일한 변수에 대해 여러 다른 값을 대입하는 경우에 특히 유용하다. 예를 들어, 경제학에서 특정 금액의 이자를 산출하는 이자율을 책정하기 위해서는 방정식 $I=prt$에서 r에 관해서 풀어야 한다.

목표 3 백분율 문제 풀기 수학의 중요한 일상적 사용은 퍼센트의 개념을 포함한다. 백분율은 기호 %로 나타낸다.

퍼센트란 단어는 '백 퍼센트'를 의미한다. 1퍼센트는 '100분의 1' 또는 '0.01'을 의미한다.

$$1\% = 0.01 \quad \text{또는} \quad 1\% = \frac{1}{100}$$

비율(퍼센트) 문제 풀기

a가 b의 일부분을 나타낸다면 다음 공식을 사용하여 백분율 문제를 해결할 수 있다.

$$\frac{\text{일부분의 양}}{\text{전체}} = \frac{a}{b} = \text{비율} \quad \text{(소수로 나타낸다)}$$

예를 들어, 50명으로 구성된 반에서 남자가 32명이면 반에서 남자의 비율을 다음과 같이 나타낸다.

$$\frac{\text{일부분의 양}}{\text{전체}} = \frac{a}{b} \qquad a=32,\ b=50 \text{ 대입}$$

$$= \frac{32}{50}$$

$$= 0.64 \quad \text{또는} \quad 64\%$$

예제 5 비율 문제 풀기

(a) 50L의 산성혼합물이 있는데 10L가 산성이다. 이 혼합물 속에 산성의 비율은 얼마인가?

풀이 혼합물의 양은 50L이고 10L가 산성이다. x를 산성의 비율이라고 하면 혼합물 속의 산성의 비율은 다음과 같다.

$$x = \frac{10}{50}$$

$$x = 0.20 \text{ 또는 } 20\%$$

(b) 통장에 잔액이 $3550 있다면 1년에 이자가 8%이다. 이자로 얼마나 버는가?

풀이 x를 이자로 번 돈의 양이라고 하면 이자가 8%$=0.08$이므로 식을 다음과 같이 세울 수 있다.

$$\frac{x}{3550} = 0.08 \qquad \frac{a}{b} = \text{비율}$$

$$x = 0.08(3550) \qquad \text{양변에 3550을 곱한다.}$$

$$x = 284.$$

따라서 이자로 번 돈은 $284이다. ■

연습문제 37, 39를 풀어보자.

때로는 특정 조건을 만족하는 전체 양의 비율을 그래프로 나타낸다.

예제 6 그래프로 비율 해석하기

미국으로 이주한 이민자들의 국가는 주로 19세기의 유럽인에서 히스패닉계(멕시코와 중앙아메리카 출신)와 아시아계로 바뀌고 있다. 2000년에는 미국에서 이민자 수가 28,379,000명에 이르렀다. 그림 3의 그래프를 사용하여 아시아에서 얼마나 많은 사람들이 왔는지 확인하라.

2000년에 미국으로 이주한 이민자 수

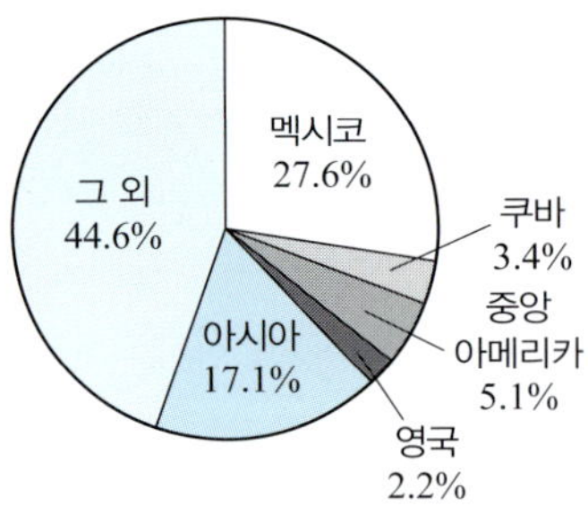

출처: 미국 인구 조사국

그림 3

풀이 그래프에 따르면, 아시에서 온 이민자의 비율은 17.1%이다. x를 아시아에서 온 이민자의 수라고 놓으면 다음과 같은 식을 세울 수 있다.

$$\frac{x}{28{,}379{,}000} = 0.171$$

$$x = 0.171(28{,}379{,}000)$$

$$x = 4{,}852{,}809$$

2000년에 아시아에서 온 미국의 이민자는 약 4,853,000명이다. ■

연습문제 47을 풀어보자.

2.2 연습문제

관련 개념(문제 1~6)

개인 또는 그룹 과제용

[1~6] 아래의 두 방정식을 보자.

첫째 방정식	둘째 방정식
$x = \dfrac{5x+8}{3}$	$t = \dfrac{bt+k}{c}\ (c \neq 0)$

t에 대한 둘째 방정식을 풀려면 x에 대한 첫째 방정식을 풀 때와 같은 논리가 필요하다. 즉, t에 대하여 풀 때는 다른 변수는 상수처럼 보면 된다.

1. (a) 첫째 방정식에서 양변에 3을 곱하여 분수를 없애라.
   (b) 둘째 방정식에서 양변에 c를 곱하여 분수를 없애라.
2. (a) 첫째 방정식의 양변에서 $5x$를 빼라.
   (b) 둘째 방정식의 양변에서 bt를 빼라.
3. (a) 첫째 방정식에서 $3x-5x$를 $(3-5)x = -2x$와 같은 형태로 동류항 정리를 하라.
   (b) 둘째 방정식에서 t에 대한 동류항 정리를 하라.
4. (a) 첫째 방정식에서 양변을 x의 계수로 나누어라.
   (b) 둘째 방정식에서 양변을 t의 계수로 나누어라.
5. 둘째 방정식의 답에서 변수에 대한 어떤 제약조건이 있어야 하는가?
6. 지금까지 수행한 과정을 짧게 요약해서 써라.

[7~18] 지정된 변수에 대하여 풀어라.

7. $I=prt$, r

8. $d=rt$, t

9. $P=2L+2W$, L
(직사각형 둘레의 길이)

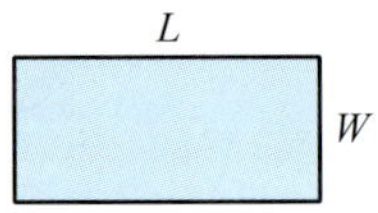

10. $A=bh$, b
(평행사변형의 넓이)

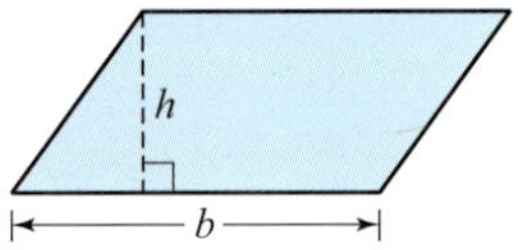

11. $V=LWH$, W
(직육면체의 부피)

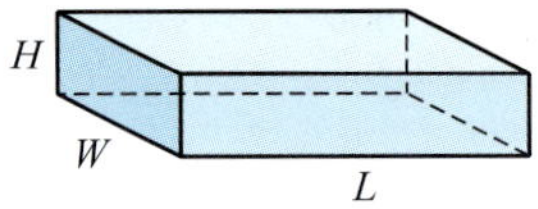

12. $P=a+b+c$, b
(삼각형의 둘레의 길이)

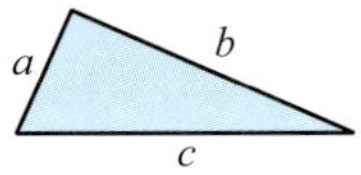

13. $C=2\pi r$, r
(원둘레의 길이)

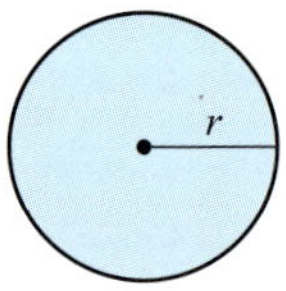

14. $A=\frac{1}{2}bh$, h
(삼각형의 넓이)

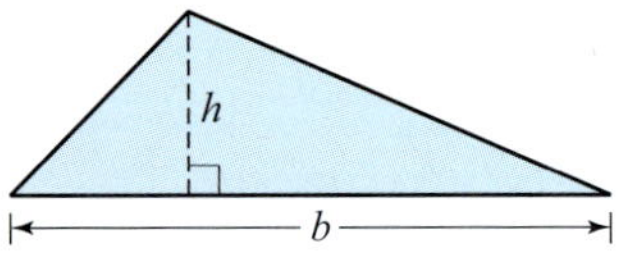

15. $A=\frac{1}{2}h(B+b)$, B
(사다리꼴의 넓이)

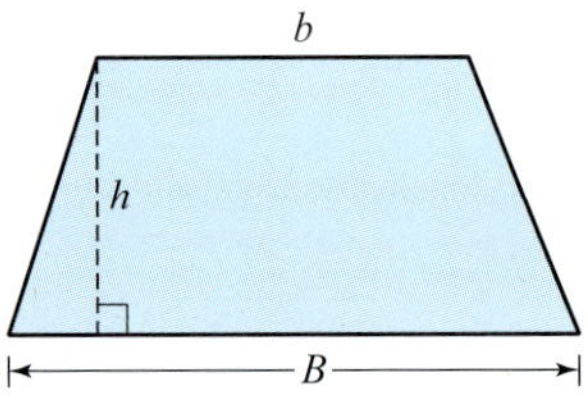

16. $S=2\pi rh+2\pi r^2$, h
(원기둥의 겉넓이)

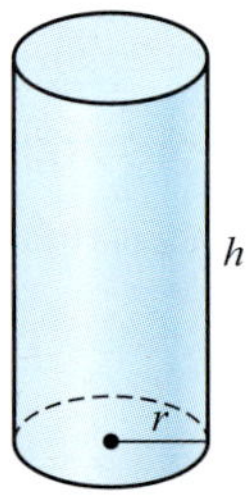

17. $F=\frac{9}{5}C+32$, C
(화씨온도를 섭씨온도로 바꾸기)

18. $C=\frac{5}{9}(F-32)$, F
(섭씨온도를 화씨온도로 바꾸기)

19. 식 $A=\frac{1}{2}bh$를 h에 관하여 풀면 다음과 같다.

$$h=\frac{2A}{b}$$

다음 중 위 식과 같지 않은 식을 골라라.

A. $h=2\left(\frac{A}{b}\right)$ B. $h=2A\left(\frac{1}{b}\right)$ C. $h=\frac{A}{\frac{1}{2}b}$ D. $h=\frac{\frac{1}{2}A}{b}$

20. $A=2HW+2LW+2LH$를 L에 대하여 푸는 과정은 다음과 같다.

$$A=2HW+2LW+2LH$$
$$A-2LW-2HW=2LH$$
$$\frac{A-2LW-2HW}{2H}=L$$

이 과정에 대수적 오류는 없지만 L에 관한 최종식이라고 할 수 없다. 무엇이 문제인가?

[21~24] 분배법칙을 사용하여 지정된 변수에 대하여 다음 식을 풀어라.

21. $2k+ar=r-3y$, r

22. $4s+7p=tp-7$, p

23. $w=\dfrac{3y-x}{y}$, y

24. $c=\dfrac{-2t+4}{t}$, t

[25~36] 다음 문제를 풀어라.

25. 1998년 제프 고든은 세계 600(마일) 경주에서 136.424 mph의 속력으로 우승했다. 시간은 얼마나 걸렸는지 근삿값으로 나타내어라.

26. 1975년 비로 인하여 인디애나폴리스 500마일 경주가 435마일로 단축됐다. 이 경기에서 바비 운저가 149.213 mph로 우승을 했다. 시간이 얼마나 걸렸는가?

27. 페이 콘은 캔자스시티에서 루이빌까지 10시간 동안 520마일을 여행했다. 그녀의 속도는 시간당 몇 마일인가?

28. 멜버른에서 런던까지의 거리는 10,500마일이다. 두 도시 사이의 제트기 속도가 평균 500mph라면 시간은 얼마나 걸리겠나?

29. 2001년 시카고에서 기록된 최고 기온은 40℃이다. 해당 화씨온도를 구하라.

30. 1997년 솔트레이크시티에서 기록된 최저 기온은 8°F이었다. 해당 섭씨온도를 구하라.

31. 이집트 쿠푸왕의 대 피라미드는 밑면의 둘레 길이가 920m인 정사각형이다. 이 정사각형의 각 변의 길이는 얼마인가?

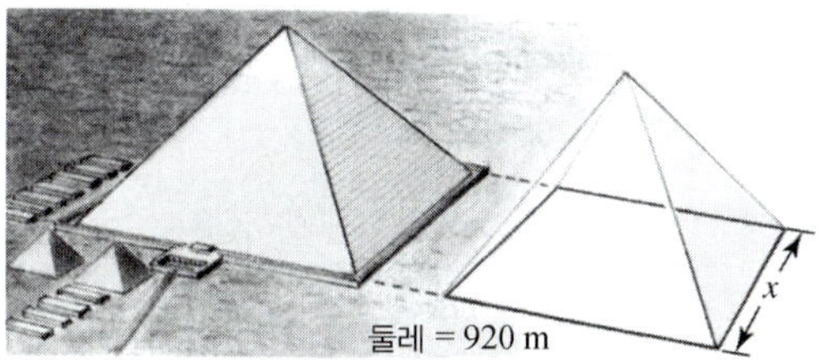

32. 애틀랜타의 피치트리 플라자 호텔은 반경 46m, 높이 220m의 원통형이다. 부피는 얼마인가?

33. 원둘레가 480π이면 반지름과 지름은 얼마인가?

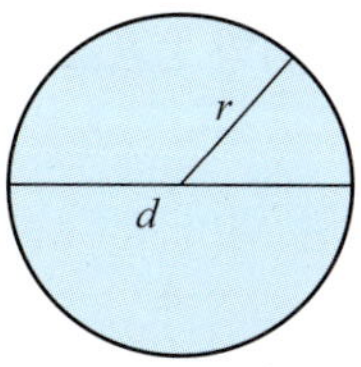

34. 반지름이 2.5인 원의 지름과 둘레는 얼마인가?

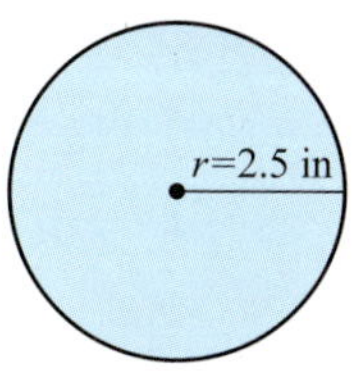

35. 목재 1코드(1코드: 장작 용적의 단위)는 128 ft^3이다. 한 무더기 나무의 너비가 4피트이고 높이가 4피트라면 1코드가 되기 위해서는 몇 무더기를 쌓아야 하는가?

36. 35번에서 1.5코드가 되기 위해서는 몇 무더기를 쌓아야 하는가?

[37~40] 다음 문제를 풀어라.

37. 알코올과 물의 혼합물에는 총 36온스의 액체가 들어 있다. 혼합물에는 9온스의 순수한 알코올이 있다. 혼합물의 몇 퍼센트가 물인가? 알코올은 또 몇 퍼센트인가?

38. 산과 물의 혼합물은 35% 산성이다. 혼합물이 총 40L라면 몇 리터의 순수한 물이 혼합물 속에 들어 있는가?

39. 부동산 중개인은 \$210,000의 부동산 판매로 \$6,300의 수수료를 받았다. 중개인의 수수료율은 얼마인가?

40. \$3,400을 예금하면 1년에 \$221의 이자가 단리로 붙는다. 이 예금에서 이자율은 얼마인가?

[41~44] 고객의 대출이 일정보다 빨리 상환될 때, 대출금이 예정된 기간 동안 상환된 경우보다 금융 수수료가 적다. 78규칙으로 불리는 하나의 방법으로, 미지급 이자액(지불할 필요가 없는 금융수수료)은 다음과 같다.

$$u = f \cdot \frac{k(k+1)}{n(n+1)}$$

여기서 u는 n회 지불을 실행하기로 예정된 대출금이 예정보다 k회 빨리 지불될 때 미지급 이자액이다. 총 예정 금융수수료는 f이다.

41. 론다 알레시는 새로운 차를 구입하고 매월 36회 지불할 것을 약속했다. 총 금융수수료는 \$700였다. 그녀가 일정보다 4회 앞당겨 지불금을 상환한다면 미지급 이자액은 얼마인가?

42. 찰스 보스버그는 자동차를 사고 매월 36회 지불금을 내는 것에 동의했다. 대출에 대한 총 금융수수료는 \$600이었다. 12회 지불이 남아 있는 상태에서 찰스는 대출금을 전액 지불하기로 결정했다. 미지급 이자액은 얼마인가?

43. 빅 데니콜라의 대출에 대한 총 금융수수료는 \$380.50이다. 대출금 상환에 필요한 24건의 균등 월납금이 있고 대출금이 8개월 남은 상태에서 대출금을 전액 지불할 경우, 미지급 이자액은 얼마인가?

44. 아드리안 오르테카는 월 24회 균등분할대출을 할 예정이다. 대출에 대한 총 금융수수료는 \$450이다. 9회 지불이 남아 있을 때 대출금을 전액 상환하기로 한다면 미지급 이자액은 얼마인가?

[45~46] 승률(%)은 일반적으로 소수 셋째 자리에서 반올림해서 나타낸다. 팀의 승률을 확인하려면 승리 수를 게임의 총 수(승+패)로 나눈다.

45. 2000년 9월 15일에 경기를 시작했을 때, 아메리칸 리그의 센트럴 디비전의 순위는 다음과 같다. 각 팀의 승률을 구하라.

   (a) 시카고　　(b) 클리블랜드　　(c) 디트로이트

	승	패	승률
시카고	87	58	
클리블랜드	77	65	
디트로이트	71	74	
캔자스시티	68	78	0.466
미네소타	63	82	0.434

46. 내셔널 리그 동부지역의 승률을 구하라.
(a) 애틀랜타 (b) 뉴욕 (c) 플로리다

	승	패	승률
애틀랜타	86	60	
뉴욕	84	62	
플로리다	69	76	
몬트리얼	61	84	0.421
필라델피아	60	85	0.414

[47~50] 아래 2개의 그래프가 보여주듯이, 텔레비전 방송국들은 1982년 이후 케이블 프로그램에 시청자를 빼앗기고 있다. 다음 그래프를 사용하여 물음에 답하시오.

더 많은 가정이 케이블 프로그램을 수신함에 따라 TV 시청자의 점유율 변화

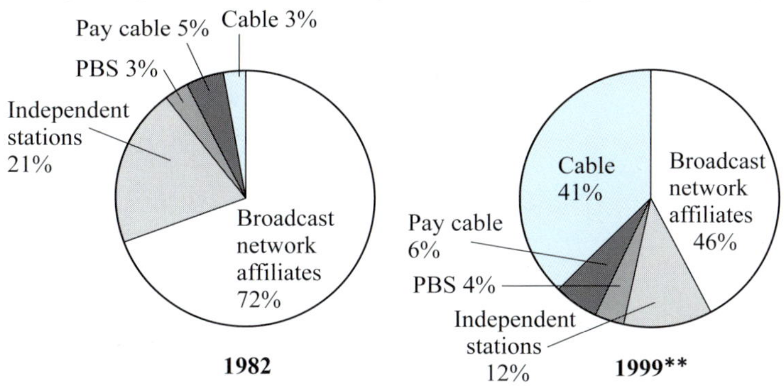

* 일부 가정에서 TV를 여러 대 보기 때문에 100%로 증가하지 않는다.

47. TV 시청자 5만 명 중 1982년에 케이블을 시청한 사람은 몇 명이었나?

48. 1982년에 11만 명의 시청자 그룹 중 몇 명이 독립 방송국을 시청했나?

49. 1999년에 35,000명의 일반 시청자 중 몇 명이 케이블을 시청했나?

50. 65,000명의 시청자 그룹에서 1999년에 독립 방송국을 몇 명이나 시청했나?

[51~52] **평균적인 중산층 가정은 1999년 출생해서 17세가 된 자녀를 양육하는데 $160,140을 쓴다. 오른쪽의 그래프는 다양한 영역에 대한 지출 백분율을 보여준다. 그래프를 사용하여 다음에 답하라.**

51. 자녀의 주택 마련에 지출하는 비용을 계산하라.

52. (a) 자녀의 의료비로 지출하는 비용을 계산하라.
    (b) 자녀의 교통비로 지출하는 비용을 계산하라.

부모의 비용

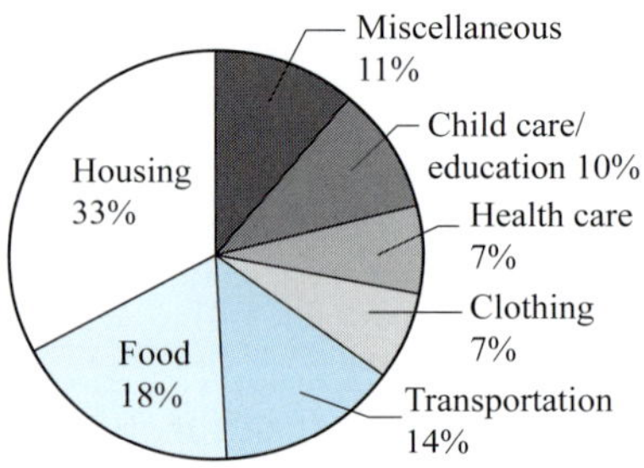

Source: U.S. Bureau of the Census.

2.3 선형방정식의 응용 I

학·습·목·표

1. 문제를 대수식으로 바꾸기
2. 주어진 정보로부터 방정식 작성하기
3. 대수식과 방정식 구별하기
4. 응용문제를 해결하기 위하여 6단계 사용하기
5. 더 많은 비율문제 풀기
6. 투자 문제 풀기
7. 혼합물 문제 풀기

목표 1 문제를 대수식으로 바꾸기 실제 상황의 수학적 모델을 만드는 것은 종종 문장을 수학적 식으로 바꾸는 것과 관련이 있다.

문제 해법

대부분의 문제 안에는 덧셈, 뺄셈, 곱셈, 나눗셈을 포함하는 수학적 식으로 바꿀 수 있는 주요 단어와 구가 있다. 다음은 일반적으로 문제에서 사용되는 표현을 수학적 식으로 바꾼 예이다.

| 말을 수학적 표현으로 변환 |

말로 된 표현	수학적 식(x, y는 수)
덧셈	
어떤 수와 7의 합	$x+7$
어떤 수보다 6 많은 수	$x+6$
3 더하기 어떤 수	$3+x$
어떤 수에 24를 더하다	$x+24$
5만큼 증가한 수	$x+5$
두 수의 합	$x+y$
뺄셈	
어떤 수보다 2 적은 수	$x-2$
12 빼기 어떤 수	$12-x$
12만큼 감소한 수	$x-12$
10에서 뺀 수	$10-x$
두 수의 차	$x-y$
곱셈	
어떤 수의 16배	$16x$
6을 곱한 수	$6x$
어떤 수의 $\frac{2}{3}$(분수, 백분율과 사용)	$\frac{2}{3}x$
어떤 수의 2배	$2x$
두 수의 곱	xy

말로 된 표현	수학적 식(x, y는 수)
나눗셈	
8과 어떤 수의 몫	$\frac{8}{x}$ $(x \neq 0)$
13으로 나눈 수	$\frac{x}{13}$
두 수의 비 또는 두 수의 몫	$\frac{x}{y}$ $(y \neq 0)$

> ⓘ **주의** 뺄셈과 나눗셈은 교환법칙이 성립하지 않으므로 이를 포함하는 식을 올바르게 바꾸는 것이 중요하다. 예를 들어 "어떤 수보다 2 적은 수"는 $x-2$이지 $2-x$가 아니다. "10에서 뺀 수"는 $10-x$이지 $x-10$이 아니다. 나눗셈을 위해서, 우리가 나누는 수는 분모이고, 나누어지는 수는 분자라는 것을 이해할 수 있다. 예를 들어, "13으로 나눈 수"는 $\frac{x}{13}$이다. 마찬가지로 "x와 y의 몫"은 $\frac{x}{y}$이다.

목표 2 주어진 정보로부터 방정식 작성하기 등호(=)는 '이다'로 쓰인다. 사실, 동일한 수식이 동일한 숫자의 이름을 나타내므로 '동일성'에 대한 아이디어를 나타내는 모든 단어는 '='로 변환된다.

예제 1 방정식으로 문장 변환하기

서술된 문장을 각각 방정식으로 변환하라.

말로 된 표현	방정식
어떤 수의 2배에서, 3이 감소하면 42이다.	$2x-3=42$
어떤 수와 12의 곱에서, 7이 줄면 105이다.	$12x-7=105$
어떤 수와, 어떤 수 더하기 4의 몫은 28이다.	$\frac{x}{x+4}=28$
어떤 수와 4의 몫에, 어떤 수를 더하면 10이다.	$\frac{x}{4}+x=10$

■

✎연습문제 7, 17을 풀어보자.

목표 3 대수식과 방정식 구별하기 방정식은 문장에 등호(=)를 포함하고 대수식은 문장에 등호가 없다.

예제 2 대수식과 방정식 구별하기

다음 식이 대수식인지 방정식인지 결정하라.

(a) $2(3+x)-4x+7$

이 식에는 등호(=)가 없으므로 대수식이다.

(b) $2(3+x)-4x+7=-1$

이 식은 등호가 있으므로 방정식이다. 분배법칙과 동류항 정리를 이용하여 풀면 $x=7$이다. ■

✎연습문제 21, 23을 풀어보자.

목표 4 응용문제를 해결하기 위하여 6단계 사용하기 이 책 전체에서 다양한 유형의 응용문제를 해결할 것이다. 모든 유형의 문제를 해결할 수 있는 방법은 없지만 다음 6가지 단계가 도움이 된다.

응용문제 해결하기

1단계 문제가 이해될 때까지 주의 깊게 읽는다.
2단계 필요에 따라 다이어그램 또는 표를 사용하여 알 수 없는 값을 나타내는 변수를 지정한다. 변수가 무엇을 나타내는지 쓰고, 필요하다면 변수의 항에서 다른 모르는 변수도 마찬가지로 앞에서 했던 것처럼 반복한다.
3단계 변수가 있는 대수식을 사용하여 방정식을 작성한다.
4단계 방정식을 푼다.
5단계 문제에 대한 해답을 기술한다. 그것이 타당해 보이는가?
6단계 원래 문제에 대입해서 답을 확인한다.

예제 3 기하 문제 풀기

직사각형의 가로는 세로의 2배보다 1 cm 크다. 직사각형의 둘레가 110 cm라면 직사각형의 가로와 세로는 얼마인가?

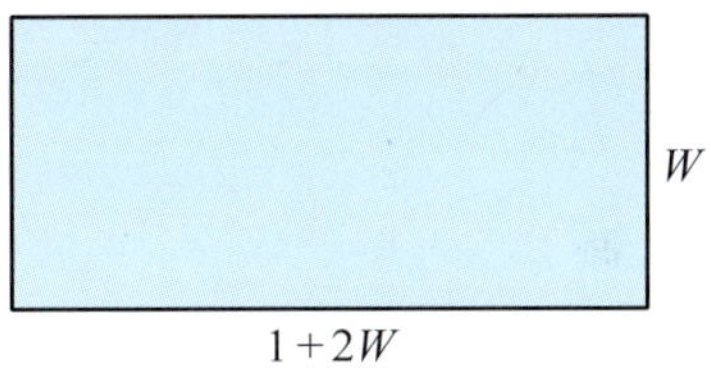

그림 4

풀이 • **1단계**: 문제를 읽고 무엇을 구하라고 하는 것인지 이해한다. 찾아야 할 것은 직사각형의 가로와 세로이다. 가로는 세로의 두 배보다 1 cm 더 크다. 둘레는 110 cm이다.

• **2단계**: 변수를 지정한다. 그림 4와 같이 그려보고 변수를 선택한다.

$$W=\text{세로},\quad 1+2W=\text{가로}$$

• **3단계**: 방정식을 쓴다. 사각형의 둘레는 $P=2L+2W$이다.

$$P=2L+2W$$
$$110=2(1+2W)+2W \qquad L=1+2W,\ P=110$$

• **4단계**: 3단계에서 구한 식을 푼다.

$$110=2(1+2W)+2W$$
$$110=2+4W+2W \qquad \text{분배법칙}$$
$$110=2+6W \qquad \text{동류항 정리}$$
$$110-2=2+6W-2 \qquad \text{양변에서 2를 뺀다}$$
$$108=6W$$

$$\frac{108}{6} = \frac{6W}{6} \qquad \text{양변을 6으로 나눈다.}$$

$$18 = W$$

• **5단계** : 해답을 기술한다. 직사각형의 세로의 길이는 18 cm이고 가로의 길이는 $1+2(18)=37$cm이다.

• **6단계** : 확인하기. 원래의 문제에 구한 답을 대입해서 성립하는지 확인한다. ■

연습문제 29를 풀어보자.

예제 4 모르는 수량(numerical quantities) 찾기

최근 수년간 메이저 리그에서 뛰어난 투수 2명은 로저 클레멘츠와 그레그 매덕스이다. 그들은 1984년에서 1999년까지 총 916 경기를 뛰었고 클레멘츠는 매덕스보다 44경기를 더 했다. 각각의 선수는 얼마나 많은 경기를 했나?

풀이 • **1단계** : 문제를 읽고 투수들이 던진 게임 수를 찾는 문제라는 것을 이해한다.

• **2단계** : 투수 중 한 명의 게임 수를 나타내는 변수를 지정한다.

$$m = \text{매덕스의 게임 수}$$

클레멘츠의 경기 수를 찾아야 한다. 그는 매덕스보다 44 경기를 더 치렀다.

$$m+44 = \text{클레멘츠의 경기 수}$$

• **3단계** : 방정식을 쓴다. 916은 두 투수의 게임 수의 합, 즉

매덕스의 게임	+	클레멘츠의 게임	= 합계
↓		↓	↓
m	+	$(m+44)$	= 916

• **4단계** : 방정식을 푼다.

$$m+(m+44)=916$$

$$2m+44=916 \qquad \text{동류항 정리}$$

$$2m=872 \qquad \text{양변에서 44를 뺀다.}$$

$$m=436 \qquad \text{양변을 2로 나눈다.}$$

• **5단계** : 해답을 기술한다. m은 매덕스의 게임 수를 나타내기 때문에 매덕스는 436 게임을 던졌다. 또한, $m+44=436+44=480$이므로 클레멘츠는 480 경기를 치렀다.

• **6단계** : 480은 436보다 44만큼 더 크고 436과 480의 합은 916이다. 문제의 조건이 만족되는지 답을 확인한다. ■

연습문제 33을 풀어보자.

> ⓘ **주의** 응용문제를 해결하는 데 있어서 일반적인 오류는 문제에서 제기된 모든 질문에 답하는 것을 잊어버리는 것이다. 예제 4에서는 각 투수의 게임 수를 묻는 문제이므로 클레멘츠의 게임 수를 찾으려면 5단계에서 추가 계산이 필요하다.

목표 5 더 많은 비율문제 풀기 이전 절에서 백분율은 '백퍼센트'를 의미한다. 따라서 5%는 0.05를 의미하고, 14%는 0.14를 의미한다.

예제 5 비율문제 풀기

2002년에는 미국에서 301개의 장거리 지역코드가 사용되었다. 이것은 지역코드 계획이 1947년에 시작되었을 때의 수보다 250% 증가한 것이다. 1947년에 몇 개의 지역 코드가 있었나?

풀이 • 1단계 : 문제를 읽는다. 지역코드가 1947년에서 2002년까지 250% 증가했으며 2002년에는 301개의 지역 번호가 주어졌다고 한다. 문제는 초기의 지역 번호를 찾는 것이다.

• 2단계 : 변수를 지정한다. x는 1947년의 지역코드의 수를 나타낸다. $250\% = 250(0.01) = 2.5$이므로 $2.5x$는 그 이후에 추가된 코드의 수를 나타낸다.

• 3단계 : 주어진 정보로부터 방정식을 작성한다.

$$\underset{\downarrow}{\text{1947의 지역코드 수}} + \underset{\downarrow}{\text{증가 수}} \underset{\downarrow}{=} 301$$
$$x + 2.5x = 301$$

• 4단계 : 방정식을 푼다.

$$1x + 2.5x = 301 \quad \text{항등원 성질}$$
$$3.5x = 301 \quad \text{동류항 정리}$$
$$x = 86 \quad \text{양변을 3.5로 나눈다.}$$

• 5단계 : 해답을 기술한다. 1947에는 86개의 지역코드가 있었다.

• 6단계 : 문제에서 구한 답을 대입해서 확인한다. $301 - 86 = 215$, 215는 86의 250%이다. ■

연습문제 39를 풀어보자.

> ⓘ 주의 예제 5와 같은 문제를 해결할 때 발생하는 두 가지 일반적인 오류를 확인하라.
> 1. 301의 250%를 찾아서 301에서 빼지 마라. 250%는 2002년의 지역코드가 아니라 1947년의 지역코드에 적용되어야 한다.
> 2. 방정식을 다음과 같이 쓰지 마라.
>
> $$x + 2.5 = 301$$
>
> 백분율은 어떤 양을 곱해야 한다. 이 경우, 1947년의 지역코드수에 적용하면 $2.5x$이다.

목표 6 투자 문제 풀기 선형방정식을 사용하여 특정 유형의 투자 문제를 해결한다. 이 장의 투자 문제는 단순한 이해관계를 다룬다. 대부분의 실제 응용문제에서는 복리(이후 장에서 다룰 것임)가 사용된다.

예제 6 투자 문제 풀기

주 복권에 당첨된 후 마크는 \$40,000을 투자했다. 그는 4%의 이자를 지불하는 계좌에 돈의 일부를 넣고 나머지는 6%의 이자를 지불하는 주식에 넣을 것이다. 그의 회계사는 이 투자의 총 연간 수입이 $2040는 되어야 한다고 말한다. 각 금리에 얼마만큼 투자해야 할까?

풀이 • 1단계 : 문제를 다시 읽는다.

• 2단계: 변수를 지정한다.

$x = 4\%$에 투자할 금액;

$40{,}000 - x = 6\%$에 투자할 금액

이자를 구하는 공식은 $I = prt$(t는 시간, p는 투자금, r은 이자율)이다. 주어진 정보를 이용해 표를 만들면 아래와 같다.

원금	이율	이자	
x	0.04	$0.04x$	
$40{,}000 - x$	0.06	$0.06(40{,}000 - x)$	
40,000		2,040	← 합계

• 3단계 : 방정식을 쓴다.

4%의 이자 + 6%의 이자 = 총이자

$$0.04x + 0.06(40{,}000 - x) = 2{,}040$$

• 4단계 : 방정식을 푼다. 소수를 없애지 않고 계산한다.

$$0.04x + 0.06(40{,}000) - 0.06x = 2{,}040 \quad \text{분배법칙}$$

$$-0.02x + 2{,}400 = 2{,}040 \quad \text{동류항 정리와 곱셈}$$

$$-0.02x = -360 \quad \text{양변에서 } 2{,}400\text{을 뺀다.}$$

$$x = 18{,}000 \quad \text{양변을 } -0.02\text{로 나눈다.}$$

• 5단계 : 해답을 기술한다. 마크는 4%에 $18,000의 돈을 투자하고 6%에 $40,000−$18,000=$22,000을 투자해야 한다.

• 6단계 : 각 이자율의 연간 이자를 구해서 확인한다. 그들은 총합이 $2,040이어야 한다. ■

연습문제 43을 풀어보자.

> ⓘ 주의 예제 6에서 우리는 변수를 4%에 투자된 금액을 나타내도록 선택했다. 학생들은 종종 "변수를 다른 알려지지 않은 변수로 표시할 수 있습니까?"라고 질문한다. 대답은 '예'이다. 방정식은 다를 것이지만 결국에는 답이 동일해질 것이다.

목표 7 혼합물 문제 풀기

농도와 관련된 혼합물 문제는 선형방정식으로 풀 수 있다.

《예제 7》 혼합물 문제 풀기

화학자는 50% 산성용액을 얻기 위해 40% 산성용액 8 L와 약간의 70% 산성용액을 혼합해야 한다.

70% 산성용액을 얼마를 혼합해야 하는가?

풀이 • 1단계 : 문제를 읽는다. 이 문제는 사용할 70% 용액의 양을 묻는 것이다.

• 2단계: 변수를 지정한다.

$$x = 70\%\ \text{용액의 리터 수}$$

문제의 정보는 그림 5에 나와 있다.

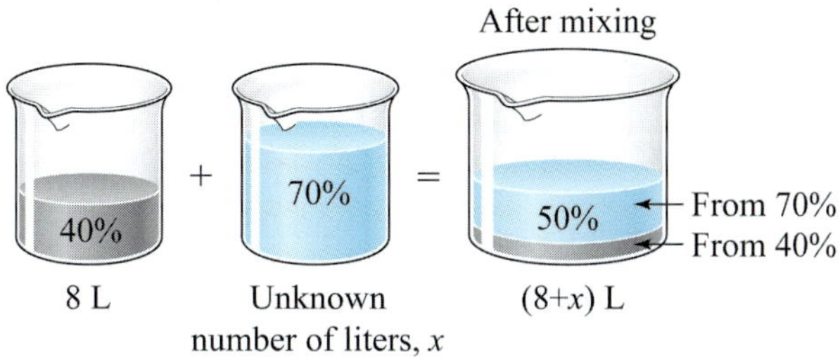

그림 5

주어진 정보를 사용하여 표를 완성한다.

용액의 양	농도	순수한 산의 양
8	0.40	$0.40(8) = 3.2$
x	0.70	$0.70x$
$8+x$	0.50	$0.50(8+x)$

(합이 같아야 함)

마지막 열의 숫자는 농도와 용액의 양을 곱하여 구한다. 40% 용액에 있는 순수한 산의 양과 70% 용액에 있는 산의 양이 50% 용액의 산의 양과 같아야 한다.

• 3단계 : 방정식을 쓴다.

$$3.2 + 0.70x = 0.50(8+x)$$

• 4단계 : 푼다.

$$3.2 + 0.70x = 4 + 0.50x \quad \text{분배법칙}$$
$$0.20x = 0.8 \quad 3.2\text{와 } 0.50x\text{를 뺀다.}$$
$$x = 4 \quad \text{양변을 } 0.20\text{으로 나눈다.}$$

• 5단계 : 해답을 기술한다. 화학자는 70% 용액 4L를 사용해야 한다.

• 6단계 : 40% 용액 8L에 있는 산과 70% 용액 4L의 산의 합은 $8(0.40)+4(0.70)=6$L이다. 마찬가지로 50% 용액 12L의 혼합물 중에 산은 $12(0.50)=6$L를 함유한다. 혼합 전과 후에 모두 순수한 산의 양은 6L이고 답을 확인한다. ■

연습문제 51을 풀어보자.

일부 혼합물 문제에서는 순수한 물에는 산이 0%, 순수한 산에는 산이 100%라는 사실을 사용해야 한다.

예제 8 하나의 성분이 순수할 때 비율 문제 풀기

가솔린의 옥탄가는 앤티노크제 품질의 척도이다. 표준 연료의 경우 옥탄가는 이소옥탄의 비율이다. 94% 이소옥탄 200L로 98% 이소옥탄 혼합물을 만들기 위해서 순수 이소옥탄 몇 리터를 혼합해야 하나?

풀이 • 1단계: 문제를 읽는다. 문제는 순수한 이소옥탄(isooctane)의 양을 묻는다.

• 2단계: 변수를 지정한다.

$$x = \text{순수한}(100\%)\ \text{이소옥탄의 양}$$

주어진 정보로 표를 만든다. $100\% = 100(0.01) = 1$임을 기억하라.

용액의 양	농도	순수 이소옥탄의 양
x	1	x
200	0.94	$0.94(200)$
$x+200$	0.98	$0.98(x+200)$

• 3단계: 방정식을 쓴다. 방정식은 예제 7에서와 같이 표의 마지막 열에서 나온다.

$$x + 0.94(200) = 0.98(x + 200)$$

• 4단계: 푼다.

$x + 0.94(200) = 0.98x + 0.98(200)$	분배법칙
$x + 188 = 0.98x + 196$	곱하기
$0.02x = 8$	$0.98x$와 188을 뺀다.
$x = 400$	양변을 0.02로 나눈다.

• 5단계 : 해답을 기술한다. 순수한 이소옥탄 400L가 필요하다.

• 6단계 : $400 + 0.94(200) = 0.98(400 + 200)$을 보임으로써 맞는지 확인한다. ■

연습문제 53을 풀어보자.

관련성

아마도 문제 해결 기술에 관한 가장 유명한 연구는 폴리아(George Polya, 1888~1985)에 의해 개발되었다. 그는 어떻게 해결할 수 있는지 수많은 간행물을 출판했다. 폴리아는 문제 해결을 위한 4단계 프로세스를 제안했다.

문제 해결을 위한 폴리아의 4단계 프로세스

1. 문제를 이해한다. 당신은 당신이 무엇을 찾을지 결정해야 한다.
2. 계획을 세운다. 다음은 유용한 전략이다.

   문제 해결 전략

   · 수식이 적용되면 사용하라.

· 방정식을 써서 풀어라.
· 스케치하라.
· 표나 차트를 만들어라.
· 패턴을 찾아라.
· 시행착오를 이용하라.
· 거꾸로 계산하라.

우리는 이전 절에서 이러한 전략의 앞부분을 사용하였다. 이 절에서는 다음 세 가지 전략을 사용했다.

3. 계획을 수행하라.
4. 검토하라. 구한 해답이 타당한지 확인한다.

토론 또는 서술형

이전에 주어진 문제 해결을 위한 6단계와 폴리아의 4단계를 비교하라. 폴리아의 각 단계에 해당하는 우리의 단계는 무엇인가?

2.3 연습문제

[1~4] 다음 식을 x를 사용하여 (a)는 대수식으로 나타내고 (b)는 방정식 또는 부등식으로 나타내어라.

1. (a) 어떤 수보다 12만큼 많은 수 ____________

   (b) 12는 어떤 수보다 많다. ____________

2. (a) 어떤 수보다 3만큼 적은 수 ____________

   (b) 3은 어떤 수보다 적다. ____________

3. (a) 어떤 수보다 4만큼 작은 수 ____________

   (b) 4는 어떤 수보다 작다. ____________

4. (a) 어떤 수보다 6만큼 큰 수 ____________

   (b) 6은 어떤 수보다 크다. ____________

5. 다음 중 'x의 20%'를 잘못 나타낸 것은 어느 것인가?

   A. $0.20x$ B. $0.2x$ C. $\frac{x}{5}$ D. $20x$

6. $13-x$가 '어떤 수보다 13 작은 수'를 표현한 것이 아닌 이유를 설명하여라.

[7~14] 아래 문장을 x를 사용하여 수식으로 바꿔라.

7. 어떤 수의 두 배에서 13만큼 적어짐
8. 6과 어떤 수의 곱에서 12만큼 적어짐
9. 어떤 수의 3배 값이 12만큼 많아짐
10. 어떤 수의 절반보다 12가 많다
11. 어떤 수보다 12 적은 수와 8의 곱
12. 어떤 수보다 9만큼 큰 수와 6만큼 적은 수와의 곱
13. 어떤 수의 3배와 7의 몫
14. 6과 0이 아닌 수의 5배의 몫

[15~20] 아래 문장을 방정식으로 표현해서 풀어라.

15. 6과의 합이 -31인 수를 구하라.
16. -4와의 합이 12인 수를 구하라.
17. 어떤 수에서 그 값과 -4와의 곱을 뺀 값이 어떤 수에 9를 더한 값과 같아지는 같은 수를 구하라.
18. 어떤 수와 6의 몫에 어떤 수의 2배를 더한 값이 어떤 수에서 8을 뺀 값과 같아지는 수를 구하라.
19. 어떤 수의 $\frac{2}{3}$배를 12에서 빼면, 결과가 10이 되는 수를 구하라.
20. 어떤 수의 75%를 6에 더한 값이, 어떤 수에 3을 더한 값과 같아지는 수를 구하라.

[21~26] 다음 식을 방정식인지 대수식인지 구별하여라.

21. $5(x+3)-8(2x-6)$
22. $-7(z+4)+13(z-6)$
23. $5(x+3)-8(2x-6)=12$
24. $-7(z+4)+13(z-6)=18$
25. $\frac{r}{2}-\frac{r+9}{6}-8$
26. $\frac{r}{2}-\frac{r+9}{6}=8$
27. 응용문제를 해결하기 위한 6단계를 써라.
28. 최근 몇 년 동안 도서 구매자들이 어디에서 책을 구매했는지를 알아보기 위해서 442명을 표본으로 조사했더니 가장 인기 있는 구매 장소는 대형서점과 소형서점이었다. 이중 소형서점보다 대형서점에서 70명 더 많이 구매했다. 문제 해결 단계를 사용하여 각 서점에서 구매한 구매자의 수를 구하라.

- 1단계 구해야 할 값은 __________________________________.
- 2단계 $x=$대형서점에서 책을 구매한 사람의 수

  $x-70=$______________________________________.
- 3단계 ____________ + ____________ $=442$

• 4단계 $x=$__________

• 5단계 대형서점의 구매자 수는 ________이고 소형서점의 구매자 수는 __________ 이다.

• 6단계 ________는 ________보다 ________이 많으며 그 합은 ________이다.

[29~36] 문제 해결의 6단계를 사용하여 다음을 풀어라.

29. 시카고에 있는 존 핸콕 센터는 밑면이 직사각형 모양을 하고 있다. 밑면의 가로는 세로의 두 배보다 65피트 작다. 이 밑면의 둘레는 860피트이다. 밑면의 넓이는 얼마인가?

30. 존 핸콕 센터는 위로 올라가면서 점점 좁아진다. 꼭대기 층은 직사각형이며 둘레는 520피트이다. 꼭대기 층의 세로는 가로의 절반보다 20피트 더 길다. 꼭대기 층의 넓이는 얼마인가?

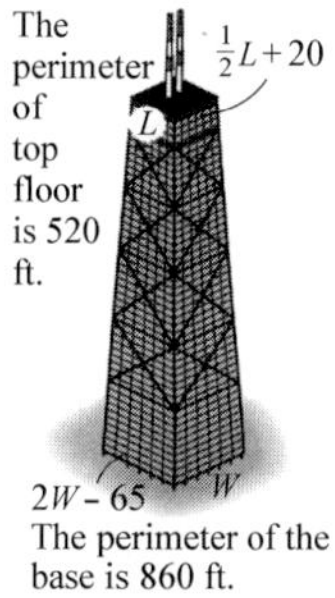

31. 버뮤다 삼각지는 항공기 조종사에게 문제를 일으키는 곳이다. 그것은 3075마일의 둘레를 가지고 있다. 가장 짧은 쪽은 중간보다 75마일 더 작으며 가장 긴 쪽은 중간보다 375마일 더 크다. 3변의 길이를 구하라.

32. 워싱턴 DC에 있는 베트남 참전 용사 기념관은 벽의 길이가 같은 이등변 삼각형으로 되어 있다. 밑변의 길이가 438피트이고 삼각형의 둘레는 931.5피트가 된다면 벽의 길이는 얼마인가?

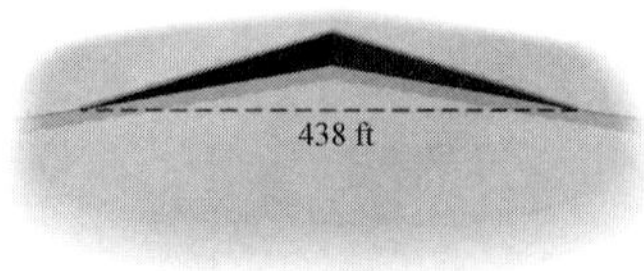

33. 2002년 포춘(Fortune)지 선정 500대 기업 중 가장 많은 수익을 올린 두 회사는 월마트와 엑슨모빌이었다. 그들의 매출은 합쳐서 4억 1,200만 달러였다. 엑슨모빌의 매출은 월마트 매출보다 2천 8백만 달러 적었다. 두 회사의 수입은 각각 얼마인가?

34. 최근 몇 년 동안 비디오 대여 수익은 비디오 판매 수익의 두 배보다 2억 7천만 달러 더 많았다. 두 수익을 합하면 98억 1,000만 달러에 달했다. 비디오 대여 수익과 비디오 판매 수익을 각각 구하라.

35. 1996년 대선에서 538명의 선거인단에게서 빌 클린턴은 밥 돌보다 220표를 더 많이 받았다. 각 후보자가 받은 표를 구하라.

36. 테드 윌리엄스와 로저스 혼스비는 위대한 타자였다. 그들이 친 안타수는 5584였고 혼스비는 윌리엄스보다 276개의 안타를 더 쳤다. 각각의 안타수를 구하라.

[37~42] 다음 문제를 풀어라.

37. ACT시험의 종합점수는 1990년 20.6에서 1998년 21.0으로 증가했다. 몇 퍼센트 증가했나?

38. 1998년 ACT시험의 참가자 수는 995,000명이었다. 1990년에는 총 817,000명이 시험에 응시했다. 몇 퍼센트 증가했는가?

39. 1990년 미국의 공립 4년제 대학의 평균 수업료는 풀타임 학생의 경우 $2,035였다. 2000년까지 약 85%가 상승했다면 2000년에 풀타임 학생의 수업료는 얼마인가?

40. 1990년 미국의 4년제 사립 대학의 평균 수업료는 풀타임 학생의 경우 $10,348였다. 2000년까지 약 86.6%가 상승했다면 2000년에 풀타임 학생의 수업료는 얼마인가?

41. 하루가 끝날 때 제프 혼비는 그가 일하는 모텔에서 금전 등록기 영수증이 총 $2725에 이르는 것을 발견했다. 여기에는 9%의 판매세가 부과되었다. 세금은 얼마인가?

42. 피노 로베라토는 그의 집을 $159,000에 팔았다. 그는 부동산 중개인에게 6%의 수수료를 지불해야 한다. 부동산 중개인에게 수수료를 지불하고 남은 금액은 얼마인가?

[43~48] 다음 각 투자에 관한 문제를 풀어라.

43. 카터 펜톤은 작년에 테니스 레슨을 해주고 $12,000를 벌었다. 그가 금리(단리)가 3%와 4%인 곳에 투자해서 1년 동안 총 $440의 이익을 얻었다면 각 금리에 얼마나 투자했는가?

원금	이율	이자
x	0.03	
	0.04	

44. 멜리사 라이트는 라스베이거스의 슬롯머신에서 $60,000를 땄다. 그녀는 금리(단리)가 2%와 3%인 곳에 투자해서 한 해 동안 총 $1600의 이자를 받았다면 각각의 금리에 얼마나 투자했는가?

원금	이율	이자
x	0.02	

45. 미셀 펠리시어는 금리가 4.5%인 곳에 투자하고, 금리가 3%인 곳에는 4.5%인 곳에 투자한 금액의 두 배보다 $1000을 적게 투자했다. 이자로부터 얻은 총 연간수입은 $1020였다면 각각에 얼마를 투자했는가?

46. 홀리 리유는 금리가 3.5%인 곳에 돈을 투자했고, 4%인 곳에는 이 금액의 3배에 $5000가 더 많은 금액을 투자했다. 1년 만에 그녀는 $1440의 이익을 얻었다면 각각 얼마를 투자했는가?

47. 제리와 루시 키프는 5%를 지불하는 주식에 $29,000을 투자했다. 두 투자에 대한 총 수익이 3%가 되도록 하려면 2%를 지불하는 주식에는 얼마를 투자해야 하는가?

48. 론 햄프슨은 6%를 지불하는 계좌에 $15,000가 있다. 두 투자에 대한 총 수익이 5.5%가 되도록 하려면 얼마만큼의 추가 자금을 4%에 예치해야 하는가?

[49~58] 혼합물의 농도와 비율에 관련된 다음 문제를 해결하여라.

49. 4%의 산성용액 10리터와 10%의 산성용액을 섞어서 6%의 용액을 얻으려면 10% 용액은 얼마나 필요한가?

산성용액의 양	농도	순수한 산의 양
10	0.04	
x	0.10	
	0.06	

50. 50%의 알코올 용액 20리터와 14%의 알코올 용액을 섞어서 30%의 알코올 용액을 만들려고 한다. 14% 알코올 용액이 얼마나 필요한가?

알코올 용액의 양	농도	순수한 알코올의 양
x	0.14	
	0.50	

51. 화학수업에서 12% 알코올 용액 12리터와 20% 알코올 용액을 섞어서 14%의 알코올 용액을 만들려고 한다. 20%의 알코올 용액은 얼마나 필요한가?

52. 40% 알코올 용액을 얻으려면 50% 알코올 용액 40리터와 10% 알코올 용액을 몇 리터 섞어야 하는가?

53. 40%의 염료 용액을 만들기 위해서 25% 염료 용액 4갤런(gal)에 얼마나 많은 순수한 100% 염료를 첨가해야 하는가?

54. 4%의 살충제 용액 6갤런을 3%의 살충제 용액으로 만들기 위해서는 물을 얼마나 넣어야 하는가?

55. 랜들 알브리튼은 1파운드당 2달러인 견과류 50파운드로 1파운드당 5달러인 견과류를 만들기 위해서 1파운드당 6달러인 견과류와 혼합하려고 한다. 6달러짜리 견과류 몇 파운드를 사용해야 할까?

56. 리 안 슈파르는 1온스당 2달러인 차와 1온스당 5달러인 차 100온스를 혼합하여 1온스당 3달러짜리 차를 만들려고 한다. 1온스당 2달러인 차를 얼마나 섞어야 하는가?

57. 1파운드당 5달러짜리 사탕과 1파운드당 4달러짜리 사탕을 섞어서 1파운드당 6달러짜리 사탕을 만드는 것은 불가능하다. 이유를 설명하라.

58. 다음 문제의 방정식을 작성하고 문제가 해결되지 않는 이유를 설명하라.

"60% 산성혼합물을 얻으려면 50%의 산성용액 15리터와 30% 산성용액 몇 리터를 섞어야 하는가?"

관련 개념(문제 59~63)

개인 또는 그룹 과제용

문제 A

잭은 800달러를 2개의 계좌에 투자해서 한 계좌에서는 연간 5%의 이자를 얻었고 다른 계좌에서는 연간 10%의 이자를 얻었다. 전체 연간 이자는 800달러를 8.75%로 투자된 금액과 같다. 잭은 각 계좌에 얼마씩 투자했는가?

문제 B

질은 5%의 산성용액과 10%의 산성용액을 섞어 8.75%의 산성용액 800L를 얻었다. 5%의 산성용액과 10%의 산성용액의 양은 각각 얼마씩인가?

[59~63] 문제 A에서 x를 5%에 투자한 금액이라 하고, 문제 B에서 y를 5% 산성용액의 양이라 하자. 다음 문제 59~63을 풀어라.

59. (a) 문제 A에서 잭이 10%에 투자한 금액을 x에 관하여 표현하라.
    (b) 문제 B에서 질이 갖고 있는 10% 산성용액의 양을 y에 관하여 표현하라.

60. (a) 잭이 연간 5%와 10%에 투자해서 얻은 이자는 얼마인가?
    (b) 질이 갖고 있던 5%와 10%의 산성용액에 들어있는 순수한 산의 양은 얼마인가?

61. (a) 문제 60(a)의 두 값의 합은 연간 얻은 전체 이자와 같다. 이 같은 사실을 나타내는 방정식을 써라.
    (b) 문제 60(b)의 두 값의 합은 마지막 혼합물의 순수 산성용액의 양과 같다. 이 같은 사실을 나타내는 방정식을 써라.

62. (a) 문제 A를 풀어라.
    (b) 문제 B를 풀어라.

63. 문제 A와 B를 푸는 과정에서 사용된 단계 사이에서 비슷한 점을 설명하라.

2.4 선형방정식의 응용 II

[학·습·목·표]
1. 화폐의 다른 단위에 대한 문제 풀기
2. 등속 운동에 대한 문제 풀기
3. 각에 관한 문제 풀기

2.3절에서 다루지 않은 선형방정식의 일반 응용에는 화폐 문제, 균일한 운동 문제, 삼각형의 각도를 포함한 문제가 있다.

목표 1 화폐의 다른 단위에 대한 문제 풀기 이러한 문제는 2.3절의 단순한 이자 문제와 매우 유사하다.

문제 해법

화폐를 포함한 문제는 다음의 사실을 이용한다.

[같은 종류의 화폐매수]×[화폐의 액면가]=[모든 화폐의 가치]

예를 들어, 30다임(dimes: 1/10달러)의 화폐가치는 $30(0.10)=3.00$달러이다. 5달러 지폐 15장의 가치는 $15(5)=75$달러이다.

예제 1 화폐 단위 문제 풀기

전체 가격이 5.65달러이다. 계산원이 니클(nickel, 5센트짜리 동전)과 쿼터(quarter, 25센트짜리 동전)로 구성되어 있는 25개의 동전을 받았다. 계산원이 얼마나 많은 서로 다른 형태의 동전을 받았나?

풀이 •1단계 : 문제 읽기

이 예제는 계산원이 받았던 니클과 쿼터의 수를 구하는 문제이다.

• 2단계 : 변수 지정

x를 니클의 수라 가정하면, $25-x$는 쿼터의 수이다.

	동전의 수	단위	값	
니클(nickel)	x	0.05	$0.05x$	
쿼터(quarter)	$25-x$	0.25	$0.25(25-x)$	
			5.65	← 합계

• 3단계: 방정식 표현. 표의 마지막 열로부터

$$0.05x + 0.25(25 - x) = 5.65$$

• 4단계: 해법

$$0.05x + 0.25(25 - x) = 5.65$$

$5x + 25(25 - x) = 565$	양변에 100을 곱한다.
$5x + 625 - 25x = 565$	분배법칙
$-20x = -60$	양변에서 625를 빼고 동류항 정리
$x = 3$	양변을 −20으로 나눈다.

• 5단계: 해법 설명

계산원은 3개의 니클과 $25 - 3 = 22$개의 쿼터를 받았다.

• 6단계: 확인

계산원은 $3 + 22 = 25$개의 동전을 가진다. 그리고 동전의 가치는 $\$0.05(3) + \$0.25(22) = \$5.65$이다. ■

연습문제 11을 풀어보자.

ⓘ 주의 예제 1과 같은 문제를 풀 때 얻은 답이 합리적인지 확인해야 한다. 여러 개의 동전을 다루고 있으므로 정답이 되기 위해서는 음수나 분수가 되어서는 안 된다.

목표 2 등속 운동에 대한 문제 풀기

문제 해법

등속도 운동 문제는 속도 공식 $d = rt$를 사용한다. 이 식에서 속도는 단위 시간(시)당 이동거리(마일)를 나타내며, 시간 및 거리 단위는 속도의 단위와 일치해야 한다. 문제를 해결하기 위해 문제를 묘사하는 그림을 그리고 주어진 정보를 요약하는 표를 만든다.

예제 2 운동 문제 해법 (반대 방향 운동)

두 개의 자동차가 같은 장소 같은 시간에 출발한다. 자동차 한 대는 동쪽 방향으로 평균 40mph로 움직이고 다른 자동차 한 대는 서쪽 방향으로 50mph로 움직인다. 두 대의 자동차가 300마일 떨어지려면 얼마의 시간이 걸리는가?

풀이 • 1단계 : 문제 읽기

두 대의 차가 300마일 떨어졌을 때 걸린 시간을 구하는 문제이다.

• 2단계: 변수 지정

두 대의 차가 반대방향으로 움직이게 한다.

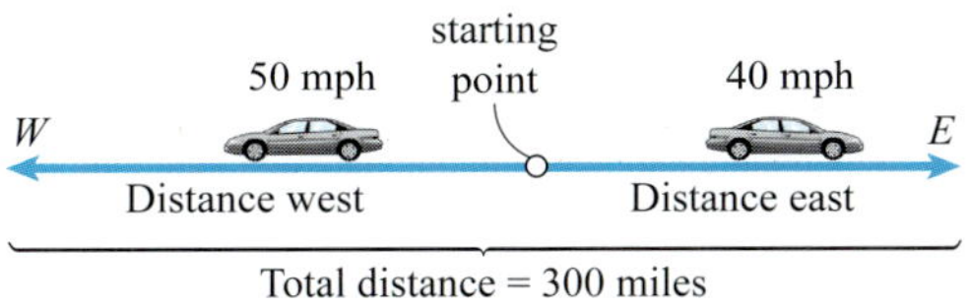

그림 6

x를 차가 이동하는데 걸린 시간이라 하고 표에 문제의 조건을 요약한 후 공식 $d=rt$를 이용하여 빈칸에 속도와 시간을 넣는다.

	속도	시간	거리	
동쪽방향 자동차	40	x	$40x$	
서쪽방향 자동차	50	x	$50x$	
			300	← 합계

- 3단계 : 방정식 표현

$$40x+50x=300$$

- 4단계 : 해법

$$\begin{aligned} 40x+50x&=300 & \\ 90x&=300 & \text{동류항 정리} \\ x&=\frac{300}{90} & \text{양변을 90으로 나눈다.} \\ x&=\frac{10}{3} & \text{약분한다.} \end{aligned}$$

- 5단계 : 해법 설명

자동차는 $\frac{10}{3}=3\frac{1}{3}$시간 또는 3시간 20분 동안 이동한다.

- 6단계 : 확인

동쪽방향으로 자동차는 $40\left(\frac{10}{3}\right)=\frac{400}{3}$마일 이동한다. 그리고 서쪽방향으로 자동차는 $50\left(\frac{10}{3}\right)=\frac{500}{3}$마일 이동하며 총 이동거리는 $\frac{400}{3}+\frac{500}{3}=\frac{900}{3}=300$마일이다. ■

연습문제 21을 풀어보자.

① 주의 예제 2에서 각 자동차의 이동거리가 300이라는 실수를 한다. 300마일은 전체 이동거리이다.

예제 2와 같이 반대방향으로의 운동을 포함하는 문제를 푸는 방정식에는 일반적으로 다음과 같은 형태가 쓰인다

$$\text{일부분 거리} + \text{일부분 거리} = \text{전체 이동거리}$$

《예제 3》 운동 문제 해법 (같은 방향 운동)

제프 베즌은 일하는 곳으로 가는데 자전거로 $\frac{3}{4}$시간, 버스로는 $\frac{1}{4}$시간 걸린다. 이때, 제프가 자전거로 이동하는 것보다 버스로 이동하는 것이 시속 20마일 빠르다면 그의 작업장까지의 거리가 얼마나 되는가?

풀이 • 1단계 : 문제 읽기

제프의 집에서 작업장까지의 거리를 알아야 한다.

• 2단계 : 변수의 할당

거리에 대한 문제이지만, x를 제프가 자전거로 직장에 가는 속도라고 가정하면, 버스의 속도는 $x+20$이다. 자전거로 이동한 거리는

$$d=rt=x\cdot\frac{3}{4}=\frac{3}{4}x$$

이고, 버스로 이동한 거리는

$$d=rt=(x+20)\frac{1}{4}=\frac{1}{4}(x+20).$$

이러한 정보를 표에 정리하면 다음과 같다.

	속도	시간	거리
자전거	x	$\frac{3}{4}$	$\frac{3}{4}x$
버스	$x+20$	$\frac{1}{4}$	$\frac{1}{4}(x+20)$

• 3단계 : 방정식 표현. 각각의 이동거리는 같아야 함이 정확한 방정식을 세우는 핵심이다.

그림 7

거리는 서로 같으므로 $\frac{3}{4}x=\frac{1}{4}(x+20)$.

• 4단계 : 해법.

$$4\left(\frac{3}{4}x\right)=4\left(\frac{1}{4}\right)(x+20) \quad \text{양변에 4를 곱한다.}$$

$$3x=x+20 \quad \text{항등원 성질}$$

$$2x=20 \quad \text{양변에서 } x\text{를 뺀다.}$$

$$x=10 \quad \text{양변을 2로 나눈다.}$$

• 5단계 : 해법 설명.

$$d=\frac{3}{4}x=\frac{3}{4}(10)=\frac{30}{4}=7.5\text{마일}$$

• 6단계 : 확인.

$$d = \frac{1}{4}(x+20) = \frac{1}{4}(10+20) = \frac{30}{4} = 7.5\text{마일}$$

■

연습문제 25를 풀어보자.

예제 3과 같이 같은 방향으로의 움직임을 포함하는 문제의 방정식은 아래의 형태이다.

거리 = 다른 거리

ⓘ 주의 예제 3에서 우리가 구해야 할 값보다는 다른 값을 변수로 놓는 것이 쉬운 방법이다. 이 예제는 아주 특별한 예이고, 이 방법이 좋은 접근 방법이면 많은 연습이 필요하며, 연습을 함으로써 많은 문제를 해결할 수 있다.

목표 3 각에 관한 문제 풀기 유클리드 기하학의 중요한 결과는 어떤 삼각형이라도 세 각의 합은 180°라는 것이다. 이 성질은 예제 4를 통해 알아보도록 한다.

예제 4 측정각 구하기

그림 8에서 x값을 구하고 세 개의 각을 구하라.

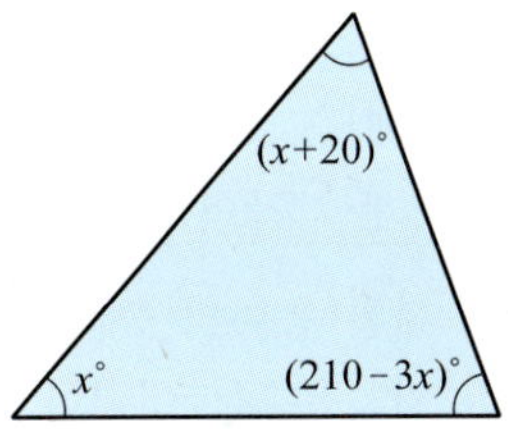

그림 8

풀이 • 1단계 : 문제 읽기. 세 개의 각을 구하는 문제이다.

• 2단계 : 변수 지정. x를 하나의 각이라 가정한다.

• 3단계 : 방정식 표현. 세 각의 합은 180°이다.

$$x + (x+20) + (210-3x) = 180$$

• 4단계: 해법

$$\begin{aligned} x + (x+20) + (210-3x) &= 180 \\ -x + 230 &= 180 && \text{동류항 정리} \\ -x &= -50 && \text{양변에서 230을 뺀다.} \\ x &= 50 && \text{양변을 } -1\text{로 나눈다.} \end{aligned}$$

• 5단계 : 해법 설명

하나의 각은 50°이다. 다른 각은 $x+20=50+20=70°$.

셋째 각은 $210-3x=210-3(50)=60°$이다.

• 6단계 : 확인

$50°+70°+60°=180°$

■

연습문제 31을 풀어보자.

이 절에 있는 문제를 푸는 또 다른 방법은 4장에서 다룬다.

2.4 연습문제

[1~4] 각각의 문제를 풀어라.

1. 동전 저장소에 38 니켈(5센트짜리 동전)과 26 다임(10센트짜리 동전)이 있을 때, 총 금액은 얼마인가?
2. 마이애미에서 케이프타운(남아프리카)까지의 거리는 7,700마일이다. 이때 어떤 비행기가 평균 시속 480마일로 두 도시 사이를 날아간다고 한다. 이 비행기로 마이애미에서 케이프타운까지 시간이 얼마나 걸리는가?
3. 트리 퐁은 300마일 떨어진 두 도시 사이를 5시간 동안 이동했다고 한다. 그는 시속 몇 마일(mph)로 이동을 하였는가?
4. 한 정사각형의 둘레의 길이가 40인치이다. 각 변의 길이가 이 정사각형의 변과 같은 길이인 정삼각형의 둘레는 얼마인가?

[5~8] 다음 답을 짧게 설명하여라.

5. 위의 예제 3을 읽으시오. 방정식의 답은 10이다. 왜 시속 10마일(10 mph)은 이 문제의 답이 아닌가?
6. 어떤 삼각형에서 2개의 각은 같은 값을 갖고 다른 하나의 각은 36°이다. 이때, 같은 값을 갖는 2개의 각의 크기를 어떻게 구할지 방정식을 세우지 말고 간략하게 설명하여라.
7. 다른 종류의 동전들의 개수를 구하는 문제에서 문제의 답이 분수가 나온다면 이것은 합리적인가? 음수는 어떠한가? (여기서 다른 종류의 동전들은 니켈, 다임, 쿼터와 같은 동전을 말한다.)
8. 운동 문제에서 속도는 시속 x마일(x mph)로 주어지고 시간은 30분으로 주어졌다. 어떤 변수 표현이 마일 단위당 거리를 나타내는가?

[9~16] 각각의 문제를 풀어라. (예제 1)

9. 오티스 테일러는 친구와 포커를 할 때 쓰는 동전 상자를 가지고 있다. 그 상자에는 44개의 동전이 있고 동전의 종류로는 페니(1센트짜리 동전), 다임(10센트짜리 동전), 쿼터(25센트짜리 동전)가 있다. 페니의 개수가 다임의 개수와 같고 모든 동전의 합은 $4.37이다. 각각의 동전의 개수를 구하라.

동전의 수	동전의 종류	값	
x	0.01	$0.01x$	
x			
	0.25		
		4.37	← 합계

10. 나나 나탐부는 소파 쿠션 밑을 보던 중 몇 개의 동전을 발견했다. 그곳에는 같은 개수의 니켈(5센트짜리 동전)과 쿼터(25센트짜리 동전)가 있었고 쿼터의 2배가 되는 하프-달러(50센트)가 있었다. 그녀가 총 $2.60을 찾았을 때, 각각의 동전의 개수는 몇 개인가?

동전의 수	동전의 종류	값	
x	0.05	$0.05x$	
x			
$2x$	0.50		
		2.60	← 합계

11. 킴 팔고의 딸, 매들린은 47개의 동전이 들어있는 돼지 저금통이 있다. 동전은 쿼터(25센트짜리 동전)와 하프-달러(50센트) 두 종류이다. 동전의 총 값이 $17.00일 때, 각각의 동전의 개수는 얼마인가?

12. 존 조슬린은 그의 사무실에 39개의 동전이 있는 상자를 갖고 있다. 동전은 페니(1센트짜리 동전)와 다임(10센트짜리 동전) 두 종류이다. 동전의 총 값이 $2.64일 때, 각각의 동전의 개수는 얼마인가?

13. 베이브 바우어는 미국의 금화를 수집한다. 그는 41개의 동전을 모았다. 동전의 종류는 $10짜리 동전과 $20짜리 동전이 있다. 동전의 액면가가 $540일 때, 각각의 동전의 개수는 얼마인가?

14. 19세기 미국은 2센트 동전과 3센트 동전을 주조했다. 프랜스 슈타이프는 3센트 동전을 2센트 동전의 3배만큼 가지고 있고 동전의 액면가는 $2.42라고 한다. 각각의 동전의 개수는 얼마인가?

15. 총 550명의 사람이 케니 로긴스 콘서트에 참석했다. A티켓은 $40이고 B티켓은 $28이다. 티켓 값이 총 $20,800만큼 모였을 때, 각각 티켓은 얼마나 팔렸는가?

16. 델가도 커뮤니티 대학이 제작한 연극 '더 뮤직맨(The Music Man)'은 큰 성과를 거뒀다. 저녁 개막식에 410개의 티켓이 팔렸다. 티켓 값은 학생들에게는 $3이고 일반 사람들에게는 $7이었다. 총 티켓 값이 $1650일 때, 참석한 학생들의 수와 일반인의 수는 얼마인가?

[17~20] 주어진 정보를 바탕으로 속도를 구하라. 계산기를 이용하고 소수점 둘째 자리에서 반올림하시오. 모든 경기는 2000년 시드니 하계 올림픽에서 있었다.

	경기	참가자	거리	시간
17.	100m 허들, 여자	Olga Shishigina, 카자흐스탄	100m	12.65초
18.	400m 허들, 여자	Irina Privalava, 러시아	400m	53.02초
19.	400m 허들, 남자	Angelo Taylor, USA	400m	47.50초
20.	400m 단거리, 남자	Michael Johnson, USA	400m	43.84초

[21~28] 다음 각각의 문제를 풀어라.

21. 강에서 2개의 증기선이 반대 방향으로 가면서 항구를 같은 시간에 떠난다. 각 증기선의 속도는 시속 22마일이다. 증기선 사이의 거리가 110마일이 될 때까지 몇 시간이 걸리는가?

	속도	시간	거리
1번 증기선		t	
2번 증기선	22		
			110

22. 한 기차가 캔자스 시티를 떠났고 북쪽으로 시속 85 km로 간다. 다른 기차가 같은 시간에 남쪽으로 시속 95km로 떠났다. 두 기차 사이의 거리가 315 km가 될 때까지 얼마나 걸리는가?

	속도	시간	거리
1번 기차	85	t	
2번 기차			
			315

23. 멀더와 스컬리 요원은 지역 호수에 서식한다고 보고된 큰 수상파충류 'Big Blue'를 수사하기 위해 조지아를 향해 가고 있다. 멀더는 워싱턴에서 8:30 A.M.에 떠났고 평균 시속 65마일로 가고 있다. 스컬리는 9:00 A.M.에 떠났고 같은 길을 평균 시속 68마일로 가고 있다. 몇 시에 스컬리가 멀더를 따라잡을까?

	속도	시간	거리
멀더			
스컬리			

24. 로이스와 클라크는 별개의 사건을 취재하기 위해 서로 반대 방향으로 떠나야 한다. 로이스는 데일리 플래닛을 8:00 A.M.에 떠났고 시속 35마일로 가고 있다. 클라크는 8:15 A.M.에 떠났고 시속 40마일로 가고 있다. 그들이 140마일 떨어지는 때는 언제인가?

	속도	시간	거리
로이스			
클라크			

25. 라트렐라는 자전거를 이용해 통학하면 15분이 걸리고 걸어서는 45분이 걸린다. 그녀의 걷는 속도는 그녀가 자전거를 탔을 때보다 시속 10마일이 느리다. 그녀가 자전거를 탔을 때의 속도는 얼마인가?

	속도	시간	거리
자전거를 탔을 때			
걸을 때			

26. 드웨인이 차를 타고 출근할 때는 30분이 걸리고 버스를 타고 출근할 때는 45분이 걸린다. 버스의 평균 속도는 차를 탈 때보다 시속 12마일 느리다. 이때, 그가 출근하는 거리를 구하라.

	속도	시간	거리
차			
버스			

27. 조니는 80마일 정도 떨어진 혼즈비 마을에 사는 그의 사촌, 앤 호프먼을 만나기 위해 멤피스를 떠났다. 그는 평균 시속 50마일로 움직였다. 30분 후, 앤은 조니를 만나기 위해 나갔고 평균 시속 60마일로 이동했다. 둘이 만날 때까지 앤는 얼마나 이동하는가?

28. 에이미 카델라는 자동차 여행에서 첫 2시간 동안은 일정한 속도를 유지했다. 출퇴근 시간대의

교통량으로 인해 그녀는 속도를 시속 25마일로 줄였고 마지막까지 이 속도를 유지했다. 전체 여행의 거리는 125마일이고 2시간 30분이 걸렸다. 이때, 첫 2시간 동안의 속도는 얼마인가?

[29~32] **각 각도의 값을 구하라.**

29.

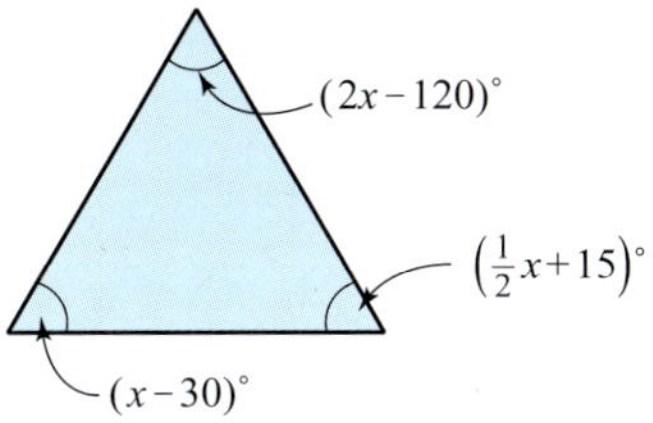

30.

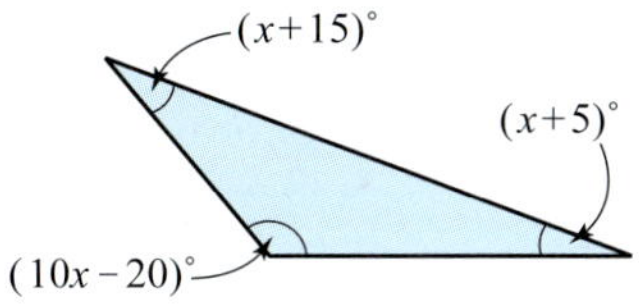

31.

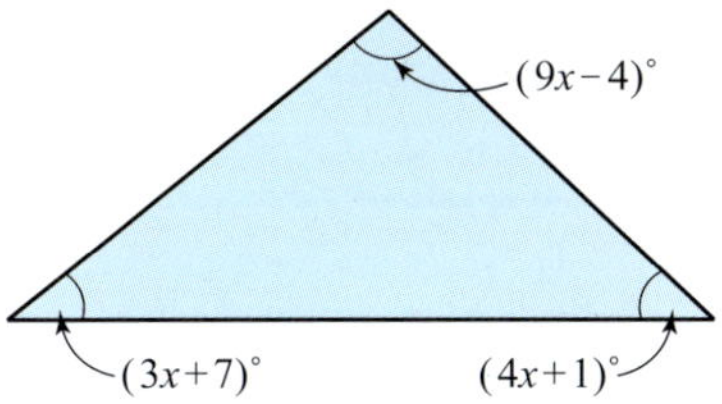

32.

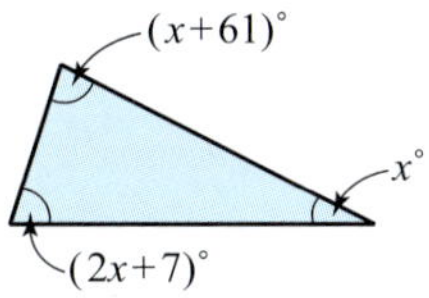

2.5 일변수 선형부등식

[학·습·목·표]

1. 덧셈 성질을 이용하여 선형부등식 풀기
2. 곱셈 성질을 이용하여 선형부등식 풀기
3. 세 부분으로 나누어진 선형부등식 풀기

| 구간표기법 |

구간의 형태	집합	구간표기법	그래프
개구간	$\{x \mid a < x\}$	(a, ∞)	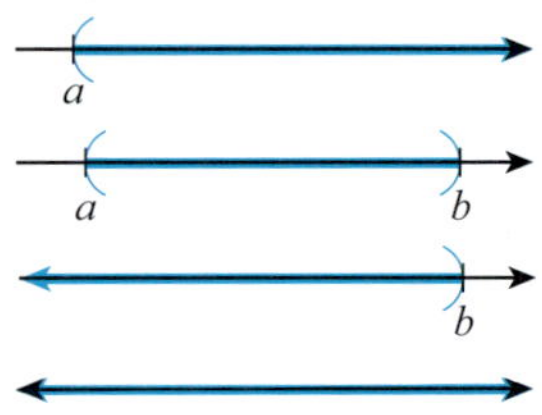
	$\{x \mid a < x < b\}$	(a, b)	
	$\{x \mid x < b\}$	$(-\infty, b)$	
	$\{x \mid x$ 는 실수$\}$	$(-\infty, \infty)$	
반개구간	$\{x \mid a \le x\}$	$[a, \infty)$	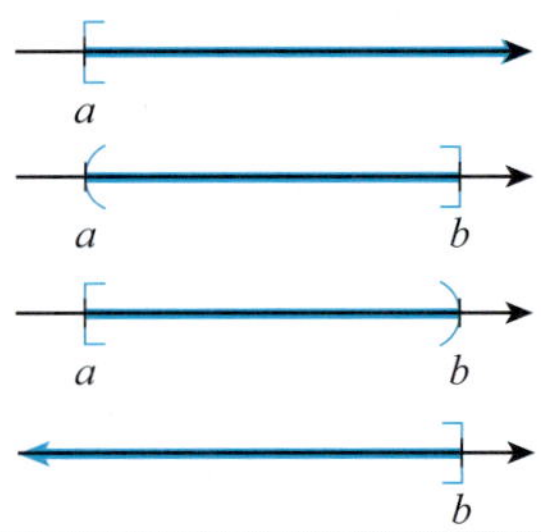
	$\{x \mid a < x \le b\}$	$(a, b]$	
	$\{x \mid a \le x < b\}$	$[a, b)$	
	$\{x \mid x \le b\}$	$(-\infty, b]$	
폐구간	$\{x \mid a \le x \le b\}$	$[a, b]$	

부등식은 두 식이 같지 않음을 의미한다. 부등식의 풀이는 방정식의 풀이와 매우 유사하다.

일변수 선형부등식

일변수 선형부등식의 형태는 다음과 같다.

$$Ax + B < C$$

여기서 A, B, C는 실수이며 $A \neq 0$이다.

(이 장에서는 '$<$'에 대한 정의와 규칙을 다루지만 $>$, $\le$, $\ge$도 유사하다.) 선형부등식에는 아래의

예제들도 포함된다.

$$x+5<2, \quad x-3 \geq 5, \quad 2k+5 \leq 10$$

목표 1 덧셈 성질을 이용하여 선형부등식 풀기 우리는 부등식을 만족하는 모든 값을 찾음으로써 부등식을 푼다. 일반적으로 부등식은 해가 무한하다. 방정식의 해와 같이 부등식의 해는 간단하며 동치인 부등식을 찾으면 된다. 동치인 부등식이란 같은 해집합을 갖는 부등식들이며, 동치인 부등식을 만들기 위해 부등식의 덧셈 성질과 곱셈 성질을 이용한다.

부등식의 덧셈 성질

모든 실수 A, B, C 에 대하여

$$A<B \text{ 와 } \quad A+C<B+C$$

는 동치이다.

즉, 부등식에서 양변에 같은 수를 더해도 해집합은 변하지 않는다.

방정식에서처럼 부등식의 양변에서 같은 수를 빼기 위해 덧셈 성질이 사용된다.

예제 1 부등식에서 덧셈 성질 이용

$x-7<-12$의 해를 구하라.

풀이

$$x-7<-12$$

$$x-7+7<-12+7 \quad \text{양변에 7를 더한다.}$$

$$x<-5$$

확인: 방정식 $x-7=-12$에 $x=-5$를 대입한 결과는 참이어야 한다.

$$x-7=-12$$

$$-5-7=-12 \quad x=-5 \text{ 대입}$$

$$-12=-12 \quad \text{참}$$

-5는 경계점이다. 그래서 -5보다 더 작은 경우에 부등식이 성립한다.

-4와 -6을 선택하여 부등식에 대입하면 다음과 같다.

$$x-7<-12$$

$-4-7<-12$ $\quad x=-4$ 대입	$-6-7<-12$ $\quad x=-6$ 대입
$-11<-12$ $\quad$ 거짓	$-13<-12$ $\quad$ 참
-4는 해가 아니다.	-6은 해이다

해집합은 $(-\infty, -5)$이고 그래프는 그림 9에 있다.

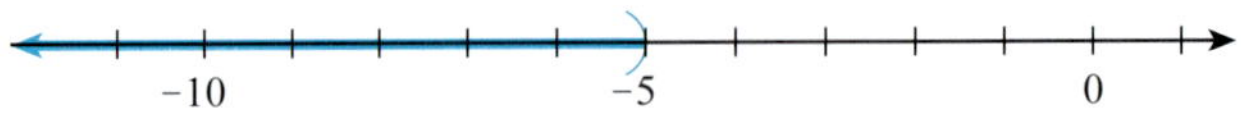

그림 9

연습문제 9를 풀어보자.

예제 2 부등식에서 덧셈 성질 이용

$14+2m \le 3m$의 해를 구하고 해집합의 그래프를 그려라.

풀이 먼저 양변에서 $2m$을 뺀다.

$$14+2m \le 3m$$
$$14+2m-2m \le 3m-2m \qquad \text{양변에서 } 2m\text{을 뺀다.}$$
$$14 \le m$$

확인: 방정식

$$14+2m = 3m$$
$$14+2(14) = 3(14) \qquad m=14\text{를 대입}$$
$$42 = 42 \qquad \text{참}$$

그래서 14는 ≤ 부분의 상등을 만족한다. 그래서 10과 15 값을 대입해 보면,

$$14+2m \le 3m$$

$14+2(10) < 3(10)$ $m=10$ 대입	$14+2(15) < 3(15)$ $m=15$ 대입
$34 < 30$ 거짓	$44 < 45$ 참
10은 해가 아니다.	15는 해이다.

해집합은 $[14, \infty)$이고 그래프는 그림 10에 있다.

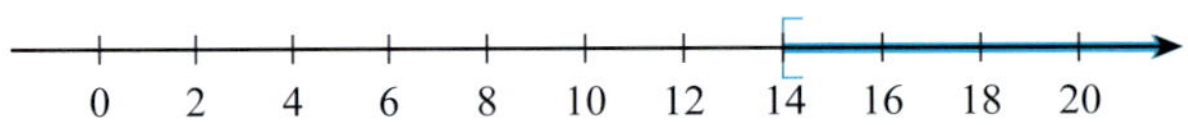

그림 10

연습문제 21을 풀어보자.

목표 2 곱셈 성질을 이용하여 선형부등식 풀기 $3x \le 15$와 같은 부등식은 곱셈 성질을 이용하여 양변을 3으로 나눌 필요가 있다. 부등식의 곱셈 성질은 등식의 곱셈 성질보다 조금 더 복잡하다.

부등식의 곱셈 성질

모든 실수 A, B와 $C(\ne 0)$에 대하여

(a) $C>0$이면 부등식 $A<B$와 $AC<BC$는 동치이다.

(b) $C<0$이면 부등식 $A<B$와 $AC>BC$는 동치이다.

즉, 양변에 양수를 곱해(나누어)주면 부등식 방향이 변하지 않고 양변에 음수를 곱해(나누어)주면 부등식 방향이 바뀐다.

ⓘ 주의 부등식의 양변에 음수를 곱하거나 나누어주면 부등호의 방향이 바뀐다는 사실을 기억하라.

예제 3 부등식에서 곱셈 성질 이용

다음 각 부등식을 풀고 해집합을 그려라.

(a) $5m \le -30$

풀이 양변을 5로 나누기 위해 곱셈 성질을 이용한다. $5 > 0$이기 때문에 부등호의 방향은 변하지 않는다.

$$5m \le -30$$

$$\frac{5m}{5} \le \frac{-30}{5} \qquad \text{양변을 5로 나눈다}$$

$$m \le -6$$

해집합은 $(-\infty, -6]$이고 그래프는 그림 11에 있다.

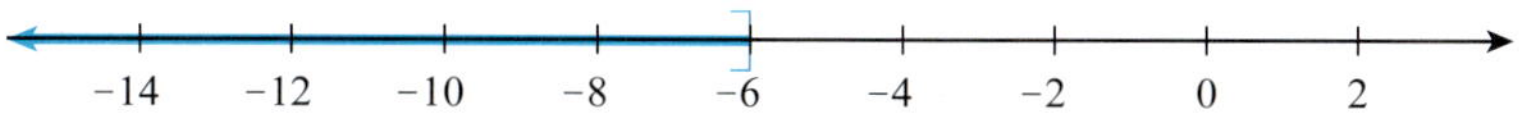

그림 11

(b) $-4k \le 32$

풀이 양변을 -4로 나눈다. $-4 < 0$이기 때문에 부등호의 방향은 변한다.

$$-4k \le 32$$

$$\frac{-4k}{-4} \ge \frac{32}{-4} \qquad \text{양변을 } -4\text{로 나눈다. (부등호 방향이 바뀐다)}$$

$$k \ge -8$$

따라서 해집합은 $[-8, \infty)$이고 해집합의 그래프는 그림 12와 같다.

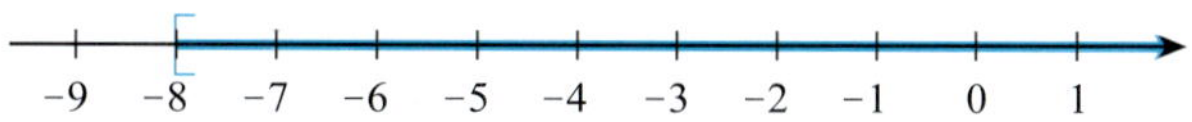

그림 12

■

✎연습문제 13, 17을 풀어보자.

선형부등식의 해법

1단계 양변을 간단히 한다. 분배법칙을 사용해 괄호를 풀고 필요하다면 동류항을 정리한다.

2단계 한 변에는 변수만, 다른 한 변에는 상수만 놓이게 한다.

3단계 변수의 계수를 1로 만든다. 부등식의 곱셈 성질을 사용하여 부등식을 $x < k$ 또는 $x > k$의 형태로 바꾼다.

《예제 4》 분배법칙을 이용한 선형부등식의 해법

$-3(x+4)+2 \geq 7-x$의 해를 구하고 해집합의 그래프를 그려라.

풀이 • 1단계 :

$$-3x-12+2 \geq 7-x \qquad \text{분배법칙}$$
$$-3x-10 \geq 7-x$$

• 2단계 :

$$-3x-10+x \geq 7-x+x \qquad \text{양변에 } x\text{를 더한다.}$$
$$-2x-10 \geq 7$$
$$-2x-10+10 \geq 7+10 \qquad \text{양변에 10을 더한다.}$$
$$-2x \geq 17$$

• 3단계 :

$$\frac{-2x}{-2} \leq \frac{17}{-2} \qquad \text{양변을 } -2\text{로 나누고, } \geq\text{을 } \leq\text{로 바꾼다.}$$
$$x \leq -\frac{17}{2}$$

따라서 해집합은 $\left(-\infty, -\frac{17}{2}\right]$이고 이 해집합의 그래프는 그림 13이 보여준다.

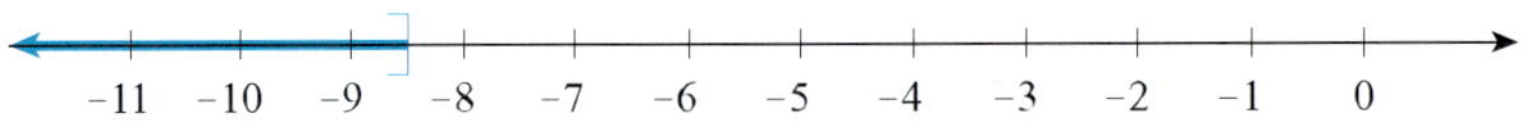

그림 13

■

✎연습문제 23을 풀어보자.

> ⓘ 주의 예제 4의 2단계에서 양변에 $3x$를 더하면 결과는 다음과 같다.
>
> $$-3x-10+3x \geq 7-x+3x \qquad \text{양변에 } 3x\text{를 더한다.}$$
> $$-10 \geq 2x+7$$
> $$-10-7 \geq 2x+7-7 \qquad \text{양변에서 7을 뺀다.}$$
> $$-17 \geq 2x$$
> $$-\frac{17}{2} \geq x \qquad \text{양변을 2로 나눈다.}$$
>
> 결과적으로 해집합은 변하지 않는다.

《예제 5》 분수를 갖는 선형부등식의 해법

$-\frac{2}{3}(r-3)-\frac{1}{2} < \frac{1}{2}(5-r)$의 해를 구하고 해집합의 그래프를 그려라.

풀이 분수를 간단히 하기 위해, 분모의 최소공배수 6을 곱한다.

$$-\frac{2}{3}(r-3)-\frac{1}{2} < \frac{1}{2}(5-r)$$

$$6\left[-\frac{2}{3}(r-3)-\frac{1}{2}\right]<6\left[\frac{1}{2}(5-r)\right] \qquad \text{양변에 6을 곱한다.}$$

$$6\left[-\frac{2}{3}(r-3)\right]-6\left(\frac{1}{2}\right)<6\left[\frac{1}{2}(5-r)\right] \qquad \text{분배법칙}$$

$$-4(r-3)-3<3(5-r)$$

• 1단계:

$$-4r+12-3<15-3r \qquad \text{분배법칙}$$

$$-4r+9<15-3r$$

• 2단계:

$$-4r+9+3r<15-3r+3r \qquad \text{양변에 } 3r\text{을 더한다.}$$

$$-r+9<15$$

$$-r+9-9<15-9 \qquad \text{양변에서 9를 뺀다.}$$

$$-r<6$$

• 3단계: r의 해를 구하기 위해 부등식의 양변에 -1을 곱한다. -1은 음수이기 때문에 부등호의 방향이 바뀐다.

$$-1(-r)>-1(6) \qquad \text{양변에 } -1\text{을 곱한다.}$$

$$r>-6$$

따라서 해집합은 $(-6, \infty)$이고 그림 14에서 해집합의 그래프를 볼 수 있다.

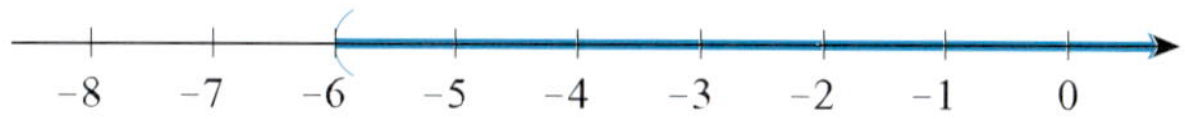

그림 14

■

✎연습문제 29를 풀어보자.

목표 3 세 부분으로 나누어진 선형부등식 풀기 $x+2$가 3과 8 사이에 있을 경우의 부등식은 다음과 같다.

$$3<x+2<8$$

이 같은 문제를 풀기 위해 부등식의 각 부분에서 2를 빼면

$$3-2<x+2-2<8-2$$

$$1<x<6$$

이다. 그러므로 x는 1과 6 사이에 있고, $x+2$는 3과 8이 사이에 있음을 의미한다.

따라서 해집합은 $(1, 6)$이고 그래프는 그림 15에 있다.

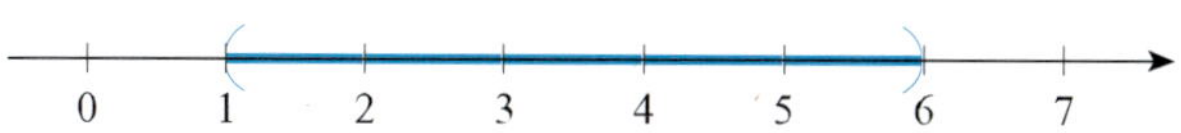

그림 15

■

> ⓘ 주의 세 개의 부분으로 된 부등식에서는 부등호의 순서에 주의해야 한다. 부등식 $8 < x+2 < 3$은 잘못된 표현이다. 왜냐하면 이는 $8 < 3$을 의미하기 때문에 거짓이다. 일반적으로 세 개의 부분으로 된 부등식에서 부등호의 방향은 같은 방향으로, 그리고 작은 값 쪽으로 되어 있다.

예제 6 세 개 부분으로 나누어진 부등식의 해법

$-2 \le -3k-1 \le 5$의 해를 구하고 해집합의 그래프를 그려라.

풀이 세 개의 부분에 1을 더하여 가운데 부분에 변수만 놓이게 한다.

$$-2+1 \le -3k-1+1 \le 5+1 \quad \text{각 부분에 1을 더한다.}$$

$$-1 \le -3k \le 6$$

$$\frac{-1}{-3} \ge \frac{-3k}{-3} \ge \frac{6}{-3} \quad \text{각 부분을 } -3\text{으로 나눈다. (부등호 방향이 바뀐다.)}$$

$$\frac{1}{3} \ge k \ge -2$$

$$-2 \le k \le \frac{1}{3} \quad \text{부등호를 수직선 순서로 바꾼다.}$$

해집합은 $\left[-2, \frac{1}{3}\right]$이고 그래프는 그림 16에 보여진다.

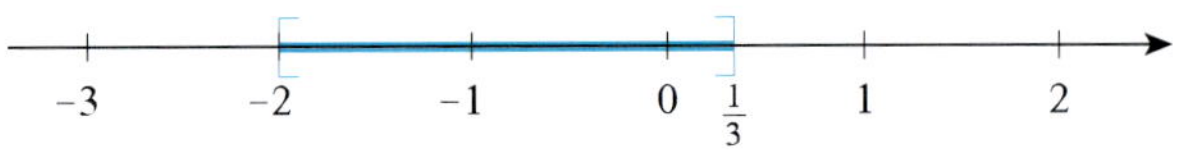

그림 16

■

✎ 연습문제 51을 풀어보자.

선형방정식 또는 선형부등식 해집합의 형태는 아래 표와 같다.

선형방정식과 선형부등식의 해집합

방정식 또는 부등식	해집합	해집합 그림
선형방정식 $5x+4=14$	$\{2\}$	
선형부등식 $5x+4<14$	$(-\infty, 2)$	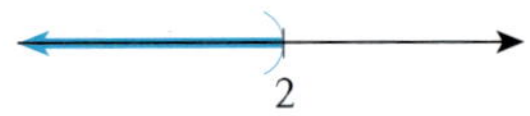
$5x+4>14$	$(2, \infty)$	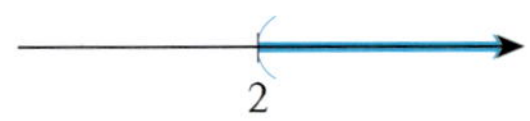
부등식 $-1 \le 5x+4 \le 14$	$[-1, 2]$	

2.5 연습문제

[1~6] I 열의 부등식과 II열의 그래프 또는 구간표기법을 옳게 연결하여라.

	I		II
1.	$x \le 3$	A.	
2.	$x > 3$	B.	
3.	$x < 3$	C.	$(3, \infty)$
4.	$x \ge 3$	D.	$(-\infty, 3]$
5.	$-3 \le x \le 3$	E.	$(-3, 3)$
6.	$-3 < x < 3$	F.	$[-3, 3]$

7. 부등식에서 해집합의 그래프를 그리기 위해 개구간 또는 폐구간을 어떻게 결정하는지 설명하여라.

8. 선형부등식을 푸는 방법을 단계별로 서술하여라. 선형부등식을 풀 때 언제 부등호의 기호를 바꾸는 과정이 필요한지 설명하여라.

[9~34] 부등식의 해를 구하라. 구간과 그래프 형태의 해집합을 구하라.

9. $x+4 \ge 20$
10. $t+40 \ge 50$
11. $3k-1 > 20$
12. $5z-6 < 64$
13. $4x < 16$
14. $2m > 10$
15. $-\frac{3}{4}r \ge 30$
16. $-1.5y \le -\frac{9}{2}$
17. $-1.3m \ge -5.2$
18. $-2.5y \le -1.25$
19. $\frac{2k-5}{-4} > 5$
20. $\frac{3z-2}{-5} < 6$
21. $6x-4 \ge -2x$
22. $-2m+8 \le 2m$
23. $-(4+r)+2-3r < -14$
24. $-(9+k)-5+4k \ge 4$
25. $-3(z-6) > 2z-2$
26. $-2(x+4) \le 6x+16$
27. $\frac{2}{3}(3k-1) \ge \frac{3}{2}(2k-3)$
28. $\frac{7}{5}(10m-1) < \frac{2}{3}(6m+5)$
29. $-\frac{1}{4}(p+6)+\frac{3}{2}(2p-5) < 10$
30. $\frac{3}{5}(k-2)-\frac{1}{4}(2k-7) \le 3$
31. $3(2x-4)-4x < 2x+3$
32. $7(4-x)+5x < 2(16-x)$
33. $8\left(\frac{1}{2}x+3\right) < 8\left(\frac{1}{2}x-1\right)$
34. $10x+2(x-4) < 12x-10$

관련 개념(문제 35~39)

개인 또는 그룹 과제용

[35~39] 순서대로 풀어라.

35. 선형방정식 $5(x+3)-2(x-4)=2(x+7)$의 해를 구하고 수직선 상에 해집합의 그래프를 그려라.

36. 선형부등식 $5(x+3)-2(x-4)>2(x+7)$의 해를 구하고 수직선 상에 해집합의 그래프를 그려라.

37. 선형부등식 $5(x+3)-2(x-4)<2(x+7)$의 해를 구하고 수직선 상에 해집합의 그래프를 그려라.

38. 연습문제 35~37의 방정식과 부등식의 모든 해집합의 그래프를 같은 수직선 위에 그려라. 그 해집합은 무엇인가?

39. 연습문제 35~37의 결과에 근거하여 다음 추측을 이용하여 문제를 해결하여라.
$-3(x+2)=3x+12$의 해집합은 $\{-3\}$이고 $-3(x+2)<3x+12$의 해집합은 $(-3, \infty)$이다.
그러면 $-3(x+2)>3x+12$의 해집합은 ________________이다.

40. $-2<x$의 그래프는 어느 것인가?

A. 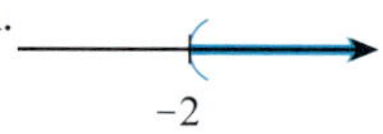
B. 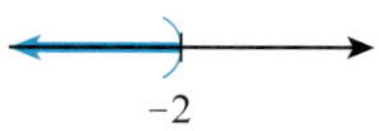
C. 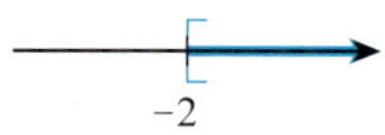
D. 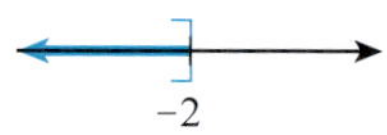

[41~52] 다음 부등식의 해를 구하라. 구간과 그래프 형태의 해집합을 구하라.

41. $-4<x-5<6$

42. $-1<x+1<8$

43. $-9\le k+5\le 15$

44. $-4\le m+3\le 10$

45. $-6\le 2z+4\le 16$

46. $-15<3p+6<-12$

47. $-19\le 3x-5\le 1$

48. $-16<3t+2<-10$

49. $-1\le \dfrac{2x-5}{6}\le 5$

50. $-3\le \dfrac{3m+1}{4}\le 3$

51. $4\le 5-9x<8$

52. $4\le 3-2x<8$

2.6 집합 연산과 복합부등식

학·습·목·표

1. 두 집합의 교집합 구하기
2. and를 포함하는 복합부등식 풀기
3. 두 집합의 합집합 구하기
4. or를 포함하는 복합부등식 풀기

목표 1 두 집합의 교집합 구하기 두 집합의 교집합은 and(그리고)로 정의한다.

교집합

두 집합 A와 B의 교집합은 기호로 $A\cap B$이고 다음과 같이 정의한다.

$$A\cap B=\{x\,|\,x\in A \text{이고 } x\in B\}$$

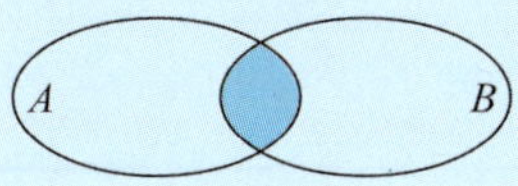

예제 1 두 집합의 교집합 구하기

$A=\{1,2,3,4\}$이고 $B=\{2,4,6\}$일 때 $A\cap B$을 구하라.

풀이 집합 $A\cap B$에서 2, 4는 두 집합 A와 B에 속하는 원소이다. 그래서

$$A\cap B=\{1,2,3,4\}\cap\{2,4,6\}=\{2,4\}.$$

■

연습문제 7을 풀어보자.

복합부등식(compound inequality)은 and(그리고) 또는 or(또는)로 연결되어 있는 2개의 부등식으로 예를 들면 다음과 같다.

$$x+1\le 9 \quad \text{이고} \quad x-2\ge 3$$

$$2x>4 \quad \text{또는} \quad 3x-6<5$$

목표 2 and를 포함하는 복합부등식 풀기

AND를 포함하는 복합부등식의 해

1단계 복합부등식에서 개별적으로 부등식의 해를 구하라.

2단계 복합부등식이 and(그리고)로 연결되어 있기 때문에 복합부등식의 해집합은 1단계에서 두 부등식을 모두 만족하는 수의 해집합(해집합들의 교집합)이다.

《예제 2》 and를 포함하는 복합부등식의 풀이

복합부등식 $x+1 \le 9$ 그리고 $x-2 \ge 3$의 해를 구하라.

풀이 •1단계: 복합부등식에서 부등식의 해를 구한다.

$$\begin{aligned} x+1 &\le 9 & \text{이고} \quad x-2 &\ge 3 \\ x+1-1 &\le 9-1 & \text{이고} \quad x-2+2 &\ge 3+2 \\ x &\le 8 & \text{이고} \quad x &\ge 5 \end{aligned}$$

•2단계: 1단계에서 두 부등식을 만족하는 해집합은 $x \le 8$이고 $x \ge 5$이다.

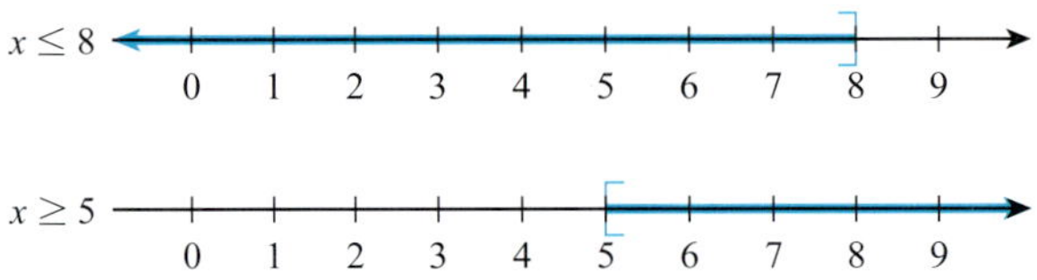

그림 17

복합부등식의 해집합은 그림 17의 2개의 그래프에서 교집합이다. 2개의 그래프의 교집합은 그림 18과 같고 해집합은 $[5, 8]$이다.

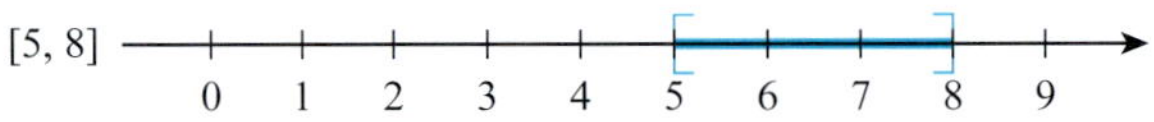

그림 18

■

연습문제 27을 풀어보자.

《예제 3》 and를 포함하는 복합부등식의 풀이

복합부등식 $-3x-2>5$이고 $5x-1 \le -21$의 해를 구하라.

풀이 •1단계: 복합부등식에서 각 부등식의 해를 구한다.

$$\begin{aligned} -3x-2 &> 5 & \text{이고} \quad 5x-1 &\le -21 \\ -3x &> 7 & \text{이고} \quad 5x &\le -20 \\ x &< -\frac{7}{3} & \text{이고} \quad x &\le -4 \end{aligned}$$

$x<-\frac{7}{3}$과 $x \le -4$의 그래프는 그림 19에 있다.

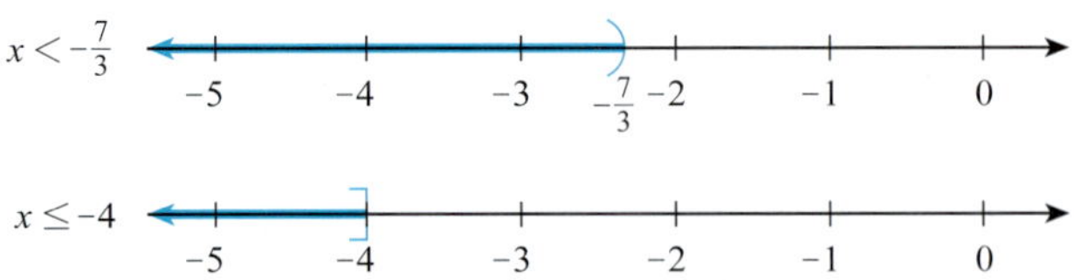

그림 19

• **2단계**: 두 조건을 만족하는 x값을 구한다. 즉 그 실수는 $-\frac{7}{3}$보다 작고 또한 -4보다도 작거나 같은 수이다. 해집합은 $(-\infty, -4]$이다.

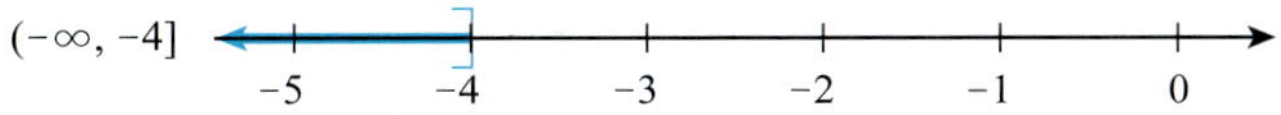

그림 20

✎연습문제 31을 풀어보자.

예제 4 and를 포함하는 복합부등식의 풀이

복합부등식 $x+2<5$이고 $x-10>2$의 해를 구하라.

풀이 먼저 각각 부등식의 해를 구한다.

$$x+2<5\text{이고} \quad x-10>2$$
$$x<3\text{이고} \quad x>12$$

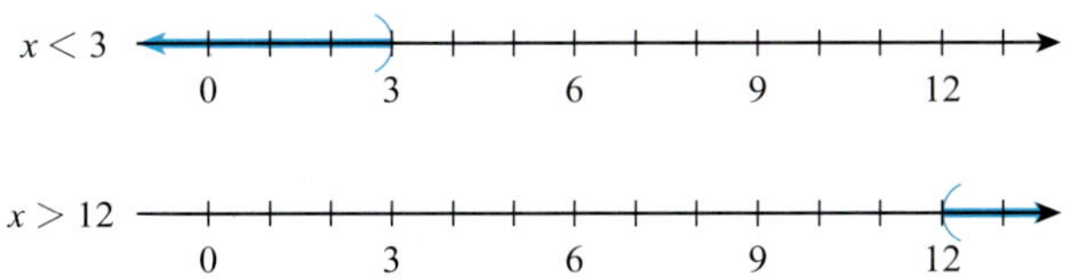

그림 21

3보다는 작고 12보다 큰 수는 존재하지 않는다, 그래서 복합부등식의 해는 존재하지 않는다. 해집합은 $\varnothing$이다.

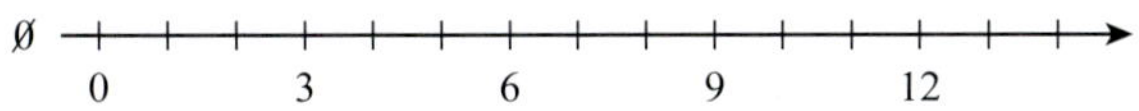

그림 22

✎연습문제 25를 풀어보자.

목표 3 두 집합의 합집합 구하기

두 집합의 합집합은 or (또는) 로 정의한다.

합집합

두 집합 A와 B의 합집합은 기호로 $A\cup B$이고 다음과 같이 정의한다.

$$A\cup B=\{x \mid x\in A \text{ 또는 } x\in B\}$$

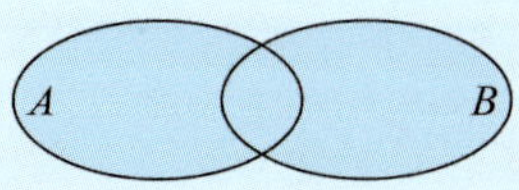

《예제 5》 두 집합에서 합집합 구하기

$A=\{1, 2, 3, 4\}$이고 $B=\{2, 4, 6\}$일 때 $A\cup B$을 구하라.

풀이 집합 A의 모든 원소 1, 2, 3, 4를 먼저 나열하고 난 후, 집합 B의 원소를 추가로 나열한다. 여기서 2와 4는 이미 있으므로 추가로 나열되는 원소는 6뿐이다. 그러므로

$$A\cup B=\{1, 2, 3, 4\}\cup\{2, 4, 6\}=\{1, 2, 3, 4, 6\}$$

■

✎연습문제 13을 풀어보자.

목표 4 or를 포함하는 복합부등식 풀기

or를 포함하는 복합부등식의 해

1단계 복합부등식에서 개별적으로 부등식의 해를 구한다.

2단계 부등식이 or로 연결되어 있기 때문에 복합부등식의 해집합은 1단계에서 구한 2개의 부등식을 만족하는 모든 수의 집합(해집합의 합집합)이다

《예제 6》 or를 포함하는 복합부등식의 풀이

$6x-4<2x$ 또는 $-3x\leq -9$의 해를 구하라.

풀이 • **1단계**: 각 부등식의 해를 구한다.

$$6x-4<2x \quad \text{또는} \quad -3x\leq -9$$
$$4x<4$$
$$x<1 \quad \text{또는} \quad x\geq 3$$

두 부등식을 수직선에 나타내면 그림 23과 같다.

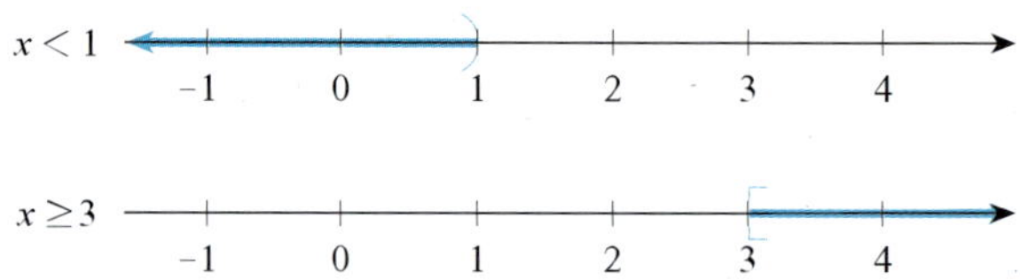

그림 23

• **2단계**: 부등식은 or로 연결되어 있기 때문에, 두 집합의 합집합을 구하면 그림 24와 같고 해집합은 $(-\infty, 1)\cup[3, \infty)$이다.

그림 24

■

✎연습문제 43을 풀어보자.

> ⓘ **주의** 부등식을 사용하여 예제 6의 해집합을 쓸 때 1과 3을 수직선 상의 순서대로 유지하는
>
> $$x < 1 \quad \text{또는} \quad x \geq 3$$
>
> 으로 써야 한다. $3 \leq x < 1$로 쓰는 것은 거짓인 $3 \leq 1$을 의미한다. 그러한 해집합을 쓸 수 있는 다른 방법은 없다.

예제 7 or를 포함하는 복합부등식의 풀이

복합부등식 $-4x+1 \geq 9$ 또는 $5x+3 \leq -12$의 해를 구하라.

풀이 먼저 각 부등식의 해를 구한다.

$$\begin{aligned} -4x+1 &\geq 9 \quad \text{또는} \quad 5x+3 \leq -12 \\ -4x &\geq 8 \quad \text{또는} \quad 5x \leq -15 \\ x &\leq -2 \quad \text{또는} \quad x \leq -3 \end{aligned}$$

두 부등식을 수직선에 그래프로 나타내면 그림 25와 같다.

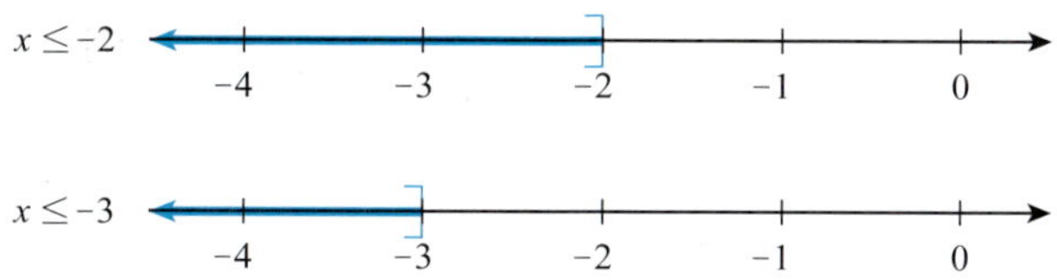

그림 25

합집합을 구하여 구간으로 나타내면 $(-\infty, -2]$이고 그림 26과 같다.

그림 26

■

연습문제 37을 풀어보자.

2.6 연습문제

[1~6] 다음 문장이 참인지 거짓인지 서술하여라. 만약 거짓이면 그 이유를 설명하여라.

1. $x+1=5$, $x+1<5$와 $x+1>5$의 해집합의 합집합은 $(-\infty, \infty)$이다.

2. $\{x \mid x \geq 7\}$와 $\{x \mid x \leq 7\}$의 교집합은 $\varnothing$이다.

3. $(-\infty, 8)$과 $(8, \infty)$의 합집합은 $\{8\}$이다.

4. $(-\infty, 8]$과 $[8, \infty)$의 교집합은 $\{8\}$이다.

5. 유리수 집합과 무리수 집합의 교집합은 $\{0\}$이다.

6. 유리수 집합과 무리수 집합의 합집합은 실수 집합이다.

[7~14] $A=\{1, 2, 3, 4, 5, 6\}$, $B=\{1, 3, 5\}$, $C=\{1, 6\}$, $D=\{4\}$ **일 때, 주어진 집합을 각각 구하라.**

7. $B \cap A$

8. $A \cap B$

9. $A \cap D$

10. $B \cap C$

11. $B \cap \varnothing$

12. $A \cap \varnothing$

13. $A \cup B$

14. $B \cup D$

15. 실생활에서 응용된 교집합의 예를 들어라.

16. 복합부등식은 and 또는 or를 이용한다. 해집합을 그릴 때 교집합을 이용하는지 합집합을 이용하는지가 어떻게 결정되는지 설명하여라.

[17~20] 다음 그래프에 그려진 두 집합의 교집합의 그래프를 그려라.

17.

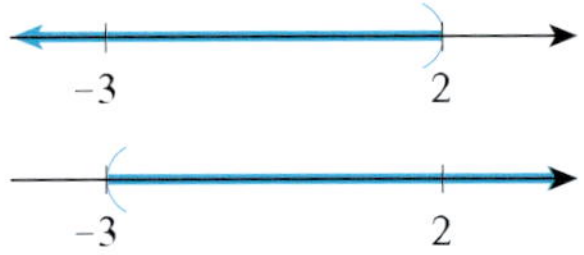

18.

19.

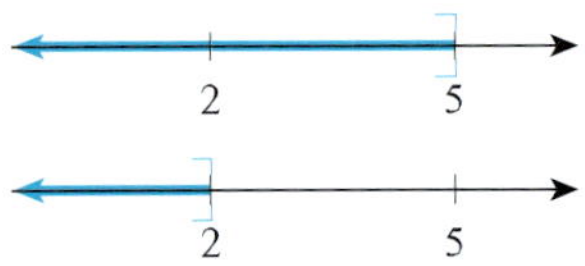

20.

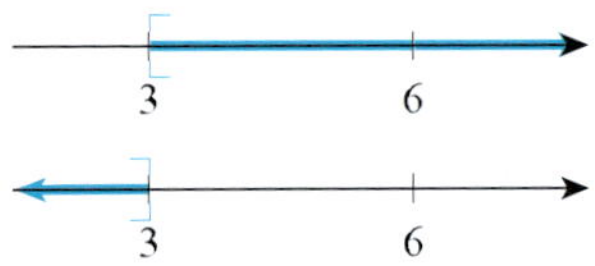

[21~32] 다음 복합부등식에서 구간과 그래프 형태의 해집합을 구하라.

21. $x<2$ 그리고 $x>-3$

22. $x<5$ 그리고 $x>0$

23. $x \leq 2$ 그리고 $x \leq 5$

24. $x \geq 3$ 그리고 $x \geq 6$

25. $x \leq 3$ 그리고 $x \geq 6$

26. $x \leq -1$ 그리고 $x \geq 3$

27. $x-3 \leq 6$ 그리고 $x+2 \geq 7$

28. $x+5 \leq 11$ 그리고 $x-3 \geq -1$

29. $-3x>3$ 그리고 $x+3>0$

30. $-3x<3$ 그리고 $x+2<6$

31. $3x-4 \leq 8$ 그리고 $-4x+1 \geq -15$

32. $7x+6<48$ 그리고 $-4x \geq -24$

[33~36] 다음 그래프로 그려진 두 집합의 합집합 그래프를 그려라.

33. 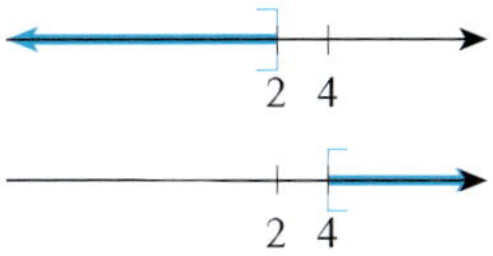

34. 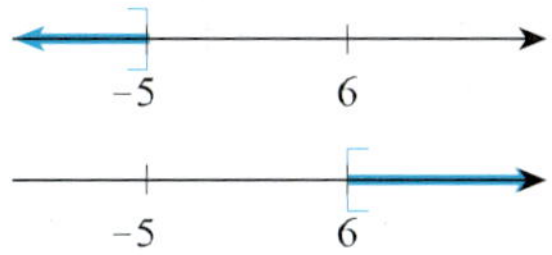

35. 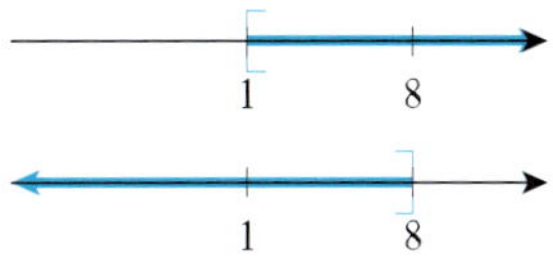

36. 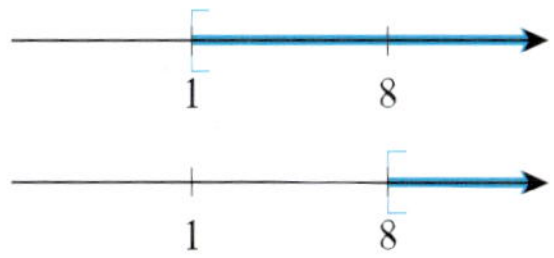

[37~46] 복합부등식에서 구간과 그래프 형태의 해집합을 구하라.

37. $x \le 1$ 또는 $x \le 8$

38. $x \ge 1$ 또는 $x \ge 8$

39. $x \ge -2$ 또는 $x \ge 5$

40. $x \le -2$ 또는 $x \le 6$

41. $x \ge -2$ 또는 $x \le 4$

42. $x \ge 5$ 또는 $x \le 7$

43. $x+2>7$ 또는 $1-x>6$

44. $x+1>3$ 또는 $x+4<2$

45. $x+1>3$ 또는 $-4x+1>5$

46. $3x<x+12$ 또는 $x+1>10$

[47~54] 다음 각 집합을 가장 간단한 구간 형태로 표현하여라.

47. $(-\infty, -1] \cap [-4, \infty)$

48. $[-1, \infty) \cap (-\infty, 9]$

49. $(-\infty, -6] \cap [-9, \infty)$

50. $(5, 11] \cap [6, \infty)$

51. $(-\infty, 3) \cup (-\infty, -2)$

52. $[-9, 1] \cup (-\infty, -3)$

53. $[3, 6] \cup (4, 9)$

54. $[-1, 2] \cup (0, 5)$

[55~62] 아래의 각 복합부등식에서 교집합과 합집합 중 무엇을 사용할 것인가 결정하고, 해집합을 구간과 그래프 형태로 나타내어라.

55. $x<-1$ 그리고 $x>-5$

56. $x>-1$ 그리고 $x<7$

57. $x<4$ 또는 $x<-2$

58. $x<5$ 또는 $x<-3$

59. $-3x \le -6$ 또는 $-3x \ge 0$

60. $2x-6 \le -18$ 그리고 $2x \ge -18$

61. $x+1 \ge 5$ 그리고 $x-2 \le 10$

62. $-8x \le -24$ 또는 $-5x \ge 15$

2.7 절댓값 방정식과 부등식

학·습·목·표

1. 거리를 이용한 절댓값의 정의
2. $|ax+b|=k$ (단, $k>0$) 형식의 방정식 풀기
3. $|ax+b|>k$와 $|ax+b|<k$ (단, $k>0$) 형식의 부등식 풀기
4. 다시 쓰기가 필요한 절댓값 방정식 풀기
5. $|ax+b|=|cx+d|$ 형식의 방정식 풀기
6. 특별한 형식의 절댓값 방정식과 부등식 풀기

목표 1 거리를 이용한 절댓값의 정의 1장에서 x의 절댓값은 $|x|$로 사용한다. $|x|$는 수직선의 원점에서 x까지의 거리를 나타낸다. 예를 들면, $|x|=4$의 해는 그림 27에서와 같이 -4와 4이다.

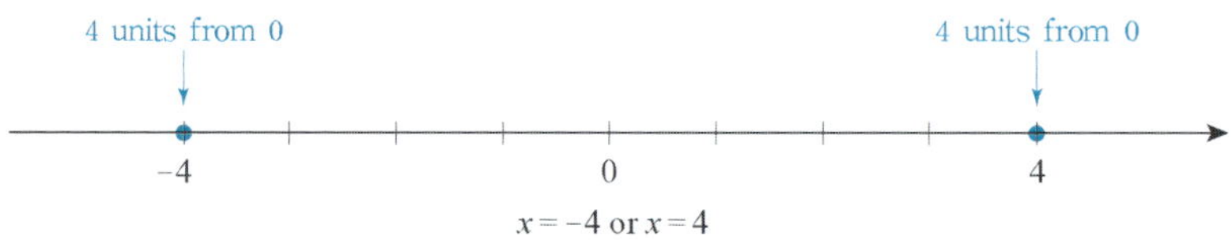

그림 27

절댓값은 원점으로부터의 거리이므로 $|x|>4$는 원점에서 4보다 큰 모든 수를 의미한다. 이에 일치하는 집합은 $(-\infty,-4)\cup(4,\infty)$이고, 그림 28은 $|x|>4$의 해집합을 나타낸다. 이 그래프는 2개의 떨어진 구간으로 이루어져 있으므로 해집합은 $x<-4$ 또는 $x>4$이다.

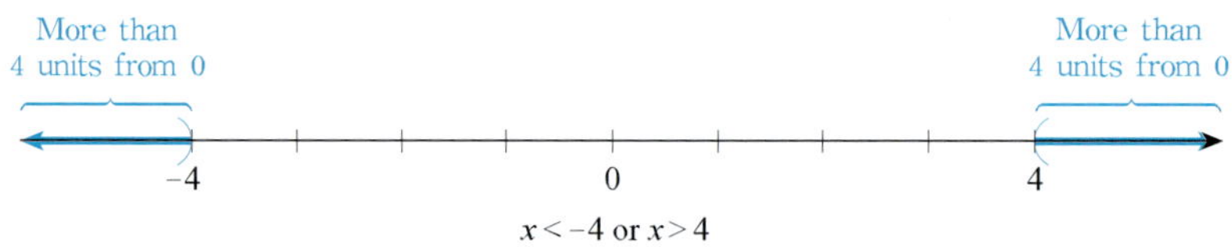

그림 28

$|x|<4$의 해집합은 0으로부터 거리가 4보다 작은 모든 수를 의미한다. 다르게 표현하면 -4와 4 사이의 모든 수이다. 집합 $(-4,4)$는 그림 29와 같고 $-4<x<4$는 "$x>-4$ and $x<4$"를 의미한다.

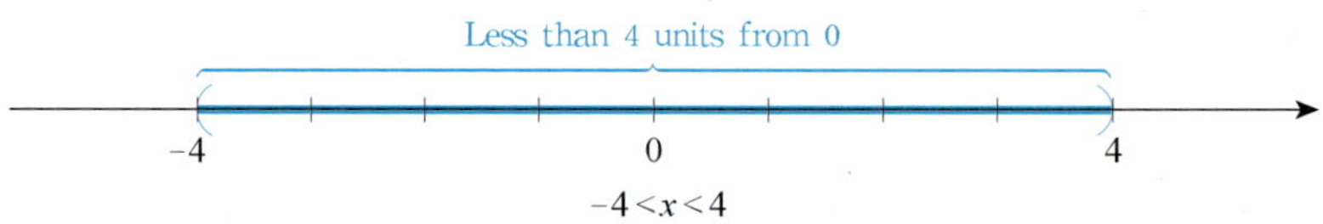

그림 29

절댓값 방정식과 부등식의 예를 들면 다음과 같다.

$$|ax+b|=k,\ |ax+b|>k,\ \text{또는}\ |ax+b|<k$$

여기서 k는 양수이다.

그림 27~29로부터 다음을 알 수 있다.

$|x|=4$는 $x=-4$ 또는 $x=4$와 같은 해집합을 가진다.
$|x|>4$는 $x<-4$ 또는 $x>4$와 같은 해집합을 가진다.
$|x|<4$는 $x>-4$이고 $x<4$와 같은 해집합을 가진다.

따라서 절댓값 방정식이나 부등식을 풀 때는 먼저 절댓값 기호를 없애고 방정식으로 시작한다. 절댓값 방정식의 해집합은 특별한 경우를 제외하고는 두 점을 포함한다. 그러나 절댓값 부등식의 해집합은 1개 또는 그 이상의 구간들이 포함된다. 이를 요약하면 다음과 같다.

절댓값 방정식과 부등식의 풀이

k는 양의 실수이고 p와 q는 실수라고 가정하자.

1. $|ax+b|=k$의 해를 구하려면 다음 복합방정식의 해를 구한다.

$$ax+b=k\ \text{또는}\ ax+b=-k.$$

해집합은 보통 2개의 점이 포함된 $\{p, q\}$의 형태이다.

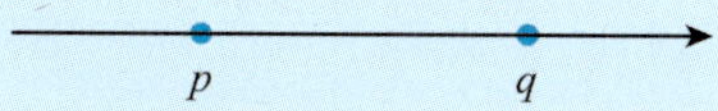

2. $|ax+b|>k$의 해를 구하려면 다음 복합부등식의 해를 구한다.

$$ax+b>k\ \text{또는}\ ax+b<-k$$

해집합은 별개의 두 구간으로 된 $(-\infty, p)\cup(q, \infty)$의 형태이다.

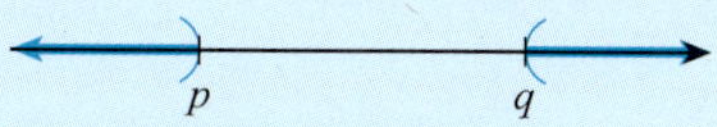

3. $|ax+b|<k$의 해를 구하려면 다음 복합부등식의 해를 구한다.

$$-k<ax+b<k$$

해집합은 1개의 구간인 (p, q)의 형태이다.

ⓘ 주의 $|ax+b|=k$는

$$ax+b=k\ \text{또는}\ -(ax+b)=k$$

와 같은 의미이며 $|ax+b|>k$는

$$ax+b>k\ \text{또는}\ -(ax+b)>k$$

와 같은 의미이다.

목표 2 **$|ax+b|=k$ (단, $k>0$) 형식의 방정식 풀기** 아래의 예제는 절댓값 방정식을 풀기 위해서 어떻게 복합방정식을 사용하는지를 보여주고 있다. 절댓값은 원점으로부터의 거리를 의미하므로 절댓값 방정식은 두 부분으로 이루어짐을 기억해야 한다.

《예제 1》 절댓값 방정식의 풀이

$|2x+1|=7$의 해를 구하라.

풀이 $|2x+1|$의 값이 7이므로, $2x+1$은 원점에서 거리가 7인 점이다. 그런 상황은 $2x+1=7$ 또는 $2x+1=-7$인 경우이다. 따라서 복합방정식의 해를 구한다.

$$\begin{aligned} 2x+1&=7 \quad \text{또는} \quad 2x+1=-7 \\ 2x&=6 \quad \text{또는} \quad 2x=-8 \\ x&=3 \quad \text{또는} \quad x=-4 \end{aligned}$$

해집합은 $\{-4, 3\}$이다.

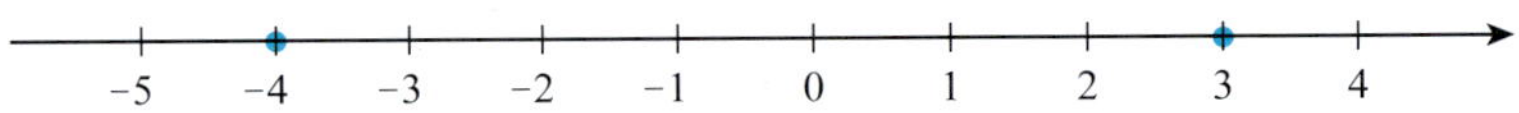

그림 30

✎ 연습문제 11을 풀어보자.

목표 3 **$|ax+b|<k$와 $|ax+b|>k$ (단, $k>0$) 형식의 부등식 풀이**

《예제 2》 '>'이 포함된 절댓값 부등식의 풀이

$|2x+1|>7$의 해를 구하라.

풀이 절댓값 부등식을 다시 쓰면

$$2x+1>7 \quad \text{또는} \quad 2x+1<-7$$

이고, 표현된 식은 $2x+1$이 수직선의 양쪽으로 0에서 7보다 큰 수들을 나타내야 한다. 그러므로 복합부등식의 해를 구하면

$$\begin{aligned} 2x+1&>7 \quad \text{또는} \quad 2x+1<-7 \\ 2x&>6 \quad \text{또는} \quad 2x<-8 \\ x&>3 \quad \text{또는} \quad x<-4 \end{aligned}$$

해집합은 $(-\infty, -4)\cup(3, \infty)$이며 그림 31과 같이 두 구간으로 되어 있다.

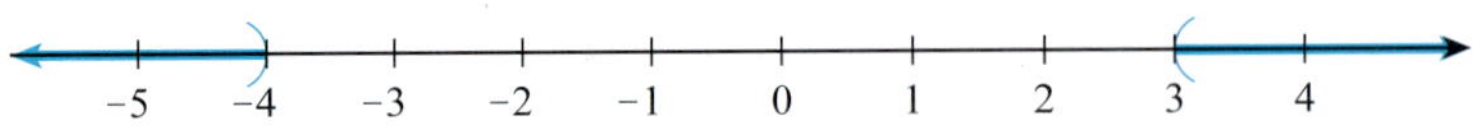

그림 31

✎ 연습문제 25를 풀어보자.

《예제 3》 ‘$<$’이 포함된 절댓값 부등식의 풀이

$|2x+1|<7$의 해를 구하라.

풀이 표현된 식은 $2x+1$이 수직선의 양쪽으로 0에서 7 미만의 수를 나타내야 한다. 다른 의미로는 $2x+1$이 -7과 7 사이에 있어야 한다. 따라서 세 부분으로 된 부등식

$$-7<2x+1<7$$

이 된다. 부등식의 해를 구하면

$$-7<2x+1<7$$

$$-8<2x<6 \qquad \text{각 부분에서 1을 뺀다.}$$

$$-4<x<3. \qquad \text{각 부분을 2로 나눈다.}$$

해집합은 $(-4,3)$이며, 그림 32와 같이 1개의 구간이 된다.

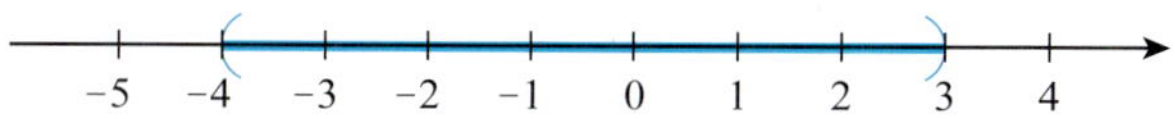

그림 32

■

✎연습문제 39를 풀어보자.

앞서 보았던 그림 30, 31, 32는 각각 $|2x+1|=7$, $|2x+1|>7$, $|2x+1|<7$의 그래프였다. 여기서 세 집합의 합집합을 구하면 모든 실수들의 집합이 된다. 그 이유는 모든 x에 대하여 $|2x+1|$은 다음 셋 중 하나만 성립하기 때문이다: 7과 같다. 7보다 크다. 7보다 작다.

목표 4 다시 쓰기가 필요한 절댓값 방정식 풀기 절댓값 방정식이나 절댓값 부등식은 복합방정식이나 부등식으로 놓기 전에 다시 쓰기가 필요할 때가 있다.

《예제 4》 다시 쓰기가 필요한 절댓값 방정식 풀이

$|x+3|+5=12$의 해를 구하라.

풀이 먼저 등호 한쪽에 절댓값만 있도록 하기 위해 양변에서 5를 뺀다.

$$|x+3|+5-5=12-5 \qquad \text{양변에서 5를 뺀다.}$$

$$|x+3|=7$$

예제 1에서 보였던 방법을 이용하면

$$x+3=7 \quad \text{또는} \quad x+3=-7$$

$$x=4 \quad \text{또는} \quad x=-10$$

해집합 $\{4,-10\}$을 처음의 방정식에 대입하여 성립하는지 확인한다. ■

✎연습문제 63을 풀어보자.

목표 5 $|ax+b|=|cx+d|$ 형식의 방정식 풀기

정의에 의해서 둘은 같은 값을 가져야 하므로 서로 같거나 음의 부호 값과 같아야 한다.

$|ax+b|=|cx+d|$의 풀이

$|ax+b|=|cx+d|$ 형태의 방정식의 해를 구하기 위해서는 복합방정식

$$ax+b=cx+d \text{ 또는 } ax+b=-(cx+d)$$

의 해를 구해야 한다.

예제 5 두 개의 절댓값을 갖는 방정식의 풀이

$|z+6|=|2z-3|$의 해를 구하라.

풀이 이 방정식의 해를 구하기 위해서는 다음의 방정식의 해를 각각 구하여야 한다.

$$\begin{aligned} z+6&=2z-3 &\quad \text{또는} \quad z+6&=-(2z-3) \\ z+6&=2z-3 &\quad \text{또는} \quad z+6&=-2z+3 \\ 6+3&=2z-z &\quad \text{또는} \quad 3z&=-3 \\ 9&=z &\quad \text{또는} \quad z&=-1 \end{aligned}$$

해집합은 $\{9, -1\}$이다. ■

✎연습문제 71을 풀어보자.

목표 6 특별한 형식의 절댓값 방정식과 부등식 풀기

1. 절댓값은 음수로 표현할 수 없다: $|a| \geq 0$, 단 a는 모든 실수.
2. 값이 0일 때만 그 절댓값이 0과 같다고 한다.

예제 6 특별한 형태의 절댓값 방정식 풀이

다음 방정식의 해를 각각 구하라.

(a) $|5r-3|=-4$ (b) $|7x-3|=0$

풀이 (a) 절댓값은 음수로 표현될 수 없기 때문에 해가 존재하지 않는다. 따라서 방정식의 해는 없다. 해집합은 $\varnothing$이다.

(b) $7x-3=0$인 경우만 위는 성립한다. 따라서 방정식의 해는 $\frac{3}{7}$이고 해집합은 $\left\{\frac{3}{7}\right\}$이다. 여기에서는 1개의 값만 처음 방정식에 대입하여 확인하면 된다. ■

✎연습문제 79, 81을 풀어보자.

예제 7 특별한 형태의 절댓값 부등식

다음 각 부등식의 해를 구하라.

(a) $|x| \geq -4$　　　(b) $|k+6|-3 < -5$　　　(c) $|m-7|+4 \leq 4$

풀이 (a) 모든 수의 절댓값은 음수가 될 수 없다. 따라서 $|x| \geq -4$는 모든 실수에 대하여 참이고 해집합은 $(-\infty, \infty)$이다.

(b) 등호의 한쪽에만 절댓값이 오도록 하기 위해 양변에 3을 더하면 다음 식을 얻는다.

$$|k+6| < -2$$

절댓값이 -2보다 작은 수는 없으므로, 이 부등식은 해를 갖지 않으며 해집합은 $\varnothing$이다.

(c) 양변에 -4를 더하면 다음 식을 얻는다.

$$|m-7| \leq 0$$

$|m-7|$는 0보다 적을 수 없으므로 $|m-7|$은 0과 같다. 따라서 해는 $m=7$이고 해집합은 $\{7\}$이다. ■

연습문제 85, 91을 풀어보자.

2.7 연습문제

[1~2] I열에서 절댓값 방정식 또는 부등식과 II열에서 해집합의 그래프를 옳게 연결하여라.

1.

I

$|x|=5$

$|x|<5$

$|x|>5$

$|x| \leq 5$

$|x| \geq 5$

II

A. 

B. 

C. 

D. 

E. 

2.

I

$|x|=9$

$|x|>9$

$|x| \geq 9$

$|x|<9$

$|x| \leq 9$

II

A. 

B. 

C. 

D. 

E. 

3. $|ax+b|=k$, $|ax+b|<k$, $|ax+b|>k$의 형태의 절댓값 방정식 또는 부등식의 해를 and나 or를 이용하여 설명하여라. (단, k는 양수)

4. k값이 각각 다음과 같을 때, $|ax+b|=k$는 얼마나 많은 해를 갖는가?

(a) $k=0$　　　(b) $k>0$　　　(c) $k<0$

[5~20] 다음 방정식의 해를 구하라.

5. $|x| = 12$ 6. $|k| = 14$ 7. $|4x| = 20$

8. $|5x| = 30$ 9. $|y-3| = 9$ 10. $|p-5| = 13$

11. $|2x-1| = 11$ 12. $|2y+3| = 19$ 13. $|4r-5| = 17$

14. $|5t-1| = 21$ 15. $|2y+5| = 14$ 16. $|2x-9| = 18$

17. $\left|\frac{1}{2}x+3\right| = 2$ 18. $\left|\frac{2}{3}q-1\right| = 5$ 19. $\left|1+\frac{3}{4}k\right| = 7$

20. $\left|2-\frac{5}{2}m\right| = 14$

[21~32] 다음 부등식의 해를 구하고 해집합의 그래프를 그려라.

21. $|x| > 3$ 22. $|y| > 5$ 23. $|k| \geq 4$

24. $|r| \geq 6$ 25. $|r+5| \geq 20$ 26. $|3x-1| \geq 8$

27. $|t+2| > 10$ 28. $|4x+1| \geq 21$ 29. $|3-x| > 5$

30. $|5-x| > 3$ 31. $|-5x+3| \geq 12$ 32. $|-2x-4| \geq 5$

33. $|2x+1| = 9$의 해집합 그래프는 다음과 같다.

위 그래프를 참조하여 대수적 연산 없이 다음 각 부등식의 해집합을 그려라.

(a) $|2x+1| < 9$ (b) $|2x+1| > 9$

34. $|3x-4| < 5$의 해집합 그래프는 다음과 같다.

위 그래프를 참조하여 대수적 연산 없이 다음 각 부등식의 해집합을 그려라.

(a) $|3x-4| = 5$ (b) $|3x-4| > 5$

[35~46] 다음 부등식의 해를 구하고 해집합의 그래프를 그려라.

35. $|x| \leq 3$ 36. $|y| \leq 5$ 37. $|k| < 4$

38. $|r| < 6$ 39. $|r+5| \leq 20$ 40. $|3x-1| < 8$

41. $|t+2| \leq 10$ 42. $|4x+1| < 21$ 43. $|3-x| \leq 5$

44. $|5-x| \leq 3$ 45. $|-5x+3| \leq 12$ 46. $|-2x-4| \leq 5$

[47~62] 다음 각 절댓값 방정식 또는 부등식의 해를 구하기 위해서는 어떤 방법을 사용해야 하는가? 해집합을 구하라.

47. $|-4+k| > 9$ 48. $|-3+t| > 8$ 49. $|r+5| > 20$

50. $|2x-1|<7$

51. $|7+2z|=5$

52. $|9-3p|=3$

53. $|3r-1|\le 11$

54. $|2s-6|\le 6$

55. $|-6x-6|\le 1$

56. $|-2x-6|\le 5$

57. $|2x-1|\ge 7$

58. $|-4+k|\le 9$

59. $|x|-1=4$

60. $|x+3|=10$

61. $|x+2|=3$

62. $|x-4|=1$

[63~70] 다음 방정식과 부등식의 해를 구하라. 방정식은 집합기호로, 부등식은 구간표기법으로 나타내어라.

63. $|x+4|+1=2$

64. $|x+5|-2=12$

65. $|2x+1|+3>8$

66. $|6x-1|-2>6$

67. $|x+5|-6\le -1$

68. $|r-2|-3\le 4$

69. $|2-x|>3$

70. $|4-x|<1$

[71~78] 다음 각 방정식의 해를 구하라.

71. $|3x+1|=|2x+4|$

72. $|7x+12|=|x-8|$

73. $\left|m-\frac{1}{2}\right|=\left|\frac{1}{2}m-2\right|$

74. $\left|\frac{2}{3}r-2\right|=\left|\frac{1}{3}r+3\right|$

75. $|6x|=|9x+1|$

76. $|13x|=|2x+1|$

77. $|2p-6|=|2p+11|$

78. $|3x-1|=|3x+9|$

[79~92] 다음 방정식 또는 부등식의 해를 구하라.

79. $|12t-3|=-8$

80. $|13w+1|=-3$

81. $|4x+1|=0$

82. $|6r-2|=0$

83. $|2q-1|=-6$

84. $|8n+4|=-4$

85. $|x+5|>-9$

86. $|x+9|>-3$

87. $|7x+3|\le 0$

88. $|4x-1|\le 0$

89. $|5x-2|=0$

90. $|4+7x|=0$

91. $|10z+7|+3<1$

92. $|4x+1|-2<-5$

93. 1998년 19~50세 여성의 칼슘 일일 섭취량(RDI)은 1000 mg이다. 실제 비타민 필요량은 사람마다 다르다. RDI를 x로 표시할 때, RDI를 + 또는 -100 mg/day로 나타내어 절댓값 부등식으로 작성하고 풀어라.

94. 혈액의 평균 응고 시간은 7.45초이며 + 또는 -3.6초의 차이가 있다. 이 문장을 x가 시간을 나타내는 절댓값 부등식으로 작성하고 풀어라.

관련 개념(문제 95~98)

개인 또는 그룹 과제용

미주리 주 캔자스시티의 초고층 빌딩과 높이가 다음과 같다.

빌딩	높이(피트)
One Kansas City Place	632
AT&T Town Pavilion	590
Hyatt Regency	504
Kansas City Power and Light	476
City Hall	443
Fidelity Bank and Trust Building	433
1201 Walnut	427
Federal Office Building	413
Commerce Tower	407
City Center Square	404

[95~98] 이를 이용하여 다음 문제를 순서대로 풀어라.

95. 빌딩들의 평균 높이를 구하기 위해서는 높이를 모두 더한 값을 빌딩의 수로 나누면 된다. 계산기를 사용하여 평균 높이를 구하라.

96. k를 빌딩들의 평균 높이라고 하자. 만일 높이 x가 다음 부등식

$$|x-k|<t$$

을 만족하면, 높이는 평균의 t피트 이내라고 한다. 문제 95의 결과를 이용하여, 평균 높이의 50 피트 이내인 빌딩들을 열거하라.

97. 문제 96번과 같이 평균 높이의 75피트 이내인 빌딩들을 열거하라.

98. (a) 평균 높이가 75피트 이내가 아닌 빌딩들의 높이를 나타내는 절댓값 부등식을 구하라.
(b) 여러분이 구한 (a)의 부등식을 풀어라.
(c) 평균 높이의 75피트 이내가 아닌 빌딩들을 나열하기 위해 (b)의 결과를 이용하라.
(d) (c)에서 당신이 구한 답이 문제 97의 답과 비교하여 이치에 맞는지 확인하라.

요약 연습문제 선형방정식, 절댓값 방정식, 부등식의 해

여러 가지 종류의 방정식과 부등식을 다룬 이 절은 본 장에서 소개된 그러한 모든 유형을 연습할 수 있는 기회이다. 다양한 풀이 방법이 요약되어 있다.

[1~48] 다음 각 방정식과 부등식을 풀어라.

1. $4z+1=49$
2. $|m-1|=6$
3. $6q-9=12+3q$
4. $3p+7=9+8p$

5. $|a+3| = -4$

6. $2m+1 \le m$

7. $8r+2 \ge 5r$

8. $4(a-11)+3a=20a-31$

9. $2q-1= -7$

10. $|3q-7|-4=0$

11. $6z-5 \le 3z+10$

12. $|5z-8|+9 \ge 7$

13. $9x-3(x+1)=8x-7$

14. $|m| \ge 8$

15. $9x-5 \ge 9x+3$

16. $13p-5 > 13p-8$

17. $|q| < 5.5$

18. $4z-1 = 12+z$

19. $\frac{2}{3}x+8=\frac{1}{4}x$

20. $-\frac{5}{8}z \ge -20$

21. $\frac{1}{4}p < -6$

22. $7z-3+2z=9z-8z$

23. $\frac{3}{5}q-\frac{1}{10}=2$

24. $|r-1| < 7$

25. $r+9+7r=4(3+2r)-3$

26. $6-3(2-p) < 2(1+p)+3$

27. $|2p-3| > 11$

28. $\frac{x}{4}-\frac{2x}{3}= -10$

29. $|5a+1| \le 0$

30. $5z-(3+z) \ge 2(3z+1)$

31. $-2 \le 3x-1 \le 8$

32. $-1 \le 6-x \le 5$

33. $|7z-1| = |5z+3|$

34. $|p+2| = |p+4|$

35. $|1-3z| \ge 4$

36. $\frac{1}{2} \le \frac{2}{3}r \le \frac{5}{4}$

37. $-(m+4)+2 = 3m+8$

38. $\frac{p}{6}-\frac{3p}{5} = p-86$

39. $-6 \le \frac{3}{2}-x \le 6$

40. $|5-x| < 4$

41. $|x-1| \ge -6$

42. $|2r-5| = |r+4|$

43. $8q-(1-q) = 3(1+3q)-4$

44. $8t-(t+3) = -(2t+1)-12$

45. $|r-5| = |r+9|$

46. $|r+2| < -3$

47. $2x+1 > 5$ 또는 $3x+4 < 1$

48. $1-2x \ge 5$ 그리고 $7+3x \ge -2$

2장 그룹 활동　　장거리 요금의 비교

목표 응용문제 해결을 위한 부등식 작성

휴대전화는 시내 전화와 장거리 전화 모두에서 인기있는 수단이다. 요금제에는 장거리 전화가 선택사항으로 포함되어 있다. 이 요금제는 통신사별로 다르며, 종종 제한된 횟수의 'anytime'(한 달에 아무 시간에나 ○○분 무료) 요금제를 제공한다.

다음과 같은 일반전화 및 휴대전화 요금제에 대해 생각해보자.

- 집전화 요금은 월 $6.95이며 장거리 전화 요금은 주 내 또는 주와 주 사이의 장거리 통화에 대해 분당 $0.05의 추가요금이 부과되며, 통화 시간에는 제한이 없다.
- 휴대폰 요금제는 $59.99의 고정 요금에 지역 또는 장거리 전화에 대해 'anytime' 450분을 제공한다.

> ⓘ **주의** 기본요금은 집전화 요금에 포함되지 않는다. 그러나 집전화는 반드시 필요하므로 집전화 요금은 무시한다. 또한 한도를 초과하는 휴대전화 요금은 최대로 분당 $0.35로 매우 비싼 편이다. 우리는 휴대전화 기본요금에 제공되는 통화 시간을 초과하지 않을 예정이므로, 추가요금은 고려하지 않는다.

어떤 요금제가 경제적일까?

A. 물음에 답하기 위해 x를 1개월 동안의 장거리 통화시간(분)이라 하자.
   1. 월간 집전화 요금을 나타내는 식을 작성하라.
   2. 월간 휴대전화 요금을 나타내는 식을 작성하라.
   3. 휴대전화 요금을 초과하려면 집전화로 한 달에 몇 분 동안 장거리 통화를 걸어야 하는가? 집전화 요금이 휴대전화 요금을 초과하는 부등식을 작성하라.
   4. 부등식의 해를 구하고, 문제 3의 질문에 답하라. 전화 요금제의 용어로 여러분의 답을 말하라.

B. 여러분의 대답을 분석해 보자.
   1. 두 요금제의 통화료를 비교하라.
   2. 만일 휴대전화 450분 요금제(추가요금을 내지 않는 범위 내에서)를 사용한다면 집전화보다 얼마나 더 많은 금액을 지불해야 하는가?

C. 장거리 전화를 하기 위한 2개의 요금제가 있다. 다른 한 요금제는 월 $3.95에 1분당 $0.07의 추가요금이 더해진다. $0.05 요금제를 사용하여 $0.07 요금제보다 비용이 덜 나오게 하려면 장거리 전화를 몇 분 간 해야 하는가?

2장 복습문제

[2.1] [1~4] 다음 각 방정식을 풀어라.

1. $-(8+3z)+5=2z+6$

2. $-\frac{3}{4}x=-12$

3. $\frac{2q+1}{3}-\frac{q-1}{4}=0$

4. $5(2x-3)=6(x-1)+4x$

[5~7] 다음 각 방정식이 조건부인가, 항등식인가, 모순인가 판단하고 해를 구하라.

5. $7r-3(2r-5)+5+3r=4r+20$

6. $8p-4p-(p-7)+9p+6=12p-7$

7. $-2r+6(r-1)+3r-(4-r)=-(r+5)-5$

[2.2] [8~9] 다음 각 수식을 주어진 변수에 대해서 풀어라.

8. $V=LWH;\ H$

9. $A=\frac{1}{2}(B+b)h;\ b$

[10~11] 다음 방정식을 x에 대해서 풀어라.

10. $M=-\frac{1}{4}(x+3y)$

11. $P=\frac{3}{4}x-12$

12. $-2x+5=7$을 풀기 위한 단계를 서술하라.

[2.2, 2.3] [13~18] 다음 각 문제를 풀어라.

13. 직육면체의 부피는 $180\,\text{ft}^3$이고, 길이는 6 ft, 너비는 5 ft이다. 높이를 구하라.

14. 1997년의 AIDS환자는 58,443명이었고 1998년에는 48,269명으로 감소되었다. 이러한 감소현상을 나타내는 퍼센트를 구하라.

15. 프란시스코는 원금 $30,000에 대한 4년간 이자로 $7,800을 받았다면 이자율은 얼마인가?

16. 화씨온도 77°에 대응하는 섭씨온도를 구하라.

17. 원그래프는 2006년에 예상되는 미국 노동력의 인종 구성을 보여준다. 그 해의 총 노동 인구는 148,847,000명이다. 이들 중 몇 명이 히스패닉계인가?

18. 문제 17을 참조하여 2006년의 노동 인구 중 아시아계와 기타로 분류된 인구는 몇 명인가?

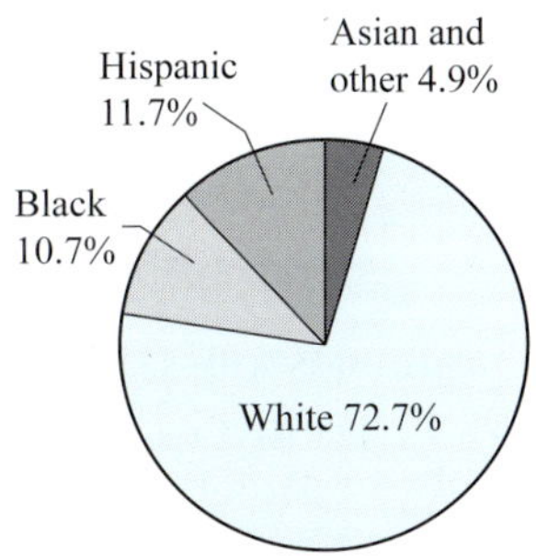

[19~20] 다음 각 문장을 x를 변수로 사용하여 수학식으로 표현하라.

19. 9에서 어떤 수의 $\frac{1}{3}$배를 뺀 값.

20. 4와 어떤 수의 곱을 9로 나눈 값은 그 수보다 크다.

[21~26] 다음 각 문제를 풀어라.

21. 사각형의 길이는 너비의 2배보다 3m 작다. 사각형의 둘레는 42m이다. 사각형의 길이와 너비를 구하라.

22. 양 변의 길이가 같은 삼각형에서, 나머지 변의 길이는 길이가 같은 두 변의 합보다 15in 작다. 삼각형의 둘레가 53in일 때, 세 변의 길이를 구하라.

23. 과자가게 주인은 땅콩 과자보다 세 배가 많은 초콜릿 크림을 보유하고 있다. 두 종류 과자의 전체 무게는 48kg이다. 가게에 있는 땅콩 과자의 무게는 얼마인가?

24. 30% 혼합물 용액을 얻기 위해서 50% 용액 15 L에 20% 용액을 몇 L를 첨가해야 되는가?

25. 40% 산성용액 30 L를 30%로 농도를 낮추려면 순수한 물을 몇 L 첨가해야 하는가?

산성용액(L)	농도(%)	순수한 산의 양(L)
	0.40	
x	0.00	
	0.30	

26. 안나는 특정금액을 이율 6%에 투자하였고, 그 금액보다 $4000 적은 액수를 이율 4%에 투자하였다. 안나의 1년 이자소득이 $840이라면 각 이율에 투자한 금액은 얼마인가?

원금	이율	이자
x	0.06	
	0.04	

[2.4]

27. 식료품가게 점원은 현금 서랍에 10센트, 25센트의 동전을 $3.50 가지고 있다. 10센트 동전은 25센트 동전의 2배보다 1개 적다. 각각의 동전은 몇 개씩 있는가?

28. 짐은 5센트 동전과 10센트 동전 19개를 가지고 있으며, 전체 금액은 $1.55였다. 각각 동전의 개수를 구하라.

29. 405마일의 거리를 움직이는 데 8.2시간이 걸렸다. 다음 중 평균속도에 가장 근접한 값은?

A. 50 mph　B. 30 mph　C. 60 mph　D. 40 mph

30. (a) 멤피스에서 시카고까지 가는데 10시간이 걸렸고 평균속도는 53 mph이었다. 멤피스에서 시카고까지 거리를 구하라.

(b) 바르샤바에서 모스크바까지 경비행기로 가는데 평균속도가 164 mph이었고, 두 시간 걸렸다. 바르샤바에서 모스크바까지 거리를 구하라.

31. 여객 열차와 화물 열차가 동시에 서로 반대방향으로 출발하였다. 두 열차가 각각 60 mph와 75 mph의 속도일 때, 서로 297마일 떨어지려면 얼마나 걸릴까?

	속도	시간	거리
여객열차	60	x	
화물열차	75	x	

32. 두 대의 자동차가 230km 떨어진 곳에서 서로를 향해 동시에 출발하였다. 한 대는 다른 자동차보다 시간당 15km 늦는다. 두 대의 차가 2시간 후 서로 지나쳤을 때, 자동차들의 속도를 구하라.

	속도	시간	거리
빠른 차	x	2	
늦은 차	$x-15$	2	

33. 어떤 자동차가 첫 구간은 평균속도 45mph 걸렸고, 둘째 구간은 50mph 걸렸다. 전체 구간의 거리 195마일을 4시간 걸렸다면, 평균속도 45mph로 달릴 때 걸리는 시간을 구하라.

34. 발렌주엘라 가족은 85마일 떨어진 해변으로 여행을 가는데 2시간이 걸렸다. 처음 한 시간이 지난 후부터 한 시간 동안은 폭풍우로 인해 평균속도 7mph이었고, 이는 처음 한 시간보다 느린 속도였다. 처음 한 시간 동안의 평균속도를 구하라.

35. 삼각형의 세 각을 각각 구하라.

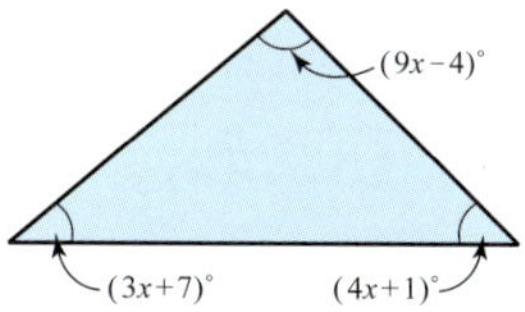

36. 표시된 각을 각각 구하라.

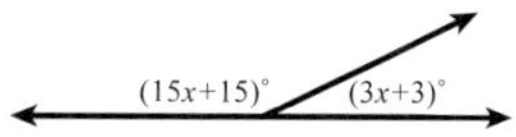

[2.5] [37~42] 다음 부등식을 풀고 해집합을 구간 형태로 나타내어라.

37. $-\frac{2}{3}k < 6$

38. $-5x - 4 \geq 11$

39. $\frac{6a+3}{-4} < -3$

40. $5-(6-4k) \geq 2k-7$

41. $8 \leq 3z-1 < 14$

42. $\frac{5}{4}(m-2)+\frac{2}{5}(m+1) > 1$

43. 사각형 모양인 운동장의 둘레는 120m 이하이고, 너비는 22m이다. 운동장의 길이로 가능한 값을 구하라.

44. 흥행을 기록했던 영화 타이타닉은 미국보다 유럽에서 더 많은 수익을 올렸다. 예를 들어, 런던에서 영화표의 평균가격은 \$10.59이다. 미국에서 런던으로 수학여행 온 학생들이 영화를 보려고 한다. 영화 관람을 위한 지불 가능액은 \$1000이고 단체할인은 \$50이다. 영화표는 몇 장까지 구매 가능한가?

45. 대수학을 이수하기 위해서는 다섯 번의 시험에서 평균 70점 이상이어야 한다. 네 번의 시험에서 75, 79, 64, 71점이었다면, 과목 이수를 위해서는 다섯 번째 시험에서 최소 몇 점을 받아야 하는가?

46. 어떤 학생이 다음 부등식

$$10x+2(x-4) < 12x-13$$

을 풀 때 모든 과정을 풀어서 "$-8<-13$"을 얻었다. 변수가 사라졌기 때문에 학생은 무엇을 해야 할지 몰랐다. 당신은 학생에게 이 결과를 어떻게 설명하겠는가?

[2.6] [47~50] $A=\{a, b, c, d\}$, $B=\{a, c, e, f\}$, **그리고** $C=\{a, e, f, g\}$**라 할 때 다음 집합을 각각 구하라.**

47. $A\cap B$ 48. $A\cap C$ 49. $B\cup C$ 50. $A\cup C$

[51~56] 다음 복합부등식을 풀고, 해집합을 구간과 그래프 형태로 나타내어라.

51. $x>6$ 그리고 $x<9$
52. $x+4>12$ 그리고 $x-2<12$
53 $x>5$ 또는 $x\le -3$
54. $x\ge -2$ 또는 $x<2$
55. $x-4>6$ 그리고 $x+3\le 10$
56. $-5x+1\ge 11$ 또는 $3x+5\ge 26$

[57~60] 다음 합집합이나 교집합을 간단히 구간 형태로 나타내어라.

57. $(-3, \infty)\cap(-\infty, 4)$
58. $(-\infty, 6)\cap(-\infty, 2)$
59. $(4, \infty)\cup(9, \infty)$
60. $(1, 2)\cup(1, \infty)$

[2.7] [61~68] 다음 각 절댓값 방정식을 풀어라.

61. $|x|=7$
62. $|x+2|=9$
63. $|3k-7|=8$
64. $|z-4|=-12$
65. $|2k-7|+4=11$
66. $|4a+2|-7=-3$
67. $|3p+1|=|p+2|$
68. $|2m-1|=|2m+3|$

[69~72] 다음 각 절댓값 부등식의 해를 구하고, 해집합을 구간으로 나타내어라.

69. $|p|<4$
70. $|-t+6|\le 7$
71. $|2p+5|\le 1$
72. $|x+1|\ge -3$

2장 혼합 복습문제

[73~98] 다음을 각각 풀어라.

73. $5-(6-4k)>2k-5$
74. $ak+bt=6t-sk$; k에 대하여
75. $x<3$ 그리고 $x\ge -2$
76. $\dfrac{4x+2}{4}+\dfrac{3x-1}{8}=\dfrac{x+6}{16}$
77. $|3x+6|\ge 0$
78. $-5r\ge -10$

79. 신문 재활용 수거함은 폭 1.5피트, 길이 5피트인 상자 형태이다. 이 상자의 부피가 75 ft^3일 때, 상자의 높이를 구하라.

80. 연속된 세 정수 중 최댓값과 최솟값의 합이 가운데 수보다 47 크다. 세 정수를 구하라.

81. $|3x+2|+4=9$

82. $0.05x+0.03(1200-x)=42$

83. $|m+3| \le 13$

84. $\frac{3}{4}(a-2)-\frac{1}{3}(5-2a) < -2$

85. $-4 < 3-2k < 9$

86. $-0.3x+2.1(x-4) \le -6.6$

87. 어떤 각의 여각은 보각의 $\frac{1}{5}$보다 $10°$ 작다. 그 각을 구하라.

88. 24개월 균등상환 예정으로 $450을 대출하여, 상환기간을 5개월 남겨둔 채로 조기상환했을 때 미지급 이자를 구하라.

89. 회사에서 제공하는 연금제도의 자격을 갖추기 위해서 피고용인은 월평균 최소 $1000 이상의 수입이 있어야 한다. 어떤 직원이 최초 4개월 동안 $900, $1200, $1040, $760 수입이 있었다면, 이 직원이 연금을 수령받기 위해서는 5개월부터는 얼마를 받아야 하는가?

90. $|5r-1| > 14$

91. $x \ge$ 또는 -2

92. 40%의 혼합용액을 얻으려면 50% 용액 10L에 20% 용액 몇 리터를 첨가해야 하는가?

93. $|m-1|=|2m+3|$

94. $\frac{3x}{5}-\frac{x}{2}=3$

95. $|m+3| \le 1$

96. $|3k-7|=4$

97. 2000년 미국 대선에서 앨 고어는 조지 부시보다 선거인단을 5명 적게 확보했다. 총 선거인단은 537명이었을 때 두 후보자가 확보한 선거인단 수를 구하라.

98. $5(2x-7)=2(5x+3)$

[99~100] 다음 각 해집합을 적당히 그려라.

99. $x>6$ 그리고 $x<8$

100. $-5x+1 \ge 11$ 또는 $3x+5 \ge 26$

101. 정규직 근로자 2000명의 주간 평균소득이 아래 표에 나타나 있다.

직업	남성	여성
경영/전문직	994	709
기술직/세일즈/관리보조	655	452
서비스	357	316
기계조작/제작/노동직	487	351

각 집합의 원소들을 나열하라.

(a) 남자의 평균소득이 900달러 미만이고, 여자의 소득이 500달러 이상인 직업군

(b) 남자의 평균소득이 600달러 이상이거나 여자의 소득이 400달러 이하인 직업군

2장 테스트

[1~3] 다음 각 방정식을 풀어라.

1. $3(2x-2)-4(x+6)=3x+8+x$

2. $0.08x+0.06(x+9)=1.24$

3. $\dfrac{x+6}{10}+\dfrac{x-4}{15}=\dfrac{x+2}{6}$

4. 다음 방정식이 조건부, 항등식, 모순인지 판단하고 해집합을 구하라.

$$3x-(2-x)+4x+2 = 8x+3$$

5. $-16t^2+vt-S=0$을 v에 대해서 풀어라.

6. $ar+2=3r-6t$를 r에 대해서 풀어라.

[7~12] 다음 각 문제를 풀어라.

7. 1997년 총 거리 500마일의 데토나 자동차 경주에서 고든은 평균 시속 148.295mph로 우승하였다. 고든의 경주 시간을 구하라.

8. 예금증서에 기록된 내용에 의하면 원금 $36,500에 대한 1년 동안 단리 이자 $2281.25가 보장되어 있다. 이율은 얼마인가?

9. 1998년 38,156개의 사무실, 역, 그리고 우체국 지점 중 27,952곳만 실제 우체국으로 분류되었다. 몇 퍼센트가 우체국으로 분류되었나? (소수 첫째 자리로 답하라.)

10. 맥지니는 단리 3%와 단리 5%에 각각 소액을 투자하였다. 총 투자금은 $28,000이었고, 첫 해에 이자로 $1,240을 받았다. 맥지니는 각 이율에 얼마씩 투자하였나?

11. 두 대의 자동차가 한 곳에서 서로 반대 방향을 향하여 동시에 출발하였다. 한 자동차의 속도는 다른 자동차보다 15mph 늦고 6시간 경과 후 두 대의 자동차가 630마일 떨어졌을 때, 각 자동차의 속도를 구하라.

12. 삼각형의 세 각을 구하라.

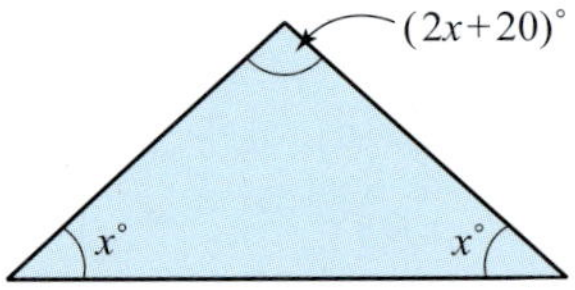

[13~15] 각 부등식의 해를 구하고, 해집합을 구간과 그래프 형태로 나타내어라.

13. $4-6(x+3) \leq -2-3(x+6)+3x$

14. $-\dfrac{4}{7}x > -16$

15. $-6 \leq \dfrac{4}{3}x-2 \leq 2$

[16~17] 다음 문제를 각각 풀어라.

16. 한 학생이 미적분학 과목에서 B학점을 받기 위해서는 4번의 시험에서 평균점수가 최소 80점이 되어야 한다. 이 학생은 처음 세 번의 시험에서 83, 76, 79점을 받았다. 이 학생이 B학점을 받기 위해서는 마지막 시험에서 최소 몇 점을 받아야 하는가?

17. 제품생산으로 인한 손익분기점이나 이윤창출은 제품판매로 얻은 수익(R)이 제품생산비(C)보다 크거나 같아야 한다. 만일 x개의 카펫 생산비가 $C = 50x + 5000$이고, 수익이 $R = 60x$라면 R이 C와 최소한 같게 되는 x값을 구하라.

18. $A = \{1, 2, 5, 7\}$, $B = \{1, 5, 9, 12\}$일 때 다음을 구하라.
(a) $A \cap B$ (b) $A \cup B$

19. 다음 각 복합부등식을 풀어라.
(a) $3k \geq 6$ 그리고 $k - 4 < 5$ (b) $-4x \leq -24$ 또는 $4x - 2 < 10$

[20~25] 다음 각 절댓값 방정식이나 절댓값 부등식을 풀어라.

20. $|4x - 3| = 7$ 21. $|5 - 6x| > 12$ 22. $|7 - x| \leq -1$

23. $|3 - 5x| = |2x + 8|$ 24. $|-3x + 4| - 4 < -1$

25. $k < 0$일 때 각각의 해집합을 구하라.
(a) $|5x + 3| < k$ (b) $|5x + 3| > k$ (c) $|5x + 3| = k$

1~2장 혼합문제

[1~6] $A = \left\{-8, -\frac{2}{3}, -\sqrt{6}, 0, \frac{4}{5}, 9, \sqrt{36}\right\}$**일 때 아래에서 요구한 원소들을 A에서 골라 나열하라.**

1. 자연수 2. 음이 아닌 정수 3. 정수

4. 유리수 5. 무리수 6. 실수

[7~10] 다음을 계산하라.

7. $-\frac{4}{3} - \left(-\frac{2}{7}\right)$ 8. $|-4| - |2| + |-6|$

9. $(-2)^4 + (-2)^3$ 10. $\sqrt{25} - 5(-1)^0$

[11~14] 다음 각 값을 구하라.

11. $(-3)^5$ 12. $\left(\frac{6}{7}\right)^3$ 13. $\left(-\frac{2}{3}\right)^3$ 14. -4^6

15. 다음 중 실수가 아닌 값은? $-\sqrt{36}$ 또는 $\sqrt{-36}$

16. 다음 중 정의되지 않은 값은? $\frac{4-4}{4+4}$ 또는 $\frac{4+4}{4-4}$

[17~19] $a=2,\ b=-3,\ c=4$**일 때 다음을 각각 계산하라.**

17. $-3a+2b-c$

18. $-8(a^2+b^3)$

19. $\frac{3a^3-b}{4+3c}$

[20~21] 실수의 성질을 이용하여 다음 각 식을 간단히 하라.

20. $-7r+5-13r+12$

21. $-(3k+8)-2(4k-7)+3(8k+12)$

[22~23] 다음 방정식에 적용된 실수의 성질을 말하라.

22. $(a+b)+4=4+(a+b)$

23. $4x+12x=(4+12)x$

[24~29] 다음 각 방정식을 풀어라.

24. $-4x+7(2x+3)=7x+36$

25. $-\frac{3}{5}x+\frac{2}{3}x=2$

26. $0.06x+0.03(100+x)=4.35$

27. $P=a+b+c$; b에 대해서

28. $4(2x-6)+3(x-2)=11x+1$

29. $\frac{2}{3}x+\frac{5}{8}x=\frac{31}{24}x$

[30~33] 다음 각 부등식을 풀고, 해집합을 구간과 그래프로 나타내어라.

30. $3-2(x+7)\le -x+3$

31. $-4<5-3x\le 0$

32. $2x+1>5$ 또는 $2-x>2$

33. $|-7k+3|\ge 4$

[34~40] 다음 각 문제를 풀어라.

34. 맨리는 같은 금액을 7% 이율과 10% 이율에 각각 투자하여 1년 동안 총 이자 \$150을 받았고, 이는 총 투자액의 $\frac{1}{10}$보다 적은 금액이다. 맨리가 각각의 이율에 투자한 최초 금액을 구하라.

35. 영양사는 A, B, C의 세 가지 음식을 식단에 사용해야 한다. A는 C의 2배, B는 5g 을 포함해야 하고, 모두 합해서 24g 이하여야 한다. 영양사가 사용할 수 있는 음식 C의 최대량은 얼마인가?

36. 릴리는 처음 두 시험에서 88점과 78점을 받았다. 평균점수가 80점 이상 나오기 위해서는 셋째 시험에서 몇 점을 받아야 하는가?

37. 농도가 10%인 알코올 7리터를 30%로 만들기 위해서는 순수 알코올을 몇 리터 첨가해야 하는가?

38. 어떤 동전 수집가는 29개의 주화를 모았다. 동전의 종류는 1센트, 5센트, 25센트 세 종류가 있다. 25센트 주화는 5센트 주화보다 4개 적고 전체 금액은 \$2.69이다. 각 주화의 개수를 구하라.

39. 성인 복용량에서 어린이 복용량까지 체중(파운드)에 따라 약물 복용량을 줄이는 데 사용되는 공식인 클라크 법칙은 다음과 같다.

$$\text{소아의 약물 복용량}=\frac{\text{소아의 체중}}{150}\times\text{성인의 약물 복용량}$$

같은 증상에서 성인의 복용량이 120 mg이고 소아의 체중이 55파운드일 때, 소아의 약물 복용량을 구하라.

40. 1975년 이후 신문 구독자는 꾸준히 감소하고 있다.

(a) 1998년에서 1990년 사이에 신문 구독자는 몇 명이나 감소하였는가?

(b) 1990년부터 1998년까지 신문 구독자는 몇 퍼센트 감소하였는가?

연도	신문 구독자 수
1975	1756
1980	1745
1985	1676
1990	1611
1995	1533
1996	1520
1997	1509
1998	1489

3장 그래프, 선형방정식, 그리고 함수

3.1 직교좌표계

학·습·목·표

1. 순서쌍
2. 방정식을 만족하는 순서쌍
3. 직선 그래프
4. x절편과 y절편
5. 수직방정식과 수평방정식

목표 1 순서쌍

숫자들의 쌍 $(3, 1)$, $(-5, 6)$, $(4, -1)$은 순서쌍의 예이다; 즉, 숫자의 순서가 중요한, 괄호 안에 쓰여진 한 쌍의 숫자이다. 그림 1과 같이 0에서 교차하는 두 개의 수직선을 사용하여 순서쌍을 그래프로 나타낸다. 공통인 점 0을 원점이라고 한다. 이 평면에서 임의의 점의 위치는 수평선인 x축과 수직선인 y축을 참조하여 결정한다. 순서쌍의 첫 번째 숫자는 x축에 상대적인 위치를 나타내고, 두 번째 숫자는 y축에 상대적인 위치를 나타낸다. x축과 y축은 직각(또는 카테시안)좌표계를 구성한다.

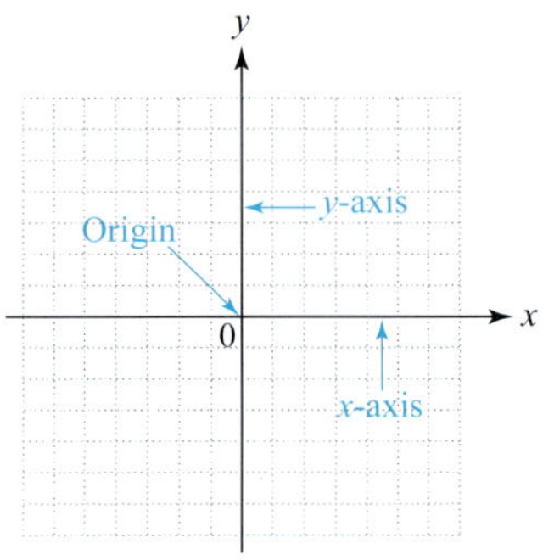

그림 1

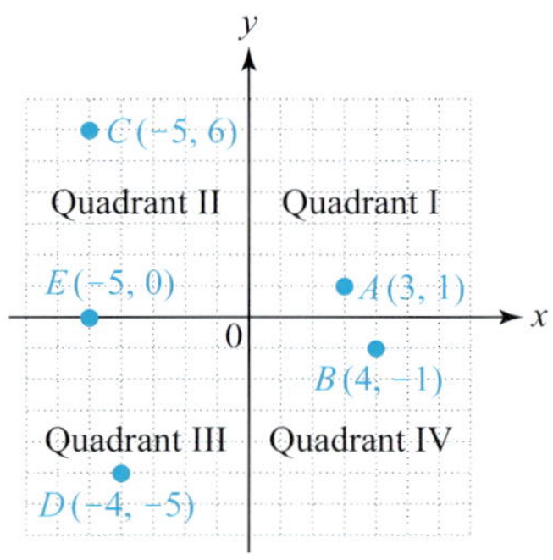

그림 2

순서쌍 $(3, 1)$에 대응하는 그래프 상의 점을 찾기 위해, x축을 따라 0에서 오른쪽으로 3단위를 이동한 다음 y축과 평행하게 1단위를 위로 이동한다. 순서쌍 $(3, 1)$에 대응하는 점은 그림 2에서 A로 표시되어 있다. 추가 점들은 $B-E$로 표시되어 있다. "순서쌍 $(3, 1)$에 대응하는 점"이라는 표현은 종종 "점 $(3, 1)$ "로 표현된다. 순서쌍의 숫자를 대응하는 점의 좌표라고 한다.

그림 2에 나타낸 그래프의 4개 영역은 사분면 I, II, III, IV라고 하며, 오른쪽 위 사분면으로부터 시계 반대 방향으로 읽는다. x축과 y축의 점은 어느 사분면에도 속하지 않는다. 예를 들어 그림 2의 점 E는 사분면에 속하지 않는다. ■

연습문제 1, 5를 풀어보자.

목표 2 방정식을 만족하는 순서쌍

$2x+3y=6$과 같이 2개의 변수를 갖는 방정식의 해를 구하라. 예를 들면 $(6, -2)$는 방정식 $2x+3y=6$의 해이다. $x=6$, $y=-2$라 가정하고 대입하면

$$\begin{aligned} 2x+3y&=6 \\ 2(6)+3(-2)&=6 \\ 12-6&=6 \\ 6&=6 \end{aligned}$$

순서쌍 $(6, -2)$는 방정식 $2x+3y=6$이 성립하기 때문에 $2x+3y=6$의 해이다. 그러나 순서쌍 $(5, 1)$은 $2x+3y=6$의 해가 아니다. 왜냐하면

$$2(5)+3(1)=10+3=13 \neq 6$$

방정식을 만족하는 다른 순서쌍을 구하기 위해 변수 중에 임의의 하나를 선택하고 다른 변수 해를 구한다. $2x+3y=6$을 만족하는 다른 순서쌍 2개는 $(0, 2)$와 $(3, 0)$이다. 이 변수에서 선형방정식의 해는 무수히 많다.

예제 1 순서쌍들 구하기

$2x+3y=6$의 순서쌍을 표로 만들어라.

풀이 $x=-3$이라 가정하고 방정식에 대입하여 y값을 구하라. $y=-4$라 가정하고 방정식에 대입하여 x값을 구하라.

$$\begin{aligned} 2x+3y&=6 \\ 2(-3)+3y&=6 \quad x=-3 \text{ 대입} \\ -6+3y&=6 \\ 3y&=12 \\ y&=4 \end{aligned}$$

순서쌍은 $(-3, 4)$이다.

$$\begin{aligned} 2x+3y&=6 \\ 2x+3(-4)&=6 \quad y=-4 \text{ 대입} \\ 2x-12&=6 \\ 2x&=18 \\ x&=9 \end{aligned}$$

순서쌍은 $(9, -4)$이다.

이러한 순서쌍들의 완성된 표는 다음과 같다.

x	y
-3	4
9	-4

목표 3 직선 그래프

x	y
-3	4
0	2
3	0
6	-2
9	-4

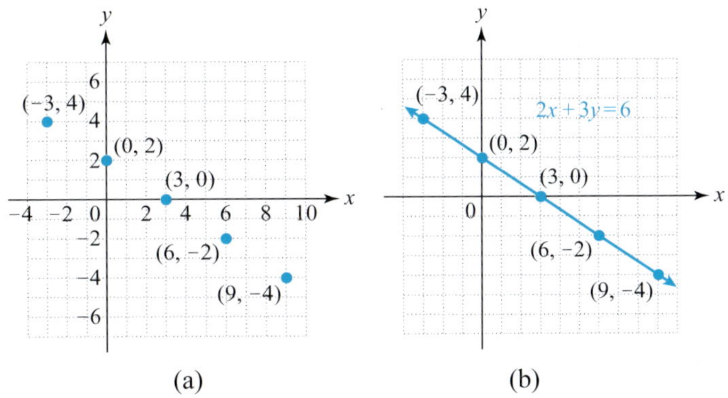

그림 3

✎연습문제 8을 풀어보자.

이변수 선형방정식

이변수 선형방정식의 형태는 다음과 같이 정의한다.

$$Ax+By=C \quad \text{단, } A(\neq 0),\ B(\neq 0),\ C\text{는 실수}$$

이 형태를 표준(standard)형태라 부른다.

목표 4 **x절편과 y절편** x절편은 직선과 x축의 교점이고 y절편은 직선과 y축의 교점이다.

절편 구하기

직선의 방정식에서 $y=0$이라 가정하고 x절편을 구한다. $x=0$이라 가정하고 y절편을 구한다.

예제 2 절편 구하기

$4x-y=-3$의 x, y절편을 구하고 방정식의 그래프를 그려라.

풀이 $y=0$이라 놓고 x절편을 구한다.

$$\begin{aligned} 4x-0&=-3 \\ 4x&=-3 \\ x&=-\frac{3}{4} \end{aligned}$$

이므로 x절편은 $\left(-\frac{3}{4}, 0\right)$이다. $x=0$이라 놓고 y절편을 구한다.

$$\begin{aligned} 4(0)-y&=-3 \\ -y&=-3 \\ y&=3 \end{aligned}$$

이므로 y절편은 $(0, 3)$이다. 따라서 두 절편은 점 $\left(-\frac{3}{4}, 0\right)$과 $(0, 3)$이다.

x	y
$-\frac{3}{4}$	0
0	3

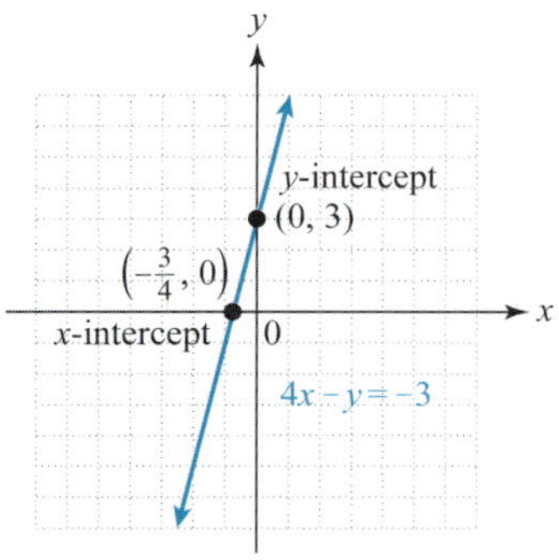

그림 4

✎연습문제 18을 풀어보자.

목표 5 수직방정식과 수평방정식

예제 3 수평선 그래프

$y=2$의 그래프를 구하라.

풀이 $y=2$를 $0x+1y=2$로 놓으면 $x=0$을 포함한 모든 x값에 대해서 $y=2$를 얻고, y절편은 $(0, 2)$이다. 항상 $y=2$이기 때문에 $y=0$에 대응되는 x값은 없다. 그래서 그래프는 x절편이 없다.

x	y
-1	2
0	2
3	2

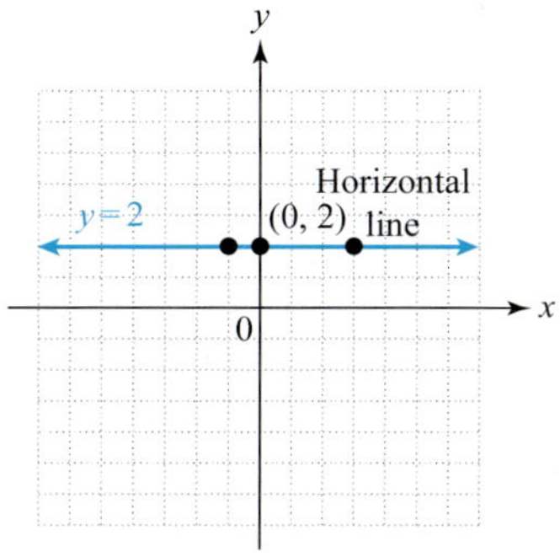

그림 5

그림 5에서 순서쌍 표를 그래프로 그리면 수평선이 된다. ■

연습문제 22를 풀어보자.

예제 4 수직선 그래프

$x+1=0$의 그래프를 그려라.

풀이 $1x+0y=-1$에서 y의 모든 값에 관계없이 $x=-1$이다. 따라서 x절편은 $(-1, 0)$이다. $x=0$에 대응되는 y값은 없으므로 y절편이 없다.

x	y
-1	-4
-1	0
-1	5

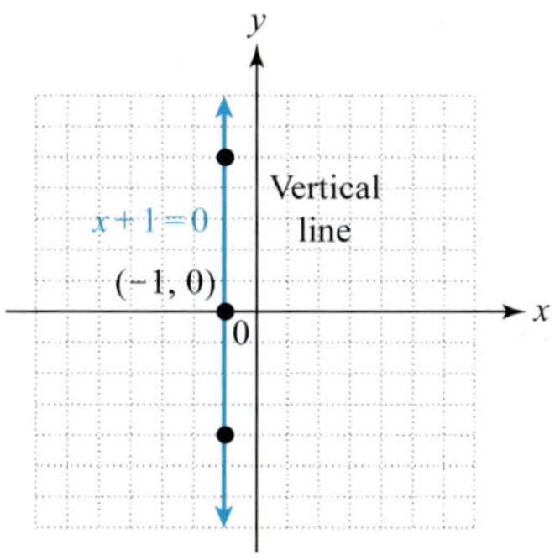

그림 6

그림 6에서 순서쌍 표를 그래프로 그리면 수직선이 된다. ■

연습문제 26을 풀어보자.

예제 5 원점을 지나는 직선의 그래프

$x+2y=0$의 그래프를 구하라.

풀이 절편을 구하면

$x+2y=0$		$x+2y=0$	
$x+2(0)=0$	$y=0$ 대입	$0+2y=0$	$x=0$ 대입
$x+0=0$		$y=0$	
$x=0$			
x절편은 $(0, 0)$이다.		y절편은 $(0, 0)$이다.	

x절편과 y절편은 같은 점$(0, 0)$이고, 이는 직선이 원점을 지남을 의미한다. 직선의 그래프 위에 있는 다른 점을 찾기 위해 0이 아닌 x값 $x=4$를 택한 후 y에 관하여 푼다.

$$\begin{aligned} x+2y&=0 \\ 4+2y&=0 \quad x=4 \text{ 대입} \\ 2y&=-4 \\ y&=-2 \end{aligned}$$

여기서 우리는 순서쌍 $(4, -2)$를 얻게 된다. 이 두 점을 이용하여 그림 7에 있는 그래프를 얻게 된다. 또한 점 $(-2, 1)$ 역시 직선 위에 있음을 확인할 수 있다.

x	y
-2	1
0	0
4	-2

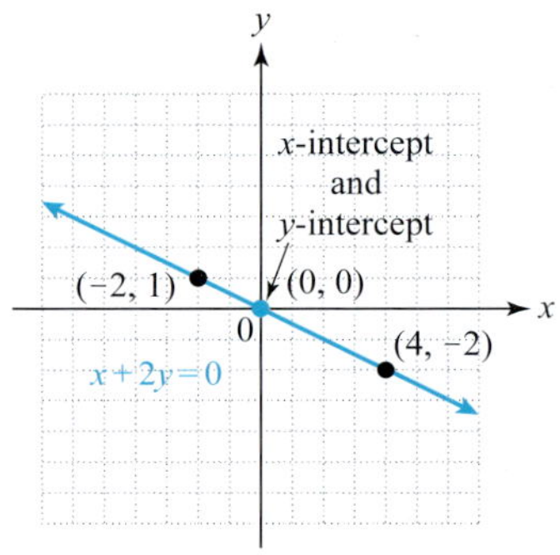

그림 7

또 다른 점을 얻기 위해서는 x값 대신 0이 아닌 임의의 y값을 선택할 수 있다.

연습문제 28을 풀어보자.

3.1 연습문제

[1~4] 다음 빈 칸에 답을 적어라.

1. 좌표 $(0, 0)$을 갖는 점을 직교좌표에서는 ______이라 부른다.
2. 모든 x값에 대하여, 점 $(x, 0)$은 ______축 위에 놓인다.
3. 방정식 ______ $= 4$는 수평선 그래프이다. (x 또는 y)
4. 점(___, 4)는 직선 $2x - 3y = 0$ 위에 있다.

[5~6] 다음 점들은 몇 사분면에 있는가?

5. (a) $(1, 6)$ (b) $(-4, -2)$ (c) $(-3, 6)$ (d) $(7, -5)$
6. (a) $(-2, -10)$ (b) $(4, 8)$ (c) $(-9, 12)$ (d) $(3, -9)$
7. 주어진 정보를 이용하여 점 (x, y)가 표시되는 사분면을 구하라.

   (a) $xy > 0$ (b) $xy < 0$ (c) $\frac{x}{y} < 0$ (d) $\frac{x}{y} > 0$

[8~13] 다음 각 방정식에 대한 표를 완성하고, 방정식의 그래프를 그려라.

8. $x - y = 3$

x	y
0	
	0
5	
2	

9. $x - y = 5$

x	y
0	
	0
1	
3	

10. $x + 2y = 5$

x	y
0	
	0
2	
	2

11. $x + 3y = -5$

x	y
0	
	0
1	
	-1

12. $4x - 5y = 20$

x	y
0	
	0
2	
	-3

13. $6x - 5y = 30$

x	y
0	
	0
3	
	-2

14. $x+y=k$의 그래프가 3사분면을 통과하지 않음을 설명하여라. 단, $k>0$.

15. 직선의 방정식 $4x-3y=12$에서 절편과 그래프를 구하라.

16. x축의 방정식은 무엇인가?

17. y축의 방정식은 무엇인가?

[18~31] x절편과 y절편을 구하고 방정식의 그래프를 그려라.

18. $2x+3y=12$

19. $5x+2y=10$

20. $x-3y=6$

21. $x-2y=-4$

22. $\frac{2}{3}x-3y=7$

23. $\frac{5}{7}x+\frac{6}{7}y=-2$

24. $y=5$

25. $x=2$

26. $x+4=0$

27. $y+2=0$

28. $2x=3y$

29. $4y=3x$

30. $-\frac{2}{3}y=x$

31. $3y=-\frac{4}{3}x$

중점 공식

만약 선분 PQ의 끝점이 (x_1, y_1)과 (x_2, y_2)라 가정하면 중점 M은

$$\left(\frac{x_1+x_2}{2}, \frac{y_1+y_2}{2}\right)$$

이다.

[32~35] 중점 공식을 이용하여 주어진 끝점을 갖는 선분의 중점을 각각 구하라.

32. $(-8, 4)$, $(-2, -6)$

33. $(5, 2)$, $(-1, 8)$

34. $(3, -6)$, $(6, 3)$

35. $(-10, 4)$, $(7, 1)$

3.2 직선의 기울기

학·습·목·표

1. 직선 위에 두 점이 주어졌을 때 직선의 기울기 구하기
2. 직선의 방정식이 주어졌을 때 직선의 기울기 구하기
3. 직선 위의 한 점과 기울기가 주어질 때 직선의 그래프 구하기
4. 기울기를 이용하여 두 직선이 평행인가, 수직인가, 또는 둘 다 아닌가 알아보기

목표 1 직선 위에 두 점이 주어졌을 때 직선의 기울기 구하기

기울기 공식

서로 다른 두 점 (x_1, y_1)과 (x_2, y_2)를 지나는 직선의 기울기

$$m = \frac{y\text{값의 변화량}}{x\text{값의 변화량}} = \frac{y_2 - y_1}{x_2 - x_1} \quad (x_1 \neq x_2)$$

예제 1 직선의 기울기 구하기

두 점 $(2, -1)$과 $(-5, 3)$을 지나는 직선의 기울기를 구하라.

풀이 $(x_1, y_1) = (2, -1)$과 $(x_2, y_2) = (-5, 3)$이라 놓으면,

$$m = \frac{y_2 - y_1}{x_2 - x_1} = \frac{3-(-1)}{-5-2} = \frac{4}{-7} = -\frac{4}{7}.$$

만약 두 점을 반대로 $(x_2, y_2) = (2, -1)$과 $(x_1, y_1) = (-5, 3)$이라 놓으면 기울기는 같다

$$m = \frac{y_2 - y_1}{x_2 - x_1} = \frac{-1-3}{2-(-5)} = \frac{-4}{7} = -\frac{4}{7}.$$

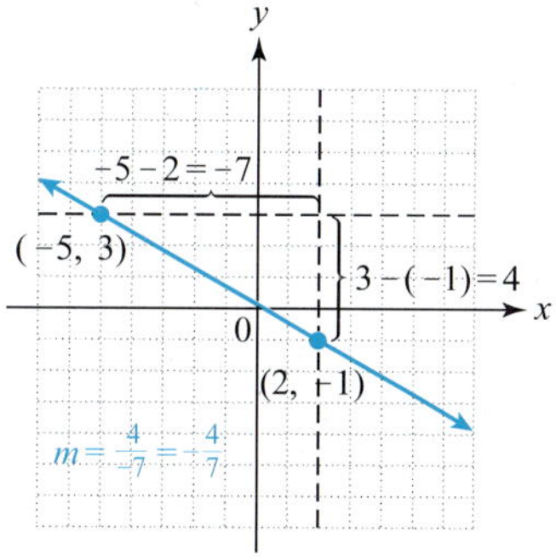

그림 8

✎ 연습문제 7을 풀어보자.

목표 2 직선의 방정식이 주어졌을 때 직선의 기울기 구하기

예제 2 직선의 기울기 구하기

직선 $4x - y = -8$의 기울기를 구하라.

풀이 절편은 기울기를 찾는데 필요한 서로 다른 두 점으로 사용될 수 있다. 그 점을 찾기 위해 $y=0$을 대입하면 x절편은 $(-2, 0)$이고, 또 한 점을 찾기 위해 $x=0$을 대입하면 y절편은 $(0, 8)$이다. 이 두

점을 기울기 공식에 대입하여 직선의 기울기를 구하면

$$m=\frac{8-0}{0-(-2)}=\frac{8}{2}=4$$

이다. ■

연습문제 19를 풀어보자.

예제 3 수평선과 수직선의 기울기

다음 각 직선의 기울기를 구하라.

(a) $y=2$　　　　(b) $x=-1$

풀이 (a) 3.1절 그림 5에서 $y=2$는 수평선임을 알 수 있다. 직선의 기울기를 구하기 위해 직선 위의 서로 다른 두 점 $(3, 2)$와 $(-1, 2)$를 선택하여 직선의 기울기를 구하면

$$m=\frac{2-2}{3-(-1)}=\frac{0}{4}=0.$$

따라서 기울기는 0이다.

(b) 3.1절 그림 6에서 $x=-1$ 또는 $x+1=0$은 수직선임을 알 수 있다. 방정식 $x=-1$을 만족하는 서로 다른 두 점은 $(-1, 5)$와 $(-1, -4)$이다. 이 점들을 선택하여 기울기를 구하면

$$m=\frac{-4-5}{-1-(-1)}=\frac{-9}{0}.$$

분모가 0이므로 기울기를 정의할 수 없다. 그 이유는 기울기의 공식에는 $x_1 \neq x_2$이라는 제한이 있기 때문이다. ■

연습문제 25, 26을 풀어보자.

수평선과 수직선의 기울기

수평선의 기울기는 0이고 수직선의 기울기는 정의할 수 없다.

예제 4 방정식에서 기울기 구하기

$3x-5y=8$의 기울기를 구하라.

풀이 y에 대하여 방정식을 푼다.

$$3x-5y=8$$

$$-5y=-3x+8 \quad \text{양변에서 } 3x\text{를 뺀다.}$$

$$y=\frac{3}{5}x-\frac{8}{5} \quad \text{양변을 } -5\text{로 나눈다.}$$

기울기는 x의 계수이므로, 기울기는 $\frac{3}{5}$이다. ■

연습문제 21을 풀어보자.

목표 3 직선 위의 한 점과 기울기가 주어질 때 직선의 그래프 구하기

《예제 5》 직선의 기울기와 한 점을 이용하여 그래프 그리기

다음 각 직선을 그려라.

(a) 점 $(-1, 4)$를 지나고 기울기 $\frac{2}{3}$인 직선 (b) 점 $(3, 1)$을 지나고 기울기가 -4인 직선

풀이 (a) 그래프 위에 점 $P(-1, 4)$를 위치에 놓은 후, 두 번째 점을 찾기 위해 기울기를 이용한다. 기울기 공식으로부터

$$m = \frac{y\text{값의 변화량}}{x\text{값의 변화량}} = \frac{2}{3}.$$

따라서 오른쪽으로 3만큼 이동하고 위쪽으로 2만큼 이동한 점이 또 다른 점이다(R). 그러므로 두 점$(-1, 4)$와 R을 지나는 직선이 우리가 원했던 그래프이다.

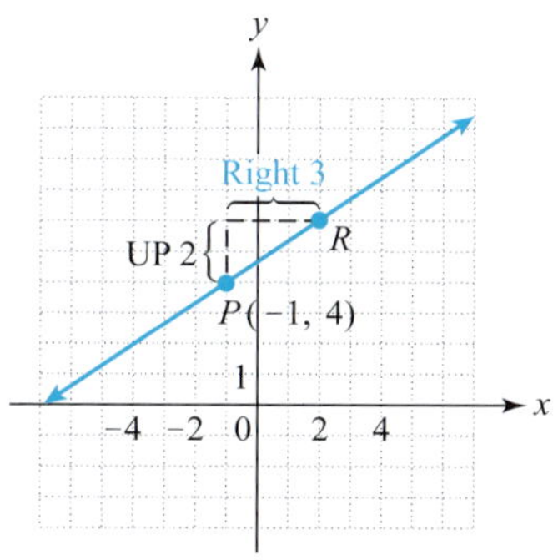

그림 9

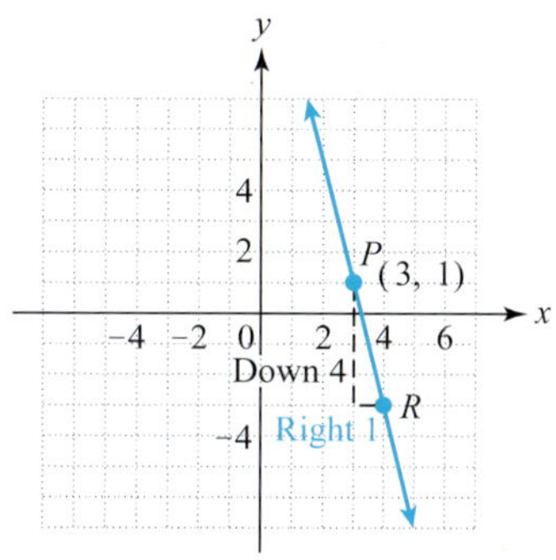

그림 10

(b) 그래프 위에 $P(3, 1)$을 위치해 놓고 시작한다. 기울기 -4를 $\frac{-4}{1}$로 놓고 기울기 공식을 이용하여 두 번째 점(R)을 찾는다.

$$m = \frac{y\text{값의 변화량}}{x\text{값의 변화량}} = \frac{-4}{1}$$

점 $(3, 1)$로부터 아래로 4칸 이동 후 오른쪽으로 1칸 이동한다. 점 $(3, 1)$과 두 번째 점 R을 연결한 직선을 그린다.

기울기는 다음과 같이 표현되기도 한다.

$$m = \frac{y\text{값의 변화량}}{x\text{값의 변화량}} = \frac{4}{-1}$$

이 경우 두 번째 점 R은 위로 4칸, 왼쪽으로 1칸 이동한 점이다. 그림 10에서 이러한 방법도 동일한 직선을 만든다. ■

연습문제 30, 32를 풀어보자.

목표 4 기울기를 이용하여 두 직선이 평행인가, 수직인가, 또는 둘 다 아닌가 알아보기

평행한 직선의 기울기

같은 기울기를 가진 수직이 아닌 두 직선은 평행이다.
수직이 아닌 평행한 두 직선은 같은 기울기를 가진다.

《예제 6》 두 직선의 평행 판정

점 $(-2, 1)$과 $(4, 5)$를 지나는 직선 L_1과 점 $(3, 0)$과 $(0, -2)$를 지나는 직선 L_2는 평행한가?

풀이 L_1의 기울기는 $m_1 = \dfrac{5-1}{4-(-2)} = \dfrac{4}{6} = \dfrac{2}{3}$

L_2의 기울기는 $m_2 = \dfrac{-2-0}{0-3} = \dfrac{-2}{-3} = \dfrac{2}{3}$

두 직선의 기울기가 같다. 그러므로 두 직선은 평행하다. ■

두 직선이 둘 다 수직이 아니라면, 서로 수직인 두 직선은 음의 역수인 기울기를 갖는다. 즉, 기울기의 곱은 -1이다. 또한, 음의 역수인 기울기를 갖는 두 직선은 서로 수직이다.

《예제 7》 두 직선의 수직 판정

방정식 $2y = 3x - 6$과 $2x + 3y = -6$이 수직인가?

풀이 먼저 각 방정식을 y에 관하여 푼 뒤 각 직선의 기울기를 구한다.

$2y = 3x - 6$	$2x + 3y = -6$
$y = \dfrac{3}{2}x - 3$	$3y = -2x - 6$
기울기는 $\dfrac{3}{2}$	$y = -\dfrac{2}{3}x - 2$
	기울기는 $-\dfrac{2}{3}$

두 직선의 기울기를 곱하면 $\dfrac{3}{2}\left(-\dfrac{2}{3}\right) = -1$이므로 두 직선은 수직이다. ■

연습문제 36을 풀어보자.

3.2 연습문제

[1~6] 기울기 공식을 이용하여 다음 각 기울기 m값을 구하라.

1. $m=\dfrac{6-2}{5-3}$

2. $m=\dfrac{5-7}{-4-2}$

3. $m=\dfrac{4-(-1)}{-3-(-5)}$

4. $m=\dfrac{-6-0}{0-(-3)}$

5. $m=\dfrac{-5-(-5)}{3-2}$

6. $m=\dfrac{7-(-2)}{-3-(-3)}$

[7~12] 다음 두 점을 지나는 직선의 기울기를 구하라.

7. $(-2,\ -3)$과 $(-1, 5)$

8. $(-4, 3)$과 $(-3, 4)$

9. $(-4, 1)$과 $(2, 6)$

10. $(-3,\ -3)$과 $(5, 6)$

11. $(2, 4)$와 $(-4, 4)$

12. $(-6, 3)$과 $(2, 3)$

[13~14] 다음 직선의 기울기를 구하라.

13.

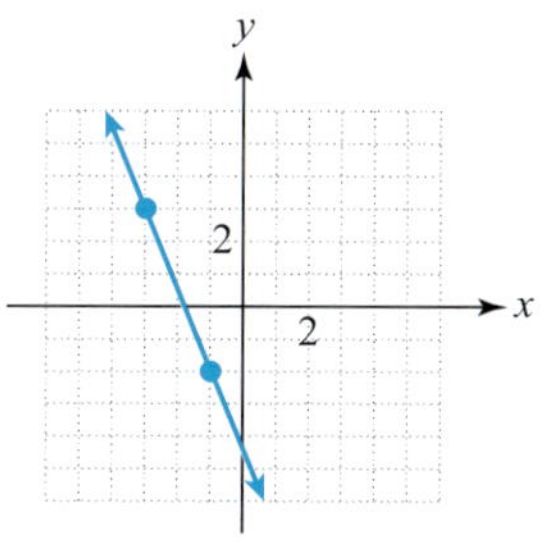

14.

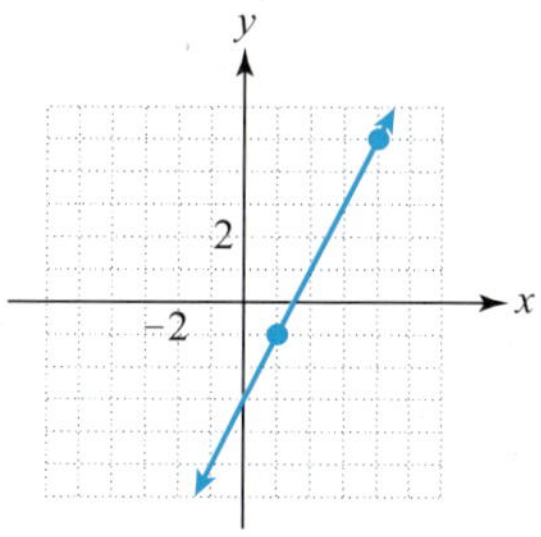

[15~18] 주어진 그림을 참조하여 어떤 직선이 다음 설명을 만족하는지 결정하라.

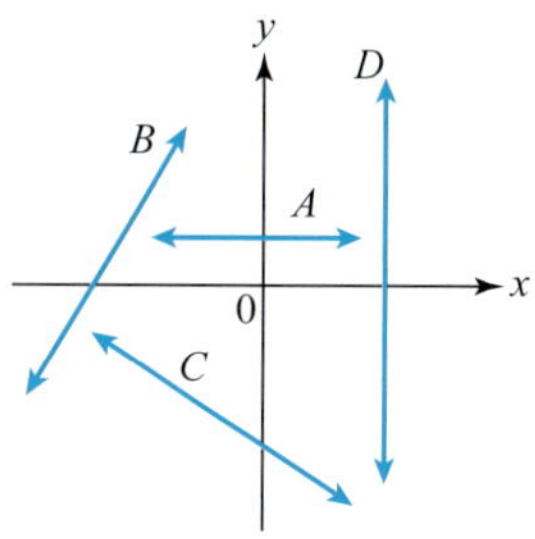

15. 직선의 기울기가 양수인 것?

16. 직선의 기울기가 음수인 것?

17. 직선의 기울기가 0인 것?

18. 직선의 기울기가 정의되지 않은 것?

[19~26] 다음 직선의 기울기를 구하고 그래프를 그려라.

19. $x+2y=4$

20. $x+3y=-6$

21. $5x-2y=10$

22. $4x-y=4$

23. $y=4x$

24. $y=-3x$

25. $x-3=0$

26. $y+5=0$

[27~34] 아래와 같이 주어진 점을 지나고 기울기 m을 갖는 직선을 각각 그려라.

27. 점 $(-4, 2)$, $m=\frac{1}{2}$

28. 점 $(-2, -3)$, $m=\frac{5}{4}$

29. 점 $(0, -2)$, $m=-\frac{2}{3}$

30. 점 $(0, -4)$, $m=-\frac{3}{2}$

31. 점 $(-1, -2)$, $m=3$

32. 점 $(-2, -4)$, $m=4$

33. 점 $(2, -5)$, $m=0$

34. 점 $(-3, 1)$, 기울기는 정의되지 않음

35. 직선의 기울기가 $-\frac{4}{9}$일 때, 이 직선과 평행한 모든 직선은 기울기가 ________이고, 이 직선과 수직인 모든 직선의 기울기는 ________이다.

[36~45] 다음 주어진 2개의 직선이 평행한지 수직인지 또는 그렇지 않은지 판정하여라.

36. $2x+5y=-7$과 $5x-2y=1$

37. $x+4y=7$과 $4x-y=3$

38. $2x+y=6$과 $x-y=4$

39. $4x-3y=6$과 $3x-4y=2$

40. $3x=y$와 $2y-6x=5$

41. $x=6$과 $6-x=8$

42. $2x+5y=-8$과 $6+2x=5y$

43. $4x+y=0$과 $5x-8=2y$

44. $4x-3y=8$과 $4x+3y=12$

45. $2x=y+3$과 $2y+x=3$

3.3 이변수 선형방정식

학·습·목·표

1. 기울기와 y절편이 주어진 직선의 방정식을 구한다.
2. 기울기와 y절편을 사용하여 직선의 그래프를 그린다.
3. 기울기와 직선 위의 한 점이 주어진 직선의 방정식을 구한다.
4. 직선 위의 두 점이 주어질 때 직선의 방정식을 구한다.
5. 주어진 직선에 평행한 직선과 수직인 직선을 구한다.
6. 실제 데이터 모델의 직선의 방정식을 구한다.

목표 1 기울기와 y절편이 주어진 직선의 방정식을 구한다 앞 절에서 y에 대하여 방정식을 풀어서 직선의 방정식으로부터 직선의 기울기를 찾았다. 예를 들어, 방정식 $y = 4x + 8$의 직선의 기울기는 x의 계수인 4임을 알았다. 8은 무엇인가?

이를 알아보기 위해 기울기 m과 y절편 $(0, b)$를 갖는 직선을 가정하자. 그림 11에서와 같이 직선 위의 또 다른 한 점 (x, y)를 선택하여 직선의 방정식을 구할 수 있다.

기울기 공식을 이용하면

$$m = \frac{y-b}{x-0}$$

$$m = \frac{y-b}{x}$$

$$mx = y - b \quad \text{양변에 } x\text{를 곱한다}$$

$$mx + b = y \quad \text{양변에 } b\text{를 더한다}$$

$$y = mx + b$$

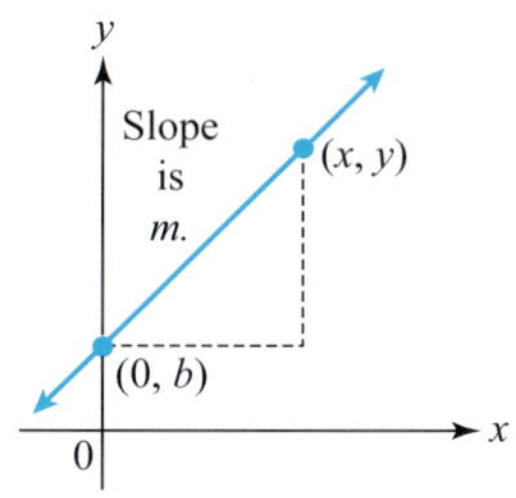

그림 11

마지막 방정식은 직선의 방정식의 기울기 절편 형태(slope-intercept form)라 부른다. 그 이유는 한눈에 기울기와 y 절편을 알 수 있기 때문이다. 방정식 $y = 4x + 8$이 나타내는 직선에서 8은 y절편이 $(0, 8)$임을 의미한다.

기울기 절편 형태

기울기가 m이고 y절편 $(0, b)$를 갖는 직선의 방정식의 기울기 절편 형태는 다음과 같다.

$$y = mx + b$$

(m: 기울기, b: y절편 $(0, b)$)

예제 1 기울기 절편 형태를 사용하여 직선의 방정식 찾기

기울기가 $-\frac{4}{5}$이고 y절편은 $(0, -2)$인 직선의 방정식을 찾아라.

풀이 $m = -\frac{4}{5}$이고 $b = -2$이다. $-\frac{4}{5}$와 -2를 기울기 절편 형태에 대입한다.

$$y = mx + b$$
$$y = -\frac{4}{5}x - 2 \quad \text{기울기 절편 형태}$$

✎ 연습문제 19를 풀어보자.

목표 2 기울기와 y절편을 사용하여 직선의 그래프를 그린다

만일 직선의 방정식이 기울기 절편 형태이면 기울기와 y절편을 이용하여 직선을 그릴 수 있다.

예제 2 기울기와 y절편을 이용한 직선의 그래프

기울기와 y절편을 이용하여 각 그래프를 그려라.

(a) $y = 3x - 6$ (b) $3y + 2x = 9$

풀이 (a) $m = 3$이고 $b = -6$이다. y절편 $(0, -6)$의 위치에 점을 찍는다. 기울기 3은 다음과 같다.

$$m = \frac{y\text{값의 변화량}}{x\text{값의 변화량}} = \frac{3}{1}$$

$(0, -6)$으로부터 오른쪽으로 1, 위쪽으로 3만큼 이동하여 $(1, -3)$의 위치에 두 번째 점을 찍는다.

두 점 $(0, -6)$과 $(1, -3)$을 직선으로 그리면 그림 12의 그래프가 얻어진다.

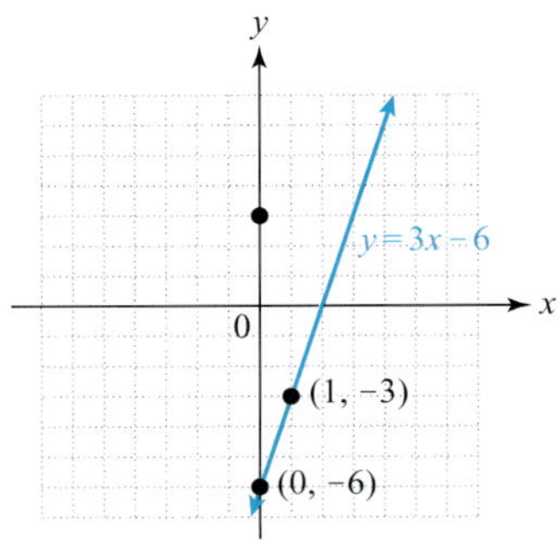

그림 12

(b) 이 방정식을 y에 대해 풀어서 기울기 절편 형태로 다시 쓰면

$$3y + 2x = 9$$
$$3y = -2x + 9$$
$$y = -\frac{2}{3}x + 3$$

↑ 기울기 ↑ y절편 $(0, 3)$

이 방정식의 그래프를 그리기 위해 y절편 $(0, 3)$의 위치에 점을 찍고, 기울기는 $\frac{-2}{3}$ 또는 $\frac{2}{-3}$로 해석될 수 있다. $\frac{-2}{3}$를 사용하여 $(0, 3)$에서 오른쪽으로 3만큼, 아래로 2만큼 이동하여 $(3, 1)$ 위치에 점을 찍어 두 점을 연결하면 그림 13의 그래프를 얻는다. (기울기 $\frac{2}{-3}$를 사용하여 찍은 점도 이 직선상에 있다.)

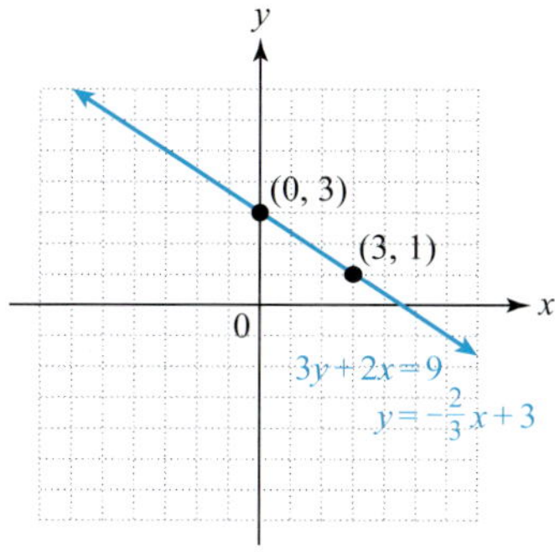

그림 13

✎연습문제 15를 풀어보자.

> ⓘ 주의 선형방정식의 기울기 절편 형태는 여러 가지로 유용하다. 세로 직선을 제외한 모든 직선은 유일한 기울기 절편 형태를 갖는다. 3.5절에서는 기울기 절편 형태를 사용하여 정의된 선형함수를 공부한다. 또한 기울기 절편 형태는 그래프계산기를 이용하여 직선을 그릴 때도 사용한다.(3.1절 예제 6)

목표 3 기울기와 직선 위의 한 점이 주어진 직선의 방정식을 구한다 m은 직선의 기울기, (x_1, y_1)은 직선 위의 한 점, (x, y)는 직선 위의 또 다른 점이라 하자(그림 14). 기울기 공식에 의해

$$m = \frac{y - y_1}{x - x_1}$$

$$m(x - x_1) = y - y_1 \quad \text{양변에 } x - x_1\text{을 곱한다.}$$

$$y - y_1 = m(x - x_1) \quad \text{좌변과 우변을 바꿔쓴다.}$$

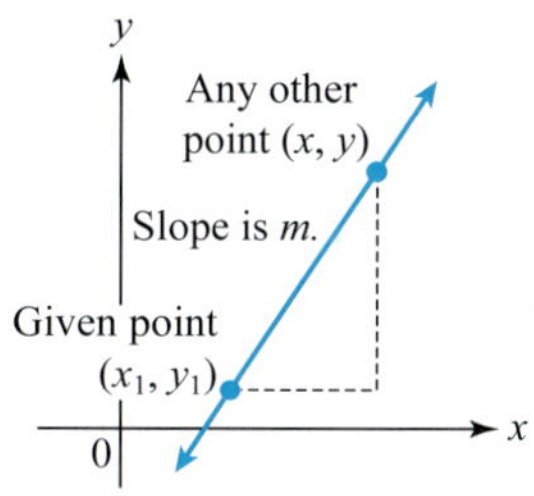

그림 14

마지막 방정식은 직선의 방정식의 점-기울기 형태(point-slope form)이다.

점-기울기 형태

기울기 m, 점 (x_1, y_1)을 지나는 직선의 방정식의 점-기울기 형태

기울기
↓
$$y - y_1 = m(x - x_1)$$
↑ 주어진 점 ↑

예제 3 점 - 기울기 형태 이용하기

기울기가 $\frac{1}{3}$이고 점 $(-2, 5)$를 지나는 직선의 방정식을 구하라.

풀이 기울기 $m = \frac{1}{3}$과 한 점 $(x_1, y_1) = (-2, 5)$를 가지고 직선의 방정식의 점-기울기 형태를 사용한다.

$$\begin{aligned} y - y_1 &= m(x - x_1) \\ y - 5 &= \frac{1}{3}[x - (-2)] \\ y - 5 &= \frac{1}{3}(x + 2) \\ 3y - 15 &= x + 2 \\ -x + 3y &= 17 \end{aligned}$$

■

연습문제 31을 풀어보자.

3.1절에서 선형방정식의 표준 형태를 다음과 같이 정의하였다.

$$Ax + By = C$$

여기서 A, B, C는 실수이다. 그러나 대부분 A, B, C는 정수이다. 여기서 A, B, C는 1을 제외한 공통인수를 갖지 않으며 $A \geq 0$이라 하자. 예를 들어 예제 3에서 마지막 방정식 $-x + 3y = 17$은 표준 형태로 쓰면 $x - 3y = -17$이다.

> ⓘ 주의 '표준 형태'의 정의는 다른 책과 다를 수 있다. 모든 선형방정식은 여러 가지 형태로 표현될 수 있지만 결국은 모두 같은 의미이다. 예를 들어 방정식 $2x + 3y = 8$은 다음과 같이 여러 가지로 쓸 수 있다.
>
> $$2x = 8 - 3y, \qquad 3y = 8 - 2x, \qquad x + \frac{3}{2}y = 4, \qquad 4x + 6y = 16.$$
>
> $A \geq 0$이며 $Ax + By = C$ 형태로 쓸 때 양변에 어떤 수를 곱한 형태인 $4x + 6y = 16$보다 $2x + 3y = 8$을 택하기로 하자.

목표 4 직선 위의 두 점이 주어질 때 직선의 방정식을 구한다 직선 위의 두 점을 알고 있을 때 직선의 방정식을 구하기 위해 먼저 기울기 공식을 이용해 직선의 기울기를 구한다. 그리고 점-기울기 형태로 직선의 방정식을 구한다.

예제 4 두 점이 주어진 직선의 방정식 구하기

두 점 $(-4, 3)$과 $(5, -7)$을 지나는 직선의 방정식을 구하고, 표준형으로 써라.

풀이 먼저 기울기 공식을 이용하여 기울기를 구하면

$$m = \frac{-7-3}{5-(-4)} = -\frac{10}{9}$$

점-기울기 형태의 직선의 방정식에서 (x_1, y_1)에 $(-4, 3)$ 또는 $(5, -7)$을 사용한다. 만일 $(-4, 3)$을 선택하면 $x_1 = -4$이고 $y_1 = 3$이다.

$$y - y_1 = m(x - x_1)$$
$$y - 3 = -\frac{10}{9}[x - (-4)]$$
$$y - 3 = -\frac{10}{9}(x + 4)$$
$$9y - 27 = -10x - 40$$
$$10x + 9y = -13$$

$(5, -7)$을 사용해도 같은 방정식을 얻는다. ■

✎연습문제 49를 풀어보자.

수평선은 기울기가 0이다. 점-기울기 형태를 사용하면 (a, b)를 지나는 수평선의 방정식은 다음과 같다.

$$y - y_1 = m(x - x_1)$$
$$y - b = 0(x - a)$$
$$y - b = 0$$
$$y = b$$

그러나 수직선의 기울기는 정의되지 않으므로 수직선에는 점-기울기 형태가 적용되지 않는다. 요약하면 수평선과 수직선은 다음의 특별한 방정식을 얻는다.

수직선과 수평선의 방정식

점 (a, b)를 지나는 수평선의 방정식은 $y = b$이다.
점 (a, b)를 지나는 수직선의 방정식은 $x = a$이다.

✎연습문제 41, 43을 풀어보자.

목표 5 주어진 직선에 평행한 직선과 수직인 직선을 구한다 앞 절에서 언급한 바와 같이 평행선은 같은 기울기를 갖고 수직선은 서로가 음의 역수인 기울기를 갖는다.

예제 5 평행선 또는 수직선의 방정식 구하기

점 $(-4, 5)$를 지나고 (a) 직선 $2x + 3y = 6$에 평행한 직선의 방정식, (b) 직선 $2x + 3y = 6$에 수직인 직선의 방정식을 구하라. 각 방정식을 기울기 절편 형태로 써라

풀이 (a) $2x + 3y = 6$을 y에 대하여 풀어서 기울기를 찾는다.

$$2x + 3y = 6$$
$$3y = -2x + 6 \quad \text{양변에서 } 2x\text{를 뺀다}$$
$$y = -\frac{2}{3}x + 2 \quad \text{양변을 3으로 나눈다}$$

↑ 기울기

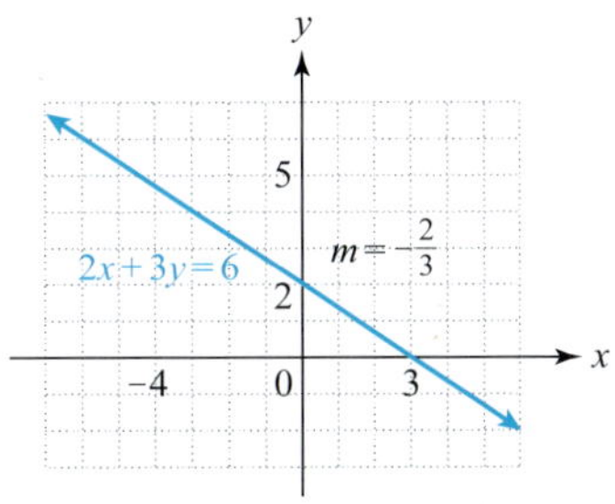

기울기는 x의 계수이므로 $m = -\frac{2}{3}$이다. $(-4, 5)$를 지나고 $2x+3y=6$에 평행한 직선의 기울기는 $-\frac{2}{3}$이어야 한다. 이 방정식을 구하기 위해 $(x_1, y_1) = (-4, 5)$ 그리고 $m = -\frac{2}{3}$를 갖는 점-기울기 형태의 방정식을 이용한다.

$$y - 5 = -\frac{2}{3}[x-(-4)] \qquad y_1 = 5,\ m = -\frac{2}{3},\ x_1 = -4$$

$$y - 5 = -\frac{2}{3}(x+4)$$

$$y - 5 = -\frac{2}{3}x - \frac{8}{3} \qquad \text{분배법칙}$$

$$y = -\frac{2}{3}x - \frac{8}{3} + \frac{15}{3} \qquad \text{양변에 } 5 = \frac{15}{3}\text{를 더한다.}$$

$$y = -\frac{2}{3}x + \frac{7}{3} \qquad \text{동류항끼리 계산}$$

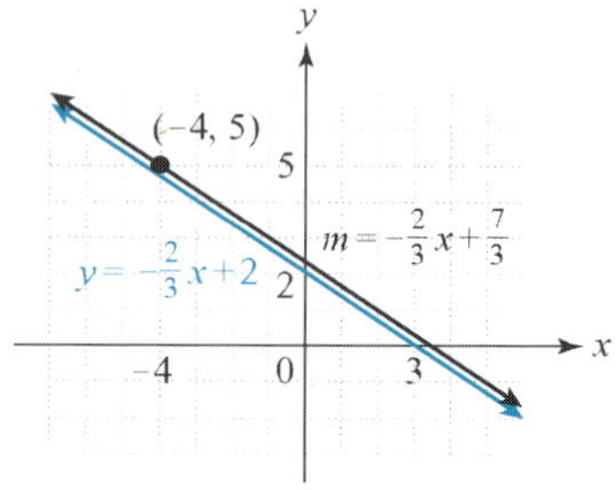

y에 대하여 정리한 기울기 절편 형태를 얻기 위해 분수를 정리하지 않았다. 두 직선은 그림에서 볼 수 있다.

(b) 직선 $2x+3y=6$에 수직인 직선의 기울기는 $-\frac{2}{3}$의 음의 역수인 $\frac{3}{2}$을 갖는다. 점-기울기 형태에서 점 $(-4, 5)$와 기울기 $\frac{3}{2}$을 이용하여 그림에서 보이는 수직인 직선의 방정식을 얻는다.

$$y - 5 = \frac{3}{2}[x-(-4)] \quad y_1 = 5,\ m = \frac{3}{2},\ x_1 = -4$$

$$y - 5 = \frac{3}{2}(x+4)$$

$$y - 5 = \frac{3}{2}x + 6 \qquad \text{분배법칙}$$

$$y = \frac{3}{2}x + 11 \qquad \text{양변에 5를 더한다.}$$

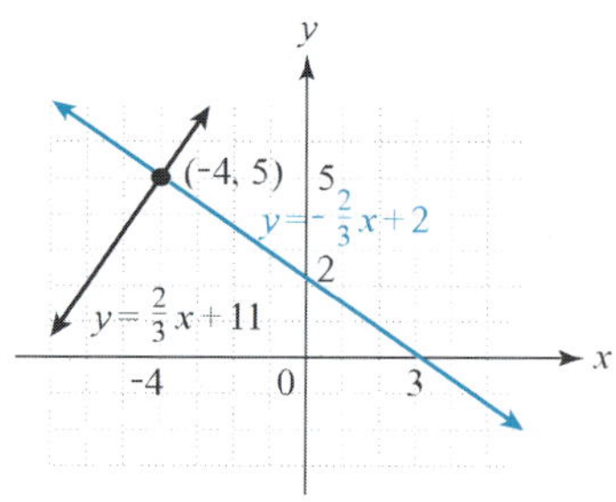

연습문제 61, 65를 풀어보자.

선형방정식의 다양한 형태는 다음과 같다.

선형방정식의 다양한 형태

방정식	표현	활용
$y = mx + b$	기울기 절편 형태 기울기 m, y절편 $(0,\ b)$	기울기와 y절편은 방정식을 쉽게 정의하고, 그래프를 쉽게 그릴 수 있다.
$y - y_1 = m(x - x_1)$	점-기울기 형태 기울기 m, 직선상의 한 점 $(x_1,\ y_1)$	이 형태는 직선의 기울기와 직선상의 한 점 혹은 두 점이 주어진 경우 직선의 방정식을 찾는데 이상적이다.

방정식	표현	활용
$Ax+By=C$	표준형태 (A, B, C는 정수, $A \geq 0$) 기울기 $-\dfrac{A}{B}$, x절편 $\left(\dfrac{C}{A}, 0\right)$ $(A \neq 0)$ y절편 $\left(0, \dfrac{C}{B}\right)$ $(B \neq 0)$	x절편과 y절편은 쉽게 구할 수 있으며 방정식의 그래프를 그리는데 이용된다. 기울기는 별도로 계산되어야 한다.
$y=b$	수평직선 기울기 0, y절편 $(0,\ b)$	그래프가 오직 y축과 만나며 방정식에서 유일한 변수는 y이다.
$x=a$	수직직선 기울기는 정의되지 않는다. x절편 $(a,\ 0)$	그래프가 오직 x축과 만나며 방정식에서 유일한 변수는 x이다.

목표 6 실제 데이터 모델의 직선의 방정식을 구한다 우리는 데이터 집합이 상당히 일정한 비율로 변할 경우 수학적으로 묘사되거나, 모델링되거나, 실제 데이터로 주어진 직선의 방정식을 표현하는데 본 절에서의 정보를 이용할 수 있다. 이 경우 자료는 직선 형태로, 변하는 비율은 직선의 기울기로 맞춘다.

예제 6 실제 데이터 모델의 직선의 방정식 구하기

자동차에 주유할 때가 되었고, 주유소의 가솔린 가격이 1갤런당 1.6달러였다.

(a) 가솔린 구매량을 x, 가격을 y로 표현한 방정식을 구하라.

(b) 이 주유소에서는 추가로 3달러를 지불하면 세차 서비스를 받을 수 있다. 주유와 세차 서비스를 받을 때의 방정식을 구하라.

(c) 순서쌍 (5, 11)과 (10, 19)를 (b)의 방정식과 관련지어 해석하라.

풀이 (a) 경험에 의해 총 지불금액은 구입한 갤런의 숫자에 1갤런당 금액(이 경우 1.6달러)을 곱하여 얻는 것이다. 주유기에는 자동차에 들어간 가솔린 갤런의 수와 그 숫자 갤런일 때의 전체 가격인 2개의 숫자 조합이 돌아가고 있다. 다음 표는 이러한 상황을 설명하는 순서쌍이다.

주유한 갤런 수	갤런 수에 해당하는 가격
0	0(1.6달러)=0.00달러
1	1(1.6달러)=1.60달러
2	2(1.6달러)=3.20달러
3	3(1.6달러)=4.80달러
4	4(1.6달러)=6.40달러

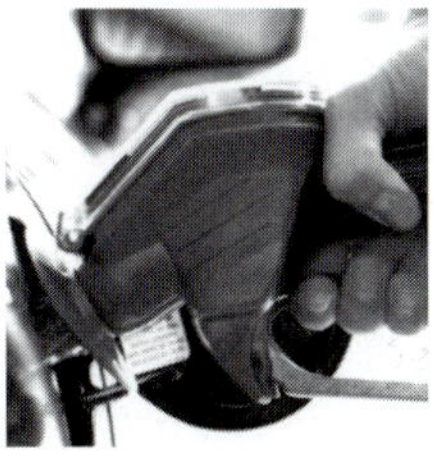

만일 주유한 갤런의 수를 x, 전체 가격을 y로 놓으면 다음 선형방정식을 얻는다.

$$\underset{\text{전체 가격}}{y} = 1.60\underset{\text{갤런의 수}}{x}$$

이론적으로는 이 방정식을 만족하는 순서쌍은 무한히 많이 존재한다. 그러나 갤런 값이 음수를 취할 수 없으므로 x는 음이 아닌 양수로 제한되어 있다. 또한 x의 실질적 최댓값 역시 마찬가지 이다. 이 최댓값은 무엇을 의미하는가?

(b) x갤런을 주유하고 세차 서비스를 받으면 추가로 3달러를 지불해야 하므로

$$y = 1.6x + 3 \quad \text{불필요한 0 삭제}$$

(c) 순서쌍 (5, 11)은 자동차에 5갤런을 주유하고 세차 서비스를 받으면 총금액은 11달러이며, 마찬가지로 (10, 19)는 10갤런을 주유하고 세차 서비스를 받으면 총금액이 19달러임을 의미한다.

연습문제 69, 73을 풀어보자.

> ⓘ 주의 예제 6(a)에서 순서쌍 $(0, 0)$은 방정식을 만족한다. 따라서 $b = 0$인 선형방정식은 $y = mx$의 형태가 된다. 현실적인 상황이 예제 6(b)에서처럼 초기 비용과 단위당 비용이 더해진다면, 그때의 방정식은 $b \neq 0$인 $y = mx + b$의 형태가 된다.

예제 7 데이터 모델의 직선의 방정식 구하기

4년제 국립대학의 특정 연도의 연도별 연간 수업료가 아래의 표에 나타나 있고, 순서쌍을 이용해서 그림 15에서 점도표로 나타내었다. $x = 0$은 1990년, $x = 4$는 1994년을 의미하고, y값은 수업료를 달러로 나타내었다.

연도	수업료(달러)
1990	2035
1994	2820
1996	3151
1998	3486
2000	3774

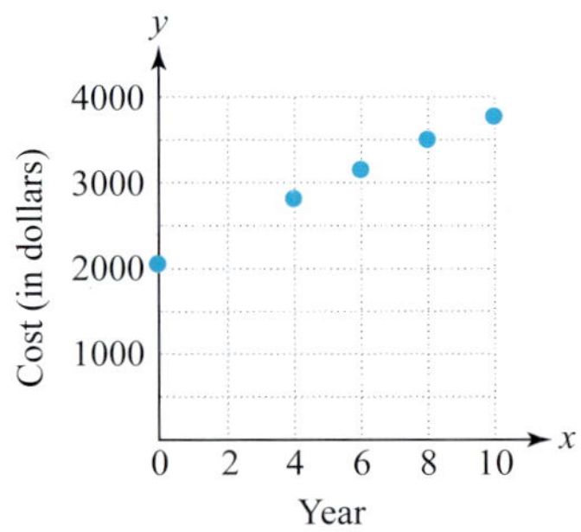

그림 15

(a) 데이터 모델의 방정식을 구하라.

풀이 그림 15에 있는 점들은 직선에 가까운 선상에 놓여 있으므로, 연도(x)와 금액(y) 사이의 관계 모형인 선형방정식을 구할 수 있다. 두 점 $(0, 2035)$와 $(10, 3774)$를 선택하여 직선의 기울기를 구하면 다음과 같다.

$$m = \frac{3774 - 2035}{10 - 0} = \frac{1739}{10} = 173.9$$

기울기 173.9는 1990년부터 2000년까지 4년제 국립대학의 수업료가 1년에 약 174달러씩 증가하였음을 의미한다. 이 기울기와 y절편 $(0, 2035)$를 사용하여 직선의 방정식을 기울기 절편 형태로 표현하면 다음과 같다.

$$y = 173.9x + 2035$$

(b) (a)의 방정식을 이용하여 4년제 국립대학의 2002년도 수업료의 근삿값을 구하라.

풀이 2002년도에 대응하는 값은 $x = 12$이므로 방정식의 x값에 12를 대입하면

$$y = 173.9x + 2035$$
$$y = 173.9(12) + 2035$$
$$y = 4121.8$$

이다. 이 모형에 의하면 4년제 국립대학의 2002년도 수업료의 근삿값은 약 4122달러이다. ■

연습문제 79를 풀어보자.

> ⓘ 주의 예제 7에서 만일 데이터의 또 다른 점을 선택하면 약간 다른 방정식을 얻는다. 그러나 그렇게 해서 얻은 방정식들은 모두 유사하다.

예제 8 데이터 모델 직선의 방정식 구하기

미국 내 처방약에 대한 소매지출(단위: 10억 달러)을 그림 16에 그래프로 나타내었다.

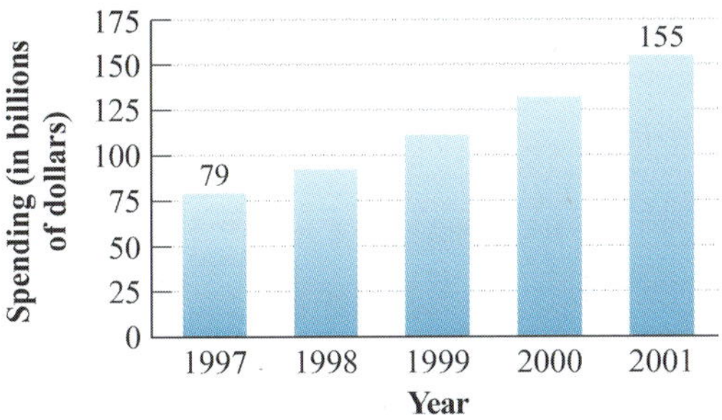

그림 16

(a) 데이터 모델의 방정식을 구하라.

(b) (a)의 방정식을 이용하여 2004년도 미국 내 처방약에 대한 연간 소매지출을 예측하시오.(단 증가율은 일정하다고 가정함.)

풀이 (a) 막대그래프로 나타낸 자료는 선형으로 증가함을 보여준다. 즉, 임의의 두 막대의 최상위 가운데 점을 직선으로 연결할 수 있다. 우리는 연도(x)와 처방약에 대한 소매지출(y) 사이의 관계 모형인 방정식을 구하기 위해 주어진 데이터와 점-기울기 형태의 방정식을 사용할 수 있다. 1997년도에 $x = 7$, 1998년도에 $x = 8$과 같이 다른 값들도 대입하면, 1997년에서 2001년까지의 데이터들은 순서쌍들 $(7, 79)$, $(11, 155)$로 쓸 수 있다. 두 점을 지나는 직선의 기울기는

$$m = \frac{155 - 79}{11 - 7} = \frac{76}{4} = 19.$$

따라서 처방약에 대한 소매지출은 매년 190억 달러 증가한다. 이 기울기와 점들 중 하나 (7, 79) 그리고 점-기울기 형태를 이용하면 다음을 얻는다.

$y - y_1 = m(x - x_1)$	점-기울기 형태
$y - 79 = 19(x - 7)$	$(x_1, y_1) = (7, 79)$; $m = 19$
$y - 79 = 19x - 133$	분배법칙
$y = 19x - 54$	기울기 절편 형태

따라서 미국 내 처방약에 대한 연간(x) 소매지출(단위: 10억 달러)은 방정식 $y = 19x - 54$로 추정된다.

(b) 1997년도에 $x = 7$이고, 그로부터 7년경과 시점이 2004년이므로 2004년도는 $x = 14$이다. 방정식에서 $x = 14$를 대입하면

$$y = 19x - 54 = 19(14) - 54 = 212.$$

이 모델에 의하면 2004년에 미국 내 처방약에 대한 연간 소매지출은 2,120억 달러로 예측된다. ■

연습문제 81을 풀어보자.

3.3 연습문제

1. 다음 방정식들은 모두 같은 직선이다. 이 교재에서 정의한 표준 형태는 어느 것인가?

   A. $3x - 2y = 5$ B. $2y = 3x - 5$ C. $\frac{3}{5}x - \frac{2}{5}y = 1$ D. $3x = 2y + 5$

2. 다음중 점-기울기 형태는 어느 것인가?

   A. $y = 6x + 2$ B. $4x + y = 9$ C. $y - 3 = 2(x - 1)$ D. $2y = 3x - 7$

3. 2번에서 기울기 절편 형태의 방정식은 어느 것인가?

4. 방정식 $y + 2 = -3(x - 4)$를 기울기 절편 형태로 써라.

5. 방정식 $y + 2 = -3(x - 4)$를 표준 형태로 써라.

6. 방정식 $10x - 7y = 70$을 기울기 절편 형태로 써라.

[7~14] 다음 각 방정식들과 가장 가까운 그래프를 고르시오.(힌트: m, b의 부호에 주의)

7. $y = 2x + 3$ 8. $y = -2x + 3$ 9. $y = -2x - 3$ 10. $y = 2x - 3$

11. $y = 2x$ 12. $y = -2x$ 13. $y = 3$ 14. $y = -3$

A.

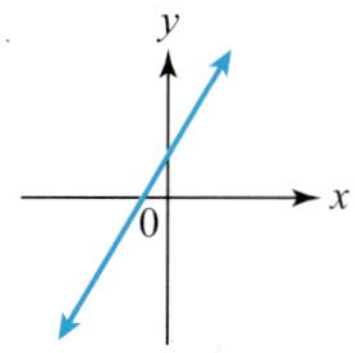

B.

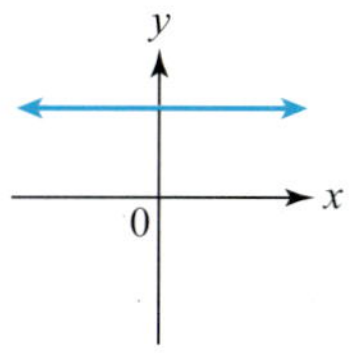

C.

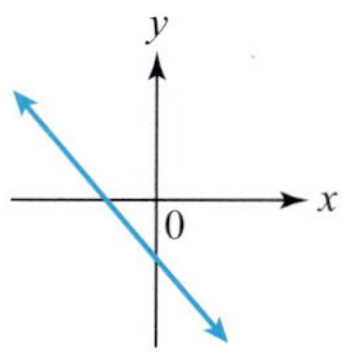

D.

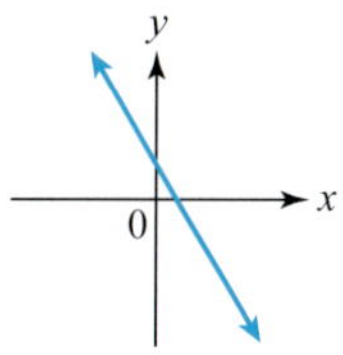

E.

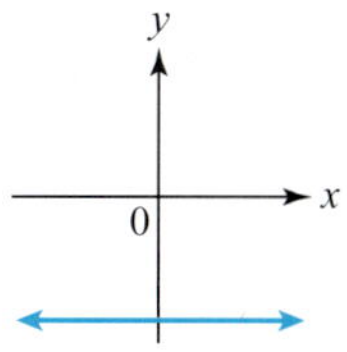

F.

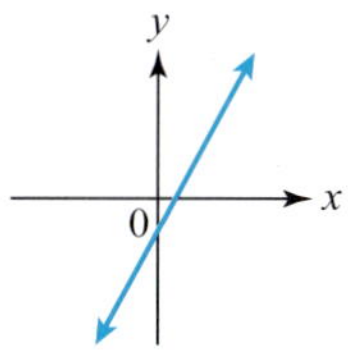

G.

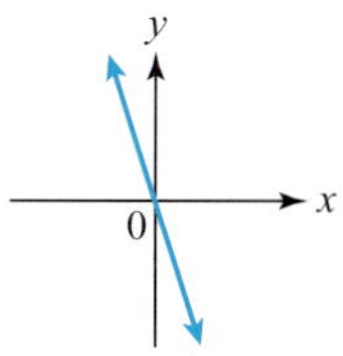

H.

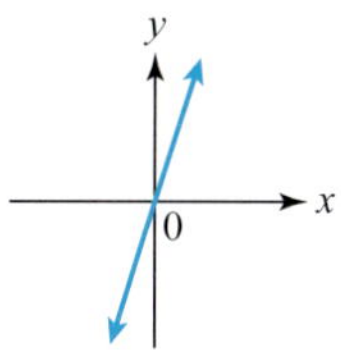

[15~20] 주어진 조건을 만족하는 직선을 기울기 절편 형태로 구하라.(예제 1 참고)

15. $m=5;\ b=15$

16. $m=-2;\ b=12$

17. $m=-\frac{2}{3};\ b=\frac{4}{5}$

18. $m=-\frac{5}{8};\ b=-\frac{1}{3}$

19. 기울기 $\frac{2}{5}$; y절편 $(0, 5)$

20. 기울기 $-\frac{3}{4}$; y절편 $(0, 7)$

[21~22] 다음 각 그래프에서 직선의 기울기 절편 형태의 방정식을 구하라.(힌트: 표시된 점들을 이용하여 기울기를 구하라.)

21.

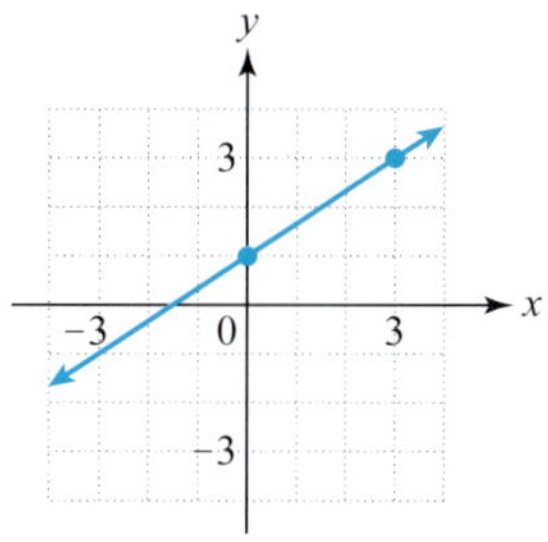

22.

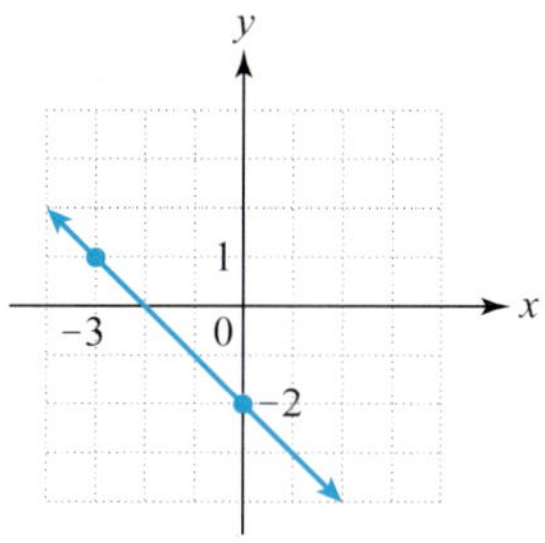

[23~30] 다음 각 방정식에 대하여 (a) 기울기 절편 형태로 써라. (b) 직선의 기울기를 구하라. (c) y절편을 구하라. (d) 직선의 그래프를 그려라.

23. $-x+y=4$

24. $-x+y=6$

25. $6x+5y=30$

26. $3x+4y=12$

27. $4x-5y=20$

28. $7x-3y=3$

29. $x+2y=-4$

30. $x+3y=-9$

[31~38] 주어진 조건을 만족하는 직선의 방정식을 구하라. 점-기울기 형태의 표준 형태로 써라.

31. $(-2, 4)$를 지나고 기울기 $-\frac{3}{4}$

32. $(-1, 6)$을 지나고 기울기 $-\frac{5}{6}$

33. $(5, 8)$을 지나고 기울기 -2

34. $(12, 10)$을 지나고 기울기 1

35. $(-5, 4)$를 지나고 기울기 $\frac{1}{2}$

36. $(7, -2)$를 지나고 기울기 $\frac{1}{4}$

37. x절편 $(3, 0)$; 기울기 4

38. x절편 $(-2, 0)$; 기울기 -5

39. 알고 있는 모든 2변수 선형방정식을 쓰고 사용된 형태를 써라.

40. 방정식의 점-기울기 형태는 수직선의 방정식을 판별하는데 이용될 수 없는 이유를 설명하시오.

[41~48] 주어진 조건을 만족하는 방정식을 구하라.

41. $(9, 5)$를 지나고 기울기 0

42. $(-4, -2)$를 지나고 기울기 0

43. $(9, 10)$을 지나고 기울기는 정의 안 됨

44. $(-2, 8)$을 지나고 기울기는 정의 안 됨

45. $(0.5, 0.2)$를 지나는 수직선

46. $\left(\frac{5}{8}, \frac{2}{9}\right)$를 지나는 수직선

47. $(-7, 8)$을 지나는 수평선

48. $(2, 7)$을 지나는 수평선

[49~60] 주어진 점들을 지나는 직선의 방정식을 구하라. 표준 형태의 방정식으로 써라.

49. 점 $(3, 4)$, 점 $(5, 8)$

50. 점 $(5, -2)$, 점 $(-3, 14)$

51. 점 $(6, 1)$, 점 $(-2, 5)$

52. 점 $(-2, 5)$, 점 $(-8, 1)$

53. 점 $\left(-\frac{2}{5}, \frac{2}{5}\right)$, 점 $\left(\frac{4}{3}, \frac{2}{3}\right)$

54. 점 $\left(\frac{3}{4}, \frac{8}{3}\right)$, 점 $\left(\frac{2}{5}, \frac{2}{3}\right)$

55. 점 $(2, 5)$, 점 $(1, 5)$

56. 점 $(-2, 2)$, 점 $(4, 2)$

57. 점 $(7, 6)$, 점 $(7, -8)$

58. 점 $(13, 5)$, 점 $(13, -1)$

59. 점 $(1, -3)$, 점 $(-1, -3)$

60. 점 $(-4, -6)$, 점 $(5, -6)$

[61~68] 주어진 조건을 만족하는 방정식을 구하라. 기울기 절편 형태의 방정식으로 써라.

61. 점 $(7, 2)$를 지나고, 직선 $3x - y = 8$과 평행함.

62. 점 $(4, 1)$을 지나고, 직선 $2x + 5y = 10$과 평행함.

63. 점 $(-2, -2)$를 지나고, 직선 $-x + 2y = 10$과 평행함.

64. 점 $(-1, 3)$을 지나고, 직선 $-x + 3y = 12$와 평행함.

65. 점 $(8, 5)$를 지나고, 직선 $2x - y = 7$에 수직임.

66. 점 $(2, -7)$을 지나고, 직선 $5x + 2y = 18$에 수직임.

67. 점 $(-2, 7)$을 지나고, 직선 $x = 9$에 수직임.

68. 점 $(8, 4)$를 지나고, 직선 $x = -3$에 수직임.

[69~72] 다음 각 상황에서 방정식을 $y = mx$ 형태로 써라. 그런 다음 3개의 x값 $0, 5, 10$과 관련된 3개의 순서쌍을 구하라.

69. 시속 45마일로 움직이는 물체의 이동시간을 x, 전체 이동거리는 y(단위: 마일)이다.

70. 개당 가격이 16달러인 CD의 판매수를 x, CD 총 판매금액은 y(단위: 달러)이다.

71. 1갤런당 1.5달러인 가솔린의 판매량을 x(단위: 갤런), 가솔린의 총 판매비용은 y(단위: 달러)이다.

72. 1일 대여료가 3.5달러인 비디오테이프의 대여일수를 x, 총 대여료는 y(단위: 달러)이다.

[73~78] 다음 각 상황에서 (a) 방정식을 $y = mx + b$ 형태로 써라. (b) 방정식 $x = 5$와 관련된 순서쌍을 찾아서 그 의미를 해석하시오. (c) 질문에 답하시오.(예제 6(b)와 6(c) 참고)

73. 어떤 스포츠클럽의 회비는 99달러에 1개월당 39달러를 더한 금액이다. x를 개월 수라 할 때, 처음 1년의 회비는 얼마인가?

74. 문제 73의 스포츠클럽에서는 가족회원에 대해서는 159달러에 추가된 인원마다 60달러를 더한 회비를 받고 있다. x를 추가된 가족 수라 할 때, 이 스포츠클럽의 4인 가족 회비는 얼마인가?

75. 휴대폰요금제 A는 무료의 휴대폰 단말기 제공, 최초 가입비 25달러와 1개월당 무료통화 900분 제공과 50달러를 더한 금액이다. x를 휴대폰을 사용한 개월 수라 하자. 이 요금제 사용자가 할당된 시간 내에서 사용할 경우, 약정기간을 2년으로 했을 때 약정기간 동안 지불할 휴대폰 요금은 얼마인가?

76. 휴대폰요금제 B는 19.95달러의 휴대폰 단말기와 최초가입비 25달러와 1개월당 무료통화 450분 제공과 35달러를 더한 금액이다. x를 휴대폰을 사용한 개월 수라 하자. 이 요금제 사용자가 할당된 시간 내에서 사용할 경우, 1년간 사용한 금액은 얼마인가?

77. 자동차 임대비용은 최초 50달러에 1마일당 20달러를 더한 금액이다. x를 자동차가 주행한 거리, y는 총 임대비용이다. 총 임대비용이 84.60달러일 때 자동차가 주행한 거리는 얼마인가?

78. 전기톱의 대여료는 기본요금 30달러에 하루에 6달러를 더한 금액이다. x를 전기톱을 대여한 날짜수라 하고, y를 총 대여료라 하자. 총 대여료가 138달러일 때 전기톱을 대여한 날짜는 며칠인가?

[79~82] 다음 각 문제를 푸시오. (a)에서는 기울기 절편 형태의 방정식을 구하라.

79. 초고속 인터넷 통신망에 접속하는 가구의 비율의 퍼센트가 그래프로 나타나 있고, 2000년에 해당하는 값은 $x = 0$이다.
   (a) 데이터 모델의 방정식을 구하기 위해 그래프에 있는 순서쌍들을 이용하시오. 이 문제의 맥락에서 기울기는 무엇을 의미하는가?
   (b) (a)의 방정식을 이용하여 2006년도에 초고속 인터넷 통신망에 접속하는 가구비율의 퍼센트를 예측하시오.

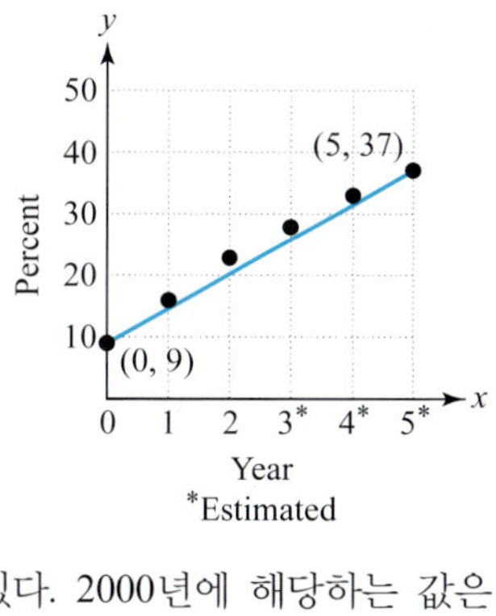

80. 유선전화를 이용한 인터넷 접속 가구 비율이 그래프로 나타나 있다. 2000년에 해당하는 값은 $x = 0$이다.

(a) 데이터 모델의 방정식을 구하기 위해 그래프에 있는 순서쌍들을 이용하시오. 이 문제의 맥락에서 기울기는 무엇을 의미하는가?

(b) (a)의 방정식을 이용하여 2006년도에 유선전화를 이용한 인터넷 접속 가구 비율의 퍼센트를 예측하시오.

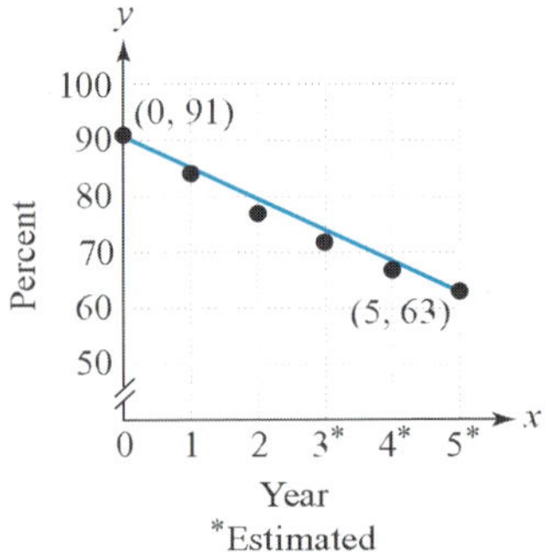

81. 미국 내 우체국의 수를 막대그래프로 나타내었다.

(a) 1995년부터 2000년까지의 정보를 이용하여 이 데이터 모델의 방정식을 구하라. 1995년의 값은 $x=5$, 2000년의 값은 $x=10$, 우체국의 수를 y라 하자.

(b) 이 방정식을 이용하여 1998년도의 우체국 수의 근삿값을 구하라. 이 값과 실제 값 27,952를 비교하시오.

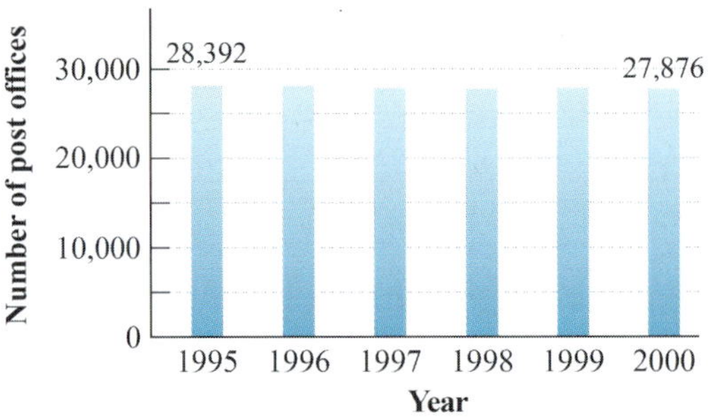

82. 아프리카 중산층 가계소득을 막대그래프로 표현하였다.

(a) 1995년부터 1999년까지의 정보를 이용하여 이 데이터 모델의 방정식을 구하라. 1995년의 값은 $x=5$, 1999년의 값은 $x=9$, 가계소득을 y라 하자.

(b) 이 방정식을 이용하여 1997년도의 중산층 가계소득의 근삿값을 구하라. 이 값과 실제 소득 25,050달러와 비교하시오.

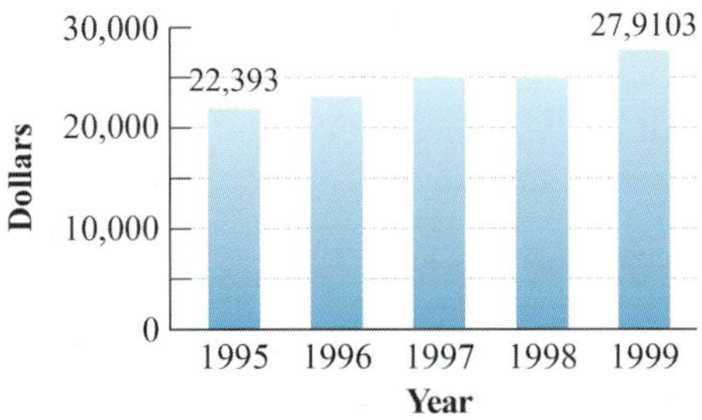

3.4 이변수 선형부등식

[학·습·목·표]

1. 이변수 선형부등식의 그래프 그리기
2. 두 선형부등식의 공통부분 그래프 그리기
3. 두 선형부등식의 합 그래프 그리기

목표 1 이변수 선형부등식의 그래프 그리기 2장에서는 수직선상에서 일변수 선형부등식의 그래프를 그렸다. 이 절에서는 직교좌표계에서 이변수 선형부등식의 그래프를 그린다.

이변수 선형부등식

A, B, C는 실수이고 A와 B는 둘 다 0이 아닐 때, **이변수 선형부등식**은 다음과 같이 정의된다.

$$Ax+By<C \quad \text{또는} \quad Ax+By>C$$

위 정의에서 $<$과 $>$는 $\le$과 $\ge$으로 바꿀 수 있다.

그림 17에서 직선 $x+y=5$의 그래프는 좌표평면상의 점들을 3개의 영역으로 나누고 있다.

(1) $(0, 5)$, $(2, 3)$, $(5, 0)$과 같이 $x+y=5$를 만족하며 직선상에 있는 점들, (2) $(5, 3)$, $(2, 4)$와 같이 $x+y>5$를 만족하며 직선의 위쪽 반평면에 있는 점들, (3) $(0, 0)$, $(-3, -1)$과 같이 $x+y<5$를 만족하며 직선의 아래쪽 반평면에 있는 점들이다. 여기서 $x+y=5$는 부등식 $x+y>5$와 $x+y<5$의 경계선이라 한다. 2개의 변수를 갖는 선형부등식들의 그래프는 경계선을 포함하거나 포함하지 않는 실수평면에서의 영역들이다.

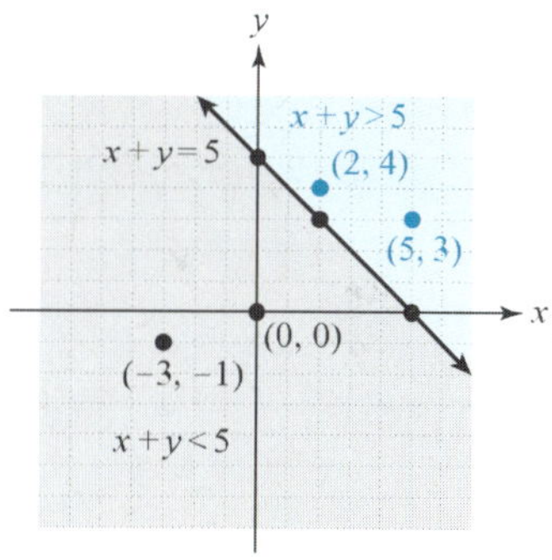

그림 17

이변수 선형부등식의 그래프를 그리기 위해서는 다음의 단계를 따른다.

선형부등식의 그래프 그리기

1단계 경계가 되는 직선의 그래프를 그린다.
부등식에 $\le$ 또는 $\ge$이 포함되면 실선으로 그려주고, $<$ 또는 $>$이 포함되면 점선으로 그려준다.

2단계 테스트 점을 선택한다.
직선상에 있지 않는 임의의 점을 잡아서 부등식에 이 점을 대입시킨다.

3단계 해당 영역에 표시한다.
테스트 점이 원래의 부등식을 만족하면 테스트 점을 포함하는 영역에 표시하고, 만족하지 않으면 경계선 반대쪽에 표시한다

예제 1 선형부등식의 그래프 그리기

선형부등식 $3x + 2y \geq 6$의 그래프를 그려라.

풀이 • **1단계:** 먼저 직선 $3x + 2y = 6$의 그래프를 그린다. 부등식 그래프의 경계인 직선의 그래프는 그림 18이다.

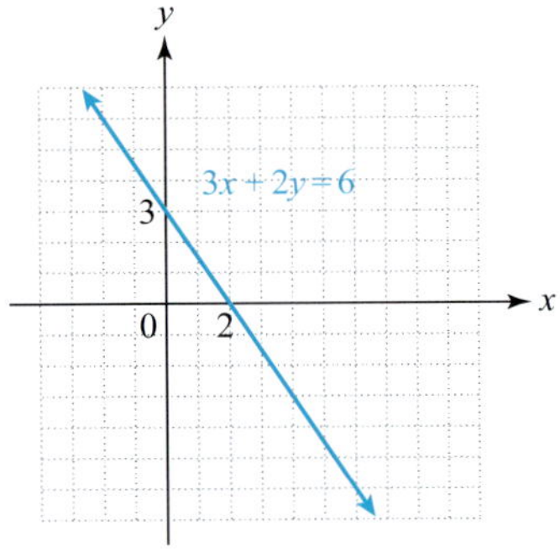

그림 18

• **2단계:** 부등식 $3x + 2y \geq 6$의 그래프는 직선 $3x + 2y = 6$의 점들을 포함하고 직선 $3x + 2y = 6$의 위 부분의 점들 또는 $3x + 2y = 6$의 아래 부분의 점들을 포함한다. 어느 영역인지 결정하기 위해 테스트 점으로 경계선 $3x + 2y = 6$상에 존재하지 않는 임의의 점을 선택한다. 원점 $(0, 0)$은 대입하기 쉬우므로 좋은 선택이 된다. 부등식 $3x + 2y > 6$에 테스트 점 $(0, 0)$을 대입한다.

$$3(0) + 2(0) > 6$$

$$0 > 6 \qquad \text{거짓}$$

• **3단계:** 결과가 거짓이므로 $(0, 0)$은 부등식을 만족하지 않는다. 따라서 해집합은 직선의 반대편 영역에 있는 모든 점을 포함한다. 그 영역은 그림 19에 표시되어 있다.

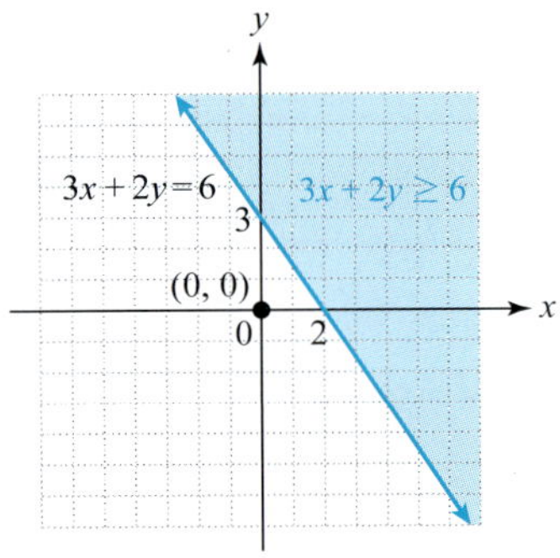

그림 19 ■

연습문제 7을 풀어보자.

만일 부등식이 $y > mx + b$ 또는 $y < mx + b$이면 부등식에 따라 영역의 부분이 달라진다.

$y > mx + b$이면 경계선의 위 부분
$y < mx + b$이면 경계선의 아래 부분

이 방법은 부등식이 y에 관해서 풀어질 때만 적용된다.

예제 2 선형부등식의 그래프 그리기

선형부등식 $x - 3y < 4$의 그래프를 그려라.

풀이 그림 20과 같이 경계선의 그래프를 그린다. 부등식의 부호는 $\leq$이 아닌 $<$이므로 경계선의 점들은 부등식 $x - 3y < 4$에 속하지 않는다. 이런 이유로 직선은 점선으로 표현된다. 이제 부등식을 y에 관해서 푼다.

$$x - 3y < 4$$

$$-3y < -x + 4 \qquad \text{양변에서 } x\text{를 뺀다.}$$

$$y > \frac{1}{3}x - \frac{4}{3} \qquad \text{양변에 } -\frac{1}{3}\text{을 곱한다. } <\text{을 } >\text{으로 바꾼다.}$$

부등호의 기호가 "크다"이므로 직선의 위 부분이다. 다시 한 번 확인하기 위해 직선상에 있지 않은 임의의 점 $(1, 2)$를 선택한 후 최초의 부등식 $x - 3y < 4$의 x와 y에 대입한다.

$$1 - 3(2) < 4 \quad ?$$

$$-5 < 4 \quad \text{참}$$

이 결과는 직선의 위 부분의 영역임을 의미한다. 해집합은 그림 20에 나타나 있으며, 직선상의 점을 제외한 반평면에 있는 점들이 포함된다.

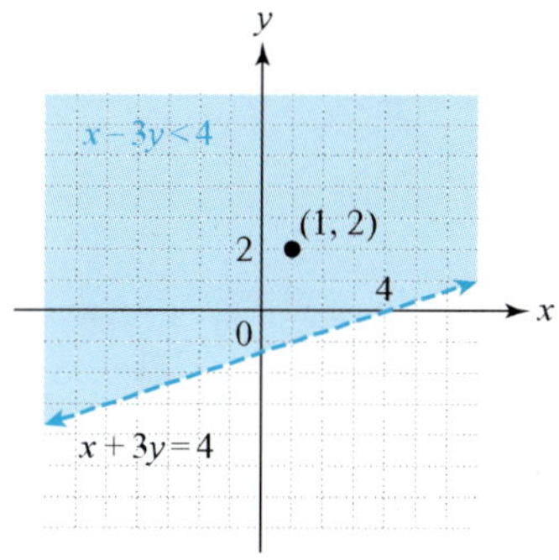

그림 20 ■

연습문제 9를 풀어보자.

목표 2 두 선형부등식의 공통부분 그래프 그리기 2.6절에서는 복합부등식을 풀기 위해서 '그리고(and)'와 '또는(or)'을 사용하였고, 부등식은 단일변수를 갖고 있었다. 이제 변수가 2개인 부등식에 이와 같은 생각을 확장한다. 2개의 부등식이 '그리고(and)'로 연결되어 있으면 부등식들의 해집합은 공통부분이다. 2개 혹은 그 이상의 부등식은 모든 부등식들을 동시에 만족하는 점들로 이루어진 평면상의 영역이다.

예제 3 두 개의 부등식들의 공통부분 그래프 그리기

두 부등식 $2x + 4y \geq 5$ 그리고 $x \geq 1$의 그래프를 그려라

풀이 먼저 $2x + 4y \geq 5$와 $x \geq 1$의 그래프를 각각 그린다. $2x + 4y \geq 5$의 그래프는 그림 21(a)이고, $x \geq 1$의 그래프는 그림 21(b)이다.

실제로는 그림 21(a)와 (b)를 동일한 평면상에 그려준다. 그런 다음 그림 21(c)와 같이 공통부분을 알기 위해 더 진하게 표시한다.

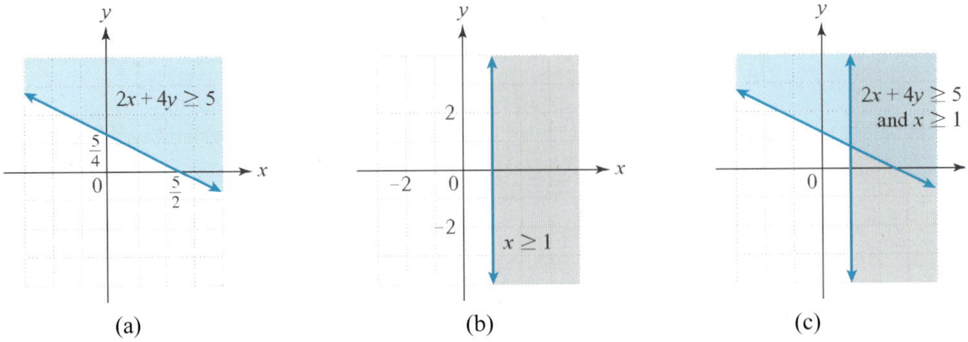

그림 21

끝으로 확인을 위해 경계선들의 공통부분에 의해 만들어진 4개의 영역에서 각각 테스트 점을 사용한다. 더 진하게 표시된 영역에 있는 순서쌍들만 2개의 부등식을 만족함을 검증한다. ■

연습문제 19를 풀어보자.

목표 3 **두 선형부등식의 합 그래프 그리기** 두 개의 부등식이 '또는(or)'으로 결합되어 있으면 두 부등식들의 합을 찾아야 한다. 두 부등식의 합은 2개의 부등식을 각각 만족하는 모든 점들로 이루어진다.

예제 4 두 개의 부등식 영역의 합 그래프

두 부등식 $2x+4y \geq 5$ 또는 $x \geq 1$의 그래프를 그려라.

풀이 두 부등식의 그래프는 예제 3의 그림 21(a)와 (b)에서 보여주었다. 두 그래프의 합은 그림 22와 같다.

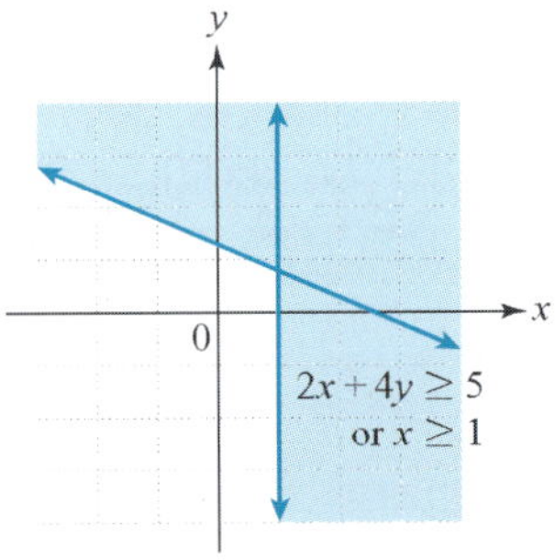

그림 22

■

연습문제 29를 풀어보자.

관련성

어느 공장에서는 한 근무 조에 근로자 200명 이하로 근무하되 최소 100명 이상 근무해야 하며, 최소 비용으로 3,000개의 제품을 생산해야 한다. 공장 관리자는 최소 비용으로 필요한 수량의 제품을 생산하기 위해서는 한 근무 조에 몇 명의 근로자가 필요한지 알아야 한다. 그러한 문제들에 대한 모든 조건을 충족시키는 최적화 해법을 찾는 방법이 **선형계획법(Linear programming)**이다. 2개의 변수를 갖는 선형계획법 문제 풀이의 첫 단계는 필요한 조건(제약)을 부등식으로 표현한 다음, 그래프로 그리고, 모든 부등식을 만족하는 영역을 나타내면 된다.

토론 또는 서술형

x는 근로자의 수, y는 제품의 수라고 하자.

1. 문제에서 주어진 조건을 나타내는 3개의 부등식을 구하라.
2. 1번 부등식의 그래프를 각각 그리고, 공통부분을 진하게 나타내시오.
3. 근로자 1명의 1일 임금은 50달러, 제품 1개당 생산원가는 100달러일 때 하루 총 생산원가를 C로 써라.
4. 진하게 표시된 부분의 내부 혹은 경계에 있는 몇 개의 점에 대한 x, y값을 찾으시오. 모서리에 있는 점도 포함된다.
5. 4번에서 선택한 x, y값 중 3번의 원가방정식에 대입하였을 때 원가가 최소인 값은 무엇인가? 이 문제의 관점에서 당신의 대답은 무엇을 의미하는가? 여러분의 대답이 타당한지 설명하시오.

3.4 연습문제

[1~4] 처음 빈칸은 '실선' 또는 '점선'으로, 두 번째 빈칸은 '위 부분' 또는 '아래 부분'으로 채우시오

1. 부등식 $y \le -x+2$의 그래프의 경계는 ___________선이고, 부등식을 만족하는 영역은 경계의 __________이다.
2. 부등식 $y < -x+2$의 그래프의 경계는 ___________선이고, 부등식을 만족하는 영역은 경계의 __________이다.
3. 부등식 $y > -x+2$의 그래프의 경계는 ___________선이고, 부등식을 만족하는 영역은 경계의 __________이다.
4. 부등식 $y \ge -x+2$의 그래프의 경계는 ___________선이고, 부등식을 만족하는 영역은 경계의 __________이다.

5. 경계선 $Ax+By=C$는 $Ax+By<C$ 또는 $Ax+By>C$의 그래프를 그리는데 어떻게 사용되는지 설명하시오.

6. 본문에서 다루었던 2개의 변수를 갖는 선형부등식의 어떤 영역이 해집합인지 결정하는 방법 2가지를 서술하시오.

[7~18] 2개의 변수를 갖는 선형부등식을 그려라.

7. $x + y \le 2$
8. $x + y \le -3$
9. $4x - y < 4$
10. $3x - y < 3$
11. $x + 3y \ge -2$
12. $x + 4y \ge -3$
13. $x + y > 0$
14. $x + 2y > 0$
15. $x - 3y \le 0$
16. $x - 5y \le 0$
17. $y < x$
18. $y \le 4x$

[19~24] 다음 부등식의 공통부분을 그려라.

19. $x + y \le 1$ 그리고 $x \ge 1$
20. $x - y \ge 2$ 그리고 $x \ge 3$
21. $2x - y \ge 2$ 그리고 $y < 4$
22. $3x - y \ge 3$ 그리고 $y < 3$
23. $x + y > -5$ 그리고 $y < -2$
24. $6x - 4y < 10$ 그리고 $y > 2$

[25~28] 2.7절의 방법을 이용하여 각 부등식을 복합부등식으로 쓰고, 각 부등식의 해집합을 직교좌표평면에 표시하시오.

25. $|x| < 3$
26. $|y| < 5$
27. $|x + 1| < 2$
28. $|y - 3| < 2$

[29~34] 다음 각 복합부등식의 그래프를 그려라.

29. $x - y \ge 1$ 또는 $y \ge 2$
30. $x + y \le 2$ 또는 $y \ge 3$
31. $x - 2 > y$ 또는 $x < 1$
32. $x + 3 < y$ 또는 $x > 3$
33. $3x + 2y < 6$ 또는 $x - 2y > 2$
34. $x - y \ge 1$ 또는 $x + y \le 4$

3.5 함수의 소개

학·습·목·표

1. 관계와 함수를 정의하고 알아본다.
2. 정의역과 치역을 구한다.
3. 그래프와 방정식으로 정의될 때 함수인가 알아본다.
4. 함수의 기호를 사용한다.
5. 선형함수의 확인

우리는 하나의 양을 자주 다른 용어로 사용한다. 다음을 살펴보자.

- 어떤 사람이 시간당 급여를 받는다면 그 사람의 급여총액은 근무시간에 달려 있다.
- 가스충전소에서 지불하는 금액은 자동차에 충전한 가스의 양에 달려 있다.
- 일정한 속도로 달리는 차가 이동한 거리는 이동시간에 달려 있다.

우리는 이처럼 대응되는 양들을 순서쌍으로 표현할 수 있다. 예를 들어 급여와 근무시간 사이의 관계를 나타내기 위해 첫 번째 성분에는 근무시간을, 두 번째 성분에는 급여를 표시한 순서쌍을 사용한다. 순서쌍 (5, 40)은 5시간 근무 후 40달러의 급여를 받음을 의미한다. 비슷하게 순서쌍 (10, 80)과 (20, 160)은 각각 10시간과 20시간 근무 후 급여가 80달러와 160달러임을 의미한다.

급여는 근무시간에 종속적이므로 급여는 종속변수, 근무시간은 독립변수라고 부른다. 일반적으로 변수 y가 변수 x에 의존하면 x는 독립변수, y는 종속변수이다.

독립변수 → $(x,\ y)$ ← 종속변수

목표 1 관계와 함수를 정의하고 알아본다 서로 관계있는 값들을 순서쌍으로 나타낼 수 있으므로, 다음과 같은 순서쌍들의 집합을 관계(Relation)라 한다.

$$\{(5,40),(10,80),(20,160),(40,320)\}$$

관계

관계(relation)는 순서쌍들의 집합이다.

매우 특별한 종류의 관계를 함수(function)라 하며, 함수는 수학과 응용 분야에서 매우 중요하다.

함수

함수(function)는 순서쌍에서 각각의 첫 번째 성분에 대해서 두 번째 성분이 오직 1개 존재하는 관계이다.

예제 1 관계가 함수인가 결정하기

다음 각 관계가 함수인지 알아보라.

$$F=\{(1,2),\ (-2,4),\ (3,\ -1)\}$$
$$G=\{(-2,\ -1),\ (-1,0),\ (0,1),\ (1,2),\ (2,2)\}$$
$$H=\{(-4,1),\ (-2,1),\ (-2,0)\}$$

풀이 관계 F와 G는 각각의 다른 x값들에 대해서 오직 1개의 y값이 존재하므로 함수이다. G에서는 마지막 2개의 순서쌍이 같은 y값을 갖는 것에 주목하라($(1,2)$, $(2,2)$). 그러나 함수의 정의에는 위배되지 않는다.

그러나 관계 H는 마지막 두개의 순서쌍에서 같은 x값이 서로 다른 2개의 y값에 대응되어 있다($(-2,1)$, $(-2,0)$). 그러므로 관계 H는 함수가 아니다. 함수에서는 첫 번째 성분이 같은 두개의 순서쌍에서 두 번째 성분의 값은 같아야 한다.

서로 다른 y값

$$H=\{(-4,\ 1),\ (-2,\ 1),\ (-2,\ 0)\}$$ 함수가 아니다.

같은 x값

■

연습문제 5, 7을 풀어보자.

함수에서는 첫 번째 성분인 독립변수의 각 값에 대하여 두 번째 성분인 종속변수의 값은 오직 하나 존재한다. 이것은 함수인가를 판단할 때 중요한 기준이 된다.

> ⓘ **주의** 이 절의 도입부에 소개된 근무시간과 그에 대응하는 급여의 관계는 함수이다. 예를 들어 어떤 사람과 그의 동료가 각각 20시간 근무했을 때 각각 160달러와 200달러를 받았다면 급여를 적게 받은 사람은 불행할 것이다.

예제 1의 함수 F와 관계 H는 그림 23에 나타나 있다. 관계와 함수는 한 집합에서 다른 집합으로 대응이나 사상으로 표현될 수 있다. F에서 1에서 2로의 화살표는 순서쌍 $(1,\ 2)$를 의미한다. 여기서 각각의 첫 번째 성분은 오직 하나의 두 번째 성분과 대응되어 있다. H는 첫 번째 성분 -2가 서로 다른 두 번째 성분 1과 0으로 대응되어 있으므로 함수가 아니다.

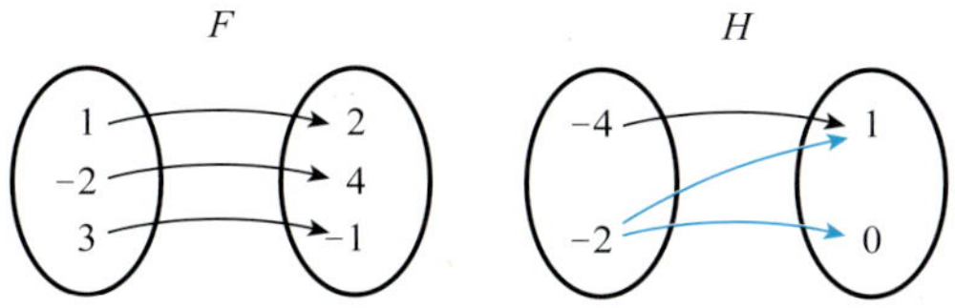

F는 함수이다.　　　　H는 함수가 아니다.

그림 23

관계와 함수는 순서쌍들의 집합이므로 그것들을 표와 그래프를 사용하여 표현할 수 있다. 함수 F의 표와 그래프는 그림 24에서 보여준다.

x	y
1	2
-2	4
3	-1

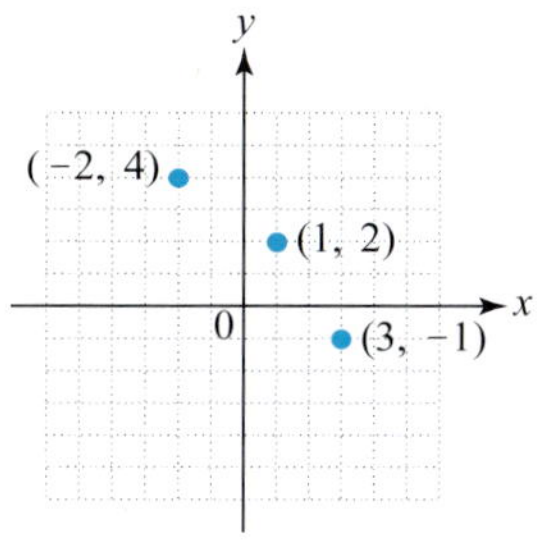

Graph of F

그림 24

끝으로 관계나 함수를 독립변수 x에 대해서 종속변수 y를 정의하는 규칙을 이용하여 정의할 수 있다. 규칙은 말로도 정의할 수도 있다. '종속변수는 독립변수의 2배이다'는 규칙은 다음의 방정식이다.

$$y = 2x$$

종속변수 ↑ (y)　　↑ 독립변수 (x)

이 방법은 관계나 함수를 정의하는 가장 효과적인 방법이다.

> ⓘ **주의** 함수관계를 생각하는 또 다른 방법은 독립변수를 입력 값으로 하고 종속변수를 출력 값으로 생각하는 방법이다. $y = 2x$로 정의된 함수에 대한 입출력 기계에 의한 표현은 아래와 같다.
>
> 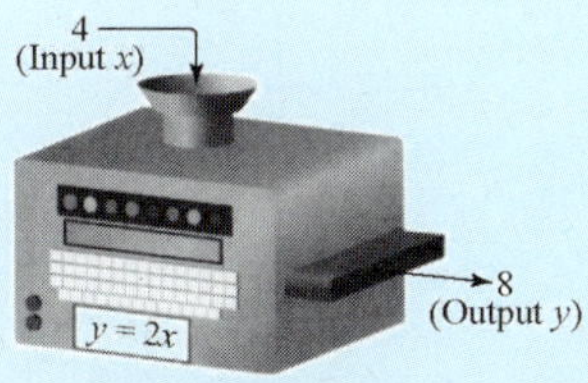
>
>
> 함수 기계

목표 2 **정의역과 치역을 구한다**

정의역과 치역

관계에서 모든 독립변수 x값들의 집합을 **정의역(domain)**, 모든 종속변수 y값들의 집합을 **치역(range)**이라 한다.

예제 2 관계의 정의역과 치역 구하기

다음 관계에서 정의역과 치역을 구하고, 함수인지 확인하시오.

(a) $\{(3, -1), (4, 2), (4, 5), (6, 8)\}$

(b)

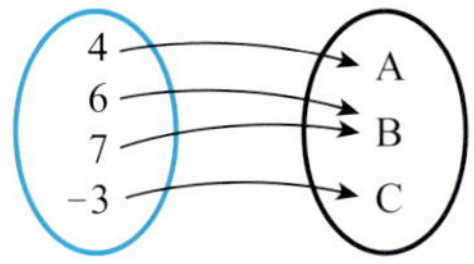

(c)

x	y
-5	2
0	2
5	2

풀이 (a) 정의역은 독립변수 x들의 집합 $\{3, 4, 6\}$이고, 치역은 종속변수 y들의 집합이므로 $\{-1, 2, 5, 8\}$이다. 여기서 하나의 x값 4에 대하여 y값은 서로 다른 2와 5가 대응되므로 이 관계는 함수가 아니다.

(b) 이 관계의 정의역은 $\{4, 6, 7, -3\}$이고 치역은 $\{A, B, C\}$이다. 또한 서로 다른 x값에 대하여 오직 하나의 y값이 대응되었으므로 함수이다.

(c) 이것은 순서쌍의 표이다. 따라서 정의역은 모든 x값들의 집합이므로 $\{-5, 0, 5\}$이고, 치역은 y값들의 집합이므로 $\{2\}$이다. 이 표에서 서로 다른 x값들에 대하여 오직 하나의 y값들이 대응 되었으므로 (그들이 모두 같더라도) 함수이다. ■

연습문제 11, 13, 15를 풀어보자.

앞에서 언급하였듯이 관계의 그래프는 그 관계의 순서쌍들의 그래프이다. 그래프는 관계의 그림으로 나타낼 수 있고, 그의 정의역과 치역을 결정하는데 사용된다.

예제 3 그래프에서 정의역과 치역 구하기

다음 각 관계에서 정의역과 치역을 구하라.

(a)

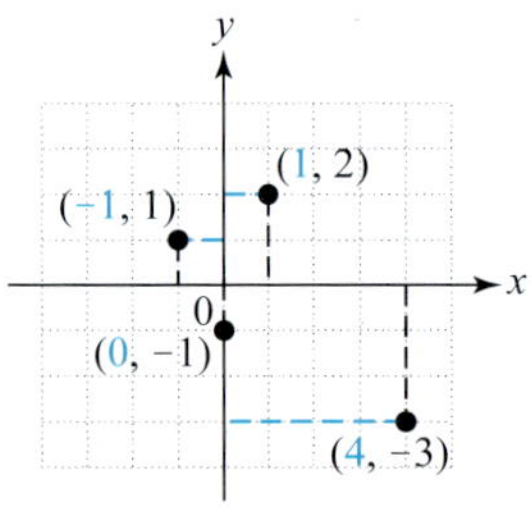

정의역은 x값들의 집합 $\{-1, 0, 1, 4\}$이다. 치역은 y값들의 집합 $\{-3, -1, 1, 2\}$이다.

(b)

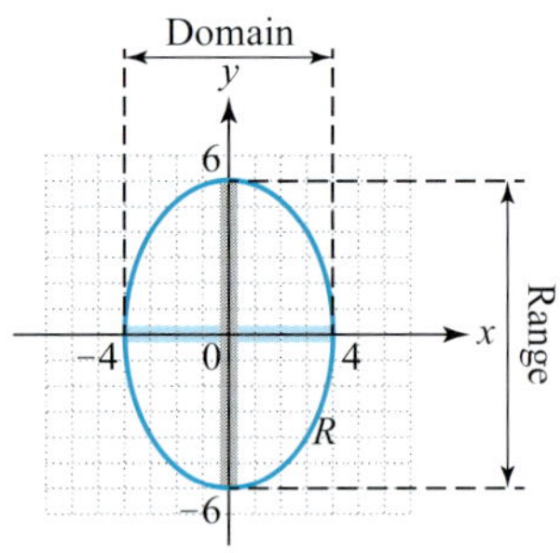

그래프에 있는 점들의 x값은 -4와 4 사이의 모든 점들을 포함한다(양 끝점 포함). 그래프의 y값들은 -6과 6 사이의 모든 점들을 포함한다(양 끝점 포함). 이를 구간표기법으로 표시하면 다음과 같다.

정의역: $[-4, 4]$, 치역: $[-6, 6]$

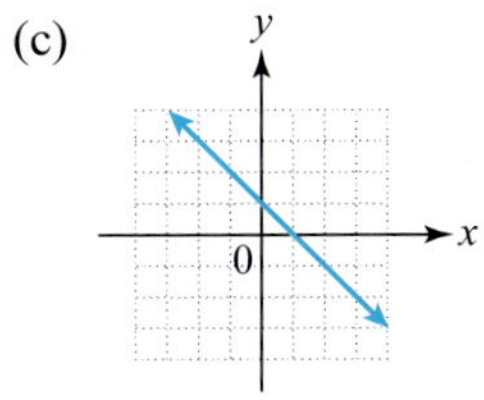

화살촉은 직선이 위와 아래뿐 아니라 왼쪽과 오른쪽으로 무한히 확장됨을 의미한다. 따라서 정의역과 치역은 모든 실수를 포함한다. 그리고 기호로 $(-\infty,\ \infty)$라 표기한다.

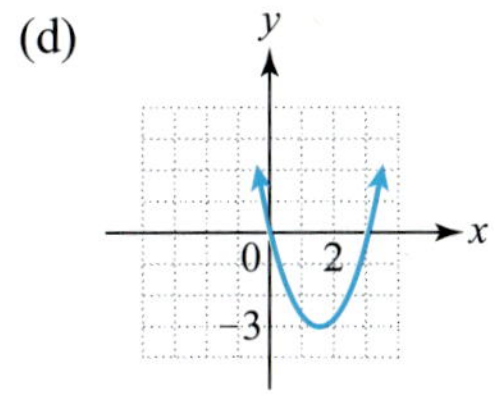

화살촉은 그래프가 위쪽뿐 아니라 왼쪽과 오른쪽으로 무한히 확장됨을 의미한다. 정의역은 $(-\infty,\ \infty)$이다. -3은 y값 중 최솟값이기 때문에 치역은 -3보다 크거나 같은 모든 수를 포함하고, $[-3,\ \infty)$라 쓴다. ■

연습문제 17, 19를 풀어보자.

관계는 종종 $y = 2x + 3$과 $y^2 = x$ 처럼 방정식에 의하여 정의되기 때문에, 때때로 그 방정식으로부터 관계의 정의역을 정해야 한다. 이 책에서는 관계의 정의역에 대해 다음과 같은 합의를 가정한다.

정의역에 대한 합의

특별한 언급이 없으면, 관계의 정의역은 독립변수에 실수를 대입할 때 실수가 되는 모든 실수들로 가정한다.

위의 합의를 확인해보면 $y = 2x + 3$에서 x 대신 모든 실수를 사용할 수 있으므로, 이 함수의 정의역은 모든 실수들의 집합이다. 또 다른 예를 들어보면 $y = \dfrac{1}{x}$로 정의된 함수는 $x = 0$이면 y값은 정의되지 않으므로 0을 제외한 모든 실수를 정의역으로 갖는다. 일반적으로 대수적인 표현으로 정의된 함수의 정의역은 0에 의해 나누어지거나 음수의 제곱근인 수들을 제외한 모든 실수들이다.

목표 3 **그래프와 방정식으로 정의될 때 함수인가 알아본다** 우리가 예제에서 다루었던 관계는 대부분 함수였다. 즉, 각각의 x값은 오직 하나의 y값으로 대응된다. 함수에서 각각의 x값은 유일한 y값으로 대응되기 때문에 수직선을 함수의 그래프 위에 그려주면, 오직 한 점에서만 만나야 한다. 이 방법은 함수 확인을 위한 수직선 판정(vertical line test)이다.

수직선 판정

모든 수직선이 관계의 그래프와 한 점에서만 만나면, 그 관계는 함수이다.

예를 들어, 그림 25(a)에서 보여주는 그래프는 수직선과 한 점 이상에서 교차하므로 함수의 그래프가 아니다. 그림 25(b)는 함수의 그래프이다.

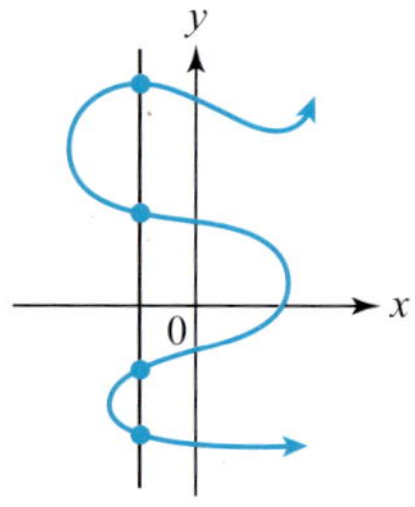

함수가 아니다:
같은 x값이 서로 다른 4개의 y값에 대응된다.
(a)

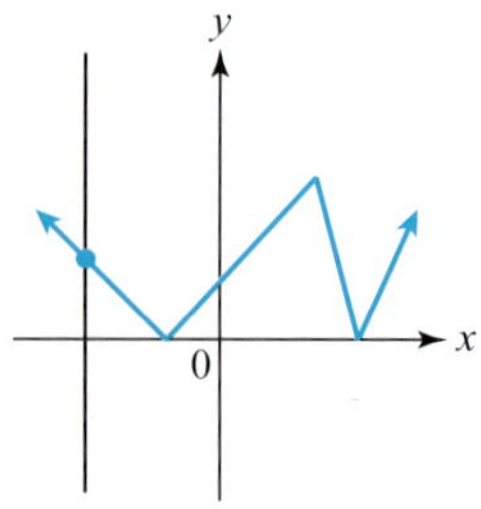

함수이다:
각각의 x값은 오직 하나의 y값에 대응된다.
(b)

그림 25

예제 4 **수직선 판정 사용**

수직선 판정을 사용하여, 예제 3에서의 각 관계들이 함수인가 결정하시오.

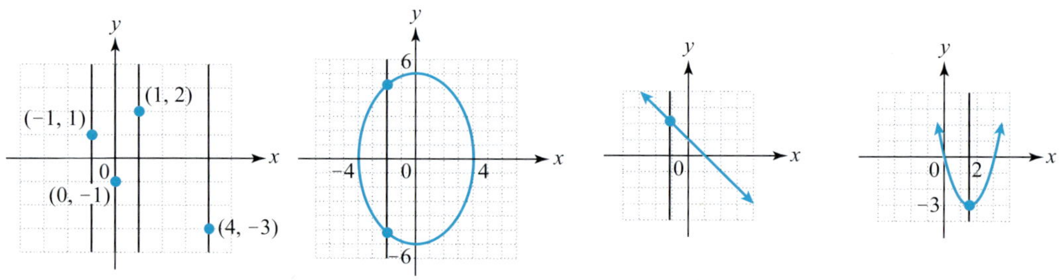

(a) 함수 (b) 함수가 아니다 (c) 함수 (d) 함수

그래프 (a), (c), (d)는 함수임을 알 수 있다. 그러나 동일한 x 값에 대하여 서로 다른 2개의 y값이 대응되므로, 수직선 판정에 실패하여 (b)는 함수의 그래프가 아니다. ■

✎연습문제 21을 풀어보자.

> ⓘ **참고** 함수가 아닌 그래프도 여전히 관계이다. 모든 방정식들과 그래프들은 관계이고, 모든 관계들은 정의역과 치역을 갖는다.

수직선 판정은 그래프로 정의된 관계가 함수인가를 확인하는 단순한 방법이다. 방정식으로 정의된 관계가 함수인지를 결정하는 것은 더욱 어렵다. 다음 예제는 그러한 문제를 해결하는데 약간의 도움을 준다.

예제 5 **방정식이 함수인지 확인하기**

다음 각 관계가 함수인지 결정하고, 정의역을 구하라.

(a) $y = x + 4$

풀이 방정식 $y = x + 4$의 정의 또는 규칙에서 y값은 항상 x값에 4를 더하여 만들어진다. 따라서 각각의 x값은 오직 하나의 y값에 대응되고, 이 관계는 함수이다. 그러므로 정의역은 $\{x \mid x$는 실수$\}$ 또는 $(-\infty, \infty)$이다.

(b) $y = \sqrt{2x-1}$

풀이 정의역 내의 모든 x를 선택할 때 y값은 오직 1개 대응되므로(근호는 음수가 아님) 이 방정식은 함수이다. 정의역에 대한 동의는 이전에 언급되었음에 주목하자. 방정식은 제곱근을 포함하고 있으므로 근호 안의 값은 음수가 될 수 없다. 따라서

$$\begin{aligned} 2x - 1 &\geq 0 \\ 2x &\geq 1 \\ x &\geq \frac{1}{2} \end{aligned}$$

이고, 함수의 정의역은 $\left[\frac{1}{2}, \infty\right)$이다.

(c) $y^2 = x$

풀이 순서쌍 $(16, 4)$와 $(16, -4)$는 이 방정식을 만족한다. 하나의 x값 16에 y값 4와 -4가 대응되므로 이 방정식은 함수로 정의될 수 없다. x는 y의 제곱이므로, x값은 항상 음수가 아니다. 이 관계의 정의역은 $[0, \infty)$이다.

(d) $y \leq x - 1$

풀이 정의에 의해 모든 x값이 오직 하나의 y값에 대응되면, y는 x의 함수이다. 이 예에서는 특별한 x값 1은 여러 개의 y값에 대응된다. 순서쌍 $(1, 0)$, $(1, -1)$, $(1, -2)$, $(1, -3)$ 등 이 모두는 부등식을 만족한다. 이런 이유로 부등식은 함수를 정의하지 못한다. 모든 수는 x값으로 사용될 수 있다. 따라서 정의역은 모든 실수들의 집합 $(-\infty, \infty)$이다.

(e) $y = \dfrac{5}{x-1}$

풀이 정의역 내의 모든 x값에 대해, 5를 x에서 1을 뺀 값으로 나누어서 y값을 찾는다. 이 과정에서 정의역 내의 각각의 값에 대하여 정확히 하나의 y값을 만든다. 따라서 이 방정식은 함수이다. 정의역은 분모를 0으로 만드는 수를 제외한 모든 실수를 포함한다. 그 값은 분모를 0으로 놓고 x에 대하여 풀어서 찾으면 된다.

$$\begin{aligned} x - 1 &= 0 \\ x &= 1 \end{aligned}$$

따라서 정의역은 1을 제외한 모든 실수들을 포함한다. 구간으로 표시하면 $(-\infty, 1) \cup (1, \infty)$이다. ■

✎연습문제 27, 29, 35를 풀어보자.

요약해서, 함수를 정의하는 3가지 방법을 제시한다.

다양한 함수의 정의

1. 함수는 순서쌍의 각각의 첫 번째 성분 값에 대하여 두 번째 성분 값이 오직 하나 존재하는 관계이다.
2. 함수는 첫 번째 성분이 반복되지 않는 순서쌍들의 집합이다.
3. 함수는 정의역 내의 각각의 값이 치역 내의 오직 하나의 값에 할당되는 대응이나 규칙이다.

목표 4 함수의 기호를 사용한다 함수 f가 독립변수와 종속변수에 대한 x와 y를 사용한 규칙이나 방정식으로 정의될 때, y는 x에 종속되었음을 강조하여 "y는 x의 함수이다"라고 한다. 기호로 표기하면

$$y = f(x).$$

이를 함수 기호라 한다. (여기서 괄호는 곱셈이 아니다.) 문자 f는 함수(function)를 의미한다. 예를 들어 $y = 9x - 5$이면 이 함수를 f라 명명하고 다음과 같이 쓴다.

$$f(x) = 9x - 5$$

"$f(x)$는 종속변수 y의 또 다른 표현"임을 상기하자. 예를 들어 $y = f(x) = 9x - 5$이고 $x = 2$이면, x값에 2를 대입하여 y값 또는 $f(2)$를 구한다.

$$\begin{aligned} y &= f(2) \\ &= 9 \cdot 2 - 5 \\ &= 18 - 5 \\ &= 13. \end{aligned}$$

여기서 "$x = 2$일 때 $y = 13$이다"는 순서쌍 $(2, 13)$으로 표현하고 단축된 함수 표현을 이용하면

$$f(2) = 13$$

이다. 또한

$$f(0) = 9 \cdot 0 - 5 = -5 \text{ 이고 } f(-3) = 9(-3) - 5 = -32$$

이다. 그것들을 나타내는데 사용된 이러한 생각과 기호는 다음과 같이 그림으로 나타낸다.

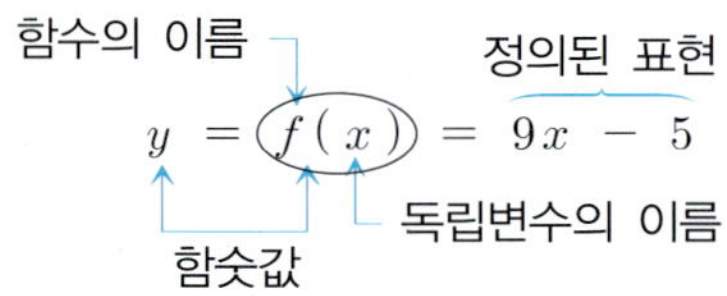

ⓘ 주의 기호 $f(x)$는 f와 x의 곱이 아니고, 주어진 x 값에 대한 y 값을 의미한다. 즉, $f(2)$는 x 값 2에 대응하는 y 값을 의미한다.

예제 6 함수 표기법의 사용

$f(x) = -x^2 + 5x - 3$일 때, 다음을 구하라.

(a) $f(2)$ (b) $f(q)$

풀이 (a) x에 2를 대입하면

$$f(x) = -x^2 + 5x - 3$$
$$f(2) = -2^2 + 5 \cdot 2 - 3$$
$$= -4 + 10 - 3$$
$$= 3$$

따라서 $f(2) = 3$이며, 순서쌍 $(2, 3)$은 f에 속한다.

(b) x에 q를 대입하면

$$f(x) = -x^2 + 5x - 3$$
$$f(q) = -q^2 + 5q - 3$$

이와 같이 한 변수를 다른 변수로의 대치는 나중 과정에서 매우 중요하다. ■

연습문제 41, 45를 풀어보자.

때로는 함수 f 대신 g, h 또는 대문자 F, G, H를 사용하기도 한다.

예제 7 함수 표기법의 사용

$g(x) = 2x + 3$이라 하자. $g(a + 1)$을 구하고 간단히 하시오.

풀이

$$g(x) = 2x + 3$$
$$g(a + 1) = 2(a + 1) + 3 \quad x\text{에 } a + 1\text{을 대입한다.}$$
$$= 2a + 2 + 3$$
$$= 2a + 5$$

■

연습문제 49를 풀어보자.

다음 예제 8에서와 같이 함수는 다양한 방법으로 계산될 수 있다.

예제 8 함수 표기법의 사용

다음 각 함수에 대하여 $f(3)$을 구하라.

(a) $f(x) = 3x - 7$

풀이

$$f(x) = 3x - 7$$
$$f(3) = 3(3) - 7 \quad x\text{값에 3을 대입한다.}$$
$$f(3) = 2$$

(b) $f = \{(-3, 5), (0, 3), (3, 1), (6, -1)\}$

풀이 구하려는 값 $f(3)$은 $x = 3$일 때 순서쌍의 y값이다. 순서쌍 $(3, 1)$에서 $x = 3$일 때 $y = 1$이므로 $f(3) = 1$이다.

(c)

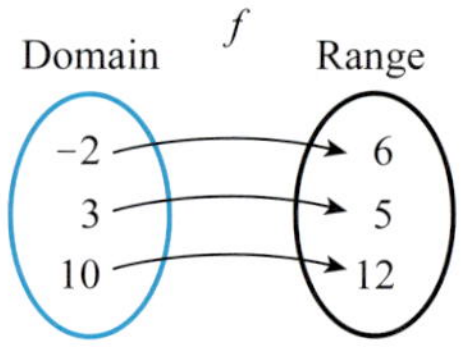

풀이 정의역의 원소 3이 치역의 원소 5에 대응되므로 $f(3)=5$이다.

(d)

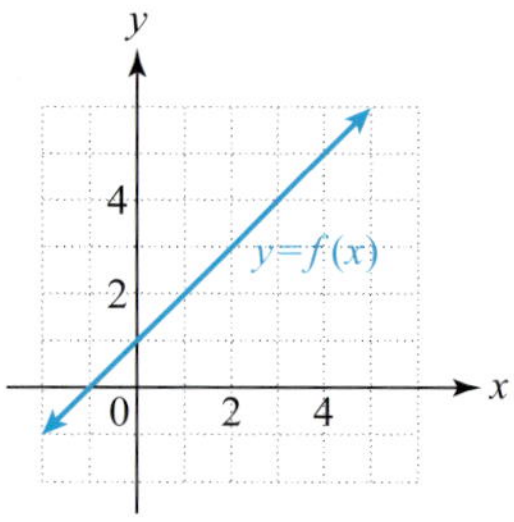

풀이 $f(3)$을 구하기 위해 x축 위에서 3을 찾은 다음 f에 도달할 때까지 수직 위로 이동한 후 수평으로 y축에 닿을 때까지 이동하여 4를 찾게 된다. 따라서 $f(3)=4$이다. ■

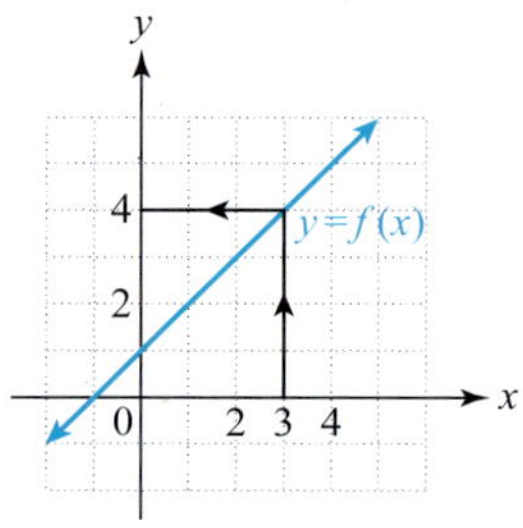

연습문제 53, 55, 57을 풀어보자.

만일 함수 f가 함수 표기법이 아닌 x와 y의 방정식으로 정의되었다면 다음 단계에 의해 $f(x)$를 찾는다.

$f(x)$ 표현식 찾기

1단계 방정식을 y에 대하여 푼다.

2단계 y를 $f(x)$로 대치한다.

예제 9 함수 표기법을 이용한 방정식의 표현

주어진 방정식을 함수 표기법으로 다시 쓰고, $f(-2)$와 $f(a)$를 구하라.

(a) $y=x^2+1$

풀이 이 방정식은 이미 y에 관하여 정리되었고, $y=f(x)$이므로

$$f(x)=x^2+1.$$

$f(-2)$를 구하기 위해 $x=-2$라 놓는다.

$$\begin{aligned} f(-2) &= (-2)^2+1 \\ &= 4+1 \\ &= 5 \end{aligned}$$

$x = a$라 놓은 후 $f(a)$를 구한다. 따라서 $f(a) = a^2 + 1$이다.

(b) $x - 4y = 5$

풀이 먼저 $x - 4y = 5$를 y에 대해 푼 다음 y를 $f(x)$로 바꾼다.

$$\begin{aligned} x - 4y &= 5 \\ x - 5 &= 4y \\ y &= \frac{x-5}{4} \qquad \text{따라서} \quad f(x) = \frac{1}{4}x - \frac{5}{4} \end{aligned}$$

이제 $f(-2)$와 $f(a)$를 구하면

$$f(-2) = \frac{1}{4}(-2) - \frac{5}{4} = -\frac{7}{4} \qquad x = -2\text{를 대입}$$

$$f(a) = \frac{1}{4}a - \frac{5}{4} \qquad x = a\text{를 대입}$$

연습문제 59를 풀어보자.

목표 5 선형함수의 확인 우리가 처음 접했던 2차원 그래프는 직선이었다. 선형방정식($x = a$ 형태의 수직선은 제외)은 선형함수를 정의한다.

선형함수

m과 b가 실수일 때 선형함수는 다음과 같이 정의된다.

$$f(x) = mx + b$$

3.3절을 상기해보면 m은 직선의 기울기이고 $(0, b)$는 y절편이다. 예제 9(b)에서 방정식 $x - 4y = 5$를 선형함수 형태로 다음과 같이 정의하였다.

$$f(x) = \frac{1}{4}x - \frac{5}{4}$$

기울기 ↑ ↑ y절편 $\left(0, -\frac{5}{4}\right)$

이 함수의 그래프를 그리기 위해서는 y절편과 직선의 두 번째 점을 찾기 위해 기울기 값을 $\frac{\text{높이}}{\text{밑변}}$로 구한 다음 두 점을 연결한 직선을 그려주면 된다.

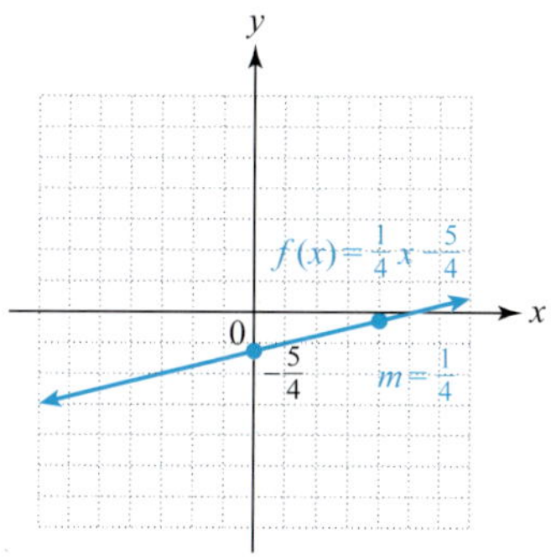

$f(x) = b$(수평직선)와 같이 정의된 선형함수를 상수함수라 한다. 모든 선형함수의 정의역은 $(-\infty, \infty)$이다. 상수함수를 제외한 선형함수의 치역은 $(-\infty, \infty)$이지만 $f(x) = b$로 정의된 상수함수의 치역은 $\{b\}$이다.

연습문제 67을 풀어보자.

3.5 연습문제

1. 함수의 정의와 예를 써라.
2. 함수의 정의역과 예를 써라.
3. 관계의 순서쌍에서 첫 번째 원소는 독립변수인가 종속변수인가?
4. 정의역은 $\{-3, 2, 6\}$이고 치역은 $\{4, 6\}$일 때 함수가 아닌 관계의 예를 써라.(정답은 여러 개 나올 수 있음.)

[5~10] 다음 각 관계가 함수인지 알아보라.

5. $\{(5,1), (3,2), (4,9), (7,6)\}$
6. $\{(8,0), (5,4), (9,3), (3,8)\}$
7. $\{(2,4), (0,2), (2,5)\}$
8. $\{(9,-2), (-3,5), (9,2)\}$
9. $\{(-3,1), (4,1), (-2,7)\}$
10. $\{(-12,5), (-10,3), (8,3)\}$

[11~22] 다음 각 관계가 함수인지 판단하고 정의역과 치역을 구하라.

11. $\{(1,1), (1,-1), (0,0), (2,4), (2,-4)\}$
12. $\{(2,5), (3,7), (4,9), (5,11)\}$

13.

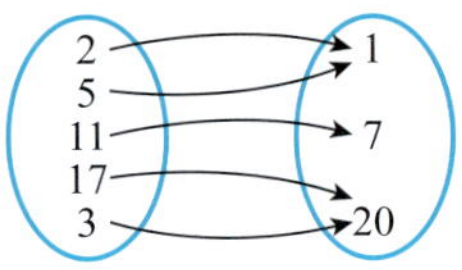

14.

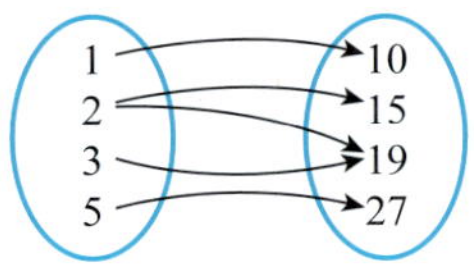

15.

x	y
1	5
1	2
1	-1
1	-4

16.

x	y
4	-3
2	-3
0	-3
-2	-3

17.

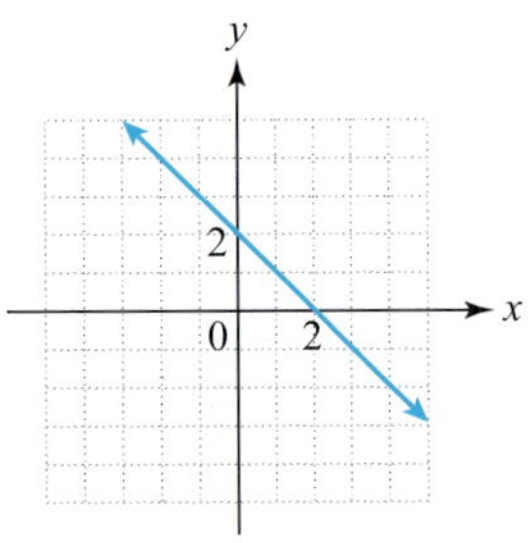

18.

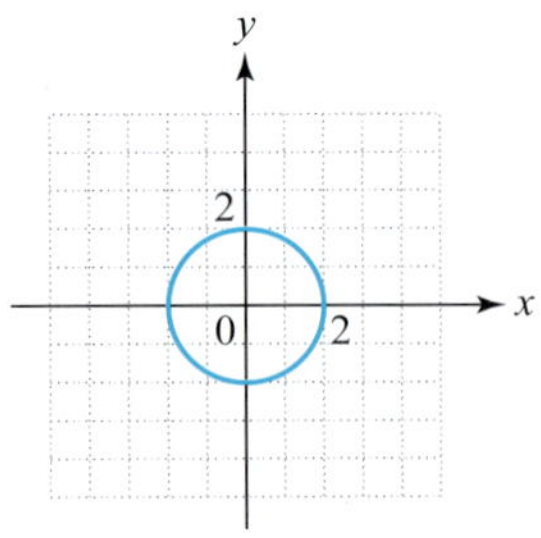

19.

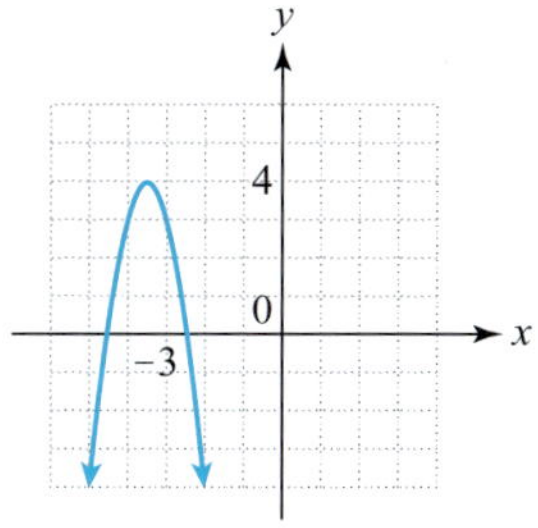

20.

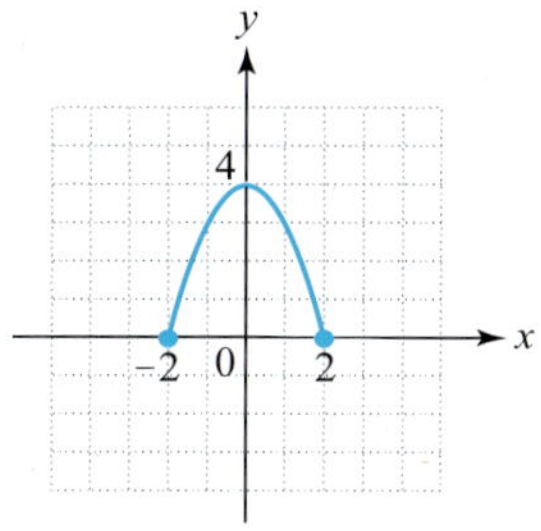

21.

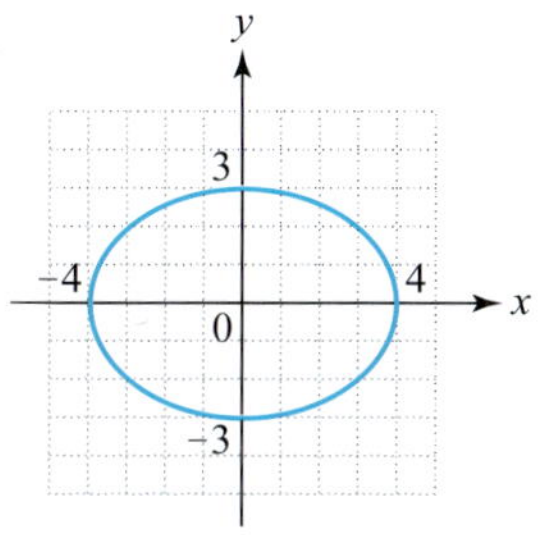

22.

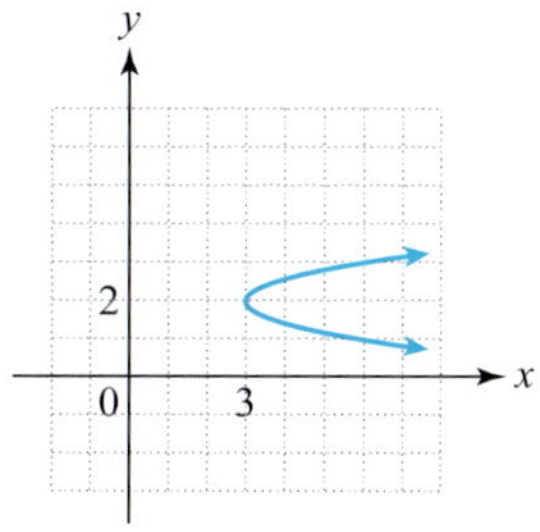

[23~38] 다음 각 관계가 x의 함수로서 y를 정의하는지 판단하고, 정의역을 구하라.

23. $y = x^2$
24. $y = x^3$
25. $x = y^6$
26. $x = y^4$
27. $y = 2x - 6$
28. $y = -6x + 8$
29. $x + y < 4$
30. $x - y < 3$
31. $y = \sqrt{x}$
32. $y = -\sqrt{x}$
33. $xy = 1$
34. $xy = -3$
35. $y = \sqrt{4x + 2}$
36. $y = \sqrt{9 - 2x}$
37. $y = \dfrac{2}{x - 9}$
38. $y = \dfrac{-7}{x - 16}$

39. 다음 중 옳은 답을 고르시오. 기호 $f(3)$은
    A. 변수 f와 3의 곱 혹은 $3f$이다.
    B. 독립변수가 3일 때, 종속변수의 값이다.
    C. 종속변수가 3일 때, 독립변수의 값이다.
    D. f는 3과 같다.

40. 함수의 예를 일상생활에서 하나 찾아보시오(힌트: 빈칸을 채우시오: _______은 _____에 종속적이므로, _______은 _______의 함수이다.)

[41~52] $f(x) = -3x + 4$이고 $g(x) = -x^2 + 4x + 1$일 때 다음을 구하라.

41. $f(0)$
42. $f(-3)$
43. $g(-2)$
44. $g(10)$
45. $f(p)$
46. $g(k)$
47. $f(-x)$
48. $g(-x)$
49. $f(x+2)$
50. $f(a+4)$
51. $f(2m-3)$
52. $f(3t-2)$

[53~58] 다음 각 함수에서, (a) $f(2)$를 찾으시오. (b) $f(-1)$을 찾으시오.

53. $f = \{(-1, 3), (4, 7), (0, 6), (2, 2)\}$
54. $f = \{(2, 5), (3, 9), (-1, 11), (5, 3)\}$

55.

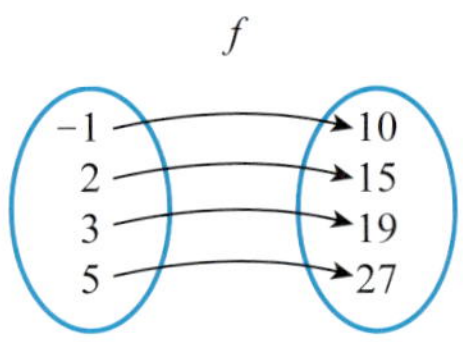

56.

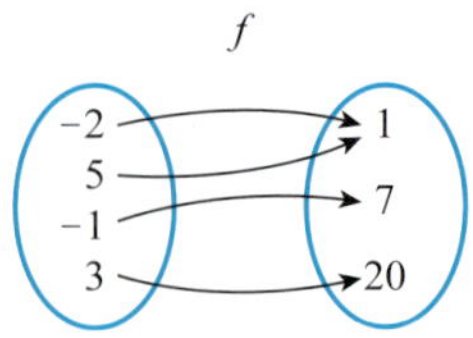

57.

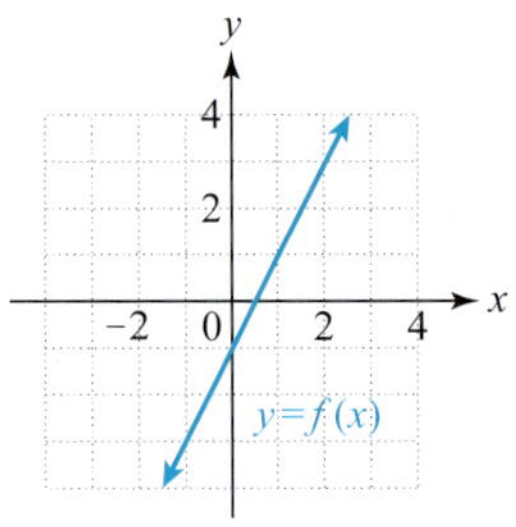

58.

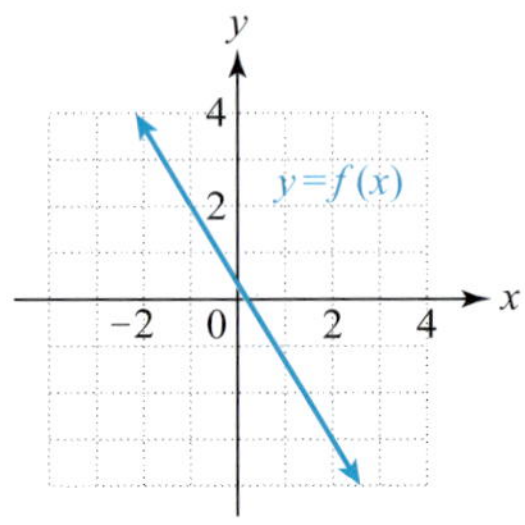

[59~64] y**를** x**의 함수로 정의한 방정식들이 다음과 같다. (a)** y**를** x**에 관하여 풀고,** y**를 함수 표현** $f(x)$**로 바꾸시오. (b)** $f(3)$**을 구하라.**

59. $x+3y=12$

60. $x-4y=8$

61. $y+2x^2=3$

62. $y-3x^2=2$

63. $4x-3y=8$

64. $-2x+5y=9$

65. 다음 각 빈칸을 알맞은 답으로 채우시오.
방정식 $2x+y=4$의 그래프는 ________이다. 그래프상의 한 점은 (3, ___)이다. 만일 방정식을 y에 대하여 풀고 함수 표현을 사용하면 $f(x)=$ ____________이다. 이 함수에 대해 $f(3)=$ __이고, 그 의미는 점 (___, ___)는 함수의 그래프 위에 있음을 뜻한다.

66. 다음 중 선형함수를 고르시오.

A. $y=\dfrac{x-5}{4}$ B. $y=\dfrac{1}{x}$ C. $y=x^2$ D. $y=\sqrt{x}$

[67~74] 다음 각 선형함수의 그래프를 그려라. 정의역과 치역을 구하라.

67. $f(x)=-2+5$

68. $g(x)=4x-1$

69. $h(x)=\dfrac{1}{2}x+2$

70. $F(x)=-\dfrac{1}{4}x+1$

71. $G(x)=2x$

72. $H(x)=-3x$

73. $g(x)=-4$

74. $f(x)=5$

75. 특정 지역에서 한 지점까지 무게가 x 파운드인 화물의 운송비는 $f(x)$ 달러이며, 여기에서

$$f(x)=2.75x$$

이다.

(a) $f(3)$을 구하라.

(b) 이때 (a)에서 용어를 독립변수와 종속변수를 사용하여 3과 $f(3)$은 무엇을 의미하는지 설명하시오.

(c) 화물의 무게가 5파운드이면 운송비는 얼마인가? 이 질문에 대한 답을 함수 기호를 사용하여 답하시오.

76. 뉴욕의 택시요금은 주행거리 1마일당 1.5달러이다.

(a) x 마일 주행하였을 때 택시요금을 $f(x)$라 할 때 알맞은 값으로 표를 완성하시오.

(b) 택시요금의 규칙에 따른 선형함수 $f(x)$를 구하라.

(c) 정의역 $\{0, 1, 2, 3\}$에 대한 이 함수의 그래프를 그려라.

x	$f(x)$
0	
1	
2	
3	

[77~80] 법의학자들은 유골의 특정부분 뼈의 길이를 사용하여 그 사람의 키를 계산한다고 한다. 통상 2개의 뼈가 사용되는데 정강이뼈(t, 발목부터 무릎까지)와 대퇴골(r, 무릎에서 엉덩이까지)이다. 이 2개의 뼈들은 아래의 공식에 의해 정의된 함수를 사용하여 사람의 신장(h)은 결정된다. 모든 측정 단위는 cm이다.

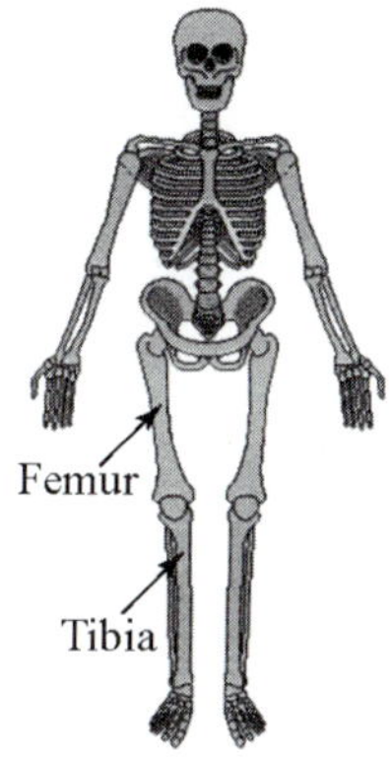

남성의 경우: $h(r) = 69.09 + 2.24r$ 또는 $h(t) = 81.69 + 2.39\,t$

여성의 경우: $h(r) = 61.41 + 2.32\,r$ 또는 $h(t) = 72.57 + 2.53\,t$

77. 대퇴골의 길이가 56cm인 남성의 신장을 구하라.

78. 정강이뼈의 길이가 40cm인 남성의 신장을 구하라.

79. 대퇴골의 길이가 50cm인 여성의 신장을 구하라.

80. 정강이뼈의 길이가 36cm인 여성의 신장을 구하라.

[81~84] 해양포유류의 생활공간의 크기에 대한 기준은 연방규정집에 나타나 있다. 수달이 생활할 수 있는 인공풀장의 크기는 다음과 같이 정해져 있다. "성체 수달의 평균길이(미터)의 제곱에 3.14(미터)와 0.91(미터)를 곱한 크기여야 한다." 성체 수달의 평균길이가 x이고, $f(x)$를 인공풀장의 크기(m^2)라 하면, 인공풀장의 크기는 다음의 공식으로 쓸 수 있다.

$$f(x) = 0.91(3.14)x^2$$

성체 수달의 평균길이(미터)가 다음과 같을 때 인공풀장의 크기를 구하라.(소수점 둘째 자리까지 계산하시오.)

81. 0.8　　82. 1.0　　83. 1.2　　84. 1.5

3.6 비례 문제

학·습·목·표

1. 정비례를 나타내는 방정식을 알아본다.
2. 비례상수를 찾고 정비례 문제를 푼다.
3. 반비례 문제를 푼다.
4. 공동비례 문제를 푼다.
5. 혼합비례 문제를 푼다.

어떤 특별한 형태의 함수는 물리학이나 경제학에서는 매우 자주 사용된다. 이런 함수들은 y값이 x의 배수에 종속적이거나 y값이 어떤 수를 x로 나눈 값에 종속적인 경우이다. 그런 경우 y는 x에 정비례(첫 번째 경우) 혹은 반비례(두 번째 경우)한다고 한다. 예를 들면 거리 공식에서 이동거리는 속력(속도)과 시간에 정비례한다. 넓이와 부피공식은 정비례의 또 다른 예이다.

한편 자동차가 미끄러지지 않고 곡선도로를 주행하기 위해서는 곡선도로의 반경에 반비례하는 힘이 필요하다. 또 다른 반비례의 예는 속도나 속력의 역비율로 얼마나 많은 이동시간이 걸리는가 하는 문제이다.

목표 1 정비례를 나타내는 방정식을 알아본다 원의 둘레를 구하는 공식은 $C = 2\pi r$이고, 여기서 r은 원의 반지름이다.(그림 참조) 원의 둘레는 반지름의 상수배이다.(C는 항상 상수 2π에 r을 곱하여 구해진다.) 따라서

반지름이 증가하면, 원둘레도 증가한다

그의 역도 참이다.

반지름이 감소하면, 원둘레도 감소한다

이런 이유로 원둘레는 반지름에 정비례한다.

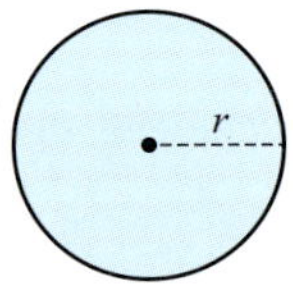

$C = 2\pi r$

정비례

다음 식을 만족하는 실수 k가 존재할 때 "y는 x에 정비례한다."

$$y = kx$$

또는 "y는 x에 비례한다"라고 한다. 여기서 k는 비례상수라고 한다. 정비례에서 $k > 0$에 대하여 x값이 증가할 때 y값 역시 증가한다. 마찬가지로 x값이 감소하면 y값도 감소한다.

목표 2 비례상수를 찾고 정비례 문제를 푼다 정비례 방정식 $y = kx$는 선형함수를 정의한다. 여기서 비례상수 k는 직선의 기울기가 된다. 예를 들어 1갤런의 가스를 구입하는 데 드는 비용을 나타내는 식이

$$y = 1.60\,x$$

라면 가스 구입비용은 가스 구입량(갤런)에 정비례 또는 비례한다. 즉, 가스 구입량이 증가하면 구입비용이 증가하고 구매량이 감소하면 구입비용 또한 감소한다. 여기에서 비례상수는 1.60이며, 이는 1갤런의 가스를 구입하는 데 소요되는 비용이다.

예제 1 비례상수와 비례방정식 구하기

스티븐은 1주에 43시간 근무하며 795.50달러를 받는다. 그는 1시간에 얼마의 급여를 받는가?

풀이 근무시간을 h라 하고, P가 급여이면, P는 h에 정비례한다. 따라서

$$P = k\,h$$

이다. 여기서 k는 스티븐의 시간당 급여이다. $h = 43$일 때 $P = 795.50$이므로

$$\begin{aligned} 795.50 &= 43\,k \\ k &= 18.50 \end{aligned}$$

스티븐의 시간당 급여는 18.50달러이고, P와 h의 관계식은

$$P = 18.50\,h.$$

연습문제 31을 풀어보자.

예제 2 정비례 문제 풀이

탄성을 가진 스프링에 관한 훅의 법칙은 스프링을 잡아당긴 길이는 가해지는 힘에 비례한다는 것이다. 매달린 스프링에 150뉴턴의 힘이 스프링을 8 cm 늘어나게 할 때, 스프링에 400뉴턴의 힘이 가해지면 스프링은 몇 cm 늘어나게 되는가?

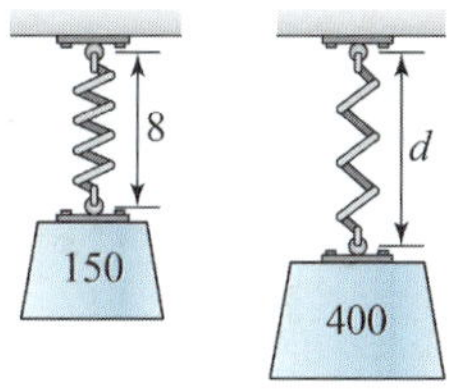

그림 26

풀이 스프링의 늘어난 길이를 d, 가해지는 힘을 f라 하면 k가 상수일 때 $d = kf$이다. 150뉴턴의 힘은 스프링의 길이를 8cm 늘어나게 하므로, 상수 k를 이용해서

$d = kf$	비례방정식
$8 = k \cdot 150$	$d = 8,\quad f = 150$
$k = \dfrac{8}{150}$	k값을 구한다.
$k = \dfrac{4}{75}$	

비례방정식 $d = kf$에서 $k = \dfrac{4}{75}$이므로

$$d = \frac{4}{75}f$$

이다. 400뉴턴의 힘을 여기에 적용하면

$$d = \frac{4}{75}(400) \qquad f = 400$$
$$= \frac{64}{3}.$$

따라서 스프링에 400뉴턴의 힘이 가해질 때 스프링은 $\frac{64}{3}$ cm 늘어난다. ■

연습문제 35를 풀어보자.

정리하면, 비례문제를 풀기위해서는 다음 단계를 밟는다.

비례문제 풀이

1단계 비례방정식으로 표현한다.
2단계 상수 k를 구하기 위해 초기값을 대입한다.
3단계 2단계에서 구한 k값을 비례방정식에 대입한다.
4단계 미지의 값을 구하기 위해 남아 있는 값을 대입하고 답을 찾는다.

정비례방정식 $y = kx$ 는 선형방정식이다. 그러나 다른 종류의 비례식은 다른 형태의 방정식을 포함한다. 예를 들면, 어떤 변수는 다른 변수의 멱승에 비례할 수 있다.

멱승에 의한 정비례

다음 식을 만족하는 실수 k가 존재할 때 y는 x의 n제곱에 정비례한다.

$$y = kx^n$$

멱승에 정비례하는 한 예는 원의 넓이를 구하는 식 $A = \pi r^2$이다. 여기서 π는 비례상수이며, 원의 넓이는 반지름의 제곱에 정비례한다.

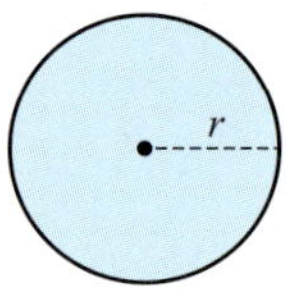

$A = \pi r^2$

예제 3 정비례 문제 풀이

정지 상태에서 떨어지는 물체의 이동거리는 시간의 제곱에 비례한다.(공기저항은 무시함) 스카이다이버가 64피트 낙하하는데 2초가 걸릴 때 8초 동안 낙하하면 낙하거리는 몇 피트인가?

풀이 • **1단계:** 스카이다이버가 낙하한 거리를 d, 떨어지는데 걸린 시간을 t라 하면, d는 t의 함수이며 k를 상수라 하면 다음 식을 만족한다.

$$d = kt^2$$

• **2단계:** k 값을 구하기 위해 스카이다이버가 64피트 낙하하는데 2초가 걸린다는 사실을 이용한다.

$d = kt^2$	비례방정식
$64 = k(2)^2$	$d = 64,\ t = 2$를 대입
$k = 16$	k를 구한다.

• **3단계:** 비례방정식에 $k = 16$을 대입하면

$$d = 16t^2.$$

• **4단계:** 스카이다이버가 8초 동안 낙하한 거리를 구하기 위해 $t = 8$을 대입하면

$$d = 16(8)^2 \qquad t = 8\text{을 대입}$$
$$= 1024$$

이고, 따라서 스카이다이버가 8초 동안 낙하한 거리는 1024피트이다. ■

연습문제 37을 풀어보자.

목표 3 반비례 문제를 푼다. 정비례에서 $k > 0$이면 x값이 증가하면 y값도 증가하며, x값이 감소하면 y값도 감소한다. 또 다른 형태의 비례는 반비례이다. 반비례에서는 $k > 0$일 때 한 변수가 증가하면 다른 변수는 감소한다.

쓰레기 압축기를 예로 들면, 누르는 압력이 증가하면 압축기 내의 부피는 감소한다.(그림 27) 압축기를 누르면 압축기의 압력은 증가하고, 결국 쓰레기는 더 적은 공간을 차지하게 된다.

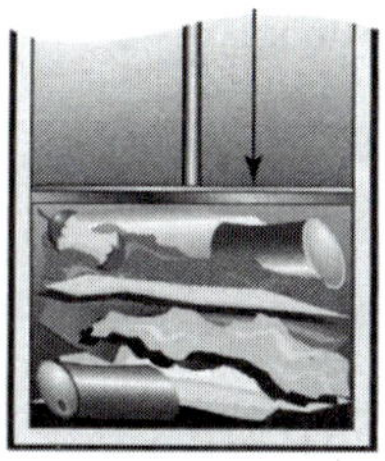

압축기의 압력이 증가하면 압축기 내의 부피는 감소한다.

그림 27

반비례

아래의 식을 만족하는 실수 k가 존재하면 y는 x에 반비례한다.

$$y = \frac{k}{x}$$

또한 다음 식을 만족하는 실수 k가 존재하면 y는 x의 n제곱에 반비례한다.

$$y = \frac{k}{x^n}$$

반비례방정식 또한 함수를 정의한다. 이때는 x가 분모이므로 이 함수는 유리함수이다.(7장 참조) 반비

례함수의 다른 예는 다음 거리 공식이다.

$$d = rt$$

양변을 r로 나누면

$$t = \frac{d}{r}$$

이다. 여기서 d(거리)는 비례상수 역할을 하며, t(시간)는 r(속도)에 반비례한다. 예를 들어 시카고에서 디모인까지의 거리가 300마일이면

$$t = \frac{300}{r}$$

이며 r 값과 t 값은 다음과 같다.

$$\left.\begin{array}{l} r=50,\ t=6 \\ r=60,\ t=5 \\ r=75,\ t=4 \end{array}\right\} \begin{array}{l} r\text{값이 증가하면} \\ t\text{값은 감소한다.} \end{array} \qquad \left.\begin{array}{l} r=30,\ t=10 \\ r=25,\ t=12 \\ r=20,\ t=15 \end{array}\right\} \begin{array}{l} r\text{값이 감소하면} \\ t\text{값은 증가한다.} \end{array}$$

만일 속도(속력)를 높여서 운전하면 시간은 단축된다. 속도(속력)을 낮추어 운전하면 시간은 어떻게 되는가?

《예제 4》 반비례 문제 풀이

의료용주사기를 생산할 때 주사기의 생산원가는 생산된 주사기의 수량에 반비례한다. 만일 10,000개의 주사기를 생산하는데 생산원가는 주사기 1개당 2달러이다. 25,000개의 주사기를 생산하면 생산원가는 얼마인가?

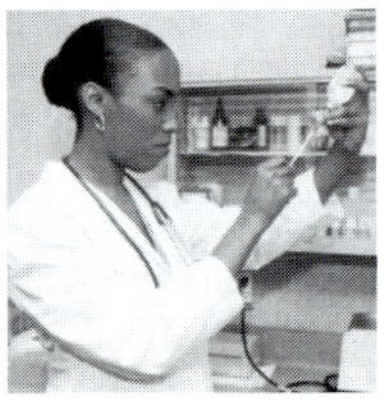

풀이 x = 생산하는 주사기의 수량, c = 1개당 생산원가라 하자. 여기서 생산량이 증가하면 생산원가는 내려가고, 생산량이 감소하면 생산원가는 올라간다. c는 x에 반비례하므로, 다음을 만족하는 상수(비례상수) k가 존재한다.

$$c = \frac{k}{x}$$

$c = 2$와 $x = 10{,}000$을 대입 후 k값을 구한다.

$$2 = \frac{k}{10{,}000}$$

$$20{,}000 = k \qquad \text{양변에 } 10{,}000\text{을 곱한다.}$$

$c = \dfrac{k}{x}$이므로,

$$c = \frac{20{,}000}{25{,}000} = 0.80 \qquad k = 20{,}000\text{과 } x = 25{,}000\text{을 대입}$$

따라서 주사기 25,000개를 생산하면 생산원가는 1개당 0.8달러이다. ■

연습문제 39를 풀어보자.

《예제 5》 반비례 문제 풀이

지구상의 물체의 무게는 지구중심으로부터 물체까지의 거리의 제곱에 반비례한다. 지구궤도상에 있는 우주왕복선은 지구중심으로부터 최대거리(apogee) 6,700마일, 최소거리(perigee) 4,090마일 떨어져 있다. (그림 28) 최대거리에서 우주왕복선내에 있는 우주비행사의 체중이 57파운드이면 최소거리에서 우주비행사의 체중을 구하라.

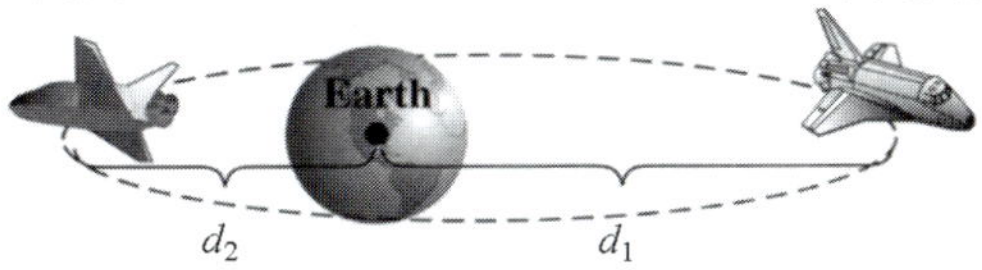

그림 28

풀이 w는 비행사의 체중, d는 지구중심으로부터의 거리라 하면,

$$w = \frac{k}{d^2}$$

이다. 여기서 k는 상수이며, 최대거리에서의 체중이 57파운드이고 지구중심으로부터의 거리가 6,700마일이므로 상수 k를 구하기 위해 이 값들을 이용한다.

$$57 = \frac{k}{(6{,}700)^2} \qquad w = 57,\ d = 6{,}700\text{을 대입}$$

$$k = 57\,(6{,}700)^2$$

따라서 최소거리에서 거리 $d = 4{,}090$마일이므로, 우주비행사의 몸무게는

$$w = \frac{57\,(6{,}700)^2}{(4{,}090)^2} \approx 153\text{ 파운드}$$

■

✎연습문제 41을 풀어보자.

목표 4 공동비례 문제를 푼다 일반적으로 하나의 변수는 다른 여러 변수들에 종속적인 경우가 일반적이다. 만일 한 변수가 다른 여러 변수들의 곱에 종속적이면(제곱이면 증가함), 처음 변수는 다른 변수들에 공동비례한다고 말한다.

공동비례

다음을 만족하는 실수 k가 존재하면 y는 x와 z에 공동비례한다.

$$y = kxz$$

ⓘ 주의 "y는 x와 z에 공동비례한다."에서 x와 z는 $y = k(xz)$에서처럼 곱의 의미이다. x와 z는 덧셈을 의미하는 것은 아님에 주의하라.

예제 6 공동비례 문제 풀이

대출이나 투자에 대한 이자와 관련된 공식은 $I = prt$ 이다. 원금 p에 대하여 이자 I는 연이율 r과, 이자가 붙은 원금의 예치기간 t에 공동비례한다. 연이율 5%로 2년간 100달러의 이자수입을 얻었다면 연이율 4.5%로 3년간 투자를 할 때 얼마의 이자수입이 생기는가?

풀이 p가 양쪽 투자에 동일하므로, 비례식에서 상수라 하고, 식 $I = prt$를 이용한다. 초기 원금에 대하여, $I = 100,\ r = 0.05,\ t = 2$이므로

$$
\begin{aligned}
I &= prt && I=100,\ r=0.05,\ t=2\text{를 대입}\\
100 &= p(0.05)2\\
100 &= 0.1p\\
\frac{100}{0.1} &= p\\
p &= 1{,}000
\end{aligned}
$$

이제 $p = 1{,}000,\ r = 0.045,\ t = 3$일 때 I를 구하면 되므로

$$
\begin{aligned}
I &= 1000\cdot(0.045)\cdot 3 && p=1000,\ r=0.045,\ t=3\text{을 대입}\\
I &= 135
\end{aligned}
$$

이다. 따라서 이자수입은 135달러이다. ■

목표 5 혼합비례 문제를 푼다 정비례와 반비례의 많은 조합이 있다. 다음 예제 7은 전형적인 혼합비례 문제이다.

예제 7 혼합비례 문제 풀이

체질량지수 BMI는 의사들이 인체의 비만정도를 평가하는데 사용된다. BMI는 19에서 25 사이가 바람직하다고 한다. BMI는 개인의 체중(파운드)에 정비례하고, 신장(인치)의 제곱에 반비례한다. 어떤 사람이 체중 118파운드, 신장이 64인치이면, 그 사람의 BMI는 20이다.(BMI는 가까운 정수로 반올림함.) 체중이 165파운드이고 신장이 70인치인 사람의 BMI를 구하라.

풀이 B는 BMI 값, w는 체중, h를 신장이라 놓으면

$$B = \frac{kw}{h^2} \quad \leftarrow \quad \begin{array}{l}\text{BMI는 체중에 정비례한다.}\\ \text{BMI는 신장의 제곱에 반비례한다.}\end{array}$$

k를 구하기 위해 $B=20,\ w=118,\ h=64$를 대입하면

$$
\begin{aligned}
20 &= \frac{k(118)}{64^2}\\
k &= \frac{20(64)^2}{118} && \text{양변에 } 64^2\text{을 곱하고 118로 나눈다.}\\
k &\approx 694
\end{aligned}
$$

이다. 이제 B를 구하기 위해 $k=694,\ w=165,\ h=70$을 대입하면

$$B = \frac{694(165)}{70^2} \approx 23$$

이다. 따라서 그 사람의 BMI는 23이다. ■

연습문제 44를 풀어보자.

3.6 연습문제

[1~8] 개인의 경험이나 직관을 이용하여 다음 내용이 정비례인지 반비례인지 구분하시오.

1. 구입한 서로 다른 복권의 매수와 복권 당첨 가능성
2. 트럭을 타고 3시간 동안 달렸을 때 속도와 거리
3. 자동차의 가속페달에 가해진 압력과 자동차의 속도
4. 오늘부터 12월 25일까지 남은 날짜의 수와 크리스마스 쇼핑 열기 정도
5. 연령과 산타클로스의 존재를 믿을 가능성
6. 풍선의 표면적과 풍선의 지름
7. 프로야구 시즌 종료까지 남은 날짜 수와 특정 야구선수의 홈런 수
8. 자동차에 넣은 가솔린의 양과 지불한 금액

[9~16] 다음 방정식이 정비례, 반비례, 공동비례, 혼합비례인지 구분하시오.

9. $y = \frac{3}{x}$　　10. $y = \frac{8}{x}$　　11. $y = 10x^2$　　12. $y = 2x^3$

13. $y = 3xz^4$　　14. $y = 6x^3z^2$　　15. $y = \frac{4x}{wz}$　　16. $y = \frac{6x}{st}$

17. $k > 0$에 대해서 x가 증가할 때 y가 _______하고, x가 감소할 때 y가 _______하면 y는 x에 정비례한다.

18. $k > 0$에 대해서 x가 증가할 때 y가 _______하고, x가 감소할 때 y가 _______하면 y는 x에 반비례한다.

[19~28] 다음 각 문제를 풀어라.

19. x는 y에 정비례하며, $y = 3$일 때 $x = 9$이다. $y = 12$일 때 x값을 구하라.

20. x는 y에 정비례하며, $y = 7$일 때 $x = 10$이다. $x = 50$일 때 y값을 구하라.

21. a는 b^2 에 정비례하며, $b=3$일 때 $a=4$이다. $b=2$일 때 a값을 구하라.

22. h는 m^2 에 정비례하며, $m=5$일 때 $h=15$이다. $m=7$일 때 h값을 구하라.

23. z는 w 에 반비례하며, $w=0.5$일 때 $z=10$이다. $w=8$일 때 z값을 구하라.

24. t는 s 에 반비례하며, $s=5$일 때 $t=3$이다. $t=5$일 때 s값을 구하라.

25. m은 p^2 에 반비례하며, $p=2$일 때 $m=20$이다. $p=5$일 때 m값을 구하라.

26. a는 b^2 에 반비례하며, $b=4$일 때 $a=48$이다. $b=7$일 때 a값을 구하라.

27. p는 q와 r^2 에 공동비례하며, $q=2$이고 $r=3$일 때 $p=200$이다. $q=5$이고 $r=2$일 때 p값을 구하라.

28. f는 g^2과 h에 공동비례하며, $g=4$이고 $h=2$일 때 $f=50$이다. $g=3$이고 $h=6$일 때 f값을 구하라

29. 정비례와 반비례 사이의 차이점을 설명하시오.

30. 정비례 문제에서 비례상수의 의미는 무엇인가? $k \geq 0$인 상수 k에 대한 선형방정식 $y=kx$의 그래프를 그릴 때, 그래프 상에서 k값의 역할은 무엇인가?

[31~44] 예제 1~7을 참고하여 아래의 비례 문제를 푸시오.

31. 영철이는 8갤런의 가솔린을 구입하고 13.59달러를 지불하였다. 1갤런의 가솔린 가격은 얼마인가?(소수점 첫째 자리까지)

32. 미영이는 리조트에서 2시간 30분 동안 승마체험을 한 후 50달러를 지불하였다면 1시간당 비용은 얼마인가?

33. 토마토통조림의 부피는 높이에 비례한다. 캔의 높이가 10.62 cm일 때 캔의 부피는 300 cm^3이었다. 캔의 높이가 15.92 cm일 때 토마토통조림 캔의 부피는 얼마인지 구하라.

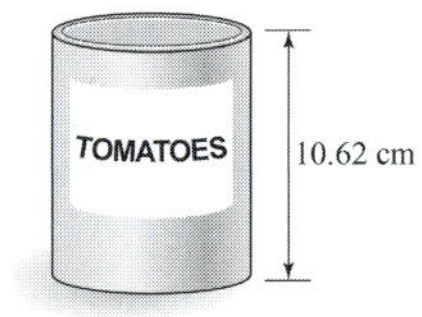

34. 압축스프링에 가해지는 힘은 스프링의 길이 변화에 비례한다. 스프링을 2 cm 누르는데 필요한 힘이 20뉴턴이라면 최초길이 20 cm인 스프링을 길이 8 cm로 누르는데 필요한 힘은 얼마인가?

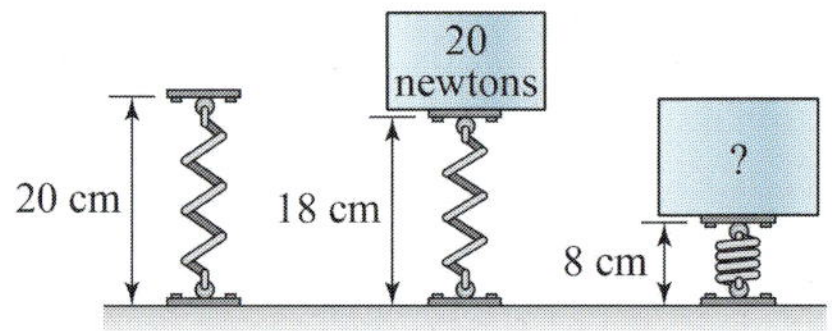

35. 지구에서 물체의 무게는 동일한 물체의 달에서의 무게와 정비례한다. 지구에서 몸무게가 200파운드인 우주비행사의 몸무게는 달에서 32파운드였다. 지구에서 50파운드인 개의 무게는 달에서 얼마인지 구하라.

36. 어떤 액체 내의 특정지점에서 받는 압력은 그 액체의 표면으로부터의 깊이에 정비례한다. 30m 깊이에서 받는 압력은 제곱미터당 80뉴턴일 때, 50m 깊이에서 받는 압력은 얼마인지 계산하시오.

37. 자유낙하하는 물체의 낙하거리는 낙하시간의 제곱에 정비례한다.(공기저항은 무시함) 576피트인 탑의 꼭대기에서 물체가 6초 후 땅에 떨어졌다. 꼭대기에서 4초 후 물체의 위치를 구하라.

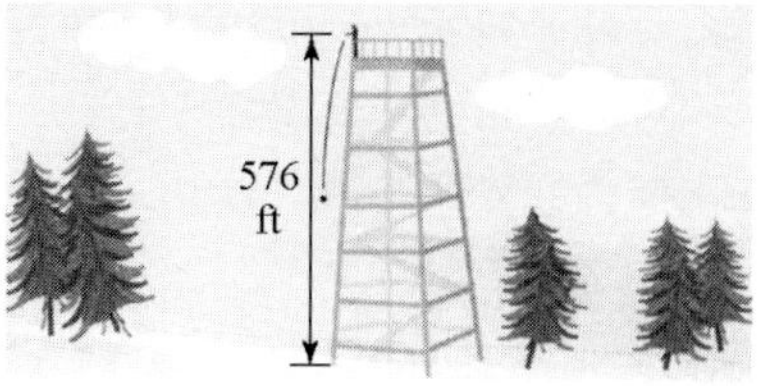

38. 파이프에 의해 흘려보내지는 물의 양은 파이프의 지름과 정비례한다. 일정량의 물을 흘려보내기 위해 운하로 연결되는 파이프는 한 시간에 200갤런의 물을 흘려보낼 수 있다. 그때의 파이프 지름은 6인치였다. 같은 유속으로 물을 흘려보낼 때 파이프의 지름이 12인치라면 한 시간에 흘려보낼 수 있는 물의 양은 얼마인지 구하라.

39. 정해진 면적을 가진 사각형의 길이는 너비에 반비례한다. 그 사각형은 길이 27피트, 너비 10피트였다. 동일한 면적의 사각형에서 길이가 18피트였을 때 사각형의 너비를 구하라.

40. 간단한 전기회로에서 전류의 세기는 저항에 반비례한다. 그 회로의 저항이 5Ω일 때 전류는 20amp이다. 저항이 7.5Ω일 때 전류의 세기는 얼마인지 구하라.

41. 지구가 지표면 위의 물체를 끌어당기는 힘은 지구중심과 물체와의 거리의 제곱에 반비례한다. 어떤 물체가 지구중심에서 4000마일 떨어져 있을 때 지구는 그 물체를 160파운드의 힘으로 끌어당기고 있다. 만일 물체가 지구중심에서 6000마일 떨어져 있다면 지구가 물체를 끌어당기는 힘은 얼마인지 구하라.

42. 자동차의 충돌충격은 자동차의 질량과 속도의 제곱에 공동비례한다. 만일 2000파운드의 차가 시속 55마일로 주행하였을 때 충돌충격은 6.1이었다. 동일한 자동차가 시속 65마일로 달렸을 때 충돌충격을 구하라.

43. 단면적이 원형인 원기둥이 받는 최대하중은 단면직경의 4제곱에 정비례하고 기둥높이의 제곱에 반비례한다. 원기둥의 높이 9m, 단면적의 지름이 1m일 때 기둥은 8미터톤의 하중을 받고 있다. 기둥의 높이가 12m, 단면적의 지름이 $\frac{2}{3}$m일 때 기둥이 지탱하는 힘을 구하라.

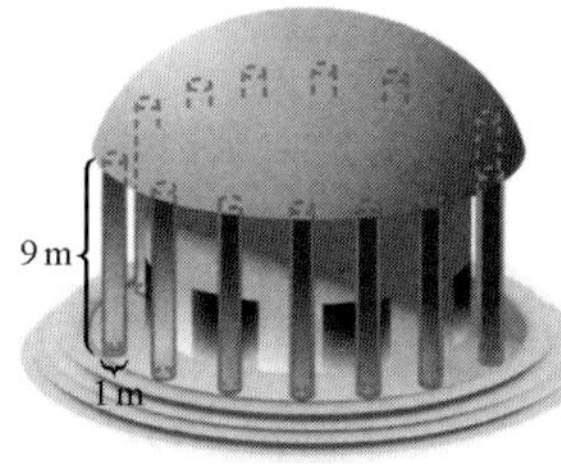

하중=8미터톤

44. BMI 수치 27에서 29까지는 체중과 관련된 약간의 위험이 있고, 30 이상이면 심각한 위험을 초래한다. 예제 7에서의 정보와 본인의 키, 그리고 몸무게를 사용하여 BMI를 구하고 본인의 건강상태의 위험 여부를 알아보라.

[45~46] 다음 문제는 수년간 어부들이 물고기의 무게를 가늠하는 공식을 설명하고 있다. 거스는 물고기 몸통둘레의 길이이다.

45. 배스의 무게는 거스와 길이의 제곱에 공동비례 한다. 낚시대회에서 우승자가 잡은 22.7파운드 배스는 길이 36인치, 거스 21인치였다. 그렇다면 준우승자가 잡은 길이가 28인치이고, 거스가 18인치인 배스의 무게를 구하라.

46. 송어의 무게는 길이와 거스의 제곱에 공동비례한다. 어떤 낚시꾼이 10.5 파운드의 송어를 잡아서 측정해보니 길이 26인치, 거스 18인치였다. 그렇다면 길이가 22인치이고, 거스가 15인치인 송어의 무게를 구하라.

관련 개념(문제 47~52)

개인 또는 그룹 과제용

가솔린 주유와 같은 일상 활동은 3장에서 배웠던 여러 개념들과 관련이 있다. 만일 프리미엄급 최고급 무연가솔린의 가격이 1갤런에 1.25달러라고 가정하자. 물음에 답하시오

47. 가솔린 1갤런에 1.25달러인 반면, 0갤런에는 0달러이다. 두 정보를 (갤런, 가격)의 순서쌍의 형태로 표현하시오.

48. 연습문제 47번의 두 점을 지나는 직선의 기울기를 구하라.

49. 두 점을 지나는 직선의 방정식을 기울기 절편 형태로 써라

50. 함수의 표기법을 이용하여, 만일 $f(x) = ax + b$가 연습문제 47번의 직선을 나타낼 때 a 값과 b 값을 구하라

51. 연습문제 50에서 a 값은 가솔린과 관련된 상황에서 어떤 역할을 하는가? 직선과 관련하여 부르는 명칭은?

52. 연습문제 49번의 방정식이 정비례조건을 만족하는 이유는 무엇인가? 비례의 배경에서 a를 부르는 명칭은?

3장 그룹 활동 에너지원을 고르시오(또는 온수를 얻는 방법)

물을 데우는 방법은 여러 가지가 있다. 이러한 방법으로 40갤런의 가정용 온수탱크에 열을 가하는데 서로 다른 세 가지 방법을 알게 될 것이다.

그룹 내의 각 학생들은 아래 표에 나와 있는 물을 데우는 세 가지 열원 중 하나를 선택하게 한다.

히터 종류	탱크 용량 (갤런)	가격(달러)	월간 운영비 (달러)	온수 온도
전기 히터	40	139.99	35.00	$120^o - 130^o$
가스 히터	40	139.99	13.25	$120^o - 130^o$
태양열 히터	40	950.00	0.00	*

A. 학생이 선택한 온수히터의 자료를 이용하여, 시간에 관하여 온수히터의 전체 운영비 y를 나타내는 선형방정식을 구하라. x가 개월 수일 때 기울기 절편 형태로 방정식을 나타내어라.

B. 정의역이 $[0, 60]$, 치역이 $[0, 1000]$일 때 방정식을 그려라.

C. 그룹에서 학생들의 그래프들을 비교하라.

1. y절편을 구하라.
2. 그 기울기들은 어떻게 비교되는가? 어느 것이 가장 가파른가? 어느 것의 기울기가 0인가?

D. 각각의 온수히터를 선택시 고려해야 할 다른 요인들에 대하여 토의하라. 여기의 온수히터 중 어떤 것을 여러분의 집에 설치하겠는가?

3장 복습문제

[3.1] [1~2] 다음 각 방정식에 대해 표를 완성하고, 방정식의 그래프를 그려라.

1. $3x + 2y = 10$

x	y
0	
	0
2	
	-2

2. $x - y = 8$

x	y
2	
	-3
3	
	2

[3~6] 다음 방정식의 x절편과 y절편을 구하고 그래프를 그려라.

3. $4x - 3y = 12$
4. $5x + 7y = 28$
5. $2x + 5y = 20$
6. $x - 4y = 8$
7. 한 점의 x좌표와 y좌표의 부호가 몇 사분면에 있는가를 어떻게 설명하는지 서술하시오.

[3.2] [8~17] 다음 각 직선의 기울기를 구하라.

8. 두 점 $(-1, 2)$와 $(4, -5)$를 지난다.
9. 두 점 $(0, 3)$과 $(-2, 4)$를 지난다.
10. $y = 2x + 3$
11. $3x - 4y = 5$
12. $x = 5$
13. $3y = 2x + 5$와 평행하다.
14. $3x - y = 4$에 수직이다.
15. 두 점 $(-1, 5)$와 $(-1, -4)$를 지난다.

16. $y + 6 = 0$

17.

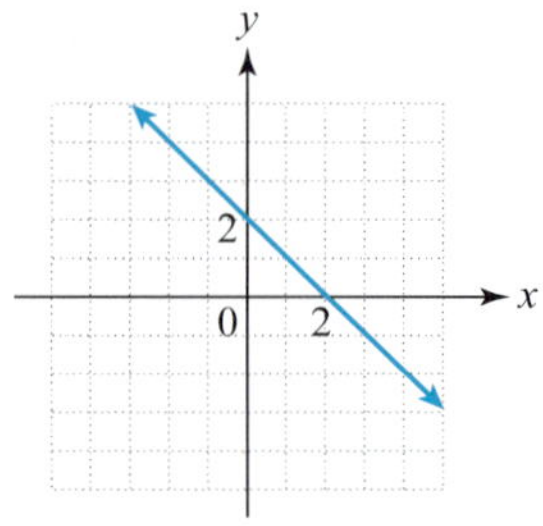

[18~21] 다음 각 직선의 기울기는 양인가, 음인가, 0인가 아니면 알 수 없는지 알아보라.

18.

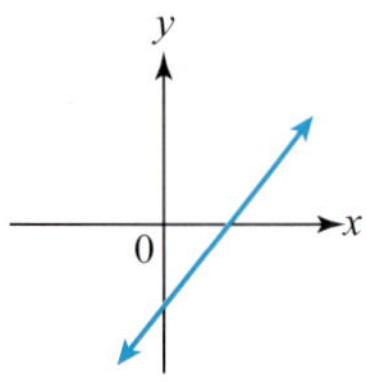

19.

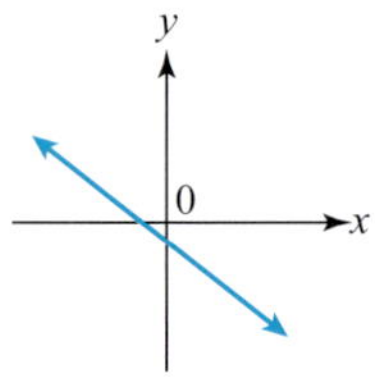

20.

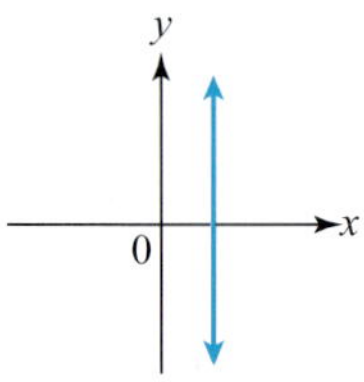

21.

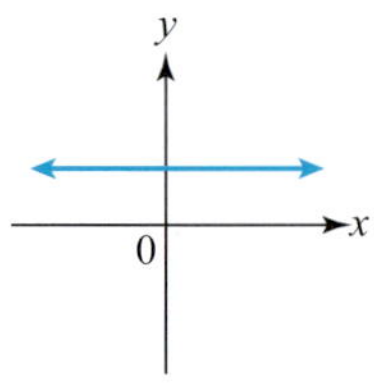

22. 건물의 입구에 놓인 경사로는 수평으로 10피트, 높이 2피트로 설치되어 있다. 다음 중 이 경사로의 기울기와 같은 값은 어느 것인지 고르시오(복수의 정답이 존재함)

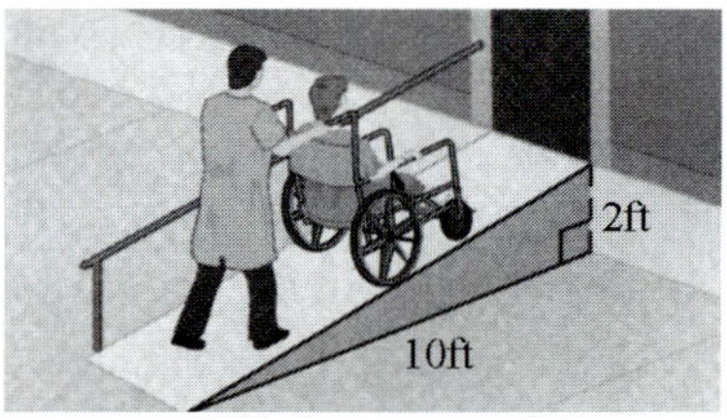

A. 2 B. $\frac{2}{10}$ C. $\frac{1}{5}$

D. 20% E. 5 F. $\frac{20}{100}$

G. 500% H. $\frac{10}{2}$

23. 지붕의 경사도가 $\frac{1}{4}$일 때, 수직높이가 3피트이면 수평으로는 몇 피트 되는 지점인가?

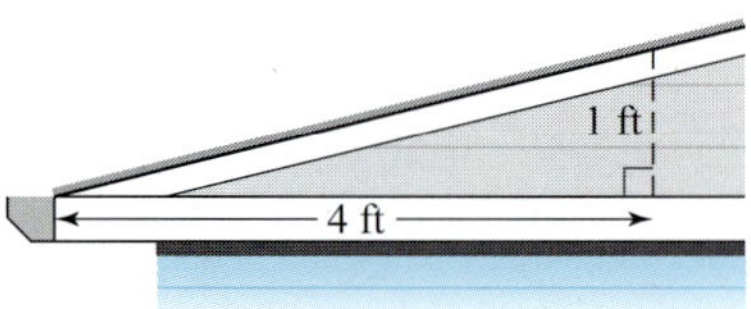

24. 미국의 가계수입은 수년째 꾸준히 증가하고 있다(주요인은 인플레이션). 1970년 중산층 가정의 수입은 약 10,000달러, 1999년에는 약 49,000달러였다. 그 기간 동안 중산층 가정의 가계수입 상승률은 얼마인가?

[3.3] [25~34] 가능한 경우 다음 각 직선의 방정식을 구하고, 기울기 절편 형태로 써라.

25. 기울기 $-\frac{1}{3}$; y절편 $(0, -1)$

26. 기울기 0; y절편 $(0, -2)$

27. 기울기 $-\frac{4}{3}$; 지나는 점 $(2, 7)$

28. 기울기 3; 지나는 점 $(-1, 4)$

29. 수직선; 지나는 점 $(2, 5)$

30. 지나는 점 $(2, -5)$와 $(1, 4)$

31. 지나는 점 $(-3, -1)$과 $(2, 6)$

32. 문제 17번에 있는 직선 그림

33. $4x - y = 3$과 평행; 지나는 점 $(7, -1)$

34. $2x - 5y = 7$과 수직; 지나는 점 $(4, 3)$

35. 1996년부터 2001년 사이에 전자 제출된 세금신고서의 퍼센트가 그래프로 나타나 있다.

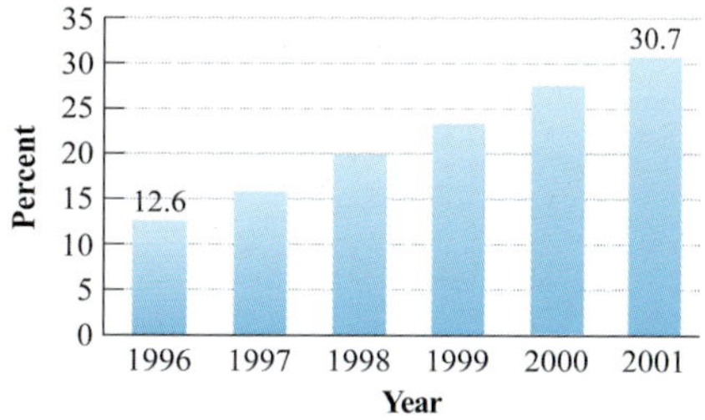

(a) 1996년과 2001년의 값을 이용하여 선형방정식을 구하기 위해 1996년의 값을 $x = 6$, 2001년의 값을 $x = 11$로 놓고 y값을 각각 전자 제출된 세금신고서의 퍼센트로 놓는다. 구한 선형방정식을 기울기 절편 형태로 표현하고 그 방정식의 기울기의 의미를 설명하시오.

(b) 앞서 (a)에서 구한 방정식을 이용하여 2005년에 전자 제출된 세금신고서의 퍼센트를 구하라.(변화율은 일정하다고 가정함)

[3.4] [36~40] 다음 각 부등식이나 복합부등식의 해집합의 그래프를 그려라.

36. $3x - 2y \leq 12$

37. $5x - y > 6$

38. $x \geq 2$

39. $2x + y \leq 1$ 그리고 $x \geq 2y$

40. $x \geq 2$ 또는 $y \geq 2$

[3.5] [41~44] 각 관계의 정의역과 치역을 구하라. 적당한 함수로 나타내시오.

41. $\{(-4, 2), (-4, -2), (1, 5), (-1, -5)\}$

42.

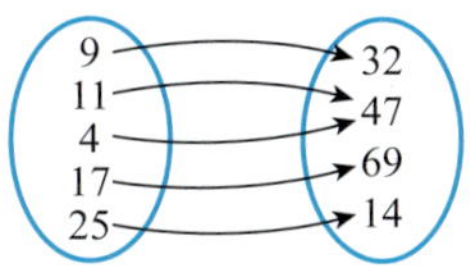

43.

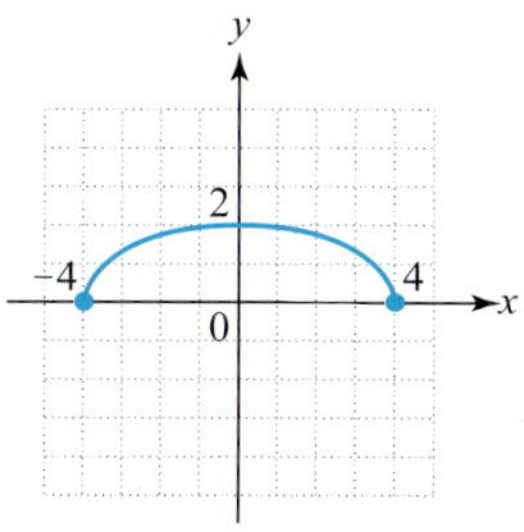

44.

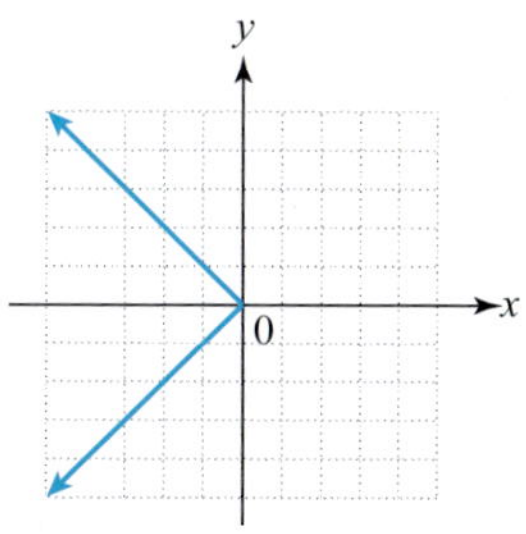

[45~50] 다음 방정식과 부등식들이 x의 함수 y를 정의하는지 보이시오. 각각의 경우 정의역을 구하라. 적당한 선형함수로 나타내시오.

45. $y = 3x - 3$ 　　46. $y < x+2$ 　　47. $y = |x|$

48. $y = \sqrt{4x+7}$ 　　49. $x = y^2$ 　　50. $y = \dfrac{7}{x-6}$

[51~54] 함수 $f(x) = -2x^2 + 3x - 6$에 대하여, 함숫값을 구하거나 대수식으로 나타내시오.

51. $f(0)$ 　　52. $f(2.1)$ 　　53. $f\left(-\dfrac{1}{2}\right)$ 　　54. $f(k)$

55. 다음 표는 1994년에서 1999년 사이에 케이블 텔레비전 방송국 CNBC의 영업이익을 나타낸 것이다.
   (a) 표를 이용하여 함수를 정의할 수 있는가?
   (b) 정의역과 치역을 구하라.
   (c) 이 함수를 f라 할 때, 이 함수에 속하는 두 개의 순서쌍을 구하라
   (d) $f(1994)$를 구하고 그 의미는 무엇인가?
   (e) $f(x) = 180$일 때 x를 구하라.

연도	영업이익 (백만달러)
1994	40
1995	60
1996	80
1997	130
1998	180
1999	200

56. 방정식 $2x^2 - y = 0$은 x의 함수 y를 정의한다. $f(x)$ 표기법으로 다시 쓰고, $f(3)$을 구하라.

57. $2x - 5y = 7$을 함수로 정의하자. 만일 $y = f(x)$이면 아래 식 중 어느 것이 같은 함수를 정의하는가?

   A. $f(x) = \dfrac{7-2x}{5}$ 　　B. $f(x) = \dfrac{-7-2x}{5}$

   C. $f(x) = \dfrac{-7+2x}{5}$ 　　D. $f(x) = \dfrac{7+2x}{5}$

관련 개념(문제 58~69)

개인 또는 그룹 과제용

[58~69] 직선의 그래프를 참고하여 문제를 풀어라.

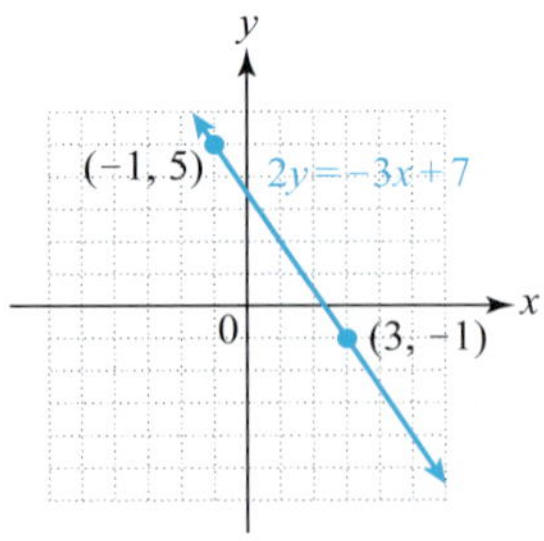

58. 그래프만 보고 기울기는 양수인가? 음수인가? 0인가? 아니면 정의되지 않는가?

59. 직선의 기울기를 찾기 위해 기울기 공식을 이용하라.

60. 그래프의 직선과 평행한 모든 직선의 기울기는?

61. 그래프의 x절편을 구하라.

62. 그래프의 y절편을 구하라.

63. 직선의 방정식을 함수 표기법으로 나타내어라. 함수를 표기하기 위해 f를 이용하라.

64. $f(8)$을 구하라

65. 만일 $f(x) = -8$일 때, x를 구하라.

66. $f(x) \geq 0$의 해집합을 나타내라.

67. $f(x) = 0$의 해집합은?

68. $f(x) < 0$의 해집합은? (67번의 결과와 그래프를 이용하라.)

69. $f(x) > 0$의 해집합은? (67번의 결과와 그래프를 이용하라.)

[3.6]

70. 다음 중 어떤 y값이 x에 반비례하는가?

A. $y = 2x$　　B. $y = \frac{x}{3}$　　C. $y = \frac{3}{x}$　　D. $y = x^2$

[71~73] 다음 각 문제를 풀어라.

71. 사진 속의 대상이 실제 생활과 같은 시각으로 나타나기 위해서 시야거리는 사진의 확대량과 적절히 관련되어야 한다. 특수한 카메라는 시야거리와 확대량이 정비례한다. 이 카메라로 시야거리 250 mm 떨어진 거리에서 물체는 5배 확대되었다. 만일 사진의 크기가 8.6배 축소되었다면 얼마나 떨어진 곳에서 물체를 촬영했을까?

72. 기타줄의 진동수(초당)는 기타줄의 길이에 반비례한다. 즉, 길이가 길면 짧은 줄보다 진동수가 적다. 길이 0.65m인 기타줄이 초당 4.3번 진동 하였다면 길이가 0.5m인 기타줄의 초당 진동수는 얼마인가?

73. 정해진 높이를 가진 직사각형 상자의 부피는 너비와 길이에 비례한다. 상자의 너비가 2 ft이고 길이가 4 ft일 때 부피가 12 ft^3였다. 이때 너비가 3 ft이고 길이가 5 ft이며 같은 높이를 가진 상자의 부피를 구하라.

3장 테스트

1. 방정식 $2x - 3y = 12$에 대한 다음 순서쌍 표를 완성하라.

x	y
1	
3	
	-4

[2~4] 다음 각 방정식의 x절편과 y절편을 구하라.

2. $3x-2y=20$　　3. $y=5$　　4. $x=2$

5. 두 점 $(6,4)$와 $(-4,-1)$을 지나는 직선의 기울기를 구하라.

6. 직교좌표계에 위치하고 기울기가 정의되지 않은 직선을 그리는 방법에 대하여 서술하라.

[7~8] 다음의 두 직선이 평행한가, 수직인가, 둘 다 아닌가 결정하라.

7. $5x-y=8$, $5y=-x+3$　　8. $2y=3x+12$, $3y=2x-5$

9. 1980년에 아이오와 주에는 119,000개의 농장이 있었고 2001년에는 93,500개의 농장이 있었다. 연간 농장수의 평균 변화율을 구하라. 구한 값을 정수로 반올림하라.

[10~14] 다음 직선의 방정식을 기울기 절편 형태로 각각 구하라.

10. 점 $(4,-1)$을 지나고 기울기 $m=-5$인 직선

11. 점 $(-3,14)$를 지나고 수평한 직선

12. 점 $(-7,2)$를 지나고 $3x+5=6$과 평행한 직선

13. 점 $(-7,2)$를 지나고 $y=2x$에 수직인 직선

14. 두 점 $(-2,3)$, $(6,-1)$을 지나는 직선

15. 다음 중 기울기가 양수이고 y절편의 값이 음수인 것은?

A.
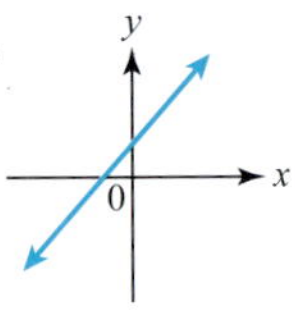

B.
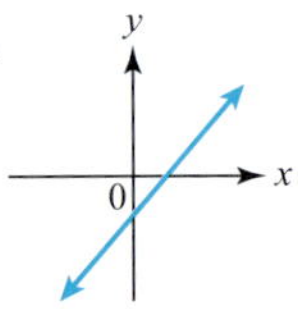

C.
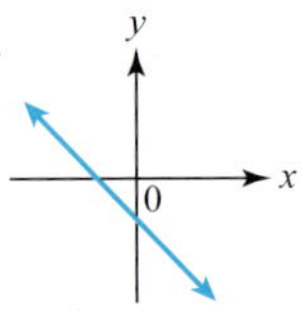

D
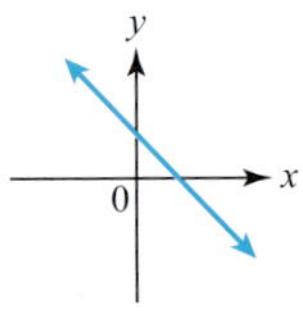

16. 오른쪽은 미국 내 중산층 히스패닉계의 가계 소득을 나타낸 그래프이다.

(a) 1995년부터 1999년 사이의 자료를 이용하여 방정식을 구하라. 1995년은 $x=5$, 1999년은 $x=9$, 그리고 y는 중산층의 가계소득으로 놓는다. 방정식을 기울기 절편 형태로 구하라.

(b) 앞서 구한 (a)의 방정식을 이용하여 1997년의 가계소득의 근삿값을 달러로 구하라. 구한 값을 실제소득 26,628달러와 비교하였을 때 차이가 있는가?

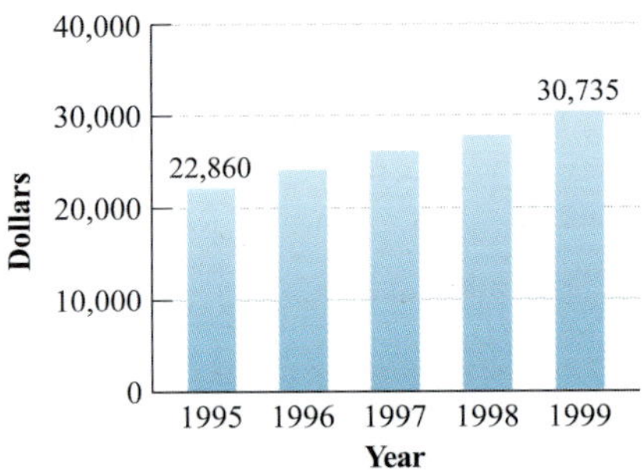

[17~18] 다음 부등식과 복합부등식의 그래프를 그려라.

17. $3x-2y>6$　　18. $y<2x-1$ 그리고 $x-y<3$

19. 다음 중 어떤 것이 함수의 그래프인가?

A.

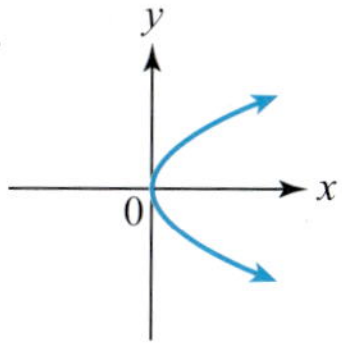

B.

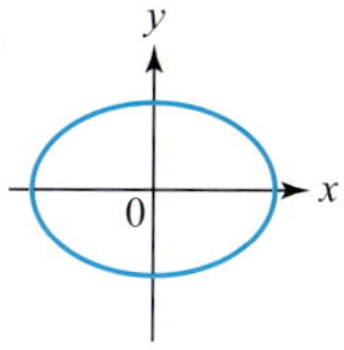

C.

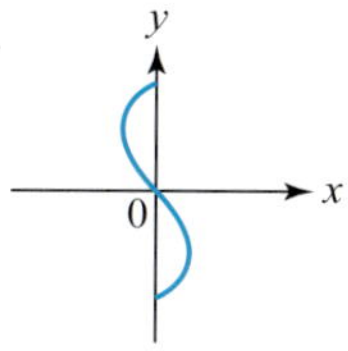

D

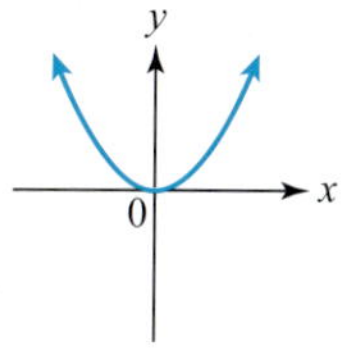

20. 다음 중 함수로 정의되지 않는 것은?

A. $\{(0,1), (-2,3), (4,8)\}$ B. $y=2x-6$ C. $y=\sqrt{x+2}$ D.

x	y
0	1
3	2
0	2
6	3

21. 다음과 같이 주어진 관계에서 정의역과 치역을 구하라.

(a) 19번 문제의 A (b) 20번 문제의 A

22. $f(x) = -x^2+2x-1$일 때 $f(1)$, $f(a)$를 구하라.

23. 함수 $f(x) = \frac{2}{3}x-1$의 그래프를 그려라. 정의역과 치역을 구하라.

[24~25] 다음 각 문제를 풀어라.

24. 간단한 전기 회로에서 전류는 저항에 반비례한다. 저항이 30Ω일 때 전류가 80amp이라면, 저항이 12Ω일 경우 전류를 구하라.

25. 수직면에 부는 바람의 힘은 표면적과 속도의 제곱에 공동비례한다. 풍속 40mph의 바람이 500 ft^2의 표면적에 50파운드의 힘을 가한다고 할 때, 2 ft^2의 표면적에 풍속 80mph의 바람이 가하는 힘은 얼마인가?

1~3장 혼합문제

[1~4] 다음 각 문장은 항상 참인가, 경우에 따라 참인가, 아니면 참이 될 수 없는가 판단하라. 만일 경우에 따라 참일 때, 참인 예와 거짓인 예를 찾아라.

1. 음수의 절댓값은 그 수의 덧셈에 대한 역원과 같다.
2. 0이 아닌 분모를 갖는 두 정수의 몫은 유리수이다.
3. 두 음수의 합은 양수이다.
4. 양수와 음수의 합은 0이다.

[5~8] 각각의 연산을 하라.

5. $-|-2|-4+|-3|+7$　　6. $(-0.8)^2$　　7. $\sqrt{-64}$　　8. $-\frac{2}{3}\left(-\frac{12}{5}\right)$

[9~11] 다음을 간단히 하라.

9. $-(-4m+3)$　　10. $3x^2-4x+4+9x-x^2$　　11. $\frac{3\sqrt{16}-(-1)7}{4+(-6)}$

12. $-3<x\leq 5$를 구간표기법으로 나타내어라.

13. $\sqrt{\frac{-2+4}{-5}}$ 는 실수인가?

[14~16] $p=-4,\ q=-2,$ 그리고 $r=5$일 때 다음 각각의 값을 구하라

14. $-3(2q-3p)$　　15. $|p|^3-|q^3|$　　16. $\frac{\sqrt{r}}{-p+2q}$

[17~19] 다음을 각각 풀어라.

17. $2z-5+3z=4-(z+2)$　　18. $\frac{3a-1}{5}+\frac{a+2}{2}=-\frac{3}{10}$　　19. $V=\frac{1}{3}\pi r^2 h,\ h$ 에 대하여

[20~22] 다음 문제를 각각 풀어라.

20. 알래스카 메인 주에서 기록된 가장 낮은 온도는 1999년 1월 14일 −55℃였다. 해당하는 화씨온도는 얼마였는가?

21. 정사각형의 각 변이 4인치씩 증가하면 둘레는 처음 정사각형 둘레의 두 배보다 8인치가 작다. 처음 정사각형의 한 변의 길이를 구하라.

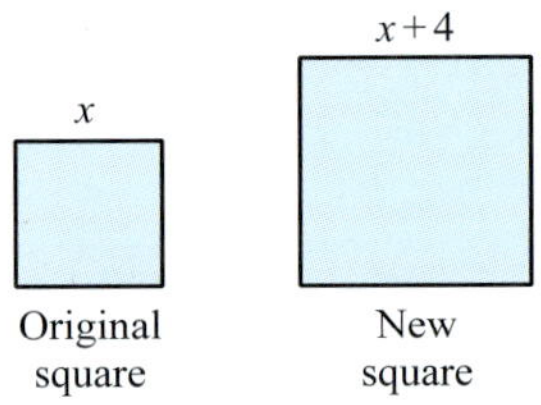

22. 두 대의 비행기가 댈러스포트워스 공항을 동시에 이륙하였다. 각 비행기의 속도는 동쪽으로 가는 비행기는 550mph, 서쪽으로 가는 비행기는 500 mph였다. 바람이 불지 않는다는 가정하에 서로의 거리가 2100마일 떨어지는데 걸리는 시간은?

[23~26] 다음 각각의 해집합을 구간표기법으로 구하고 그래프로 나타내어라.

23. $-4<3-2k<9$　　24. $-0.3x+2.1(x-4)\leq -6.6$

25. $x>6$ 그리고 $x<8$　　26. $-5x+1\geq 11$ 또는 $3x+5>26$

[27~28] 다음을 풀어라.

27. $|2k-7|+4=11$

28. $|3m+6| \geq 0$

29. 선형방정식의 해집합과 2개의 관련된 부등식은 어떻게 관련되어 있는가?

30. 방정식 $3x-4y=12$에 대한 순서쌍 표를 완성하라.

x	y
0	
	0
2	

31. 방정식 $3x+5y=12$의 x절편과 y절편을 구하고 그 직선을 그려라.

32. 두 점 $A(-2, 1)$과 $B(3, -5)$에 대해서

(a) 직선 AB의 기울기를 구하라.

(b) 직선 AB에 수직인 직선의 기울기를 구하라.

33. 부등식 $-2x+y< -6$의 그래프를 그려라.

[34~36] 다음 각 직선의 방정식을 기울기 절편 형태로 나타내어라.

34. 기울기: $-\frac{3}{4}$; y절편: $(0, -1)$

35. 점 $(2, -2)$를 지나는 수평선

36. 두 점 $(4, -3)$, $(1, 1)$을 지난다.

37. 아래의 관계에서 정의역과 치역을 구하라. 또한 함수를 정의하는지 설명하라.

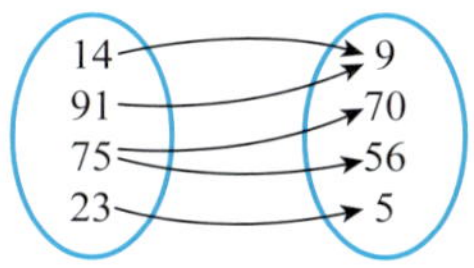

38. 함수 $f(x) = -4x+10$에 대하여

(a) 정의역과 치역을 구하라.

(b) $f(-3)$은?

39. 그래프를 참고하여 1992년부터 2000년까지 미국 휴대폰 가입자들의 평균변화율을 구하라.

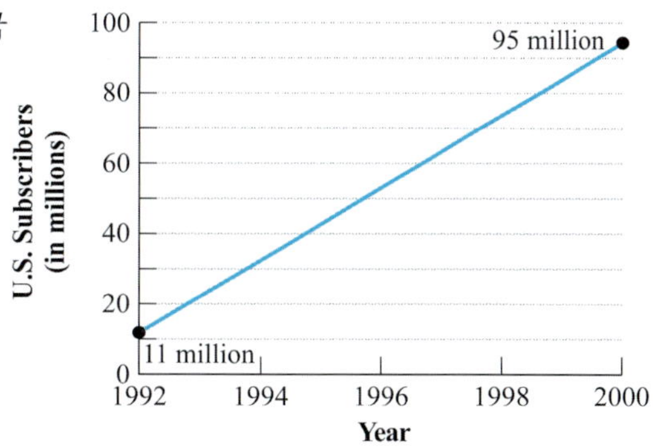

40. 피자의 가격은 피자 반지름의 제곱에 정비례한다. 반지름이 7인치인 피자의 가격이 6달러일 때, 반지름이 9인치인 피자의 가격은 얼마인가?

4장 선형연립방정식

4.1 이변수 선형연립방정식

학·습·목·표

1. 순서쌍이 선형연립방정식의 해인가 알아본다.
2. 그래프를 이용하여 선형연립방정식의 해를 구한다.
3. 소거법을 이용하여 선형연립방정식(이변수 선형연립방정식)의 해를 구한다.
4. 특수한 선형연립방정식의 해를 구한다.
5. 대입법을 이용하여 선형연립방정식(이변수 선형연립방정식)의 해를 구한다.

전 세계 개인용 컴퓨터의 시장점유율은 제조사별로 다양하며, 또 어떤 특정 제조사가 많은 점유율을 차지하고 있다. 그림 1에서 휴렛팩커드는 1995년에서 1998년 동안 시장점유율이 증가한 반면 패커드벨, NEC는 점유율이 감소하였음을 알 수 있다. 두 회사의 시장점유율이 일치하는 시점에서 두 그래프는 교차한다.

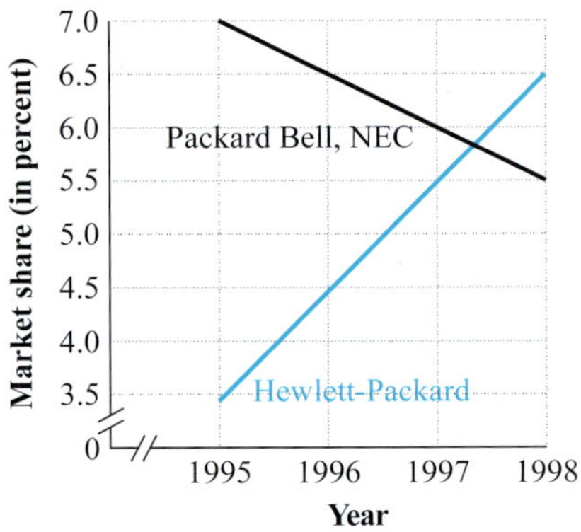

그림 1

우리는 휴렛팩커드의 시장점유율의 그래프를 모델화하기 위해 선형방정식을 이용할 수 있고 패커드벨, NEC의 시장점유율을 모델화하기 위해 또 다른 선형방정식을 이용할 수 있다. 이러한 방정식들의 집합을 연립방정식이라 하고, 이 경우는 선형연립방정식이라 한다. 그림 1에서 교차하는 점은 각각의 방정식의 해가 된다. 또한 이 점은 선형연립방정식의 해가 된다.

목표 1 순서쌍이 선형연립방정식의 해인가 알아본다 선형영립방정식의 해집합은 주어진 방정식들을 동시에 만족하는 순서쌍들로 구성되어 있다.

예제 1 순서쌍이 해인가 알아보기

주어진 순서쌍이 선형연립방정식의 해인가 알아보라.

(a) $\begin{aligned} x + y &= 6 \\ 4x - y &= 14 \end{aligned}$; $(4, 2)$

(b) $\begin{aligned} 3x + 2y &= 11 \\ x + 5y &= 36 \end{aligned}$; $(-1, 7)$

풀이 (a) 연립방정식에 $x = 4$와 $y = 2$를 대입하면

$x + y = 6$	$4x - y = 14$
$4 + 2 = 6$	$4(4) - 2 = 14$
$6 = 6$ 참	$14 = 14$ 참

순서쌍 $(4, 2)$는 두 방정식을 동시에 만족하므로 $(4, 2)$는 연립방정식의 해이다.

(b)

$3x + 2y = 11$	$x + 5y = 36$
$3(-1) + 2(7) = 11$	$-1 + 5(7) = 36$
$11 = 11$ 참	$34 = 36$ 거짓

순서쌍 $(-1, 7)$은 두 방정식을 동시에 만족하지 못하므로, 선형연립방정식의 해가 되지 못한다. ■

✎연습문제 11, 13을 풀어보자.

목표 2 그래프를 이용하여 선형연립방정식의 해를 구한다 선형연립방정식의 해를 구하는 방법 중 하나는 각 방정식의 그래프를 그려서 교차점을 찾는 방법이다.

예제 2 그래프에 의한 선형연립방정식 풀이

그래프를 이용하여 다음 선형연립방정식의 해를 구하라.

$$x + y = 5 \quad (1)$$
$$2x - y = 4 \quad (2)$$

풀이 그림 2에서와 같이 이 방정식들의 그래프를 그려보면, 두 그래프는 순서쌍 $(3, 2)$에서 교차한다.

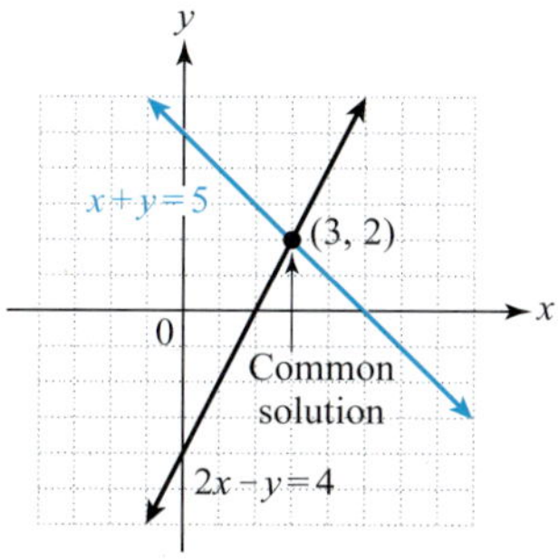

그림 2

순서쌍 $(3, 2)$가 두 방정식을 동시에 만족하는지 알아보기 위해 각 방정식에 $x = 3$, $y = 2$를 대입한다.

$x + y = 5$ (1)	$2x - y = 4$ (2)
$3 + 2 = 5$	$2(3) - 2 = 4$
$5 = 5$ 참	$6 - 2 = 4$
	$4 = 4$ 참

순서쌍 $(3, 2)$는 두 방정식을 동시에 만족하므로, $\{(3, 2)\}$는 선형연립방정식의 해집합이다. ■

✎연습문제 15를 풀어보자.

두 개의 변수를 갖는 선형연립방정식의 해집합을 구하는 데는 3가지 가능성이 있다.

이변수 선형연립방정식의 그래프

1. 두 그래프가 한 점에서 만날 때, 그 점의 좌표는 선형연립방정식의 유일한 해가 된다. 이 경우 선형연립방정식은 일관성이 있고, 방정식들은 서로 **독립적**이며 가장 일반적인 경우이다. 그림 3(a)
2. 두 그래프가 서로 평행할 때, 이 경우 선형연립방정식은 일관성이 없다. 즉, 두 방정식을 동시에 만족하는 해는 없으며 해집합은 공집합이다. 그림 3(b)
3. 두 그래프가 일치할 때, 이 경우 한 방정식의 모든 해는 다른 방정식의 해가 되므로 두 방정식은 **종속적**이다. 따라서 직선상의 모든 점으로 이루어진 무한개의 순서쌍들이 해집합이 된다. 그림 3(c)

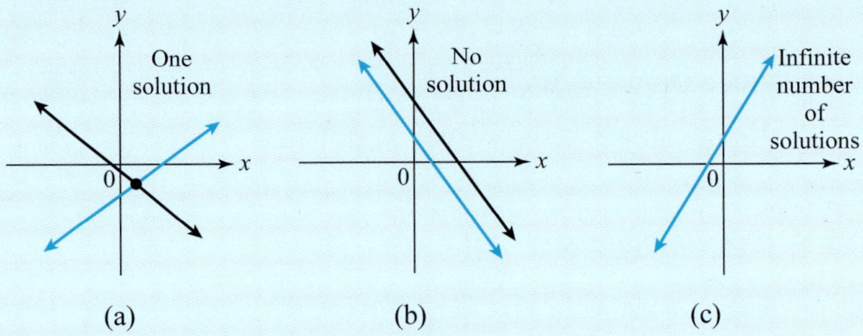

그림 3

목표 3 소거법을 이용하여 선형연립방정식(이변수 선형연립방정식)의 해를 구한다 그래프를 이용하여 연립방정식의 해를 구할 수 있으나 그래프 위에서 정확한 좌표를 찾기는 어렵다.(특히 그 값이 정수가 아닌 경우) 그런 이유로 보통 대수적 연산으로 연립방정식의 해를 구한다. 그러한 방법 중 하나를 소거법이라 하며, 이는 한 변수가 소거될 수 있도록 선형연립방정식의 두 방정식들을 결합한다. 이 방법은 다음 사실을 이용한 것이다.

$$a = b\text{이고 } c = d\text{이면 } a + c = b + d$$

소거법에 의한 연립방정식의 해를 구하는 일반적인 방법은 다음과 같이 요약된다.

소거법에 의한 선형연립방정식 풀이

1단계 두 방정식을 표준형 $Ax + By + C = 0$으로 표기한다.

2단계 두 방정식에서 한 변수의 계수를 서로 같게 만든다. 한 식이나 두 식 모두에 적당한 수를 곱하여 x 또는 y항의 계수의 합이 0이 되도록 한다.

3단계 한 변수를 소거하기 위해 변형된 방정식들을 합한다. 그 합은 하나의 변수를 갖는 방정식이 된다.

4단계 남아 있는 변수 값을 알기 위해 3단계 방정식의 해를 구한다.

5단계 다른 값을 구한다. 4단계의 결과를 처음의 방정식 중 하나에 대입하여 다른 변수의 값을 구한다.

6단계 구한 해를 처음의 방정식에 대입하여 확인한다. 해집합을 쓴다.

《예제 3》 소거법을 이용한 선형연립방정식 풀이

다음 선형연립방정식의 해를 구하라.

$$5x - 2y = 4 \qquad (1)$$
$$2x + 3y = 13 \qquad (2)$$

풀이 • 1단계: 두 방정식은 표준형으로 되어 있다.

• 2단계: 변수 x 를 소거한다고 가정하자. 한 가지 방법은 (1)식에 2를 곱하고 (2)식에 -5 를 곱한다.

$$10x - 4y = 8 \qquad \text{(1)식의 양변에 2를 곱한다.}$$
$$-10x - 15y = -65 \qquad \text{(2)식의 양변에 } -5\text{를 곱한다.}$$

• 3단계: 두 식을 더한다.

$$\begin{array}{r} 10x - 4y = 8 \\ -10x - 15y = -65 \\ \hline -19y = -57 \end{array}$$

• 4단계: y 값을 구한다. $y = 3$ 양변을 -19로 나눈다.

• 5단계: x 값을 구하기 위해 $y = 3$을 (1)식이나 (2)식에 대입한다. 여기서는 (2)식에 대입하면

$$\begin{aligned} 2x + 3y &= 13 && \text{(2)식} \\ 2x + 3(3) &= 3 && y = 3\text{을 대입한다.} \\ 2x + 9 &= 13 && \\ 2x &= 4 && \text{양변에서 9를 뺀다.} \\ x &= 2. && \text{양변을 2로 나눈다.} \end{aligned}$$

• 6단계: 구한 해는 $(2, 3)$ 이다. 확인을 위해 (1)식과 (2)식에 $x = 2$, $y = 3$을 대입한다.

$$\begin{aligned} 5x - 2y &= 4 \quad (1) & 2x + 3y &= 13 \quad (2) \\ 5(2) - 2(3) &= 4 & 2(2) - 3(3) &= 13 \\ 10 - 6 &= 4 & 4 + 9 &= 13 \\ 4 &= 4 \quad \text{참} & 13 &= 13 \quad \text{참} \end{aligned}$$

따라서 해집합은 $\{(2, 3)\}$ 이다. ■

연습문제 19를 풀어보자.

《예제 4》 유리수 계수를 갖는 선형연립방정식 풀이

다음 선형연립방정식의 해를 구하라.

$$5x - 2y = 4 \qquad (1)$$
$$\frac{1}{2}x + \frac{3}{4}y = \frac{13}{4} \qquad (2)$$

풀이 (2)식처럼 연립방정식 내의 방정식이 유리수 계수를 갖고 있으면, 먼저 분수를 정리하기 위해 최소 공통분모를 곱한다.

$$4\left(\frac{1}{2}x+\frac{3}{4}y\right) = 4\cdot\frac{13}{4} \qquad \text{(2)식에 LCD 4를 곱한다.}$$

$$4\cdot\frac{1}{2}x+4\cdot\frac{3}{4}y = 4\cdot\frac{13}{4} \qquad \text{분배법칙}$$

$$2x+3y = 13 \qquad \text{(2)식과 같다.}$$

이제 연립방정식을 다시 쓰면

$$5x-2y = 4 \qquad (1)$$

$$2x+3y = 13 \qquad \text{(2)식에서 유리수가 정리됨}$$

이것은 예제 3에서 풀었던 선형연립방정식과 같고, 해집합은 $\{(2, 3)\}$이다. 확인을 위해서는 이 해를 방정식 (1)과 (2)에 대입한다. ■

✎연습문제 31을 풀어보자.

> ⓘ **주의** 만일 선형연립방정식 내의 한 방정식의 계수가 소수이면, 소수가 포함된 부분을 중심으로 적당한 10의 지수를 곱하여 소수를 정리하는 것이 가장 좋은 방법이다. 그런 다음 선형연립방정식을 풀면 된다. 예를 들어 방정식
>
> $$0.5x+0.75y=3.25$$
>
> 의 양변에 100을 곱하여 다음의 동일한 방정식을 얻는다.
>
> $$50x+75y=325$$

목표 4 특수한 선형연립방정식의 해를 구한다 그림 3(b)와 (c)에서 본 바와 같이, 어떤 선형연립방정식은 해를 갖지 않거나 무수히 많은 해를 갖는다. 예제 5와 예제 6에서 대수적인 방법으로 해를 구할 때 이러한 선형연립방정식들을 이해하게 된다.

예제 5 종속적인 선형연립방정식 풀이

다음 선형연립방정식의 해를 구하라.

$$2x-y=3 \qquad (1)$$

$$6x-3y=9 \qquad (2)$$

풀이 (1)식에 -3을 곱하여 (2)식에 더한다.

$$-6x+3y=-9 \qquad \text{(1)식의 양변에 } -3\text{을 곱한다.}$$

$$6x-3y=9 \qquad (2)$$

$$0=0 \qquad \text{참}$$

이 방정식들을 더하면 참인 명제 $0=0$을 얻는다. (1)식에 3을 곱한 식으로부터 (2)식을 얻을 수 있다. 이러한 이유로 (1)식과 (2)식은 같은 방정식이고 그림 4에서와 같이 같은 그래프를 갖고, 방정식

들은 종속적이다. 결국 해집합은 방정식 $2x - y = 3$의 직선상에 있는 모든 점들의 집합이다. 이를 표현하면

$$\{(x, y) \mid 2x - y = 3\}$$

이고 "$2x - y = 3$을 만족하는 모든 순서쌍 (x, y)들의 집합"이라 읽는다.

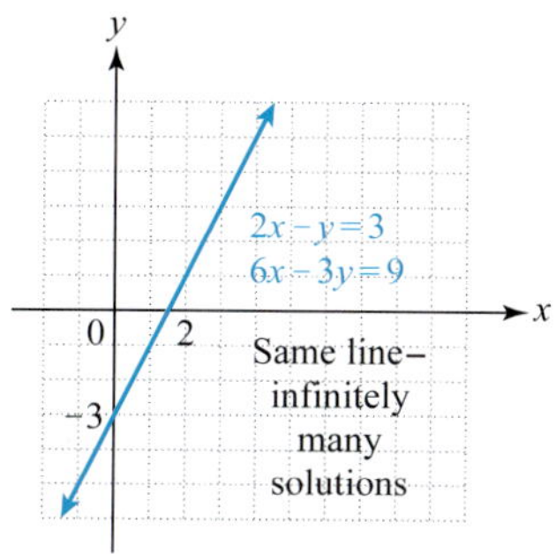

그림 4

연습문제 23을 풀어보자.

> ① 주의 예제 5와 같이 연립방정식이 종속적인 방정식을 가지고 있으며 무한히 많은 해를 갖고 있으면, 그중 한 방정식이 해집합을 쓰는데 사용될 수 있다. 두 방정식 중 계수들이 1을 제외한 공통인수를 갖지 않는 방정식을 선택한다. 다른 책에서는 그런 해들을 다른 방법으로 표현할 수도 있다.

예제 6 해가 없는 선형연립방정식 풀이

다음 선형연립방정식의 해를 구하라.

$$x + 3y = 4 \quad (1)$$
$$-2x - 6y = 3 \quad (2)$$

풀이 (1)식에 2을 곱하여 (2)식에 더한다.

$$2x + 6y = 8 \qquad \text{(1)식의 양변에 2를 곱한다.}$$
$$-2x - 6y = 3 \qquad (2)$$
$$0 = 11 \qquad \text{거짓}$$

두 식을 더한 결과는 거짓 명제이며, 이는 이 선형연립방정식의 해가 존재하지 않음을 의미한다. 그림 5와 같이 선형연립방정식의 방정식들의 그래프는 평행하다. 두 방정식을 동시에 만족하는 순서쌍은 존재하지 않고 따라서 선형연립방정식의 해는 존재하지 않으며 해집합은 ϕ이다.

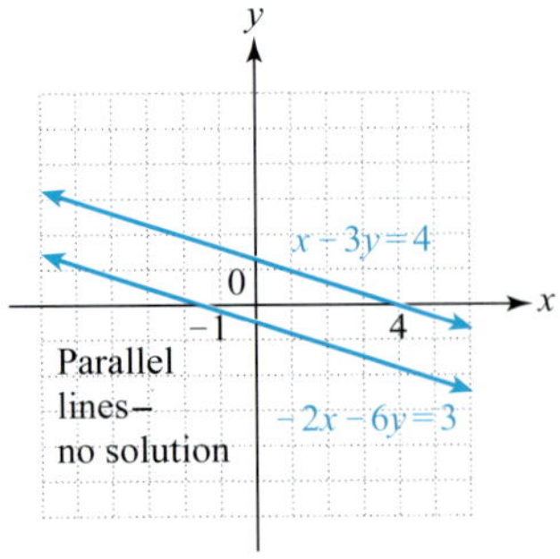

그림 5

✎연습문제 25를 풀어보자.

예제 5와 예제 6의 결과를 일반화하면 다음과 같다.

특수한 형태의 선형연립방정식

선형연립방정식의 해를 구할 때 2개의 변수가 동시에 소거될 때

1. 결과가 참인 명제이면, 무한히 많은 해가 존재한다.
2. 결과가 거짓 명제이면, 해는 존재하지 않는다.

기울기와 y절편은 선형연립방정식의 그래프가 평행인지 겹치는지를 결정하는데 사용된다. 예제 5에서 각 방정식을 기울기-절편 형태로 표현하면 두 직선은 기울기 2이고, y절편 $(0, -3)$이다. 따라서 두 그래프는 동일직선이고, 선형연립방정식은 무한히 많은 해를 가진다.

예제 6에서는 두 직선의 기울기는 $-\frac{1}{3}$이지만 y절편은 각각 $\left(0, \frac{4}{3}\right)$와 $\left(0, -\frac{1}{2}\right)$이므로 두 직선은 서로 다른 평행한 직선이다. 따라서 선형연립방정식은 해가 존재하지 않는다.

목표 5 **대입법을 이용하여 선형연립방정식(이변수 선형연립방정식)의 해를 구한다** 선형연립방정식은 대입법에 의한 대수적 연산으로 해를 구할 수 있다. 이 방법은 두 변수 중 한 변수의 계수가 1이나 -1이 아닌 선형연립방정식의 해를 구하는 가장 유용한 방법이다.

대입법은 다음과 같이 요약된다.

대입법에 의한 선형연립방정식의 풀이

1단계 방정식 중 하나를 1개의 변수에 대해 푼다. 한 변수의 계수가 1이나 -1이면 대입법이 쉬우므로 그 변수를 선택한다.

2단계 그 변수를 다른 방정식에 대입한다. 그 결과는 오직 1개의 변수를 갖는 방정식이 된다.

3단계 2단계의 방정식을 푼다.

4단계 다른 변수 값을 구한다. 3단계의 결과를 또 다른 변수를 구하기 위해 1단계의 방정식에 대입한다.

5단계 구한 값이 최초방정식의 해인가 확인한다. 확인되면 해집합을 쓴다.

《예제 7》 대입법에 의한 선형연립방정식 풀이

다음 선형연립방정식의 해를 구하라.

$$3x + 2y = 13 \qquad (1)$$
$$4x - y = -1 \qquad (2)$$

풀이 • 1단계: 대입법을 이용하기 위해, 우선 방정식을 x 또는 y에 대해 푼다. (2)식에서 y의 계수가 -1이므로 (2)식을 y에 대해 풀기가 더 쉽다.

$$4x - y = -1 \qquad (2)$$
$$-y = -1 - 4x \qquad \text{양변에서 } 4x\text{를 빼준다.}$$
$$y = 1 + 4x \qquad \text{양변에 } -1\text{을 곱한다.}$$

• 2단계: $1 + 4x$를 (1)식의 y값에 대입한다.

$$3x + 2y = 13 \qquad (1)$$
$$3x + 2(1 + 4x) = 13 \qquad y = 1 + 4x\text{를 대입한다.}$$

• 3단계: x에 관하여 푼다.

$$3x + 2 + 8x = 13 \qquad \text{분배법칙}$$
$$11x = 11 \qquad \text{항별 정리; 양변에서 2를 뺀다.}$$
$$x = 1 \qquad \text{양변을 11로 나눈다.}$$

• 4단계: y에 관하여 푼다. $y = 1 + 4x$이므로

$$y = 1 + 4(1) = 5 \qquad x = 1\text{을 대입한다.}$$

• 5단계: $(1, 5)$가 두 방정식 (1)과 (2)를 동시에 만족하는 해인가 확인한다.

$3x + 2y = 13$	(1)	$4x - y = -1$	(2)
$3(1) + 2(5) = 13$		$4(1) - 5 = -1$	
$3 + 10 = 13$		$4 - 5 = -1$	
$13 = 13$	참	$-1 = -1$	참

따라서 해집합은 $\{(1, 5)\}$이다. ■

✎연습문제 43을 풀어보자.

《예제 8》 대입법에 의한 선형연립방정식 풀이

다음 선형연립방정식의 해를 구하라.

$$\frac{2}{3}x - \frac{1}{2}y = \frac{7}{6} \qquad (1)$$
$$3x - 2y = 6 \qquad (2)$$

풀이 (1)식에 있는 분수를 정리하면 연립방정식을 풀기가 쉽다. LCD 6을 곱하면

$$6 \cdot \frac{2}{3}x - 6 \cdot \frac{1}{2}y = 6 \cdot \frac{7}{6}$$

$$4x - 3y = 7 \qquad (3)$$

이제 풀어야 할 선형연립방정식은 (2)식과 (3)식이다. 대입법을 사용하기 위해 한 방정식은 두 변수 중 한 변수에 관하여 풀어야 한다. (2)식을 x에 관하여 풀면

$$3x = 2y + 6$$

$$x = \frac{2y+6}{3}$$

이다. $\frac{2y+6}{3}$을 (3)식의 x 값에 대입하면

$$\begin{aligned}
4x - 3y &= 7 && (3) \\
4\left(\frac{2y+6}{3}\right) - 3y &= 7 && x = \frac{2y+6}{3}\text{을 대입한다.} \\
3\left[4\left(\frac{2y+6}{3}\right)\right] - 3(3y) &= 3(7) && \text{분수의 정리를 위해 양변에 3을 곱한다.} \\
4(2y+6) - 9y &= 21 && \\
8y + 24 - 9y &= 21 && \text{분배법칙 사용} \\
24 - y &= 21 && \text{항별 정리} \\
-y &= -3 && \text{양변에서 24를 빼준다.} \\
y &= 3 && \text{양변에 } -1\text{을 곱한다.}
\end{aligned}$$

$x = \frac{2y+6}{3}$이고 $y = 3$이므로

$$x = \frac{2(3)+6}{3} = \frac{6+6}{3} = 4$$

이다. 이 값들을 최초의 방정식 (1)과 (2)에 대입하여 해가 확인되므로, 해집합은 $\{(4, 3)\}$이다. ■

연습문제 49를 풀어보자.

ⓘ 주의 예제 8의 한 방정식과 같은 선형연립방정식의 해를 구하는데 보통은 대입법이 가장 좋은 방법은 아니지만, 비선형연립방정식의 해를 구하는데 대입법이 때때로 사용된다.

4.1 연습문제

[1~6] 적당한 표현으로 빈칸을 채우시오.

1. $(3, -6)$이 이변수 선형연립방정식의 해이면 두 방정식에서 x 값에 ________, y값에 ________을 대입하면 참인 명제를 얻는다.

2. 독립인 이변수 선형연립방정식의 해는 __________다.

3. 선형연립방정식의 해를 구하는 과정에서 거짓 명제 $0 = 5$에 도달하면 해집합은 __________다.

4. 선형연립방정식의 해를 구하는 과정에서 참인명제 $0 = 0$에 도달하면 선형연립방정식은 __________인 방정식을 갖는다.

5. 기울기가 같고 서로 다른 y절편을 갖는 두 직선으로 이루어진 선형연립방정식은__________해 (들을)를 갖는다. (몇 개인가?)

6. 기울기가 다른 두 직선으로 이루어진 선형연립방정식은 __________해(들을)를 갖는다. (몇 개인가?)

7. 연립방정식의 그래프에서 다음 중 어떤 순서쌍이 가능한 해인가 고르시오.

   A. $(3, 3)$
   B. $(-3, 3)$
   C. $(-3, -3)$
   D. $(3, -3)$

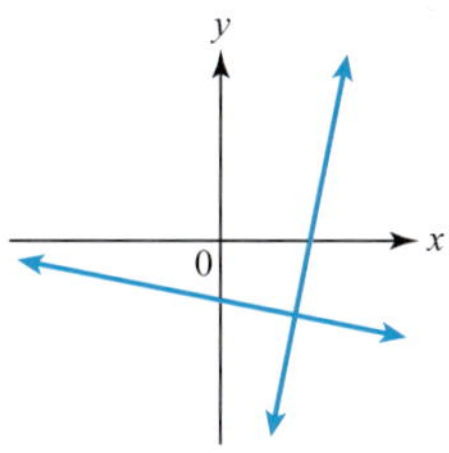

8. 연립방정식의 그래프에서 다음 중 어떤 순서쌍이 가능한 해인가 고르시오.

   A. $(3, 0)$
   B. $(-3, 0)$
   C. $(0, 3)$
   D. $(0, -3)$

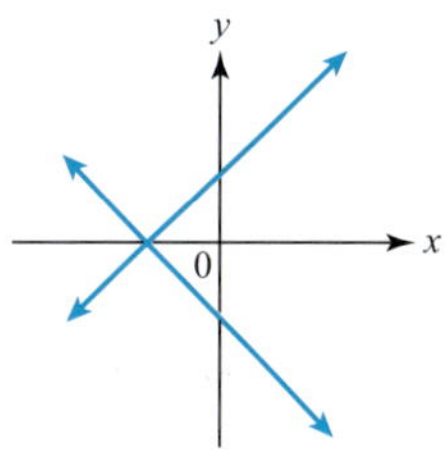

9. 각 선형연립방정식에 맞는 그래프를 선택하시오.

   (a) $x + y = 6$
   $x - y = 0$

   (b) $x + y = -6$
   $x - y = 0$

   (c) $x + y = 0$
   $x - y = -6$

   (d) $x + y = 0$
   $x - y = 6$

A.

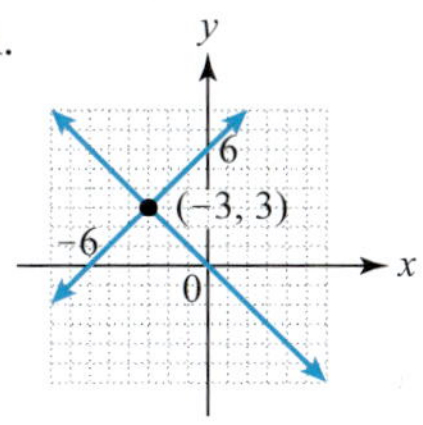

B.

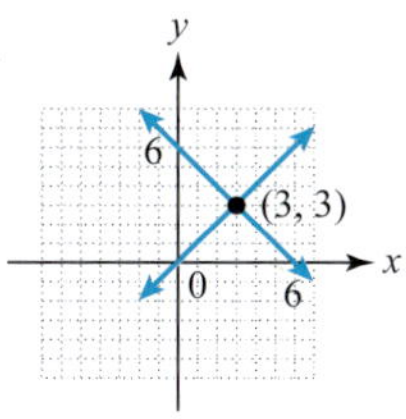

C.

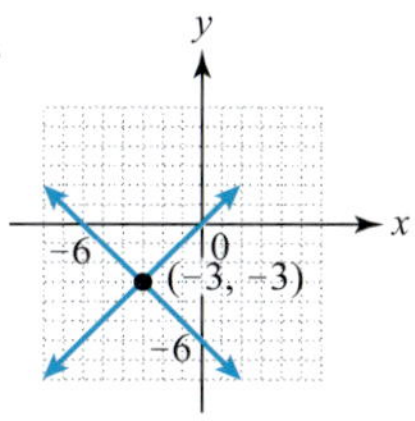

D.

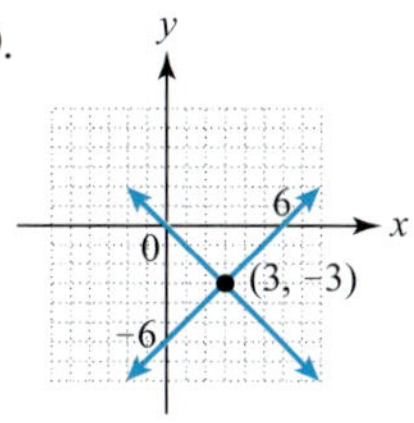

[10~13] 주어진 순서쌍이 선형연립방정식의 해인가 확인하시오.

10. $x + y = 6$; $(5, 1)$
    $x - y = 4$

11. $x - y = 17$; $(8, -9)$
    $x + y = -1$

12. $2x - y = 8$; $(5, 2)$
$3x + 2y = 20$

13. $3x - 5y = -12$; $(-1, 2)$
$x - y = 1$

[14~16] 그래프를 그려서 각 선형연립방정식의 해를 구하라.

14. $x + y = 4$
$2x - y = 2$

15. $x + y = -5$
$-2x + y = 1$

16. $x - 4y = -4$
$3x + y = 1$

[17~32] 소거법을 이용하여 선형연립방정식의 해를 구하라. 해가 없거나 종속적이면 그렇게 답하시오.

17. $2x - 5y = 11$
$3x + y = 8$

18. $-2x + 3y = 1$
$-4x + y = -3$

19. $3x + 4y = -6$
$5x + 3y = 1$

20. $4x + 3y = 1$
$3x + 2y = 2$

21. $3x + 3y = 0$
$4x + 2y = 3$

22. $8x + 4y = 0$
$4x - 2y = 2$

23. $7x + 2y = 6$
$-14x - 4y = -12$

24. $x - 4y = 2$
$4x - 16y = 8$

25. $5x - 5y = 3$
$x - y = 12$

26. $2x - 3y = 7$
$-4x + 6y = 14$

27. $x - \frac{1}{2}y = 2$
$-x + \frac{2}{5}y = -\frac{8}{5}$

28. $\frac{3}{2}x + y = 3$
$\frac{2}{3}x + \frac{1}{3}y = 1$

29. $x + y = 0$
$2x - 2y = 0$

30. $3x + 3y = 0$
$-2x - y = 0$

31. $\frac{1}{2}x + \frac{1}{3}y = -\frac{1}{3}$
$\frac{1}{2}x + 2y = -7$

32. $\frac{1}{5}x + y = \frac{6}{5}$
$\frac{1}{10}x + \frac{1}{3}y = \frac{5}{6}$

[33~36] 다음 각 방정식을 기울기-절편 형태로 쓰고, 선형연립방정식은 몇 개의 해를 가지는지 말하시오. (실제로 푸는 문제는 아님)

33. $3x + 7y = 4$
$6x + 14y = 3$

34. $-x + 2y = 8$
$4x - 8y = 1$

35. $2x = -3y + 1$
$6x = -9y + 3$

36. $5x = -2y + 1$
$10x = -4y + 2$

37. 2개의 선형방정식이 동일한 좌표축에 그래프로 그려졌다고 하자. 선형연립방정식이 아래와 같이 서술될 때 그래프의 모습은 어떻게 보이는지 그려보라.
(a) 선형연립방정식은 유일한 해를 갖는다.
(b) 선형연립방정식은 해를 가지지 않는다.
(c) 선형연립방정식은 무한히 많은 해를 갖는다.

38. 다음 선형연립방정식의 해를 구할 때 소요시간을 최소화하려고 한다. 대입법이나 소거법 중 어느 방법을 사용해야 하는지 말하고 해를 구하라.
(a) $6x - y = 5$
$y = 11x$
(b) $3x + y = -7$
$x - y = -5$
(c) $3x - 2y = 0$
$9x + 8y = 7$

[39~54] 대입법을 이용하여 각 선형연립방정식의 해를 구하라. 종속적이거나 해가 없으면 그렇게 답하시오.

39. $4x+y=6$
$y=2x$

40. $2x-y=6$
$y=5x$

41. $3x-4y=-22$
$-3x+y=0$

42. $-3x+y=-5$
$x+2y=0$

43. $-x-4y=-14$
$2x-y=1$

44. $-3x-5y=-17$
$4x=y-8$

45. $5x-4y=9$
$3-2y=-x$

46. $6x-y=-9$
$4+7x=-y$

47. $x=3y+5$
$x=\frac{3}{2}y$

48. $x=6y-2$
$x=\frac{3}{4}y$

49. $\frac{1}{2}x+\frac{1}{3}y=3$
$-3x+y=0$

50. $\frac{1}{4}x-\frac{1}{5}y=9$
$5x-y=0$

51. $y=2x$
$4x-2y=0$

52. $x=3y$
$3x-9y=0$

53. $x=5y$
$5x-25y=5$

54. $y=-4x$
$8x+2y=4$

[55~56] 제시된 그래프를 관찰 후 물음에 답하시오.

55. 아넷 허버트는 주택담보대출에 대한 월별 상환방법 중 고정금리와 변동금리를 비교하고 있다. 비교한 결과 오른쪽의 그래프를 얻게 되었다.
(a) 몇 년 동안 변동금리보다 고정금리로 했을 때 월별 상환액이 많은가?
(b) 몇 년째에 각 금리별 월별 상환액이 같게 되고, 그 금액은 얼마인가?

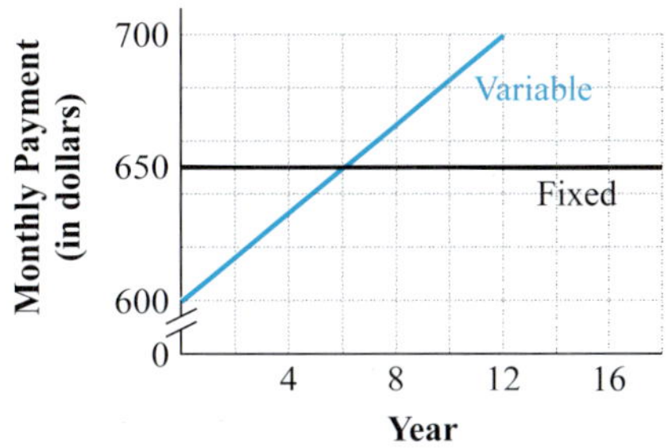

56. 옆의 그림은 특정 브랜드의 저지방 냉동 요구르트의 $\frac{1}{2}$ 갤런당 가격별 수요와 공급을 그래프로 나타낸 것이다.
(a) 가격이 얼마일 때 수요와 공급이 일치하는가?
(b) 수요와 공급이 일치할 때 $\frac{1}{2}$ 갤런의 값은?
(c) $\frac{1}{2}$ 갤런당 가격이 2달러일 때 수요량과 공급량을 구하라.

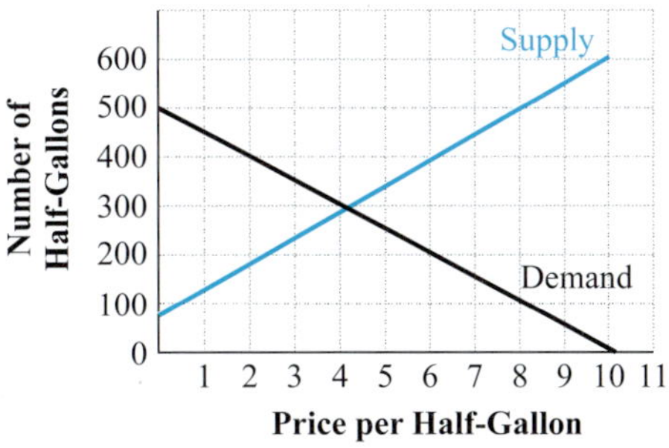

[57~60] 다음 선형연립방정식

$$\frac{3}{x}+\frac{4}{y}=\frac{5}{2}$$
$$\frac{5}{x}-\frac{3}{y}=\frac{7}{4}$$

은 소거법을 이용하여 해를 구할 수 있다. 그 방법 중 하나는 $p=\frac{1}{x}$, $q=\frac{1}{y}$로 놓는 방법이다. 값을 치환한 후 p와 q에 대하여 정리한 후 x와 y를 구하면 된다. (힌트: $\frac{3}{x}=3\cdot\frac{1}{x}=3p$) 이 방법을 이용하여 각 선형방정식의 해를 구하라.

57. $\frac{3}{x}+\frac{4}{y}=\frac{5}{2}$
$\frac{5}{x}-\frac{3}{y}=\frac{7}{4}$

58. $\frac{4}{x}-\frac{9}{y}=-1$
$-\frac{7}{x}+\frac{6}{y}=-\frac{3}{2}$

59. $\frac{2}{x}-\frac{5}{y}=\frac{3}{2}$
$\frac{4}{x}+\frac{1}{y}=\frac{4}{5}$

60. $\frac{2}{x}+\frac{3}{y}=\frac{11}{2}$
$-\frac{1}{x}+\frac{2}{y}=-1$

[61~64] a와 b는 0이 아닌 상수라고 가정할 때, 가능한 방법을 사용하여 다음 선형방정식의 해를 구하라

61. $ax+by=2$
$-ax+2by=1$

62. $2ax-y=3$
$y=5ax$

63. $-3ax+2y=1$
$-ax+y=2$

64. $ax+by=c$
$ax-2by=c$

관련 개념(문제 65~68)

개인 또는 그룹 과제용

[65~68] 선형연립방정식 사이의 관계를 알아보고 일차함수의 그래프를 그리기 위해 다음 문제를 순서대로 풀어라.

65. 소거법이나 대입법을 사용하여 연립방정식의 해를 구하라.

$$3x+y=6 \quad (1)$$
$$-2x+3y=7 \quad (2)$$

66. 문제 65의 방정식 (1)을 y에 대하여 풀고 $f(x)$라고 변경한다. 함수의 어떤 특별한 유형이 f인가?

67. 문제 65의 방정식 (2)를 y에 대하여 풀고 $g(x)$라고 변경한다. 함수의 어떤 특별한 유형이 g인가?

68. 문제 65의 결과를 이용하여 알맞은 표현으로 빈칸을 채워라.

f와 g의 그래프는 서로 평행하지 않고 일치하지도 않으므로, 두 직선은 정확히 ___________ 점에서 만난다. 그 점의 좌표는 (__, __)이다. 함수표기를 이용하면 f(__, __)= ___________ 와 g(__, __)=___________이다.

---

69. 소거법을 이용하여 연립방정식의 해를 구하는 방법을 설명하라. 또한 단계별로 설명할 수 있는 연립방정식을 만들어라.
70. 대입법을 이용하여 연립방정식의 해를 구하는 방법을 설명하라. 또한 단계별로 설명할 수 있는 연립방정식을 만들어라.

4.2 삼변수 선형연립방정식

학·습·목·표

1. 삼변수 선형연립방정식의 기하학적 이해
2. 소거법으로 삼변수 선형연립방정식의 풀이
3. 항의 일부가 빠진 삼변수 선형연립방정식의 풀이
4. 특별한 삼변수 선형연립방정식의 풀이

아래와 같은 삼변수 방정식

$$2x+3y-z=4$$

의 해는 삼변수 순서쌍이라 하며, (x, y, z)로 쓴다. 예를 들어

$$2(0)+3(1)-(-1)=0+3+1=4$$

이므로 삼변수 순서쌍 $(0, 1, -1)$은 이 방정식의 한 해이다. $(10, -3, 7)$은 이 방정식의 또 다른 해이다.

이 장의 나머지 부분에서는 선형방정식이

$$Ax+By+Cz+\cdots+Dw=K$$

의 형태로 확장된다. 여기서 계수 $A, B, C, \cdots, D$ 모두 다 0은 아니다. 예를 들어

$$2x+3y-5z=7$$

은 삼변수 선형방정식이고

$$x-2y-z+3u-2w=8$$

은 오변수 선형방정식이다.

목표 1 삼변수 선형연립방정식의 기하학적 이해 아래와 같은 삼변수 선형연립방정식의 해를 생각하자.

$$\begin{aligned} 4x+8y+z&=2 \\ x+7y-3z&=-14 \\ 2x-3y+2z&=3 \end{aligned}$$

삼변수 선형연립방정식은 평면의 형태로 그래프를 그릴 수 있고, 가능한 모든 경우를 아래와 같이 생각해볼 수 있다.

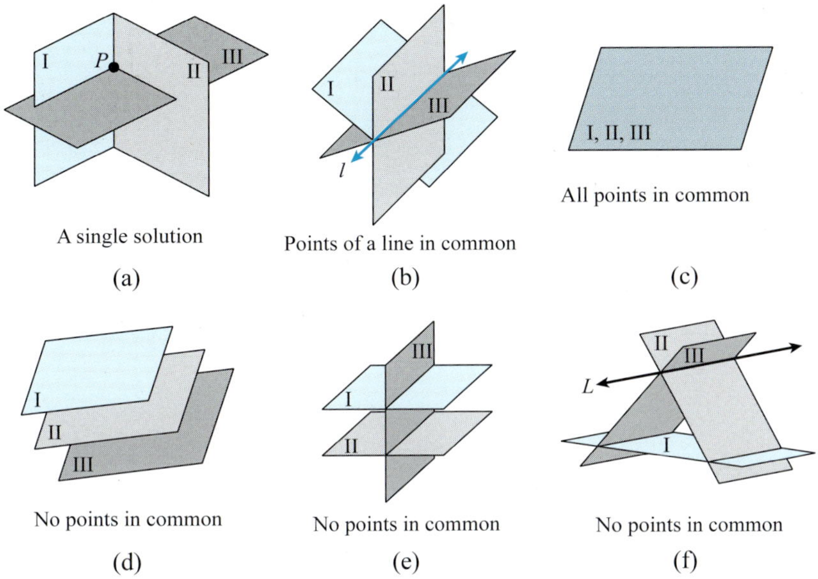

그림 6

그림 6은 아래의 경우를 표현한 그림들이다.

삼변수 선형연립방정식의 그래프

1. 세 평면이 한 점에서 만나는 경우 그 점은 연립방정식의 해이다. 그림 6(a).
2. 세 평면이 한 직선 위의 모든 점을 공유하는 경우 그 직선의 방정식이 연립방정식의 해이다. 그림 6(b).
3. 세 평면이 한 평면으로 일치 하는 경우 그 평면상의 모든 점이 연립방정식의 해이다. 그림 6(c).
4. 세 평면이 어느 곳에서도 만나지 않는 경우 연립방정식은 해를 갖지 않는다. 그림 6(d), (e), (f).

목표 2 소거법으로 삼변수 선형연립방정식의 풀이 삼변수 선형연립방정식의 해를 구하기 위해 그래프를 그리는 것은 실질적이지 못하므로 소거법을 확장하여 해를 구한다.

삼변수 선형연립방정식의 해

1단계 한 변수를 소거. 임의의 두 방정식에서 한 변수를 소거한다. 그 결과는 이변수 방정식이 된다.

2단계 같은 변수를 다시 소거. 다른 두 개의 방정식에서 1단계에서 소거한 변수를 소거한다. 결과는 이변수 방정식이 된다.

3단계 또 다른 변수를 소거. 1단계와 2단계로부터 얻은 방정식에서 소거법을 사용하여 일변수 방정식을 만든다. 여기에서 그 변수의 값을 얻게 된다.

4단계 두 번째 변숫값을 구한다. 3단계에서 얻은 값을 이변수 방정식 중 하나에 대입하면 두 번째 변숫값을 얻게 된다.

5단계 세 번째 변숫값을 구한다. 3단계와 4단계에서 얻은 값을 적당한 삼변수 방정식에 대입하여 세 번째 변숫값을 구한다.

6단계 점검한다. 구한 값들이 최초의 방정식을 만족하는지 확인하고 해집합을 쓴다.

예제 1 삼변수 선형연립방정식의 해

다음 연립방정식의 해를 구하라

$$4x+8y+z=2 \quad (1)$$
$$x+7y-3z=-14 \quad (2)$$
$$2x-3y+2z=3 \quad (3)$$

풀이 • 1단계: 위에서와 같이 두 방정식을 더하여 한 변수를 소거하는 소거법을 사용한다. 어떤 변수를 소거하는가는 선택에 달려 있다.

z를 소거하기 위해 $(1)\times 3+(2)$를 시행한다.

$$\begin{array}{rl} 12x+24y+3z= & 6 \\ x+7y-3z= & -14 \\ \hline 13x+31y \quad = & -8 \quad (4) \end{array}$$

• 2단계: z를 소거하기 위해 $(1)\times(-2)+(3)$을 시행한다.

$$\begin{array}{rl} -8x-16y-2z= & -4 \\ 2x-3y+2z= & 3 \\ \hline -6x-19y \quad = & -1 \quad (5) \end{array}$$

• 3단계: x를 소거하기 위해 $(4)\times 6+(5)\times 13$을 시행한다.

$$\begin{array}{rl} 78x+186y= & -48 \\ -78x-247y= & -13 \\ \hline -61y= & -61 \\ y= & 1 \end{array}$$

• 4단계: (4) 또는 (5)에 $y=1$를 대입한다. (5)에 $y=1$를 대입하면

$$-6x-19y=-1 \quad (5)$$
$$-6x-19(1)=-1$$
$$-6x-19=-1$$
$$-6x=18$$
$$x=-3$$

• 5단계: z가 존재하는 원래의 방정식 (1), (2), (3) 중에 하나를 선택해서 $x=-3$, $y=1$를 대입한다. (1)에 $x=-3$, $y=1$를 대입하면

$$
\begin{aligned}
4x+8y+z&=2\\
4(-3)+8(1)+z&=2\\
-4+z&=2\\
z&=6
\end{aligned}
$$

• 6단계: $(-3, 1, 6)$이 연립방정식의 해가 맞는지 확인하기 위해 먼저 (1)식에 대입해 보면

$$
\begin{aligned}
&4x+8y+z=2 && (1)\\
&4(-3)+8(1)+6=2\\
&-12+8+6=2\\
&2=2 && \text{참}
\end{aligned}
$$

$(-3, 1, 6)$이 (2)식과 (3)식 또한 만족하기 때문에 해집합은 $\{(-3, 1, 6)\}$이다. ■

✎ 연습문제 3을 풀어보자.

목표 3 항의 일부가 빠진 삼변수 선형연립방정식의 풀이 이 경우에는 소거단계의 일부를 생략할 수 있다.

예제 2 일부 항이 빠진 선형연립방정식의 해

다음 연립방정식을 풀어라.

$$
\begin{aligned}
6x-12y&=-5 && (1)\\
8y+z&=0 && (2)\\
9x-z&=12 && (3)
\end{aligned}
$$

풀이 (3)식에 y가 없으므로 (1)과 (2)를 이용하여 y를 소거한다.

(1)$\times 2+$(2)$\times 3$을 시행해서 y를 소거한다.

$$
\begin{array}{rcrcl}
12x-24y & & & = & -10\\
24y+3z & & & = & 0\\
\hline
12x & & +3z & = & -10 \quad (4)
\end{array}
$$

(3)$\times 3+$(4)를 시행해서 z를 소거한다.

$$
\begin{array}{rcl}
27x-3z & = & 36\\
12z+3z & = & -10\\
\hline
39x & = & 26
\end{array}
$$

$$x=\frac{26}{39}=\frac{2}{3}$$

(3)에 $x=\frac{2}{3}$를 대입한다.

$$
\begin{aligned}
9x-z&=12\\
9\left(\frac{2}{3}\right)-z&=12\\
6-z&=12\\
z&=-6
\end{aligned}
$$

(2)에 $z=-6$을 대입한다.

$$8y+z=0$$
$$8y-6=0$$
$$8y=6$$
$$y=\frac{3}{4}$$

따라서 방정식의 해집합은 $\left\{\left(\frac{2}{3}, \frac{3}{4}, -6\right)\right\}$이다. ■

✎연습문제 21을 풀어보자.

목표 4 특별한 삼변수 선형연립방정식의 풀이 삼변수 선형연립방정식에는 해가 없거나 종속적인 방정식이 포함될 수 있다. 다음 예제에서는 이런 경우의 예를 들었다.

예제 3 해를 갖지 않는 삼변수 선형연립방정식 풀이

다음 연립방정식을 풀어라.

$$2x-4y+6z=5 \quad (1)$$
$$-x+3y-2z=-1 \quad (2)$$
$$x-2y+3z=1 \quad (3)$$

풀이 (2)+(3)을 시행하면 x가 소거된다.

$$\begin{array}{r} -x+3y-2z=-1 \\ x-2y+3z=1 \\ \hline y+z=0 \end{array}$$

또 x를 소거하기 위해 (1)+(3)×(-2)를 시행하면

$$\begin{array}{r} 2x-4y+6z=5 \\ -2x+4y-6z=-2 \\ \hline 0=3 \end{array}$$

이므로 방정식의 해는 존재하지 않는다. ■

✎연습문제 29를 풀어보자.

> ⓘ **주의** 예제 3과 같이 두 개의 방정식을 더했을 때 모순된 결과가 나오면 해를 찾기 위한 더 이상의 노력은 필요하지 않다. 그 이유는 세 개의 평면 중 두 개가 평행하므로, 세 평면이 공유하는 점이 없기 때문이다.

예제 4 종속적인 삼변수 선형연립방정식의 풀이

다음 연립방정식을 풀어라.

$$2x-3y+4z=8 \qquad (1)$$
$$-x+\frac{3}{2}y-2z=-4 \qquad (2)$$
$$6x-9y+12z=24 \qquad (3)$$

풀이 식 (1)에 3을 곱하면 식 (3)이 나오며, 식 (2)에 −6을 곱하면 식 (3)이 나온다. 따라서 모든 방정식들은 종속적이며 그들의 그래프는 동일하다. 그림 6(c). 해집합은 $\{(x, y, z)|2x-3y+4z=8\}$이다. 비록 세 방정식 중 어느 것이라도 해집합이 될 수 있지만 4.1절에서와 같이 방정식의 계수가 공통인수를 갖지 않는(1은 제외) 방정식을 해집합으로 쓴다. ■

연습문제 33을 풀어보자.

본 절에서 다루었던 방법을 4개 이상의 변수를 갖는 선형연립방정식의 풀이에 확장할 수 있다. 예를 들면 사변수 선형연립방정식의 해를 구하기 위해 세 쌍의 사변수 선형연립방정식에서 한 변수를 소거하여 삼변수 선형연립방정식을 얻게 된다. 이후에는 앞에서 보여준 과정을 진행한다.

4.2 연습문제

1. "다음 연립방정식의 해집합은 $\{(-1, 2, 3)\}$이다."가 의미하는 바를 설명하라.

$$\begin{aligned} 2x+y+z&=3 \\ 3x-y+z&=-2 \\ 4x-y+2z&=0 \end{aligned}$$

2. 두 방정식

$$\begin{aligned} x+y+z&=6 \\ 2x-y+z&=3 \end{aligned}$$

은 공통의 해 $(1, 2, 3)$을 갖는다. 다음 중 어느 방정식이 포함되어야 삼변수 선형연립방정식의 해집합은 $\{(1, 2, 3)\}$이 되는가?

A. $3x+2y-z=1$　　B. $3x+2y-z=4$

C. $3x+2y-z=5$　　D. $3x+2y-z=6$

[3~26] 다음 연립방정식을 풀어라.

3. $$\begin{aligned} 2x-5y+3z&=-1 \\ x+4y-2z&=9 \\ x-2y-4z&=-5 \end{aligned}$$

4. $$\begin{aligned} x+3y-6z&=7 \\ 2x-y+z&=1 \\ x+2y+2z&=-1 \end{aligned}$$

5. $3x+2y+z=8$
$2x-3y+2z=-16$
$x+4y-z=20$

6. $-3x+y-z=-10$
$-4x+2y+3z=-1$
$2x+3y-2z=-5$

7. $2x+5y+2z=0$
$4x-7y-3z=1$
$3x-8y-2z=-6$

8. $5x-2y+3z=-9$
$4x+3y+5z=4$
$2x+4y-2z=14$

9. $x+2y+z=4$
$2x+y-z=-1$
$x-y-z=-2$

10. $x-2y+5z=-7$
$-2x-3y+4z=-14$
$-3x+5y-z=-7$

11. $\frac{1}{3}x+\frac{1}{6}y-\frac{2}{3}z=-1$
$-\frac{3}{4}x-\frac{1}{3}y-\frac{1}{4}z=3$
$\frac{1}{2}x+\frac{3}{2}y+\frac{3}{4}z=21$

12. $\frac{2}{3}x-\frac{1}{4}y+\frac{5}{8}z=0$
$\frac{1}{5}x+\frac{2}{3}y-\frac{1}{4}z=-7$
$-\frac{3}{5}x+\frac{4}{3}y-\frac{7}{8}z=-5$

13. $-x+2y+6z=2$
$3x+2y+6z=6$
$x+4y-3z=1$

14. $2x+y+2z=1$
$x+2y+z=2$
$x-y-z=0$

15. $x+y-z=-2$
$2x-y+z=-5$
$-x+2y-3z=-4$

16. $x+2y+3z=1$
$-x-y+3z=2$
$-6x+y+z=-2$

17. $2x-3y+2z=-1$
$x+2y+z=17$
$2y-z=7$

18. $2x-y+3z=6$
$x+2y-z=8$
$2y+z=1$

19. $4x+2y-3z=6$
$x-4y+z=-4$
$-x+2z=2$

20. $2x+3y-4z=4$
$x-6y+z=-16$
$-x+3z=8$

21. $2x+y=6$
$3y-2z=-4$
$3x-5z=-7$

22. $4x-8y=-7$
$4y+z=7$
$-8x+z=-4$

23. $-5x+2y+z=5$
$-3x-2y-z=3$
$-x+6y=1$

24. $x+y-z=0$
$2y-z=1$
$2x+3y-4z=-4$

25. $4x-z=-6$
$\frac{3}{5}y+\frac{1}{2}z=0$
$\frac{1}{3}x+\frac{2}{3}z=-5$

26. $5x-2z=8$
$4y+3z=-9$
$\frac{1}{2}x+\frac{2}{3}y=-1$

27. 우리의 주변환경에서 아래의 조건을 만족하는 세 평면의 예를 들어라.

(a) 오직 한 점에서 만난다. (b) 만나지 않는다.

(c) 무한히 많은 점에서 만난다.

28. 어떤 연립방정식이 아래의 식을 만족하는 무수히 많은 (x, y, z)의 해집합을 갖는다고 하자.

$$x + y + 2z = 1.$$

연립방정식을 만족하는 세 개의 순서쌍을 구하라.

[29~36] 다음 연립방정식의 해를 구하라. 연립방정식이 해를 가지지 않거나 종속적인지 알아보아라.

29. $\begin{aligned} 2x+2y-6z&=5 \\ -3x+y-z&=-2 \\ -x-y+3z&=4 \end{aligned}$

30. $\begin{aligned} -2x+5y+z&=-3 \\ 5x+14y-z&=-11 \\ 7x+9y-2z&=-5 \end{aligned}$

31. $\begin{aligned} -5x+5y-20z&=-40 \\ x-y+4z&=8 \\ 3x-3y+12z&=24 \end{aligned}$

32. $\begin{aligned} x+4y-z&=3 \\ -2x-8y+2z&=-6 \\ 3x+12y-3z&=9 \end{aligned}$

33. $\begin{aligned} 2x+y-z&=6 \\ 4x+2y-2z&=12 \\ -x-\frac{1}{2}y+\frac{1}{2}z&=-3 \end{aligned}$

34. $\begin{aligned} 2x-8y+2z&=-10 \\ -x+4y-z&=5 \\ \frac{1}{8}x-\frac{1}{2}y+\frac{1}{8}z&=-\frac{5}{8} \end{aligned}$

35. $\begin{aligned} x+y-2z&=0 \\ 3x-y+z&=0 \\ 4x+2y-z&=0 \end{aligned}$

36. $\begin{aligned} 2x+3y-z&=0 \\ x-4y+2z&=0 \\ 3x-5y-z&=0 \end{aligned}$

[37~40] 본 절의 풀이방법을 확대 적용하여 다음 각 연립방정식을 풀어라. 구한 해를 (x, y, z, w)의 형태로 써라.

37. $\begin{aligned} x+y+z-w&=5 \\ 2x+y-z+w&=3 \\ x-2y+3z+w&=18 \\ -x-y+z+2w&=8 \end{aligned}$

38. $\begin{aligned} 3x+y-z+2w&=9 \\ x+y+2z-w&=10 \\ x-y-z+3w&=-2 \\ -x+y-z+w&=-6 \end{aligned}$

39. $\begin{aligned} 3x+y-z+w&=-3 \\ 2x+4y+z-w&=-7 \\ -2x+3y-5z+w&=3 \\ 5x+4y-5z+2w&=-7 \end{aligned}$

40. $\begin{aligned} x-3y+7z+w&=11 \\ 2x+4y+6z-3w&=-3 \\ 3x+2y+z+2w&=19 \\ 4x+y-3z+w&=22 \end{aligned}$

관련 개념(문제 41~49)

개인 또는 그룹 과제용

원거리 행성에서 함수

$$f(x) = ax^2 + bx + c \ (a \neq 0)$$

는 위쪽으로 발사된 지 x초 후 발사체의 높이(피트)를 나타낸다고 가정하자. 이것이 어떻게 삼변수 a, b, c를 갖는 세 개의 연립방정식과 관련될 수 있는지 알아보기 위해 문제 41~49를 순서대로 풀어라

41. 1초 후 발사체의 높이는 128피트이다. 따라서 $f(1)=128$이다. 이를 이용하여 변수 a, b, c를 갖는 한 방정식을 구하라(힌트: x값에 1을, $f(x)$값에 128을 각각 대입한다.)
42. 1.5초 후 발사체의 높이는 140피트이다. a, b, c가 포함된 두 번째 방정식을 구하라.
43. 3초 후 발사체의 높이는 80피트이다. a, b, c가 포함된 세 번째 방정식을 구하라.
44. 문제 41~43에서 구한 a, b, c가 포함된 세 연립방정식을 쓰고 해를 구하라.
45. 이 발사체에 대한 함수 f를 구하라.
46. 문제 45의 함수 f에서 발사체 발사 후 ________초 경과 후 발사체의 높이는 ________이다.
47. 발사체의 최초 높이를 구하라(힌트: $f(0)$를 구한다)
48. 발사체는 1.625초에 최고 높이에 도달한다. 발사체의 최고 높이를 구하라.
49. 9장에서는 함수 $f(x)=ax^2+bx+c \ (a \neq 0)$의 그래프를 다룬다. 연립방정식을 이용하여 $f(1)=2$, $f(-1)=0$, $f(-2)=8$을 만족하는 형태의 함수에 대한 a, b, c값을 구하라. $f(x)$에 관한 표현을 써라.

---

50. 삼변수 선형연립방정식에 관한 소거법의 처음 두 단계에서 같은 변수를 소거하는 이유를 말하라.
51. 삼변수 선형연립방정식의 해를 구하는 3단계에서 어떤 변수를 제거하는 것이 중요한가 설명하라.

4.3 선형연립방정식의 응용

학·습·목·표

1. 두 변수를 사용하여 기하학 문제 풀이
2. 두 변수를 사용하여 화폐 문제 풀이
3. 두 변수를 사용하여 거리-비율-시간 문제 풀이
4. 세 개의 변수를 사용하여 세 개의 방정식의 연립방정식 풀기

많은 응용문제는 1개 이상의 모르는 양을 포함한다. 2개의 미지수를 가진 어떤 문제는 단지 1변수를 이용하여 풀 수 있지만, 두 변수를 사용하는 것이 쉬울 때도 있다. 2개의 모르는 양이 포함된 문제를 풀기 위해서는 모르는 양과 연관된 2개의 방정식을 만들어야 한다. 한 쌍의 방정식으로 만들어진 연립방정식의 해는 본 장에서 제시된 방법을 이용하여 구할 수 있다.

2장에서 처음으로 소개된 6단계의 문제 해결방법에 기초한 다음의 방법은 하나 이상의 변수를 가진 응용문제의 풀이 방법을 제시해준다.

연립방정식을 사용하여 응용문제 풀이

1단계 주어진 것과 구해야 하는 것이 무엇인지 파악될 때까지 문제를 주의해서 읽는다.

2단계 모르는 값을 나타내는 변수를 할당하고, 필요하면 다이어그램이나 표를 이용한다. 각 변수가 나타내는 것을 쓴다.

3단계 미지수와 관련된 방정식을 작성한다.

4단계 방정식의 해를 구한다.

5단계 문제에 대한 답을 한다. 타당한가?

6단계 원래 문제에 나와 있는 용어로 답을 확인한다.

목표 1 두 변수를 사용하여 기하학 문제 풀이 기하학적 그림의 둘레에 관한 문제는 종종 2개의 미지수를 포함하며 방정식을 사용하여 해결할 수 있다.

예제 1 축구장의 크기 찾기

직사각형 축구장의 가로는 50에서 100야드 사이이고, 세로는 50에서 100야드 사이이다. 한 축구장의 둘레가 320야드라 하고, 가로가 세로보다 40야드 더 클 때, 축구장의 가로와 세로의 길이를 구하라.

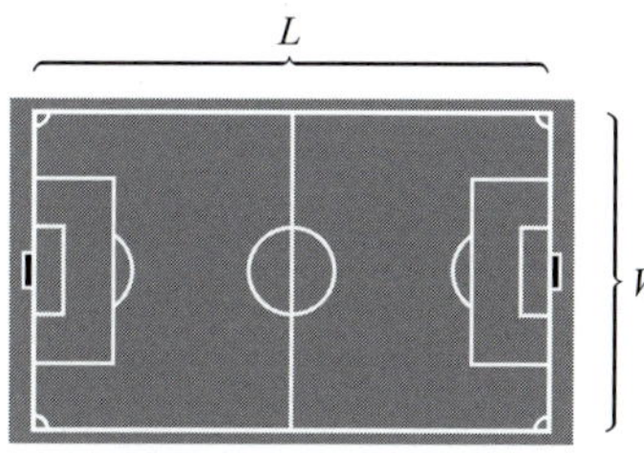

풀이 • 1단계: 축구장의 규격을 알아야 한다.

• 2단계: 변수를 할당한다. 가로$=L$, 세로$=W$라 하자.

- 3단계: 둘레가 320야드이므로, $2L + 2W = 320$.

가로가 세로보다 40야드 더 길기 때문에 $L = W + 40$ 따라서

$$2L + 2W = 320$$
$$L = W + 40.$$

- 4단계: 방정식을 풀면,

$$\begin{aligned} 2L + 2W &= 320 \\ 2(W+40) + 2W &= 320 \\ 2W + 80 + 2W &= 320 \\ 4W + 80 &= 320 \\ 4W &= 240 \\ W &= 60 \end{aligned}$$

$L = W + 40$이므로 $L = 100$이다.

- 5단계: 가로의 길이는 100야드이고, 세로는 60야드이다.
- 6단계: $2(100) + 2(60) = 320$이고 $100 = 60 + 40$이므로 정답이다. ■

연습문제 3을 풀어보자.

목표 2 두 변수를 사용하여 화폐 문제 풀이

예제 2 관람표 가격문제 풀이

하키 표 두 장과 농구 표 한 장의 평균 지불액이 110.40달러이었다. 하키 표 한 장과 농구 표 두 장의 비용은 106.32달러이다. 하키와 농구경기의 표 가격을 구하라.

풀이
- 1단계: 2개의 미지수가 있다.
- 2단계: 하키 표 한 장 가격 $= h$, 농구 표 한 장 가격 $= b$라고 하자.
- 3단계: $2h + b = 110.40$ (1)

  $h + 2b = 106.32$ (2)
- 4단계: 방정식을 풀기 위해, (2)에 -2를 곱해서 (1)과 더하면,

$$\begin{aligned} 2h + b &= 110.40 \\ \underline{-2h - 4b} &\underline{= -212.64} \\ -3b &= -102.24 \\ b &= 34.08 \end{aligned}$$

$b = 34.08$을 (2)식에 대입하여 h를 구한다.

$$\begin{aligned} h + 2b &= 106.32 \\ h + 2(34.08) &= 106.32 \\ h + 68.16 &= 106.32 \\ h &= 38.16 \end{aligned}$$

- 5단계: 하키 표 한 장 가격은 38.16달러이고, 농구 표 한 장 가격은 34.08달러이다.
- 6단계: 답이 맞는지 확인한다. ■

연습문제 11을 풀어보자.

목표 3 두 변수를 사용하여 거리-비율-시간 문제 풀이 운동 문제는 거리 공식 $d = rt$라는 공식이 필요하다. 여기서 d는 거리, r은 비율(속도), t는 시간이다.

예제 3 물체의 움직임에 관한 문제 풀이

승용차는 250km, 트럭은 225km를 움직일 때 소요되는 시간이 같다. 승용차의 속도가 트럭보다 시속 8km 빠를 때, 승용차와 트럭의 속도를 구하라.

풀이
- 1단계: 문제를 다시 읽는다. 이동거리는 주어지고, 각각의 속도를 구하면 된다.
- 2단계: 승용차의 속도$=x$, 트럭의 속도$=y$라 한다.
- 3단계: 승용차의 속도가 트럭의 속도보다 시속 8km 빠르므로,

$$x = y + 8. \qquad (1)$$

$t = \dfrac{d}{r}$이고 소요시간이 같으므로 $\dfrac{250}{x} = \dfrac{225}{y}$이고 $250y = 225x$.

따라서

$$\begin{aligned} x &= y + 8 \\ 250y &= 225x. \qquad (2) \end{aligned}$$

- 4단계:

$$\begin{aligned} 250y &= 225x \\ 250y &= 225(y+8) \\ 250y &= 225y + 1800 \\ 25y &= 1800 \\ y &= 72 \end{aligned}$$

$x = y + 8$이므로 $x = 72+8 = 80$.

- 5단계: 승용차의 속도는 시속 80km이고, 트럭의 속도는 시속 72km이다.
- 6단계: 자동차가 걸린 시간: $t = \dfrac{d}{r} = \dfrac{250}{80} = 3.125$

  트럭이 걸린 시간: $t = \dfrac{d}{r} = \dfrac{225}{72} = 3.125$

이고, $80-72=8$이므로 문제에서 주어진 조건과 일치한다. ■

✎연습문제 27을 풀어보자.

목표 4 세 개의 변수를 사용하여 세 개의 방정식의 연립방정식 풀기 두 개의 변수를 사용한 문제 풀이 방법을 확장한다. 세 개의 변수를 사용하므로 세 개의 방정식이 문제를 푸는데 필요하다.

예제 4 산업생산 문제 풀이

어느 회사에서는 X, Y, Z 세 모델의 TV를 생산한다. 모델 X는 전자 작업 2시간, 조립 2시간 및 마감이 1시간이 필요하다. 모델 Y는 동일한 작업이 각각 1시간, 3시간, 1시간이 필요하고, 모델 Z는 3시간, 2시간, 2시간이 필요하다. X, Y, Z 모델의 전체 전자 작업 100시간, 조립 100시간, 마감은 65시간일 때, 모든 시간을 사용하여 매주 생산 가능한 각 모델의 생산량을 구하라.

풀이 • 1단계: 미지수가 3개이다.

• 2단계: x = 모델 X의 한 주의 생산량

y = 모델 Y의 한 주의 생산량

z = 모델 Z의 한 주의 생산량

이상을 표로 정리하면 아래와 같다.

구분	모델 X	모델 Y	모델 Z	전체시간
전자작업	2	1	3	100
조립작업	2	3	2	100
마감작업	1	1	2	65

• 3단계:

$$2x + y + 3z = 100$$
$$2x + 3y + 2z = 100$$
$$x + y + 2z = 65$$

• 4단계: 위의 방정식을 풀면, $x = 15,\ y = 10,\ z = 20$.

• 5단계: 각 모델의 생산량은 X는 15개, Y는 10개, Z는 20개이다.

• 6단계: 이 값들은 문제의 조건을 만족한다. ■

✎연습문제 47을 풀어보자.

4.3 연습문제

[1~6] 예제 1번을 보고 다음 문제를 풀어라.

1. 2000년도 미국 프로야구 세인트 루이스 카디널스 야구단은 162게임을 했다. 이 팀은 패배한 게임보다 28게임을 더 많이 승리했다. 그들의 그 해의 승패비율을 계산하라.

2. 연습문제 1번에서 같은 해에 시카고 컵스팀은 이긴 게임 수 보다 32게임을 더 많이 패배했다. 그들의 그 해의 승패비율을 계산하라.

2000 MLB Final Standings
National League Central

Team	W	L
St. Louis	—	—
Cincinnati	85	77
Milwaukee	73	89
Houston	72	90
Pittsburgh	69	93
Chicago	—	—

3. 비너스와 세레나는 테니스 코트의 크기를 측정했는데 테니스코트의 전체 둘레는 228피트였고 가로는 세로보다 42피트 더 길었다. 테니스코트의 가로와 세로의 길이를 구하여라.

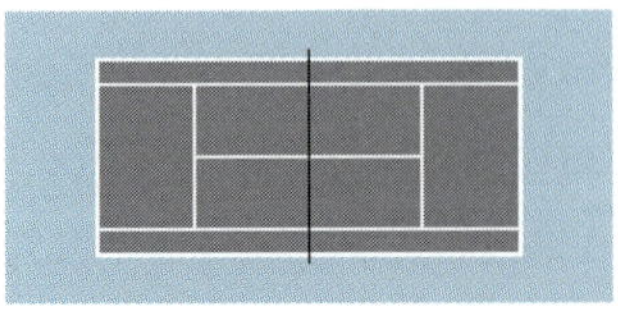

4. 샤킬과 코베는 농구장의 세로가 가로보다 44피트가 더 작다는 것을 알아냈다. 코트 전체 둘레의 길이가 288피트라고 하면 농구장의 가로와 세로의 길이를 구하라.

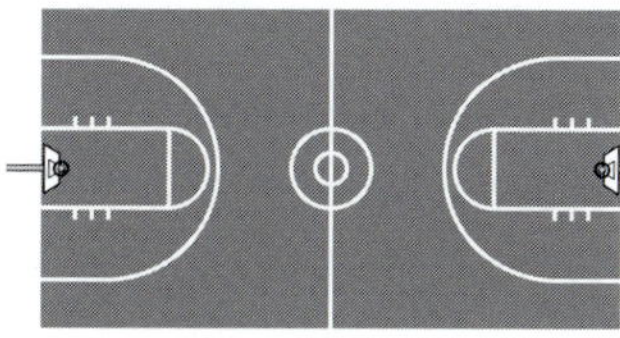

5. 2000년 이익을 기준으로 미국에서 가장 큰 두 개의 회사는 엑손모바일과 제너럴모터스이다. 엑손모바일은 제너럴모터스보다 29억 달러 더 많은 이익을 남겼다. 두 회사의 총 이익의 합계는 399억 달러였다. 두 회사의 이익은 각각 얼마인가?

6. 200년 1사분기에 미국의 최대 무역 거래 국가는 캐나다와 멕시코였다. 멕시코와의 수출과 수입액은 캐나다와의 교역량보다 57억 달러 적었다. 두 나라와의 교역량의 총합은 211억 달러였다. 미국의 각 나라와의 교역량을 구하라.

[7~8] x**와** y**라고 표시된 각도를 구하여라.**

7.

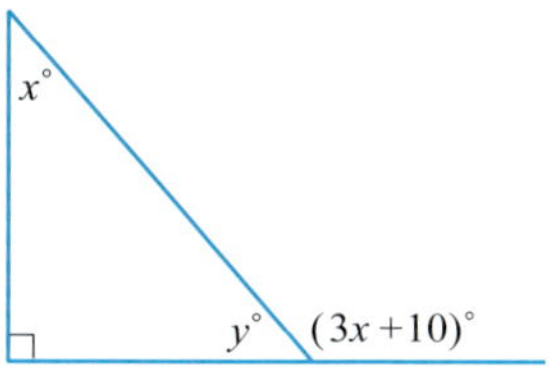

8.

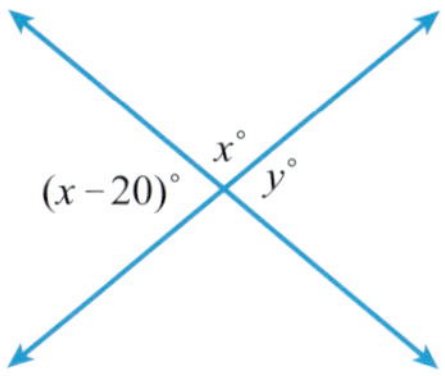

[9~10] 팬소비지수(Fan Cost Index; FCI)란 어느 한 게임에 대한 4장의 티켓 평균가격, 4개의 탄산음료수, 2병의 맥주, 4개의 핫도그, 차량 한 대의 주차요금, 2장의 게임프로그램, 2개의 기념모자의 가격의 합을 말한다. 예를 들어 최근 미국프로야구 한게임의 FCI는 105.63달러였다. 이 금액은 다른 미국의 프로 게임 중 가장 싼 가격이다.

9. 미국하키리그와 미국 농구리그의 FCI 합은 423.12달러이다. 하키 게임의 FCI는 농구의 FCI보다 16.36달러 더 비싸다. 각각의 게임의 FCI값을 구하여라.

10. 미국프로야구와 미식축구리그의 FCI 합은 311.03달러이다. 미식축구의 FCI가 프로야구의 FCI보다 105.87달러 더 비싸다. 각각의 게임의 FCI값을 구하여라.

[11~12] 다음 각 문제를 풀어라.

11. 앤드류 맥기니는 '웬디스의 옛날방식의 햄버거'에서 일한다. 어느 날 점심시간에 그는 15개의 햄버거와 10개의 더블버거를 합계 63.25달러에 팔았다. 다른 날 점심시간에 그는 30개의 햄버거와 5개의 더블버거를 합계 78.65달러에 팔았다. 각각의 햄버거의 가격은 얼마인가?

12. 사업가들에게 도쿄와 뉴욕은 가장 비싼 도시에 속한다. 이 도시에서의 하루 동안의 평균 비용(호텔비, 식사, 세탁비, 2번의 택시 이용료)을 사용하여 계산하면 도쿄에서의 이틀, 뉴욕에서의 3일 동안의 비용은 2015달러이다. 도쿄에서의 4일, 뉴욕에서의 2일 합계 비용은 2490달러가 들었다. 각 도시의 하루 평균 비용을 계산하라.

[13~14] 공식 $p=br$(수익=최초액수×이율)과 $I=prt$(단순이자=원금×이율×시간)는 연습문제 17~24번에서 사용된다. 일반적으로

부분=전체×퍼센트

를 사용한다.

13. 한 개의 액체 보관함이 60온즈의 액체를 담을 수 있다고 하고 이 액체가 다음에 주어진 만큼의 농축도를 갖는다면 액체에 포함된 순순한 산성성분은 몇 온즈인가?
   (a) 10% (b) 25% (c) 40% (d) 50%

14. 5000달러가 단순연이율을 주는 계좌에 입금되었다고 할 때 다음에 주어진 이율을 각각 따른다면 처음 1년 동안의 이자를 계산하라.
   (a) 2% (b) 3% (c) 4% (d) 3.5%

15. 1파운드의 칠면조고기가 0.99달러한다고 하자. x파운드의 칠면조고기는 얼마인가?

16. 영화 '8개 다리를 가진 괴물'의 입장권은 8달러이다. y개의 표가 팔렸다면 얼마의 수입이 있는가?

[17~24] 다음의 문제를 풀어라.

17. 25% 알콜과 35% 알콜을 몇 갈론 씩 섞어야 32% 알콜 20갈론이 얻어지는가?

액체무게 (갈런)	퍼센트	순수알콜의 무게
x	$25\% = 0.25$	
y	$35\% = 0.35$	
20	$32\% =$	

18. 15% 산성액체와 33%의 산성액체를 몇 리터 씩 섞어야 21%의 120리터가 얻어지는가?

액체량 (리터)	퍼센트	순수액체의 량
x	$15\% = 0.15$	
y	$33\% =$	
120	$21\% =$	

19. 순수한 산성액체가 10%의 산성액체에 더해져서 54리터의 20%산성액체를 만들 것이다. 얼마나 많은 양이 더해져야만 하는가?

20. 어느 트럭의 냉각기가 36리터 용량이다. 얼마나 많은 순수 냉각수가 4%의 냉각수에 더해져야 20%의 냉각수를 냉각기에 채울 수 있는가?

21. 1킬로에 2.50달러하는 땅콩과 1킬로에 1달러하는 시리얼을 섞어서 간식을 만들려고 한다. 얼마나 많은 땅콩과 시리얼을 섞어야 킬로에 1.70달러하는 30킬로의 간식을 만들 수 있는가?

22. 어떤 유명한 음료수는 혼합과일주스이다. 50%의 쥬스가 다른 종류의 30%의 쥬스를 섞어 200리터의 45%의 음료수를 만든다. 각각의 쥬스는 얼마나 많이 필요한가?

	킬로 kg	킬로당 가격	가격
땅콩	x	2.50	
시리얼	y	1.00	
혼합간식		1.70	

	음료수의 량(리터)	퍼센트	순수 쥬스 량(리터)
50% 쥬스	x	0.50	
30% 쥬스	y	0.30	
혼합 음료수		0.45	

23. 3,000달러가 각각 2%, 4% 이율의 투자처에 나누어서 투자되었다. 만약 이 투자로 일년에 100달러의 이자를 벌었다면 각각의 투자처에 투자된 돈은 얼마인가?

원금	이율	이자
x	0.02	$0.02x$
y	0.04	$0.04y$
3,000		100

24. 투자자가 15,000달러를 두 개의 계좌에 투자하려고 한다. 하나는 연이율이 4%이고 다른 하나는 3%라고 하자. 이 투자자가 일년 후 550달러를 벌고 싶다면 각각 얼마씩 투자를 하여야 하는가?

원금	이율	이자
x	0.04	
y	0.03	
15,000		

연습문제 27~30번에서는 공식 $d=rt$(거리 = 속도 × 시간)이 사용된다. 이 공식을 사용하기 위해서 먼저 연습문제 25번과 26번을 풀어라.

25. 살인고래의 속도가 25mph이고 고래가 y시간 동안 수영했다고 하면 고래가 수영한 거리는 얼마인가?

26. 한 보트가 흐르지 않는 물에 떠있다면 속도가 10mph이라 하자. 현재 흐르는 강물의 속도는 $x$mph라고 하자. 다음의 경우의 보트의 속도를 구하라.
    (a) 보트가 강물을 거슬러 올라갈 때
    (b) 보트가 강물을 따라 내려갈 때

[27~30] 다음 각 문제를 풀어라.

27. 같은 시간에 기차는 150 km를, 비행기는 400 km를 움직였다고 하자. 비행기의 속도는 기차의 속도의 3배보다 20 km/h 느리다. 두 물체의 속도를 구하라.

	r	t	d
기차	x		150
비행기	y		400

28. 화물기차와 특급열차가 390 km 떨어져 있는 도시를 출발하여 서로 마주보는 방향으로 달리고 있다고 하자. 화물열차는 특급열차보다 30 km/h 느리다. 3시간 후 이 두 기차는 서로 지나쳤다고 하자. 그들의 속도를 구하여라.

	r	t	d
화물열차	x	3	
특급열차	y	3	

29. 빌 루버그는 그의 모터보트로 그가 가장 좋아하는 낚시 장소를 가기 위해 강물을 거슬러 36마일의 거리를 2시간 걸려 올라갔다. 낚시를 마치고 돌아올 때는 최대속도로 1.5시간밖에 걸리지 않았다. 빌의 모터보드의 속도와 강물의 속도를 구하라.

	r	t	d
거슬러 갈 때	$x-y$	2	
강물따라 내려올 때	$x+y$		

30. 맞바람을 맞으며 3시간을 비행하여 1650마일을 날라갔다. 파일럿은 같은 바람을 뒤 바람을 타고 2시간 만에 1300마일을 올 수 있었다. 바람과 비행기의 속도를 구하라.

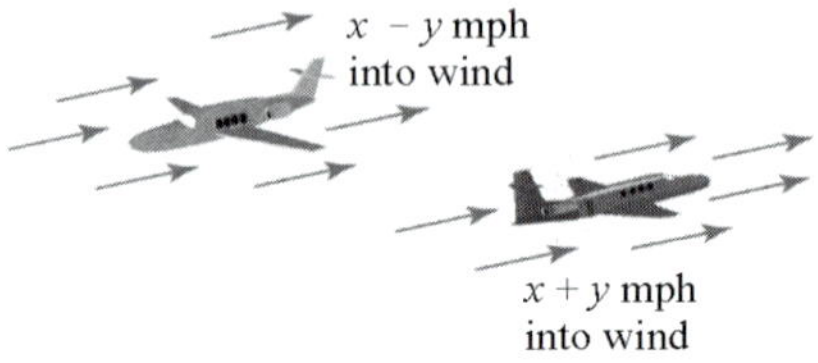

[31~36] 이 절의 문제풀이 기술을 사용하여 다음 두 개의 변수가 포함된 문제들을 풀어라.

31. 락가수 티나 터너는 61살에 2000년에 공연에서 최고의 공연수익을 올렸다. 두 번째로 많은 수익을 올린 엔싱크와 티나를 합쳐 1억 57백만 달러의 공연 티켓이 팔렸다. 만약 엔싱크의 티켓 판매액이 티나의 그것보다 3.8백만 달러 더 적다면 각각의 티켓 판매액을 구하여라.

32. 캐롤 브릿즈는 파운드 당 3.60달러짜리 피컨견과와 파운드 당 7.20달러짜리 둥근 모양 초코릿과자를 섞어서 발렌타인 선물 과자를 만들어서 파운드 당 4.95달러에 팔려고 한다. 피컨과 초코렛을 각각 얼마나 섞어야 80파운드의 선물 과자를 만들 수 있는가?

	무게	파운드 당 가격	가치
피컨	x		
초코렛과자	y		
선물과자	80		

33. 브로드웨이 지역 대학의 킹 리어 공연의 입장권 일반 가격은 5달러이고 학생은 4달러이다. 184명의 사람들이 공연을 보러왔고 812달러의 판매액을 올렸을 때 얼마나 많은 공연 입장권이 팔린 것인가?

34. 업무회의가 파네라 즈레드에서 열렸고 두 잔의 카푸치노와 3잔의 라테의 총 가격은 10.95달러였다. 다른 테이블에서는 한잔의 카푸치노와 2잔의 라테를 마셔서 가격이 6.65달러였다. 커피 각각의 가격은 얼마인가?

35. 9개의 시트론(과일)과 7개의 향긋한 나무 사과의 합계 가격은 107이었고 7개의 시트론(과일)과 9개의 향긋한 나무 사과의 합계 가격은 101이었다. 각각의 과일의 한 개당 가격을 구하라.

36. 호스행성의 눈폭풍을 뚫고 루크 스카이워커는 4800마일 떨어져 있는 반역자의 기지를 향해 눈차를 최대속도로 몰고 가고 있다. 맞바람을 맞고 갈 때는 3시간이 걸렸고 돌아올 때는 최대속도로 뒷바람을 받아 2시간 만에 도착하였다. 루크의 최대속도와 바람의 속도를 구하라.

	r	t	d
맞바람			
뒷바람			

[37~52] 세 개의 변수를 포함한 다음의 문제들을 풀어라.

37. 다음 그림에서 $z = x + 10$이고 $x + y = 100$이다. 변수 x, y, z를 포함한 세 번째 식을 구하여 세 각의 크기를 구하여라.

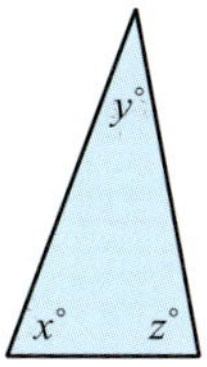

38. 그림에서 x는 y보다 10° 작고 z보다 20° 작다. 세 변수를 포함한 연립방정식을 구하여 세 각의 크기를 구하라.

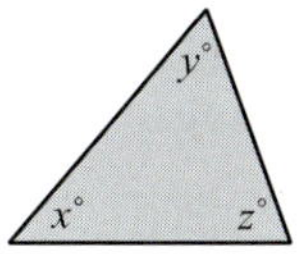

39. 어떤 삼각형에서 첫 번째 각의 크기를 3배 한 것에 10°를 더하면 두 번째 각의 크기이다. 세 번째 각의 크기는 다른 두 각의 합과 같다. 세 각의 크기를 구하라.

40. 한 삼각형의 가장 큰 각의 크기는 다른 두 각의 합보다 12° 작다. 가장 작은 각의 크기는 가장 큰 각의 크기보다 58° 작다. 세 각의 크기를 구하라.

41. 한 삼각형의 둘레의 길이가 70 cm라고 하자. 가장 긴 변의 길이는 다른 두 변의 길이의 합보다 4 cm 짧다고 한다. 가장 짧은 변의 두 배의 길이는 가장 긴 변의 길이보다 9cm 짧다고 한다. 세 변의 길이를 각각 구하라.

42. 한 삼각형의 둘레의 길이가 56in라고 하자. 가장 긴 변의 길이는 다른 두 변의 길이의 합보다 4in 짧다고 하자. 가장 짧은 변의 길이의 세 배의 길이는 가장 긴 변의 길이보다 4in 길다고 하자. 세 변의 길이를 각각 구하라.

43. 임의의 선택된 투표권이 있는 미국인 100명 중에서 공화당 지지자보다 10명 많은 사람이 어느 당도 지지하지 않는다고 하였다. 민주당 지지자보다 6명 적은 사람들이 공화당 지지자라고 말했다. 선택된 100명은 모두 공화당, 민주당 또는 아무 당도 지지하지 않는 사람들이라고 가정 했을 때 각각의 숫자를 구하라.

44. 2000년 호주 시드니 올림픽에서 미국은 은메달보다 14개 많은 금메달을 땄다. 동메달의 개수는 은메달의 개수의 두 배보다 17개 적었다. 미국의 메달 총 개수는 97개였다. 미국이 딴 각 메달의 개수를 구하라.

45. 하렘 글로버드로터의 75주년 관광을 위한 티켓 한 장의 가격은 10달러, 18달러, VIP석은 30달러이다. 현재까지 VIP석보다 18달러짜리 티켓이 5배 많이 팔렸다. 18달러 티켓과 VIP석 티켓의 두 배한 개수를 더한 것만큼 10달러짜리 티켓이 팔렸다. 총 티켓 판매액이 9500달러라고 할 때 각각의 티켓은 몇장씩 팔렸는가?

46. 보철 이마(Prosthetic Forehead)의 공연에는 세 가지 종류의 티켓이 있다. '가장 가까운 곳(up close)', '중간(in the middle)', '먼 곳(far out)'이 세 가지 티켓 종류이다. 가장 가까운 곳 티켓은 중간 티켓 보다 10달러 비싸고, 중간 티켓은 먼 곳 티켓보다 10달러 비싸다. 가장 가까운 곳 티켓값의 두 배의 가격은 먼 곳의 티켓 값의 세 배에 20달러를 더해야 한다. 각각의 티켓값을 구하여라.

47. 하드웨어 제조공장은 세 가지 죔쇠 A, B, C를 생산한다. 다른 형태의 죔쇠의 개수보다 10개 많은 C형 죔쇠를 생산해야 하고 A형 죔쇠보다 B형 죔쇠를 두 배 더 생산해야 한다. 이 제조공장은 하루에 490개의 죔쇠를 생산해야 한다고 할 때 하루에 생산되는 각각의 죔쇠의 개수를 구하라.

48. 마디그라스 장신구 생산 공장은 세 개의 도매상 A, B, C에 물건을 보급한다. 하루에 장신구 320개를 생산한다고 하자. A 도매상에는 B 도매상보다 세 배 많은 물건을 보급하고, A와 B 도매상에 보급하는 개수의 합보다 160개 적은 개수를 C 도매상에 보급한다. 하루에 각각의 도매상에 보내는 장신구의 개수를 구하라.

49. 세 개의 화학재료로 제품이 만들어 진다고 하자. 첫 번째 화학재료와 두 번째 화학재료가 완성품의 60%를 구성해야 한다. 두 번째와 세 번째 재료는 무게비율로 4 : 3으로 포함되어야 한다. 전체 750kg의 제품을 만든다고 할 때 각각의 화학재료의 무게를 구하여라.

50. 8.5%의 염산 10온스를 만들기 위해서 5%의 염산, 20%의 염산과 순순한 물을 각각 몇 온스씩 섞어야 하는가? (단, 순수한 물의 양은 다른 두 개의 액체를 합한 양과 같아야 한다.)

51. 미국 프로 하키 리그 한 정규시즌에서 달라스 스타즈는 82게임을 하였다. 그들의 승패는 합쳐서 74경기였다. 그들이 무승부였을 때의 경기 수는 패배한 경기수부다 18경기 적다. 달라스 스타팀의 승, 패, 무승부경기수를 각각 구하여라.

Team	GP	W	L	T	GF	GA	Pts
Dallas	82	__	__	__	252	198	104
Detroit	82	38	26	18	253	197	94
Phoenix	82	38	37	7	240	243	83
St. Louis	82	36	35	11	236	239	83
Chicago	82	34	35	13	223	210	81
Toronto	82	30	44	8	230	273	68

52. 미국 프로 하키 리그 한 정규시즌에서 보스턴 브루인스는 82게임을 하였다. 그들의 패배와 무승부 경기수는 합쳐서 56경기였다. 그들이 패배한 경기수보다 21경기 적은 경기를 이겼다. 보스턴 브루인스팀의 승, 패, 무승부 경기수를 각각 구하여라.

Team	GP	W	L	T	GF	GA	Pts
Buffalo	82	40	30	12	237	208	92
Pittsburgh	82	38	36	8	285	280	84
Ottawa	82	31	36	15	226	234	77
Montreal	82	31	36	15	249	276	77
Hartford	82	32	39	11	226	256	75
Boston	82	__	__	__	234	300	61

4.4 행렬을 이용한 연립방정식의 해

학·습·목·표

1. 행렬의 정의
2. 연립방정식을 확대행렬로 표시
3. 행 연산을 이용하여 두 변수를 갖는 연립방정식의 풀이
4. 행 연산을 이용하여 세 변수를 갖는 연립방정식의 풀이
5. 행 연산을 이용하여 특별한 연립방정식의 풀이

목표 1 행렬의 정의 수 또는 문자를 직사각형 모양으로 배열하여 괄호로 묶은 것을 행렬이라고 한다.

열

$$\text{행}\ \begin{pmatrix} 2 & 3 & 5 \\ 7 & 1 & 2 \end{pmatrix}$$

그리고 행렬을 이루는 각각의 수 또는 문자를 그 행렬의 성분이라고 한다. 행렬에서 성분의 가로줄을 행이라 하고, 위에서부터 아래로 제1행, 제2행, ⋯이라고 한다. 또, 행렬에서 성분의 세로줄을 열이라 하고, 왼쪽에서부터 차례로 제1열, 제2열, ⋯이라고 한다. 예를 들어 위의 행렬에서 1행은 2 3 5이고, 1열은 $\frac{2}{7}$이다. 이 행렬은 행이 2개, 열이 3개이므로 2×3행렬이라 한다. 아래에 다른 두 가지 예가 있다.

$$\begin{pmatrix} -1 & 0 \\ 1 & -2 \end{pmatrix}\ 2\times2\ \text{행렬} \qquad \begin{pmatrix} 8 & -1 & -3 \\ 2 & 1 & 6 \\ 0 & 5 & -3 \\ 5 & 9 & 7 \end{pmatrix}\ 4\times3\ \text{행렬}$$

일반적으로 행이 m개, 열이 n개인 행렬을 $m\times n$행렬이라 한다. 특히, 행의 개수와 열의 개수가 같은 행렬을 정사각행렬이라 하고, $n\times n$행렬을 n차 정사각행렬이라고 한다.

목표 2 연립방정식을 확대행렬로 표시 확대행렬에는 행렬의 열을 두 그룹으로 나누는 수직막대가 있다. 예를 들어 연립방정식

$$\begin{aligned} x-3y&=1 \\ 2x+\ y&=-5 \end{aligned}$$

의 해를 구하기 위해 아래와 같이 확대행렬로 나타낸다.

$$\left(\begin{array}{cc|c} 1 & -3 & 1 \\ 2 & 1 & -5 \end{array}\right)$$

다음 행 연산은 처음의 연립방정식과 같은 해를 갖는 방정식으로 이어지는 새로운 행렬을 만든다.

행렬의 행 연산

1. 임의의 2개의 행을 바꾼다.
2. 임의의 행에 0이 아닌 실수를 곱한다.
3. 상수배를 한 행을 다른 행과 더한다.

다음은 행 연산의 예이다

- 행 연산 1: $\begin{pmatrix} 2 & 3 & 9 \\ 4 & 8 & -3 \\ 1 & 0 & 7 \end{pmatrix} \rightarrow \begin{pmatrix} 1 & 0 & 7 \\ 4 & 8 & -3 \\ 2 & 3 & 9 \end{pmatrix}$ 1행과 3행을 바꾼다.
- 행 연산 2: $\begin{pmatrix} 2 & 3 & 9 \\ 4 & 8 & -3 \\ 1 & 0 & 7 \end{pmatrix} \rightarrow \begin{pmatrix} 6 & 9 & 27 \\ 4 & 8 & -3 \\ 1 & 0 & 7 \end{pmatrix}$ 1행에 3을 곱한다.
- 행 연산 3: $\begin{pmatrix} 2 & 3 & 9 \\ 4 & 8 & -3 \\ 1 & 0 & 7 \end{pmatrix} \rightarrow \begin{pmatrix} 0 & 3 & -5 \\ 4 & 8 & -3 \\ 1 & 0 & 7 \end{pmatrix}$ 3행에 -2를 곱해서 1행에 더한다.

목표 3 행 연산을 이용하여 두 변수를 갖는 연립방정식의 풀이 연립방정식의 해를 찾기 위해서 주어진 행렬을 아래의 형태가 될 때까지 다시 쓴다.

$$\left(\begin{array}{cc|c} 1 & a & b \\ 0 & 1 & c \end{array}\right) \text{ 또는 } \left(\begin{array}{ccc|c} 1 & a & b & c \\ 0 & 1 & d & e \\ 0 & 0 & 1 & f \end{array}\right)$$

위의 행렬을 행사다리꼴이라 한다.

예제 1 행 연산을 이용하여 이변수 연립방정식의 풀이

행 연산을 이용하여 다음 연립방정식을 풀어라.

$$x - 3y = 1$$
$$2x + y = -5$$

풀이 연립방정식을 확대행렬로 만들면

$$\left(\begin{array}{cc|c} 1 & -3 & 1 \\ 2 & 1 & -5 \end{array}\right)$$

이고 확대행렬에서 1행에 -2를 곱한 후 2행과 더하면

$$\left(\begin{array}{cc|c} 1 & -3 & 1 \\ 2+1(-2) & 1-3(-2) & -5+1(-2) \end{array}\right)$$
$$\left(\begin{array}{cc|c} 1 & -3 & 1 \\ 0 & 7 & -7 \end{array}\right)$$

의 2행을 7로 나누면

$$\left(\begin{array}{cc|c} 1 & -3 & 1 \\ 0 & 1 & -1 \end{array}\right)$$

이 된다. 이 확대행렬은 아래의 연립방정식을 의미한다.

$$\begin{aligned} 1x-3y&=1 \\ 0x+1y&=-1 \end{aligned} \quad \text{또는} \quad \begin{aligned} x-3y&=1 \\ y&=-1 \end{aligned}$$

따라서 $y=-1$이고, 이 값을 첫 번째 방정식에 대입하면

$$\begin{aligned} x-3y&=1 \\ x-3(-1)&=1 \\ x+3&=1 \\ x&=-2 \end{aligned}$$

이므로 연립방정식의 해집합은 $\{(-2,\ -1)\}$이다. ■

연습문제 3을 풀어보자.

목표 4 행 연산을 이용하여 세 변수를 갖는 연립방정식의 풀이 3개의 방정식으로 이루어진 연립방정식도 비슷한 방법으로 해결된다. 행 연산을 이용하여 왼쪽에서 오른쪽으로 가는 대각선은 1, 각각의 1 아래는 모두 0을 얻는다.

예제 2 행 연산을 이용하여 세 변수 연립방정식의 풀이

행 연산을 이용하여 다음 연립방정식의 해를 구하라.

$$\begin{aligned} x-y+5z&=-6 \\ 3x+3y-z&=10 \\ x+3y+2z&=5 \end{aligned}$$

풀이 먼저 연립방정식의 확대행렬을 만든다.

$$\left(\begin{array}{ccc|c} 1 & -1 & 5 & -6 \\ 3 & 3 & -1 & 10 \\ 1 & 3 & 2 & 5 \end{array}\right)$$

$$\left(\begin{array}{ccc|c} 1 & -1 & 5 & -6 \\ 0 & 6 & -16 & 28 \\ 1 & 3 & 2 & 5 \end{array}\right) \qquad -3R_1+R_2$$

$$\left(\begin{array}{ccc|c} 1 & -1 & 5 & -6 \\ 0 & 6 & -16 & 28 \\ 0 & 4 & -3 & 11 \end{array}\right) \qquad -1R_1+R_3$$

$$\left(\begin{array}{ccc|c} 1 & -1 & 5 & -6 \\ 0 & 1 & -\frac{8}{3} & \frac{14}{3} \\ 0 & 4 & -3 & 11 \end{array}\right) \qquad \frac{1}{6}R_2$$

$$\left(\begin{array}{ccc|c} 1 & -1 & 5 & -6 \\ 0 & 1 & -\frac{8}{3} & \frac{14}{3} \\ 0 & 0 & \frac{23}{3} & -\frac{23}{3} \end{array}\right) \qquad -4R_2+R_3$$

$$\begin{pmatrix} 1 & -1 & 5 & | & -6 \\ 0 & 1 & -\frac{8}{3} & | & \frac{14}{3} \\ 0 & 0 & 1 & | & -1 \end{pmatrix} \qquad \frac{3}{23}R_3$$

마지막 행렬에서 다음의 연립방정식을 얻는다.

$$\begin{aligned} x-y+5z &= -6 \\ y-\frac{8}{3}z &= \frac{14}{3} \\ z &= -1 \end{aligned}$$

이므로, $y=2$, $x=1$이고 연립방정식의 해집합은 $\{(1,\ 2,\ -1)\}$이다. ■

연습문제 15를 풀어보자.

목표 5 행 연산을 이용하여 특별한 연립방정식의 풀이 마지막 예제는 행 연산으로 연립방정식을 풀 때 종속적인 방정식 또는 모순인 연립방정식을 인식하는 방법을 보여준다.

예제 3 종속적인 방정식 또는 모순인 연립방정식

행 연산을 이용하여 다음을 풀어라.

(a) $2x-3y=8$
$-6x+9y=4$

풀이

$$\begin{pmatrix} 2 & -3 & | & 8 \\ -6 & 9 & | & 4 \end{pmatrix} \qquad \text{확대행렬}$$

$$\begin{pmatrix} 1 & -\frac{3}{2} & | & 4 \\ -6 & 9 & | & 4 \end{pmatrix} \qquad \frac{1}{2}R_1$$

$$\begin{pmatrix} 1 & -\frac{3}{2} & | & 4 \\ 0 & 0 & | & 28 \end{pmatrix} \qquad 6R_1+R_2$$

여기 대응하는 연립방정식은

$$\begin{aligned} x-\frac{3}{2}y &= 4 \\ 0 &= 28 \qquad \text{거짓} \end{aligned}$$

이므로, 방정식의 해는 없고 모순이다. 해집합은 $\varnothing$ 이다.

(b) $-10x+12y=30$
$5x-\ 6y=-15$

풀이

$$\begin{pmatrix} -10 & 12 & | & 30 \\ 5 & -6 & | & -15 \end{pmatrix} \qquad \text{확대행렬}$$

$$\begin{pmatrix} 1 & -\frac{6}{5} & | & -3 \\ 5 & -6 & | & -15 \end{pmatrix} \qquad -\frac{1}{10}R_1$$

$$\begin{pmatrix} 1 & -\frac{6}{5} & | & -3 \\ 0 & 0 & | & 0 \end{pmatrix} \qquad -5R_1+R_2$$

이며, 이에 대응하는 연립방정식은

$$x-\frac{6}{5}y=-3$$

$$0=0 \qquad \text{참}$$

이고, 종속적이다. 처음 연립방정식의 두 번째 방정식을 이용하여 해집합을 구하면

$$\{(x, y)\mid 5x-6y=-15\}.$$

연습문제 11, 13을 풀어보자.

4.4 연습문제

1. 다음 행렬에 대하여 물음에 답하라.

$$\begin{pmatrix} -2 & 3 & 1 \\ 0 & 5 & -3 \\ 1 & 4 & 8 \end{pmatrix}$$

(a) 2행의 성분을 구하라.

(b) 3열의 성분을 구하라.

(c) 정사각행렬인가?

(d) 1행과 3행을 바꾼 행렬을 구하라.

(e) 1행에 $-\frac{1}{2}$을 곱한 행렬을 구하라.

(f) 3행에 3을 곱한 후 1행과 더한 행렬을 구하라.

2. 각 행렬의 크기를 말하라.

(a) $\begin{pmatrix} 3 & -7 \\ 4 & 5 \\ -1 & 0 \end{pmatrix}$ (b) $\begin{pmatrix} 4 & 9 & 0 \\ -1 & 2 & -4 \end{pmatrix}$

[3~4] 빈 칸을 채워 각 행 연산의 단계를 완성하라. 최종 단계와 해집합을 구하라.

3. $4x+8y=44$

$2x-\ \ y=-3$

$\left(\begin{array}{cc|c} 4 & 8 & 44 \\ 2 & -1 & -3 \end{array}\right)$

$\left(\begin{array}{cc|c} 1 & & \\ 2 & -1 & -3 \end{array}\right) \quad \frac{1}{4}R_1$

4. $2x-5y=-1$

$3x+\ \ y=7$

$\left(\begin{array}{cc|c} 2 & -5 & -1 \\ 3 & 1 & 7 \end{array}\right)$

$\left(\begin{array}{cc|c} 1 & -\frac{5}{2} & \\ 3 & 1 & 7 \end{array}\right) \quad \frac{1}{2}R_1$

$$\left(\begin{array}{cc|c} 1 & 2 & 11 \\ 0 & & \end{array}\right) \quad -2R_1+R_2$$

$$\left(\begin{array}{cc|c} 1 & 2 & 11 \\ 0 & 1 & \end{array}\right) \quad -\frac{1}{5}R_2$$

$$\left(\begin{array}{cc|c} 1 & -\frac{5}{2} & -\frac{1}{2} \\ 0 & & \end{array}\right) \quad -3R_1+R_2$$

$$\left(\begin{array}{cc|c} 1 & -\frac{5}{2} & -\frac{1}{2} \\ 0 & 1 & \end{array}\right) \quad \frac{2}{17}R_2$$

[5~14] 행 연산을 이용하여 다음을 풀어라.

5. $x+y=5$
   $x-y=3$

6. $x+2y=7$
   $x-\ y=-2$

7. $2x+4y=6$
   $3x-\ y=2$

8. $4x+5y=-7$
   $x-\ y=5$

9. $3x+4y=13$
   $2x-3y=-14$

10. $5x+2y=8$
    $3x-\ y=7$

11. $-4x+12y=36$
    $x-\ 3y=9$

12. $2x-4y=8$
    $-3x+6y=5$

13. $2x+\ y=4$
    $4x+2y=8$

14. $-3x-4y=1$
    $6x+8y=-2$

[15~16] 빈 칸을 채워 각 행 연산의 단계를 완성하라. 최종 단계와 해집합을 구하라.

15. $x+y-\ z=-3$
    $2x+y+\ z=4$
    $5x-y+2z=23$

$$\left(\begin{array}{ccc|c} 1 & 1 & -1 & -3 \\ 2 & 1 & 1 & 4 \\ 5 & -1 & 2 & 23 \end{array}\right)$$

$$\left(\begin{array}{ccc|c} 1 & 1 & -1 & -3 \\ 0 & & & \\ 0 & & & \end{array}\right) \quad \begin{array}{l} -2R_1+R_2 \\ -5R_1+R_3 \end{array}$$

$$\left(\begin{array}{ccc|c} 1 & 1 & -1 & -3 \\ 0 & 1 & & \\ 0 & -6 & 7 & 38 \end{array}\right) \quad -1R_2$$

$$\left(\begin{array}{ccc|c} 1 & 1 & -1 & -3 \\ 0 & 1 & -3 & -10 \\ 0 & 0 & & \end{array}\right) \quad 6R_2+R_3$$

$$\left(\begin{array}{ccc|c} 1 & 1 & -1 & -3 \\ 0 & 1 & -3 & -10 \\ 0 & 0 & 1 & \end{array}\right) \quad -\frac{1}{11}R_3$$

16. $2x+\ y+2z=11$
    $2x-\ y-\ z=-3$
    $3x+2y+\ z=9$

$$\left(\begin{array}{ccc|c} 2 & 1 & 2 & 11 \\ 2 & -1 & -1 & -3 \\ 3 & 2 & 1 & 9 \end{array}\right)$$

$$\left(\begin{array}{ccc|c} 1 & & & \\ 2 & -1 & -1 & -3 \\ 3 & 2 & 1 & 9 \end{array}\right) \quad \frac{1}{2}R_1$$

$$\left(\begin{array}{ccc|c} 1 & \frac{1}{2} & 1 & \frac{11}{2} \\ 0 & & & \\ 0 & & & \end{array}\right) \quad \begin{array}{l} -2R_1+R_2 \\ -3R_1+R_3 \end{array}$$

$$\left(\begin{array}{ccc|c} 1 & \frac{1}{2} & 1 & \frac{11}{2} \\ 0 & 1 & & \\ 0 & \frac{1}{2} & -2 & -\frac{15}{2} \end{array}\right) \quad -\frac{1}{2}R_2$$

$$\left(\begin{array}{ccc|c} 1 & \frac{1}{2} & 1 & \frac{11}{2} \\ 0 & 1 & \frac{3}{2} & 7 \\ 0 & 0 & & \end{array}\right) \quad -\frac{1}{2}R_2+R_3$$

$$\begin{pmatrix} 1 & \frac{1}{2} & 1 & | & \frac{11}{2} \\ 0 & 1 & \frac{3}{2} & | & 7 \\ 0 & 0 & 1 & | & \end{pmatrix} \quad -\frac{4}{11}R_3$$

[17~26] 행 연산을 이용하여 다음을 풀어라.

17. $x+y-3z=1$
$2x-y+z=9$
$3x+y-4z=8$

18. $2x+4y-3z=-18$
$3x+y-z=-5$
$x-2y+4z=14$

19. $x+y-z=6$
$2x-y+z=-9$
$x-2y+3z=1$

20. $x+3y-6z=7$
$2x-y+2z=0$
$x+y+2z=-1$

21. $x-y=1$
$y-z=6$
$x+z=-1$

22. $x+y=1$
$2x-z=0$
$y+2z=-2$

23. $x-2y+z=4$
$3x-6y+3z=12$
$-2x+4y-2z=-8$

24. $4x+8y+4z=9$
$x+3y+4z=10$
$5x+10y+5z=12$

25. $x+2y+3z=-2$
$2x+4y+6z=-5$
$x-y+2z=6$

26. $x+3y+z=1$
$2x+6y+2z=2$
$3x+9y+3z=3$

27. 각 용어를 짧게 설명하고, 예를 들어라.
(a) 행렬 (b) 행렬의 행 (c) 행렬의 열
(d) 정사각행렬 (e) 확대행렬 (f) 행렬의 행 연산

28. 행렬에 대한 세 번째 행 연산의 사용과 연립방정식의 소거법을 비교하고 예를 들어라.

4장 그룹 활동 AIDS 환자 수를 분석할 수 있는 선형 모델 만들기

목표 미국 내 아프리카계 미국인과 백인계 미국인의 AIDS 환자 수를 나타내는 선형 모델을 만들어라.

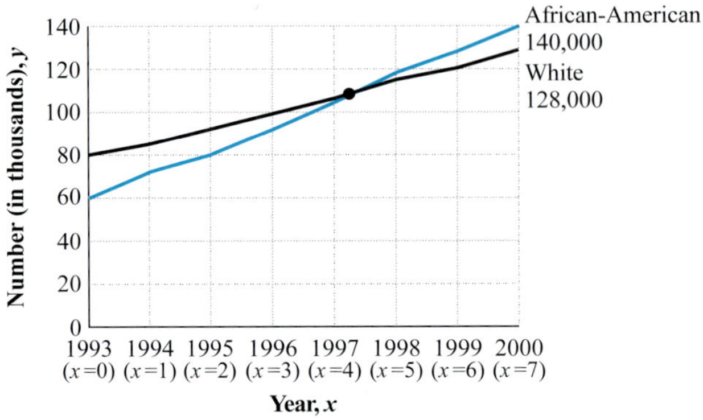

A. 위 그래프는 미국에 거주하는 아프리카계 미국인과 백인계 미국인의 AIDS 환자 수를 나타내고 있다. 2개의 직선은 아래 형태로 된 자료들(연도, 인구 수)을 연결하여 만든 것이다. $x=0$은 1993년을, $x=1$은 1994년을 나타내고 y값은 그래프에서 얻는 연도별 아프리카계 미국인 AIDS 환자 수를 추측한 값이라 하자. y값은 1,000단위임을 주의하여 아래 표를 완성하라.

연도, x	아프리카계 미국인 AIDS 환자 수 (y, 단위: 1,000)
1993 $(x=0)$	60
1994 $(x=1)$	
1995 $(x=2)$	
1996 $(x=3)$	
1997 $(x=4)$	
1998 $(x=5)$	
1999 $(x=6)$	
2000 $(x=7)$	140

임의의 두 점을 이용하여 자료를 설명할 수 있는 방정식을 구하라.

B. 문제 A에서의 과정을 반복하여 백인계 미국인 AIDS 환자의 수를 추측하여라.

연도, x	백인계 미국인 AIDS 환자 수 (y, 단위: 1,000)
1993 $(x=0)$	80
1994 $(x=1)$	
1995 $(x=2)$	
1996 $(x=3)$	
1997 $(x=4)$	
1998 $(x=5)$	
1999 $(x=6)$	
2000 $(x=7)$	128

임의의 두 점을 이용하여 자료를 설명할 수 있는 방정식을 구하라.

C. 문제 A와 B에서 두 방정식은 2개의 변수를 갖는 2개의 선형방정식으로 이루어진 연립방정식을 만든다. 개인이 선호하는 방법을 사용하여 연립방정식의 해를 구하라.
D. 문제 C에서 연립방정식의 해의 x값은 두 직선이 만나는 연도에 대응될 수 있다. 다시 한 번 그래프를 참고하여, 당신의 x값은 그것이 있어야 하는 곳과 일치하는가?
E. 이러한 활동의 결과가 이 활동을 수행하는 각 그룹에 따라 달라지는 이유를 토론하라.

4장 복습문제

[4.1]

1. 오른쪽 그래프는 1974년부터 1996년까지 미국 내 학사학위 취득자의 추세를 나타내고 있다.
   (a) 남성과 여성 학위 취득자의 수가 같아지는 시기는 가로축에서 몇 년도 사이인가?
   (b) 언제 남성과 여성 학위 취득자의 수가 같아지는가? 그 수는 몇 명(근삿값)인가?

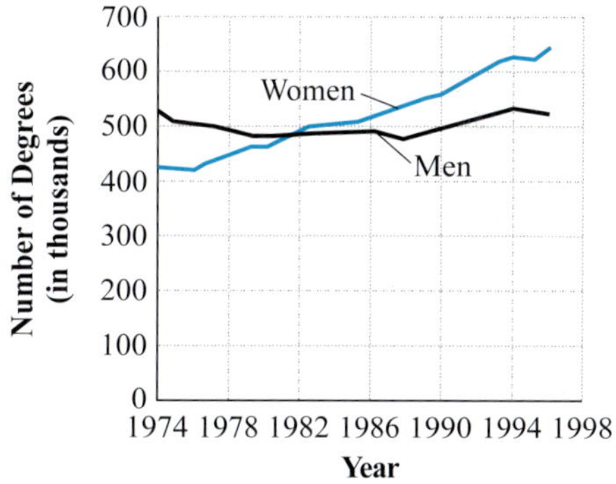

2. 그래프를 그려서 연립방정식의 해를 구하라.

$$x+3y=8$$
$$2x-y=2$$

3. 다음 중 $3x+2y=6$의 해가 아닌 순서쌍을 고르시오.
   A. $(2, 0)$ B. $(0, 3)$ C. $(4, -3)$ D. $(3, -2)$

[4~9] 소거법으로 다음 연립방정식의 해를 구하라. 연립방정식이 모순이거나 종속적인가 알아보아라.

4. $5x+y=12$, $2x-2y=0$
5. $x-4y=-4$, $3x+y=1$
6. $6x+5y=4$, $-4x+2y=8$
7. $\frac{1}{6}x+\frac{1}{6}y=-\frac{1}{2}$, $x-y=-9$
8. $-3x+y=6$, $y=6+3x$
9. $5x-4y=2$, $-10x+8y=7$

[10~12] 대입법을 사용하여 다음 연립방정식의 해를 구하라. 연립방정식이 모순이거나 종속적인가 알아보아라.

10. $3x+y=-4$

$x=\frac{2}{3}y$

11. $9x-y=-4$

$y=x+4$

12. $-5x+2y=-2$

$x+6y=26$

13. 다음 연립방정식의 그래프는 모순인지 종속적인지 답하라.

(a)

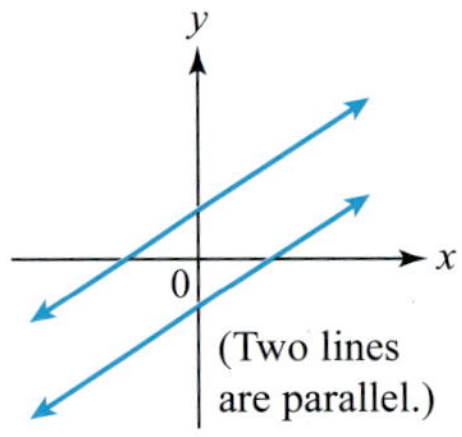

(b)

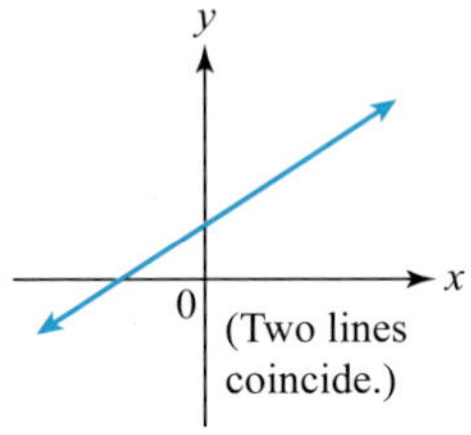

14. 대수적인 연산 없이 두 직선의 그래프에 대한 지식만 이용하여 다음 연립방정식의 해집합이 ∅ 임을 설명하라.

$$y=3x+2$$
$$y=3x-4$$

[4.2] [15~17] 다음 각 연립방정식의 해를 구하라. 연립방정식이 모순이거나 종족적인가 알아보아라.

15. $2x+3y-z=-16$

$x+2y+2z=-3$

$-3x+y+z=-5$

16. $4x-y=2$

$3y+z=9$

$x+2z=7$

17. $3x-y-z=-8$

$4x+2y+3z=15$

$-6x+2y+2z=10$

[4.3] [18~25] 연립방정식을 이용하여 다음 각 문제를 풀어라.

18. 내셔널하키리그(NHL)의 규정에 의해 아이스링크의 둘레는 570 ft, 가로는 세로의 2배보다 30 ft 더 길어야 한다. NHL 아이스링크의 규격을 구하라.

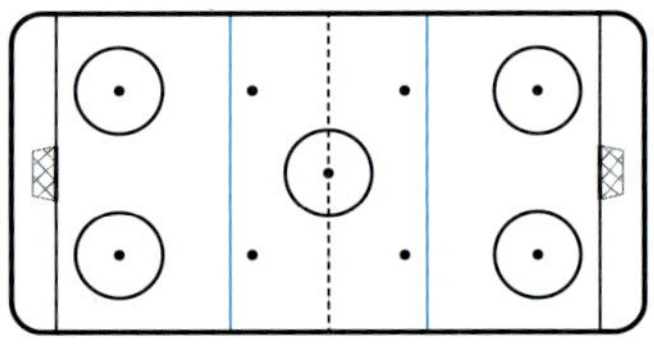

19. 토드 홀은 6일간의 출장기간 동안 평일 요금으로 하루에 53달러, 주말 요금 35달러로 렌트카를 빌렸다. 총 렌트 비용이 264달러였을 때, 평일과 주말 각각 며칠씩 차를 빌렸는가?

20. 비행기가 560마일의 거리를 이동하는데 순풍을 받아 1.75시간 걸렸고, 돌아올 때는 역풍의 영향으로 2시간 걸렸다. 비행기와 바람의 속도를 각각 구하라.

	속도	시간	거리
순풍	$x+y$	1.75	
역풍		2	

21. 스위트 씨의 제과점에서는 밸런타인데이를 맞아 특별 혼합물을 주문받았다. 스위트 씨가 1파운드에 \$1.3에 판매할 100파운드 혼합물의 재료비는 땅콩이 파운드당 \$2, 초콜릿이 파운드당 \$1이다. 각각의 재료를 몇 파운드씩 준비해야 하나?

	파운드	1파운드당 가격	비용
땅콩	x		
초콜릿	y		
혼합물	100		

22. 삼각형의 내각의 총합은 180°이다. 가장 큰 각도는 나머지 두 각의 합보다 10° 작다. 중간 크기의 각은 나머지 두 각의 평균과 같다. 세 각의 크기를 구하라.

23. 마리아는 부동산을 판매하고 있다. 최근 3번의 판매에서 각각 10%, 6%, 5%의 수수료를 받았다. 이 판매에서 마리아는 \$280,000 상당의 부동산을 팔고 받은 전체 수수료는 \$17,000이었다. 5%의 판매가격이 나머지 두 개의 판매가격과 같다면, 세 개의 판매가격은 각각 얼마인가?

24. 8%, 10%, 20%의 과산화수소 용액을 혼합하여 12.5%의 과산화수소 용액 8L를 만들려고 한다. 8% 용액의 양이 20% 용액의 양보다 2L 더 많다면, 사용된 과산화수소의 양은 각각 얼마인가?

25. 1961년 대야구의 해에 양키스팀의 미키 맨틀, 로저 매리스, 존 블랜차드가 136개의 홈런을 쳤다. 맨틀은 매리스보다 7타 적었으며, 매리스는 블랜차드보다 40타 더 많은 홈런을 쳤다. 세 선수의 홈런수를 각각 구하라.

[4.4] [26~29] 행 연산을 이용하여 다음 각 연립방정식의 해를 구하라.

26. $2x+5y=-4$
$4x-y=14$

27. $6x+3y=9$
$-7x+2y=17$

28. $x+2y-z=1$
$3x+4y+2z=-2$
$-2x-y+z=-1$

29. $x+3y=7$
$3x+z=2$
$y-2z=4$

4장 혼합 복습문제

[30~35] 연립방정식의 해를 구하라.

30. $\frac{2}{3}x+\frac{1}{6}y=\frac{19}{2}$
$\frac{1}{3}x-\frac{2}{9}y=2$

31. $2x+5y-z=12$
$-x+y-4z=-10$
$-8x-20y+4z=31$

32. $x=7y+10$
$2x+3y=3$

33. $\begin{aligned} x+4y&=17 \\ -3x+2y&=-9 \end{aligned}$

34. $\begin{aligned} -7x+3y&=12 \\ 5x+2y&=8 \end{aligned}$

35. $\begin{aligned} 2x-5y&=8 \\ 3x+4y&=10 \end{aligned}$

36. 10%의 산성용액을 만드는 화학 실험시간에 사비에르는 20% 산성용액 10L에 5% 산성용액을 혼합하려고 한다. 5% 산성용액을 몇 리터 첨가해야 하나?

용액 (리터)	농도 (소수)	순수산성액 (리터)

37. 2000년 호주 시드니 하계올림픽에서, 상위 메달 획득 국가는 미국, 러시아, 중국이고 메달은 244개이었다. 미국은 러시아보다 9개 많았고, 중국은 러시아보다 29개가 적었다. 각 국가가 획득한 메달 수는?

관련 개념(문제 38~42)

개인 또는 그룹 과제용

지금까지는 교재에서는 선형방정식만을 배웠다. 다음 장에서는 다른 종류의 방정식의 그래프를 다룬다. 그 중 하나가

$$x^2+y^2+ax+by+c=0$$

형태를 가진 원의 방정식이다. 기하학에서는 동일 직선 상에 있지 않는 세 점을 지나는 원이 존재함은 알려진 사실이다. 예를 들면 세 점 $(4, 2)$, $(-5, -2)$, $(0, 3)$은 그림에서와 같이 원 위에 존재한다. 점 $(2, 1)$, $(-1, 0)$, $(3, 3)$을 지나는 원의 방정식을 찾기 위해 다음을 순서대로 풀어라.

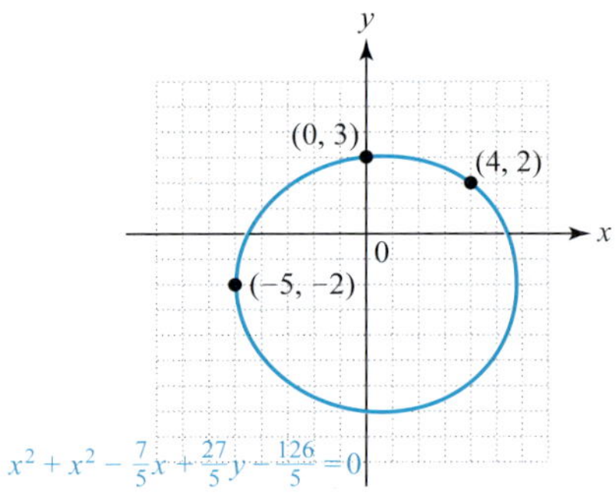

38. 방정식 $x^2+y^2+ax+by+c=0$에서 $x=2$, $y=1$이라 놓고 a, b, c에 관한 방정식을 구하라.

39. $x=-1$, $y=0$이라 놓고 a, b, c에 관한 두 번째 방정식을 구하라.

40. $x=3$, $y=3$이라 놓고 a, b, c에 관한 세 번째 방정식을 구하라.

41. a, b, c값을 구하기 위해 문제 38~40에서 얻은 연립방정식의 해를 구한다. 원의 방정식은 무엇인가?

42. 위에서 구한 원이 함수가 아닌 이유를 설명하라.

4장 테스트

[1~2] 행크 아론과 베이브 루스는 메이저리그에서 매 시즌 홈런 선두타자들이다. 그래프를 이용하여 문제에 답하라.

1. 베이브 루스의 홈런기록이 행크 아론의 기록을 추월한 해가 있는가?

2. 15년 후 어떤 선수가 더 많은 홈런을 쳤는가? 어느 선수가 홈런을 적게 쳤는가?

3. 그래프를 이용하여 다음 방정식을 풀어라.

$$x+y=7$$
$$x-y=5$$

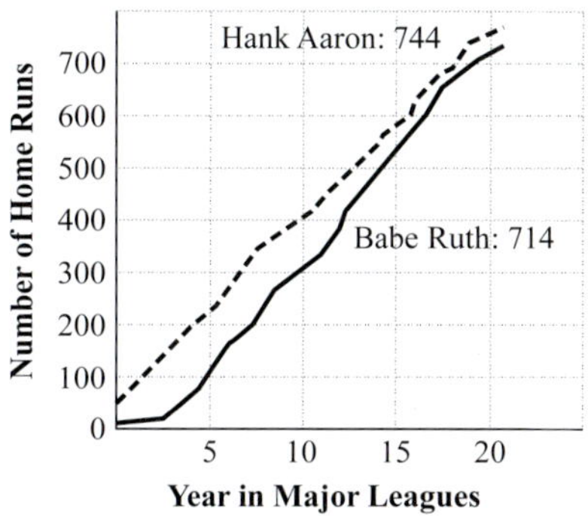

[4~8] 소거법을 이용하여 다음 각 방정식의 해를 구하라. 모순이나 종속적인지 알아보아라.

4. $3x+y=12$
   $2x-y=3$

5. $-5x+2y=-4$
   $6x+3y=-6$

6. $3x+4y=8$
   $8y=7-6x$

7. $3x+5y+3z=2$
   $6x+5y+z=0$
   $3x+10y-2z=6$

8. $4x+y+z=11$
   $x-y-z=4$
   $y+2z=0$

[9~10] 대입법을 이용하여 다음 각 방정식의 해를 구하라. 모순이나 종속적인지 알아보아라.

9. $2x-3y=24$
   $y=-\frac{2}{3}x$

10. $12x-5y=8$
    $3x=\frac{5}{4}y+2$

[11~15] 방정식을 이용하여 다음 각 문제를 풀어라.

11. 줄리아 로버츠는 할리우드에서 가장 인기 있는 흥행 배우이다. 줄리아 로버츠는 2001년 7월 현재, 최고 흥행영화인 '프리티 우먼'과 '런어웨이 브라이드' 두 편의 영화로 $330,700,000을 벌어들였다. '런어웨이 브라이드'가 '프리티 우먼'보다 $26,100,000 덜 벌었다면, 영화의 수입은 각각 얼마씩인가?

12. 두 대의 자동차가 420마일 떨어진 곳에서 출발하여 오고 있다. 차들은 3.5시간 후 만난다. 만일 한 자동차의 속도가 다른 차보다 30mph 늦다면, 각각의 속도는 얼마인가?

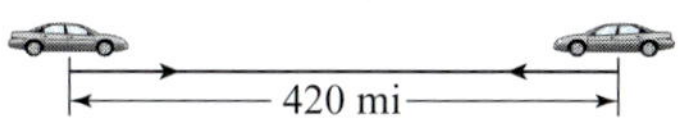

13. 어떤 화학자는 40% 알코올 용액 12L를 얻으려고 한다. 그는 20%의 용액과 50% 용액을 혼합해야 한다. 원하는 용액을 얻으려면 각각 몇 리터가 필요한가?

14. 전기부품 판매처에서는 7개의 AC 어댑터와 2개의 충전식 플래시를 \$86에 팔고, 3개의 AC 어댑터와 2개의 충전식 플래시를 \$84에 판매하고 있다. AC 어댑터와 충전식 플래시 낱개의 가격은 얼마인가?

15. 찻집 매니저는 1온스에 \$0.83에 판매할 혼합재료 100온스를 조제하려 한다. 그가 사용하는 재료는 온스당 \$0.80의 오렌지 주스, 온스당 \$0.85의 아이리시 브렉퍼스트, 온스당 \$0.95의 얼그레이이다. 만일 그가 오렌지 주스를 아이리시 브렉퍼스트보다 두 배나 많이 사용하고 싶다면, 필요한 각 재료의 양을 구하라.

[16~17] 행 연산을 이용하여 각 연립방정식의 해를 구하라.

16. $3x+2y=4$
$5x+5y=9$

17. $x+3y+2z=11$
$3x+7y+4z=23$
$5x+3y-5z=-14$

18. 4장에서 소개된 임의의 방법을 사용하여 다음 연립방정식의 해를 구하라.

$$4x-2y=-8$$
$$3y-5z=14$$
$$2x+z=-10$$

1~4장 혼합문제

[1~8] 다음을 계산하라.

1. $(-3)^4$
2. -3^4
3. $-(-3)^4$
4. $\sqrt{0.49}$
5. $-\sqrt{0.49}$
6. $\sqrt{-0.49}$
7. $\sqrt[3]{64}$
8. $\sqrt[3]{-64}$

[9~10] $x=-4$, $y=3$, **그리고** $z=6$**일 때 다음을 계산하라.**

9. $|2x|+3y-z^3$

10. $-5(x^3-y^3)$

11. 어떤 실수의 성질이 "$5+(3\cdot6)=5+(6\cdot3)$"을 정당화하는가?

[12~15] 다음 각 방정식을 풀어라.

12. $7(2x+3)-4(2x+1)=2(x+1)$

13. $|6x-8|=4$

14. $ax+by=cx+d$, x에 대해서

15. $0.04x+0.06(x-1)=1.04$

[16~18] 다음 각 부등식을 풀어라.

16. $\frac{2}{3}x+\frac{5}{12}x\le 20$

17. $|3x+2|\le 4$

18. $|12t+7|\ge 0$

19. 최근의 한 조사에서 현대의 가장 인기 있는 광고 슬로건에 대한 일반대중의 인식을 측정했다. 2,500명을 조사했을 때 아래 표를 완성하라.

슬로건 (광고사)	인식 정도 (%)	슬로건 인식자 수
제발 짜지 마세요... (Charmin)	80.4%	
챔피언의 아침 (Wheaties)	72.5%	
맥주의 왕 (Budweiser)		1,570
좋은 이웃처럼 (State farm)		1,430

[20~22] 다음 각 문제를 풀어라.

20. 삼각형의 면적이 42 m^2이고, 밑변의 길이가 14 m일 때 삼각형의 높이를 구하라.

21. 페니, 니켈, 다임 주화만 들어 있는 항아리가 있다. 다임의 개수는 니켈 주화보다 1개 많고, 페니 주화의 개수는 니켈보다 6개 많다. 항아리 안의 전체 금액이 $4.80일 때 각각의 주화 개수는 몇 개씩인가?

22. 삼각형의 두 각이 같고, 나머지 각은 같은 각의 2배보다 4° 적다. 삼각형의 세 각의 크기를 구하라.

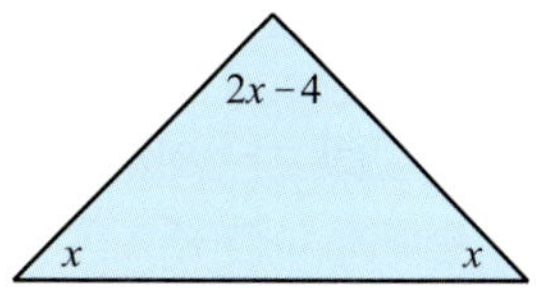

[23~27] 점 A의 좌표는 $(-2, 6)$이고, 점 B의 좌표는 $(4, -2)$이다. 다음을 풀어라.

23. 점 A를 지나는 수평인 직선의 방정식을 구하라.

24. 점 B를 지나는 수직인 직선의 방정식을 구하라.

25. 직선 AB의 기울기를 구하라.

26. 직선 AB와 수직인 직선의 기울기를 구하라.

27. 직선 AB의 방정식을 표준형으로 써라.

28. 점 $(-1, -3)$을 지나고, 기울기가 $\frac{2}{3}$인 직선을 그려라.

29. 부등식 $-3x-2y \leq 6$을 그려라.

30. $f(x)=x^2+3x-6$일 때, 다음 각각의 값을 구하라.

(a) $f(-3)$ (b) $f(a)$

31. y는 x에 정비례하고 $x=12$일 때 $y=5$이다. $x=42$일 때 y값을 구하라.

[32~34] 다음 연립방정식의 해를 구하라.

32. $-2x+3y=-15$
$4x-y=15$

33. $x-3y=7$
$2x-6y=14$

34. $x+y+z=10$
$x-y-z=0$
$-x+y-z=-4$

[35~38] 연립방정식을 이용하여 각 문제를 풀어라. 소거법, 대입법, 행 연산 중 하나를 선택해서 풀어라.

35. 마벨은 식료품 가게에서 사과와 오렌지를 구입했다. 그녀는 총 6파운드의 과일을 $5.20에 구입하였고, 각각의 가격은 오렌지는 파운드당 $0.90, 사과는 1파운드에 $0.70이다. 마벨이 구입한 과일은 각각 몇 파운드인가?

36. 최근 들어 가장 잘 팔리는 장난감은 엘모와 키드이다. 평균 소매가 기준 엘모는 키드보다 $8.63 적고, 엘모와 키드를 합친 가격은 $63.89이다. 각 장난감의 평균 소매가격은 얼마인가?

37. 케네스와 페기는 이사할 계획으로 마분지 상자들이 필요했다. 그들은 10개의 소형 상자와 20개의 대형 상자를 $65에 구입할 수 있고, 6개의 소형 상자와 10개의 대형 상자를 $34에 구입할 수 있다. 소형 상자와 대형 상자의 가격은 각각 얼마인가?

38. 칼매트 견과류 가게에서는 땅콩 6파운드와 캐슈 12파운드의 가격은 $60이고, 땅콩 3파운드와 캐슈 4파운드의 가격은 $22이다. 땅콩과 캐슈 각각의 가격은 얼마인가?

[39~40] 그래프는 회사의 컴퓨터 부품 생산 비용과 컴퓨터 부품 판매에 따른 수익을 보여주고 있다.

39. 생산비와 수익이 같아지는 시점은 생산량이 얼마일 때인가? 그 시점에서 수익은 얼마인가?

40. 이익은 판매수익보다 생산비가 적게 들어감을 의미한다. 부품 생산량이 1,100일 때 이익을 추정하라.

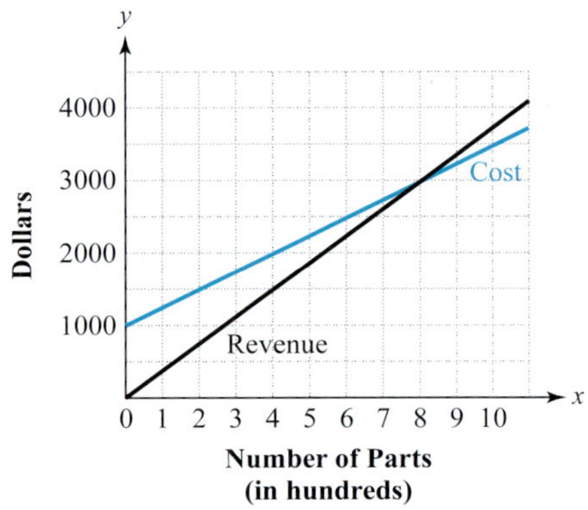

5장 지수, 다항식, 다항함수

5.1 정수지수

학·습·목·표

1. 지수의 곱 법칙
2. 0과 음의 지수
3. 지수의 나눗셈 법칙
4. 지수의 거듭제곱 법칙
5. 지수식 간단히 하기

2^5은 $2\cdot2\cdot2\cdot2\cdot2=32$로 정의한다. 여기서 2를 밑(base) 그리고 5를 지수(exponent 또는 power)라 한다. 우리는 2^5 을 "2의 5제곱"이라고 읽는다.

목표 1 지수의 곱 법칙 $2^5 \cdot 2^3 = (2\cdot2\cdot2\cdot2\cdot2)(2\cdot2\cdot2)=2^8$

밑이 같은 경우의 곱은 지수를 더한다.

지수의 곱 법칙

a와 b는 임의의 실수이고 m과 n은 임의의 자연수라 하자. 그러면

$$a^m \cdot a^n = a^{m+n}$$

이다.

예제 1 지수의 곱 법칙

(a) $3^4 \cdot 3^7 = 3^{4+7} = 3^{11}$

(b) $5^3 \cdot 5 = 5^3 \cdot 5^1 = 5^{3+1} = 5^4$

(c) $y^3 \cdot y^8 \cdot y^2 = y^{3+8+2} = y^{13}$

(d) $(5y^2)(-3y^4) = 5(-3)y^2y^4$ 결합, 교환법칙

$= -15y^{2+4}$ 곱의 법칙

$= -15y^6$

(e) $(7p^3q)(2p^5q^2) = 7(2)p^3p^5qq^2 = 14p^8q^3$

(f) $x^2 \cdot y^4$는 밑이 다르므로 곱의 법칙을 적용할 수 없다. ■

연습문제 1, 3, 4, 5를 풀어보자.

목표 2 0과 음의 지수

지수 0

a가 0이 아닌 임의의 실수라 하면

$$a^0 = 1$$

《예제 2》 지수로 0 사용

(a) $6^0 = 1$

(b) $(-6)^0 = 1$

(c) $-6^0 = -(6^0) = -(1) = -1$

(d) $-(-6)^0 = -1$

(e) $5^0 + 12^0 = 1 + 1 = 2$

(f) $(8k)^0 = 1,\ k \neq 0$

음의 지수는 어떻게 정의해야 할까? 곱 법칙을 다시 확장해 보자.

$$8^2 \cdot 8^{-2} = 8^{2+(-2)} = 8^0 = 1.$$

이것은 8^2의 역수가 8^{-2}임을 나타낸다. 그러나 8^2의 역수는 $\frac{1}{8^2}$이기 때문에, 따라서 $8^{-2} = \frac{1}{8^2}$이다.

음의 지수

a는 0이 아닌 임의의 실수이고, n이 자연수일 때

$$a^{-n} = \frac{1}{a^n}$$

■

《예제 3》 음수인 지수

(a) - (f)를 양의 지수로 나타내어라.

(a) $2^{-3} = \frac{1}{2^3}$

(b) $6^{-1} = \frac{1}{6^1} = \frac{1}{6}$

(c) $(5z)^{-3} = \frac{1}{(5z)^3}$, $z \neq 0$

(d) $5z^{-3} = 5\left(\frac{1}{z^3}\right) = \frac{5}{z^3}$, $z \neq 0$

(e) $-m^{-2} = -\frac{1}{m^2}$, $m \neq 0$

(f) $(-m)^{-2} = \frac{1}{(-m)^2}$, $m \neq 0$

(g), (h)를 계산하여라.

(g) $3^{-1} + 4^{-1} = \frac{1}{3} + \frac{1}{4} = \frac{4}{12} + \frac{3}{12} = \frac{7}{12}$

(h) $5^{-1} - 2^{-1} = \frac{1}{5} - \frac{1}{2} = \frac{2}{10} - \frac{5}{10} = -\frac{3}{10}$ ■

연습문제 12,13,14,15,17을 풀어보자.

《예제 4》 음수인 지수

다음을 계산하여라.

(a) $\dfrac{1}{2^{-3}} = \dfrac{1}{\dfrac{1}{2^3}} = 1 \div \dfrac{1}{2^3} = 1 \cdot \dfrac{2^3}{1} = 2^3 = 8$

(b) $\dfrac{2^{-3}}{3^{-2}} = \dfrac{\dfrac{1}{2^3}}{\dfrac{1}{3^2}} = \dfrac{1}{2^3} \div \dfrac{1}{3^2} = \dfrac{1}{2^3} \cdot \dfrac{3^2}{1} = \dfrac{3^2}{2^3} = \dfrac{9}{8}$ ■

✎연습문제 19, 20을 풀어보자.

목표 3 지수의 나눗셈 법칙

$$\frac{a^8}{a^3} = \frac{a \cdot a \cdot a \cdot a \cdot a \cdot a \cdot a \cdot a}{a \cdot a \cdot a} = a \cdot a \cdot a \cdot a \cdot a = a^5$$

$$8-3=5$$

같은 방법으로

$$\frac{a^3}{a^8} = \frac{a \cdot a \cdot a}{a \cdot a \cdot a \cdot a \cdot a \cdot a \cdot a \cdot a} = \frac{1}{a^5} = a^{-5}$$

$$3-8=-5$$

지수의 나눗셈 법칙

a는 0이 아닌 실수이고 m, n이 정수이면,

$$\frac{a^m}{a^n} = a^{m-n}$$

이다.

《예제 5》 지수의 나눗셈 법칙

지수를 양의 지수로 간단히 나타내어라.

(a) $\dfrac{3^7}{3^2} = 3^{7-2} = 3^5$

(b) $\dfrac{p^6}{p^2} = p^{6-2} = p^4, \quad p \neq 0$

(c) $\dfrac{k^7}{k^{12}} = k^{7-12} = k^{-5} = \dfrac{1}{k^5}, \quad k \neq 0$

(d) $\dfrac{2^7}{2^{-3}} = 2^{7-(-3)} = 2^{7+3} = 2^{10}$

(e) $\dfrac{8^{-2}}{8^5} = 8^{-2-5} = 8^{-7} = \dfrac{1}{8^7}$

(f) $\dfrac{6}{6^{-1}} = \dfrac{6^1}{6^{-1}} = 6^{1-(-1)} = 6^2$

(g) $\dfrac{z^{-5}}{z^{-8}} = z^{-5-(-8)} = z^3, \quad z \neq 0$

(h) $\dfrac{a^3}{b^4}$, $b \neq 0$ 지수의 나눗셈 법칙을 사용할 수 없다. 왜냐하면, 밑이 다르기 때문이다. ■

연습문제 22,24,29를 풀어보자.

목표 4 지수의 거듭제곱 법칙 $(3^4)^2 = 3^4 \cdot 3^4 = 3^{4+4} = 3^8$

지수의 거듭제곱 법칙

a, b는 실수이고 m, n이 정수이면

(a) $(a^m)^n = a^{mn}$ (b) $(ab)^m = a^m b^m$ (c) $\left(\dfrac{a}{b}\right)^m = \dfrac{a^m}{b^m}$ $(b \neq 0)$

예제 6 지수의 거듭제곱 법칙

다음을 간단히 하여라.

(a) $(p^8)^3 = p^{8 \cdot 3} = p^{24}$

(b) $\left(\dfrac{2}{3}\right)^4 = \dfrac{2^4}{3^4} = \dfrac{16}{81}$

(c) $(3y)^4 = 3^4 y^4 = 81y^4$

(d) $\left(\dfrac{-2m^5}{z}\right)^3 = \dfrac{(-2)^3 m^{5 \cdot 3}}{z^3} = \dfrac{-8m^{15}}{z^3}$, $z \neq 0$. ■

연습문제 30,31,32,34를 풀어보자.

$a^n \cdot a^{-n} = a^n \cdot \dfrac{1}{a^n} = 1$ 이므로 $a^{-n} = \dfrac{1}{a^n}$ 이다. 따라서 a, $b \neq 0$이고 n이 정수이면

$$a^{-n} = \left(\frac{1}{a}\right)^n \text{ 이고 } \left(\frac{a}{b}\right)^{-n} = \left(\frac{b}{a}\right)^n$$

이다.

예제 7 분수의 음의 지수

양의 지수로 간단히 하여라.

(a) $\left(\dfrac{3}{7}\right)^{-2} = \left(\dfrac{7}{3}\right)^2 = \dfrac{49}{9}$

(b) $\left(\dfrac{4}{5}\right)^{-3} = \left(\dfrac{5}{4}\right)^3 = \dfrac{125}{64}$ ■

연습문제 21을 풀어보자.

지수의 정의와 법칙

m, n은 임의의 정수이고, 모든 실수 a, b에 대하여 다음이 성립한다.

$$a^m \cdot a^n = a^{m+n}, \quad \frac{a^m}{a^n} = a^{m-n} \quad (a \neq 0)$$

$$a^0 = 1 \quad (a \neq 0), \quad a^{-n} = \frac{1}{a^n} \quad (a \neq 0)$$

$$(a^m)^n = a^{mn}, \quad (ab)^m = a^m b^m, \quad \left(\frac{a}{b}\right)^m = \frac{a^m}{b^m} \quad (b \neq 0)$$

목표 5 지수식 간단히 하기

예제 8

모든 변수는 0이 아닌 실수일 때, 지수를 음수가 아닌 수로 간단히 하여라.

(a) $3^2 \cdot 3^{-5} = 3^{2+(-5)} = 3^{-3} = \frac{1}{3^3} = \frac{1}{27}$

(b) $x^{-3}x^{-4}x^2 = x^{-3+(-4)+2} = x^{-5} = \frac{1}{x^5}$

(c) $(4^{-2})^{-5} = 4^{(-2)(-5)} = 4^{10}$

(d) $(x^{-4})^6 = x^{(-4)6} = x^{-24} = \frac{1}{x^{24}}$

(e)
$$\begin{aligned}\frac{x^{-4}y^2}{x^2y^{-5}} &= \frac{x^{-4}}{x^2} \cdot \frac{y^2}{y^{-5}} \\ &= x^{-4-2} \cdot y^{2-(-5)} \\ &= x^{-6} \cdot y^7 \\ &= \frac{y^7}{x^6}\end{aligned}$$

(f)
$$\begin{aligned}\left(\frac{3x^2}{y}\right)^2 \left(\frac{4x^3}{y^{-2}}\right)^{-1} &= \frac{3^2(x^2)^2}{y^2} \cdot \frac{y^{-2}}{4x^3} \\ &= \frac{9x^4}{y^2} \cdot \frac{y^{-2}}{4x^3} \\ &= \frac{9}{4}x^{4-3}y^{-2-2} \\ &= \frac{9x}{4y^4}\end{aligned}$$

연습문제 35,36,45를 풀어보자.

5.1 연습문제

[1~5] 다음을 간단히 하여라.

1. $13^4 \cdot 13^8$
2. $x^3 \cdot x^5 \cdot x^9$
3. $(-3w^5)(9w^3)$
4. $(2x^2y^5)(9xy^3)$
5. $r^2 \cdot s^4$

[6~11] 모든 변수는 0이 아닌 실수일 때 다음을 계산하여라.

6. 25^0
7. -7^0
8. $(-15)^0$
9. $3^0 + (-3)^0$
10. $-3^0 + 3^0$
11. $-4^0 - m^0$

[12~21] 모든 변수는 0이 아닌 실수일 때, 다음을 양의 지수로 간단히 하여라.

12. 5^{-4}
13. $(4x)^{-2}$
14. $4x^{-2}$
15. $-a^{-3}$
16. $(-a)^{-4}$
17. $5^{-1}+6^{-1}$
18. $8^{-1}-3^{-1}$
19. $\dfrac{1}{4^{-2}}$
20. $\dfrac{2^{-2}}{3^{-3}}$
21. $\left(\dfrac{2}{3}\right)^{-3}$

[22~29] 모든 변수는 0이 아닌 실수일 때, 다음을 양의 지수로 간단히 하여라.

22. $\dfrac{4^8}{4^6}$
23. $\dfrac{x^{12}}{x^8}$
24. $\dfrac{r^7}{r^{10}}$
25. $\dfrac{6^4}{6^{-2}}$
26. $\dfrac{5^{-4}}{5^2}$
27. $\dfrac{7}{7^{-1}}$
28. $\dfrac{s^{-4}}{s^{-8}}$
29. $\dfrac{x^3}{y^2}$

[30~34] 모든 변수는 0이 아닌 실수일 때, 다음을 양의 지수로 간단히 하여라.

30. $(x^3)^6$
31. $\left(\dfrac{3}{5}\right)^3$
32. $(4t)^3$
33. $(-6x^2)^3$
34. $\left(\dfrac{-4m^2}{t}\right)^3$

[35~47] 모든 변수는 0이 아닌 실수일 때, 다음을 음이 아닌 지수로 간단히 하여라.

35. $a^{-3}a^2a^{-4}$
36. $(k^2)^{-3}k^4$
37. $-4r^{-2}(r^4)^2$
38. $(5a^{-1})^4(a^2)^{-3}$
39. $(z^{-4}x^3)^{-1}$
40. $7k^2(-2k)(4k^{-5})^0$
41. $\dfrac{(m^4)^0}{9m^{-3}}$
42. $\dfrac{(3pq)q^2}{6p^2q^4}$
43. $\dfrac{12k^{-2}(k^{-3})^{-4}}{6k^5}$
44. $\dfrac{(3r^2)^2r^{-5}}{r^{-2}r^3}(2r^{-6})^2$
45. $\left(\dfrac{2p}{q^2}\right)^3\left(\dfrac{3p^4}{q^{-4}}\right)^{-1}$
46. $\dfrac{2^2y^4(y^{-3})^{-1}}{2^5y^{-2}}$
47. $\dfrac{(-5y^3z^4)^2(2yz^5)^{-2}}{10(y^4z)^3(3y^3z^2)^{-1}}$

5.2 다항식의 덧셈과 뺄셈

[학·습·목·표]
1. 다항식의 정의와 차수
2. 다항식의 덧셈과 뺄셈

목표 1 다항식의 정의와 차수 우리는 수를 나타내기 위하여 종종 문자를 사용한다. 사용한 문자를 주어진 수 집합의 임의의 수로 나타내면, 이 문자를 변수(variable)라고 말하며, 상수(constant)란 3 또는 2와 같은 고정된 수이거나 또는 고정된 수를 나타내는 문자를 말한다.

다항식

숫자와 문자 혹은 문자와 문자의 곱으로만 이루어진 식을 단항식(monomial)이라 하고, 몇 개의 단항식의 합으로 나타낸 식을 다항식(polynomial)이라고 한다. 정의로부터 단항식은 다항식이다.

한 변수의 단항식(monomial)은 하나의 상수와, 한 변수의 음이 아닌 정수의 거듭제곱을 말한다. 즉, 단항식은 ax^k꼴이다. 여기서 a는 상수, x는 변수, $k \geq 0$는 정수다. 이때, 상수 a를 이 단항식의 계수(coefficient)라 하고, $a \neq 0$일 때 k를 이 단항식의 차수(degree)라 한다.

- 다항식의 예 $3x-5,\quad 4m^3-5m^2p+8,\quad -5t^2s^3$
- 다항식이 아닌 예 $x^{-1}+3x^{-2},\quad \sqrt{9-x},\quad \dfrac{1}{x}$

예제 1 내림차순으로 다항식 쓰기

다음을 내림차순으로 나타내어라.

(a) $y-6y^3+8y^5-9y^4+12$를 내림차순으로 나타내면 $8y^5-9y^4-6y^3+y+12$이다.

(b) $-2+m+6m^2-4m^3$을 내림차순으로 나타내면 $-4m^3+6m^2+m-2$이다. ■

연습문제 1을 풀어보자.

다항식의 유형	예
항 1개	$5x,\ 7m^9,\ -8,\ x^2y^2$
항 2개	$3x^2-6,\ 5a^2b+3a$
항 3개	$y^2+11y+6,\ -3+2k^5+9z^4$

다항식	차수
$9x^2-5x+8$	2
$17m^9+18m^{14}-9m^3$	14
$5x$	1
-2	0
$5a^2b^5$	7
$x^3y^9+12xy^4+7xy$	12

연습문제 10을 풀어보자.

목표 2 다항식의 덧셈과 뺄셈

예제 2 동류항 계산

동류항끼리 계산하여라.

(a) $-5y^3+8y^3-y^3=(-5+8-1)y^3=2y^3$

(b) $6x+5y-9x+2y=6x-9x+5y+2y=-3x+7y$

(c) $5x^2y-6xy^2+9x^2y+13xy^2=5x^2y+9x^2y-6xy^2+13xy^2=14x^2y+7xy^2$ ■

연습문제 16, 21을 풀어보자.

예제 3 다항식의 덧셈

$$\begin{aligned}(3a^5-9a^3+4a^2)+(-8a^5+8a^3+2)&=3a^5-8a^5-9a^3+8a^3+4a^2+2\\&=-5a^5-a^3+4a^2+2\end{aligned}$$ ■

연습문제 25를 풀어보자.

예제 4 다항식의 뺄셈

$$\begin{aligned}(-6m^2-8m+5)-(-5m^2+7m-8)&=-6m^2-8m+5+5m^2-7m+8\\&=-6m^2+5m^2-8m-7m+5+8\\&=-m^2-15m+13\end{aligned}$$ ■

연습문제 32를 풀어보자.

5.2 연습문제

[1~3] 다음 다항식을 내림차순으로 나타내어라.

1. $2x^3 + x - 3x^2 + 4$
2. $4p^3 - 8p^5 + p^7$
3. $4 - x + 3x^2$

[4~7] 다음 단항식의 차수와 계수를 구하라.

4. $7z$
5. $-27k^3$
6. $\dfrac{t}{6}$
7. $-mn^5$

[8~12] 다음 다항식의 항과 차수를 구하라.

8. 25
9. $7m - 22$
10. $-7y^6 + 11y^8$
11. $4z^2 - 11z + 2$
12. $8s^3t - 4s^2t^2 + 2st^3 + 9$

[13~24] 다음을 간단히 하여라.

13. $5z^4 + 3z^4$
14. $3p^4 + 5p^4 - 2p^4$
15. $x + x + x + x + x$
16. $y^2 + 7y - 4y^2$
17. $5a^5 + 2a^4 - 9a^3$
18. $2c^2 - 4 + 8 - c^2$
19. $2k + 3k^2 + 5k^2 - 7$
20. $n^4 - 2n^3 + n^2 - 3n^4 + n^3$
21. $3ab^2 + 7a^2b - 5ab^2 + 13a^2b$
22. $4 - (2 + 3m) + 6m + 9$
23. $8a - (3a + 4) - (5a - 3)$
24. $4x - 8 - (-1 + x) - (11x + 5)$

[25~32] 다음을 더하거나 빼서 간단히 하여라.

25. $(5x^2 + 7x - 4) + (3x^2 - 6x + 2)$
26. $(y^3 + 3y + 2) + (4y^3 - 3y^2 + 2y - 1)$
27. $(3r + 8) - (2r - 5)$
28. $(2a^2 + 3a - 1) - (4a^2 + 5a + 6)$
29. $(4k^3 + k^2 + k) + (2k^3 - 4k^2 - 3k)$
30. $(2x^5 - 2x^4 + x^3 - 1) + (x^4 - 3x^3 + 2)$
31. $(2d + 7) - (3d - 1)$
32. $(z^5 + 3z^2 + 2z) - (4z^5 + 2z^2 - 5z)$

5.3 다항함수

[학·습·목·표]

1. 다항함수의 계산
2. 다항함수의 덧셈과 뺄셈
3. 기본적인 다항함수의 그래프

목표 1 다항함수의 계산 3장에서 우리는 $f(x)=ax+b$로 정의된 선형 함수(일차 다항식)를 공부했다. 이제 더 일반적인 다항함수에 대해 알아보자.

다항함수

실수 $a_n,\ a_{n-1},\ \cdots,\ a_1,\ a_0,\ a_n \neq 0$에 대하여

$$f(x) = a_n x^n + a_{n-1}x^{n-1} + \cdots + a_1 x + a_0$$

를 n차 다항함수라 한다. n은 음이 아닌 정수이다.

《예제 1》 다항함수의 계산

$f(x) = 4x^3 - x^2 + 5$일 때, 다음 값을 찾아라.

(a) $f(3) = 4(3)^3 - 3^2 + 5$
$= 4(27) - 9 + 5$
$= 108 - 9 + 5$
$= 104$

(b) $f(-4) = 4(-4)^3 - (-4)^2 + 5$
$= 4(-64) - 16 + 5$
$= -267$

연습문제 2를 풀어보자.

목표 2 다항함수의 덧셈과 뺄셈

다항함수의 덧셈과 뺄셈

함수 $f(x)$와 $g(x)$가 정의될 때

$$(f+g)(x) = f(x) + g(x)$$
$$(f-g)(x) = f(x) - g(x)$$

이 경우, 새로운 함수의 정의역은 $f(x)$와 $g(x)$의 정의역의 교집합이다.

예제 2 함수의 덧셈과 뺄셈

$f(x) = x^2 - 3x + 7$, $g(x) = -3x^2 - 7x + 7$에 대하여 다음을 구하라.

(a) $(f+g)(x) = f(x) + g(x)$

$$= (x^2 - 3x + 7) + (-3x^2 - 7x + 7)$$

$$= -2x^2 - 10x + 14$$

(b) $(f-g)(x) = f(x) - g(x)$

$$= (x^2 - 3x + 7) - (-3x^2 - 7x + 7)$$

$$= 4x^2 + 4x$$

$$= (x^2 - 3x + 7) + (3x^2 + 7x - 7)$$

■

연습문제 8을 풀어보자.

예제 3 함수의 덧셈과 뺄셈

$f(x) = 10x^2 - 2x$, $g(x) = 2x$에 대하여 다음을 구하라.

(a) $(f+g)(2) = f(2) + g(2)$

$$= [10(2)^2 - 2(2)] + 2(2)$$

$$= 40$$

다른 방법으로

$$(f+g)(x) = f(x) + g(x)$$

$$= (10x^2 - 2x) + 2x$$

$$= 10x^2$$

그러면 $(f+g)(2) = 10(2)^2 = 40$.

(b) $(f-g)(x) = f(x) - g(x)$

$$= (10x^2 - 2x) - 2x$$

$$= 10x^2 - 4x$$

$$(f-g)(1) = 10(1)^2 - 4(1) = 6$$

■

연습문제 10, 12를 풀어보자.

목표 3 기본적인 다항함수의 그래프

항등함수 $f(x) = x$의 정의역과 치역은 $(-\infty, \infty)$이다.

x	$f(x) = x$
-2	-2
-1	-1
0	0
1	1
2	2

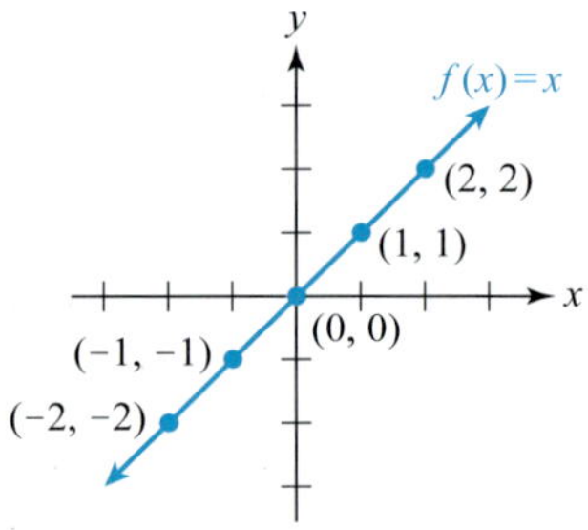

그림 1

이차함수 $f(x) = x^2$의 정의역은 $(-\infty, \infty)$, 치역은 $[0, \infty)$이다.

x	$f(x) = x^2$
-2	4
-1	1
0	0
1	1
2	4

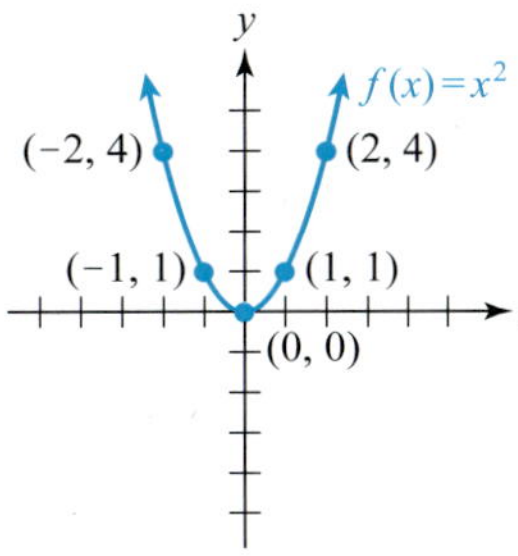

그림 2

삼차함수 $f(x) = x^3$의 정의역은 $(-\infty, \infty)$, 치역은 $(-\infty, \infty)$이다.

x	$f(x) = x^3$
-2	-8
-1	-1
0	0
1	1
2	8

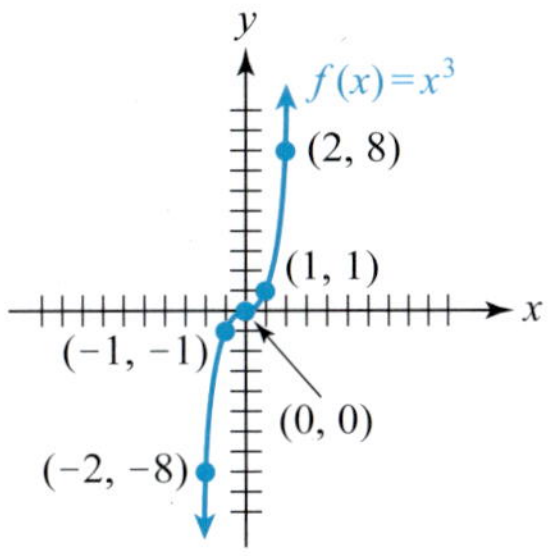

그림 3

예제 4 일차, 이차, 삼차함수의 그래프

다음 함수의 순서쌍의 표를 완성하고 정의역과 치역을 구하고, 그래프를 그려라.

(a) $f(x) = 2x$

풀이 정의역과 치역은 모두 실수 전체 $(-\infty, \infty)$이다.

x	$f(x) = 2x$
-2	-4
-1	-2
0	0
1	2
2	4

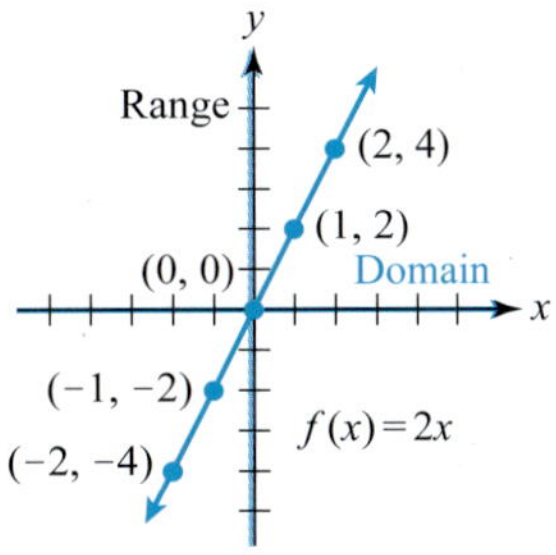

그림 4

(b) $f(x) = -x^2$

풀이 정의역은 $(-\infty, \infty)$, 치역은 $(-\infty, 0]$이다.

x	$f(x) = -x^2$
-2	-4
-1	-1
0	0
1	-1
2	-4

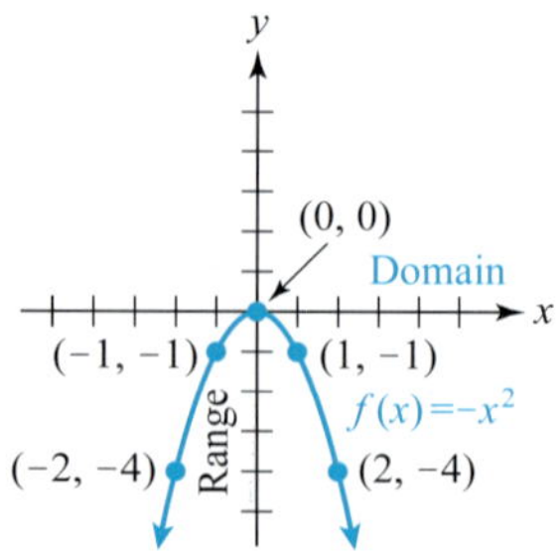

그림 5

(c) $f(x) = x^3 - 2$

풀이 정의역과 치역은 모두 실수 전체 $(-\infty, \infty)$이다.

x	$f(x) = x^3 - 2$
-2	-10
-1	-3
0	-2
1	-1
2	6

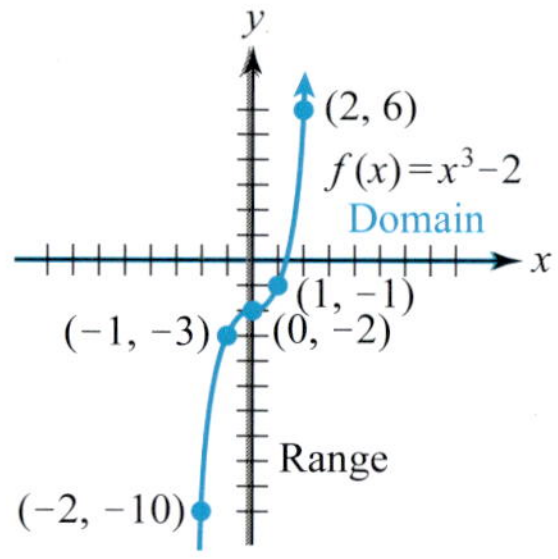

그림 6

■

연습문제 19, 20, 21을 풀어보자.

5.3 연습문제

[1~6] 다음 다항함수에 대하여 (a) $f(-1)$과 (b) $f(2)$를 구하라.

1. $f(x) = 6x - 4$
2. $f(x) = x^2 - 3x + 4$
3. $f(x) = -4x^4 + 2x^2 - 1$
4. $f(x) = 3x^2 + x - 5$
5. $f(x) = -x^2 + 2x^3 - 8$
6. $f(x) = -x^2 - x^3 + 11x$

[7~9] 다음 다항함수에 대하여 (a) $(f+g)(x)$와 (b) $(f-g)(x)$를 구하라.

7. $f(x) = 5x - 10,\quad g(x) = 3x + 7$
8. $f(x) = 4x^2 + 8x - 3,\quad g(x) = -5x^2 + 4x - 9$
9. $f(x) = 3x^2 - 9x + 10,\quad g(x) = -4x^2 + 2x + 12$

[10~18] 다음 다항함수 $f(x) = x^2 - 9,\ g(x) = 2x,\ h(x) = x - 3$에 대하여, 다음을 구하라.

10. $(f+g)(x)$
11. $(f-g)(x)$
12. $(f+g)(3)$
13. $(f-g)(-3)$
14. $(f+h)(x)$
15. $(f+h)(-2)$
16. $(f-h)(x)$
17. $(f-h)(-3)$
18. $(g+h)(-10)$

[19~24] 다음 함수의 그래프와 정의역과 치역을 구하라.

19. $f(x) = -2x+1$
20. $f(x) = -3x^2$
21. $f(x) = x^3 + 1$
22. $f(x) = 3x+2$
23. $f(x) = \dfrac{1}{2}x^2$
24. $f(x) = -x^3 + 2$

5.4 다항식의 곱셈

학·습·목·표

1. 항들을 곱하기
2. 두 개의 다항식 곱하기
3. 두 항을 가진 다항식의 곱셈
4. 두 항의 합과 차의 곱 구하기
5. 두 항을 가진 다항식의 제곱 구하기
6. 다항함수의 곱하기

목표 1 항들을 곱하기 $3x^4$과 $5x^3$의 곱은 교환법칙과 결합법칙을 적용하여 구할 수 있다는 것을 기억하자.

$$\begin{aligned}(3x^4)(5x^3) &= 3 \cdot 5 \cdot x^4 \cdot x^3 \\ &= 15x^{4+3} \\ &= 15x^7\end{aligned}$$

예제 1 단항식의 곱

곱을 구하라.

(a) $-4a^3(3a^5) = -4(3)a^3 \cdot a^5 = -12a^8$

(b) $2m^2z^4(8m^3z^2) = 2(8)m^2 \cdot m^3 \cdot z^4 \cdot z^2 = 16m^5z^6$ ■

연습문제 5, 7을 풀어보자.

목표 2 두 개의 다항식 곱하기 두 개의 다항식의 곱을 구하기 위해서 분배법칙을 활용한다.

예제 2 다항식의 곱

곱을 구하라.

(a) $$\begin{aligned}-2(8x^3-9x^2) &= -2(8x^3)-2(-9x^2) \quad \text{분배법칙} \\ &= -16x^3+18x^2\end{aligned}$$

(b) $$\begin{aligned}5x^2(-4x^2+3x-2) &= 5x^2(-4x^2)+5x^2(3x)+5x^2(-2) \\ &= -20x^4+15x^3-10x^2\end{aligned}$$

(c) $(3x-4)(2x^2+x)$

분배법칙을 이용하여 $2x^2+x$의 각 항에 $3x-4$를 곱한다.

$$(3x-4)(2x^2+x) = (3x-4)(2x^2)+(3x-4)(x)$$

여기서 $3x-4$는 하나의 식이기 때문에 분배법칙이 적용될 수 있다. 분배법칙을 두 번 더 활용해보자.

$$\begin{aligned}(3x-4)(2x^2+x) &= (3x-4)(2x^2)+(3x-4)(x)\\ &= 3x(2x^2)+(-4)(2x^2)+(3x)(x)+(-4)(x)\\ &= 6x^3-8x^2+3x^2-4x\\ &= 6x^3-5x^2-4x\end{aligned}$$

(d) $$\begin{aligned}2x^2(x+1)(x-3) &= 2x^2[(x+1)(x)+(x+1)(-3)]\\ &= 2x^2[x^2+x-3x-3]\\ &= 2x^2(x^2-2x-3)\\ &= 2x^4-4x^3-6x^2\end{aligned}$$

■

연습문제 11, 13, 19를 풀어보자.

종종 다항식의 곱을 열로 쉽게 풀 수 있다. 예제 2(c) $(3x-4)(2x^2+x)$의 곱을 열로 풀어보는 방법은 다음과 같다. (24×78과 같이 2개의 수를 곱하는 것과 어떻게 비슷한지 생각해 보자.)

1. x와 $3x-4$를 곱한다.

$$\begin{array}{rr} & 3x-4 \\ & \underline{2x^2+x} \\ x(3x-4) \rightarrow & 3x^2-4x \end{array}$$

2. $2x^2$과 $3x-4$를 곱한다.
   곱한 값은 같은 항끼리 열을 맞추어 적는다.

$$\begin{array}{rrrr} & & 3x & -4 \\ & & \underline{2x^2} & \underline{+x} \\ & & 3x^2 & -4x \\ 2x^2(3x-4) \rightarrow & \underline{6x^3} & \underline{-8x^2} & \\ & 6x^3 & -5x^2 & -4x \end{array}$$

3. 같은 항끼리 합친다.

예제 3 열을 이용한 다항식의 곱

곱을 구하라.

(a) $(5a-2b)(3a+b)$

풀이

$$\begin{array}{rrrl} & 5a & -2b & \\ & 3a & +\ b & \\ \hline & 5ab & -2b^2 & \leftarrow b(5a-2b) \\ 15a^2 & -6ab & & \leftarrow 3a(5a-2b) \\ \hline 15a^2 & -ab & -2b^2 & \text{같은 항은 합친다.} \end{array}$$

(b) $(3m^3-2m^2+4)(3m-5)$

풀이

$$\begin{array}{rrl} & 3m^3-2m^2 \qquad +4 & \\ & 3m \qquad -5 & \\ \hline & -15m^3+10m^2 \qquad -20 & \quad -5(3m^3-2m^2+4) \\ 9m^4- & 6m^3 \qquad +12m \qquad & \quad 3m(3m^3-2m^2+4) \\ \hline 9m^4- & 21m^3+10m^2+12m-20 & \quad \text{같은 항은 합한다.} \end{array}$$

■

✎ 연습문제 25를 풀어보자.

ⓘ **주의** 다항식의 곱에 직사각형을 이용할 수 있다.

$$(5a-2b)(3a+b)$$

예제 3(a)의 곱을 구하기 위해서 각 항들을 직사각형에 아래와 같이 적는다. 그리고 각 단항식의 곱을 아래와 같이 적는다.

	$3a$	b
$5a$		
$-2b$		

	$3a$	b
$5a$	$15a^2$	$5ab$
$-2b$	$-6ab$	$-2b^2$

이 다항식의 곱은 이 네 개의 단항식의 곱의 합과 같다.

$$\begin{aligned}(5a-2b)(3a+b) &= 15a^2+5ab-6ab-2b^2 \\ &= 15a^2-ab-2b^2\end{aligned}$$

목표 3 두 항을 가진 다항식의 곱셈 다항식을 다룰 때 2개 항을 가진 다항식들의 곱은 되풀이되어 나타난다. 이 곱들을 해결할 수 있는 쉬운 방법을 생각해보자. 2개 항을 가진 다항식은 $3x-4$, $2x+3$과 같이 2개 항밖에 없다는 것을 기억하자. 분배법칙을 통하여 아래와 같이 2개 항을 가진 다항식의 곱을 구할 수 있다.

$$\begin{aligned}(3x-4)(2x+3) &= 3x(2x+3)-4(2x+3) \\ &= 3x(2x)+3x(3)-4(2x)-4(3) \\ &= 6x^2+9x-8x-12\end{aligned}$$

가장 간단한 방법을 찾기 위해 항들을 합하기 전, 처음 4개 항을 살펴보자.

첫 번째 항들의 곱은 $6x^2$이다.

$(3x-4)(2x+3) \qquad 3x(2x)=6x^2 \qquad$ 첫 번째 항들

바깥쪽 항들의 곱은 $9x$이다.

$(3x-4)(2x+3) \qquad 3x(3)=9x \qquad$ 밖의 항들

안쪽 항들의 곱은 $-8x$이다.

$(3x-4)(2x+3) \qquad -4(2x)=-8x \qquad$ 안쪽 항들

마지막 항들의 곱은 -12이다.

$$(3x-4)(2x+3) \qquad -4(3)=-12 \qquad \text{마지막 항들}$$

이 네 가지 결과를 합쳐서 나온 것은 다음과 같다.

$$\begin{aligned}(3x-4)(2x+3)&=6x^2+9x+(-8x)+(-12)\\&=6x^2+x-12\end{aligned}$$

우리는 이 곱셈 형식을 FOIL(First, Outer, Inner, Last)이라고 말한다. FOIL의 순서는 아래와 같다. 이 방법의 순서를 연습해보도록 하자.

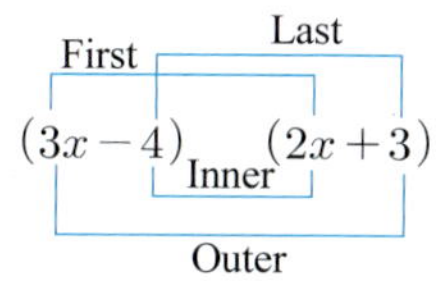

예제 4 FOIL 방법을 사용

FOIL 방법을 사용하여 아래의 곱을 구하라.

(a) $(4m-5)(3m+1)$

풀이

First terms	$(4m-5)(3m+1)$	$4m(3m)$	$=12m^2$
Outer terms	$(4m-5)(3m+1)$	$4m(1)$	$=4m$
Inner terms	$(4m-5)(3m+1)$	$-5(3m)$	$=-15m$
Last terms	$(4m-5)(3m+1)$	$-5(1)$	$=-5$

4개의 항을 합치면 다음과 같이 간단하게 나타낼 수 있다.

$$\begin{aligned}(4m-5)(3m+1)&=\overset{\text{F}}{12m^2}+\overset{\text{O}}{4m}-\overset{\text{I}}{15m}-\overset{\text{L}}{5}\\&=12m^2-11m-5\end{aligned}$$

(b) $(6a-5b)(3a+4b)=18a^2+24ab-15ab-20b^2$
$\qquad=18a^2+9ab-20b^2$

(c) $(2k+3z)(5k-3z)=10k^2-6kz+15kz-9z^2$
$\qquad=10k^2+9kz-9z^2$

■

연습문제 35, 39를 풀어보자.

목표 4 두 항의 합과 차의 곱 구하기 두 개의 항을 가진 다항식의 곱 중 다음 형식은 자주 나타난다. x, y 두 항의 합과 차의 곱은

$$\begin{aligned}(x+y)(x-y)&=x^2-xy+xy-y^2\\&=x^2-y^2\end{aligned}$$

두 항의 합과 차의 곱

x와 y의 합과 차의 곱은 x^2과 y^2의 차와 같다.

$$(x+y)(x-y)=x^2-y^2$$

《예제 5》 두 항의 합과 차의 곱 구하기

각각의 곱을 구하라.

(a) $(p+7)(p-7)=p^2-7^2$
$=p^2-49$

(b) $(2r+5)(2r-5)=(2r)^2-5^2$
$=2^2r^2-25$
$=4r^2-25$

(c) $(6m+5n)(6m-5n)=(6m)^2-(5n)^2$
$=36m^2-25n^2$

(d) $2x^3(x+3)(x-3)=2x^3(x^2-9)$
$=2x^5-18x^3$ ■

연습문제 47, 51을 풀어보자.

목표 5 두 항을 가진 다항식의 제곱 구하기 이항식의 곱의 특별한 형태는 이항식의 제곱이다. $x+y$의 제곱 또는 $(x+y)^2$을 구하기 위해서 $x+y$를 $x+y$와 곱한다.

$$(x+y)(x+y)=x^2+xy+xy+y^2$$
$$=x^2+2xy+y^2$$

차의 제곱 또한 이와 비슷한 결과를 보인다.

이항식의 제곱

이항식의 제곱은 첫 번째 항의 제곱, 두 항의 곱의 2배, 그리고 마지막 항의 제곱의 합이다.

$$(x+y)^2=x^2+2xy+y^2$$
$$(x-y)^2=x^2-2xy+y^2$$

《예제 6》 이항식의 제곱

각각의 곱을 구하라.

(a) $(m+7)^2=m^2+2\cdot m\cdot 7+7^2$
$=m^2+14m+49$

(b) $(p-5)^2=p^2-2\cdot p\cdot 5+5^2$
$=p^2-10p+25$

(c) $(2p+3v)^2=(2p)^2+2(2p)(3v)+(3v)^2$
$=4p^2+12pv+9v^2$

(d) $(3r-5s)^2=(3r)^2-2(3r)(5s)+(5s)^2$
$=9r^2-30rs+25s^2$ ■

연습문제 59, 63을 풀어보자.

> ⓘ 주의 이항식의 제곱에 관한 공식에서 다음을 주의하자.
>
> $$(x+y)^2 \neq x^2+y^2$$
>
> 더 나아가,
>
> $$(x+y)^n \neq x^n+y^n \quad (n \neq 1)$$
>
> 이다.

우리는 이 특별한 곱의 공식을 좀 더 복잡한 곱에 사용할 수 있다. 아래의 예제들을 보자.

예제 7 좀 더 복잡한 두 항을 가진 다항식의 곱

(a) $[(3p-2)+5q][(3p-2)-5q]$

$=(3p-2)^2-(5q)^2$ 항들의 합과 차의 곱

$=9p^2-12p+4-25q^2$ 두 식의 제곱

(b) $[(2z+r)+1]^2=(2z+r)^2+2(2z+r)(1)+1^2$ 이항식의 제곱

$=4z^2+4zr+r^2+4z+2r+1$ 이항식의 제곱과 분배법칙

(c) $(x+y)^3=(x+y)^2(x+y)$

$=(x^2+2xy+y^2)(x+y)$ $x+y$의 제곱

$=x^3+2x^2y+xy^2+x^2y+2xy^2+y^3$

$=x^3+3x^2y+3xy^2+y^3$

(d) $(2a+b)^4=(2a+b)^2(2a+b)^2$

$=(4a^2+4ab+b^2)(4a^2+4ab+b^2)$ $2a+b$의 제곱

$=16a^4+16a^3b+4a^2b^2+16a^3b+16a^2b^2$
$\quad +4ab^3+4a^2b^2+4ab^3+b^4$

$=16a^4+32a^3b+24a^2b^2+8ab^3+b^4$

■

연습문제 69, 73, 77을 풀어보자.

목표 6 다항함수의 곱하기 앞 장에서 우리는 함수에 관해 공부했고 함수의 합과 차를 어떻게 구하는지 배웠다. 함수는 또한 곱셈도 가능하다.

> **함수의 곱**
>
> 만약 함수 $f(x)$와 $g(x)$가 있다면,
>
> $$(fg)(x)=f(x)\cdot g(x) \qquad \text{곱하기}$$
>
> 함수의 곱의 정의역은 $f(x)$와 $g(x)$의 정의역의 교집합이 된다.

예제 8 다항함수의 곱

$f(x)=3x+4$와 $g(x)=2x^2+x$에 대하여 $(fg)(x)$와 $(fg)(-1)$를 구하라.

풀이

$$\begin{aligned}(fg)(x)&=f(x)\cdot g(x) && \text{정의를 사용}\\ &=(3x+4)(2x^2+x)\\ &=6x^3+3x^2+8x^2+4x && \text{FOIL}\\ &=6x^3+11x^2+4x && \text{동류항은 합한다}\end{aligned}$$

그리고

$$\begin{aligned}(fg)(-1)&=6(-1)^3+11(-1)^2+4(-1) && x=-1\\ &=-6+11-4\\ &=1\end{aligned}$$

$f(-1)\cdot g(-1)$와 같은 값은 무엇인가? ■

연습문제 113, 115를 풀어보자.

5.4 연습문제

[1~4] I 의 결과와 맞는 II 를 골라 연결하시오.

I	II
1. $(2x-5)(3x+4)$	A. $6x^2+23x+20$
2. $(2x+5)(3x+4)$	B. $6x^2+7x-20$
3. $(2x-5)(3x-4)$	C. $6x^2-7x-20$
4. $(2x+5)(3x-4)$	D. $6x^2-23x+20$

[5~32] 각각을 곱하여라. (예제 1~3)

5. $-8m^3(3m^2)$
6. $4p^2(-5p^4)$
7. $14x^2y^3(-2x^5y)$
8. $-5m^3n^4(4m^2n^5)$
9. $3x(-2x+5)$
10. $5y(-6y-1)$
11. $-q^3(2+3q)$
12. $-3a^4(4-a)$
13. $6k^2(3k^2+2k+1)$
14. $5r^3(2r^2-3r-4)$
15. $(2m+3)(3m^2-4m-1)$
16. $(4z-2)(z^2+3z+5)$
17. $m(m+5)(m-8)$
18. $p(p-6)(p+4)$
19. $4z(2z+1)(3z-4)$

20. $2y(8y-3)(2y+1)$

21. $4x^3(x-3)(x+2)$

22. $2y^5(y-8)(y+2)$

23. $(2y+3)(3y-4)$

24. $(5m-3)(2m+6)$

25. $\begin{array}{r} -b^2+3b+3 \\ \underline{2b+4} \end{array}$

26. $\begin{array}{r} -r^2-4r+8 \\ \underline{3r-2} \end{array}$

27. $\begin{array}{l} 5m-3n \\ \underline{5m+3n} \end{array}$

28. $\begin{array}{l} 2k+6q \\ \underline{2k-6q} \end{array}$

29. $\begin{array}{r} 2z^3-5z^2+8z-1 \\ \underline{4z+3} \end{array}$

30. $\begin{array}{r} 3z^4-2z^3+z-5 \\ \underline{2z-5} \end{array}$

31. $\begin{array}{l} 2p^2+3p+6 \\ \underline{3p^2-4p-1} \end{array}$

32. $\begin{array}{l} 5y^2-2y+4 \\ \underline{2y^2+\ \ y+3} \end{array}$

[33~44] FOIL 방법을 사용하여 아래의 문제를 풀어보자. (예제 4)

33. $(m+5)(m-8)$

34. $(p-6)(p+4)$

35. $(4k+3)(3k-2)$

36. $(5w+2)(2w+5)$

37. $(z-w)(3z+4w)$

38. $(s+t)(2s-5t)$

39. $(6c-d)(2c+3d)$

40. $(2m-n)(3m+5n)$

41. $(0.2x+1.3)(0.5x-0.1)$

42. $(0.5y-0.4)(0.1y+2.1)$

43. $\left(3w+\frac{1}{4}z\right)(w-2z)$

44. $\left(5r-\frac{2}{3}y\right)(r+5y)$

45. FOIL 방법을 설명하라.

46. 두 항의 합과 차가 왜 세 개의 항이 아닌지 설명하라.

[47~58] 각각의 문제를 풀어보자. (예제 5)

47. $(2p-3)(2p+3)$

48. $(3x-8)(3x+8)$

49. $(5m-1)(5m+1)$

50. $(6y+3)(6y-3)$

51. $(3a+2c)(3a-2c)$

52. $(5r-4s)(5r+4s)$

53. $\left(4x-\frac{2}{3}\right)\left(4x+\frac{2}{3}\right)$

54. $\left(3t+\frac{5}{4}\right)\left(3t-\frac{5}{4}\right)$

55. $(4m+7n^2)(4m-7n^2)$

56. $(2k^2+6h)(2k^2-6h)$

57. $(5y^3+2)(5y^3-2)$

58. $(3x^3+4)(3x^3-4)$

[59~66] 다음의 문제를 풀어보자. (예제 6)

59. $(y-5)^2$

60. $(a-3)^2$

61. $(2p+7)^2$

62. $(3z+8)^2$

63. $(4n+3m)^2$

64. $(5r+7s)^2$

65. $\left(k-\frac{5}{7}p\right)^2$

66. $\left(q-\frac{3}{4}r\right)^2$

67. $(x+y)^2$과 x^2+y^2은 어떻게 다른가?

68. 특별한 공식 $(x+y)(x-y)=x^2-y^2$을 이용하여 $101 \cdot 99$를 계산하라.

[69~82] 아래의 문제들을 풀어보자. (예제 7)

69. $[(5x+1)+6y]^2$
70. $[(3m-2)+p]^2$
71. $[(2a+b)-3]^2$
72. $[(4k+h)-4]^2$
73. $[(2a+b)-3][(2a+b)+3]$
74. $[(m+p)+5][(m+p)-5]$
75. $[(2h-k)+j][(2h-k)-j]$
76. $[(3m-y)+z][(3m-y)-z]$
77. $(y+2)^3$
78. $(z-3)^3$
79. $(5r-s)^3$
80. $(x+3y)^3$
81. $(q-2)^4$
82. $(r+3)^4$

[83~90] 곱을 구하여라.

83. $(2a+b)(3a^2+2ab+b^2)$
84. $(m-5p)(m^2-2mp+3p^2)$
85. $(4z-x)(z^3-4z^2x+2zx^2-x^3)$
86. $(3r+2s)(r^3+2r^2s-rs^2+2s^3)$
87. $(m^2-2mp+p^2)(m^2+2mp-p^2)$
88. $(3+x+y)(-3+x-y)$
89. $ab(a+b)(a+2b)(a-3b)$
90. $mp(m-p)(m-2p)(2m+p)$

[91~94] 다음과 같이 두 식이 주어져 있다. 두 식이 같지 않다는 것을 확인하기 위해서 $x=3$, $y=4$를 대입해보자.

91. $(x+y)^2$, x^2+y^2
92. $(x+y)^3$, x^3+y^3
93. $(x+y)^4$, x^4+y^4
94. $(x+y)^5$, x^5+y^5

[95~98] 각 도형들의 넓이를 구해보자. 변수 x의 내림차순으로 적어보자. 필요하다면 이 책에 있는 공식들을 살펴보자.

95.

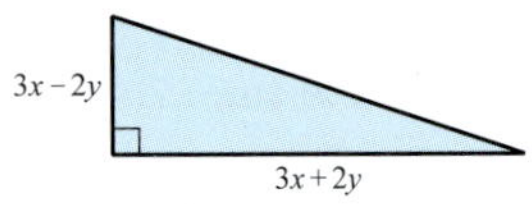

96.

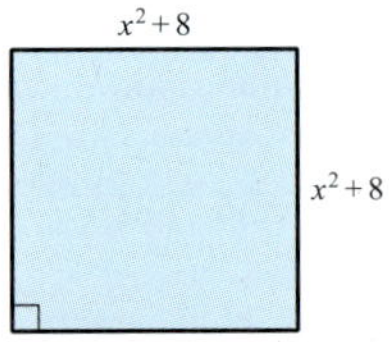

97.

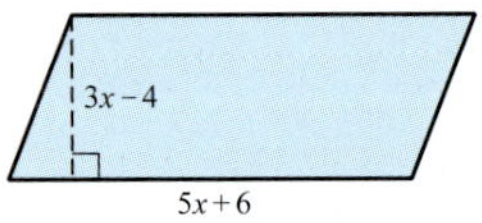

98.

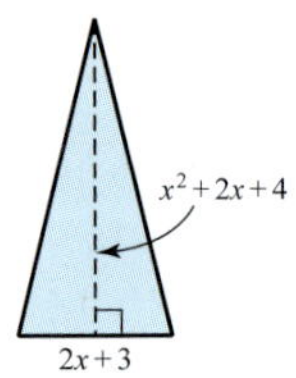

관련 개념(문제 99~106)

개인 또는 그룹 과제용

[99~106] 옆의 그림을 보고 순서대로 풀어보자.

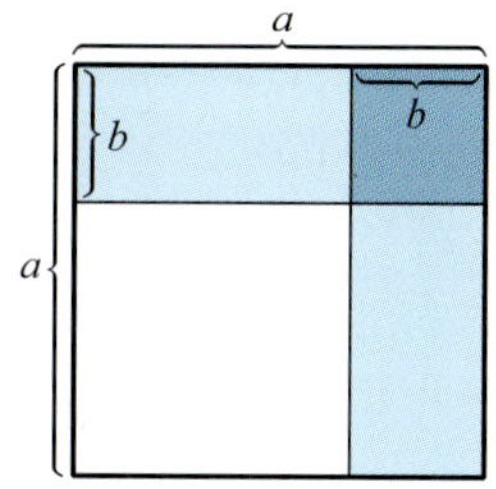

99. 흰 정사각형의 각각의 변의 길이를 a와 b를 써서 나타내어라.

100. 이 정사각형의 넓이의 식은 무엇인가? 이 식을 흰 정사각형의 넓이를 구하기 위해서 사용해 보라.

101. 하늘색 직사각형의 넓이는 ________. 그러므로 모든 하늘색의 넓이는 다항식 ________로 나타낼 수 있다.

102. 파란색 정사각형의 넓이는 __________.

103. 모든 색이 있는 부분의 넓이는 _________로 나타낼 수 있다. 왜냐하면 색이 있는 모든 부분의 각 변은 ________이기 때문이다.

104. 흰색 정사각형의 넓이는 색이 있는 부분 전체의 넓이에서 하늘색 사각형들과 파란색 사각형을 뺀 값과 같다. 이것을 a와 b를 써서 다항식으로 표현하여라.

105. (a) 연습문제 100번과 104번에서 구한 흰색 정사각형의 넓이 사이에 성립하는 관계는 무엇인가?
(b) (a)의 답을 방정식으로 표현하라. 이것은 본 절에서 무엇을 강조한 내용인가?

106. $(a+b)^2=a^2+2ab+b^2$의 도형을 그리고, 예를 들어 증명해보라.

[107~112] 각 함수들의 $(fg)(x)$를 계산하여라. (예제 8)

107. $f(x)=2x,\ g(x)=5x-1$

108. $f(x)=3x,\ g(x)=6x-8$

109. $f(x)=x+1,\ g(x)=2x-3$

110. $f(x)=x-7,\ g(x)=4x+5$

111. $f(x)=2x-3,\ g(x)=4x^2+6x+9$

112. $f(x)=3x+4,\ g(x)=9x^2-12x+16$

[113~120] $f(x)=x^2-9,\ g(x)=2x,\ h(x)=x-3$이라고 했을 때 각각의 문제를 풀어보자. (예제 8)

113. $(fg)(x)$

114. $(fh)(x)$

115. $(fg)(2)$

116. $(fh)(1)$

117. $(gh)(x)$

118. $(fh)(-1)$

119. $(gh)(-3)$

120. $(fg)(-2)$

5.5 다항식의 나눗셈

학·습·목·표

1. 다항식을 단항식으로 나누기
2. 다항식을 2개 또는 그 이상의 항으로 나누기
3. 다항함수의 나눗셈

목표 1 다항식을 단항식으로 나누기 단항식을 이용한 나누기를 시작으로 다항식 나누기에 대해 이야기해볼 것이다. (단항식이란 $8x$, $-9m^4$, $11y^2$과 같이 하나의 항으로 이루어진 것이다.)

단항식으로 나누기

다항식을 단항식으로 나누기 위해서는 다항식의 각각의 항을 단항식으로 나눈 후 약분해서 몫을 적는다.

예제 1 다항식을 단항식으로 나누기

(a) $\dfrac{15x^2-12x+6}{3}=\dfrac{15x^2}{3}-\dfrac{12x}{3}+\dfrac{6}{3}$ 각 항을 3으로 나눈다.

$=5x^2-4x+2$ 기약분수로 쓴다.

나누는 수 3을 곱해서 답을 확인해보자. $15x^2-12x+6$을 결과로 가져야 한다.

$$\underset{\text{나누는 수}}{\underset{\uparrow}{\underline{3}}}\;\underset{\text{몫}}{\underset{\uparrow}{\underline{(5x^2-4x+2)}}}=\underset{\text{원래 다항식}}{\underset{\uparrow}{\underline{15x^2-12x+6}}}$$

(b) $\dfrac{5m^3-9m^2+10m}{5m^2}=\dfrac{5m^3}{5m^2}-\dfrac{9m^2}{5m^2}+\dfrac{10m}{5m^2}$ 각 항을 $5m^2$으로 나눈다

$=m-\dfrac{9}{5}+\dfrac{2}{m}$ 기약분수로 쓴다.

이 결과는 다항식이 아니다. 2개의 다항식의 몫이 다항식이 될 필요는 없다.

(c) $\dfrac{8xy^2-9x^2y+6x^2y^2}{x^2y^2}=\dfrac{8xy^2}{x^2y^2}-\dfrac{9x^2y}{x^2y^2}+\dfrac{6x^2y^2}{x^2y^2}$

$=\dfrac{8}{x}-\dfrac{9}{y}+6$

■

연습문제 5, 9, 11을 풀어보자.

목표 2 다항식을 2개 또는 그 이상의 항으로 나누기 단항식이 아닌 다항식으로 다항식을 나누는 과정은 모든 숫자를 나누는 것과 비슷하다.

《예제 2》 다항식을 다항식으로 나누기

$\dfrac{2m^2+m-10}{m-2}$을 나눠보자.

풀이 문제를 숫자들을 나누는 것처럼 적어보자. 2개의 다항식을 변수의 내림차순으로 적어야 한다.

$$m-2\overline{)\,2m^2+m-10}$$

$2m^2+m-10$의 첫 항을 $m-2$의 첫 항으로 나눈다. $\dfrac{2m^2}{m}=2m$, 나온 결과를 윗줄에 적는다.

$$\begin{array}{rl} 2m & \leftarrow \dfrac{2m^2}{m}\text{의 결과} \\ m-2\overline{)\,2m^2+m-10} & \end{array}$$

$m-2$와 $2m$를 곱해서 $2m^2+m-10$ 아래에 적는다.

$$\begin{array}{rl} 2m & \\ m-2\overline{)\,2m^2+\ m-10} & \\ \underline{2m^2-4m} & \leftarrow 2m(m-2)=2m^2-4m \end{array}$$

$2m^2+m$에서 $2m^2-4m$을 뺀다.

$$\begin{array}{rl} 2m & \\ m-2\overline{)\,2m^2+\ m-10} & \\ \underline{2m^2-4m} & \\ 5m & \leftarrow \text{빼기. 차는 } 5m\text{이다} \end{array}$$

-10을 밑으로 가져 오고 $5m$을 m으로 나누자.

$$\begin{array}{rl} 2m+5 & \leftarrow \dfrac{5m}{m}=5 \\ m-2\overline{)\,2m^2+\ m-10} & \\ \underline{2m^2-4m} & \\ 5m-10 & \leftarrow -10\text{을 밑으로 가져 온다.} \\ \underline{5m-10} & \leftarrow 5(m-2)=5m-10 \\ 0 & \leftarrow \text{빼기. 차는 } 0\text{이다} \end{array}$$

마침내 $(2m^2+m-10)\div(m-2)=2m+5$가 나왔다. $m-2$와 $2m+5$를 곱하여 확인해보자. 결과는 $2m^2+m-10$이여야 한다. ■

연습문제 17을 풀어보자.

《예제 3》 누락된 항을 갖는 다항식

$3x^3-2x+5$를 $x-3$으로 나눠보자.

풀이 $3x^3-2x+5$의 변수가 내림차순으로 적힌 것을 확인한 후, 0을 계수로 갖는 x^2항을 추가시킨다.

$$x-3\overline{)\ 3x^3+0x^2-2x+5}$$

$$\uparrow$$

누락된 항

$\dfrac{3x^3}{x}=3x^2$ 으로 시작하자.

$$\begin{array}{rl}
\begin{array}{r}
3x^2 \\
x-3\overline{)3x^3+0x^2-2x+5} \\
\underline{3x^3-9x^2}
\end{array} &
\begin{array}{l}
\leftarrow \dfrac{3x^3}{x}=3x^2 \\
\\
\leftarrow 3x^2(x-3)
\end{array}
\end{array}$$

$3x^3-9x^2$의 부호를 바꾸어 더하는 것으로 빼기를 한다.

$$\begin{array}{r}
3x^2 \\
x-3\overline{)3x^3+0x^2-2x+5} \\
\underline{3x^3-9x^2} \\
9x^2
\end{array} \quad \leftarrow \text{빼기}$$

다음 항을 밑으로 보내자.

$$\begin{array}{r}
3x^2 \\
x-3\overline{)3x^3+0x^2-2x+5} \\
\underline{3x^3-9x^2} \\
9x^2-2x
\end{array} \quad \leftarrow -2x\text{를 아래로 가져 온다.}$$

다음 단계는, $\dfrac{9x^2}{x}=9x$

$$\begin{array}{rl}
\begin{array}{r}
3x^2+\ 9x \\
x-3\overline{)3x^3+0x^2-\ 2x+5} \\
\underline{3x^3-9x^2} \\
9x^2-\ 2x \\
\underline{9x^2-27x} \\
25x+5
\end{array} &
\begin{array}{l}
\leftarrow \dfrac{9x^2}{x}=9x \\
\\
\\
\\
\leftarrow 9x(x-3) \\
\leftarrow \text{빼기; 5를 아래로 내린다}
\end{array}
\end{array}$$

마침내, $\dfrac{25x}{x}=25$

$$\begin{array}{rl}
\begin{array}{r}
3x^2+\ 9x+25 \\
x-3\overline{)3x^3+0x^2-\ 2x+\ 5} \\
\underline{3x^3-9x^2} \\
9x^2-\ 2x \\
\underline{9x^2-27x} \\
25x+\ 5 \\
\underline{25x-75} \\
80
\end{array} &
\begin{array}{l}
\leftarrow \dfrac{25x}{x}=25 \\
\\
\\
\\
\\
\\
\leftarrow 25(x-3) \\
\leftarrow \text{나머지}
\end{array}
\end{array}$$

나머지 80을 분자로 적으면 $\dfrac{80}{x-3}$이 된다. 요약하자면,

$$\frac{3x^3-2x+5}{x-3}=3x^2+9x+25+\frac{80}{x-3}$$

$x-3$과 $3x^2+9x+25$를 곱하고 80을 더해서 확인해보자. 결과는 $3x^3-2x+5$가 나와야 한다. ■

✎연습문제 33을 풀어보자.

> ⓘ 주의 $\frac{\text{나머지}}{\text{나누는 다항식}}$가 답의 일부분으로 포함되어야 함을 꼭 기억하자.

《예제 4》 다항식을 누락된 항을 갖는 다항식으로 나누기

$6r^4+9r^3+2r^2-8r+7$을 $3r^2-2$로 나눠보자.

풀이 다항식 $3r^2-2$는 누락된 항을 갖고 있다. $3r^2+0r-2$로 적고 나눗셈을 해보자.

$$\begin{array}{r}
2r^2+3r+\ \ 2 \\
3r^2+0r-2\overline{\big)\,6r^4+9r^3+2r^2-8r+\ \ 7} \\
\underline{6r^4+0r^3-4r^2\qquad\qquad\quad} \\
9r^3+6r^2-8r\qquad \\
\underline{9r^3+0r^2-6r\qquad} \\
6r^2-2r+\ \ 7 \\
\underline{6r^2+0r-\ \ 4} \\
-2r+11
\end{array}$$

(↑ 누락된 항: $0r$)

나머지 $-2r+11$의 차수가 나누는 식 $3r^2-2$의 차수보다 낮으므로 이 나눗셈 과정은 종료된다. 결과는

$$2r^2+3r+2+\frac{-2r+11}{3r^2-2}$$ ■

✎연습문제 37을 풀어보자.

> ⓘ 주의 다항식을 2개 또는 그 이상의 항으로 나눌 때 아래의 과정을 기억하자.
> 1. 두 다항식이 내림차순으로 적힌 것을 확인하자.
> 2. 누락된 항이 있다면 0을 넣어 적어두자.

《예제 5》 몫에 분수 계수를 갖는 나눗셈

$2p^3+5p^2+p-2$를 $2p+2$로 나눠보자.

풀이

$$\frac{3p^2}{2p}=\frac{3}{2}p$$

$$
\begin{array}{r}
p^2+\frac{3}{2}p-1 \\
2p+2\overline{)\,2p^3+5p^2+\quad p-2} \\
\underline{2p^3+2p^2\qquad\qquad} \\
3p^2+\quad p\qquad \\
\underline{3p^2+\ 3p\qquad} \\
-2p-2 \\
\underline{-2p-2} \\
0
\end{array}
$$

나머지가 0이므로 몫은 $p^2+\frac{3}{2}p-1$이 된다. ■

✎연습문제 39를 풀어보자.

목표 3 다항함수의 나눗셈 앞 절에서 다항함수들을 더하고 빼고 곱하기 위해서 함수의 연산을 사용했다. 이제 두 함수들의 몫에 대해 알아보자.

함수의 나눗셈

만약 $f(x)$와 $g(x)$가 함수라면

$$\left(\frac{f}{g}\right)(x)=\frac{f(x)}{g(x)}.\quad \text{몫}$$

$\frac{f}{g}$의 정의역은 $g(x)=0$인 x값을 제외한 $f(x)$와 $g(x)$의 정의역의 교집합이다.

예제 6 다항함수의 나눗셈

$f(x)=2x^2+x-10$과 $g(x)=x-2$에 대하여 $\left(\frac{f}{g}\right)(x)$와 $\left(\frac{f}{g}\right)(-3)$를 구해보자.

풀이

$$\left(\frac{f}{g}\right)(x)=\frac{f(x)}{g(x)}=\frac{2x^2+x-10}{x-2}$$

이 식은 예제 2의 식에서 m을 x로 대체한 것이다. 이 식의 결과값은 $2x+5$이므로

$$\left(\frac{f}{g}\right)(x)=2x+5,\qquad x\neq 2$$

이다. 그러므로

$$\left(\frac{f}{g}\right)(-3)=2(-3)+5=-1,\qquad x=-3$$

$\left(\frac{f}{g}\right)(-3)$ 또는 $\frac{f(-3)}{g(-3)}$ 중 어느 것이 더 풀기가 쉬운가? ■

✎연습문제 57, 59를 풀어보자.

5.5 연습문제

[1~4] 다음 빈 칸을 채워라.

1. 두 단항식의 몫은 ____________ 사용하여 구할 수 있다.
2. 다항식을 단항식으로 나누기 위해서 다항식의 ___________을 __________로 나눈다.
3. 나누는 다항식이 단항식이 아닐 때, 먼저 _____________으로 적는다.
4. 만약 나눗셈을 하려 하는 다항식에 누락된 항이 있다면 _________을 계수로 하는 항을 적어 넣는다.

[5~14] 나눗셈을 하여라. (예제 1)

5. $\dfrac{15x^3-10x^2+5}{5}$

6. $\dfrac{27m^4-18m^3+9m}{9}$

7. $\dfrac{9y^2+12y-15}{3y}$

8. $\dfrac{80r^2-40r+10}{10r}$

9. $\dfrac{15m^3+25m^2+30m}{5m^2}$

10. $\dfrac{64x^3-72x^2+12x}{8x^3}$

11. $\dfrac{14m^2n^2-21mn^3+28m^2n}{14m^2n}$

12. $\dfrac{24h^2k+56hk^2-28hk}{16h^2k^2}$

13. $\dfrac{8wxy^2+3wx^2y+12w^2xy}{4wx^2y}$

14. $\dfrac{12ab^2c+10a^2bc+18abc^2}{6a^2bc}$

[15~16] 다음 나눗셈을 완성하라.

15.
$$\begin{array}{r} r^2 \qquad\qquad\qquad \\ 3r-1\overline{)\,3r^3-22r^2+25r-6} \\ \underline{3r^3-r^2} \qquad\qquad \\ -21r^2 \qquad\qquad \end{array}$$

16.
$$\begin{array}{r} 3b^2 \qquad\qquad\qquad \\ 2b-5\overline{)\,6b^3-7b^2-4b-40} \\ \underline{6b^3-15b^2} \qquad\qquad \\ 8b^2 \qquad\qquad \end{array}$$

[17~42] 나눗셈을 하여라. (예제 2~5)

17. $\dfrac{y^3+3y-18}{y+6}$

18. $\dfrac{q^2+4q-32}{q-4}$

19. $\dfrac{3t^2+17t+10}{3t+2}$

20. $\dfrac{2k^2-3k-20}{2k+5}$

21. $\dfrac{p^2+2p+20}{p+6}$

22. $\dfrac{x^2+11x+16}{x+8}$

23. $\dfrac{3m^3+5m^2-5m+1}{3m-1}$

24. $\dfrac{8z^3-6z^2-5z+3}{4z+3}$

25. $(2z^3-5z^2+6z-15)\div(2z-5)$

26. $(3p^3+p^2+18p+6)\div(3p+1)$

27. $(4x^3+9x^2-10x+3)\div(4x+1)$

28. $(10z^3-26z^2+17z-13)\div(5z-3)$

29. $\dfrac{6x^3-19x^2+14x-15}{3x^2-2x+4}$

30. $\dfrac{8m^3-18m^2+37m-13}{2m^2-3m+6}$

31. $(x^3+2x-3)\div(x-1)$

32. $(2x^3-11x^2+28)\div(x-5)$

33. $(3x^3-x+4)\div(x-2)$

34. $(3k^3+9k-14)\div(k-2)$

35. $\dfrac{4k^4+6k^3+3k-1}{2k^2+1}$

36. $\dfrac{6y^4+4y^3+4y-6}{3y^2+2y-3}$

37. $(x^4-4x^3+5x^2-3x+2)\div(x^2+3)$

38. $(3t^4+5t^3-8t^2-13t+2)\div(t^2-5)$

39. $(2p^3+7p^2+9p+2)\div(2p+2)$

40. $(3a^2-11a+17)\div(2a+6)$

41. $\dfrac{p^3-1}{p-1}$

42. $\dfrac{8a^3+1}{2a+1}$

[43~46] 나눗셈을 하여라.

43. $(2x^2-\dfrac{7}{3}x-1)\div(3x+1)$

44. $(m^2+\dfrac{7}{2}m+3)\div(2m+3)$

45. $(3a^2-\dfrac{23}{4}a-5)\div(4a+3)$

46. $(3q^2+\dfrac{19}{5}q-3)\div(5q-2)$

[47~50] 다음의 문제들을 풀어보라.

47. 오른쪽 상자의 부피는 $2p^3+15p^2+28p$이다. 가로가 $p+4$, 높이가 p라고 할 때, 세로 길이를 구하라.

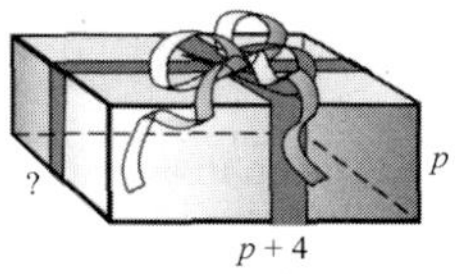

48. 자동차가 $(2m^3+15m^2+13m-63)$km의 거리를 가는데 $(2m+9)$시간이 걸린다고 한다. 이 자동차의 속력을 구하라.

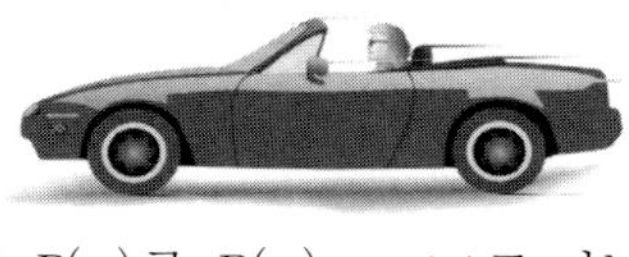

49. $P(x)=x^3-4x^2+3x-5$일 때, $P(-1)$의 값을 구하라. 그리고 $P(x)$를 $D(x)=x+1$로 나눠라. 나머지를 $P(-1)$과 비교해보자. 이 결과가 의미하는 바는 무엇인가?

50. $P(x)=4x^3-8x^2+13x-2$, $D(x)=2x-1$이다. $P(x)=Q(x)\cdot D(x)+R(x)$일 때, 나눗셈을 이용하여 $Q(x)$와 $R(x)$를 구하여라.

[51~56] 각 함수들의 $\left(\dfrac{f}{g}\right)(x)$를 구하고 $\dfrac{f}{g}$의 정의역에 속하지 않는 x의 값을 찾아라. (예제 6)

51. $f(x)=10x^2-2x$, $g(x)=2x$

52. $f(x)=18x^2-24x$, $g(x)=3x$

53. $f(x)=2x^2-x-3$, $g(x)=x+1$

54. $f(x)=4x^2-23x-35$, $g(x)=x-7$

55. $f(x)=8x^3-27$, $g(x)=2x-3$

56. $f(x)=27x^3+64$, $g(x)=3x+4$

[57~64] $f(x)=x^2-9,\ g(x)=2x$, $h(x)=x-3$일 때, 다음을 구하라. (예제 6)

57. $\left(\frac{f}{g}\right)(x)$
58. $\left(\frac{f}{h}\right)(x)$
59. $\left(\frac{f}{g}\right)(2)$
60. $\left(\frac{f}{h}\right)(1)$
61. $\left(\frac{h}{g}\right)(x)$
62. $\left(\frac{f}{h}\right)(-3)$
63. $\left(\frac{h}{g}\right)(3)$
64. $\left(\frac{f}{g}\right)(-1)$

5장 그룹 활동 수학적 모형 비교

목표 데이터의 비교와 계산을 위한 다항 모형의 사용

1994년부터 1998년까지 미국의 민간 또는 공공기관의 건강보험을 가진 개인 수(천 단위)는 아래와 같이 다항함수로 나타낼 수 있다.

$$P(x)=1206x+222{,}448 \qquad \text{일차 형식}$$

x는 1994년부터의 연도를 말한다. 개인 수(천 단위)는 또한 아래와 같이 나타낼 수 있다.

$$Q(x)=12x^2+1159x+222{,}471 \qquad \text{이차 형식}$$

$$R(x)=104x^3-613x^2+2054x+222{,}347 \qquad \text{삼차 형식}$$

x는 1994년부터의 연도를 가리킨다.

A. 각각의 모형을 이용하여 1994년부터 1998년까지 각 해에 미국의 민간 또는 공공기관의 건강보험을 가진 개인 수(천 단위)를 구하여 표를 완성하여라.

	보험을 가진 개인 수(천 단위)		
연도	$P(x)$	$Q(x)$	$R(x)$
1994			
1995			
1996			
1997			
1998			

B. 실제 데이터는 다음 표와 같다. A에 넣었던 데이터와 실제 데이터를 비교해보자. 어떤 모형이 실제 데이터에 가장 근접한 값을 보이는가? 답을 설명해 보라.

연도	보험을 가진 개인 수 (천단 위)
1994	222,387
1995	223,733
1996	225,077
1997	225,646
1998	227,462

출처: 미 합중국 인구 조사국, 의료 역사 조사표 1

C. 예측하기 위해 모형들을 사용해보자.

1. P, Q, R을 이용하여 1999년도에 미국의 민간 또는 공공기관의 건강보험을 가진 개인 수(천 단위)를 예측해보자.
2. 1999년도 보험에 가입한 사람들의 실제 수는 231,533이였다. 실제 값과 비교하여 예측 값이 어떠한가? 어느 값이 실제 값에 가장 가까운가?
3. 모형들을 이용하여 2002년 보험 가입자 수를 예측해보자. 예측에서 무엇을 알아챌 수 있는가?
4. 1998년 이후의 예측에 관한 이 모형들의 타당성에 대해 토론해보자.

5장 복습문제

[5.1] [1~22] 간략하게 하여라. 답은 양의 지수로만 적어라. 모든 변수는 0이 아닌 실수를 나타낸다.

1. 4^3
2. $\left(\frac{1}{3}\right)^4$
3. $(-5)^3$
4. $\frac{2}{(-3)^{-2}}$
5. $\left(\frac{2}{3}\right)^{-4}$
6. $\left(\frac{5}{4}\right)^{-2}$
7. $5^{-1}+6^{-1}$
8. $(5+6)^{-1}$
9. -3^0+3^0
10. $(3^{-4})^2$
11. $(x^{-4})^{-2}$
12. $(xy^{-3})^{-2}$
13. $(z^{-3})^3z^{-6}$
14. $(5m^{-3})^2(m^4)^{-3}$
15. $\frac{(3r)^2r^4}{r^{-2}r^{-3}}(9r^{-3})^{-2}$
16. $\left(\frac{5z^{-3}}{z^{-1}}\right)\frac{5}{z^2}$
17. $\left(\frac{6m^{-4}}{m^{-9}}\right)^{-1}\left(\frac{m^{-2}}{16}\right)$
18. $\left(\frac{3r^5}{5r^{-3}}\right)^{-2}\left(\frac{9r^{-1}}{2r^{-5}}\right)^3$
19. $(-3x^4y^3)(4x^{-2}y^5)$
20. $\frac{6m^{-4}n^3}{-3mn^2}$
21. $\frac{(5p^{-2}q)(4p^5q^{-3})}{2p^{-5}q^5}$
22. $\left(\frac{a^{-2}b^{-1}}{3a^2}\right)^{-2}\left(\frac{b^{-2}\cdot 3a^4}{2b^{-3}}\right)^{-2}\left(\frac{a^{-4}b^5}{a^3}\right)^{-2}$
23. $(-6)^0$과 -6^0의 차이를 설명하라.
24. 일반적으로 $(2a)^{-3}$이 $\frac{2}{a^3}$와 같지 않다는 것을 a에 값을 넣어 예를 들어보라.
25. $\left(\frac{a}{b}\right)^{-1}=\frac{a^{-1}}{b^{-1}}$이 모든 a와 $b\neq 0$일 때 유효한가? 아니라면 설명하라.
26. $(ab)^{-1}=ab^{-1}$이 모든 a와 $b\neq 0$일 때 유효한가? 아니라면 설명하라.
27. x와 y에 값을 넣어 $(x^2+y^2)^2\neq x^4+y^4$의 예를 보여라.

[5.2] [28~31] 각 항의 계수를 적어라.

28. $14p^5$
29. $-z$
30. $\frac{x}{10}$
31. $504p^3r^5$

[32~35] 각 다항식을

(a) 내림차순으로 써라.
(b) 단항식, 이항식, 삼항식 또는 세 개 다 아닌지 확인하여라.
(c) 차수를 구하라.

32. $9k+11k^3-3k^2$
33. $14m^6+9m^7$
34. $-5y^4+3y^3+7y^2-2y$
35. $-7q^5r^3$
36. 3차항이 없는 x에 관한 5차 다항식의 예를 내림차순으로 적어 보아라.

[37~40] 주어진 식을 계산하여라.

37. 더하기

$$\begin{array}{r} 3x^2-5x+6 \\ -4x^2+2x-5 \\ \hline \end{array}$$

38. 빼기

$$\begin{array}{rrr} -5y^3 & & +8y-3 \\ & 4y^2 & +2y+9 \\ \hline \end{array}$$

39. $(4a^3-9a+15)-(-2a^3+4a^2+7a)$

40. $(3y^2+2y-1)+(5y^2-11y+6)$

41. 이 삼각형의 둘레를 구하라.

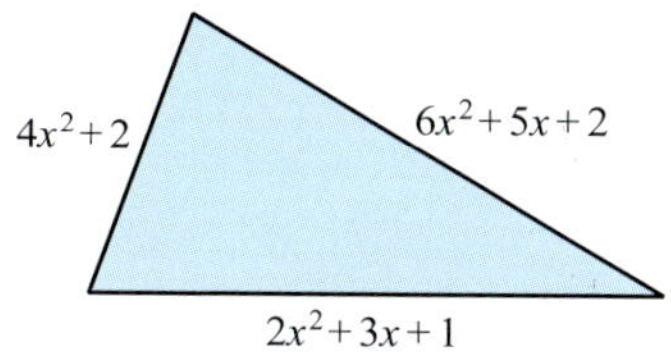

[5.3]

42. 다항함수 $f(x)=-2x^2+5x+7$에서 아래의 값을 구하라.

(a) $f(-2)$ (b) $f(3)$

43. $f(x)=2x+3$, $g(x)=5x^2-3x+2$일 때 아래의 문제를 풀어보라.

(a) $(f+g)(x)$ (b) $(f-g)(x)$ (c) $(f+g)(-1)$ (d) $(f-g)(-1)$

44. 1990년부터 2000년까지 수백만 명의 사람들이 건강관리기관(HMOs)에 가입하였고, 이것은 아래의 다항함수로 표현될 수 있다.

$$f(x)=0.241x^2+3.26x+30.0$$

$x=0$은 1990년과 같고 $x=1$은 1991년과 같다. 아래 연도에 가입한 사람들의 수를 이 모형을 이용하여 구해보라.

(a) 1990 (b) 1995 (c) 2000

[45~47] 아래 함수들의 그래프를 그려보라.

45. $f(x)=-2x+5$

46. $f(x)=x^2-6$

47. $f(x)=-x^3+1$

[5.4] [48~58] 아래 식들을 곱해보자.

48. $-6k(2k^2+7)$

49. $(3m-2)(5m+1)$

50. $(7y-8)(2y+3)$

51. $(3w-2t)(2w-3t)$

52. $(2p^2+6p)(5p^2-4)$

53. $(3q^2+2q-4)(q-5)$

54. $(3z^3-2z^2+4z-1)(3z-2)$

55. $(6r^2-1)(6r^2+1)$

56. $\left(z+\dfrac{3}{5}\right)\left(z-\dfrac{3}{5}\right)$

57. $(4m+3)^2$

58. $(2n-10)^2$

[5.5] [59~61] 나누기를 해보자.

59. $\dfrac{4y^3-12y^2+5y}{4y}$

60. $\dfrac{2p^3+9p^2+27}{2p-3}$

61. $\dfrac{5p^4+15p^3-33p^2-9p+18}{5p^2-3}$

5장 혼합 복습문제

62. I열 안의 (a)~(i) 식을 II열 안의 A~I에서 찾아 연결하여라. 1개 또는 그 이상일 수 있고, 없을 수도 있다.

I

(a) 4^{-2} (f) -4^0
(b) -4^2 (g) -4^0+4^0
(c) 4^0 (h) -4^0-4^0
(d) $(-4)^0$ (i) $4^{-2}+4^{-1}$
(e) $(-4)^{-2}$

II

A. $\frac{1}{16}$ F. $\frac{5}{16}$
B. 0 G. -16
C. 1 H. -2
D. $-\frac{1}{16}$ I. 여기 없음
E. -1

[63~76] 아래의 식들을 풀어보고 간소화하여라. 양의 지수만 적어보자. 모든 변수들은 0이 아닌 실수를 갖는다고 가정하자.

63. $(4x+1)(2x-3)$
64. $\frac{6^{-1}y^3(y^2)^{-2}}{6y^{-4}(y^{-1})}$
65. 5^{-3}
66. $(y^6)^{-5}(2y^{-3})^{-4}$
67. $7p^5(3p^4+p^3+2p^2)$
68. $(2x-9)^2$
69. $\frac{(-z^{-2})^3}{5(z^{-3})^{-1}}$
70. $-(-3)^2$
71. $\frac{8x^2-23x+2}{x-3}$
72. $\frac{(5z^2x^3)^2(2zx^2)^{-1}}{(-10zx^{-3})^{-2}(3z^{-1}x^{-4})^2}$
73. $[(3m-5n)+p][(3m-5n)-p]$
74. $\frac{20y^3x^3+15y^4x+25yx^4}{10yx^2}$
75. $(2k-1)-(3k^2-2k+6)$
76. $(-5+11w)+(6+5w)+(-15-8w^2)$

5장 테스트

1. I열 안의 값과 같은 II열 안의 값을 연결하여라. 1개 또는 그 이상일 수 있고 없을 수도 있다.

I

(a) 7^{-2} (b) 7^0
(c) -7^0 (d) $(-7)^0$
(e) -7^2 (f) $7^{-1}+2^{-1}$
(g) $(7+2)^{-1}$ (h) $\frac{7^{-1}}{2^{-1}}$
(i) $(-7)^2$

II

A. 1 B. $\frac{1}{9}$
C. $\frac{1}{49}$ D. -1
E. -49 F. $\frac{9}{14}$
G. $\frac{2}{7}$ H. 0
I. 없다.

[2~5] 간소화하여라. 양의 지수만 적어보자. 모든 변수들은 0이 아닌 실수를 갖는다고 가정하자.

2. $(3x^{-2}y^3)^{-2}(4x^3y^{-4})$

3. $\dfrac{36r^{-4}(r^2)^{-3}}{6r^4}$

4. $\left(\dfrac{4p^2}{q^4}\right)^3\left(\dfrac{6p^8}{q^{-8}}\right)^{-2}$

5. $(-2x^4y^{-3})^0(-4x^{-3}y^{-8})^2$

6. $f(x)=-2x^2+5x-6$, $g(x)=7x-3$일 때 아래의 식을 풀어보자.
(a) $f(4)$ (b) $(f+g)(x)$ (c) $(f-g)(x)$ (d) $(f-g)(-2)$

7. 함수 $f(x)=-2x^2+3$의 그래프를 그려보라.

[8~15] 다음 식들을 풀어보라.

8. $(4x^3-3x^2+2x-5)-(3x^3+11x+8)+(x^2-x)$

9. $(5x-3)(2x+1)$

10. $(2m-5)(3m^2+4m-5)$

11. $(6x+y)(6x-y)$

12. $(3k+q)^2$

13. $[2y+(3z-x)][2y-(3z-x)]$

14. $\dfrac{16p^3-32p^2+24p}{4p^2}$

15. $(x^3+3x^2-4)\div(x-1)$

16. $f(x)=x^2+3x+2$, $g(x)=x+1$라 하자.
(a) $(fg)(x)$ (b) $(fg)(-2)$

17. 문제 19번의 $f(x)$, $g(x)$를 이용하여 다음을 찾아라.
(a) $\left(\dfrac{f}{g}\right)(x)$ (b) $\left(\dfrac{f}{g}\right)(-2)$

1~5장 혼합문제

[1~6] II 열의 리스트에 속하는 수를 I 열에서 찾아 연결해 보라.

I	II
1. 34	A. 자연수
2. 0	B. 음이 아닌 정수
3. 2.16	C. 정수
4. $-\sqrt{36}$	D. 유리수
5. $\sqrt{13}$	E. 무리수
6. $-\dfrac{4}{5}$	F. 실수

[7~8] 문제를 풀어보자.

7. $9 \cdot 4 - 16 \div 4$

8. $-|8-13|-|-4|+|-9|$

[9~14] 문제를 해결하여라.

9. $-5(8-2z)+4(7-z)=7(8+z)-3$

10. $3(x+2)-5(x+2)=-2x-4$

11. $A=p+prt$를 t에 관하여 풀어라.

12. $2(m+5)-3m+1>5$

13. $|3x-1|=2$

14. $|3z+1| \geq 7$

15. 최근 10대를 대상으로 조사한 20세기 가장 중요한 발명품의 조사결과이다. 만약 1500명이 조사에 임했다면 아래의 표를 완성하여라.

가장 중요한 발명품	백분율	실제 인원
컴퓨터		480
심박 조율기	26%	
무선통신	18%	
텔레비전		150

16. 다음 삼각형의 세 각을 구해보자.

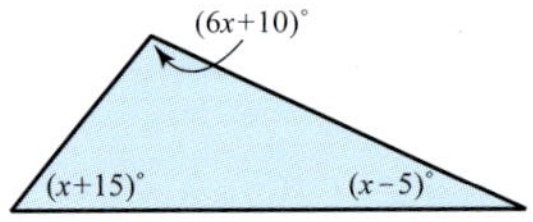

[17~18] 각 직선의 기울기를 구하여라.

17. $(-4,\ 5)$와 $(2,\ -3)$을 지나는 직선

18. $(4,\ 5)$를 지나는 수평선

[19~20] 각 직선의 방정식을 구하라. 기울기 절편 형식의 방정식을 적어라.

19. $(4,\ -1)$을 지나고, $m=-4$

20. $(0,\ 0)$과 $(1,\ 4)$를 지나는 직선

[21~23] 다음 방정식 또는 부등식의 그래프를 그려보라.

21. $-3x+4y=12$

22. $y \leq 2x-6$

23. $3x+2y<0$

24. 다음 그래프는 미국에서 선택한 연도 동안 매년 쌍둥이 출산의 수를 보여주고 있다.

(a) 그래프에 주어진 정보를 사용하여 연간 출생률의 평균 변화율을 파악하고 해석하라.

(b) 만약 $x=0$이 1990년을 말한다면 (a)의 결과를 이용해서 1990년부터 2000년까지 쌍둥이 출생률을 보이는 방정식을 기울기 절편 형식으로 적어보자.

(c) (b)에서 구한 방정식을 사용하여 2002년도의 쌍둥이 출생수를 구해보자.

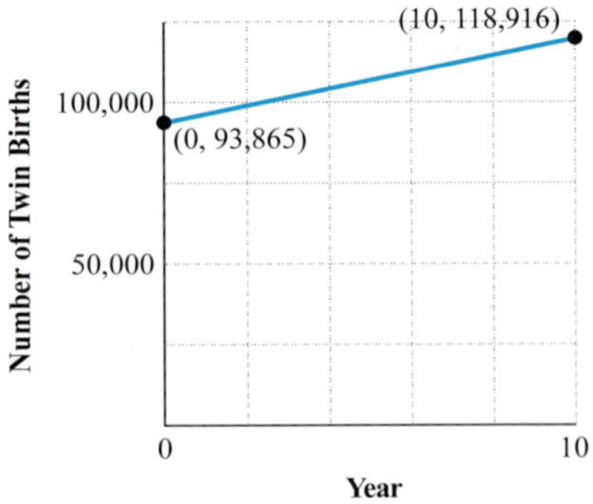

25. 관계 $\{(-4, -2), (-1, 0), (2, 0), (5, 2)\}$의 정의역과 치역을 구해보라. 이 관계는 함수인가?

26. 대체 에너지 원천 중 하나는 풍력이다. 비록 2000년 현재 풍력은 미국에서 5조 미만의 BTU를 제공했다. 수직면에 가해지는 풍력의 세기는 표면적과 속도의 제곱에 공동 비례한다. 시속 40마일의 바람이 $\frac{1}{2}$ ft^2의 표면에 50파운드의 힘을 가한다면 2 ft^2의 표면에 시속 80마일의 바람은 얼마의 힘을 가하는가?

[27~29] 다음을 풀어보자.

27. $3x-4y=1$
$2x+3y=12$

28. $3x-2y=4$
$-6x+4y=7$

29. $x+3y-6z=7$
$2x-y+z=1$
$x+2y+2z=-1$

[30~31] 방정식을 사용하여 문제를 해결해보자.

30. 1812년 전쟁 동안 맥헨리 항구 위에 날린 미국 국기는 둘레가 144 ft이였다. 이것의 가로는 세로보다 12 ft가 길다. 워싱턴 D.C.의 스미소니언 역사 박물관에 전시된 이 국기의 넓이를 구하라.

31. 한 화학자가 도수 20%의 알코올 9L가 필요하다. 그녀는 도수 15%의 알코올과 도수 30%의 알코올도 갖고 있다. 도수 15%의 알코올과 도수 30%의 알코올을 각각 얼마나 섞어야 9L의 도수 20%의 알코올을 얻을 수 있을까?

[32~34] 간소화하여라. 양의 지수만 적어라. 모든 변수는 양의 실수를 갖는다.

32. $\left(\frac{2m^3n}{p^2}\right)^3$

33. $\frac{x^{-6}y^3z^{-1}}{x^7y^{-4}z}$

34. $(2m^{-2}n^3)^{-3}$

[35~39] 다음의 식들을 풀어보자.

35. $2(3x^2-8x+1)-4(x^2-3x-9)$

36. $(3x+2y)(5x-y)$

37. $(8m+5n)(8m-5n)$

38. $(x+2y)(x^2-2xy+4y^2)$

39. $\frac{m^3-3m^2+5m-3}{m-1}$

6장

인수분해

6.1 최대공약수: 공통인수를 사용한 인수분해
6.2 삼항식의 인수분해
6.3 특별한 인수분해
6.4 인수분해의 일반적인 접근법
6.5 인수분해로 방정식 풀기

6.1 최대공약수: 공통인수를 사용한 인수분해

학·습·목·표

1. 최대공약수 찾아내기
2. 공통인수(grouping)를 사용한 인수분해

어떤 다항식을 2개 또는 그 이상의 단순한 다항식의 곱으로 나타내는 것을 인수분해라고 한다. 예를 들면, $3x$와 $5x-2$의 곱은 $15x^2-6x$이고, $15x^2-6x$는 $3x(5x-2)$로 인수분해된다.

$$3x(5x-2)=15x^2-6x \qquad \text{곱하기}$$

$$15x^2-6x=3x(5x-2) \qquad \text{인수분해}$$

곱하기와 인수분해 둘 다 분배법칙을 사용하였으나 방향이 다르다. 인수분해는 곱하기의 반대 연산이다.

목표 1 최대공약수 찾아내기 인수분해하기 위해서 가장 먼저 해야 할 일은 다항식에서 최대공약수 (Greatest Common Factors)를 찾는 것이다. 최대공약수란 다항식의 모든 항에서 가장 큰 인수를 말한다. 예를 들면, $8x+12$의 최대공약수는 4이고, 4는 $8x$와 12를 나눌 수 있는 가장 큰 인수이다. 분배법칙을 사용해보면

$$8x+12=4(2x)+4(3)=4(2x+3)$$

검증을 하려면 4와 $2x+3$를 곱해보자. 결과는 $8x+12$여야 한다. 이렇게 분배법칙을 이용하는 방법을 최대공약수 구하기라고 한다.

예제 1 최대공약수 구하기

최대공약수를 구해서 인수분해하여라.

(a) $9z-18$

9가 최대공약수이므로, 9를 각 항에서 추출한다.

$$9z-18=9\cdot z-9\cdot 2=9(z-2)$$

(b) $56m+35p=7(8m+5p)$

(c) $2y+5$; 1 이외의 공통인수가 없다.

(d) $12+24z=12\cdot 1+12\cdot 2z=12(1+2z)$; 12가 최대공약수이다. ■

연습문제 5를 풀어보자.

ⓘ **주의** 예제 1(d)에서 숫자 1을 적는 것을 기억하자. 곱하기로 항상 검증해야 한다.

예제 2 최대공약수 구하기

최대공약수를 구해서 인수분해하여라.

(a) $9x^2+12x^3$

숫자 9와 12를 나눌 수 있는 최대공약수는 3이다. 변수 부분 x^2과 x^3에서 x에 나타나는 최소 지수 2를 사용한다. 최대공약수는 $3x^2$이 된다.

$$\begin{aligned}9x^2+12x^3&=3x^2(3)+3x^2(4x) \qquad GCF=3x^2\\&=3x^2(3+4x)\end{aligned}$$

(b) $32p^4-24p^3+40p^5=8p^3(4p)+8p^3(-3)+8p^3(5p^2) \qquad GCF=8p^3$

$=8p^3(4p-3+5p^2)$

(c) $3k^4-15k^7+24k^9=3k^4(1-5k^3+8k^5)$

(d) $24m^3n^2-18m^2n+6m^4n^3$

숫자 부분의 최대공약수는 6이다. 2는 m의 최소 지수이고 n의 최소 지수는 1이다. 그러므로 최대공약수는 $6m^2n$이다.

$$\begin{aligned}24m^3n^2-18m^2n+6m^4n^3&=6m^2n(4mn)+6m^2n(-3)+6m^2n(m^2m^2)\\&=6m^2n(4mn-3+m^2n^2)\end{aligned}$$

(e) $25x^2y^3+30y^5-15x^4y^7=5y^3(5x^2+6y^2-3x^4y^4)$ ■

연습문제 9, 13을 풀어보자.

최대공약수는 단항식일 필요는 없다. 다음 예제들은 2개 항이 있는 최대공약수를 보여준다.

예제 3 이항 인수로 인수분해하기

최대공약수를 구해서 인수분해하여라.

풀이 (a) $(x-5)(x+6)+(x-5)(2x+5)$

최대공약수는 $x-5$이다.

$$\begin{aligned}(x-5)(x+6)+(x-5)(2x+5)&=(x-5)[(x+6)+(2x+5)]\\&=(x-5)(x+6+2x+5)\\&=(x-5)(3x+11)\end{aligned}$$

(b) $z^2(m+n)^2+x^2(m+n)^2=(m+n)^2(z^2+x^2)$

(c) $p(r+2s)^2-q(r+2s)^3=(r+2s)^2[p-q(r+2s)]$

$=(r+2s)^2(p-qr-2qs)$

(d) $(p-5)(p+2)-(p-5)(3p+4)=(p-5)[(p+2)-(3p+4)]$

$=(p-5)[p+2-3p-4]$ 부호에 주의

$=(p-5)[-2p-2]$

$=(p-5)[-2(p+1)]$ 또는 $-2(p-5)(p+1)$ 공통인수를 찾기 ■

연습문제 21, 25를 풀어보자.

가장 높은 항의 계수가 마이너스일 때, 최대공약수에 -1을 함께 추출하는 것을 선호하기도 한다.

《예제 4》 음의 공통인수로 인수분해하기

$-a^3+3a^2-5a$를 두가지 방법으로 인수분해하여라.

풀이 첫 번째 방법은 a가 공통인수로 사용된다.

$$\begin{aligned}-a^3+3a^2-5a&=a(-a^2)+a(3a)+a(-5)\\&=a(-a^2+3a-5)\end{aligned}$$

앞에 나온 음의 부호 때문에, $-a$가 공통인수로 사용될 수 있다.

$$\begin{aligned}-a^3+3a^2-5a&=-a(a^2)+(-a)(-3a)+(-a)(5)\\&=-a(a^2-3a+5)\end{aligned}$$

두 답 모두 맞다. ■

연습문제 33을 풀어보자.

> ⓘ 주의 예제 4는 다항식을 인수분해하는 두 가지 방법을 보여준다. 때때로 두 방법 중 어느 한쪽이 선호될 수도 있지만 두 가지 모두 맞다.

목표 2 공통인수(grouping)를 사용한 인수분해 때때로 다항식 각각의 항은 가장 큰 공통인수로 1을 가지고 있지만, 여전히 그룹화를 통한 인수분해라 불리는 방법으로 다항식을 인수분해할 수 있다. 우리는 주로 다항식이 3개 이상의 항을 갖고 있을 때 그룹화를 통해 인수분해한다. 예를 들면, 아래의 다항식을 인수분해하기 위해서

$$ax-ay+bx-by$$

를 아래와 같이 공통항 a와 공통항 b로 그룹화해보자.

$ax-ay$는 $a(x-y)$로 $bx-by$는 $b(x-y)$로 인수분해하고
$(ax-ay)+(bx-by)=a(x-y)+b(x-y)$를 얻는다.
오른쪽을 보면 공통인수는 $x-y$이다. 최종적으로 그룹화된 형식은
$ax-ay+bx-by=(x-y)(a+b)$이다.

《예제 5》 그룹화에 의한 인수분해

$3x-3y-ax+ay$를 인수분해하여라.

풀이 그룹화하면 아래와 같다.

$$(3x-3y)+(-ax+ay)=3(x-y)+a(-x+y)$$

여기엔 공통인수가 없다. 그러나 만약 a 대신 $-a$를 두 번째 그룹에서 추출한다면, 아래의 식을 얻을 수 있다.

$$3(x-y)-a(x-y)$$

이제 공통의 이항 인수 $(x-y)$를 추출하여 아래의 식을 얻을 수 있다.

$$(x-y)(3-a)$$

곱하기를 하고 검증해보자.

$$(x-y)(3-a)=3x-ax-3y+ay=3x-3y-ax+ay$$

■

연습문제 43을 풀어보자.

> ⓘ **주의** 예제 5에서 다른 방식의 그룹화가 이루어질 수도 있다.
>
> $$(a-3)(y-x)$$
>
> 이것 또한 옳다는 것을 곱하기를 통해서 확인해보자. 그룹화를 이용한 인수분해를 위해 아래의 단계를 사용하자.

그룹화를 이용한 인수분해

1단계 항의 그룹화. 각 그룹이 공통인수를 가질 수 있도록 그룹 안에서 항을 모은다.

2단계 그룹 안에서 인수분해한다. 공통인수를 각 그룹에서 추출한다.

3단계 전체 다항식을 인수분해한다. 만약 각 그룹이 공통인수를 갖고 있다면 그 공통인수를 추출해낸다. 그렇지 않다면 다른 방식으로 그룹화를 해본다.

예제 6 그룹화에 의한 인수분해

$6ax+12bx+a+2b$를 그룹화하여 인수분해하여라.

풀이 $6ax+12bx+a+2b=(6ax+12bx)+(a+2b)$ 항을 그룹화한다.

첫 번째 그룹에서 $6x$를 추출하고, 곱셈의 속성을 이용하여 두 번째 그룹에서 인수 1을 도입하자.

$$(6ax+12bx)+(a+2b)=6x(a+2b)+1(a+2b)$$
$$=(a+2b)(6x+1) \quad a+2b\text{를 추출한다.}$$

예제 1(d)처럼 1을 적는 것을 기억하자. 곱셈을 통해서 검증해보자. ■

연습문제 41을 풀어보자.

예제 7 그룹화에 의한 인수분해 전 항의 재배열

$p^2q^2-10-2q^2+5p^2$을 인수분해해보자.

풀이 앞의 두 항과 뒤의 두 항들도 1을 제외한 공통의 인수를 갖고 있지 않다. 아래와 같이 항들을 재배열하고 그룹화해보자.

$$(p^2q^2-2q^2)+(5p^2-10) \quad \text{항들의 재배열과 그룹화}$$
$$=q^2(p^2-2)+5(p^2-2) \quad \text{공통인수를 추출}$$

$$= (p^2-2)(q^2+5) \qquad p^2-2\text{를 추출}$$

곱하기로 검증해보자. ■

연습문제 53을 풀어보자.

① 주의 예제 7에서

$$q^2(p^2-2)+5(p^2-2)$$

여기서 멈추면 안 된다. 이 식은 2개의 항의 합이기 때문에 인수분해된 식이 아니다. $q^2(p^2-2)$와 $5(p^2-2)$는 곱이 아니다.

6.1 연습문제

[1~32] 최대공약수를 찾아서 인수분해하여라. 가능하다면 각 항들을 간단히 하자. (예제 1~4)

1. $12m+60$
2. $15r-27$
3. $8k^3+24k$
4. $9z^4+81z$
5. $xy-5xy^2$
6. $5h^2j+hj$
7. $-4p^3q^4-2p^2q^5$
8. $-3z^5w^2-18z^3w^4$
9. $21x^5+35x^4+14x^3$
10. $6k^3-36k^4+48k^5$
11. $10t^5-8t^4-2t^3$
12. $6p^3-3p^2+9p^4$
13. $15a^2c^3-25ac^2+5ac$
14. $15y^3z^3+27y^2z^4-36yz^5$
15. $16z^2n^6+64zn^7-32z^3n^3$
16. $5r^3s^5+10r^2s^2-15r^4s^2$
17. $-27m^3p^5+36m^4p^3-72m^5p^4$
18. $-50r^4t^2+80r^3t^3-90r^2t^4$
19. $14a^3b^2+7a^2b-21a^5b^3+42ab^4$
20. $12km^3-24k^3m^2+36k^2m^4-60k^4m^3$
21. $(m-4)(m+2)+(m-4)(m+3)$
22. $(z-5)(z+7)+(z-5)(z+9)$
23. $(2z-1)(z+6)-(2z-1)(z-5)$
24. $(3x+2)(x-4)-(3x+2)(x+8)$
25. $5(2-x)^2-(2-x)^3+4(2-x)$
26. $3(5-x)^4+2(5-x)^3-(5-x)^2$
27. $4(3-x)^2-(3-x)^3+3(3-x)$
28. $2(t-s)+4(t-s)^2-(t-s)^3$
29. $15(2z+1)^3+10(2z+1)^2-25(2z+1)$
30. $6(a+2b)^2-4(a+2b)^3+12(a+2b)^4$
31. $5(m+p)^3-10(m+p)^2-15(m+p)^4$
32. $-9a^2(p+q)-3a^3(p+q)^2+6a(p+q)^3$

[33~38] 각 다항식을 두 번 인수분해하여라. 첫 번째로 양의 계수를 공통인수로, 그리고 음의 계수를 공통인수로 써보자. (예제 4)

33. $-r^3+3r^2+5r$
34. $-t^4+8t^3-12t$
35. $-12s^5+48s^4$
36. $-16y^4+64y^3$
37. $-2x^5+6x^3+4x^2$
38. $-5a^3+10a^4-15a^5$

[39~58] 그룹화를 이용해 인수분해를 해보자. (예제 5~7)

39. $mx+3qx+my+3qy$
40. $2k+2h+jk+jh$
41. $10m+2n+5mk+nk$
42. $3ma+3mb+2ab+2b^2$
43. $4-2q-6p+3pq$
44. $20+5m+12n+3mn$
45. $p^2-4zq+pq-4pz$
46. $r^2-9tw+3rw-3rt$
47. $2xy-8y+3x-12$
48. $6y^2+9y+4xy+6x$
49. $m^3+4m^2-6m-24$
50. $2a^3+a^2-14a-7$
51. $-3a^3-3ab^2+2a^2b+2b^3$
52. $-16m^3+4m^2p^2-4mp+p^3$
53. $4+xy-2y-2x$
54. $2ab^2-4-8b^2+a$
55. $8+9y^4-6y^3-12y$
56. $x^3y^2-3-3y^2+x^3$
57. $1-a+ab-b$
58. $2ab^2-8b^2+a-4$

[59~62] 더 작은 지수를 갖는 변수로 인수분해하여라. (예를 들면, 연습문제 59번에서 m^{-5}으로 인수분해한다.)

59. $3m^{-5}+m^{-3}$
60. $k^{-2}+2k^{-4}$
61. $3p^{-3}+2p^{-2}$
62. $-5q^{-3}+8q^{-2}$

63. $4x^2y^5-8xy^3$을 인수분해했을 때, 한 학생이 $2xy^3(2xy^2-4)$라고 적었다. 선생님이 만점을 주지 않자 학생은 이의를 제기했다. 그가 곱셈을 해봤을 때 원래의 다항식이 결과로 나왔기 때문이다. 선생님의 채점이 맞았을까? 맞지 않았다면 왜 그랬을까?

64. 연습문제 58을 보자. 하나의 답은 $(2b^2+1)(a-4)$이다. $2ab^2-8b^2+a-4$를 두 가지 다른 방법으로 인수분해하여라.

65. 보기 중 어떤 것이 인수분해된 다항식인가?

A. $3x^2y^3+6x^2(2x+y)$
B. $5(x+y)^2-10(x+y)^3$
C. $(-2+3x)(5y^2+4y+3)$
D. $(3x+4)(5x-y)-(3x+4)(2x-1)$

6.2 삼항식의 인수분해

학·습·목·표

1. 제곱항의 계수가 1인 삼항식의 인수분해
2. 제곱항의 계수가 1이 아닌 삼항식의 인수분해
3. 대안적 방법을 사용한 삼항식의 인수분해
4. 치환을 이용한 인수분해

목표 1 제곱항의 계수가 1인 삼항식의 인수분해 $x+3$과 $x-5$의 곱을 구하는 것으로부터 시작해보자.

$$\begin{aligned}(x+3)(x-5) &= x^2-5x+3x-15 \\ &= x^2-2x-15\end{aligned}$$

따라서 $x^2-2x-15$를 인수분해하면 $(x+3)(x-5)$라는 것을 알 수 있다.

곱셈 →

인수분해된 식 → $(x+3)(x-5) = x^2-2x-15$ ← 곱

← 인수분해

곱셈과 인수분해는 서로를 원상태로 돌리는 작업이므로 삼항식의 인수분해는 FOIL을 거꾸로 사용하는 것을 포함한다. 여기서 보여준 바와 같이 x^2항은 x와 x를 곱하여 나왔고 -15는 3과 -5를 곱해서 나왔다.

x와 x의 곱은 x^2

$$(x+3)(x-5) = x^2-2x-15$$

3과 -5의 곱은 -15

$x^2-2x-15$ 안의 $-2x$가 바깥 항들의 곱과 안쪽 항들의 곱을 더한 값이라는 것을 알 수 있다.

바깥항들: $x(-5) = -5x$

$$(x+3)(x-5)$$

안쪽항들: $3 \cdot x = 3x$

더한 값 $-2x$

이 예를 바탕으로 제곱항의 계수가 1인 삼항식 x^2+bx+c의 인수분해는 아래의 단계를 사용한다.

x^2+bx+c의 인수분해

1단계 c가 어떤 수들의 곱인지 찾아낸다. 곱해서 삼항식의 세 번째 항인 c가 나올 수 있는 모든 정수의 짝을 찾는다.

2단계 b가 어떤 수들의 합인지 찾아낸다. 1단계에서 찾은 정수의 짝 중 그 합이 가운데 항의 계수 b와 같은 짝을 찾는다.

만약 맞는 정수가 없다면 이 다항식은 인수분해될 수 없다. 정수 계수로 인수분해될 수 없는 다항식은 소수이다.

예제 1 x^2+bx+c 형태의 삼항식의 인수분해

(a) $y^2+2y-35$

풀이 • 1단계: 곱이 -35가 되는 숫자의 쌍들을 찾는다. • 2단계: 그 수들의 합을 적어본다.

1단계	2단계
$-35(1)$	$-35+1=-34$
$35(-1)$	$35+(-1)=34$
$7(-5)$	$7+(-5)=2$ ←가운데 항의 계수
$5(-7)$	$5+(-7)=-2$

필요한 숫자는 7과 -5, 그러므로

$$y^2+2y-35=(y+7)(y-5)$$

$y+7$과 $y-5$를 곱하여 확인해보자.

(b) $r^2+8r+12$

풀이 곱이 12이고 합이 8인 두 숫자를 찾자. 곱을 12로 갖는 숫자들 중에 합을 8로 갖는 것은 6과 2밖에 없다. 그러므로

$$r^2+8r+12=(r+6)(r+2)$$

교환법칙이 적용되므로 $(r+2)(r+6)$ 또한 맞다. 곱해서 확인해보자. ■

연습문제 5, 7을 풀어보자.

예제 2 기약다항식 알기

m^2+6m+7을 인수분해하여라.

풀이 곱이 7이고 합이 6인 두 수를 찾아보자. 7과 1, -7과 -1, 이 두 쌍의 곱만이 7을 만족한다. 하지만 둘 다 합이 6이 아니다. 그러므로 m^2+6m+7은 정수 계수로 인수분해될 수 없는 소수이다. ■

연습문제 9를 풀어보자.

우리는 하나 이상의 변수를 갖는 삼항식의 인수분해에 비슷한 방법을 사용한다.

예제 3 두 개의 변수를 가진 삼항식의 인수분해

$p^2+6ap-16a^2$을 인수분해하여라.

풀이 곱이 $-16a^2$이고 합이 $6a$인 2개의 식을 찾자. $8a$와 $-2a$가 필요한 곱과 합을 갖고 있다. 그러므로

$$p^2+6ap-16a^2=(p+8a)(p-2a)$$

■

연습문제 11을 풀어보자.

때때로 삼항식은 먼저 추출되어야 할 공통인수를 가질 수도 있다.

예제 4 공통항을 가진 삼항식의 인수분해

$16y^3-32y^2-48y$를 인수분해하여라.

풀이 최대공약수 $16y$를 추출하는 것부터 시작하자.

$$16y^3-32y^2-48y=16y(y^2-2y-3)$$

y^2-2y-3을 인수분해하기 위해서 곱이 -3이고 합이 -2인 두 정수를 찾는다. 필요한 정수는 -3과 1이다. 그러므로

$$16y^3-32y^2-48y=16y(y-3)(y+1)$$

■

연습문제 31을 풀어보자.

> ⓘ 주의 인수분해를 할 때는 항상 공통인수를 먼저 찾아야 한다. 공통인수를 정답의 한 부분으로 써야 하는 것을 기억하자.

목표 2 제곱항의 계수가 1이 아닌 삼항식의 인수분해 삼항식 ax^2+bx+c에서 $a\neq 1$일 때 인수분해를 위해서 목표 1에서 보여줬던 일반적인 방법을 사용할 수 있다. 예를 들어 $3x^2+7x+2$를 인수분해할 때 a, b, c의 변수를 찾는다.

$$\begin{array}{c} ax^2+bx+c \\ \downarrow \quad \downarrow \quad \downarrow \\ 3x^2+7x+2 \\ a=3,\ b=7,\ c=2 \end{array}$$

a와 c의 곱은 $3\cdot 2=6$이므로 곱이 6이고 합이 7(가운데 항의 계수가 7이므로)인 2개의 정수를 찾아야 한다. 필요한 정수는 1과 6이고 $7x$를 $1x+6x$ 또는 $x+6x$라고 적는다.

$$3x^2+7x+2=3x^2+\underline{x+6x}+2 \qquad (x+6x=7x)$$

이제 그룹화를 이용한 인수분해를 해보자.

$$3x^2+x+6x+2=(3x^2+x)+(6x+2)$$
$$=x(3x+1)+2(3x+1)$$
$$3x^2+7x+2=(3x+1)(x+2)$$

《예제 5》 ax^2+bx+c 형태의 삼항식 인수분해

$12r^2-5r-2$를 인수분해하여라.

풀이 $a=12,\ b=-5,\ c=-2$이므로 a와 c의 곱은 -24이다. 곱이 -24이고 합이 -5인 두 개의 정수는 -8과 3이다.

$12r^2-5r-2=12r^2+3r-8r-2$	$-5r$을 $3r-8r$로 적는다.
$=3r(4r+1)-2(4r+1)$	그룹화를 한다.
$=(4r+1)(3r-2)$	공통인수로 인수분해한다.

■

✎연습문제 19를 풀어보자.

목표 3 대안적 방법을 사용한 삼항식의 인수분해 a와 c를 곱한 값이 클 때, 조합을 반복하고 FOIL을 사용하는 것이 효과적이다. 위에서 인수분해했던 두 다항식을 사용하여 이 방법을 보자.

《예제 6》 ax^2+bx+c 형식의 삼항식 인수분해

각 삼항식을 인수분해하여라.

(a) $3x^2+7x+2$

풀이 이 다항식을 인수분해하기 위해서 아래 빈칸에 들어갈 수를 찾아야 한다.

$$3x^2+7x+2=(\_\_x+\_\_)(\_\_x+\_\_)$$

다항식의 모든 부호가 덧셈이므로 덧셈 부호가 사용되었다. 두 식의 앞 항들은 그들의 곱이 $3x^2$이어야 하므로 그것들은 $3x$와 x이어야 한다.

$$3x^2+7x+2=(3x+\_\_)(x+\_\_)$$

두 식의 두 번째 항들은 그들의 곱이 2이어야 하므로 그것들은 2와 1이어야 한다. 여기엔 선택이 있는데, 2는 $3x$ 또는 x와 같이 사용될 수 있다. 두 가지 중 오직 한 경우만 정확히 가운데 항 $7x$가 될 수 있다.

$3x$	$6x$
$(3x+2)(x+1)$	$(3x+1)(x+2)$
$2x$	x
$3x+2x=5x$	$6x+x=7x$
틀린 가운데 항	맞는 가운데 항

그러므로 $3x^2+7x+2=(3x+1)(x+2)$

(b) $12r^2-5r-2$

풀이 시도 횟수를 줄이기 위해서 이 삼항식은 공통인수가 없다는 것에 주의하자. 이것은 어떤 항도 공통인수를 갖지 못한다는 것을 의미한다. 인수들을 선택할 때 이것을 명심하여야 한다. 앞의 항들을 위해서 4와 3을 시도해보자.

$$12r^2-5r-2=(4r\_\_\_\_\_)(3r\_\_\_\_\_)$$

어떤 부호를 사용할지는 아직 알지 못한다. -2의 항은 -2와 1 또는 -1과 2가 될 수 있다. 이들 중에 가운데 항인 -5를 가질 수 있는지 가능성을 시도해볼 것이다.

$(4r-2)(3r+1)$

오답: $4r-2$는 공통항 2를 갖는다.

$8r$

$(4r-1)(3r+2)$

$-3r$

$8r-3r=5r$

틀린 가운데 항

가운데 항으로 $-5r$이 필요한데, 오른쪽 식의 가운데 항은 $5r$이다. 항의 부호를 바꿔 $-5r$을 얻을 수 있다.

$-8r$

$(4r+1)(3r-2)$

$3r$

$-8r+3r=-5r$

맞는 가운데 항

그러므로 $12r^2-5r-2=(4r+1)(3r-2)$이다. ■

연습문제 21을 풀어보자.

> ⓘ **Note** 예제 6(b)에서 보여준 바와 같이 다항식에서 1을 제외한 공통인수가 없다면 그 식의 어떠한 항도 공통인수를 가질 수 없다. 이것은 몇 가지 가능한 인수들을 제외시킬 수 있다.

삼항식 ax^2+bx+c에서 $a\neq1$일 때 인수분해의 대안적 방법을 요약하면 다음과 같다.

ax^2+bx+c의 인수분해

1단계 곱이 a인 짝을 찾는다. 곱해서 제곱항의 계수인 a를 갖는 모든 수를 적는다.

2단계 곱이 c인 짝을 찾는다. 곱해서 마지막 항인 c를 갖는 모든 수를 적는다.

3단계 안쪽 항 또는 바깥쪽 항을 고른다. 1단계와 2단계에서 얻은 항들을 FOIL과 여러 가지 조합을 사용하여 가운데 항과 같은 것을 찾는다.

어떤 조합도 존재하지 않는다면, 그 삼항식은 인수분해되지 않는다.

《예제 7》 2개의 변수를 가진 삼항식의 인수분해

$18m^2-19mx-12x^2$을 인수분해하여라.

풀이 1을 제외한 공통인수는 없다. 이 삼항식을 인수분해하기 위해서 아래의 단계를 따라해보자. 18과 -12의 가능한 인수들은 아주 많다. 18을 얻기 위해 6과 3을, -12를 얻기 위해 -3과 4를 시도해보자.

$(6m-3x)(3m+4x)$ 오답: 공통인수

$(6m+4x)(3m-3x)$ 오답: 공통인수

18의 인수로 6과 3이 맞지 않으니 대신 9와 2를, -12의 인수로 3과 -4를 시도해본다.

$(9m+3x)(2m-4x)$ 오답: 공통인수들

$$27mx$$
$$(9m-4x)(2m+3x)$$
$$-8mx$$
$$27mx+(-8mx)=19mx$$

잘못된 가운데 항

오른쪽 식은 가운데 항과 부호만 틀린다. 그러므로 요소들의 부호만 바꿔주면 된다. 곱하기로 검증해보자.

$$18m^2-19mx-12x^2=(9m+4x)(2m-3x)$$

■

✎연습문제 23을 풀어보자.

《예제 8》 $ax^2+bx+c,\ a<0$의 인수분해

$-3x^2+16x+12$를 인수분해하여라.

풀이 이 다항식은 직접 인수분해하는 것이 가능하므로 -1을 가장 먼저 추출해내는 것이 도움이 된다. 그리고 앞의 예제에서 했던 과정을 진행하자.

$$\begin{aligned}-3x^2+16x+12 &= -1(3x^2-16x-12)\\ &= -1(3x+2)(x-6)\\ &= -(3x+2)(x-6)\end{aligned}$$

이 인수분해된 형식은 다른 방법으로 적을 수 있다. 두 가지 방법은

$$(-3x-2)(x-6) \text{ 그리고 } (3x+2)(-x+6)$$

이 두 가지를 계산했을 때 원래의 삼항식이 나오는지 확인해보자. ■

✎연습문제 33을 풀어보자.

《예제 9》 공통인수를 이용한 삼항식 인수분해

$16y^3+24y^2-16y$를 인수분해하여라.

풀이

$$\begin{aligned}16y^3+24y^2-16y &= 8y(2y^2+3y-2) && \text{최대공약수}=8y\\ &= 8y(2y-1)(y+2) && \text{공통인수를 기억하자.}\end{aligned}$$

■

✎연습문제 39를 풀어보자.

목표 4 치환을 이용한 인수분해 때때로 좀 더 복잡한 다항식을 변수로 치환하는 방법으로 인수분해를 할 수 있다.

예제 10 치환을 이용한 다항식의 인수분해

$2(x+3)^2+5(x+3)-12$를 인수분해하여라.

풀이 $(x+3)^2$과 $(x+3)$이 있으므로 $x+3$을 다른 변수로 치환하도록 하자. x를 제외한 문자를 하나 고른다. $x+3$을 y로 치환한다.

$$\begin{aligned}2(x+3)^2+5(x+3)-12&=2y^2+5y-12 \quad \text{치환: } y=x+3\\&=(2y-3)(y+4)\end{aligned}$$

y 자리에 다시 $x+3$을 넣고 간소화한다.

$$\begin{aligned}2(x+3)^2+5(x+3)-12&=[2(x+3)-3][(x+3)+4]\\&=(2x+6-3)(x+7)\\&=(2x+3)(x+7)\end{aligned}$$

■

연습문제 49를 풀어보자.

> ① 주의 예제 10에서 마지막에 y를 다시 $x+3$으로 치환해서 계산해야 하는 것을 기억하자.

예제 11 ax^4+bx^2+c 형식의 삼항식 인수분해

$6y^4+7y^2-20$을 인수분해하여라.

풀이 변수 y는 큰 지수가 작은 지수의 2배인 제곱수이다. 이런 경우, $m=y^2$처럼 작은 제곱수를 치환한다. 그러면 $m^2=(y^2)^2=y^4$이 되고 삼항식은 아래와 같이 된다.

$$6m^2+7m-20$$

인수분해를 하면,

$$6m^2+7m-20=(3m-4)(2m+5)$$

$m=y^2$이므로

$$6y^4+7y^2-20=(3y^2-4)(2y^2+5)$$

■

연습문제 59를 풀어보자.

> ① Note 몇몇의 학생들은 예제 11과 같이 치환 방법을 사용하지 않고 직접 인수분해하는 것을 더 편하게 생각할 수도 있다.

6.2 연습문제

1. $12x^2+29x+10$을 인수분해하기 위한 시작으로 알맞지 않은 것은?
   A. $(12x \quad)(x \quad)$
   B. $(4x \quad)(3x \quad)$
   C. $(6x \quad)(2x \quad)$
   D. $(8x \quad)(4x \quad)$

2. $2x^6-5x^5-3x^4$를 인수분해한 식은?
   A. $x^4(2x+1)(x-3)$
   B. $x^4(2x-1)(x+3)$
   C. $(2x^5+x^4)(x-3)$
   D. $x^3(2x^2+x)(x-3)$

3. $-x^2+16x-60$의 인수분해 식이 아닌 것은?
   A. $(x-10)(-x+6)$
   B. $(-x-10)(x+6)$
   C. $(-x+10)(x-6)$
   D. $-(x-10)(x-6)$

4. $4x^2-4x-24$를 인수분해하면?
   A. $4(x-2)(x+3)$
   B. $4(x+2)(x+3)$
   C. $4(x+2)(x-3)$
   D. $4(x-2)(x-3)$

[5~44] 각 삼항식을 인수분해하시오. (예제 1~9)

5. $y^2+7y-30$
6. $z^2+2z-24$
7. $p^2+15p+56$
8. $k^2-11k+30$
9. $-m^2+11m-60$
10. $-p^2+12p+27$
11. $a^2-2ab-35b^2$
12. $z^2+8zw+15w^2$
13. $y^2-3yq-15q^2$
14. $k^2-11hk+28h^2$
15. $x^2y^2+11xy+18$
16. $p^2q^2-5pq-18$
17. $-6m^2-13m+15$
18. $-15y^2+17y+18$
19. $10x^2+3x-18$
20. $8k^2+34k+35$
21. $20k^2+47k+24$
22. $27z^2+42z-5$
23. $15a^2-22ab+8b^2$
24. $15p^2+24pq+8q^2$
25. $36m^2-60m+25$
26. $25r^2-90r+81$
27. $40x^2+xy+6y^2$
28. $14c^2-17cd-6d^2$
29. $6x^2z^2+5xz-4$
30. $8m^2n^2-10mn+3$
31. $24x^2+42x+15$
32. $36x^2+18x-4$
33. $-15a^2-70a+120$
34. $-12a^2-10a+42$
35. $-11x^3+110x^2-264x$
36. $-9k^3-36k^2+189k$
37. $2x^3y^3-48x^2y^4+288xy^5$
38. $6m^3n^2-24m^2n^3-30mn^4$
39. $6a^3+12a^2-90a$
40. $3m^4+6m^3-72m^2$
41. $13y^3+39y^2-52y$
42. $4p^3+24p^2-64p$
43. $12p^3-12p^2+3p$

44. $45t^3+60t^2+20t$

45. 시험에서 $4x^2+2x-20$을 인수분해하라고 학생들에게 주어졌을 때, 어떤 학생이 $(4x+10)(x-2)$라고 답을 써서 점수가 깎였다. 학생은 선생님에게 가서 $(4x+10)(x-2)$를 계산하면 원래의 다항식이 나온다고 항의했다. 답변의 곱이 $4x^2+2x-20$임에도 불구하고 왜 점수가 깎였는지 설명하시오.

46. $-4x^2-29x+24$를 인수분해할 때, 마고는 $(-4x+3)(x+8)$을 얻었고, 스티브는 $(4x-3)(-x-8)$을 얻었다. 누가 맞을까? 여러분의 답변을 설명하라.

[47~58] 각각의 삼항식을 인수분해해라. (예제 10)

47. $12p^6-32p^3r+5r^2$

48. $2y^6+7xy^3+6x^2$

49. $10(k+1)^2-7(k+1)+1$

50. $4(m-5)^2-4(m-5)-15$

51. $3(m+p)^2-7(m+p)-20$

52. $4(x-y)^2-23(x-y)-6$

53. $a^2(a+b)^2-ab(a+b)^2-6b^2(a+b)^2$

54. $m^2(m-p)+mp(m-p)-2p^2(m-p)$

55. $p^2(p+q)+4pq(p+q)+3q^2(p+q)$

56. $2k^2(5-y)-7k(5-y)+5(5-y)$

57. $z^2(z-x)-zx(x-z)-2x^2(z-x)$

58. $r^2(r-s)-5rs(s-r)-6s^2(r-s)$

[59~64] 각각의 삼항식을 인수분해해라. (예제 11)

59. p^4-10p^2+16

60. k^4+10k^2+9

61. $2x^4-9x^2-18$

62. $6z^4+z^2-1$

63. $16x^4+16x^2+3$

64. $9r^4+9r^2+2$

6.3 특별한 인수분해

학·습·목·표

1. 제곱수 차의 인수분해
2. 완전제곱 삼항식의 인수분해
3. 세제곱수의 차의 인수분해
4. 세제곱수의 합의 인수분해

목표 1 제곱수 차의 인수분해 5.4절에서 소개되었던 곱하기가 인수분해하기 위해서 반대로 진행된다. 두 항의 합과 차의 곱은 제곱수의 차를 나타낸다는 것을 기억하자. 이런 패턴은 인수분해를 할 때도 자주 나타난다.

제곱수의 차

$$x^2-y^2=(x+y)(x-y)$$

예제 1 제곱수 차의 인수분해

각각의 다항식을 인수분해하여라.

(a) $4a^2-64$

4를 공통인수로 가진다.

$$4a^2-64=4(a^2-16) \qquad \text{공통인수를 추출하자.}$$
$$=4(a+4)(a-4) \qquad \text{제곱수의 차를 인수분해하자.}$$

(b)

$$A^2 \; - \; B^2 = (A+B)(A-B)$$
$$16m^2-49p^2=(4m)^2-(7p)^2=(4m+7p)(4m-7p)$$

(c)

$$A^2 \; - \; B^2 = (A+B)(A-B)$$
$$81k^2-(a+2)^2=(9k)^2-(a+2)^2=(9k+\overbrace{a+2})(9k-\overbrace{(a+2)})$$
$$=(9k+a+2)(9k-a-2)$$

우리는 여기서 치환 방법을 사용해볼 수 있다.

(d) $x^4-81=(x^2+9)(x^2-9)$ 제곱수 차의 인수분해

$=(x^2+9)(x+3)(x-3)$ x^2-9를 인수분해 ■

연습문제 9, 13, 15를 풀어보자.

> ⓘ 주의 최대공약수가 1밖에 없다고 가정할 때 x^2+25와 같은 제곱수의 합을 인수분해할 수 없다. $x^2+y^2 \neq (x+y)^2$이다.

목표 2 완전제곱 삼항식의 인수분해 5.4절의 두 가지의 곱셈은 다음과 같은 인수분해 공식을 유도한다.

완전제곱 삼항식

$$x^2+2xy+y^2=(x+y)^2$$
$$x^2-2xy+y^2=(x-y)^2$$

$x^2+2xy+y^2$은 $x+y$의 제곱이기 때문에 이것은 완전제곱 삼항식이라 불린다. 이런 형식에선 식의 첫 번째 항과 마지막 항이 완전제곱이여야 한다. 인수분해를 한 형식에선 첫 번째 항과 마지막 항의 곱의 2배가 삼항식의 가운데 항이어야 한다. 부호는 계속 다르기 때문에(x와 y 외에) 이런 형태를 단어로 이해하는 것은 중요하다.

$4m^2+20m+25$	$p^2-8p+64$
완전제곱 삼항식	완전제곱 삼항식이 아니다. 가운데 항이 $\pm 16p$이어야 한다.

예제 2 완전제곱 삼항식의 인수분해

각각의 다항식을 인수분해하여라.

(a) $144p^2-120p+25$

풀이 $144p^2=(12p)^2$, $25=5^2$이다. $144p^2-120p+25$는 완전제곱 삼항식이고 가운데 항의 부호는 음수이므로 인수분해를 하면 아래와 같이 된다.

$$(12p-5)^2$$

(b) $4m^2+20mn+49n^2$

풀이 만약 위의 식이 완전제곱 삼항식이라면 $(2m+7n)^2$과 같은 것이다. 위에 나온 패턴과 같이 곱셈을 적용한다면 이 이항식의 제곱의 가운데 항은 $2(2m)(7n)=28mn$을 갖고 이것은 $20mn$과 같지 않다. 이 삼항식은 앞 절에서 배운 방법으로도 인수분해를 할 수 없다. 인수분해가 불가능하다.

(c) $(r+5)^2+6(r+5)+9=[(r+5)+3]^2$
$\qquad\qquad\qquad\qquad\qquad\;\; =(r+8)^2$

$2(r+5)(3)=6(r+5)$가 가운데 항이다

(d) $m^2-8m+16-p^2$

풀이 항이 네 개이므로 그룹화를 이용한 인수분해를 해보자. 처음 3항들은 완전제곱 삼항식의 형태를 지닌다. 이를 분류해보자. 그러면 아래와 같다.

$$(m^2-8m+16)-p^2=(m-4)^2-p^2$$

이 결과는 제곱수의 차로 나타났다. 다시 한 번 인수분해를 해보면 아래의 식을 얻을 수 있다.

$$(m-4)^2-p^2=(m-4+p)(m-4-p)$$

■

✎연습문제 23, 25, 33을 풀어보자.

완전제곱 삼항식은 물론 앞에서 다뤘던 다른 방식들을 이용해서 인수분해를 할 수 있다. 여기서 배운 방법은 단축방식이다.

목표 3 세제곱수 차의 인수분해 세제곱수의 차 x^3-y^3은 아래와 같이 인수분해될 수 있다.

세제곱수 차

$$x^3-y^3=(x-y)(x^2+xy+y^2)$$

$(x-y)$와 (x^2+xy+y^2)을 곱해서 이 식이 맞는지 확인해볼 수 있다.

《예제 3》 세제곱수 차의 인수분해

각각의 다항식을 인수분해하자.

(a) $m^3-8=m^3-2^3=(m-2)(m^2+2m+2^2)=(m-2)(m^2+2m+4)$

• 확인:

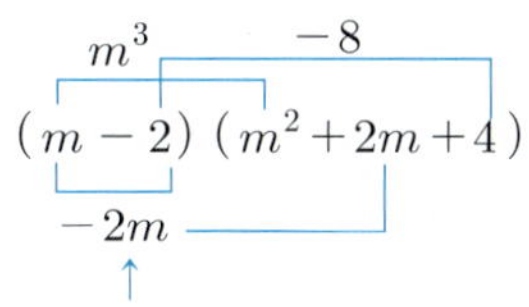

m^3의 세제곱근과 -8의 세제곱근의 곱의 반대 부호가 가운데 항이 된다.

(b) $27x^3-8y^3=(3x)^3-(2y)^3$

$$=(3x-2y)[(3x)^2+(3x)(2y)+(2y)^2]$$

$$=(3x-2y)(9x^2+6xy+4y^2)$$

(c) $1000k^3-27n^3=(10k)^3-(3n)^3$

$$=(10k-3n)[(10k)^2+(10k)(3n)+(3n)^2]$$

$$=(10k-3n)(100k^2+30kn+9n^2)$$

■

✎연습문제 37, 39를 풀어보자.

목표 4 세제곱수의 합의 인수분해 제곱수의 합 x^2+y^2은 실수로 인수분해할 수 없지만, 세제곱수의 합은 아래와 같이 인수분해가 가능하다.

세제곱수의 합

$$x^3+y^3=(x+y)(x^2-xy+y^2)$$

결과를 확인하기 위해서 $(x+y)$와 (x^2-xy+y^2)을 곱해보자. 세제곱의 차의 패턴과 비교해보자.

> ⓘ Note 세제곱수의 합과 차의 이항식(항이 2개인 식)의 두 번째 항의 부호는 항상 원래 다항식의 부호와 같다. 삼항식의 첫 번째와 마지막 항은 항상 양의 수이다. 그리고 가운데 항은 이항식의 두 번째 항의 부호와 반대이다.

예제 4 세제곱수의 합의 인수분해

각각의 다항식을 인수분해하여라.

(a) $r^3+27=r^3+3^3=(r+3)(r^2-3r+3^2)$

$\qquad=(r+3)(r^2-3r+9)$

(b) $27z^3+125=(3z)^3+5^3=(3z+5)[(3z)^2-(3z)(5)+5^2]$

$\qquad=(3z+5)(9z^2-15z+25)$

(c) $(x+2)^3+t^3=[(x+2)+t][(x+2)^2-(x+2)t+t^2]$

$\qquad=(x+2+t)(x^2+4x+4-xt-2t+t^2)$

■

연습문제 41, 43을 풀어보자.

> ⓘ 주의 흔한 오류로 세제곱수의 합이나 차를 인수분해할 때 xy 항이 2를 계수로 갖는다고 생각하는 경우가 있다. x^2+xy+y^2과 x^2-xy+y^2 중 2를 계수로 갖는 항이 없으므로 이 식들은 더 이상 인수분해가 가능하지 않다.

이번 장에서 배운 특수한 인수분해 형식은 아래와 같이 정리할 수 있다. 꼭 외워 두자.

특수한 유형의 인수분해

제곱수의 차	$x^2-y^2=(x+y)(x-y)$
완전제곱의 삼항식	$x^2+2xy+y^2=(x+y)^2$
	$x^2-2xy+y^2=(x-y)^2$
세제곱수의 차	$x^3-y^3=(x-y)(x^2+xy+y^2)$
세제곱수의 합	$x^3+y^3=(x+y)(x^2-xy+y^2)$

6.3 연습문제

1. 보기의 이항식 중 제곱수의 차를 나타낸 식은?

A. $64-m^2$　B. $2x^2-25$　C. k^2+9　D. $4z^4-49$

2. 보기의 이항식 중 세제곱수의 차나 합을 나타낸 식은?

A. $64+y^3$　B. $125-p^6$　C. $9x^3+125$　D. $(x+y)^3-1$

3. 보기의 삼항식 중 완전제곱인 것은?

A. $x^2-8x-16$　B. $4m^2+20m+25$　C. $9z^4+30z^2+25$　D. $25a^2-45a+81$

4. 연습문제 1~3에서 나온 12개의 다항식들 중 이번 절에서 배운 방법으로 인수분해할 수 있는 다항식들은 어떤 것인가?

5. 이항식 $9x^2+81$은 인수분해를 할 수 있는 두 제곱수의 합의 예이다. 어떤 조건하에서 두 제곱수의 합이 인수분해가 될 수 있는가?

6. 아래의 빈칸을 채우시오.

(a) $8+t^3=(2\_\_\_t)(4\_\_\_2t\_\_\_t^2)$　(b) $z^3-1=(z\_\_\_1)(z^2\_\_\_z\_\_\_1)$

[7~51] 아래의 다항식들을 인수분해 하시오. (예제 1~4)

7. p^2-16
8. k^2-9
9. $25x^2-4$
10. $36m^2-25$
11. $18a^2-98b^2$
12. $32c^2-98d^2$
13. $64m^4-4y^4$
14. $243x^4-3t^4$
15. $(y+z)^2-81$
16. $(h+k)^2-9$
17. $16-(x+3y)^2$
18. $64-(r+2t)^2$
19. $(p+q)^2-(p-q)^2$
20. $(a+b)^2-(a-b)^2$
21. k^2-6k+9
22. $x^2+10x+25$
23. $4z^2+4zw+w^2$
24. $9y^2+6yz+z^2$
25. $16m^2-8m+1-n^2$
26. $25c^2-20c+4-d^2$
27. $4r^2-12r+9-s^2$
28. $9a^2-24a+16-b^2$
29. x^2-y^2+2y-1
30. $-k^2-h^2+2kh+4$
31. $98m^2+84mn+18n^2$
32. $80z^2-40zw+5w^2$
33. $(p+q)^2+2(p+q)+1$
34. $(x+y)^2+6(x+y)+9$
35. $(a-b)^2+8(a-b)+16$
36. $(m-n)^2+4(m-n)+4$
37. $8x^3-y^3$
38. z^3-125p^3
39. $64g^3-27h^3$
40. $27a^3-8b^3$
41. $24n^3+81p^3$
42. $250x^3+16y^3$

43. $(y+z)^3+64$

44. $(p-q)^3+125$

45. $(a+b)^3-(a-b)^3$

46. $k^6+(k+3)^3$

47. m^6-125

48. $27r^6+1$

49. $1000x^9-27$

50. $729p^9-64$

51. $125y^6+z^6$

관련 개념(문제 52~57)

개인 또는 그룹 과제용

[52~57] 이항식 x^6-y^6은 제곱수의 차 또는 세제곱수의 차로 고려될 수 있다. 순서대로 해보자.

52. x^6-y^6을 제곱수의 차라고 생각하고 인수분해를 해보자. 그리고 인수들 중 하나를 세제곱수의 합, 다른 하나를 세제곱수의 차라 생각하고 인수분해를 한 번 더 해보자.

53. 52에서 얻은 답을 바탕으로 x^6-y^6을 완전히 인수분해했을 때 나오는 인수를 아래의 빈칸에 채워보자.

$$x^6-y^6=(x-y)(x+y)\underline{\qquad\qquad\qquad}.$$

54. x^6-y^6을 세제곱수의 차라고 생각하고 인수분해를 해보자. 그리고 인수들 중 하나를 제곱수의 차라고 생각하고 한 번 더 인수분해를 해보자.

55. 54에서 얻은 답을 바탕으로 x^6-y^6을 인수분해했을 때 나오는 인수를 아래의 빈칸에 채워보자.

$$x^6-y^6=(x-y)(x+y)\underline{\qquad\qquad\qquad}.$$

56. 55번에 넣었던 인수는 4차 다항식이고, 53번에 넣었던 2개의 인수는 2차 다항식이다. 연습문제 53에 적었던 2개의 인수들의 곱은 어떻게 돼야 하는가? 설명하시오.

57. 만약 제곱수의 차나 세제곱수의 차의 인수분해를 선택했다면 어떻게 좀 더 쉽게 인수분해된 다항식을 가질 수 있을까? 연습문제 52~56과 이번 절에서 배운 다양한 인수분해 방법들을 이용하여 설명해 보아라.

어떤 경우에는 그룹화로 인수분해하는 방법이 이번 절에서 배운 방법들과 같이 사용되는 경우도 있다. 예를 들면 $8x^3+4x^2+27y^3-9y^2$을 인수분해할 때 아래와 같은 절차를 거친다.

$8x^3+4x^2+27y^3-9y^2=(8x^3+27y^3)+(4x^2-9y^2)$	결합, 교환법칙
$=(2x+3y)(4x^2-6xy+9y^2)+(2x+3y)(2x-3y)$	그룹 안에서 인수분해
$=(2x+3y)[(4x^2-6xy+9y^2)+(2x-3y)]$	최대공약수 $2x+3y$ 추출
$=(2x+3y)(4x^2-6xy+9y^2+2x-3y)$	항들을 결합

이와 비슷한 문제들을 인수분해하기 위해 그룹을 어떻게 묶을 것인가가 중요하다. 만약 우리가 막다른 길에 도달한다면 다른 방법으로 그룹을 묶어야 한다.

[58~65] 바로 위에 설명한 방법으로 아래의 다항식들을 인수분해하여라.

58. $27x^3+9x^2+y^3-y^2$
59. $125p^3+25p^2+8q^3-4q^2$
60. $1000k^3+20k-m^3-2m$
61. $27a^3+15a-64b^3-20b$
62. y^4+y^3+y+1
63. $8t^4-24t^3+t-3$
64. $10x^2+5x^3-10y^2+5y^3$
65. $64m^2-512m^3-81n^2+729n^3$

6.4 인수분해의 일반적인 접근법

학·습·목·표

1. 공통인수 추출
2. 이항식의 인수분해
3. 삼항식의 인수분해
4. 항이 넷 이상인 다항식의 인수분해

이 절에서는 앞 절에서 배웠던 인수분해 방법들을 요약하고 적용해보겠다. 아래의 조건을 만족하는 다항식은 완벽하게 인수분해될 수 있다.

1. 다항식은 정수를 계수로 갖는 약수 다항식의 곱으로 이루어졌다.
2. 약수 다항식의 어떤 항도 더 이상 인수분해될 수 없다. (단항식은 완벽하게 인수분해될 필요가 없다.)

다항식의 인수분해

1단계 공통인수를 추출한다.

2단계 만약 다항식이 이항식이라면, 제곱수의 차, 세제곱수의 차 또는 세제곱수의 합인지 확인해보자.
만약 다항식이 삼항식이라면, 완전제곱 삼항식인지 확인해보자. 아니라면 6.2절의 방법으로 인수분해가 가능하다.
만약 항이 네 개 이상일 경우 그룹으로 묶어 인수분해를 해보자.

3단계 인수분해된 식을 곱해서 확인한다.

목표 1 공통인수 추출

이 단계는 다항식의 항의 수와 관계없이 항상 동일하다.

예제 1 공통인수 추출

각각의 다항식을 인수분해하라.

(a) $9p+45=9(p+5)$

(b) $8m^2p^2+4mp=4mp(2mp+1)$

(c) $5x(a+b)-y(a+b)=(a+b)(5x-y)$

■

연습문제 13, 23을 풀어보자.

목표 2 이항식의 인수분해

아래의 규칙 중 하나를 사용하자.

이항식(항이 2개)일 경우 아래의 규칙을 확인해보자.

제곱수의 차	$x^2-y^2=(x+y)(x-y)$
세제곱수의 차	$x^3-y^3=(x-y)(x^2+xy+y^2)$
세제곱수의 합	$x^3+y^3=(x+y)(x^2-xy+y^2)$

예제 2 이항식의 인수분해

가능하다면, 각각의 다항식을 인수분해하여라.

(a) $64m^2-9n^2=(8m)^2-(3n)^2$ 제곱수의 차

$=(8m+3n)(8m-3n)$

(b) $8p^3-27=(2p)^3-3^3$

$=(2p-3)[(2p)^2+(2p)(3)+3^2]$ 세제곱수의 차

$=(2p-3)(4p^2+6p+9)$

(c) $1000m^3+1=(10m)^3+1^3$

$=(10m+1)[(10m)^2-(10m)(1)+1^2]$ 세제곱수의 합

$=(10m+1)(100m^2-10m+1)$

(d) $25m^2+121$은 기약이다(더 이상 분해되지 않는 다항식). 이것은 제곱수의 합이다. ■

연습문제 7, 11, 29를 풀어보자.

목표 3 삼항식의 인수분해

삼항식(항이 세 개)을 인수분해하기 위해서 식이

$$x^2+2xy+y^2=(x+y)^2 \text{ 또는 } x^2-2xy+y^2=(x-y)^2$$

과 같이 완전제곱식인지 확인하고, 아니라면 6.2절의 방법을 사용한다.

예제 3 삼항식의 인수분해

각각의 다항식을 인수분해하여라.

(a) $p^2+10p+25=(p+5)^2$ 완전제곱식

(b) $49z^2-42z+9=(7z-3)^2$ 완전제곱식

(c) $y^2-5y-6=(y-6)(y+1)$ -6과 1의 곱은 -6, 합은 -5이다.

(d) $r^2+18r+72=(r+6)(r+12)$

(e) $2k^2-k-6=(2k+3)(k-2)$ 6.2절의 방법을 이용하자.

(f) $28z^2+6z-10=2(14z^2+3z-5)$ 공통인수 추출

$=2(7z+5)(2z-1)$ ■

연습문제 9, 19, 41을 풀어보자.

목표 4 항이 넷 이상인 다항식의 인수분해

그룹화를 이용한 인수분해를 시도하자.

예제 4 항이 넷 이상인 다항식의 인수분해

각각의 다항식을 인수분해하여라.

(a) $xy^2-y^3+x^3-x^2y=(xy^2-y^3)+(x^3-x^2y)$
$$=y^2(x-y)+x^2(x-y)$$
$$=(x-y)(y^2+x^2)$$

(b) $20k^3+4k^2-45k-9=(20k^3+4k^2)-(45k+9)$ 부호에 조심하자
$$=4k^2(5k+1)-9(5k+1)$$
$$=(5k+1)(4k^2-9)$$ $5k+1$이 공통인수이다.
$$=(5k+1)(2k+3)(2k-3)$$ 제곱수의 차

(c) $4a^2+4a+1-b^2=(4a^2+4a+1)-b^2$ 결합법칙
$$=(2a+1)^2-b^2$$ 완전제곱식
$$=(2a+1+b)(2a+1-b)$$ 제곱수의 차

(d) $8m^3+4m^2-n^3-n^2$

풀이 그룹을 만들기 전에 항들을 재배열하여야 한다. 왜냐하면

$$(8m^3+4m^2)-(n^3+n^2)=4m^2(2m+1)-n^2(n+1)$$

이 되어 더 이상 인수분해할 수 없기 때문이다. 다항식을 아래와 같이 써보자.

$8m^3+4m^2-n^3-n^2=(8m^3-n^3)+(4m^2-n^2)$ 세제곱과 제곱을 묶어보자.
$$=(2m-n)(4m^2+2mn+n^2)+(2m-n)(2m+n)$$ 각 그룹을 인수분해
$$=(2m-n)(4m^2+2mn+n^2+2m+n)$$ 공통인수 $2m-n$을 추출한다.

■

연습문제 21, 45를 풀어보자.

6.4 연습문제

[1~72] 각각의 다항식을 인수분해하여라. (예제 1~4)

1. $100a^2-9b^2$
2. $10r^2+13r-3$
3. $3p^4-3p^3-90p^2$
4. k^4-16
5. $3a^2pq+3abpq-90b^2pq$
6. $49z^2-16$
7. $225p^2+256$
8. $18m^3n+3m^2n^2-6mn^3$
9. $6b^2-17b-3$
10. $k^2-6k-16$
11. x^3-1000
12. $6t^2+19tu-77u^2$
13. $4(p+2)+m(p+2)$
14. $40p-32r$
15. $9m^2-45m+18m^3$
16. $4k^2+28kr+49r^2$
17. $54m^3-2000$
18. $mn-2n+5m-10$

19. $9m^2-30mn+25n^2$
20. $2a^2-7a-4$
21. $kq-9q+kr-9r$
22. $56k^3-875$
23. $16z^3x^2-32z^2x$
24. $9r^2+100$
25. $x^2+2x-35$
26. $9-a^2+2ab-b^2$
27. x^4-625
28. $2m^2-mn-15n^2$
29. p^3+64
30. $48y^2z^3-28y^3z^4$
31. $64m^2-625$
32. $14z^2-3zk-2k^2$
33. $12z^3-6z^2+18z$
34. $225k^2-36r^2$
35. $256b^2-400c^2$
36. $z^2-zp-20p^2$
37. $1000z^3+512$
38. $64m^2-25n^2$
39. $10r^2+23rs-5s^2$
40. $12k^2-17kq-5q^2$
41. $24p^3q+52p^2q^2+20pq^3$
42. $32x^2+16x^3-24x^5$
43. $48k^4-243$
44. $14x^2-25xq-25q^2$
45. $m^3+m^2-n^3-n^2$
46. $64x^3+y^3-16x^2+y^2$
47. $x^2-4m^2-4mn-n^2$
48. $4r^2-s^2-2st-t^2$
49. $18p^5-24p^3+12p^6$
50. $k^2-6k+16$
51. $2x^2-2x-40$
52. $27x^3-3y^3$
53. $(2m+n)^2-(2m-n)^2$
54. $(3k+5)^2-4(3k+5)+4$
55. $50p^2-162$
56. $y^2+3y-10$
57. $12m^2rx+4mnrx+40n^2rx$
58. $18p^2+53pr-35r^2$
59. $21a^2-5ab-4b^2$
60. $x^2-2xy+y^2-4$
61. x^2-y^2-4
62. $(5r+2s)^2-6(5r+2s)+9$
63. $(p+8q)^2-10(p+8q)+25$
64. z^4-9z^2+20
65. $21m^4-32m^2-5$
66. $(x-y)^3-(27-y)^3$
67. $(r+2t)^3+(r-3t)^3$
68. $16x^3+32x^2-9x-18$
69. x^5+3x^4-x-3
70. $x^{16}-1$
71. $m^2-4m+4-n^2+6n-9$
72. x^2+4+x^2y+4y

6.5 인수분해로 방정식 풀기

[학·습·목·표]
1. 영인수 성질을 배우고 사용하기
2. 영인수 성질을 요구하는 응용문제 해결

6.1 ~ 6.4절에서 다항식을 인수분해하였다. 이제는 다항방정식을 풀기 위해 인수분해를 사용할 수 있다. 2장에서 선형방정식을 풀기 위한 방법들을 배웠다. 고차 다항방정식을 풀기 위해선 다른 방법들이 필요하다.

목표 4 영인수 성질을 배우고 사용하기 어떤 다항방정식들은 인수분해에 의해서 풀 수 있다. 인수분해를 이용한 방정식의 풀이는 0의 특별한 성질에 달렸는데 이것을 영인수 성질이라 부른다.

영인수 성질

만약 두 수의 곱이 0이라면, 둘 중 하나는 반드시 0이여야 한다. 만약 $ab = 0$이라면 $a = 0$ 또는 $b = 0$이여야 한다.

영인수 성질을 증명하기 위해서 먼저 $a \neq 0$이라 가정하자. (만약 a가 0이라면 이 성질은 이미 증명된다.) 만약 $a \neq 0$이라면, $\frac{1}{a}$이 존재하고 $ab = 0$의 양쪽에 $\frac{1}{a}$을 곱하여

$$\frac{1}{a} \cdot ab = \frac{1}{a} \cdot 0$$
$$b = 0$$

을 얻을 수 있다. 그러므로 만약 $a \neq 0$일 때, $b = 0$이 되어 이 성질은 증명된다.

ⓘ 주의 만약 $ab = 0$이라면, $a = 0$ 또는 $b = 0$이다. 그러나 예를 들어 만약 $ab = 6$이라면 꼭 $a = 6$이거나 $b = 6$일 필요는 없다. 사실 $a = 6$이 아니고 $b = 6$도 아니라고 예상된다. 영인수 성질은 곱의 결과가 0일 때만 적용된다.

예제 1 방정식을 풀기 위한 영인수 성질 사용

$(x+6)(2x-3) = 0$을 풀어보자.

풀이 $x+6$과 $2x-3$의 곱이 0이다. 영인수 성질에 의해 $x+6 = 0$이거나 $2x-3 = 0$일 때만 참이 될 수 있다. 두 방정식을 풀어보자.

$$x+6=0 \quad \text{또는} \quad 2x-3=0$$
$$x=-6 \quad \text{또는} \quad 2x=3$$
$$x=-6 \quad \text{또는} \quad x=\frac{3}{2}$$

이 두 해를 원래의 방정식에 넣어서 확인해보자.

만약 $x=-6$이라면

$$(x+6)(2x-3)=0$$
$$(-6+6)[2(-6)-3]=0$$
$$0(-15)=0$$
$$0=0 \quad \text{참}$$

만약 $x=\frac{3}{2}$이라면

$$(x+6)(2x-3)=0$$
$$\left(\frac{3}{2}+6\right)\left(2\cdot\frac{3}{2}-3\right)=0$$
$$\frac{15}{2}(0)=0$$
$$0=0 \quad \text{참}$$

두 방정식을 확인해 본 결과 방정식의 해집합은 $\left\{-6, \frac{3}{2}\right\}$이 된다. ■

✎연습문제 5를 풀어보자.

$(x+6)(2x-3)$은 $2x^2+9x-18$과 같으므로 예제 1의 방정식은 제곱 항을 갖는 이차방정식의 예이다. 이차방정식은 차수가 2이다.

이차방정식

a, b, c가 실수이고, $a \neq 0$이며

$$ax^2+bx+c=0$$

으로 쓸 수 있는 식을 이차방정식이라 부르며, 이 형식을 표준형이라고 한다.

이차방정식은 9장에서 더 자세히 다룰 것이다. 인수분해를 이용하여 이차방정식을 푸는 방법을 요약하면 아래와 같다.

인수분해를 이용한 이차방정식의 풀이

1단계 표준형으로 적는다. 필요하다면 방정식을 다시 적어서 한쪽이 0이 되게 만든다.
2단계 다항식은 인수분해한다.
3단계 영인수 성질을 사용한다. 각각의 변수 인수를 0이 되도록 만든다.
4단계 해를 찾는다. 3단계에서 나온 방정식을 푼다.
5단계 확인해본다. 원래 방정식에 각각의 해를 넣어 풀어본다.

예제 2 인수분해를 이용한 이차방정식의 풀이

각각의 방정식을 풀어보자.

(a) $2x^2+3x=2$

풀이 • 1단계: $2x^2+3x=2$

$2x^2+3x-2=0$ 표준형

• 2단계: $(2x-1)(x+2)=0$ 인수분해

• 3단계: $2x-1=0$ 또는 $x+2=0$ 영인수 성질

• 4단계: $2x=1$ 또는 $x=-2$ 방정식풀기

$x=\frac{1}{2}$

• 5단계: 원래의 방정식에 대입하여 풀어보기

만약 $x=\frac{1}{2}$이라면

$$2x^2+3x=2$$
$$2\left(\frac{1}{2}\right)^2+3\left(\frac{1}{2}\right)=2$$
$$2\left(\frac{1}{4}\right)+\frac{3}{2}=2$$
$$\frac{1}{2}+\frac{3}{2}=2$$
$$2=2 \quad \text{참}$$

만약 $x=-2$라면

$$2x^2+3x=2$$
$$2(-2)^2+3(-2)=2$$
$$2(4)-6=2$$
$$8-6=2$$
$$2=2 \quad \text{참}$$

두 답을 확인해본 결과, 해집합은 $\left\{\frac{1}{2}, -2\right\}$이다.

(b) $4x^2=4x-1$

풀이 $4x^2-4x+1=0$ 표준형

$(2x-1)^2=0$ 인수분해

$2x-1=0$ 영인수 성질

$2x=1$

$x=\frac{1}{2}$

삼항식이 완전제곱식이기 때문에 오직 하나의 해만 존재한다. 해집합은 $\left\{\frac{1}{2}\right\}$이다. ■

연습문제 11, 29를 풀어보자.

예제 3 항이 하나 없는 이차방정식의 풀이

$5z^2-25z=0$을 풀어보자.

풀이 이 이차방정식은 표준형 $ax^2+bx+c=0$과 비교해보면 $c=0$이므로 항이 하나가 없다는 것을 알 수 있다. 영인수 성질은 여전히 사용될 수 있다.

$$5z^2 - 25z = 0$$

$$5z(z-5) = 0 \quad \text{인수분해}$$

$$5z = 0 \text{ 또는 } z-5 = 0 \quad \text{영인수 성질}$$

$$z = 0 \text{ 또는 } z = 5$$

해는 0과 5이고 원래의 방정식에 대입해서 확인할 수 있다. 해집합은 $\{0, 5\}$이다. ■

✎연습문제 19를 풀어보자.

> ⓘ 주의 예제 3에서 방정식의 해집합에 0을 해로 포함시킨 것을 기억하자.

《예제 4》 다시 써서 형태를 바꾸는 것이 요구되는 방정식의 풀이

$(2q+1)(q+1) = 2(1-q)+6$을 풀어보자.

풀이 양변을 곱해서 표준형 $ax^2+bx+c=0$으로 적어보자.

$$(2q+1)(q+1) = 2(1-q)+6$$

$$2q^2+3q+1 = 2-2q+6$$

$$2q^2+5q-7 = 0 \quad \text{표준형}$$

$$(2q+7)(q-1) = 0 \quad \text{인수분해}$$

$$2q+7 = 0 \text{ 또는 } q-1 = 0 \quad \text{영인수 성질}$$

$$2q = -7 \text{ 또는 } q = 1$$

$$q = -\frac{7}{2}$$

해집합이 $\left\{-\frac{7}{2}, 1\right\}$인지 확인해보자. ■

✎연습문제 35를 풀어보자.

차수가 3차 이상인 다항방정식 풀이에서도 영인수 성질은 사용될 수 있다.

《예제 5》 차수가 3차인 방정식의 풀이

$-x^3+x^2 = -6x$를 풀어보자.

풀이 우변을 0으로 만들기 위해서 양변에 $6x$을 더하자.

$$-x^3+x^2+6x = 0$$

인수분해를 더 쉽게 진행하기 위해서 양변에 -1을 곱해주자.

$$x^3-x^2-6x = 0$$

$$x(x^2-x-6) = 0 \quad x\text{를 추출}$$

$$x(x-3)(x+2) = 0 \quad \text{삼항식을 인수분해}$$

영인수 성질을 사용해서 세 개의 변수를 포함하도록 확장되었다.

$$x=0 \quad \text{또는} \quad x-3=0 \quad \text{또는} \quad x+2=0$$
$$x=3 \quad \text{또는} \quad x=-2$$

해집합이 $\{0, 3, -2\}$인지 확인해보자. ■

연습문제 37을 풀어보자.

목표 2 영인수 성질을 요구하는 응용문제 해결 다음 예제는 이차방정식으로 이어지는 응용문제를 보여준다. 2장에서 배웠던 문제 해결 6단계를 계속 사용할 것이다.

예제 6 응용문제에 이차방정식 사용

측량사들이 평행사변형 모양의 땅을 측량중이다. 그들은 평행사변형 중 긴 두 변이, 두 변 사이의 거리보다 8 m가 길다는 것을 알았다. 땅의 면적은 48 m^2이다. 긴 두 변의 길이와 그 변들 사이의 거리를 구하라.

풀이 • 1단계: 문제를 다시 읽어 보아라. 2개의 질문이 있다.

• 2단계: 변수를 할당하라. 긴 두 변 사이의 거리를 x라고 놓자. 그럼 긴 두 변의 각자의 길이는 $x+8$이 된다. 그림 1을 보자.

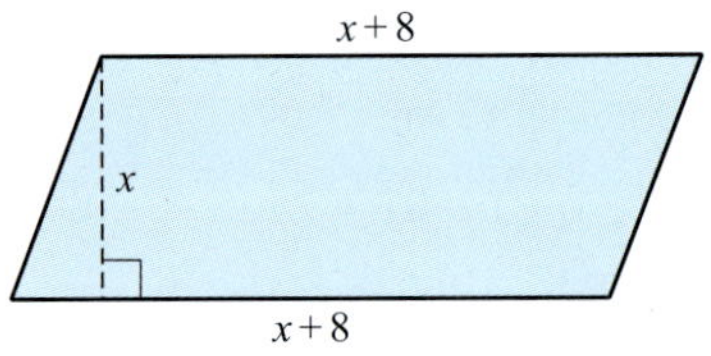

그림 1

• 3단계: 방정식을 적어라. 평행사변형에서 b를 긴 변의 길이, h를 긴 두 변 사이의 길이라고 했을 때 넓이를 구하는 공식은 $A=bh$이다. $b=x+8$이고 $h=x$이다.

$$A=bh$$
$$48=(x+8)x, \quad A=48,\ b=x+8,\ h=x$$

• 4단계: 풀어라.

$$48=x^2+8x \qquad \text{분배법칙}$$
$$0=x^2+8x-48 \qquad \text{표준형}$$
$$0=(x+12)(x-4) \qquad \text{인수분해}$$
$$x+12=0 \quad \text{또는} \quad x-4=0 \qquad \text{영인수 성질}$$
$$x=-12 \quad \text{또는} \quad x=4$$

• 5단계: 답을 명시하자. 거리는 음의 수가 될 수 없으므로 -12는 답에서 제외된다. 그러므로 가능한 답은 오직 4이고 긴 두 변 사이의 거리는 4 m가 된다. 그리고 긴 변의 길이는 $4+8=12$ m이다.

• 6단계: 검토. 긴 변의 길이는 12 m 이고 두 변 사이의 거리보다 길다. 그리고 넓이는 $4 \cdot 12 = 48\ \mathrm{m}^2$ 가 된다. ■

연습문제 57을 풀어보자.

> ⓘ 주의 응용문제가 이차방정식일 때, 예제 6과 같이 해가 물리적 요건에 맞지 않는다면 해가 될 수 없다.

이차다항식에 의해 정의된 함수는 이차함수라 불린다. 9장에서는 이차함수에 대해 더 자세히 연구할 것이다. 다음 예제는 함수를 이용해본다.

예제 7 응용문제에 이차함수 사용

이차함수는 어떠한 물건이 특정 시간 동안 이동한 거리나 떨어진 높이를 구할 때 사용된다. 예를 들면 장난감 로켓이 땅에서부터 128 ft/s로 쏴올렸다면 t초 후의 높이는

$$h(t) = -16t^2 + 128t$$

라는 함수로 정의할 수 있다(공기저항이 무시된 경우). 그럼 몇 초 후에 로켓은 220 ft 상공에 있게 될까?

풀이 t를 얻기 위해 $h(t) = 220$이라 하고,

$$\begin{aligned} 220 &= -16t^2 + 128t && h(t) = 220 \\ 16t^2 - 128t + 220 &= 0 && \text{표준형} \\ 4t^2 - 32t + 55 &= 0 && \text{4로 나누기} \\ (2t - 11)(2t - 5) &= 0 && \text{인수분해} \\ 2t - 11 = 0 \quad \text{또는} \quad 2t - 5 &= 0 && \text{영인수 성질} \\ t = 5.5 \quad \text{또는} \quad t &= 2.5 \end{aligned}$$

이다. 로켓은 220ft 상공에 두 번 있게 된다. 2.5초 후 올라갈 때와 5.5초 후 내려올 때이다. ■

연습문제 65를 풀어보자.

> **연결**
>
> 5.3절에서 우리는 $f(x) = x^2$의 그래프가 포물선이라는 것을 봤다. 일반적으로 $f(x) = ax^2 + bx + c$, $a \neq 0$ 일 때 그래프는 포물선이며, 그래프의 x절편들은 방정식 $ax^2 + bx + c = 0$의 해를 보여준다. 그래프 계산기가 $Y_1 = f(X) = 2X^2 + 3X - 2$의 x절편들(함수의 0값들이라 불린다.)을 스크린에 보여준다. 이 이차식은 앞 절의 예제 2에서 나온 표준형식의 좌변에 있던 식이다.

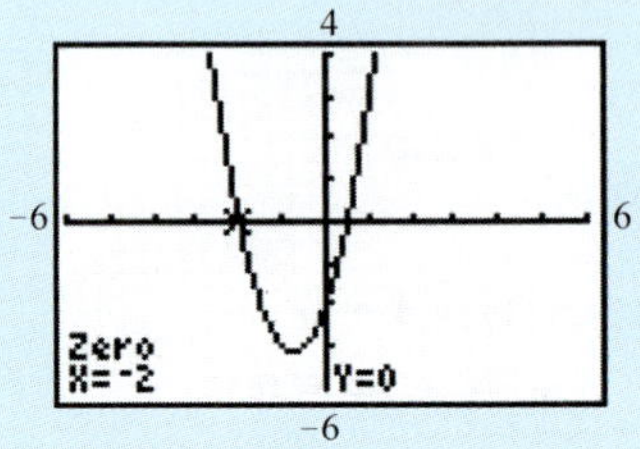

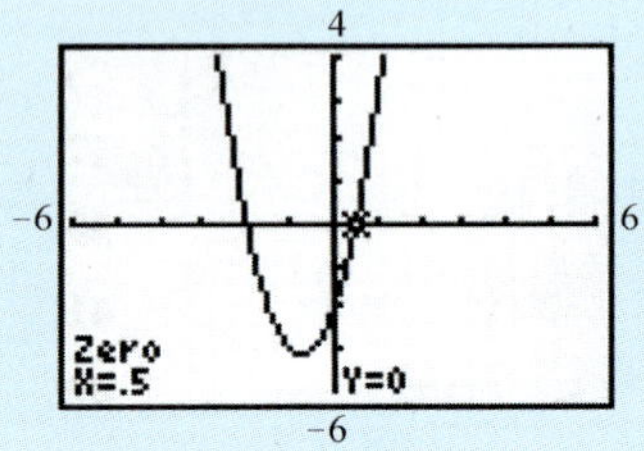

그래프에서 주어진 x절편들은 예제 2에 나온 해들과 같다. 그래프 식 해결 방법은 어떤 형태의 방정식이든 이용 가능하다.

6.5 연습문제

1. 영인수 성질이 이차방정식의 풀이에 어떻게 사용되는지 설명하시오.

2. 아래의 보기 중 하나는 영인수 성질을 이용할 수 없는 형식이다. 어떤 것이 왜 그런지 설명하여라.

   A. $(x+2)(x-6)=0$　　B. $x(3x-7)=0$

   C. $3t(t+8)(t-9)=0$　　D. $y(y-3)+6(y-3)=0$

[3~6] 각각의 방정식을 영인수 성질을 이용하여 푸시오. (예제 1)

3. $(x-5)(x+10)=0$
4. $(x+3)(x+7)=0$
5. $(2k-5)(3k+8)=0$
6. $(3q-4)(2q+5)=0$

[7~36] 각각의 방정식을 풀어라. (예제 2~4)

7. $m^2-3m-10=0$
8. $x^2+x-12=0$
9. $z^2+9z+18=0$
10. $x^2-18x+80=0$
11. $2x^2=7x+4$
12. $2x^2=3-x$
13. $15k^2-7k=4$
14. $3c^2+3=-10c$
15. $2x^2-12-4x=x^2-3x$
16. $3p^2+9p+30=2p^2-2p$
17. $(5z+1)(z+3)=-2(5z+1)$
18. $(3x+1)(x-3)=2+3(x+5)$
19. $4p^2+16p=0$

20. $2a^2-8a=0$

21. $6m^2-36m=0$

22. $-3m^2+27m=0$

23. $-3m^2+27=0$

24. $-2a^2+8=0$

25. $4p^2-16=0$

26. $9x^2-81=0$

27. $-x^2=9-6x$

28. $-m^2-8m=16$

29. $9k^2+24k+16=0$

30. $4m^2-20m+25=0$

31. $(x-3)(x+5)=-7$

32. $(x+8)(x-2)=-21$

33. $(2x+1)(x-3)=6x+3$

34. $(3x+2)(x-3)=7x-1$

35. $(x+3)(x-6)=(2x+2)(x-6)$

36. $(2x+1)(x+5)=(x+11)(x+3)$

[37~45] 각각의 방정식을 풀어라. (예제 5)

37. $2x^3-9x^2-5x=0$

38. $6x^3-13x^2-5x=0$

39. $9t^3=16t$

40. $25x^3=64x$

41. $2r^3+5r^2-2r-5=0$

42. $2p^3+p^2-98p-49=0$

43. $-x^3+6x^2+9x-54=0$

44. $6t^3+5t^2-6t-5=0$

45. $x^3-3x^2-4x+12=0$

46. 한 학생이 연습문제 39번 방정식을 양변을 t로 나누는 것을 시작하여 $9t^2=16$을 얻었다. 이 식을 영인수 성질을 이용하여 풀어 해집합 $\left\{-\frac{4}{3}, \frac{4}{3}\right\}$을 구했다. 이 과정에서 틀린 부분이 무엇일까?

47. 실제로 방정식을 풀지 말고, 어떤 식이 해집합에 0을 갖고 있는지 찾아라.
A. $4x^2-25=0$　B. $x^2+2x-3=0$　C. $6x^2+9x+1=0$　D. $x^3+4x^2=3x$

[48~53] 각각의 방정식을 풀어라.

48. $2(x-1)^2-7(x-1)-15=0$

49. $4(2k+3)^2-(2k+3)-3=0$

50. $5(3a-1)^2+3=-16(3a-1)$

51. $2(m+3)^2=5(m+3)-2$

52. $(2k-3)^2=16k^2$

53. $9p^2=(5p+2)^2$

[54~67] 각각의 문제를 풀어라. (예제 6~7)

54. 정원의 넓이는 320ft^2이다. 가로는 세로보다 4ft가 더 길다. 정원의 가로 세로 길이는 얼마인가?

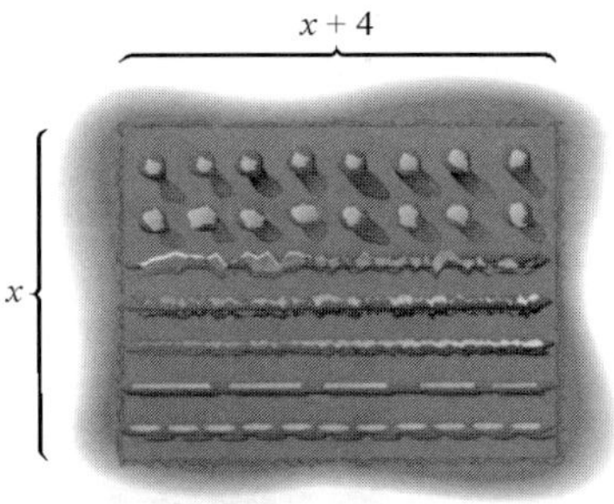

55. 정사각형 모양의 거울은 정사각형 모양의 그림보다 2ft 짧은 변을 갖고 있다. 만약 거울과 그림의 넓이의 차가 32ft^2이라면 거울과 그림의 변의 길이는 얼마인가?

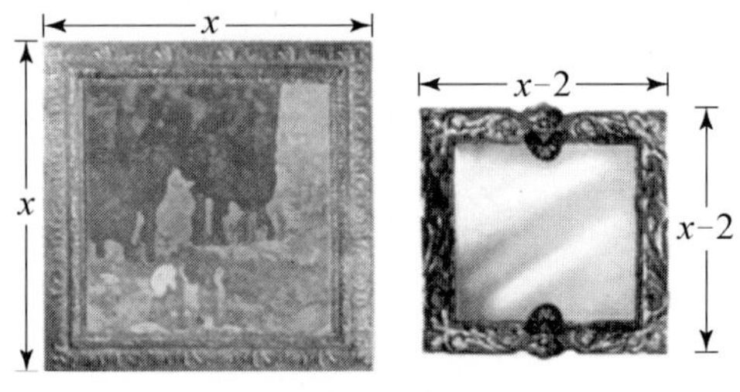

56. 삼각형 모양을 하고 있는 표지판이 하나 있다. 밑변의 길이는 높이보다 3m 짧다. 넓이가 44m^2라면 밑변과 높이는 얼마인가?

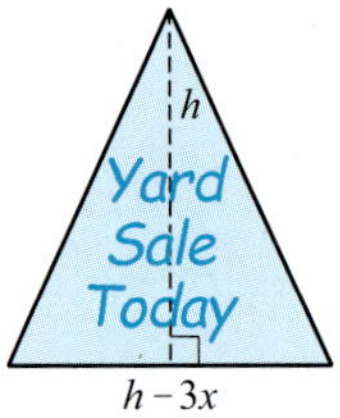

57. 평행사변형의 밑변의 길이는 높이보다 7 ft 길다. 만약 이 평행사변형의 넓이가 60ft^2이라면 밑변과 높이는 얼마인가?

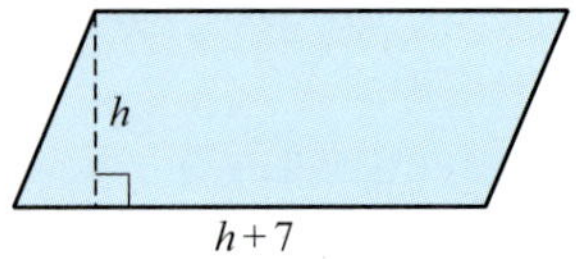

58. 한 농부가 300 ft의 울타리를 갖고 있고 5000ft^2 넓이의 직사각형 땅을 둘러싸길 원한다. 변들의 길이는 어떻게 될까?

59. 넓이가 $30{,}000\text{ft}^2$인 직사각형의 매립지가 있다. 가로 길이는 세로 길이보다 200 ft가 더 길다. 이 매립지의 가로, 세로 길이를 구하라.

60. 제곱의 합이 61인 2개의 연속인 정수를 찾아라.

61. 곱이 72인 2개의 연속인 정수를 찾아라.

62. 판지로 가로가 세로보다 6 cm가 긴 윗면이 없는 박스를 만들려고 한다. 이 박스의 4코너를 한 변이 2 cm인 정사각형 모양으로 자른 후 측면을 접어올렸다. 이 박스의 부피가 110 cm^3일 때 이 박스의 가로, 세로, 높이를 구하라.

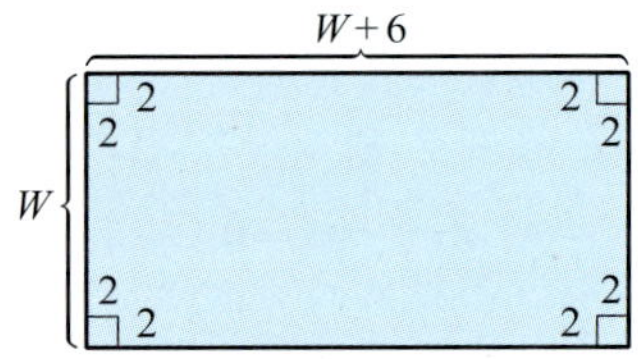

63. 그림과 같이 윗면이 열려 있는 상자의 겉넓이가 161 cm^2이다. 밑면의 가로와 세로를 구하라. (힌트: 이 상자의 겉넓이를 구하는 함수는 $S(x) = x^2 + 16x$이다.)

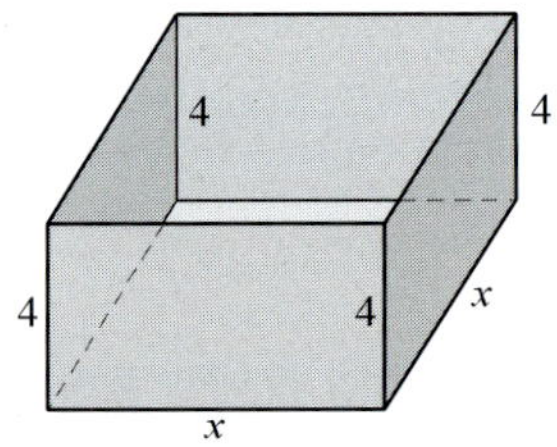

64. 예제 7을 보자. 몇 초 후에 로켓이 상공 240 ft에 도달하겠는가? 112 ft는 언제 도달할까?

65. 어떤 물체가 80 ft 높이에서 초기 속도 64 ft/s로 상승하는 경우 t초 후의 로켓의 높이를 구하는 함수는

$$f(t) = -16t^2 + 64t + 80$$

으로 나타낼 수 있다. 몇 초가 지나야 로켓이 땅에 닿겠는가? (힌트: 로켓이 지면에 닿을 때, 높이는 0이 된다.)

66. 야구공이 헬리콥터에서 625 ft 높이에서 떨어졌을 때 t초 후에 지면에서부터의 거리는

$$f(t) = -16t^2 + 625$$

가 된다. 몇 초 후에 야구공이 지면에 닿을까?

67. 579 ft 높이의 빌딩에서 돌을 떨어트렸을 때, t초 후에 지면에서부터 거리는

$$f(t) = -16t^2 + 576$$

이다. 몇 초 후에 돌이 지면에 닿을까?

기술적 통찰 (문제 68~71)

예제 7 다음에 나온 '연결'에서 이차방정식 $ax^2+bx+c=0\,(a\neq 0)$의 해들은 이차방정식 $f(x)=ax^2+bx+c$의 그래프의 x절편들로 나타낼 수 있었다.

[68~71] 각각의 방정식을 영인수 성질로 푼 뒤, 답이 주어진 그래프에 표시된 x절편들과 일치하는지 확인해보자.

68. $2x^2 - 7x - 4 = 0$

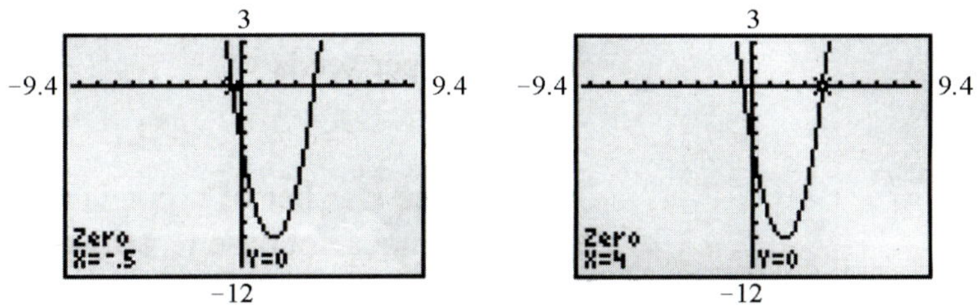

69. $2x^2 + 7x - 15 = 0$

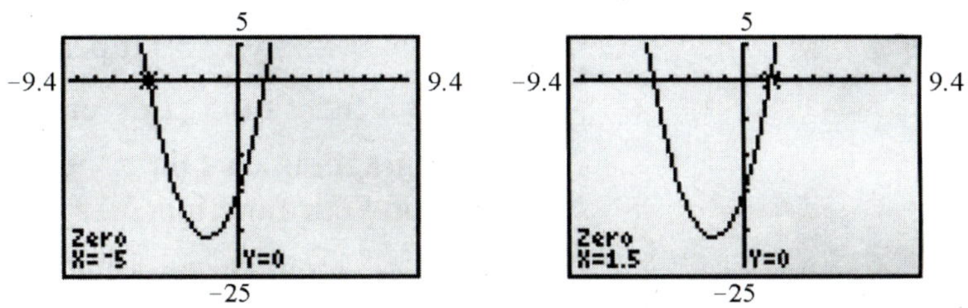

70. $-x^2 + 3x = -10$

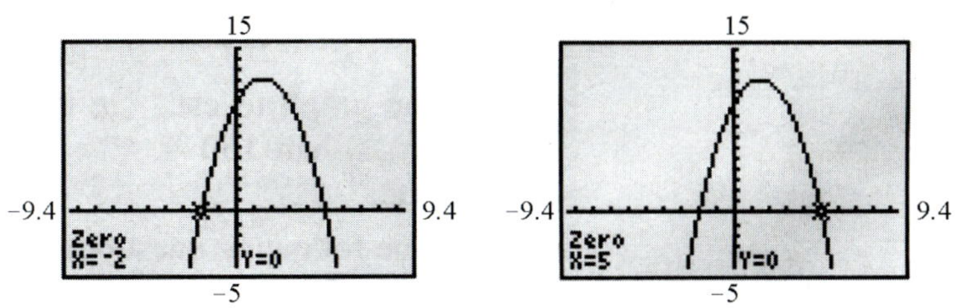

71. $-x^2+x=-12$

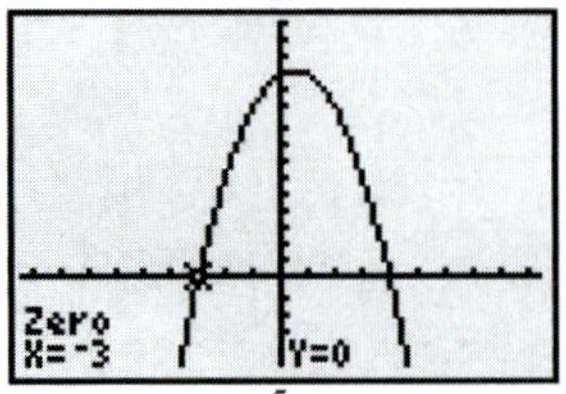

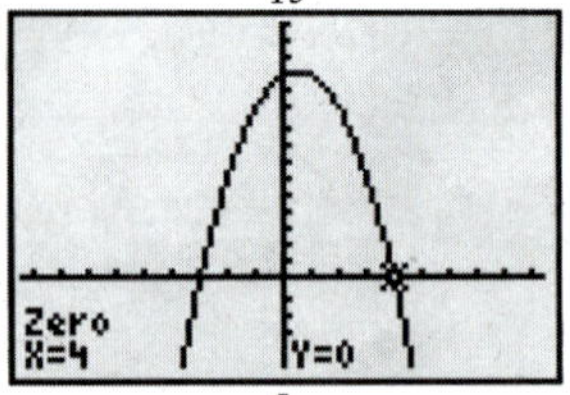

6장 그룹 활동 움직이는 물체의 높이 구하기

목표 움직이는 물체의 높이를 구하기 위해서 이차함수를 이용하자.

이차함수의 응용의 중요한 점은 움직인 물체의 높이를 물체가 움직인 후에 경과시간의 함수로 다룬다는 것이다. 6.5절의 예제 7과 그에 상응하는 연습문제들에서 이와 같은 사례를 보았다. 만약 공기 저항력이 없다면, 초기 고도 s_0에서 초속 v_0로 수직으로 이동하는 물체의 높이 $f(x)$는

$$f(x)=-16x^2+v_0x+s_0$$

로 나타낼 수 있고 x는 물체가 이동하고 난 후의 시간(초)이다. x^2의 계수 -16은 지구 중력에 기초한 상수이다. 이런 상수는 달이나 다른 행성과 같은 다른 표면에 따라 달라진다.

A. 아래의 상황에 따라 이차함수를 만드시오.

100 ft 상공에서 80 ft/s의 속력으로 공을 수직으로 던졌다.

1. 시간을 x라고 했을 때 공의 높이를 구하는 함수를 만들어라.
2. 그래프 계산기를 사용하거나 여러 개의 순서쌍을 계산하여 함수를 그래프로 그려보자. 정의역은 $[0, 10]$, 치역은 $[-100, 300]$[1]이다.

B. 공의 이동에 대한 정보를 얻기 위해 당신이 만든 모델을 써보자.

1. 그래프를 보고 공이 최대로 올라갈 수 있는 거리를 추정해보자.
2. 몇 초 후에 공이 지면에 닿겠는가? 그래프를 보고 추정해본 후 방정식에 적용해 확인해보자.
3. 그래프를 보고 공의 높이가 150 ft 이상인 구간을 추정해보자. 당신이 만든 함수에서 확인해 보도록 하자.

C. 아래의 문제에 답해보자.

1. 왜 x는 음이 아닌 수이어야 하는가?
2. $s_0=0$이 의미하는 것은?

1) 함수의 그래프를 잘못 이해할 수도 있다. 이 그래프는 공이 이동한 길을 정의하는 것이 아니라 시간에 따른 높이를 나타내는 것이다.

6장 복습문제

[6.1] [1~6] 최대공약수를 찾아 인수분해하시오.

1. $12p^2-6p$
2. $21x^2+35x$
3. $12q^2b+8qb^2-20q^3b^2$
4. $6r^3t-30r^2t^2+18rt^3$
5. $(x+3)(4x-1)-(x+3)(3x+2)$
6. $(z+1)(z-4)+(z+1)(2z+3)$

[7~10] 그룹화를 이용하여 인수분해를 하여라.

7. $4m+nq+mn+4q$
8. $x^2+5y+5x+xy$
9. $2m+6-am-3a$
10. $x^2+3x-3y-xy$

[6.2] [11~22] 완전히 인수분해를 하여라.

11. $3p^2-p-4$
12. $6k^2+11k-10$
13. $12r^2-5r-3$
14. $10m^2+37m+30$
15. $10k^2-11kh+3h^2$
16. $9x^2+4xy-2y^2$
17. $24x-2x^2-2x^3$
18. $6b^3-9b^2-15b$
19. y^4+2y^2-8
20. $2k^4-5k^2-3$
21. $p^2(p+2)^2+p(p+2)^2-6(p+2)^2$
22. $3(r+5)^2-11(r+5)-4$
23. $x^2y^2-6x^2+5y^2-30$을 인수분해할 때, 한 학생이 $x^2(y^2-6)+5(y^2-6)$이라 대답했다. 이 답은 왜 틀렸을까? 그럼 맞는 답은 무엇일까?
24. 만약 그림의 직사각형의 넓이가 $4p^2+3p-1$로 표현될 수 있다면 세로 길이의 식은 어떻게 될까?

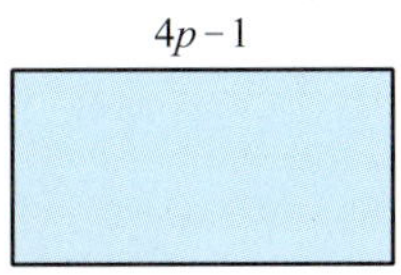

[6.3] [25~36] 완전히 인수분해를 하여라.

25. $16x^2-25$
26. $9t^2-49$
27. $36m^2-25n^2$
28. $x^2+14x+49$
29. $9k^2-12k+4$
30. r^3+27
31. $125x^3-1$
32. m^6-1
33. x^8-1
34. $x^2+6x+9-25y^2$
35. $(a+b)^3-(a-b)^3$
36. $x^5-x^3-8x^2+8$

[6.5] [37~50] 각 방정식을 풀어라.

37. $x^2-8x+16=0$
38. $(5x+2)(x+1)=0$
39. $p^2-5p+6=0$
40. $q^2+2q=8$
41. $6z^2=5z+50$
42. $6r^2+7r=3$

43. $8k^2+14k+3=0$

44. $-4m^2+36=0$

45. $6x^2+9x=0$

46. $(2x+1)(x-2)=-3$

47. $(r+2)(r-2)=(r-2)(r+3)-2$

48. $2x^3-x^2-28x=0$

49. $-t^3-3t^2+4t+12=0$

50. $(r+2)(5r^2-9r-18)=0$

[51~52] 각각의 문제를 해결하시오.

51. 직각삼각형 모양의 벽 받침대가 있다. 수직을 이루는 변들 중 하나는 다른 변의 2배보다 1 ft 길다. 이 닫힌 삼각형 모양의 넓이는 10.5 ft^2이다. 수직을 이루는 변들 중 짧은 변의 길이를 구하라.

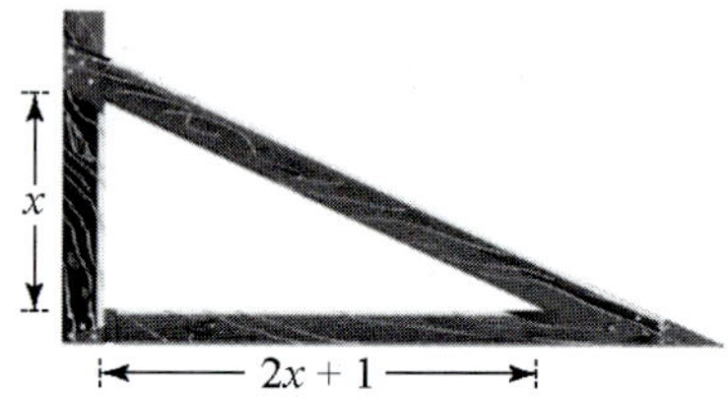

52. 직사각형 모양의 주차장이 있다. 이 주차장의 가로의 길이는 세로의 길이보다 20 ft가 길다. 주차장의 면적이 2400 ft^2이라고 했을 때, 이 주차장의 가로, 세로 길이는 얼마인가?

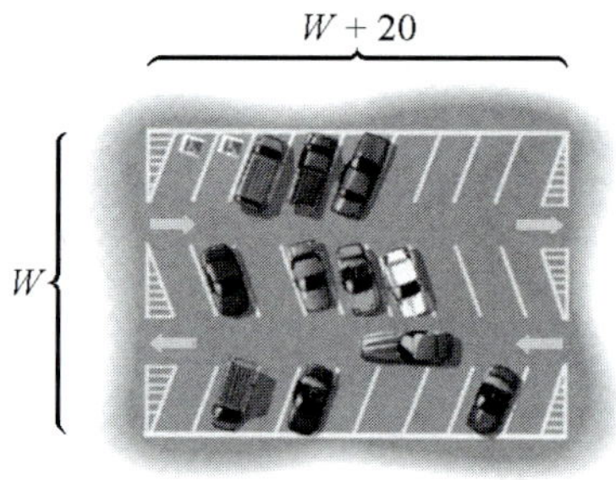

[53~55] 지면에서 돌 하나를 위로 던졌다. t초 후에 이 돌의 높이는

$$f(t)=-16t^2+256t$$

라고 한다(단, 공기저항력은 무시함).

53. 몇 초 후에 지면에 다시 닿겠는가?

54. 몇 초 후에 높이가 240 ft가 되겠는가?

55. 왜 54번의 답이 2개인가?

6장 혼합 복습문제

[56~61] 완전히 인수분해를 하시오.

56. $30a+am-am^2$

57. $16-81k^2$

58. $8-a^3$

59. $9x^2+13xy-3y^2$

60. $15y^3+20y^2$

61. $25z^2-30zm+9m^2$

[62~64] 다음 문제들을 해결하시오.

62. $5x^2-17x=12$

63. $3m^2-9m=0$

64. $x^3-x=0$

65. 세로 길이가 가로 길이보다 2cm 긴 직사각형 모양의 액자가 있다. 이 직사각형 액자의 넓이는 48cm^2이다. 세로의 길이는 얼마인가?

66. 유럽인들이 미국에 갔을 때 북동쪽에 사는 많은 미국 원주민들은 여러 가족들이 모여 휴론(Huron)이라는 긴 집에 살았다. 일반적으로 이 집의 바닥은 직사각형이고 넓이가 약 2750ft^2였다. 가로가 세로보다 85ft가 길었다면 바닥의 가로와 세로의 길이는 어떻게 될까?

6장 테스트

[1~13] 인수분해하시오.

1. $11z^2-44z$
2. $10x^2y^5-5x^2y^3-25x^5y^3$
3. $3x+by+bx+3y$
4. $-2x^2-x+36$
5. $6x^2+11x-35$
6. $4p^2+3pq-q^2$
7. $16a^2+40ab+25b^2$
8. $x^2+2x+1-4z^2$
9. $a^3+2a^2-ab^2-2b^2$
10. $9k^2-121j^2$
11. y^3-216
12. $6k^4-k^2-35$
13. $27x^6+1$

14. $(x^2+2y)p+3(x^2+2y)$가 왜 인수분해된 식이 아닌지 설명하여라. 그리고 이 다항식을 인수분해하여라.

15. 아래의 보기 중 $-x^2-x+12$가 인수분해된 식이 아닌 것은?

A. $(3-x)(x+4)$ B. $-(x-3)(x+4)$ C. $(-x+3)(x+4)$ D. $(x-3)(-x+4)$

[16~18] 각각의 방정식을 해결하시오.

16. $3x^2+8x=-4$
17. $3x^2-5x=0$
18. $5m(m-1)=2(1-m)$

[19~20] 각각의 문제를 해결하시오.

19. 다음의 직사각형의 넓이는 40cm^2이다. 이 직사각형의 가로와 세로의 길이를 구하라.

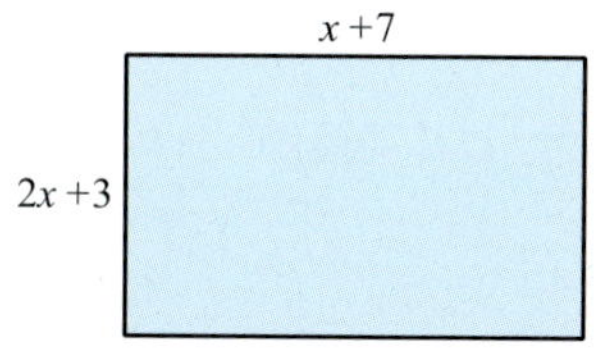

20. 지면에서 공을 공중을 향하여 던졌다. t초 후에 이것의 높이를 $f(t)=-16t^2+96t$라고 한다. 몇 초 후에 공의 높이가 128ft가 되겠는가?

1~6장 혼합문제

[1~3] 실수의 성질을 활용하여 아래의 식들을 간단히 하여라.

1. $-2(m-3)$
2. $-(-4m+3)$
3. $3x^2-4x+4+9x-x^2$

[4~7] $p=-4,\ q=-2,\ r=5$ **라고 할 때, 아래의 식을 풀어보아라.**

4. $-3(2q-3p)$
5. $8r^2+q^2$
6. $\dfrac{\sqrt{r}}{-p+2q}$
7. $\dfrac{5p+6r^2}{p^2+q-1}$

[8~17] 다음 문제들을 풀어보아라.

8. $2z-5+3z=4-(z+2)$
9. $\dfrac{3a-1}{5}+\dfrac{a+2}{2}=-\dfrac{3}{10}$
10. $-\dfrac{4}{3}d\geq-5$
11. $3-2(m+3)<4m$
12. $2k+4<10$ 그리고 $3k-1>5$
13. $2k+4>10$ 또는 $3k-1<5$
14. $|5x+3|-10=3$
15. $|x+2|<9$
16. $|2x-5|\geq 9$
17. $V=lwh$일 때, $h=?$
18. 두 비행기가 댈러스포트워스공항을 같은 시각에 떠난다. 한 비행기는 550mph의 속도로 동쪽으로 이동하고 다른 비행기는 500mph의 속도로 서쪽으로 이동한다. 바람이 없다고 가정한다면, 얼마나 지나야 두 비행기의 사이의 거리가 2100마일이 되겠는가?

비행기	r	t	d
동쪽	550	x	
서쪽	500	x	

← 합계

19. $4x+2y=-8$의 그래프를 그려라.
20. $(-4,\ 8)$과 $(-2,\ 6)$을 지나는 직선의 기울기를 구해보자.
21. 다음 직선의 기울기는 얼마인가?

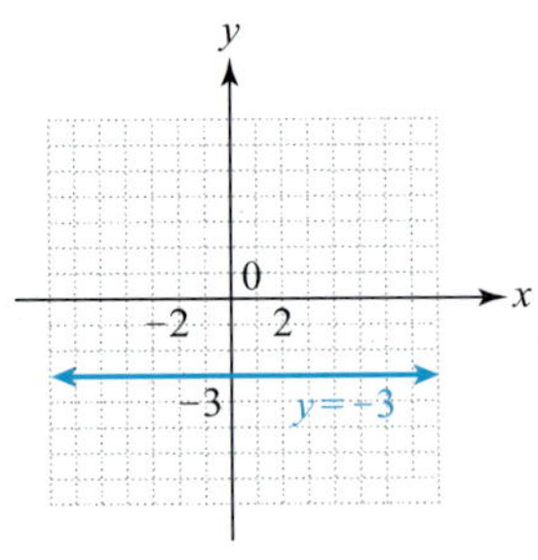

[22~24] 함수 $f(x)=2x+7$**을 사용하여 아래의 문제를 풀어보자.**

22. $f(-4)$
23. x절편
24. y절편

[25~26] 아래의 문제들을 풀어보자.

25. $3x-2y=-7$
$2x+3y=17$

26. $2x+3y-6z=5$
$8x-y+3z=7$
$3x+4y-3z=7$

[27~31] 아래의 문제들을 풀어보자. 연습문제 27과 28에선 변수들이 0이 아닌 실수라고 가정하자.

27. $(3x^2y^{-1})^{-2}(2x^{-3}y)^{-1}$

28. $\dfrac{5m^{-2}y^3}{3m^{-3}y^{-1}}$

29. $(3x^3+4x^2-7)-(2x^3-8x^2+3x)$

30. $(7x+3y)^2$

31. $(2p+3)(5p^2-4p-8)$

[32~36] 인수분해하시오.

32. $16w^2+50wz-21z^2$

33. $4x^2-4x+1-y^2$

34. $4y^2-36y+81$

35. $100x^4-81$

36. $8p^3+27$

[37~38] 다음 문제들을 해결해보자.

37. $(p-1)(2p+3)(p+4)=0$

38. $9q^2=6q-1$

39. 이등변삼각형 모양의 표지판을 하나 만들려고 한다. 삼각형의 높이가 밑변의 길이보다 3ft 길고, 넓이가 14ft^{2}일 때, 밑변의 길이는 얼마인가?

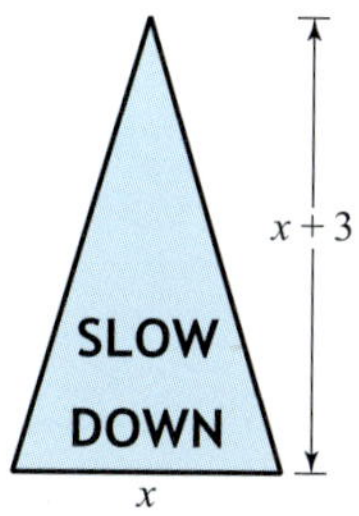

40. 직사각형 모양의 게임판이 있다. 긴 변의 길이는 긴 변들 사이의 거리보다 2cm 길고 이 게임판의 넓이는 288cm^{2}이다. 긴 변의 길이와 두 긴 변 사이의 거리를 구하라.

7장 유리식과 함수

7.1 유리식과 함수: 곱셈과 나눗셈

학·습·목·표

1. 유리식의 정의
2. 유리함수의 정의와 정의역
3. 유리식을 기약분수로 적기
4. 유리식의 곱셈
5. 유리식의 역수 찾기
6. 유리식의 나눗셈

목표 1 유리식의 정의 산수에서 유리수는 분모가 0이 아닌 두 정수의 비율이다. 대수학에서 유리식 또는 대수적 분수는 분모가 0이 아닌 두 다항식의 비율이다. 예를 들면,

$$\frac{x}{y},\quad \frac{-a}{4},\quad \frac{m+4}{m-2},\quad \frac{8x^2-2x+5}{4x^2+5x},\quad x^5\left(\text{또는 }\ \frac{x^5}{1}\right)$$

위의 식은 모두 유리식이다. 다르게 말하면 유리식은 다음 집합의 원소이다.

$$\left\{\frac{P}{Q}\,\middle|\, P,\ Q\text{는 다항식이며 } Q\neq 0\right\}$$

목표 2 유리함수의 정의와 정의역 유리식으로 정의된 함수를 유리함수라고 부르며, 이것은

$$f(x)=\frac{P(x)}{Q(x)}$$

의 형식을 갖고 있으며 $Q(x)\neq 0$이다.

유리함수의 정의역은 분모인 $Q(x)$를 0으로 만드는 수를 제외한 모든 실수를 포함한다. 예를 들면

$$f(x)=\frac{2}{x-5}$$

의 정의역은 5를 제외한 모든 실수를 포함한다. 왜냐하면 5는 분모를 0으로 만들기 때문이다.

그림 1은 $f(x)=\dfrac{2}{x-5}$로 정의된 함수의 그래프이다. $x=5$에서 그래프가 존재하지 않는 것을 알 수 있다. 그래프는 점선으로 나타낸 수직선 $x=5$와 교차하지 않는다. 이 점선을 점근선이라고 부른다. 유리함수의 그래프에 대해서는 7.4절에서 더 자세히 다룰 것이다.

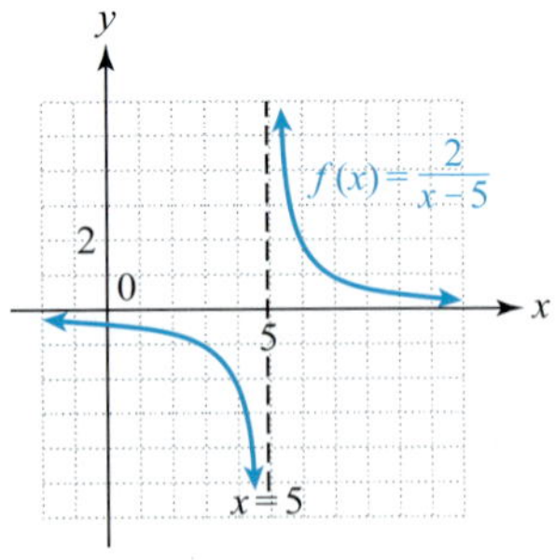

그림 1

《예제 1》 유리함수의 정의역 안에 있지 않는 수 찾기

유리함수에서 정의역에 속하지 않는 모든 수를 찾고, 정의역을 구해보자.

(a) $f(x) = \dfrac{3}{7x-14}$

풀이 x가 될 수 없는 값은 분모를 0으로 만드는 값들뿐이다. 이 값을 찾기 위해서 분모를 0과 같게 만들어 방정식을 푼다.

$$\begin{aligned} 7x-14&=0 \\ 7x&=14 && \text{14를 더한다.} \\ x&=2 && \text{양변을 7로 나눈다.} \end{aligned}$$

2는 x의 값으로 쓸 수 없다. f의 정의역은 2를 제외한 모든 실수를 포함한다.

(b) $g(x) = \dfrac{3+x}{x^2-4x+3}$

풀이 분모를 0과 같게 하고, 방정식을 푼다.

$$\begin{aligned} x^2-4x+3&=0 \\ (x-3)(x-1)&=0 && \text{인수분해} \\ x-3=0 \text{ 또는 } x-1&=0 && \text{영인수 성질} \\ x=3 \text{ 또는 } x&=1 \end{aligned}$$

g의 정의역은 3과 1을 제외한 모든 실수를 포함한다.

(c) $h(x) = \dfrac{8x+2}{3}$

풀이 분모 3은 절대 0이 될 수 없다. 그러므로 정의역은 모든 실수를 포함한다.

(d) $f(x) = \dfrac{2}{x^2+4}$

풀이 x^2+4를 0으로 만들려면 $x^2=-4$가 되어야 한다. 하지만 어떤 실수도 제곱수가 -4가 될 수 없다. 그러므로 모든 실수가 사용될 수 있고, (c)와 같이 정의역은 모든 실수를 포함한다. ■

연습문제 11, 15, 17, 19를 풀어보자.

목표 3 유리식을 기약분수로 적기

대수학에서 분수 $\dfrac{15}{20}$의 기약분수 $\dfrac{3}{4}$을 얻기 위해서 분모와 분자를 5로 나눠준다. 유리식을 기약분수로 표현하기 위해 유리수의 기본 성질을 이용한다.

유리수의 기본 성질

만약 $\dfrac{a}{b}$가 유리수이고 c가 0이 아닌 실수일 때,

$$\frac{a}{b} = \frac{ac}{bc}$$

유리수의 분모와 분자는 0이 아닌 같은 수에 의해 곱해지거나 나눠지더라도 그 유리수의 값은 변하지 않는다.

$\frac{c}{c}$는 1이므로 곱셈의 특성에 기초를 둔 기본 속성이다.

유리식은 두 다항식의 비율이다. 다항식의 값은 그것이 정의하는 변수의 모든 값에 대한 실수 값이기 때문에, 유리수에 적용되는 모든 표현은 유리식에도 적용된다. 유리식을 기약분수로 적기 위해서 아래의 단계를 거친다.

유리수를 기약분수로 적기

1단계 최대공약수를 찾기 위해서 분모와 분자를 인수분해한다.

2단계 기본 성질을 적용한다.

예제 2 유리식을 기약분수로 적기

각각의 유리식을 기약분수로 적어보자.

(a) $\frac{8k}{16}=\frac{k\cdot 8}{2\cdot 8}=\frac{k}{2}\cdot 1=\frac{k}{2}$

여기서 분자와 분모의 최대공약수는 8이다. 그리고 기본 성질을 적용한다.

(b) $\frac{8+k}{16}$

분자는 더 이상 인수분해될 수 없다. 그러므로 이 식은 더 이상의 기약분수로 표현될 수 없다.

(c)
$$\frac{a^2-a-6}{a^2+5a+6}=\frac{(a-3)(a+2)}{(a+3)(a+2)} \quad \text{분자와 분모를 인수분해}$$
$$=\frac{a-3}{a+3}\cdot 1 \quad \frac{a+2}{a+2}=1$$
$$=\frac{a-3}{a+3} \quad (a\neq -2,\ -3) \quad \text{기약분수}$$

(d) $\frac{y^2-4}{2y+4}=\frac{(y+2)(y-2)}{2(y+2)}=\frac{y-2}{2} \quad (y\neq -2)$

(e)
$$\frac{x^3-27}{x-3}=\frac{(x-3)(x^2+3x+9)}{x-3} \quad \text{세제곱 차의 인수분해}$$
$$=x^2+3x+9 \quad (x\neq 3) \quad \text{기약분수}$$

(f)
$$\frac{pr+qr+ps+qs}{pr+qr-ps-qs}=\frac{(pr+qr)+(ps+qs)}{(pr+qr)-(ps+qs)} \quad \text{인수들의 그룹화}$$
$$=\frac{r(p+q)+s(p+q)}{r(p+q)-s(p+q)} \quad \text{그룹 안에서의 인수분해}$$
$$=\frac{(p+q)(r+s)}{(p+q)(r-s)} \quad \text{그룹화를 이용한 인수분해}$$
$$=\frac{r+s}{r-s} \quad (p\neq -q,\ r\neq s)$$

■

연습문제 27, 31, 35, 43, 47을 풀어보자.

① 주의 유리수의 기본 성질을 사용할 때 오직 공통인수만이 나눠질 수 있다. 예를 들면,

$$\frac{y-2}{2} \neq y \quad \text{그리고} \quad \frac{y-2}{2} \neq y-1$$

이다. $y-2$ 안에 있는 2는 분자의 인수가 아니다. 이것을 확인하기 위해서 y를 숫자로 바꿔보자. 만약 $y=5$라고 하면

$$\frac{y-2}{2} = \frac{5-2}{2} = \frac{3}{2}$$

이다. 이것은 y 또는 $y-1=5-1=4$와 같지 않다. 기약분수를 만들기 위해서 먼저 인수분해를 해야 한다는 것을 명심하자.

예제 2(c)에서 나온 유리식

$$\frac{a^2-a-6}{a^2+5a+6} \quad \text{또는} \quad \frac{(a-3)(a+2)}{(a+3)(a+2)}$$

을 보면 a는 분모를 0으로 만드는 -3과 -2를 제외한 모든 수가 될 수 있다. 이 유리식을 간소화하면

$$\frac{a-3}{a+3}$$

이고 a는 -3과 같을 수 없다. 따라서

$$\frac{a^2-a-6}{a^2+5a+6} = \frac{a-3}{a+3}$$

는 -3과 -2를 제외한 모든 a에 대하여 성립한다. 이와 같은 등식과 같은 식들은 분모가 0이 되는 실수를 허용하지 않는다는 합의하에 쓰일 것이다. 따라서 종종 이러한 정의역에 대한 제한들을 언급하지 않을 때도 있을 것이다.

예제 3 유리식을 기약분수로 적기

각각의 유리식을 기약분수로 적어보자.

(a) $\dfrac{m-3}{3-m}$

풀이 이 유리식을 보면 분자와 분모가 반대의 부호를 갖는다. 이 유리식은 분모를 $-1(m-3)$으로 다시 적을 수 있다. 그러면

$$\frac{m-3}{3-m} = \frac{m-3}{-1(m-3)} = \frac{1}{-1} = -1 \quad (m \neq 3)$$

같은 결과를 얻기 위해서 분자를 다시 쓸 수도 있다.

(b) $\dfrac{r^2-16}{4-r} = \dfrac{(r+4)(r-4)}{4-r}$

$= \dfrac{(r+4)(r-4)}{-1(r-4)}$ $\qquad$ $4-r$을 $-1(r-4)$로 적어보자.

$$= \frac{r+4}{-1} \qquad \text{기본 성질}$$

$$= -(r+4) \text{ 또는 } -r-4 \quad (r \neq 4) \qquad \text{기약분수}$$

■

연습문제 49, 51을 풀어보자.

예제 3(a)와 (b)에서 보았듯이

$$\frac{a}{-a} \ (a \neq 0)$$

는

$$\frac{a}{-a} = \frac{a}{-1(a)} = \frac{1}{-1} = -1 \quad (a \neq 0)$$

과 같이 쓸 수 있다.

아래의 설명은 이 결과를 요약해준다.

> 일반적으로 유리식의 분모와 분자가 반대의 부호를 가질 때 이 식은 -1과 같다.

이 결과를 바탕으로

$$\frac{q-7}{7-q} = -1 \ (q \neq 7) \text{ 그리고 } \frac{-5a+2b}{5a-2b} = -1 \quad (5a-2b \neq 0)$$

그러나

$$\frac{r-2}{r+2}$$

는 분모와 분자가 반대의 부호가 아니므로 더 이상 간소화될 수 없다.

목표 4 유리식의 곱셈 유리식의 곱셈을 하기 위해서 아래의 단계를 따르자. (연습할 때는 곱셈 전에 간소화를 먼저 한다.)

유리식의 곱셈

1단계 분자와 분모를 가능한 완전하게 인수분해를 한다.
2단계 기본 성질을 적용시킨다.
3단계 분자와 분모의 남은 인수들을 곱한다. 분모는 인수분해된 형식으로 남겨둔다.
4단계 기약분수인지 확인해본다.

《예제 4》 유리식의 곱셈

곱하여라.

(a) $\frac{5p-5}{p}\cdot\frac{3p^2}{10p-10}=\frac{5(p-1)}{p}\cdot\frac{3p\cdot p}{2\cdot 5(p-1)}$ 인수분해

$=\frac{1}{1}\cdot\frac{3p}{2}$ 기약분수

$=\frac{3p}{2}\quad(p\neq 0, 1)$ 곱하기

(b) $\frac{k^2+2k-15}{k^2-4k+3}\cdot\frac{k^2-k}{k^2+k-20}=\frac{(k+5)(k-3)}{(k-3)(k-1)}\cdot\frac{k(k-1)}{(k+5)(k-4)}$

$=\frac{k}{k-4}\quad(k\neq -5, 1, 3, 4)$

(c) $(p-4)\cdot\frac{3}{5p-20}=\frac{p-4}{1}\cdot\frac{3}{5p-20}$ $p-4$를 $\frac{p-4}{1}$로 바꿔쓴다.

$=\frac{p-4}{1}\cdot\frac{3}{5(p-4)}$ 인수분해

$=\frac{3}{5}\quad(p\neq 4)$

(d) $\frac{x^2+2x}{x+1}\cdot\frac{x^2-1}{x^3+x^2}=\frac{x(x+2)}{x+1}\cdot\frac{(x+1)(x-1)}{x^2(x+1)}$ 인수분해

$=\frac{(x+2)(x-1)}{x(x+1)}\quad(x\neq 0, -1)$ 곱하기, 기약분수

(e) $\frac{x-6}{x^2-12x+36}\cdot\frac{x^2-3x-18}{x^2+7x+12}=\frac{x-6}{(x-6)^2}\cdot\frac{(x+3)(x-6)}{(x+3)(x+4)}$ 인수분해

$=\frac{1}{x+4}\quad(x\neq -4, -3, 6)$ 기약분수

기본 성질을 이용하여 분자의 인수들이 모두 제거될 때, 분자에 1을 포함해야 한다는 것을 잊지 말자. ■

연습문제 71, 73, 77을 풀어보자.

목표 5 유리식의 역수 찾기 유리수 $\frac{a}{b}$ 그리고 $\frac{c}{d}$의 곱이 1이라면 둘은 서로의 역수이다. 유리식의 역수도 같은 방식으로 정의된다. 두 유리식은 두 식의 곱이 1이라면 서로 역수이다. 0은 역수가 없다. 다음 표는 몇 가지 유리식과 그 역수를 보여준다. 첫 번째와 두 번째 유리식을 각각의 역수와 곱해서 1이 나오는지 확인해 보자. 표 안의 예들은 이런 과정을 제안한다.

유리식	역수
$\dfrac{5}{k}$	$\dfrac{k}{5}$
$\dfrac{m^2-9m}{2}$	$\dfrac{2}{m^2-9m}\quad (m \neq 0,\ 9)$
$\dfrac{0}{4}$	정의되지 않음

역수 찾기

0이 아닌 유리수의 역수를 찾기 위해서 유리수를 뒤집는다.

목표 6 유리식의 나눗셈 유리식의 나눗셈은 유리수의 나눗셈과 같다.

유리식의 나눗셈

두 유리식을 나누기 위해서 첫 번째 유리식에 두 번째 유리식의 역수를 곱해준다.

예제 5 유리식의 나눗셈

나눠보자.

(a) $\dfrac{2z}{9} \div \dfrac{5z^2}{18} = \dfrac{2z}{9} \cdot \dfrac{18}{5z^2}$ 나누는 식의 역수로 곱하기

$= \dfrac{2z}{9} \cdot \dfrac{2 \cdot 9}{5z^2}$ 인수분해

$= \dfrac{4}{5z} \quad (z \neq 0)$ 곱하기; 기약분수

(b) $\dfrac{m^2pq^3}{mp^4} \div \dfrac{m^5p^2q}{mpq^2}$

풀이 나눗셈, 곱셈 그리고 지수의 성질을 이용하자.

$$\frac{m^2pq^3}{mp^4} \div \frac{m^5p^2q}{mpq^2} = \frac{m^2pq^3}{mp^4} \cdot \frac{mpq^2}{m^5p^2q} \quad \text{역수 곱하기}$$

$$= \frac{m^3p^2q^5}{m^6p^6q} \quad \text{지수의 성질}$$

$$= \frac{q^4}{m^3p^4} \quad (m,\ p,\ q \neq 0) \quad \text{지수의 성질}$$

(c) $\dfrac{8k-16}{3k} \div \dfrac{3k-6}{4k^2} = \dfrac{8k-16}{3k} \cdot \dfrac{4k^2}{3k-6}$ 역수 곱하기

$= \dfrac{8(k-2)}{3k} \cdot \dfrac{4k^2}{3(k-2)}$ 인수분해

$= \dfrac{32k}{9} \quad (k \neq 0,2)$ 곱하기; 기약분수

(d) $\dfrac{5m^2+17m-12}{3m^2+7m-20} \div \dfrac{5m^2+2m-3}{15m^2-34m+15}$

$= \dfrac{5m^2+17m-12}{3m^2+7m-20} \cdot \dfrac{15m^2-34m+15}{5m^2+2m-3}$ 나눗셈의 정의

$= \dfrac{(5m-3)(m+4)}{(m+4)(3m-5)} \cdot \dfrac{(3m-5)(5m-3)}{(5m-3)(m+1)}$ 인수분해

$= \dfrac{5m-3}{m+1} \quad \left(m \neq -4,\ -1,\ \dfrac{3}{5},\ \dfrac{5}{3}\right)$ 기약분수 ■

연습문제 63, 79, 85를 풀어보자.

7.1 연습문제

[1~6] 유리식은 종종 겉보기에 다른 기약분수로 나타낼 수 있다. 예를 들면

$$\frac{y-3}{-5} \text{과} \quad \frac{-y+3}{5}$$

다르게 보이지만 첫 번째 식의 분모와 분자에 -1을 곱함으로써 두 번째 유리식을 얻을 수 있다. 동등한 유리식을 구별하는 연습을 위하여 연습문제 1~6과 동등한 식을 A~F에서 골라보자.

1. $\dfrac{x-3}{x+4}$ 2. $\dfrac{x+3}{x-4}$ 3. $\dfrac{x-3}{x-4}$

4. $\dfrac{x+3}{x+4}$ 5. $\dfrac{3-x}{x+4}$ 6. $\dfrac{x+3}{4-x}$

A. $\dfrac{-x-3}{4-x}$ B. $\dfrac{-x-3}{-x-4}$ C. $\dfrac{3-x}{-x-4}$

D. $\dfrac{-x+3}{-x+4}$ E. $\dfrac{x-3}{-x-4}$ F. $\dfrac{-x-3}{x-4}$

7. 예제 1(a)에서 유리함수 $f(x) = \dfrac{3}{7x-14}$의 정의역이 2를 포함하지 않는다는 것을 보였다. 왜 그런지 설명해보자. 일반적으로 정의역에 포함되지 않는 값을 어떻게 찾을 수 있는가?

8. 유리식 $g(x)=\dfrac{x+1}{x^3+3}$의 정의역은 모든 실수를 포함한다. 설명하여라.

[9~20] 각각의 함수에서 정의역이 아닌 수를 찾아 모두 써라.

9. $f(x)=\dfrac{x}{x-7}$

10. $f(x)=\dfrac{x}{x+3}$

11. $f(x)=\dfrac{6x-5}{7x+1}$

12. $f(x)=\dfrac{8x-3}{2x+7}$

13. $f(x)=\dfrac{12x+3}{x}$

14. $f(x)=\dfrac{9x+8}{x}$

15. $f(x)=\dfrac{3x+1}{2x^2+x-6}$

16. $f(x)=\dfrac{2x+4}{3x^2+11x-42}$

17. $f(x)=\dfrac{x+2}{14}$

18. $f(x)=\dfrac{x-9}{26}$

19. $f(x)=\dfrac{2x^2-3x+4}{3x^2+8}$

20. $f(x)=\dfrac{9x^2-8x+3}{4x^2+1}$

21. (a) 유리식 $\dfrac{x^2+4x}{x+4}$에서 분모의 두 항과 분자의 두 항을 확인하자.

(b) 이 유리식을 기약분수로 만드는 과정을 적어보아라. (힌트: x에 의해 간소화될 수 있다.)

22. 아래 보기 중 하나의 유리식만 간소화될 수 있다. 어떤 것인가?

A. $\dfrac{x^2+2}{x^2}$ B. $\dfrac{x^2+2}{2}$ C. $\dfrac{x^2+y^2}{y^2}$ D. $\dfrac{x^2-5x}{x}$

23. 아래의 보기 중 하나는 $\dfrac{x-3}{4-x}$와 같지 않다. 어떤 것인가?

A. $\dfrac{3-x}{x-4}$ B. $\dfrac{x+3}{4+x}$ C. $-\dfrac{3-x}{4-x}$ D. $-\dfrac{x-3}{x-4}$

24. 아래의 보기 중 어떤 식이 -1과 같은가? (두 개 고르시오.)

A. $\dfrac{2x+3}{2x-3}$ B. $\dfrac{2x-3}{3-2x}$ C. $\dfrac{2x+3}{3+2x}$ D. $\dfrac{2x+3}{-2x-3}$

[25~48] 각각의 유리식을 기약분수로 표기해 보아라.

25. $\dfrac{x^2(x+1)}{x(x+1)}$

26. $\dfrac{y^3(y-4)}{y^2(y-4)}$

27. $\dfrac{(x+4)(x-3)}{(x+5)(x+4)}$

28. $\dfrac{(2x+7)(x-1)}{(2x+3)(2x+7)}$

29. $\dfrac{4x(x+3)}{8x^2(x-3)}$

30. $\dfrac{5y^2(y+8)}{15y(y-8)}$

31. $\dfrac{3x+7}{3}$

32. $\dfrac{4x-9}{4}$

33. $\dfrac{6m+18}{7m+21}$

34. $\dfrac{5r-20}{3r-12}$

35. $\dfrac{3z^2+z}{18z+6}$

36. $\dfrac{2x^2-5x}{16x-40}$

37. $\dfrac{2t+6}{t^2-9}$

38. $\dfrac{5s-25}{s^2-25}$

39. $\dfrac{x^2+2x-15}{x^2+6x+5}$

40. $\dfrac{y^2-5y-14}{y^2+y-2}$

41. $\dfrac{8x^2-10x-3}{8x^2-6x-9}$

42. $\dfrac{12x^2-4x-5}{8x^2-6x-5}$

43. $\frac{a^3+b^3}{a+b}$

44. $\frac{r^3-s^3}{r-s}$

45. $\frac{2c^2+2cd-60d^2}{2c^2-12cd+10d^2}$

46. $\frac{3s^2-9st-54t^2}{3s^2-6st-72t^2}$

47. $\frac{ac-ad+bc-bd}{ac-ad-bc+bd}$

48. $\frac{2xy+2xw+y+w}{2xy+y-2xw-w}$

[49~58] 각각의 유리식을 기약분수로 표기하여라. (예제 3)

49. $\frac{7-b}{b-7}$

50. $\frac{r-13}{13-r}$

51. $\frac{x^2-y^2}{y-x}$

52. $\frac{m^2-n^2}{n-m}$

53. $\frac{(a-3)(x+y)}{(3-a)(x-y)}$

54. $\frac{(8-p)(x+2)}{(p-8)(x-2)}$

55. $\frac{5k-10}{20-10k}$

56. $\frac{7x-21}{63-21x}$

57. $\frac{a^2-b^2}{a^2+b^2}$

58. $\frac{p^2+q^2}{p^2-q^2}$

59. 유리식의 곱셈을 어떻게 하는지 예를 들어 설명해보라.

60. 유리식의 나눗셈을 어떻게 하는지 예를 들어 설명해보라.

[61~92] 아래의 식들을 풀어보라.

61. $\frac{x^3}{3y} \cdot \frac{9y^2}{x^5}$

62. $\frac{a^4}{5b^2} \cdot \frac{25b^4}{a^3}$

63. $\frac{5a^4b^2}{16a^2b} \div \frac{25a^2b}{60a^3b^2}$

64. $\frac{s^3t^2}{10s^2t^4} \div \frac{8s^4t^2}{5t^6}$

65. $\frac{(-3mn)^2 \cdot (4m^2n)^3}{16m^2n^4(mn^2)^3} \div \frac{24(m^2n^2)^4}{(3m^2n^3)^2}$

66. $\frac{(-4a^2b^3)^2 \cdot (3a^2b^4)^2}{(2a^2b^3)^4 \cdot (3a^3b)^2} \div \frac{(ab)^4}{(a^2b^3)^2}$

67. $\frac{(x+2)(x+1)}{(x+3)(x-2)} \cdot \frac{(x+3)(x+4)}{(x+2)(x+1)}$

68. $\frac{(x+3)(x-4)}{(x-4)(x+2)} \cdot \frac{(x+5)(x-6)}{(x+3)(x-6)}$

69. $\frac{(2x+3)(x-4)}{(x+8)(x-4)} \div \frac{(x-4)(x+2)}{(x-4)(x+8)}$

70. $\frac{(6x+5)(x-3)}{(x+9)(x-1)} \div \frac{(x-3)(2x+7)}{(x-1)(x+9)}$

71. $\frac{4x}{8x+4} \cdot \frac{14x+7}{6}$

72. $\frac{12x-20}{5x} \cdot \frac{6}{9x-15}$

73. $\frac{p^2-25}{4p} \cdot \frac{2}{5-p}$

74. $\frac{a^2-1}{4a} \cdot \frac{2}{1-a}$

75. $(7k+7) \div \frac{4k+4}{5}$

76. $(8y-16) \div \frac{3y-6}{10}$

77. $(z^2-1) \cdot \frac{1}{1-z}$

78. $(y^2-4) \div \frac{2-y}{8y}$

79. $\frac{m^2-49}{m+1} \div \frac{7-m}{m}$

80. $\frac{k^2-4}{3k^2} \div \frac{2-k}{11k}$

81. $\frac{12x-10y}{3x+2y} \cdot \frac{6x+4y}{10y-12x}$

82. $\frac{9s-12t}{2s+2t} \cdot \frac{3s+3t}{4t-3s}$

83. $\dfrac{x^2-25}{x^2+x-20}\cdot\dfrac{x^2+7x+12}{x^2-2x-15}$

84. $\dfrac{t^2-49}{t^2+4t-21}\cdot\dfrac{t^2+8t+15}{t^2-2t-35}$

85. $\dfrac{6x^2+5xy-6y^2}{12x^2-11xy+2y^2}\div\dfrac{4x^2-12xy+9y^2}{8x^2-14xy+3y^2}$

86. $\dfrac{8a^2-6ab-9b^2}{6a^2-5ab-6b^2}\div\dfrac{4a^2+11ab+6b^2}{9a^2+12ab+4b^2}$

87. $\dfrac{3k^2+17kp+10p^2}{6k^2+13kp-5p^2}\div\dfrac{6k^2+kp-2p^2}{6k^2-5kp+p^2}$

88. $\dfrac{16c^2+24cd+9d^2}{16c^2-16cd+3d^2}\div\dfrac{16c^2-9d^2}{16c^2-24cd+9d^2}$

89. $\left(\dfrac{6k^2-13k-5}{k^2+7k}\div\dfrac{2k-5}{k^3+6k^2-7k}\right)\cdot\dfrac{k^2-5k+6}{3k^2-8k-3}$

90. $\left(\dfrac{2x^3+3x^2-2x}{3x-15}\div\dfrac{2x^3-x^2}{x^2-3x-10}\right)\cdot\dfrac{5x^2-10x}{3x^2+12x+12}$

91. $\dfrac{a^2(2a+b)+6a(2a+b)+5(2a+b)}{3a^2(a+2b)-2a(a+2b)-(a+2b)}\div\dfrac{a+1}{a-1}$

92. $\dfrac{2x^2(x-3z)-5x(x-3z)+2(x-3z)}{4x^2(3z-x)-11x(3z-x)+6(3z-x)}\div\dfrac{4x+1}{4x-3}$

7.2 유리식의 덧셈과 뺄셈

학·습·목·표

1. 같은 분모에 대한 유리식의 덧셈과 뺄셈
2. 최소공통분모 찾기
3. 다른 분모에 대한 유리식의 덧셈과 뺄셈

목표 1 같은 분모에 대한 유리식의 덧셈과 뺄셈 유리수를 더하거나 빼는 데 사용하는 방법은 유리식을 더하거나 뺄 때도 사용된다.

유리식의 덧셈 또는 뺄셈

1단계 분모가 같은 경우, 분자를 더하거나 빼준다. 공통분모 위에 결과를 쓴다.
분모가 다른 경우, 가장 먼저 최소공통분모를 찾는다. 최소공통분모를 사용하여 유리식을 계산한 후 분자를 더하거나 뺀다. 공통분모 위에 결과를 쓴다.

2단계 단순화. 모든 답을 기약분수로 쓴다.

예제 1 분모가 같은 유리식의 덧셈과 뺄셈

더하거나 빼라.

(a) $\dfrac{3y}{5}+\dfrac{x}{5}=\dfrac{3y+x}{5}$ ← 분자 더하기 ← 공통분모 유지

(b) $\dfrac{7}{2r^2}-\dfrac{11}{2r^2}=\dfrac{7-11}{2r^2}$ 분자 빼기; 공통분모 유지

$=\dfrac{-4}{2r^2}$

$=-\dfrac{2}{r^2}$ 기약분수

(c) $\dfrac{m}{m^2-p^2}+\dfrac{p}{m^2-p^2}=\dfrac{m+p}{m^2-p^2}$ 분자 더하기; 공통분모 유지

$=\dfrac{m+p}{(m+p)(m-p)}$ 인수분해

$=\dfrac{1}{m-p}\quad(n\neq -p)$ 기약분수

(d) $\dfrac{4}{x^2+2x-8}+\dfrac{x}{x^2+2x-8}=\dfrac{4+x}{x^2+2x-8}$

$$= \frac{4+x}{(x-2)(x+4)}$$

$$= \frac{1}{x-2} \quad (x \neq -4)$$

■

연습문제 7, 9, 15를 풀어보자.

목표 2 최소공통분모 찾기 서로 다른 분모를 가진 유리식을 더하거나 빼기 위해서는 최소공통분모(LCD)를 써야 한다.

최소공통분모 찾기

1단계 각 분모를 인수분해한다.

2단계 최소공통분모를 찾는다. LCD는 각각의 분모의 다른 인수들의 곱이며, 각각의 인수는 분모에서 가장 큰 거듭제곱을 택한다.

예제 2 최소공통분모 찾기

주어진 유리식이 두 분수의 분모라고 가정하자. 각 값에 대한 LCD를 찾아라.

(a) $5xy^2,\ 2x^3y$

풀이 각 분모는 이미 인수분해되어 있다.

$$5xy^2 = 5 \cdot x \cdot y^2$$

$$2x^3y = 2 \cdot x^3 \cdot y$$

x의 가장 큰 지수는 3이다

$$LCD = 5 \cdot 2 \cdot x^3 \cdot y^2$$ ← y의 가장 큰 지수는 2이다.

$$= 10x^3y^2$$

(b) $k-3,\ k$

풀이 각 분모는 이미 인수분해되어 있다. $k-3$과 k의 LCD는 $k(k-3)$이다. 주로 공통분모를 인수분해된 형태로 두는 것이 좋다.

(c) $y^2-2y-8,\ y^2+3y+2$

풀이 분모를 인수분해한다.

$$\left.\begin{aligned} y^2-2y-8 &= (y-4)(y+2) \\ y^2+3y+2 &= (y+2)(y+1) \end{aligned}\right\} \text{인수}$$

두 다항식의 LCD는 $(y-4)(y+2)(y+1)$이다.

(d) $8z-24,\ 5z^2-15z$

풀이

$$\left.\begin{aligned} 8z-24 &= 8(z-3) \\ 5z^2-15z &= 5z(z-3) \end{aligned}\right\} \text{인수}$$

LCD는 $8 \cdot 5z \cdot (z-3) = 40z(z-3)$이다.

(e) m^2+5m+6, m^2+4m+4, $2(m^2+2m-3)$

풀이

$$\left.\begin{aligned} m^2+5m+6 &= (m+3)(m+2) \\ m^2+4m+4 &= (m+2)^2 \\ 2(m^2+2m-3) &= 2(m+3)(m-1) \end{aligned}\right\} \text{인수}$$

LCD는 $2(m+3)(m+2)^2(m-1)$이다. ■

연습문제 21, 23, 27, 35를 풀어보자.

목표 3 다른 분모에 대한 유리식의 덧셈과 뺄셈 두 개의 유리식을 더하거나 빼기 전에, LCD를 얻기 위해 필요한 인수로 분자와 분모를 곱함으로써 최소공통분모를 가진 각각의 값을 쓴다. 유리식을 더하거나 뺄 때는 유리수와 같은 방법으로 한다. $\frac{7}{15}+\frac{5}{12}$를 생각한다. 15와 12의 LCD는 60이다. $\frac{7}{15}$에 $\frac{4}{4}$(1의 형식)를 곱하고 $\frac{5}{12}$에 $\frac{5}{5}$를 곱해 각 분수를 분모가 60이 되도록 한 후에 분자를 더한다.

$$\begin{aligned} \frac{7}{15}+\frac{5}{12} &= \frac{7\cdot 4}{15\cdot 4}+\frac{5\cdot 5}{12\cdot 5} && \text{유리수의 기본 성질} \\ &= \frac{28}{60}+\frac{25}{60} \\ &= \frac{28+25}{60} && \text{분자 더하기} \\ &= \frac{53}{60} \end{aligned}$$

예제 3 분모가 다른 유리식의 덧셈과 뺄셈

더하거나 빼라.

(a) $\frac{5}{2p}+\frac{3}{8p}$

풀이 $2p$와 $8p$의 LCD는 $8p$이므로 같은 분모 $8p$를 갖도록 첫 번째 유리식에 $\frac{4}{4}$를 곱한다.

$$\begin{aligned} \frac{5}{2p}+\frac{3}{8p} &= \frac{5\cdot 4}{2p\cdot 4}+\frac{3}{8p} && \text{기본 성질} \\ &= \frac{20}{8p}+\frac{3}{8p} \\ &= \frac{20+3}{8p} && \text{분자 더하기} \\ &= \frac{23}{8p} \end{aligned}$$

(b) $\frac{6}{r}-\frac{5}{r-3}$

풀이 LCD는 $r(r-3)$이므로 각각의 유리식을 이 분모로 다시 쓴다.

$$\frac{6}{r}-\frac{5}{r-3}=\frac{6(r-3)}{r(r-3)}-\frac{r\cdot 5}{r(r-3)} \quad \text{기본 성질}$$

$$=\frac{6r-18}{r(r-3)}-\frac{5r}{r(r-3)} \quad \text{분배 및 교환법칙}$$

$$=\frac{6r-18-5r}{r(r-3)} \quad \text{분자 빼기}$$

$$=\frac{r-18}{r(r-3)} \quad \text{분자 계산}$$

■

연습문제 39, 43을 풀어보자.

> ⓘ 주의 대수에서 가장 흔한 부호 실수 중 하나는 분자에서 2개 이상의 항을 가진 유리식을 뺄 때 생긴다. 이 상황에서, 뺄셈 기호는 그 다음에 오는 분수의 분자 내의 모든 항에 붙여야 하는 것을 기억하자. 이것이 어떻게 계산되는지 보기 위해 주의해서 예제 4를 보자.

예제 4 유리식을 뺄 때 분배법칙 사용

(a) $\frac{7x}{3x+1}-\frac{x-2}{3x+1}$

풀이 두 유리식의 분모는 같다. 뺄셈 기호는 두 번째 유리식의 분자 두 항 모두에 적용한다. 여기에서 분배법칙을 주의하여 사용한다.

$$\frac{7x}{3x+1}-\frac{x-2}{3x+1}=\frac{7x-(x-2)}{3x+1} \quad \text{하나의 유리식으로 표현}$$

$$=\frac{7x-x+2}{3x+1} \quad \text{분배법칙; 부호 주의}$$

$$=\frac{6x+2}{3x+1} \quad \text{분자 계산}$$

$$=\frac{2(3x+1)}{3x+1} \quad \text{분자 인수분해}$$

$$=2 \quad \text{기약분수}$$

(b) $$\frac{1}{q-1}-\frac{1}{q+1}=\frac{1(q+1)}{(q-1)(q+1)}-\frac{1(q-1)}{(q+1)(q-1)} \quad \text{기본 성질}$$

$$=\frac{(q+1)-(q-1)}{(q-1)(q+1)} \quad \text{빼기}$$

$$=\frac{q+1-q+1}{(q-1)(q+1)} \quad \text{분배법칙}$$

$$=\frac{2}{(q-1)(q+1)} \quad \text{분자 계산}$$

■

연습문제 47, 53을 풀어보자.

어떤 문제에서는 유리식을 더하거나 뺄 때 서로 분모의 부호가 반대되는 경우가 있다. 다음 예제에서 이러한 문제를 살펴보자.

예제 5 반대되는 분모를 가진 유리식의 덧셈

$$\frac{y}{y-2}+\frac{8}{2-y}$$

풀이 $y-2$의 공통분모를 얻기 위해, 두 번째 유리식의 분모와 분자 모두에 -1을 곱한다.

$$\begin{aligned}\frac{y}{y-2}+\frac{8}{2-y}&=\frac{y}{y-2}+\frac{8(-1)}{(2-y)(-1)}\\&=\frac{y}{y-2}+\frac{-8}{y-2}\\&=\frac{y-8}{y-2} &&\text{분자 더하기}\end{aligned}$$

■

연습문제 49를 풀어보자.

다음 예제는 2개 이상의 유리식의 덧셈과 뺄셈에 관한 것이다.

예제 6 유리식 세 개의 덧셈과 뺄셈

$$\frac{3}{x-2}+\frac{5}{x}-\frac{6}{x^2-2x}$$

풀이 세 번째 유리식의 분모는 세 개의 유리식에 대한 LCD인 $x(x-2)$를 의미한다.

$$\begin{aligned}\frac{3}{x-2}+\frac{5}{x}-\frac{6}{x^2-2x}&=\frac{3x}{x(x-2)}+\frac{5(x-2)}{x(x-2)}-\frac{6}{x(x-2)} &&\text{기본 성질}\\&=\frac{3x+5(x-2)-6}{x(x-2)} &&\text{분자 더하기 빼기}\\&=\frac{3x+5x-10-6}{x(x-2)} &&\text{분배법칙}\\&=\frac{8x-16}{x(x-2)} &&\text{분자 계산}\\&=\frac{8(x-2)}{x(x-2)} &&\text{분자 인수분해}\\&=\frac{8}{x} &&\text{기약분수}\end{aligned}$$

■

연습문제 55를 풀어보자.

예제 7 유리식의 뺄셈

풀이

$$\frac{m+4}{m^2-2m-3}-\frac{2m-3}{m^2-5m+6}$$

풀이 $\dfrac{m+4}{m^2-2m-3}-\dfrac{2m-3}{m^2-5m+6}=\dfrac{m+4}{(m-3)(m+1)}-\dfrac{2m-3}{(m-3)(m-2)}$ 각 분모 인수분해

LCD는 $(m-3)(m+1)(m-2)$ 이므로

$$\frac{m+4}{(m-3)(m+1)}-\frac{2m-3}{(m-3)(m-2)}$$

$$=\frac{(m+4)(m-2)}{(m-3)(m+1)(m-2)}-\frac{(2m-3)(m+1)}{(m-3)(m-2)(m+1)} \quad \text{기본 성질}$$

$$=\frac{(m+4)(m-2)-(2m-3)(m+1)}{(m-3)(m+1)(m-2)} \quad \text{빼기}$$

$$=\frac{m^2+2m-8-(2m^2-m-3)}{(m-3)(m+1)(m-2)} \quad \text{분자 곱하기}$$

$$=\frac{m^2+2m-8-2m^2+m+3}{(m-3)(m+1)(m-2)} \quad \text{분배법칙; 부호 주의}$$

$$=\frac{-m^2+3m-5}{(m-3)(m+1)(m-2)} \quad \text{분자 계산}$$

분자를 인수분해하려 할 때, 우리는 이 유리식이 기약분수라는 것을 알 수 있다. ■

연습문제 69를 풀어보자.

예제 8 유리식의 덧셈

$$\frac{5}{x^2+10x+25}+\frac{2}{x^2+7x+10}$$

풀이 $\dfrac{5}{x^2+10x+25}+\dfrac{2}{x^2+7x+10}=\dfrac{5}{(x+5)^2}+\dfrac{2}{(x+5)(x+2)}$ 각 분모 인수분해

LCD는 $(x+5)^2(x+2)$ 이므로

$$\frac{5}{(x+5)^2}+\frac{2}{(x+5)(x+2)}=\frac{5(x+2)}{(x+5)^2(x+2)}+\frac{2(x+5)}{(x+5)^2(x+2)} \quad \text{기본 성질}$$

$$=\frac{5(x+2)+2(x+5)}{(x+5)^2(x+2)} \quad \text{더하기}$$

$$=\frac{5x+10+2x+10}{(x+5)^2(x+2)} \quad \text{분배법칙}$$

$$=\frac{7x+20}{(x+5)^2(x+2)} \quad \text{분자 계산}$$

■

연습문제 77을 풀어보자.

7.2 연습문제

관련 개념(문제 1~6)

개인 또는 그룹 과제용

1. $x=4,\ y=2$일 때, $\dfrac{1}{x}+\dfrac{1}{y}$을 계산하여라.

2. $x=4,\ y=2$일 때, $\dfrac{1}{x+y}$을 계산하여라.

3. 연습문제 1번과 2번에 대한 답이 같은가? 어떻게 결론을 내릴 수 있는가?

4. $x=3,\ y=5$일 때, $\dfrac{1}{x}-\dfrac{1}{y}$을 계산하여라.

5. $x=3,\ y=5$일 때, $\dfrac{1}{x-y}$을 계산하여라.

6. 연습문제 4번과 5번에 대한 답이 같은가? 어떻게 결론을 내릴 수 있는가?

[7~18] 다음을 더하거나 빼고 기약분수로 나타내어라.

7. $\dfrac{7}{t}+\dfrac{2}{t}$

8. $\dfrac{5}{r}+\dfrac{9}{r}$

9. $\dfrac{11}{5x}-\dfrac{1}{5x}$

10. $\dfrac{7}{4y}-\dfrac{3}{4y}$

11. $\dfrac{5x+4}{6x+5}+\dfrac{x+1}{6x+5}$

12. $\dfrac{6y+12}{4y+3}+\dfrac{2y-6}{4y+3}$

13. $\dfrac{x^2}{x+5}-\dfrac{25}{x+5}$

14. $\dfrac{y^2}{y+6}-\dfrac{36}{y+6}$

15. $\dfrac{-3p+7}{p^2+7p+12}+\dfrac{8p+13}{p^2+7p+12}$

16. $\dfrac{5x+6}{x^2+x-20}+\dfrac{4-3x}{x^2+x-20}$

17. $\dfrac{a^3}{a^2+ab+b^2}-\dfrac{b^3}{a^2+ab+b^2}$

18. $\dfrac{p^3}{p^2-pq+q^2}+\dfrac{q^3}{p^2-pq+q^2}$

19. 공통분모가 있는 유리식을 더하거나 빼기 위한 단계별 방법을 쓰고, 예를 들어 설명하시오.

20. 분모가 다른 유리식을 더하거나 빼기 위한 단계별 방법을 쓰고, 예를 들어 설명하시오.

[21~36] 주어진 식이 분수의 분모라고 가정하고, 각 그룹에 대한 최소공통분모(LCD)를 찾아라.

21. $18x^2y^3,\ 24x^4y^5$

22. $24a^3b^4,\ 18a^5b^2$

23. $z-2,\ z$

24. $k+3,\ k$

25. $2y+8,\ y+4$

26. $3r-21,\ r-7$

27. $x^2-81,\ x^2+18x+81$

28. $y^2-16,\ y^2-8y+16$

29. $m+n,\ m-n,\ m^2-n^2$

30. $r+s,\ r-s,\ r^2-s^2$

31. $x^2-3x-4,\ x+x^2$

32. $y^2-8y+12,\ y^2-6y$

33. $2t^2+7t-15,\ t^2+3t-10$

34. $s^2-3s-4,\ 3s^2+s-2$

35. $2y+6,\ y^2-9,\ y$

36. $9x+18,\ x^2-4,\ x$

37. 한 학생이 2개의 유리식을 더해 $\frac{3}{5-y}$ 이란 답을 얻었다. 다른 학생은 같은 문제에 대해 $\frac{-3}{y-5}$ 이란 답을 얻었다. 두 가지 답이 모두 가능한가? 설명하여라.

38. 다음 계산이 잘못된 이유는?

$$\frac{x}{x+2}-\frac{4x-1}{x+2}=\frac{x-4x-1}{x+2}=\frac{-3x-1}{x+2}$$

[39~68] 다음을 더하거나 빼고 기약분수로 나타내어라.

39. $\frac{8}{t}+\frac{7}{3t}$

40. $\frac{5}{x}+\frac{9}{4x}$

41. $\frac{5}{12x^2y}-\frac{11}{6xy}$

42. $\frac{7}{18a^3b^2}-\frac{2}{9ab}$

43. $\frac{1}{x-1}-\frac{1}{x}$

44. $\frac{3}{x-3}-\frac{1}{x}$

45. $\frac{3a}{a+1}+\frac{2a}{a-3}$

46. $\frac{2x}{x+4}+\frac{3x}{x-7}$

47. $\frac{17y+3}{9y+7}-\frac{-10y-18}{9y+7}$

48. $\frac{7x+8}{3x+2}-\frac{x+4}{3x+2}$

49. $\frac{2}{4-x}+\frac{5}{x-4}$

50. $\frac{3}{2-t}+\frac{1}{t-2}$

51. $\frac{w}{w-z}-\frac{z}{z-w}$

52. $\frac{a}{a-b}-\frac{b}{b-a}$

53. $\frac{5}{12+4x}-\frac{7}{9+3x}$

54. $\frac{3}{10x+15}-\frac{8}{12x+18}$

55. $\frac{4x}{x-1}-\frac{2}{x+1}-\frac{4}{x^2-1}$

56. $\frac{4}{x+3}-\frac{x}{x-3}-\frac{18}{x^2-9}$

57. $\frac{15}{y^2+3y}+\frac{2}{y}+\frac{5}{y+3}$

58. $\frac{7}{t-2}-\frac{6}{t^2-2t}-\frac{3}{t}$

59. $\frac{5}{x-2}+\frac{1}{x}+\frac{2}{x^2-2x}$

60. $\frac{5x}{x-3}+\frac{2}{x}+\frac{6}{x^2-3x}$

61. $\frac{3x}{x+1}+\frac{4}{x-1}-\frac{6}{x^2-1}$

62. $\frac{5x}{x+3}+\frac{x+2}{x}-\frac{6}{x^2+3x}$

63. $\frac{4}{x+1}+\frac{1}{x^2-x+1}-\frac{12}{x^3+1}$

64. $\frac{5}{x+2}+\frac{2}{x^2-2x+4}-\frac{60}{x^3+8}$

65. $\frac{2x+4}{x+3}+\frac{3}{x}-\frac{6}{x^2+3x}$

66. $\frac{4x+1}{x+5}-\frac{2}{x}+\frac{10}{x^2+5x}$

67. $\frac{3}{(p-2)^2}-\frac{5}{p-2}+4$

68. $\frac{8}{(3r-1)^2}+\frac{2}{3r-1}-6$

[69~78] 다음을 더하거나 빼고 기약분수로 나타내어라.

69. $\frac{3}{x^2-5x+6}-\frac{2}{x^2-4x+4}$

70. $\frac{2}{m^2-4m+4}+\frac{3}{m^2+m-6}$

71. $\frac{5x}{x^2+xy-2y^2}-\frac{3x}{x^2+5xy-6y^2}$

72. $\frac{6x}{6x^2+5xy-4y^2}-\frac{2y}{9x^2-16y^2}$

73. $\dfrac{5x-y}{x^2+xy-2y^2}-\dfrac{3x+2y}{x^2+5xy-6y^2}$

74. $\dfrac{6x+5y}{6x^2+5xy-4y^2}-\dfrac{x+2y}{9x^2-16y^2}$

75. $\dfrac{r+s}{3r^2+2rs-s^2}-\dfrac{s-r}{6r^2-5rs+s^2}$

76. $\dfrac{3y}{y^2+yz-2z^2}+\dfrac{4y-1}{y^2-z^2}$

77. $\dfrac{3}{x^2+4x+4}+\dfrac{7}{x^2+5x+6}$

78. $\dfrac{5}{x^2+6x+9}-\dfrac{2}{x^2+4x+3}$

[79~80] 각 문제를 풀어라.

79. 자동차 콩쿠르는 일반적인 매력을 바탕으로 한 자동차에 최대 100점을 부여하는 대회이다. 유리식

$$c(x)=\frac{1010}{49(101-x)}-\frac{10}{49}$$

에 의해 정의된 함수는 차량을 복원하는데 드는 비용(단위: 천 달러)으로 x점을 획득할 수 있다.

(a) $c(x)$식의 빼기를 계산하여 간단하게 하여라.

(b) 간단하게 만든 식을 가지고 95점을 얻는데 드는 비용을 계산하여라.

80. 비용 편익 모델은 주어진 편익의 관점에서 사업 비용을 표현한다. 한 가지 비용 편익 모델은 특정 오염 물질의 x%를

$$c(x)=\frac{6.7x}{100-x}$$

로 제거하기 위해 수천 달러의 비용을 제공한다. 다른 모델은 관계

$$c(x)=\frac{6.5x}{102-x}$$

를 생성한다.

(a) 두 모델을 평균화하여 얻은 비용은 얼마인가? (힌트: 두 양의 평균은 합계의 절반이다.)

(b) 주어진 두 모델과 (a)에 대한 답을 사용하여 오염 물질의 95% ($x=95$)를 제거하는 비용을 찾아라. (소수 첫째 자리에서 반올림)

(c) 주어진 모델에서 (b)의 두 비용을 평균화하라. 두 모델의 평균을 사용하여 비용과 비교할 때 이 결과를 어떻게 알 수 있는가?

관련 개념(문제 81~86)

개인 또는 그룹 과제용

[81~86] 예제 6에서

$$\frac{3}{x-2}+\frac{5}{x}-\frac{6}{x^2-2x}$$

이 $\dfrac{8}{x}$과 같다는 것을 보였다. 대수학은 어떤 의미에서는 일반화된 형태의 산수이다. 다음을 순서대로 수행

하여 이 예에서 대수가 일반적인 분수의 산수와 어떻게 관련되는지 확인하여라.

81. 다음을 계산하고 기약분수로 나타내어라

$$\frac{3}{7}+\frac{5}{9}-\frac{6}{63}$$

82. 예제 6에서 x값에 9를 넣어 계산하고 연습문제 81과 비교하여라.

83. 예제 6에서 x값을 9로 넣어 계산한 후 연습문제 81에서 구한 답과 일치하는가?

84. 예제 6에서 x를 성에 있는 문자 수로 바꾸시오. 이 수가 2가 아닌 것으로 가정한다. 성이 두 문자인 경우 $x=3$으로 한다. 문제에 대한 해답을 예측하고, 예측이 올바른지 확인하여라.

85. 예제 6에서 $x=2$일 때 계산되지 않는 이유는 무엇인가?

86. 예제 6에서 계산되지 않는 다른 x값은 무엇인가?

7.3 번분수

학·습·목·표

1. 분자와 분모를 단순화하여 번분수를 단순화한다(방법 1).
2. 공통분모를 곱하여 번분수를 단순화한다(방법 2).
3. 번분수를 단순화하는 두 가지 방법 비교
4. 음의 지수를 가진 유리식의 단순화

번분수는 분자, 분모 또는 둘 모두에 분수를 갖는 표현식이다. 번분수의 예는 다음과 같다.

$$\frac{1+\frac{1}{x}}{2}, \quad \frac{\frac{4}{y}}{6-\frac{3}{y}}, \quad \frac{\frac{m^2-9}{m+1}}{\frac{m+3}{m^2-1}}$$

목표 1 분자와 분모를 단순화하여 번분수를 단순화한다(방법 1) 번분수를 단순화하는 두 가지 방법이 있다.

번분수의 단순화 : 방법 1

1단계 분자와 분모를 각각 단순화한다.
2단계 분자에 분모의 역수를 곱하여 나눈다.
3단계 가능한 경우, 결과를 단순화한다.

2단계에서 우리는 번분수를 2개의 유리식과 나눗셈의 몫으로 취급하고 있다. 이 단계 전에, 분자와 분모가 단일분수인지 확인한다.

예제 1 방법 1에 의한 번분수의 단순화

방법 1을 사용하여 각 번분수를 단순화하여라.

(a) $\dfrac{\frac{x+1}{x}}{\frac{x-1}{2x}}$

풀이 분자와 분모는 이미 단순화되어 있으므로 분자에 분모의 역수를 곱한다.

$$\frac{\frac{x+1}{x}}{\frac{x-1}{2x}} = \frac{x+1}{x} \div \frac{x-1}{2x} \qquad \text{나누기로 쓰기}$$

$$= \frac{x+1}{x} \times \frac{2x}{x-1} \qquad \frac{x-1}{2x}\text{의 역수 곱하기}$$

$$= \frac{2(x+1)}{x-1} \qquad \text{곱하고 단순화하기}$$

(b) $$\frac{2+\frac{1}{y}}{3-\frac{2}{y}} = \frac{\frac{2y}{y}+\frac{1}{y}}{\frac{3y}{y}-\frac{2}{y}}$$

$$= \frac{\frac{2y+1}{y}}{\frac{3y-2}{y}} \qquad \text{분자 및 분모 단순화}$$

$$= \frac{2y+1}{y} \div \frac{3y-2}{y} \qquad \text{나누기로 쓰기}$$

$$= \frac{2y+1}{y} \cdot \frac{y}{3y-2} \qquad \frac{3y-2}{y}\text{의 역수 곱하기}$$

$$= \frac{2y+1}{3y-2} \qquad \text{곱하고 단순화하기}$$

■

연습문제 5, 9를 풀어보자.

목표 2 공통분모를 곱하여 번분수를 단순화한다(방법 2) 번분수를 단순화하기 위해 두 번째 방법은 곱셈의 성질을 사용한다.

번분수의 단순화 : 방법 2

1단계 번분수의 분자와 분모에 번분수의 분자에 있는 분수의 분모와, 분모에 있는 분수의 분모의 최소공배수를 곱한다.

2단계 가능한 경우, 결과를 단순화한다.

예제 2 방법 2에 의한 번분수의 단순화

방법 2를 사용하여 각 번분수를 단순화하여라.

(a) $$\frac{2+\frac{1}{y}}{3-\frac{2}{y}}$$

풀이 분자와 분모에 번분수의 분자에 있는 분수의 분모와, 분모에 있는 분수의 분모의 LCD를 곱한다. (이것은 1을 곱한 것과 같다.) 여기서 LCD는 y이다.

$$\frac{2+\frac{1}{y}}{3-\frac{2}{y}} = \frac{2+\frac{1}{y}}{3-\frac{2}{y}} \cdot 1$$

$$= \frac{\left(2+\frac{1}{y}\right)\cdot y}{\left(3-\frac{2}{y}\right)\cdot y} \qquad \frac{y}{y}=1\text{이므로 분자와 분모에 } y\text{를 곱한다}$$

$$= \frac{2\cdot y+\frac{1}{y}\cdot y}{3\cdot y-\frac{2}{y}\cdot y} \qquad \text{분배법칙}$$

$$= \frac{2y+1}{3y-2}$$

이 방법을 예제 1(b)에 사용된 방법과 비교한다.

(b) $\dfrac{2p+\frac{5}{p-1}}{3p-\frac{2}{p}}$

풀이 LCD는 $p(p-1)$이므로

$$\frac{2p+\frac{5}{p-1}}{3p-\frac{2}{p}} = \frac{\left(2p+\frac{5}{p-1}\right)\cdot p(p-1)}{\left(3p-\frac{2}{p}\right)\cdot p(p-1)} \qquad \text{분자와 분모에 LCD를 곱한다}$$

$$= \frac{2p[p(p-1)]+\frac{5}{p-1}\cdot p(p-1)}{3p[p(p-1)]-\frac{2}{p}\cdot p(p-1)} \qquad \text{분배법칙}$$

$$= \frac{2p[p(p-1)]+5p}{3p[p(p-1)]-2(p-1)}$$

$$= \frac{2p^3-2p^2+5p}{3p^3-3p^2-2p+2}$$

이 유리식은 기약분수이다. ■

연습문제 9, 11을 풀어보자.

목표 3 번분수를 단순화하는 두 가지 방법 비교 번분수를 단순화하기 위해 방법 1 또는 방법 2 중 어느 것을 사용할지 선택하는 것은 일반적으로 선호도의 문제이다. 어떤 학생들은 다른 학생들보다 한 가지 방법을 더 선호하는 반면, 다른 학생들은 두 가지 방법 모두를 편하게 느끼고 특정한 문제에 어떤 방법으로 사용할지 결정하기 위해 연습을 한다. 다음 예제에서는 두 방법을 모두 사용하여 번분수를 단순화하는 과정을 살펴보고, 각 방법에 대한 장단점을 알아본다.

예제 3 두 가지 방법을 사용하여 번분수 단순화하기

각 분수를 단순화하기 위해 방법 1과 방법 2를 모두 사용한다.

방법 1	방법 2
(a) $\dfrac{\dfrac{2}{x-3}}{\dfrac{5}{x^2-9}}=\dfrac{\dfrac{2}{x-3}}{\dfrac{5}{(x-3)(x+3)}}$ $=\dfrac{2}{x-3}\div\dfrac{5}{(x-3)(x+3)}$ $=\dfrac{2}{x-3}\cdot\dfrac{(x-3)(x+3)}{5}$ $=\dfrac{2(x+3)}{5}$	(a) $\dfrac{\dfrac{2}{x-3}}{\dfrac{5}{x^2-9}}=\dfrac{\dfrac{2}{x-3}\cdot(x-3)(x+3)}{\dfrac{5}{(x-3)(x+3)}\cdot(x-3)(x+3)}$ $=\dfrac{2(x+3)}{5}$
(b) $\dfrac{\dfrac{1}{x}+\dfrac{1}{y}}{\dfrac{1}{x^2}-\dfrac{1}{y^2}}=\dfrac{\dfrac{y}{xy}+\dfrac{x}{xy}}{\dfrac{y^2}{x^2y^2}-\dfrac{x^2}{x^2y^2}}$ $=\dfrac{\dfrac{y+x}{xy}}{\dfrac{y^2-x^2}{x^2y^2}}$ $=\dfrac{y+x}{xy}\div\dfrac{y^2-x^2}{x^2y^2}$ $=\dfrac{y+x}{xy}\cdot\dfrac{x^2y^2}{(y-x)(y+x)}$ $=\dfrac{xy}{y-x}$	(b) $\dfrac{\dfrac{1}{x}+\dfrac{1}{y}}{\dfrac{1}{x^2}-\dfrac{1}{y^2}}=\dfrac{\left(\dfrac{1}{x}+\dfrac{1}{y}\right)\cdot x^2y^2}{\left(\dfrac{1}{x^2}-\dfrac{1}{y^2}\right)\cdot x^2y^2}$ $=\dfrac{xy^2+x^2y}{y^2-x^2}$ $=\dfrac{xy(y+x)}{(y+x)(y-x)}$ $=\dfrac{xy}{y-x}$

■

연습문제 13, 17을 풀어보자.

목표 4 음의 지수를 가진 유리식의 단순화 유리식과 번분수에는 때때로 음의 지수가 포함되어 있다. 이러한 표현을 단순화하기 위해 양의 지수로 다시 표현한다.

예제 4 음의 지수를 가진 유리식 단순화하기

해답에서 양의 지수만을 사용하여 각 식을 단순화한다.

(a) $\dfrac{m^{-1}+p^{-2}}{2m^{-2}-p^{-1}}$

풀이 먼저 음의 지수의 정의를 사용하여 양의 지수만으로 식을 쓴다.

$$\frac{m^{-1}+p^{-2}}{2m^{-2}-p^{-1}}=\frac{\dfrac{1}{m}+\dfrac{1}{p^2}}{\dfrac{2}{m^2}-\dfrac{1}{p}}$$

$2m^{-2}$의 2는 -2를 지수로 가지지 않고, $2m^{-2}=\dfrac{2}{m^2}$ 이다(m은 지수 -2의 밑이기 때문에). 방법 2를 사용하여 번분수를 단순화하고 분자와 분모에 LCD인 m^2p^2을 곱한다.

$$\frac{\dfrac{1}{m}+\dfrac{1}{p^2}}{\dfrac{2}{m^2}-\dfrac{1}{p}}=\frac{m^2p^2\left(\dfrac{1}{m}+\dfrac{1}{p^2}\right)}{m^2p^2\left(\dfrac{2}{m^2}-\dfrac{1}{p}\right)}$$

$$=\frac{m^2p^2\cdot\dfrac{1}{m}+m^2p^2\cdot\dfrac{1}{p^2}}{m^2p^2\cdot\dfrac{2}{m^2}-m^2p^2\cdot\dfrac{1}{p}} \qquad \text{분배법칙}$$

$$=\frac{mp^2+m^2}{2p^2-m^2p} \qquad \text{기약분수}$$

(b) $$\frac{k^{-1}}{k^{-1}+1}=\frac{\dfrac{1}{k}}{\dfrac{1}{k}+1} \qquad \text{양의 지수로 쓴다}$$

$$=\frac{k\cdot\dfrac{1}{k}}{k\left(\dfrac{1}{k}+1\right)} \qquad \text{방법 2 사용}$$

$$=\frac{k\cdot\dfrac{1}{k}}{k\cdot\dfrac{1}{k}+k\cdot 1}$$

$$=\frac{1}{1+k}$$

■

연습문제 29, 31을 풀어보자.

7.3 연습문제

1. 번분수를 단순화하는 두 가지 방법을 설명하시오.
2. 번분수를 단순화하는 방법 2는 분수의 분자와 분모에 0이 아닌 같은 식을 곱하는 것이다. 1.4절의 실수의 어떤 법칙이 이 방법을 설명하는가?

[3~20] 두 가지 방법 중 하나를 사용하여 각 번분수를 단순화하여라.

3. $\dfrac{\dfrac{12}{x-1}}{\dfrac{6}{x}}$

4. $\dfrac{\dfrac{24}{t+4}}{\dfrac{6}{t}}$

5. $\dfrac{\dfrac{k+1}{2k}}{\dfrac{3k-1}{4k}}$

6. $\dfrac{\dfrac{1-r}{4r}}{\dfrac{-1-r}{8r}}$

7. $\dfrac{\dfrac{4z^2x^4}{9}}{\dfrac{12x^2z^5}{15}}$

8. $\dfrac{\dfrac{3y^2x^3}{8}}{\dfrac{9y^3x^4}{16}}$

9. $\dfrac{\dfrac{1}{x}+1}{-\dfrac{1}{x}+1}$

10. $\dfrac{\dfrac{2}{k}-1}{\dfrac{2}{k}+1}$

11. $\dfrac{\dfrac{3}{x}+\dfrac{3}{y}}{\dfrac{3}{x}-\dfrac{3}{y}}$

12. $\dfrac{\dfrac{4}{t}-\dfrac{4}{s}}{\dfrac{4}{t}+\dfrac{4}{s}}$

13. $\dfrac{\dfrac{8x-24y}{10}}{\dfrac{x-3y}{5x}}$

14. $\dfrac{\dfrac{10x-5y}{12}}{\dfrac{2x-y}{6y}}$

15. $\dfrac{\dfrac{x^2-16y^2}{xy}}{\dfrac{1}{y}-\dfrac{4}{x}}$

16. $\dfrac{\dfrac{2}{s}-\dfrac{3}{t}}{\dfrac{4t^2-9s^2}{st}}$

17. $\dfrac{y-\dfrac{y-3}{3}}{\dfrac{4}{9}+\dfrac{2}{3y}}$

18. $\dfrac{p-\dfrac{p+2}{4}}{\dfrac{3}{4}-\dfrac{5}{2p}}$

19. $\dfrac{\dfrac{x+2}{x}+\dfrac{1}{x+2}}{\dfrac{5}{x}+\dfrac{x}{x+2}}$

20. $\dfrac{\dfrac{y+3}{y}-\dfrac{4}{y-1}}{\dfrac{y}{y-1}+\dfrac{1}{y}}$

관련 개념(문제 21~26)

개인 또는 그룹 과제용

[21~26] 방법 1을 사용하여 번분수를 단순화하는 것은 유리식을 더하고, 빼고, 곱하고, 나누는 방법을 반영하는 좋은 방법이다. 방법 2는 유리식의 기본 성질을 잘 반영한다. 다음과 같은 번분수를 참고하여 순서대로 풀어라.

$$\dfrac{\dfrac{4}{m}+\dfrac{m+2}{m-1}}{\dfrac{m+2}{m}-\dfrac{2}{m-1}}$$

21. 분자에 있는 분수를 더하여라.

22. 분모에 표시된 대로 뺄셈을 하여라.

23. 연습문제 21의 답을 연습문제 22의 답으로 나누어라.

24. 처음의 번분수로 돌아가서 모든 분모의 LCD를 찾아라.

25. 연습문제 24의 답을 번분수의 분자와 분모에 곱하여라.

26. 연습문제 23과 연습문제 25의 답은 같아야 한다. 두 가지 방법을 비교해 보아라. 어떤 방법을 선호하는가? 이유를 설명하시오.

[27~32] 양수의 지수만 사용하여 각 식을 단순화하여라.

27. $\dfrac{1}{x^{-2}+y^{-2}}$

28. $\dfrac{1}{p^{-2}-q^{-2}}$

29. $\dfrac{x^{-2}+y^{-2}}{x^{-1}+y^{-1}}$

30. $\dfrac{x^{-1}-y^{-1}}{x^{-2}-y^{-2}}$

31. $\dfrac{x^{-1}+2y^{-1}}{2y+4x}$

32. $\dfrac{a^{-2}-4b^{-2}}{3b-6a}$

33. (a) $\dfrac{\dfrac{3}{mp}-\dfrac{4}{p}+\dfrac{8}{m}}{2m^{-1}-3p^{-1}}$ 에서 음의 지수가 없도록 하여라.

(b) $\dfrac{\dfrac{3}{mp}-\dfrac{4}{p}+\dfrac{8}{m}}{\dfrac{1}{2m}-\dfrac{1}{3p}}$ 이 (a)에 대한 올바른 답이 아닌 이유를 설명하여라.

(c) (a)를 단순화하여라.

34. $\dfrac{m^{-1}+n^{-1}}{m^{-2}+n^{-2}}=\dfrac{m^2+n^2}{m+n}$ 은 정답인가? 이유를 설명하거나, 그렇지 않은 이유를 설명하시오.

7.4 유리방정식과 그래프

[학·습·목·표]

1. 유리방정식의 정의역 결정
2. 유리방정식 풀기
3. 유리함수의 그래프 알아보기
4. 그래프 계산기를 이용하여 유리방정식 풀기

이 장의 앞부분에서 유리식의 정의역을 변수의 모든 가능한 값의 집합으로 정의했다. 분모를 0으로 만드는 모든 값은 제외한다.

목표 1 유리방정식의 정의역 결정 유리방정식의 정의역은 방정식에 있는 유리식의 정의역의 교집합이다.

예제 1 유리방정식의 정의역 결정

각 방정식의 정의역을 찾으시오.

(a) $\dfrac{2}{x}-\dfrac{3}{2}=\dfrac{7}{2x}$

풀이 방정식 $\dfrac{2}{x}-\dfrac{3}{2}=\dfrac{7}{2x}$ 의 세 유리항의 정의역은 순서대로 $\{x|x\neq 0\}$, $(-\infty,\ \infty)$, $\{x|x\neq 0\}$이다. 이 세 정의역의 교집합은 0을 제외한 모든 실수이므로 $\{x|x\neq 0\}$이다.

(b) $\dfrac{2}{x-3}-\dfrac{3}{x+3}=\dfrac{12}{x^2-9}$

풀이 세 항의 정의역은 각각 $\{x|x\neq 3\}$, $\{x|x\neq -3\}$, $\{x|x\neq \pm 3\}$이다. 방정식의 정의역은 세 정의역의 교집합이므로 3과 -3을 제외한 모든 실수이고, 따라서 $\{x|x\neq \pm 3\}$이다. ■

연습문제 5, 9를 풀어보자.

목표 2 유리방정식 풀기 유리방정식을 푸는 가장 쉬운 방법은 방정식의 모든 항에 최소공통분모를 곱하는 것이다. 이 단계에서는 다음 예제가 보여주듯이 모든 방정식의 분모를 없앨 수 있다. 대수식이 아닌 방정식인 경우에는 가능한 일이다. 유리방정식을 푸는 첫 번째 단계는 방정식의 양변에 공통분모를 곱하는 것이므로, 잠재적 해를 확인하거나 정의역이 있는지 확인한다.

> ⓘ **주의** 방정식의 양변에 변수 식을 곱할 경우, 결과적으로 '해'가 원래 방정식을 만족하지 못할 수 있다. 정의역을 결정하고 관찰하거나 원래 방정식에 있는 모든 잠재적 해를 확인해야 한다. 둘 다 하는 것이 현명하다.

예제 2 유리방정식 풀기

$\frac{2}{x}-\frac{3}{2}=\frac{7}{2x}$ 을 풀어라.

풀이 정의역이 0을 제외한 모든 실수라는 것은 예제 1(a)에서 찾았다.

$$2x\left(\frac{2}{x}-\frac{3}{2}\right)=2x\left(\frac{7}{2x}\right) \qquad \text{LCD인 } 2x\text{를 곱한다}$$

$$2x\left(\frac{2}{x}\right)-2x\left(\frac{3}{2}\right)=2x\left(\frac{7}{2x}\right) \qquad \text{분배법칙}$$

$$4-3x=7 \qquad \text{곱하기}$$

$$-3x=3 \qquad 4\text{ 빼기}$$

$$x=-1 \qquad -3\text{으로 나누기}$$

• 확인:

$$\frac{2}{x}-\frac{3}{2}=\frac{7}{2x} \qquad \text{원래 방정식}$$

$$\frac{2}{-1}-\frac{3}{2}=\frac{7}{2(-1)} \qquad x=-1$$

$$-\frac{7}{2}=-\frac{7}{2} \qquad \text{참}$$

해집합은 $\{-1\}$이다. ■

연습문제 11을 풀어보자.

예제 3 해가 없는 방정식 풀기

$\frac{2}{x-3}-\frac{3}{x+3}=\frac{12}{x^2-9}$ 를 풀어라.

풀이 예제 1(b)의 결과를 사용하여, 정의역은 3과 -3을 제외한 모든 실수라는 것을 알 수 있다. LCD인 $(x+3)(x-3)$을 각각 곱한다.

$$(x+3)(x-3)\left(\frac{2}{x-3}-\frac{3}{x+3}\right)=(x+3)(x-3)\left(\frac{12}{x^2-9}\right)$$

$$2(x+3)-3(x-3)=12 \qquad \text{분배법칙}$$

$$2x+6-3x+9=12 \qquad \text{분배법칙}$$

$$-x+15=12 \qquad \text{계산}$$

$$-x=-3 \qquad 15\text{ 빼기}$$

$$x=3 \qquad -1\text{로 나누기}$$

3은 정의역에 없으므로, 방정식의 해가 될 수 없다. 원래 방정식에 3을 대입하면 이유를 알 수 있다.

$$\frac{2}{x-3}-\frac{3}{x+3}=\frac{12}{x^2-9}$$

$$\frac{2}{3-3}-\frac{3}{3+3}=\frac{12}{3^2-9} \qquad x=3$$

$$\frac{2}{0}-\frac{3}{6}=\frac{12}{0}$$

0으로 나눈 값은 정의되지 않으므로 주어진 방정식은 해가 없고, 따라서 해집합은 ϕ이다. ■

✎연습문제 25를 풀어보자.

《예제 4》 유리방정식 풀기

$\dfrac{3}{p^2+p-2}-\dfrac{1}{p^2-1}=\dfrac{7}{2(p^2+3p+2)}$을 풀어라.

풀이 각각의 분모를 인수분해하여 LCD를 찾으면, $2(p-1)(p+2)(p+1)$이다. 정의역은 1, -2, -1을 제외한다. 양변에 LCD를 각각 곱한다.

$$2(p-1)(p+2)(p+1)\left[\frac{3}{(p+2)(p-1)}-\frac{1}{(p+1)(p-1)}\right]$$

$$=2(p-1)(p+2)(p+1)\left[\frac{7}{2(p+2)(p+1)}\right]$$

$$2\cdot 3(p+1)-2(p+2)=7(p-1) \qquad \text{분배법칙}$$

$$6p+6-2p-4=7p-7 \qquad \text{분배법칙}$$

$$4p+2=7p-7 \qquad \text{계산}$$

$$9=3p$$

$$3=p$$

정의역에 3이 포함되어 있다. 원래 방정식의 p에 3을 넣어 해집합이 $\{3\}$인지 확인한다. ■

✎연습문제 37을 풀어보자.

《예제 5》 이차방정식으로 이루어진 방정식 풀기

$\dfrac{2}{3x+1}=\dfrac{1}{x}-\dfrac{6x}{3x+1}$를 풀어라.

풀이 각각의 분모 $3x+1$과 x는 0과 같을 수 없기 때문에 0이 되는 $-\dfrac{1}{3}$, 0은 정의역에서 제외된다. LCD인 $x(3x+1)$를 양변에 각각 곱해준다.

$$x(3x+1)\left(\frac{2}{3x+1}\right)=x(3x+1)\left(\frac{1}{x}-\frac{6x}{3x+1}\right)$$

$$2x=3x+1-6x^2$$

이 방정식은 2차이므로, 우변을 0으로 하는 표준형으로 쓴다.

$$6x^2 - 3x + 2x - 1 = 0$$
$$6x^2 - x - 1 = 0 \quad \text{표준형}$$
$$(3x+1)(2x-1) = 0 \quad \text{인수분해}$$
$$3x+1=0 \quad \text{또는} \quad 2x-1=0 \quad \text{영인수 성질}$$
$$x = -\frac{1}{3} \quad \text{또는} \quad x = \frac{1}{2}$$

$-\frac{1}{3}$은 방정식의 정의역에 속하지 않으므로 정답이 아니다. 해집합이 $\left\{\frac{1}{2}\right\}$인지 확인한다. ■

연습문제 31을 풀어보자.

목표 3 유리함수의 그래프를 알아보기 7.1절에서 언급했듯이, 유리함수는 유리식에 의해 정의된 함수이다. x의 하나 이상의 값이 유리함수의 정의역에서 제외되기 때문에 그래프는 보통 불연속이다. 즉, 그래프는 하나 이상 단절되어 있다. 예를 들어,

$$f(x) = \frac{1}{x}$$

에서 정의한 간단한 유리함수의 그래프를 나타내기 위해 점을 찍고, 정의역을 살펴본다.

이 함수의 정의역은 0을 제외한 모든 실수이다. 따라서 $x=0$인 그래프에는 아무것도 표시하지 않는다. 방정식 $x=0$의 수직선을 그래프의 수직점근선이라고 한다. 아래 표에서 음수 값과 양수 값 모두의 x값에 대해 일반적인 순서쌍을 보여준다.

x	-3	-2	-1	-0.5	-0.25	-0.1	0.1	0.25	0.5	1	2	3
y	$-\frac{1}{3}$	$-\frac{1}{2}$	-1	-2	-4	-10	10	4	2	1	$\frac{1}{2}$	$\frac{1}{3}$

양의 x값이 0에 가까워지면 y의 값은 커진다. 마찬가지로, 음의 x값이 0에 가까워지면 y의 값은 작아진다. 이것을 사용하여 정의역에서 0을 제외하고 위에 나온 점을 찍으면 그림 2의 그래프가 된다.

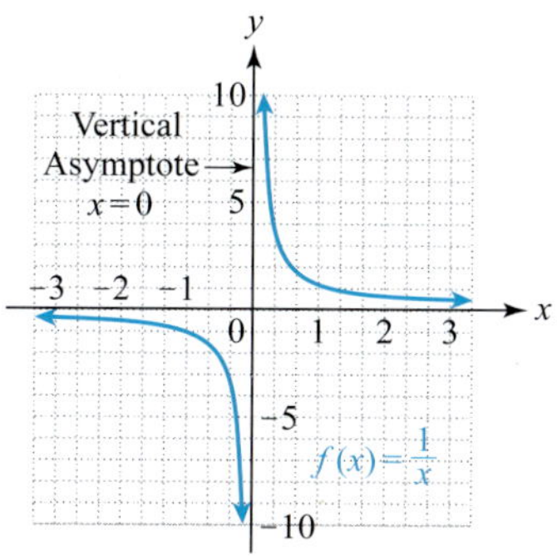

그림 2

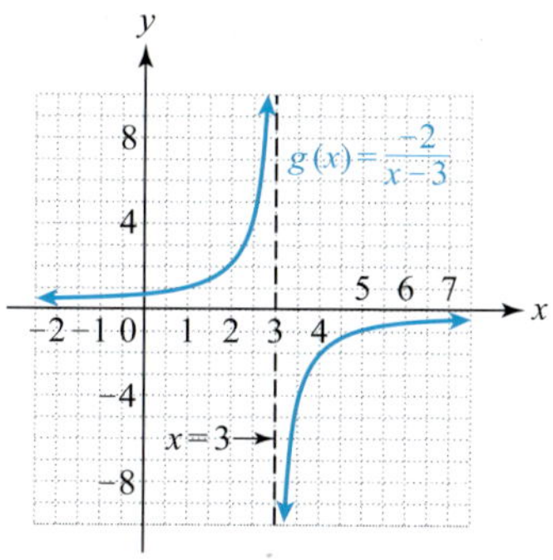

그림 3

$$g(x)=\frac{-2}{x-3}$$

의 그래프는 그림 3에 보여진다. 함수에 포함되는 순서쌍을 아래 표에 나타내었다.

x	-2	-1	0	1	2	2.5	2.75	3.25	3.5	4	5	6	7
y	$\frac{2}{5}$	$\frac{1}{2}$	$\frac{2}{3}$	1	2	4	8	-8	-4	-2	-1	$-\frac{2}{3}$	$-\frac{1}{2}$

3은 정의역에서 제외되기 때문에 $x=3$에서는 그래프가 나타나지 않는다. 점선 $x=3$은 점근선을 나타내며 그래프의 일부가 아니다. 표에서 나타난 바와 같이, 그래프는 x값이 3에 가까워짐에 따라 수직점근선 $x=3$에 가까워진다.

목표 4 그래프 계산기를 이용하여 유리방정식 풀기 앞서 그래프를 이용해 일차와 이차방정식을 풀었다. 그 절차는 유리방정식에서도 유사하다. 유리함수는 일반적으로 정의역에서 제외된 수직선을 보여주기 때문에 '연결 모드(connected mode)'의 계산기는 화면상에 점근선이 나타나는 위치에 있을 수 있다. '점선 모드'(dot mode)를 사용하면 일반적으로 보다 사실적인 그림을 얻을 수 있다.

그림 4에서는

$$g(x)=\frac{x}{x+3}$$

의 연결모드와 점선모드의 그래프를 보여준다. 점선모드를 사용하는 경우, $(-\infty,-3)\cup(-3,\infty)$에서 이론적으로 함수는 정의역에서 연속적(끊어지지 않음)이라는 것을 기억해야 한다. 이전과 마찬가지로, 그래프의 x절편은 방정식 $\frac{x}{x+3}=0$의 해이다. 그래프로부터 x절편은 $(0,0)$이기 때문에 이 방정식의 유일한 해는 $\{0\}$이다.

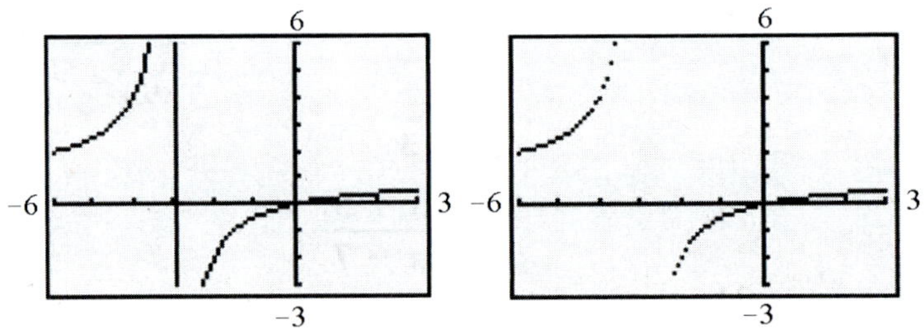

그림 4

예제 6 그래프 계산기 화면에서 유리방정식의 해 찾기

그림 5에서는 $f(x)=x^{-2}+x^{-1}-1.5$의 2개의 x절편을 각각 나타내는 그래프 두 가지를 보여준다. 그래프를 사용하여 $x^{-2}+x^{-1}-1.5=0$의 해의 집합을 결정하여라.

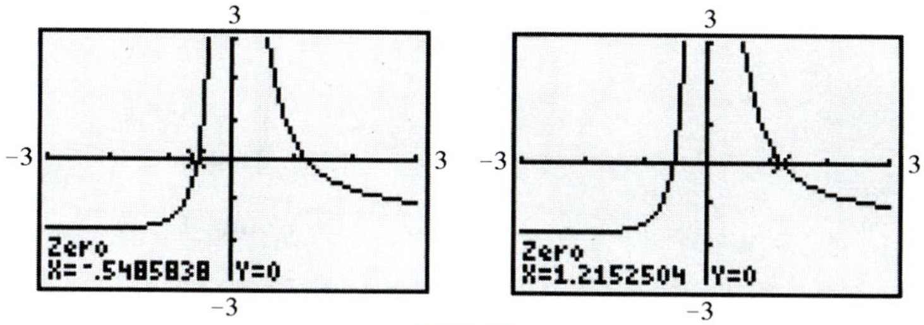

그림 5

풀이 각 계산기 화면의 아래쪽에 있는 결과값을 살펴보면, $y=0$일 때 x절편은 -0.5485838과 1.2152504이다. 이것들이 방정식의 해이다. 따라서 해집합은 $\{-0.5485838, 1.2152504\}$이다. ■

연습문제 49를 풀어보자.

7.4 연습문제

[1~9] 이 절에서 설명했듯이 분모를 0으로 하는 값은 정의역에서 제외되어야 하며, 결과적으로 방정식의 해에서도 제외되어야 한다.

(a) 방정식을 풀지 말고 방정식의 해에서 제외되어야 할 값을 구하라.

(b) 집합기호를 써서 정의역을 구하라.

1. $\dfrac{1}{x+1}-\dfrac{1}{x-2}=0$
2. $\dfrac{3}{x+4}-\dfrac{2}{x-9}=0$
3. $\dfrac{5}{3x+5}-\dfrac{1}{x}=\dfrac{1}{2x+3}$
4. $\dfrac{6}{4x+7}-\dfrac{3}{x}=\dfrac{5}{6x-13}$
5. $\dfrac{1}{3x}+\dfrac{1}{2x}=\dfrac{x}{3}$
6. $\dfrac{5}{6x}-\dfrac{8}{2x}=\dfrac{x}{4}$
7. $\dfrac{3x+1}{x-4}=\dfrac{6x+5}{2x-7}$
8. $\dfrac{4x-1}{2x+3}=\dfrac{12x-25}{6x-2}$
9. $\dfrac{2}{x^2-x}+\dfrac{1}{x+3}=\dfrac{4}{x-2}$

10. 방정식

$$\frac{x+7}{4}-\frac{x+3}{3}=\frac{x}{12}$$

에 대한 가능한 해답이 거절될 가능성이 있는가? 설명하여라.

[11~39] 각 방정식을 풀어라.

11. $\dfrac{-5}{2x}+\dfrac{3}{4x}=\dfrac{-7}{4}$
12. $\dfrac{6}{5x}-\dfrac{2}{3x}=\dfrac{-8}{45}$
13. $x-\dfrac{24}{x}=-2$
14. $p+\dfrac{15}{p}=-8$

15. $\dfrac{x-4}{x+6}=\dfrac{2x+3}{2x-1}$

16. $\dfrac{5x-8}{x+2}=\dfrac{5x-1}{x+3}$

17. $\dfrac{3x+1}{x-4}=\dfrac{6x+5}{2x-7}$

18. $\dfrac{4x-1}{2x+3}=\dfrac{12x-25}{6x-2}$

19. $\dfrac{1}{y-1}+\dfrac{5}{12}=\dfrac{-2}{3y-3}$

20. $\dfrac{4}{m+2}-\dfrac{11}{9}=\dfrac{1}{3m+6}$

21. $\dfrac{-2}{3t-6}-\dfrac{1}{36}=\dfrac{-3}{4t-8}$

22. $\dfrac{4}{m+2}=\dfrac{17}{2}-\dfrac{7}{2m+1}$

23. $\dfrac{3}{k+2}-\dfrac{2}{k^2-4}=\dfrac{1}{k-2}$

24. $\dfrac{3}{x-2}+\dfrac{21}{x^2-4}=\dfrac{14}{x+2}$

25. $\dfrac{1}{y+2}+\dfrac{3}{y+7}=\dfrac{5}{y^2+9y+14}$

26. $\dfrac{1}{t+3}+\dfrac{4}{t+5}=\dfrac{2}{t^2+8t+15}$

27. $\dfrac{9}{x}+\dfrac{4}{6x-3}=\dfrac{2}{6x-3}$

28. $\dfrac{5}{n}+\dfrac{4}{6-3n}=\dfrac{2n}{6-3n}$

29. $\dfrac{6}{w+3}+\dfrac{-7}{w-5}=\dfrac{-48}{w^2-2w-15}$

30. $\dfrac{2}{r-5}+\dfrac{3}{2r+1}=\dfrac{22}{2r^2-9r-5}$

31. $\dfrac{x}{x-3}+\dfrac{4}{x+3}=\dfrac{18}{x^2-9}$

32. $\dfrac{2x}{x-3}+\dfrac{4}{x+3}=\dfrac{-24}{x^2-9}$

33. $\dfrac{1}{x+4}+\dfrac{x}{x-4}=\dfrac{-8}{x^2-16}$

34. $\dfrac{5}{x-4}-\dfrac{3}{x-1}=\dfrac{x^2-1}{x^2-5x+4}$

35. $\dfrac{2}{4x+7}+\dfrac{x}{3}=\dfrac{6}{12x+21}$

36. $\dfrac{2}{k^2+k-6}+\dfrac{1}{k^2-k-2}=\dfrac{4}{k^2+4k+3}$

37. $\dfrac{5}{p^2+3p+2}-\dfrac{3}{p^2-4}=\dfrac{1}{p^2-p-2}$

38. $\dfrac{5x+14}{x^2-9}=\dfrac{-2x^2-5x+2}{x^2-9}+\dfrac{2x+4}{x-3}$

39. $\dfrac{4x-7}{4x^2-9}=\dfrac{-2x^2+5x-4}{4x^2-9}+\dfrac{x+1}{2x+3}$

40. 댄 아베이 교수는 다음과 같은 질문을 했다: "$\dfrac{x+3}{x+3}=1$의 해집합은 무엇인가?" 그리고 오직 한 명의 학생만이 정답을 맞혔다.

(a) 해집합은 무엇인가?

(b) 많은 학생들이 {모든 실수}라고 대답했다. 왜 이것이 옳지 않은가?

[41~44] 그림 2와 그림 3을 참고하여, 각 유리함수의 수직점근선을 그리고, 그래프를 나타내어라.

41. $f(x)=\dfrac{2}{x}$ 42. $f(x)=\dfrac{3}{x}$ 43. $f(x)=\dfrac{1}{x-2}$ 44. $f(x)=\dfrac{1}{x+2}$

[45~48] 각 문제를 풀어라.

45. 스포츠 경기장 주차 공간에 진입하기 위해 줄을 서서 기다리는 차량의 평균 수는

$$w(x) = \frac{x^2}{2(1-x)}$$

로 정의된 함수로 모델링된다. 여기서 x는 트래픽 강도로 0과 1 사이의 수량이다. 각 트래픽 강도에 대하여 기다리는 차량의 평균 대수를 구하여라. (소수 첫째 자리에서 반올림)

(a) 0.1 (b) 0.8 (c) 0.9

(d) 트래픽 강도가 증가함에 따라 대기 시간이 어떻게 되는가?

46. 흡연으로 인한 사망률은

$$p(x) = \frac{x-1}{x}$$

로 정의된 유리함수로 모델링된다. 여기서 x는 흡연자가 비흡연자보다 폐암으로 사망할 확률이 몇 배나 더 높은지를 나타내는 수이다. 이것을 발생률이라고 한다. 예를 들어, $x=10$은 흡연자가 폐암으로 죽을 확률이 10배 높다는 것을 의미한다.

(a) $x=10$일 때, $p(x)$를 계산하여라.

(b) x가 얼마일 때 $p(x)=80\%$인가? (힌트: 80%를 소수점으로 변경하시오.)

(c) 발생률이 0일 수가 있는가? 설명하여라.

47. 30mph로 가는 2000 lb 차량을 곡선에서 미끄러지는 상태에서 유지하는 데 필요한 힘은

$$F(r) = \frac{225{,}000}{r}$$

으로 주어지며, 여기서 r은 커브의 반경이다.

(a) 자동차를 미끄러지지 않게 하기 위해 450 lb의 힘이 필요하다면 커브의 반경은 어느 정도인가?

(b) 커브의 반경이 길어질수록 힘이 어떻게 영향을 받는가?

48. 석유 공장에서 생산되는 난방유의 양은

$$f(x) = \frac{125{,}000-25x}{125+2x}$$

에 의해 정의된 유리함수에 의해 모델링된다. 여기서 x는 하루에 생산되는 휘발유의 양이다(단위: 갤런). 석유 공장이 고객의 수요를 충족시키기 위해 하루에 300톤의 난방유를 생산해야 한다고 가정해보자.

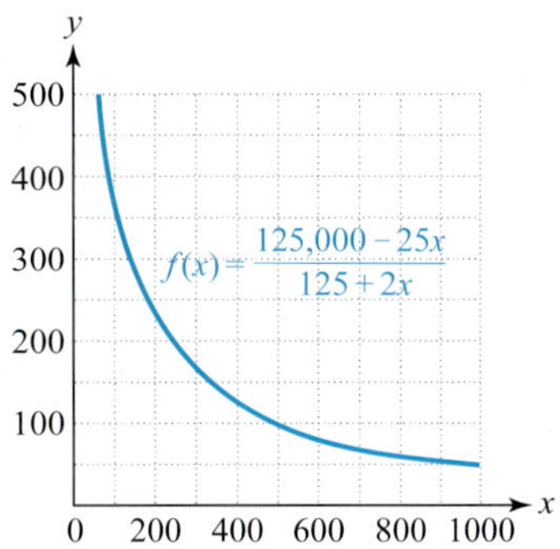

(a) 하루에 얼마나 많은 휘발유가 생산되는가?

(b) f의 그래프는 그림에 나타나 있다. 생산되는 난방유(y)의 양이 증가함에 따라 생산되는 휘발유(x)의 양이 어떻게 되는지 결정하여라.

기술적 통찰 (문제 49~52)

[49~50] $f(x)=7x^{-4}-8x^{-2}+1$의 그래프가 두 가지 나타나 있다. 예제 6을 참고하고, 그래프를 이용하여 다음을 풀어라.

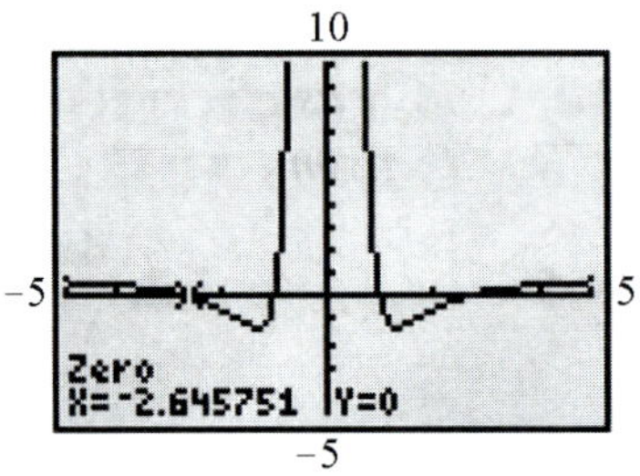

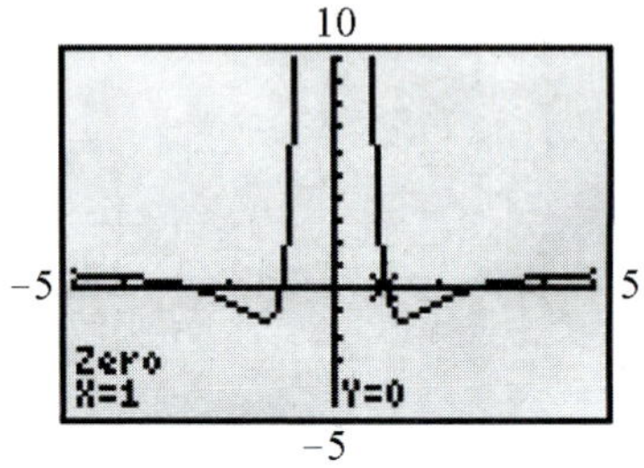

49. $f(x)=0$의 해는 몇 개인가?

50. $f(x)=0$의 해를 구하라. (소수 넷째 자리에서 반올림)

[51~52] 그래프를 이용하여 방정식 $f(x)=0$의 해집합을 찾아라. 모든 해는 정수이다.

51. $f(x)=\dfrac{x^3-x^2-6x}{x^2-1}$

52. $f(x)=\dfrac{-x^3-x^2+2x}{x^2}$

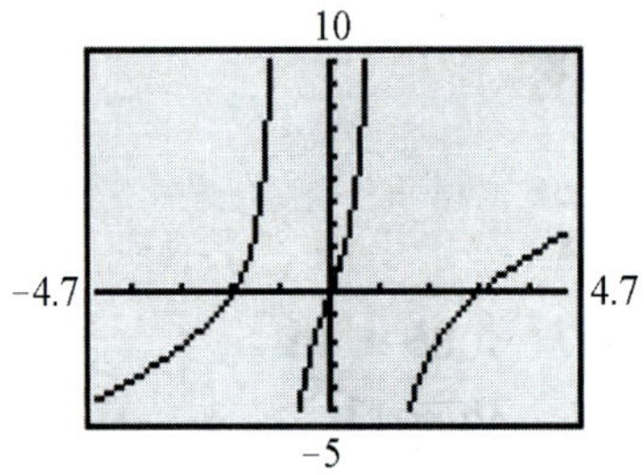

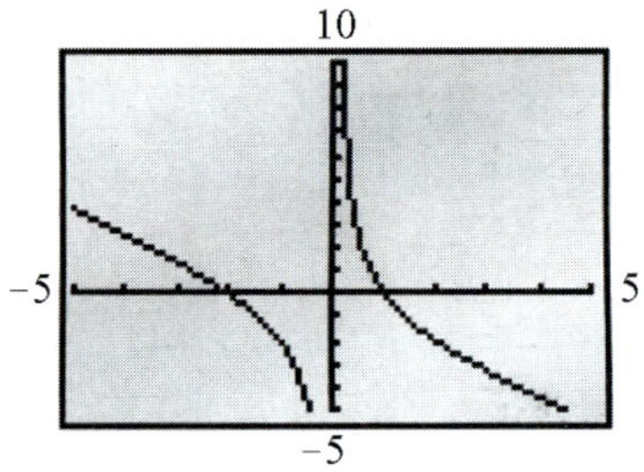

요약 연습문제 유리방정식과 연산

보통 학생들의 실수는 $\frac{x}{2}+\frac{x}{3}=-5$와 같은 방정식을 $\frac{x}{2}+\frac{x}{3}$와 같은 연산과 혼동하는 것이다. 등호가 이 둘 사이를 구분한다. 연산과 관련된 문제들은 표현이 단순화되는 반면, 방정식은 수로 된 답을 위해서 푼다.

방정식 풀기	연산하기 (계산하기)
• 풀어라: $\frac{x}{2}+\frac{x}{3}=-5.$ 양변에 LCD인 6을 곱한다. $6\left(\frac{x}{2}+\frac{x}{3}\right)=6(-5)$ $6\left(\frac{x}{2}\right)+6\left(\frac{x}{3}\right)=6(-5)$ $3x+2x=-30$ $5x=-30$ $x=-6$ 해집합이 $\{-6\}$인지 확인한다.	• 덧셈: $\frac{x}{2}+\frac{x}{3}.$ 두 분수를 LCD인 6으로 나타낸다. $\frac{x}{2}+\frac{x}{3}=\frac{x\cdot 3}{2\cdot 3}+\frac{x\cdot 2}{3\cdot 2}$ $=\frac{3x}{6}+\frac{2x}{6}$ $=\frac{3x+2x}{6}$ $=\frac{5x}{6}$

[1~30] 각 문제를 방정식 또는 연산으로 구별하여라. 나타난 연산을 수행하거나 주어진 방정식을 풀어라.

1. $\frac{x}{2}-\frac{x}{4}=5$

2. $\frac{4x-20}{x^2-25}\cdot\frac{(x+5)^2}{10}$

3. $\frac{6}{7x}-\frac{4}{x}$

4. $\dfrac{\frac{1}{x}+\frac{1}{y}}{\frac{1}{x}-\frac{1}{y}}$

5. $\frac{5}{7t}=\frac{52}{7}-\frac{3}{t}$

6. $\frac{x-5}{3}+\frac{1}{3}=\frac{x-2}{5}$

7. $\frac{7}{6x}+\frac{5}{8x}$

8. $\frac{4}{x}-\frac{8}{x+1}=0$

9. $\dfrac{\frac{6}{x+1}-\frac{1}{x}}{\frac{2}{x}-\frac{4}{x+1}}$

10. $\frac{8}{r+2}-\frac{7}{4r+8}$

11. $\frac{x}{x+y}+\frac{2y}{x-y}$

12. $\frac{3p^2-6p}{p+5}\div\frac{p^2-4}{8p+40}$

13. $\frac{x-2}{9}\cdot\frac{5}{8-4x}$

14. $\frac{a-4}{3}+\frac{11}{6}=\frac{a+1}{2}$

15. $\frac{b^2+b-6}{b^2+2b-8}\cdot\frac{b^2+8b+16}{3b+12}$

16. $\frac{10z^2-5z}{3z^3-6z^2}\div\frac{2z^2+5z-3}{z^2+z-6}$

17. $\frac{5}{x^2-2x}-\frac{3}{x^2-4}$

18. $\frac{6}{t+1}+\frac{4}{5t+5}=\frac{34}{15}$

19. $\dfrac{\frac{5}{x}-\frac{3}{y}}{\frac{9x^2-25y^2}{x^2y}}$

20. $\frac{-2}{a^2+2a-3}-\frac{5}{3-3a}=\frac{4}{3a+9}$

21. $\frac{4y^2-13y+3}{2y^2-9y+9}\div\frac{4y^2+11y-3}{6y^2-5y-6}$

22. $\frac{8}{3k+9}-\frac{8}{15}=\frac{2}{5k+15}$

23. $\frac{3r}{r-2}=1+\frac{6}{r-2}$

24. $\frac{6z^2-5z-6}{6z^2+5z-6}\cdot\frac{12z^2-17z+6}{12z^2-z-6}$

25. $\frac{-1}{3-x}-\frac{2}{x-3}$

26. $\dfrac{\frac{t}{4}-\frac{1}{t}}{1+\frac{t+4}{t}}$

27. $\dfrac{2}{y+1}-\dfrac{3}{y^2-y-2}=\dfrac{3}{y-2}$

28. $\dfrac{7}{2x^2-8x}+\dfrac{3}{x^2-16}$

29. $\dfrac{3}{y-3}-\dfrac{3}{y^2-5y+6}=\dfrac{2}{y-2}$

30. $\dfrac{2k+\dfrac{5}{k-1}}{3k-\dfrac{2}{k}}$

7.5 유리식의 응용

학·습·목·표

1. 공식에서 알 수 없는 변수의 값 찾기
2. 지정된 변수에 대하여 공식 풀기
3. 비례를 사용하여 응용문제 해결
4. 거리, 속도 및 시간에 관한 응용문제 풀기
5. 작업 속도에 대한 응용문제 풀기

목표 1 공식에서 알 수 없는 변수의 값 찾기 $t=\frac{d}{r}$와 같은 공식에 유리식이 포함될 수 있다. 이제 이 유형의 공식을 사용하는 방법을 살펴보자.

예제 1 공식에서 변수 값 찾기

물리학에서 렌즈의 초점거리 f는 공식

$$\frac{1}{f}=\frac{1}{p}+\frac{1}{q}$$

에 의해 주어진다. 공식에서 p는 물체에서 렌즈까지의 거리이고 q는 렌즈에서 상까지의 거리이다. 그림 6을 참고하여라. $p=20\,\text{cm}$ 이고, $f=10\,\text{cm}$ 일 때 q를 찾아라.

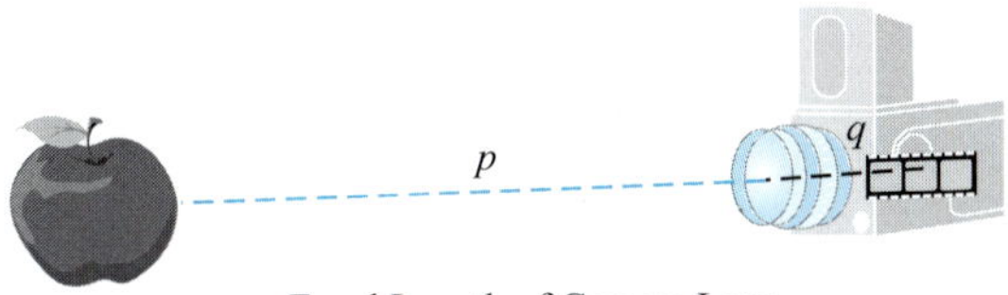

Focal Length of Camera Lens

그림 6

풀이 f에 10을, p에 20을 대입한다.

$$\frac{1}{f}=\frac{1}{p}+\frac{1}{q}$$

$$\frac{1}{10}=\frac{1}{20}+\frac{1}{q} \qquad f=10,\ p=20 \text{ 대입}$$

$$20q\cdot\frac{1}{10}=20q\left(\frac{1}{20}+\frac{1}{q}\right) \qquad \text{LCD인 } 20q \text{ 곱하기}$$

$$2q=q+20$$

$$q=20$$

렌즈에서 상까지의 거리는 20 cm이다. ■

연습문제 5를 풀어보자.

목표 2 지정된 변수에 대하여 공식 풀기 지정된 변수에 대하여 풀기 위해서는 등호의 한쪽으로 수식들을 모으는 것이다.

예제 2 지정된 변수에 대하여 공식 구하기

$\frac{1}{f}=\frac{1}{p}+\frac{1}{q}$을 p에 대하여 풀어라.

풀이

$$fpq\cdot\frac{1}{f}=fpq\left(\frac{1}{p}+\frac{1}{q}\right) \qquad \text{LCD인 } fpq \text{ 곱하기}$$

$$pq=fq+fp \qquad \text{분배법칙}$$

p(지정된 변수)가 있는 항이 같은 변에 있도록 방정식을 바꾼다.

$$pq-fp=fq \qquad fp \text{ 빼기}$$

$$p(q-f)=fq \qquad p\text{로 묶기}$$

$$p=\frac{fq}{q-f} \qquad q-f\text{로 나누기}$$

■

연습문제 11을 풀어보자.

예제 3 지정된 변수에 대하여 공식 구하기

$I=\frac{nE}{R+nr}$를 n에 대하여 풀어라.

풀이

$$(R+nr)I=(R+nr)\frac{nE}{R+nr} \qquad R+nr \text{ 곱하기}$$

$$RI=nE-nrI \qquad nrI \text{ 빼기}$$

$$RI=n(E-rI) \qquad n\text{으로 묶기}$$

$$\frac{RI}{E-rI}=n \qquad E-rI\text{로 나누기}$$

■

연습문제 15를 풀어보자.

> ① 주의 원하는 변수로 묶는 것은 예제 2, 3의 단계를 참고하여라. 종종 학생들이 어려워하는 단계이다. 해결하려는 변수는 방정식의 한쪽 변에만 있어야 각 변을 마지막 단계에서 나머지 요인으로 나눌 수 있다.

2장의 6단계 해결 방법을 사용하여 유리방정식으로 변환하여 문제를 해결할 수 있다.

목표 3 **비례를 사용하여 응용문제 해결** 비율은 두 수량의 비교이다. a와 b의 비율은 다음 방법 중 하나로 쓸 수 있다.

$$a \text{ 대 } b, \quad a:b, \quad \frac{a}{b}$$

비율은 일반적으로 대수에서 분수로 쓰인다. 비례는 두 비율이 동일하다는 의미이다. 비례는 유용하고 중요한 유형의 유리방정식이다.

예제 4 비례 문제 풀기

1999년에는 미국인 100명당 16명이 건강 보험 혜택을 받지 못했다. 그 당시 인구는 약 2억 7400만 명이었다. 얼마나 많은 사람들이 건강 보험에 가입하지 않았는가? (출처: 미국통계국)

풀이 • 1단계: 문제를 읽는다.

• 2단계: 'x = 건강 보험이 없는 사람 수(단위: 백만명)'로 변수를 지정한다.

• 3단계: 방정식을 만든다. 방정식을 얻으려면 비례를 설정한다. x대 274의 비율은 16대 100과 같아야 한다. 비례식을 쓰고 방정식을 푼다.

$$\frac{16}{100} = \frac{x}{274}$$

• 4단계: 푼다.

$$\begin{aligned} 27,400\left(\frac{16}{100}\right) &= 27,400\left(\frac{x}{274}\right) && \text{공통분모 곱하기} \\ 4384 &= 100x && \text{간단하게} \\ x &= 43.84 \end{aligned}$$

• 5단계: 정답을 설명한다. 1999년에 건강 보험이 없는 미국인은 4384만명이었다.

• 6단계: 2억 7400만명이 $\frac{16}{100}$의 비율이 맞는지 확인한다. ■

연습문제 31을 풀어보자.

예제 5 속도 관련 비례 문제 풀기

마리스의 차는 10갤런의 가솔린을 사용하여 210마일을 갈 수 있다. 그녀의 차에 5갤런의 가솔린이 있을 때, 640마일을 운전하기 위해 얼마나 많은 가솔린이 필요한지 알고자 한다. 차가 계속 같은 비율로 가솔린을 사용한다고 가정하면 몇 갤런이 더 필요한가?

풀이 • 1단계: 문제를 읽는다.

• 2단계: 'x = 필요한 추가 갤런 값'으로 변수를 지정한다.

• 3단계: 방정식을 만든다. 방정식을 얻으려면 비례를 설정한다.

$$\frac{\text{갤런}}{\text{마일}} \rightarrow \frac{10}{210} = \frac{5+x}{640} \leftarrow \frac{\text{갤런}}{\text{마일}}$$

• 4단계: 푼다. LCD는 10 · 21 · 64이다.

$$10 \cdot 21 \cdot 64\left(\frac{10}{210}\right) = 10 \cdot 21 \cdot 64\left(\frac{5+x}{640}\right)$$

$$64 \cdot 10 = 21(5+x)$$

$$640 = 105 + 21x \quad \text{분배법칙}$$

$$535 = 21x \quad \text{105 빼기}$$

$$25.5 \approx x \quad \text{21로 나누기; 소수 첫째 자리에서 반올림}$$

• 5단계: 정답을 설명한다. 마리스는 25.5갤런의 가솔린이 더 필요하다.

• 6단계: 정답을 확인한다. 25.5갤런에 5갤런을 더하면 30.5갤런이다.

$$\frac{30.5}{640} \approx 0.048, \quad \frac{10}{210} \approx 0.048$$

비율이 동일하기 때문에 정답은 옳다. ■

연습문제 35를 풀어보자.

목표 4 거리, 속도 및 시간에 관한 응용문제 풀기 익숙한 비율 예제는 속도이고, 속도는 거리와 시간의 비율이다. 다음 예제에서는 2장에서 소개한 거리 공식 $d = rt$를 사용한다.

예제 6 거리, 속도 및 시간에 관한 문제 풀기

보트는 흐르는 작은 강을 거슬러 10마일을 올라갈 수 있고, 같은 시간에 강물을 따라서는 15마일을 갈 수 있다. 현재 강물의 속도가 3 mph이면 보트의 속도를 찾으시오.

풀이 • 1단계: 문제를 읽는다.

• 2단계: 'x =보트의 속도'로 변수를 지정한다.

보트가 물살을 거슬러 올라가고 있을 때, 보트의 속도는 느려지고, 이때 속도는 보트의 속도와 물의 속도의 차, 즉 $(x-3)$mph이다. 보트가 물살과 같은 방향으로 이동할 때, 보트의 속도는 올라가고, 이때 속도는 보트의 속도와 물의 속도의 합, 즉 $(x+3)$mph이다.

따라서 $(x-3)$='보트가 물살을 거슬러 올라갈 때 속도'이고, $(x+3)$='물살과 같은 방향으로 갈 때 속도'이다.

시간은 물살을 거슬러 올라가는 것과 물살을 따라가는 것이 같으므로 각 상황에 대한 거리 및 속도로 시간을 계산한다. 거리 공식 $d = rt$에서 양변을 r로 나누면

$$t = \frac{d}{r}$$

이다. 물살을 거슬러 올라가면 거리는 10마일이고, 속도는 $(x-3)$mph이며

$$t = \frac{d}{r} = \frac{10}{x-3}$$

이다. 물살과 같은 방향으로 가면 거리는 15마일이고, 속도는 $(x+3)$mph이며

$$t = \frac{d}{r} = \frac{15}{x+3}$$

이다.

이 정보는 다음 표에 나타나 있다.

	거리	속도	시간
물살 반대 방향	10	$x-3$	$\frac{10}{x-3}$
물살 같은 방향	15	$x+3$	$\frac{15}{x+3}$

시간은 같다

• 3단계: 방정식을 만든다. 시간은 같기 때문에

$$\frac{10}{x-3}=\frac{15}{x+3}$$

• 4단계: 방정식을 푼다. LCD는 $(x+3)(x-3)$이다.

$$(x+3)(x-3)\left(\frac{10}{x-3}\right)=(x+3)(x-3)\left(\frac{15}{x+3}\right) \quad \text{LCD 곱하기}$$

$$10(x+3)=15(x-3)$$

$$10x+30=15x-45 \quad \text{분배법칙}$$

$$30=5x-45 \quad 10x \text{ 빼기}$$

$$75=5x \quad 45 \text{ 더하기}$$

$$15=x \quad 5\text{로 나누기}$$

• 5단계: 정답을 설명한다. 여전히 물속에 있는 보트의 속도는 시속 15마일이다.

• 6단계: 정답을 확인한다. $\frac{10}{15-3}=\frac{15}{15+3}$는 옳다.

연습문제 39를 풀어보자.

예제 7 거리, 속도 및 시간에 대한 문제 풀기

시카고의 오헤어 국제공항에서 셰릴과 빌은 오하이오 주 애크런으로 가는 비행기를 타기 위해 게이트를 향해 걸어가고 있다. 두 사람의 걷는 속도는 같다. 빌은 창가 좌석을 원하기 때문에 무빙워크에서 계속 걸어가고, 셰릴은 고정된 보도를 사용하였다. 무빙워크가 초당 1m 거리로 움직이고, 총 300미터 가는데 빌이 셰릴보다 50초를 절약했다면, 그들의 걷는 속도는 얼마일까?

풀이 • 1단계: 문제를 읽는다. 우리는 그들의 걷는 속도를 구해야 한다.

• 2단계: 변수를 지정한다. x는 그들의 걸음 속도를 초당 미터 단위로 나타낸다.

셰릴은 초당 xm로 이동하고 빌은 초당 $(x+1)$m로 이동한다. 빌의 시간은 셰릴의 시간보다 50초 짧기 때문에, 알고 있는 거리와 속도로 시간을 표현한다. 예제 6에서와 같이 $d=rt$의 공식에서 양변을 r로 나누면 $t=\frac{d}{r}$이다. 셰릴의 경우 거리는 300m이고 속도는 $x$mph이다. 셰릴의 시간은

$$t=\frac{d}{r}=\frac{300}{x}$$

이다. 빌은 300m를 $(x+1)$mph의 속도로 움직이므로 시간은

$$t = \frac{d}{r} = \frac{300}{x+1}$$

이다.

이 정보는 다음 표에 나타나 있다.

	거리	속도	시간
셰릴	300	x	$\frac{300}{x}$
빌	300	$x+1$	$\frac{300}{x+1}$

- 3단계: 표의 시간을 사용하여 방정식을 만든다.

$$\text{빌의 시간} = \text{셰릴의 시간} - 50\text{초}$$

$$\frac{300}{x+1} = \frac{300}{x} - 50$$

- 4단계: 푼다.

$$x(x+1)\left(\frac{300}{x+1}\right) = x(x+1)\left(\frac{300}{x} - 50\right) \quad \text{LCD인 } x(x+1) \text{ 곱하기}$$

$$300x = 300(x+1) - 50x(x+1)$$

$$300x = 300x + 300 - 50x^2 - 50x \quad \text{분배법칙}$$

$$0 = 50x^2 + 50x - 300 \quad \text{표준형}$$

$$0 = x^2 + x - 6 \quad \text{50으로 나누기}$$

$$0 = (x+3)(x-2) \quad \text{인수분해}$$

$$x+3 = 0 \quad \text{또는} \quad x-2 = 0 \quad \text{영인수 성질}$$

$$x = -3 \quad \text{또는} \quad x = 2$$

속도는 음수가 될 수 없으므로 음수의 값은 버린다.

- 5단계: 정답을 설명한다. 걷는 속도는 초당 2m이다.
- 6단계: 정답을 확인한다. ■

연습문제 45를 풀어보자.

목표 5 작업 속도에 대한 응용문제 풀기

일에 관한 문제는 거리문제와 밀접한 관련이 있다.

문제 해결

사람들은 각기 다른 비율로 일한다. 문자 r, t 및 A가 각각 작업 완료 속도, 필요한 시간 및 수행된 작업량을 나타내는 경우 $A = rt$이다. 거리 공식 $d = rt$와 유사성에 주목한다. 작업량은 달성된 작업의 관점에서 측정할 수 있다. 따라서 1개의 작업이 완료되면 $A = 1$이고, 작업 속도는

$$1 = rt, \ r = \frac{1}{t}$$

로 계산한다.

작업 속도

작업이 시간 t로 수행될 수 있다면 작업 속도는 시간당 $\frac{1}{t}$이다.

작업 문제를 해결하기 위해 우리는 이 사실을 이용하여 모든 작업 속도를 표현한다. 다음 예제에서 사용된 여섯 가지 단계를 식별할 수 있는지 확인하시오.

예제 8 일에 관한 문제 풀기

레티셔와 캐림은 인근 지역 정화 작업을 하고 있다. 캐림은 7시간 안에 그 지역의 모든 쓰레기를 치울 수 있고, 레티셔는 5시간 내에 똑같은 일을 할 수 있다. 그들이 함께 일한다면 얼마나 걸릴까?

풀이 x를 두 사람이 함께 작업하는 데 걸리는 시간이라고 하자. 거리 공식 $d = rt$에 대한 표를 만들었듯이 $A = rt$에 대해 $A = 1$에 대한 표를 만든다. $A = 1$이기 때문에 각 사람의 작업 속도는 $\frac{1}{t}$이 될 것이다. 여기서 t는 혼자서 일을 완료하는 시간이다. 예를 들어 캐림은 7시간 내에 모든 쓰레기를 정리할 수 있기 때문에 시간당 $\frac{1}{7}$이다. 마찬가지로 레티셔의 속도는 시간당 $\frac{1}{5}$이다. 다음과 같이 표를 만든다.

	속도	같이 일하는 시간	작업 완료 부분
캐림	$\frac{1}{7}$	x	$\frac{1}{7}x$
레티셔	$\frac{1}{5}$	x	$\frac{1}{5}x$

그들은 1의 작업을 같이 완료하였기 때문에, 그들이 작업한 부분의 합은 1과 같아야 한다.

$$\text{캐림의 부분} + \text{레티셔의 부분} = 1$$
$$\frac{1}{7}x + \frac{1}{5}x = 1$$

이 방정식을 푼다. LCD는 35이다.

$$35\left(\frac{1}{7}x + \frac{1}{5}x\right) = 35 \cdot 1$$
$$5x + 7x = 35$$
$$12x = 35$$
$$x = \frac{35}{12}$$

캐림과 레티셔가 같이 일을 한다면, $\frac{35}{12}$시간 또는 2시간 55분이 걸릴 것이다. 이 결과를 원래의 문제로 확인하여라. ■

연습문제 47을 풀어보자.

일에 대한 문제를 해결하는 또 다른 방법이 있다. 예를 들어 예제 8에서 x는 두 사람이 전체 작업을 완료하기 위해 함께 작업하는 시간을 나타낸다. 1시간이면 전체 작업의 $\frac{1}{x}$이 완료된다. 1시간 안에 캐림은 작업의 $\frac{1}{7}$을 완료하고 레티셔는 작업의 $\frac{1}{5}$을 완료한다. 그들의 비율은 $\frac{1}{x}$과 같아야 한다. 이것을 방정식

$$\frac{1}{7}+\frac{1}{5}=\frac{1}{x}$$

로 나타낸다. 이 방정식의 양변에 $35x$를 곱하면 $5x+7x=35$이다. 예제 8의 아래에서 세 번째 줄에 나타난 방정식과 같다. 따라서 방정식의 해는 두 방법 모두 같다.

7.5 연습문제

[1~4] 주어진 공식과 같은 형식을 고르시오.

1. $p=br$ (퍼센트)

   A. $b=\frac{p}{r}$ B. $r=\frac{b}{p}$ C. $b=\frac{r}{p}$ D. $p=\frac{r}{b}$

2. $V=LWH$ (기하)

   A. $H=\frac{LW}{V}$ B. $L=\frac{V}{WH}$ C. $L=\frac{WH}{V}$ D. $W=\frac{H}{VL}$

3. $m=\frac{F}{a}$ (물리)

   A. $a=mF$ B. $F=\frac{m}{a}$ C. $F=\frac{a}{m}$ D. $F=ma$

4. $I=\frac{E}{R}$ (전기)

   A. $R=\frac{I}{E}$ B. $R=IE$ C. $E=\frac{I}{R}$ D. $E=RI$

[5~8] 각 문제를 풀어라.

5. 화학의 가스 법칙은 $\frac{PV}{T}=\frac{pv}{t}$이다. $T=300$, $t=350$, $V=9$, $P=50$, $v=8$일 때 p를 구하라.

6. 전기 회로 작업은 공식 $\frac{1}{a}=\frac{1}{b}+\frac{1}{c}$이다. $a=8$, $c=12$일 때 b를 구하라.

7. 인류학의 공식은 $c=\frac{100b}{L}$이다. $c=80$, $b=5$일 때, L을 구하라.

8. 두 질량 사이의 중력은 $F=\frac{GMm}{d^2}$이다. $F=10$, $G=6.67\times10^{-11}$, $m=1$, $d=3\times10^{-6}$일 때, M을 구하라.

[9~20] 지정된 변수에 대하여 각 공식을 써라.

9. $F=\dfrac{GMm}{d^2}$, G에 대하여 (물리)

10. $F=\dfrac{GMm}{d^2}$, M에 대하여 (물리)

11. $\dfrac{1}{a}=\dfrac{1}{b}+\dfrac{1}{c}$, a에 대하여 (전기)

12. $\dfrac{1}{a}=\dfrac{1}{b}+\dfrac{1}{c}$, b에 대하여 (전기)

13. $\dfrac{PV}{T}=\dfrac{pv}{t}$, v에 대하여 (화학)

14. $\dfrac{PV}{T}=\dfrac{pv}{t}$, T에 대하여 (화학)

15. $I=\dfrac{nE}{R+nr}$, r에 대하여 (공학)

16. $a=\dfrac{V-v}{t}$, V에 대하여 (물리)

17. $A=\dfrac{1}{2}h(B+b)$, b에 대하여 (수학)

18. $S=\dfrac{n}{2}(a+l)d$, n에 대하여 (수학)

19. $\dfrac{E}{e}=\dfrac{R+r}{r}$, r에 대하여 (공학)

20. $y=\dfrac{x+z}{a-x}$, x에 대하여

21. 방정식 $m=\dfrac{ab}{a-b}$를 a에 대하여 풀려면, 첫 번째 단계는 무엇인가?

22. 방정식

$$rp-rq=p+q$$

를 r에 관하여 풀어달라는 요청을 받았다고 가정하자. 첫 번째 단계는 무엇인가?

[23~26] 각 문제를 풀어라. 연습문제 23, 24에서는 비례를 사용하여라.

23. 수학 수업에서는 4명의 학생 중 3명의 학생이 여학생이다. 20명의 학생이 있다면, 여학생은 몇 명인가? 남학생은 몇 명인가?

24. 특정 남부 주에서는 \$1.50 구매에 대한 판매세가 \$0.12이다. \$6.00 구매시 판매세는 얼마인가?

25. 마린이 2시간 동안 마당의 잔디를 깎을 수 있다면 그녀의 속도는 (시간당 작업량) 얼마인가?

26. 애틀랜타에서 디트로이트로 가는 밴의 속도는 50mph이고 14시간이 걸린다. 애틀랜타에서 디트로이트까지 거리는 얼마인가?

[27~30] 막대 그래프를 사용하여 다음을 구하라.

27. 어느 해에 트럭 사고와 자동차 사고의 비율이 가장 낮은가?

28. 어느 해에 트럭 사고와 자동차 사고의 비율이 가장 높은가?

29. 어느 해에 트럭 사고에 대한 자동차 사고의 비율이 3대 1이었는가?

30. 어느 해에 트럭 사고에 대한 자동차 사고의 비율이 2대 1로 나타났는가?

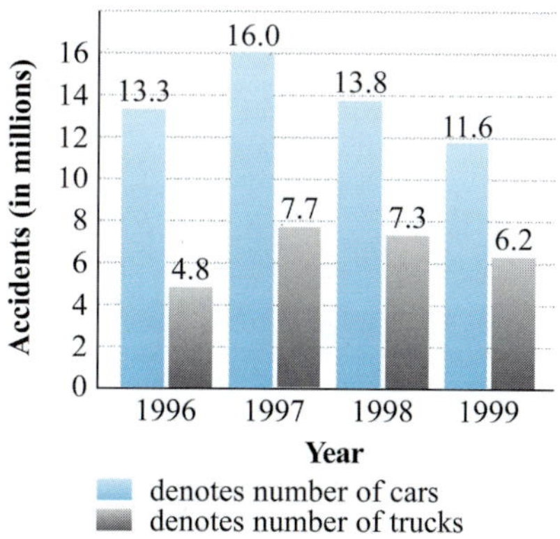

[31~34] 비례를 사용하여 각 문제를 풀어라.

31. 1997~1998학년도에 사립 고등학교의 교사에 대한 학생들의 비율은 약 1대 24였다. 사립 고등학교가 554명의 학생을 보유하고 있다면, 이 비율이 해당 학교에 적합한 경우 교사가 몇 명일까? 가장 가까운 정수로 반올림하시오.

32. 1998~1999년 전국 농구 협회 시즌 동안 LA 레이커스의 샤킬 오닐은 총 1705분 동안 49경기에 출전했다. 만일 그가 50경기에 출전했다면, 분당 경기 비율이 동일하다고 가정 할 때 몇 분 동안 경기를 했을까? 가장 가까운 정수로 반올림하시오.

33. 생물학자들은 1월 1일 호수에서 500마리의 물고기를 잡아 꼬리표를 달았다. 2월 1일에 그들은 무작위로 400마리의 물고기 샘플을 수집했고, 그 중 8마리는 꼬리표가 달려 있었다. 이 실험을 통해 호수에는 물고기가 대략 몇 마리 있는가?

34. 연습문제 33번의 실험에서, 이전에 꼬리표를 붙인 물고기 중 10마리가 2월 1일에 수집되었다고 가정하자. 호수에 있는 물고기의 개체수는 얼마인가?

[35~36] 간호사는 약물의 용량을 밀리그램 단위로 측정할 때 투여할 약물의 양을 결정하기 위해 비율을 사용하지만 약물은 밀리리터 단위로 희석된 형태로 포장된다. 예를 들어 $300\,\mathrm{mg}$을 투여하기 위해 필요한 용액의 양을 확인하려면 $2\,\mathrm{mL}$의 액체에 $120\,\mathrm{mg}$으로 포장된 약을 간호사가

$$\frac{120\,\mathrm{mg}}{2\,\mathrm{mL}}=\frac{300\,\mathrm{mg}}{x\,\mathrm{mL}}$$

로 설정한다. 여기서 x는 밀리리터 단위로 투여할 양을 나타낸다. 이 방법을 사용하여 각 처방에 맞는 용량을 찾아라.

35. 2 mL 약병에 100mg로 포장된 120mg의 아마카신

36. 10mL의 액체로 희석하여 20mg의 앰플로 포장한 1.5mg의 모르핀

[37~38] 기하학에서, 대응각의 크기가 같은 2개의 삼각형은 닮은 삼각형이라고 불리고, 대응하는 변이 비례함을 보여준다. 예를 들어, 아래의 그림에서 각 A=각 D, 각 B=각 E, 각 C=각 F이므로 삼각형은 닮음이다. 해당하는 변의 비율은 동일하다.

$$\frac{4}{6}=\frac{6}{9}=\frac{2x+1}{2x+5}$$

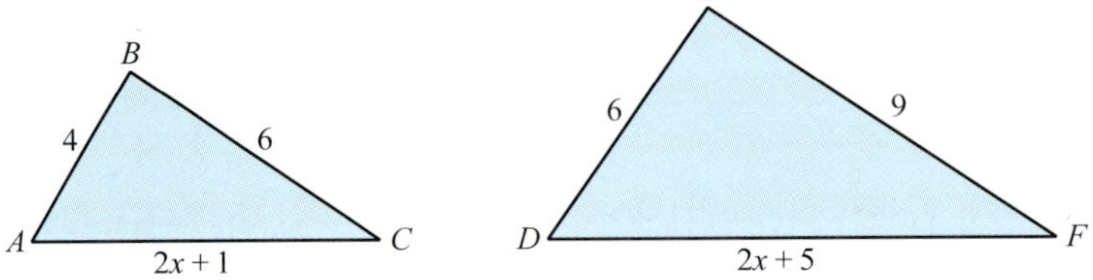

37. 삼각형의 세 번째 변의 길이를 구하기 위해 주어진 비율을 이용하여 x를 구하라.

38. 다음과 같은 삼각형이 닮음이라고 가정하자. y와 각 삼각형의 2개의 가장 긴 변의 길이를 구하라.

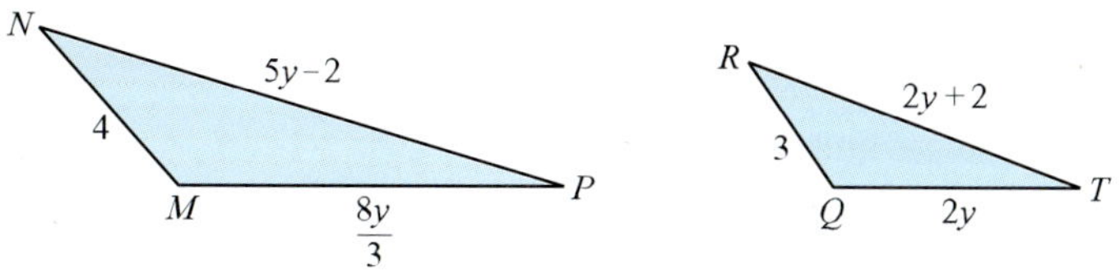

[39~46] 각 문제를 풀어라.

39. 켈렌은 시속 12마일로 보트로 이동한다. 그녀가 10마일 떨어진 하류로 갈 수 있는 시간 동안 6마일 떨어진 상류로 갈 수 있다면 강물의 속도를 구하라.

	거리	속도	시간
하류	10	$12+x$	
상류	6	$12-x$	

40. 케시는 12마일 떨어진 하류로 이동하는 시간 동안 8마일 떨어진 상류를 갈 수 있다. 보트는 아직도 물속에서 15 mph이다. 현재 속도는 얼마인가?

	거리	속도	시간
하류			
상류			

41. 툴사에서 디트로이트까지 운전하는 데 평균 시속 50마일이었다. 만약 그가 시속 60마일로 주행한다면, 3시간이 줄어들 것이라고 계산했다. 툴사에서 디트로이트까지의 거리는 얼마나 될까?

42. 만약 도슨 박사가 사무실까지 자전거를 타고 간다면, 평균 시속 12마일의 속도로 달린다. 만약 그가 차를 운전한다면, 평균 시속 36마일을 달린다. 도슨 박사의 운전 시간은 자전거를 타는 시간의 $\frac{1}{4}$시간이다. 사무실은 얼마나 먼가?

43. 한 민간 비행기가 샌프란시스코에서 비밀 접선을 하고 있었다. 갈 때는 평균 시속 200마일이었고 돌아올 때 평균속도는 시속 300마일이었다. 만약 총 여행 시간이 4시간이 걸린다면, 샌프란시스코로부터 얼마나 멀리 떨어져 있는가?

44. 조니는 좋아하는 낚시터까지 가는데 일반도로로는 평균 시속 30mph가 걸리고, 고속도로는 평균시속 50mph로 달린다. 만약 두 길이가 모두 같고 2시간이 걸린다면 낚시터는 얼마나 떨어져 있는가?

45. 고속도로로 여행하는 카르멜 여행의 첫 번째 구간에서 마지는 평균 60mph로 갔다. 여행의 나머지 구간은 (첫 번째 구간보다 10마일 길었다) 평균 50mph이었다. 여행의 두 번째 구간이 첫 번째 구간보다 30분 더 걸리는 경우 카르멜까지의 총 거리를 구하라.

46. 휴가 기간 동안 짐과 애니는 하루 종일 운전하기로 결심했다. 그들이 처음 고속도로로 여행하는 동안 평균 시속 60마일로 달렸다. 휴스턴에 도착했을 때는 교통 체증으로 평균 시속 30마일로 몰았다. 휴스턴에서 운전한 거리는 고속도로보다 100마일 적었다. 휴스턴에서보다 고속도로에서 50분 이상을 더 보냈다면, 총 주행 거리는 얼마인가?

[47~54] 각 문제를 풀어라.

47. 버치와 페기는 손자 그랜트가 놀이방을 어지럽힌 것을 청소하려 한다. 버치가 혼자서 청소한다면 15분 안에 할 수 있고, 페기가 혼자 한다면 12분 만에 청소할 수 있다. 그들이 함께 일한다면 얼마나 걸릴까?

	속도	같이 일한 시간	작업 완료 부분
버치	$\frac{1}{15}$	x	
페기	$\frac{1}{12}$	x	

48. 로우는 8시간 만에 제이 베켄슈타인의 개를 손질할 수 있지만 자넷은 같은 강아지를 손질하는 데 5시간 밖에 걸리지 않는다. 그들이 함께 일한다면 제이의 개를 손질하는 데 얼마나 걸릴까?

	속도	같이 일한 시간	작업 완료 부분
로우	$\frac{1}{8}$	x	
자넷	$\frac{1}{5}$	x	

49. 론 우드는 혼자서 6시간 만에 방을 페인트칠할 수 있다. 아들 제이슨이 그를 도와준다면, 그 일은 4시간이 걸린다. 제이슨이 혼자 일하면 얼마나 걸릴까?

50. 샌디와 캐리 골드스타인은 테이블을 새롭게 꾸미고 있다. 혼자서 일할 때, 캐리는 7시간 안에 일을 할 수 있었다. 만약 둘이 함께 일한다면 일은 5시간이 걸린다. 샌디가 혼자 일하면 얼마나 걸릴까?

51. 만약 산성의 통을 10시간 입구 파이프로 채울 수 있고 20시간 출구 파이프로 비울 수 있다면 두 파이프가 모두 열려 있으면 통을 채우는데 얼마나 걸리는가?

52. 포도주 양조장에는 샤르도네를 채울 수 있는 통이 있다. 입구 파이프는 9시간 만에 통을 채울 수 있는 반면, 출구 파이프는 가득 채워진 통을 비우는 데는 12시간이 걸린다. 두 파이프가 모두 열려 있으면 통을 채우는데 얼마나 걸리는가?

53. 호텐스와 모트는 집 전체를 청소하는 데 7시간이 걸린다. 한편 그들의 아이 미미는 2시간 만에 다 어지럽힐 수 있다. 만약 호텐스와 모트가 미미가 할머니 집에 있는 동안 청소를 끝내고 미미가 도착하자마자 다시 청소를 시작한다면 미미가 집을 다 어지럽히려면 몇 시간이 걸릴까?

54. 주입 파이프는 60분 동안 인공 백합 연못을 채울 수 있지만 배출 파이프는 80분에 비울 수 있다. 사고로 두 파이프가 열려 있었다. 연못을 채우려면 얼마나 걸릴까?

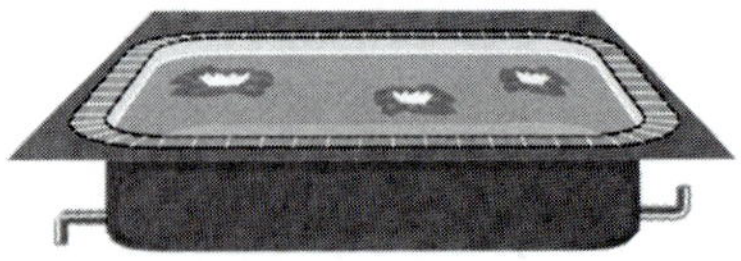

7장 그룹 활동 '평균'이 무엇을 의미하느냐에 달려 있다.

목표 조화평균의 계산 시기와 방법 알아보기 평균을 구하는 것은 간단한 과정처럼 보인다. 값을 더해서 개수로 나누는 게 아닌가? 유리식은 모두 '평균'이 무엇을 의미하느냐에 달려 있다.

- 두 개의 분수 $\frac{1}{3}$과 $\frac{3}{4}$의 평균을 구하려면 두 분수를 더하고 2로 나눈다.

$$\frac{\frac{1}{3}+\frac{3}{4}}{2}=\frac{\left(\frac{1}{3}+\frac{3}{4}\right)\cdot 12}{2\cdot 12}=\frac{4+9}{24}=\frac{13}{24}$$

수직선에서, 분수 $\frac{13}{24}$은 $\frac{1}{3}$과 $\frac{3}{4}$의 중간에 있는 산술평균이다.

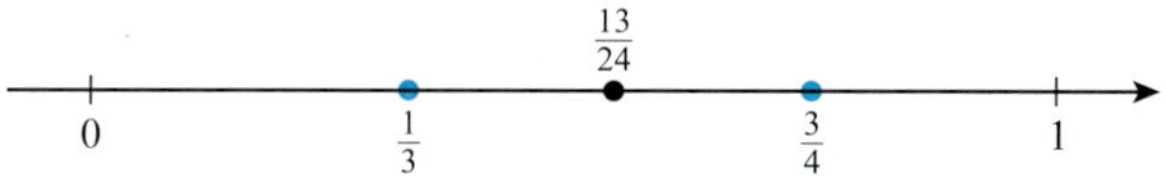

- 한 방향으로 60mph로 이동하고 30mph로 돌아온다고 가정해 보자.

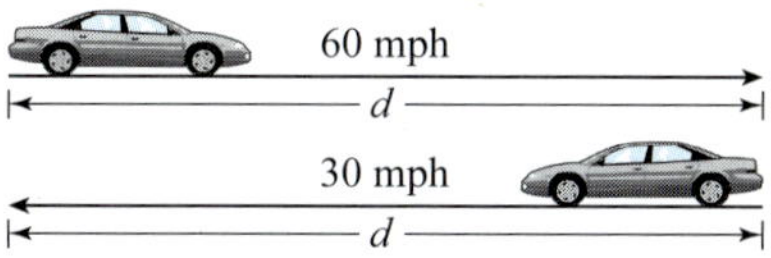

평균속도를 찾으려면 총 거리를 총 시간으로 나누어야 한다. $d=rt$이므로 각 방향의 거리가 d이면 총 거리는 $2d$, 가는 데 걸린 시간은 $\frac{d}{60}$, 돌아오는 데 걸린 시간은 $\frac{d}{30}$이다. $r=\frac{d}{t}$이므로

$$r=\frac{2d}{\frac{d}{60}+\frac{d}{30}}=\frac{2d\cdot 60}{\left(\frac{d}{60}+\frac{d}{30}\right)\cdot 60}=\frac{120d}{d+2d}=\frac{120d}{3d}=40\text{ mph}.$$

평균속도는 40 mph이다. 이것은 60과 30의 조화평균이다. 두 수 a와 b의 조화평균은

$$\frac{2ab}{a+b}$$

로 정의된다.

$$\frac{2\cdot 60\cdot 30}{60+30}=\frac{3600}{90}=40$$

을 참고하라.

- 타격의 평균을 계산하기 위해 '타석'수에 대한 안타 수의 비율을 찾아야 한다. 야구 선수가 364개의 '타석'에서 72개의 안타를 쳤다고 가정하자. 그의 타율은 $\frac{72}{364}\approx 0.198$이다. 같은 선수가 다음 주에 8타수 3안타를 더 치면 타율은

$$\frac{72+3}{364+8}=\frac{75}{372}\approx 0.202$$

에 이른다.

목수가 와인 선반을 만든다. 그룹으로, 각 상황에 적절한 '평균'을 찾으시오.

A. 목수는 조수에게 다월에서 $\frac{1}{2}$피트의 조각들을 잘라내라고 말했다. 조수는 측정 테이프를 찾지 못했지만, 가운데 손가락 끝에서부터 엄지 손가락 끝까지의 거리가 약 6인치라는 것을 기억하고, 길이를 측정했다. 목수가 작업을 확인했을 때, 그는 실제로 조수가 $\frac{5}{12}$와 $\frac{1}{2}$피트 길이의 두 조각을 잘라낸 것을 발견했다. 두 조각의 평균 길이는 얼마인가?

B. 조각들을 자르고 나면, 목수는 혼자서 와인 선반을 2시간 안에 조립하고 끝낼 수 있다. 그의 조수는 혼자 일하면서 같은 일을 하는데 4시간이 걸린다. 목수와 조수가 함께 일한다면, 와인 선반을 조립하고 완성하는 데 걸리는 평균 시간은 얼마인가?

C. 115개의 와인 선반 중 112개가 품질 관리 검사를 통과했다. 합격률은 얼마인가? 다음 주에 목수는 35개의 와인 선반을 더 만들었는데, 그 중 28개가 허용될 수 있었다. 수정된 합격률은 얼마인가? 소수 넷째 자리에서 반올림하여라.

7장 복습문제

[7.1] [1~3] (a) 다음 함수의 정의역에서 제외되는 모든 실수를 찾아라. (b) 집합 표기법을 사용해 정의역을 나타내라.

1. $f(x)=\dfrac{-7}{3x+18}$
2. $f(x)=\dfrac{5x+17}{x^2-7x+10}$
3. $f(x)=\dfrac{9}{x^2-18x+81}$

[4~6] 기약분수로 써라.

4. $\dfrac{12x^2+6x}{24x+12}$
5. $\dfrac{25m^2-n^2}{25m^2-10mn+n^2}$
6. $\dfrac{r-2}{4-r^2}$

7. 유리식의 역수의 의미는 무엇인가?

[8~11] 곱하거나 나누어라. 기약분수로 써라.

8. $\dfrac{(2y+3)^2}{5y}\cdot\dfrac{15y^3}{4y^2-9}$
9. $\dfrac{w^2-16}{w}\cdot\dfrac{3}{4-w}$
10. $\dfrac{z^2-z-6}{z-6}\cdot\dfrac{z^2-6z}{z^2+2z-15}$
11. $\dfrac{m^3-n^3}{m^2-n^2}\div\dfrac{m^2+mn+n^2}{m+n}$

[7.2] [12~14] 다음 각 수식은 유리식에서 분모를 나타낸다고 하자. 최소공통분모를 찾아라.

12. $32b^3$, $24b^5$
13. $9r^2$, $3r+1$, 9

14. $6x^2+13x-5$, $9x^2+9x-4$

[15~18] 덧셈이나 뺄셈을 하여라.

15. $\dfrac{8}{z}-\dfrac{3}{2z^2}$

16. $\dfrac{5y+13}{y+1}-\dfrac{1-7y}{y+1}$

17. $\dfrac{6}{5a+10}+\dfrac{7}{6a+12}$

18. $\dfrac{3r}{10r^2-3rs-s^2}+\dfrac{2r}{2r^2+rs-s^2}$

[7.3] **[19~22]** 다음의 번분수를 간단히 하여라.

19. $\dfrac{\dfrac{3}{t}+2}{\dfrac{4}{t}-7}$

20. $\dfrac{\dfrac{2}{m-3n}}{\dfrac{1}{3n-m}}$

21. $\dfrac{\dfrac{3}{p}-\dfrac{2}{q}}{\dfrac{9q^2-4p^2}{qp}}$

22. $\dfrac{x^{-2}-y^{-2}}{x^{-1}-y^{-1}}$

[7.4] **[23~26]** 각 방정식을 풀어라.

23. $\dfrac{1}{t+4}+\dfrac{1}{2}=\dfrac{3}{2t+8}$

24. $\dfrac{-5m}{m+1}+\dfrac{m}{3m+3}=\dfrac{56}{6m+6}$

25. $\dfrac{2}{k-1}-\dfrac{4k+1}{k^2-1}=\dfrac{-1}{k+1}$

26. $\dfrac{5}{x+2}+\dfrac{3}{x+3}=\dfrac{x}{x^2+5x+6}$

27. 방정식

$$\frac{3}{x-3}-\frac{2}{x-2}=\frac{3}{x^2-5x+6}$$

을 푼 다음에 한 학생은 $x=3$을 얻었다. 학생은 책 뒤의 해답이 ϕ인 것을 이해할 수가 없었다. 왜냐하면 계산을 몇 번이나 점검하였고 틀린 곳을 발견하지 못하였기 때문이다. 학생이 틀렸는가 아니면 책 뒤의 답이 틀렸는가?

28. 대수식

$$\frac{4}{x}+\frac{1}{2}-\frac{1}{3}$$

을 간단히 하는 것과 방정식

$$\frac{4}{x}+\frac{1}{2}=\frac{1}{3}$$

을 푸는 것의 차이점을 말하라.

29. 다음 그래프 중 수직점근선을 갖는 것은 어느 것인지 고르고, 방정식을 구하라.

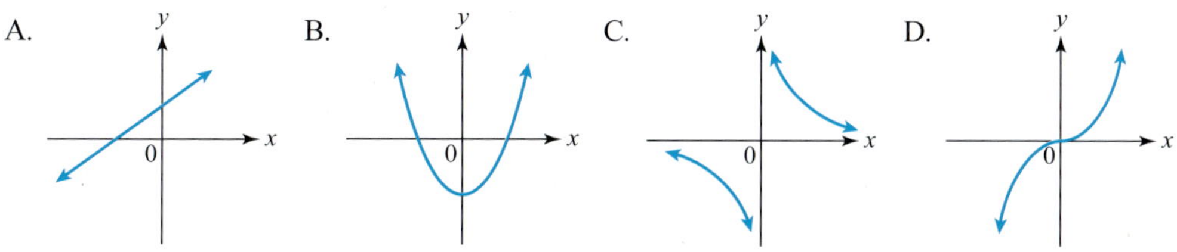

[7.5]

30. 물리학 법칙에 따르면 $\frac{1}{A}=\frac{1}{B}+\frac{1}{C}$ 이라 한다. $B=30$ 이고 $C=10$ 이면 A 는 얼마인가?

[31~32] 문제에서 제시된 변수에 대하여 다음 식을 정리하라.

31. $F=\frac{GMm}{d^2}$, m 에 대하여 (물리)

32. $\mu=\frac{M\nu}{M+m}$, M 에 대하여 (전기)

[33~36] 다음 각 문제를 풀어라.

33. 〈사이언티픽 아메리칸〉이라는 과학잡지에 실린 기사에 따르면 2050년에 북미에서 일일 58,000명의 승객 중에서 23,200명을 고속열차가 차지할 것이라고 예측했다. 전형적인 북미지역의 교통량이 15,000명이라면 이 중 고속열차가 차지하는 승객은 몇 명인가?

34. 강물이 흐르는 속도는 4km/h이다. 린 맥터넌의 보트가 같은 시간에 하류로 갈 때는 40km를 가고 상류로 갈 때는 24km를 갈 수 있다면 보트의 속도는 얼마인가?

	거리	속도	시간
상류	24	$x-4$	
하류	40		

35. 싱크대에 찬물을 틀었을 때는 8분만에 가득 차고, 따뜻한 물을 틀었을 때는 12분이 걸렸다. 찬물과 따뜻한 물을 동시에 틀었을 때 싱크대가 가득 차는 데는 얼마나 걸리겠나?

36. 앰버와 스티븐은 재활용 센터에서 병들을 분류하게 되었다. 혼자 일할 때 앰버는 9시간이 걸렸고, 스티븐은 같은 일을 하는데 6시간이 걸렸다. 둘이 같이 일을 하게 되면 얼마나 걸리겠는가?

7장 혼합 복습문제

[37~38] 기약분수로 써라.

37. $\frac{x+2y}{x^2-4y^2}$

38. $\frac{x^2+2x-15}{x^2-x-6}$

[39~48] 다음에 주어진 연산을 수행하라.

39. $\frac{2}{m}+\frac{5}{3m^2}$

40. $\frac{k^2-6k+9}{1-216k^3}\cdot\frac{6k^2+17k-3}{9-k^2}$

41. $\dfrac{\frac{-3}{x}+\frac{x}{2}}{1+\frac{x+1}{x}}$

42. $\frac{9x^2+46x+5}{3x^2-2x-1}\div\frac{x^2+11x+30}{x^3+5x^2-6x}$

43. $\dfrac{\frac{3}{x}-5}{6+\frac{1}{x}}$

44. $\frac{9}{3-x}-\frac{2}{x-3}$

45. $\dfrac{4y+16}{30} \div \dfrac{2y+8}{5}$

46. $\dfrac{t^{-2}+s^{-2}}{t^{-1}-s^{-1}}$

47. $\dfrac{4a}{a^2-ab-2b^2} - \dfrac{6b-a}{a^2+4ab+3b^2}$

48. $\dfrac{a}{b}+\dfrac{b}{c}+\dfrac{c}{d}$

[49~52] 풀어라.

49. $\dfrac{x+3}{x^2-5x+4} - \dfrac{1}{x} = \dfrac{2}{x^2-4x}$

50. $A = \dfrac{Rr}{R+r}$, r에 대하여

51. $1-\dfrac{5}{r} = \dfrac{-4}{r^2}$

52. $\dfrac{3x}{x-4} + \dfrac{2}{x} = \dfrac{48}{x^2-4x}$

53. 콘택트렌즈의 도수는 디옵터라 불리는 단위와 곡선의 밀리미터 단위로 주어진다. 디옵터가 증가할수록 곡선의 밀리미터는 감소한다.

$$a = \frac{337}{d}$$

와 같이 정의되는 유리함수는 디옵터 d와 곡선의 길이 a에 관계된다.

(a) 40.5 디옵터의 렌즈에 대응하는 곡선의 길이는 얼마인가?

(b) 곡선의 길이가 7.51mm인 렌즈의 디옵터는 얼마가 되겠는가?

54. 온수 수도꼭지는 20분 만에 욕조를 가득 채울 수 있다. 차가운 물의 수도꼭지는 15분이 걸린다. 두 수도꼭지를 동시에 틀었을 때 욕조를 채우는 데 얼마나 걸리겠는가?

55. 주유소에서 3갤런의 무연 휘발유가 $4.86이다. 13갤런의 휘발유는 얼마인가?

56. 한 숫자의 $\dfrac{3}{4}$을 그 숫자의 $\dfrac{7}{6}$로부터 뺐더니 10이었다. 그 숫자는?

7장 테스트

1. 함수 $f(x) = \dfrac{x+3}{3x^2+2x-8}$의 정의역에서 제외되는 모든 실수를 찾아라. 그리고 집합 표기법을 사용해 정의역을 나타내라.

2. $\dfrac{6x^2-13x-5}{9x^3-x}$를 기약분수로 나타내라.

[3~5] 곱셈 또는 나눗셈을 하라.

3. $\dfrac{(x+3)^2}{4} \cdot \dfrac{6}{2x+6}$

4. $\dfrac{y^2-16}{y^2-25} \cdot \dfrac{y^2+2y-15}{y^2-7y+12}$

5. $\dfrac{x^2-9}{x^3+3x^2} \div \dfrac{x^2+x-12}{x^3+9x^2+20x}$

6. 다음 분모들의 최소공통분모를 찾아라.

$$t^2+t-6, \quad t^2+3t, \quad t^2$$

[7~9] 덧셈 또는 뺄셈을 하라.

7. $\dfrac{7}{6t^2}-\dfrac{1}{3t}$

8. $\dfrac{9}{(x-3)^2}+\dfrac{2}{(x-3)(x+3)}$

9. $\dfrac{6}{x+4}+\dfrac{1}{x+2}-\dfrac{3x}{x^2+6x+8}$

[10~12] 다음 번분수를 간단히 하라.

10. $\dfrac{\dfrac{12}{r+4}}{\dfrac{11}{6r+24}}$

11. $\dfrac{\dfrac{1}{a}-\dfrac{1}{b}}{\dfrac{a}{b}-\dfrac{b}{a}}$

12. $\dfrac{2x^{-2}+y^{-2}}{x^{-1}-y^{-1}}$

13. 다음 수식 중 하나는 대수적 연산에 의해서 간단히 할 수 있고, 다른 하나는 풀 수 있는 방정식이다. 어느 것이 연산에 의해 간단히 되고 어느 것이 풀 수 있는지 파악하여 간단히 하거나 풀어라.

(a) $\dfrac{2x}{3}+\dfrac{x}{4}-\dfrac{11}{2}$

(b) $\dfrac{2x}{3}+\dfrac{x}{4}=\dfrac{11}{2}$

[14~15] 다음 방정식을 풀어라.

14. $\dfrac{1}{x}-\dfrac{4}{3x}=\dfrac{1}{x-2}$

15. $\dfrac{y}{y+2}-\dfrac{1}{y-2}=\dfrac{8}{y^2-4}$

16. 앞 장에서, 방정식의 해를 점검한 결과 대수적 단계가 올바르게 수행되었음을 확인하였다. 방정식에 변수를 분모로 가진 항이 있을 때 해가 맞는지 점검할 때 더 추가되어야 할 것이 있는가?

17. 변수 ℓ에 대하여 다음 수학 공식을 풀어라.

$$S=\frac{n}{2}(a+\ell)$$

18. $f(x)=\dfrac{-2}{x+1}$에 의해 정의된 함수의 그래프를 그려라. 이 함수의 수직점근선의 방정식은 무엇인가?

[19~22] 다음 문제를 풀어라.

19. 웨인은 업무를 9시간 만에 할 수 있고, 수잔은 같은 일을 5시간 만에 할 수 있다. 만약 그들이 같은 일을 같이 한다면 얼마나 걸리겠는가?

20. 강물이 흐르는 속도는 4mph이다. 나나의 보트가 하류로 갈 때는 36마일을 가고 같은 시간에 상류로 갈 때는 24마일을 갈 수 있다면 보트의 속도는 얼마인가?

21. 생물학자들은 5월 1일에 린다 호수에서 600마리의 물고기를 샘플로 잡아 각각의 물고기에 꼬리표를 부착했다. 그들이 6월 1일에 돌아왔을 때 800마리의 물고기를 샘플로 잡았고 그 중 10마리에 꼬리표가 붙어 있었다. 이 실험을 통하여 린다 호수의 물고기의 수를 추정하여라.

22. 생물학에서

$$g(x)=\frac{5x}{2+x}$$

에 의해 정의되는 함수는 이용가능한 음식물 x에 대한 인구의 증가율을 나타낸다.

(a) 증가율이 3이 되기 위한 음식물의 양은 얼마인가?

(b) 이용가능한 음식이 없을 때 증가율은 얼마인가?

1~7장 혼합문제

[1~2] $x=-4,\ y=3,\ z=6$**일 때 다음을 계산하라.**

1. $|2x|+3y-z^3$

2. $\dfrac{x(2x-1)}{3y-z}$

[3~5] 다음 방정식을 풀어라.

3. $7(2x+3)-4(2x+1)=2(x+1)$

4. $|6x-8|-4=0$

5. $ax+by=cx+d$, x에 대하여

[6~7] 다음 부등식을 풀어라.

6. $\dfrac{2}{3}y+\dfrac{5}{12}y \le 20$

7. $|3x+2| \ge 4$

[8~9] 다음을 풀어라.

8. 오티스 테일러는 4%의 이율을 주는 곳에 약간의 돈을 투자하였고 3%의 이율을 주는 곳에 그 돈의 2배를 투자하였다. 첫해 그의 이율은 $400였다. 그는 각각의 이율을 주는 곳에 얼마를 투자한 것인가?

9. 넓이가 $42\ \text{m}^2$인 삼각형이 있다. 밑변이 14m이다. 이 삼각형의 높이를 구하라.

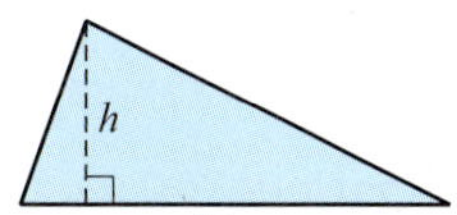

10. $-4x+2y=8$의 그래프를 그리고 절편들을 구하라.

[11~12] 직선의 기울기를 구하라.

11. 두 점 $(-5,\ 8)$과 $(-1,\ 2)$를 지나는 직선

12. $4x-3y=12$에 수직인 직선

13. 연습문제 11번의 직선의 방정식을 구하라. $y=mx+b$의 형태로 나타내라.

[14~15] 다음 부등식의 해집합을 그려라.

14. $2x+5y>10$

15. $x-y \ge 3$ 그리고 $3x+4y \le 12$

[16~18] 다음에 정의된 각각의 관계가 함수인지를 알아보고, 정의역과 치역을 찾아라.

16. | 멕시코의 시간당 임금 |

연도	임금 (단위: 달러)
1990	1.25
1992	1.61
1994	1.80
1996	1.21
1998	1.94
2000	2.26

17.

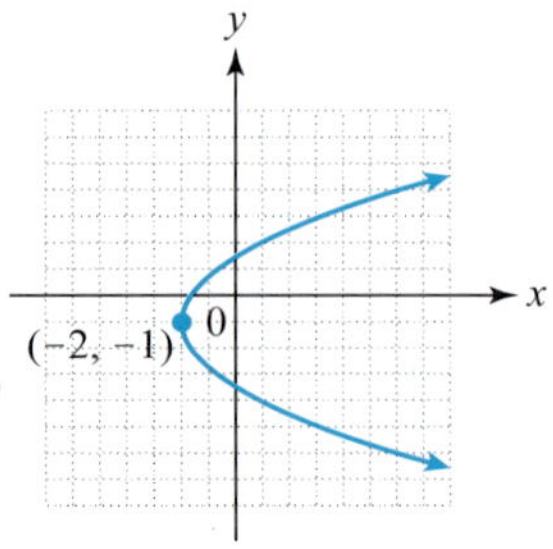

18. $y = -\sqrt{x+2}$

19. 방정식 $5x-3y=8$이 주어졌다 하자.
(a) 함수 표기법 $f(x)$로 나타내어라.
(b) $f(1)$을 구하라.

20. $f(x)=3x+6$이라면 $f(x+3)$의 값은?

[21~23] 다음 연립방정식을 풀어라.

21. $4x-y=-7$
$5x+2y=1$

22. $x+y-2z=-1$
$2x-y+z=-6$
$3x+2y-3z=-3$

23. $x+2y+z=5$
$x-y+z=3$
$2x+4y+2z=11$

24. 자동차는 비행기가 100km를 가는 같은 시간 동안에 평균적으로 7km를 갈 수 있다. 비행기의 평균속도는 자동차의 평균속도보다 558km/h 더 빠르다. 자동차와 비행기의 평균속도를 찾아라.

[25~26] 단순화하라. 답안이 양수의 지수를 갖도록 하라. 모든 변수들은 영이 아닌 실수라고 가정한다.

25. $\left(\dfrac{a^{-3}b^4}{a^2b^{-1}}\right)^{-2}$

26. $\left(\dfrac{m^{-4}n^2}{m^2n^{-3}}\right)\cdot\left(\dfrac{m^5n^{-1}}{m^{-2}n^5}\right)$

[27~32] 다음 연산을 행하라.

27. $(3y^2-2y+6)-(-y^2+5y+12)$

28. $-6x^4(x^2-3x+2)$

29. $(4f+3)(3f-1)$

30. $(7t^3+8)(7t^3-8)$

31. $\left(\dfrac{1}{4}x+5\right)^2$

32. $(3x^3+13x^2-17x-7)\div(3x+1)$

33. 다음 다항함수

$$f(x)=x^2+2x-3\text{과}\quad g(x)=2x^3-3x^2+4x-1$$

이 주어졌을 때 다음을 찾아라.
(a) $(f+g)(x)$
(b) $(g-f)(x)$
(c) $(f+g)(-1)$

[34~36] 다음 다항식을 완벽히 인수분해하라.

34. $2x^2-13x-45$

35. $100t^4-25$

36. $8p^3+125$

37. $3x^2+4x=7$을 풀어라.

[38~39] 기약분수 형태로 써라.

38. $\dfrac{y^2-16}{y^2-8y+16}$

39. $\dfrac{8x^2-18}{8x^2+4x-12}$

[40~42] 다음 주어진 연산을 실행하라. 기약분수 형태로 써라.

40. $\dfrac{2a^2}{a+b}\cdot\dfrac{a-b}{4a}$

41. $\dfrac{x+4}{x-2}+\dfrac{2x-10}{x-2}$

42. $\dfrac{2x}{2x-1}+\dfrac{4}{2x+1}+\dfrac{8}{4x^2-1}$

43. 방정식을 풀어라.

$$\frac{-3x}{x+1}+\frac{4x+1}{x}=\frac{-3}{x^2+x}$$

44. q에 대하여 다음 식을 풀어라.

$$\frac{1}{f}=\frac{1}{p}+\frac{1}{q}$$

[45~46] 다음을 풀어라.

45. 에리카 수코의 비행기는 바람을 타고 300mph을 비행할 수 있었고, 같은 시간 동안에 바람을 맞서서 200mph 밖에 날지 못했다. 바람의 속도는 30mph이었다. 바람이 없을 때 비행을 한다면 그녀의 비행기의 속도는 얼마인가?

46. 기계 A는 어떤 작업을 끝마치는 데 2시간이 소요된다. 기계 B는 같은 작업을 3시간에 끝마칠 수 있다. 같은 작업을 2개의 기계로 수행한다면 얼마나 걸리겠는가?

8장

제곱근, n제곱근과 제곱근 함수

8.1 무리식과 그래프

학·습·목·표

1. 거듭제곱근 값 찾기
2. 주 n제곱근 값 찾기
3. 무리식으로 정의된 함수의 그래프
4. n제곱의 n제곱근 찾기
5. 계산기를 사용하여 거듭제곱근 값 찾기

목표 1 거듭제곱근 값 찾기 1장에서

$$6 \cdot 6 = 36 \text{이므로 } \sqrt{36} = 6, \quad 12 \cdot 12 = 144 \text{이므로 } \sqrt{144} = 12$$

와 같은 양수의 제곱근을 찾았다.

이 절에서 제곱근에 대한 논의를 세제곱근, 네제곱근, 더 높은 제곱근으로 확장하려 한다. 일반적으로 $\sqrt[n]{a}$는 n번 곱해서 a가 되는 수이다. 즉,

$$\sqrt[n]{a} = b \qquad b^n = a$$

이다.

a는 피제곱근수 또는 근호 안의 수(radicand)이고, n은 근지수(index)나 차수(order), $\sqrt[n]{a}$는 a의 n제곱근(radical)이라 한다.

예제 1 거듭제곱근 단순화하기

간단히 하여라.

(a) $\sqrt[3]{27} = 3$; $3^3 = 27$이므로

(b) $\sqrt[3]{125} = 5$; $5^3 = 125$이므로

(c) $\sqrt[4]{16} = 2$; $2^4 = 16$

(d) $\sqrt[5]{32} = 2$; $2^5 = 32$

■

연습문제 5, 19, 21, 35를 풀어보자.

목표 2 주 n제곱근 값 찾기 만약 n이 짝수이면, 양수는 2개의 n제곱근을 갖는다. 예를 들어 4와 -4는 모두 16의 제곱근이다. 그리고 2와 -2는 16의 네제곱근이다. 이러한 경우에 $\sqrt[n]{a}$는 양의 근을 나타내고, 주 n제곱근이라고 한다.

n제곱근

n이 짝수이고 a가 양수 또는 0이면,

$\sqrt[n]{a}$는 a의 주 n제곱근이고,
$-\sqrt[n]{a}$는 a의 음의 n제곱근이다.

n이 짝수이고 a가 음수이면,

$\sqrt[n]{a}$는 실수가 아니다.

n이 홀수이면,

a의 n제곱근은 오직 1개이고 $\sqrt[n]{a}$로 쓴다.

n이 짝수이면, 2개의 n제곱근을 $\pm\sqrt[n]{a}$이라 쓰고, a의 양 또는 음의 n제곱근이라고 읽는다.

예제 2 거듭제곱근 값을 찾아라

각 거듭제곱근 값을 찾아라.

(a) $\sqrt{100}=10$

근호 안의 수가 양수이기 때문에 2개의 제곱근, 즉 10과 -10이 있다. 우리는 주제곱근 값을 원하기 때문에 10이다.

(b) $-\sqrt{100}=-10$; 음의 제곱근이기 때문에 -10이다.

(c) $\sqrt[4]{81}=3$

(d) $\sqrt[6]{-64}$; 근지수가 짝수이고 근호 안의 수는 음수이므로, 실수가 아니다.

(e) $\sqrt[3]{-8}=-2$; $(-2)^3=-8$ ■

연습문제 1, 15, 17, 25를 풀어보자.

목표 3 무리식으로 정의된 함수의 그래프

무리식은 근호를 포함하는 대수식이다. 예를 들어,

$$3-\sqrt{x},\quad \sqrt[3]{x},\quad \sqrt{2x-1}$$

은 무리식이다. 앞 장에서 다항식과 유리식으로 정의된 함수를 그래프로 나타냈다. 이제 무리식 $f(x)=\sqrt{x}$, $f(x)=\sqrt[3]{x}$의 그래프를 살펴보자.

그림 1에 선택된 점들이 표와 함께 제곱근 함수의 그래프가 있다. x에 음수가 아닌 값만 사용할 수 있으므로 정의역은 $[0, \infty)$이다. $\sqrt{x}$는 x의 주제곱근이기 때문에 항상 음이 아닌 값을 가지므로 치역은 $[0, \infty)$이다.

x	$f(x)=\sqrt{x}$
0	0
1	1
4	2
9	3

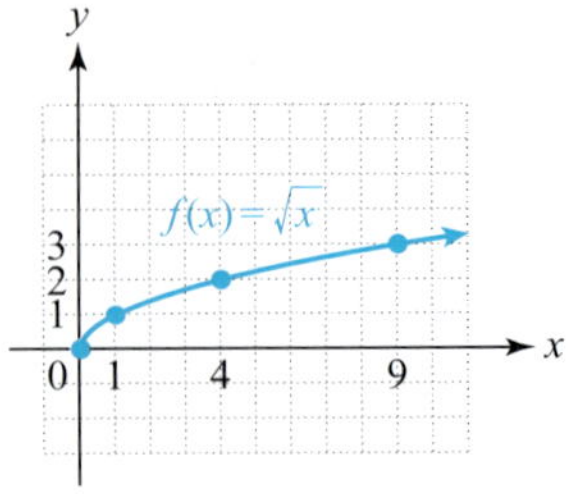

그림 1

그림 2는 세제곱근 함수의 그래프와 선택한 점들의 표이다. 세제곱근 함수는 x에 대해 실수(양수, 음수, 0)를 사용할 수 있으므로 $\sqrt[3]{x}$는 양수, 음수 또는 0이 될 수 있다. 따라서 세제곱근 함수의 정의역과 치역은 모두 $(-\infty, \infty)$이다.

x	$f(x)=\sqrt[3]{x}$
-8	-2
-1	-1
0	0
1	1
8	2

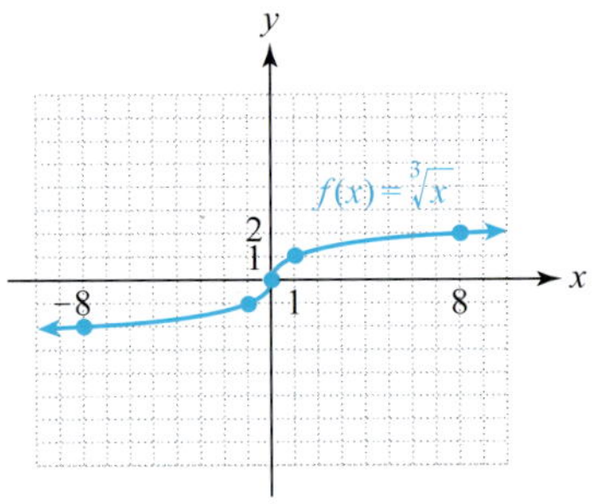

그림 2

예제 3 무리식으로 정의된 함수의 그래프

값에 대한 표를 만들고, 그래프를 그려라. 정의역과 치역을 나타내어라.

(a) $f(x)=\sqrt{x-3}$

풀이 x값은 함숫값이 모두 정수가 되도록 선택되었다. 근호 안의 수가 음수가 아닌 경우 $x-3 \geq 0$ 또는 $x \geq 3$을 만족하여야 한다. 따라서 정의역은 $[3, \infty)$이다. 함숫값은 양수 또는 0이므로 치역은 $[0, \infty)$이다. 그래프는 그림 3에 나타나 있다.

x	$f(x)=\sqrt{x-3}$
3	$\sqrt{3-3}=0$
4	$\sqrt{4-3}=1$
7	$\sqrt{7-3}=2$

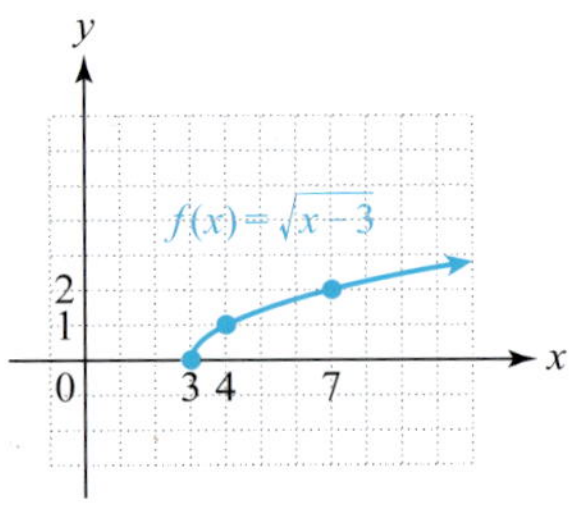

그림 3

(b) $f(x)=\sqrt[3]{x}+2$

풀이 그림 4와 표를 참고하여라. 정의역과 치역은 $(-\infty, \infty)$이다.

x	$f(x)=\sqrt[3]{x}+2$
-8	$\sqrt[3]{-8}+2=0$
-1	$\sqrt[3]{-1}+2=1$
0	$\sqrt[3]{0}+2=2$
1	$\sqrt[3]{1}+2=3$
8	$\sqrt[3]{8}+2=4$

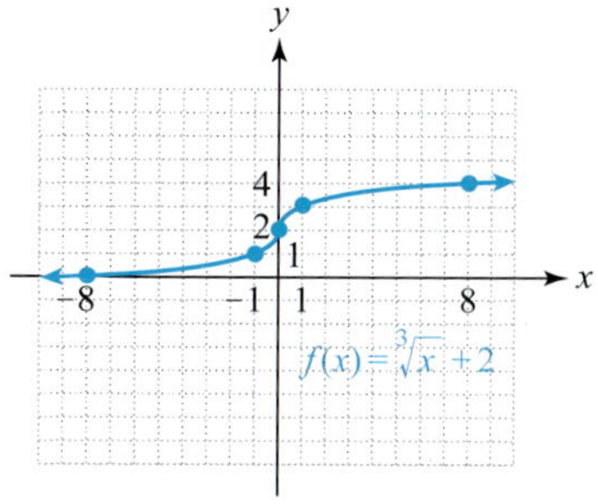

그림 4

연습문제 37, 41을 풀어보자.

목표 4 n제곱의 n제곱근 찾기 $a^2(a \neq 0)$의 제곱근은 a^2을 얻기 위해 제곱할 수 있는 숫자이다. 이 숫자는 a 또는 $-a$이다. 기호 $\sqrt{a^2}$ 은 음이 아닌 제곱근을 나타낸다. a가 음수일 수 있기 때문에 $\sqrt{a^2}$ 을 절댓값 $|a|$로 표현한다.

$\sqrt{a^2}$

임의의 실수 a에 대해, $\sqrt{a^2}=|a|$이다.

예제 4 절댓값을 사용하여 제곱근 단순화

각 제곱근을 찾아라.

(a) $\sqrt{7^2}=|7|=7$

(b) $\sqrt{(-7)^2}=|-7|=7$

(c) $\sqrt{k^2}=|k|$

(d) $\sqrt{(-k)^2}=|-k|=|k|$

연습문제 45, 47, 53을 풀어보자.

우리는 이 방법으로 n제곱근을 일반화할 수 있다.

$\sqrt[n]{a^n}$

n이 짝수이고 양의 정수라면, $\sqrt[n]{a^n}=|a|$이고,

n이 홀수이고 양의 정수라면, $\sqrt[n]{a^n}=a$이다.

즉, n이 짝수일 때 절댓값을 사용한다. n이 홀수인 경우 절댓값은 필요하지 않다.

예제 5 절댓값을 사용하여 단순화하기

각 거듭제곱근을 간단히 하자.

(a) $\sqrt[6]{(-3)^6}=|-3|=3$ n은 짝수; 절댓값 사용

(b) $\sqrt[5]{(-4)^5}=-4$ n은 홀수

(c) $-\sqrt[4]{(-9)^4}=-|-9|=-9$

(d) $\sqrt[3]{\frac{8}{27}}=\sqrt[3]{\left(\frac{2}{3}\right)^3}=\frac{2}{3}$

(e) $-\sqrt{m^4}=-|m^2|=-m^2$

임의의 실수값 m에 대해 m^2은 음이 아니므로 절댓값이 필요 없다.

(f) $\sqrt[3]{a^{12}}=a^4$ $a^{12}=(a^4)^3$

(g) $\sqrt[4]{x^{12}}=|x^3|$

절댓값을 사용하여 결과가 음수가 아님을 알 수 있다(x^3은 x에 따라 양수 또는 음수가 될 수 있기 때문에). 또한, $|x^3|$은 $x^2 \cdot |x|$로 쓸 수 있다. ■

연습문제 49, 51, 55, 57을 풀어보자.

목표 5 계산기를 사용하여 거듭제곱근 값 찾기 $\sqrt{9}$와 $\sqrt[3]{-8}$은 유리수이고, 근호는 종종 무리수이다. $\sqrt{15}$, $\sqrt[3]{10}$, $\sqrt[4]{2}$ 등의 근삿값을 구하기 위해서는 대개 공학용 계산기나 그래프 계산기를 사용한다. 계산기를 사용하면,

$$\sqrt{15}\approx 3.872983346,\quad \sqrt[3]{10}\approx 2.15443469,\quad \sqrt[4]{2}\approx 1.189207115$$

이고, ≈ 기호는 '대략 같다'라는 의미이다. 이 책에서는 일반적으로 소수 셋째 자리로 반올림한 근삿값을 보여준다. 따라서

$$\sqrt{15}\approx 3.873,\quad \sqrt[3]{10}\approx 2.154,\quad \sqrt[4]{2}\approx 1.189$$

로 쓴다.

그림 5는 위의 근삿값이 TI-83 Plus 그래프 계산기에 어떻게 표시되는지 보여준다. 그림 5(a)에는 소수점 8 또는 9자리 숫자가 표시되고, 그림 5(b)에서는 소수점 3자리로 고정된 것이다. 계산기 근삿값이 '대략적인 것'이라는 것을 확인하는 간단한 방법이 있다. 16은 15보다 약간 크기 때문에 $\sqrt{16}=4$는 $\sqrt{15}$보다 약간 크다. 따라서 3.873은 $\sqrt{15}$에 대한 타당한 근삿값이다.

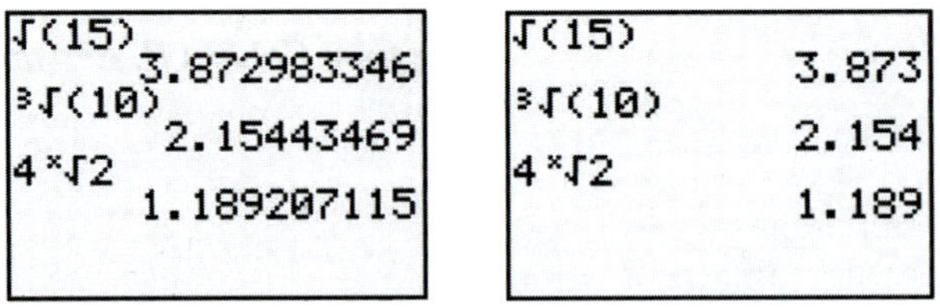

(a) (b)

그림 5

> ⓘ 주의 근삿값을 찾는 방법은 계산기의 제조업체와 모델에 따라 다르다. 키 입력에 대한 사용자 설명서를 참고하시오. 그래프 계산기는 키 입력 순서에 따라 공학용 계산기와 다르다.

예제 6 거듭제곱근에 대한 근삿값 찾기

계산기를 사용하여 각 근삿값이 정확한지 확인하여라.

(a) $\sqrt{39} \approx 6.245$ (b) $-\sqrt{72} \approx -8.485$

(c) $\sqrt[3]{93} \approx 4.531$ (d) $\sqrt[4]{39} \approx 2.499$ ■

✎연습문제 59, 65, 67, 69를 풀어보자.

예제 7 제곱근을 사용하여 공진 주파수 계산

전자공학에서 회로의 공진 주파수 f는 공식

$$f = \frac{1}{2\pi\sqrt{LC}}$$

에 의해 계산할 수 있다. 여기서 f는 초당 사이클 수, L은 헨리(전류의 유도용량), C는 패럿(전기용량의 측정단위)이다. $L = 5\times10^{-4}$ 헨리이고 $C = 3\times10^{-10}$ 패럿일 때, 공진 주파수 f를 구하라. 백의 자리에서 반올림하라.

풀이 $L = 5\times10^{-4}$와 $C = 3\times10^{-10}$일 때 f의 값을 찾으면

$$\begin{aligned} f &= \frac{1}{2\pi\sqrt{LC}} && \text{주어진 수식} \\ &= \frac{1}{2\pi\sqrt{(5\times10^{-4})(3\times10^{-10})}} && L\text{과 } C \text{ 대입} \\ &\approx 411{,}000 && \text{계산기 사용} \end{aligned}$$

공진 주파수 f는 초당 약 411,000 사이클이다. ■

✎연습문제 73을 풀어보자.

8.1 연습문제

[1~6] I 과 II 에서 같은 값끼리 짝지어라. 답은 한 번 이상 사용할 수 있다. (예제 2)

I	II
1. $-\sqrt{16}$	A. 3
2. $\sqrt{-16}$	B. -2
3. $\sqrt[3]{-27}$	C. 2
4. $\sqrt[5]{-32}$	D. -3
5. $\sqrt[4]{81}$	E. -4
6. $\sqrt[3]{8}$	F. 실수가 아니다

[7~8] 각 제곱근의 근삿값을 찾아라.

7. $\sqrt{123.5}$
   A. 9　B. 10　C. 11　D. 12

8. $\sqrt{67.8}$
   A. 7　B. 8　C. 9　D. 10

[9~10] 사각형을 참고하여, 다음에 답하여라.

9. 다음 중 해당 사각형 넓이의 추정값에 가장 가까운 것은?
   A. 2500　B. 250　C. 50　D. 100

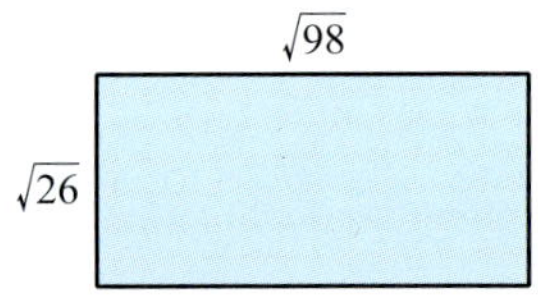

10. 다음 중 해당 사각형의 둘레에 가장 근접한 것은?
   A. 15　B. 250　C. 100　D. 30

11. $-\sqrt{-a}$ 을 고려하자. a가 다음 각각의 조건일 때 $-\sqrt{-a}$ 이 양수, 음수, 0, 또는 실수가 아닌지를 결정하여라.
   (a) $a>0$　(b) $a<0$　(c) $a=0$

12. n이 홀수인 경우 $\sqrt[n]{a}$ 가 각각 다음과 같으려면 어떤 조건이 필요한가?
   (a) 양수　(b) 음수　(c) 0

[13~36] 실수인 거듭제곱근을 찾아라. 필요한 경우 계산기를 사용하여라. (예제 1, 2)

13. $\sqrt{81}$　14. $\sqrt{121}$　15. $-\sqrt[3]{216}$　16. $-\sqrt[3]{343}$

17. $\sqrt[3]{-64}$　18. $\sqrt[3]{-125}$　19. $\sqrt[3]{512}$　20. $\sqrt[3]{1000}$

21. $\sqrt[4]{1296}$　22. $\sqrt[4]{625}$　23. $-\sqrt[4]{81}$　24. $-\sqrt[4]{256}$

25. $\sqrt[4]{-16}$ 26. $\sqrt[4]{-81}$ 27. $\sqrt[6]{64}$ 28. $\sqrt[4]{256}$

29. $\sqrt[6]{-32}$ 30. $\sqrt[8]{-1}$ 31. $\sqrt{\frac{64}{81}}$ 32. $\sqrt{\frac{100}{9}}$

33. $\sqrt[3]{\frac{8}{27}}$ 34. $\sqrt[4]{\frac{81}{16}}$ 35. $\sqrt[6]{\frac{1}{64}}$ 36. $\sqrt[5]{\frac{1}{32}}$

[37~44] 각 함수의 그래프를 그리고, 정의역과 치역을 구하라. (예제 3)

37. $f(x)=\sqrt{x+3}$ 38. $f(x)=\sqrt{x-5}$ 39. $f(x)=\sqrt{x}-2$

40. $f(x)=\sqrt{x}+4$ 41. $f(x)=\sqrt[3]{x}-3$ 42. $f(x)=\sqrt[3]{x}+1$

43. $f(x)=\sqrt[3]{x-3}$ 44. $f(x)=\sqrt[3]{x+1}$

[45~58] 다음을 간단히 하여라. (예제 4, 5)

45. $\sqrt{12^2}$ 46. $\sqrt{19^2}$ 47. $\sqrt{(-10)^2}$ 48. $-\sqrt{13^2}$

49. $\sqrt[6]{(-2)^6}$ 50. $\sqrt[6]{(-4)^6}$ 51. $\sqrt[5]{(-9)^5}$ 52. $\sqrt[5]{(-8)^5}$

53. $\sqrt{x^2}$ 54. $-\sqrt{x^2}$ 55. $\sqrt[3]{x^3}$ 56. $-\sqrt[3]{x^3}$

57. $\sqrt[3]{x^{15}}$ 58. $\sqrt[4]{k^{20}}$

[59~72] 소수점 셋째 자리까지 반올림하여 계산하여라. (예제 6)

59. $\sqrt{9483}$ 60. $\sqrt{6825}$ 61. $\sqrt{284.361}$ 62. $\sqrt{846.104}$

63. $\sqrt{7}$ 64. $\sqrt{11}$ 65. $-\sqrt{82}$ 66. $-\sqrt{91}$

67. $\sqrt[3]{423}$ 68. $\sqrt[3]{555}$ 69. $\sqrt[4]{100}$ 70. $\sqrt[4]{250}$

71. $\sqrt[5]{23.8}$ 72. $\sqrt[5]{98.4}$

[73~80] 각 문제를 풀어라. (예제 7)

73. 예제 7의 공식을 이용하여 $L=7.237\times10^{-5}$ 헨리, $C=2.5\times10^{-10}$ 패럿인 경우 회로의 공진 주파수를 가장 가까운 천 단위로 계산하여라.

74. 사람의 한계 체중 T는 사망위험이 크게 증가하는 무게이다. 40~49세 남성의 한계 체중은 수식

$$h=12.3\sqrt[3]{T}$$

로 나타낸다. 한계 체중이 216파운드인 43세 남성의 키는 얼마인가? 반올림하여 소수점 첫째 자리까지 구하여라.

75. 〈월드 스캐너 리포트(The World Scanner Report)〉(1991년 8월)의 한 기사에 따르면, 관찰자로부터 수평선 또는 지평선까지의 거리(마일) D는

$$D=\sqrt{2H}$$

로 주어진다. 여기서 H는 관찰자의 높이(피트)이다. 어느 관찰자의 눈높이가 지상 6피트인 사람이 '평평한' 지구의 44피트 언덕 꼭대기에 서 있으면 수평선 어디까지 관찰자가 볼 수 있는가?

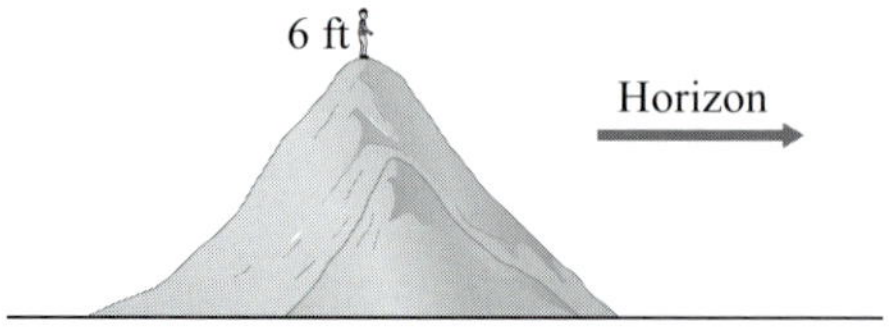

76. 단진자가 한 번 왕복하는데 걸리는 시간은

$$t=2\pi\sqrt{\frac{L}{g}}$$

이다. 여기서, t는 시간(초), L은 진자의 길이(피트), g는 중력가속도 32피트/sec^{2}이다. 2피트 길이의 진자가 한번 왕복하는데 걸리는 시간을 소수점 첫째 자리까지 구하라.

77. 헤론의 공식은 변의 길이를 알고 있을 때 삼각형의 면적을 구하는 방법을 제시한다. a, b, c가 변의 길이라고 가정한다. s를 삼각형 둘레 길이의 절반이라고 하자. 즉,

$$s=\frac{1}{2}(a+b+c)$$

이다. 그러면 삼각형의 면적은

$$A=\sqrt{s(s-a)(s-b)(s-c)}$$

이다. 이 삼각형의 '변'이 약 850마일, 925마일, 1300마일인 버뮤다 삼각형의 면적을 찾아라. 가장 가까운 1000제곱마일 단위로 면적을 구하여라.

78. 워싱턴 DC에 있는 베트남 참전 용사 기념관은 두 변의 길이가 각각 246.75피트에 달하는 이등변 삼각형 형태이다. 따라서 세 번째 변은 길이가 438.14피트이다. 헤론의 공식을 사용하여 이 삼각형의 면적을 가장 가까운 100제곱피트로 구하라.

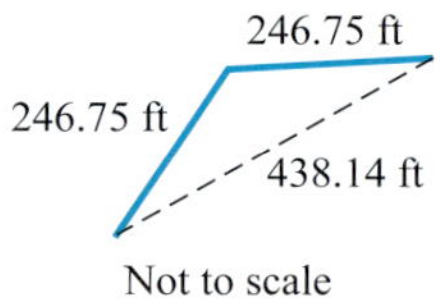

79. $$I=\sqrt{\frac{2P}{L}}$$

는 자기 유도 계수 L(헨리), 전자 회로에 저장된 에너지 P(줄) 및 전류 I(암페어)와 관련이 있다. $P=120$이고 $L=80$인 경우 I는 얼마인가?

80. 바람이 불 때, 공기는 실제 온도보다 훨씬 차갑다. 풍속 냉각 지수는 바람이 피부에 미치는 냉각 효과를 측정한다. 최근까지 국립 기상청이 풍속 냉각을 계산하는 공식은

$$T_{wc}=0.0817(3.71\sqrt{V}+5.81-0.25V)(T-91.4)+91.4$$

이다. 여기서, T_{wc}는 풍속, V는 시간당 마일(mph), T는 화씨온도이다. 다양한 풍속과 온도의 풍속 냉각은 표에 나와 있다.

| Windchill Factor |

Wind Sqeed (mph)	Air Temperature (°Fahrenheit)														
	35	30	25	20	15	10	5	0	−5	−10	−15	−20	−25	−30	−35
4	35	30	25	20	15	10	5	0	−5	−10	−15	−20	−25	−30	−35
5	32	27	22	16	11	6	0	−5	−10	−15	−21	−26	−31	−36	−42
10	22	16	10	3	−3	−9	−15	−22	−27	−34	−40	−46	−52	−58	−64
15	16	9	2	−5	−11	−18	−25	−31	−38	−45	−51	−58	−65	−72	−78
20	12	4	−3	−10	−17	−24	−31	−39	−46	−53	−60	−67	−74	−81	−88
25	8	1	−7	−15	−22	−29	−36	−44	−51	−59	−66	−74	−81	−88	−96
30	6	−2	−10	−18	−25	−33	−41	−49	−56	−64	−71	−79	−86	−93	−101
35	4	−4	−12	−20	−27	−35	−43	−52	−58	−67	−74	−82	−89	−97	−105
40	3	−5	−13	−21	−29	−37	−45	−53	−60	−69	−76	−84	−92	−100	−107
45	2	−6	−14	−22	−30	−38	−46	−54	−62	−70	−78	−85	−93	−102	−109

Source: USA Today.

온도가 10°F 인 경우를 보자. 공식을 사용하여 풍속이 각각 4, 10, 25, 40mph일 때의 풍속 냉각을 계산하여라. 결과를 소수 첫째 자리에서 반올림하여라. 결과가 표와 일치하는가?

8.2 유리수 지수

[학·습·목·표]

1. n제곱근을 위한 지수표기법 사용
2. $a^{m/n}$ 형식의 정의와 사용
3. n제곱근과 유리수 지수 사이의 전환
4. 유리수 지수에 지수법칙 사용

목표 1 n제곱근을 위한 지수표기법 사용 수학에서는 종종 이전의 법칙들이 유효하도록 정의를 만든다. 5장에서 곱, 몫 그리고 거듭제곱이 유효하도록 지수로서 0을 정의했다. 이제 n이 자연수인 $\frac{1}{n}$ 형태의 유리수인 지수를 살펴볼 것이다.

지수법칙이 유효하도록, $(3^{1/2})^2 = 3^{1/2} \cdot 3^{1/2}$은 지수의 합에 의해 검증되어야 한다.

$$
\begin{aligned}
(3^{1/2})^2 &= 3^{1/2} \cdot 3^{1/2} \\
&= 3^{1/2+1/2} \\
&= 3^1 \\
&= 3
\end{aligned}
$$

정의에 의해 $(\sqrt{3})^2 = \sqrt{3} \cdot \sqrt{3} = 3$이다. $(3^{1/2})^2$과 $(\sqrt{3})^2$의 값이 3으로 같으므로,

$$3^{1/2} = \sqrt{3}$$

은 타당하다. 이것은 아래와 같은 일반화를 말한다.

$a^{1/n}$

만약 $\sqrt[n]{a}$가 실수라면, $a^{1/n} = \sqrt[n]{a}$이다.

예제 1 $a^{1/n}$ **형식의 지수 계산**

각각의 식을 풀어보자.

(a) $64^{1/3} = \sqrt[3]{64} = 4$

(b) $100^{1/2} = \sqrt{100} = 10$

(c) $-256^{1/4} = -\sqrt[4]{256} = -4$

(d) $(-256)^{1/4} = \sqrt[4]{-256}$은 근호 안의 수 -256이 음수이고 근지수가 짝수이므로 실수가 아니다.

(e) $(-32)^{1/5} = \sqrt[5]{-32} = -2$

(f) $\left(\frac{1}{8}\right)^{1/3} = \sqrt[3]{\frac{1}{8}} = \frac{1}{2}$ ■

✎연습문제 11, 13, 19, 25를 풀어보자.

ⓘ 주의 예제 1의 (c)와 (d)의 차이에 주의하자. (c)는 양수의 음의 네제곱근이지만 (d)는 음수의 네제곱근이므로 실수가 아니다.

목표 2 $a^{m/n}$ 형식의 정의와 사용 우리는 $8^{1/3} = \sqrt[3]{8}$ 이라는 것을 알았다. $8^{2/3}$과 같은 수는 어떻게 정의할 수 있을까? 앞서의 지수법칙이 유효하기 위해서

$$8^{2/3} = 8^{(1/3)2} = (8^{1/3})^2.$$

$8^{1/3} = \sqrt[3]{8}$ 이므로

$$8^{2/3} = (\sqrt[3]{8})^2 = 2^2 = 4.$$

이 예를 일반화하여 $a^{m/n}$을 다음과 같이 정의할 수 있다.

$a^{m/n}$

만약 m과 n이 양의 정수이고 m/n이 기약분수이면, $a^{1/n}$은 실수일 때

$$a^{m/n} = (a^{1/n})^m$$

이고, 만약 $a^{1/n}$가 실수가 아니라면 $a^{m/n}$은 실수가 아니다.

《예제 2》 $a^{m/n}$ 형식의 지수 계산

각각의 식을 풀어라.

(a) $36^{3/2} = (36^{1/2})^3 = 6^3 = 216$

(b) $125^{2/3} = (125^{1/3})^2 = 5^2 = 25$

(c) $-4^{5/2} = -(4^{5/2}) = -(4^{1/2})^5 = -(2)^5 = -32$

(d) $(-27)^{2/3} = [(-27)^{1/3}]^2 = (-3)^2 = 9$

(c)와 (d)에서 − 부호가 어떻게 쓰였는지 보자. (c)에서는 지수를 먼저 계산한 후 음의 부호를 붙인다. (d)에서는 −의 부호가 밑 −27에 포함되어 있다.

(e) $(-100)^{3/2}$은 실수가 아니다. 왜냐하면 $(-100)^{1/2}$이 실수가 아니기 때문이다. ■

✎연습문제 21, 23을 풀어보자.

유리수 지수가 음수일 때, 음의 지수들의 이전의 해석이 적용된다.

$a^{-m/n}$

만약 $a^{m/n}$이 실수라면,

$$a^{-m/n} = \frac{1}{a^{m/n}} \quad (a \neq 0)$$

예제 3 음의 유리수 지수를 갖는 지수의 풀이

각각의 지수를 풀어라.

(a) $16^{-3/4}$

풀이 음의 지수의 정의에 의해서

$$16^{-3/4} = \frac{1}{16^{3/4}}.$$

$16^{3/4} = (\sqrt[4]{16})^3 = 2^3 = 8$이므로

$$16^{-3/4} = \frac{1}{16^{3/4}} = \frac{1}{8}.$$

(b) $25^{-3/2} = \dfrac{1}{25^{3/2}} = \dfrac{1}{(\sqrt{25})^3} = \dfrac{1}{5^3} = \dfrac{1}{125}$

(c) $\left(\dfrac{8}{27}\right)^{-2/3} = \dfrac{1}{\left(\dfrac{8}{27}\right)^{2/3}} = \dfrac{1}{\left(\sqrt[3]{\dfrac{8}{27}}\right)^2} = \dfrac{1}{\left(\dfrac{2}{3}\right)^2} = \dfrac{1}{\dfrac{4}{9}} = \dfrac{9}{4}$

우리는 또한 $\left(\dfrac{b}{a}\right)^{-m} = \left(\dfrac{a}{b}\right)^m$의 법칙을 사용할 수 있다. 그러므로,

$$\left(\frac{8}{27}\right)^{-2/3} = \left(\frac{27}{8}\right)^{2/3} = \left(\sqrt[3]{\frac{27}{8}}\right)^2 = \left(\frac{3}{2}\right)^2 = \frac{9}{4}$$

■

연습문제 27, 29를 풀어보자.

① 주의 예제 3(c)에서 법칙을 이용할 때, 지수가 아닌 밑의 역수만 취한다. 또한 $-16^{1/4}$, $16^{-1/4}$, $-16^{-1/4}$과 같은 지수식을 구별할 때 주의해야 한다.

$$-16^{1/4} = -2, \quad 16^{-1/4} = \frac{1}{2}, \quad -16^{-1/4} = -\frac{1}{2}$$

예제 2와 예제 3에서 나온 몇 개의 예를 그래프 계산기를 이용해 풀어보면 그림 6과 그림 7과 같이 나온다. (그림 속의 모든 결과는 유리수이다.)

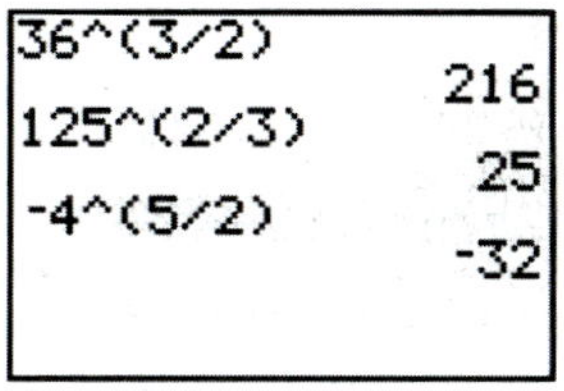

그림 6

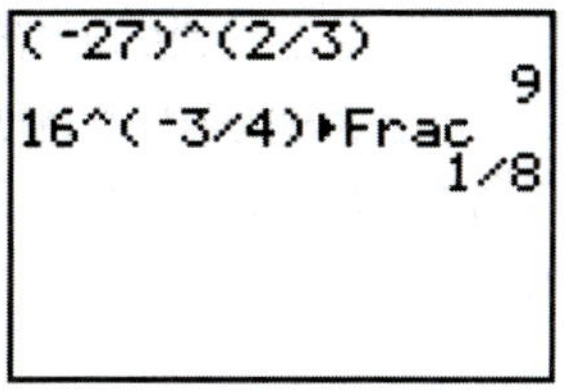

그림 7

$a^{m/n}$의 또 다른 정의를 앞서 나온 정의와 조금 다르게 지수의 곱 법칙을 사용하여 구하였다. 만약 나타난 거듭제곱근이 모두 실수이면,

$$a^{m/n} = a^{m(1/n)} = (a^m)^{1/n}$$

이다. 그래서

$$a^{m/n} = (a^m)^{1/n}.$$

$a^{m/n}$

만약 나타난 거듭제곱근 모두가 실수일 때,

$$a^{m/n} = (a^{1/n})^m = (a^m)^{1/n}$$

$27^{2/3}$과 같은 수를 2가지 방법으로 표현할 수 있다.

$$27^{2/3} = (27^{1/3})^2 = 3^2 = 9$$
$$27^{2/3} = (27^2)^{1/3} = 729^{1/3} = 9$$

대부분의 경우 $(a^{1/n})^m$을 사용하는 것이 쉽다. 이 규칙은 아래와 같이 n제곱근으로 표현할 수 있다.

$a^{m/n}$의 n제곱근 형식

만약 n제곱근이 모두 실수라면

$$a^{m/n} = \sqrt[n]{a^m} = (\sqrt[n]{a})^m$$

즉, a를 거듭제곱하고 제곱근을 씌우거나 제곱근을 씌우고 거듭제곱을 한다.

예를 들면,

$$8^{2/3} = \sqrt[3]{8^2} = \sqrt[3]{64} = 4, \quad 8^{2/3} = (\sqrt[3]{8})^2 = 2^2 = 4$$

그래서

$$8^{2/3} = \sqrt[3]{8^2} = (\sqrt[3]{8})^2$$

목표 3 **n제곱근과 유리수 지수 사이의 전환** 유리수 지수의 정의를 사용하고 n제곱근을 유리수 지수로 바꾸어 n제곱근을 포함한 많은 문제들을 간단히 할 수 있다. 간단히 한 후 우리는 다시 n제곱근 형식으로 바꿀 수도 있다.

예제 4 유리수 지수와 n제곱근의 전환

지수를 n제곱근으로 써보아라. 모든 변수들은 양의 실수라고 가정한다. 제곱근을 먼저 취하는 정의를 사용하도록 하자.

(a) $13^{1/2} = \sqrt{13}$

(b) $6^{3/4} = (\sqrt[4]{6})^3$

(c) $9m^{5/8} = 9(\sqrt[8]{m})^5$

(d) $6x^{2/3} - (4x)^{3/5} = 6(\sqrt[3]{x})^2 - (\sqrt[5]{4x})^3$

(e) $r^{-2/3} = \dfrac{1}{r^{2/3}} = \dfrac{1}{(\sqrt[3]{r})^2}$

(f) $(a^2+b^2)^{1/2} = \sqrt{a^2+b^2}$ • 참고 : $\sqrt{a^2+b^2} \neq a+b$

(g) ~ (i)에선 n제곱근을 지수로 써보고, 간단히 하여라. 모든 변수들은 양의 실수라고 가정한다.

(g) $\sqrt{10} = 10^{1/2}$

(h) $\sqrt[4]{3^8} = 3^{8/4} = 3^2 = 9$

(i) $\sqrt[6]{z^6} = z$ (z는 양수) ■

연습문제 33, 35, 37, 49, 51을 풀어보자.

> ⓘ **주의** 예제 4(i)에서 변수는 양의 실수를 나타내므로 절댓값 기호를 쓸 필요가 없다. 양의 실수 z의 절댓값은 z이므로 답은 간단하게 z이다. n제곱근의 문제들을 풀 때, 종종 변수들을 양의 실수로 가정하고 절대값 처리를 필요로 하지 않는다.

목표 4 **유리수 지수에 지수법칙 사용** 유리수 지수의 정의는 5장에서 처음 소개된 지수법칙을 활용할 수 있게 한다.

유리수 지수의 법칙

r과 s는 유리수라 하자. 모든 실수 a와 b에 대하여 아래와 같은 표현이 성립된다.

$a^r \cdot a^s = a^{r+s}$	$a^{-r} = \dfrac{1}{a^r}$	$\dfrac{a^r}{a^s} = a^{r-s}$	$\left(\dfrac{a}{b}\right)^{-r} = \dfrac{b^r}{a^r}$
$(a^r)^s = a^{rs}$	$(ab)^r = a^r b^r$	$\left(\dfrac{a}{b}\right)^r = \dfrac{a^r}{b^r}$	$a^{-r} = \left(\dfrac{1}{a}\right)^r$

예제 5 **유리수 지수의 법칙 응용**

양의 지수로만 적으시오. 모든 변수는 양의 실수를 나타낸다고 가정한다.

(a) $2^{1/2} \cdot 2^{1/4} = 2^{1/2+1/4} = 2^{3/4}$ 곱의 법칙

(b) $\dfrac{5^{2/3}}{5^{7/3}} = 5^{2/3-7/3} = 5^{-5/3} = \dfrac{1}{5^{5/3}}$ 몫의 법칙

(c)
$$\begin{aligned} \frac{(x^{1/2}y^{2/3})^4}{y} &= \frac{(x^{1/2})^4(y^{2/3})^4}{y} && \text{멱등법칙} \\ &= \frac{x^2y^{8/3}}{y^1} && \text{멱등법칙} \\ &= x^2y^{(8/3)-1} && \text{몫의 법칙} \\ &= x^2y^{5/3} \end{aligned}$$

(d)
$$\begin{aligned} \left(\frac{x^4y^{-6}}{x^{-2}y^{1/3}}\right)^{-2/3} &= \frac{(x^4)^{-2/3}(y^{-6})^{-2/3}}{(x^{-2})^{-2/3}(y^{1/3})^{-2/3}} \\ &= \frac{x^{-8/3}y^4}{x^{4/3}y^{-2/9}} && \text{멱등법칙} \\ &= x^{-8/3-4/3}y^{4-(-2/9)} && \text{몫의 법칙} \\ &= x^{-4}y^{38/9} \\ &= \frac{y^{38/9}}{x^4} && \text{음의 지수의 정의} \end{aligned}$$

괄호 안을 먼저 간단히 하면

$$(x^6y^{-19/3})^{-2/3}$$

이 나오고, 이것에 멱등법칙을 이용하면 같은 결과값을 얻을 수 있다.

(e)
$$\begin{aligned} m^{3/4}(m^{5/4}-m^{1/4}) &= m^{3/4}\cdot m^{5/4} - m^{3/4}\cdot m^{1/4} && \text{분배법칙} \\ &= m^{3/4+5/4} - m^{3/4+1/4} && \text{곱의 법칙} \\ &= m^{8/4} - m^{4/4} \\ &= m^2 - m \end{aligned}$$

첫 번째 단계에서 지수를 곱하는 공통적인 실수를 만들지 말자. ■

✎연습문제 57, 59, 65, 75, 77을 풀어보자.

> ⓘ **주의** 예제 5에서 나온 문제 유형에 지수법칙을 사용하자. 식을 n제곱근으로 바꾸지 말자.

예제 6 **유리수 지수의 법칙 응용**

n제곱근들을 모두 지수로 적은 후 유리수 지수의 법칙을 응용하여 답은 지수 형태로 적어라. 모든

변수는 양의 실수를 나타낸다고 가정한다.

(a) $\sqrt[3]{x^2} \cdot \sqrt[4]{x} = x^{2/3} \cdot x^{1/4}$ 유리수 지수로 바꾸기

$= x^{2/3+1/4}$ 곱의 법칙

$= x^{8/12+3/12}$ 공통분모로 지수 적기

$= x^{11/12}$

(b) $\dfrac{\sqrt{x^3}}{\sqrt[3]{x^2}} = \dfrac{x^{3/2}}{x^{2/3}} = x^{3/2-2/3} = x^{5/6}$

(c) $\sqrt{\sqrt[4]{z}} = \sqrt{z^{1/4}} = (z^{1/4})^{1/2} = z^{1/8}$ ■

✎연습문제 83, 85, 89를 풀어보자.

8.2 연습문제

[1~10] I 과 II 에서 같은 값끼리 짝지어라.

I	II
1. $2^{1/2}$	A. -4
2. $(-27)^{1/3}$	B. 8
3. $-16^{1/2}$	C. $\sqrt{2}$
4. $(-16)^{1/2}$	D. $-\sqrt{6}$
5. $(-32)^{1/5}$	E. -3
6. $(-32)^{2/5}$	F. $\sqrt{6}$
7. $4^{3/2}$	G. 4
8. $6^{2/4}$	H. -2
9. $-6^{2/4}$	I. 6
10. $36^{0.5}$	J. 실수가 아니다.

[11~30] 유리수 지수를 포함한 각 식을 간단히 하여라. (예제 1~3)

11. $169^{1/2}$
12. $121^{1/2}$
13. $729^{1/3}$
14. $512^{1/3}$
15. $16^{1/4}$
16. $625^{1/4}$
17. $\left(\dfrac{64}{81}\right)^{1/2}$
18. $\left(\dfrac{8}{27}\right)^{1/3}$

19. $(-27)^{1/3}$

20. $(-32)^{1/5}$

21. $100^{3/2}$

22. $64^{3/2}$

23. $-16^{5/2}$

24. $-32^{3/5}$

25. $(-144)^{1/2}$

26. $(-36)^{1/2}$

27. $64^{-3/2}$

28. $81^{-3/2}$

29. $\left(-\dfrac{8}{27}\right)^{-2/3}$

30. $\left(-\dfrac{64}{125}\right)^{-2/3}$

31. $(-64)^{1/2}$이 실수가 아니고, $-64^{1/2}$이 실수인 이유를 설명하라.

32. $\sqrt[n]{a}$이 실수일 때, $a^{1/n}$이 $\sqrt[n]{a}$과 같은 이유를 설명하라.

[33~44] 모든 변수가 양의 실수를 나타낸다고 할 때, 근호로 나타내어라. (예제 4)

33. $12^{1/2}$

34. $3^{1/2}$

35. $8^{3/4}$

36. $7^{2/3}$

37. $(9q)^{5/8}-(2x)^{2/3}$

38. $(3p)^{3/4}+(4x)^{1/3}$

39. $(2m)^{-3/2}$

40. $(5y)^{-3/5}$

41. $(2y+x)^{2/3}$

42. $(r+2z)^{3/2}$

43. $(3m^4+2k^2)^{-2/3}$

44. $(5x^2+3z^3)^{-5/6}$

45. a에 3을, b에 4를 대입하여 일반적으로 $\sqrt{a^2+b^2} \neq a+b$임을 보여라.

46. 어떤 사람이 $\sqrt[n]{a^n+b^n}$이 $a+b$와 같아야 한다고 한다. 왜냐하면 $a=1$, $b=0$일 때 $\sqrt[n]{a^n+b^n}=\sqrt[n]{1^n+0^n}=\sqrt[n]{1^n}=1=1+0=a+b$이기 때문이다.
왜 이것이 잘못된 것인지 설명하라.

[47~56] 모든 변수가 양의 실수를 나타낸다고 할 때, 유리수 지수로 변환하여 간단히 하여라. (예제 4)

47. $\sqrt{2^{12}}$

48. $\sqrt{5^{10}}$

49. $\sqrt[3]{4^9}$

50. $\sqrt[4]{6^8}$

51. $\sqrt{x^{20}}$

52. $\sqrt{r^{50}}$

53. $\sqrt[3]{x}\cdot\sqrt{x}$

54. $\sqrt[4]{y}\cdot\sqrt[5]{y^2}$

55. $\dfrac{\sqrt[3]{t^4}}{\sqrt[5]{t^4}}$

56. $\dfrac{\sqrt[4]{w^3}}{\sqrt[6]{w}}$

[57~82] 지수법칙을 사용하여 각 식을 간단히 하여라. 양의 지수로 답하여라. 모든 변수는 양의 실수를 나타낸다. (예제 5)

57. $3^{1/2}\cdot 3^{3/2}$

58. $6^{4/3}\cdot 6^{2/3}$

59. $\dfrac{64^{5/3}}{64^{4/3}}$

60. $\dfrac{125^{7/3}}{125^{5/3}}$

61. $y^{7/3}\cdot y^{-4/3}$

62. $r^{-8/9}\cdot r^{17/9}$

63. $\dfrac{k^{1/3}}{k^{2/3}\cdot k^{-1}}$

64. $\dfrac{z^{3/4}}{z^{5/4}\cdot z^{-2}}$

65. $\dfrac{(x^{1/4}y^{2/5})^{20}}{x^2}$

66. $\dfrac{(r^{1/5}s^{2/3})^{15}}{r^2}$

67. $\dfrac{(x^{2/3})^2}{(x^2)^{7/3}}$

68. $\dfrac{(p^3)^{1/4}}{(p^{5/4})^2}$

69. $\dfrac{m^{3/4}n^{-1/4}}{(m^2n)^{1/2}}$

70. $\dfrac{(a^2b^5)^{-1/4}}{(a^{-3}b^2)^{1/6}}$

71. $\dfrac{p^{1/5}p^{7/10}p^{1/2}}{(p^3)^{-1/5}}$

72. $\dfrac{z^{1/3}z^{-2/3}z^{1/6}}{(z^{-1/6})^3}$

73. $\left(\dfrac{b^{-3/2}}{c^{-5/3}}\right)^2(b^{-1/4}c^{-1/3})^{-1}$

74. $\left(\dfrac{m^{-2/3}}{a^{-3/4}}\right)^4(m^{-3/8}a^{1/4})^{-2}$

75. $\left(\dfrac{p^{-1/4}q^{-3/2}}{3^{-1}p^{-2}q^{-2/3}}\right)^{-2}$

76. $\left(\dfrac{2^{-2}w^{-3/4}x^{-5/8}}{w^{3/4}x^{-1/2}}\right)^{-3}$

77. $p^{2/3}(p^{1/3}+2p^{4/3})$

78. $z^{5/8}(3z^{5/8}+5z^{11/8})$

79. $k^{1/4}(k^{3/2}-k^{1/2})$

80. $r^{3/5}(r^{1/2}+r^{3/4})$

81. $6a^{7/4}(a^{-7/4}+3a^{-3/4})$

82. $4m^{5/3}(m^{-2/3}-4m^{-5/3})$

[83~92] 유리수 지수로 나타낸 후 계산하여라. 지수 형태로 나타내어라. 모든 근호 안의 수는 양의 실수이다. (예제 6)

83. $\sqrt[5]{x^3}\cdot\sqrt[4]{x}$

84. $\sqrt[6]{y^5}\cdot\sqrt[3]{y^2}$

85. $\dfrac{\sqrt{x^5}}{\sqrt{x^8}}$

86. $\dfrac{\sqrt[3]{k^5}}{\sqrt[3]{k^7}}$

87. $\sqrt{y}\cdot\sqrt[3]{yz}$

88. $\sqrt[3]{xz}\cdot\sqrt{z}$

89. $\sqrt[4]{\sqrt[3]{m}}$

90. $\sqrt[3]{\sqrt{k}}$

91. $\sqrt{\sqrt[3]{\sqrt[4]{x}}}$

92. $\sqrt[3]{\sqrt[5]{\sqrt{y}}}$

[93~94] 각 문제를 해결하여라.

93. 기상학자들은

$$T(D)=0.07D^{3/2}$$

로 정의된 함수를 사용하여 폭풍의 지속 시간을 결정할 수 있다. 여기서 D는 폭풍의 지름(mile), T는 시간(hours)이다. 지름이 16mi인 폭풍의 지속 시간을 구하라. 반올림하여 소수점 첫째 자리로 답하라.

94. 한 사람의 임계 몸무게 T(파운드)란 죽음의 위험이 크게 증가하게 되는 무게이다. 40~49세 연령대의 남자 임계 몸무게는

$$h(T)=(1860.867\,T)^{1/3}$$

로 정의된 함수이며 신장 h(인치)과 관련이 있다. 46세 남성의 임계 몸무게가 200파운드일 때 신장은 얼마인가? 반올림하여 소수점 첫째 자리로 답하라.

관련 개념(문제 95~102)

개인 또는 그룹 과제용

이전에 x^4-x^5과 같은 식을 $x^4-x^5=x^4(1-x)$와 같이 최대공통인수로 인수분해했다. 이 접근법을 사용하여 유리수 지수로 된 식을 인수분해할 수 있다. 하나 이상의 지수가 음수 또는 분수일 때, 1장에서 논의된 수직선 위에서의 순서를 사용하여 공통인수를 결정한다. 이러한 인수분해 형태에서 이항 인수가 양의 지수를 갖기를 원하기 때문에 항상 지수를 최소로 하여 변수를 인수분해한다. 양의 지수가 음의 지수보다 크므로 $7z^{5/8}+z^{-3/4}$에서는 $-\frac{3}{4}$이 $\frac{5}{8}$보다 작으므로 $z^{-3/4}$으로 인수분해한다.

[95~102] 각 식에서 주어진 공통인수로 인수분해하라. 모든 변수는 양의 실수를 나타낸다.

95. $3x^{-1/2}-4x^{1/2}$; $x^{-1/2}$

96. $m^3-3m^{5/2}$; $m^{5/2}$

97. $4t^{-1/2}+7t^{3/2}$; $t^{-1/2}$

98. $8x^{2/3}+5x^{-1/3}$; $x^{-1/3}$

99. $4p-p^{3/4}$; $p^{3/4}$

100. $2m^{1/8}-m^{5/8}$; $m^{1/8}$

101. $9k^{-3/4}-2k^{-1/4}$; $k^{-3/4}$

102. $7z^{-5/8}-z^{-3/4}$; $z^{-3/4}$

8.3 무리식의 간결화

학·습·목·표

1. n제곱근에 곱의 법칙 사용
2. n제곱근에 몫의 법칙 사용
3. n제곱근의 간결화
4. 다른 근지수를 가진 n제곱근의 곱셈과 나눗셈의 간결화
5. 피타고라스 정리의 사용
6. 거리 공식의 사용

목표 1 n제곱근에 곱의 법칙 사용 같은 근지수를 갖고 있는 n제곱근들의 곱셈과 나눗셈의 법칙을 알아보자. 예를 들어 두 n제곱근의 곱은 근호 안의 두 수의 곱의 n제곱근과 같을까? $\sqrt{36 \cdot 4}$ 와 $\sqrt{36} \cdot \sqrt{4}$ 는 같을까? 알아보기 위해서 아래의 식을 계산해 보자.

$$\sqrt{36 \cdot 4} = \sqrt{144} = 12$$
$$\sqrt{36} \cdot \sqrt{4} = 6 \cdot 2 = 12$$

두 개의 결과가 같다. 이것은 n제곱근의 곱의 법칙의 예이다.

n제곱근의 곱의 법칙

만약 $\sqrt[n]{a}$ 와 $\sqrt[n]{b}$ 가 실수이고 n이 자연수일 때,

$$\sqrt[n]{a} \cdot \sqrt[n]{b} = \sqrt[n]{ab}$$

즉, 두 n제곱근의 곱은 곱의 n제곱근이다.

유리수 지수의 법칙을 이용해 곱의 법칙이 타당함을 보인다. $\sqrt[n]{a} = a^{1/n}$, $\sqrt[n]{b} = b^{1/n}$ 이므로

$$\sqrt[n]{a} \cdot \sqrt[n]{b} = a^{1/n} \cdot b^{1/n} = (ab)^{1/n} = \sqrt[n]{ab}$$

ⓘ 주의 근지수가 같은 n제곱근의 경우만 곱의 법칙을 사용한다.

예제 1 곱의 법칙 사용

곱하여라. 모든 변수는 양의 실수를 나타낸다고 가정한다.

(a) $\sqrt{5} \cdot \sqrt{7} = \sqrt{5 \cdot 7} = \sqrt{35}$

(b) $\sqrt{2} \cdot \sqrt{19} = \sqrt{2 \cdot 19} = \sqrt{38}$

(c) $\sqrt{11} \cdot \sqrt{p} = \sqrt{11p}$ (d) $\sqrt{7} \cdot \sqrt{11xyz} = \sqrt{77xyz}$ ■

✎연습문제 7, 9, 11을 풀어보자.

《예제 2》 곱의 법칙 사용

곱하여라. 모든 변수는 양의 실수를 나타낸다고 가정한다.

(a) $\sqrt[3]{3} \cdot \sqrt[3]{12} = \sqrt[3]{3 \cdot 12} = \sqrt[3]{36}$

(b) $\sqrt[4]{8y} \cdot \sqrt[4]{3r^2} = \sqrt[4]{24yr^2}$

(c) $\sqrt[6]{10m^4} \cdot \sqrt[6]{5m} = \sqrt[6]{50m^5}$

(d) $\sqrt[4]{2} \cdot \sqrt[5]{2}$는 근지수가 4와 5로 다르기 때문에 n제곱근을 위한 곱의 법칙을 사용하여 간단히 할 수 없다. ■

✎연습문제 13, 15, 17, 19를 풀어보자.

목표 2 n제곱근에 몫의 법칙 사용 n제곱근의 몫의 법칙은 곱의 법칙과 유사하다.

n제곱근의 몫의 법칙

만약 $\sqrt[n]{a}$와 $\sqrt[n]{b}$가 실수이고, $b \neq 0$, 그리고 n이 자연수일 때,

$$\sqrt[n]{\frac{a}{b}} = \frac{\sqrt[n]{a}}{\sqrt[n]{b}}$$

몫의 n제곱근은 n제곱근의 몫이다.

《예제 3》 몫의 법칙 사용

간단히 하여라. 모든 변수는 양의 실수를 나타낸다고 가정한다.

(a) $\sqrt{\frac{16}{25}} = \frac{\sqrt{16}}{\sqrt{25}} = \frac{4}{5}$ (b) $\sqrt{\frac{7}{36}} = \frac{\sqrt{7}}{\sqrt{36}} = \frac{\sqrt{7}}{6}$

(c) $\sqrt[3]{-\frac{8}{125}} = \sqrt[3]{\frac{-8}{125}} = \frac{\sqrt[3]{-8}}{\sqrt[3]{125}} = \frac{-2}{5} = -\frac{2}{5}$ (d) $\sqrt[3]{\frac{7}{216}} = \frac{\sqrt[3]{7}}{\sqrt[3]{216}} = \frac{\sqrt[3]{7}}{6}$

(e) $\sqrt[5]{\frac{x}{32}} = \frac{\sqrt[5]{x}}{\sqrt[5]{32}} = \frac{\sqrt[5]{x}}{2}$ (f) $-\sqrt[3]{\frac{m^6}{125}} = -\frac{\sqrt[3]{m^6}}{\sqrt[3]{125}} = -\frac{m^2}{5}$ ■

✎연습문제 23, 25, 31, 33, 35를 풀어보자.

목표 3 n제곱근의 간결화 n제곱근을 간단히 하기 위해서 곱의 법칙과 몫의 법칙을 사용한다. n제곱근이 아래의 네 가지 조건을 만족하게 될 때 간단히 되었다고 할 수 있다.

n제곱근의 간결화

1. 근호 안의 수는 근지수와 크거나 같은 거듭제곱을 인수로 갖지 않는다.
2. 근호 안의 수는 분수를 갖지 않는다.
3. 분모는 n제곱근이 아니다.
4. 근호 안의 수의 지수와 n제곱근의 근지수는 1을 제외한 공통의 인수를 갖지 않는다.

예제 4 수의 n제곱근의 간결화

간단히 하여라.

(a) $\sqrt{24}$

풀이 24가 4, 9, 16 ⋯ 과 같은 완전제곱수(자연수의 제곱)인지 확인해보자. 24를 나눌 수 있는 가장 큰 완전제곱수를 선택하자. 가장 큰 수는 4이다. 24를 4와 6의 곱이라 적고 곱의 법칙을 사용한다.

$$\sqrt{24}=\sqrt{4\cdot 6}=\sqrt{4}\cdot\sqrt{6}=2\sqrt{6}$$

(b) $\sqrt{108}$

풀이 108은 완전제곱수 36으로 나뉠 수 있다. $\sqrt{108}=\sqrt{36\cdot 3}$ 이다. 만약 이것이 명확하지 않다면 108을 소인수분해해보자.

$$\begin{aligned}\sqrt{108}&=\sqrt{2^2\cdot 3^3}\\&=\sqrt{2^2\cdot 3^2\cdot 3}\\&=2\cdot 3\cdot\sqrt{3} && \text{곱의 법칙}\\&=6\sqrt{3}\end{aligned}$$

(c) $\sqrt{10}$

풀이 10을 나눌 수 있는 완전제곱수(1은 제외)는 없다. 그러므로 $\sqrt{10}$ 은 더 이상 간단히 할 수 없다.

(d) $\sqrt[3]{16}$

풀이 16을 나눌 수 있는 가장 큰 완전세제곱수를 찾아보자. 8은 이 조건을 만족시키므로 16을 $8\cdot 2$ 로 적어보자. (아니면 16을 소인수분해해보자.)

$$\sqrt[3]{16}=\sqrt[3]{8\cdot 2}=\sqrt[3]{8}\cdot\sqrt[3]{2}=2\sqrt[3]{2}$$

(e)
$$\begin{aligned}-\sqrt[4]{162}&=-\sqrt[4]{81\cdot 2} && \text{81은 완전 네제곱수}\\&=-\sqrt[4]{81}\cdot\sqrt[4]{2} && \text{곱의 법칙}\\&=-3\sqrt[4]{2}\end{aligned}$$

■

연습문제 39, 41, 49, 55를 풀어보자.

주의 예제 4(b)와 같은 식의 간결화에서 어떤 인수가 근호 밖에 있고 어떤 인수가 근호 안에 있는지 조심해야 한다. $\sqrt{2^2}=2$, $\sqrt{3^2}=3$이기 때문에 $2\cdot 3$은 밖에 쓰였고 3만 근호 안에 남았다.

예제 5 변수를 포함한 n제곱근의 간결화

간단히 하여라. 모든 변수는 양의 실수를 나타낸다고 가정한다.

(a) $\sqrt{16m^3} = \sqrt{16m^2 \cdot m}$

$= \sqrt{16m^2} \cdot \sqrt{m}$

$= 4m\sqrt{m}$

모든 변수는 양의 실수라는 가정이 주어졌기 때문에 m에 절댓값 기호는 필요 없다.

(b) $\sqrt{200k^7q^8} = \sqrt{10^2 \cdot 2 \cdot (k^3)^2 \cdot k \cdot (q^4)^2}$ 인수분해

$= 10k^3q^4\sqrt{2k}$ 완전제곱인 인수 옮기기

(c) $\sqrt[3]{8x^4y^5} = \sqrt[3]{(8x^3y^3)(xy^2)}$ $8x^3y^3$은 $8x^4y^5$을 나눌 수 있는 가장 큰 완전세제곱수이다.

$= \sqrt[3]{8x^3y^3} \cdot \sqrt[3]{xy^2}$

$= 2xy\sqrt[3]{xy^2}$

(d) $-\sqrt[4]{32y^9} = -\sqrt[4]{(16y^8)(2y)}$ $16y^8$은 $32y^9$을 나눌 수 있는 가장 큰 완전네제곱수이다.

$= -\sqrt[4]{16y^8} \cdot \sqrt[4]{2y}$

$= -2y^2\sqrt[4]{2y}$ ■

연습문제 75, 79, 83, 87을 풀어보자.

> ⓘ 주의 예제 5에서 변수가 2로 나눠지는 지수의 거듭제곱일 때 이것은 완전제곱수, 3으로 나눠지는 지수의 거듭제곱일 때는 완전세제곱수인 것을 보았다. 일반적으로 n으로 나눠지는 지수의 거듭제곱수를 갖는 변수는 완전 n제곱수이다.

앞에서 나온 n제곱근을 간단히 하기 위한 조건들은 근호 안의 수의 지수와 n제곱근의 근지수가 1을 제외한 공통의 인수를 가질 수 없었다. 다음의 예들은 공통의 인수를 갖고 있는 n제곱근들의 단순화를 보여준다.

예제 6 더 작은 근지수를 이용한 n제곱근의 간결화

간단히 하여라. 모든 변수는 양의 실수를 나타낸다고 가정한다.

(a) $\sqrt[9]{5^6}$

풀이 이 n제곱근을 유리수 지수를 사용하여 쓸 수 있다. 그리고 지수를 기약분수로 적는다. 우리는 다음과 같이 n제곱근으로 쓸 수 있다.

$$\sqrt[9]{5^6} = 5^{6/9} = 5^{2/3} = \sqrt[3]{5^2} \text{ 또는 } \sqrt[3]{25}$$

(b) $\sqrt[4]{p^2} = p^{2/4} = p^{1/2} = \sqrt{p} \quad (p > 0)$ ■

연습문제 93, 97을 풀어보자.

이 예제들로부터 아래의 법칙을 알 수 있다.

> 만약 m이 정수이고 n과 k가 자연수, 모든 n제곱근이 존재한다면
>
> $$\sqrt[kn]{a^{km}} = \sqrt[n]{a^m}$$

목표 4 다른 근지수를 가진 n제곱근의 곱과 몫의 간결화 n제곱근의 곱과 몫의 법칙은 같은 근지수를 가질 때에 적용되므로 다른 근지수를 가진 n제곱근을 곱하고 나눌 때 유리수 지수를 사용한다.

예제 7 다른 근지수를 가진 n제곱근의 곱

$\sqrt{7} \cdot \sqrt[3]{2}$를 간단히 하라.

풀이 근지수가 2와 3으로 다르고 최소공배수로는 6을 갖는다. 이 두 n제곱근을 근지수가 최소공배수 6인 6제곱근으로 적어보자.

$$\sqrt{7} = 7^{1/2} = 7^{3/6} = \sqrt[6]{7^3} = \sqrt[6]{343}$$

$$\sqrt[3]{2} = 2^{1/3} = 2^{2/6} = \sqrt[6]{2^2} = \sqrt[6]{4}$$

그러므로

$$\sqrt{7} \cdot \sqrt[3]{2} = \sqrt[6]{343} \cdot \sqrt[6]{4} = \sqrt[6]{1372} \qquad \text{곱의 법칙}$$

■

✎연습문제 99를 풀어보자.

예제 7과 같은 결과는 계산기를 사용하여 그림 8과 같이 확인할 수 있다. 계산기는 처음 곱과 우리가 구한 마지막 n제곱근의 근삿값을 준다.

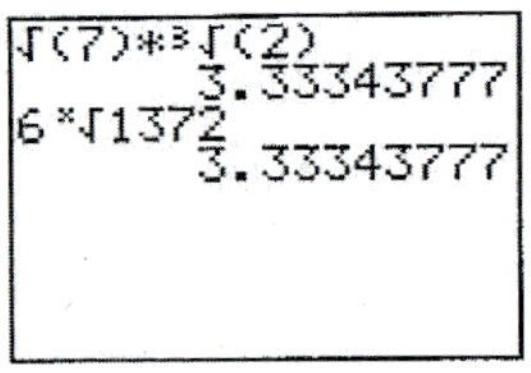

그림 8

> ① 주의 그림 8에서 보이는 계산이 두 식이 같다는 증거는 아니다. 그러나 예제 7의 대수 계산은 식이 같다는 유효한 증거가 된다.

목표 5 피타고라스 정리의 사용 피타고라스의 정리는 직각삼각형의 세 변의 길이와 관련이 있다.

피타고라스의 정리

만약 c가 직각삼각형의 가장 긴 변의 길이고 a와 b는 각각의 다른 짧은 변일 때,

$$c^2 = a^2 + b^2.$$

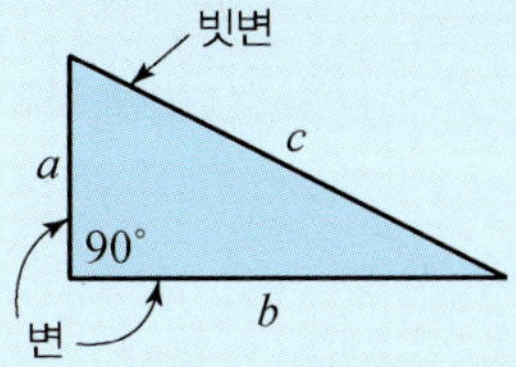

가장 긴 변은 빗변이고 짧은 2개의 변은 직각을 낀 두 변이다. 빗변은 직각이 마주보고 있는 변이다.

예제 8 피타고라스 정리의 사용

피타고라스 정리를 이용하여 그림 9에 나와 있는 직각삼각형의 빗변 c의 길이를 구하여라.

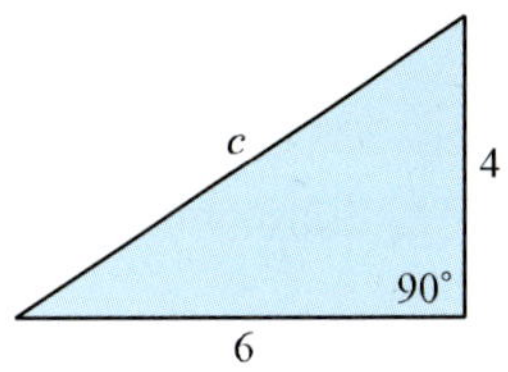

그림 9

풀이 빗변의 길이 c를 구하기 위해 $a=4,\ b=6$이라고 하자. 그리고 공식을 이용하자.

$c^2 = a^2 + b^2$	
$c^2 = 4^2 + 6^2$	$a=4, b=6$
$c^2 = 52$	
$c = \sqrt{52}$	주제곱근을 선택
$c = \sqrt{4 \cdot 13}$	인수분해
$c = \sqrt{4} \cdot \sqrt{13}$	곱의 법칙
$c = 2\sqrt{13}$	

빗변의 길이는 $2\sqrt{13}$이다. ■

연습문제 109를 풀어보자.

ⓘ 주의 방정식 $c^2 = a^2 + b^2$을 이용할 때 c가 빗변을, a와 b가 직각을 이루는 나머지 두 변을 나타낸다는 것을 명심하자. 대입을 잘못했을 때 오류가 발생한다.

역사

피타고라스의 정리는 의심할 것도 없이 가장 많이 사용되고 가장 오래된 공식 중 하나이다. 이것은 측량, 설계, 엔지니어링, 항법 등 많은 곳에서 사용되는 삼각법으로 매우 중요한 것이다. 바빌론 사람들이 이 개념을 꽤 잘 알고 있었다는 증거가 있다. 비록 이것이 피타고라스 이름이 붙었

다해도 이미 피타고라스보다 수천 년 전에 이집트부터 중국에까지 알려져 있었다. 1939년 영화 '오즈의 마법사'에서 허수아비는 오즈에게 뇌를 요구한다. 마법사가 그에게 Th.D.(사고학 박사)를 수여할 때, 허수아비는 아래와 같이 말한다.

이등변 삼각형의 셋 중 두 변의 제곱근 합은 나머지 변의 제곱근과 같다.
와우! 나는 뇌를 가졌어요!

토론 또는 글쓰기
허수아비가 말한 것은 피타고라스의 정리인가?
그가 말한 것은 사실인가? 설명해 보아라.

예제 9 전기에서 공식 써보기

직렬 교류 회로의 임피던스 Z 공식은 아래와 같다.

$$Z=\sqrt{R^2+X^2}$$

R은 저항(ohm), X는 유도저항(ohm)이다. $R=40$ohms이고 $X=30$ohms일 때 임피던스의 값을 구하라.

풀이 R에 40을 X에 30을 대입해 보자.

$$\begin{aligned} Z &= \sqrt{R^2+X^2} && \text{주어진 공식} \\ &= \sqrt{40^2+30^2} && R=40,\ X=30 \\ &= \sqrt{1600+900} \\ &= \sqrt{2500} \\ &= 50 \end{aligned}$$

임피던스는 50ohms이다. ■

연습문제 113을 풀어보자.

목표 6 거리 공식의 사용 대수학의 중요한 결과는 피타고라스 정리에 의해 나타난다. 거리 공식은 좌표평면에 있는 두 점 사이의 거리를 구하거나 연결한 선분의 길이를 찾게 해준다. 그림 10은 점 $(3, -4)$와 점 $(-5, 3)$을 보여준다. $(-5, 3)$을 지나는 세로선과 점 $(3, -4)$를 지나는 가로선의 교차점은 $(-5, -4)$이다. 그리고 점 $(-5, -4)$는 이 직각삼각형에서 90도를 이루는 꼭짓점이 된다. 피타고라스의 정리를 이용하여 빗변 d 길이의 제곱은 변 a와 b의 길이의 제곱의 합과 같다.

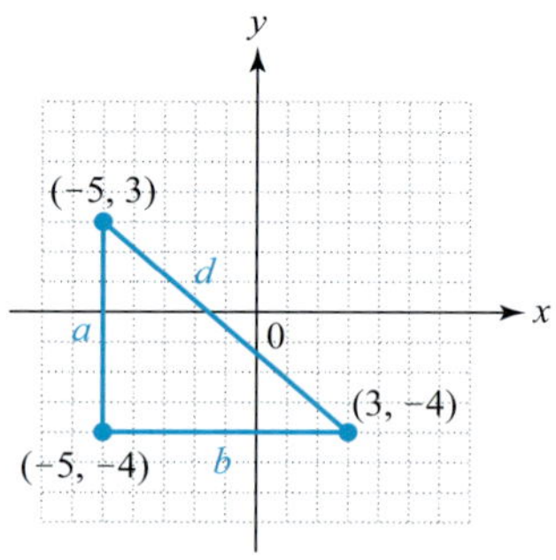

그림 10

$$d^2=a^2+b^2$$

a의 길이는 각 점의 y좌표의 거리이다. 그림 10에서 두 점의 x좌표는 -5이고 측면은 수직이며, y좌표의 차이를 찾음으로써 a를 구할 수 있다. a의 양의 값을 얻기 위해 3에서 -4를 빼보자.

$$a = 3 - (-4) = 7$$

비슷하게 3에서 -5를 빼서 b를 구할 수 있다.

$$b = 3 - (-5) = 8$$

이 값들을 공식에 대입해 보자.

$$d^2 = a^2 + b^2$$
$$d^2 = 7^2 + 8^2 \qquad a = 7,\ b = 8$$
$$d^2 = 49 + 64$$
$$d^2 = 113$$
$$d = \sqrt{113}$$

거리는 음수가 될 수 없으므로 주제곱근을 선택했다. 그러므로 $(-5,\ 3)$과 $(3,\ -4)$의 거리는 $\sqrt{113}$ 이다.

> ⓘ **주의** 거리를 n제곱근으로 남겨놓는 건 관례적이다. 지시하지 않는 이상 계산기를 사용하여 근삿값으로 나타낼 필요는 없다.

위의 결과를 일반화할 수 있다. 그림 11은 두 점 $(x_1,\ y_1)$과 $(x_2,\ y_2)$를 보여준다. 두 점 사이의 거리 d를 구하기 위해서 $(x_1,\ y_1)$과 $(x_2,\ y_1)$의 거리는

$$a = |x_2 - x_1|$$

$(x_2,\ y_2)$와 $(x_2,\ y_1)$의 거리는

$$b = |y_2 - y_1|$$

이다. 피타고라스 정리에 의해서

$$d^2 = a^2 + b^2$$
$$d^2 = (x_2 - x_1)^2 + (y_2 - y_1)^2 \qquad |p - q|^2 = (p - q)^2$$

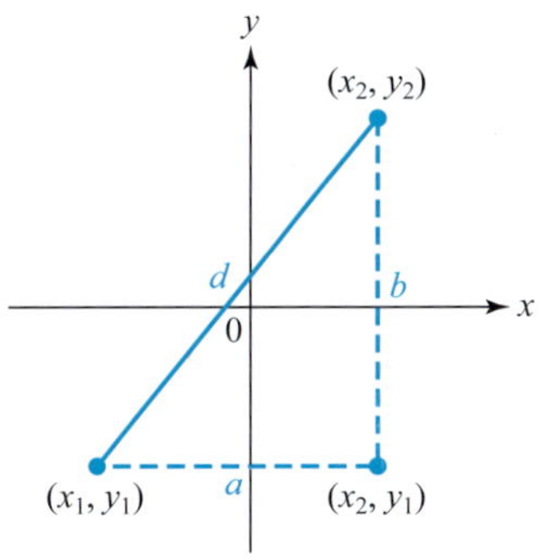

그림 11

주제곱근을 선택하면 거리 공식을 얻을 수 있다.

거리 공식

두 점 $(x_1,\ y_1)$과 $(x_2,\ y_2)$ 사이의 거리는

$$d = \sqrt{(x_2 - x_1)^2 + (y_2 - y_1)^2}$$

이다.

예제 10 거리 공식 사용

점 $(-3, 5)$와 점 $(6, 4)$의 거리를 구하라.

풀이 거리 공식을 사용하여 두 점 사이의 거리를 구할 때 (x_1, y_1), (x_2, y_2)로 두 점을 나타낸다. $(x_1, y_1)=(-3, 5)$, $(x_2, y_2)=(6, 4)$라 하면,

$$\begin{aligned} d &= \sqrt{(x_2-x_1)^2+(y_2-y_1)^2} \\ &= \sqrt{[6-(-3)]^2+(4-5)^2} \qquad x_2=6,\ y_2=4,\ x_1=-3,\ y_1=5 \\ &= \sqrt{9^2+(-1)^2} \\ &= \sqrt{82} \end{aligned}$$

■

연습문제 121을 풀어보자.

8.3 연습문제

[1~4] 이 절에서 설명한 곱의 법칙을 가지고 참인지 거짓인지 판단하여라. 각 식에 대한 근삿값를 계산하여 양변이 맞는지 확인하여라.

1. $2\sqrt{12}=\sqrt{48}$
2. $\sqrt{72}=2\sqrt{18}$
3. $3\sqrt{8}=2\sqrt{18}$
4. $5\sqrt{72}=6\sqrt{50}$

5. 다음 중 $\sqrt{\frac{1}{2}}$과 동일하지 않은 것은 무엇인가? (계산기를 사용하지 마시오.)

   A. $\sqrt{0.5}$　　B. $\sqrt{\frac{2}{4}}$　　C. $\sqrt{\frac{3}{6}}$　　D. $\frac{\sqrt{4}}{\sqrt{16}}$

6. 계산기의 π키를 사용하여 π값을 구하라. $\sqrt[4]{\frac{2143}{22}}$에 대한 근삿값을 구하라. 그 결과는 π가 실제로 $\sqrt[4]{\frac{2143}{22}}$과 같다는 것을 의미하는가? 그 이유는 무엇인가?

[7~20] 곱의 법칙을 사용하여 곱하여라. 모든 변수가 양의 실수를 나타낸다고 가정한다. (예제 1, 2)

7. $\sqrt{5}\cdot\sqrt{6}$
8. $\sqrt{10}\cdot\sqrt{3}$
9. $\sqrt{14}\cdot\sqrt{x}$
10. $\sqrt{23}\cdot\sqrt{t}$
11. $\sqrt{14}\cdot\sqrt{3pqr}$
12. $\sqrt{7}\cdot\sqrt{5xt}$
13. $\sqrt[3]{7x}\cdot\sqrt[3]{2y}$
14. $\sqrt[3]{9x}\cdot\sqrt[3]{4y}$
15. $\sqrt[4]{11}\cdot\sqrt[4]{3}$
16. $\sqrt[4]{6}\cdot\sqrt[4]{9}$
17. $\sqrt[4]{2x}\cdot\sqrt[4]{3y^2}$
18. $\sqrt[4]{3y^2}\cdot\sqrt[4]{6yz}$
19. $\sqrt[3]{7}\cdot\sqrt[4]{3}$
20. $\sqrt[5]{8}\cdot\sqrt[6]{12}$

21. 근호의 곱셈 법칙에 대해 설명하고 예를 들어라.

22. 근호의 몫의 법칙에 대해 설명하고 예를 들어라.

[23~38] 각 근호를 간단히 하여라. 모든 변수가 양의 실수를 나타낸다고 하자. (예제 3)

23. $\sqrt{\frac{64}{121}}$ 24. $\sqrt{\frac{16}{49}}$ 25. $\sqrt{\frac{3}{25}}$ 26. $\sqrt{\frac{13}{49}}$

27. $\sqrt{\frac{x}{25}}$ 28. $\sqrt{\frac{k}{100}}$ 29. $\sqrt{\frac{p^6}{81}}$ 30. $\sqrt{\frac{w^{10}}{36}}$

31. $\sqrt[3]{\frac{27}{64}}$ 32. $\sqrt[3]{\frac{216}{125}}$ 33. $\sqrt[3]{-\frac{r^2}{8}}$ 34. $\sqrt[3]{-\frac{t}{125}}$

35. $-\sqrt[4]{\frac{81}{x^4}}$ 36. $-\sqrt[4]{\frac{625}{y^4}}$ 37. $\sqrt[5]{\frac{1}{x^{15}}}$ 38. $\sqrt[5]{\frac{32}{y^{20}}}$

[39~58] 각 근호를 간단히 하시오. (예제 4)

39. $\sqrt{12}$ 40. $\sqrt{18}$ 41. $\sqrt{288}$ 42. $\sqrt{72}$

43. $-\sqrt{32}$ 44. $-\sqrt{48}$ 45. $-\sqrt{28}$ 46. $-\sqrt{24}$

47. $\sqrt{-300}$ 48. $\sqrt{-150}$ 49. $\sqrt[3]{128}$ 50. $\sqrt[3]{24}$

51. $\sqrt[3]{-16}$ 52. $\sqrt[3]{-250}$ 53. $\sqrt[3]{40}$ 54. $\sqrt[3]{375}$

55. $-\sqrt[4]{512}$ 56. $-\sqrt[4]{1250}$ 57. $\sqrt[5]{64}$ 58. $\sqrt[5]{128}$

59. 한 학생은 8은 완전세제곱근이고 $14=8+6$이므로 $\sqrt[3]{14}$은 간결한 형태가 아니라고 주장했다. 그의 추론이 옳은가? 그 이유는?

60. $\sqrt[3]{k^4}$이 왜 간결한 형태가 아닌지 설명하라.

[61~92] 각 근호를 간단히 하시오. 모든 변수가 양의 실수를 나타낸다고 가정하자. (예제 5)

61. $\sqrt{72k^2}$ 62. $\sqrt{18m^2}$ 63. $\sqrt{144x^3y^9}$ 64. $\sqrt{169s^5t^{10}}$

65. $\sqrt{121x^6}$ 66. $\sqrt{256z^{12}}$ 67. $-\sqrt[3]{27t^{12}}$ 68. $-\sqrt[3]{64y^{18}}$

69. $-\sqrt{100m^8z^4}$ 70. $-\sqrt{25t^6s^{20}}$ 71. $-\sqrt[3]{-125a^6b^9c^{12}}$ 72. $-\sqrt[3]{-216y^{15}x^6z^3}$

73. $\sqrt[4]{\frac{1}{16}r^8t^{20}}$ 74. $\sqrt[4]{\frac{81}{256}t^{12}u^8}$ 75. $\sqrt{50x^3}$ 76. $\sqrt{300z^3}$

77. $-\sqrt{500r^{11}}$ 78. $-\sqrt{200p^{13}}$ 79. $\sqrt{13x^7y^8}$ 80. $\sqrt{23k^9p^{14}}$

81. $\sqrt[3]{8z^6w^9}$ 82. $\sqrt[3]{64a^{15}b^{12}}$ 83. $\sqrt[3]{-16z^5t^7}$ 84. $\sqrt[3]{-81m^4n^{10}}$

85. $\sqrt[4]{81x^{12}y^{16}}$ 86. $\sqrt[4]{81t^8u^{28}}$ 87. $-\sqrt[4]{162r^{15}s^{10}}$ 88. $-\sqrt[4]{32k^5m^{10}}$

89. $\sqrt{\dfrac{y^{11}}{36}}$　　90. $\sqrt{\dfrac{v^{13}}{49}}$　　91. $\sqrt[3]{\dfrac{x^{16}}{27}}$　　92. $\sqrt[3]{\dfrac{y^{17}}{125}}$

[93~98] $x \geq 0$일 때, 각 근호를 간단히 하여라. (예제 6)

93. $\sqrt[4]{48^2}$　　94. $\sqrt[4]{50^2}$　　95. $\sqrt[4]{25}$　　96. $\sqrt[6]{8}$

97. $\sqrt[10]{x^{25}}$　　98. $\sqrt[12]{x^{44}}$

[99~104] 각 근호를 같은 근지수를 갖는 근호로 쓰고 간단히 한 뒤 곱하라. 모든 변수가 양의 실수를 나타낸다고 가정한다. (예제 7)

99. $\sqrt[3]{4} \cdot \sqrt{3}$　　100. $\sqrt[3]{5} \cdot \sqrt{6}$　　101. $\sqrt[4]{3} \cdot \sqrt[3]{4}$　　102. $\sqrt[5]{7} \cdot \sqrt[7]{5}$

103. $\sqrt{x} \cdot \sqrt[3]{x}$　　104. $\sqrt[3]{y} \cdot \sqrt[4]{y}$

기술적 통찰 (문제 105~108)

그래프 계산기는 두 수량이 같은지 테스트하는데 사용할 수 있다. 여기에 표시된 화면에서 첫 번째 두 줄은 모두 참이며, 계산기는 1을 반환한다. 세 번째 줄은 거짓이며 계산기는 0을 반환한다. 이것들은 이 절에서 발견된 근호의 법칙을 사용하여 대수적으로 증명할 수 있다.

다음의 각 화면에 대해 계산기가 1 또는 0을 반환해야 하는지 결정해라(1이면 참이고 0이면 거짓이다).

```
√(8)=2√(2)
                 1
³√(54)=3³√(2)
                 1
√(18)=4√(2)
                 0
```

105.
```
√(48)=4√(3)
```

106.
```
√(300)=10√(3)
```

107.
```
√(5)*³√(4)=(2000
)^(1/6)
```

108.
```
√(2)*³√(3)=(5184
)^(1/12)
```

[109~112] 각 직각삼각형에서 나타나 있지 않은 길이를 계산하여라. (예제 8)

109.

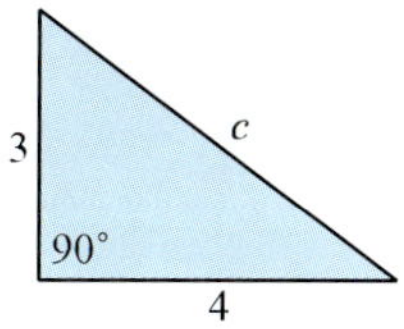

110.

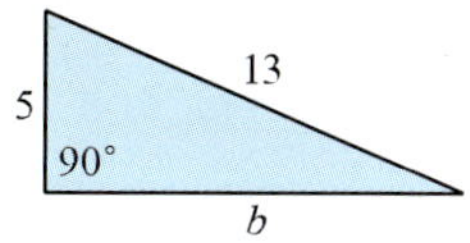

111.

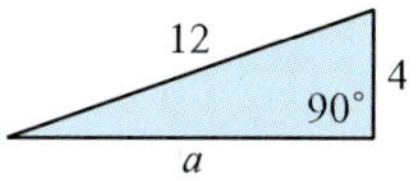

112.

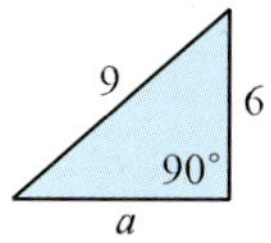

[113~118] 각 문제를 풀어라. (예제 9)

113. 상자의 대각선 길이는

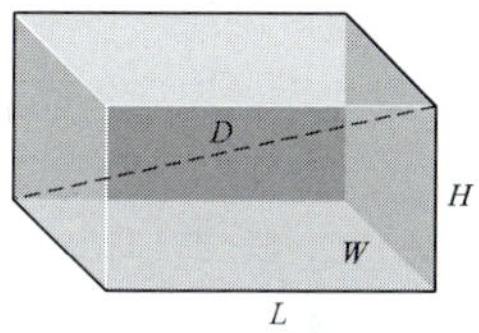

$$D = \sqrt{L^2 + W^2 + H^2}$$

이다. 여기서, L, W 및 H는 가로, 세로 및 높이이다. 가로가 4피트, 세로 2피트, 높이 3피트인 상자의 대각선 D의 길이를 구하라. 반올림하여 소수점 첫째 자리까지 구하라.

114. 산요의 컬러 TV 모델 AVM-2755는 너비가 21.7인치, 높이가 16인치인 직사각형 스크린이 있다. 이 스크린의 대각선의 길이를 소수점 첫째 자리까지 구하라.

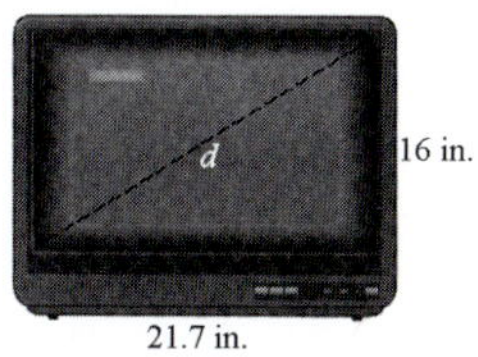

115. 병렬 공진 회로의 임피던스를 다루는 전자 장치의 공식은

$$I = \frac{E}{\sqrt{R^2 + w^2 L^2}}$$

이다. 여기서 변수는 적절한 단위이다. $E = 282$, $R = 100$, $L = 264$, $\omega = 120\pi$일 때 I를 소수점 셋째 자리까지 구하라.

116. 소리의 연구에서 장력 법칙의 한 가지 버전은

$$f_1 = f_2 \sqrt{\frac{F_1}{F_2}}$$

이다. $F_1 = 300$, $F_2 = 60$, $f_2 = 260$일 때 f_1을 소수 첫째 자리에서 반올림하여 구하라.

117. 광원에 의해 생성되는 조도 I(피트-캔들, foot-candles)는 방정식

$$d = \sqrt{\frac{k}{I}}$$

에 의해 광원으로부터의 거리 d(피트)와 관계가 있으며, 여기서 k는 상수이다. $k = 640$인 경우, I가 2피트-캔들이 될 때 광원으로부터 얼마나 멀리 떨어져 있는지 거리를 구하라. 소수 첫째 자리까지 구하라.

118. 다음 편지는 〈시카고 트리뷴〉의 톰 스킬링이 쓴 'Ask Tom Why'란에 실렸다.

톰에게, 내가 수평선까지의 거리를 계산하는 공식을 기억할 수 없어. 지상 150피트의 14층 콘도에서 멋진 전망을 볼 수 있는데도 말이야. 얼마나 멀리 볼 수 있을까?
테드 플라이셔: 인디애나폴리스

스킬링의 대답은 다음과 같았다.

멀리 수평선까지의 거리를 알아내기 위해, 높이(피트)의 제곱근을 가져와서 그 결과에 1.224를 곱해봐. 답이 수평선까지의 마일 수야. (출처: Chicago Tribune, August 17, 2002.)

테드의 눈이 지상 6피트라고 가정하면, 지상으로부터의 총 높이는 $150+6=156$피트이다. 수평선까지 얼마나 멀리 볼 수 있는가? 소수 첫째 자리까지 구하라.

[119~130] 두 점 사이의 거리를 구하라. (예제 10)

119. $(6,\ 13)$과 $(1,\ 1)$

120. $(8,\ 13)$과 $(2,\ 5)$

121. $(-6,\ 5)$와 $(3,\ -4)$

122. $(-1,\ 5)$와 $(-7,\ 7)$

123. $(-8,\ 2)$와 $(-4,\ 1)$

124. $(-1,\ 2)$와 $(5,\ 3)$

125. $(4.7,\ 2.3)$과 $(1.7,\ -1.7)$

126. $(-2.9,\ 18.2)$와 $(2.1,\ 6.2)$

127. $(\sqrt{2},\ \sqrt{6})$과 $(-2\sqrt{2},\ 4\sqrt{6})$

128. $(\sqrt{7},\ 9\sqrt{3})$과 $(-\sqrt{7},\ 4\sqrt{3})$

129. $(x+y,\ y)$와 $(x-y,\ x)$

130. $(c,\ c-d)$와 $(c,\ c+d)$

131. 본문에서 주어진 대로, 거리 공식은 근호로 표현된다. 유리수 지수를 사용하여 거리 공식을 나타내어라.

132. 거리 공식은 다른 형태로

$$d=\sqrt{(x_1-x_2)^2+(y_1-y_2)^2}$$

이다. 이 절에서 주어진 공식과 비교하여 두 공식이 같은 이유를 설명하여라.

[133~134] 각 삼각형의 둘레를 계산하여라. (힌트: 연습문제 133, $\sqrt{k}+\sqrt{k}=2\sqrt{k}$)

133.

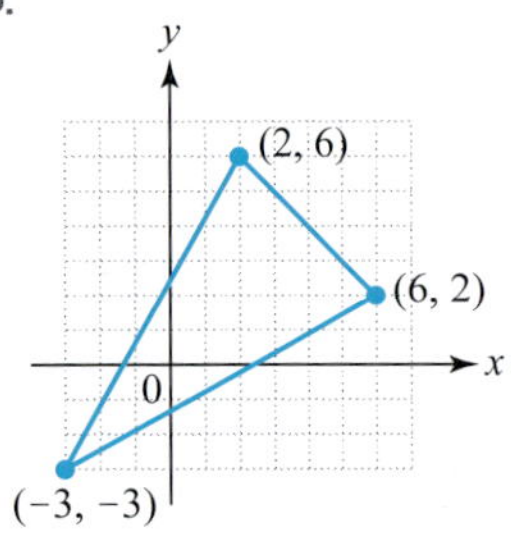

134.

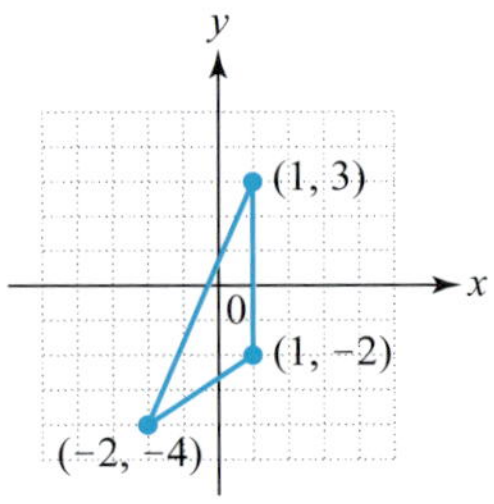

8.4 무리식의 덧셈과 뺄셈

학·습·목·표

1. 무리식의 정의
2. 덧셈과 뺄셈을 포함하는 무리식을 간단히 하기

목표 1 무리식의 정의 8.1절에서 무리식은 근호를 포함하는 대수식이라고 공부하였다. 예를 들어,

$$\sqrt[4]{3}+\sqrt{6},\quad \sqrt{x+2y}-1,\quad \sqrt{8}-\sqrt{2r}$$

은 무리식이다. 앞 절의 예제들에서 곱셈과 나눗셈을 포함하는 무리식을 간단히 하는 방법을 공부하였고, 이제 덧셈과 뺄셈을 포함하는 무리식을 간단히 하는 방법을 알아볼 것이다.

목표 2 덧셈과 뺄셈을 포함하는 무리식을 간단히 하기 $4\sqrt{2}+3\sqrt{2}$와 같은 식은 분배법칙을 이용하여 간단히 할 수 있다.

$$4\sqrt{2}+3\sqrt{2}=(4+3)\sqrt{2}=7\sqrt{2}$$

또 다른 식으로 $2\sqrt{3}-5\sqrt{3}=(2-5)\sqrt{3}=-3\sqrt{3}$을 볼 수 있다. 이것은 $4x+3x$를 $7x$로 또는 $2y-5y$를 $-3y$로 간단히 하는 것과 비슷하다.

> ! 주의 같은 근지수와 같은 근호 안의 수를 갖는 무리식들만 묶을 수 있다. $5\sqrt{3}+2\sqrt{2}$나 $3\sqrt{3}+2\sqrt[3]{3}$과 같은 무리식은 항을 묶어 간단히 할 수 없다.

예제 1 무리식의 덧셈과 뺄셈

다음 각각의 무리식을 간단히 하기 위하여 더하거나 빼라.

(a) $3\sqrt{24}+\sqrt{54}$ (b) $2\sqrt{20x}-\sqrt{45x}$ (c) $2\sqrt{3}-4\sqrt{5}$

풀이 (a) 각각의 무리수를 간단히 한 후 항을 결합하기 위하여 분배법칙을 이용한다.

$$\begin{aligned}3\sqrt{24}+\sqrt{54}&=3\sqrt{4}\cdot\sqrt{6}+\sqrt{9}\cdot\sqrt{6} &&\text{곱의 법칙}\\&=3\cdot2\sqrt{6}+3\sqrt{6}\\&=6\sqrt{6}+3\sqrt{6}\\&=9\sqrt{6}&&\text{항을 묶기}\end{aligned}$$

(b)
$$\begin{aligned}2\sqrt{20x}-\sqrt{45x}&=2\sqrt{4}\cdot\sqrt{5x}-\sqrt{9}\cdot\sqrt{5x}&&\text{곱의 법칙}\\&=2\cdot2\sqrt{5x}-3\sqrt{5x}\end{aligned}$$

$$= 4\sqrt{5x} - 3\sqrt{5x}$$
$$= \sqrt{5x}, \quad x \geq 0 \qquad \text{항을 묶기}$$

(c) $2\sqrt{3} - 4\sqrt{5}$ 에서는 근호 안의 수가 다르므로 더 이상 간단히 할 수 없다. ■

연습문제 7, 15, 19를 풀어보자.

> ① 주의 동류항을 묶는 것과 곱의 법칙을 혼동하지 마라. 합의 제곱근은 제곱근의 합과 같지 않다. 예를 들어,
>
> $$\sqrt{9+16} \neq \sqrt{9} + \sqrt{16}.$$
>
> 왜냐하면 $\sqrt{9+16} = \sqrt{25} = 5$이지만 $\sqrt{9} + \sqrt{16} = 3 + 4 = 7$이기 때문이다.

예제 2 큰 근지수를 갖는 무리식의 덧셈과 뺄셈

다음 각각의 무리식을 더하거나 빼서 간단히 하라. 모든 변수들은 양의 실수를 나타낸다고 가정한다.

(a) $2\sqrt[3]{16} - 5\sqrt[3]{54}$

(b) $2\sqrt[3]{x^2y} + \sqrt[3]{8x^5y^4}$

풀이 (a)

$$\begin{aligned} 2\sqrt[3]{16} - 5\sqrt[3]{54} &= 2\sqrt[3]{8 \cdot 2} - 5\sqrt[3]{27 \cdot 2} && \text{인수분해} \\ &= 2\sqrt[3]{8} \cdot \sqrt[3]{2} - 5\sqrt[3]{27} \cdot \sqrt[3]{2} && \text{곱의 법칙} \\ &= 2 \cdot 2 \cdot \sqrt[3]{2} - 5 \cdot 3 \cdot \sqrt[3]{2} \\ &= 4\sqrt[3]{2} - 15\sqrt[3]{2} \\ &= -11\sqrt[3]{2} && \text{항을 묶기} \end{aligned}$$

(b)

$$\begin{aligned} 2\sqrt[3]{x^2y} + \sqrt[3]{8x^5y^4} &= 2\sqrt[3]{x^2y} + \sqrt[3]{(8x^3y^3)x^2y} && \text{인수분해} \\ &= 2\sqrt[3]{x^2y} + 2xy\sqrt[3]{x^2y} && \text{곱의 법칙} \\ &= (2 + 2xy)\sqrt[3]{x^2y} && \text{분배법칙} \end{aligned}$$

■

연습문제 23, 29를 풀어보자.

> ① 주의 세제곱근, 네제곱근 등을 계산할 때 근지수를 쓰는 것을 기억하라.

예제 3 분수를 가지고 있는 무리식의 덧셈과 뺄셈

주어진 연산을 수행하라. 모든 변수들은 양의 실수라고 가정한다.

(a) $2\sqrt{\dfrac{75}{16}} + 4\dfrac{\sqrt{8}}{\sqrt{32}}$

(b) $10\sqrt[3]{\dfrac{5}{x^6}} - 3\sqrt[3]{\dfrac{4}{x^9}}$

풀이 (a)

$$2\sqrt{\frac{75}{16}}+4\frac{\sqrt{8}}{\sqrt{32}}=2\frac{\sqrt{25\cdot 3}}{\sqrt{16}}+4\frac{\sqrt{4\cdot 2}}{\sqrt{16\cdot 2}} \qquad \text{몫의 법칙}$$

$$=2\left(\frac{5\sqrt{3}}{4}\right)+4\left(\frac{2\sqrt{2}}{4\sqrt{2}}\right) \qquad \text{곱의 법칙}$$

$$=\frac{5\sqrt{3}}{2}+2 \qquad \text{곱한다; } \frac{\sqrt{2}}{\sqrt{2}}=1$$

$$=\frac{5\sqrt{3}}{2}+\frac{4}{2} \qquad \text{공통분모로 쓴다}$$

$$=\frac{5\sqrt{3}+4}{2}$$

(b)

$$10\sqrt[3]{\frac{5}{x^6}}-3\sqrt[3]{\frac{4}{x^9}}=10\frac{\sqrt[3]{5}}{\sqrt[3]{x^6}}-3\frac{\sqrt[3]{4}}{\sqrt[3]{x^9}} \qquad \text{몫의 법칙}$$

$$=\frac{10\sqrt[3]{5}}{x^2}-\frac{3\sqrt[3]{4}}{x^3}$$

$$=\frac{10x\sqrt[3]{5}}{x^3}-\frac{3\sqrt[3]{4}}{x^3} \qquad \text{공통분모로 쓴다}$$

$$=\frac{10x\sqrt[3]{5}-3\sqrt[3]{4}}{x^3}$$

■

✎연습문제 47, 53을 풀어보자.

계산기는 이 절의 예제에서 얻은 결과가 옳음을 입증한다. 예제 1(a)에서 $3\sqrt{24}+\sqrt{54}$를 간단히 하여 $9\sqrt{6}$을 얻었다. 그림 12(a)는 그 근삿값들이 같음을 보여주고 이것은 간단히 한 것이 옳았다는 것을 시사한다. 그림 12(b)는 예제 2(a)의 결과 $2\sqrt[3]{16}-5\sqrt[3]{54}=-11\sqrt[3]{2}$를 보여준다.. 그림 12(c)는 예제 3(a)의 결과를 보여준다.

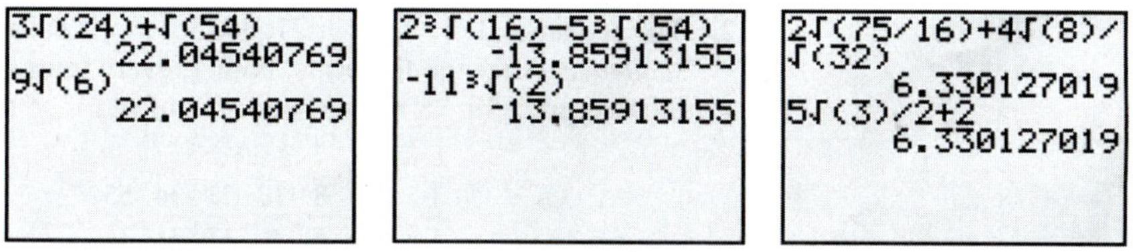

(a) (b) (c)

그림 12

연결

두 변의 길이가 음이 아닌 정수인 삼각형의 나머지 한 변의 길이는 무리수일 수 있다. 예를 들어, 두 변의 길이가 1과 2이고 그 끼인각이 직각인 직각삼각형의 빗변의 길이는 $\sqrt{5}$이다. 직사각형 중 가장 만족스러운 크기를 갖는 것으로 여겨지는 황금직사각형(golden rectangle)의 크기의 비율은 무리수이다. 황금직사각형을 그리기 위해 정사각형 ONRS를 그리고 그림처럼 선분 MK로 이등분한다. M을 반지름이 MN인 원의 중심이라고 하자. 직사각형 $PQRS$를 그려라. 이것은 황금직사각형이다. 처음 정사각형을 지우면 직사각형 $PQNO$ 역시 황금직사각형이다. 변 OP를 갖는 정사각형을 지우면 또 다른 황금직사각형을 얻는다.

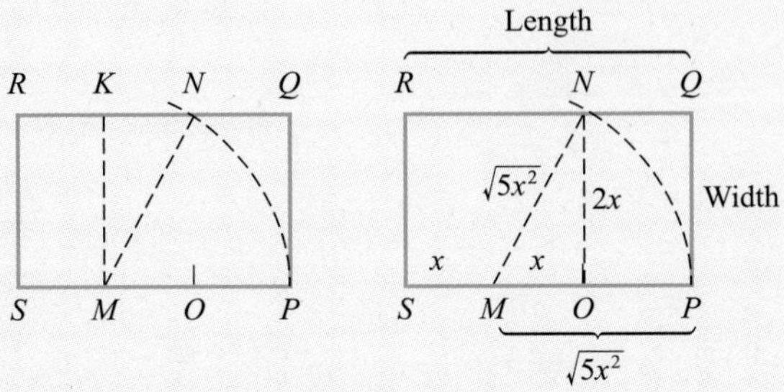

처음 정사각형의 한 변의 길이가 $2x$이면, 피타고라스의 정리에 의해

$$MN=\sqrt{x^2+(2x)^2}=\sqrt{x^2+4x^2}=\sqrt{5x^2}$$

이다. NP는 반지름 MN을 갖는 원의 호이기 때문에

$$MP=MN=\sqrt{5x^2}$$

이다. 가로와 세로의 비율은

$$\frac{\text{가로}}{\text{세로}}=\frac{x+\sqrt{5x^2}}{2x}=\frac{x+x\sqrt{5}}{2x}=\frac{x(1+\sqrt{5})}{2x}=\frac{1+\sqrt{5}}{2}$$

이다. 이것은 무리수이다.

토론 또는 글쓰기

1. 황금직사각형은 예술과 건축양식에 널리 이용되고 있다. 그것의 이용과 관련된 예들을 찾아보라. 위에서 발견한 비율의 근삿값을 계산기로 구하라. 이것을 황금비(golden ration)라고 부른다.
2. 수열 1, 1, 2, 3, 5, 8, 13, 21, 34, 55, … 를 피보나치 수열(Fibonacci sequence)이라고 부른다. 처음 두 항은 1이고, 이후의 모든 항은 앞 두 항을 더하여 얻어진다. 연이은 두 항의 비율을 수열로 나타내자.

$$\frac{1}{1},\ \frac{2}{1},\ \frac{3}{2},\ \frac{5}{3},\ \frac{8}{5},\ \frac{13}{8},\ \frac{21}{13},\ \frac{34}{21},\ \frac{55}{34},\ \cdots$$

이 비율의 근삿값을 계산기를 이용하여 구하라. 어떤 일이 벌어지는가?

8.4 연습문제

1. 다음 합 중 처음에 각각의 무리식을 간단히 하지 않고 단순화할 수 있는 것은 어느 것인가?
   A. $\sqrt{50}+\sqrt{32}$ B. $3\sqrt{6}+9\sqrt{6}$ C. $\sqrt[3]{32}-\sqrt[3]{108}$ D. $\sqrt[5]{6}-\sqrt[5]{192}$

2. $a=1$, $b=64$일 때,
   (a) $\sqrt{a}+\sqrt{b}$와 $\sqrt{a+b}$를 계산하라. 그 값들은 같은가?
   (b) $\sqrt[3]{a}+\sqrt[3]{b}$와 $\sqrt[3]{a+b}$를 계산하라. 그 값들은 같은가?
   (c) 다음을 완성하라 : 이 연습문제의 (a)와 (b)로부터 일반적으로 $\sqrt[n]{a}+\sqrt[n]{b}\neq$ ____________이다.

3. 합 $\sqrt{64}+\sqrt[3]{125}+\sqrt[4]{16}$은 항들의 근지수가 같지 않음에도 쉽게 간단히 할 수 있다. 이 합은 무엇인가? 왜 이 항들을 쉽게 할 수 있는가?

4. $28-4\sqrt{2}$가 $24\sqrt{2}$와 같지 않은 이유를 설명하라. (이것은 많은 학생들이 실수하는 부분이다.)

[5~38] 다음을 간단히 하라. 모든 변수들은 양의 실수를 나타낸다고 가정한다. (예제 1과 2)

5. $\sqrt{36}-\sqrt{100}$
6. $\sqrt{25}-\sqrt{81}$
7. $-2\sqrt{48}+3\sqrt{75}$
8. $4\sqrt{32}-2\sqrt{8}$
9. $\sqrt[3]{16}+4\sqrt[3]{54}$
10. $3\sqrt[3]{24}-2\sqrt[3]{192}$
11. $\sqrt[4]{32}+3\sqrt[4]{2}$
12. $\sqrt[4]{405}-2\sqrt[4]{5}$
13. $6\sqrt{18}-\sqrt{32}+2\sqrt{50}$
14. $5\sqrt{8}+3\sqrt{72}-3\sqrt{50}$
15. $5\sqrt{6}+2\sqrt{10}$
16. $3\sqrt{11}-5\sqrt{13}$
17. $2\sqrt{5}+3\sqrt{20}+4\sqrt{45}$
18. $5\sqrt{54}-2\sqrt{24}-2\sqrt{96}$
19. $8\sqrt{2x}-\sqrt{8x}+\sqrt{72x}$
20. $4\sqrt{18k}-\sqrt{72k}+\sqrt{50k}$
21. $3\sqrt{72m^2}-5\sqrt{32m^2}-3\sqrt{18m^2}$
22. $9\sqrt{27p^2}-14\sqrt{108p^2}+2\sqrt{48p^2}$
23. $-\sqrt[3]{54}+2\sqrt[3]{16}$
24. $15\sqrt[3]{81}-4\sqrt[3]{24}$
25. $2\sqrt[3]{27x}-2\sqrt[3]{8x}$
26. $6\sqrt[3]{128m}+3\sqrt[3]{16m}$
27. $\sqrt[3]{x^2y}-\sqrt[3]{8x^2y}$
28. $3\sqrt[3]{x^2y^2}+2\sqrt[3]{64x^2y^2}$
29. $3x\sqrt[3]{xy^2}-2\sqrt[3]{8x^4y^2}$
30. $6q^2\sqrt[3]{5q}-2q\sqrt[3]{40q^4}$
31. $5\sqrt[4]{32}+3\sqrt[4]{162}$
32. $2\sqrt[4]{512}+4\sqrt[4]{32}$
33. $3\sqrt[4]{x^5y}-2x\sqrt[4]{xy}$
34. $2\sqrt[4]{m^9p^6}-3m^2p\sqrt[4]{mp^2}$
35. $2\sqrt[4]{32a^3}+5\sqrt[4]{2a^3}$
36. $-\sqrt[4]{16r}+5\sqrt[4]{r}$
37. $\sqrt[3]{64xy^2}+\sqrt[3]{27x^4y^5}$
38. $\sqrt[4]{625s^3t}-\sqrt[4]{81s^7t^5}$

[39~54] 다음을 간단히 하라. 모든 변수들은 양의 실수를 나타낸다고 가정한다. (예제 3)

39. $\sqrt{8}-\dfrac{\sqrt{64}}{\sqrt{16}}$

40. $\sqrt{48}-\dfrac{\sqrt{81}}{\sqrt{9}}$

41. $\dfrac{2\sqrt{5}}{3}+\dfrac{\sqrt{5}}{6}$

42. $\dfrac{4\sqrt{3}}{3}+\dfrac{2\sqrt{3}}{9}$

43. $\sqrt{\dfrac{8}{9}}+\sqrt{\dfrac{18}{36}}$

44. $\sqrt{\dfrac{12}{16}}+\sqrt{\dfrac{48}{64}}$

45. $\dfrac{\sqrt{32}}{3}+\dfrac{2\sqrt{2}}{3}-\dfrac{\sqrt{2}}{\sqrt{9}}$

46. $\dfrac{\sqrt{27}}{2}-\dfrac{3\sqrt{3}}{2}+\dfrac{\sqrt{3}}{\sqrt{4}}$

47. $3\sqrt{\dfrac{50}{9}}+8\dfrac{\sqrt{2}}{\sqrt{8}}$

48. $9\sqrt{\dfrac{48}{25}}-2\dfrac{\sqrt{2}}{\sqrt{98}}$

49. $\sqrt{\dfrac{25}{x^8}}-\sqrt{\dfrac{9}{x^6}}$

50. $\sqrt{\dfrac{100}{y^4}}+\sqrt{\dfrac{81}{y^{10}}}$

51. $3\sqrt[3]{\dfrac{m^5}{27}}-2m\sqrt[3]{\dfrac{m^2}{64}}$

52. $2a\sqrt[4]{\dfrac{a}{16}}-5a\sqrt[4]{\dfrac{a}{81}}$

53. $3\sqrt[3]{\dfrac{2}{x^6}}-4\sqrt[3]{\dfrac{5}{x^9}}$

54. $-4\sqrt[3]{\dfrac{4}{t^9}}+3\sqrt[3]{\dfrac{9}{t^{12}}}$

[55~56] 예제 1(a)에서 $3\sqrt{24}+\sqrt{54}=9\sqrt{6}$ 임을 보였다. 이 결과를 확인하기 위해 계산기를 이용하여 $3\sqrt{24}$ 와 $\sqrt{54}$ 의 근삿값을 구하고 두 값을 더한다. 다음으로 $9\sqrt{6}$ 의 근삿값을 구한다. 이것은 우리가 구하고자 한 합에 대응한다. (이 예제에서 근삿값은 22.04540769이다. 여러분이 이 작업을 반복한다면 반올림 때문에 마지막 자리의 숫자가 불일치할 수도 있다.) 이 절차를 따라 다음 명제를 확인하라.

55. $3\sqrt{32}-2\sqrt{8}=8\sqrt{2}$

56. $2\sqrt{40}+6\sqrt{90}-3\sqrt{160}=10\sqrt{10}$

57. 직사각형 모양인 마당의 가로는 $\sqrt{192}$ m 이고 세로는 $\sqrt{48}$ m 이다. 다음 중 마당의 크기로 가장 좋은 추정값을 선택하고 그 둘레의 길이를 추정하라.

A. 14m × 7m B. 5m × 7m C. 14m × 8m D. 15m × 8m

58. 삼각형의 세 변의 길이가 각각 $\sqrt{64}$ 인치, $\sqrt{35}$ 인치, $\sqrt{26}$ 인치일 때, 다음 중 이 삼각형의 둘레의 길이로 가장 좋은 추정값은 어떤 것인가?

A. 20인치 B. 26인치 C. 19인치 D. 24인치

[59~62] 다음 각 문제를 풀고, 무리식은 간단히 하여 답하라.

59. 삼각형의 둘레의 길이를 구하라.

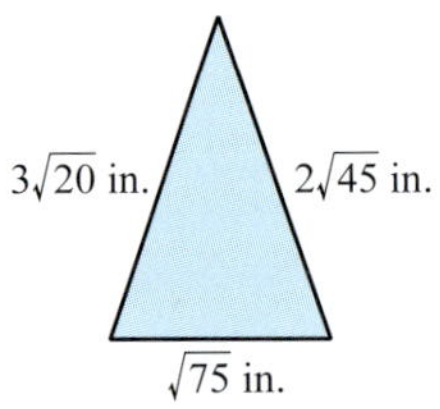

60. 직사각형의 둘레의 길이를 구하라.

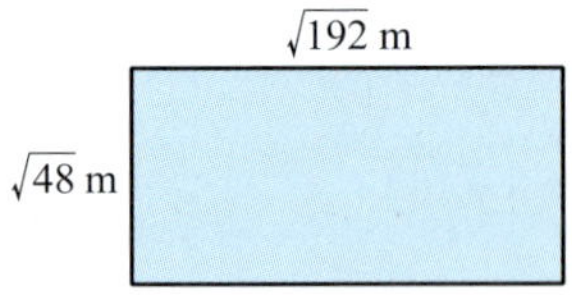

61. 컴퓨터그래픽의 둘레의 길이를 구하라.

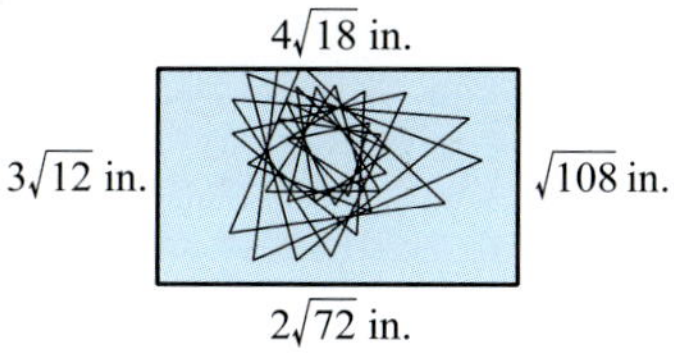

62. 사다리꼴의 넓이를 구하라.

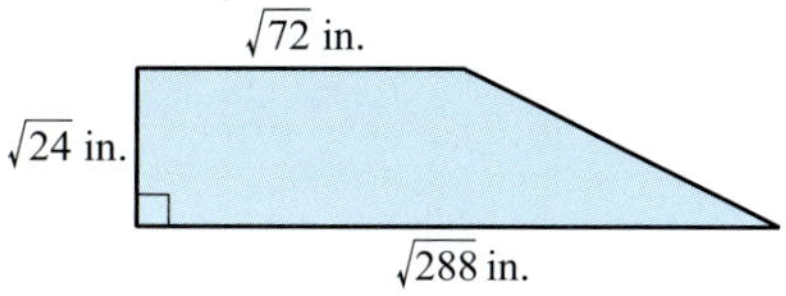

8.5 무리식의 곱셈과 나눗셈

학·습·목·표

1. 무리식의 곱셈
2. 하나의 근호를 갖는 분모의 유리화
3. 근호를 포함하는 이항식을 갖는 분모의 유리화
4. 무리분수식을 기약분수로 나타내기

목표 1 무리식의 곱셈 무리식을 포함하는 이항식은 FOIL(First, Outer, Inner, Last)을 이용하여 곱한다. 예를 들어, 두 이항식 $\sqrt{5}+3$과 $\sqrt{6}+1$의 곱은 다음과 같이 구한다.

$$
\begin{aligned}
(\sqrt{5}+3)(\sqrt{6}+1) &= \overbrace{\sqrt{5}\cdot\sqrt{6}}^{\text{First}}+\overbrace{\sqrt{5}\cdot 1}^{\text{Outer}}+\overbrace{3\cdot\sqrt{6}}^{\text{Inner}}+\overbrace{3\cdot 1}^{\text{Last}} \\
&= \sqrt{30}+\sqrt{5}+3\sqrt{6}+3
\end{aligned}
$$

이 결과는 더 이상 간단히 할 수 없다.

예제 1 무리식을 포함하는 이항식의 곱셈

(a) $(7-\sqrt{3})(\sqrt{5}+\sqrt{2})$

(b) $(\sqrt{10}+\sqrt{3})(\sqrt{10}-\sqrt{3})$

(c) $(\sqrt{7}-3)^2$

(d) $(5-\sqrt[3]{3})(5+\sqrt[3]{3})$

(e) $(\sqrt{k}+\sqrt{y})(\sqrt{k}-\sqrt{y})$

풀이 (a)

$$
\begin{aligned}
(7-\sqrt{3})(\sqrt{5}+\sqrt{2}) &= \overbrace{7\sqrt{5}}^{\text{F}}+\overbrace{7\sqrt{2}}^{\text{O}}-\overbrace{\sqrt{3}\cdot\sqrt{5}}^{\text{I}}-\overbrace{\sqrt{3}\cdot\sqrt{2}}^{\text{L}} \\
&= 7\sqrt{5}+7\sqrt{2}-\sqrt{15}-\sqrt{6}
\end{aligned}
$$

(b)

$$
\begin{aligned}
(\sqrt{10}+\sqrt{3})(\sqrt{10}-\sqrt{3}) &= \sqrt{10}\cdot\sqrt{10}-\sqrt{10}\cdot\sqrt{3}+\sqrt{10}\cdot\sqrt{3}-\sqrt{3}\cdot\sqrt{3} \\
&= 10-3 \\
&= 7
\end{aligned}
$$

이것은 제곱의 차

$$(x+y)(x-y)=x^2-y^2$$

에서 얻어지는 곱임에 주목하자. 여기서 $x=\sqrt{10}$, $y=\sqrt{3}$ 이다.

(c)

$$
\begin{aligned}
(\sqrt{7}-3)^2 &= (\sqrt{7}-3)(\sqrt{7}-3) \\
&= \sqrt{7}\cdot\sqrt{7}-3\sqrt{7}-3\sqrt{7}+3\cdot 3 \\
&= 7-6\sqrt{7}+9 \\
&= 16-6\sqrt{7}
\end{aligned}
$$

(d) $(5-\sqrt[3]{3})(5+\sqrt[3]{3})=5\cdot 5+5\sqrt[3]{3}-5\sqrt[3]{3}-\sqrt[3]{3}\cdot\sqrt[3]{3}$

$$=25-\sqrt[3]{3^2}$$

$$=25-\sqrt[3]{9}$$

(e) $(\sqrt{k}+\sqrt{y})(\sqrt{k}-\sqrt{y})=(\sqrt{k})^2-(\sqrt{y})^2$

$$=k-y,\qquad k\ge 0\text{이고 } y\ge 0$$

■

연습문제 13, 17, 23, 27, 39를 풀어보자.

> ⓘ 주의 예제 1(c)에서 우리는 같은 결과를 얻기 위해 완전제곱식
>
> $$(x-y)^2=x^2-2xy+y^2$$
>
> 을 이용할 수도 있다.
>
> $$(\sqrt{7}-3)^2=(\sqrt{7})^2-2(\sqrt{7})(3)+3^2$$
> $$=7-6\sqrt{7}+9$$
> $$=16-6\sqrt{7}$$

목표 2 하나의 근호를 갖는 분모의 유리화 앞에서 정의했듯이, 간단히 한 무리식은 분모에 무리수가 없다. 계산을 손으로 하는 지루한 과정이었던 과거에는 이 합의의 유래에 어떤 의심도 갖지 않았다. 이것을 알아보기 위해 무리식 $\frac{1}{\sqrt{2}}$을 생각하자. 손으로 근삿값을 구하기 위해서는 1을 1.414와 같은 $\sqrt{2}$의 근삿값으로 나눌 필요가 있다. 나누는 수가 정수였다면 훨씬 쉬울 것이다. 이것은 $\frac{1}{\sqrt{2}}$에 $\frac{\sqrt{2}}{\sqrt{2}}$ 형태의 1을 곱함으로써 달성할 수 있다.

$$\frac{1}{\sqrt{2}}\cdot\frac{\sqrt{2}}{\sqrt{2}}=\frac{\sqrt{2}}{2}.$$

이제 훨씬 쉬운 계산으로서 1.414를 2로 나누면 0.707을 얻는다.

현재 기술로는 이 분수의 어떤 형태든 계산기를 두드려 같은 근삿값을 구할 수 있다(그림 13). 계산기가 두 표현식 모두에서 같은 근삿값을 보여준다.

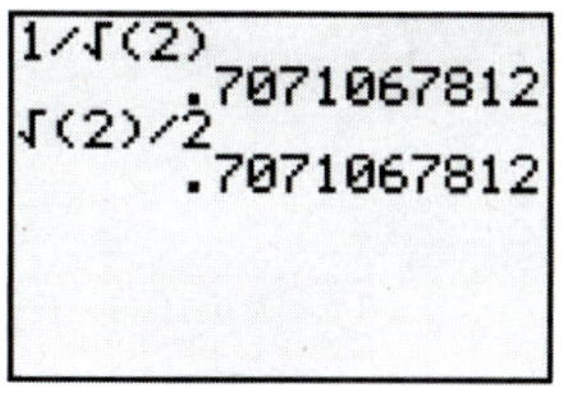

그림 13

무리식의 형태를 표준화하는 공통된 방법은 근호가 없는 분모를 갖게 하는 것이다. 분모가 오직 유리수만을 포함하도록 분모로부터 근호를 제거하는 절차를 분모의 유리화(rationalizing the denominator)라고 부른다.

예제 2 제곱근을 갖는 분모의 유리화

각 분모를 유리화하라.

(a) $\dfrac{3}{\sqrt{7}}$ (b) $\dfrac{5\sqrt{2}}{\sqrt{5}}$ (c) $\dfrac{6}{\sqrt{12}}$

풀이 (a) 분모와 분자에 $\sqrt{7}$을 곱한다. 이것은 실제로는 1을 곱한 것이다.

$$\frac{3}{\sqrt{7}}=\frac{3\cdot\sqrt{7}}{\sqrt{7}\cdot\sqrt{7}}$$

분모에서 $\sqrt{7}\cdot\sqrt{7}=\sqrt{7\cdot 7}=\sqrt{49}=7$이기 때문에

$$\frac{3}{\sqrt{7}}=\frac{3\sqrt{7}}{7}$$

이다. 이제 분모는 유리수이다.

(b) $\dfrac{5\sqrt{2}}{\sqrt{5}}=\dfrac{5\sqrt{2}\cdot\sqrt{5}}{\sqrt{5}\cdot\sqrt{5}}=\dfrac{5\sqrt{10}}{5}=\sqrt{10}$

(c) 먼저 분모를 간단히 한다면 계산은 더 쉬워진다.

$$\frac{6}{\sqrt{12}}=\frac{6}{\sqrt{4\cdot 3}}=\frac{6}{2\sqrt{3}}=\frac{3}{\sqrt{3}}$$

이제 분모와 분자에 $\sqrt{3}$을 곱해 분모를 유리화한다.

$$\frac{3\cdot\sqrt{3}}{\sqrt{3}\cdot\sqrt{3}}=\frac{3\sqrt{3}}{3}=\sqrt{3}$$

■

연습문제 43, 49, 51을 풀어보자.

예제 3 분수식의 제곱근에서 분모의 유리화

각 무리식을 간단히 하라.

(a) $\sqrt{\dfrac{18}{125}}$ (b) $\sqrt{\dfrac{50m^4}{p^5}}$, $p>0$

풀이 (a)

$$\begin{aligned}\sqrt{\frac{18}{125}}&=\frac{\sqrt{18}}{\sqrt{125}} && \text{몫의 법칙}\\&=\frac{\sqrt{9\cdot 2}}{\sqrt{25\cdot 5}} && \text{인수분해}\\&=\frac{3\sqrt{2}}{5\sqrt{5}} && \text{곱의 법칙}\\&=\frac{3\sqrt{2}\cdot\sqrt{5}}{5\sqrt{5}\cdot\sqrt{5}} && \frac{\sqrt{5}}{\sqrt{5}}\text{를 곱한다}\\&=\frac{3\sqrt{10}}{5\cdot 5} && \text{곱의 법칙}\\&=\frac{3\sqrt{10}}{25}\end{aligned}$$

(b) $\sqrt{\dfrac{50m^4}{p^5}} = \dfrac{\sqrt{50m^4}}{\sqrt{p^5}}$ 몫의 법칙

$= \dfrac{5m^2\sqrt{2}}{p^2\sqrt{p}}$ 곱의 법칙

$= \dfrac{5m^2\sqrt{2}\cdot\sqrt{p}}{p^2\sqrt{p}\cdot\sqrt{p}}$ $\dfrac{\sqrt{p}}{\sqrt{p}}$를 곱한다

$= \dfrac{5m^2\sqrt{2p}}{p^2\cdot p}$ 곱의 법칙

$= \dfrac{5m^2\sqrt{2p}}{p^3}$ ■

연습문제 55, 63을 풀어보자.

예제 4 세제곱근과 네제곱근이 있는 분모의 유리화

(a) $\sqrt[3]{\dfrac{27}{16}}$ (b) $\sqrt[4]{\dfrac{5x}{z}}$

풀이 (a) 몫의 법칙을 이용하고 분모와 분자를 간단히 한다.

$$\sqrt[3]{\frac{27}{16}} = \frac{\sqrt[3]{27}}{\sqrt[3]{16}} = \frac{3}{\sqrt[3]{8}\cdot\sqrt[3]{2}} = \frac{3}{2\sqrt[3]{2}}$$

분모를 유리화하기 위해 분모의 근호 안의 수가 완전세제곱수가 되도록 하는 수를 분모와 분자에 곱해야 한다. $2\cdot 4=8$은 완전세제곱수이므로 분모와 분자에 $\sqrt[3]{4}$를 곱한다.

$$\sqrt[3]{\frac{27}{16}} = \frac{3}{2\sqrt[3]{2}} = \frac{3\cdot\sqrt[3]{4}}{2\sqrt[3]{2}\cdot\sqrt[3]{4}} = \frac{3\sqrt[3]{4}}{2\sqrt[3]{8}} = \frac{3\sqrt[3]{4}}{2\cdot 2} = \frac{3\sqrt[3]{4}}{4}$$

(b) $\sqrt[4]{\dfrac{5x}{z}} = \dfrac{\sqrt[4]{5x}}{\sqrt[4]{z}}\cdot\dfrac{\sqrt[4]{z^3}}{\sqrt[4]{z^3}} = \dfrac{\sqrt[4]{5xz^3}}{\sqrt[4]{z^4}} = \dfrac{\sqrt[4]{5xz^3}}{z},\ x\ge 0,\ z>0$ ■

연습문제 71, 81을 풀어보자.

> **ⓘ 주의** 예제 4(a)와 같은 문제에서 실수하기 쉽다. 대표적인 실수는
>
> $$\sqrt[3]{2}\cdot\sqrt[3]{2}\neq 2$$
>
> 임을 잊고 분모와 분자에 $\sqrt[3]{2}$를 곱하는 것이다. 근호 안에 2^3을 만들기 위해서는 세 개의 인수 2가 필요하다. 예제 4(a)에 함축된 것으로써
>
> $$\sqrt[3]{2}\cdot\sqrt[3]{2}\cdot\sqrt[3]{2}=2$$
>
> 이다.

목표 3 근호를 포함하는 이항식을 갖는 분모의 유리화

$(x+y)(x-y)=x^2-y^2$임을 상기하자.

$$\frac{3}{1+\sqrt{2}}$$

처럼 무리수를 포함한 (정확히 2개의 항을 갖는) 이항식으로 이루어진 분모를 유리화하기 위해서는 켤레무리수(conjugate)를 이용해야 한다. $1+\sqrt{2}$의 켤레무리수는 $1-\sqrt{2}$이다. 일반적으로 $x+y$와 $x-y$는 켤레이다.

이항식으로 이루어진 분모의 유리화

무리식의 분모가 제곱근을 갖는 합 또는 차로 이루어져 있을 때, 분모의 켤레무리수를 분모와 분자에 곱하여 분모를 유리화한다.

$\dfrac{3}{1+\sqrt{2}}$의 분모와 분자에 분모의 켤레무리수 $1-\sqrt{2}$를 곱하여 분모를 유리화한다.

$$\frac{3}{1+\sqrt{2}}=\frac{3(1-\sqrt{2})}{(1+\sqrt{2})(1-\sqrt{2})}$$

그러면 $(1+\sqrt{2})(1-\sqrt{2})=1^2-(\sqrt{2})^2=1-2=-1$이므로 분모를 -1로 놓는다.

$$\begin{aligned}&=\frac{3(1-\sqrt{2})}{-1}\\&=\frac{3}{-1}(1-\sqrt{2})\\&=-3(1-\sqrt{2}) \text{ 또는 } -3+3\sqrt{2}.\end{aligned}$$

예제 5 이항식으로 이루어진 분모의 유리화

각 분모를 유리화하라.

(a) $\dfrac{5}{4-\sqrt{3}}$ (b) $\dfrac{\sqrt{2}-\sqrt{3}}{\sqrt{5}+\sqrt{3}}$ (c) $\dfrac{3}{\sqrt{5m}-\sqrt{p}}$

풀이 (a) 분모를 유리화하기 위해 분모의 켤레무리수인 $4+\sqrt{3}$을 분모와 분자에 곱한다.

$$\begin{aligned}\frac{5}{4-\sqrt{3}}&=\frac{5(4+\sqrt{3})}{(4-\sqrt{3})(4+\sqrt{3})}\\&=\frac{5(4+\sqrt{3})}{16-3}\\&=\frac{5(4+\sqrt{3})}{13}\end{aligned}$$

분모가 유리수로 바뀌었음을 주목하라. 이것은 그 식이 기약분수인지 아닌지를 더 쉽게 결정할 수 있도록 해준다.

(b) 분모의 켤레무리수 $\sqrt{5}-\sqrt{3}$을 분모와 분자에 곱한다.

$$\begin{aligned}\frac{\sqrt{2}-\sqrt{3}}{\sqrt{5}+\sqrt{3}}&=\frac{(\sqrt{2}-\sqrt{3})(\sqrt{5}-\sqrt{3})}{(\sqrt{5}+\sqrt{3})(\sqrt{5}-\sqrt{3})}\\&=\frac{\sqrt{10}-\sqrt{6}-\sqrt{15}+3}{5-3}\end{aligned}$$

$$= \frac{\sqrt{10} - \sqrt{6} - \sqrt{15} + 3}{2}$$

(c) $$\frac{3}{\sqrt{5m} - \sqrt{p}} = \frac{3(\sqrt{5m} + \sqrt{p})}{(\sqrt{5m} - \sqrt{p})(\sqrt{5m} + \sqrt{p})}$$

$$= \frac{3(\sqrt{5m} + \sqrt{p})}{5m - p}, \qquad 5m \neq p,\ m > 0,\ p > 0$$ ■

연습문제 85, 91, 95를 풀어보자.

목표 4 무리분수식을 기약분수로 나타내기

예제 6 무리분수식을 기약분수로 나타내기

다음 각 식을 기약분수로 나타내라.

(a) $\frac{6 + 2\sqrt{5}}{4}$ (b) $\frac{5y - \sqrt{8y^2}}{6y}$

풀이 (a) 분모와 분자를 인수분해하고 기약분수로 나타낸다.

$$\frac{6 + 2\sqrt{5}}{4} = \frac{2(3 + \sqrt{5})}{2 \cdot 2} = \frac{3 + \sqrt{5}}{2}$$

여기서는 기약분수로 나타내기 위한 또 다른 방법이 있다.

$$\frac{6 + 2\sqrt{5}}{4} = \frac{6}{4} + \frac{2\sqrt{5}}{4} = \frac{3}{2} + \frac{\sqrt{5}}{2} = \frac{3 + \sqrt{5}}{2}$$

(b) $$\frac{5y - \sqrt{8y^2}}{6y} = \frac{5y - 2y\sqrt{2}}{6y}, \quad y > 0 \qquad \text{곱의 법칙}$$

$$= \frac{y(5 - 2\sqrt{2})}{6y} \qquad \text{분자를 인수분해}$$

$$= \frac{5 - 2\sqrt{2}}{6}$$

마지막 분수에서 분자에 2의 공통인수가 없기 때문에 더 이상 간단히 할 수 없음을 주목하라. ■

연습문제 107, 109를 풀어보자.

> ① 주의 분수식을 기약분수로 나타내기 전에 인수분해하는 것을 주의하라.

연결

미적분학에서 때때로 어떤 식의 분자를 유리화해야 할 경우가 있다. 그 방법은 분모를 유리화하는 것과 비슷하다. 예를 들어,

$$\frac{6-\sqrt{2}}{4}$$

의 분자를 유리화하기 위해 분자의 켤레무리수를 분모와 분자에 곱한다.

$$\frac{6-\sqrt{2}}{4}=\frac{(6-\sqrt{2})(6+\sqrt{2})}{4(6+\sqrt{2})}=\frac{36-2}{4(6+\sqrt{2})}=\frac{34}{4(6+\sqrt{2})}=\frac{17}{2(6+\sqrt{2})}$$

마지막 식에서 분자는 유리화되었고 기약분수이다.

토론 또는 글쓰기

다음 식의 분자를 유리화하라. a와 b는 음이 아닌 실수이다.

1. $\dfrac{8\sqrt{5}-1}{6}$
2. $\dfrac{3\sqrt{a}+\sqrt{b}}{b}$
3. $\dfrac{3\sqrt{a}+\sqrt{b}}{\sqrt{b}-\sqrt{a}}$
4. 3번 문제에서 분모를 유리화하고 3번에서 풀었던 과정과의 차이를 설명하라.

8.5 연습문제

[1~6] 열 I에 있는 식과 열 II에 있는 식을 연결하라.

I	II
1. $(x+\sqrt{y})(x-\sqrt{y})$	A. $x-y$
2. $(\sqrt{x}+y)(\sqrt{x}-y)$	B. $x+2y\sqrt{x}+y^2$
3. $(\sqrt{x}+\sqrt{y})(\sqrt{x}-\sqrt{y})$	C. $x-y^2$
4. $(\sqrt{x}+\sqrt{y})^2$	D. $x-2\sqrt{xy}+y$
5. $(\sqrt{x}-\sqrt{y})^2$	E. x^2-y
6. $(\sqrt{x}+y)^2$	F. $x+2\sqrt{xy}+y$

[7~42] 다음 식들을 곱하고 간단히 하라. 모든 변수들은 양의 실수이다. (예제 1)

7. $\sqrt{6}(3+\sqrt{2})$
8. $\sqrt{2}(\sqrt{32}-\sqrt{9})$
9. $5(\sqrt{72}-\sqrt{8})$
10. $\sqrt{3}(\sqrt{12}+2)$
11. $(\sqrt{7}+3)(\sqrt{7}-3)$
12. $(\sqrt{3}-5)(\sqrt{3}+5)$
13. $(\sqrt{2}-\sqrt{3})(\sqrt{2}+\sqrt{3})$
14. $(\sqrt{7}+\sqrt{3})(\sqrt{7}-\sqrt{3})$

15. $(\sqrt{8}-\sqrt{2})(\sqrt{8}+\sqrt{2})$

16. $(\sqrt{20}-\sqrt{5})(\sqrt{20}+\sqrt{5})$

17. $(\sqrt{2}+1)(\sqrt{3}-1)$

18. $(\sqrt{3}+3)(\sqrt{5}-2)$

19. $(\sqrt{11}-\sqrt{7})(\sqrt{2}+\sqrt{5})$

20. $(\sqrt{6}+\sqrt{2})(\sqrt{3}+\sqrt{2})$

21. $(2\sqrt{3}+\sqrt{5})(3\sqrt{3}-2\sqrt{5})$

22. $(\sqrt{7}-\sqrt{11})(2\sqrt{7}+3\sqrt{11})$

23. $(\sqrt{5}+2)^2$

24. $(\sqrt{11}-1)^2$

25. $(\sqrt{21}-\sqrt{5})^2$

26. $(\sqrt{6}-\sqrt{2})^2$

27. $(2+\sqrt[3]{6})(2-\sqrt[3]{6})$

28. $(\sqrt[3]{3}+6)(\sqrt[3]{3}-6)$

29. $(2+\sqrt[3]{2})(4-2\sqrt[3]{2}+\sqrt[3]{4})$

30. $(\sqrt[3]{3}-1)(\sqrt[3]{9}+\sqrt[3]{3}+1)$

31. $(3\sqrt{x}-\sqrt{5})(2\sqrt{x}+1)$

32. $(4\sqrt{p}+\sqrt{7})(\sqrt{p}-9)$

33. $(3\sqrt{r}-\sqrt{s})(3\sqrt{r}+\sqrt{s})$

34. $(\sqrt{k}+4\sqrt{m})(\sqrt{k}-4\sqrt{m})$

35. $(\sqrt[3]{2y}-5)(4\sqrt[3]{2y}+1)$

36. $(\sqrt[3]{9z}-2)(5\sqrt[3]{9z}+7)$

37. $(\sqrt{3x}+2)(\sqrt{3x}-2)$

38. $(\sqrt{6y}-4)(\sqrt{6y}+4)$

39. $(2\sqrt{x}+\sqrt{y})(2\sqrt{x}-\sqrt{y})$

40. $(\sqrt{p}+5\sqrt{s})(\sqrt{p}-5\sqrt{s})$

41. $[(\sqrt{2}+\sqrt{3})-\sqrt{6}][(\sqrt{2}+\sqrt{3})+\sqrt{6}]$

42. $[(\sqrt{5}-\sqrt{2})-\sqrt{3}][(\sqrt{5}-\sqrt{2})+\sqrt{3}]$

[43~68] 각 식의 분모를 유리화하라. 모든 변수들은 양의 실수이다. (예제 2와 3)

43. $\dfrac{7}{\sqrt{7}}$

44. $\dfrac{11}{\sqrt{11}}$

45. $\dfrac{15}{\sqrt{3}}$

46. $\dfrac{12}{\sqrt{6}}$

47. $\dfrac{\sqrt{3}}{\sqrt{2}}$

48. $\dfrac{\sqrt{7}}{\sqrt{6}}$

49. $\dfrac{9\sqrt{3}}{\sqrt{5}}$

50. $\dfrac{3\sqrt{2}}{\sqrt{11}}$

51. $\dfrac{-6}{\sqrt{18}}$

52. $\dfrac{-5}{\sqrt{24}}$

53. $\sqrt{\dfrac{7}{2}}$

54. $\sqrt{\dfrac{10}{3}}$

55. $-\sqrt{\dfrac{7}{50}}$

56. $-\sqrt{\dfrac{13}{75}}$

57. $\sqrt{\dfrac{24}{x}}$

58. $\sqrt{\dfrac{52}{y}}$

59. $\dfrac{-8\sqrt{3}}{\sqrt{k}}$

60. $\dfrac{-4\sqrt{13}}{\sqrt{m}}$

61. $-\sqrt{\dfrac{150m^5}{n^3}}$

62. $-\sqrt{\dfrac{98r^3}{s^5}}$

63. $\sqrt{\dfrac{288x^7}{y^9}}$

64. $\sqrt{\dfrac{242t^9}{u^{11}}}$

65. $\dfrac{5\sqrt{2m}}{\sqrt{y^3}}$

66. $\dfrac{2\sqrt{5r}}{\sqrt{m^3}}$

67. $-\sqrt{\dfrac{48k^2}{z}}$

68. $-\sqrt{\dfrac{75m^3}{p}}$

[69~82] 간단히 하라. 모든 변수들은 양의 실수이다. (예제 4)

69. $\sqrt[3]{\frac{2}{3}}$

70. $\sqrt[3]{\frac{4}{5}}$

71. $\sqrt[3]{\frac{4}{9}}$

72. $\sqrt[3]{\frac{5}{16}}$

73. $\sqrt[3]{\frac{9}{32}}$

74. $\sqrt[3]{\frac{10}{9}}$

75. $-\sqrt[3]{\frac{2p}{r^2}}$

76. $-\sqrt[3]{\frac{6x}{y^2}}$

77. $\sqrt[3]{\frac{x^6}{y}}$

78. $\sqrt[3]{\frac{m^9}{q}}$

79. $\sqrt[4]{\frac{16}{x}}$

80. $\sqrt[4]{\frac{81}{y}}$

81. $\sqrt[4]{\frac{2y}{z}}$

82. $\sqrt[4]{\frac{7t}{s^2}}$

83. 연습문제 85에 있는 식 $\frac{3}{4+\sqrt{5}}$의 분모를 유리화하는 과정을 설명하라. 분모 $4+\sqrt{5}$를 유리화하기 위해 분모와 분자에 무엇을 곱해야 하는가?

84. $\sqrt{6}-\sqrt{5}$의 역수가 $\sqrt{6}+\sqrt{5}$임을 두 가지 방법으로 증명하라. (일반적으로 켤레무리수는 역수와 같지 않다.)

[85~100] 각 식의 분모를 유리화하라. 모든 변수들은 양의 실수이고 분모는 0이 아니다. (예제 5)

85. $\frac{3}{4+\sqrt{5}}$

86. $\frac{4}{3-\sqrt{7}}$

87. $\frac{\sqrt{8}}{3-\sqrt{2}}$

88. $\frac{\sqrt{27}}{2+\sqrt{3}}$

89. $\frac{2}{3\sqrt{5}+2\sqrt{3}}$

90. $\frac{-1}{3\sqrt{2}-2\sqrt{7}}$

91. $\frac{\sqrt{2}-\sqrt{3}}{\sqrt{6}-\sqrt{5}}$

92. $\frac{\sqrt{5}+\sqrt{6}}{\sqrt{3}-\sqrt{2}}$

93. $\frac{m-4}{\sqrt{m}+2}$

94. $\frac{r-9}{\sqrt{r}-3}$

95. $\frac{4\sqrt{x}}{\sqrt{x}-2\sqrt{y}}$

96. $\frac{5\sqrt{r}}{3\sqrt{r}+\sqrt{s}}$

97. $\frac{\sqrt{x}-\sqrt{y}}{\sqrt{x}+\sqrt{y}}$

98. $\frac{\sqrt{a}+\sqrt{b}}{\sqrt{a}-\sqrt{b}}$

99. $\frac{3\sqrt{x}}{\sqrt{x}-2\sqrt{y}}$

100. $\frac{5\sqrt{k}}{2\sqrt{k}+\sqrt{q}}$

101. a와 b가 모두 양수이고 $a^2=b^2$이면 $a=b$이다. 이 사실을 이용하여 다음을 증명하라.

$$\frac{\sqrt{6}-\sqrt{2}}{4}=\frac{\sqrt{2-\sqrt{3}}}{2}$$

102. 계산기를 이용하여 연습문제 101의 결과를 뒷받침할 근삿값을 구하라.

[103~110] 각 식을 기약분수로 나타내라. 모든 변수들은 양의 실수이다. (예제 6)

103. $\frac{30-20\sqrt{6}}{10}$

104. $\frac{24+12\sqrt{5}}{12}$

105. $\frac{3-3\sqrt{5}}{3}$

106. $\dfrac{-5+5\sqrt{2}}{5}$ 107. $\dfrac{16-4\sqrt{8}}{12}$ 108. $\dfrac{12-9\sqrt{72}}{18}$

109. $\dfrac{6p+\sqrt{24p^3}}{3p}$ 110. $\dfrac{11y-\sqrt{242y^5}}{22y}$

[111~114] 각 분모를 유리화하라. 모든 근호 안의 수는 실수이고 분모는 0이 아니다.

111. $\dfrac{1}{\sqrt{x+y}}$ 112. $\dfrac{5}{\sqrt{m-n}}$ 113. $\dfrac{p}{\sqrt{p+2}}$ 114. $\dfrac{3q}{\sqrt{5+q}}$

115. 다음 식은 삼각법의 문제에서 흔히 볼 수 있다.

$$\frac{1}{\sqrt{2}}\cdot\frac{\sqrt{3}}{2}-\frac{1}{\sqrt{2}}\cdot\frac{1}{2}$$

이것을 간단히 하면 $\dfrac{\sqrt{6}-\sqrt{2}}{4}$ 가 됨을 증명하라. 그리고 계산기로 근삿값을 구해서 검증하라.

116. 다음 식은 삼각법의 문제에서 흔히 볼 수 있다.

$$\frac{\sqrt{3}+1}{1-\sqrt{3}}$$

이것을 간단히 하면 $-2-\sqrt{3}$ 이 됨을 증명하라. 그리고 계산기로 근삿값을 구해서 검증하라.

관련 개념(문제 117~124)

개인 또는 그룹 과제용

6장에서 인수들의 항이 정수인 인수분해 방법에 대하여 알아보았다. 예를 들어, 이항식 x^2-9는 제곱의 차이고 $(x+3)(x-3)$으로 인수분해된다. 그러나 인수들의 항에 제곱근을 허용한다면 임의의 이항식을 인수분해하는데 같은 패턴을 이용할 수 있다. 예를 들어, $t-5$는 $(\sqrt{t}+\sqrt{5})(\sqrt{t}-\sqrt{5})$로 인수분해될 수 있다.

비슷하게, $x^3+y^3=(x+y)(x^2-xy+y^2)$과 $x^3-y^3=(x-y)(x^2+xy+y^2)$을 이용하여 세제곱의 합 또는 차로 이항식을 인수분해할 수 있다. 예를 들어 $y+2$와 $y-2$는 다음과 같이 인수분해된다.

$$y+2=(\sqrt[3]{y}+\sqrt[3]{2})(\sqrt[3]{y^2}-\sqrt[3]{2y}+\sqrt[3]{4})$$
$$y-2=(\sqrt[3]{y}-\sqrt[3]{2})(\sqrt[3]{y^2}+\sqrt[3]{2y}+\sqrt[3]{4})$$

이 개념을 이용하여 연습문제 117~124를 순서대로 풀어라.

117. $x-7$을 제곱의 차로 인수분해하라.

118. $x-7$을 세제곱의 차로 인수분해하라.

119. $x+7$을 세제곱의 합으로 인수분해하라.

120. 연습문제 117의 결과를 이용하여

$$\frac{x+3}{\sqrt{x}-\sqrt{7}}$$

의 분모를 유리화하라.

121. 연습문제 118의 결과를 이용하여

$$\frac{x+3}{\sqrt[3]{x}-\sqrt[3]{7}}$$

의 분모를 유리화하라.

122. 연습문제 119의 결과를 이용하여

$$\frac{x+3}{\sqrt[3]{x^2}-\sqrt[3]{7x}+\sqrt[3]{49}}$$

의 분모를 유리화하라.

123. 정수 2를 $5-3$으로 쓰고 세제곱의 차로 인수분해하라.

124. 연습문제 123의 결과를 이용하여

$$\frac{2}{\sqrt[3]{5}-\sqrt[3]{3}}$$

의 분모를 유리화하라.

[125~128] 각 식의 분자를 유리화하라. 모든 변수들은 양의 실수이다. (힌트: 예제 6 아래에 있는 연결을 보라.)

125. $\dfrac{6-\sqrt{2}}{4}$

126. $\dfrac{8\sqrt{5}-1}{6}$

127. $\dfrac{3\sqrt{a}+\sqrt{b}}{b}$

128. $\dfrac{\sqrt{p}-3\sqrt{q}}{4q}$

근호 연산에 관한 요약 연습문제

간단히 한 근호는 다음 조건을 만족함을 상기하라.

1. 근호 안의 수는 근지수보다 크거나 같은 거듭제곱으로 표현되는 인수를 가지고 있지 않다.
2. 근호 안의 수는 분수를 갖지 않는다.
3. 어떤 분모도 근호를 포함하지 않는다.
4. 근호 안의 수의 지수와 근호의 근지수는 (1을 제외한) 공통인수를 갖지 않는다.

[1~25] 모든 연산을 수행하고 가장 간단한 모양으로 답을 쓰라. 모든 변수들은 양의 실수이다.

1. $6\sqrt{10}-12\sqrt{10}$

2. $\sqrt{7}(\sqrt{7}-\sqrt{2})$

3. $(1-\sqrt{3})(2+\sqrt{6})$

4. $\sqrt{50}-\sqrt{98}+\sqrt{72}$

5. $(3\sqrt{5}+2\sqrt{7})^2$

6. $\dfrac{-3}{\sqrt{6}}$

7. $\dfrac{8}{\sqrt{7}+\sqrt{5}}$

8. $\sqrt[3]{16x^2}-\sqrt[3]{54x^2}+\sqrt[3]{128x^2}$

9. $\dfrac{1-\sqrt{2}}{1+\sqrt{2}}$

10. $(1-\sqrt[3]{3})(1+\sqrt[3]{3}+\sqrt[3]{9})$

11. $(\sqrt{5}+7)(\sqrt{5}-7)$

12. $\dfrac{1}{\sqrt{x}-\sqrt{5}}$, $x \neq 5$

13. $\sqrt[3]{8a^3b^5c^9}$

14. $\dfrac{15}{\sqrt[3]{9}}$

15. $\dfrac{3}{\sqrt{5}+2}$

16. $\sqrt{\dfrac{3}{5x}}$

17. $\dfrac{16\sqrt{3}}{5\sqrt{12}}$

18. $\dfrac{2\sqrt{25}}{8\sqrt{50}}$

19. $\dfrac{-10}{\sqrt[3]{10}}$

20. $\dfrac{\sqrt{6}+\sqrt{5}}{\sqrt{6}-\sqrt{5}}$

21. $\sqrt{12x}-\sqrt{75x}$

22. $(5-3\sqrt{3})^2$

23. $(\sqrt{74}-\sqrt{73})(\sqrt{74}+\sqrt{73})$

24. $\sqrt[3]{\dfrac{13}{81}}$

25. $-t^2\sqrt[4]{t}+3\sqrt[4]{t^9}-t\sqrt[4]{t^5}$

8.6 무리방정식 풀기

[학·습·목·표]

1. 멱등법칙을 이용해 무리방정식 풀기
2. 추가 단계가 필요한 무리방정식 풀기
3. 2보다 큰 근지수를 갖는 무리방정식 풀기
4. 그래프 계산기로 무리방정식 풀기
5. 멱등법칙을 이용하여 특정 변수에 관해 식 풀기

이 장에서는 대수의 기본 기호와 규칙들을 공부한다.

목표 1 멱등법칙을 이용해 무리방정식 풀기 일변수를 갖는 1개 이상의 무리식을 포함하는 방정식을 무리방정식(radical equation)이라고 한다. 다음은 무리방정식의 예이다.

$$\sqrt{x-4}=8, \quad \sqrt{5x+12}=3\sqrt{2x-1}, \quad \sqrt[3]{6+x}=27.$$

방정식 $x=1$은 오직 하나의 해를 갖는다. 그것의 해집합은 $\{1\}$이다. 만약 이 방정식의 양변을 제곱한다면 $x^2=1$을 얻는데 이 새로운 방정식은 2개의 해 -1과 1을 갖는다. 원래 방정식의 해 또한 제곱하여 얻은 방정식의 해임을 주목하자. 그러나 제곱하여 얻은 방정식은 또 다른 해 -1을 갖고 이것은 원래 방정식의 해가 아니다. 무리방정식을 풀 때, 양변을 제곱하여 구하는 이러한 방법을 이용한다. 이것은 멱등법칙(power rule)을 응용한 것이다.

무리방정식을 풀기 위한 멱등법칙

방정식의 양변에 같은 거듭제곱을 취한다면, 원래 방정식의 모든 해 또한 새로운 방정식의 해가 된다.

멱등법칙을 주의깊게 생각하자. 새 방정식의 모든 해가 원래 방정식의 해가 되는 것은 아니다. 그럴 수도 그렇지 않을 수도 있다. 원래 방정식을 만족하지 않는 해를 무연근(extraneous solution)이라 부르고 이것들은 버려야만 한다.

ⓘ 주의 방정식을 풀기 위해 멱등법칙을 사용할 때, 새 방정식의 모든 해들이 원래 방정식의 해인지 확인해야만 한다.

예제 1 멱등법칙 이용하기

$\sqrt{3x+4}=8$을 풀어라.

풀이 양변을 제곱하여 멱등법칙을 이용하면

$$(\sqrt{3x+4})^2 = 8^2$$
$$3x+4 = 64$$
$$3x = 60$$
$$x = 20$$

• 확인: $x=20$을 원래 방정식의 좌변에 대입하면

$$\sqrt{3x+4} = \sqrt{3\cdot 20+4} = \sqrt{64} = 8$$

이므로 20은 원래 방정식을 만족한다. 따라서 해집합은 $\{20\}$이다. ■

연습문제 9를 풀어보자.

예제 1에 주어진 방정식의 해는 무리방정식들을 푸는 데 필요한 방법으로 일반화될 수 있다.

무리방정식 풀기

1단계 방정식의 한쪽 변에 1개의 무리식만 오게 한다.
2단계 무리식의 근지수와 같은 거듭제곱을 방정식의 양변에 취한다.
3단계 도출된 방정식을 푼다. 아직도 무리식을 포함하고 있다면, 1단계와 2단계를 반복한다.
4단계 구한 값들이 원래 방정식의 해가 되는지 확인한다.

ⓘ 주의 4단계에 주의하지 않는다면 부정확한 해집합을 얻을 수 있다.

《예제 2》 멱등법칙 이용하기

$\sqrt{5q-1}+3=0$을 풀어라.

풀이 • 1단계: 한 변에 무리식만 오게 하기 위하여, 양변으로부터 3을 뺀다.

$$\sqrt{5q-1} = -3$$

• 2단계: 양변을 제곱한다.

$$(\sqrt{5q-1})^2 = (-3)^2$$

• 3단계:

$$5q-1 = 9$$
$$5q = 10$$
$$q = 2$$

• 4단계: 원래 방정식의 좌변에 2를 대입하면,

$$\sqrt{5q-1}+3 = \sqrt{5\cdot 2-1}+3 = 3+3 \neq 0$$

원래 방정식을 만족하지 않으므로 2는 무연근이다. 따라서 해집합은 $\varnothing$ 이다. ■

연습문제 11을 풀어보자.

ⓘ Note 예제 2에 주어진 방정식의 해가 없다는 것을 1단계에서 결정할 수도 있었다. 왜냐하면 좌변은 음이 될 수 없기 때문이다.

목표 2 추가 단계가 필요한 무리방정식 풀기 다음 예제는 이항식의 제곱을 구하는 것을 포함한다.

$$(x+y)^2 = x^2 + 2xy + y^2$$

임을 상기하자.

예제 3 멱등법칙 이용; 이항식의 제곱

$\sqrt{4-x} = x+2$를 풀어라.

풀이 • 1단계: 무리식은 방정식의 좌변에만 있다.

• 2단계: 양변을 제곱한다. $x+2$의 제곱은 $(x+2)^2 = x^2+4x+4$이다.

$$(\sqrt{4-x})^2 = (x+2)^2$$
$$4-x = x^2+4x+4$$

($4x$: 2와 x의 곱의 두 배)

• 3단계: 새 방정식이 이차방정식이므로 한 변이 0이 되게 만든다.

$0 = x^2+5x$	4를 빼고 x를 더한다.
$0 = x(x+5)$	인수분해
$x=0$ 또는 $x+5=0$	연인수 성질
$x = -5$	

• 4단계: 원래 방정식의 해인지 확인한다.

$x=0$이면		$x=-5$이면	
$\sqrt{4-x} = x+2$		$\sqrt{4-x} = x+2$	
$\sqrt{4-0} = 0+2$		$\sqrt{4-(-5)} = -5+2$	
$\sqrt{4} = 2$		$\sqrt{9} = -3$	
$2=2$	참	$3=-3$	거짓

해집합은 $\{0\}$이다. -5는 무연근이다. ■

연습문제 27을 풀어보자.

> ⓘ 주의 예제 3과 같이 이항식을 제곱할 때 가운데 항을 포함하고 있는 것을 기억하라.
>
> $(x+2)^2 \neq x^2+4$ 틀림　　　$(x+2)^2 = x^2+4x+4$ 맞음

예제 4 멱등법칙 이용; 이항식의 제곱

$\sqrt{x^2-4x+9}=x-1$을 풀어라.

풀이 양변을 제곱하면 우변은 $(x-1)^2=x^2-2(x)(1)+1^2$이 된다.

$$\left(\sqrt{x^2-4x+9}\right)^2=(x-1)^2$$
$$x^2-4x+9=x^2-2x+1$$

($-2x$: x와 -1의 곱의 두 배)

양변에서 x^2과 1을 빼고, 양변에 $4x$를 더하면

$$8=2x$$
$$4=x$$

• 확인:

$$\sqrt{x^2-4x+9}=x-1$$
$$\sqrt{4^2-4\cdot 4+9}=4-1 \qquad x=4 \text{ 대입}$$
$$3=3 \qquad \text{참}$$

원래 방정식의 해집합은 $\{4\}$이다. ■

✎ 연습문제 29를 풀어보자.

예제 5 멱등법칙 이용; 두 번 제곱

$\sqrt{5x+6}+\sqrt{3x+4}=2$를 풀어라.

풀이 방정식의 한쪽 변에 무리식이 하나만 있게 하기 위하여 양변에서 $\sqrt{3x+4}$를 뺀다.

$$\sqrt{5x+6}=2-\sqrt{3x+4}$$
$$\left(\sqrt{5x+6}\right)^2=\left(2-\sqrt{3x+4}\right)^2 \qquad \text{양변 제곱}$$
$$5x+6=4-4\sqrt{3x+4}+(3x+4)$$

($-4\sqrt{3x+4}$: 2와 $-\sqrt{3x+4}$의 곱의 두 배)

이 방정식은 아직도 무리식을 포함하므로 양변을 다시 제곱한다. 그 전에 우변에 무리항만 있게 만든다.

$$5x+6=8+3x-4\sqrt{3x+4}$$
$$2x-2=-4\sqrt{3x+4} \qquad \text{8과 } 3x\text{를 뺀다.}$$
$$x-1=-2\sqrt{3x+4} \qquad \text{2로 나눈다.}$$

$$(x-1)^2=(-2\sqrt{3x+4})^2 \qquad \text{양변을 다시 제곱한다.}$$
$$x^2-2x+1=(-2)^2(\sqrt{3x+4})^2 \qquad (ab)^2=a^2b^2$$
$$x^2-2x+1=4(3x+4)$$
$$x^2-2x+1=12x+16 \qquad \text{분배법칙}$$
$$x^2-14x-15=0 \qquad \text{표준형}$$
$$(x-15)(x+1)=0 \qquad \text{인수분해}$$
$$x-15=0 \quad \text{또는} \quad x+1=0 \qquad \text{영인수 성질}$$
$$x=15 \quad \text{또는} \quad x=-1$$

• 확인: 원래 방정식의 해인지 확인하면 -1만 만족한다. 따라서 해집합은 $\{-1\}$이다. ■

연습문제 51을 풀어보자.

목표 3 2보다 큰 근지수를 갖는 무리방정식 풀기 멱등법칙은 2보다 큰 거듭제곱에 대해서도 작용한다.

예제 6 2보다 큰 거듭제곱에 대한 멱등법칙 이용

$\sqrt[3]{z+5}=\sqrt[3]{2z-6}$을 풀어라.

풀이 양변에 세제곱을 취하면

$$(\sqrt[3]{z+5})^3=(\sqrt[3]{2z-6})^3$$
$$z+5=2z-6$$
$$11=z$$

• 확인:

$$\sqrt[3]{z+5}=\sqrt[3]{2z-6} \qquad \text{원래 방정식}$$
$$\sqrt[3]{11+5}=\sqrt[3]{2\cdot 11-6} \qquad z=11 \text{ 대입}$$
$$\sqrt[3]{16}=\sqrt[3]{16} \qquad \text{참}$$

해집합은 $\{11\}$이다. ■

연습문제 37을 풀어보자.

목표 4 그래프 계산기로 무리방정식 풀기 예제 4에서 방정식 $\sqrt{x^2-4x+9}=x-1$의 해를 대수적인 방법으로 구했다. 이 방정식의 한 변을 0이 되게 쓰면

$$\sqrt{x^2-4x+9}-x+1=0$$

을 얻는다. 그래프 계산기를 이용하여

$$f(x)=\sqrt{x^2-4x+9}-x+1$$

로 정의된 함수의 그래프를 그리면 그림 14와 같이 나타난다. 이 함수의 영(x절편에서의 x값)은 4이고, 이것은 예제 4에서 구한 해이다.

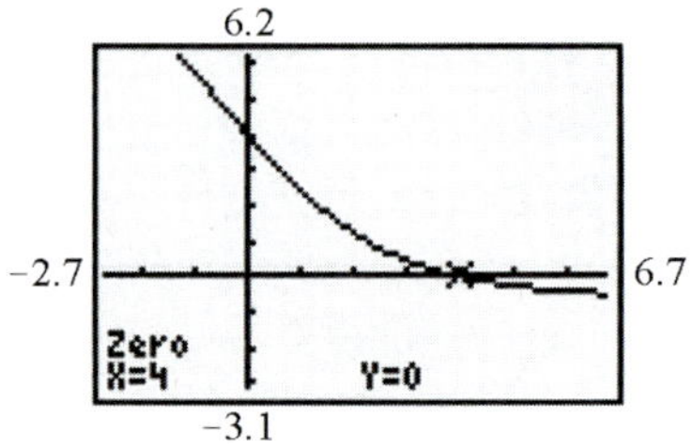

그림 14

예제 3에서 우리는 $\sqrt{4-x}=x+2$의 해가 0이고 무연근이 -5라는 것을 알았다. $f(x)=\sqrt{4-x}$ 와 $g(x)=x+2$를 같은 창에 그리면, 두 그래프가 만나는 점의 x좌표가 0임을 알 수 있다. 이것은 이 방정식의 해이다. 그림 15를 보라.

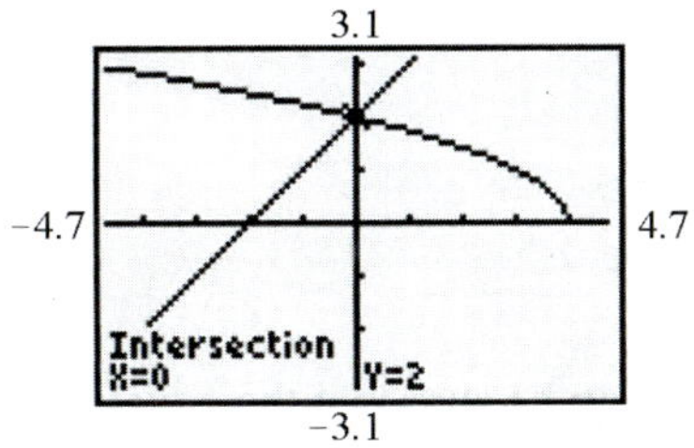

그림 15

예제 3에서 양변을 제곱하여 $4-x=x^2+4x+4$를 얻음으로써 방정식의 해를 구하였다. 그림 16은 $f(x)=4-x$와 $g(x)=x^2+4x+4$로 정의된 두 함수의 교점이 2개 있음을 보여준다. 예제 3에서 찾은 무연근 -5는 이 교점들 중 하나의 x값을 나타낸다. 그러나 우리가 확인한 바와 같이 -5는 (제곱하기 전의) 원래 방정식의 해가 아니었다. 여기서 무연근에 대한 그래프적인 해석을 본다.

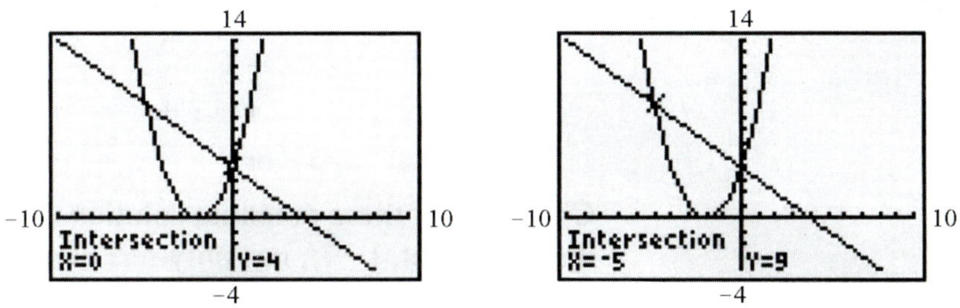

0은 원래 방정식의 해이다. -5는 원래 방정식의 해가 아니다.

그림 16

목표 5 멱등법칙을 이용하여 특정 변수에 관해 식 풀기

예제 7 전자공학에서 한 변수에 관한 식을 풀기

무선 주파수 전송선에 관한 중요한 성질은 특성 임피던스(characteristic impedance)이다. 이것은 Z로 표현되고 옴(ohm)으로 측정된다. L과 C가 각각 주파수 전송선의 단위길이당 유도용량(inductance)과 정전용량(capacitance)이면, 이 양들은 식 $Z=\sqrt{\frac{L}{C}}$에 의해 관계된다. 이 식을 C에 관해 풀어라.

풀이

$$Z=\sqrt{\frac{L}{C}} \quad \text{주어진 식}$$

$$Z^2=\frac{L}{C} \quad \text{양변을 제곱한다.}$$

$$CZ^2=L \quad C\text{를 곱한다.}$$

$$C=\frac{L}{Z^2} \quad Z^2\text{으로 나눈다.}$$

■

연습문제 67을 풀어보자.

8.6 연습문제

[1~4] x의 값으로 주어진 수들이 각 방정식의 해인지 확인하라.

1. $\sqrt{3x+18}=x$
   (a) 6 (b) -3

2. $\sqrt{3x-3}=x-1$
   (a) 1 (b) 4

3. $\sqrt{x+2}=\sqrt{9x-2}-2\sqrt{x-1}$
   (a) 2 (b) 7

4. $\sqrt{8x-3}=2x$
   (a) $\frac{3}{2}$ (b) $\frac{1}{2}$

5. 9는 방정식 $\sqrt{x}=-3$의 해인가? 아니라면 무엇이 이 방정식의 해인지 설명하라.

6. 방정식 $\sqrt{3x+18}=x$를 풀려고 시도하기 전에, 방정식이 음의 해를 갖지 않는다는 것을 확신할 수 있는가?

[7~34] 각 방정식을 풀어라. (예제 1~4)

7. $\sqrt{r-2}=3$
8. $\sqrt{q+1}=7$
9. $\sqrt{6k-1}=1$
10. $\sqrt{7m-3}=5$
11. $\sqrt{4r+3}+1=0$
12. $\sqrt{5k-3}+2=0$
13. $\sqrt{3k+1}-4=0$
14. $\sqrt{5z+1}-11=0$
15. $4-\sqrt{x-2}=0$
16. $9-\sqrt{4k+1}=0$
17. $\sqrt{9a-4}=\sqrt{8a+1}$
18. $\sqrt{4p-2}=\sqrt{3p+5}$
19. $2\sqrt{x}=\sqrt{3x+4}$
20. $2\sqrt{m}=\sqrt{5m-16}$
21. $3\sqrt{z-1}=2\sqrt{2z+2}$
22. $5\sqrt{4a+1}=3\sqrt{10a+25}$
23. $k=\sqrt{k^2+4k-20}$
24. $p=\sqrt{p^2-3p+18}$
25. $a=\sqrt{a^2+3a+9}$
26. $z=\sqrt{z^2-4z-8}$
27. $\sqrt{9-x}=x+3$
28. $\sqrt{5-x}=x+1$
29. $\sqrt{k^2+2k+9}=k+3$
30. $\sqrt{a^2-3a+3}=a-1$
31. $\sqrt{r^2+9r+3}=-r$
32. $\sqrt{p^2-15p+15}=p-5$
33. $\sqrt{z^2+12z-4}+4-z=0$
34. $\sqrt{m^2+3m+12}-m-2=0$

35. 다음은 $\sqrt{3x+4}=8-x$를 풀기 위한 첫 번째 단계이다. 무엇이 틀렸는가? 올바르게 풀어라.

$$3x+4=64+x^2$$

36. 다음은 방정식 $\sqrt{5x+6}-\sqrt{x+3}=3$을 풀기 위한 첫 번째 단계이다. 무엇이 틀렸는가? 올바르게 풀어라.

$$(5x+6)+(x+3)=9$$

[37~58] 각 방정식을 풀어라. (예제 5와 6)

37. $\sqrt[3]{2x+5}=\sqrt[3]{6x+1}$

38. $\sqrt[3]{p-1}=2$

39. $\sqrt[3]{a^2+5a+1}=\sqrt[3]{a^2+4a}$

40. $\sqrt[3]{r^2+2r+8}=\sqrt[3]{r^2}$

41. $\sqrt[3]{2m-1}=\sqrt[3]{m+13}$

42. $\sqrt[3]{2k-11}-\sqrt[3]{5k+1}=0$

43. $\sqrt[4]{a+8}=\sqrt[4]{2a}$

44. $\sqrt[4]{z+11}=\sqrt[4]{2z+6}$

45. $\sqrt[3]{x-8}+2=0$

46. $\sqrt[3]{r+1}+1=0$

47. $\sqrt[4]{2k-5}+4=0$

48. $\sqrt[4]{8z-3}+2=0$

49. $\sqrt{k+2}-\sqrt{k-3}=1$

50. $\sqrt{r+6}-\sqrt{r-2}=2$

51. $\sqrt{2r+11}-\sqrt{5r+1}=-1$

52. $\sqrt{3x-2}-\sqrt{x+3}=1$

53. $\sqrt{3p+4}-\sqrt{2p-4}=2$

54. $\sqrt{4x+5}-\sqrt{2x+2}=1$

55. $\sqrt{3-3p}-3=\sqrt{3p+2}$

56. $\sqrt{4x+7}-4=\sqrt{4x-1}$

57. $\sqrt{2\sqrt{x+11}}=\sqrt{4x+2}$

58. $\sqrt{1+\sqrt{24-10x}}=\sqrt{3x+5}$

59. 무리방정식 $\sqrt{x+3}=\sqrt[3]{5+4x}$ 의 근호를 없애기 위해 양변에 취해야 할 가장 작은 거듭제곱은 무엇인가?

60. 무리방정식 $\sqrt[4]{x+3}=\sqrt[3]{10x+14}$ 의 근호를 없애기 위해 양변에 취해야 할 가장 작은 거듭제곱은 무엇인가?

61. 그래프 계산기를 이용하여 $\sqrt{3-3x}=3+\sqrt{3x+2}$ 를 풀어라. $y=\sqrt{3-3x}-3-\sqrt{3x+2}$ 의 정의역은?

62. 그래프 계산기를 이용하여 창의 크기를 $[-1,4]\times[-1,3]$으로 하고, $\sqrt{2\sqrt{7x+2}}=\sqrt{3x+2}$ 를 풀어라. $f(x)=\sqrt{2\sqrt{7x+2}}-\sqrt{3x+2}$ 의 정의역은?

[63~66] 각 방정식에 대하여, 유리수 지수를 갖는 식을 무리식으로 바꾸고 이 절에서 설명한 방법을 이용하여 풀어라.

63. $(2x-9)^{1/2}=2+(x-8)^{1/2}$

64. $(3w+7)^{1/2}=1+(w+2)^{1/2}$

65. $(2w-1)^{2/3}-w^{1/3}=0$

66. $(x^2-2x)^{1/3}-x^{1/3}=0$

[67~70] 전기와 무선으로부터 얻은 각 공식을 제시된 변수로 풀어라. (예제 7)

67. $V=\sqrt{\dfrac{2K}{m}}$, K

68. $V=\sqrt{\dfrac{2K}{m}}$, m

69. $f=\dfrac{1}{2\pi\sqrt{LC}}$, L

70. $r=\sqrt{\dfrac{Mm}{F}}$, F

71. 다수의 유용한 공식들은 무리수 혹은 무리식을 포함한다. 우주에서 물체를 다룰 때 수학의 많은 공식들을 필요로 한다. 공식

$$N = \frac{1}{2\pi}\sqrt{\frac{a}{r}}$$

는 우주정거장의 회전률 N을 찾는 데 이용된다. 여기에서 a는 가속도이고 r은 우주정거장의 반지름(미터)을 나타낸다. 지구상의 중력의 영향을 N이 시뮬레이션하도록 하는 r의 값을 구하기 위해서는, 요구되는 N의 값을 이용하여 그 방정식을 r에 관하여 풀어야 한다.

(a) r에 관하여 방정식을 풀어라.

(b) $a = 9.8\text{m/sec}^2$일 때, 초당 회전률 $N = 0.063$을 갖는 r의 값을 구하라.

(c) $a = 9.8\text{m/sec}^2$일 때, 초당 회전률 $N = 0.04$를 갖는 r의 값을 구하라.

[72~77] x가 1900년부터의 연수라고 하면 방정식 $y = x^{0.7}$은 미국에서 자란 목재의 양을 십억 제곱피트 단위로 나타낸다. $x = 20$은 1920년을, $x = 52$는 1952년을 나타낸다고 하자.

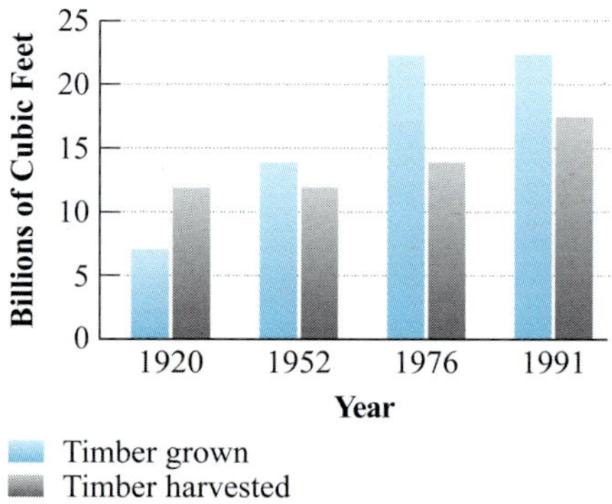

72. 그래프에서 보이는 각 연도에 대해 x의 값을 방정식에 대입하고, 계산기를 이용하여 y의 값을 구하라. (일억 자리에서 반올림하라.)

73. 그래프를 이용하여 각 연도에 자란 목재의 양을 추정하라.

74. 그래프에서 얻은 추정값과 방정식에서 구한 값을 비교하라. 방정식이 그래프에서 얻은 자료에 대해 좋은 근삿값을 제시하는가? 어떤 해에 가장 좋은 근삿값을 갖는가?

75. 그래프로부터 각 해에 수확한 목재의 양을 추정하라.

76. 방정식 $y = x^{0.62}$과 계산기를 이용하여 주어진 각 연도에 수확한 목재의 양에 대한 근삿값을 구하라. (일억 자리에서 반올림하라.)

77. 연습문제 75와 76에서 얻은 답을 비교하라. 방정식이 좋은 근삿값을 제시하는가? 어떤 해가 가장 안 좋은가?

8.7 복소수

학·습·목·표

1. $b>0$에 대하여 $\sqrt{-b}$ 형태의 수들을 간단히 하기
2. 복소수 알기
3. 복소수의 덧셈과 뺄셈
4. 복소수의 곱셈
5. 복소수의 나눗셈
6. i의 거듭제곱

1장에서 보았듯이 실수들의 집합은 많은 다른 수들의 집합(예를 들어, 유리수, 정수, 자연수)을 포함한다. 이 절에서는 실수들의 집합뿐만 아니라 $\sqrt{-2}$ 와 같은 음수의 제곱근도 포함하는 새로운 수들의 집합을 소개하겠다.

목표 1 $b>0$에 대하여 $\sqrt{-b}$ 형태의 수들을 간단히 하기 방정식 $x^2+1=0$은 실수해를 갖지 않는다. 왜냐하면 제곱해서 -1이 될 수 있는 실수해가 없기 때문이다. 실수들의 집합에서 두 양수의 곱이나 두 음수의 곱은 양수가 되고 $0^2=0$이기 때문에, 모든 수의 제곱은 음이 아닌 수가 된다. 방정식 $x^2+1=0$의 해를 구하기 위해서

$$i^2=-1$$

을 만족하는 새로운 수 i를 정의한다. 즉, i는 제곱하면 -1이 되는 수이다. 그래서 $i=\sqrt{-1}$ 이다. 이러한 i의 정의는 다음과 같이 임의의 음의 실수의 제곱근을 정의할 수 있도록 해준다.

$\sqrt{-b}$

임의의 양수 b에 대하여,

$$\sqrt{-b}=i\sqrt{b}.$$

예제 1 음수의 제곱근을 간단히 하기

각 수를 실수와 i의 곱으로 나타내라.

(a) $\sqrt{-100}$ (b) $-\sqrt{-36}$ (c) $\sqrt{-2}$

풀이 (a) $\sqrt{-100}=i\sqrt{100}=10i$

(b) $-\sqrt{-36}=-i\sqrt{36}=-6i$

(c) $\sqrt{-2}=i\sqrt{2}$

■

연습문제 7, 9, 11을 풀어보자.

ⓘ 주의 $\sqrt{2}i$를 근호 안에 i가 있는 $\sqrt{2i}$로 실수하기가 쉽다. 이러한 이유 때문에 보통 $\sqrt{-b}$의 정의에서처럼 $\sqrt{2}i$를 $i\sqrt{2}$로 쓴다.

$\sqrt{-4}\cdot\sqrt{-9}$와 같은 곱을 구할 때, 제곱근에 대한 곱의 법칙을 이용할 수 없다. 왜냐하면 그것은 음이 아닌 근호 안의 수에 적용되기 때문이다. 이러한 이유로 곱셈이나 나눗셈을 계산하기 전에 $\sqrt{-b}$를 $i\sqrt{b}$로 바꾸어야 한다. 예를 들어,

$$\begin{aligned}\sqrt{-4}\cdot\sqrt{-9} &= i\sqrt{4}\cdot i\sqrt{9}\\ &= i\cdot 2\cdot i\cdot 3\\ &= 6i^2\\ &= 6(-1) \qquad i^2=-1\text{을 대입}\\ &= -6.\end{aligned}$$

ⓘ 주의 $\sqrt{-b}$의 정의를 이용하기 전에 제곱근에 대한 곱의 법칙을 이용하면 잘못된 답을 얻는다. 앞 예제에서

$$\sqrt{-4}\cdot\sqrt{-9}=-6$$

을 얻었다. 그러나

$$\sqrt{-4(-9)}=\sqrt{36}=6$$

이다. 따라서

$$\sqrt{-4}\cdot\sqrt{-9}\neq\sqrt{-4(-9)}.$$

예제 2 음수의 제곱근 곱하기

다음을 곱하라.

(a) $\sqrt{-3}\cdot\sqrt{-7}$ (b) $\sqrt{-2}\cdot\sqrt{-8}$ (c) $\sqrt{-5}\cdot\sqrt{6}$

풀이 (a)

$$\begin{aligned}\sqrt{-3}\cdot\sqrt{-7} &= i\sqrt{3}\cdot i\sqrt{7}\\ &= i^2\sqrt{3\cdot 7}\\ &= (-1)\sqrt{21} \qquad i^2=-1\text{을 대입}\\ &= -\sqrt{21}\end{aligned}$$

(b)

$$\begin{aligned}\sqrt{-2}\cdot\sqrt{-8} &= i\sqrt{2}\cdot i\sqrt{8}\\ &= i^2\sqrt{2\cdot 8}\\ &= (-1)\sqrt{16}\\ &= (-1)4\\ &= -4\end{aligned}$$

(c) $\sqrt{-5}\cdot\sqrt{6}=i\sqrt{5}\cdot\sqrt{6}=i\sqrt{30}$ ■

연습문제 15, 17, 19를 풀어보자.

곱을 구하는 데 사용된 방법은 몫을 구하는 데에도 사용된다.

예제 3 음수의 제곱근 나누기

다음을 나누어라.

(a) $\dfrac{\sqrt{-75}}{\sqrt{-3}}$ (b) $\dfrac{\sqrt{-32}}{\sqrt{8}}$

풀이 (a) $\dfrac{\sqrt{-75}}{\sqrt{-3}}=\dfrac{i\sqrt{75}}{i\sqrt{3}}=\sqrt{\dfrac{75}{3}}=\sqrt{25}=5$

(b) $\dfrac{\sqrt{-32}}{\sqrt{8}}=\dfrac{i\sqrt{32}}{\sqrt{8}}=i\sqrt{\dfrac{32}{8}}=i\sqrt{4}=2i.$ ■

연습문제 21, 23을 풀어보자.

목표 2 복소수 알기 허수 i와 실수를 가지고, 부분집합으로 실수를 포함하는 새로운 수들의 집합을 만들 수 있다. 복소수(complex number)는 다음과 같이 정의된다.

> **복소수**
>
> a와 b가 실수라면, $a+bi$ 형태의 수를 복소수(complex number)라고 부른다.

복소수 $a+bi$에서 수 a를 실수부(real part), b를 허수부(imaginary part)라고 부른다. $b=0$일 때, $a+bi$는 실수이다. 그래서 실수의 집합은 복소수의 부분집합이다. $b\neq 0$인 복소수를 허수(imaginary number)라고 부른다. 그 이름에도 불구하고, 허수들은 응용 분야 특별히 전기와 관련된 분야에서 매우 유용하다.

이 책에서 논의한 다양한 수들의 집합 사이의 관계가 그림 17에 주어져 있다.

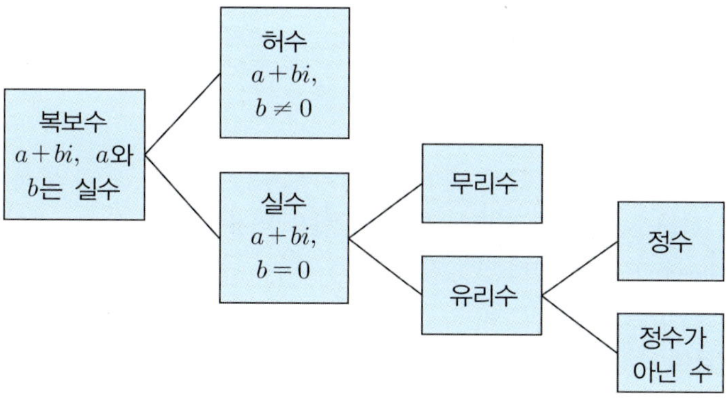

그림 17

목표 3 복소수의 덧셈과 뺄셈 실수에 대한 교환법칙, 결합법칙, 분배법칙들은 복소수에서도 성립한다. 그러므로 복소수의 덧셈은 실수부와 허수부를 각각 더해서 계산한다.

예제 4 복소수의 덧셈

다음을 더하라.

(a) $(2+3i)+(6+4i)$ (b) $(4+2i)+(3-i)+(-6+3i)$

풀이 (a) $(2+3i)+(6+4i)=(2+6)+(3+4)i$ 교환법칙, 결합법칙, 분배법칙

$=8+7i$

(b) $(4+2i)+(3-i)+(-6+3i)=[4+3+(-6)]+[2+(-1)+3]i$

$=1+4i$ ■

연습문제 27, 35를 풀어보자.

복소수의 뺄셈은 각각 실수부끼리 빼고 허수부끼리 빼서 계산한다.

예제 5 복소수의 뺄셈

다음을 빼라.

(a) $(6+5i)-(3+2i)$ (b) $(7-3i)-(8-6i)$ (c) $(-9+4i)-(-9+8i)$

풀이 (a) $(6+5i)-(3+2i)=(6-3)+(5-2)i$

$=3+3i$

(b) $(7-3i)-(8-6i)=(7-8)+[(-3)-(-6)]i$

$=-1+3i$

(c) $(-9+4i)-(-9+8i)=(-9+9)+(4-8)i$

$=0-4i$

$=-4i$ ■

연습문제 31, 33을 풀어보자.

예제 5(c)에서 답은 $0-4i$이지만 간단히 $-4i$로 썼다. $0-4i$처럼 $a+bi$ 형태로 쓰는 복소수는 표준형(standard form)이다. 이 절에서 대부분의 답은 표준형으로 주어질 것이지만, a 또는 b가 0인 경우는 a 또는 bi를 표준형으로 생각할 것이다.

목표 4 복소수의 곱셈 다항식을 곱할 때처럼 복소수도 곱한다. $a+bi$ 꼴의 복소수는 이항식과 같은 꼴이다. 그래서 이항식을 곱할 때 사용한 FOIL 방법을 이용하여 표준형인 두 복소수를 곱한다. (FOIL은 Fisrt, Outer, Inner, Last를 의미함을 상기하라.)

예제 6 복소수의 곱셈

다음을 곱하라.

(a) $4i(2+3i)$ (b) $(3+5i)(4-2i)$ (c) $(2+3i)(1-5i)$

풀이 (a) $4i(2+3i)=4i(2)+4i(3i)$ 분배법칙

$=8i+12i^2$

$=8i+12(-1)$ $i^2=-1$대입

$= -12+8i$

(b) FOIL 방법을 이용하면

$$(3+5i)(4-2i) = \underbrace{3(4)}_{\text{First}} + \underbrace{3(-2i)}_{\text{Outer}} + \underbrace{5i(4)}_{\text{Inner}} + \underbrace{5i(-2i)}_{\text{Last}}$$

$$= 12-6i+20i-10i^2$$

$$= 12+14i-10(-1) \qquad i^2 = -1 \text{ 대입}$$

$$= 12+14i+10$$

$$= 22+14i$$

(c) $(2+3i)(1-5i) = 2(1)+2(-5i)+3i(1)+3i(-5i)$ FOIL

$$= 2-10i+3i-15i^2$$

$$= 2-7i-15(-1)$$

$$= 2-7i+15$$

$$= 17-7i$$

연습문제 45, 47을 풀어보자.

두 복소수 $a+bi$와 $a-bi$를 **결레복소수**(complex conjugates) 또는 간단히 서로의 **결레**(conjugates)라고 부른다. 복소수와 그 결레복소수와의 곱은 아래에서 보듯이 항상 실수가 된다.

$$(a+bi)(a-bi) = a^2 - abi + abi - b^2i^2$$

$$= a^2 - b^2(-1)$$

$$(a+bi)(a-bi) = a^2 + b^2$$

예를 들면, $(3+7i)(3-7i) = 3^2+7^2 = 9+49 = 58$이다.

목표 5 복소수의 나눗셈 두 복소수의 몫은 복소수이다. 그 몫을 복소수로 나타내기 위해서는 분모의 i를 소거할 필요가 있다. 이것을 위해 결레복소수를 사용한다.

예제 7 복소수의 나눗셈

다음 각 몫을 구하라.

(a) $\dfrac{8+9i}{5+2i}$ (b) $\dfrac{1+i}{i}$

풀이 (a) 분모의 결레복소수를 분모와 분자에 모두 곱한다. $5+2i$의 결레복소수는 $5-2i$이다.

$$\frac{8+9i}{5+2i} = \frac{(8+9i)(5-2i)}{(5+2i)(5-2i)} \qquad \frac{5-2i}{5-2i} = 1$$

$$= \frac{40-16i+45i-18i^2}{5^2+2^2}$$

$$= \frac{58+29i}{29} \qquad i^2 = -1 \text{ 대입; 항들을 결합}$$

$$= \frac{29(2+i)}{29} \qquad \text{분자 인수분해}$$

$$= 2+i \qquad \text{기약분수}$$

이것은 마치 분모를 유리화하는 것과 비슷함에 주목하자. 마지막 결과는 표준형이다.

(b) i의 켤레복소수는 $-i$이다. 분모와 분자 모두에 $-i$를 곱하면

$$
\begin{aligned}
\frac{1+i}{i} &= \frac{(1+i)(-i)}{i(-i)} \\
&= \frac{-i-i^2}{-i^2} \\
&= \frac{-i-(-1)}{-(-1)} \qquad i^2=-1 \text{ 대입} \\
&= \frac{-i+1}{1} \\
&= 1-i
\end{aligned}
$$

연습문제 61, 67을 풀어보자.

예제 4 ~ 7에서 우리는 대수적 방법으로 복소수를 어떻게 더하고, 빼고, 곱하고, 나누는지를 보았다. 많은 최신 모델의 그래프 계산기들은 이러한 연산들을 수행할 수 있다. 그림 18은 예제 4 ~ 7의 계산 부분들이 TI-83 Plus 계산기로 어떻게 수행되는지를 보여준다. 보이는 것과 같이 괄호를 이용하는 것이 중요하다.

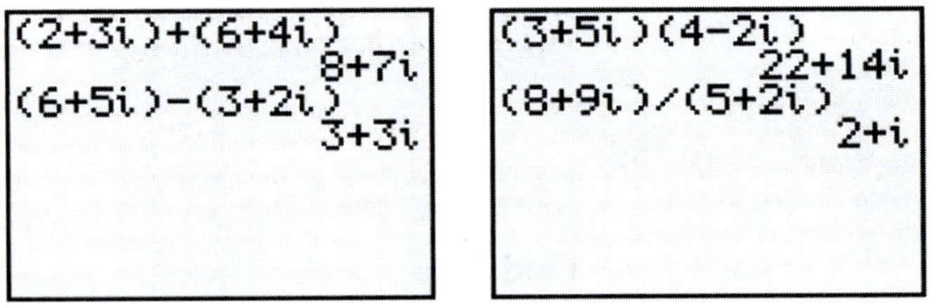

그림 18

목표 6 **i의 거듭제곱** i^2은 -1로 정의되기 때문에 다음 예제처럼 더 큰 거듭제곱을 구할 수 있다.

$$i^3 = i \cdot i^2 = i(-1) = -i \qquad i^6 = i^2 \cdot i^4 = (-1)\cdot 1 = -1$$
$$i^4 = i^2 \cdot i^2 = (-1)(-1) = 1 \qquad i^7 = i^3 \cdot i^4 = (-i)\cdot 1 = -i$$
$$i^5 = i \cdot i^4 = i \cdot 1 = i \qquad i^8 = i^4 \cdot i^4 = 1 \cdot 1 = 1$$

이 예제들로부터 i의 거듭제곱은 네 개의 수 i, -1, $-i$, 1이 반복된다는 것을 알 수 있다. i의 더 큰 거듭제곱들은 $i^4=1$이라는 사실을 이용하여 간단히 할 수 있다. 예를 들면,

$$i^{74} = (i^4)^{18} \cdot i^3 = 1^{18} \cdot i^3 = 1 \cdot i^3 = i^3 = -i.$$

이 예제는 i의 큰 거듭제곱들을 간단히 하는 데 빠른 방법을 제안한다.

예제 8 i의 거듭제곱을 간단히 하기

다음 각 i의 거듭제곱을 구하라.

(a) i^{12} (b) i^{39} (c) i^{-2} (d) i^{-1}

풀이 (a) $i^{12}=(i^4)^3=1^3=1$

(b) $i^{39}=i^{36}\cdot i^3=(i^4)^9\cdot i^3=1^9\cdot(-i)=-i$

(c) $i^{-2}=\dfrac{1}{i^2}=\dfrac{1}{-1}=-1$

(d) $i^{-1}=\dfrac{1}{i}$

이 몫을 간단히 하기 위해, i의 켤레복소수 $-i$를 분모와 분자에 모두 곱한다.

$$\frac{1}{i}=\frac{1(-i)}{i(-i)}=\frac{-i}{-i^2}=\frac{-i}{-(-1)}=\frac{-i}{1}=-i$$

연습문제 73, 81을 풀어보자.

8.7 연습문제

[1~6] 다음 식들이 $1,\ -1,\ i,\ -i$ 중 어느 것과 같은지 결정하라.

1. $\sqrt{-1}$ 2. $-\sqrt{-1}$ 3. i^2 4. $-i^2$ 5. $\dfrac{1}{i}$ 6. $(-i)^2$

[7~14] 다음 각 수들을 실수와 i의 곱으로 쓰라. 모든 무리식을 간단히 하라. (예제 1)

7. $\sqrt{-169}$ 8. $\sqrt{-225}$ 9. $-\sqrt{-144}$ 10. $-\sqrt{-196}$

11. $\sqrt{-5}$ 12. $\sqrt{-21}$ 13. $\sqrt{-48}$ 14. $\sqrt{-96}$

[15~24] 다음을 계산하라. (예제 2와 3)

15. $\sqrt{-7}\cdot\sqrt{-15}$ 16. $\sqrt{-3}\cdot\sqrt{-19}$ 17. $\sqrt{-4}\cdot\sqrt{-25}$ 18. $\sqrt{-9}\cdot\sqrt{-81}$

19. $\sqrt{-3}\cdot\sqrt{11}$ 20. $\sqrt{-10}\cdot\sqrt{2}$ 21. $\dfrac{\sqrt{-300}}{\sqrt{-100}}$ 22. $\dfrac{\sqrt{-40}}{\sqrt{-10}}$

23. $\dfrac{\sqrt{-75}}{\sqrt{3}}$ 24. $\dfrac{\sqrt{-160}}{\sqrt{10}}$

25. (a) 모든 실수는 복소수이다. 그 이유를 설명하라.
(b) 모든 복소수가 실수인 것은 아니다. 그러한 예를 하나 제시하고 왜 이 명제가 참인지 설명하라.

26. 복소수의 덧셈, 뺄셈, 곱셈, 나눗셈의 방법을 설명하라. 예를 들어라.

[27~38] 다음을 계산하라. $a+bi$의 꼴로 답을 쓰라. (예제 4와 5)

27. $(3+2i)+(-4+5i)$ 28. $(7+15i)+(-11+14i)$

29. $(5-i)+(-5+i)$

30. $(-2+6i)+(2-6i)$

31. $(4+i)-(-3-2i)$

32. $(9+i)-(3+2i)$

33. $(-3-4i)-(-1-4i)$

34. $(-2-3i)-(-5-3i)$

35. $(-4+11i)+(-2-4i)+(7+6i)$

36. $(-1+i)+(2+5i)+(3+2i)$

37. $[(7+3i)-(4-2i)]+(3+i)$

38. $[(7+2i)+(-4-i)]-(2+5i)$

39. 다음 빈칸을 채워라.
빼셈의 정의를 이용하면 $(4+2i)-(3+i)=1+i$이기 때문에,

$$(1+i)+(3+i)= \underline{\qquad\qquad\qquad\qquad}$$

임을 알 수 있다.

40. 다음 빈칸을 채워라.
나눗셈의 정의를 이용하면 $\dfrac{-5}{2-i}=-2-i$이기 때문에,

$$(-2-i)(2-i)= \underline{\qquad\qquad\qquad\qquad}$$

임을 알 수 있다.

[41~56] 다음을 계산하라. (예제 6)

41. $(3i)(27i)$
42. $(5i)(125i)$
43. $(-8i)(-2i)$
44. $(-32i)(-2i)$
45. $5i(-6+2i)$
46. $3i(4+9i)$
47. $(4+3i)(1-2i)$
48. $(7-2i)(3+i)$
49. $(4+5i)^2$
50. $(3+2i)^2$
51. $2i(-4-i)^2$
52. $3i(-3-i)^2$
53. $(12+3i)(12-3i)$
54. $(6+7i)(6-7i)$
55. $(4+9i)(4-9i)$
56. $(7+2i)(7-2i)$
57. $a+bi$의 켤레복소수는 무엇인가?
58. $a+bi$에 그것의 켤레복소수를 곱하면, ________을 얻는다. 이것은 항상 실수이다.

[59~68] 다음 각 식을 표준형 $a+bi$로 나타내라. (예제 7)

59. $\dfrac{2}{1-i}$
60. $\dfrac{29}{5+2i}$
61. $\dfrac{-7+4i}{3+2i}$
62. $\dfrac{-38-8i}{7+3i}$
63. $\dfrac{8i}{2+2i}$
64. $\dfrac{-8i}{1+i}$
65. $\dfrac{2-3i}{2+3i}$
66. $\dfrac{-1+5i}{3+2i}$
67. $\dfrac{3+i}{i}$
68. $\dfrac{5-i}{-i}$

기술적 통찰 (문제 69~70)

[69~70] 계산기 화면에 주어진 복소수 연산 입력에 대한 답을 예측하라.

69. 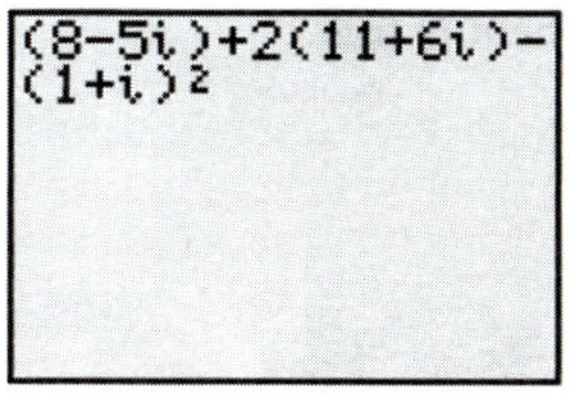

70. 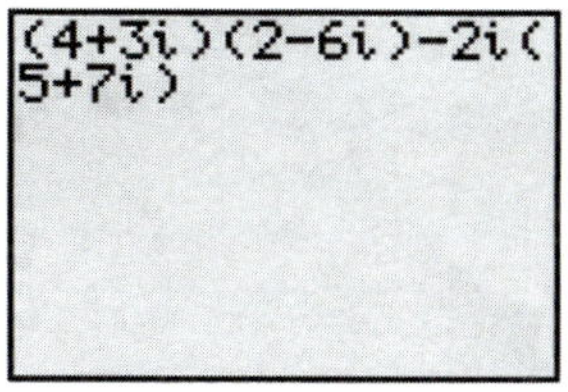

71. $a \neq 0$일 때, $\dfrac{1}{a}$을 a의 역수라고 부르는 것을 상기하자. 이 정의를 이용하여 $5-4i$의 역수를 $a+bi$ 꼴로 표현하라.

72. $a \neq 0$일 때, a^{-1}을 $\dfrac{1}{a}$로 정의한다. 이 정의를 이용하여 $(4-3i)^{-1}$을 $a+bi$ 꼴로 표현하라.

[73~82] 다음 i의 거듭제곱을 구하라. (예제 8)

73. i^{18}
74. i^{26}
75. i^{89}
76. i^{48}
77. i^{38}
78. i^{102}
79. i^{43}
80. i^{83}
81. i^{-5}
82. i^{-17}

83. 한 학생이 i^{-18}을 다음과 같이 간단히 하였다.

$$i^{-18} = i^{-18} \cdot i^{20} = i^{-18+20} = i^2 = -1$$

이 풀이가 옳은 이유를 설명하라.

84. 왜

$$(46+25i)(3-6i) \text{와} \quad (46+25i)(3-6i)i^{12}$$

이 같은지를 설명하라. (실제 계산은 하지 말라.)

[85~86] 전압 E, 저항 R, 용량 리액턴스(capacitance reactance) X_c, 유도 리액턴스(inductive reactance) X_L을 갖는 회로에서 전류 I에 대한 옴(Ohm)의 법칙은

$$I = \frac{E}{R+(X_L - X_c)i}$$

이다. 이 법칙을 이용하여 다음을 풀어라.

85. $E = 2+3i$, $R = 5$, $X_L = 4$, $X_c = 3$일 때, I를 구하라.

86. $I = 1-i$, $R = 2$, $X_L = 3$, $X_c = 1$일 때, E를 구하라.

[87~88] 복소수는 9장에서 이차방정식을 공부할 때 다시 보게 될 것이다. 다음 연습문제들은 복소수가 어떻게 이차방정식의 해가 될 수 있는지를 검사하는 것이다.

87. $1+5i$가 $x^2-2x+26=0$의 해임을 보여라. 그것의 켤레복소수 또한 해임을 보여라.

88. $3+2i$가 $x^2-6x+13=0$의 해임을 보여라. 그것의 켤레복소수 또한 해임을 보여라.

관련 개념(문제 89~94)

개인 또는 그룹 과제용

[89~94] 다음 식을 생각하자.

이항식	복소수
$x+2$, $3x-1$	$1+2i$, $3-i$

표준형인 복소수의 덧셈, 뺄셈, 곱셈을 할 때에는 이항식의 대응하는 연산과 같은 법칙들을 이용한다. 즉, 동류항을 더하거나 빼고, 곱하기 위해 FOIL을 이용한다. 그러나 나눗셈은 무리식의 합 또는 차로 나누는 것과 비슷하다. 여기서 분모를 유리화하기 위해 켤레무리수를 이용한다. 두 복소수의 몫을 표준형으로 나타내기 위해서는 분모의 켤레복소수를 곱한다. 이 생각을 더 잘 이해하도록 다음을 순서대로 풀어라.

89. (a) 두 이항식을 더하라. (b) 두 복소수를 더하라.

90. (a) 첫 번째 이항식에서 두 번째 이항식을 빼라.
(b) 첫 번째 복소수에서 두 번째 복소수를 빼라.

91. (a) 두 이항식을 곱해라. (b) 두 복소수를 곱해라.

92. (a) $\dfrac{\sqrt{3}-1}{1+\sqrt{2}}$의 분모를 유리화하라.
(b) $\dfrac{3-i}{1+2i}$를 표준형으로 쓰라.

93. 연습문제 91의 (a)와 (b)의 답이 왜 연습문제 89와 90의 답과 일치하지 않는지 설명하라.

94. 연습문제 92의 (a)와 (b)의 답이 왜 연습문제 89와 90의 답과 일치하지 않는지 설명하라.

[95~98] 다음을 계산하고, 표준형으로 답을 쓰라.

95. $\dfrac{3}{2-i}+\dfrac{5}{1+i}$

96. $\dfrac{2}{3+4i}+\dfrac{4}{1-i}$

97. $\left(\dfrac{2+i}{2-i}+\dfrac{i}{1+i}\right)i$

98. $\left(\dfrac{4-i}{1+i}-\dfrac{2i}{2+i}\right)4i$

8장 그룹 활동 태양광 전기

목표 피타고라스 정리 응용 우리는 이 활동에서 평평한 지붕 위에 태양열 전기판을 설치하는 데 필요한 틀의 크기를 결정할 것이다.

A. 다음 표는 솔라렉스(Solarex)의 서로 다른 세 종류의 태양열 단위를 보여준다. 각 모둠원은 태양열 판 중 하나를 골라 가진다.

모델	와트	볼트	암페어	크기(인치)	비용(달러)
MSX-77	77	16.9	4.56	44×26	475
MSX-83	83	17.1	4.85	44×24	490
MSX-60	60	17.1	3.5	44×20	382

(출처 : Jade Mountain 카탈로그의 솔라렉스 표)

B. 태양열 판을 사용하려면 그것을 설치하기 위한 나무로 된 틀을 만들어야 한다. 이 틀의 변들은 직각삼각형의 모양을 이룰 것이다. 삼각형의 빗변은 여러분이 선택한 태양열 판의 너비가 될 것이다. 그림을 그리고 피타고라스 정리를 이용하여 주어진 다음 각각의 조건을 만족하는 틀의 다리 길이를 구하라. 반올림하여 소수 첫째 자리까지 나타내라. (다리=빗변이 아닌 두 변)

1. 두 다리는 같은 길이를 갖는다.
2. 한 다리는 다른 다리의 길이의 두 배이다.
3. 한 다리는 다른 다리의 길이의 세 배이다.

C. 각각의 판과 다른 틀의 크기를 비교하라. 여러분의 틀에 어떤 삼각형들을 사용해야 하는가?

8장 복습문제

[8.1] [1~6] 다음을 풀어라.

1. $\sqrt{1764}$
2. $-\sqrt{289}$
3. $\sqrt[3]{216}$
4. $\sqrt[3]{-125}$
5. $-\sqrt[3]{27}$
6. $\sqrt[5]{-32}$
7. 어떤 조건일 때 $\sqrt[n]{a}$는 실수가 아닌가?
8. 각 무리식을 근호가 나타나지 않게 간단히 하라. x는 임의의 실수이다.

   (a) $\sqrt{x^2}$　　(b) $-\sqrt{x^2}$　　(c) $\sqrt[3]{x^3}$

[9~14] 다음 각 수의 근삿값을 계산기를 이용하여 구하라. 반올림하여 소수 셋째 자리까지 나타내라.

9. $-\sqrt{47}$
10. $\sqrt[3]{-129}$
11. $\sqrt[4]{605}$
12. $500^{-3/4}$
13. $-500^{4/3}$
14. $-28^{-1/2}$

[15~16] 함수의 그래프를 그리고 정의역과 치역을 구하라.

15. $f(x)=\sqrt{x-1}$
16. $f(x)=\sqrt[3]{x}+4$
17. 그림에 주어진 삼각형의 면적으로서 가장 좋은 추정값은?

   A. 3600　　B. 30　　C. 60　　D. 360

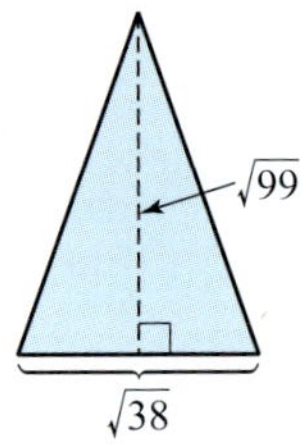

[8.2]

18. 빈칸에 알맞은 것을 채워라: $8^{2/3}$을 계산하기 위해서 먼저 8의 _______근을 찾는다. 그것은 _______이다. 그 결과를 제곱하면 _______을 얻는다. 그러므로 $8^{2/3}=$ _______이다.
19. 다음 중 양수인 것은?

   A. $(-27)^{2/3}$　　B. $(-64)^{5/3}$　　C. $(-100)^{1/2}$　　D. $(-32)^{1/5}$

20. a가 음수이고 n이 홀수이면, $a^{m/n}$이 각각 다음과 같을 때 m은 무엇인가?

   (a) 양수　　(b) 음수

21. a가 음수이고 n이 짝수이면, $a^{1/n}$에 대해 뭐라고 말할 수 있는가?

[22~29] 다음을 간단히 하라. 실수가 아닌 것은?

22. $49^{1/2}$
23. $-121^{1/2}$
24. $16^{5/4}$
25. $-8^{2/3}$
26. $-\left(\frac{36}{25}\right)^{3/2}$
27. $\left(-\frac{1}{8}\right)^{-5/3}$
28. $\left(\frac{81}{10,000}\right)^{-3/4}$
29. $(-16)^{3/4}$

30. 피타고라스 정리 $a^2+b^2=c^2$을 b에 대하여 풀어라. 단, $b>0$.

31. $a^{m/n}$과 $\sqrt[n]{a^m}$ 사이의 관계를 설명하고, 예를 들어라.

[32~33] 각 식을 무리식으로 나타내라.

32. $(m+3n)^{1/2}$

33. $(3a+b)^{-5/3}$

[34~35] 각 식을 유리수 지수로 나타내라.

34. $\sqrt{7^9}$

35. $\sqrt[5]{p^4}$

[36~41] 지수법칙을 이용하여 각 식을 간단히 하라. 양의 지수로만 나타내라. 모든 변수들은 양의 실수이다.

36. $5^{1/4}\cdot 5^{7/4}$

37. $\dfrac{96^{2/3}}{96^{-1/3}}$

38. $\dfrac{(a^{1/3})^4}{a^{2/3}}$

39. $\dfrac{y^{-1/3}-y^{5/6}}{y}$

40. $\left(\dfrac{z^{-1}x^{-3/5}}{2^{-2}z^{-1/2}x}\right)^{-1}$

41. $r^{-1/2}(r+r^{3/2})$

[42~50] 각 무리식을 지수 형태로 바꾸어 간단히 하라. 지수 형태로 답을 쓰라. 모든 변수들은 양의 실수이다.

42. $\sqrt[8]{s^4}$

43. $\sqrt[6]{r^9}$

44. $\dfrac{\sqrt{p^5}}{p^2}$

45. $\sqrt[4]{k^3}\cdot\sqrt{k^3}$

46. $\sqrt[3]{m^5}\cdot\sqrt[3]{m^8}$

47. $\sqrt[4]{\sqrt[3]{z}}$

48. $\sqrt{\sqrt{\sqrt{x}}}$

49. $\sqrt[3]{\sqrt[5]{x}}$

50. $\sqrt{\sqrt[6]{\sqrt[3]{x}}}$

51. 지수에 대한 곱의 법칙에 의해, $2^{1/4}\cdot 2^{1/5}=2^{9/20}$임을 안다. 그러나 $3^{1/4}\cdot 2^{1/5}$을 간단히 하는 지수법칙은 없다. 그 이유는?

[8.3] [52~67] 각 무리식을 간단히 하라. 모든 변수들은 양의 실수이다.

52. $\sqrt{6}\cdot\sqrt{11}$

53. $\sqrt{5}\cdot\sqrt{r}$

54. $\sqrt[3]{6}\cdot\sqrt[3]{5}$

55. $\sqrt[4]{7}\cdot\sqrt[4]{3}$

56. $\sqrt{20}$

57. $\sqrt{75}$

58. $-\sqrt{125}$

59. $\sqrt[3]{-108}$

60. $\sqrt{100y^7}$

61. $\sqrt[3]{64p^4q^6}$

62. $\sqrt[3]{108a^8b^5}$

63. $\sqrt[3]{632r^8t^4}$

64. $\sqrt{\dfrac{y^3}{144}}$

65. $\sqrt[3]{\dfrac{m^{15}}{27}}$

66. $\sqrt[3]{\dfrac{r^2}{8}}$

67. $\sqrt[4]{\dfrac{a^9}{81}}$

[68~71] 각 무리식을 간단히 하라.

68. $\sqrt[6]{15^3}$

69. $\sqrt[4]{p^6}$

70. $\sqrt[3]{2}\cdot\sqrt[4]{5}$

71. $\sqrt{x}\cdot\sqrt[5]{x}$

72. 직각삼각형에서 빠진 변의 길이를 구하라.

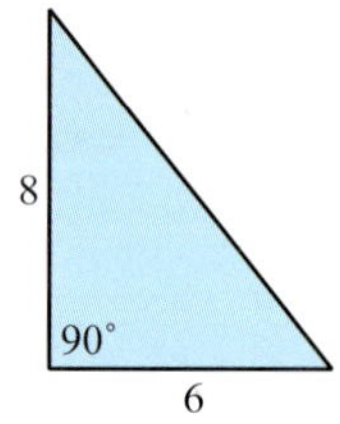

73. 두 점 $(-4, 7)$과 $(10, 6)$ 사이의 거리를 구하라.

[8.4] [74~81] 다음을 계산하라. 모든 변수들은 양의 실수이다.

74. $2\sqrt{8}-3\sqrt{50}$

75. $8\sqrt{80}-3\sqrt{45}$

76. $-\sqrt{27y}+2\sqrt{75y}$

77. $2\sqrt{54m^3}+5\sqrt{96m^3}$

78. $3\sqrt[3]{54}+5\sqrt[3]{16}$

79. $-6\sqrt[4]{32}+\sqrt[4]{512}$

80. $\dfrac{3}{\sqrt{16}}-\dfrac{\sqrt{5}}{2}$

81. $\dfrac{4}{\sqrt{25}}+\dfrac{\sqrt{5}}{4}$

[82~83] 다음 물음에 답하고 무리식은 간단히 하라.

82. 그림과 같은 직사각형 모양의 광고판이 있다. 둘레의 길이를 구하라.

83. 그림과 같은 삼각형 모양의 고속도로 표지판이 있다. 둘레의 길이를 구하라.

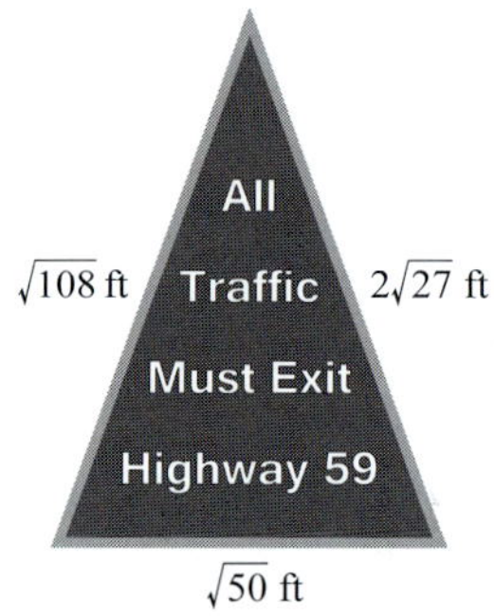

[8.5] [84~89] 다음을 곱하라.

84. $(\sqrt{3}+1)(\sqrt{3}-2)$

85. $(\sqrt{7}+\sqrt{5})(\sqrt{7}-\sqrt{5})$

86. $(3\sqrt{2}+1)(2\sqrt{2}-3)$

87. $(\sqrt{13}-\sqrt{2})^2$

88. $(\sqrt[3]{2}+3)(\sqrt[3]{4}-3\sqrt[3]{2}+9)$

89. $(\sqrt[3]{4y}-1)(\sqrt[3]{4y}+3)$

90. 계산기를 이용하여 연습문제 87의 답인 $15-2\sqrt{26}$이 $13\sqrt{26}$과 같지 않음을 보여라.

91. 한 친구는 분수 $\dfrac{5}{\sqrt[3]{6}}$의 분모를 유리화하고 싶어 한다. 그리고 그는 $\sqrt[3]{6}$을 분모와 분자에 곱하기로 결정한다. 왜 그의 계산은 효과가 없을까?

[92~99] 각 분모를 유리화하라. 모든 변수들은 양의 실수이다.

92. $\dfrac{\sqrt{6}}{\sqrt{5}}$ 93. $\dfrac{-6\sqrt{3}}{\sqrt{2}}$ 94. $\dfrac{3\sqrt{7p}}{\sqrt{y}}$ 95. $\sqrt{\dfrac{11}{8}}$

96. $-\sqrt[3]{\dfrac{9}{25}}$ 97. $\sqrt[3]{\dfrac{108m^3}{n^5}}$ 98. $\dfrac{1}{\sqrt{2}+\sqrt{7}}$ 99. $\dfrac{-5}{\sqrt{6}-3}$

[100~102] 기약분수로 나타내라.

100. $\dfrac{2-2\sqrt{5}}{8}$ 101. $\dfrac{4-8\sqrt{8}}{12}$ 102. $\dfrac{-18+\sqrt{27}}{6}$

[8.6] **[103~118]** 각 방정식을 풀어라.

103. $\sqrt{8x+9}=5$
104. $\sqrt{2z-3}-3=0$
105. $\sqrt{3m+1}-2=-3$
106. $\sqrt{7z+1}=z+1$
107. $3\sqrt{m}=\sqrt{10m-9}$
108. $\sqrt{p^2+3p+7}=p+2$
109. $\sqrt{a+2}-\sqrt{a-3}=1$
110. $\sqrt[3]{5m-1}=\sqrt[3]{3m-2}$
111. $\sqrt[3]{2x^2+3x-7}=\sqrt[3]{2x^2+4x+6}$
112. $\sqrt[3]{3y^2-4y+6}=\sqrt[3]{3y^2-2y+8}$
113. $\sqrt[3]{1-2k}-\sqrt[3]{-k-13}=0$
114. $\sqrt[3]{11-2t}-\sqrt[3]{-1-5t}=0$
115. $\sqrt[4]{x-1}+2=0$
116. $\sqrt[4]{2k+3}+1=0$
117. $\sqrt[4]{x+7}=\sqrt[4]{2x}$
118. $\sqrt[4]{x+8}=\sqrt[4]{3x}$

관련 개념(문제 119~125)

개인 또는 그룹 과제용

[119~125] 각 방정식을 순서대로 풀고, 일반화시켜 연습문제 125의 빈칸을 채워라.

119. $x=3$ 120. $x=-3$ 121. $x^2=9$

122. $x^3=27$ 123. $x^4=81$ 124. $x^5=-243$

125. $x=k$의 양변에 n제곱을 취한다고 가정하자.

(a) n이 짝수이면, n제곱을 해서 얻은 방정식의 해의 개수는 원래 방정식의 해의 개수보다(와) (많다 / 같다 / 적다).

(b) n이 홀수이면, n제곱을 해서 얻은 방정식의 해의 개수는 원래 방정식의 해의 개수보다(와) (많다 / 같다 / 적다).

126. 그림과 같이 목수는 대각 버팀대가 있는 벽 틀을 안정시키고자 한다. 버팀대의 길이는 $L=\sqrt{H^2+W^2}$으로 주어진다.

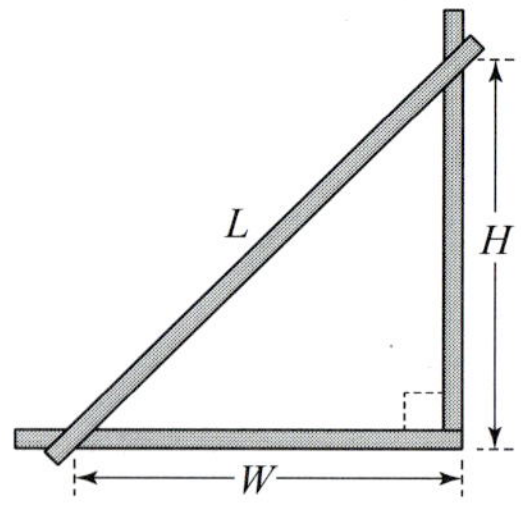

(a) 이 식을 H에 대하여 풀어라.

(b) 버팀대의 맨 아래 부분은 코너로부터 9ft 떨어져 있고 버팀대는 12ft 길이이다. 버팀대는 모퉁이로부터 얼마나 위에 고정시켜야 하는가? 반올림하여 답을 소수 첫째 자리까지 나타내라.

[8.7] [127~128] 각 식을 실수와 i의 곱으로 나타내라.

127. $\sqrt{-25}$

128. $\sqrt{-200}$

129. a가 양의 실수이면 $-\sqrt{-a}$는 실수인가?

[130~138] 다음을 계산하라. 각 허수 답을 표준형 $a+bi$로 써라.

130. $(-2+5i)+(-8-7i)$

131. $(5+4i)-(-9-3i)$

132. $\sqrt{-5}\cdot\sqrt{-7}$

133. $\sqrt{-25}\cdot\sqrt{-81}$

134. $\dfrac{\sqrt{-72}}{\sqrt{-8}}$

135. $(2+3i)(1-i)$

136. $(6-2i)^2$

137. $\dfrac{3-i}{2+i}$

138. $\dfrac{5+14i}{2+3i}$

[139~142] 각 i의 거듭제곱을 구하라.

139. i^{11}

140. i^{36}

141. i^{-10}

142. i^{-8}

8장 혼합 복습문제

[143~158] 다음을 간단히 하라. 모든 변수들은 양의 실수이다.

143. $-\sqrt[4]{256}$

144. $1000^{-2/3}$

145. $\dfrac{z^{-1/5}\cdot z^{3/10}}{z^{7/10}}$

146. $\sqrt[4]{k^{24}}$

147. $\sqrt[3]{54z^9t^8}$

148. $-5\sqrt{18}+12\sqrt{72}$

149. $8\sqrt[3]{x^3y^2}-2x\sqrt[3]{y^2}$

150. $(\sqrt{5}-\sqrt{3})(\sqrt{7}+\sqrt{3})$

151. $\dfrac{-1}{\sqrt{12}}$

152. $\sqrt[3]{\dfrac{12}{25}}$

153. i^{-1000}

154. $\sqrt{-49}$

155. $(4-9i)+(-1+2i)$

156. $\dfrac{\sqrt{50}}{\sqrt{-2}}$

157. $\dfrac{3+\sqrt{54}}{6}$

158. $(3+2i)^2$

[159~168] 각 방정식을 풀어라.

159. $\sqrt{x+4}=x-2$

160. $\sqrt[3]{2x-9}=\sqrt[3]{5x+3}$

161. $\sqrt{6+2x}-1=\sqrt{7-2x}$

162. $\sqrt{7x+11}-5=0$

163. $\sqrt{6x+2}-\sqrt{5x+3}=0$

164. $\sqrt{3+5x}-\sqrt{x+11}=0$

165. $3\sqrt{x}=\sqrt{8x+9}$

166. $6\sqrt{p}=\sqrt{30p+24}$

167. $\sqrt{11+2x}+1=\sqrt{5x+1}$

168. $\sqrt{5x+6}-\sqrt{x+3}=3$

8장 테스트

[1~3] 다음을 계산하라.

1. $-\sqrt{841}$

2. $\sqrt[3]{-512}$

3. $125^{1/3}$

4. $\sqrt{146.25}$ 의 추정값으로 가장 좋은 것은?

A. 10　　B. 11　　C. 12　　D. 13

[5~6] 계산기를 이용하여 근삿값을 구하되 반올림하여 소수 셋째 자리까지 나타내라.

5. $\sqrt{478}$

6. $\sqrt[3]{-832}$

7. $f(x)=\sqrt{x+6}$ 으로 정의된 함수의 그래프를 그리고 정의역과 치역을 구하라.

[8~13] 각 식을 간단히 하라. 모든 변수들은 양의 실수이다.

8. $\left(\frac{16}{25}\right)^{-3/2}$

9. $(-64)^{-4/3}$

10. $\frac{3^{2/5}x^{-1/4}y^{2/5}}{3^{-8/5}x^{7/4}y^{1/10}}$

11. $\left(\frac{x^{-4}y^{-6}}{x^{-2}y^{3}}\right)^{-2/3}$

12. $7^{3/4}\cdot 7^{-1/4}$

13. $\sqrt[3]{a^4}\cdot\sqrt[3]{a^7}$

14. 그림에서 변 b의 길이를 피타고라스 정리를 이용하여 구하라.

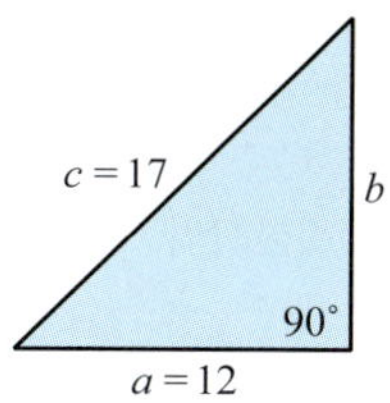

15. 두 점 $(-4,2)$와 $(2,10)$ 사이의 거리를 구하라.

[16~25] 각 식을 간단히 하라. 모든 변수들은 양의 실수이다.

16. $\sqrt{54x^5y^6}$

17. $\sqrt[4]{32a^7b^{13}}$

18. $\sqrt{2} \cdot \sqrt[3]{5}$ (무리수로 표현)

19. $3\sqrt{20}-5\sqrt{80}+4\sqrt{500}$

20. $\sqrt[3]{16t^3s^5}-\sqrt[3]{54t^6s^2}$

21. $(7\sqrt{5}+4)(2\sqrt{5}-1)$

22. $(\sqrt{3}-2\sqrt{5})^2$

23. $\dfrac{-5}{\sqrt{40}}$

24. $\dfrac{2}{\sqrt[3]{5}}$

25. $\dfrac{-4}{\sqrt{7}+\sqrt{5}}$

26. $\dfrac{6+\sqrt{24}}{2}$를 기약분수로 나타내라.

27. 다음 공식은 소리의 속도 V와 온도 T에 관한 것으로 물리학에서 이용된다.

$$V=\frac{V_0}{\sqrt{1-kT}}$$

(a) $V_0=50$, $k=0.01$, $T=30$일 때 V의 값을 반올림하여 소수 첫째 자리까지 나타내라. 계산기를 이용하라.

(b) 공식을 T에 대하여 풀어라.

[28~30] 각 방정식을 풀어라.

28. $\sqrt[3]{5x}=\sqrt[3]{2x-3}$

29. $x+\sqrt{x+6}=9-x$

30. $\sqrt{x+4}-\sqrt{1-x}=-1$

[31~33] 다음을 계산하되, 표준형 $a+bi$로 답을 나타내라.

31. $(-2+5i)-(3+6i)-7i$

32. $(1+5i)(3+i)$

33. $\dfrac{7+i}{1-i}$

34. i^{37}을 간단히 하라.

35. 다음 각각이 참인지 거짓인지 답하라.

(a) $i^2=-1$ (b) $i=\sqrt{-1}$ (c) $i=-1$ (d) $\sqrt{-3}=i\sqrt{3}$

1~8장 혼합문제

[1~2] $a=-3$, $b=5$, $c=-4$일 때, 각 식을 계산하라.

1. $|2a^2-3b+c|$

2. $\dfrac{(a+b)(a+c)}{3b-6}$

[3~7] 각 방정식을 풀어라.

3. $3(x+2)-4(2x+3)=-3x+2$

4. $\dfrac{1}{3}x+\dfrac{1}{4}(x+8)=x+7$

5. $0.04x+0.06(100-x)=5.88$

6. $|6x+7|=13$

7. $|-2x+4|=|-2x-3|$

8. $-5-3(m-2)<11-2(m+2)$의 해를 구하라. 구간표기법을 이용하여 나타내라.

9. 표시된 각의 크기들을 구하라.

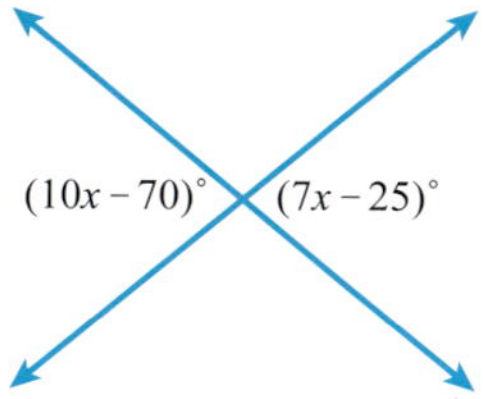

[10~11] 다음을 풀어라.

10. 돼지저금통에 5센트와 25센트의 동전 50개가 들어 있다. 총 액수는 8.90달러이다. 저금통에는 5센트짜리 동전과 25센트짜리 동전이 각각 얼마나 있는가?

11. 알코올이 18% 포함된 용액 40L에 순수 알코올 몇 L를 혼합해야 22%의 알코올 용액을 만들 수 있을까?

12. 방정식 $4x-3y=12$의 그래프를 그려라.

13. 두 점 $(-4, 6)$과 $(2, -3)$을 지나는 직선의 기울기를 구하라. 그리고 그 직선의 방정식을 구하되, $y=mx+b$의 꼴로 나타내라.

14. $f(x)=3x-7$일 때, $f(-10)$을 구하라.

15. 소거법 또는 대입법을 이용하여 다음 연립방정식을 풀어라.

$$\begin{aligned} 3x - y &= 23 \\ 2x + 3y &= 8 \end{aligned}$$

16. 행렬을 이용하여 다음 연립방정식을 풀어라.

$$\begin{aligned} x+y+z &= 1 \\ x-y-z &= -3 \\ x+y-z &= -1 \end{aligned}$$

연립방정식을 이용하여 풀어라.

17. 2온스짜리 편지 5통과 3온스짜리 편지 3통을 제1종 우편으로 보낼 때는 5.09달러가 필요하고, 2온스짜리 편지 3통과 3온스짜리 편지 5통을 보낼 때는 5.55달러가 필요하다. 2온스짜리 편지 1통과 3온스짜리 편지 1통의 우편료는 얼마인가?

[18~21] 다음을 계산하라.

18. $(3k^3-5k^2+8k-2)-(4k^3+11k+7)+(2k^2-5k)$

19. $(8x-7)(x+3)$

20. $\dfrac{8z^3-16z^2+24z}{8z^2}$

21. $\dfrac{6y^4-3y^3+5y^2+6y-9}{2y+1}$

[22~24] 각 다항식을 인수분해하라.

22. $2p^2-5pq+3q^2$

23. $3k^4+k^2-4$

24. x^3+512

[25~26] 인수분해해서 풀어라.

25. $2x^2+11x+15=0$

26. $5t(t-1)=2(1-t)$

27. $f(x)=\dfrac{2}{x^2-9}$의 정의역은?

[28~29] 다음을 계산하되 기약분수로 나타내라.

28. $\dfrac{y^2+y-12}{y^3+9y^2+20y} \div \dfrac{y^2-9}{y^3+3y^2}$

29. $\dfrac{1}{x+y}+\dfrac{3}{x-y}$

[30~32] 각 번분수를 간단히 하라.

30. $\dfrac{\dfrac{-6}{x-2}}{\dfrac{8}{3x-6}}$

31. $\dfrac{\dfrac{1}{a}-\dfrac{1}{b}}{\dfrac{a}{b}-\dfrac{b}{a}}$

32. $\dfrac{x^{-1}}{y-x^{-1}}$

33. 민지는 도연이보다 시속 4마일 더 빠르게 자전거를 탈 수 있다. 도연이가 24마일을 타는 동안 민지는 48마일을 탈 수 있다. 그들의 속도를 구하라.

34. 방정식 $\dfrac{p+1}{p-3}=\dfrac{4}{p-3}+6$을 풀어라.

[35~40] 각 식을 간단히 하되 오직 양의 지수만으로 나타내라. 모든 변수들은 양의 실수이다.

35. $27^{-2/3}$

36. $\sqrt{200x^4}$

37. $\sqrt[3]{16x^2y} \cdot \sqrt[3]{3x^3y}$

38. $\sqrt{50}+\sqrt{8}$

39. $\dfrac{1}{\sqrt{10}-\sqrt{8}}$

40. $(2\sqrt{x}+\sqrt{y})(-3\sqrt{x}-4\sqrt{y})$

41. 두 점 $(-4, 4)$와 $(-2, 9)$ 사이의 거리를 구하라.

42. 방정식 $\sqrt{3r-8}=r-2$를 풀어라.

43. 달리고 있는 자동차의 도로에서 배수로로의 추락 속도(시간당 마일)는

$$S=\frac{2.74D}{\sqrt{h}}$$

로 주어진다. 여기서 D는 수평면에서 배수로의 바닥까지 이동했을 때의 수평거리이고 h는 배수로의 높이 (혹은 깊이)이다. 자동차가 수평으로 32피트, 그리고 5피트 깊이로 이동했을 때 추락 속도는 얼마인가?

[44~45] 표준형 $a+bi$로 나타내라.

44. $(5+7i)-(3-2i)$

45. $\dfrac{6-2i}{1-i}$

9장 이차방정식, 부등식, 함수

9.1 제곱근 성질과 완전제곱

학·습·목·표

1. 영인수 성질 복습
2. 제곱근 성질을 배우자
3. 제곱근 성질을 이용한 $(ax+b)^2=c$ 꼴의 이차방정식의 풀이
4. 완전제곱식으로 바꾸어 이차방정식 풀기
5. 실수가 아닌 해를 갖는 이차방정식 풀기

6.5절에서 이차방정식을 소개하였다. 이차방정식은 다음과 같이 정의됨을 상기하자.

이차방정식

a, b, c가 실수이고 $a \neq 0$일 때

$$ax^2+bx+c=0$$

과 같이 표현되는 방정식이 **이차방정식**(quadratic equation)이다. 주어진 식을 **표준형**(standrad form)이라 부른다.

이차방정식은 차수가 2차인 방정식, 즉 2차 항을 갖고 더 큰 차수의 항이 없는 방정식이다. 예를 들면,

$$4m^2+4m-5=0, \quad 3x^2=4x-8$$

은 이차방정식이고, 첫 번째 방정식은 표준형이다.

목표 1 영인수 성질 복습 6.5절에서 이차방정식을 풀기 위해 인수분해와 영인수 성질을 이용하였다.

영인수 성질

만약 두 수의 곱이 0이라면, 둘 중 하나는 반드시 0이어야 한다. 즉, $ab=0$이면 $a=0$ 또는 $b=0$이다.

우리는 $3x^2-5x-28=0$과 같은 이차방정식을 다음처럼 영인수 성질을 이용하여 풀었다.

$$3x^2-5x-28=0$$

$$(3x+7)(x-4)=0 \qquad \text{인수분해}$$

$$3x+7=0 \quad \text{또는} \quad x-4=0 \quad \text{영인수 성질}$$
$$3x=-7 \quad \text{또는} \quad x=4 \quad \text{각 방정식을 푼다.}$$
$$x=-\frac{7}{3}$$

따라서 해집합은 $\left\{-\frac{7}{3}, 4\right\}$이다.

목표 2 제곱근 성질을 배우자 인수분해가 이차방정식을 푸는 가장 간단한 방법이지만, 모든 이차방정식이 인수분해로 쉽게 풀리는 것은 아니다. 이 절과 다음 절에서는 다음 성질에 기반을 둔 이차방정식의 해법으로서 세 개의 다른 방법들을 알아볼 것이다.

제곱근 성질

x와 k가 복소수이고 $x^2=k$이면,

$$x=\sqrt{k} \text{ 또는 } x=-\sqrt{k}$$

이다.

다음 단계는 제곱근 성질을 정당화한다.

$$x^2=k$$
$$x^2-k=0 \quad k\text{를 뺀다.}$$
$$(x-\sqrt{k})(x+\sqrt{k})=0 \quad \text{인수분해}$$
$$x-\sqrt{k}=0 \quad \text{또는} \quad x+\sqrt{k}=0 \quad \text{영인수 성질}$$
$$x=\sqrt{k} \quad \text{또는} \quad x=-\sqrt{k} \quad \text{각 방정식을 푼다.}$$

ⓘ 주의 $k\neq 0$일 때, 제곱근 성질을 이용하면 항상 2개의 제곱근을 얻는다. 하나는 양이고 하나는 음이다.

예제 1 제곱근 성질의 이용

각 방정식을 풀어라.

(a) $x^2=5$ (b) $4x^2-48=0$

풀이 (a) 제곱근 성질을 이용하면

$$x=\sqrt{5} \text{ 또는 } x=-\sqrt{5}$$

를 얻는다. 따라서 해집합은 $\{\sqrt{5}, -\sqrt{5}\}$이다.

(b) x^2에 대하여 풀면

$$4x^2 - 48 = 0$$
$$4x^2 = 48 \quad \text{48을 더한다.}$$
$$x^2 = 12 \quad \text{4로 나눈다.}$$
$$x = \sqrt{12} \text{ 또는 } x = -\sqrt{12} \quad \text{제곱근 성질}$$
$$x = 2\sqrt{3} \text{ 또는 } x = -2\sqrt{3} \quad \sqrt{12} = \sqrt{4} \cdot \sqrt{3} = 2\sqrt{3}$$

해는 $2\sqrt{3}$과 $-2\sqrt{3}$이다. 각각이 원래 방정식을 만족하는지 확인하자.

• 확인: $4x^2 - 48 = 0$ 원래 방정식

$4(2\sqrt{3})^2 - 48 = 0$	$4(-2\sqrt{3})^2 - 48 = 0$
$4(12) - 48 = 0$	$4(12) - 48 = 0$
$48 - 48 = 0$	$48 - 48 = 0$
$0 = 0$ 참	$0 = 0$ 참

따라서 해집합은 $\{2\sqrt{3}, -2\sqrt{3}\}$이다. ■

✎ 연습문제 7, 13을 풀어보자.

ⓘ **참고** 예제 1과 같은 해들은 때때로 기호 ±("양 또는 음"이라고 읽는다)로 간단히 나타낸다. 예제 1의 해들은 $\pm\sqrt{5}$와 $\pm 2\sqrt{3}$로도 쓸 수 있다.

예제 2 제곱근 성질의 응용

갈릴레오 갈릴레이(Galileo Galilei; 1564~1642)는 다음과 같은 자유낙하 운동법칙을 알아냈다.

$$d = 16t^2$$

여기서 d는 t초 동안 물체가 떨어진 거리(피트)이다(공기의 저항은 무시). 또한 이것은 물체의 무게와는 상관없다. 갈릴레오는 이 공식을 발견하기 위해 피사의 사탑에서 물체를 떨어뜨렸다. 피사의 사탑 높이가 약 180피트라면, 갈릴레오의 공식을 이용하여 물체가 탑에서 지상까지 떨어지는 데 얼마나 걸리는지 구하여라.

갈릴레오 공식에서 d에 180을 대입하면

$$d = 16t^2$$
$$180 = 16t^2 \quad d = 180$$
$$11.25 = t^2 \quad \text{16으로 나눈다.}$$
$$t = \sqrt{11.25} \text{ 또는 } t = -\sqrt{11.25} \quad \text{제곱근 성질}$$

시간은 음수가 아니기 때문에, 음의 해는 무시한다. 보통 응용문제에서는 정확한 값보다는 근삿값을 더 선호한다. 계산기를 이용하면, $\sqrt{11.25} \approx 3.4$이다. 그래서 $t \approx 3.4$이다. 이 물체가 지면에 떨어지는 데 걸리는 시간은 약 3.4초이다. ■

연습문제 25를 풀어보자.

목표 3 제곱근 성질을 이용한 $(ax+b)^2=c$ 꼴의 이차방정식 풀이

$$(x-5)^2=36$$

과 같이 더 복잡한 방정식을 풀기 위해, x^2 대신에 $(x-5)^2$을 대입, k 대신에 36을 대입하여 제곱근 성질을 이용하면 다음을 얻는다.

$$\begin{aligned} x-5&=\sqrt{36} \quad \text{또는} \quad x-5=-\sqrt{36} \\ x-5&=6 \quad \text{또는} \quad x-5=-6 \\ x&=11 \quad \text{또는} \quad x=-1 \end{aligned}$$

• 확인: $(x-5)^2=36$ 원래 방정식

$(11-5)^2=36$	$(-1-5)^2=36$
$6^2=36$	$(-6)^2=36$
$36=36$ 참	$36=36$ 참

두 해 모두 원래 방정식을 만족하므로, 해집합은 $\{-1, 11\}$이다.

예제 3 제곱근 성질의 이용

$(2x-3)^2=18$을 풀어라.

풀이

$$\begin{aligned} 2x-3&=\sqrt{18} \quad \text{또는} \quad 2x-3=-\sqrt{18} \qquad \text{제곱근 성질} \\ 2x&=3+\sqrt{18} \quad \text{또는} \quad 2x=3-\sqrt{18} \\ x&=\frac{3+\sqrt{18}}{2} \quad \text{또는} \quad x=\frac{3-\sqrt{18}}{2} \\ x&=\frac{3+3\sqrt{2}}{2} \quad \text{또는} \quad x=\frac{3-3\sqrt{2}}{2} \qquad \sqrt{18}=\sqrt{9\cdot 2}=3\sqrt{2} \end{aligned}$$

첫 번째 해에 대해서만 확인한다. 두 번째 해도 비슷하게 확인할 수 있다.

• 확인:

$$\begin{aligned} (2x-3)^2&=18 \qquad \text{원래 방정식} \\ \left[2\left(\frac{3+3\sqrt{2}}{2}\right)-3\right]^2&=18 \\ (3+3\sqrt{2}-3)^2&=18 \\ (3\sqrt{2})^2&=18 \\ 18&=18 \qquad \text{참} \end{aligned}$$

따라서 해집합은 $\left\{\frac{3+3\sqrt{2}}{2}, \frac{3-3\sqrt{2}}{2}\right\}$이다. ■

연습문제 21을 풀어보자.

목표 4 완전제곱식으로 바꾸어 이차방정식 풀기 이차방정식을 $(x+k)^2=n$의 꼴로 나타내면 제곱근 성질을 이용하여 해를 구할 수 있다. 즉, 방정식의 좌변은 $(x+k)^2$처럼 인수분해될 수 있는 삼항식이 되어야 하고, 우변은 상수여야 한다. 이러한 꼴로 다시 쓰는 것을 완전제곱식으로 바꾼다(completing the square)고 부른다.

완전제곱식으로 표현될 수 있는 삼항식

$$x^2+10x+25$$

은 $(x+5)^2$으로 인수분해될 수 있음을 상기하자. 삼항식에서 (일차항) x의 계수는 10이고 상수항은 25이다. 만약 10의 절반에 제곱을 취하면 상수항 25를 얻는다.

$$\left[\frac{1}{2}(\underset{\uparrow\ x\text{의 계수}}{10})\right]^2=5^2=\underset{\uparrow\ \text{상수}}{25}$$

비슷하게,

$$x^2+12x+36=(x+6)^2\text{에서는 }\left[\frac{1}{2}(12)\right]^2=6^2=36$$

이고

$$m^2-6m+9=(m-3)^2\text{에서는 }\left[\frac{1}{2}(-6)\right]^2=(-3)^2=9$$

이다. 이 관계는 일반적으로 참이고 완전제곱식으로 나타내는 데 중요한 개념이다.

예제 4 완전제곱식으로 바꾸어 이차방정식 풀기

$x^2+8x+10=0$을 풀어라.

풀이 이 이차방정식은 인수분해로 풀 수도 없고, 제곱근 성질을 이용하여 풀기에도 정확한 형태가 아니다. 완전제곱식으로 바꾸어 풀기 위해, 방정식의 좌변에 완전제곱식으로 표현될 수 있는 삼항식이 필요하다. 이 꼴을 얻기 위해 각 변에서 10을 뺀다.

$$x^2+8x+10=0$$
$$x^2+8x=-10 \quad \text{10을 뺀다.}$$

이제 좌변에 완전제곱식으로 표현될 수 있는 삼항식을 얻기 위해 상수를 더해야 한다.

$$\underbrace{x^2+8x+\underline{\ ?\ }}_{\text{완전제곱식으로 표현될 수 있는 삼항식}}$$

이 상수를 찾기 위해 앞에서 본 개념(일차항의 계수의 절반에 제곱)을 적용한다.

$$\left[\frac{1}{2}(8)\right]^2 = 4^2 = 16 \leftarrow \text{원하는 상수}$$

이 상수 16을 방정식의 각 변에 더하면

$$x^2+8x+16 = -10+16$$

을 얻는다. 이제 좌변은 인수분해하고 우변은 더한다.

$$(x+4)^2 = 6$$

이 방정식은 제곱근 성질을 이용하여 풀 수 있다.

$$x+4=\sqrt{6} \qquad \text{또는} \qquad x+4=-\sqrt{6}$$

$$x=-4+\sqrt{6} \qquad \text{또는} \qquad x=-4-\sqrt{6}$$

• 확인:

$$x^2+8x+10=0 \qquad \text{원래 방정식}$$

$$(-4+\sqrt{6})^2+8(-4+\sqrt{6})+10=0 \qquad x=-4+\sqrt{6}$$

$$16-8\sqrt{6}+6-32+8\sqrt{6}+10=0$$

$$0=0 \qquad \text{참}$$

두 번째 해도 비슷하게 확인된다. 따라서 해집합은 $\{-4+\sqrt{6}, -4-\sqrt{6}\}$이다. ■

연습문제 39를 풀어보자.

예제 4의 과정은 일반화될 수 있다.

완전제곱식으로 바꾸기

$ax^2+bx+c=0$ $(a \neq 0)$을 완전제곱식으로 바꾸어 풀기 위해서 다음 단계를 따른다.

1단계 2차항의 계수가 1이 되도록 하라. 2차항의 계수가 1이면 2단계로 가고, 1은 아니지만 0이 아닌 a라면 방정식의 각 변을 a로 나눈다.

2단계 정확한 꼴로 방정식을 바꿔라. 변수가 있는 항들은 등호의 한 변에, 그리고 상수는 다른 변에 오게 해라.

3단계 일차항의 계수의 절반을 제곱하라.

4단계 각 변에 그 제곱을 더하라.

5단계 완전제곱식으로 인수분해하라. 한 변은 완전제곱식으로 표현될 수 있는 삼항식이다. 그것을 이항식의 제곱으로 인수분해하라. 다른 변은 간단히 하라.

6단계 방정식을 풀어라. 해를 구하기 위해 제곱근 성질을 이용한다.

ⓘ **참고** 1단계와 2단계는 순서에 관계없다. 어떤 방정식에서는 2단계를 먼저 하는 것이 편리하다.

예제 5 완전제곱식으로 바꾸어 $a=1$인 이차방정식 풀기

$k^2+5k-1=0$을 풀어라.

풀이 앞에서 언급한 단계를 따른다. 2차항의 계수가 1이므로 2단계부터 시작한다.

- 2단계: $k^2+5k=1$ 각 변에 1을 더한다.
- 3단계: 일차항의 계수의 절반에 제곱을 취한다.

$$\left[\frac{1}{2}(5)\right]^2=\left(\frac{5}{2}\right)^2=\frac{25}{4}$$

- 4단계: 방정식의 각 변에 그 제곱을 더한다.

$$k^2+5k+\frac{25}{4}=1+\frac{25}{4}$$

- 5단계: $\left(k+\frac{5}{2}\right)^2=\frac{29}{4}$ 좌변은 인수분해하고 우변은 더한다.
- 6단계:

$$k+\frac{5}{2}=\sqrt{\frac{29}{4}} \quad \text{또는} \quad k+\frac{5}{2}=-\sqrt{\frac{29}{4}} \qquad \text{제곱근 성질}$$

$$k+\frac{5}{2}=\frac{\sqrt{29}}{2} \quad \text{또는} \quad k+\frac{5}{2}=-\frac{\sqrt{29}}{2}$$

$$k=-\frac{5}{2}+\frac{\sqrt{29}}{2} \quad \text{또는} \quad k=-\frac{5}{2}-\frac{\sqrt{29}}{2}$$

$$k=\frac{-5+\sqrt{29}}{2} \quad \text{또는} \quad k=\frac{-5-\sqrt{29}}{2}$$

해집합이 $\left\{\frac{-5+\sqrt{29}}{2}, \frac{-5-\sqrt{29}}{2}\right\}$임을 확인하라. ■

연습문제 41을 풀어보자.

예제 6 완전제곱식으로 바꾸어 $a\neq 1$인 이차방정식 풀기

$2x^2-4x-5=0$을 풀어라.

풀이 방정식의 각 항을 2로 나누어 2차항의 계수를 1로 만든다.

$$x^2-2x-\frac{5}{2}=0 \qquad \text{1단계}$$

$$x^2-2x=\frac{5}{2} \qquad \text{2단계}$$

$$\left[\frac{1}{2}(-2)\right]^2=(-1)^2=1 \qquad \text{3단계}$$

$$x^2-2x+1=\frac{5}{2}+1 \qquad \text{4단계}$$

$$(x-1)^2=\frac{7}{2} \qquad \text{5단계}$$

$$x-1=\sqrt{\frac{7}{2}} \quad \text{또는} \quad x-1=-\sqrt{\frac{7}{2}} \qquad \text{6단계}$$

$$x = 1 + \sqrt{\frac{7}{2}} \quad \text{또는} \quad x = 1 - \sqrt{\frac{7}{2}}$$

$$x = 1 + \frac{\sqrt{14}}{2} \quad \text{또는} \quad x = 1 - \frac{\sqrt{14}}{2} \qquad \text{분모의 유리화}$$

다음과 같이 각 해의 두 항을 더한다.

$$1 + \frac{\sqrt{14}}{2} = \frac{2}{2} + \frac{\sqrt{14}}{2} = \frac{2+\sqrt{14}}{2}$$

$$1 - \frac{\sqrt{14}}{2} = \frac{2}{2} - \frac{\sqrt{14}}{2} = \frac{2-\sqrt{14}}{2}$$

해집합이 $\left\{\frac{2+\sqrt{14}}{2}, \frac{2-\sqrt{14}}{2}\right\}$임을 확인하라. ■

연습문제 47을 풀어보자.

목표 5 실수가 아닌 해를 갖는 이차방정식 풀기 지금까지 제곱근 성질을 이용하여 풀었던 모든 방정식들은 2개의 실수해를 가졌다. 방정식 $x^2 = k$에서 $k < 0$이면 2개의 허수해를 가질 것이다.

예제 7 허수해를 갖는 이차방정식 풀기

각 방정식을 풀어라.

(a) $x^2 = -15$ (b) $(t+2)^2 = -16$ (c) $x^2 + 2x + 7 = 0$

풀이 (a) $x = \sqrt{-15}$ 또는 $x = -\sqrt{-15}$ 제곱근 성질

$x = i\sqrt{15}$ 또는 $x = -i\sqrt{15}$ $\sqrt{-1} = i$

따라서 해집합은 $\{i\sqrt{15}, -i\sqrt{15}\}$이다.

(b) $t+2 = \sqrt{-16}$ 또는 $t+2 = -\sqrt{-16}$ 제곱근 성질

$t+2 = 4i$ 또는 $t+2 = -4i$ $\sqrt{-16} = 4i$

$t = -2+4i$ 또는 $t = -2-4i$

따라서 해집합은 $\{-2+4i, -2-4i\}$이다.

(c) 완전제곱식으로 바꾸어 풀면

$$x^2 + 2x = -7 \qquad \text{7을 뺀다.}$$

$$x^2 + 2x + 1 = -7 + 1 \qquad [1/2(2)]^2 = 1;\ \text{각 변에 1을 더한다.}$$

$$(x+1)^2 = -6 \qquad \text{좌변은 인수분해; 우변은 더한다.}$$

$$x + 1 = \pm i\sqrt{6} \qquad \text{제곱근 성질}$$

$$x = -1 \pm i\sqrt{6} \qquad \text{1을 뺀다.}$$

따라서 해집합은 $\{-1+i\sqrt{6}, -1-i\sqrt{6}\}$이다. ■

연습문제 55, 57, 61을 풀어보자.

> ⓘ **참고** 완전제곱식으로 바꾸는 과정은 수학의 다른 분야에서도 이용된다. 예를 들면, 9.6절에서 이차방정식의 그래프를 그릴 때, 그리고 11장에서 원에 대하여 공부할 때 이용할 것이다.

9.1 연습문제

1. 한 학생이 이차방정식 $x^2=16$을 푸는데 전적으로 신용할 수 없는 해집합으로 $\{4\}$를 얻었다. 그 이유는?

2. 왜 영인수 성질을 모든 이차방정식을 풀 때 이용될 수 없을까?

3. 한 문장 또는 한 구절로 설명하라.
   (a) 이차방정식의 표준형 (b) 영인수 성질 (c) 제곱근 성질

4. 다음 풀이에서 잘못된 것은?

$$\begin{aligned} x^2-x-2 &= 5 \\ (x-2)(x+1) &= 5 \\ x-2=5 \quad \text{또는} \quad x+1 &= 5 \qquad \text{영인수 성질} \\ x=7 \quad \text{또는} \quad x &= 4 \end{aligned}$$

[5~24] 제곱근 성질을 이용하여 각 방정식을 풀어라. (예제 1과 3)

5. $x^2=81$
6. $z^2=225$
7. $t^2=17$
8. $x^2=19$
9. $m^2=32$
10. $x^2=54$
11. $t^2-20=0$
12. $p^2-50=0$
13. $3n^2-72=0$
14. $5z^2-200=0$
15. $(x+2)^2=25$
16. $(t+8)^2=9$
17. $(x-4)^2=3$
18. $(x+3)^2=11$
19. $(t+5)^2=48$
20. $(m-6)^2=27$
21. $(3x-1)^2=7$
22. $(2x+4)^2=10$
23. $(4p+1)^2=24$
24. $(5t-2)^2=12$

[25~26] 갈릴레오 공식 $d=16t^2$을 이용하여 풀어라. 반올림하여 소수 첫째 자리까지 나타내라. (예제 2)

25. 미주리 주 세인트루이스에 있는 게이트웨이 아치(Gateway Arch)는 높이가 630피트이다. 이 꼭대기에서 물체가 지면으로 떨어지는데 시간이 얼마나 걸리겠는가? (출처: Home & Away, November/December 2000.)

26. 사우스다코타에 있는 러시모어 산 국립기념지는 미국에서 가장 좋아하는 네 명의 대통령 조각상이 계곡 위 500피트 높이에 위치한 산의 가장 자리에 새겨져 있다. 돌이 조각상의 꼭대기에서 지면으로 떨어지는 데 시간이 얼마나 걸리겠는가? (출처: Microsoft Encarta Encyclopedia 2002.)

27. 두 방정식

$$(2x+1)^2=5\text{와 } x^2+4x=12$$

중 하나는 제곱근 성질을 이용하여 푸는 것이 더 적절하다. 다른 하나는 완전제곱식으로 바꾸어 푸는 것이 더 적절하다. 대부분의 학생들이 각 방정식에 어떤 방법을 이용할 것이라고 생각하는가?

28. 왜 대부분의 학생들은 방정식 $5x^2+2x=3$보다 방정식 $x^2+4x=20$을 푸는 데 완전제곱식을 이용하여 더 쉽게 해를 구할까?

29. 각 식을 완전제곱으로 표현될 수 있는 삼항식으로 만들려고 한다. 어떤 수를 빈칸에 넣어야 하는가?

(a) x^2+6x+________ (b) x^2+14x+________ (c) p^2-12p+________

(d) x^2+3x+________ (e) q^2-9q+________ (f) $t^2-\frac{1}{2}t+$________

30. $2x^2+8x=9$를 완전제곱식으로 바꾸어 풀기 위해 첫 단계로 해야 할 것은?

[31~36] 각 방정식을 완전제곱식으로 바꾸어 풀기 위해 우변의 상수항 뒤에 더해야 할 숫자를 결정하라. 실제로 풀지는 마라. (예제 4~6)

31. $x^2+4x-2=0$
32. $t^2+2t-1=0$
33. $x^2+10x+18=0$
34. $x^2+8x+11=0$
35. $3w^2-w-24=0$
36. $4z^2-z-39=0$

[37~54] 완전제곱식을 이용하여 각 방정식을 풀어라. 연습문제 39~44는 연습문제 31~36의 결과를 이용하여 풀어라. (예제 4~6)

37. $x^2-2x-24=0$
38. $m^2-4m-32=0$
39. $x^2+4x-2=0$
40. $t^2+2t-1=0$
41. $x^2+10x+18=0$
42. $x^2+8x+11=0$
43. $3w^2-w=24$
44. $4z^2-z=39$
45. $2k^2+5k-2=0$
46. $3r^2+2r-2=0$
47. $5x^2-10x+2=0$
48. $2x^2-16x+25=0$

49. $9x^2-24x=-13$

50. $25n^2-20n=1$

51. $z^2-\frac{4}{3}z=-\frac{1}{9}$

52. $p^2-\frac{8}{3}p=-1$

53. $0.1x^2-0.2x-0.1=0$

54. $0.1p^2-0.4p+0.1=0$

[55~66] 각 방정식의 허수해를 구하라. (예제 7)

55. $x^2=-12$

56. $x^2=-18$

57. $(r-5)^2=-3$

58. $(t+6)^2=-5$

59. $(6k-1)^2=-8$

60. $(4m-7)^2=-27$

61. $m^2+4m+13=0$

62. $t^2+6t+10=0$

63. $3r^2+4r+4=0$

64. $4x^2+5x+5=0$

65. $-m^2-6m-12=0$

66. $-k^2-5k-10=0$

[67~72] x에 대하여 풀어라. a와 b는 양의 실수이다.

67. $x^2-b=0$

68. $x^2=4b$

69. $4x^2=b^2+16$

70. $9x^2-25a=0$

71. $(5x-b)^2=3a$

72. $x^2-a^2-36=0$

관련 개념(문제 73~78)

개인 또는 그룹 과제용

그리스인들은 제곱을 그림으로 표현해서 완전제곱식으로 바꾸는 방법을 알고 있었다. 예를 들어, x^2+6x를 완전제곱식으로 바꾸기 위해, 왼쪽에 있는 그림처럼 한 변이 x인 정사각형으로 시작한다. 넓이가 x^2+6x인 영역을 얻기 위해 오른쪽과 아래쪽에 너비가 1인 세 개의 직사각형을 각각 추가한다. 가장자리를 채우기 위해(완전제곱식으로 바꾸기), 아홉 개의 1×1 정사각형을 오른쪽 그림처럼 추가해야 한다.

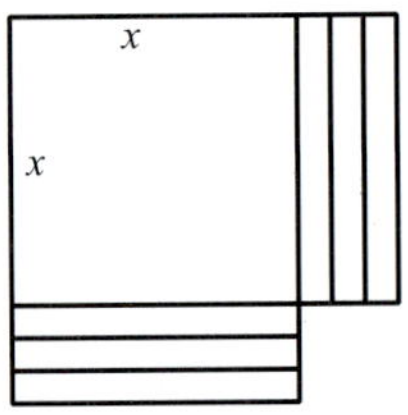

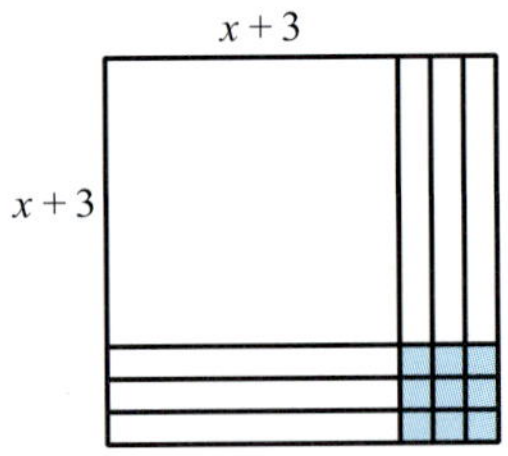

[73~78] 순서대로 풀어라.

73. 처음 정사각형의 면적은?

74. 각 띠(strip)의 면적은?

75. 띠 여섯 개의 총면적은?

76. 두 번째 그림의 가장자리에 있는 각각의 작은 정사각형의 면적은?

77. 작은 정사각형들의 총면적은?

78. 새로 그려진 큰 정사각형의 면적은?

기술적 통찰 (문제 79~80)

다음 2개의 계산기 화면은 $y=x^2$과 수평선 $y=5$의 그래프의 교점들을 보여준다. 다른 화면은 $\sqrt{5} \approx 2.236068$임을 보여준다. 그래서 그래프들은 $x=-\sqrt{5}$와 $x=\sqrt{5}$에서 만난다. 이것은 예제 1(a)에서 제곱근 성질을 이용하여 구한 $x^2=5$의 해 $\pm\sqrt{5}$를 뒷받침해준다.

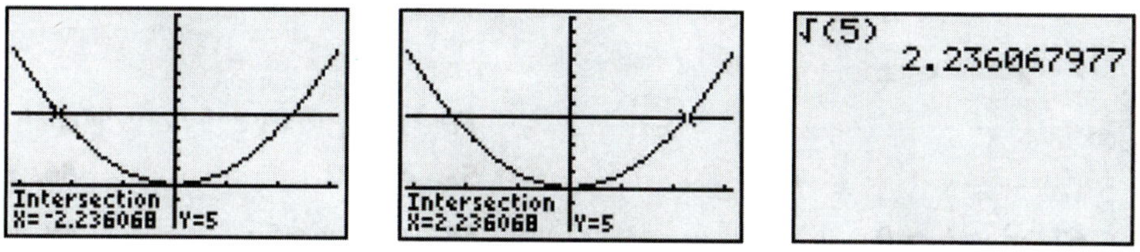

방정식 $x^2=k$의 해를 정확하게 구하기 위해 연습문제 79와 80의 화면을 이용하라.

79.

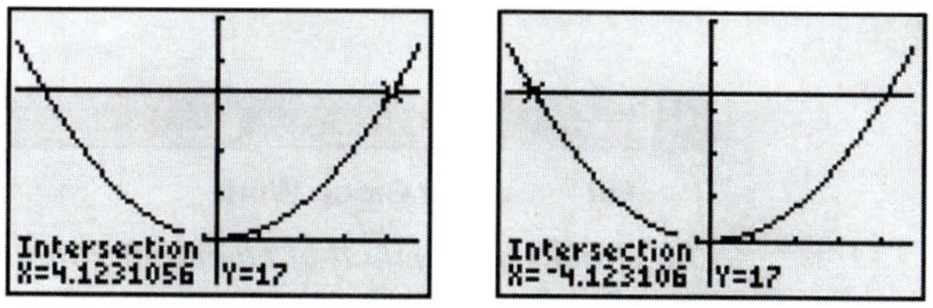

80.

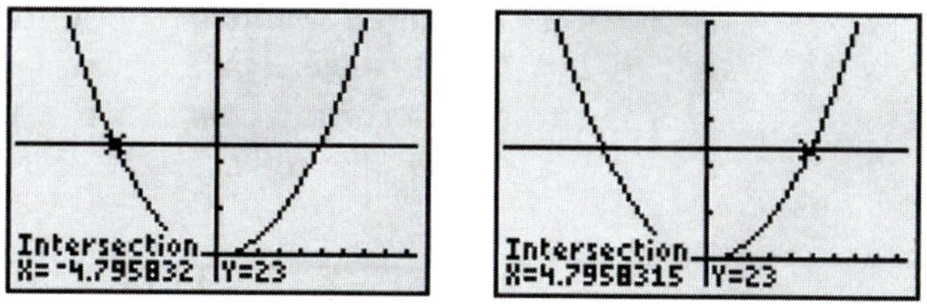

9.2 근의 공식

학·습·목·표

1. 근의 공식 유도
2. 근의 공식을 이용하여 이차방정식 풀기
3. 해의 모양과 수를 결정하는 판별식의 이용

앞 절의 예제들에서는 완전제곱식으로 바꾸어 이차방정식을 풀 수 있음을 보았다. 그러나 완전제곱식을 이용하는 것은 지루하고 시간을 낭비할 수도 있다. 이 절에서는 일반적인 이차방정식

$$ax^2+bx+c=0$$

을 풀 수 있는 공식을 만들 것이다. 여기서 a, b, c는 복소수이고 $a \neq 0$이다. 이러한 일반적인 방정식의 해는 구체적인 이차방정식의 해를 구하는데 필요한 공식을 제공한다.

목표 1 근의 공식 유도 $a>0$이라 가정하자. 이차방정식 $ax^2+bx+c=0$을 완전제곱식으로 바꾸어 풀기 위해서 9.1절에 주어진 단계들을 따른다.

$$ax^2+bx+c=0$$

$$x^2+\frac{b}{a}x+\frac{c}{a}=0 \qquad a\text{로 나눈다. (1단계)}$$

$$x^2+\frac{b}{a}x=-\frac{c}{a} \qquad \frac{c}{a}\text{를 뺀다. (2단계)}$$

$$\left[\frac{1}{2}\left(\frac{b}{a}\right)\right]^2 \qquad \text{(3단계)}$$

$$x^2+\frac{b}{a}x+\frac{b^2}{4a^2}=-\frac{c}{a}+\frac{b^2}{4a^2} \qquad \text{각 변에 } \frac{b^2}{4a^2}\text{을 더한다. (4단계)}$$

좌변은 완전제곱으로 쓰고 우변은 재배열한다.

$$\left(x+\frac{b}{2a}\right)^2=\frac{b^2}{4a^2}+\frac{-c}{a} \qquad \text{(5단계)}$$

$$\left(x+\frac{b}{2a}\right)^2=\frac{b^2}{4a^2}+\frac{-4ac}{4a^2} \qquad \text{공통분모를 갖도록 다시 쓴다.}$$

$$\left(x+\frac{b}{2a}\right)^2=\frac{b^2-4ac}{4a^2} \qquad \text{분수를 더한다.}$$

$$x+\frac{b}{2a}=\sqrt{\frac{b^2-4ac}{4a^2}} \quad \text{또는} \quad x+\frac{b}{2a}=-\sqrt{\frac{b^2-4ac}{4a^2}} \qquad \text{제곱근 성질 (6단계)}$$

$$\sqrt{\frac{b^2-4ac}{4a^2}}=\frac{\sqrt{b^2-4ac}}{\sqrt{4a^2}}=\frac{\sqrt{b^2-4ac}}{2a}$$

이므로, 각 방정식의 우변은 다음과 같이 나타난다.

$$x+\frac{b}{2a}=\frac{\sqrt{b^2-4ac}}{2a} \qquad \text{또는} \qquad x+\frac{b}{2a}=\frac{-\sqrt{b^2-4ac}}{2a}$$

$$x=\frac{-b}{2a}+\frac{\sqrt{b^2-4ac}}{2a} \qquad \text{또는} \qquad x=\frac{-b}{2a}-\frac{\sqrt{b^2-4ac}}{2a}$$

$$x=\frac{-b+\sqrt{b^2-4ac}}{2a} \qquad \text{또는} \qquad x=\frac{-b-\sqrt{b^2-4ac}}{2a}.$$

$a<0$인 경우도 같은 두 해를 얻는다. 이 결과를 다음과 같이 근의 공식(quadratic formula)이라고 부른다.

근의 공식

$ax^2+bx+c=0$ $(a\neq 0)$의 해는 다음과 같이 주어진다.

$$x=\frac{-b\pm\sqrt{b^2-4ac}}{2a}$$

ⓘ 주의 근의 공식 $x=\frac{-b\pm\sqrt{b^2-4ac}}{2a}$에서 제곱근은 $2a$로 나누기 전에 $-b$의 값에 더하거나 빼진다.

목표 2 근의 공식을 이용하여 이차방정식 풀기 근의 공식을 이용하기 위해서는 먼저 주어진 방정식을 표준형 $ax^2+bx+c=0$으로 고쳐야 한다. 그러고 나서 a, b, c의 값을 확인하고 공식에 대입한다.

예제 1 근의 공식 이용 (유리수해)

$6x^2-5x-4=0$을 풀어라.

풀이 먼저 일반적인 이차방정식 $ax^2+bx+c=0$에서 a, b, c의 값을 확인하라. 여기서 a는 2차항의 계수로서 6, b는 일차항의 계수로서 -5, 상수항 c는 -4이다. 이 값들을 근의 공식에 대입하면

$$x=\frac{-b\pm\sqrt{b^2-4ac}}{2a}$$

$$x=\frac{-(-5)\pm\sqrt{(-5)^2-4(6)(-4)}}{2(6)} \qquad a=6,\ b=-5,\ c=-4$$

$$x=\frac{5\pm\sqrt{25+96}}{12}$$

$$x=\frac{5\pm\sqrt{121}}{12}$$

$$x=\frac{5\pm 11}{12}$$

마지막 명제로부터 두 해를 얻는다. 하나는 +이고 하나는 −이다.

$$x=\frac{5+11}{12}=\frac{16}{12}=\frac{4}{3} \quad \text{또는} \quad x=\frac{5-11}{12}=\frac{-6}{12}=-\frac{1}{2}$$

각 해를 원래의 방정식에 대입하여 확인하라. 따라서 해집합은 $\left\{-\frac{1}{2}, \frac{4}{3}\right\}$이다. ■

✎ 연습문제 5를 풀어보자.

예제 1에서 방정식을 풀기 위해 인수분해를 사용할 수도 있다.

$$6x^2-5x-4=0$$

$$(3x-4)(2x+1)=0 \qquad \text{인수분해}$$

$$3x-4=0 \quad \text{또는} \quad 2x+1=0 \qquad \text{영인수 성질}$$

$$3x=4 \quad \text{또는} \quad 2x=-1 \qquad \text{각 방정식을 푼다.}$$

$$x=\frac{4}{3} \quad \text{또는} \quad x=-\frac{1}{2} \qquad \text{예제 1의 해와 같다.}$$

이차방정식을 풀 때 먼저 인수분해를 시도하는 것은 좋은 생각이다. 만약 방정식이 인수분해되지 않거나 인수분해가 어렵다면, 근의 공식을 이용한다. 이 절의 나머지 부분에서 인수분해가 이차방정식을 풀 수 있는지를 결정하는 방법을 알아볼 것이다.

예제 2 근의 공식 이용 (무리수해)

$4r^2=8r-1$을 풀어라.

풀이 방정식을 표준형으로 쓰면

$$4r^2-8r+1=0$$

이고 $a=4$, $b=-8$, $c=1$이다. 이제 근의 공식을 이용하면

$$r=\frac{-b\pm\sqrt{b^2-4ac}}{2a}$$

$$r=\frac{-(-8)\pm\sqrt{(-8)^2-4(4)(1)}}{2(4)} \qquad a=4,\ b=-8,\ c=1$$

$$=\frac{8\pm\sqrt{64-16}}{8}$$

$$=\frac{8\pm\sqrt{48}}{8}$$

$$=\frac{8\pm 4\sqrt{3}}{8} \qquad \sqrt{48}=\sqrt{16}\cdot\sqrt{3}=4\sqrt{3}$$

$$=\frac{4(2\pm\sqrt{3})}{4(2)} \qquad \text{인수분해}$$

$$=\frac{2\pm\sqrt{3}}{2} \qquad \text{기약분수}$$

따라서 해집합은 $\left\{\frac{2+\sqrt{3}}{2}, \frac{2-\sqrt{3}}{2}\right\}$이다. ■

연습문제 9를 풀어보자.

> ⓘ 주의 모든 이차방정식은 인수분해나 근의 공식을 이용하여 풀기 전에 표준형 $ax^2+bx+c=0$으로 표현해야 한다. 또한 기약분수로 해를 쓸 때는 반드시 먼저 인수분해를 해야 한다. 그런 후 예제 2의 마지막 두 단계에서 보듯이 공통인수로 나누어라.

예제 3 근의 공식 이용 (허수해)

$(9q+3)(q-1)=-8$을 풀어라.

풀이 이 방정식을 표준형으로 쓰기 위해서는 먼저 곱을 전개하고 영이 아닌 모든 항을 좌변으로 이항한다.

$$
\begin{aligned}
(9q+3)(q-1) &= -8 \\
9q^2-6q-3 &= -8 \\
9q^2-6q+5 &= 0 \qquad \text{표준형}
\end{aligned}
$$

방정식 $9q^2-6q+5=0$에서 $a=9$, $b=-6$, $c=5$임을 확인하고 근의 공식을 이용하면

$$
\begin{aligned}
q &= \frac{-(-6)\pm\sqrt{(-6)^2-4(9)(5)}}{2(9)} \\
&= \frac{6\pm\sqrt{-144}}{18} \\
&= \frac{6\pm 12i}{18} \qquad \sqrt{-144}=12i \\
&= \frac{6(1\pm 2i)}{6(3)} \qquad \text{인수분해} \\
&= \frac{1\pm 2i}{3} \qquad \text{기약분수}
\end{aligned}
$$

복소수에 대한 표준형 $a+bi$로 쓴 해집합은 $\left\{\frac{1}{3}+\frac{2}{3}i, \frac{1}{3}-\frac{2}{3}i\right\}$이다. ■

연습문제 33을 풀어보자.

목표 3 해의 모양과 수를 결정하는 판별식의 이용 이차방정식 $ax^2+bx+c=0$의 해는 다음과 같이 주어진다.

$$x=\frac{-b\pm\sqrt{b^2-4ac}}{2a} \longleftarrow \text{판별식}$$

만약 a, b, c가 정수이면 이차방정식의 해의 수와 유형(즉, 유리수, 무리수, 허수)은 근호 안의 식 b^2-4ac의 부호에 의해 결정된다. 이것은 해의 세 가지 유형을 구분하기 때문에, b^2-4ac를 판별식(discriminant)이라고 부른다. 이차방정식을 풀기 전에 판별식을 계산함으로써 해가 유리수, 무리수, 허수인지를 예측할 수 있다. (이것은 응용문제에서 유용할 수 있다. 예를 들면, 무리수 또는 허수해는 허용하지 않는 문제일 때 유용하다.)

판별식

$ax^2+bx+c=0$의 판별식은 b^2-4ac이다. 만약 a, b, c가 정수이면, 해의 개수와 유형은 다음과 같이 결정된다.

판별식	해의 수와 유형
양수, 정수의 제곱	두 개의 유리수해
양수, 정수의 제곱이 아님	두 개의 무리수해
0	한 개의 유리수해
음수	두 개의 허수해

또한 판별식의 계산은 이차방정식을 인수분해하여 풀 것인지 근의 공식을 이용할 것인지를 결정해 준다. 판별식이 (0을 포함한) 완전제곱이면 그 방정식은 인수분해로 풀 수 있다. 그렇지 않으면 근의 공식을 사용해야 한다.

예제 4 판별식 이용

각 방정식의 판별식을 구하고, 그것을 이용하여 해의 개수와 유형을 예측하라. 방정식이 인수분해로 풀리는지 혹은 근의 공식을 이용해야 되는지를 말하라.

(a) $6x^2-x-15=0$ (b) $3m^2-4m=5$ (c) $4x^2+x+1=0$ (d) $4t^2+9=12t$

풀이 (a) 판별식 b^2-4ac를 계산하면

$$\begin{aligned} b^2-4ac &= (-1)^2-4(6)(-15) \qquad a=6,\ b=-1,\ c=-15 \\ &= 1+360 \\ &= 361 \end{aligned}$$

$361=19^2$이므로 완전제곱수이다. a, b, c는 정수이고 판별식의 값은 완전제곱수이므로 2개의 유리수해를 가질 것이고, 방정식은 인수분해로 풀릴 수 있다.

(b) 표준형으로 나타내면 $3m^2-4m-5=0$이고 $a=3$, $b=-4$, $c=-5$이다.

$$\begin{aligned} b^2-4ac &= (-4)^2-4(3)(-5) \\ &= 16+60 \\ &= 76. \end{aligned}$$

76은 양수이지만 정수의 제곱이 아니다. 그리고 a, b, c는 정수이다. 따라서 이 방정식은 2개의 무리수해를 갖고 근의 공식을 이용하여 푸는 것이 가장 좋다.

(c) $a=4$, $b=1$, $c=1$이므로 판별식은

$$1^2-4(4)(1)=-15$$

이다. 판별식이 음수이고, a, b, c는 정수이므로 이 이차방정식은 2개의 허수해를 갖는다. 따라서 근의 공식을 이용해야 한다.

(d) 방정식을 $4t^2-12t+9=0$으로 나타내면 $a=4$, $b=-12$, $c=9$이다. 판별식은

$$\begin{aligned} b^2-4ac &= (-12)^2-4(4)(9) \\ &= 144-144 \\ &= 0. \end{aligned}$$

판별식이 0이므로 근의 공식에서 근호 안의 값은 0이고, 오직 하나의 유리수해를 갖는다. 따라서 이 방정식은 인수분해를 하여 풀 수 있다. ■

연습문제 37, 39를 풀어보자.

예제 5 판별식의 이용

$9x^2+kx+4=0$이 오직 하나의 유리수해를 가질 k의 값을 구하라.

풀이 이 방정식은 판별식이 0이면 오직 하나의 유리수해를 가질 것이다. $a=9$, $b=k$, $c=4$이므로 판별식은

$$b^2-4ac=k^2-4(9)(4)=k^2-144$$

이다. 판별식을 0이라 놓고 k에 대하여 풀자.

$$\begin{aligned} k^2-144&=0 & \\ k^2&=144 & \text{144를 뺀다.} \\ k=12 \text{ 또는 } k&=-12 & \text{제곱근 성질} \end{aligned}$$

따라서 $k=12$ 또는 $k=-12$일 때, 이 방정식은 오직 하나의 유리수해를 갖는다. ■

연습문제 53을 풀어보자.

9.2 연습문제

[1~4] 각 질문에 답하라.

1. 윈도우용 마이크로소프트워드의 초기 버전은 수식편집기(Equation Editor) 1.0판이 탑재되어 있다. 그 문서는 근의 공식으로 다음을 이용하였다.

$$x = -b \pm \frac{\sqrt{b^2-4ac}}{2a}$$

이것은 옳은가? 설명하라.

2. 텍사스 주 휴스턴에 있는 캐딜락 바는 고객들이 벽에 (멋있는) 메시지 쓰는 것을 권한다. 한 사람이 근의 공식을 다음과 같이 쓰려고 시도했다.

$$x = \frac{-b\sqrt{b^2-4ac}}{2a}$$

이것은 옳은가? 설명하라.

3. $5x^2-5x+1=0$의 다음 풀이에서 잘못된 곳은?

$$x = \frac{5 \pm \sqrt{25-4(5)(1)}}{2(5)} \qquad a=5,\ b=-5,\ c=1$$
$$x = \frac{5 \pm \sqrt{5}}{10}$$
$$x = \frac{1}{2} \pm \sqrt{5}$$

4. 한 학생이 방정식 $2x^2-5=0$은 일차항이 없기 때문에 근의 공식을 이용하여 풀 수 없다고 주장했다. 이 학생이 옳은가? 설명하라.

[5~26] 각 방정식을 근의 공식을 이용하여 풀어라. (이 방정식들의 모든 해는 실수이다.) (예제 1과 2)

5. $m^2-8m+15=0$
6. $x^2+3x-28=0$
7. $2k^2+4k+1=0$
8. $2w^2+3w-1=0$
9. $2x^2-2x=1$
10. $9t^2+6t=1$
11. $x^2+18=10x$
12. $x^2-4=2x$
13. $4k^2+4k-1=0$
14. $4r^2-4r-19=0$
15. $2-2x=3x^2$
16. $26r-2=3r^2$
17. $\frac{x^2}{4}-\frac{x}{2}=1$
18. $p^2+\frac{p}{3}=\frac{1}{6}$
19. $-2t(t+2)=-3$
20. $-3x(x+2)=-4$
21. $(r-3)(r+5)=2$
22. $(k+1)(k-7)=1$
23. $(g+2)(g-3)=1$
24. $(x-5)(x+2)=6$
25. $p=\frac{5(5-p)}{3(p+1)}$

26. $k = \dfrac{k+15}{3(k-1)}$

[27~36] 근의 공식을 이용하여 각 방정식을 풀어라. (이 방정식들의 모든 해들은 허수이다.) (예제 3)

27. $x^2-3x+6=0$
28. $x^2-5x+20=0$
29. $r^2-6r+14=0$
30. $t^2+4t+11=0$
31. $4x^2-4x=-7$
32. $9x^2-6x=-7$
33. $x(3x+4)=-2$
34. $z(2z+3)=-2$
35. $(x+5)(x-6)=(2x-1)(x-4)$
36. $(3x-4)(x+2)=(2x-5)(x+5)$

[37~44] 판별식을 이용하여 각 방정식의 해가 다음 중 어느 것인지 결정하라. 정확히 풀지 마라. (예제 4)

A. 두 유리수　　B. 하나의 유리수　　C. 두 무리수　　D. 두 허수

37. $25x^2+70x+49=0$
38. $4k^2-28k+49=0$
39. $x^2+4x+2=0$
40. $9x^2-12x-1=0$
41. $3x^2=5x+2$
42. $4x^2=4x+3$
43. $3m^2-10m+15=0$
44. $18x^2+60x+82=0$
45. 판별식을 이용하여, 연습문제 37 ~ 44의 방정식들이 인수분해될 수 있는지 확인하라.

[46~49] 연습문제 45의 답을 바탕으로, 각 연습문제에 주어진 방정식의 해를 구하라.

46. 연습문제 37
47. 연습문제 38
48. 연습문제 41
49. 연습문제 42
50. 각 이차방정식의 판별식을 구하라. 이것을 이용하여 각 방정식을 인수분해 또는 근의 공식 중 어느 것을 이용하여 풀 수 있는지 말하라. 그리고 각 방정식을 풀어라.
    (a) $3k^2+13k=-12$　　(b) $2x^2+19=14x$
51. 정수계수를 갖는 이차방정식의 해가 오직 하나의 무리수해를 갖는 것이 가능한가? 가능한지 또는 가능하지 않은지 이유를 설명하라.
52. 정수계수를 갖는 이차방정식의 해가 하나의 실수와 하나의 허수를 갖는 것이 가능한가? 가능한지 또는 가능하지 않은지 이유를 설명하라.

[53~58] 각 방정식이 정확히 하나의 유리수해를 가질 a, b, c의 값을 구하라. (예제 5)

53. $p^2+bp+25=0$
54. $r^2-br+49=0$
55. $am^2+8m+1=0$
56. $at^2+24t+16=0$
57. $9x^2-30x+c=0$
58. $4m^2+12m+c=0$
59. $4x^2+bx-3=0$의 한 해는 $-\dfrac{5}{2}$이다. b와 다른 해를 구하라.
60. $3x^2-7x+c=0$의 한 해는 $\dfrac{1}{3}$이다. c와 다른 해를 구하라.

9.3 2차식 형태로 방정식 바꾸기

학·습·목·표

1. 유리방정식을 2차식 형태로 나타내어 풀기
2. 이차방정식을 사용하여 응용문제 풀기
3. 무리방정식을 2차식 형태로 나타내어 풀기
4. 치환하면 2차식이 되는 방정식 풀기

표준형 $ax^2+bx+c=0$으로 쓰인 이차방정식을 푸는 네 가지 방법에 대하여 공부했다. 다음 표는 각 방법의 장단점을 나열한 것이다.

| 이차방정식의 해법 |

방법	장점	단점
인수분해	가장 빠른 방법	모든 다항식이 인수분해되는 것은 아니다. 어떤 다항식은 인수분해가 가능하지만 매우 어렵다.
제곱근 성질	$(ax+b)^2=c$ 형태의 방정식을 푸는 가장 간단한 방법	이 형태로 주어진 방정식들은 적다.
완전제곱식	대부분의 사람들이 근의 공식을 더 좋아하지만, 항상 이용할 수 있다.	다른 방법보다 많은 단계를 요구한다.
근의 공식	항상 이용할 수 있다.	계산기로 쉽게 간단히 할 수 있긴 하지만, 제곱근 때문에 인수분해하기가 훨씬 어렵다.

목표 1 유리방정식을 2차식 형태로 나타내어 풀기 2차가 아닌 여러 방정식들은 위 표에 있는 방법 중 하나를 이용하여 풀리는 이차방정식 형태로 나타낼 수 있다. 이 절에서 방정식을 풀 때, 각 방정식에 대하여 가장 좋은 방법을 결정하려고 노력하라.

예제 1 유리방정식을 2차식 형태로 나타내어 풀기

$\frac{1}{x}+\frac{1}{x-1}=\frac{7}{12}$을 풀어라.

풀이 분모의 최소공배수 $12x(x-1)$을 각 항에 곱하여 분수를 없앤다. (정의역이 $x\neq 0$, $x\neq 1$로 제한되어야 함을 주목하라.)

$$12x(x-1)\frac{1}{x}+12x(x-1)\frac{1}{x-1}=12x(x-1)\frac{7}{12}$$

$$12(x-1)+12x=7x(x-1)$$

$$12x-12+12x=7x^2-7x \qquad \text{분배법칙}$$

$$24x-12=7x^2-7x \qquad \text{항을 정리한다.}$$

이차방정식은 인수분해나 근의 공식을 이용하여 풀기 전에 표준형으로 나타내야 함을 상기하자. 한쪽 변이 0이 되도록 항들을 결합하거나 이항하라. 그리고 구한 방정식을 풀면

$$7x^2-31x+12=0 \qquad \text{표준형}$$

$$(7x-3)(x-4)=0 \qquad \text{인수분해}$$

영인수 성질을 이용하면 해로 $\frac{3}{7}$과 4를 얻는다. 원래 방정식에 대입하여 확인하라. 따라서 해집합은 $\left\{\frac{3}{7}, 4\right\}$이다. ■

연습문제 19를 풀어보자.

목표 2 이차방정식을 사용하여 응용문제 풀기 앞서 선형방정식 또는 유리방정식으로 표현되는 시간과 거리 (혹은 운동) 문제를 풀었다. 이제 이차방정식으로 표현되는 운동 문제를 풀겠다. 2장에서 제시한 여섯 단계 문제 해결법을 계속 이용한다.

예제 2 운동 문제 풀기

여객선은 잔잔한 물에서 평균 시속 12마일(mph)로 움직인다. 이 배는 상류로 6마일만큼 거슬러 올라갔다 돌아오는 데 1시간 4분 걸린다. 강의 유속을 구하라.

그림 1

풀이 • 1단계: 문제를 주의 깊게 읽는다.

• 2단계: 변수를 할당한다. x를 강의 유속이라고 하자. 배가 강을 거슬러 올라갈 때는 배가 느려지므로 배가 거슬러 올라가는 속도는 잔잔한 물에서의 속도에서 유속을 뺀 $12-x$이다. 배가 하류로 내려오는 속도는 더 빨라지므로 $12+x$이다. 그러므로

$12-x=$상류로 올라가는 속도,

$12+x=$하류로 내려오는 속도.

거리 공식 $d=rt$를 이용하여 t에 대하여 풀면

$$t=\frac{d}{r}$$

이다. 이 정보로부터 다음 표를 완성할 수 있다.

	d	r	t
상류로	6	$12-x$	$\frac{6}{12-x}$
하류로	6	$12+x$	$\frac{6}{12+x}$

상류로 올라가는 데 걸린 시간 $\frac{6}{12-x}$과 하류로 내려오는 데 걸린 시간 $\frac{6}{12+x}$의 단위는 시간(hours)이다.

- 3단계: 방정식을 쓴다. 1시간 4분은

$$1+\frac{4}{60}=1+\frac{1}{15}=\frac{16}{15} \text{ 시간}$$

으로 쓸 수 있다. 상류로 올라가는 시간과 하류로 내려오는 시간을 더하면 $\frac{16}{15}$시간이므로

$$\frac{6}{12-x}+\frac{6}{12+x}=\frac{16}{15}$$

이다.

- 4단계: 방정식을 푼다. 각 변에 최소공배수 $15(12-x)(12+x)$를 곱하고 얻은 이차방정식을 푼다.

$$
\begin{aligned}
15(12+x)6+15(12-x)6&=16(12-x)(12+x) && \\
90(12+x)+90(12-x)&=16(144-x^2) && \\
1080+90x+1080-90x&=2304-16x^2 && \text{분배법칙} \\
2160&=2304-16x^2 && \text{항을 결합한다.} \\
16x^2&=144 && \\
x^2&=9 && \text{16으로 나눈다.} \\
x=3 \quad \text{또는} \quad x&=-3 && \text{제곱근 성질}
\end{aligned}
$$

- 5단계: 답을 서술한다. 유속은 -3이 될 수 없다. 따라서 답은 3 mph이다.
- 6단계: 이 값이 원래 문제를 만족하는지 확인한다. ■

연습문제 31을 풀어보자.

> ⓘ 주의 예제 2에서 본 것처럼 이차방정식을 이용해 응용문제를 풀 때, 하나의 답만이 그 문제를 만족시키는 경우가 있다. 그 답이 원래 문제의 조건을 만족하는지 항상 확인하라.

7장에서 작업률에 대한 문제들을 풀었다. 한 사람이 어떤 작업을 완료하는 데 걸리는 시간이 t(시간)일 때, 시간당 작업률은 그 작업의 $\frac{1}{t}$임을 상기하자. 그러므로 그 사람이 x시간 동안 한 작업의 양은 $\frac{1}{t}x$이다.

《예제 3》 작업 문제 풀기

두 사람이 한 방에 카펫을 까는 데 4시간이 걸린다. 각각 혼자 일하면 그들 중 한 명은 다른 한 명보다 1시간 덜 걸려 끝낸다고 한다. 각 사람이 혼자 작업하여 완료하기까지 얼마나 걸리겠는가?

풀이 • 1단계: 문제를 다시 읽는다. 2개의 답이 있을 것이다.

• 2단계: 변수를 할당한다. 작업을 혼자 할 때 늦게 완료하는 사람의 걸리는 시간을 x라고 하자. 그러면 더 빠른 사람은 $(x-1)$시간 걸린 후 그 작업을 완료할 것이다. 느린 사람의 작업률은 $\frac{1}{x}$이고, 빠른 사람의 작업률은 $\frac{1}{x-1}$이다. 그들이 함께 일할 때는 4시간 걸린다. 아래 보이는 것처럼 표를 완성한다.

	작업률	함께 일한 시간	작업을 한 양
느린 사람	$\frac{1}{x}$	4	$\frac{1}{x}(4)$
빠른 사람	$\frac{1}{x-1}$	4	$\frac{1}{x-1}(4)$

• 3단계: 방정식을 쓴다. 두 사람이 작업을 한 비율의 합은 1(전체 작업)이어야 한다.

$$\frac{4}{x}+\frac{4}{x-1}=1$$

• 4단계: 방정식을 푼다. 최소공배수 $x(x-1)$을 각 변에 곱한다.

$$4(x-1)+4x=x(x-1)$$

$$4x-4+4x=x^2-x \qquad \text{분배법칙}$$

$$x^2-9x+4=0 \qquad \text{표준형}$$

이 방정식은 인수분해로 풀 수 없으므로 근의 공식을 이용한다.

$$x=\frac{9\pm\sqrt{81-16}}{2}=\frac{9\pm\sqrt{65}}{2} \qquad a=1,\ b=-9,\ c=4$$

반올림하여 소수 첫 번째 자리까지 구하면

$$x=\frac{9+\sqrt{65}}{2}\approx 8.5 \quad \text{또는} \quad x=\frac{9-\sqrt{65}}{2}\approx 0.5$$

을 얻는다. (계산기 이용)

• 5단계: 답을 서술한다. 오직 8.5만 원래 문제와 의미가 통한다(왜?). 그러므로 느린 사람은 그 작업을 약 8.5시간, 빠른 사람은 그 작업을 약 $8.5-1=7.5$시간 걸려 완료할 수 있다.

• 6단계: 이 결과가 원래 문제를 만족하는지 확인한다. ■

연습문제 37을 풀어보자.

목표 3 무리방정식을 2차식 형태로 나타내어 풀기

예제 4 무리방정식을 이차방정식으로 바꾸어 풀기

각 방정식을 풀어라.

(a) $k=\sqrt{6k-8}$ (b) $x+\sqrt{x}=6$

풀이 (a) 이 방정식은 2차가 아니다. 하지만 방정식의 양변을 제곱하면 인수분해할 수 있는 이차방정식은 얻는다.

$k^2=6k-8$	양변을 제곱한다.
$k^2-6k+8=0$	표준형
$(k-4)(k-2)=0$	인수분해
$k-4=0$ 또는 $k-2=0$	영인수 성질
$k=4$ 또는 $k=2$	가능한 해

8.6절에서 무리방정식의 양변을 제곱하여 얻은 해 중 원래의 방정식을 만족하지 않는 무연근이 존재할 수도 있었음을 상기하자. 그러므로 모든 해들이 제곱한 방정식이 아닌 원래의 방정식을 만족하는지 확인해야만 한다.

• 확인:

$k=4$이면	$k=2$이면
$k=\sqrt{6k-8}$	$k=\sqrt{6k-8}$
$4=\sqrt{6(4)-8}$	$2=\sqrt{6(2)-8}$
$4=\sqrt{16}$	$2=\sqrt{4}$
$4=4$ 참	$2=2$ 참

두 값 모두 해이다. 따라서 해집합은 $\{2, 4\}$이다.

(b)

$\sqrt{x}=6-x$	한 변에 무리식만 오게 한다.
$x=36-12x+x^2$	양변을 제곱한다.
$0=x^2-13x+36$	표준형
$0=(x-4)(x-9)$	인수분해
$x-4=0$ 또는 $x-9=0$	영인수 성질
$x=4$ 또는 $x=9$	가능한 해

두 값 모두 원래 방정식의 해인지 확인한다.

$x=4$이면	$x=9$이면
$x+\sqrt{x}=6$	$x+\sqrt{x}=6$
$4+\sqrt{4}=6$	$9+\sqrt{9}=6$
$6=6$ 참	$12=6$ 거짓

오직 4만 해이다. 따라서 해집합은 $\{4\}$이다. ■

연습문제 41, 47을 풀어보자.

목표 4 치환하면 2차식이 되는 방정식 풀기 2차가 아닌 방정식 중 u에 대한 대수식 $au^2+bu+c=0$ $(a\neq 0)$의 꼴로 나타낼 수 있는 방정식을 2차식 꼴(quadratic in form)이라고 한다.

예제 5 2차식 형태인 방정식 풀기

각 방정식을 풀어라.

(a) $x^4-13x^2+36=0$ (b) $4x^6+1=5x^3$ (c) $x^4=6x^2-3$

풀이 (a) $x^4=(x^2)^2$이므로 $u=x^2$과 $u^2=x^4$으로 치환하여 2차식 꼴로 쓸 수 있다. (u 대신에 x를 제외한 문자를 사용해도 된다.)

$$\begin{aligned} x^4-13x^2+36&=0 && \\ (x^2)^2-13x^2+36&=0 && x^4=(x^2)^2 \\ u^2-13u+36&=0 && u=x^2\text{이라 하자.} \\ (u-4)(u-9)&=0 && \text{인수분해} \\ u-4=0 \quad \text{또는} \quad u-9&=0 && \text{영인수 성질} \\ u=4 \quad \text{또는} \quad u&=9 && \text{방정식을 푼다.} \end{aligned}$$

x를 구하기 위해 u 대신에 x^2을 대입하면

$$\begin{aligned} x^2=4 \quad &\text{또는} \quad x^2=9 && \\ x=\pm 2 \quad &\text{또는} \quad x=\pm 3 && \text{제곱근 성질} \end{aligned}$$

사차방정식 $x^4-13x^2+36=0$은 네 개의 해를 갖는다. x에 대한 원래의 방정식에 대입하여 확인하면 해집합으로 $\{-3, -2, 2, 3\}$을 얻는다.

(b) 이 방정식은 $u=x^3$과 $u^2=x^6$으로 치환할 수 있는 2차식 꼴이다.

$$\begin{aligned} 4x^6+1&=5x^3 && \\ 4(x^3)^2+1&=5x^3 && \\ 4u^2+1&=5u && u=x^3 \\ 4u^2-5u+1&=0 && \text{표준형} \\ (4u-1)(u-1)&=0 && \text{인수분해} \\ 4u-1=0 \quad \text{또는} \quad u-1&=0 && \text{영인수 성질} \\ u=\frac{1}{4} \quad \text{또는} \quad u&=1 && \text{방정식을 푼다.} \\ x^3=\frac{1}{4} \quad \text{또는} \quad x^3&=1 && u=x^3 \end{aligned}$$

이 방정식들로부터

$$x=\sqrt[3]{\frac{1}{4}}=\frac{\sqrt[3]{1}}{\sqrt[3]{4}}=\frac{1}{\sqrt[3]{4}}\cdot\frac{\sqrt[3]{2}}{\sqrt[3]{2}}=\frac{\sqrt[3]{2}}{2} \quad \text{또는} \quad x=\sqrt[3]{1}=1$$

을 얻는다. 이 방정식은 복소수 해도 존재한다. 하지만 그것들을 찾으려면 삼각비가 필요하다. $4x^6+1=5x^3$

의 실수해집합은 $\left\{\frac{\sqrt[3]{2}}{2}, 1\right\}$이다.

(c) 먼저 방정식을 다음과 같이 쓰자.

$$x^4-6x^2+3=0 \quad \text{또는} \quad (x^2)^2-6(x^2)+3=0$$

$u=x^2$인 2차식 꼴의 방정식이다. x^2 대신에 u를, x^4 대신에 u^2을 대입하면

$$u^2-6u+3=0$$

을 얻는다. 이 방정식은 인수분해로 풀 수 없기 때문에, 근의 공식을 이용한다.

$$u=\frac{6\pm\sqrt{36-12}}{2} \qquad a=1,\ b=-6,\ c=3$$

$$u=\frac{6\pm\sqrt{24}}{2}$$

$$u=\frac{6\pm2\sqrt{6}}{2} \qquad \sqrt{24}=\sqrt{4}\cdot\sqrt{6}=2\sqrt{6}$$

$$u=\frac{2(3\pm\sqrt{6})}{2} \qquad \text{인수분해}$$

$$u=3\pm\sqrt{6} \qquad \text{기약분수}$$

$u=x^2$이기 때문에 제곱근 성질을 이용하여 x를 구한다.

$$x^2=3+\sqrt{6} \quad \text{또는} \quad x^2=3-\sqrt{6}$$

$$x=\pm\sqrt{3+\sqrt{6}} \quad \text{또는} \quad x=\pm\sqrt{3-\sqrt{6}}$$

따라서 해집합은 $\left\{\sqrt{3+\sqrt{6}}, -\sqrt{3+\sqrt{6}}, \sqrt{3-\sqrt{6}}, -\sqrt{3-\sqrt{6}}\right\}$이다. ■

연습문제 55, 79, 83을 풀어보자.

참고 어떤 학생들은 예제 5(a)와 (b)처럼 직접 인수분해를 하여 방정식의 해를 구하는 것을 더 좋아한다. 예를 들면 다음과 같다.

$$x^4-13x^2+36=0 \qquad \text{예제 5(a)의 방정식}$$

$$(x^2-9)(x^2-4)=0 \qquad \text{인수분해}$$

$$(x+3)(x-3)(x+2)(x-2)=0 \qquad \text{다시 인수분해}$$

영인수 성질을 이용하면 예제 5(a)와 같은 해를 얻는다. 예제 5(c)와 같이 인수분해로 풀 수 없는 방정식들은 치환과 근의 공식을 이용해야만 한다.

예제 6 2차식 형태인 방정식 풀기

각 방정식을 풀어라.

(a) $2(4m-3)^2+7(4m-3)+5=0$ (b) $2a^{2/3}-11a^{1/3}+12=0$

풀이 (a) $4m-3$이 반복되므로, 이것은 $u=4m-3$인 2차식 형태의 방정식이다.

$$
\begin{array}{llll}
2(4m-3)^2+7(4m-3)+5=0 & & & \\
 & & 2u^2+7u+5=0 & u=4m-3 \\
 & & (2u+5)(u+1)=0 & \text{인수분해} \\
2u+5=0 & \text{또는} & u+1=0 & \text{영인수 성질} \\
u=-\frac{5}{2} & \text{또는} & u=-1 & \\
4m-3=-\frac{5}{2} & \text{또는} & 4m-3=-1 & u\text{에 } 4m-3 \text{ 대입} \\
4m=\frac{1}{2} & \text{또는} & 4m=2 & m\text{에 대하여 푼다.} \\
m=\frac{1}{8} & \text{또는} & m=\frac{1}{2} &
\end{array}
$$

원래 방정식의 해집합이 $\left\{\frac{1}{8}, \frac{1}{2}\right\}$임을 확인하라.

(b) $a^{1/3}=u$라 놓으면, $a^{2/3}=(a^{1/3})^2=u^2$이다. 주어진 식에 대입하면

$$
\begin{array}{llll}
 & & 2u^2-11u+12=0 & a^{1/3}=u;\ a^{2/3}=u^2 \\
 & & (2u-3)(u-4)=0 & \text{인수분해} \\
2u-3=0 & \text{또는} & u-4=0 & \text{영인수 성질} \\
u=\frac{3}{2} & \text{또는} & u=4 & \\
a^{1/3}=\frac{3}{2} & \text{또는} & a^{1/3}=4 & u=a^{1/3} \\
(a^{1/3})^3=\left(\frac{3}{2}\right)^3 & \text{또는} & (a^{1/3})^3=4^3 & \text{각 변에 세제곱을 취한다.} \\
a=\frac{27}{8} & \text{또는} & a=64 &
\end{array}
$$

해집합이 $\left\{\frac{27}{8}, 64\right\}$임을 확인하라. ■

연습문제 59, 65를 풀어보자.

> ⓘ **주의** 예제 5와 6과 비슷한 문제들을 풀 때 중간에 끝내버리는 실수를 많이 저지른다. 일단 u에 대해 풀었다면, 원래 변수의 값을 구하기 위해 대입했던 것을 기억하라.

9.3 연습문제

[1~6] 이 절의 앞부분에 있던 표를 참조하라. 인수분해, 제곱근 성질, 근의 공식 중 어느 것이 이차방정식을 푸는 데 가장 적절한지 결정하라. 실제로 풀지는 마라.

1. $(2x+3)^2=4$
2. $4x^2-3x=1$
3. $z^2+5z-8=0$
4. $2k^2+3k=1$
5. $3m^2=2-5m$
6. $p^2=5$

[7~10] 각 방정식을 풀기 위해 취해야 할 첫 단계를 문장으로 서술하라. 실제로 풀지는 마라.

7. $\dfrac{14}{x}=x-5$
8. $\sqrt{1+x}+x=5$
9. $(r^2+r)^2-8(r^2+r)+12=0$
10. $3t=\sqrt{16-10t}$
11. 다음 풀이에서 잘못된 곳은?

$$x=\sqrt{3x+4}$$

$$x^2=3x+4 \qquad \text{양변을 제곱한다.}$$

$$x^2-3x-4=0$$

$$(x-4)(x+1)=0$$

$$x-4=0 \quad \text{또는} \quad x+1=0$$

$$x=4 \quad \text{또는} \quad x=-1$$

해집합: $\{4, -1\}$

12. 다음 풀이에서 잘못된 곳은?

$$2(m-1)^2-3(m-1)+1=0$$

$$2u^2-3u+1=0 \qquad u=m-1$$

$$(2u-1)(u-1)=0$$

$$2u-1=0 \quad \text{또는} \quad u-1=0$$

$$u=\frac{1}{2} \quad \text{또는} \quad u=1$$

해집합: $\left\{\dfrac{1}{2}, 1\right\}$

[13~28] 각 방정식을 풀어라. 해를 확인하라. (예제 1)

13. $\dfrac{14}{x}=x-5$
14. $\dfrac{-12}{x}=x+8$
15. $1-\dfrac{3}{x}-\dfrac{28}{x^2}=0$

16. $4-\frac{7}{r}-\frac{2}{r^2}=0$

17. $3-\frac{1}{t}=\frac{2}{t^2}$

18. $1+\frac{2}{k}=\frac{3}{k^2}$

19. $\frac{1}{x}+\frac{2}{x+2}=\frac{17}{35}$

20. $\frac{2}{m}+\frac{3}{m+9}=\frac{11}{4}$

21. $\frac{2}{x+1}+\frac{3}{x+2}=\frac{7}{2}$

22. $\frac{4}{3-p}+\frac{2}{5-p}=\frac{26}{15}$

23. $\frac{3}{2x}-\frac{1}{2(x+2)}=1$

24. $\frac{4}{3x}-\frac{1}{2(x+1)}=1$

25. $3=\frac{1}{t+2}+\frac{2}{(t+2)^2}$

26. $1+\frac{2}{3z+2}=\frac{15}{(3z+2)^2}$

27. $\frac{6}{p}=2+\frac{p}{p+1}$

28. $\frac{k}{2-k}+\frac{2}{k}=5$

[29~30] 이 절의 개념을 이용하여 각 질문에 답하라.

29. 한 보트는 잔잔한 물에서 시속 20마일(mph)의 속도로 간다. 그리고 유속은 t mph이다.
   (a) 보트가 상류로 올라갈 때 보트의 속도는?
   (b) 보트가 하류로 내려갈 때 보트의 속도는?

30. 한 묶음의 시험지를 채점하는 데 m시간(hr)이 걸릴 때, 채점자가 한 시간당 채점을 하는 작업률은?

[31~40] 각 문제를 풀어라. (예제 2와 3)

31. 바람이 부는 날에 상진이는 배를 타고 총 48분 동안 하류로 16마일을 간 뒤, 다시 상류로 최고의 속도로 4마일을 갈 수 있었다. 유속이 15mph이었다면 배의 최고 속도는?

	d	r	t
상류로	4	$x-15$	
하류로	16		

32. 지원이는 비행기를 타고 일정한 속도로 6시간 동안 날았다. 바람을 등지고 810마일을 간 후, 되돌아서 바람을 맞으며 720마일을 움직였다. 풍속은 15 mph로 일정하다. 비행기의 속도를 구하라.

	d	r	t
바람을 등지고	810		
바람을 맞으며	720		

33. 캐나다의 메디신햇과 크랜브룩은 300km 떨어져 있다. 해리의 차는 요시의 차보다 시속 20km 더 빠르다. 크랜브룩에서 메디신햇까지 가는데 해리가 요시보다 $1\frac{1}{4}$시간 더 빨리 이동하였을 때, 해리의 평균속도를 구하라.

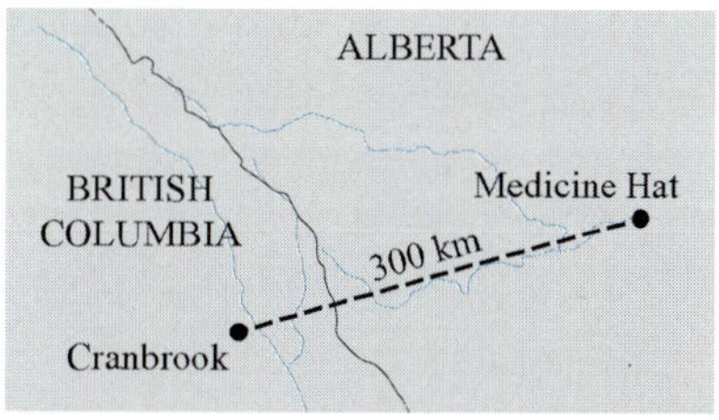

34. 캘리포니아의 잭슨과 로디 사이의 거리는 약 40마일이다. 로디에서 만테카 사이의 거리도 약 40마일이다. 리코는 잭슨에서 로디까지 혼잡한 시간대에 운전을 했고, 음료수를 사기 위해 로디에서 멈췄다. 그런 후 10mph 더 빠르게 만테카까지 계속 운전했다. 총 이동하는 데 걸린 시간은 88분이다. 잭슨에서 로디까지 얼마의 속도로 이동했는지 구하라.

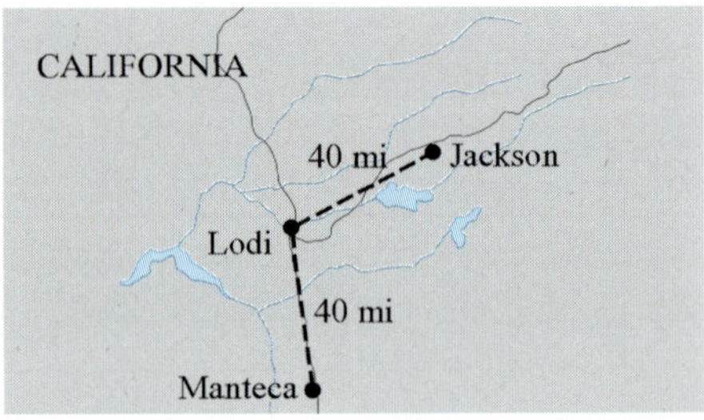

35. 두 사람이 함께 일하면 넓은 잔디를 2시간 만에 깎을 수 있다. 혼자 일한다고 할 때 한 사람은 다른 사람보다 이 일을 1시간 더 빨리 할 수 있다고 한다. 더 빠른 사람이 혼자 이 일을 하는 데는 얼마나 걸리겠는가? 소수점 첫째 자리까지 나타내라. (힌트: x는 더 빠른 사람이 일을 완료하는 데 걸리는 시간이다.)

	작업률	함께 일한 시간	작업을 한 양
빠른 사람	$\frac{1}{x}$	2	
느린 사람		2	

36. 청소용역회사는 건물을 청소할 두 사람을 제공한다. 두 사람이 함께 일하면 건물 청소에 5시간이 걸린다. 새로 온 한 사람은 다른 사람보다 혼자 청소할 때 2시간 더 걸린다고 한다. 새로 온 사람이 혼자 이 일을 완료할 때까지 얼마나 걸리겠는가? 소수점 첫째 자리까지 나타내라.

	작업률	함께 일한 시간	작업을 한 양
빠른 사람			
느린 사람			

37. 러스티와 낸시는 봄꽃을 심고 있다. 혼자 이 일을 하면, 러스티는 낸시보다 2시간 더 오래 걸린다고 한다. 함께 일을 하면 그들은 12시간 만에 이 일을 완료할 수 있다. 각 사람이 혼자 일을 할 때 걸리는 시간은 얼마인가?

38. 베켄스타인은 청구서 꾸러미를 묶는 데 존스보다 1시간이 덜 걸린다고 한다. 함께 일하면 $1\frac{1}{2}$시간이 걸린다. 각 사람이 혼자 일을 할 때 걸리는 시간은 얼마인가?

39. 온수와 냉수 수도꼭지가 완전히 열려 있을 때, 세탁기는 6분 만에 채워진다고 한다. 세탁기에 온수만 채우는 것은 냉수만 채우는 것보다 9분 더 걸린다고 한다. 세탁기에 냉수를 채우는 데 걸리는 시간은 얼마인가?

40. 2개의 파이프를 이용하면 커다란 탱크를 2시간 만에 채울 수 있다. 하나만 사용하면 다른 하나만 사용하는 것보다 3시간 더 오래 걸린다. 각각의 파이프만으로 탱크를 채우는 데 걸리는 시간은 얼마인가?

[41~50] 각 방정식을 풀고 확인하라. (예제 4)

41. $x=\sqrt{7x-10}$

42. $z=\sqrt{5z-4}$

43. $2x=\sqrt{11x+3}$

44. $4x=\sqrt{6x+1}$

45. $3x=\sqrt{16-10x}$

46. $4t=\sqrt{8t+3}$

47. $p-2\sqrt{p}=8$

48. $k+\sqrt{k}=12$

49. $m=\sqrt{\dfrac{6-13m}{5}}$

50. $r=\sqrt{\dfrac{20-19r}{6}}$

[51~74] 각 방정식을 풀고 확인하라. (예제 5와 6)

51. $t^4-18t^2+81=0$

52. $x^4-8x^2+16=0$

53. $4k^4-13k^2+9=0$

54. $9x^4-25x^2+16=0$

55. $x^4+48=16x^2$

56. $z^4=17z^2-72$

57. $(x+3)^2+5(x+3)+6=0$

58. $(k-4)^2+(k-4)-20=0$

59. $3(m+4)^2-8=2(m+4)$

60. $(t+5)^2+6=7(t+5)$

61. $2+\dfrac{5}{3k-1}=\dfrac{-2}{(3k-1)^2}$

62. $3-\dfrac{7}{2p+2}=\dfrac{6}{(2p+2)^2}$

63. $2-6(m-1)^{-2}=(m-1)^{-1}$

64. $3-2(x-1)^{-1}=(x-1)^{-2}$

65. $x^{2/3}+x^{1/3}-2=0$

66. $x^{2/3}-2x^{1/3}-3=0$

67. $r^{2/3}+r^{1/3}-12=0$

68. $3x^{2/3}-x^{1/3}-24=0$

69. $4k^{4/3}-13k^{2/3}+9=0$

70. $9m^{2/5}=16-10m^{1/5}$

71. $2(1+\sqrt{r})^2=13(1+\sqrt{r})-6$

72. $(k^2+k)^2+12=8(k^2+k)$

73. $2x^4+x^2-3=0$

74. $4k^4+5k^2+1=0$

[75~84] 각 방정식의 풀이 방법을 결정하여, 이용하고 풀어라. 실수해들만 구하라. (예제 1과 4~6)

75. $12x^4-11x^2+2=0$

76. $\left(x-\dfrac{1}{2}\right)^2+5\left(x-\dfrac{1}{2}\right)-4=0$

77. $\sqrt{2x+3}=2+\sqrt{x-2}$

78. $\sqrt{m+1}=-1+\sqrt{2m}$

79. $2m^6+11m^3+5=0$

80. $8x^6+513x^3+64=0$

81. $6=7(2w-3)^{-1}+3(2w-3)^{-2}$

82. $m^6-10m^3=-9$

83. $2x^4-9x^2=-2$

84. $8x^4+1=11x^2$

관련 개념(문제 85~90)

개인 또는 그룹 과제용

[85~90] 다음 방정식에 대하여 순서대로 풀어라.

$$\frac{x^2}{(x-3)^2}+\frac{3x}{x-3}-4=0$$

85. 이 방정식의 정의역에서 3이 빠져야 하는가?

86. 최소공배수 $(x-3)^2$을 방정식의 양변에 곱하고 방정식을 풀어라. 오직 하나의 해가 존재한다. 무엇인가?

87. 유리식 $\frac{x}{x-3}$을 이용하여 2차식 꼴인 방정식으로 나타내라.

88. 식 $\frac{x}{x-3}$은 왜 1과 같을 수 없는지 설명하라.

89. 연습문제 87에서 얻은 방정식에서 $t=\frac{x}{x-3}$로 치환하여 방정식을 풀어라. t에 대하여 2개의 값을 구해야 한다. 그것들 중 하나는 왜 이 방정식의 해가 아닌가?

90. $s=(x-3)^{-1}$로 놓음으로써 방정식 $x^2(x-3)^{-2}+3x(x-3)^{-1}-4=0$을 풀어라. s에 대하여 2개의 값을 구해야 한다. 왜 이것은 이 방정식의 해가 아닌가?

이차방정식의 풀이에 관한 요약 연습문제

기호 '*'가 표시된 연습문제는 허수의 개념을 요구한다.

$ax^2+bx+c=0$꼴로 쓰인 이차방정식을 풀기 위한 네 가지 대수적 해법을 알아보았다. 즉 인수분해, 제곱근 성질, 완전제곱식, 그리고 근의 공식이다. 9.3절의 시작 부분에 있는 요약 표를 참조하여 각 방법의 장단점을 다시 봐라. 그 다음 여러분이 선택한 방법으로 각 이차방정식을 풀어라.

1. $p^2=7$
2. $6x^2-x-15=0$
3. $n^2+6n+4=0$
4. $(x-3)^2=25$
5. $\frac{5}{m}+\frac{12}{m^2}=2$
6. $3m^2=3-8m$
7. $2r^2-4r+1=0$

*8. $x^2=-12$

9. $x\sqrt{2}=\sqrt{5x-2}$
10. $m^4-10m^2+9=0$
11. $(2k+3)^2=8$
12. $\frac{2}{x}+\frac{1}{x-2}=\frac{5}{3}$
13. $t^4+14=9t^2$
14. $8x^2-4x=2$

*15. $z^2+z+1=0$

16. $5x^6+2x^3-7=0$
17. $4t^2-12t+9=0$
18. $x\sqrt{3}=\sqrt{2-x}$

19. $r^2-72=0$

20. $-3x^2+4x=-4$

21. $x^2-5x-36=0$

22. $w^2=169$

*23. $3p^2=6p-4$

24. $z=\sqrt{\frac{5z+3}{2}}$

25. $2(3k-1)^2+5(3k-1)=-2$

*26. $\frac{4}{r^2}+3=\frac{1}{r}$

9.4 공식 및 추가 응용

학·습·목·표

1. 제곱과 제곱근을 포함하는 변수에 대해 수식을 푼다.
2. 피타고라스 공식을 사용하여 응용문제를 푼다.
3. 넓이 공식을 사용하여 응용문제를 푼다.
4. 이차함수를 모델로 사용한 응용문제를 푼다.

목표 1 제곱과 제곱근을 포함하는 변수에 대해 수식을 푼다 앞에서 설명한 방법을 사용하여 이러한 수식을 풀 수 있다.

예제 1 제곱 또는 제곱근을 포함하는 변수에 대해 풀기

각 수식을 [ ] 안에 주어진 변수에 대하여 풀어라.

(a) $w=\dfrac{kFr}{v^2}$ [v]

$$w=\frac{kFr}{v^2}$$ 한 변에만 v를 둔다.

$$v^2w=kFr$$ v^2을 곱한다.

$$v^2=\frac{kFr}{w}$$ w로 나눈다.

$$v=\pm\sqrt{\frac{kFr}{w}}$$ 제곱근 성질

$$v=\pm\frac{\sqrt{kFr}}{\sqrt{w}}\cdot\frac{\sqrt{w}}{\sqrt{w}}=\frac{\pm\sqrt{kFrw}}{w}$$ 분모의 유리화

(b) $d=\sqrt{\dfrac{4A}{\pi}}$ [A]

$$d=\sqrt{\frac{4A}{\pi}}$$ 한 변에만 A를 둔다.

$$d^2=\frac{4A}{\pi}$$ 양변을 제곱한다.

$$\pi d^2=4A$$ π를 곱한다.

$$\frac{\pi d^2}{4}=A$$ 4로 나눈다.

■

연습문제 9, 19를 풀어보자.

ⓘ 참고 예제 1(a)의 $v=\frac{\pm\sqrt{kFrw}}{w}$와 같은 많은 수식에서 양수 값을 선택한다. 여기서 우리는 양수 값과 음수 값을 모두 포함할 것이다.

예제 2 1차 및 2차항에서 나타나는 변수에 대해 풀기

$s=2t^2+kt$를 t에 관해 풀어라.

풀이 주어진 방정식에는 t^2과 t가 있으므로 표준형 $ax^2+bx+c=0$을 x 대신에 변수로 t를 사용하여

$$2t^2+kt-s=0$$

로 쓴다. 이제 $a=2,\ b=k,\ c=-s$로 근의 공식을 사용한다.

$$t=\frac{-k\pm\sqrt{k^2-4(2)(-s)}}{2(2)} \qquad t\text{에 관해 푼다.}$$

$$t=\frac{-k\pm\sqrt{k^2+8s}}{4}$$

해는 $t=\frac{-k+\sqrt{k^2+8s}}{4}$와 $t=\frac{-k-\sqrt{k^2+8s}}{4}$이다. ■

✎연습문제 15를 풀어보자.

목표 2 피타고라스 공식을 사용하여 응용문제를 푼다 오른쪽에 그려진 피타고라스 공식 $a^2+b^2=c^2$은 8장에서 소개했고, 직각삼각형을 포함한 응용문제를 푸는 데 사용된다. 또한 이러한 문제들은 종종 이차방정식을 풀어야 한다.

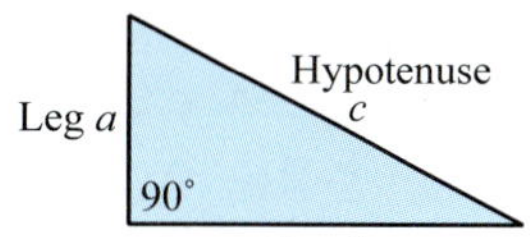

$c^2=a^2+b^2$
Pythagorean Formuls

예제 3 피타고라스 공식의 사용

2대의 자동차가 동시에 교차로를 떠났다. 하나는 북쪽으로 향하고 다른 하나는 서쪽으로 향한다. 얼마 후, 두 차는 정확히 100마일 떨어져 있다. 북쪽으로 향한 차는 서쪽으로 향한 차보다 교차로로부터 20마일 더 멀리 있다. 각각의 차는 얼마나 멀리 이동했는가?

- 1단계: 문제를 주의 깊게 읽는다.
- 2단계: 변수를 정한다.

  x를 서쪽으로 향하는 차의 거리라 하자. 그러면 $(x+20)$은 북쪽으로 향하는 차가 주행한 거리다.(그림 2)

  자동차들이 100마일 떨어져 있어서 직각삼각형의 빗변이 100이 된다.
- 3단계: 방정식을 쓴다.

  피타고라스 공식을 사용한다.

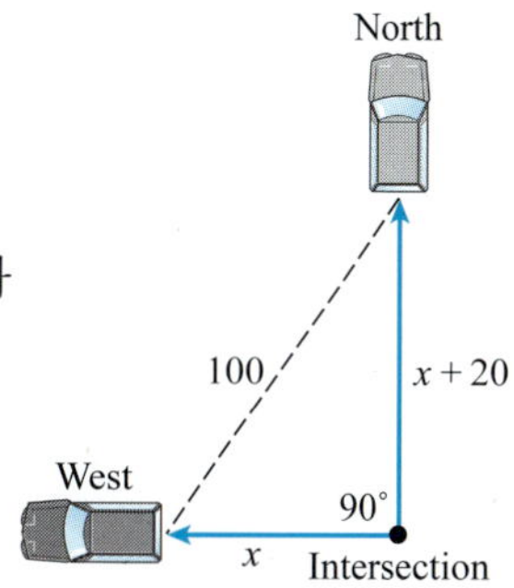

그림 2

$$c^2 = a^2 + b^2$$
$$100^2 = x^2 + (x+20)^2$$

• 4단계: 푼다.

$10{,}000 = x^2 + x^2 + 40x + 400$	이항 제곱
$0 = 2x^2 + 40x - 9600$	표준형
$0 = x^2 + 20x - 4800$	2로 나눈다.
$0 = (x+80)(x-60)$	인수분해
$x+80=0$ 또는 $x-60=0$	영인수 성질
$x = -80$ 또는 $x = 60$	

• 5단계: 답을 서술한다. 거리는 음수가 될 수 없기 때문에 음수 해는 버린다. 필요한 거리는 60마일과 $60+20=80$마일이다.

• 6단계: 확인. $60^2 + 80^2 = 100^2$이므로, 답은 정확하다. ■

✎연습문제 31을 풀어보자.

목표 3 넓이 공식을 사용하여 응용문제를 푼다

예제 4 넓이 문제 풀기

공원 안의 직사각형 반사 수영장은 폭이 20피트이고 길이가 30피트이다. 공원 정원사는 수영장의 가장자리를 따라 균일한 넓이의 잔디밭을 만들고 싶어 한다. 그녀는 336 ft^2을 덮을 만큼 충분한 잔디씨앗을 가지고 있다. 잔디밭의 폭은 얼마인가?

• 1단계: 문제를 주의 깊게 읽는다.

• 2단계: 변수를 정한다. 수영장은 그림 3과 같다. x가 잔디밭의 알 수 없는 폭을 나타내는 경우, 큰 직사각형의 폭은 $20+2x$(수영장의 폭과 2개의 잔디 띠)로 주어지며, 길이는 $30+2x$로 주어진다.

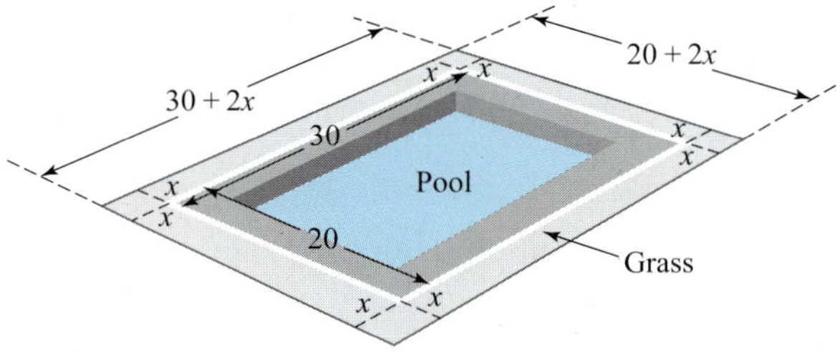

그림 3

• 3단계: 방정식을 쓴다.

큰 직사각형의 넓이는 길이와 폭의 곱, $(30+2x)(20+2x)$로 주어진다. 수영장의 넓이는 $30 \cdot 20 = 600\,\text{ft}^2$이다. 큰 직사각형의 넓이에서 수영장 넓이를 뺀 영역은 잔디밭의 넓이와 같아야 한다. 잔디밭의 넓이가 336 ft^2이므로 방정식은

$$\underset{\substack{\text{직사각형}\\ \text{넓이}\\ \downarrow}}{(30+2x)(20+2x)} - \underset{\substack{\text{수영장}\\ \text{넓이}\\ \downarrow}}{600} = \underset{\substack{\text{잔디밭}\\ \text{넓이}\\ \downarrow}}{336}$$

• 4단계: 푼다.

$600+100x+4x^2-600=336$	곱한다.
$4x^2+100x-336=0$	표준형
$x^2+25x-84=0$	4로 나눈다.
$(x+28)(x-3)=0$	인수분해
$x=-28$ 또는 $x=3$	영인수 성질

• 5단계: 답을 서술한다. 폭은 -28피트가 될 수 없으므로 잔디밭은 3피트 폭이 되어야 한다.

• 6단계: 확인. 만약 $x=3$이면 가장 큰 직사각형의 넓이는 (잔디밭을 포함한)

$$(30+2\cdot 3)(20+2\cdot 3)=36\cdot 26=936\,\text{ft}^2. \quad \text{수영장과 잔디밭의 넓이}$$

수영장의 넓이는 $30\cdot 20=600\,\text{ft}^2$이다. 그래서 잔디밭의 넓이는 $936-600=336\,\text{ft}^2$이고 정원사가 덮을 수 있는 충분한 씨앗을 가지고 있는 영역이다. 답은 정확하다. ■

✎ 연습문제 37을 풀어보자.

목표 4 이차함수를 모델로 사용한 응용문제를 푼다 몇 가지 응용문제는 이차함수로 모델링할 수 있다. 이 함수는 실수 a, b, c, 그리고 $a\neq 0$에 대하여 다음과 같은 형식으로 쓸 수 있다.

$$f(x)=ax^2+bx+c$$

예제 5 이차함수를 사용하여 응용문제 풀기

144피트의 건물의 꼭대기에서 물체가 위쪽으로 초당 112피트의 속도로 던져진 경우 물체의 위치(지면에서 피트)는

$$s(t)=-16t^2+112t+144$$

에 의해 주어지며, 여기서 t는 던져진 후 시간(초)이다. 언제쯤 그것이 바닥에 떨어질까?

물체가 땅에 닿으면, 땅 위의 거리는 0이다. 우리는 $s(t)=0$이 되는 t값을 찾아야 한다.

$0=-16t^2+112t+144$	$s(t)=0$
$0=t^2-7t-9$	-16으로 나눈다.
$t=\dfrac{7\pm\sqrt{49+36}}{2}$	근의 공식
$t=\dfrac{7\pm\sqrt{85}}{2}\approx\dfrac{7\pm 9.2}{2}$	계산기 사용

해는 $t\approx 8.1$ 또는 $t\approx -1.1$이다. 시간은 음수일 수 없기 때문에 음수 해는 무시한다. 물체는 던져진 후 약 8.1초 후에 땅에 닿는다. ■

✎ 연습문제 43을 풀어보자.

예제 6 이차함수를 사용하여 회사 파산 신청 모델링

파산 신청 기업 수는 1990년대 초반 경기 침체로 인해 높았다. 이 숫자는 1990년대 중반에 감소했으며 최근 몇 년 동안 다시 증가했다.

$$f(x) = 3.37x^2 - 28.6x + 133$$

에 의해 정의된 이차함수는 1990 ~ 2001년 동안 회사 파산 신청 건수를 대략적으로 계산한다. 여기서 x는 1990년 이후의 연도 수이다.

(a) 이 모델을 사용하여 1995년의 회사 파산 신청 건수를 계산한다. 1995년은 $x = 5$이므로 $f(5)$를 찾는다.

$$\begin{aligned} f(5) &= 3.37(5)^2 - 28.6(5) + 133 && x = 5 \\ &= 74.25 \end{aligned}$$

1995년에 약 74건의 회사 파산 신청이 있었다.

(b) 회사 파산 신청은 몇 년 동안 150건에 도달했는가?
$f(x) = 150$을 만드는 x의 값을 찾는다.

$$\begin{aligned} f(x) &= 3.37x^2 - 28.6x + 133 \\ 150 &= 3.37x^2 - 28.6x + 133 && f(x) = 150 \\ 0 &= 3.37x^2 - 28.6x - 17 && \text{표준형} \end{aligned}$$

이제 근의 공식에 $a = 3.37$, $b = -28.6$, $c = -17$을 사용한다.

$$x = \frac{28.6 \pm \sqrt{(-28.6)^2 - 4(3.37)(-17)}}{2(3.37)}$$

$$x \approx 9.0 \quad \text{또는} \quad x \approx -0.56 \qquad \text{계산기 사용}$$

양수 해는 $x \approx 9$이므로 회사 파산 신청 건수는 $1990 + 9 = 1999$년에 150건에 도달했다. (음수 해는 모델이 x의 음수 값에 유효하지 않기 때문에 거부된다.) 회사 파산 신청 건수는 1995년의 약 74건에서 1999년의 150건으로 두 배가 되었다. ■

연습문제 55, 57을 풀어보자.

9.4 연습문제

[1~4] 각 질문에 답하시오.

1. 분모에 지정된 변수가 있는 수식을 풀기 위한 첫 번째 단계는 무엇인가?
2. $gw^2 = 2r$과 같은 수식을 w에 대해 풀기 위한 첫 번째 단계는 무엇인가?
3. $gw^2 = kw + 24$와 같은 수식을 w에 대해 풀기 위한 첫 번째 단계는 무엇인가?
4. 적용된 문제에 대해 원래 문제의 정보와 비교하여 모든 제안된 해를 확인하는 것이 특히 중요한 이유는 무엇인가?

[5~6] m을 다른 변수 $(m > 0)$에 관해 풀어라.

5.

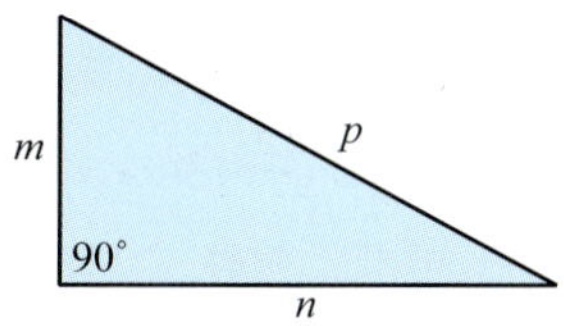

6.

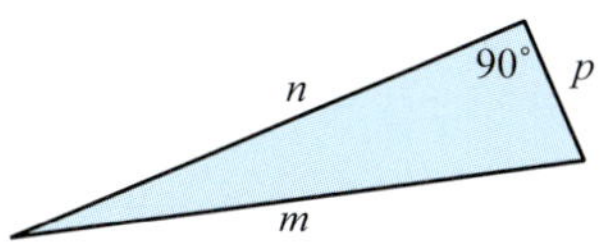

[7~20] [ ]에 표시된 변수에 대해 각 방정식을 풀어라. (답에 ±를 남겨라.) (예제 1과 2)

7. $d = kt^2$ $[t]$
8. $s = kwd^2$ $[d]$
9. $I = \dfrac{ks}{d^2}$ $[d]$
10. $R = \dfrac{k}{d^2}$ $[d]$
11. $F = \dfrac{kA}{v^2}$ $[v]$
12. $L = \dfrac{kd^4}{h^2}$ $[h]$
13. $V = \dfrac{1}{3}\pi r^2 h$ $[r]$
14. $V = \pi(r^2 + R^2)h$ $[r]$
15. $At^2 + Bt = -C$ $[t]$
16. $S = 2\pi rh + \pi r^2$ $[r]$
17. $D = \sqrt{kh}$ $[h]$
18. $F = \dfrac{k}{\sqrt{d}}$ $[d]$
19. $p = \sqrt{\dfrac{kl}{g}}$ $[l]$
20. $p = \sqrt{\dfrac{kl}{g}}$ $[g]$
21. 연습문제 19의 수식에서 g가 양수이면 p가 실수가 되도록 k와 l이 같은 부호를 가져야 하는 이유를 설명하시오.
22. 이 절의 예제 2를 참조하여라. k와 s가 모두 양수를 나타낸다고 가정하자.
    (a) 주어진 2개의 해 중 어느 것이 양수인가?
    (b) 어느 것이 음수인가?
    (c) 어떻게 알 수 있는가?

[23~28] [ ]에 표시된 변수에 대해 각 방정식을 풀어라.

23. $p=\dfrac{E^2R}{(r+R)^2}$ $[R]$ $(E>0)$

24. $S(6S-t)=t^2$ $[S]$

25. $10p^2c^2+7pcr=12r^2$ $[r]$

26. $S=vt+\dfrac{1}{2}gt^2$ $[t]$

27. $LI^2+RI+\dfrac{1}{c}=0$ $[I]$

28. $P=EI-RI^2$ $[I]$

[29~36] 각 문제를 풀어라. 적절히 반올림하여 소수 첫째 자리까지 나타내어라. (예제 3)

29. 삼각형의 변의 길이를 구하라.

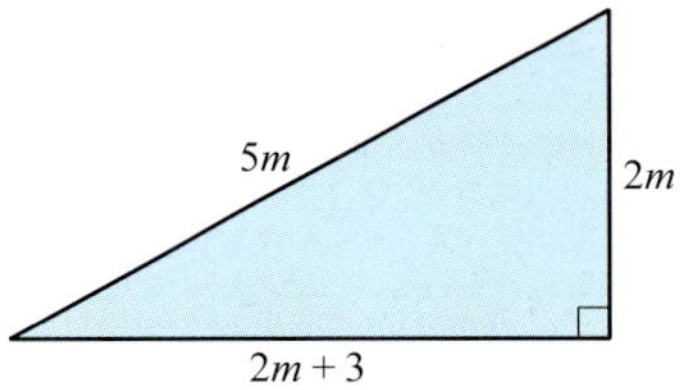

30. 삼각형의 변의 길이를 구하라.

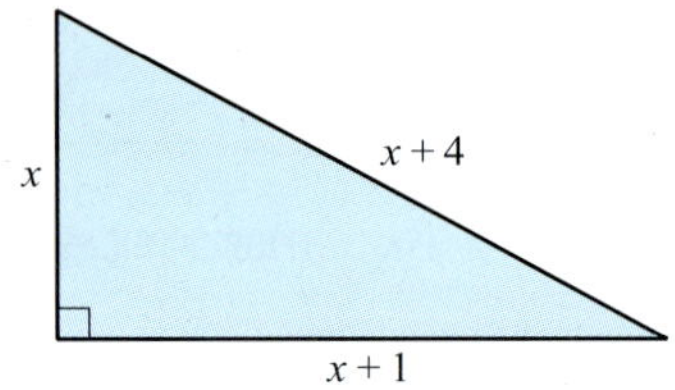

31. 2척의 배가 동시에 항구를 떠난다. 하나는 남쪽으로 향하고 다른 하나는 동쪽으로 향하고 있다. 몇 시간 후, 두 배들 사이는 170마일 떨어져 있다. 만약 남쪽으로 가는 배가 동쪽으로 가는 배보다 항구로 부터 70마일 더 멀리 있었다면, 각각의 배는 몇 마일씩 이동했는가?

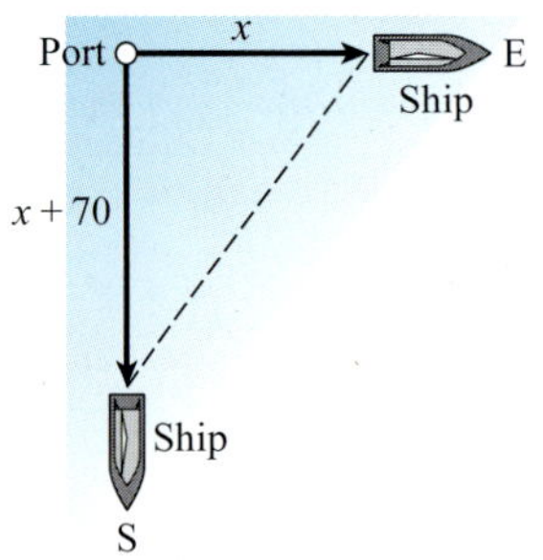

32. 앨리슨은 그녀로부터 수평으로 떨어진 거리보다 30피트 더 높이 연을 날리고 있다. 그녀의 손에서 연까지의 줄은 150피트다. 연은 얼마나 높이 있는가?

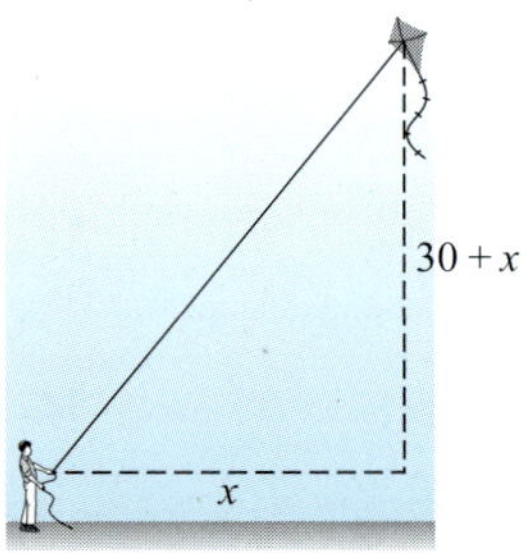

33. 장난감 제조업체는 직각삼각형 모양의 플라스틱 조각이 필요하다. 길이가 긴 변은 짧은 변의 두 배보다도 2cm가 더 길고, 빗변의 길이는 긴 변보다 1cm가 더 길어야 한다. 삼각형 조각의 세 변의 길이는 얼마여야 하는가?

34. 개발자인 마이클은 거리가 삼면으로 둘러싸인, 직각삼각형을 형성하는 땅을 가지고 있다. 빗변은 긴 변보다 8m 더 길고, 짧은 변은 빗변보다 9m 짧다. 소유지의 세 변의 길이를 찾으시오.

35. 큰 나무 퍼즐 두 조각을 함께 끼우면 길이가 너비의 두 배보다 1cm 작은 직사각형을 만들 수 있다.

2개의 조각이 만나는 대각선 길이는 2.5cm이다. 직사각형의 길이와 너비를 찾아라.

36. 13피트 사다리가 집에 기대고 있다. 사다리의 바닥에서 집까지의 거리는 사다리의 꼭대기에서 땅까지의 거리보다 7피트 더 작다. 집에서 사다리 바닥까지의 거리는 얼마나 되는가?

[37~42] 각 문제를 풀어라. (예제 4)

37. 한 커플이 길이 20피트, 너비 15피트인 방에 양탄자를 놓고 싶어 한다. 그들은 방의 가장자리 주위에 동일한 폭의 마룻바닥을 남기고 싶어 한다. 그들이 234 ft^2의 면적을 가진 양탄자를 산다면 가장자리의 폭은 얼마인가?

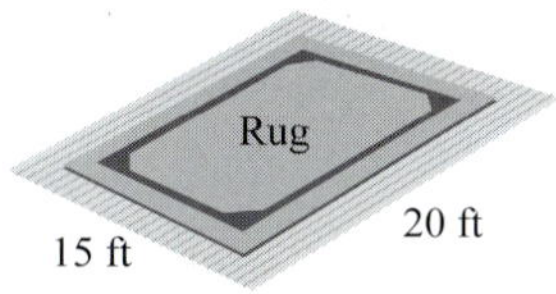

38. 클럽 수영장은 폭 30피트, 길이 40피트이다. 클럽 회원들은 수영장 주변에 균일한 폭의 골재 테두리를 원한다. 그들에게는 296 ft^2의 충분한 재료가 있다. 골재 테두리의 폭은 얼마인가?

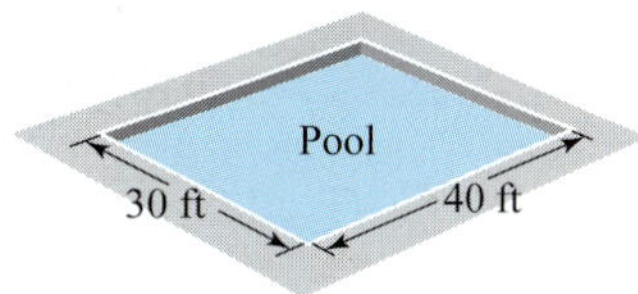

39. 아리프의 뒤뜰은 20m×30m이다. 그는 뒤뜰 한가운데에 꽃밭을 두고 꽃밭 주변에 균일한 폭의 잔디를 남기고 싶어 한다. 아리프는 184m^2의 잔디를 가지고 있다. 이러한 조건에서 꽃밭의 길이와 너비는 얼마인가?

40. 직사각형의 길이는 너비의 2배보다 2m 작다. 너비에 5m를 더하면 그 결과는 144m^2의 정사각형이 된다. 원래 직사각형의 크기를 찾아라.

41. 한 직사각형 판금 조각은 길이가 너비의 두 배보다 4인치 작다. 각 모서리에서 한 변이 2인치인 정사각형 조각을 절단한다. 그런 다음 면을 위로 올려 부피 225in^3의 덮개가 없는 상자를 만든다. 원래의 금속 판금의 길이와 너비를 찾아라.

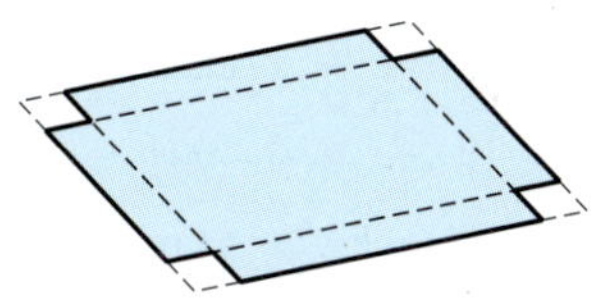

42. 또 다른 직사각형 판금 조각은 길이가 너비보다 2인치 더 길다. 한 변이 3인치인 정사각형 조각이 각 모서리에서 절단된다. 그런 다음 면을 위로 올려 부피 765in^3의 덮개가 없는 상자를 만든다. 원래 금속 조각의 치수를 찾아라.

[43~48] 각 문제를 풀어라. 적절한 경우 반올림하여 소수 첫째 자리까지 나타내어라. (예제 5)

43. 물체가 땅에서 바로 위로 투영된다. t초 후에 지면으로부터의 거리는

$$s(t) = 144t - 16t^2$$

이다. 물체는 몇 초 후에 지면 위로 128피트가 되는가? (힌트: 방정식을 풀기 전에 공통적인 요소를 찾으시오.)

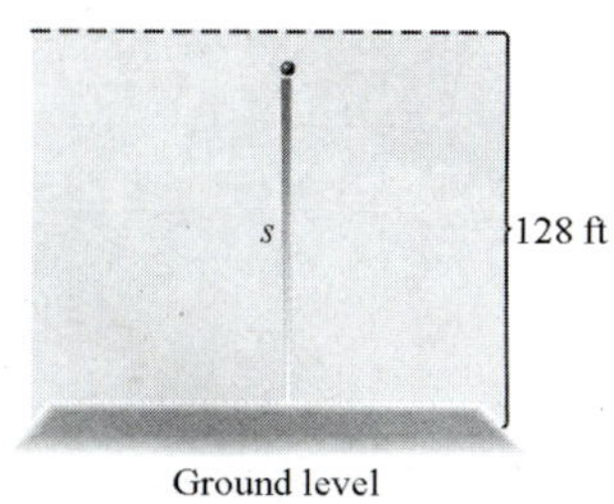

44. 연습문제 43의 물체는 언제 땅에 떨어지는가?

45. 공이 지면에서 위쪽으로 던져진다. t초에 지면으로부터의 거리(피트)는

$$s(t) = -16t^2 + 128t$$

에 의해 주어진다. 공이 지면에서 213피트 떨어져 있을 때는 언제인가?

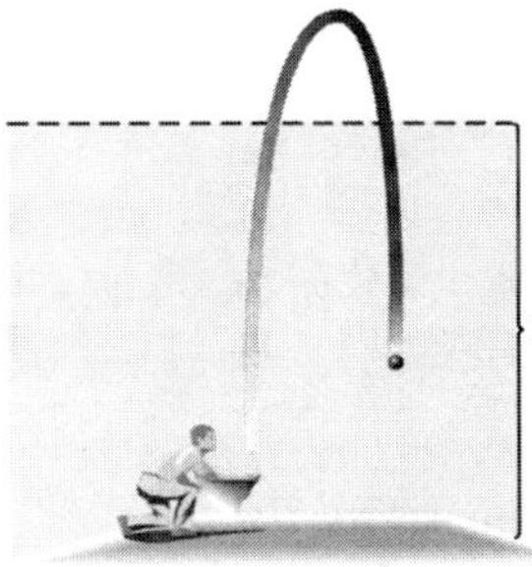

46. 장난감 로켓이 지상에서 발사된다. t초에 지상으로부터의 거리(피트)가

$$s(t) = -16t^2 + 208t$$

로 주어진다. 로켓이 지면에서 550피트 떨어져 있을 때는 언제인가?

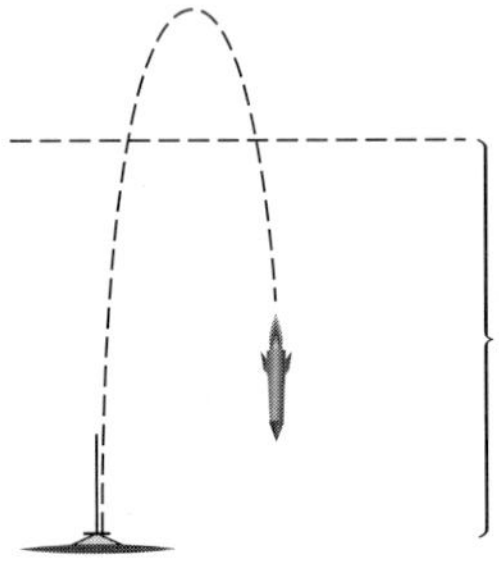

47. $D(t) = 13t^2 - 100t$로 정의된 함수는 약 68mph로 가는 차가 t초 이내에 미끄러진 거리(피트)를 나타낸다. 차가 180피트를 미끄러지는데 걸리는 시간을 찾아라.

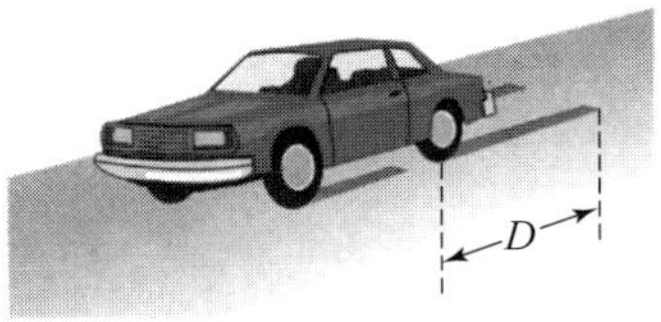

48. 연습문제 47에서 주어진 함수는 50mph로 가는 차에 대해

$$D(t) = 13t^2 - 73t$$

가 된다. 이 차가 218피트 미끄러지는 시간을 찾아라.

[49~50] 돌멩이 하나를 공중에 던졌을 때, t초에 땅으로부터의 거리(피트)는 $s(t) = -16t^2 + 160t$로 표시된다. 대수학 및 간단한 설명을 사용하여 대답하시오.

49. 몇 초 후에 400피트의 높이에 도달하는가? 이 높이에서 위치를 어떻게 묘사하겠는가?

50. 몇 초 후에 425피트의 높이에 도달하는가? 여기서 수학적 결과를 어떻게 해석하겠는가?

[51~54] 이차방정식을 사용하여 각 문제를 풀어라.

51. 한 제과점에서 머핀에 대한 일일 수요가 $\frac{3200}{p}$이라는 것을 발견했다. 여기서 p는 머핀 가격(센트)이다. 일일 공급량은 $3p - 200$이다. 공급과 수요가 동일한 가격을 찾으시오.

52. 한 지역에서 콤팩트디스크에 대한 수요는 하루에 $\frac{700}{P}$이다. 여기서 P는 디스크 가격(달러)이다. 공급량은 하루 $5P - 1$이다. 공급과 수요가 동일한 가격은 얼마인가?

53. 공식 $A=P(1+r)^2$는 P달러가 금리 r(r은 소수로 주어짐)로 복리를 사용하여 2년이 될 때 금액 A(달러)가 됨을 나타낸다. 2000달러가 2년 안에 2142.25달러로 증가하려면 이자율은 얼마인가?

54. 정사각형의 골판지의 각 모서리에서 한 변이 3인치인 정사각형 조각을 잘라낸 다음 접어서 덮개가 없는 상자를 만들면 상자의 부피는 $V=3(x-6)^2$로 표시된다. 여기서 x는 골판지 원래 조각의 각 변의 길이이다. 원래의 길이가 얼마일 때 부피가 432in^3인 상자가 생성되는가?

[55~58] 1990년부터 1999년까지 미국에서 SUV(스포츠 유틸리티 차량)의 판매량은 막대 그래프로 표시되며

$$f(x)=0.016x^2+0.124x+0.787$$

로 정의된 이차함수로 모델링할 수 있다. 여기에서 $x=0$은 1990년을 나타내고 $x=1$은 1991년을 나타낸다. 그래프와 모델을 사용하여 연습하시오. (예제 6)

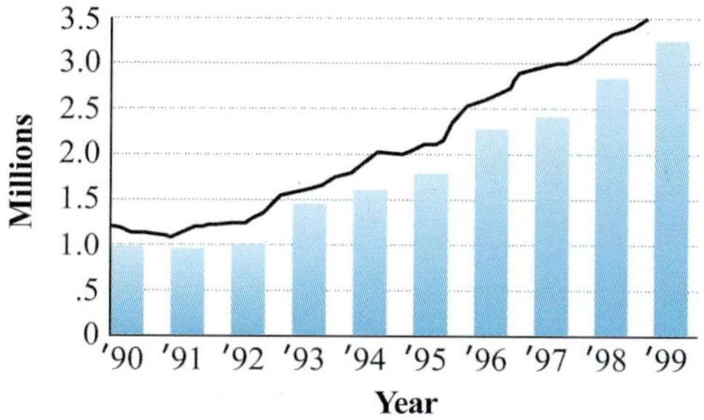

(출처: 자동차 회사의 판매 실적을 기반으로 한 Bandon, OR의 CNW 마케팅 연구)

55. (a) 그래프를 사용하여 1997년 매출액을 소수 첫째 자리까지 추정하시오.
 (b) 모델을 사용하여 1997년 매출을 소수 첫째 자리까지 추정하시오. 이 결과는 (a)의 추정치와 어떻게 다른가?

56. (a) 모델을 사용하여 2000년 판매량을 소수 첫째 자리까지 추정하시오.
 (b) 2000년 10월까지의 매출은 약 290만 개였다. 이를 기반으로 (a)에서 2000년까지의 판매 예상값인 합리적인가? 설명하여라.

57. 모델을 기반으로, 몇 년 동안 매출이 2백만에 도달했는가? (가장 가까운 연도로 반올림) 이 결과는 그래프에 표시된 판매량과 어떻게 비교되는가?

58. 모델을 기반으로, 몇 년 동안 매출이 3백만에 도달했는가? (가장 가까운 연도로 반올림) 이 결과는 그래프에 표시된 판매량과 어떻게 비교되는가?

[59~60] 윌리엄 프루드(William Froude)는 조선업에서

$$\frac{v^2}{g^l}$$

라는 표현을 사용한 19세기 해군 건축가였다. Froude number로 알려진 이 표현은 공룡에 대한 알렉사터(R. McNeill Alexander)의 연구에서도 사용되었다. 연습문제 59와 60에서 $g=9.8\,(\text{m/sec}^2)$가 주어지면 v

(출처: "How Dinosaurs Ran", Scientific American, April 1991.)

값(초당 미터)을 찾아라.

59. 코뿔소: : $l = 1.2$;
Froude number$= 2.57$

60. 트리케라톱스: $l = 2.8$;
Froude number$= 0.16$

[61~62] 닮은 삼각형의 대응변은 비례한다는 것을 상기하자. 이 사실을 이용하여 닮은 삼각형의 각 쌍에 표시된 변의 길이를 구하라. 두 삼각형에서 가능한 모든 해를 확인하시오. 삼각형의 변은 음수일 수 없다(여기서는 크기에 맞게 그리지 않았다).

61. 변 AC

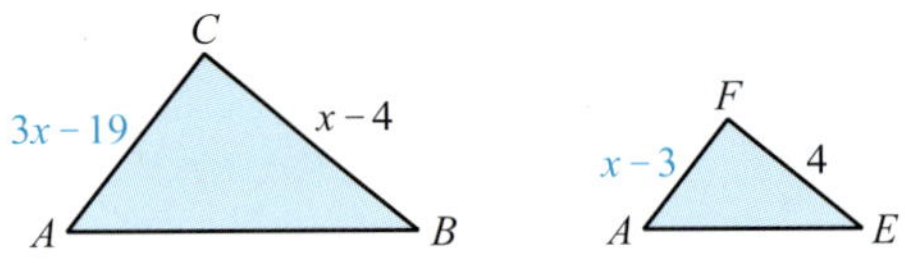

62. 변 RQ

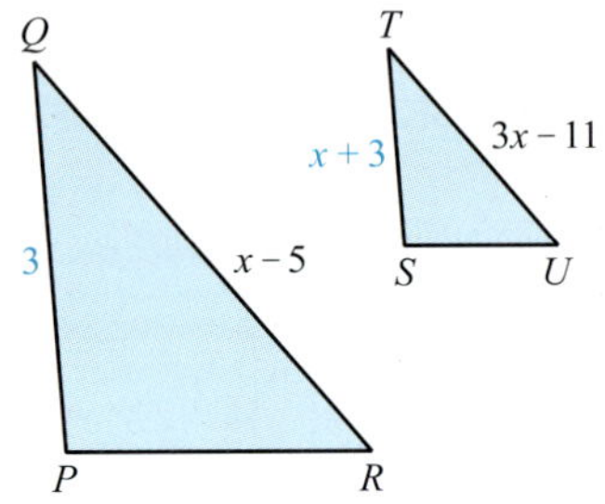

9.5 이차함수의 그래프

학·습·목·표

1. 이차함수의 그래프를 그린다.
2. 수평 및 수직 이동한 포물선의 그래프를 그린다.
3. x^2의 계수로부터 포물선의 모양과 방향을 예측한다.
4. 데이터를 모델링하는 이차함수를 찾는다.

목표 1 이차함수의 그래프를 그린다 다항함수는 5장에서 정의되었는데, 여기서는 점 배치를 통해 몇 가지 간단한 이차 다항함수를 그래프로 나타냈다. 그림 4에서 $y=x^2$으로 정의된 가장 간단한 이차함수의 순서쌍을 표에 나타내고 그 결과로 그래프를 그렸다.

x	y
-2	4
-1	1
0	0
1	1
2	4

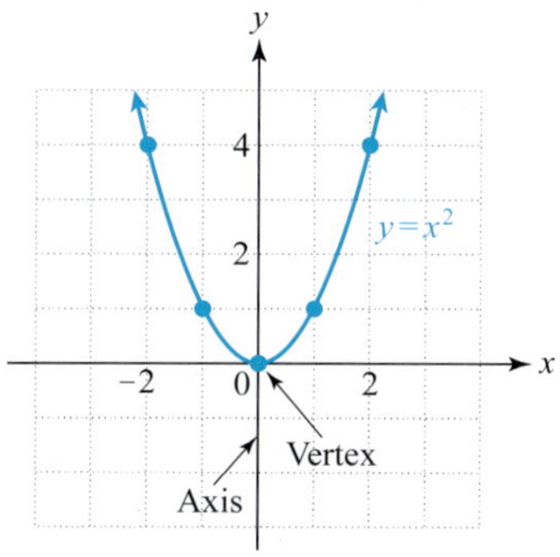

그림 4

5장에서 언급했듯이 이 그래프를 포물선(parabola)이라고 부른다. 곡선의 가장 낮은 지점인 점 $(0, 0)$은 이 포물선의 꼭짓점(vertex)이다. 꼭짓점을 지나는 수직선을 포물선의 축(axis), 여기서는 $x=0$이다. 포물선은 축에 대해 대칭이다. 즉, 그래프를 축을 따라 접으면 곡선의 두 부분이 일치한다. 그림 4에서 알 수 있듯이 x는 임의의 실수이므로 $y=x^2$으로 정의된 함수의 정의역은 $(-\infty, \infty)$이다. y는 항상 음수가 아니기 때문에 치역은 $[0, \infty)$이다.

9.4절에서 이차함수로 모델링된 응용문제를 풀었다. 이 절과 다음 절에서는 여기에 정의한 것과 같이 좀 더 일반적인 이차함수의 그래프를 고려한다.

이차함수

$a \neq 0$인 실수 a, b, c에 대하여

$$f(x)=ax^2+bx+c$$

형식으로 쓸 수 있는 함수는 이차함수이다.

이차함수의 그래프는 수직축을 가진 포물선이다.

> ⓘ **참고** 포물선을 논의할 때 우리는 변수 y와 함수 표기법 $f(x)$를 상호 교환적으로 사용한다. 이차함수의 이름으로 문자 f를 가장 자주 사용하지만, 다른 문자를 사용할 수 있다. 대문자 F를 사용하여 동일한 좌표축에 그린 여러 포물선들을 구별한다.

원뿔형 단면(11장)의 일종인 포물선은 많은 용도로 사용된다. 텔레비전으로 방송되는 축구 경기의 한쪽 면에 보이는 큰 접시들은, 텔레비전 방송국 직원들이 경기장에 있는 선수들의 고함 신호를 포착하기 위해 사용되며, 포물선 모양의 단면을 가지고 있다. 위성 접시와 자동차 헤드라이트의 단면도 포물선을 형성한다. 현수교를 지탱하기 위해 사용되는 케이블도 포물선 모양이다.

목표 2 수평 및 수직 이동한 포물선의 그래프를 그린다 포물선은 $f(x)=x^2$의 그래프처럼 꼭짓점이 꼭 원점에 있을 필요는 없다. 예를 들어, $F(x)=x^2+k$ 형태의 포물선을 그래프로 나타내려면 $f(x)=x^2$을 그래프로 나타내기 위해 사용된 것과 같은 x의 샘플 값을 선택하는 것으로 시작한다. $F(x)=x^2+k$에서의 $F(x)$의 각 값들은 $f(x)=x^2$과는 k만큼 다르다. 이러한 이유로, $F(x)=x^2+k$의 그래프는 $f(x)=x^2$의 그래프와 수직 방향으로 k 단위가 이동되거나 변환된다.

예제 1 수직 이동인 포물선 그리기

$F(x)=x^2-2$를 그려라.

풀이 이 그래프는 $f(x)=x^2$과 같은 모양이지만, k가 -2이므로 그래프는 2 단위 아래로 이동하고 꼭짓점 $(0, -2)$를 갖는다. 모든 함숫값은 $f(x)=x^2$의 해당 함숫값보다 2 작다. 꼭짓점의 양쪽으로 점을 찍어서 그림 5와 같이 그릴 수 있다. 포물선은 축 $x=0$에 대해 대칭이므로 찍은 점은 서로 대칭되는 '거울상'이다. x는 임의의 실수이기 때문에 정의역은 여전히 $(-\infty, \infty)$이다. y (또는 $F(x)$)의 값은 항상 -2보다 크거나 같기 때문에 치역은 $[-2, \infty)$이다. 비교를 위해 $f(x)=x^2$의 그래프를 그림 5에 표시하였다.

x	$f(x)=x^2$	$F(x)=x^2-2$
-2	4	2
-1	1	-1
0	0	-2
1	1	-1
2	4	2

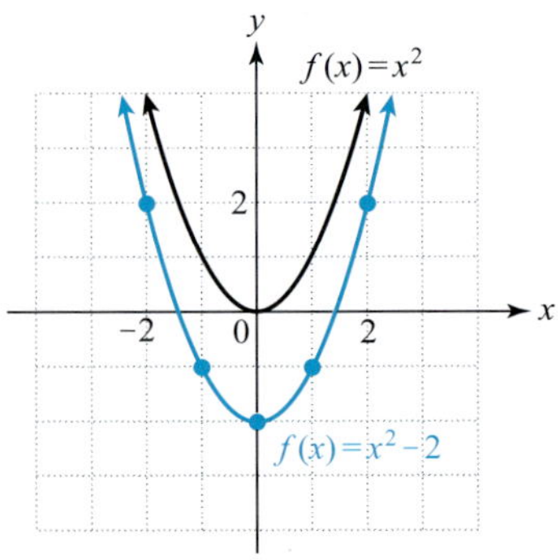

그림 5

연습문제 23을 풀어보자.

수직 이동

$F(x)=x^2+k$의 그래프는 $f(x)=x^2$의 그래프와 같은 모양을 가진 포물선이다. 포물선은 $k>0$이면 k 단위만큼 위로 이동하고 $k<0$인 경우 $|k|$ 단위만큼 아래로 이동한다. 꼭짓점은 $(0, k)$이다.

$F(x)=(x-h)^2$의 그래프 또한 $f(x)=x^2$과 동일한 모양을 가진 포물선이다. 모든 x에 대해 $(x-h)^2 \geq 0$이므로 $F(x)=(x-h)^2$의 꼭짓점은 포물선에서 가장 낮은 점이고 $F(x)$가 0일 때이다. $F(x)$가 0이려면 $F(x)=(x-h)^2$의 꼭짓점이 $(h, 0)$이 되도록 $x=h$로 둔다. 이것에 기초하여, $F(x)=(x-h)^2$의 그래프는 $f(x)=x^2$의 그래프를 수평 방향으로 h 단위 이동한다.

예제 2 수평 이동으로 포물선 그리기

$F(x)=(x-2)^2$을 그려라.

풀이 $x=2$이면 $F(x)=0$으로 꼭짓점 $(2, 0)$을 얻는다. $F(x)=(x-2)^2$의 그래프는 $f(x)=x^2$의 그래프와 같은 모양이지만 오른쪽으로 2만큼 이동한 그래프이다. 꼭짓점의 왼쪽 면에 $F(x)=(x-2)^2$를 만족시키는 여러 점을 찍고 축 $x=2$에 대해 대칭을 사용하여 꼭짓점의 오른쪽 면에서 해당 점을 찾으면 그림 6의 그래프가 나타난다. 정의역은 $(-\infty, \infty)$이고 치역은 $[0, \infty)$이다.

x	$F(x)=(x-2)^2$
0	4
1	1
2	0
3	1
4	4

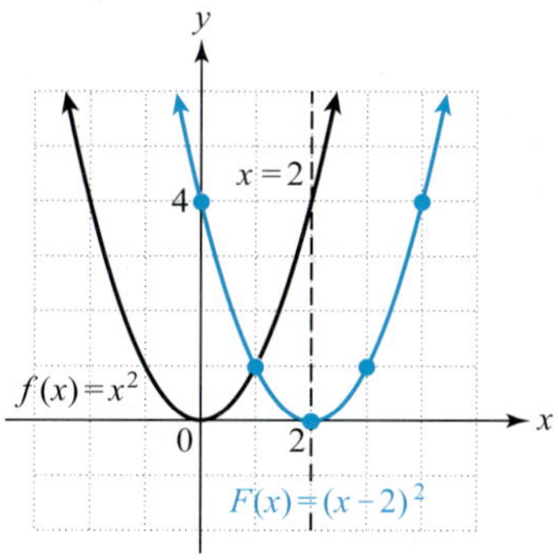

그림 6

✎연습문제 27을 풀어보자.

수평 이동

$F(x)=(x-h)^2$의 그래프는 $f(x)=x^2$의 그래프와 같은 모양을 가진 포물선이다. 포물선은 수평으로 h 단위 이동한다. $h>0$이면 오른쪽으로 h 단위, $h<0$이면 왼쪽으로 $|h|$ 단위가 된다. 꼭짓점은 $(h, 0)$이다.

> ⓘ 주의 수평 이동이 포함되면 오류가 자주 발생한다. 수평 이동의 방향과 크기를 결정하려면, $x-h$가 0이 되는 값을 찾는다. 예를 들어, $F(x)=(x-5)^2$의 그래프에서 $+5$는 $x-5$가 0이 되어야 하기 때문에 오른쪽으로 5 단위 이동한다. 한편 $F(x)=(x+5)^2$의 그래프에서 -5는 $x+5$가 0이 되어야 하기 때문에 왼쪽으로 5 단위 이동한다.

포물선은 수평 및 수직 이동을 모두 가질 수 있다.

예제 3 수평 및 수직 이동으로 포물선 그리기

$F(x)=(x+3)^2-2$를 그려라.

풀이 이 그래프는 $f(x)=x^2$과 같은 모양이지만, 왼쪽으로 3만큼($x=-3$인 경우 $x+3=0$이므로)와 아래쪽으로 2만큼(-2이기 때문에)가 이동한다. 그림 7에서와 같이 꼭짓점은 $(-3, -2)$이고 축은 $x=-3$이다. 이 함수는 정의역 $(-\infty, \infty)$과 치역 $[-2, \infty)$을 갖는다.

x	$F(x)$
-5	2
-4	-1
-3	-2
-2	-1
-1	2

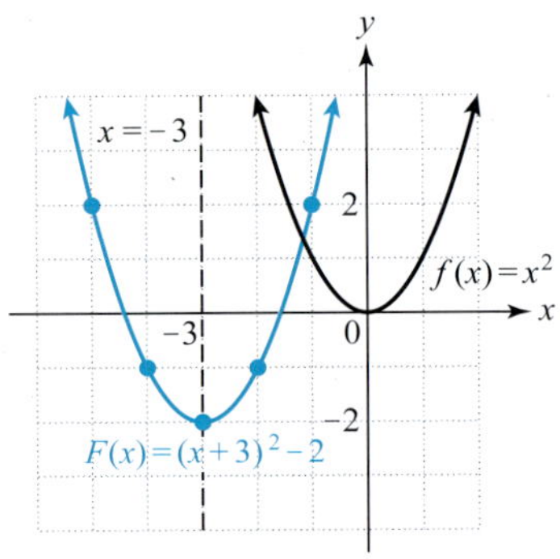

그림 7

연습문제 29를 풀어보자.

$F(x)=(x-h)^2+k$ 형태의 포물선의 그래프의 특성은 다음과 같이 요약된다.

> **포물선의 꼭짓점과 축**
>
> $F(x)=(x-h)^2+k$의 그래프는 $f(x)=x^2$의 그래프와 같은 모양이지만 꼭짓점 (h, k)가 있는 포물선이다. 축은 수직선 $x=h$이다.

목표 3 x^2의 계수로부터 포물선의 모양과 방향을 예측한다 모든 포물선이 위로 열리는 것은 아니며, 모든 포물선이 $f(x)=x^2$의 그래프와 같은 모양을 갖는 것은 아니다.

예제 4 아래로 열리는 포물선 그리기

$f(x) = -\frac{1}{2}x^2$을 그려라.

풀이 이 포물선은 그림 8에 나와 있다. 계수 $-\frac{1}{2}$은 그래프의 모양에 영향을 준다. $\frac{1}{2}$은 포물선을 더 넓게 만들고 ($\frac{1}{2}x^2$의 값이 x^2의 값보다 천천히 증가하기 때문이다), 음수 부호는 포물선을 아래로 열리게 만든다. 그래프는 어떤 방향으로도 이동되지 않는다. 꼭짓점은 여전히 $(0, 0)$이고 축은 $x=0$이다. 예제 1 ~ 3에서 그렸던 포물선과는 달리 여기에 있는 꼭짓점은 그래프에서 가장 큰 함숫값을 가진다. 정의역은 $(-\infty, \infty)$, 치역은 $(-\infty, 0]$이다.

x	$F(x)$
-2	-2
-1	$-\frac{1}{2}$
0	0
1	$-\frac{1}{2}$
2	-2

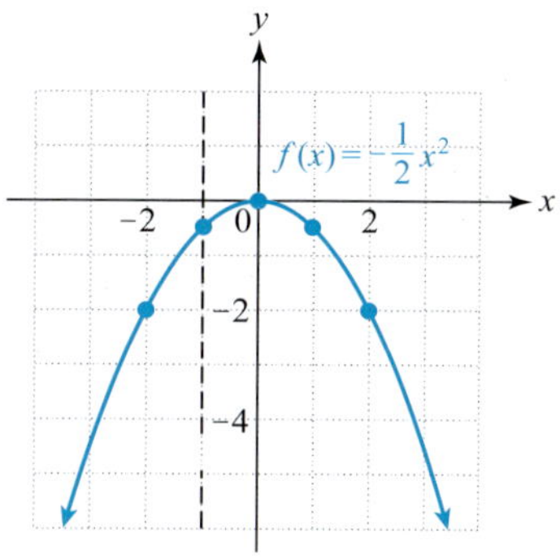

그림 8

✎연습문제 21을 풀어보자.

$F(x)=a(x-h)^2+k$의 그래프에 관한 몇 가지 일반적인 원칙은 다음과 같이 요약된다.

일반 원칙

1. $$F(x)=a(x-h)^2+k, \quad a \neq 0$$
   에 의해 정의된 이차함수의 그래프는 꼭짓점 (h, k)와 수직선 $x=h$를 축으로 하는 포물선이다.
2. a가 양수이면 그래프는 위로 열리고 a가 음수이면 아래로 열린다.
3. 그래프는 $0<|a|<1$인 경우 $f(x)=x^2$보다 넓고, $|a|>1$인 경우 $f(x)=x^2$보다 좁다.

예제 5 일반 원칙을 사용하여 포물선 그리기

$F(x) = -2(x+3)^2+4$를 그려라.

풀이 포물선은 ($a<0$ 때문에) 아래로 열리고 $|-2|=2>1$이기 때문에 $f(x)=x^2$의 그래프보다 좁으며 $F(x)$의 값은 $f(x) = -x^2$의 값보다 빠르게 감소한다. 이 포물선은 그림 9와 같이 꼭짓점 $(-3, 4)$를 갖는다. 그래프를 완성하기 위해 순서쌍 $(-4, 2)$와 대칭인 $(-2, 2)$를 찍는다. 대칭을 이용하여, 원하는 경우 방정식을 만족하는 추가 순서쌍을 찾을 수 있다.

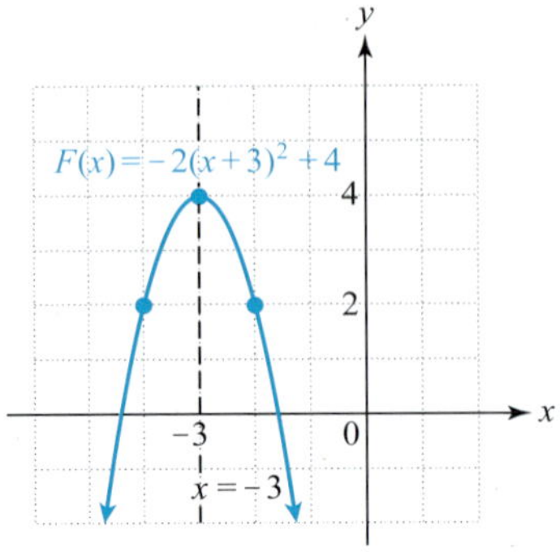

그림 9

✎연습문제 33을 풀어보자.

목표 4 데이터를 모델링하는 이차함수를 찾는다

예제 6 다둥이 출생의 증가를 모델링하는 이차함수 찾기

미국의 다둥이 출산 횟수가 증가하고 있다. x는 1970년 이후의 연도 수를 나타내고, y는 1971년 이래로 10만 명당 출생한 다둥이 출산의 비율을 나타낸다. 데이터는 다음 표에 나와 있다.

연도	x	y
1971	1	29.1
1976	6	35.0
1981	11	40.0
1986	16	47.0
1991	21	100.0
1996	26	152.6

출처: 국립 보건 통계센터

데이터를 모델링하는 이차함수를 찾아보자.

순서쌍 (x, y)의 산포도가 그림 10에 나와 있다. 그려진 점은 선형 패턴을 따르지 않으므로 선형 함수는 데이터를 매우 잘 모델링하지 못한다. 대신, 산포도에 의해 제안된 일반적인 모양은 그림 11의 점선으로 표시된 것처럼 포물선이 이러한 점을 근사해야 함을 나타낸다. 그런 포물선의 방정식은 그래프가 위로 열리면 x^2의 계수를 양수로 갖는다. 이 데이터를 모델링하거나 적합한

$$y=ax^2+bx+c$$

형태의 이차함수를 찾으려면 세 개의 대표적인 순서쌍을 선택하고 이를 사용하여 연립방정식을 만든다.

$(1, 29.1)$, $(11, 40)$, $(21, 100)$을 사용하여 순서쌍의 x값과 y값을 이차 형식 $y=ax^2+bx+c$에 대입해 다음의 3개의 방정식을 얻는다.

$$a(1)^2+b(1)+c=29.1 \quad \text{또는} \quad a+b+c=29.1 \qquad (1)$$

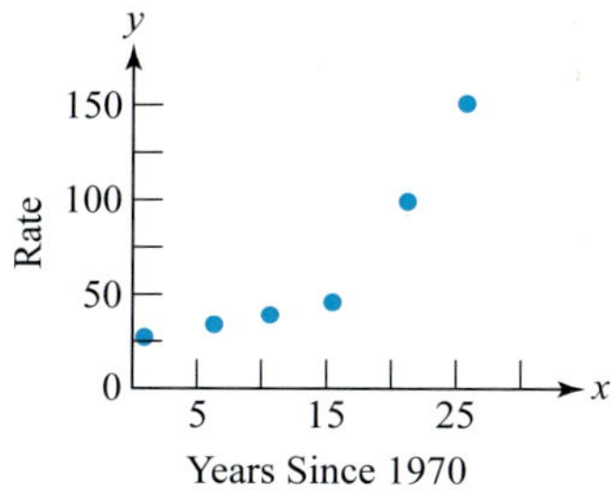

그림 10

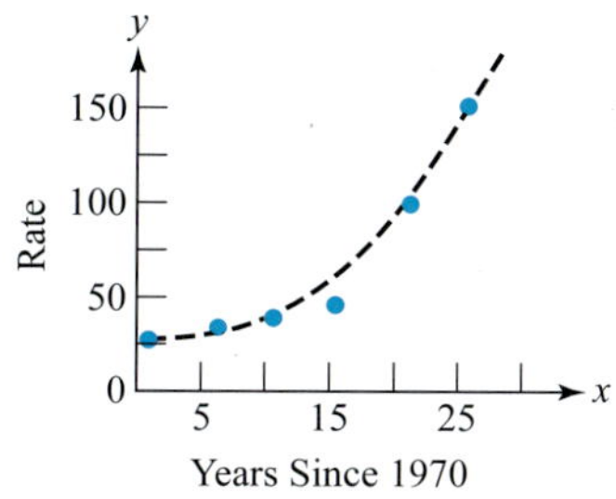

그림 11

$$a(11)^2+b(11)+c=40 \quad \text{또는} \quad 121a+11b+c=40 \tag{2}$$

$$a(21)^2+b(21)+c=100 \quad \text{또는} \quad 441a+21b+c=100 \tag{3}$$

4.2절의 방법을 사용하여 3개의 방정식으로 구성된 이 연립방정식을 풀어서 a, b, c값을 찾을 수 있다. 방정식 (1)에 -1을 곱하고 그 결과를 방정식 (2)에 더하면

$$120a+10b=10.9. \tag{4}$$

방정식 (2)에 -1을 곱한 다음 방정식 (3)에 결과를 더하면

$$320a+10b=60. \tag{5}$$

방정식 (4)에 -1을 곱하고 그 결과를 방정식 (5)에 더하여 b를 소거하면

$$200a=49.1$$

$$a=0.2455 \quad \text{계산기 사용}$$

를 얻는다.

방정식 (4) 또는 (5)에 a를 0.2455로 대입하면 $b=-1.856$이 나온다. 방정식 (1)에 a와 b의 값을 대입하면 $c=30.7105$가 된다. 이러한 a, b, c값을 사용하면

$$y=0.2455x^2-1.856x+30.7105$$

로 정의된다. ■

✎ 연습문제 49를 풀어보자.

ⓘ **참고** 예제 6에서 서로 다른 순서쌍 세 개를 선택하면 약간 다른 모델이 생성된다. 그래프 계산기의 '이차 회귀' 특성을 사용하여 주어진 데이터에 가장 잘 맞는 이차 모델을 생성할 수도 있다. 자세한 내용은 사용 설명서를 참조하시오.

9.5 연습문제

1. 각 이차함수에 해당하는 그래프를 A ~ D 중에서 골라라.

(a) $f(x)=(x+2)^2-1$

(b) $f(x)=(x+2)^2+1$

(c) $f(x)=(x-2)^2-1$

(d) $f(x)=(x-2)^2+1$

A.

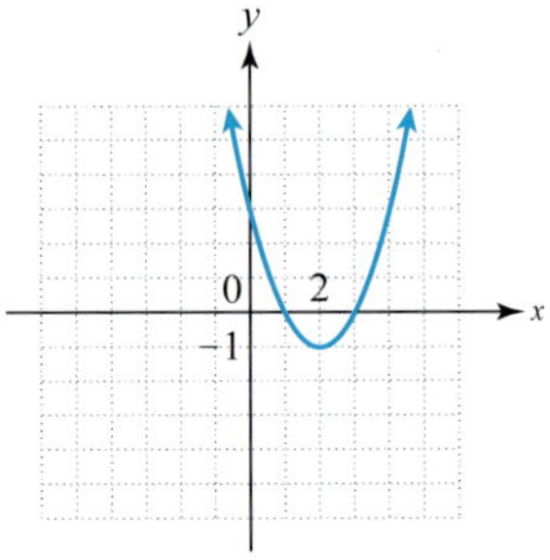

B.

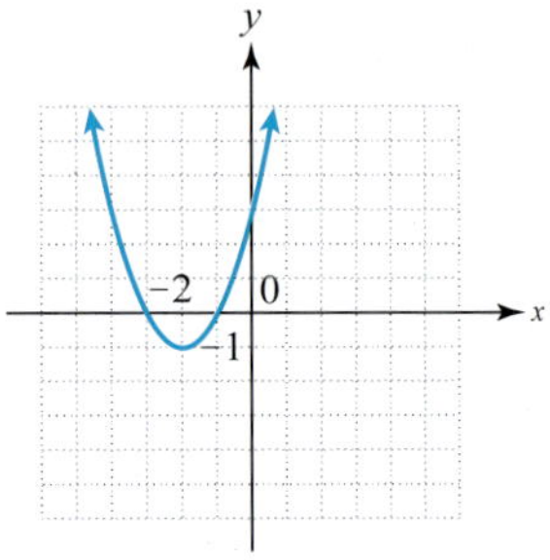

C.

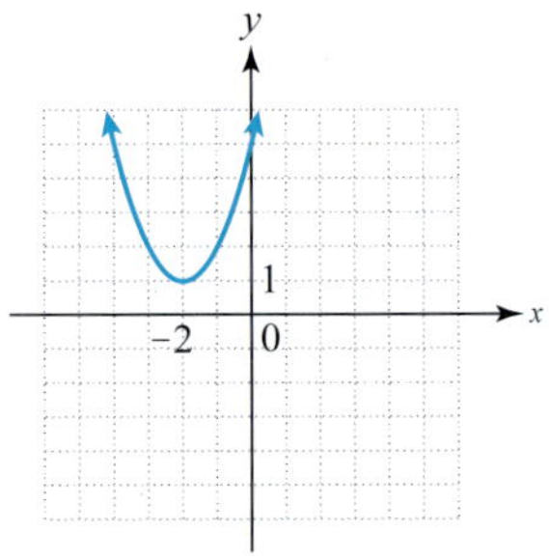

D.

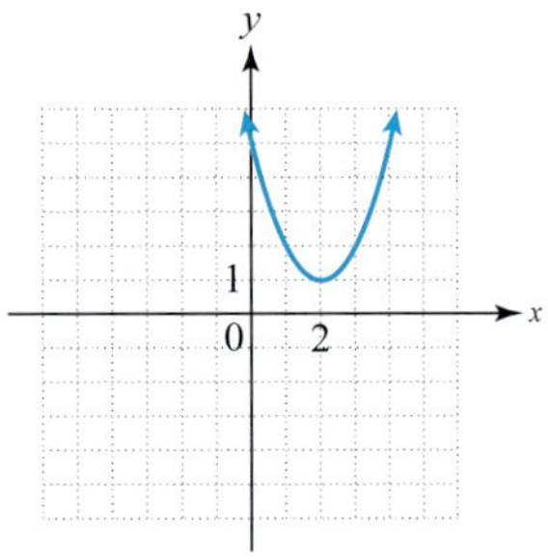

2. 각 이차함수를 A ~ D의 그래프와 일치시켜라.

(a) $f(x)=-x^2+2$

(b) $f(x)=-x^2-2$

(c) $f(x)=-(x+2)^2$

(d) $f(x)=-(x-2)^2$

A.

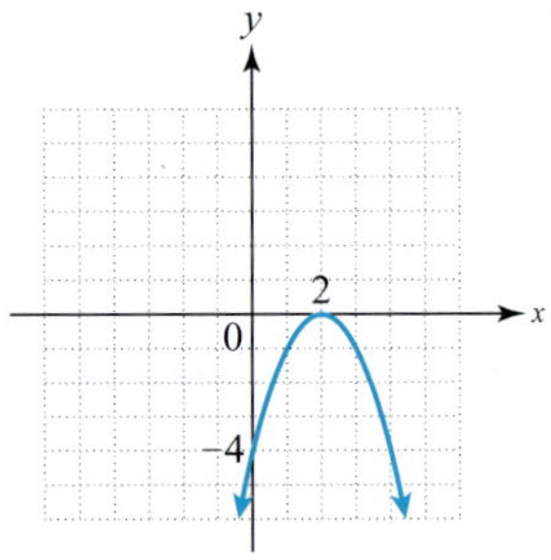

B.

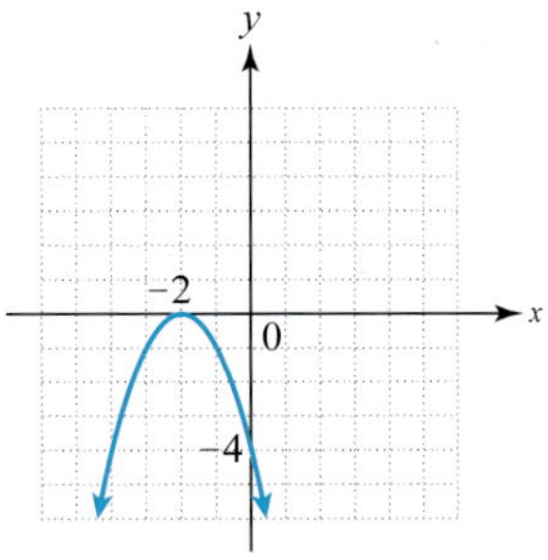

C.

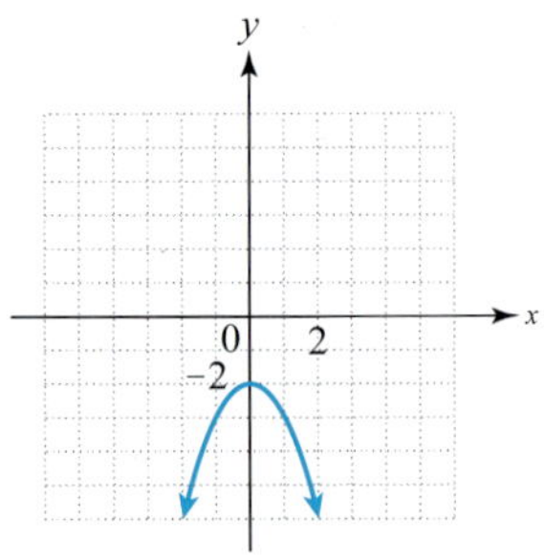

D.

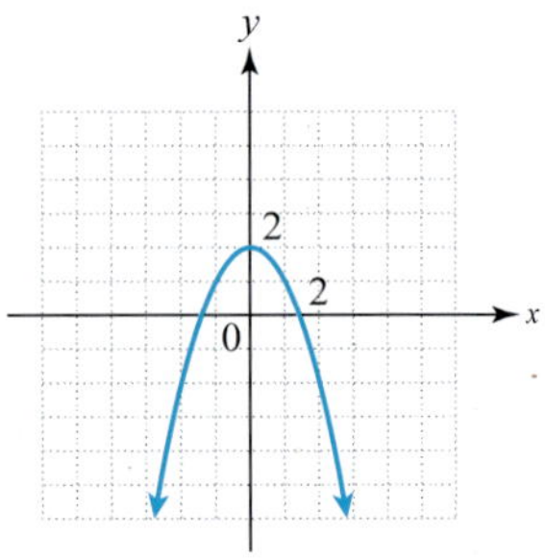

[3~10] 각 포물선의 꼭짓점을 확인하시오. (예제 1~4)

3. $f(x) = -3x^2$

4. $f(x) = \dfrac{1}{2}x^2$

5. $f(x) = x^2 + 4$

6. $f(x) = x^2 - 4$

7. $f(x) = (x-1)^2$

8. $f(x) = (x+3)^2$

9. $f(x) = (x+3)^2 - 4$

10. $f(x) = (x-5)^2 - 8$

11. 연습문제 9와 10의 포물선이 $f(x) = x^2$의 그래프와 어떻게 다른지 설명하시오.

12. $F(x) = a(x-h)^2 + k$와 $f(x) = x^2$의 그래프를 비교하였을 때 a의 값은 무엇을 의미하는가?

[13~16] 각 이차함수에 대해 그래프가 위 또는 아래로 열리는지 여부와 그래프가 $f(x) = x^2$의 그래프보다 넓은지 좁은지 또는 같은 모양인지를 말하시오. (예제 4와 5)

13. $f(x) = -\dfrac{2}{5}x^2$

14. $f(x) = -2x^2$

15. $f(x) = 3x^2 + 1$

16. $f(x) = \dfrac{2}{3}x^2 - 4$

17. 다음과 같은 경우 $f(x) = a(x-h)^2 + k$의 꼭짓점은 몇 사분면에 있는가?

(a) $h > 0,\ k > 0$ (b) $h > 0,\ k < 0$ (c) $h < 0,\ k > 0$ (d) $h < 0,\ k < 0$

18. (a) $f(x) = a(x-h)^2 + k$의 그래프가 y축에 꼭짓점을 가지고 있다면 h의 값은 얼마인가?
(b) $f(x) = a(x-h)^2 + k$의 그래프가 x축에 꼭짓점을 가지고 있다면 k의 값은 얼마인가?

19. 각 이차함수를 그에 해당하는 포물선 그래프의 설명과 일치시키시오.

(a) $f(x) = (x-4)^2 - 2$ A. 꼭짓점 $(2, -4)$, 아래로 열린다
(b) $f(x) = (x-2)^2 - 4$ B. 꼭짓점 $(2, -4)$, 위로 열린다
(c) $f(x) = -(x-4)^2 - 2$ C. 꼭짓점 $(4, -2)$, 아래로 열린다
(d) $f(x) = -(x-2)^2 - 4$ D. 꼭짓점 $(4, -2)$, 위로 열린다

20. 각 용어의 의미를 설명하시오.
(a) 포물선의 꼭짓점 (b) 포물선의 축

[21~36] 각 포물선을 그려라. 꼭짓점 외에 적어도 두 점을 찍으시오. 연습문제 27~36에서 꼭짓점, 축, 정의역 및 치역을 지정하시오. (예제 1~5)

21. $f(x) = -2x^2$

22. $f(x) = \dfrac{1}{3}x^2$

23. $f(x) = x^2 - 1$

24. $f(x) = x^2 + 3$

25. $f(x) = -x^2 + 2$

26. $f(x) = 2x^2 - 2$

27. $f(x) = (x-4)^2$

28. $f(x) = -2(x+1)^2$

29. $f(x) = (x+2)^2 - 1$

30. $f(x) = (x-1)^2 + 2$

31. $f(x) = 2(x-2)^2 - 4$

32. $f(x) = -3(x-2)^2 + 1$

33. $f(x) = -\dfrac{1}{2}(x+1)^2 + 2$

34. $f(x) = -\dfrac{2}{3}(x+2)^2 + 1$

35. $f(x)=2(x-2)^2-3$

36. $f(x)=\frac{4}{3}(x-3)^2-2$

관련 개념(문제 37~42)

개인 또는 그룹 과제용

[37~42] $y=x^2$**의 그래프가 수직 및 수평으로 이동되도록 하는 절차는 다른 유형의 함수에도 적용된다. 3.5절에서** $g(x)=ax+b$ **형태의 일차함수를 소개했다. 여기에 보인** $g(x)=x$**로 정의된 가장 간단한 일차함수의 그래프를 고려하시오. 다음을 순서대로 풀어라.**

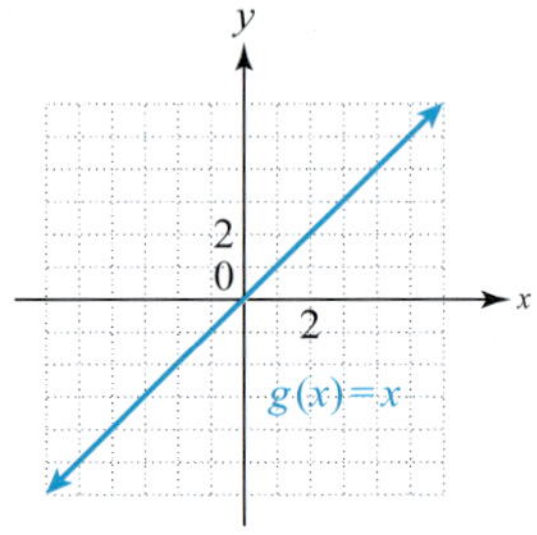

37. 이 절의 개념에 기초하여 수직 이동을 고려한다면 $F(x)=x^2+6$의 그래프와 $f(x)=x^2$의 그래프를 비교하면 어떠한가?

38. $G(x)=x+6$로 정의된 일차함수를 그래프로 나타내시오.

39. 3장의 개념에 기초하여 수직 이동을 고려한다면 $G(x)=x+6$의 그래프와 $g(x)=x$의 그래프를 비교하면 어떠한가? (힌트: y절편을 보시오.)

40. 이 절의 개념에 기초하여 수평 이동을 고려할 때 $F(x)=(x-6)^2$의 그래프와 $f(x)=x^2$의 그래프를 비교하면 어떠한가?

41. 일차함수 $G(x)=x-6$을 그래프로 나타내시오.

42. 3장의 개념에 기초하여 수평 이동을 고려할 때 $G(x)=x-6$의 그래프와 $g(x)=x$의 그래프를 비교하면 어떠한가? (힌트: x절편을 보시오.)

[43~48] 일차 또는 이차함수 중 어느 것이 그래프 데이터의 각 집합에 대해 더 적절한 모델인지를 말하시오. 일차함수인 경우 기울기가 양수인지 음수인지를 말하시오. 이차함수이면 x^2**의 계수** a**가 양수인지 음수인지를 말하시오. (예제 6)**

43.

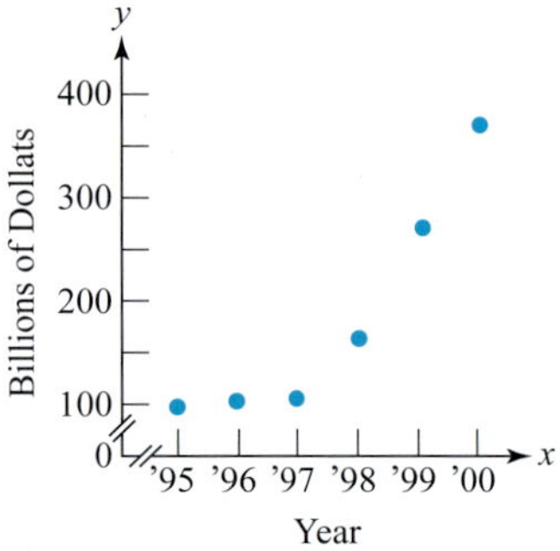

44.

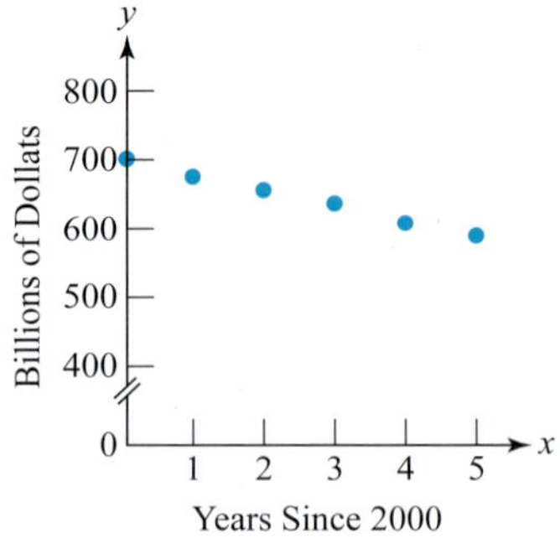

45.

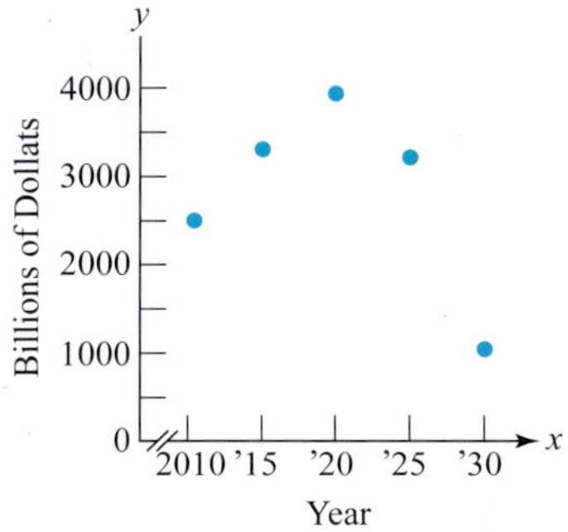

46.

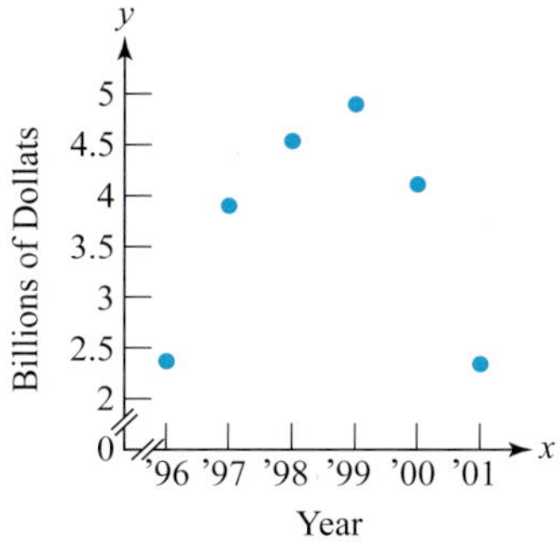

47.

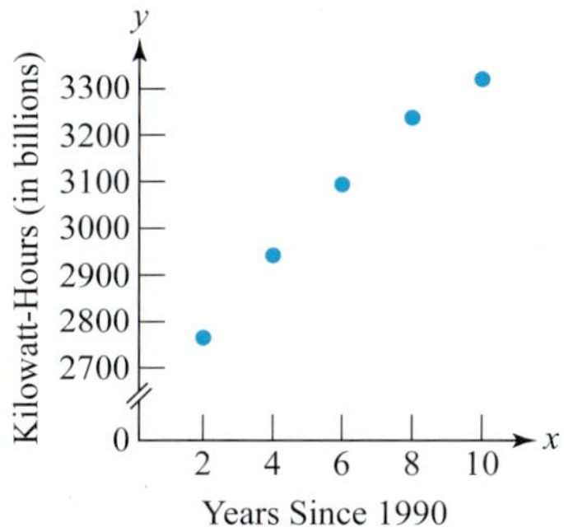

48.

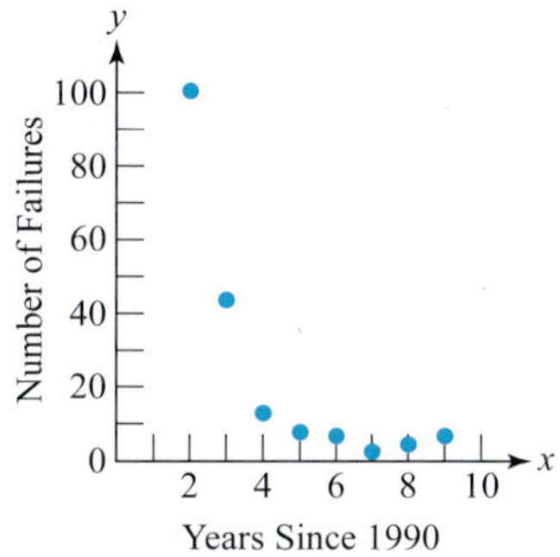

[49~51] 각 문제를 풀어라. (예제 6)

49. 1990년에서 2000년 사이에 특정 연도 동안 파산 신청을 한 상장 기업의 수가 표에 나와 있다. 연도 열에서 0은 1990을, 2는 1992를 나타낸다.

연도	파산 수
0	115
2	91
4	70
6	84
8	120
10	176

출처: www.BankruptcyData.com

(a) 순서쌍(연도, 파산 수)을 사용하여 데이터의 산포도를 만드시오.

(b) 분산형 다이어그램을 사용하여 일차 또는 이차함수 중 어느 것이 더 데이터를 잘 모델링할지 결정하시오. 이차인 경우 x^2의 계수 a는 양수인가 음수인가?

(c) 순서쌍 $(0, 115)$, $(4, 70)$, $(8, 120)$을 사용하여 데이터를 모델링하는 이차함수를 찾으시오. 필요에 따라 모델의 a, b, c값을 소수 셋째 자리에서 반올림하시오.

(d) (c)의 모델을 사용하여 2002년의 회사 파산 신청 건수를 추정하시오. 가장 가까운 정수로 답하시오.

(e) 2002년 8월 16일까지 회사 파산 신청 건수는 129건이었다. 이에 따라 (d)에서 얻은 추정치는 합리적인가? 설명하시오.

50. 한 연구에서, 1991년에서 1997년까지 1년 동안 생존한 새로운 에이즈 환자의 수는 표에 나와 있다. 연도 열에서 1은 1991을, 2는 1992를 나타낸다.

(a) 순서쌍(연도, 환자 수)을 사용하여 데이터의 산포도를 만드시오.

(b) 일차 또는 이차함수 중 어느 것이 데이터를 더 잘 모델링하는가?

(c) 이차 모델에서 x^2의 계수 a는 양수인가 음수인가?

(d) 순서쌍 $(2, 130)$, $(3, 155)$, $(7, 115)$를 사용하여 데이터를 모델링하는 이차함수를 찾으시오.

(e) 1994년과 1996년 첫 해에 생존한 에이즈 환자의 수를 대략적으로 나타내기 위해 (d)의 모델을 사용하시오. 모델이 표의 실제 데이터와 얼마나 잘 일치하는가?

연도	환자 수
1	55
2	130
3	155
4	160
5	155
6	150
7	115

출처: HIV 보건 서비스 기획위원회

51. 예제 6에서

$$y = 0.2455x^2 - 1.856x + 30.7105$$

에 의해 정의된 이차함수가 다둥이 출생아 비율을 모델링한다고 결정했다. 여기서 x는 1970년 이후의 연도 수를 나타낸다.

(a) 이 모델을 사용하여 1999년의 다둥이 출생률을 반올림하여 소수 첫째 자리까지 나타내시오.

(b) 1999년의 다중 출산의 실제 비율은 184.9명이다. (출처: 국립보건통계센터) 모델을 사용하여 얻은 근삿값과 1999년의 실제 비율을 비교해 보면 어떠한가?

기술적 통찰 (문제 52~56)

3장에서 직선 $y = mx + b$의 그래프의 x절편의 x값은 일차방정식 $mx + b = 0$의 해이다. 같은 방식으로 포물선 $y = ax^2 + bx + c$의 그래프의 x절편의 x값은 이차방정식 $ax^2 + bx + c = 0$의 실제 해이다.

[계산기 문제]

[52~55] 계산 그래프는 방정식에서 다항식의 그래프의 x절편의 x값을 보여준다. 그래프를 사용하여 각 방정식을 푸시오.

52. $x^2-x-20=0$

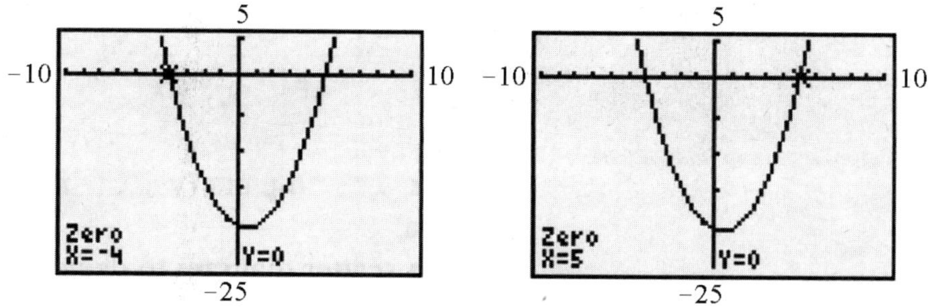

53. $x^2+9x+14=0$

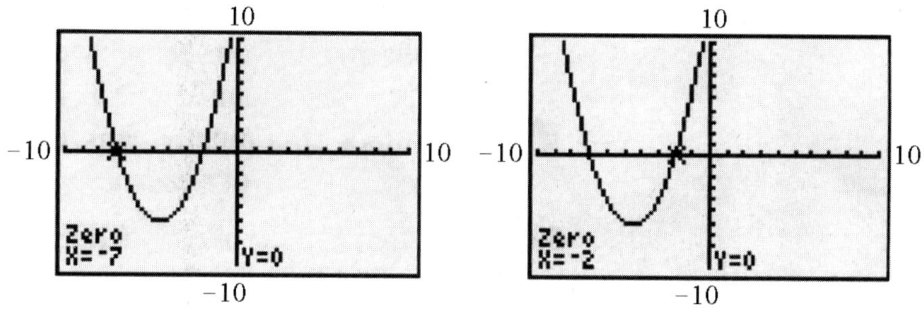

54. $-2x^2+5x+3=0$

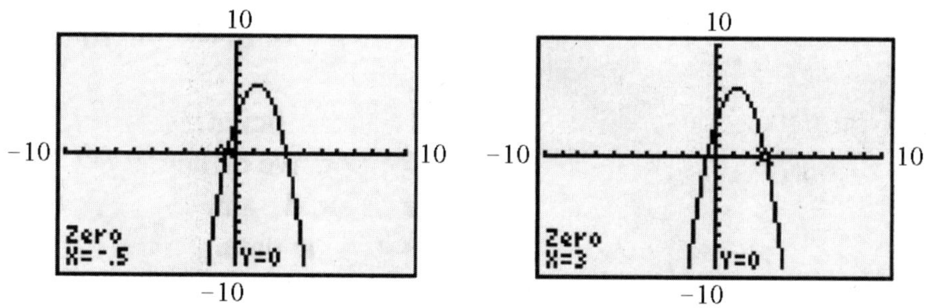

55. $-8x^2+6x+5=0$

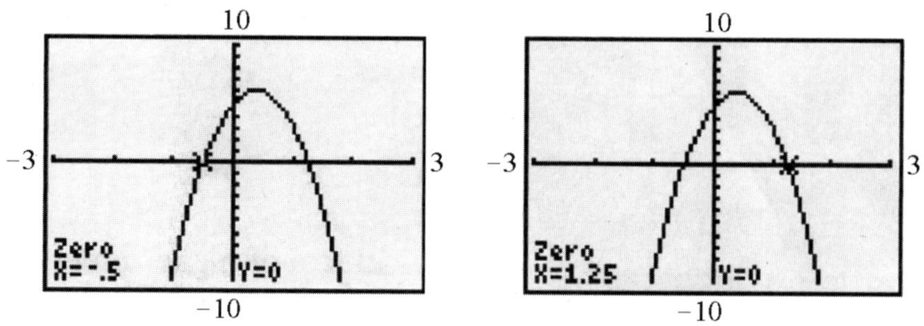

56. $y = f(x)$로 정의된 이차함수의 그래프가 표준보기 창에 x축 눈금 없이 표시되었다. 방정식 $f(x) = 0$에 대해 유일하게 가능한 해집합은 다음 중 어느 것인가?

A. $\{-4, 1\}$ B. $\{1, 4\}$

C. $\{-1, -4\}$ D. $\{4, -1\}$

여러분의 풀이를 설명하시오.

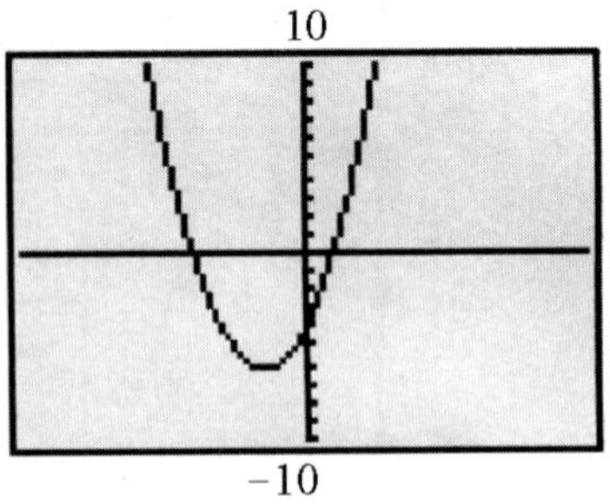

9.6 포물선에 대한 추가 정보: 응용

학·습·목·표

1. 수직 포물선의 꼭짓점을 찾는다
2. 이차함수의 그래프를 그린다
3. 판별식을 사용하여 수직 포물선의 x절편의 개수를 찾는다
4. 이차함수를 사용하여 최댓값 또는 최솟값과 관련된 문제를 푼다
5. 수평 포물선의 그래프를 그린다

목표 1 수직 포물선의 꼭짓점을 찾는다 포물선의 방정식이 $f(x)=ax^2+bx+c$ 형태로 주어지면 정확한 그래프를 스케치하기 위해 꼭짓점을 찾아야 한다. 이를 수행하는 방법은 두 가지가 있다. 예제 1과 2에서와 같이 완전제곱식을 완성하거나, 완전제곱식을 완성하여 파생된 수식을 사용한다.

예제 1 꼭짓점을 찾기 위해 완전제곱식 완성하기

$f(x)=x^2-4x+5$의 그래프의 꼭짓점을 찾아라.

풀이 꼭짓점을 찾기 위해서 x^2-4x+5를 $(x-h)^2+k$ 형식으로 표현할 필요가 있다. 이를 위해 9.1절에서와 같이 x^2-4x에 완전제곱식을 완성하면 된다. 이 과정은 방정식의 한 변에 $f(x)$를 홀로 남기기 때문에 약간 다르다. 각 변에 적절한 숫자를 더하는 대신 오른쪽에 더하고 뺀다. 이것은 0을 더하는 것과 같다.

$$f(x)=x^2-4x+5$$
$$=(x^2-4x\qquad)+5 \qquad \text{변수 항의 그룹}$$
$$\left[\frac{1}{2}(-4)\right]^2=(-2)^2=4$$
$$=(x^2-4x+4-4)+5 \qquad \text{4를 더하고 뺀다.}$$
$$=(x^2-4x+4)-4+5 \qquad \text{괄호 밖으로 } -4\text{를 가져온다.}$$
$$f(x)=(x-2)^2+1 \qquad \text{인수분해; 항을 결합한다.}$$

이 포물선의 꼭짓점은 $(2, 1)$이다. ■

연습문제 5를 풀어보자.

예제 2 $a\neq 1$일 때 꼭짓점을 찾기 위해 완전제곱식 완성하기

$f(x)=-3x^2+6x-1$의 그래프의 꼭짓점을 찾아라.

풀이 $-3x^2+6x$에 완전제곱식을 완성해야 한다. x^2항의 계수가 1이 아니므로 처음 두 항을 x^2의 계수로 묶은 다음 예제 1과 같이 진행한다.

$$f(x) = -3x^2+6x-1 \qquad -3\text{으로 묶는다}$$

$$= -3(x^2-2x)-1$$

$$\left[\frac{1}{2}(-2)\right]^2 = (-1)^2 = 1$$

$$= -3(x^2-2x+1-1)-1 \qquad \text{괄호 안에서 1을 더하고 뺀다.}$$

괄호 밖으로 -1을 가져 온다. 이때 -3을 곱해야 한다.

$$= -3(x^2-2x+1)+(-3)(-1)-1 \qquad \text{분배법칙}$$

$$= -3(x^2-2x+1)+3-1$$

$$f(x) = -3(x-1)^2+2 \qquad \text{인수분해; 항을 결합한다.}$$

따라서 꼭짓점은 $(1, 2)$이다. ■

연습문제 7을 풀어보자.

$f(x)=ax^2+bx+c\ (a \neq 0)$에 의해 정의된 이차함수 그래프의 꼭짓점에 대한 공식을 유도하기 위해, 다음과 같이 완전제곱식을 완성한다.

$$f(x) = ax^2+bx+c \qquad \text{표준형}$$

$$= a\left(x^2+\frac{b}{a}x\right)+c \qquad \text{처음 두 항을 } a\text{로 묶는다.}$$

$$\left[\frac{1}{2}\left(\frac{b}{a}\right)\right]^2 = \left(\frac{b}{2a}\right)^2 = \frac{b^2}{4a^2}$$

$$= a\left(x^2+\frac{b}{a}x+\frac{b^2}{4a^2}-\frac{b^2}{4a^2}\right)+c \qquad \frac{b^2}{4a^2}\text{을 더하고 뺀다.}$$

$$= a\left(x^2+\frac{b}{a}x+\frac{b^2}{4a^2}\right)+a\left(-\frac{b^2}{4a^2}\right)+c \qquad \text{분배법칙}$$

$$= a\left(x^2+\frac{b}{a}x+\frac{b^2}{4a^2}\right)-\frac{b^2}{4a}+c$$

인수분해; 항을 결합한다.

$$= a\left(x+\frac{b}{2a}\right)^2+\frac{4ac-b^2}{4a} \qquad f(x)=(x-h)^2+k$$

$$f(x) = a\left[x-\underbrace{\left(\frac{-b}{2a}\right)}_{h}\right]^2+\underbrace{\frac{4ac-b^2}{4a}}_{k}$$

따라서 꼭짓점 (h, k)는 a, b, c로 표현될 수 있다. 그러나 x를 $\frac{-b}{2a}$로 대체하면 k에 대한 이 식을 기억할 필요가 없다. 함수 표기법을 사용하여 $y=f(x)$인 경우 꼭짓점의 y값은 $f\left(\frac{-b}{2a}\right)$이다.

꼭짓점 공식

$f(x)=ax^2+bx+c$ $(a \neq 0)$에 의해 정의된 이차함수의 그래프는 꼭짓점

$$\left(\frac{-b}{2a},\ f\left(\frac{-b}{2a}\right)\right)$$

를 갖고, 포물선의 축은 직선

$$x=\frac{-b}{2a}$$

이다.

예제 3 공식을 이용해 꼭짓점 찾기

꼭짓점 공식을 이용하여 $f(x)=x^2-x-6$의 그래프의 꼭짓점을 찾아라. 이 함수에서 $a=1$, $b=-1$, $c=-6$이다. 포물선의 꼭짓점의 x좌표는

$$\frac{-b}{2a}=\frac{-(-1)}{2(1)}=\frac{1}{2}$$

이고, y좌표는 $f\left(\frac{-b}{2a}\right)=f\left(\frac{1}{2}\right)$이므로

$$f\left(\frac{1}{2}\right)=\left(\frac{1}{2}\right)^2-\frac{1}{2}-6=\frac{1}{4}-\frac{1}{2}-6=-\frac{25}{4}$$

이다. 따라서 꼭짓점은 $\left(\frac{1}{2},\ -\frac{25}{4}\right)$이다. ■

연습문제 9를 풀어보자.

목표 2 이차함수의 그래프를 그린다 이차함수를 그래프로 나타내기 위한 일반적인 접근법을 제시한다.

이차함수 f의 그래프 그리기

1단계 그래프가 위로 열려 있는지 또는 아래로 열려 있는지 결정한다.
만약 $a>0$이면 포물선은 위로 열려 있고, 만약 $a<0$이면 아래로 열려 있다.

2단계 꼭짓점을 찾는다. 꼭짓점 공식을 사용하거나 완전제곱식을 완성한다.

3단계 절편을 찾는다. x절편(만약 있다면)을 찾기 위해서 $f(x)=0$을 푼다. y절편을 찾기 위해서 $f(0)$을 계산한다.

4단계 그래프를 완성한다. 지금까지 발견된 점들을 찍는다. 축에 대한 대칭을 사용하여 필요에 따라 추가점을 찾아 찍는다.

예제 4 단계를 사용하여 이차함수를 그래프로 나타내기

$$f(x)=x^2-x-6$$

에 의해 정의된 이차함수를 그래프로 나타내어라.

- **1단계:** 방정식으로부터 $a=1$이므로 함수의 그래프는 위로 열린다.
- **2단계:** 꼭짓점 공식을 사용하여 예제 3에서 꼭짓점 $\left(\frac{1}{2}, -\frac{25}{4}\right)$을 찾았다.
- **3단계:** 절편을 찾는다. 꼭짓점 $\left(\frac{1}{2}, -\frac{25}{4}\right)$이 4사분면에 있고 그래프가 위로 열리면 2개의 x절편이 생긴다. 따라서 $f(x)=0$으로 놓고 다음과 같이 푼다.

$$\begin{aligned} f(x)&=x^2-x-6 && \\ 0&=x^2-x-6 && f(x)=0 \\ 0&=(x-3)(x+2) && \text{인수분해} \\ x-3=0 \quad &\text{또는} \quad x+2=0 && \text{영인수 성질} \\ x=3 \quad &\text{또는} \quad x=-2 && \end{aligned}$$

x절편은 $(3, 0)$과 $(-2, 0)$이다.

y절편을 찾기 위해서 $f(0)$을 계산한다.

$$\begin{aligned} f(x)&=x^2-x-6 && \\ f(0)&=0^2-0-6 && x=0 \\ f(0)&=-6 && \end{aligned}$$

y절편은 $(0, -6)$이다.

- **4단계:** 지금까지 찾은 점과 필요에 따라 축 $x=\frac{1}{2}$에 관한 대칭을 이용하여 추가점을 찾아 찍는다. 그래프는 그림 12와 같다. 정의역은 $(-\infty, \infty)$이며 치역은 $\left[-\frac{25}{4}, \infty\right)$이다.

x	y
-2	0
-1	-4
0	-6
$\frac{1}{2}$	$-\frac{25}{4}$
2	-4
3	0

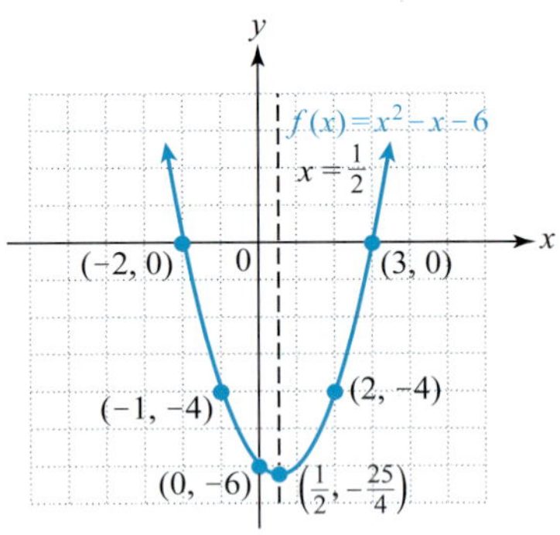

그림 12

연습문제 17을 풀어보자.

목표 3 판별식을 사용하여 수직 포물선의 x절편의 개수를 찾는다 이차함수의 그래프는 그림 13과 같이 2개의 x절편, 하나의 x절편을 갖거나 또는 x절편을 갖지 않는다. 9.2절에서 b^2-4ac는 이차방정식 $ax^2+bx+c=0$의 판별식이라고 불렀고, 이차방정식의 실수해의 수를 결정하는데 사용할 수 있다.

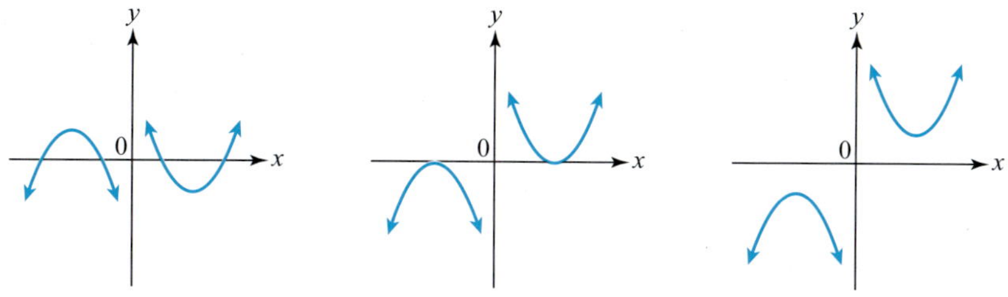

그림 13

비슷한 방법으로 그래프의 x절편 수를 결정하기 위해 이차함수의 판별식을 사용할 수 있다. 판별식이 양수이면, 포물선은 2개의 x절편을 가질 것이다. 판별식이 0이면 하나의 x절편만 존재하며 포물선의 꼭짓점이 된다. 판별식이 음수인 경우 그래프에는 x절편이 없다.

예제 5 x절편의 개수를 결정하기 위해 판별식 사용하기

판별식을 찾고 이를 이용하여 각 이차함수의 그래프의 x절편 수를 결정하여라.

(a) $f(x)=2x^2+3x-5$

풀이 판별식은 b^2-4ac다. 여기서 $a=2,\ b=3,\ c=-5$이므로

$$b^2-4ac=9-4(2)(-5)=49$$

이다. 판별식이 양수이므로, 포물선은 2개의 x절편을 갖는다.

(b) $f(x)=-3x^2-1$

풀이 $a=-3,\ b=0,\ c=-1$이므로 판별식은

$$b^2-4ac=0-4(-3)(-1)=-12$$

이다. 판별식이 음수이므로, 그래프는 x절편을 갖지 않는다.

(c) $f(x)=9x^2+6x+1$

풀이 $a=9,\ b=6,\ c=1$이므로 판별식은

$$b^2-4ac=36-4(9)(1)=0$$

이다. 판별식 값이 0이므로 포물선은 단 하나의 x절편(꼭짓점)을 갖는다. ■

연습문제 11, 13을 풀어보자.

목표 4 이차함수를 사용하여 최댓값 또는 최솟값과 관련된 문제를 푼다 이차함수 그래프의 꼭짓점은 포물선의 가장 높은 지점 또는 가장 낮은 지점 중 하나이다. 꼭짓점의 y값은 y의 최댓값 또는

최솟값을, x값은 최댓값 또는 최솟값이 나타나는 지점을 말한다.

문제 해결

많은 응용문제에서 우리는 어떤 양의 가장 큰 값이나 가장 작은 값을 찾아야만 한다. 이차함수의 관점에서 그 양을 표현할 때, 꼭짓점 (h, k)의 k값은 그 최적값을 제공한다.

예제 6 직사각형 영역의 최대 면적 찾기

농부는 120피트의 울타리를 가지고 있다. 그는 건물 옆의 직사각형 모양의 울타리를 놓기 원한다. 에워쌀 수 있는 최대 영역을 찾아라.

그림 14

위의 그림 14는 울타리를 보여준다. x를 울타리의 폭이라 하자. 농부는 120피트의 울타리를 가지고 있기 때문에,

$x + x + \text{길이} = 120$	변의 합이 120피트다.
$2x + \text{길이} = 120$	항을 결합한다.
$\text{길이} = 120 - 2x.$	$2x$를 뺀다.

면적은 폭과 길이의 곱으로 주어지므로

$$\begin{aligned} A(x) &= x(120 - 2x) \\ &= 120x - 2x^2 \end{aligned}$$

이다. 최대 면적을 결정하기 위해 $A(x) = 120x - 2x^2$에 의해 주어진 포물선의 꼭짓점을 꼭짓점 공식을 사용하여 찾는다. 방정식을 표준형 $A(x) = -2x^2 + 120x$로 쓰면 $a = -2$, $b = 120$, $c = 0$이 된다.

$$h = \frac{-b}{2a} = \frac{-120}{2(-2)} = \frac{-120}{-4} = 30,$$

$$A(30) = -2(30)^2 + 120(30) = -2(900) + 3600 = 1800.$$

그래프는 아래로 열리는 포물선이며 꼭짓점은 (30, 1800)이다. 따라서 최대 면적은 1800제곱피트이다. 이 영역은 울타리의 폭인 x가 30피트인 경우 발생한다. ■

연습문제 35를 풀어보자.

> ⓘ 주의 꼭짓점의 좌표의 의미를 해석할 때 주의하여라. 첫 번째 좌표 x는 함숫값이 최댓값 또는 최솟값이 되는 값을 제공한다. 독립변수 값, 함숫값 또는 둘 모두의 값을 찾도록 요청받았는지 판별하려면 문제를 주의 깊게 읽어야 한다.

예제 7 발사체가 도달한 최대 높이 찾기

공기저항이 무시되면, 지구상의 발사체는 초당 40m의 초기 속도로 똑바로 위로 쏘아지고

$$s(t) = -4.9t^2 + 40t$$

에 의해 주어진 높이 s에 있게 된다. 여기서 t는 발사 후 경과된 시간(초)이다. 몇 초 후에 최대 높이에 도달할 것인가? 그리고 최대 높이는 얼마인가?

풀이 이 함수는 $a = -4.9$, $b = 40$, $c = 0$이고 꼭짓점 공식을 사용하면

$$h = \frac{-b}{2a} = \frac{-40}{2(-4.9)} \approx 4.1 \qquad \text{계산기 사용}$$

이다. 이것은 4.1초에 최대 높이에 도달했음을 나타낸다. 이 최대 높이를 찾기 위해서 $s(4.1)$을 계산하면

$$\begin{aligned} s(4.1) &= -4.9(4.1)^2 + 40(4.1) \\ &\approx 81.6 \qquad \text{계산기 사용} \end{aligned}$$

이다. 따라서 발사체의 최대 높이는 약 81.6m이다. ■

✎연습문제 37을 풀어보자.

목표 5 수평 포물선의 그래프를 그린다 방정식 $y = ax^2 + bx + c$에서 x와 y가 바뀌면 방정식은 $x = ay^2 + by + c$가 된다. x와 y 역할의 상호 교환으로 인해 이 포물선은 이전에 그래프로 표시된 수직선과 비교하여 수평선(축으로 수평선이 있음)으로 나타난다.

수평 포물선 그래프

$$x = ay^2 + by + c \text{ 또는 } x = a(y-k)^2 + h$$

의 그래프는 꼭짓점 (h, k) 및 수평선 $y = k$를 축으로 하는 포물선이다. 그래프는 $a > 0$이면 오른쪽으로 열리고, $a < 0$이면 왼쪽으로 열린다.

예제 8 수평 포물선 그리기

$x = (y-2)^2 - 3$의 그래프를 그려라.

풀이 이 그래프는 x와 y의 역할이 바뀌기 때문에 꼭짓점이 $(-3, 2)$에 있다. $a = 1 > 0$이므로 오른쪽으로 열리고 $y = x^2$과 같은 모양을 갖는다. 추가점을 몇 개 찍으면 그림 15와 같은 그래프가 나타난다. 그래프는 축 $y = 2$에 대해 대칭이다. 정의역은 $[-3, \infty)$이고 치역은 $(-\infty, \infty)$이다.

x	y
-3	2
-2	3
-2	1
1	4
1	0

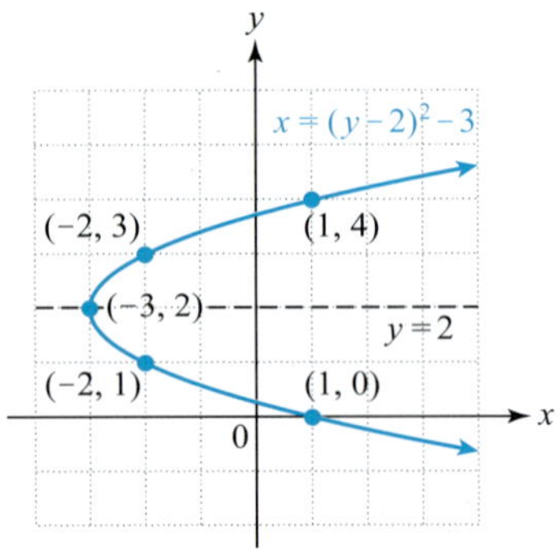

그림 15

✎연습문제 21을 풀어보자.

이차방정식이 $x=ay^2+by+c$의 형태로 주어지면, y에 대해 완전제곱식을 완성하면 꼭짓점을 찾을 수 있다.

예제 9 완전제곱식을 완성하여 수평 포물선 그리기

$x=-2y^2+4y-3$을 그려라. 관계의 정의역과 치역을 찾아라.

$$x=-2y^2+4y-3$$

$$=-2(y^2-2y)-3 \quad -2\text{로 묶는다.}$$

$$=-2(y^2-2y+1-1)-3 \quad \text{괄호 안에 완전제곱식을 완성한다. 1을 더하고 뺀다.}$$

$$=-2(y^2-2y+1)+(-2)(-1)-3 \quad \text{분배법칙}$$

$$x=-2(y-1)^2-1 \quad \text{인수분해; 간단히 한다.}$$

$x=-2(y-1)^2-1$에서 음의 계수(-2)이기 때문에 그래프는 왼쪽(음의 x방향)으로 열리고, $|-2|>1$이기 때문에 $y=x^2$의 그래프보다 좁아진다. 그림 16에 보이는 것과 같이, 꼭짓점은 $(-1, 1)$이고 축은 $y=1$이다. 정의역은 $(-\infty, -1]$이고 치역은 $(-\infty, \infty)$이다.

x	y
-3	2
-3	0
-1	1

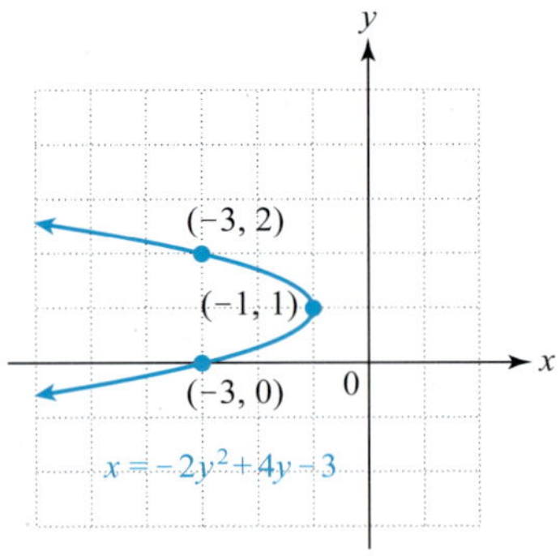

그림 16

✎연습문제 25를 풀어보자.

> ⓘ **주의** y에 대해 푼 이차방정식(그래프가 수직 포물선임)만 함수의 예이다. 예제 8과 9의 수평 포물선은 수직선 테스트를 만족하지 않기 때문에 함수의 그래프가 아니다. 게다가 앞에서 주어진 꼭짓점 공식은 수평축이 있는 포물선에는 적용되지 않는다.

요약하면 이 절과 이전 절에서 공부한 포물선의 그래프는 다음 범주로 분류된다.

포물선의 그래프

<table>
<tr><th>방정식</th><th>그래프</th></tr>
<tr><td>$y=ax^2+bx+c$
$y=a(x-h)^2+k$</td><td>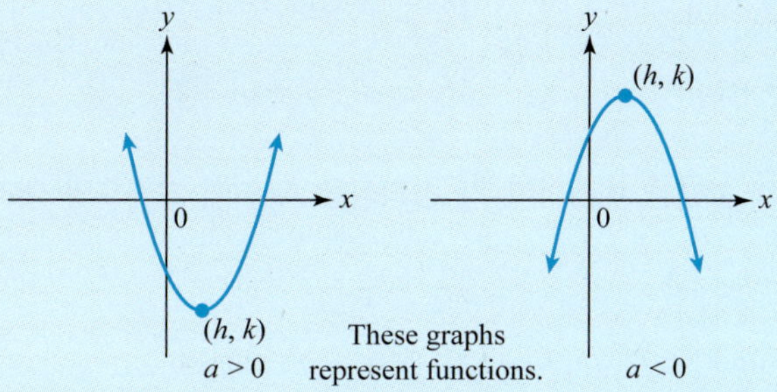
</td></tr>
<tr><td>$x=ay^2+by+c$
$x=a(y-k)^2+h$</td><td>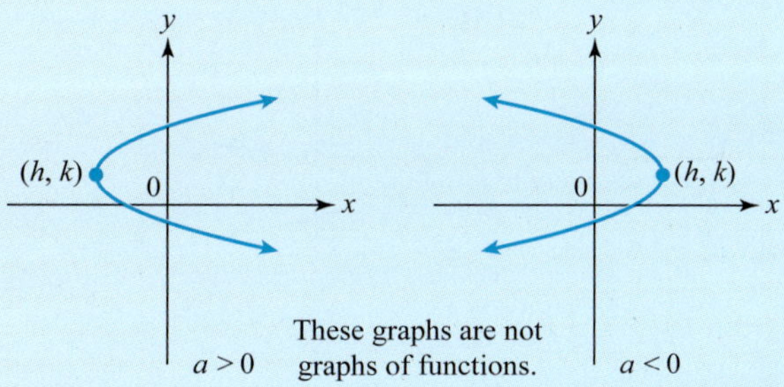
</td></tr>
</table>

9.6 연습문제

1. 포물선의 방정식이 수직축을 갖는지 수평축을 갖는지 어떻게 결정할 수 있는가?
2. 수평축이 있는 포물선은 왜 이차함수의 그래프가 될 수 없는가?
3. 그래프를 그리지 않고 어떻게 이차함수의 x절편 수를 결정할 수 있는가?

4. 꼭짓점이 $(1, -3)$이고 그래프가 아래로 열리는 경우, 이차함수의 그래프는 몇 개의 x절편이 있는가?

[5~10] 각 포물선의 꼭짓점을 찾으시오. (예제 1~3)

5. $f(x)=x^2+8x+10$
6. $f(x)=x^2+10x+23$
7. $f(x)=-2x^2+4x-5$
8. $f(x)=-3x^2+12x-8$
9. $f(x)=-\frac{1}{2}x^2+2x-3$
10. $f(x)=4x^2-x+5$

[11~16] 각 포물선의 꼭짓점을 찾으시오. 각 방정식에 대해 그래프가 위, 아래, 왼쪽 또는 오른쪽으로 열리는지 여부와 폭이 $y=x^2$의 그래프보다 넓은지 좁은지 또는 같은 모양인지 결정하시오. 만약 수직 포물선이라면, 판별식을 사용해 x절편의 수를 결정하시오. (예제 1~3, 5, 8, 9)

11. $f(x)=2x^2+4x+5$
12. $f(x)=3x^2-6x+4$
13. $f(x)=-x^2+5x+3$
14. $x=-y^2+7y+2$
15. $x=\frac{1}{3}y^2+6y+24$
16. $x=\frac{1}{2}y^2+10y-5$

[17~22] 이 절의 개념을 이용하여 각 방정식을 A~F의 그래프와 대조하시오.

17. $y=2x^2+4x-3$
18. $y=-x^2+3x+5$
19. $y=-\frac{1}{2}x^2-x+1$
20. $x=y^2+6y+3$
21. $x=-y^2-2y+4$
22. $x=3y^2+6y+5$

A.

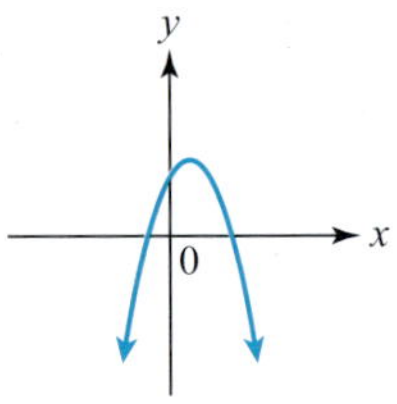

B.

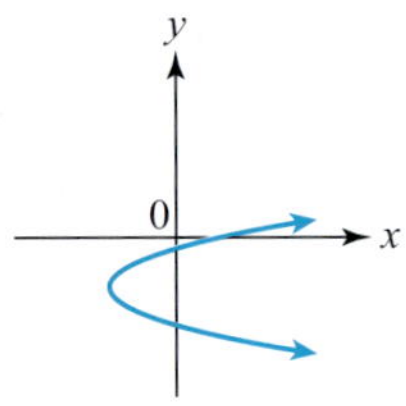

C.

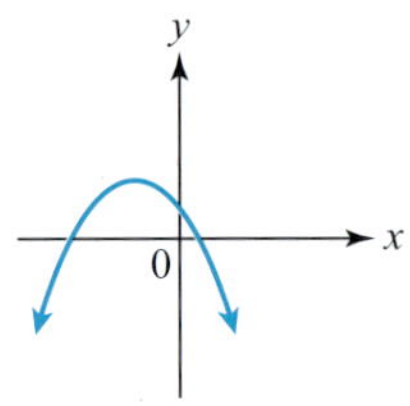

D.

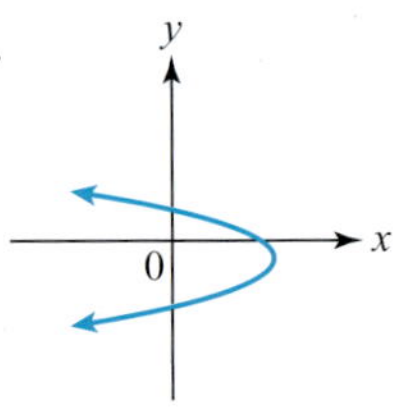

E.

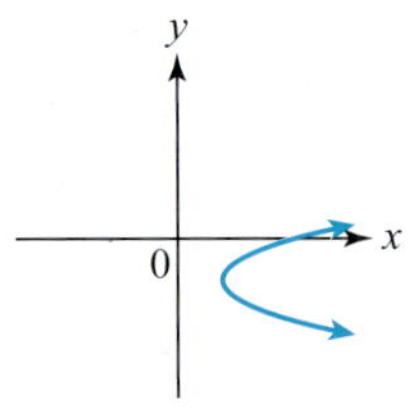

F.

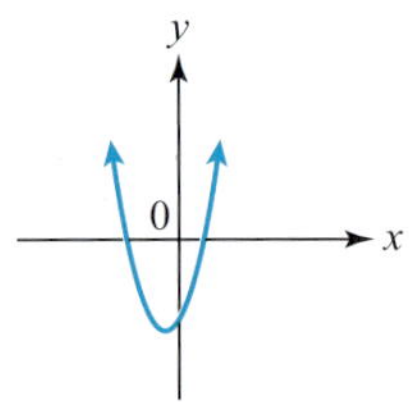

[23~32] 각 포물선의 그래프를 그려라. (연습문제 5~8의 결과를 이용하여 연습문제 23~26의 포물선을 그래프로 나타낼 수 있다.) 꼭짓점, 축, 정의역과 치역을 찾으시오. (예제 4, 8, 9)

23. $f(x)=x^2+8x+10$
24. $f(x)=x^2+10x+23$
25. $f(x)=-2x^2+4x-5$
26. $f(x)=-3x^2+12x-8$
27. $x=(y+2)^2+1$
28. $x=(y+3)^2-2$
29. $x=-\frac{1}{5}y^2+2y-4$
30. $x=-\frac{1}{2}y^2-4y-6$
31. $x=3y^2+12y+5$
32. $x=4y^2+16y+11$

[33~40] 각 문제를 풀어라. (예제 6과 7)

33. 합이 60이고 곱이 최대인 숫자 쌍을 찾으시오. (힌트: x와 $60-x$는 두 숫자를 나타낸다.)

34. 합이 40이고 곱이 최대인 숫자 쌍을 찾으시오.

35. 모건 백화점은 고속도로와 접해 있는 한쪽 기슭에 직사각형 모양의 주차장을 건설하려고 한다. 다른 3개의 면을 막기 위해 사용될 280피트의 울타리가 있다. 에워싼 지역이 최대가 될 경우 울타리의 치수는 어떻게 되어야 하는가? 최대 면적은 얼마인가?

36. 휴즈는 개를 위해 직사각형의 운동장을 둘러막기 위한 울타리 재료 100m를 가지고 있다. 둘러싸인 곳이 최대 면적이기 위한 너비는 얼마인가?

37. 지구상의 물체가 초당 32ft의 초기 속도로 위쪽으로 던져진다면, t초 후의 높이는

$$h(t)=32t-16t^2$$

으로 주어진다. 물체의 최대 높이와 땅에 떨어지는 데 걸린 시간(초)을 찾으시오.

38. 지구상의 발사체는 똑바로 위로 발사되어 발사 후 t초에 지면으로부터의 거리(피트)가

$$s(t)=-16t^2+400t$$

로 주어진다. 최대 높이와 그 높이에 도달하는 데 걸린 시간을 찾으시오.

39. 실험을 마친 두 명의 태평양 연구소 물리학과 학생들은 캘리포니아 와인 한 병을 여러 번 흔들고 똑바로 세운 뒤 코르크 마개를 열면 코르크가

$$s(t)=-16t^2+64t+3$$

에 따라 이동한다는 것을 알았다. 여기서 s는 발사 후 t초 후의 높이(피트)이다. 몇 초 후에 최대 높이에 도달하는가? 최대 높이는 얼마인가?

40. 레비 교수는 중급 대수학 수업에 출석하는 학생의 수를

$$S(x)=-x^2+20x+80$$

으로 추정하고 있다. 여기서 x는 캠퍼스 센터가 매일 열리는 시간이다. 수업에 출석하는 학생 수가 최대가 되도록 센터를 열어야 하는 시간을 찾으시오. 최대 학생 수는 얼마인가?

41. 1990년에서 1999년 사이에 약국에 약을 납품한 도매업자의 연간 증가율은

$$f(x)=0.228x^2-2.57x+8.97$$

로 정의된 이차함수로 모델링할 수 있다. $x=0$은 1990, $x=1$은 1991을 나타낸다. (출처: IMS 건강, 소매 및 공급자 관점)

(a) x^2의 계수가 양수이기 때문에, 이 이차함수의 그래프는 위로 열리는 포물선이다. 이 그래프의 꼭짓점의 y값은 최대인가 또는 최소인가?

(b) 연간증가율이 가장 작았던 해는 언제인가? (가장 가까운 연도로 버림한다.) 이 증가를 확인하기 위해 꼭짓점의 실제 x값을 소수 첫째 자리까지 나타내시오.

42. 1990년에서 1998년 사이에 미국 국내의 굴 채취량(백만 단위)은

$$f(x) = -0.566x^2 + 5.08x + 29.2$$

에 의해 정의된 이차함수로 근사할 수 있다. 여기서 $x=0$은 1990, $x=1$은 1991년을 나타낸다. (출처: 국립 해양 수산국)

(a) x^2의 계수가 음수이기 때문에 이 이차함수의 그래프는 아래로 열리는 포물선이다. 이 그래프의 꼭짓점의 y값은 최대인가 또는 최소인가?

(b) 국내 굴 채취량이 최대일 때는 몇 년도인가? (가장 가까운 연도로 버림한다.) 이 채취량을 찾기 위해 꼭짓점의 실제 x값을 소수 첫째 자리까지 나타내시오.

43. 그래프는 수당을 받는 퇴직자의 수가 증가함에 따라 사회 보장 자산이 어떻게 변할 것으로 예상되는지를 보여준다.
그래프는 이차함수가 데이터에 잘 맞을 것이라고 제안한다. 데이터는

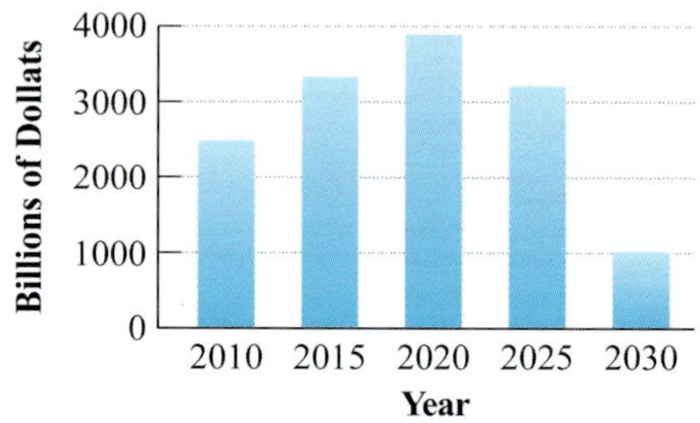

$$f(x) = -20.57x^2 + 758.9x - 3140$$

에 의해 정의된 함수로 근사된다. 모델에서 $x=10$은 2010, $x=15$는 2015를 나타내고 $f(x)$의 단위는 십억 달러이다.

(a) 그래프를 기반으로 모델에서 x^2의 계수가 음수인 이유를 설명하시오.

(b) 4자리의 유효숫자를 좌표로 사용하여 대수적으로 그래프의 꼭짓점을 결정하시오.

(c) (b)에 대한 답을 해석하시오.

44. 이 그래프는 1971년 1월 1일부터 1996년 12월 31일까지의 기간 동안 미국과 외국의 투자를 합친 투자 포트폴리오의 성과를 보여 준다.

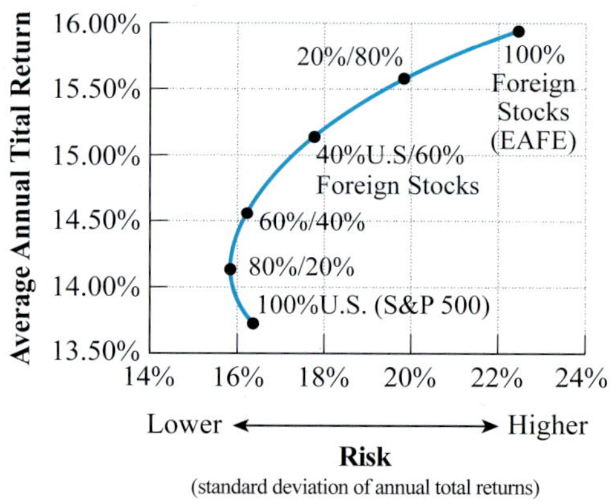

(a) 이것은 함수 그래프인가? 설명하시오.

(b) 그래프에 표시된 정점이 나타내는 것은 무엇인가? 이 지점이 나타내는 위험의 상대적인 양은 얼마인가? 이 회사는 어떤 투자 수익을 제공하는가?

(c) 그래프에서 어떤 점이 가장 위험한 투자 혼합을 나타내는가? 이 회사는 어떤 투자 수익을 제공하는가?

45. 전세 비행기는 1인당 200달러의 요금이 부과되고, 미판매 좌석 1개당 4달러가 추가된다. 비행기가 100명의 승객을 태울 수 있고 x가 미판매 좌석 수를 나타내는 경우 다음을 찾으시오.

(a) 비행을 위해 수령한 총 매출을 나타내는 함수 $R(x)$ (힌트: 비행한 사람의 수 $100-x$와 티켓당 가격 $200+4x$를 곱한다.)

(b) (a)의 함수 그래프

(c) 최대 수익을 낼 수 있는 미판매 좌석 수

(d) 최대 수익

46. 리조트 관광을 위해 전세 버스 회사는 1인당 48달러의 요금을 부과하고, 팔리지 않은 버스 좌석 1개당 2달러를 추가로 부과한다. 버스에 42개의 좌석이 있고 x는 팔리지 않은 좌석 수를 나타낸다. 다음을 찾으시오.

(a) 여행의 총 수익을 나타내는 함수 $R(x)$ (힌트: 총 승차 수 $42-x$에 티켓당 가격 $48+2x$를 곱한다.)

(b) (a)의 함수 그래프

(c) 최대 수익을 창출하는 미판매 좌석 수

(d) 최대 수익

기술적 통찰 (문제 47~50)

그래프 계산기는 그래프의 '최고점'과 '최저점'의 좌표를 결정할 수 있다. 이차함수의 경우, 이러한 최고점과 최저점은 꼭짓점이며 최대점과 최소점이라고 한다. 예를 들어, $f(x) = -x^2-6x-13$의 그래프의 꼭짓점은 화면의 하단에 표시된 것처럼 $(-3, -4)$이다. 이 경우 꼭짓점은 최대점이다.

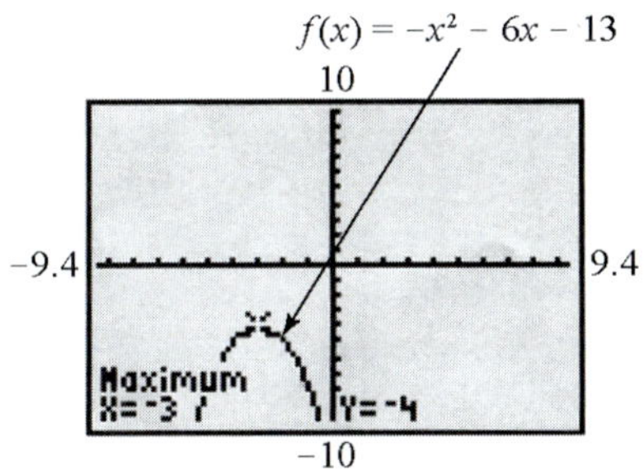

[47~50] 꼭짓점을 결정하고 화면(그림) 하단의 표시를 사용하여 A~D의 계산기 그래프와 함수를 일치시키시오.

47. $f(x)=x^2-8x+18$

48. $f(x)=x^2+8x+18$

49. $f(x)=x^2-8x+14$

50. $f(x)=x^2+8x+14$

A.

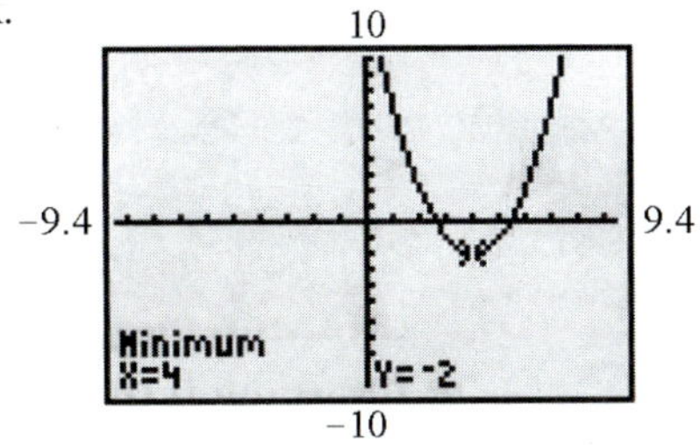

B.

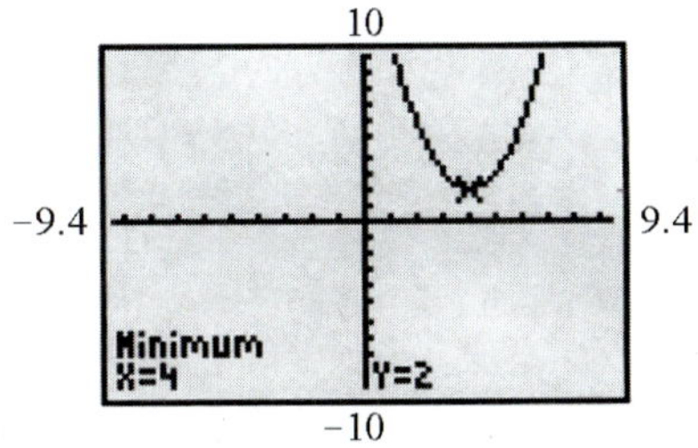

C.

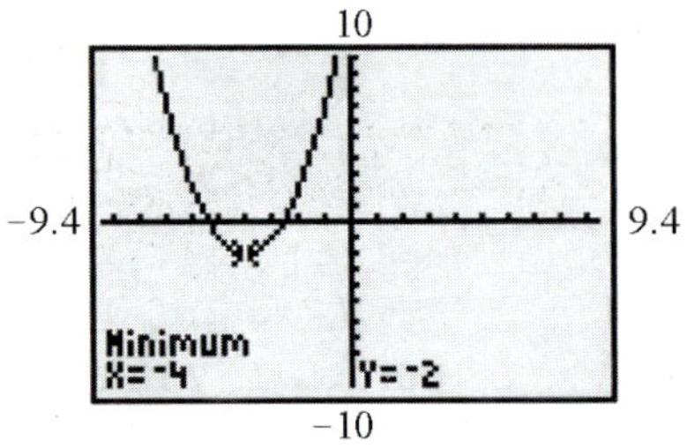

D.

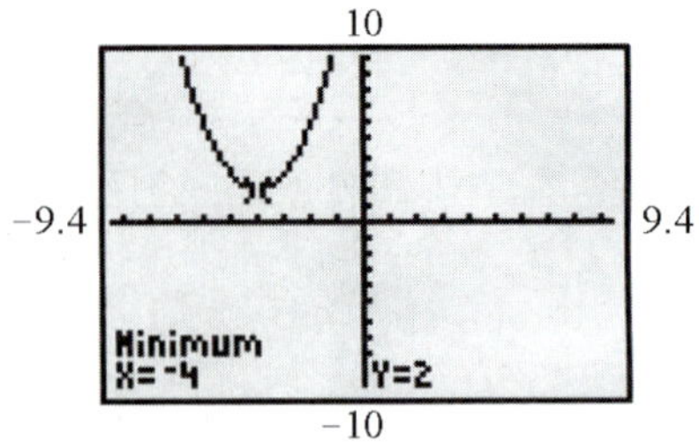

[51~52] 다음 연습문제에서 거리 공식을 사용하여 포물선의 방정식을 만드시오.

51. 포물선은 주어진 점과 그 점을 포함하지 않는 주어진 직선으로부터 같은 거리만큼 떨어진 평면의 모든 점들의 집합으로 정의할 수 있다. (점은 초점, 직선은 준선이라고 부른다.) 그림을 참조하시오.

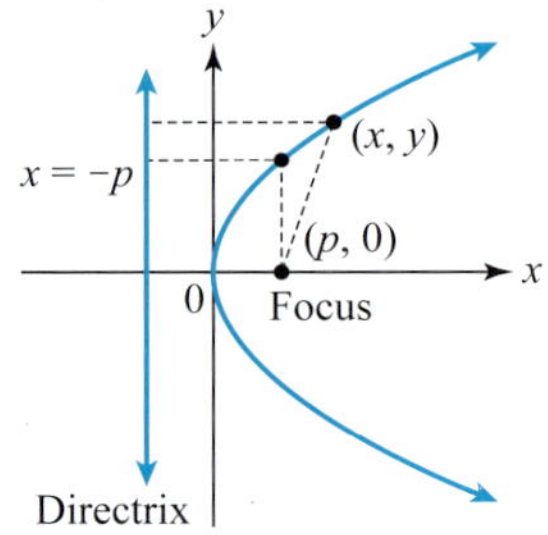

(a) 포물선 위에 (x, y)가 있다고 가정하자. 준선의 방정식 $x = -p$가 주어졌다. (x, y)와 준선 사이의 거리를 구하라. (점에서 직선까지의 거리는 점에서 직선까지의 수직 거리이다.)

(b) $x = -p$가 준선의 방정식이라면, 왜 초점의 좌표는 $(p, 0)$인가? (힌트: 그림 참조)

(c) (x, y)에서 $(p, 0)$까지의 거리에 대한 식을 찾으시오.

(d) 그림에서 포물선에 대한 방정식을 찾으시오. (힌트: (a)와 (c)의 결과와 (x, y)가 초점과 준선에서 같은 거리에 있다는 사실을 사용하시오.)

52. 연습문제 51에서 파생된 방정식을 사용하여 초점 $(3, 0)$과 준선의 방정식 $x = -3$을 갖는 포물선의 방정식을 찾으시오.

9.7 이차부등식과 유리부등식

학·습·목·표

1. 이차부등식을 푼다.
2. 3차 이상인 다항부등식을 푼다.
3. 유리부등식을 푼다.

3장에서 일차부등식을 푸는 방법과 이 장에서 이차방정식을 푸는 방법을 논의했다. 이제 이 아이디어를 결합하여 이차부등식을 푼다.

이차부등식

이차부등식은

$$ax^2+bx+c<0 \quad \text{또는} \quad ax^2+bx+c>0$$

형식으로 쓸 수 있다. 여기서 a, b, c는 실수이고 $a \neq 0$이다.

앞에서와 같이 기호 $<$와 $>$는 $\leq$와 $\geq$으로 대체될 수 있다.

목표 1 이차부등식을 푼다 이차부등식을 푸는 한 가지 방법은 관련된 이차함수를 그래프로 나타내는 것이다.

예제 1 그래프로 이차부등식 풀기

각 부등식을 풀어라.

(a) $x^2-x-12>0$

풀이 부등식을 풀기 위해 $f(x)=x^2-x-12$로 정의된 이차함수를 그래프로 나타낸다. 특히 x절편에 관심이 있다. x절편은 9.6절에서 $f(x)=0$으로 놓고 이차방정식을 풀어서 찾는다.

$$\begin{aligned} x^2-x-12&=0 \\ (x-4)(x+3)&=0 && \text{인수분해} \\ x-4=0 \quad \text{또는} \quad x+3&=0 && \text{영인수 성질} \\ x=4 \quad \text{또는} \quad x&=-3 \end{aligned}$$

따라서 x절편은 $(4, 0)$과 $(-3, 0)$이다. x^2의 계수가 양수이기 때문에 위로 열리는 그래프가 그림 17(a)에 나와 있다. 이 그래프에서 -3보다 작거나 4보다 큰 x값은 0보다 큰 y값을 갖는다. 따라서 $x^2-x-12>0$의 해집합은 구간표기법으로 쓰면 $(-\infty, -3)\cup(4, \infty)$이다.

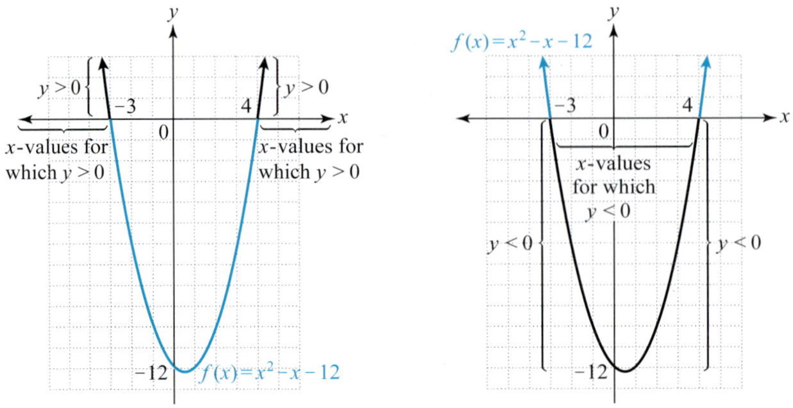

The graph is *above* the x-axis for $(-\infty, -3) \cup (4, \infty)$.

(a)

The graph is *below* the x-axis for $(-3, 4)$.

(b)

그림 17

(b) $x^2 - x - 12 < 0$

풀이 여기서 0보다 작은 y의 값을 원한다. 그림 17(b)를 보면, -3과 4 사이의 x값은 0보다 작은 y값을 산출한다는 것을 그래프로부터 알 수 있다. 따라서 부등식 $x^2 - x - 12 < 0$의 해집합을 구간표기법으로 쓰면 $(-3, 4)$이다. ■

✎연습문제 1을 풀어보자.

> **① 주의** 예제 1의 부등식이 ≥ 및 ≤을 사용하면 해집합은 절편의 x값을 포함한다. 예제 1(a)는 $(-\infty, -3] \cup [4, \infty)$, 예제 1(b)는 $[-3, 4]$와 같이 쓴다.

예제 1에서는 그래프를 사용하여 x축을 구간으로 나눈다. 그런 다음 그림 17의 그래프를 사용하여 어떤 x값으로 인해 y값이 0보다 크거나 작은지를 결정한다. 이차부등식을 푸는 또 다른 방법은 관련 이차함수를 실제로 그래프로 표시하지 않고 기본 아이디어를 사용한다.

예제 2 테스트 숫자를 사용하여 이차부등식 문제 풀기

$x^2 - x - 12 > 0$을 풀어라.

풀이 예제 1(a)에서와 같이 인수분해를 사용해 이차방정식 $x^2 - x - 12 = 0$을 푼다.

$$(x-4)(x+3) = 0$$

$$x - 4 = 0 \quad \text{또는} \quad x + 3 = 0$$

$$x = 4 \quad \text{또는} \quad x = -3$$

숫자 4와 -3은 수직선을 그림 18의 세 구간으로 나눈다. 왼쪽에 더 작은 숫자를 주의해서 넣는다. (그림 17(a)에서 절편 $(-3, 0)$과 $(4, 0)$을 사용하여 그림 18과 x축의 유사성을 확인한다.)

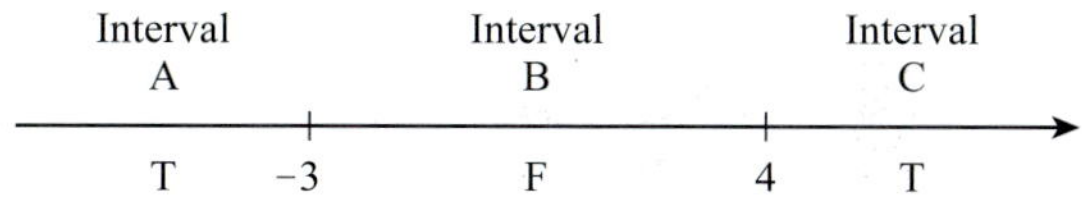

그림 18

숫자 4와 -3은 식 x^2-x-12를 0으로 만드는 유일한 숫자이다. 다른 모든 숫자는 식을 양수 또는 음수로 만든다. 식의 부호는 양수에서 음수로 또는 음수에서 양수로 0이 되는 숫자로만 바뀔 수 있다. 따라서 구간의 한 숫자가 부등식을 만족하면 그 구간의 모든 숫자가 부등식을 충족시킨다.

구간 A의 숫자가 부등식을 만족하는지 확인하려면 그림 18의 구간 A에서 임의의 숫자를 선택한다(즉, -3보다 작은 숫자). 원래의 부등식 $x^2-x-12>0$에서 x에 이 테스트 숫자를 대입한다. 결과가 참이면 구간 A의 모든 숫자가 부등식을 만족시킨다.

구간 A에서 -5를 시도한다. x에 -5를 대입한다.

$$\begin{aligned} x^2-x-12&>0 && \text{원래의 부등식} \\ (-5)^2-(-5)-12&>0 \\ 25+5-12&>0 \\ 18&>0 && \text{참} \end{aligned}$$

구간 A에서 -5가 부등식을 만족하므로 구간 A의 모든 숫자는 해이다. 이제 구간 B에서 0을 시도하자. $x=0$이면

$$\begin{aligned} (0)^2-0-12&>0 \quad ? \\ -12&>0 \quad \text{거짓} \end{aligned}$$

구간 B의 숫자는 해가 아니다. 테스트 숫자 5가 부등식을 만족하는지 확인하시오. 따라서 구간 C의 숫자도 해이다.

이 결과에 기초하여(그림 18의 색칠된 글자로 표시), 해집합에는 그림 19의 그래프에 표시된 것처럼 구간 A와 C의 숫자가 포함된다. 따라서 해집합은

$$(-\infty,\ -3)\cup(4,\ \infty).$$

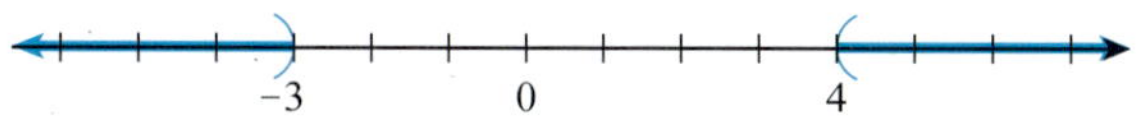

그림 19

이것은 예제 1(a)의 관련 이차함수를 그래프로 나타냄으로써 발견된 해집합과 일치한다. ■

연습문제 11을 풀어보자.

요약하면, 다음 단계에 따라 이차부등식을 푼다.

이차부등식 풀기

1단계 부등식을 방정식으로 쓰고 푼다.

2단계 구간을 판별하려면 1단계의 해를 사용한다.
1단계에서 찾은 숫자를 수직선에 표시한다. 이 숫자는 수직선을 구간으로 나눈다.

3단계 부등식을 만족하는 구간을 찾는다. 각 구간의 테스트 숫자를 원래의 부등식에 대입하여 부등식을 만족시키는 구간을 결정한다. 해당 구간의 모든 숫자는 해집합에 있다. 해집합의 그래프는 일반적으로 이들 중 하나처럼 보인다. (괄호 대신 대괄호를 사용할 수 있다.)

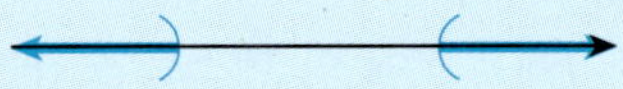
or

4단계 별도로 끝점을 고려한다.
부등호 기호가 $\leq$ 또는 $\geq$인 경우 1단계의 숫자가 해집합에 포함된다. 그것이 $<$ 또는 $>$인 경우에는 포함되지 않는다.

다음 예제에서와 같이 이차부등식의 특별한 경우가 발생할 수 있다.

예제 3 특별한 경우 풀기

$(2t-3)^2 > -1$을 풀어라. 그런 다음 $(2t-3)^2 < -1$을 풀어라.

풀이 $(2t-3)^2$은 절대 음수가 아니기 때문에 항상 -1보다 크다. 따라서 $(2t-3)^2 > -1$의 해는 모든 실수의 집합 $(-\infty, \infty)$이다. 같은 방법으로, $(2t-3)^2 < -1$에 대한 해는 없고, 해집합은 $\varnothing$이다. ■

✎연습문제 25, 27을 풀어보자.

목표 2 차수가 3 이상인 다항부등식을 푼다 인수분해되는 고차 다항부등식은 이차부등식과 같은 방법으로 해결된다.

예제 4 3차 다항부등식 풀기

$(x-1)(x+2)(x-4) \leq 0$을 풀어라.

풀이 이것은 삼차 (3차)부등식이지만 영인수 성질을 2개 이상의 인수로 확장하여 밑의 표에 표시된 방법을 사용하여 해결할 수 있다. 인수분해된 다항식을 0으로 놓고 방정식을 푸는 것으로 시작하자. (1단계)

$$(x-1)(x+2)(x-4) = 0$$

$$x-1=0 \quad \text{또는} \quad x+2=0 \quad \text{또는} \quad x-4=0$$

$$x=1 \quad \text{또는} \quad x=-2 \quad \text{또는} \quad x=4$$

그림 20과 같이 수직선에서 숫자 -2, 1, 4를 찾아 구간 A, B, C, D를 결정한다. (2단계)

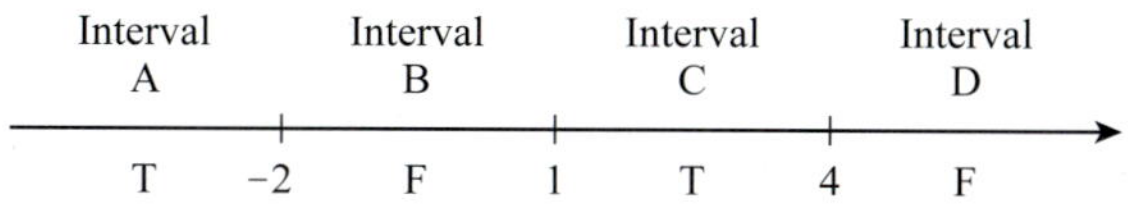

그림 20

원래의 부등식에 각 구간의 테스트 숫자를 대입하여 어떤 구간이 부등식을 만족시키는지 판별한다(3단계). 표를 사용하여 이 정보를 체계화한다.

구간	테스트 수	부등식 테스트	참 또는 거짓?
A	-3	$-28 \le 0$	참
B	0	$8 \le 0$	거짓
C	2	$-8 \le 0$	참
D	5	$28 \le 0$	거짓

표에 주어진 정보를 검증하고 아래의 그림 21에 그래프로 표시한다. 구간 A와 C의 수는 해집합을 나타내고, 구간표기법으로

$$(-\infty,\ -2] \cup [1,\ 4]$$

로 작성된다. 부등호 기호가 $\le$이므로 세 끝점이 포함된다(4단계).

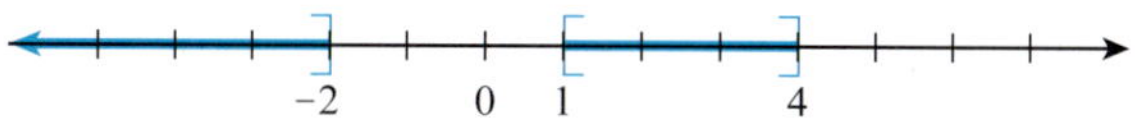

그림 21

■

✎ 연습문제 29를 풀어보자.

목표 3 **유리부등식을 푼다** 유리부등식이라고 불리는 유리적 표현을 포함하는 부등식은 다음 단계를 사용하여 유사하게 푼다.

유리부등식 풀기

1단계 0이 한 변에 있고 다른 변에 단일 분수가 있도록 부등식을 쓴다.
2단계 분자 또는 분모가 0이 되도록 하는 숫자를 결정한다.
3단계 수직선을 구간으로 나눈다. 2단계의 숫자를 사용한다.
4단계 부등식을 만족시키는 구간을 찾는다. 원래의 부등식에 대입하여 각 구간에서 숫자를 테스트한다.
5단계 별도로 끝점을 고려한다. 분모를 0으로 만드는 모든 값을 제외한다.

ⓘ 주의 5단계에서 표시된 것처럼 분모가 0이 되는 수는 해집합에서 제외해야 한다.

《예제 5》 유리부등식 풀기

$\dfrac{-1}{p-3} > 1$을 풀어라.

풀이 0이 한 변에 있도록 부등식을 쓴다. (1단계)

$$\frac{-1}{p-3} - 1 > 0 \quad \text{1을 뺀다.}$$

$$\frac{-1}{p-3} - \frac{p-3}{p-3} > 0 \quad p-3\text{을 공통분모로 사용한다.}$$

$$\frac{-1-p+3}{p-3} > 0 \quad \text{좌변을 하나의 분수로 쓴다. 분자의 부호에 주의한다.}$$

$$\frac{-p+2}{p-3} > 0 \quad \text{항을 결합한다.}$$

분자 또는 분모를 0으로 만드는 수에서만 유리적 표현 $\dfrac{-p+2}{p-3}$의 부호가 양수에서 음수 또는 음수에서 양수로 바뀐다. 수 2는 분자를 0으로 만들고 3은 분모를 0으로 만든다(2단계). 두 수 2와 3은 수직선을 3개의 구간으로 나눈다(3단계). (그림 22 참조)

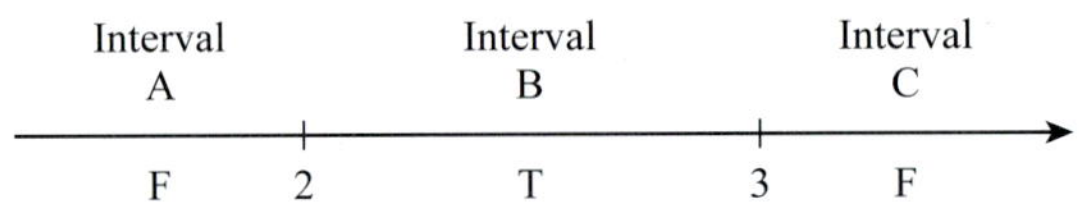

그림 22

원래의 부등식 $\dfrac{-1}{p-3} > 1$에서 각 구간에서 수를 테스트한 결과가 표에 나와 있다(4단계).

구간	테스트 수	부등식 테스트	참 또는 거짓?
A	0	$\frac{1}{3} > 1$	거짓
B	2.5	$2 > 1$	참
C	4	$-1 > 1$	거짓

해집합은 구간 $(2, 3)$이다. 이 구간은 원래의 부등식의 분모가 0이 되는 3을 포함하지 않는다. 부등호 기호가 $>$이므로 2도 포함되지 않는다(5단계). 해집합의 그래프는 그림 23에 나와 있다.

그림 23

■

✎ 연습문제 37을 풀어보자.

《예제 6》 유리부등식 풀기

$\dfrac{m-2}{m+2} \le 2$를 풀어라.

풀이 0이 한 변에 있도록 부등식을 쓴다(1단계).

$\dfrac{m-2}{m+2}-2 \le 0$	2를 뺀다.
$\dfrac{m-2}{m+2}-\dfrac{2(m+2)}{m+2} \le 0$	$m+2$를 공통분모로 사용한다.
$\dfrac{m-2-2m-4}{m+2} \le 0$	하나의 분수로 쓴다.
$\dfrac{-m-6}{m+2} \le 0$	항을 결합한다.

수 -6은 분자를 0으로 만들고 -2는 분모를 0으로 만든다(2단계). 이 두 수는 3개의 구간을 결정한다(3단계). 해집합이 $(-\infty,\ -6]\cup(-2,\ \infty)$임을 확인하기 위해 각 구간에서 하나의 수를 테스트한다(4단계). -6은 원래의 부등식을 만족하지만 -2는 분모를 0으로 만들기 때문에 해로 사용될 수 없다(5단계). 해집합을 나타내는 그래프가 그림 24에 나와 있다.

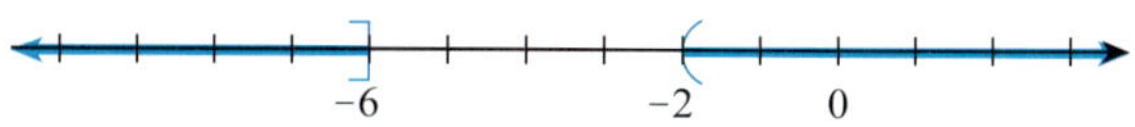

그림 24

✎연습문제 41을 풀어보자.

9.7 연습문제

예제 1에서 $f(x)=x^2-x-12$를 그래프로 표시하여 이차부등식 $x^2-x-12>0$과 $x^2-x-12<0$의 해집합을 결정했다. 이 그래프의 x절편은 방정식 $x^2-x-12=0$의 해를 나타낸다. x축 위 그래프 상의 점들의 x값은 $x^2-x-12>0$의 해집합을 형성하고, x축 아래에 있는 그래프 상의 점들의 x값은 $x^2-x-12<0$의 해를 만들었다.

[1~4] 이차함수 f의 그래프가 주어졌다. 그래프를 사용하여 각 방정식 또는 부등식의 해를 구하라. (예제 1)

1. (a) $x^2-4x+3=0$
   (b) $x^2-4x+3>0$
   (c) $x^2-4x+3<0$

2. (a) $3x^2+10x-8=0$
   (b) $3x^2+10x-8\ge 0$
   (c) $3x^2+10x-8<0$

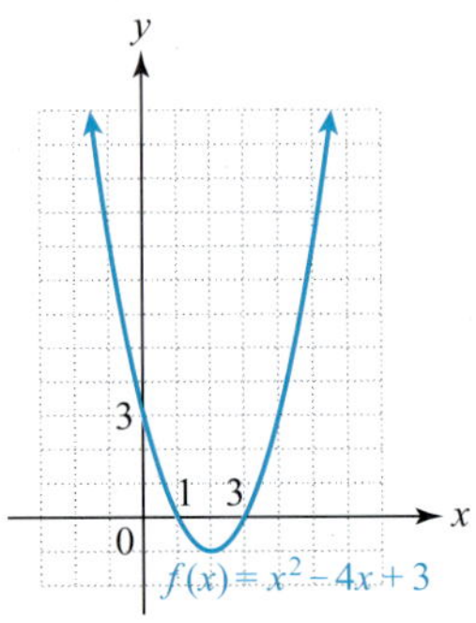

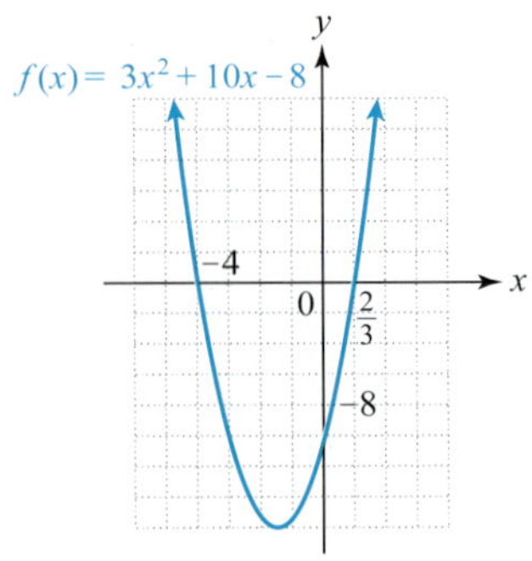

3. (a) $-2x^2 - x + 15 = 0$

   (b) $-2x^2 - x + 15 \geq 0$

   (c) $-2x^2 - x + 15 \leq 0$

4. (a) $-x^2 + 3x + 10 = 0$

   (b) $-x^2 + 3x + 10 \geq 0$

   (c) $-x^2 + 3x + 10 \leq 0$

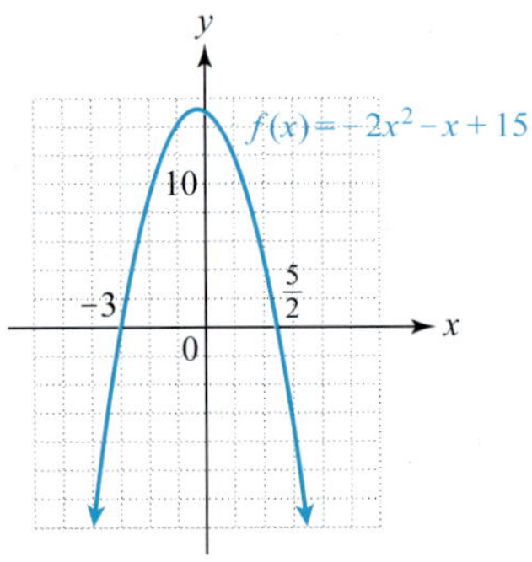

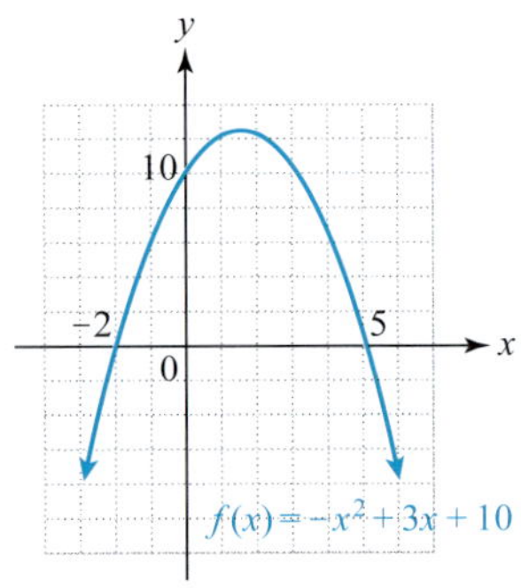

5. 이차 이상의 부등식을 풀 때 끝점을 포함할지 아니면 제외할지 여부를 결정하는 방법을 설명하시오.

6. 부등식 $x^2 + x - 12 < 0$의 해집합은 구간 $(-4, 3)$이다. 실제로 풀지 말고 부등식 $x^2 + x - 12 \geq 0$의 해집합을 답하시오.

[7~24] 각 부등식을 풀고 해집합을 그려라. (예제 2) (힌트: 연습문제 23, 24에서 이차방정식을 사용하시오.)

7. $(x+1)(x-5) > 0$
8. $(m+6)(m-2) > 0$
9. $(r+4)(r-6) < 0$
10. $(x+4)(x-8) < 0$
11. $x^2 - 4x + 3 \geq 0$
12. $m^2 - 3m - 10 \geq 0$
13. $10t^2 + 9t \geq 9$
14. $3r^2 + 10r \geq 8$
15. $4x^2 - 9 \leq 0$
16. $9x^2 - 25 \leq 0$
17. $6x^2 + x \geq 1$
18. $4p^2 + 7p \geq -3$
19. $z^2 - 4z \geq 0$
20. $x^2 + 2x < 0$
21. $3k^2 - 5k \leq 0$
22. $2z^2 + 3z > 0$
23. $x^2 - 6x + 6 \geq 0$
24. $3k^2 - 6k + 2 \leq 0$

[25~28] 각 부등식을 푸시오. (예제 3)

25. $(4-3x)^2 \geq -2$
26. $(6z+7)^2 \geq -1$

27. $(3x+5)^2 \leq -4$

28. $(8t+5)^2 \leq -5$

[29~32] 각 부등식을 풀고 해집합을 그려라. (예제 4)

29. $(p-1)(p-2)(p-4) < 0$

30. $(2r+1)(3r-2)(4r+7) < 0$

31. $(x-4)(2x+3)(3x-1) \geq 0$

32. $(z+2)(4z-3)(2z+7) \geq 0$

[33~50] 각 부등식을 풀고 해집합을 그려라. (예제 5와 6)

33. $\dfrac{x-1}{x-4} > 0$

34. $\dfrac{x+1}{x-5} > 0$

35. $\dfrac{2n+3}{n-5} \leq 0$

36. $\dfrac{3t+7}{t-3} \leq 0$

37. $\dfrac{8}{x-2} \geq 2$

38. $\dfrac{20}{x-1} \geq 1$

39. $\dfrac{3}{2t-1} < 2$

40. $\dfrac{6}{m-1} < 1$

41. $\dfrac{g-3}{g+2} \geq 2$

42. $\dfrac{m+4}{m+5} \geq 2$

43. $\dfrac{x-8}{x-4} < 3$

44. $\dfrac{2t-3}{t+1} > 4$

45. $\dfrac{4k}{2k-1} < k$

46. $\dfrac{r}{r+2} < 2r$

47. $\dfrac{2x-3}{x^2+1} \geq 0$

48. $\dfrac{9x-8}{4x^2+25} < 0$

49. $\dfrac{(3x-5)^2}{x+2} > 0$

50. $\dfrac{(5x-3)^2}{2x+1} \leq 0$

관련 개념(문제 51~54)

개인 또는 그룹 과제용

[51~54] 돌멩이 하나를 던졌을 때, t초 후에 지면에서의 거리 s(피트)는

$$s(t) = -16t^2 + 256t$$

로 정의되는 이차함수에 의해 주어진다.

이차방정식과 부등식이 어떻게 관련되어 있는지 보려면 연습문제 51~54를 순서대로 푸시오.

51. 돌멩이가 언제 지상 624피트가 되는가? (힌트: $s(t) = 624$라고 놓고 이차방정식을 푸시오.)

52. 돌멩이가 언제 지상에서 624피트보다 멀리 떨어져 있는가? (힌트: $s(t) > 624$라 놓고 이차부등식을 푸시오.)

53. 돌멩이는 언제 지상에 있게 되는가? (힌트: $s(t) = 0$이라 놓고 이차방정식을 푸시오.)

54. 언제 돌멩이가 지상 624피트 미만이 되는가? (힌트: $s(t) < 624$라 놓고, 이차부등식을 푸시오. 연습문제 52와 53의 해를 관찰하여 t의 가능한 가장 작은 값과 가장 큰 값을 결정하시오.)

9장 그룹 활동 혜성의 경로 찾기

목표 주어진 초점을 갖는 포물선의 방정식을 찾고 그래프를 그린다. 혜성이 태양에 접근할 때 궤도는 속도와 다른 요인에 따라 달라진다. 혜성의 속도가 탈출 속도와 같다면 — 즉, 태양으로부터 멀리 빠져 나오기에 충분히 빠르다면 — 궤도는 포물선이 된다. (다른 가능한 궤도는 쌍곡선 또는 타원형이며, 이 모양은 11장에서 논의된다.) 태양은 포물선의 초점에 있다. 꼭짓점은 혜성이 태양에 가장 가까운 지점이다.

A. 9.6절의 연습문제 51을 참조하여 혜성과 태양을 스케치하시오.
   1. 포물선의 꼭짓점은 원점에 두고 초점은 y축 위에, 그리고 수평 준선을 갖는다.
   2. 혜성이 태양으로부터 가장 가까운 점은 0.75 천문단위[1]라고 가정한다.

B. 초점의 좌표는 무엇인가?

C. 준선의 방정식은 무엇인가?

D. 9.6절의 연습문제 51의 정보를 사용하여 포물선의 방정식을 찾으시오.

E. 포물선을 (수직 포물선으로) 그려라. 그래프에 초점과 준선을 포함시키시오.

9장 복습문제

* 표시된 연습문제는 허수에 대한 지식이 필요하다.

[9.1] [1~6] 제곱근 성질을 사용하거나 완전제곱을 완성하여 각 방정식을 푸시오.

1. $t^2=121$
2. $p^2=3$
3. $(2x+5)^2=100$

*4. $(3k-2)^2=-25$
5. $x^2+4x=15$
6. $2m^2-3m=-1$

7. 한 학생이 방정식 $x^2=12$의 '해'를 다음과 같이 구했다.

$$x^2=12$$
$$x=\sqrt{12} \quad \text{제곱근 성질}$$
$$x=2\sqrt{3}$$

이 해는 무엇이 틀렸는가?

1) 1천문단위(AU)는 지구와 태양 사이의 평균 거리이다.

8. 일리노이 주 시카고의 네이비피어센터에는 150피트 높이의 관람차가 있다. 관람차 꼭대기에서 지갑을 떨어뜨려 바닥에 떨어질 때까지 얼마나 걸리는지 갈릴레오의 공식 $d=16t^2$을 사용하여 구하라. 답을 소수 첫째 자리로 나타내시오.
(출처 : Microsoft Encarta Encyclopedia 2002.)

[9.2] [9~14] 근의 공식을 사용하여 각 방정식을 풀어라.

9. $2x^2+x-21=0$
10. $k^2+5k=7$
11. $(t+3)(t-4)=-2$
12. $2x^2+3x+4=0$
13. $3p^2=2(2p-1)$
14. $m(2m-7)=3m^2+3$

[15~18] 판별식을 사용하여 각 방정식의 해가 A ~ D 중 어디에 해당하는지 예측하시오.

A. 2개의 유리수
B. 1개의 유리수
C. 2개의 무리수
D. 2개의 허수

15. $x^2+5x+2=0$
16. $4t^2=3-4t$
17. $4x^2=6x-8$
18. $9z^2+30z+25=0$

[9.3] [19~24] 각 방정식을 풀어라.

19. $\dfrac{15}{x}=2x-1$
20. $\dfrac{1}{n}+\dfrac{2}{n+1}=2$
21. $-2r=\sqrt{\dfrac{48-20r}{2}}$
22. $8(3x+5)^2+2(3x+5)-1=0$
23. $2x^{2/3}-x^{1/3}-28=0$
24. $p^4-10p^2+9=0$

[25~28] 각 문제를 풀어라. 필요하다면 소수 첫째 자리까지 답하여라.

25. 퐁은 카누를 타고 상류로 20마일을 갔다가 다시 되돌아왔다. 물의 속도가 시속 3마일이고 퐁이 카누를 탄 시간이 7시간이면 퐁의 속도는 얼마인가?
26. 오코너는 친구 로리를 태우기 위해 8마일을 운전한 다음 시속 15마일 더 빠른 속도로 쇼핑몰로 11마일을 운전했다. 오코너의 총 운전 시간이 24분이라면, 로리를 데리러 갈 때 속도는 얼마인가?
27. 구형 기계는 새로운 기계보다 1시간 더 오래 수표 묶음을 처리한다. 두 기계가 함께 수표 묶음을 처리하는데 2시간이 걸린다면, 구형 기계로만 수표 묶음을 처리하는 데 얼마나 걸리는가?
28. 토빈은 펜튼보다 1시간 더 빨리 청구서를 처리할 수 있다. 함께 일하면 1.5시간이 걸린다. 각자 혼자 일하면 얼마나 걸릴까?

[9.4] [29~31] [ ]에 나타난 변수에 대하여 각 식을 풀어라. (답에 ±를 남겨라.)

29. $k=\dfrac{rF}{wv^2}$ $[v]$
30. $p=\sqrt{\dfrac{yz}{6}}$ $[y]$
31. $mt^2=3mt+6$ $[t]$

[32~40] 각 문제를 풀어라. 필요하다면 소수 첫째 자리까지 답하여라.

32. 큰 기계는 긴 변의 길이의 두 배보다 9ft 작은 빗변이 있는 직각 삼각형 모양의 부품이 필요하다. 짧은 변은 긴 변의 길이의 $\frac{3}{4}$이어야 한다. 부품의 세 변의 길이를 찾으시오.

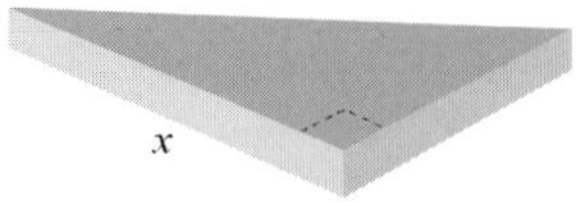

33. 정사각형의 면적이 256cm^2이다. 한 변에서 동일한 양을 제거하고 다른 변에 더하면 그 결과로 생성된 직사각형의 면적은 16cm^2 줄어든다. 직사각형의 크기를 찾으시오.

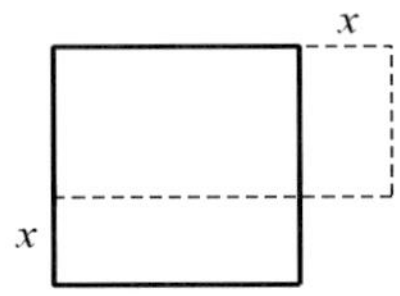

34. 낸시는 14인치×20인치 사진을 놓을 수 있는 매트를 사려고 한다. 그녀는 사진을 매트 위에 놓아 사진 주변에 균일한 테두리가 남기를 원한다. 만약 그녀가 선택한 매트의 면적이 352in^2이라면, 테두리의 폭은 얼마인가?

35. 탐조등은

$$f(t) = 100t^2 - 300t$$

에 의해 정의된 이차함수에 의해 주어진 t분에서 시작점으로부터의 빛의 거리로 벽을 따라 앞뒤로 수평으로 움직인다. 빛이 출발점으로 돌아오는데 얼마나 걸릴까?

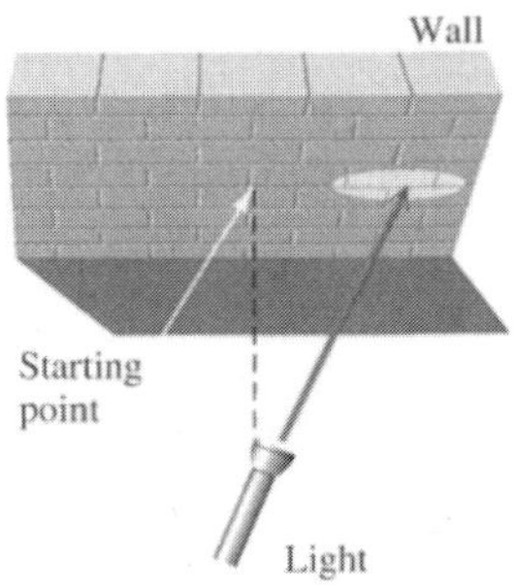

36. 텍사스 주 댈러스에 있는 M호텔은 높이가 400피트이다. M호텔의 꼭대기에서 공을 위로 던져 올릴 때 t초 후 지면 위의 위치(피트)가

$$f(t) = -16t^2 + 45t + 400$$

에 의해 정의된 이차함수에 의해 주어진다고 가정할 때, 공이 지상에서 200피트 높이에 도달하려면 얼마나 걸리는가? (출처: World Almanac and Book of Facts, 2002.)

37. 매니토바 위니펙의 토론토 도미니언 센터는 높이가 407피트이다. 센터의 꼭대기에서 공을 위로 던져 올릴 때 t초 후 지면 위의 위치(피트)가

$$s(t) = -16t^2 + 75t + 407$$

에 의해 정의된 이차함수에 의해 주어진다고 가정할 때, 공이 지상에서 450피트 높이에 도달하는 데 얼마나 걸리는가? (출처: World Almanac and Book of Facts, 2002.)

38. 한 음식점의 매니저는 얼린 요구르트의 수요를 하루 $\frac{25}{p}$ 단위로 결정했다. 여기서 p는 단위당 가격(달러)이다. 공급량은 하루에 $70p+15$ 단위이다. 수요와 공급이 동일한 가격을 찾아라.

39. 공식 $A=P(1+r)^2$을 사용하여 10,000달러의 원금 P가 2년 후에 10,920.25달러로 증가하는 이자율 r을 찾으시오.

40. 1995년에서 2001년까지의 북미 지역의 전자 우편함 수는 그래프에 표시되어 있으며

$$f(x) = 3.29x^2 - 10.4x + 21.6$$

으로 정의된 이차함수로 모델링할 수 있다. 모델에서 $x=5$는 1995를, $x=10$은 2000을 나타낸다.

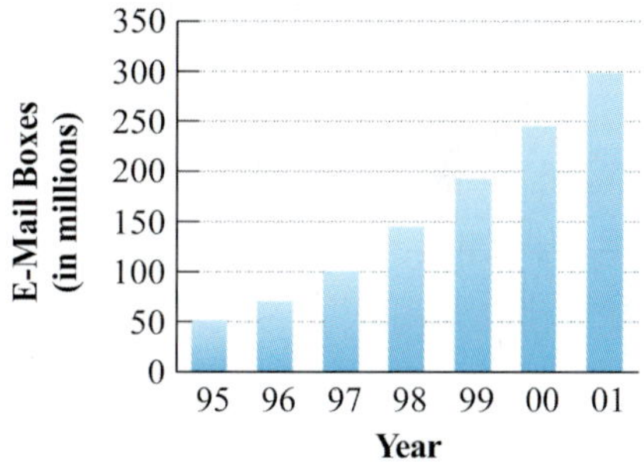

(a) 모델을 사용하여 2001년 전자 우편함 수를 가장 가까운 전체 수로 근사하시오. 이 결과는 그래프에 표시된 숫자와 어떻게 비교되는가?

(b) 모델에 따라, 몇 년 동안 전자 우편함의 수가 2억 개에 도달했는가? (가장 가까운 연도로 반올림) 이 결과는 그래프에 표시된 숫자와 어떻게 비교되는가?

[9.5~9.6] [41~45] 각 포물선의 꼭짓점을 찾아라.

41. $y=6-2x^2$
42. $f(x) = -(x-1)^2$
43. $f(x)=(x-3)^2+7$
44. $y=-3x^2+4x-2$
45. $x=(y-3)^2-4$

46. 이차함수의 판별식이 음수이면, 함수의 그래프에 대해 무엇을 알고 있는가?

[47~50] 각 포물선을 그려라. 꼭짓점, 축, 정의역, 치역을 찾아라.

47. $y=2(x-2)^2-3$
48. $f(x)=-2x^2+8x-5$
49. $x=2(y+3)^2-4$
50. $x=-\frac{1}{2}y^2+6y-14$

[51~53] 각 문제를 풀어라.

51. 가정용 비디오게임에 대한 소비자 지출이 연간 1인당 달러로 표에 나와 있다. $x=0$은 1990, $x=2$는 1992를 나타낸다.

| 가정용 비디오게임에 대한 소비자 지출 |

연도	달러
1990	12.39
1992	13.08
1994	15.78
1996	19.43
1997	22.71
1998	24.14
1999	25.08

출처: 미국의 통계요약

(a) 이차 형식 $ax^2+bx+c=y$에 1990년, 1994년, 1997년의 자료를 사용하여 3개의 방정식으로 이루어진 연립방정식을 써라.

(b) (a)의 연립방정식을 풀어서 데이터를 모델링하는 이차함수 f를 찾으시오.

(c) (b)에서 찾은 모델을 사용하여 1998년 가정용 비디오 게임에 대한 소비자 지출을 근사치로 추정하시오. 당신의 대답은 표의 실제 데이터와 비교해 어떠한가?

52. 지구에서 대기로 발사된 발사체의 t초 후의 높이(피트)는

$$f(t) = -16t^2+160t$$

로 주어진다. 발사체가 최대 높이에 도달하는 데 필요한 시간을 찾아라. 최대 높이는 얼마인가?

53. 면적이 최대가 될 경우 200m의 둘레를 갖는 직사각형의 길이와 너비를 찾아라.

[9.7] [54~59] 각 부등식을 풀고 해집합을 그려라.

54. $(x-4)(2x+3)>0$

55. $x^2+x \le 12$

56. $(x+2)(x-3)(x+5) \le 0$

57. $(4m+3)^2 \le -4$

58. $\dfrac{6}{2z-1}<2$

59. $\dfrac{3t+4}{t-2} \le 1$

9장 혼합 복습문제

[60~71] 풀어라.

60. $V=r^2+R^2h$, R에 대하여

*61. $3t^2-6t=-4$

*62. $x^4-1=0$

63. $(x^2-2x)^2=11(x^2-2x)-24$

64. $(r-1)(2r+3)(r+6)<0$

65. $2x-\sqrt{x}=6$

66. $(3k+11)^2=7$

67. $S=\dfrac{Id^2}{k}$, d에 대하여

68. $(8k-7)^2 \geq -1$

69. $6+\dfrac{15}{s^2}=-\dfrac{19}{s}$

70. $x^4-8x^2=-1$

71. $\dfrac{-2}{x+5} \leq -5$

[72~77] 각 방정식을 그 그래프와 가장 유사한 그림으로 짝지으시오.

72. $g(x)=x^2-5$

73. $h(x)=-x^2+4$

74. $F(x)=(x-1)^2$

75. $G(x)=(x+1)^2$

76. $H(x)=(x-1)^2+1$

77. $K(x)=(x+1)^2+1$

A.

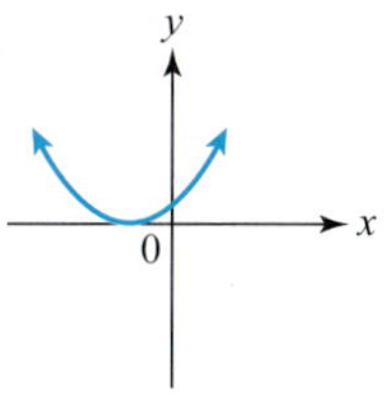

B.

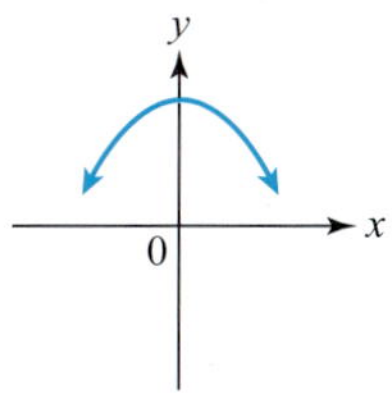

C.

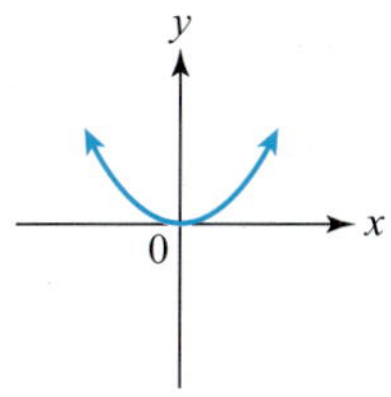

D.

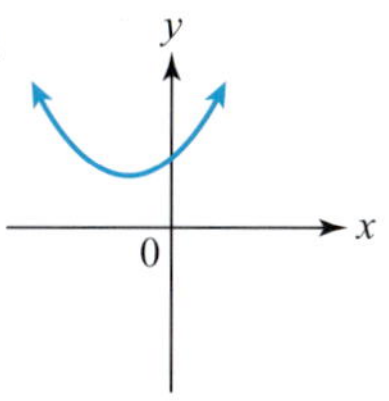

E.

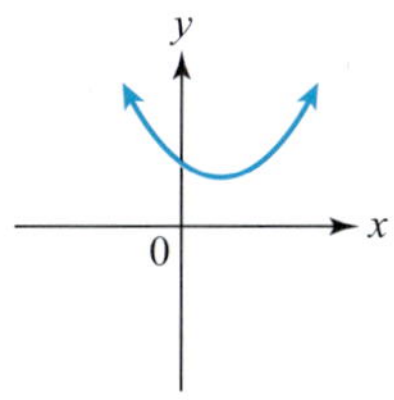

F.

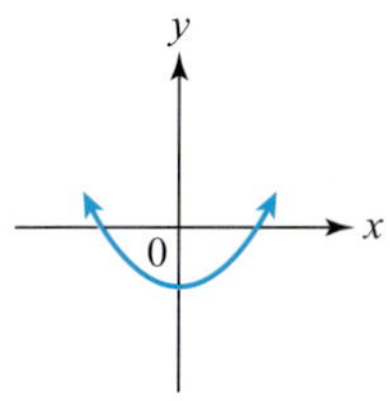

78. $f(x)=4x^2+4x-2$를 그려라. 꼭짓점, 축, 정의역과 치역을 찾아라.

[79~81] 각 문제를 풀어라.

79. 미국의 천연 가스 사용량 (1조 ft^3)은 1970년에서 1999년까지

$$f(x)=0.014x^2-0.396x+21.2$$

에 의해 정의된 이차함수로 모델링할 수 있다. 여기서 $x=0$은 1970년, $x=5$는 1975년을 나타낸다. (출처: 에너지 정보 관리국)

(a) 모델을 사용하여 2000년의 천연 가스 사용량을 근사화하시오.

(b) 모델에 기초하여, 천연 가스 사용량은 몇 년에 25조ft^3에 달할 것인가? (가장 가까운 연도로 버림)

80. 4시간 동안 케리는 15마일을 상류로 갔다가 되돌아올 수 있다. 강물의 속도는 5mph다. 보트의 속도를 찾으시오.

81. 연습문제 36을 참고하시오. 와이어가 마트 상단에 부착되어 있고 꽉 조여졌다고 가정하자. 그것은 건물 바닥에서 100피트 떨어진 곳에 붙어 있다. 와이어는 얼마나 길어야 하는가?

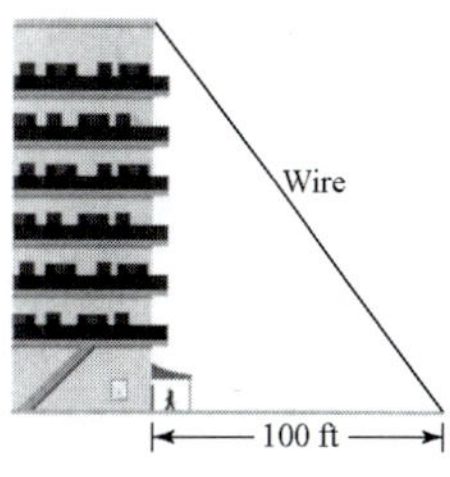

관련 개념(문제 82~86)

개인 또는 그룹 과제용

[82~86] 방정식과 부등식 사이의 관계를 보기 위해 다음을 순서대로 푸시오.

82. 방정식이나 부등식을 풀기 위해 2장의 방법을 사용하고 해집합을 그려라.

(a) $3x-(4x+2)=0$ (b) $3x-(4x+2)>0$ (c) $3x-(4x+2)<0$

83. 이 장의 방법을 사용하여 방정식 또는 부등식을 풀고 해집합을 그려라.

(a) $x^2-6x+5=0$ (b) $x^2-6x+5>0$ (c) $x^2-6x+5<0$

84. 방정식이나 부등식을 풀기 위해 7.4절과 9.7절의 방법을 사용하고 해집합을 그려라.

(a) $\dfrac{-5x+20}{x-2}=0$ (b) $\dfrac{-5x+20}{x-2}>0$ (c) $\dfrac{-5x+20}{x-2}<0$

85. 다음 문장의 빈칸을 채워라. 일차, 이차 또는 유리방정식과 그와 관련된 2개의 부등식을 풀면 세 가지 해집합의 합집합이 ________; 단 하나의 예외는 유리방정식과 부등식의 경우이며, 여기서 ________을 0이 되게 하는 숫자는 제외된다.

86. 이차방정식의 해집합이 $\{-5, 3\}$이고 관련된 부등식 중 하나의 해집합이 $(-\infty, -5)\cup(3, \infty)$라고 가정하자. 다른 연관된 부등식의 해집합은 무엇인가?

9장 테스트

* 표시된 문제는 허수에 대한 지식이 필요하다.

[1~3] 제곱근 성질을 사용하거나 완전제곱을 완성하여 각 방정식을 푸시오.

1. $t^2=54$ 2. $(7x+3)^2=25$ 3. $2x^2+4x=8$

[4~6] 근의 공식을 사용하여 푸시오.

4. $2x^2-3x-1=0$ *5. $3t^2-4t=-5$ 6. $3x=\sqrt{\dfrac{9x+2}{2}}$

*7. k가 음수인 경우, 다음 방정식 중 2개의 허수해를 갖는 것은 무엇인가?

A. $x^2=4k$ B. $x^2=-4k$ C. $(x+2)^2=-k$ D. $x^2+k=0$

8. $2x^2-8x-3=0$의 판별식은 무엇인가? 이 방정식에는 몇 가지 그리고 어떤 유형의 해가 있는가? (실제로 풀지는 마시오.)

[9~13] 어떤 방법으로든 푸시오.

9. $3-\frac{16}{x}-\frac{12}{x^2}=0$

10. $4x^2+7x-3=0$

11. $9x^4+4=37x^2$

12. $12=(2n+1)^2+(2n+1)$

13. $S=4\pi r^2$을 r에 대하여 풀어라. (답에 $\pm$를 남겨라.)

[14~17] 각 문제를 풀어라.

14. 앤드류와 켄트는 문서를 작성한다. 어떤 안내서는 켄트가 앤드류보다 2시간 더 빨리 준비할 수 있다. 만약 그들이 함께 일한다면, 5시간 안에 전체 안내서를 완성할 수 있다. 안내서를 준비하는 데 그들 각자가 혼자서 일하면 얼마나 걸릴까? 반올림하여 소수 첫째 자리까지 구하라.

15. 애비가 카누를 타고 상류 쪽으로 10마일을 간 뒤 출발점으로 되돌아왔다. 만약 조류가 시속 3마일로 흐르고 전체 $3\frac{1}{2}$시간이 걸렸다면, 애비의 속도는 얼마인가?

16. 테일러는 길이 24피트, 폭 10피트인 수영장을 가지고 있다. 그는 수영장 주변에 콘크리트 산책로를 짓고 싶어 한다. 만일 그가 폭이 일정하고, 넓이가 $152\,\text{ft}^2$인 산책로를 계획하고 있다면, 산책로의 폭은 얼마인가?

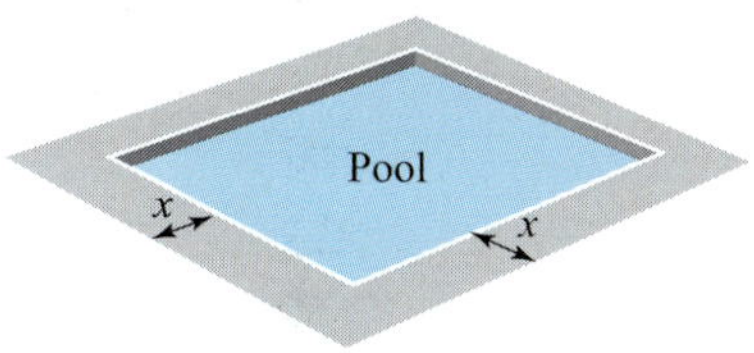

17. 탑의 바닥에서 30m 떨어진 지점에서 탑의 꼭대기까지의 거리는 탑의 높이의 2배보다 2m 더 길다. 탑의 높이를 찾아라.

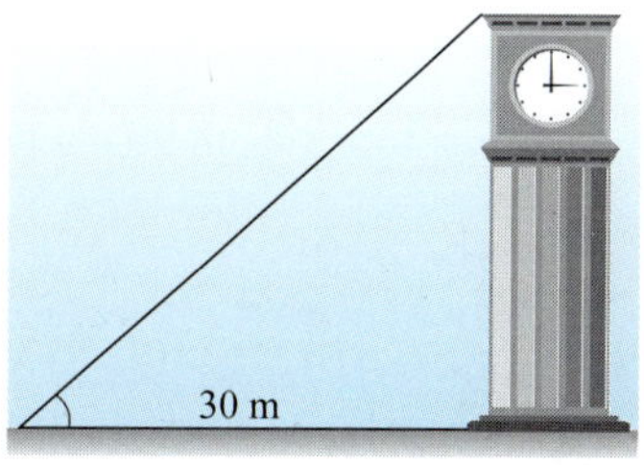

18. 다음 중 $a<0,\ h>0,\ k<0$인 경우 $f(x)=a(x-h)^2+k$의 그래프와 가장 유사한 것은 무엇인가?

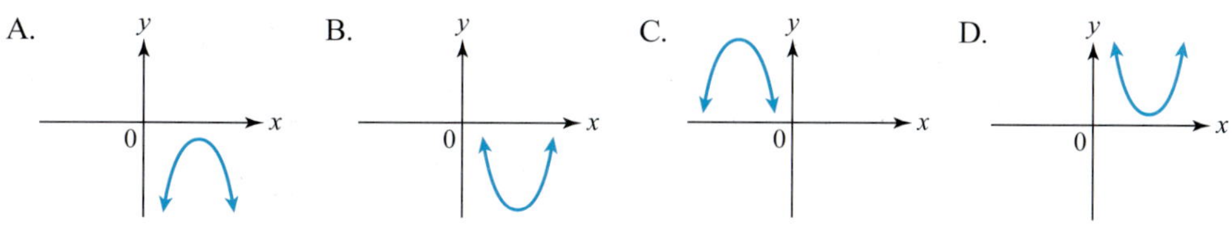

[19~21] 각 포물선을 그려라. 꼭짓점, 축, 정의역, 치역을 찾아라.

19. $f(x)=\frac{1}{2}x^2-2$

20. $f(x)=-x^2+4x-1$

21. $x=-(y-2)^2+2$

22. 1992년부터 2002년까지 아이오와 주립대학의 등록금 인상률은

$$f(x)=0.156x^2-2.05x+10.2$$

로 정의되는 이차함수로 모델링할 수 있다. 여기서 $x=2$는 1992, $x=3$은 1993을 나타낸다. (출처: 아이오와 주의회.)

(a) 이 모델에 따르면, 2001년 등록금은 몇 퍼센트 인상되었는가? (반올림하여 소수 첫째 자리까지 나타내시오.)

(b) 등록금이 최소로 인상된 연도는 언제인가? (가장 가까운 연도로 반올림하시오.) 그 해에 등록금이 몇 퍼센트 인상되었는가?

23. 팔러 알토 대학교는 고속도로 옆 한쪽에 직사각형의 주차장을 건설할 계획이다. 그 계획은 640 피트의 울타리를 사용하여 다른 세 면을 막는 것이다. 둘러싸인 구역이 최대 면적이 될 경우 주차장의 치수는 얼마가 되어야 하는가?

[24~25] 풀고, 각 해집합을 그려라.

24. $2x^2+7x>15$

25. $\frac{5}{t-4}\le 1$

1~9장 혼합문제

1. $S=\left\{-\frac{7}{3}, -2, -\sqrt{3}, 0, 0.7, \sqrt{12}, \sqrt{-8}, 7, \frac{32}{3}\right\}$라 하자. 각 집합의 원소가 되는 S의 원소를 나열하여라.

(a) 정수 (b) 유리수 (c) 실수 (d) 복소수

[2~3] 각 식을 간단히 하여라.

2. $|-3|+8-|-9|-(-7+3)$

3. $2(-3)^2+(-8)(-5)+(-17)$

[4~9] 각 방정식을 풀어라.

4. $7-(4+3t)+2t=-6(t-2)-5$

5. $|6x-9|=|-4x+2|$

6. $2x=\sqrt{\frac{5x+2}{3}}$

7. $\frac{3}{x-3}-\frac{2}{x-2}=\frac{3}{x^2-5x+6}$

8. $(r-5)(2r+3)=1$

9. $x^4-5x^2+4=0$

[10~13] 각 부등식을 풀어라.

10. $-2x+4\le -x+3$

11. $|3x-7|\le 1$

12. $x^2-4x+3<0$

13. $\frac{3}{p+2}>1$

[14~16] 각 관계를 그려라. 각각이 함수인지 아닌지를 말하고, 함수인 경우 정의역과 치역을 찾으시오.

14. $4x-5y=15$

15. $4x-5y<15$

16. $f(x)=-2(x-1)^2+3$

17. 방정식 $-2x+7y=16$의 직선의 기울기과 절편을 찾으시오.

18. 명시된 직선에 대한 방정식을 써라. 각 방정식을 기울기 절편 형식으로 표현하시오.
 (a) $(2, -3)$을 지나고 방정식 $5x+2y=6$과 평행한 직선.
 (b) $(-4, 1)$을 지나고 방정식 $5x+2y=6$과 수직인 직선.

19. 1965년에 리처드가 첫 번째 폴을 차지한 이후로 노스 캐롤라이나 모터 스피드웨이의 기록적인 트랙 속도는 표에 나와 있다. 여기서 $x=0$은 1965, $x=10$은 1975를 나타낸다.

연도	속도(mph)
1965	116.26
1975	132.02
1985	141.85
1995	155.38
1998	156.36

출처: NASCAR

 (a) 순서쌍(연도, 속도)을 사용하여 데이터의 산포도를 만들어라.
 (b) 일차방정식을 사용하여 데이터를 모델링할 수 있다. 기울기는 양수인가 음수인가?
 (c) 순서쌍$(0, 116.26)$과 $(20, 141.85)$를 사용하여 데이터를 모델링하는 일차방정식을 써라.
 (d) 모델을 사용하여 1998년의 기록 속도를 소수 셋째 자리에서 반올림하여 근삿값을 구하라. 표의 실제 값과 어떻게 비교하는가?

20. 관계 $x=5$가 함수를 정의하는가? 설명하시오.

21. $f(x)=2(x-1)^2-5$에 의해 정의된 함수에 대해 다음을 찾으시오.
 (a) $f(-2)$
 (b) 정의역과 치역

[22~23] 각 연립방정식을 풀어라.

22. $$\begin{aligned} 2x-4y&=10 \\ 9x+3y&=3 \end{aligned}$$

23. $$\begin{aligned} x+y+2z&=3 \\ -x+y+z&=-5 \\ 2x+3y-z&=-8 \end{aligned}$$

24. 2000년 아메리카온라인과 타임워너의 합병은 미국 역사상 최대 규모였다. 두 회사는 모두 342억 달러의 매출을 올렸고, 아메리카온라인의 매출은 타임워너 매출의 4배보다 3억 달러 적었다. 각 회사의 매출액은 얼마인가? (출처: 회사 보고서)
 (a) 문제를 풀 수 있는 연립방정식을 써라.
 (b) 문제를 푸시오.

[25~26] 양의 지수로만 써라. 변수는 양의 실수라 가정하자.

25. $\left(\dfrac{x^{-3}y^2}{x^5y^{-2}}\right)^{-1}$

26. $\dfrac{(4x^{-2})^2(2y^3)}{8x^{-3}y^5}$

[27~30] 표시된 연산을 수행하시오.

27. $(7x+4)(2x-3)$

28. $\left(\frac{2}{3}t+9\right)^2$

29. $(3t^3+5t^2-8t+7)-(6t^3+4t-8)$

30. $4x^3+2x^2-x+26$을 $x+2$로 나누어라.

[31~34] 완벽하게 인수분해하시오.

31. $16x-x^3$

32. $24m^2+2m-15$

33. $8x^3+27y^3$

34. $9x^2-30xy+25y^2$

[35~37] 표시된 연산을 수행하고 각 대답을 가장 낮은 항으로 표현하시오. 분모는 0이 아니라고 가정하자.

35. $\frac{x^2-3x-10}{x^2+3x+2}\cdot\frac{x^2-2x-3}{x^2+2x-15}$

36. $\frac{3}{2-k}-\frac{5}{k}+\frac{6}{k^2-2k}$

37. $\frac{\frac{r}{s}-\frac{s}{r}}{\frac{r}{s}+1}$

[38~39] 각 무리식을 간단히 하시오.

38. $\sqrt[3]{\frac{27}{16}}$

39. $\frac{2}{\sqrt{7}-\sqrt{5}}$

[40~41] 각 문제를 푸시오.

40. 트리는 12마일은 자전거를 타고 가고, 8마일은 걸어갔다. 여행한 총 시간은 5시간이다. 걷는 동안 그의 속도가 자전거를 타는 속도보다 10mph가 더 낮다면, 각각의 속도는 얼마인가?

41. 두 대의 차가 같은 시간에 교차로를 나섰고, 한대는 남쪽으로 향하고 다른 한대는 동쪽으로 향했다. 그 후에 그들은 정확히 95마일 떨어져 있다. 동쪽으로 가는 차는 남쪽으로 가는 차의 두 배보다 38마일 적게 갔다. 각각의 차들은 얼마나 멀리까지 이동했는가?

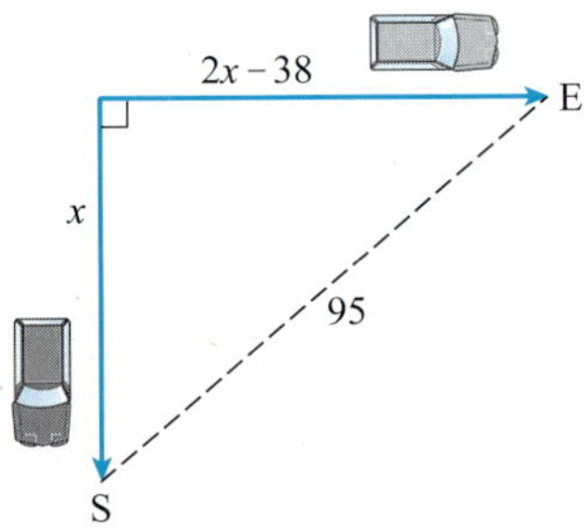

현금 자동 입출금기(ATM)가 있는 오늘날, 사람들은 반응이 없는 음료수 자판기를 직면했을 때 하던 행동을 ATM기에 하듯이 말을 한다고 한다. 다음은 ATM기와 대화하는 미국, 영국, 독일 사람들의 비율과 그들이 말하는 것에 대한 것이다.

	미국	영국	독일
ATM에 감사하기	22%	24%	14%
ATM 욕하기	31%	41%	53%
ATM 재촉하기	47%	36%	33%

출처: BMRB International for NCR.

[42~45] 3000명의 무작위 표본 중에서, 각 범주에 몇 명이 들어가겠는가?

42. ATM을 욕하는 미국인들

43. ATM에 감사하는 영국 사람들

44. ATM을 재촉하는 독일 사람들

45. 감사하는 미국인보다 욕하는 독일 사람들이 얼마나 더 많은가?

10장

역함수, 지수함수와 로그함수

10.1 역함수

학·습·목·표

1. 함수가 일대일 함수인지 결정하고, 만약 그렇다면 그 역함수를 찾는다.
2. 수평선을 이용하여 함수가 일대일인지 결정한다.
3. 함수의 역함수 방정식을 찾는다.
4. f 그래프로부터 f^{-1} 그래프를 그린다.
5. 그래프 계산기를 사용하여 역함수를 그린다.

이 장에서는 함수의 두 가지 중요한 유형인 지수함수와 로그함수를 공부한다. 이 함수들은 특별한 방식, 즉 서로의 역함수로 관련되어 있다. 일반적으로 역함수를 논의함으로써 시작한다.

목표 1 함수가 일대일 함수인지 결정하고, 만약 그렇다면 그 역함수를 찾는다

함수

$$G=\{(-2,2),(-1,1),(0,0),(1,3),(2,5)\}$$

를 정의한다고 가정하자. G에서 각 순서쌍의 x와 y값을 교환하여 G로부터 다른 순서쌍을 만들 수 있다. 이 집합을 F라 부르고

$$F=\{(2,\ -2),(1,\ -1),(0,0),(3,1),(5,2)\}$$

이다. 두 집합이 관련되어 있음을 보이기 위해 F는 G의 역이라고 불린다. 함수 f가 역함수를 가지려면 f는 일대일 함수여야 한다.

일대일 함수

일대일 함수에서 각 x값은 단 하나의 y값에 대응되고, 각 y값은 단 하나의 x값에 대응된다.

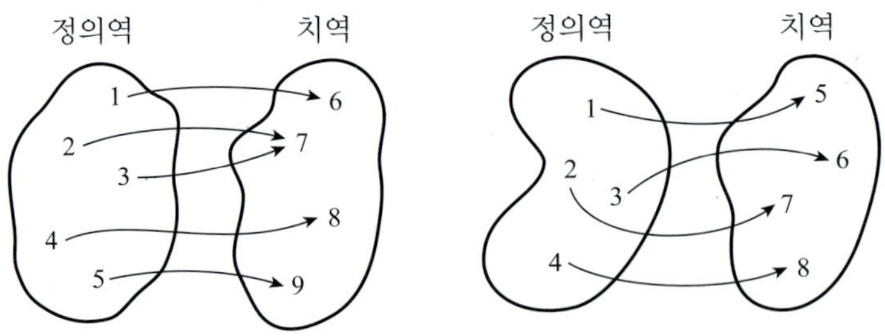

(a) 일대일이 아니다 (b) 일대일

그림 1

그림 1(a)의 함수는 y값 7이 2개의 x값 2와 3에 대응되기 때문에 일대일이 아니다. 즉, 순서쌍 $(2,7)$과 $(3,7)$ 둘 다 함수에 속한다. 그림 1(b)의 함수는 일대일이다.

임의의 일대일 함수 f의 역함수는 f의 순서쌍의 성분을 교환함으로써 찾는다. f의 역함수는 f^{-1}라 쓴다. f^{-1}을 "f의 역함수"라고 읽는다.

> ⓘ 주의 기호 $f^{-1}(x)$는 $\dfrac{1}{f(x)}$을 나타내지 않는다.

함수의 역함수의 정의는 다음과 같다.

함수의 역

f^{-1}로 표시된 일대일 함수 f의 **역함수**는 f에 속하는 (x, y)에 대하여, (y, x)의 순서쌍의 집합이다. 역함수는 x와 y를 교환함으로써 형성되므로, f의 정의역은 f^{-1}의 치역이 되고 f의 치역은 f^{-1}의 정의역이 된다.

함수 f와 f^{-1}에 대해서,

$$f(f^{-1}(x)) = x \text{ 이고 } \quad f^{-1}(f(x)) = x$$

이다.

예제 1 일대일 함수의 역함수를 찾는다

각 일대일 함수의 역함수를 찾아라.

(a) $F = \{(-2, 1),\ (-1, 0),\ (0, 1),\ (1, 2),\ (2, 2)\}$

풀이 F의 각 x값은 하나의 y값에 대응한다. 그러나 y값 2는 2개의 x값인 1과 2에 대응된다. 또한 y값 1은 -2와 0에 대응된다. 일부 y값은 둘 이상의 x값에 대응되므로 F는 일대일이 아니고 역함수를 가지지 않는다.

(b) $G = \{(3, 1),\ (0, 2),\ (2, 3),\ (4, 0)\}$

풀이 G의 모든 x값은 하나의 y값에 대응하고 모든 y값은 하나의 x값에 대응되므로, G는 일대일 함수다. 역함수는 각 순서쌍의 x와 y값을 교환하여 찾는다.

$$G^{-1} = \{(1, 3),\ (2, 0),\ (3, 2),\ (0, 4)\}$$

G의 정의역과 치역이 각각 G^{-1}의 치역과 정의역이 되는 방법에 주목하라.

(c) 미국 환경 보호국은 오염물질 표준 지수(PSI)라고 불리는 대기질 지표를 개발하고 표시한다. 특정 날짜에 PSI가 100을 초과하면 그 날은 건강에 좋지 않은 것으로 분류된다. 이 표는 1991년부터 1997년까지 시카고의 건강에 해로운 날의 수를 보여준다.

연도	건강에 해로운 일수
1991	21
1992	4
1993	3
1994	8
1995	21
1996	6
1997	9

출처: 미국 환경보호국

f를 표에 정의된 함수로 놓고 연도가 정의역을 형성하고 건강에 해로운 날의 숫자가 치역을 형성하게 한다. 두 가지 다른 해(1991년과 1995년)에서 건강에 해로운 날의 수는 같았기 때문에 f는 일대일이 아니다.

연습문제 1, 9, 11을 풀어보자.

목표 2 수평선을 이용하여 함수가 일대일인지 결정한다 함수를 정의하는 방정식을 보고 함수가 일대일인지 여부를 결정하는 것은 어려울 수 있다. 그러나 함수를 그래프로 나타내고 그래프를 관찰함으로써 수평선법을 이용하여 함수가 일대일인지 여부를 알 수 있다.

수평선 방법

어떤 수평선이 함수의 그래프와 한 점 이상 교차하지 않으면 함수는 일대일이다.

수평선 방법은 일대일 함수의 정의에서 따른다. 동일한 수평선에 있는 두 점은 같은 y좌표를 가진다. 일대일 함수에 속하는 2개의 순서쌍은 동일한 y좌표를 가질 수 없기 때문에 수평선은 일대일 함수의 그래프와 두 번 이상 교차하지 않는다.

예제 2 수평선 이용하기

수평선을 이용하여 그림 2와 3의 그래프가 일대일 함수의 그래프인지 확인하라.

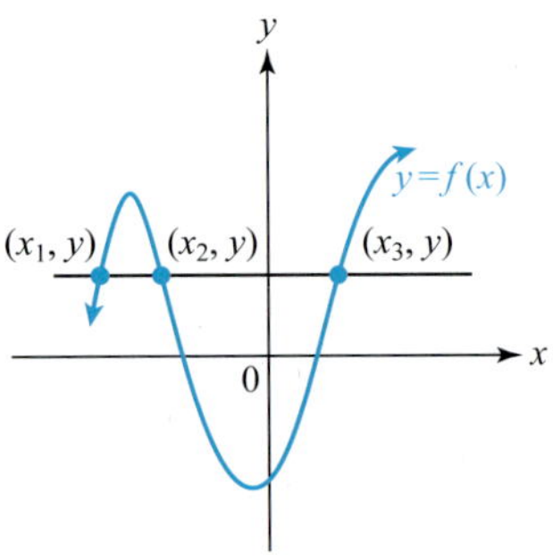

그림 2

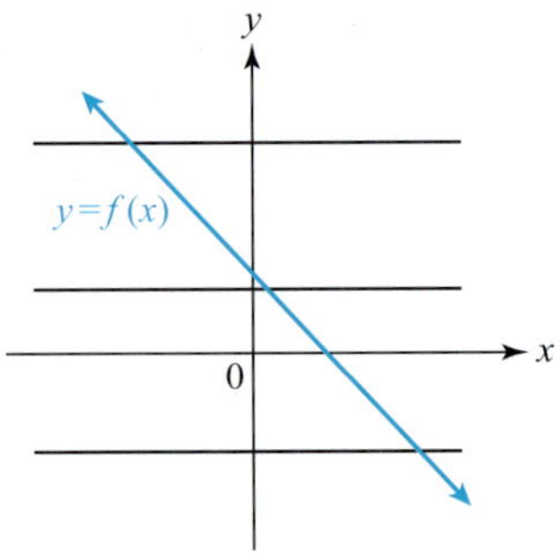

그림 3

그림 2에 보이는 수평선은 하나 이상의 점(실제로는 3점)에서 그래프와 교차하기 때문에, 이 함수는 일대일이 아니다. 그림 3의 그래프는 모든 수평선과 정확하게 한 점에서 교차하므로 이 함수는 일대일이다. ■

✎연습문제 7을 풀어보자.

목표 3 함수의 역함수 방정식을 찾는다 정의에 의해 함수의 역함수는 각 순서쌍의 x와 y값을 교환함으로써 찾을 수 있다. $y=f(x)$로 정의된 함수의 역함수 방정식도 같은 방식으로 나타난다.

$y=f(x)$의 역함수 방정식 찾기

방정식 $y=f(x)$로 정의된 일대일 함수 f에 대해, 다음과 같이 역함수로 정의된 방정식을 찾는다.

1단계 x와 y를 교환한다.

2단계 y에 대하여 푼다.

3단계 y를 $f^{-1}(x)$로 바꾼다.

예제 3 역함수 방정식 찾기

각 방정식이 일대일 함수를 정의하는지 결정하시오. 만약 그렇다면 역함수의 방정식을 찾으시오.

(a) $f(x)=2x+5$

풀이 $y=2x+5$의 그래프는 비수직선이기 때문에 수평선 방법에 의해 f는 일대일 함수다. 역함수를 찾기 위해서, $y=f(x)$라 놓으면

$$
\begin{aligned}
y &= 2x+5 & & \\
x &= 2y+5 & & x\text{와 } y\text{를 교환한다. (1단계)} \\
2y &= x-5 & & y\text{에 대하여 푼다. (2단계)} \\
y &= \frac{x-5}{2} & & \\
f^{-1}(x) &= \frac{x-5}{2}. & & \text{(3단계)}
\end{aligned}
$$

따라서 f^{-1}는 선형함수이다. $y=2x+5$로 정의된 함수에서 y의 값은 x의 값으로 시작하여 2를 곱하고 5를 더해서 구한다. 역의 등식은 5를 뺀 다음 2로 나눈다. 이것은 역함수가 변수 x에 대해 함수가 한 일을 '취소'하는 방법을 보여준다.

(b) $y=x^2+2$

풀이 이 방정식은 그래프로 수직 포물선을 갖기 때문에 일부 수평선은 두 지점에서 그래프를 교차한다. 예를 들어, $x=3$과 $x=-3$은 모두 $y=11$에 대응된다. x^2항이 있기 때문에 같은 y값에 대응하는 많은 x값들의 쌍이 있다. 즉, $y=x^2+2$로 정의된 함수는 일대일이 아니며 역함수를 갖지 않는다.

이것이 알려지지 않은 경우, 역함수의 방정식을 찾는 단계를 수행하면

$$y = x^2 + 2$$
$$x = y^2 + 2 \quad x\text{와 } y\text{를 교환한다.}$$
$$x - 2 = y^2 \quad y\text{에 대하여 푼다.}$$
$$\pm\sqrt{x-2} = y. \quad \text{제곱근 성질}$$

마지막 단계는 $x > 2$의 각 선택에 대해 2개의 y값이 있다는 것을 보여주므로 주어진 함수는 일대일이 아니며 역함수를 가질 수 없다.

(c) $f(x) = (x-2)^3$

풀이 3차함수의 그래프가 일대일임을 확인하려면 5.3절을 참조하시오.

$$y = (x-2)^3 \quad f(x)\text{를 } y\text{로 바꾼다.}$$
$$x = (y-2)^3 \quad x\text{와 } y\text{를 교환한다.}$$
$$\sqrt[3]{x} = \sqrt[3]{(y-2)^3} \quad \text{양변에 세제곱근을 취한다.}$$
$$\sqrt[3]{x} = y - 2$$
$$\sqrt[3]{x} + 2 = y \quad y\text{에 대하여 푼다.}$$
$$f^{-1}(x) = \sqrt[3]{x} + 2 \quad y\text{를 } f^{-1}(x)\text{로 바꾼다.}$$

■

✎연습문제 13, 17, 19를 풀어보자.

목표 4 f 그래프로부터 f^{-1} 그래프를 그린다 함수 f의 역함수를 그래프로 표시하는 한 가지 방법은 f에 속하는 순서쌍을 찾고, x와 y를 교환하여 f^{-1}에 속하는 순서쌍을 얻고 그 점을 찍는다. 점들을 통해 f^{-1}의 그래프를 스케치한다. 더 간단한 방법은 f의 그래프에서 점을 선택하고 대칭을 사용하여 f^{-1}의 그래프에서 대응되는 점을 찾는 것이다.

예를 들어, 그림 4에 보이는 점 (a, b)가 일대일 함수 f에 속한다고 가정하자. 그러면 점 (b, a)는 f^{-1}에 속한다. (a, b)와 (b, a)를 연결하는 선분은 직선 $y=x$와 수직이고 이등분된다. 점 (a, b)와 (b, a)는 $y=x$에 대해 서로의 '대칭 이미지'이다. 이러한 이유로 직선 $y=x$에 관하여 f의 각 점의 대칭 이미지를 위치시킴으로써 f의 그래프로부터 f^{-1}의 그래프를 찾을 수 있다.

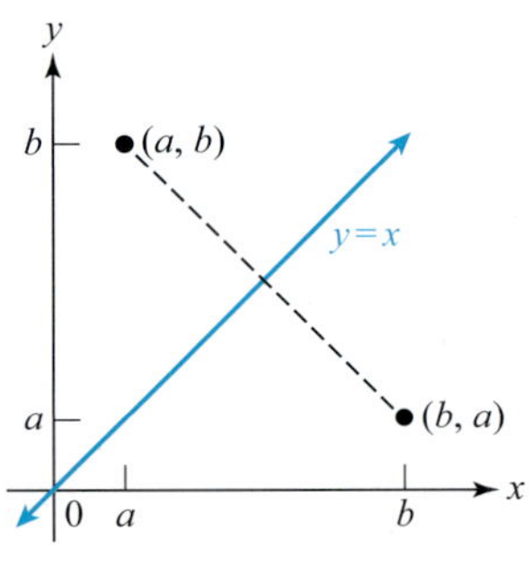

그림 4

예제 4 역함수를 그래프로 나타내기

그림 5에서 함수 f(파란색으로 표시)의 역함수를 그려라.

풀이 그림 5에서 두 함수 f의 그래프는 파란색으로 표시된다. 그들의 역함수는 점선으로 표시된다. 각각의 경우, f^{-1}의 그래프는 직선 $y=x$에 대한 f의 그래프의 반사이다.

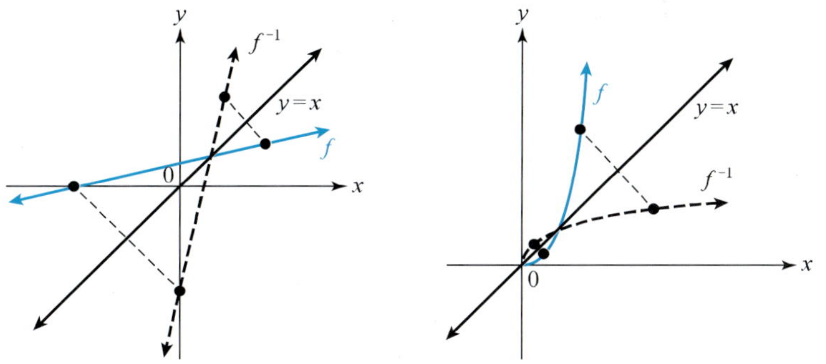

그림 5

연습문제 25, 29를 풀어보자.

목표 5 그래프 계산기를 사용하여 역함수를 그린다 일대일 함수의 역이 대수적으로 어떻게 결정되는지를 설명했다. 또한 일대일 함수 f의 그래프가 그 역 f^{-1}의 그래프와 어떻게 비교되는지를 설명했다. 이는 직선 $y=x$를 가로지르는 f^{-1}의 그래프를 반사한 것이다. 예제 3에서 $f(x)=2x+5$에 의해 정의된 일대일 함수의 역함수는 $f^{-1}(x)=\dfrac{x-5}{2}$로 주어진다. 그래프 계산기의 사각형 보기 창을 사용한다면 $y_1=f(x)=2x+5$, $y_2=f^{-1}(x)=\dfrac{x-5}{2}$, $y_3=x$일 때 이 반사가 화면에 어떻게 나타나는지를 볼 수 있다. (그림 6 참고)

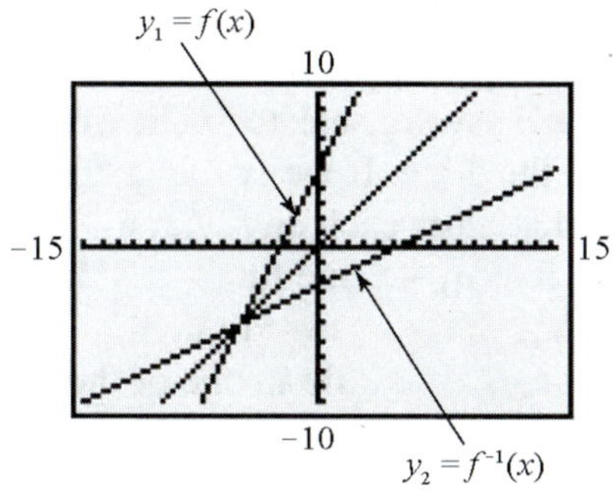

그림 6

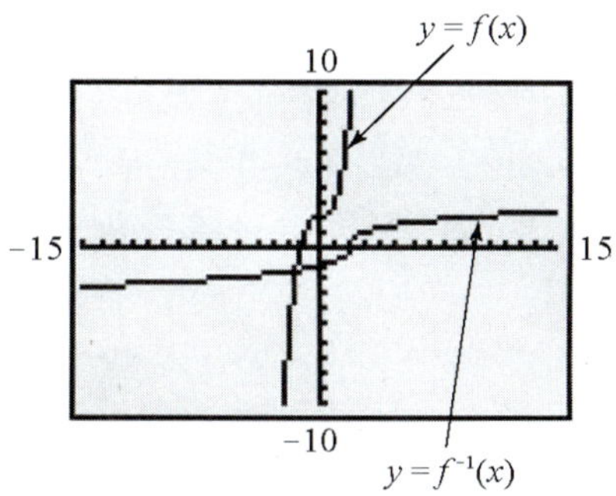

그림 7

일부 그래프 계산기는 함수의 역을 '그릴' 수 있는 기능을 가지고 있다. 그림 7은 사각형 보기 창에서 $f(x)=x^3+2$와 그 역의 그래프를 보여준다.

10.1 연습문제

[1~4] 몇 문장으로 설명하라. (예제 1)

1. 이 표는 슈퍼펀드(Superfund) 프로그램에 따라 치료법이 필요한지 여부를 결정하기 위해 추가 조사가 필요한 통제되지 않은 유해 폐기물 부지의 수를 보여준다. 나열된 7개의 주는 미국에서 상위 10위 안에 든다.
이 통신문이 각 주를 통제되지 않은 폐기물 부지 수와 짝을 이루는 함수로 간주되는 경우 일대일로 대응하는가? 그렇지 않다면 그 이유를 설명하시오(예제 1(c) 참조).

주	사이트 수
뉴저지	108
펜실베니아	101
캘리포니아	94
뉴욕	79
플로리다	53
일리노이	40
위스콘신	40

출처: 미국 환경 보호국.

2. 이 표는 1992년부터 1998년까지 미국에서 주요 대기 오염 물질인 일산화탄소의 배출량을 보여준다.
이 대응이 매년 배출량과 쌍을 이루는 함수로 간주된다면 일대일인가? 그렇지 않다면 그 이유를 설명하시오.

연도	배출량(천톤)
1992	97,630
1993	98,160
1994	102,643
1995	93,353
1996	95,479
1997	94,410
1998	89,454

출처: 미국 환경 보호국

3. 콜로라도 주 덴버(Denver, Colorado)와 미국 일부 도시의 도로 주행 거리가 표에 나와 있다. 이것을 각 도시와 거리를 짝 지어주는 함수로 생각하면 일대일 함수인가? 이 거리에 1마일을 더한다면 이 질문에 대한 답을 어떻게 바꿀 수 있는가?

시	덴버까지의 거리(마일)
아틀란타	1398
달라스	781
인디애나폴리스	1058
미주리주 캔자스시티	600
로스앤젤레스	1059
샌프란시스코	1235

4. x가 수학 수업에 있는 학생을 나타내고 y가 그 학생의 어머니를 나타내는 순서쌍 (x, y)의 집합을 고려하자. 이 함수가 어떻게 일대일 함수가 아닌지 설명하시오.

[5~8] 주어진 목록에서 올바른 답을 선택하시오.

5. 동일한 y값이 2개의 다른 x값과 대응하는 방식으로 함수가 순서쌍으로 구성된 경우
   A. 함수는 일대일이다.
   B. 함수는 일대일이 아니다.
   C. 그 그래프는 수직선 방법을 통과하지 못한다.
   D. 그것과 관련된 역함수를 가지고 있다.

6. 어떤 방정식이 일대일 함수를 정의하는가? 일대일 함수가 아니면 숫자를 예로 들어 함수가 일대일이 안 되는 이유를 설명하시오.
   A. $f(x)=x$　　B. $f(x)=x^2$　　C. $f(x)=|x|$　　D. $f(x)=-x^2+2x-1$

7. 그래프 중 하나만 일대일 함수를 보여준다. 어떤 것인가? (예제 2 참조)

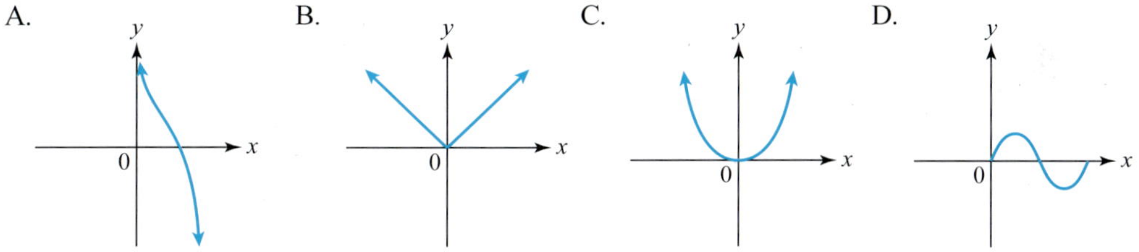

8. 함수 f가 일대일이고 점 (p, q)가 f의 그래프에 있는 경우, 어느 점이 f^{-1}의 그래프에 있어야 하는가?
   A. $(-p, q)$　　B. $(-q, -p)$　　C. $(p, -q)$　　D. (q, p)

[9~20] 함수가 일대일 함수일 경우 그 역함수를 찾으시오. (예제 1~3)

9. $\{(3, 6), (2, 10), (5, 12)\}$

10. $\left\{(-1, 3), (0, 5), (5, 0), \left(7, -\frac{1}{2}\right)\right\}$

11. $\{(-1, 3), (2, 7), (4, 3), (5, 8)\}$

12. $\{(-8, 6), (-4, 3), (0, 6), (5, 10)\}$

13. $f(x)=2x+4$

14. $f(x)=3x+1$

15. $g(x)=\sqrt{x-3},\ x \geq 3$

16. $g(x)=\sqrt{x+2},\ x \geq -2$

17. $f(x)=3x^2+2$

18. $f(x)=-4x^2-1$

19. $f(x)=x^3-4$

20. $f(x)=x^3-3$

[21~24] $f(x)=2^x$라고 하자. 다음 절에서 이 함수가 일대일이라는 것을 알 수 있다. (b) 전에 항상 (a)의 각 값을 찾으시오.

21. (a) $f(3)$　　(b) $f^{-1}(8)$

22. (a) $f(4)$　　(b) $f^{-1}(16)$

23. (a) $f(0)$ (b) $f^{-1}(1)$ 24. (a) $f(-2)$ (b) $f^{-1}\left(\frac{1}{4}\right)$

[25~30] 아래는 함수의 그래프이다. (a) 수평선 방법을 사용하여 함수가 일대일인지 여부를 결정하여라. (b) 함수가 일대일 함수일 경우, 그의 역함수를 그려라. (f가 일대일이고 (a, b)가 f의 그래프에 있다면, (b, a)는 f^{-1}의 그래프에 있음을 기억하라.) (예제 4)

25.

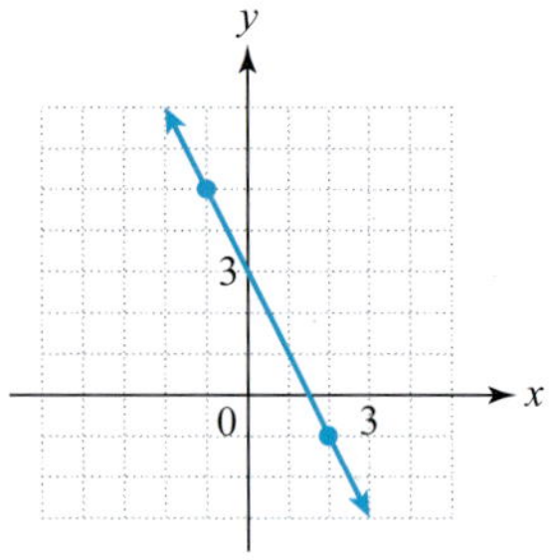

26.

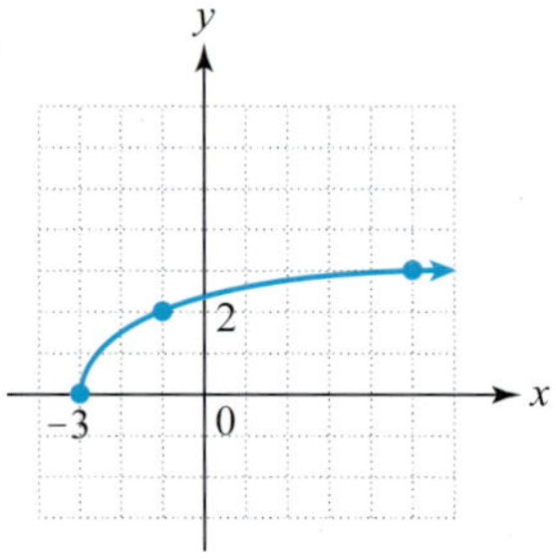

27.

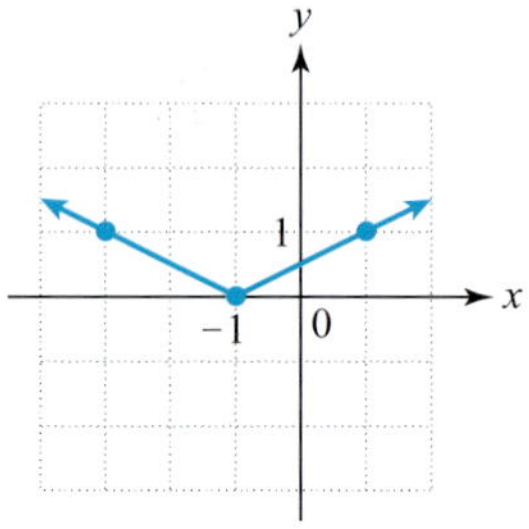

28.

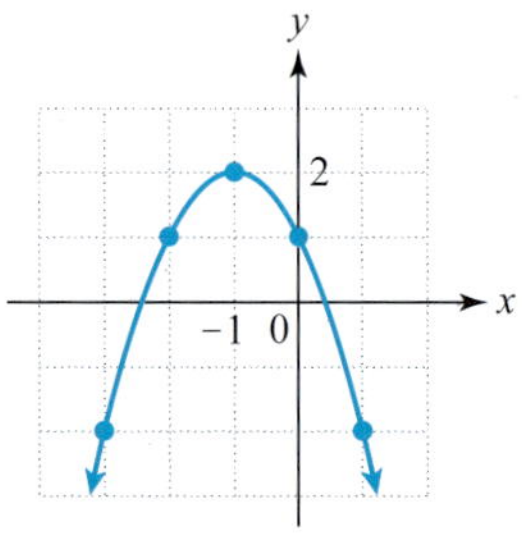

29.

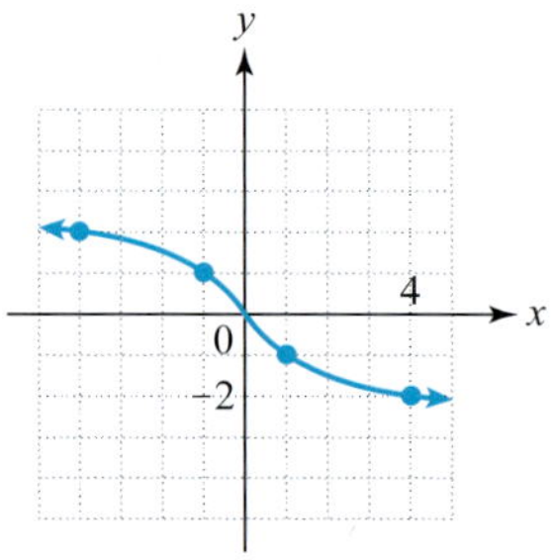

30.

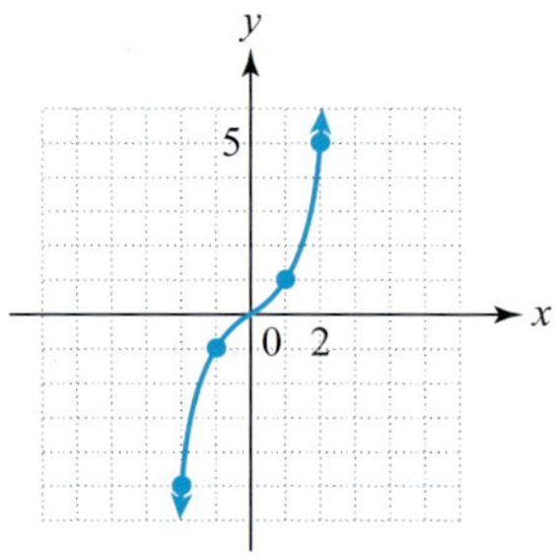

[31~38] 다음에 정의된 각 함수는 일대일 함수이다. 이 함수를 실선(또는 곡선)으로 그래프화한 다음 그 역함수를 점선(또는 곡선)으로 같은 좌표평면에 그래프로 표시하라. 좀 더 쉽게 그래프를 작성할 수 있도록 표를 완성하라. (예제 4)

31. $f(x)=2x-1$ 32. $f(x)=2x+3$ 33. $g(x)=-4x$ 34. $g(x)=-2x$

35. $f(x)=\sqrt{x},\ x \geq 0$

x	$f(x)$
0	
1	
4	

36. $f(x)=-\sqrt{x},\ x \geq 0$

x	$f(x)$
0	
1	
4	

37. $f(x)=x^3-2$

x	$f(x)$
−1	
0	
1	
2	

38. $f(x)=x^3+3$

x	$f(x)$
−2	
1	
0	
1	

관련 개념(문제 39~42)

개인 또는 그룹 과제용

역함수는 정부 기관 및 기타 사업자가 암호화된 정보를 송수신하는 데 사용된다. 그들이 사용하는 함수는 일반적으로 매우 복잡하다. 간단한 예제는 $f(x)=2x+5$에 의해 정의된 함수를 사용할 수 있다. (그것은 일대일이다.) 알파벳의 각 문자에는 다음과 같이 위치에 따라 숫자 값이 할당된다고 가정해 보자.

A	1	G	7	L	12	Q	17	V	22
B	2	H	8	M	13	R	18	W	23
C	3	I	9	N	14	S	19	X	24
D	4	J	10	O	15	T	20	Y	25
E	5	K	11	P	16	U	21	Z	26
F	6								

이 함수를 사용하면

$$f(A)=f(1)=2(1)+5=7,\quad f(L)=f(12)=2(12)+5=29,\ \cdots$$

이기 때문에 ALGEBRA라는 단어는

7 29 19 15 9 41 7

로 암호화된다. 메시지는 $f^{-1}(x)=\dfrac{x-5}{2}$로 정의된 f의 역함수를 사용하여 해독된다. 예를 들어,

$$f^{-1}(7)=\frac{7-5}{2}=1=A,\ f^{-1}(29)=\frac{29-5}{2}=12=L,\ \cdots.$$

[39~40] 순서대로 풀어라.

39. 당신이 수사기관의 요원이고 당신의 암호에 대한 오늘의 함수가 $f(x)=4x-5$로 정의되어 있다고 가정하자. 대수적으로 f^{-1}에 대한 규칙을 찾으시오.

40. 당신은 오늘 다음의 암호화된 메시지를 받았다. (왼쪽에서 오른쪽으로 읽어라.)

47 95 23 67 −1 59 27 31 51 23 7 −1 43 7 79 43 −1 75 55 67
31 71 75 27 15 23 67 15 -1 75 15 71 75 75 27 31 51
23 71 31 51 7 15 71 43 31 7 15 11 3 67 15 -1 11

[41~42] 앞에서 설명한 문자/숫자 지정을 사용하여 메시지를 해독하시오.

41. 이 암호화/해독화 방법에서 일대일 함수가 필수적인 이유는 무엇인가?

42. 앞에서 설명한 문자/숫자 지정과 $f(x)=x^3+4$를 사용하여 당신의 이름을 암호화하여라.

[43~46] 정의된 각 함수는 일대일이다. 역함수를 대수적으로 찾고 동일한 그래프 계산기 화면에 함수와 그 역함수를 모두 그래프로 나타내시오. 사각형 보기 창을 사용하시오. (목표 5)

43. $f(x)=2x-7$ 44. $f(x)=-3x+2$ 45. $f(x)=x^3+5$ 46. $f(x)=\sqrt[3]{x+2}$

[47~50] 일부 그래프 계산기는 함수가 일대일이 아닌 경우에도 역함수를 그리는 기능을 가지고 있다. 따라서 역은 기술적으로 함수가 아니지만 관계이다. 예를 들어, $y=x^2$과 $x=y^2$의 그래프는 사각형 보기 창을 사용하여 화면에 표시되었다.

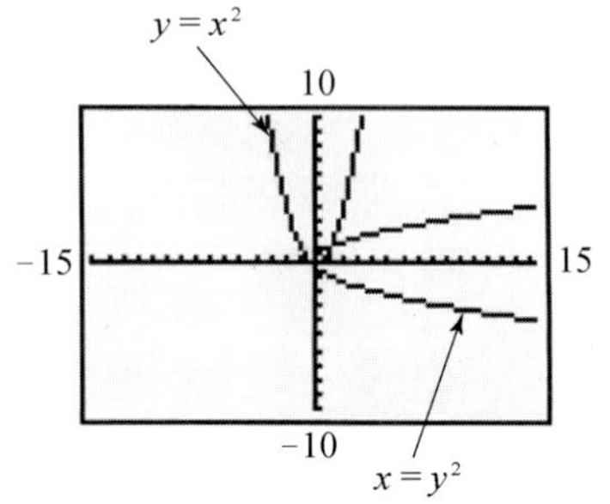

사용 설명서에 이 기능이 있는지 확인하시오. 그렇다면 Y_1과 그 역을 동일한 사각형 창에 그려라.

47. $Y_1=X^2+3X+4$ 48. $Y_1=X^3-9X$

49. 연습문제 47의 함수의 '역'이 이 절에서 주어진 역의 정의를 실제로 만족시키지 못하는 이유를 설명하시오.

50. 어떤 점에서 $y=x^2$과 $x=y^2$의 그래프가 교차하는가? (위의 그래프를 보시오.) 대수적 방법을 사용하여 이를 검증하시오.

10.2 지수함수

학·습·목·표

1. 지수함수를 정의한다.
2. 지수함수의 그래프를 그린다.
3. x에 대해 $a^x = a^k$ 형식의 지수방정식을 푼다.
4. 성장 또는 부패와 관련된 응용 분야에서 지수함수를 사용한다.

목표 1 지수함수를 정의한다 8.2절에서 x의 유리수 값에 대해 2^x을 계산하는 방법을 보였다. 예를 들어,

$$2^3 = 8, \quad 2^{-1} = \frac{1}{2}, \quad 2^{1/2} = \sqrt{2}, \quad \text{그리고} \quad 2^{3/4} = \sqrt[4]{2^3} = \sqrt[4]{8}.$$

고급 과정에서는 2^x이 유리수와 무리수인 x의 모든 실수 값에 대해 존재한다는 것을 보여준다. (이 장의 뒷부분에서 무리수 x에 대해 2^x의 값을 근사화하는 방법을 보게 될 것이다.) 다음과 같은 지수함수의 정의는 모든 실수 x에 대해 a^x이 존재함을 가정한 것이다.

지수함수

$a > 0$, $a \neq 1$이다. 모든 실수 x에 대해

$$f(x) = a^x$$

은 밑 a를 갖는 지수함수를 정의한다.

참고 지수함수의 정의에서 a에 대한 두 가지 제한은 중요하다. a가 양수여야 한다는 제한은 함수가 모든 실수 x에 대해 정의되기 위해 필요하다. 예를 들어, a를 음수(예를 들면, $a = -2$)로 놓고 $x = \frac{1}{2}$로 하면 식 $(-2)^{1/2}$은 실수가 아니다. 또 다른 제한은 $a \neq 1$이다. 왜냐하면 1의 임의의 거듭제곱은 1과 같으므로 함수는 $f(x) = 1$에 의해 정의된 선형함수가 되기 때문이다.

목표 2 지수함수의 그래프를 그린다 함수에 속하는 여러 개의 순서쌍을 찾아 이들 점을 그리고 부드러운 곡선으로 연결하여 지수함수를 그린다.

주의 그래프가 얼마나 빨리 올라가는지 보려면 충분한 점을 그려야 한다.

예제 1 $a>1$인 지수함수를 그래프로 나타내기

$f(x)=2^x$의 그래프를 그려라.

풀이 몇 개의 x값을 선택하고 대응하는 $f(x)$의 값을 찾으시오.

x	-3	-2	-1	0	1	2	3	4
$f(x)=2^x$	$\frac{1}{8}$	$\frac{1}{4}$	$\frac{1}{2}$	1	2	4	8	16

이러한 점들을 그리고 그것들을 통해 매끄러운 곡선을 그리면 그림 8과 같은 파란색 그래프가 나타난다. 이 그래프는 $a>1$인 $F(x)=a^x$인 지수함수의 전형적인 그래프이다. a의 값이 클수록 그래프가 빠르게 증가한다. 이를 보기 위해 그림 8에서 $F(x)=5^x$의 점선 그래프와 $f(x)=2^x$의 그래프를 비교하시오.

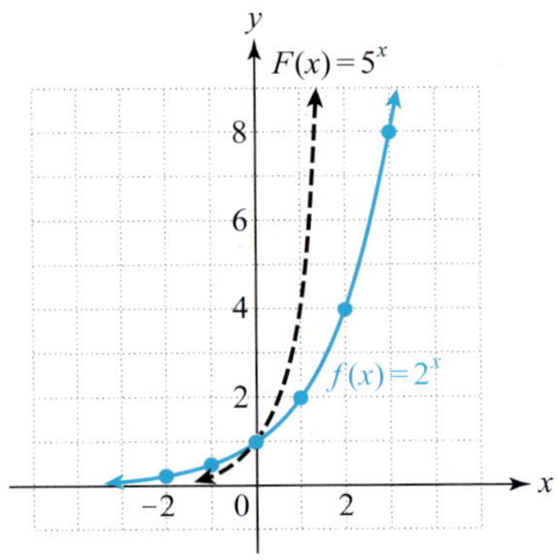

그림 8

수직선 방법에 의해 그림 8의 그래프는 함수를 나타낸다. 이러한 그래프에서 알 수 있듯이 지수함수의 정의역에는 모든 실수가 포함된다. y는 항상 양수이므로 치역은 $(0, \infty)$이다. 그림 8은 또한 $a>1$인 지수함수의 중요한 특성을 보여준다. x가 커질수록 y는 더 빠르게 증가한다. ■

연습문제 5를 풀어보자.

예제 2 $a<1$인 지수함수의 그래프 그리기

$g(x)=\left(\frac{1}{2}\right)^x$의 그래프를 그려라.

풀이 다시 그래프에서 몇 개의 점을 찾는다.

x	-3	-2	-1	0	1	2	3
$g(x)=\left(\frac{1}{2}\right)^x$	8	4	2	1	$\frac{1}{2}$	$\frac{1}{4}$	$\frac{1}{8}$

그림 9에 표시된 그래프는 동일한 정의역과 치역을 가진 $f(x)=2^x$ (그림 8)의 그래프와 매우 유사하다. 단 x가 커지면 y는 감소한다. 이 그래프는 $0<a<1$인 $F(x)=a^x$ 형식의 함수의 전형적인 그래프이다.

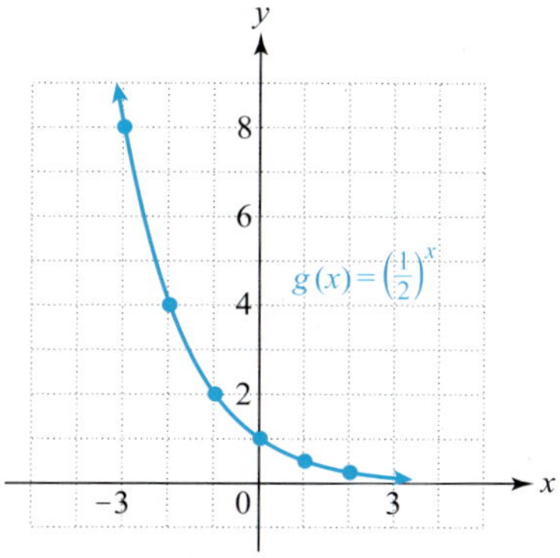

그림 9

✎연습문제 7을 풀어보자.

예제 1과 2를 바탕으로, $F(x)=a^x$ 형태의 지수함수의 그래프에 대해 다음과 같이 일반화한다.

$F(x)=a^x$의 그래프

1. 그래프는 점 $(0, 1)$을 포함한다.
2. $a>1$일 때, 그래프는 왼쪽에서 오른쪽으로 올라간다. $0<a<1$일 때 그래프는 왼쪽에서 오른쪽으로 내려간다. 두 경우 모두 그래프는 제2사분면에서 제1사분면으로 이동한다.
3. 그래프는 x축에 접근하지만 절대로 만나지 않는다. (7장에서 그러한 직선을 **점근선**이라 부른다.)
4. 정의역은 $(-\infty, \infty)$이고 치역은 $(0, \infty)$이다.

예제 3 보다 복잡한 지수함수의 그래프 그리기

$f(x)=3^{2x-4}$의 그래프를 그려라.

풀이 몇 개의 순서쌍을 찾는다.

$$x=0\text{이면, } y=3^{2(0)-4}=3^{-4}=\frac{1}{81}.$$

$$x=2\text{이면 } y=3^{2(2)-4}=3^0=1.$$

이러한 순서쌍 $\left(0, \frac{1}{81}\right)$과 $(2, 1)$은 표에 표시된 다른 순서쌍과 함께 그림 10의 그래프로 이어진다. 그래프는 오른쪽으로 이동하고 더 빠르게 상승하는 것을 제외하고는 $f(x)=3^x$의 그래프와 유사하다.

x	y
0	$\frac{1}{81}$
1	$\frac{1}{9}$
2	1
3	9

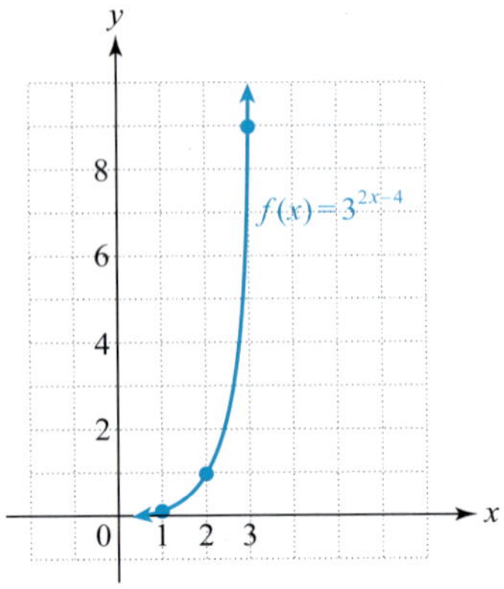

그림 10

✎연습문제 11을 풀어보자.

목표 3 **x에 대해 $a^x = a^k$ 형식의 지수방정식을 푼다** 이 장까지 $x^2 = 8$과 같이 모든 지수는 상수이고 밑에 변수가 있는 방정식만 풀었다. 지수방정식은

$$9^x = 27$$

과 같이 지수에 변수가 있는 방정식이다.

수평선 방법에 의해 $F(x) = a^x$에 의해 정의된 지수함수는 일대일 함수이므로 많은 지수방정식을 풀기 위해 다음 성질을 사용할 수 있다.

지수 방정식을 풀기 위한 성질

$a > 0$이고 $a \neq 1$인 경우 $a^x = a^y$이면 $x = y$이다.

이 성질은 $a = 1$인 경우 참일 필요는 없다. 이 성질을 사용하여 지수방정식을 풀려면 다음 단계를 따른다.

지수방정식 풀기

1단계 각 변은 같은 밑을 가져야 한다. 방정식의 두 변이 같은 밑을 가지고 있지 않다면 가능한 한 각각을 같은 밑의 거듭제곱으로 표현한다.

2단계 필요한 경우 지수법칙을 사용하여 지수를 단순화한다.

3단계 이 절에 주어진 성질을 사용하여 지수를 동일하게 설정한다.

4단계 3단계에서 얻은 방정식을 푼다.

> ⓘ **참고** 1단계를 쉽게 수행할 수 없기 때문에 이러한 단계는 $3^x = 12$와 같은 지수방정식에 적용할 수 없다. 그러한 방정식을 푸는 방법은 10.6절에 주어진다.

예제 4 지수방정식 풀기

방정식 $9^x = 27$을 풀어라.

풀이 양 변이 같은 밑으로 쓰여 있다면 앞에서 설명한 성질을 사용할 수 있다.

$9^x = 27$	
$(3^2)^x = 3^3$	같은 밑으로 쓴다. $9 = 3^2$이고 $27 = 3^3$. (1단계)
$3^{2x} = 3^3$	지수법칙 (2단계)
$2x = 3$	$a^x = a^y$이면, $x = y$. (3단계)
$x = \dfrac{3}{2}$	(4단계)

원래의 방정식에 x에 $\frac{3}{2}$을 대입하여 해집합이 $\left\{\frac{3}{2}\right\}$인지 확인한다. ■

✎ 연습문제 17을 풀어보자.

예제 5 지수방정식 풀기

각 방정식을 풀어라.

(a) $4^{3x-1} = 16^{x+2}$

$(2^2)^{3x-1} = (2^4)^{x+2}$	같은 밑으로 쓴다. $4 = 2^2$이고 $16 = 2^4$.
$2^{6x-2} = 2^{4x+8}$	지수법칙
$6x - 2 = 4x + 8$	지수를 동일하게 놓는다.
$2x = 10$	$4x$를 빼고, 2를 더한다.
$x = 5$	2로 나눈다.

해집합이 $\{5\}$인지 확인한다.

(b) $6^x = \dfrac{1}{216}$

$6^x = \dfrac{1}{6^3}$	$216 = 6^3$
$6^x = 6^{-3}$	같은 밑으로 쓴다. $\frac{1}{6^3} = 6^{-3}$.
$x = -3$	지수를 동일하게 놓는다.

해집합이 $\{-3\}$인지 확인한다.

(c) $\left(\dfrac{2}{3}\right)^x = \dfrac{9}{4}$

$$\left(\frac{2}{3}\right)^x = \left(\frac{4}{9}\right)^{-1} \qquad \frac{9}{4} = \left(\frac{4}{9}\right)^{-1}$$

$$\left(\frac{2}{3}\right)^x = \left[\left(\frac{2}{3}\right)^2\right]^{-1} \qquad \text{같은 밑으로 쓴다.}$$

$$\left(\frac{2}{3}\right)^x = \left(\frac{2}{3}\right)^{-2} \qquad \text{지수법칙}$$

$$x = -2 \qquad \text{지수를 동일하게 놓는다.}$$

해집합이 $\{-2\}$인지 확인한다. ■

연습문제 19, 21, 25를 풀어보자.

목표 4 증가 또는 붕괴와 관련된 응용에서 지수함수를 사용한다

예제 6 기하급수적으로 증가하는 응용문제 해결

세계 인구가 빠르게 증가하여 대기 중 이산화탄소도 증가하여, 과학자들은 이 이산화탄소가 지구 온난화에 기여하고 있다고 믿고 있다. 인구와 대기 중 이산화탄소 양이 모두 기하급수적으로 증가하고 있다. 이것은 증가율이 지속적으로 증가하고 있음을 의미한다. 그림 11의 그래프는 대기 중 이산화탄소 농도(ppm 단위)를 보여준다.

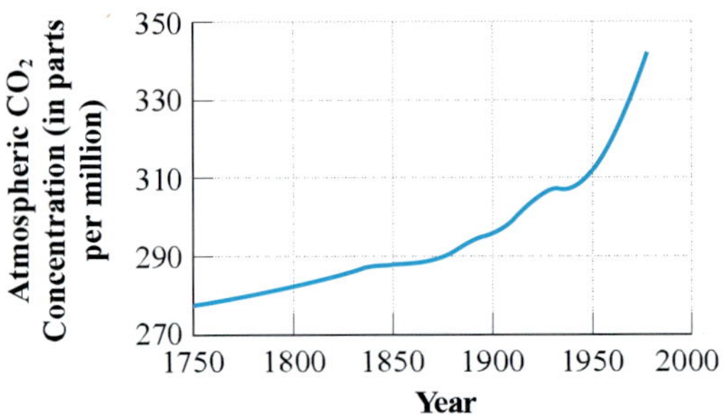

출처: Sacramento Bee, 1993년 9월 13일 월요일

그림 11

데이터는

$$f(x) = 278(1.00084)^x$$

에 의해 정의된 함수로 근사된다. 여기서 x는 1750년 이후의 연도 수이다. 이 함수와 계산기를 사용하여 각각의 연도에 대해 이산화탄소 농도를 ppm 단위로 근사하여라.

(a) 1900

풀이 x는 1750년 이후의 연도 수를 나타내므로 이 경우

$$x = 1900 - 1750 = 150.$$

따라서 $f(150)$을 계산하자.

$$f(150) = 278(1.00084)^{150} \qquad x = 150$$
$$\approx 315\text{ppm} \qquad \text{계산기 사용}$$

(b) 1950

풀이 $x = 1950 - 1750 = 200$을 사용한다.

$$f(200) = 278(1.00084)^{200}$$
$$\approx 329\,\text{ppm}$$

■

연습문제 39를 풀어보자.

예제 7 지수적 붕괴함수 적용

주어진 고도 x(미터)에서의 대기압(밀리바 단위)은 0에서 10,000 사이의 x값에 대해

$$f(x) = 1038(1.000134)^{-x}$$

에 의해 정의된 함수로 근사화될 수 있다. 밑이 1보다 크고 지수 안의 x의 계수가 음수이기 때문에 함숫값은 x가 증가하면 작아진다. 이것은 고도가 증가함에 따라 대기압이 감소함을 의미한다. (출처: Miller, A. and J. Thompson, Elements of Meteorology, Fourth Edition, Charles E. Merrill Company, 1993).

(a) 이 함수에 따르면 지상의 압력은 얼마인가?

풀이 지면에서 $x = 0$이므로

$$f(0) = 1038(1.000134)^{-0} = 1038(1) = 1038$$

이 된다. 압력은 1038밀리바이다.

(b) 5000m의 압력은 얼마인가?

풀이 계산기를 사용하여 $f(5000)$을 찾는다.

$$f(5000) = 1038(1.000134)^{-5000}$$
$$\approx 531$$

압력은 약 531밀리바이다.

■

연습문제 41을 풀어보자.

10.2 연습문제

[1~4] 올바른 답을 선택하시오.

1. 어느 점이 $f(x)=2^x$의 그래프에 있는가?

   A. $(1, 0)$　　B. $(2, 1)$　　C. $(0, 1)$　　D. $\left(\sqrt{2}, \frac{1}{2}\right)$

2. 어떤 표현이 사실인가?

   A. $f(x)=10^x$의 그래프의 y절편은 $(0, 10)$이다.

   B. $a>1$인 경우, $f(x)=a^x$의 그래프는 왼쪽에서 오른쪽으로 내려간다.

   C. 점 $\left(\frac{1}{2}, \sqrt{5}\right)$는 $f(x)=5^x$의 그래프 위에 있다.

   D. $y=4^x$의 그래프는 $y=10^x$의 그래프보다 빠른 속도로 상승한다.

3. $F(x)=a^x$의 그래프의 점근선은

   A. x축이다.　　B. y축이다.

   C. 방정식 $x=1$을 갖는다.　　D. 방정식 $y=1$을 갖는다.

4. 여기에 그래프로 표시된 방정식은 무엇인가?

   A. $y=1000\left(\frac{1}{2}\right)^{0.3x}$　　B. $y=1000\left(\frac{1}{2}\right)^{x}$

   C. $y=1000(2)^{0.3x}$　　D. $y=1000^x$

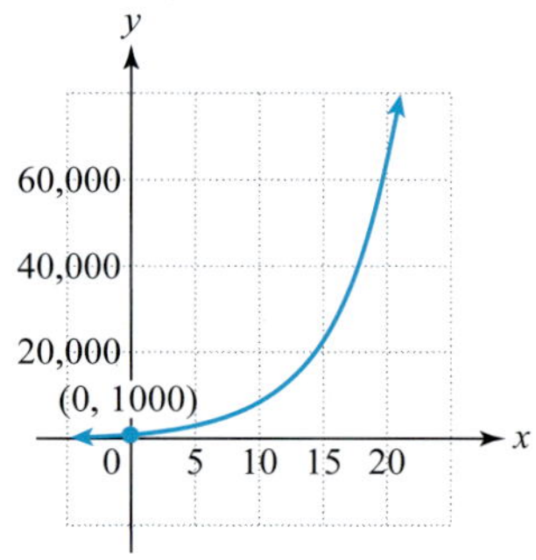

[5~12] 각 지수함수의 그래프를 그려라. (예제 1~3)

5. $f(x)=3^x$　　6. $f(x)=5^x$　　7. $g(x)=\left(\frac{1}{3}\right)^x$　　8. $g(x)=\left(\frac{1}{5}\right)^x$

9. $y=4^{-x}$　　10. $y=6^{-x}$　　11. $y=2^{2x-2}$　　12. $y=2^{2x+1}$

13. (a) $f(x)=a^x$에 의해 정의된 지수함수의 경우 $a>1$이면 그래프는 왼쪽에서 오른쪽으로 ________ (올라간다/내려간다). $0<a<1$이면 그래프는 왼쪽에서 오른쪽으로 ________ (올라간다/내려간다).

    (b) (a)의 답을 바탕으로 $f(x)=a^x$에 의해 정의된 지수함수가 일대일인지 여부에 관한 추측을

하시오(합리적 추측). 그런 다음 10.1절의 개념을 기반으로 역함수가 있는지 결정하시오.

14. 지수함수 그래프의 특성을 여러분만의 방식으로 기술하시오. $f(x)=3^x$ (연습문제 5)으로 정의된 지수함수를 사용하여 점근선, 정의역 및 치역을 설명하시오.

[15~26] 각 방정식을 풀어라. (예제 4~5)

15. $6^x=36$　　16. $8^x=64$　　17. $100^x=1000$　　18. $8^x=4$

19. $16^{2x+1}=64^{x+3}$　　20. $9^{2x-8}=27^{x-4}$　　21. $5^x=\frac{1}{125}$　　22. $3^x=\frac{1}{81}$

23. $5^x=0.2$　　24. $10^x=0.1$　　25. $\left(\frac{3}{2}\right)^x=\frac{8}{27}$　　26. $\left(\frac{4}{3}\right)^x=\frac{27}{64}$

[27~32] 계산기의 지수 키를 사용하여 소수 셋째 자리까지 근삿값을 찾으시오.

27. $12^{2.6}$　　28. $13^{1.8}$　　29. $0.5^{3.921}$

30. $0.6^{4.917}$　　31. $2.718^{2.5}$　　32. $2.718^{-3.1}$

33. 과학용 계산기에서 $(-2)^4$의 값을 구하여라. 많은 계산기의 지수함수 키가 음의 밑을 허용하지 않기 때문에 오류 메시지가 나타날 수 있다. 많은 과학용 계산기의 이러한 '특이성'과 밀접하게 관련된 이 절에서 소개된 개념에 대해 토론하시오.

34. 왜 이 절에서 설명된 방법을 사용하여 지수방정식 $4^x=6$을 풀 수 없는지 설명하시오. 6을 이 절의 방법을 사용할 수 있는 다른 숫자로 변경한 다음 방정식을 푸시오.

[35~38] 여기에 나타난 그래프는 《내셔널지오그래피》 1990년 10월호에 실렸던 "우리의 세계는 온난화되고 있는가?"라는 기사와 함께 게재되었다. 이것은 두 그래프를 사용하여 예상된 온도 증가를 보여준다. 하나는 지수 유형 곡선이고 다른 하나는 선형이다. 그래프에서 지수 곡선의 증가량 (a)와 각 연도의 선형 그래프 (b)를 근삿값으로 지정하시오.

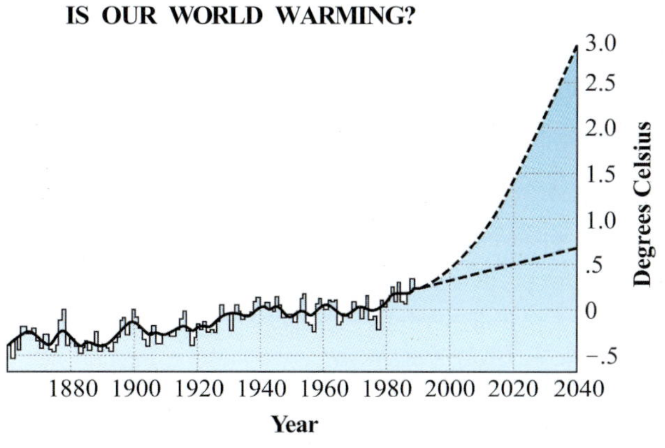

35. 2000　　36. 2010　　37. 2020　　38. 2040

[39~44] 각 문제를 풀어라. (예제 6과 7)

39. 1970년에서 1998년까지의 수치를 기준으로 수천 톤의 전 세계 일산화탄소 배출량은

$$f(x) = 132{,}359(1.0124)^{-x}$$

로 정의되는 지수함수에 의해 근사화된다. $x = 0$은 1970, $x = 5$는 1975에 해당한다. (출처: 미국 환경 보호국)

(a) 이 모델을 사용하여 1970년 배출량을 근사화하시오.

(b) 이 모델을 사용하여 1995년 배출량을 근사화하시오.

(c) 1998년 실제 배출량은 89,454백만 톤이었다. 이것은 모델이 제공하는 숫자와 어떻게 비교되는가?

40. 1980년부터 1999년까지의 수치를 토대로, 수백만 톤에서 생성된 도시 고형 폐기물은

$$f(x) = 157.28(1.0204)^{x}$$

에 의해 정의된 지수함수로 근사화될 수 있다. 여기서 $x = 0$은 1980, $x = 5$는 1985년이다. (출처: 미국 환경 보호국)

(a) 이 모델을 사용하여 1980년의 폐기물 수를 추정하시오.

(b) 이 모델을 사용하여 1995년의 폐기물 수를 추정하시오.

(c) 1999년에 실제적인 폐기물은 229.9백만 톤이었다. 이것은 모델이 제공하는 숫자와 비교해 보면 어떠한가?

41. 소기업은

$$V(t) = 5000(2)^{-0.15t}$$

에 의해 정의된 함수에 따라 복사기의 값 $V(t)$가 감소한다고 추산한다. 여기서 t는 기계가 경과된 연도 수이고 $V(t)$의 단위는 달러이다.

(a) 기계의 원래 가치는 얼마인가?

(b) 구입 후 5년이 경과하면 제품의 가치는 어느 정도인가? 가장 가까운 달러로 답하시오.

(c) 구입 후 10년이 경과하면 제품의 가치는 어느 정도인가? 가장 가까운 달러로 답하시오.

(d) 함수의 그래프를 그려라.

42. 광석 샘플의 방사성 물질의 양은

$$A(t) = 100(3.2)^{-0.5t}$$

에 의해 정의된 함수로 주어진다. 여기서 $A(t)$는 최초 측정 후 t개월 후에 샘플의 양(그램)이다.

(a) 최초 측정 시 얼마가 되었는가? (힌트: $t = 0$)

(b) 2개월 후에 얼마나 남았는가?

(c) 10개월 후에 얼마나 남았는가?

(d) 함수의 그래프를 그려라.

43. 연습문제 41의 함수를 참조하시오. 기계의 가치는 언제 2500달러가 되는가? (힌트: $V(t) = 2500$이라면 양변을 5000으로 나누고 예제 4의 방법을 사용하시오.)

44. 연습문제 41의 함수를 참조하시오. 기계의 가치는 언제 1250달러가 되는가?

관련 개념(문제 45~50)

개인 또는 그룹 과제용

[45~50] 식 $16^{3/4}$를 단순화하는 몇 가지 방법을 검토한다. 다음을 순서대로 풀어라.

45. $16^{3/4}$를 지수를 거듭제곱 근의 외부에 두는 근의 표현으로 쓴다. 그런 다음 표현을 단순화하시오.

46. $16^{3/4}$를 지수를 거듭제곱 근의 밑에 두는 근의 표현으로 쓴다. 그런 다음 표현을 단순화하시오.

47. 계산기를 사용하여 16^3의 제곱근을 찾으시오. 이제 그 결과의 제곱근을 찾으시오.

48. 연습문제 47의 결과가 $16^{3/4}$와 같은 이유를 설명하시오.

49. 16을 0.75 거듭제곱할 때 계산기가 주는 결과를 예측하시오. 그런 다음 계산기에서 실제로 작업을 수행하여 응답을 확인하시오.

50. $\sqrt[100]{16^{75}}$을 지수 식으로 작성하시오. 그런 다음 지수를 약분을 하고 근으로 다시 작성하고 근의 표현을 계산하시오.

10.3 로그함수

학·습·목·표

1. 로그를 정의한다.
2. 지수와 로그 형식을 서로 변환한다.
3. a, b, k에 대하여 $\log_a b = k$ 형식의 로그방정식을 푼다.
4. 로그함수를 정의하고 그래프를 그린다.
5. 성장 또는 감소와 관련된 응용에 로그함수를 이용한다.

$y=2^x$의 그래프는 그림 12의 파란색 곡선이다. $y=2^x$은 일대일 함수이므로 역을 갖는다. $y=2^x$의 역은 x와 y를 맞교환하면 $x=2^y$이다. 10.1절에서 본 것처럼 역함수의 그래프는 직선 $y=x$에 대하여 $y=2^x$을 반사하여 찾는다. $x=2^y$의 그래프는 그림 12의 점선으로 된 곡선이다.

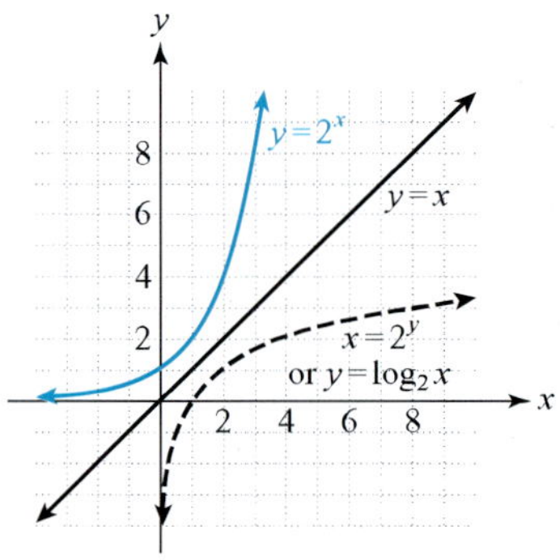

그림 12

목표 1 로그를 정의한다 지금까지 제시한 방법으로는 종속변수 y에 대하여 방정식 $x=2^y$을 풀 수 없다. 다음 정의는 y에 대하여 $x=2^y$을 풀 때 사용된다.

로그(Logarithm)

$a \neq 1$인 모든 양수 a와 모든 양수 x에 대하여 $y=\log_a x$는 $x=a^y$과 같은 의미이다.

이 핵심 문장은 기억해야만 한다. 약어 log는 단어 로그(logarithm)에 사용된다. $\log_a x$는 "밑 a에 대한 x의 로그(logarithm x to the base a)" 또는 "x의 밑 a인 로그(the base a logarithm of x)"라고 읽는다. 각 형태에서 밑과 지수의 위치를 기억하기 위해 다음 다이어그램을 참조하시오.

지수 지수

로그 형식 : $y=\log_a x$ 지수 형식 : $x=a^y$

밑 밑

로그와 지수 형식을 공부할 때 다음을 기억하시오.

$\log_a x$의 의미

로그는 지수이다. $\log_a x$는 x를 얻기 위해 밑 a가 거듭제곱해야 하는 지수이다.

목표 2 지수와 로그 형식을 서로 변환한다 로그의 정의를 사용하여 로그 형식의 지수 구문과 지수 형식의 로그 구문을 쓸 수 있다. 다음 표는 여러 쌍의 같은 구문을 보여준다.

지수 형식	로그 형식
$3^2=9$	$\log_3 9=2$
$\left(\frac{1}{5}\right)^{-2}=25$	$\log_{1/5} 25=-2$
$10^5=100{,}000$	$\log_{10} 100{,}000=5$
$(4)^{-3}=\frac{1}{64}$	$\log_4 \frac{1}{64}=-3$

목표 3 a, b, k에 대하여 $\log_a b=k$ 형식의 로그방정식을 푼다 로그방정식은 적어도 하나의 항이 로그를 갖고 있는 방정식이다. 방정식을 지수 형식으로 쓰면 $\log_a b=k$ 형식의 로그방정식을 세 변수 중 하나에 대하여 풀 수 있다.

예제 1 로그방정식 풀기

각 방정식을 풀어라.

(a) $\log_4 x=-2$

풀이 로그의 정의에 의하여, $\log_4 x=-2$는 $x=4^{-2}$과 같다. 이 지수방정식을 풀면

$$x=4^{-2}=\frac{1}{16}$$

이다. 따라서 해집합은 $\left\{\frac{1}{16}\right\}$이다.

(b) $\log_{1/2}(3x+1)=2$

풀이

$$3x+1=\left(\frac{1}{2}\right)^2 \qquad \text{지수 형식으로 쓴다.}$$

$$3x+1=\frac{1}{4}$$

$$12x+4=1 \qquad \text{4를 곱한다.}$$

$$12x=-3 \qquad \text{4를 뺀다.}$$

$$x=-\frac{1}{4} \qquad \text{12로 나눈다.}$$

따라서 해집합은 $\left\{-\frac{1}{4}\right\}$이다.

(c) $\log_x 3=2$

풀이

$$x^2=3 \qquad \text{지수 형식으로 쓴다.}$$

$$x=\pm\sqrt{3} \qquad \text{제곱근을 취한다.}$$

밑이 양수이어야 하므로 주제곱근만 방정식을 만족한다. 해집합은 $\{\sqrt{3}\}$이다.

(d) $\log_{49}\sqrt[3]{7}=x$

풀이

$$49^x=\sqrt[3]{7} \qquad \text{지수 형식으로 쓴다.}$$

$$(7^2)^x=7^{1/3} \qquad \text{밑을 같게 쓴다.}$$

$$7^{2x}=7^{1/3} \qquad \text{지수법칙}$$

$$2x=\frac{1}{3} \qquad \text{지수를 같게 놓는다.}$$

$$x=\frac{1}{6} \qquad \text{2로 나눈다.}$$

따라서 해집합은 $\left\{\frac{1}{6}\right\}$이다. ■

연습문제 21, 25, 37, 39를 풀어보자.

임의의 실수 b에 대하여 $b^1=b$이고 $b\neq 0$이면 $b^0=1$이다. 두 설명을 로그 형태로 쓰면 다음과 같은 로그의 두 가지 성질이 주어진다.

로그의 성질

$b\neq 1$인 임의의 양의 실수 b에 대하여

$$\log_b b=1\text{이고}\quad \log_b 1=0$$

예제 2 로그 성질의 이용

각 로그 값을 얻기 위해 앞선 두 로그 성질을 이용한다.

(a) $\log_7 7 = 1$ (b) $\log_{\sqrt{2}} \sqrt{2} = 1$ (c) $\log_9 1 = 0$ (d) $\log_{0.2} 1 = 0$ ■

연습문제 1을 풀어보자.

목표 4 로그함수를 정의하고 그래프를 그린다 이제 밑 a인 로그함수를 정의한다.

로그함수

만약 $a(a \neq 1)$와 x가 양수이면,

$$G(x) = \log_a x$$

를 밑 a인 로그함수로 정의한다.

그림 12에서 $x = 2^y$의 그래프는 $y = g(x) = \log_2 x$와 같고, 밑 $a > 1$인 로그함수의 전형적인 그래프이다. 로그함수를 그래프로 나타내려면 먼저 지수 형식으로 작성하는 것이 좋다. 그런 다음 선택된 순서쌍을 표시하고 그래프를 결정한다.

예제 3 로그함수의 그래프 그리기

$f(x) = \log_{1/2} x$의 그래프를 그려라.

풀이 $y = f(x) = \log_{1/2} x$를 지수 형식 $x = \left(\frac{1}{2}\right)^y$로 쓰면, 방정식을 만족하는 순서쌍을 확인할 수 있다. 여기에서 y에 대한 값을 선택하고 x의 해당 값을 찾는 것이 더 쉽다. 순서쌍의 표를 참조하시오.

x	y
$\frac{1}{4}$	2
$\frac{1}{2}$	1
1	0
2	-1
4	-2

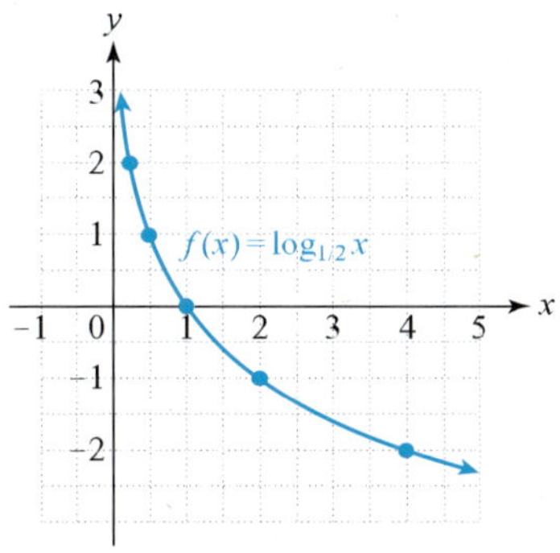

그림 13

순서쌍의 점(올바른 순서로 x 및 y값을 구해야 함)을 표시하고 매끄러운 곡선으로 연결하면 그림 13의 그래프가 나타난다. 이 그래프는 $0 < a < 1$인 로그함수의 전형적인 그래프이다. ■

연습문제 43을 풀어보자.

그림 12의 $y = \log_2 x$와 그림 13의 $y = \log_{1/2} x$로 정의된 함수의 그래프에 기초하여, $G(x) = \log_a x$ 형식의 로그함수의 그래프에 대해 다음과 같이 일반화할 수 있다.

$G(x) = \log_a x$의 그래프

1. 그래프는 $(1, 0)$을 포함한다.
2. $a > 1$일 때, 그래프는 왼쪽에서 오른쪽으로, 4사분면에서 1사분면으로 올라간다. $0 < a < 1$일 때, 그래프는 왼쪽에서 오른쪽으로, 1사분면에서 4사분면으로 내려간다.
3. 그래프는 y축에 접근하지만 절대로 y축과 만나지 않는다. (y축은 점근선이다.)
4. 정의역은 $(0, \infty)$이고 치역은 $(-\infty, \infty)$이다.

로그함수의 일반화를 10.2절에서 찾을 수 있는 지수함수의 유사한 일반화와 비교해본다.

목표 5 성장 또는 감소와 관련된 응용에 로그함수를 이용한다 지수함수와 같이 로그함수는 실제 현상의 성장 또는 감소에 적용할 수 있다.

예제 4 로그함수의 응용 풀기

$$f(x) = 27 + 1.105 \log_{10}(x+1)$$

에 의해 정의된 함수는 일반적인 허리케인의 눈으로부터 x마일의 거리에 있는 기압의 근삿값을 나타낸다(단위: inch).

(a) 허리케인의 눈으로부터 9마일의 기압을 근사화해라.

풀이 $x = 9$라 하고 $f(9)$를 찾자.

$$\begin{aligned} f(9) &= 27 + 1.105\log_{10}(9+1) && x = 9 \\ &= 27 + 1.105\log_{10}10 && \text{괄호 안을 더한다.} \\ &= 27 + 1.105(1) && \log_{10}10 = 1 \\ &= 28.105 \end{aligned}$$

허리케인의 눈으로부터 9마일의 기압은 28.105인치이다.

(b) 허리케인의 눈으로부터 99마일의 기압을 근사화해라.

풀이

$$\begin{aligned} f(99) &= 27 + 1.105\log_{10}(99+1) && x = 99 \\ &= 27 + 1.105\log_{10}100 && \text{괄호 안을 더한다.} \\ &= 27 + 1.105(2) && \log_{10}100 = 2 \\ &= 29.21 \end{aligned}$$

허리케인의 눈으로부터 99마일의 기압은 29.21인치이다. ■

연습문제 55를 풀어보자.

관련성

미국에서 지진의 강도는 리히터 규모로 평가된다. 강도 x의 지진에 대한 리히터 등급은

$$R = \log_{10} \frac{x}{x_0}$$

에 의해 주어지며, 여기서 x_0는 특정 (작은) 규모의 지진의 강도이다. 그래프는 1920년 이후 캘리포니아 남부 지역의 주요 지진에 대한 리히터 규모 등급을 보여준다. 그래프에서 알 수 있듯이 지진은 '다발(come in bunches)'로 오는데 1990년대는 특히 바쁜 시기였다.

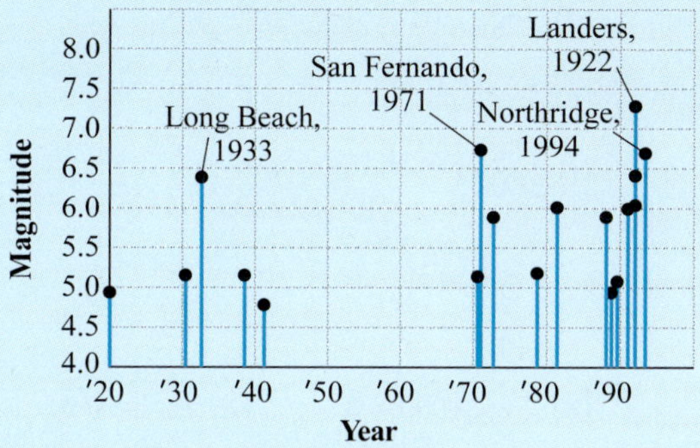

토론 또는 글쓰기

주어진 로그방정식을 지수 형식으로 쓰면,

$$10^R = \frac{x}{x_0} \text{ 또는 } x = 10^R x_0$$

를 얻는다.

1. 1994년 노스리지 지진은 리히터 규모 6.7을 기록했고, 랜더스 지진의 리히터 규모는 7.3이었다. 노스리지 지진보다 랜더스 지진이 얼마나 더 강력했는가?
2. 그림에서 가장 작은 등급의 지진(4.8에서)을 랜더스 지진과 비교하라. 랜더스 지진은 얼마나 강력했는가?

10.3 연습문제

1. 정의에 의해, $\log_a x$는 x를 얻기 위해 밑 a가 거듭제곱해야 하는 지수이다. 이 정의를 사용하여 I열의 로그와 II열의 값을 연결시켜라. (예: 2는 9를 얻기 위해 3을 거듭제곱해야 하는 지수이므로 $\log_3 9$는 2와 같다.)

I	II	I	II
(a) $\log_4 16$	A. -2	(d) $\log_{10} 0.01$	D. 0
(b) $\log_3 81$	B. -1	(e) $\log_5 \sqrt{5}$	E. $\frac{1}{2}$
(c) $\log_3\left(\frac{1}{3}\right)$	C. 2	(f) $\log_{13} 1$	F. 4

2. I열의 로그방정식과 II열의 대응하는 지수방정식을 연결시켜라.

I	II	I	II
(a) $\log_{1/3} 3 = -1$	A. $8^{1/3} = \sqrt[3]{8}$	(d) $\log_{10} 1000 = 3$	D. $2^{1/2} = \sqrt{2}$
(b) $\log_5 1 = 0$	B. $\left(\frac{1}{3}\right)^{-1} = 3$	(e) $\log_8 \sqrt[3]{8} = \frac{1}{3}$	E. $5^0 = 1$
(c) $\log_2 \sqrt{2} = \frac{1}{2}$	C. $4^1 = 4$	(f) $\log_4 4 = 1$	F. $10^3 = 1000$

[3~10] 로그 형태로 써라. (목표 2의 표 참고)

3. $4^5 = 1024$
4. $3^6 = 729$
5. $\left(\frac{1}{2}\right)^{-3} = 8$
6. $\left(\frac{1}{6}\right)^{-3} = 216$
7. $10^{-3} = 0.001$
8. $36^{1/2} = 6$
9. $\sqrt[4]{625} = 5$
10. $\sqrt[3]{343} = 7$

[11~18] 지수 형태로 써라. (목표 2의 표 참고)

11. $\log_4 64 = 3$
12. $\log_2 512 = 9$
13. $\log_{10}\frac{1}{10,000} = -4$
14. $\log_{100} 100 = 1$
15. $\log_6 1 = 0$
16. $\log_\pi 1 = 0$
17. $\log_9 3 = \frac{1}{2}$
18. $\log_{64} 2 = \frac{1}{6}$
19. 한 학생이 아무 작업도 하지 않고 $\log_9 3$를 구하는 방법을 설명해 달라고 선생님에게 부탁했을 때, 선생님은 그에게 "제곱근을 생각해 보세요."라고 말했다. 이 힌트가 무엇을 의미하는지 설명하시오.
20. 한 학생이 선생님께 "$\log_2 1$은 1을 얻기 위해 2가 거듭제곱해야 하는 지수라는 것은 알고 있지만, 그런 숫자는 생각할 수 없습니다."라고 말했다. 학생들에게 $\log_2 1$의 값이 0이라고 어떻게

설명해야 하는가?

[21~40] x**에 대한 각 방정식을 풀어라. (예제 1과 2)**

21. $x=\log_{27}3$
22. $x=\log_{125}5$
23. $\log_x 9=\frac{1}{2}$
24. $\log_x 5=\frac{1}{2}$
25. $\log_x 125=-3$
26. $\log_x 64=-6$
27. $\log_{12}x=0$
28. $\log_4 x=0$
29. $\log_x x=1$
30. $\log_x 1=0$
31. $\log_x \frac{1}{25}=-2$
32. $\log_x \frac{1}{10}=-1$
33. $\log_8 32=x$
34. $\log_{81}27=x$
35. $\log_\pi \pi^4=x$
36. $\log_{\sqrt{2}}\sqrt{2^9}=x$
37. $\log_6\sqrt{216}=x$
38. $\log_4\sqrt{64}=x$
39. $\log_4(2x+4)=3$
40. $\log_3(2x+7)=4$

[41~44] 점 (p, q)**가** $f(x)=a^x$ $(a>0$ **및** $a\neq 1$**인 경우)의 그래프 위에 있으면 점** (q, p)**는** $f^{-1}(x)=\log_a x$**의 그래프 위에 있다. 이 사실을 사용하고 10.2절의 연습 문제 5~8에서 필요한 그래프를 참조하여 각 로그함수의 그래프를 그려라. (예제 3)**

41. $y=\log_3 x$
42. $y=\log_5 x$
43. $y=\log_{1/3}x$
44. $y=\log_{1/5}x$
45. 로그함수의 밑으로 1이 허용되지 않는 이유를 설명하시오.
46. 10.2절의 $F(x)=a^x$의 그래프에 대한 요약을 이 절의 $G(x)=\log_a x$의 그래프에 대한 유사한 요약과 비교하시오. F와 G가 역함수라는 개념을 강화하는 사실의 목록을 만드시오.
47. $F(x)=a^x$의 정의역은 $(-\infty, \infty)$이고, 치역은 $(0, \infty)$이다. $G(x)=\log_a x$는 $F(x)=a^x$의 역함수를 정의하기 때문에 G의 정의역은 ________이고 G의 치역은 ________이다.
48. $F(x)=3^x$와 $G(x)=\log_3 x$의 그래프는 둘 다 왼쪽에서 오른쪽으로 올라간다. 어느 것이 더 빠른 속도로 올라가는가?

[49~51] 오른쪽 그래프를 사용하여 주어진 t**값에 대한** $f(t)$**의 값을 예측하시오.**

49. $t=0$
50. $t=10$
51. $t=60$
52. 연습문제 49 ~ 51에서 결정된 점들이 $f(t)=8\log_5(2t+5)$의 그래프 위에 있음을 보여라.

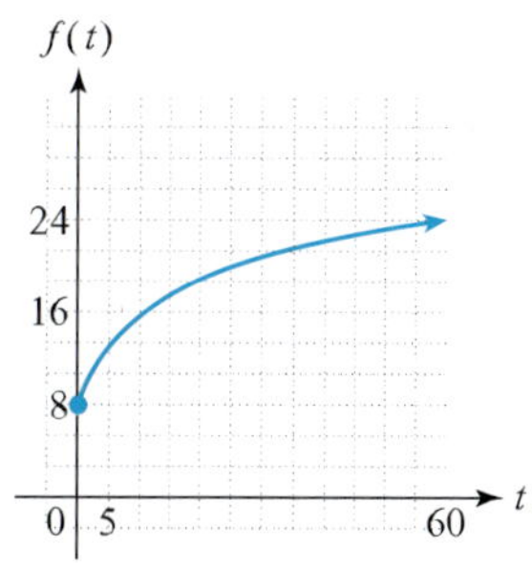

[53~58] 로그함수의 각 응용문제를 푸시오. 예제 4를 참조하시오.

53. 1981년부터 1995년까지 선정된 수치에 따르면 미국의 슈퍼펀드 유해 폐기물 부지의 수는

$$f(x)=11.34+317.01\log_2 x$$

로 정의된 함수로 근사할 수 있다. 여기서 $x=1$은 1981, $x=2$는 1982이다. (출처: 미국 환경보호국) 이 함수를 사용하여 매년 부지의 수를 대략적으로 계산하시오.

(a) 1984 (b) 1988 (c) 1996

54. 1980년부터 1993년까지 선정된 수치에 따르면 전 세계에서 소비된 건조 천연 가스의 1조 세제곱피트의 수는

$$f(x) = 51.47 + 6.044 \log_2 x$$

로 정의된 함수로 근사할 수 있다. 여기서 $x=1$은 1980, $x=2$는 1981이다. (출처: 에너지 정보관리) 이 함수를 사용하여 매년 소비량을 대략적으로 계산하시오.

(a) 1980 (b) 1987 (c) 1995

55. 신제품의 판매량(천 단위)은

$$S(t) = 100 + 30 \log_3 (2t+1)$$

로 정의된 함수로 근사된다. 여기서 t는 제품이 출시된 후의 연도 수이다.

(a) 1년 후 판매량은 얼마인가?

(b) 13년 후 판매량은 얼마인가?

(c) $y=S(t)$의 그래프를 그려라.

56. 한 연구에 따르면 오래된 버려진 집에 있는 생쥐의 수는

$$M(t) = 6\log_4 (2t+4)$$

로 정의된 함수로 근사된다. 여기서 t는 개월 단위로 측정되고 $t=0$은 1998년 1월에 해당한다. 다음에 제시한 월에 쥐의 수를 구하라.

(a) 1998년 1월 (b) 1998년 7월

(c) 2000년 7월 (d) 함수의 그래프를 그려라.

57. 1990년 1월 잡종 줄무늬 베스가 호수에 유입되었다. 베스 집단을 연구하는 생물학자들은 호수에 있는 베스의 수가

$$B(t) = 500\log_3 (2t+3)$$

으로 정의된 함수에 의해 근사한다는 것을 발견했다. 여기서 $t=0$은 1990년 1월, $t=1$은 1991년 1월, $t=2$은 1992년 1월이다. 이 함수를 사용하여 베스 개체군을 찾아라.

(a) 1990년 1월 (b) 1993년 1월 (c) 2002년 1월

(d) $0 \le t \le 12$에 대한 함수의 그래프를 그려라.

58. 계산기의 지수 키를 사용하여 1, 10, 100, 10,000의 x값을 사용해 식 $\left(1+\frac{1}{x}\right)^x$의 근삿값을 찾아라. x가 점점 커지면 어떻게 될지 설명하라.

10.1절에서 언급했듯이 일부 그래프 계산기는 함수의 역을 그릴 수 있다. 예를 들어, 다음 두 화면은 $f(x)=2^x$와 $g(x)=\log_2 x$의 그래프를 보여준다. $g(x)=f^{-1}(x)$이므로 g의 그래프는 f^{-1}의 그래프를 그려서 얻는다. (이 절의 그림 12와 비교하시오.)

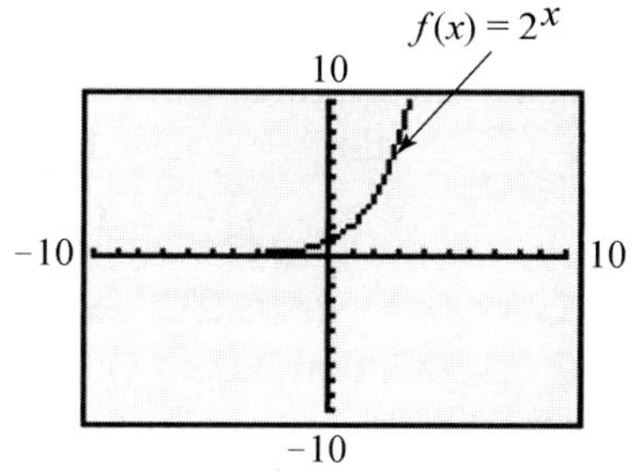

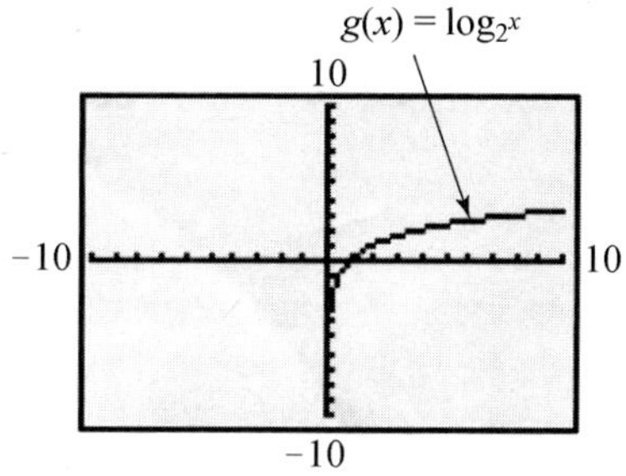

[59~62] 함수의 역을 그릴 수 있는 그래프 계산기를 사용하여 각 로그함수의 그래프를 그려라. 표준 보기 창을 사용하시오.

59. $g(x)=\log_3 x$ (연습문제 41과 비교하시오.)

60. $g(x)=\log_5 x$ (연습문제 42와 비교하시오.)

61. $g(x)=\log_{1/3} x$ (연습문제 43과 비교하시오.)

62. $g(x)=\log_{1/5} x$ (연습문제 44와 비교하시오.)

10.4 로그의 성질

학·습·목·표

1. 로그의 곱 법칙을 이용한다.
2. 로그의 몫 법칙을 이용한다.
3. 로그의 멱 법칙을 이용한다.
4. 성질을 이용하여 로그 식의 대체 형을 쓴다.

로그는 수백 년 동안 수치 계산을 돕기 위해 사용되었다. 오늘날 계산기가 광범위하게 사용되면서 계산을 위해 로그가 사용되지 않게 되었다. 그러나 로그는 수학에서 더 많은 작업과 응용에 여전히 매우 중요하다.

목표 1 로그의 곱 법칙을 이용한다 로그 문제를 단순화하는 한 가지 방법은 곱셈의 문제를 더하기로 변환하는 것이다. $\log_2 4 = 2$, $\log_2 8 = 3$, $\log_2 32 = 5$를 안다. $2+3=5$이므로

$$\log_2 32 = \log_2 4 + \log_2 8$$
$$\log_2 (4 \cdot 8) = \log_2 4 + \log_2 8.$$

이것은 일반적으로 사실이다.

로그의 곱 법칙 (Product Rule for Logarithms)

x, y 그리고 $b(b \neq 1)$가 양의 실수이면

$$\log_b xy = \log_b x + \log_b y.$$

즉, 곱의 로그는 인수의 로그의 합이다.

ⓘ **참고** 곱 법칙의 단어 문장은 '로그'를 '지수'로 바꿈으로써 다시 나타낼 수 있다. 그러면 법칙은 지수 식을 곱하는 익숙한 법칙이 된다. 곱의 지수$(\log_b xy)$는 인수의 지수의 합$(\log_b x + \log_b y)$이다.

이 법칙을 증명하기 위해, $m = \log_b x$이고 $n = \log_b y$라 하자.

$$\log_b x = m\text{은 } b^m = x\text{를 의미한다.}$$
$$\log_b y = n\text{은 } b^n = y\text{를 의미한다.}$$

이제 곱 xy를 고려하자.

$$xy = b^m \cdot b^n \qquad \text{대입}$$
$$xy = b^{m+n} \qquad \text{지수의 곱 법칙}$$
$$\log_b xy = m+n \qquad \text{로그 형식으로 변환}$$
$$\log_b xy = \log_b x + \log_b y \qquad \text{대입}$$

마지막 식이 우리가 증명하기를 원하는 결과이다.

예제 1 곱 법칙의 이용

곱 법칙을 이용하여 각 식을 다시 써라. $x > 0$이라 가정한다.

(a) $\log_5(6 \cdot 9)$

곱 법칙에 의해, $\log_5(6 \cdot 9) = \log_5 6 + \log_5 9$.

(b) $\log_7 8 + \log_7 12 = \log_7(8 \cdot 12) = \log_7 96$

(c) $\log_3(3x) = \log_3 3 + \log_3 x$

$= 1 + \log_3 x \qquad \log_3 3 = 1$

(d) $\log_4 x^3 = \log_4(x \cdot x \cdot x) \qquad x^3 = x \cdot x \cdot x$

$= \log_4 x + \log_4 x + \log_4 x \qquad$ 곱 법칙

$= 3\log_4 x$

■

연습문제 7, 21을 풀어보자.

목표 2 로그의 몫 법칙을 이용한다 나누기를 위한 법칙은 곱 법칙과 비슷하다.

로그의 몫 법칙

x, y 그리고 $b(b \neq 1)$는 양의 실수이면

$$\log_b \frac{x}{y} = \log_b x - \log_b y.$$

즉, 몫의 로그는 분자의 로그와 분모의 로그 사이의 차다.

이 법칙의 증명은 곱 법칙의 증명과 비슷하다.

예제 2 몫 법칙의 이용

몫 법칙을 이용하여 각 식을 다시 써라.

(a) $\log_4 \frac{7}{9} = \log_4 7 - \log_4 9$

(b) $\log_5 6 - \log_5 x = \log_5 \frac{6}{x}, \quad x > 0$

(c) $\log_3 \frac{27}{5} = \log_3 27 - \log_3 5$

$= 3 - \log_3 5 \qquad \log_3 27 = 3$ ■

연습문제 9, 23을 풀어보자.

> ① 주의 합이나 차의 로그를 다시 쓰기 위한 로그 성질이 없다는 것을 기억하라. 예를 들어, $\log_b(x+y)$를 $\log_b x$와 $\log_b y$의 항으로 쓸 수 없다. 또한
>
> $$\log_b \frac{x}{y} \neq \frac{\log_b x}{\log_b y}.$$

목표 3 로그의 멱 법칙을 이용한다 2^3은 $2 \cdot 2 \cdot 2$의 지수 표현을 의미한다. 밑은 3번 인수로 사용된다. 따라서 곱 법칙을 확장하여 멱의 로그를 지수와 밑의 로그의 곱으로 쓸 수 있는 것은 합리적인 것 같다. 예를 들면, 로그에 대한 곱 법칙에 의하여,

$$\begin{aligned}\log_5 2^3 &= \log_5(2 \cdot 2 \cdot 2)\\ &= \log_5 2 + \log_5 2 + \log_5 2\\ &= 3\log_5 2.\end{aligned}$$

또한,

$$\begin{aligned}\log_2 7^4 &= \log_2(7 \cdot 7 \cdot 7 \cdot 7)\\ &= \log_2 7 + \log_2 7 + \log_2 7 + \log_2 7\\ &= 4\log_2 7.\end{aligned}$$

더욱이 예제 1(d)에서 $\log_4 x^3 = 3\log_4 x$를 보았다. 이 예제는 다음 법칙을 제안한다.

> **로그의 멱 법칙**
>
> x, b $(b \neq 1)$는 양의 실수, 그리고 r이 임의의 실수이면,
>
> $$\log_b x^r = r\log_b x.$$
>
> 즉, 멱에 대한 수의 로그는 수의 로그와 지수의 곱과 같다.

이 결과의 예로서,

$$\log_b m^5 = 5\log_b m \quad \text{그리고} \quad \log_3 5^4 = 4\log_3 5.$$

멱 법칙을 증명해 보면,

$$\begin{aligned}
\log_b x &= m & & \\
b^m &= x & & \text{지수 형식으로 변환} \\
(b^m)^r &= x^r & & \text{멱 } r\text{을 한다.} \\
b^{mr} &= x^r & & \text{지수에 대한 멱 법칙} \\
\log_b x^r &= mr & & \text{로그 형식으로 변환} \\
\log_b x^r &= rm & & \\
\log_b x^r &= r\log_b x & & m = \log_b x
\end{aligned}$$

이것으로 명제를 증명하였다.

멱 법칙의 특별한 경우로, $r = \frac{1}{p}$이라 하면

$$\log_b \sqrt[p]{x} = \log_b x^{1/p} = \frac{1}{p}\log_b x$$

이다. 예를 들어, $x > 0$와 이 결과를 사용하면

$$\log_b \sqrt[5]{x} = \log_b x^{1/5} = \frac{1}{5}\log_b x \quad \text{그리고} \quad \log_b \sqrt[3]{x^4} = \log_b x^{4/3} = \frac{4}{3}\log_b x$$

이다. 또 다른 특별한 경우는

$$\log_b \frac{1}{x} = \log_b x^{-1} = -\log_b x.$$

> ① 참고 유리수 지수에 대한 복습은 8.2절을 참조하시오.

예제 3 멱 법칙의 이용

멱 법칙을 이용하여 각 로그를 다시 써라. $b > 0$, $x > 0$ 그리고 $b \neq 1$라 가정하자.

(a) $\log_5 4^2 = 2\log_5 4$ (b) $\log_b x^5 = 5\log_b x$

(c) $\log_b \sqrt{7}$

풀이 무리식을 유리수 지수의 표현으로 다시 쓰면

$$\begin{aligned}
\log_b \sqrt{7} &= \log_b 7^{1/2} & & \sqrt{x} = x^{1/2} \\
&= \frac{1}{2}\log_b 7 & & \text{멱 법칙}
\end{aligned}$$

(d)
$$\begin{aligned}
\log_2 \sqrt[5]{x^2} &= \log_2 x^{2/5} & & \sqrt[5]{x^2} = x^{2/5} \\
&= \frac{2}{5}\log_2 x & & \text{멱 법칙}
\end{aligned}$$

■

연습문제 11을 풀어보자.

지수와 로그를 모두 포함하는 식의 두 가지 특별한 성질은 로그함수와 지수함수가 서로의 역이라는 사실에서 직접적으로 나타난다.

특별한 성질

만약 $b>0$이고 $b\neq 1$이면

$$b^{\log_b x}=x,\ x>0 \text{ 그리고 } \log_b b^x=x.$$

첫 번째 명제를 증명하면,

$$y=\log_b x$$

$$b^y=x \qquad \text{지수 형식으로 변환}$$

$$b^{\log_b x}=x \qquad y\text{를 }\log_b x\text{로 바꾼다.}$$

두 번째 명제의 증명도 비슷하다.

예제 4 특별한 성질 이용

각 로그의 값을 찾아라.

(a) $\log_5 5^4=4$ ($\log_b b^x=x$이기 때문이다.)

(b) $\log_3 9=\log_3 3^2=2$

(c) $4^{\log_4 10}=10$ ■

연습문제 3, 5를 풀어보자.

다음은 로그의 성질에 대한 요약이다.

로그의 성질

x, y, b $(b\neq 1)$는 양의 실수, 그리고 r이 임의의 실수이면

곱 법칙	$\log_b xy=\log_b x+\log_b y$
몫 법칙	$\log_b \dfrac{x}{y}=\log_b x-\log_b y$
멱 법칙	$\log_b x^r=r\log_b x$
특별한 성질	$b^{\log_b x}=x$ 그리고 $\log_b b^x=x$.

목표 4 성질을 이용하여 로그 식의 대체 형을 쓴다 로그의 성질을 적용하는 것은 로그와 미적분을 사용하여 방정식을 푸는 데 중요하다.

예제 5 로그를 다른 형식으로 쓰기

가능하다면 로그의 성질을 이용하여 각 식을 다시 써라. 모든 변수는 양의 실수로 가정한다.

(a) $\log_4 4x^3 = \log_4 4 + \log_4 x^3$ 곱 법칙

$= 1 + 3\log_4 x$ $\log_4 4 = 1$, 멱 법칙

(b) $\log_7 \sqrt{\dfrac{m}{n}} = \log_7 \left(\dfrac{m}{n}\right)^{1/2}$

$= \dfrac{1}{2}\log_7 \dfrac{m}{n}$ 멱 법칙

$= \dfrac{1}{2}(\log_7 m - \log_7 n)$ 몫 법칙

(c) $\log_5 \dfrac{a^2}{bc} = \log_5 a^2 - \log_5 bc$ 몫 법칙

$= 2\log_5 a - \log_5 bc$ 멱 법칙

$= 2\log_5 a - (\log_5 b + \log_5 c)$ 곱 법칙

$= 2\log_5 a - \log_5 b - \log_5 c$

세 번째 단계에서 괄호를 주의해서 사용한다. 곱의 로그를 빼는 것을 두 항의 합으로 다시 쓰기 때문에 합을 괄호로 묶어야 한다.

(d) $4\log_b m - \log_b n = \log_b m^4 - \log_b n$ 멱 법칙

$= \log_b \dfrac{m^4}{n}$ 몫 법칙

(e) $\log_b(x+1) + \log_b(2x-1) - \dfrac{2}{3}\log_b x$

$= \log_b(x+1) + \log_b(2x-1) - \log_b x^{2/3}$ 멱 법칙

$= \log_b \dfrac{(x+1)(2x-1)}{x^{2/3}}$ 곱과 몫 법칙

$= \log_b \dfrac{2x^2+x-1}{x^{2/3}}$

(f) $\log_8(2p+3r)$은 로그의 성질을 이용하여 다시 쓸 수 없다. ■

연습문제 13, 15, 27, 31을 풀어보자.

다음 예제에서 $\log_2 5$와 $\log_2 3$의 값을 이용한다. 이 값을 제공하기 위해 등호를 사용하는 반면, 이 유형의 대부분의 로그는 무리수이기 때문에 실제로는 근삿값이다. 소수 넷째 자리까지 값이 정확하다는 것을 알고 등호(=)를 사용한다.

예제 6 수치 값의 로그 성질 이용

$\log_2 5 = 2.3219$와 $\log_2 3 = 1.5850$이 주어졌을 때, 다음을 계산하시오.

(a) $\log_2 15 = \log_2(3 \cdot 5)$

$= \log_2 3 + \log_2 5$ 　　곱 법칙

$= 1.5850 + 2.3219$

$= 3.9069$

(b) $\log_2 0.6 = \log_2\left(\frac{3}{5}\right)$ 　　$0.6 = \frac{6}{10} = \frac{3}{5}$

$= \log_2 3 - \log_2 5$ 　　몫 법칙

$= 1.5850 - 2.3219$

$= -0.7369$

(c) $\log_2 27 = \log_2 3^3$

$= 3\log_2 3$ 　　멱 법칙

$= 3(1.5850)$

$= 4.7550$

■

연습문제 33, 35, 43을 풀어보자.

예제 7 로그에 관한 문장이 참인지 결정하기

각 식이 참인지 거짓인지 결정하여라.

(a) $\log_2 8 - \log_2 4 = \log_2 4$

풀이 양변을 계산한다.

좌변: $\log_2 8 - \log_2 4 = \log_2 2^3 - \log_2 2^2 = 3 - 2 = 1$

우변: $\log_2 4 = \log_2 2^2 = 2$

$1 \neq 2$이므로 이 식은 거짓이다.

(b) $\log_3(\log_2 8) = \frac{\log_7 49}{\log_8 64}$

풀이 양변을 계산한다.

좌변: $\log_3(\log_2 8) = \log_3 3 = 1$

우변: $\frac{\log_7 49}{\log_8 64} = \frac{\log_7 7^2}{\log_8 8^2} = \frac{2}{2} = 1$

$1 = 1$이므로 이 식은 참이다.

■

연습문제 45, 51을 풀어보자.

관련성

계산기와 컴퓨터를 사용하기 훨씬 전에 계산을 더 쉽게 하기 위한 탐색이 있었다. 존 네이피어(John

Napier)가 사용한 '막대(rods)'시스템, 찰스 배비지(Charles Babbage)와 블레즈 파스칼(Blaise Pascal)이 만든 기계들과 계산자는 오늘날의 전자적인 놀라움의 선두 주자이다. 16세기 존 네이피어에 의한 로그의 발명은 더 쉬운 계산 방법을 찾는 데 큰 진전이었다.

로그는 지수이므로 로그의 성질은 상용로그 표를 이용하여 더하기로 곱하기, 빼기로 나누기, 곱하기로 거듭제곱하기, 나누기로 근을 구할 수 있다. 비록 로그는 더 이상 계산에 사용되지 않지만, 고등 수학에서는 중요한 역할을 한다.

토론 또는 글쓰기

1. 458.3에 294.6을 곱하기 위해 로그를 이용하면, $\log_{10}458.3$과 $\log_{10}294.6$을 더하면 그 합은 10이다. 계산기의 [$\log x$] 키*와 [10^x] 키를 사용하여 이 곱셈을 해보시오. 직접 곱하여 답을 확인하시오.
2. 나눗셈을 시도하고, 멱을 거듭제곱하고, 이 방법으로 근을 취한다.

10.4 연습문제

[1~5] 표시된 로그 법칙을 사용하여 다음에 나오는 각 방정식을 완성하시오.

1. $\log_{10}(3 \cdot 4) =$ ______________ (곱 법칙)
2. $\log_{10}\dfrac{3}{4} =$ ______________ (몫 법칙)
3. $3^{\log_3 4} =$ ______________ (특별한 성질)
4. $\log_{10}3^4 =$ ______________ (멱 법칙)
5. $\log_3 3^4 =$ ______________ (특별한 성질)
6. $\log_2(8+8)$과 $\log_2 8+\log_2 8$을 각각 계산하시오. 결과가 동일한가? 두 식이 같도록 첫 번째 식에서 연산을 어떻게 바꿀 수 있는가?

[7~18] 로그의 성질을 사용하여 각 로그를 로그의 합이나 차 또는 가능한 경우 단일 숫자로 표현하시오. 모든 변수는 양의 실수를 나타내는 것으로 가정한다. (예제 1~5)

7. $\log_7(4 \cdot 5)$
8. $\log_8(9 \cdot 11)$
9. $\log_5\dfrac{8}{3}$

* 본문에서 $\log x$는 $\log_{10}x$를 의미한다. 이것은 또한 계산기의 log 키의 의미이기도 하다.

10. $\log_3 \frac{7}{5}$ 11. $\log_4 6^2$ 12. $\log_5 7^4$

13. $\log_3 \frac{\sqrt[3]{4}}{x^2 y}$ 14. $\log_7 \frac{\sqrt[3]{13}}{pq^2}$ 15. $\log_3 \sqrt{\frac{xy}{5}}$

16. $\log_6 \sqrt{\frac{pq}{7}}$ 17. $\log_2 \frac{\sqrt[3]{x} \cdot \sqrt[5]{y}}{r^2}$ 18. $\log_4 \frac{\sqrt[4]{z} \cdot \sqrt[5]{w}}{s^2}$

19. 한 학생이 실수로 $\log_a(x+y) = \log_a x + \log_a y$로 썼다. 선생님이 이것이 정말 잘못되었다고 설명했을 때, 학생은 분배법칙을 사용했다고 주장했다. 이 경우 분배법칙이 적용되지 않는 이유를 몇 문장으로 설명하라.

20. 같은 밑의 지수를 곱하고 나누는 법칙은 곱과 몫에 대한 로그를 찾는 법칙과 어떻게 유사한지 설명하시오.

[21~32] 로그의 성질을 사용하여 각 식을 단일 로그로 써라. 모든 변수는 변수 식이 양수이고 밑은 1이 아닌 양수인 식으로 정의된다고 가정한다. (예제 1~5)

21. $\log_b x + \log_b y$ 22. $\log_b 2 + \log_b z$ 23. $\log_a m - \log_a n$ 24. $\log_b x - \log_b y$

25. $(\log_a r - \log_a s) + 3\log_a t$ 26. $(\log_a p - \log_a q) + 2\log_a r$

27. $3\log_a 5 - 4\log_a 3$ 28. $3\log_a 5 + \frac{1}{2}\log_a 9$

29. $\log_{10}(x+3) + \log_{10}(x-3)$ 30. $\log_{10}(y+4) + \log_{10}(y-4)$

31. $3\log_p x + \frac{1}{2}\log_p y - \frac{3}{2}\log_p z - 3\log_p a$ 32. $\frac{1}{3}\log_b x + \frac{2}{3}\log_b y - \frac{3}{4}\log_b s - \frac{2}{3}\log_b t$

[33~44] 소수 넷째 자리까지, $\log_{10} 2$와 $\log_{10} 9$의 값은

$$\log_{10} 2 = 0.3010, \quad \log_{10} 9 = 0.9542$$

이다. 이 절에서 적절한 법칙을 적용하여 각 로그를 계산하시오. 계산기는 사용하지 마시오. (예제 6)

33. $\log_{10} 18$ 34. $\log_{10} \frac{9}{2}$ 35. $\log_{10} \frac{2}{9}$ 36. $\log_{10} 4$

37. $\log_{10} 36$ 38. $\log_{10} 162$ 39. $\log_{10} 3$ 40. $\log_{10} \sqrt[5]{2}$

41. $\log_{10} \sqrt[4]{9}$ 42. $\log_{10} \frac{1}{9}$ 43. $\log_{10} 9^5$ 44. $\log_{10} 2^{19}$

[45~52] 각 명제가 참인지 거짓인지 결정하시오. (예제 7)

45. $\log_2(8+32) = \log_2 8 + \log_2 32$ 46. $\log_2(64-16) = \log_2 64 - \log_2 16$

47. $\log_3 7 + \log_3 7^{-1} = 0$ 48. $\log_9 14 - \log_{14} 9 = 0$

49. $\log_6 60 - \log_6 10 = 1$ 50. $\log_3 8 + \log_3 \frac{1}{8} = 0$

51. $\dfrac{\log_{10}7}{\log_{10}14}=\dfrac{1}{2}$

52. $\dfrac{\log_{10}10}{\log_{10}100}=\dfrac{1}{10}$

53. 이 절에서 로그에 대한 곱 법칙의 설명 다음에 나오는 참고를 보라. 이제, '로그'를 '지수'로 바꾸어 몫 법칙을 설명하시오.

54. 로그에 대한 멱 법칙에 대한 명제에서 x가 양의 실수가 되어야 하는 이유를 설명하시오.

55. 예제 7(a)를 참조하시오. 명제가 참이 되도록 몫 법칙을 사용하여 방정식의 좌변을 변경하고 단순화하시오.

56. $\log_2 16$이 존재하지 않는다는 다음의 '증명'에 어떤 문제가 있는가? 설명하시오.

$$\begin{aligned}\log_2 16 &= \log_2(-4)(-4)\\ &= \log_2(-4)+\log_2(-4)\end{aligned}$$

음수에 대한 로그는 정의되지 않는다. 그러므로 마지막 단계는 계산할 수 없고 그래서 $\log_2 16$은 존재하지 않는다.

관련 개념(문제 57~62)

개인 또는 그룹 과제용

[57~62] 다음을 순서대로 풀어라.

57. $\log_3 81$을 계산하여라.

58. 식 $\log_3 81$의 의미를 써라.

59. $3^{\log_3 81}$을 계산하여라.

60. 식 $\log_2 19$의 의미를 써라.

61. $2^{\log_2 19}$를 계산하여라.

62. 로그는 지수라는 것을 명심하고 연습문제 57 ~ 61의 결과를 사용하면, $k^{\log_k m}$의 가장 간단한 표현은 무엇인가?

10.5 상용로그와 자연로그

학·습·목·표

1. 계산기를 이용하여 상용로그를 계산한다.
2. 응용 분야에서 상용로그를 이용한다.
3. 계산기를 이용하여 자연로그를 계산한다.
4. 응용 분야에서 자연로그를 이용한다.
5. 밑 변환 법칙을 이용한다.

앞서 언급했듯이, 로그는 수학, 생물학, 공학, 경제학, 사회과학 등의 일상적 문제에 대한 많은 응용 분야에서 중요하다. 이 절에서는 로그에 대한 근사적 수치를 찾는다. 전통적으로 우리의 수 체계가 10이기 때문에, 밑이 10인 로그가 가장 많이 사용된다. 밑이 10인 로그는 상용로그(common logarithms)라고 부르며 $\log_{10}x$는 간단히 $\log x$로 쓰며 여기서 밑은 10으로 이해한다.

목표 1 계산기를 이용하여 상용로그를 계산한다 상용로그를 계산하기 위해 계산기를 이용한다. 다음 예제는 계산기의 LOG키를 이용하여 몇 개의 상용로그를 계산한 결과를 준다. 간단한 공학계산기는 값을 입력하고 LOG키를 누르면 된다. 그래프 계산기는 그 단계를 반대로 한다. 모든 로그는 소수 넷째 자리로 주어진다.

예제 1 상용로그 계산하기

계산기를 이용하여 각 로그를 계산하여라.

(a) $\log 327.1 \approx 2.5147$　　(b) $\log 437{,}000 \approx 5.6405$

(c) $\log 0.0615 \approx -1.2111$

연습문제 7, 9, 11을 풀어보자.

그림 14는 그래프 계산기가 예제 1의 상용로그를 표시하는 방법을 보여준다. 계산은 소수 넷째 자리로 주어진다.

$\log 0.0615 \approx -1.2111$는 음수 결과임에 주의하라. 0과 1 사이의 수에 대한 상용로그는 10의 지수에 의해 생성되므로 항상 음수이다. 예를 들면,

$$10^{-1.2111} \approx 0.0615$$

이다. 만약 지수(로그)가 양수이면, 그 결과는 $10^0 = 1$이기 때문에 1보다 크다. 그림 15를 보시오.

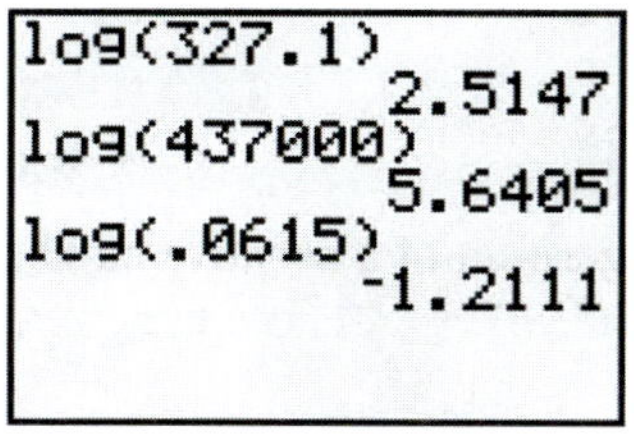

그림 14

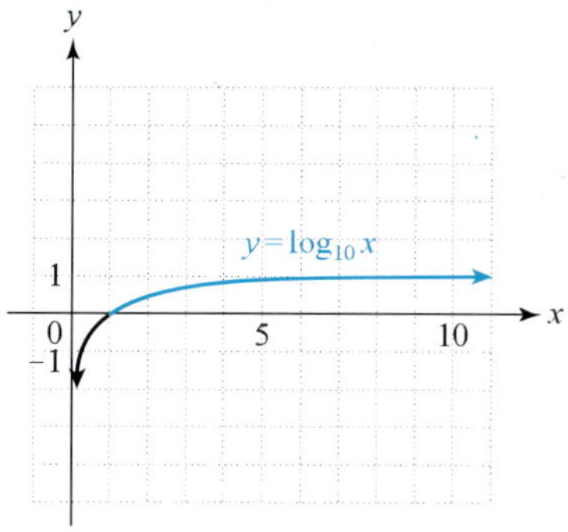

그림 15

목표 2 응용 분야에서 상용로그를 이용한다 화학에서 pH는 산성과 알칼리성을 측정하는데 사용한다. 예를 들어, 순수한 물은 pH 7이다. 일반적으로 산성은 pH가 7보다 작고 알칼리성은 7보다 크다. pH는

$$pH = -\log[H_3O^+],$$

여기서 $[H_3O^+]$는 리터당 몰의 하이드로늄 이온 농도이다. pH 값은 소수 둘째 자리에서 반올림하는 것이 일반적이다.

예제 2 응용 분야에서 pH 이용하기

습지는 진흙땅, 늪, 습지, 그리고 수렁으로 분류된다. 분류는 pH 값에 기초한다. 미시간의 하이어워사국유림(Hiawatha National Forest)에 있는 Summerby Swamp와 같이 6.0에서 7.5 사이의 pH 값은 습지가 '기름진 늪(rich fen)'임을 나타낸다. 4.0에서 6.0 사이의 pH 값은 습지가 '척박한 늪(poor fen)'임을 나타내고, 3.0 또는 그 미만의 pH 값은 습지가 '진흙땅(bog)'임을 나타낸다. (출처: Mohlenbrock, R., "Summerby Swamp, Michigan," Natural History, March 1994.) 습지에서 물 샘플의 하이드로늄 이온 농도가 6.3×10^{-3}이라고 가정하자. 이 습지는 어떻게 분류되는가?

pH의 정의를 이용한다.

$$\begin{aligned} pH &= -\log(6.3\times10^{-3}) \\ &= -(\log 6.3 + \log 10^{-3}) && \text{곱 법칙} \\ &= -[0.7993 - 3(1)] && \text{계산기를 사용하여 } \log 6.3\text{을 찾는다.} \\ &= -0.7993 + 3 \\ &\approx 2.2 \end{aligned}$$

pH가 3.0 미만이므로 습지는 진흙땅이다. ■

연습문제 29를 풀어보자.

예제 3 하이드로늄 이온 농도 구하기

풀이 pH 6.5인 식수의 하이드로늄 이온 농도를 구하라.

$$\begin{aligned} pH &= -\log[H_3O^+] & \\ 6.5 &= -\log[H_3O^+] & pH = 6.5 \\ \log[H_3O^+] &= -6.5 & -1\text{을 곱한다.} \end{aligned}$$

$[H_3O^+]$를 풀기 위해 밑을 10으로 하는 지수 형식으로 쓰면

$$[H_3O^+] = 10^{-6.5}$$
$$[H_3O^+] \approx 3.2 \times 10^{-7} \quad \text{계산기 이용}$$

■

✎연습문제 35를 풀어보자.

목표 3 계산기를 이용하여 자연로그를 계산한다 응용 분야에서 사용되는 가장 중요한 로그는 자연로그이며, 밑은 수 e이다. 수 e는 우리 영역에서 기본적인 수이다. 이런 이유로 e는 π처럼 보편상수로 부른다. 문자 e는 1748년에 수에 대한 광범위한 결과를 발표한 오일러를 기리기 위해 사용되었다. 그것은 무리수이며 그 소수점은 결코 끝나지 않으며 결코 반복되지 않는다. e의 10진수 값의 처음 몇 자리는 2.7182818285이다. 계산기 키 e^x 또는 두 키 INV와 $\ln x$는 e의 멱을 근사하는데 이용된다. 예를 들어,

Leonhard Euler(1707~1783)

$$e^2 \approx 7.389056099, \quad e^3 \approx 20.08553692, \quad e^{0.6} \approx 1.8221188$$

이다.

밑 e에 대한 로그는 성장 또는 감소와 관련된 자연 상황에서 생물학과 사회과학에서 발생하기 때문에 자연로그라 부른다. 밑 e에 대한 x의 로그는 $\ln x$로 쓴다. ("엘 엔 엑스(el en x)"로 읽는다.) 자연로그함수를 정의하는 방정식인 $y = \ln x$의 그래프가 그림 16에 나와 있다.

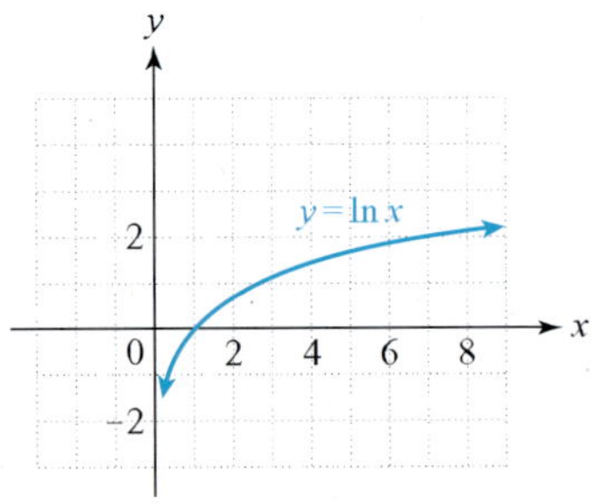

그림 16

계산기의 $\ln x$키는 자연로그의 계산에 이용된다. 만약 여러분의 계산기에 e^x키가 있다면, $\ln x$키는 없으므로 수를 입력한 후 자연로그를 찾기 위해서 INV키를 누르고 e^x키를 누른다. 이 작업은 $y = e^x$는 $y = \ln x$ (또는 $y = \log_e x$)의 역함수로 정의되기 때문이다.

예제 4 자연로그 찾기

계산기로 각 로그를 계산하여라.

(a) $\ln 0.5841 \approx -0.5377$

상용로그와 마찬가지로 0과 1 사이의 수는 음의 자연로그를 가진다.

(b) $\ln 192.7 \approx 5.2611$

(c) $\ln 10.84 \approx 2.3832$

그림 17은 그래프 계산기가 이러한 자연로그를 소수 넷째 자리까지 표시하는 방법을 보여준다.

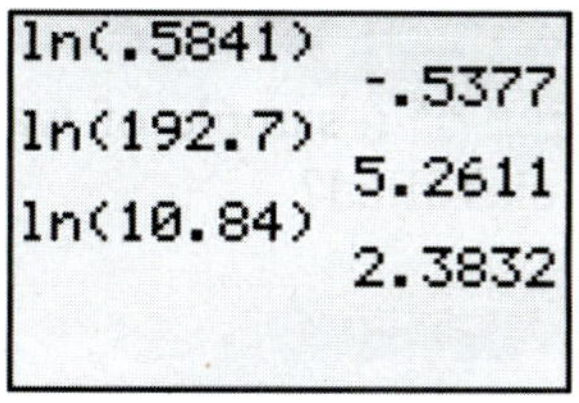

그림 17

✎연습문제 15, 17, 19를 풀어보자.

목표 4 응용 분야에서 자연로그를 이용한다 일부 응용 분야는 다음 예제에서 볼 수 있듯이 자연로그를 이용하는 함수를 포함한다.

예제 5 자연로그함수의 적용

x밀리바의 대기압에 대응하는 미터 단위의 고도는

$$f(x) = 51{,}600 - 7457\ln x$$

로 정의된 로그함수에 의해 주어진다. 이 함수를 이용하여 대기압이 400밀리바일 때 고도를 찾아라.

풀이 $x = 400$라 하고 $f(x)$에 대입하면,

$$\begin{aligned} f(400) &= 51{,}600 - 7457\ln 400 \\ &\approx 6900 \end{aligned}$$

이다. 대기압은 약 6900m에서 400밀리바이다.

✎연습문제 39를 풀어보자.

> ⓘ **참고** 예제 5에서 최종 답은 중간 값을 반올림하지 않고 계산기를 사용하여 얻은 것이다. 일반적으로 대답을 마무리하는 마지막 단계까지 기다리는 것이 가장 좋다. 그렇지 않으면 반올림 오류가 발생하여 최종 답 안에 잘못된 소수 자릿수가 표시될 수 있다.

목표 5 밑 변환 법칙을 이용한다 우리는 상용로그(밑 10)와 자연로그(밑 e)의 값에 근접하기 위해 계산기를 사용했다. 그러나 일부 응용 분야는 다른 밑에 대한 로그를 포함한다. 예를 들어, 1980~1996년 동안 전년도에 아기를 낳고 x년도에 직장에 복귀한 여성의 비율은

$$f(x) = 38.83 + 4.208\log_2 x$$

에 의해 주어진다(출처: 전미인구조사국). 이 함수를 이용하기 위해서는 밑이 2인 로그를 찾아야 한다. 다음 법칙은 로그를 하나의 밑에서 다른 밑으로 변환하는데 이용한다.

밑 변환 법칙

만약 $a>0,\ a\neq 1,\ b>0,\ b\neq 1$이고 $x>0$이면,

$$\log_a x = \frac{\log_b x}{\log_b a}.$$

ⓘ **참고** 밑 변환 법칙의 밑 b는 1 이외의 모든 양수를 사용할 수 있지만, 일반적으로 e와 10을 밑으로 사용한다. 왜냐하면 계산기는 두 밑에 대한 로그만을 제공하기 때문이다.

밑 변환 법칙을 유도하기 위해, $\log_a x = m$이라고 하자.

$$\log_a x = m$$
$$a^m = x \qquad \text{지수 형식으로 변환}$$

로그함수는 일대일이므로 만약 모든 변수가 양수이고 $x=y$이면 $\log_b x = \log_b y$이다.

$$\log_b(a^m) = \log_b x$$
$$m\log_b a = \log_b x \qquad \text{멱 법칙}$$
$$(\log_a x)(\log_b a) = \log_b x \qquad m=\log_a x \text{ 대입}$$
$$\log_a x = \frac{\log_b x}{\log_b a} \qquad \log_b a\text{로 나눈다.}$$

마지막 단계가 밑 변환 법칙이다.

예제 6 밑 변환 법칙 이용하기

$\log_5 12$를 찾으시오.

풀이 상용로그와 밑 변환 법칙을 이용한다.

$$\log_5 12 = \frac{\log 12}{\log 5}$$
$$\approx 1.5440 \qquad \text{계산기 이용}$$

자연로그를 사용할 때 같은 값이 나오는지 확인한다. ■

연습문제 47을 풀어보자.

예제 7 응용 분야에서 밑 변환 법칙 이용하기

1995년 아기를 낳은 후 직장에 복귀한 여성의 비율을 찾기 위해 밑 변환 법칙과 (이전에 주어진) 함수

$$f(x) = 38.83 + 4.208\log_2 x$$

에 자연로그를 이용하여라. 이 방정식에서 $x=0$는 1980을 나타낸다.

풀이 방정식에서 x에 $1995-1980=15$를 대입한다.

$$\begin{aligned} f(15) &= 38.83 + 4.208\log_2 15 \\ &= 38.83 + 4.208\left(\frac{\ln 15}{\ln 2}\right) && \text{밑 변환 법칙} \\ &\approx 55.3\% && \text{계산기 이용} \end{aligned}$$

이것은 실제값 55%에 매우 가깝다. ■

연습문제 59를 풀어보자.

관련성

앞에서 언급한 것처럼 수 $e \approx 2.718281828$는 우리가 사는 영역에서 기본적인 수이다. 만약 다른 곳에 지적인 존재가 있다면, 또한 그들이 고등 수학을 한다면 e를 사용해야 할 것이다.

e의 성질은 미적분과 고등 수학에서 광범위하게 사용된다. 10.6절에서는 물리적 세계에서의 성장과 감소에 어떻게 적용되는지를 보여준다.

토론 또는 글쓰기

e는

$$e = 1 + \frac{1}{1} + \frac{1}{1\cdot 2} + \frac{1}{1\cdot 2\cdot 3} + \frac{1}{1\cdot 2\cdot 3\cdot 4} + \cdots$$

로 표현할 수 있다. 이 식의 2개 항, 그 다음 3개 항, 4개 항, 5개 항, 6개 항을 사용하여 e의 근사값을 구하여라. 위의 방식으로 구한 6개 항은 e의 근삿값과 얼마나 가까운가? 이 무한한 합이 e의 값에 매우 빠르게 접근하는가?

10.5 연습문제

[1~4] 다음 질문에 올바른 답을 선택하시오.

1. $\log x$의 밑은 무엇인가?

   A. e B. 1 C. 10 D. x

2. $\ln x$의 밑은 무엇인가?

   A. e B. 1 C. 10 D. x

3. $10^0 = 1$과 $10^1 = 10$이므로, $\log 5.6$의 값은 어떤 2개의 연속된 정수 사이에 있는가?

   A. 5와 6 B. 10과 11 C. 0과 1 D. -1과 0

4. $e^1 \approx 2.718$이고 $e^2 \approx 7.389$이므로, $\ln 5.6$의 값은 어떤 2개의 연속된 정수 사이에 있는가?

   A. 5와 6 B. 2와 3 C. 1과 2 D. 0과 1

5. 계산기를 사용하지 않고 $\log 10^{19.2}$의 값을 구하라.

6. 계산기를 사용하지 않고 $\ln e^{\sqrt{2}}$의 값을 구하라.

이 절의 나머지 연습문제를 위해 계산기가 필요하다.

[7~24] 각 로그를 찾아라. 소수 넷째 자리까지 근삿값을 구하라. (예제 1과 4)

7. $\log 43$
8. $\log 98$
9. $\log 328.4$
10. $\log 457.2$
11. $\log 0.0326$
12. $\log 0.1741$
13. $\log(4.76 \times 10^9)$
14. $\log(2.13 \times 10^4)$
15. $\ln 7.84$
16. $\ln 8.32$
17. $\ln 0.0556$
18. $\ln 0.0217$
19. $\ln 388.1$
20. $\ln 942.6$
21. $\ln(8.59 \times e^2)$
22. $\ln(7.46 \times e^3)$
23. $\ln 10$
24. $\log e$
25. 계산기를 사용하여 다음 로그의 근삿값을 찾으시오.

   (a) $\log 356.8$ (b) $\log 35.68$ (c) $\log 3.568$

   (d) 답을 관찰하고 같은 숫자를 가진 1보다 큰 상용로그의 소수 값에 대해 추측하시오.

26. k는 여러분의 이름에 있는 자모 수를 나타낸다.

(a) $\log k$를 찾기 위해 계산기를 사용하시오.

(b) (a)에서 찾은 수에 대해 10승을 한다. 어떤 결과를 얻었는가?

(c) 10.1절의 개념을 사용하여 (b)에서 찾은 답을 얻은 이유를 설명하시오. 같은 결과를 관찰하기 위해 k에 사용했던 번호는 무엇인가?

27. 계산기를 사용하여 $\log(-1)$을 찾으시오. (만약 그래프 계산기를 가지고 있다면 실수 모드이어야 한다.) 무슨 일이 생겼는가? 설명하시오.

[28~30] 습지대의 물이 샘플이고 주어진 하이드로늄 이온 농도를 가진 것으로 가정하자. 습지가 기름진 늪, 척박한 늪 또는 진흙 땅인지를 결정하시오. (예제 2)

28. 2.5×10^{-5} 29. 2.5×10^{-2} 30. 2.5×10^{-7}

[31~34] 주어진 하이드로늄 이온 농도로 물질의 pH를 구하라. (예제 2)

31. 암모니아, 2.5×10^{-12} 32. 탄산수소나트륨, 4.0×10^{-9}

33. 포도, 5.0×10^{-5} 34. 참치, 1.3×10^{-6}

[35~38] pH에 대한 공식을 사용하여 주어진 pH로 물질의 하이드로늄 이온 농도를 찾으시오. (예제 3)

35. 인간의 혈장, 7.4 36. 인간의 위 내용물, 2.0

37. 시금치, 5.4 38. 바나나, 4.6

[39~46] 각 문제를 푸시오. (예제 5)

39. 2개의 독립적으로 진화하는 언어가 공통 조상 언어로부터 분리되기 때문에 $N(r)$의 연수는

$$N(r) = -5000\ln r$$

에 의해 근사하게 된다. 여기서 r은 현재 남아 있는 공통 조상 언어에 속하는 단어의 백분율(십진수 형태)이다. 공통 단어의 각 비율에 대한 분할 이후 연도 수를 찾으시오.

(a) 85% (또는 0.85) (b) 35% (또는 0.35) (c) 10% (또는 0.10)

40. r(십진수 형태)의 비율로 2배로 증가하는 양의 시간 t는

$$t(r) = \frac{\ln 2}{\ln(1+r)}$$

에 의해 주어진다. 이것을 더블 타임(doubling time)이라고 한다. 각 이율로 투자할 때 시간을 소수 첫째 자리까지 찾으시오.

(a) 2% (또는 0.02) (b) 5% (또는 0.05) (c) 8% (또는 0.08)

41. 소리의 크기는 데시벨(dB)이라고 하는 단위로 측정된다. 임계음(threshold sound)이라고 하는 매우 희미한 소리에는 강도 I_0가 지정된다. 특정 사운드의 강도가 I인 경우 이 사운드의 데시벨 수준은

$$D = 10\log\left(\frac{I}{I_0}\right)$$

이다. 주어진 강도 I로 각 대중 영화의 평균 데시벨 수준을 찾으시오. 비교를 위해, 오토바이

또는 파워 톱은 데시벨 레벨이 약 95dB이며, 해머 또는 헬리콥터의 소리는 약 105dB이다.
(출처: World Almanac and Book of Facts, 2001; www.lhh.org/noise/)

(a) 아마겟돈; $5.012 \times 10^{10} I_0$

(b) 고질라; $10^{10} I_0$

(c) 라이언 일병 구하기: $6{,}310{,}000{,}000 I_0$

42. 혈류로 주입되는 약물의 농도는 시간이 지나면서 감소한다. 약물을 투여해야 하는 시간 간격 T는

$$T = \frac{1}{k} \ln \frac{C_2}{C_1}$$

에 의해 주어졌다. 여기서 k는 사용 중인 약물에 의해 결정되는 상수이고, C_2는 약물이 유해한 농도이고, C_1은 약물이 비효율적인 농도이다. (출처: Horelick, Brindell and Sinan Koont, "미적분을 의약에 응용: 안전하고 효과적인 투여량을 규정함," UMAP Module 202, 1977.) 따라서 $T=4$라면 약을 4시간마다 투여해야 한다. 특정 약물의 경우 $k = \frac{1}{3}$, $C_2 = 5$, $C_1 = 2$이다. 얼마나 자주 약물을 투여해야 하는가? (힌트: 반올림한다.)

43. 외래 수술의 성장률은 병원에서의 총 수술의 백분율로

$$f(x) = -1317 + 304 \ln x$$

에 의해 근사된다. 여기서 x는 1900년 이후의 연도 수를 나타낸다. (출처: 미국 병원 협회)

(a) 이 함수는 1998년 외래 수술의 비율을 어떻게 예측하는가?

(b) 외래 수술이 언제 50%에 도달하는가? (힌트: y를 대입하고 지수방정식을 쓴 다음 푼다.)

44. 캘리포니아의 시에라 네바다 중부에서는 비보다는 눈으로 인한 수분 p의 백분율이

$$f(x) = 86.3 \ln x - 680$$

에 의해 상당히 잘 예측된다. 여기서 x는 피트로 표시된 고도이다.

(a) 5000피트 높이의 수분 중 몇 퍼센트가 눈으로 내리는가?

(b) 7500피트에서 눈이 내리는 비율은 몇 퍼센트인가?

45. 비용 편익 방정식

$$T = -0.642 - 189 \ln(1-p)$$

는 이산화탄소 배출량을 p% (십진법으로) 감소시키는 대략적인 세금 T를 톤당 달러로 나타낸다.

(a) 얼마만큼의 세금이 배기가스 배출량을 25% 줄일 것인가?

(b) 방정식이 $p=0$ 또는 $p=1$에 유효하지 않은 이유를 설명하시오.

46. 암컷 흰긴수염고래의 나이는

$$t = -2.57\ln\left(\frac{87-L}{63}\right)$$

로 근사되며, 여기서 L은 길이(피트)이다.

(a) 길이가 80피트인 암컷 흰긴수염고래는 몇 살인가?

(b) t를 정의하는 방정식에서 정의역은 $24 < L < 87$이다. 이유를 설명해라.

[47~55] 밑 변환 법칙(상용 또는 자연로그)을 사용하여 각 로그를 소수 넷째 자리까지 찾으시오. (예제 6)

47. $\log_3 12$

48. $\log_4 18$

49. $\log_5 3$

50. $\log_7 4$

51. $\log_3 \sqrt{2}$

52. $\log_6 \sqrt[3]{5}$

53. $\log_\pi e$

54. $\log_\pi 10$

55. $\log_e 12$

56. 연습문제 55에 대한 답이 왜 계산기를 사용하여 ln12에 근사할 때 얻는 것과 동일한지 설명하시오.

57. m을 여러분의 이름에 있는 자모 수로 하고, n을 성에 있는 자모 수로 본다.

(a) $\log_m n$이 무엇을 의미하는지 설명하시오.

(b) $\log_m n$을 찾기 위해 계산기를 사용하시오.

(c) m을 (b)에서 찾은 수로 거듭제곱하시오. 결과는 무엇인가?

58. 방정식 $5^x = 7$은 10.2절에 설명된 방법을 사용하여 풀 수 없다. 그러나 이 방정식을 풀 때, 7을 얻기 위해 5를 거듭제곱해야 하는 지수를 찾아야 한다. 이것은 $\log_5 7$이다.

(a) 밑 변환 법칙과 계산기를 사용하여 $\log_5 7$을 찾으시오.

(b) 5를 (a)에서 찾은 수로 거듭제곱하시오. 결과는 무엇인가?

(c) 계산기가 제공하는 소수점 이하 자리수를 사용하여 $5^x = 7$의 해집합을 써라. (이 유형의 방정식은 10.6절에서 자세히 다룰 것이다.)

[59~60] 로그함수의 각 응용문제를 풀어라. (예제 7)

59. 10.3절의 연습문제 53을 참조하시오. 1998년의 폐기물 부지 수를 결정하시오.

60. 10.3절의 연습문제 54를 참조하시오. 1998년의 대략적인 소비량을 결정하시오.

기술적 통찰 (문제 61~64)

그래프 계산기에는 $\log x$ 및 $\ln x$ 키가 있기 때문에 다음 그림에서와 같이 $f(x)=\log x$ 및 $g(x)=\ln x$ 로 정의된 함수를 직접 그래프로 표시할 수 있다.

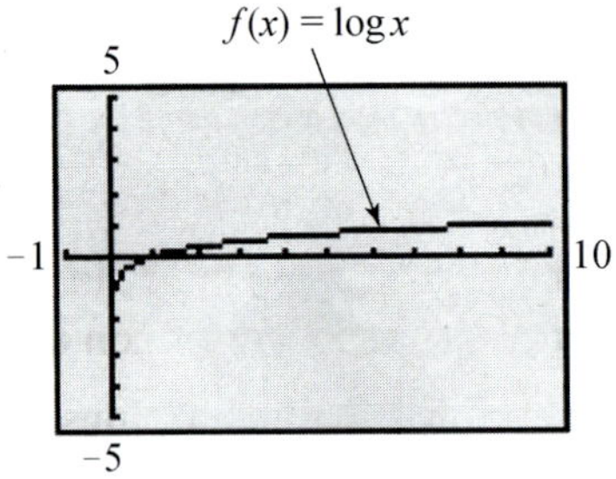

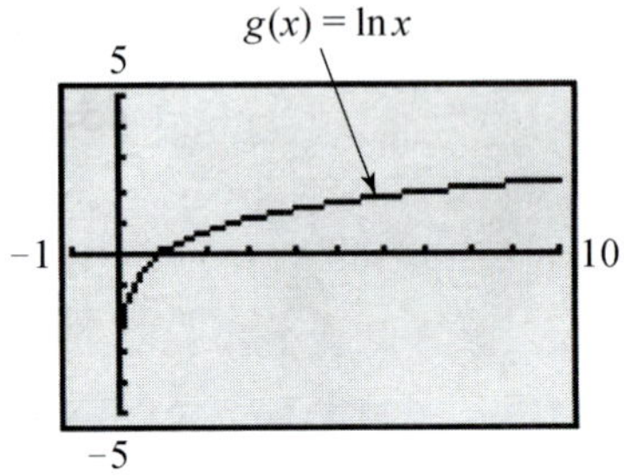

그러나 로그에 의해 정의된 함수를 10 또는 e 이외의 다른 밑으로 그래프화하려면, 밑 변환 법칙을 사용해야 한다. 예를 들어 $y=\log_2 x$를 그래프로 나타내기 위해 Y_1을 $\dfrac{\log x}{\log 2}$ 또는 $\dfrac{\ln x}{\ln 2}$로 입력할 수 있다. 이것은 오른쪽 그림에서 볼 수 있다. ($y=\log_2 x$가 $y=2^x$의 역수라는 사실을 사용하여 10.3절의 연습문제 59 ~ 62의 그림과 비교하시오).

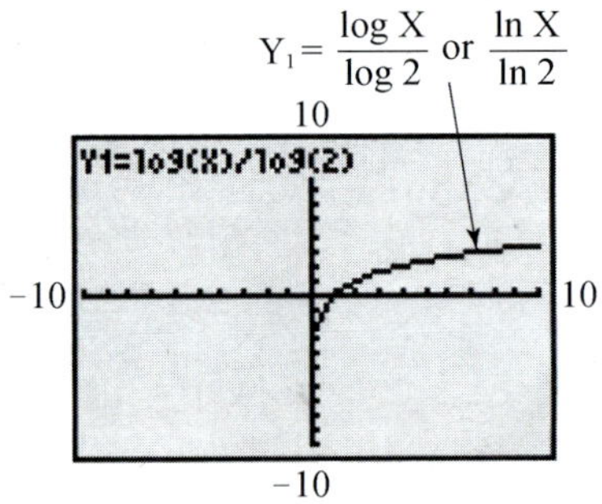

밑 변환 법칙을 사용하여 그래프 계산기로 각 로그함수를 그래프로 나타내시오.

$$X\text{min} = -1, \quad X\text{max} = 10,$$
$$Y\text{min} = -5, \quad Y\text{max} = 5$$

인 보기 창을 사용하시오.

61. $g(x)=\log_3 x$

62. $g(x)=\log_5 x$

63. $g(x)=\log_{1/3} x$

64. $g(x)=\log_{1/5} x$

10.6 지수방정식과 로그방정식: 응용

학·습·목·표

1. 지수에 변수가 포함된 방정식을 푼다.
2. 로그가 포함된 방정식을 푼다.
3. 복리에 관련된 응용문제를 푼다.
4. 지수적인 성장과 감소를 포함하는 응용문제를 푼다.
5. 그래프 계산기를 사용하여 지수 및 로그방정식을 푼다.

지수와 로그함수는 수학의 많은 응용 분야에서 중요하다. 이러한 응용에 함수를 사용하려면 지수 및 로그방정식을 풀어야 한다. 몇 가지 간단한 방정식은 10.2절과 10.3절에서 논의되었다. 이 방정식을 푸는 더 일반적인 방법은 다음의 성질을 따른다.

지수와 로그방정식을 풀기 위한 성질

모든 실수 $b>0$, $b \neq 1$에 대하여, 그리고 임의의 실수 x와 y에 대하여

1. 만약 $x=y$이면, $b^x=b^y$이다.
2. 만약 $b^x=b^y$이면, $x=y$이다.
3. 만약 $x=y$이고 $x>0$, $y>0$이면, $\log_b x=\log_b y$이다.
4. 만약 $x>0$, $y>0$이고 $\log_b x=\log_b y$이면, $x=y$이다.

10.2절에서 지수방정식을 풀기 위해 성질 2를 이용하였다.

목표 1 지수에 변수가 포함된 방정식을 푼다 처음 두 예제는 성질 3을 이용하여 지수방정식을 푸는 방법을 보여준다.

예제 1 지수방정식 풀기

$3^x=12$를 풀어라.

풀이

$$3^x=12$$

$$\log 3^x=\log 12 \quad \text{성질 3}$$

$$x\log 3=\log 12 \quad \text{멱 법칙}$$

$$x=\frac{\log 12}{\log 3} \quad \log 3\text{으로 나눈다.}$$

이 몫은 정확한 해이다. 해에 대한 소수의 근삿값을 얻으려면 계산기를 사용하시오.

$$x \approx 2.262$$

해집합은 $\{2.262\}$ 이다. $3^{2.262} \approx 12$ 임을 확인하시오. ■

연습문제 5를 풀어보자.

> ⓘ 주의 $\frac{\log 12}{\log 3}$ 는 $\log 4$ 와 같지 않다. 왜냐하면 $\log 4 \approx 0.6021$ 이고 $\frac{\log 12}{\log 3} \approx 2.262$ 이기 때문이다.

지수방정식이 밑을 e 로 가질 때, 밑이 e 인 로그를 사용하는 것이 쉽다.

예제 2 밑 e 인 지수방정식 풀기

$e^{0.003x} = 40$ 을 풀어라.

풀이 양변에 밑이 e 인 로그를 취한다.

$$\begin{aligned} \ln e^{0.003x} &= \ln 40 & & \\ 0.003x \ln e &= \ln 40 & & \text{멱 법칙} \\ 0.003x &= \ln 40 & & \ln e = \ln e^1 = 1 \\ x &= \frac{\ln 40}{0.003} & & 0.003\text{으로 나눈다.} \\ x &\approx 1230 & & \text{계산기 사용} \end{aligned}$$

해집합은 $\{1230\}$ 이다. $e^{0.003(1230)} \approx 40$ 임을 확인하여라. ■

연습문제 15를 풀어보자.

지수방정식을 풀기 위한 일반적인 방법

양변에 같은 밑을 갖는 로그를 취하고, 로그의 멱 법칙 또는 특별한 성질

$\log_b b^x = x$ 를 이용한다. (예제 1과 2 참고)

특별한 경우로, 양변이 같은 밑을 갖는 지수로 쓸 수 있다면, 그렇게 하고 지수를 같게 놓는다. (10.2절 참고)

목표 2 로그가 포함된 방정식을 푼다 10.4절의 로그의 성질이 방정식을 지수 형태로 변경하는 로그의 정의를 사용하는 것처럼 여기서도 유용하다.

예제 3 로그방정식 풀기

$\log_2(x+5)^3=4$를 풀어라. 정확한 해를 찾아라.

풀이

$(x+5)^3=2^4$	지수 형식으로 변환
$(x+5)^3=16$	
$x+5=\sqrt[3]{16}$	각 변에 세제곱 근 취하기
$x=-5+\sqrt[3]{16}$	5를 뺀다.
$x=-5+2\sqrt[3]{2}$	무리수를 간단히 하기

해가 방정식을 만족하는지 확인하여라. 따라서 해집합은 $\{-5+2\sqrt[3]{2}\}$이다. ■

연습문제 29를 풀어보자.

> ⓘ 주의 $y=\log_b x$의 정의역은 $(0, \infty)$임을 상기하자. 이러한 이유로 로그를 사용한 방정식의 해가 원래 방정식에서 양수의 로그만 산출하는지 항상 확인해야 한다.

예제 4 로그방정식 풀기

$\log_2(x+1)-\log_2 x=\log_2 7$을 풀어라.

풀이

$\log_2(x+1)-\log_2 x=\log_2 7$	
$\log_2\dfrac{x+1}{x}=\log_2 7$	몫 법칙
$\dfrac{x+1}{x}=7$	성질 4
$x+1=7x$	x를 곱한다.
$1=6x$	
$\dfrac{1}{6}=x$	

이 해를 원래의 방정식에 대입하여 확인하시오. 여기서 $x+1$과 x는 양수여야 한다. 만약 $x=\dfrac{1}{6}$이 조건을 만족했다면 해집합은 $\left\{\dfrac{1}{6}\right\}$이다. ■

연습문제 35를 풀어보자.

예제 5 로그방정식 풀기

$\log x+\log(x-21)=2$를 풀어라.

풀이 좌변을 하나의 로그로 쓰고, 지수 형태로 쓴 뒤 방정식을 푼다.

$$\begin{aligned}
\log x + \log(x-21) &= 2 \\
\log x(x-21) &= 2 && \text{곱 법칙} \\
x(x-21) &= 10^2 && \log x = \log_{10} x\text{, 지수 형식으로 쓴다.} \\
x^2 - 21x &= 100 \\
x^2 - 21x - 100 &= 0 && \text{표준형} \\
(x-25)(x+4) &= 0 && \text{인수분해} \\
x - 25 = 0 \quad \text{또는} \quad x + 4 &= 0 && \text{영인수 성질} \\
x = 25 \quad \text{또는} \quad x &= -4
\end{aligned}$$

값 -4는 원래 방정식에서 음수의 로그로 이어지므로 해에서 제외해야 한다.

$$\log(-4) + \log(-4-21) = 2 \qquad \text{좌변은 정의되지 않는다.}$$

유일한 해는 25이고, 따라서 해집합은 $\{25\}$이다. ■

연습문제 39를 풀어보자.

ⓘ 주의 양수가 아니기 때문에 해에서 제외시키는 것이 아니라 양수가 아닌 수의 로그가 되면 제외시킨다.

요약하면, 로그방정식을 풀기 위해서 다음 단계를 이용한다.

로그방정식 풀기

1단계 한 변에 하나의 로그만 나타나도록 방정식을 변환한다.
이렇게 하기 위해 로그의 곱 법칙 또는 몫 법칙을 이용한다.

2단계 (a) 성질 4를 이용한다.
만약 $\log_b x = \log_b y$이면, $x = y$이다. (예제 4 참고)

(b) 방정식을 지수 형식으로 쓴다.
만약 $\log_b x = k$이면, $x = b^k$이다. (예제 3과 5 참고)

목표 3 복리에 관련된 응용문제를 푼다 지금까지 이 책에서 이자와 관련된 응용문제는 공식 $I = prt$를 사용하고 단리로 제한되었다. 대부분의 경우, 지불되거나 청구된 이자는 복리이자(원금과 이자 모두에 이자 지급)이다. 복리 계산을 위한 공식은 지수함수의 중요한 응용이다.

복리이자 공식 (유한기간에 대해)

P달러의 원금이 연이율 r에 연당 n회 복리(지불된)인 경우, t년 후

$$A = P\left(1+\frac{r}{n}\right)^{nt}$$

달러가 된다. (이 공식에서 r은 소수점으로 표현된다.)

예제 6 A에 대한 복리이자 풀기

1000달러의 분기당 6% 복리는 5년 말 얼마가 되는가? (인출은 없다고 가정한다.)

풀이 이자는 분기별이므로 $n=4$이다. 문제에 주어진 값들은 $P=1000$, $r=0.06$ (왜냐하면 $6\%=0.06$), $t=5$이다. 복리이자 계산공식에 대입하여 A 값을 찾는다.

$$A = 1000\left(1+\frac{0.06}{4}\right)^{4\cdot 5}$$

$$A = 1000(1.015)^{20}$$

계산기에서 y^x 키를 사용하고 반올림하여 센트로 나타낸다.

$$A = 1346.86$$

수익은 1346.86달러이다. (실 이자금액은 1346.86달러 − 1000달러 = 346.86달러이다. 왜?) ■

연습문제 45(a)를 풀어보자.

이자는 일년, 반년, 분기, 매일 등으로 구성될 수 있다. 복리 기간의 수는 점점 더 커질 수 있다. n의 값이 무한대에 가까워지면 연속 복리의 예가 된다. 그러나 위의 복리이자 공식은 n의 유한 값이 없기 때문에 연속 복리에 사용할 수 없다. 연속 복리에 대한 수식은 e와 관련된 지수 성장의 한 예이다.

연속 복리이자 공식

P달러의 원금이 연이율 r에 연당 연속 복리(지불된)인 경우, 마지막 금액은

$$A = Pe^{rt}$$

이다.

예제 7 연속 복리이자 문제 풀기

예제 6에서 분기별 복리 6%의 이율로 5년 동안 1000달러를 투자하면 1346.86달러임을 보았다.

(a) 이 같은 투자에 이자가 연속 복리면 얼마나 될까?

풀이 $P=1000$, $r=0.06$ 그리고 $t=5$인 연속 복리에 대한 공식을 사용한다.

$$\begin{aligned} A &= Pe^{rt} && \text{공식} \\ &= 1000e^{0.06(5)} && \text{대입} \\ &= 1000e^{0.30} \\ &= 1349.86 && \text{계산기를 사용해 센트로 반올림.} \end{aligned}$$

연속 복리인 경우 투자금은 1349.86달러로 증가시킬 것이다. 분기별로 이자가 혼합되었을 때인 예제 6보다 3.00달러가 더 많음을 주목하라.

(b) 초기 투자 금액이 원래 금액의 두 배가 되는 데 얼마나 걸리는가? (이것을 두 배 시간(doubling time)이라고 한다.)

풀이 A가 $2(1000\text{달러}) = 2000\text{달러}$가 될 t값을 찾아야 한다.

$$\begin{aligned} A &= Pe^{rt} && A = 2P = 2000 \\ 2000 &= 1000e^{0.06t} && \text{1000으로 나눈다.} \\ 2 &= e^{0.06t} && \text{자연로그를 취한다, } \ln e^k = k \\ \ln 2 &= 0.06t && \text{0.06으로 나눈다.} \\ t &= \frac{\ln 2}{0.06} \\ t &\approx 11.55 && \text{계산기 사용} \end{aligned}$$

원래 금액의 두 배가 되는 시점은 약 11.55년이다. ■

연습문제 47을 풀어보자.

목표 4 지수적인 증가와 감소를 포함하는 응용문제를 푼다 지수함수의 가장 일반적인 응용 중 하나는 인구의 증가 또는 감소와 관련된 많은 상황에서 시간 t에 존재하는 분량의 양 또는 수를

$$y = y_0 e^{kt}$$

로 가깝게 근사시킬 수 있다는 사실에 달려 있다. 여기서 y_0는 시간 $t=0$에 존재하는 양 또는 수이고, k는 상수, e는 자연로그의 밑이다.

예제 8 지수함수의 응용

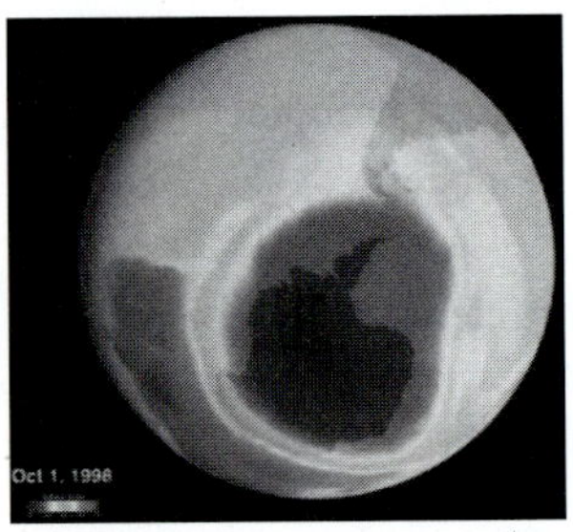

온실 효과란 이산화탄소, 메탄 및 프레온 가스(CFCs)와 같은 가스의 배출이 지구의 기후를 변화시키고 오존층을 파괴할 수 있는 현상을 의미한다. 냉장 기술에 사용되는 CFC-12의 농도는 ppb로 표현되며,

$$f(x) = 0.48e^{0.04x}$$

로 정의된 지수함수로 모델링할 수 있다. 여기서 $x=0$은 1990을 나타낸다. 이 함수를 사용하여 1998년의 농도를 근사화하여라.

풀이 $x=0$은 1990을 나타내고, $x=8$은 1998을 나타낸다. 계산기를 사용하여 $f(8)$을 계산하면

$$f(8) = 0.48e^{0.04(8)} = 0.48e^{0.32} \approx 0.66$$

이다. 따라서 1998년, CFC-12 농도는 약 0.66ppb이다. ■

연습문제 53을 풀어보자.

화석의 나이를 결정하는 데 사용되는 탄소 14 연대 측정 과정에 대해 들어본 적이 있을 것이다. 밑이 e인 지수 감소함수를 포함한 방법을 사용한다.

예제 9 지수적 감소 문제 풀기

탄소 14는 모든 살아있는 식물과 동물에서 발견되는 방사성 탄소 형태이다. 식물 또는 동물이 사망한 후, 방사성 탄소 14는

$$y = y_0 e^{-0.000121t}$$

로 정의된 함수에 따라 소멸된다. 여기서 t는 연도, y는 시간 t에서의 샘플 양, y_0는 $t=0$에서의 초기 양이다.

(a) 만약 탄소 14의 초기 샘플에 $y_0 = 10$g 포함되어 있다면, 3000년 후에는 몇 g이 되겠는가?

풀이 공식에 $y_0 = 10$, $t = 3000$을 넣고 계산기를 사용한다.

$$y = 10e^{-0.000121(3000)} \approx 6.96\text{g}$$

(b) 초기 샘플이 원래의 양의 절반으로 줄어들려면 얼마나 걸리는가? (이것을 반감기라고 한다.)

풀이 $y = \frac{1}{2}(10) = 5$로 놓고, t에 대하여 푼다.

$$
\begin{aligned}
5 &= 10e^{-0.000121t} && \text{대입} \\
\frac{1}{2} &= e^{-0.000121t} && \text{10으로 나눈다.} \\
\ln\frac{1}{2} &= -0.000121t && \text{자연로그를 취한다; } \ln e^k = k \\
t &= \frac{\ln\frac{1}{2}}{-0.000121} && -0.000121\text{로 나눈다.} \\
t &\approx 5728 && \text{계산기 사용}
\end{aligned}
$$

따라서 반감기는 5700년 이후다. ■

연습문제 59를 풀어보자.

목표 5 그래프 계산기를 사용하여 지수 및 로그방정식을 푼다 앞에서 함수 f 그래프의 x절편이 방정식 $f(x)=0$의 실제 해에 해당함을 보았다. 이 아이디어는 선형 및 이차방정식에 적용되었으며 지수 및 로그방정식으로 확장될 수 있다. 예제 1에서는 로그에 대한 규칙을 사용하여 방정식 $3^x = 12$를 대수적으로 풀었으며 해가 $\{2.262\}$로 설정되었음을 알 수 있었다. 이것은 $y = 3^x - 12$로 정의된 함수의 그래프의 x절편이 이 해에 부합함을 보여줌으로써 그래픽으로 지지될 수 있다. (그림 18)

예제 5에서 $\log x + \log(x-21) = 2$를 풀었으며 해집합이 $\{25\}$임을 보았다. (-4는 음수의 로그이므로 기각했다.) 그림 19는 $y = \log x + \log(x-21) - 2$로 정의된 함수의 그래프의 x절편이 이 결과를 지지함을 볼 수 있다.

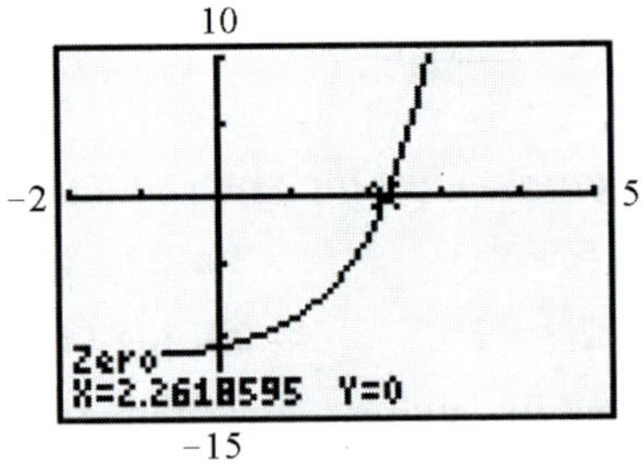

그림 18

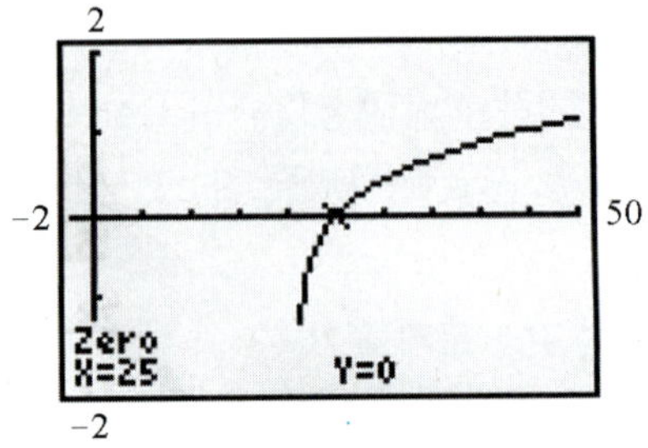

그림 19

10.6 연습문제

관련 개념(문제 1~4)

개인 또는 그룹 과제용

[1~4] **10.2절에서** $5^x = 125$**와 같은 방정식을 풀기 위해 양변을 같은 밑의 멱으로 써서 지수를 같게 놓으면, 그 결과 방정식을 다음과 같이 풀었다.**

$5^x = 125$	원래 방정식
$5^x = 5^3$	$125 = 5^3$
$x = 3$	지수를 같게 놓는다.

해집합 : $\{3\}$

이 절에서 설명한 방법을 사용하여 이 방정식을 풀 수도 있다. 이것이 어떻게 행해지는지 보기 위해서 다음을 순서대로 풀어라.

1. 양변에 상용로그를 취하고 방정식을 작성하시오.
2. 좌변에 로그에 대한 멱 법칙을 적용하시오.
3. x가 좌변에 홀로 남도록 방정식을 작성하시오.
4. 계산기를 사용하여 해를 소수로 찾는다. 해집합은 무엇인가?

나머지 연습문제의 대부분은 공학용 계산기가 필요하다.

[5~13] 각 방정식을 풀어라. 소수 셋째 자리까지 해를 구하라. (예제 1)

5. $7^x = 5$
6. $4^x = 3$
7. $9^{-x+2} = 13$
8. $6^{-t+1} = 22$
9. $3^{2x} = 14$
10. $5^{0.3x} = 11$
11. $2^{x+3} = 5^x$
12. $6^{m+3} = 4^m$
13. $2^{x+3} = 3^{x-4}$

[14~22] 각 방정식을 풀어라. 자연로그를 사용하시오. 적절한 경우, 소수 셋째 자리까지 해를 구하라. (예제 2)

14. $e^{0.006x} = 30$
15. $e^{0.012x} = 23$
16. $e^{-0.103x} = 7$
17. $e^{-0.205x} = 9$
18. $\ln e^x = 4$
19. $\ln e^{3x} = 9$
20. $\ln e^{0.04x} = \sqrt{3}$
21. $\ln e^{0.45x} = \sqrt{7}$
22. $\ln e^{2x} = \pi$
23. 자연로그보다는 상용로그를 사용하여 연습문제 14-17의 방정식 중 하나를 풀어보시오. (동일한 해를 구해야 한다). 자연로그를 사용하는 것이 왜 더 좋은 선택인지 설명하시오.
24. $10^{0.0025x} = 75$을 풀어야 할 경우, 자연로그와 상용로그 중 어느 것이 더 나은 선택인가? 설명하시오.

[25~30] 각 방정식을 풀어라. 정확한 해를 구하라. (예제 3)

25. $\log_3(6x+5) = 2$
26. $\log_5(12x-8) = 3$
27. $\log_2(2x-1) = 5$
28. $\log_6(4x+2) = 2$
29. $\log_7(x+1)^3 = 2$
30. $\log_4(x-3)^3 = 4$
31. $\log(x-3)$ 항이 있는 로그방정식을 풀 때 2의 해를 얻는다고 가정하자. 모든 대수적 과정은 정확하다. 이 방정식의 해로 2를 왜 거절해야 하는지 설명하시오.
32. $\log(3-x)$ 항이 있는 로그방정식을 풀 때 -4의 해를 얻는다고 가정하자. 모든 대수적 과정은 정확하다. 방정식의 해로 -4를 제외해야 하는가? 이유를 설명하시오.

[33~44] 각 방정식을 풀어라. 정확한 해를 구하라. (예제 4와 5)

33. $\log(6x+1) = \log 3$
34. $\log(7-x) = \log 12$
35. $\log_5(3t+2) - \log_5 t = \log_5 4$
36. $\log_2(x+5) - \log_2(x-1) = \log_2 3$
37. $\log 4x - \log(x-3) = \log 2$
38. $\log(-x) + \log 3 = \log(2x-15)$
39. $\log_2 x + \log_2(x-7) = 3$
40. $\log(2x-1) + \log 10x = \log 10$
41. $\log 5x - \log(2x-1) = \log 4$
42. $\log_3 x + \log_3(2x+5) = 1$
43. $\log_2 x + \log_2(x-6) = 4$
44. $\log_2 x + \log_2(x+4) = 5$

[45~52] 각 문제를 풀어라. (예제 6과 7)

45. (a) 2000달러를 분기마다 4% 복리로 예치하면 6년 후 계좌에 돈이 얼마나 있을 것인가? (인출이 없다고 가정하시오.)
    (b) 소수 첫째 자리까지, 계좌가 3000달러까지 늘어나려면 얼마나 걸리는가?

46. (a) 3000달러를 분기마다 3.5% 복리로 예치하면 7년 후 계좌에 돈이 얼마나 있을 것인가? (인출이 없다고 가정하시오.)
    (b) 소수 첫째 자리까지, 계좌가 5000달러까지 늘어나려면 얼마나 걸리는가?

47. (a) 이자가 연 3.5%의 연속 복리라면 초기 원금 4000달러의 계좌는 6년 후에는 얼마인가?
    (b) 초기 금액이 2배가 되는 데는 얼마나 걸리는가?

48. 연습문제 46을 참조하시오. 그 조건 하에서 돈이 더 큰 가치로 증가하는가 아니면 3% 연속 복리로 7년을 투자하는 것이 나은가?

49. 다음과 같이 연이율 7%로 5000달러를 입금한다면 12년 후 계좌의 금액을 찾으시오.
    (a) 매년　(b) 반년　(c) 분기
    (d) 매일 ($n=365$ 사용)　(e) 연속

50. 다음과 같이 연이율 6%에 4500달러를 입금하면 8년이 끝나는 시점에 얼마의 돈이 될 것인가?
    (a) 매년　(b) 반년　(c) 분기
    (d) 매일 ($n=365$ 사용)　(e) 연속

51. 연속 복리 6.5%로 40년 후 1850달러를 받으려면 오늘 얼마나 많은 돈을 입금해야 하는가?

52. 연속 복리 5%로 10년 후 1000달러를 받으려면 오늘 얼마나 많은 돈을 입금해야 하는가?

[53~63] 각 문제를 풀어라. 예제 8과 9를 참조하시오.

53. 1985년부터 1993년까지의 기간 동안 오염 방지 및 통제를 위한 수백만 달러의 총 지출은

$$P(x)=70{,}967\,e^{0.0526x}$$

에 의해 정의된 함수에 의해 근사화될 수 있다. 여기서 $x=0$은 1985, $x=1$는 1986에 해당된다. 각 연도의 지출을 대략적으로 계산하시오. (출처: 미국경제분석국, Survey of Current Business, May 1995.)
    (a) 1987　(b) 1990　(c) 1993
    (d) 1985년의 대략적인 지출은 얼마인가?

54. 온실가스 아산화질소의 배출량은 1990년대 상반기에 매년 증가했다. 1990년부터 1994년까지의 수치에 기초하여 수천 미터톤의 배출량은

$$N(x)=446.5e^{0.0118x}$$

에 의해 정의된 함수로 모델링될 수 있다. 여기서 $x=0$은 1990, $x=1$는 1991에 해당된다. 각 연도의 배출량을 계산하시오. (출처: 미국에너지정보관리국, Emission of Greenhouse Gases in the United States, annual.)

(a) 1991 (b) 1992 (c) 1994

(d) 1990년의 대략적인 배출량은 얼마인가?

55. 1980년대와 1990년대에 얻은 선별된 수치를 바탕으로 미국의 모든 종류의 책에 대한 소비자 지출은

$$B(x) = 8768\,e^{0.072x}$$

에 의해 정의된 함수에 의해 모델링할 수 있다. 여기서 $x=0$은 1980, $x=1$는 1981에 해당하고 $B(x)$는 백만 달러 단위이다. 1998년의 대략적인 소비자 지출을 구하라. (출처: 도서산업연구반)

56. 1970년대, 1980년대 및 1990년대 동안 얻은 선택된 수치에 기초하여, 미국에서 취득한 총 학사 학위 수는

$$D(x) = 815{,}427\,e^{0.0137x}$$

에 의해 정의된 함수에 의해 모델링될 수 있다. 여기서 $x=1$은 1971, $x=10$은 1980에 해당한다. 1994년에 취득한 학사 학위 수를 대략적으로 계산하시오. (출처: 미국국립교육통계국)

57. 주어진 표본에 존재하는 플루토늄 241의 양(그램)이

$$A(t) = 2.00\,e^{-0.053t}$$

의해 정의된 함수에 의해 결정된다고 가정하자. 여기서 t는 연 단위로 측정된다. 주어진 년 수가 지난 후 표본에 존재하는 양을 찾으시오.

(a) 4 (b) 10 (c) 20

(d) 초기 양은 얼마인가?

58. 주어진 표본에 존재하는 라듐 226의 양(그램)이

$$A(t) = 3.25\,e^{-0.00043t}$$

의해 정의된 함수에 의해 결정된다고 가정하자. 여기서 t는 연 단위로 측정된다. 주어진 연 수가 지난 후 표본에 존재하는 양을 찾으시오.

(a) 20 (b) 100 (c) 500

(d) 초기 양은 얼마인가?

59. 400g의 납 210 샘플은

$$A(t) = 400\,e^{-0.032t}$$

에 의해 정의된 함수에 따라 폴로늄 210으로 분해된다. 여기서 t는 수년이다.

(a) 25년 후 샘플에 얼마나 많은 납이 남을 것인가?

(b) 초기 샘플이 원래 양의 절반으로 줄어들려면 얼마나 걸릴 것인가?

60. 사람의 조직에서 약물의 농도는

$$C(t) = 2\,e^{-0.125t}$$

에 의해 정의된 함수에 따라 감소한다. 여기서 $C(t)$는 적절한 단위이고, t는 시간 단위이다.

(a) 1시간 후 얼마만큼의 약물이 조직에 들어 있을까?

(b) 농도가 원래의 양의 절반이 될 때까지 걸리는 시간을 찾으시오.

61. 연습문제 53을 참조하시오. 이 함수가 1993년 이후 계속해서 적용된다면, 몇 년 안에 총 지출이 13억 3500만 달러가 될 것으로 예상할 수 있는가? (출처: 미국경제분석국, Survey of Current Business, May 1995.)

62. 연습문제 54를 참조하시오. 이 함수가 1994년 이후 계속 적용된다면, 몇 년도에 아산화질소 배출량이 485천 톤이 될 것으로 기대할 수 있는가? (출처: 미국에너지정보관리국, Emission of Greenhouse Gases in the United States, annual.)

63. 개미둑의 개미는

$$f(t) = 300\,e^{0.4t}$$

에 의해 정의된 함수에 따라 증가한다. 여기서 t는 일 단위로 측정된 시간이다. 개미의 수를 두 배로 늘리는 데 걸리는 시간을 찾아보시오.

기술적 통찰 (문제 64~67)

64. 연습문제 53에 설명된 $P(x) = 70{,}967\,e^{0.0526x}$로 정의된 함수는 오른쪽 화면에서 그래프로 표시된다. 연습문제 53의 문맥에서 화면 하단의 X와 Y의 의미를 해석하시오.

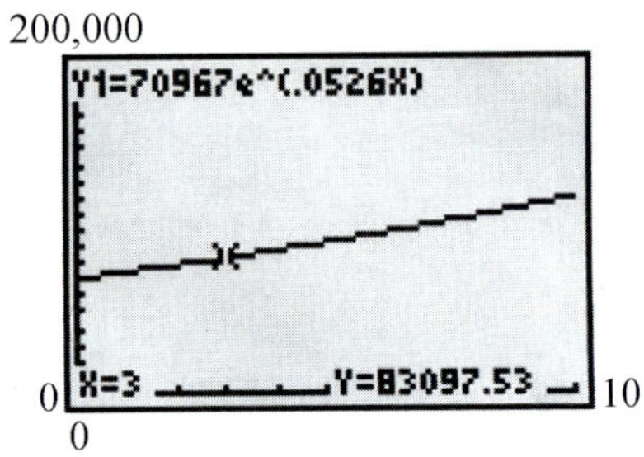

65. 연습문제 58에 설명된 $A(x) = 3.25\,e^{-0.000043x}$로 정의된 함수는 오른쪽 화면에서 그래프로 표시된다. 연습문제 58의 문맥에서 화면 하단의 X와 Y의 의미를 해석하시오.

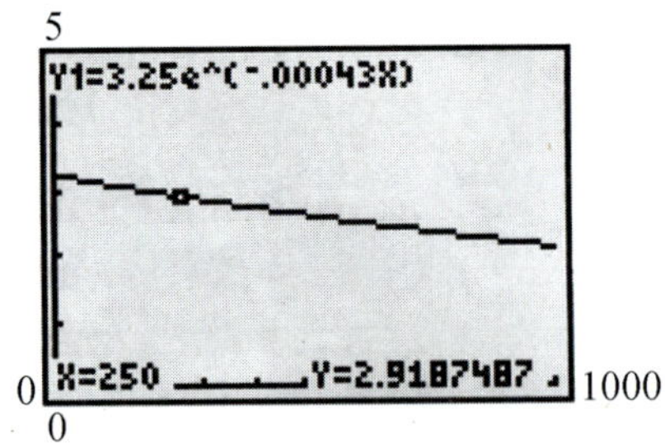

66. 화면은 $Y_1 = \left(1 + \dfrac{1}{X}\right)^X$로 정의된 함수에 대해 선택된 값의 표를 보여준다.

(a) $X = 0$에 대한 오류 메시지가 나타나는 이유는 무엇인가?

(b) X가 점점 커질 때 함숫값은 어떤 수에 접근하는가?

(c) 계산기를 사용하여 $X = 1{,}000{,}000$에 대해 이 함수를 계산하시오. 어떤 값을 얻는가? 이제 $e = e^1$를 계산하시오. 이 두 값은 얼마나 가까운가?

(d) 추측하기: x의 값이 무한대로 접근함에 따라, $\left(1 + \frac{1}{x}\right)^x$의 값은 ___________에 접근한다.

67. 로그의 또 다른 특성은 다음과 같다. $b > 0,\ x > 0,\ b \neq 1,\ x \neq 1$에 대하여

$$\log_b x = \frac{1}{\log_x b}$$

이다. 이제 다음 계산기 화면을 관찰하시오.

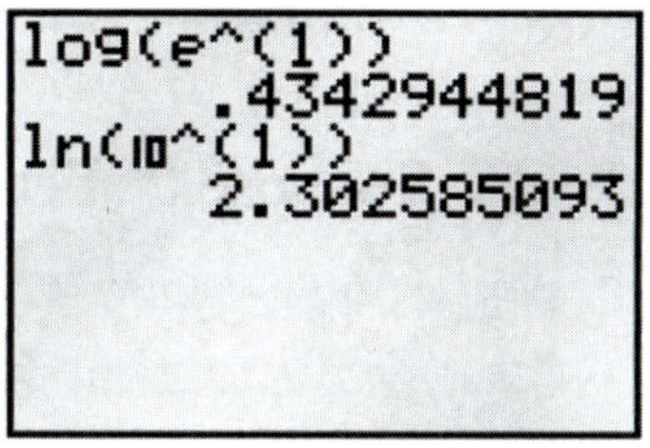

(a) 계산기를 사용하지 않고 $\frac{1}{0.4342944819}$의 값을 구하라. 계산기의 역수 키를 사용하여 답을 뒷받침하시오.

(b) 계산기를 사용하지 않고 $\frac{1}{2.302585093}$의 값을 구하라. 계산기의 역수 키를 사용하여 답을 뒷받침하시오.

10장 그룹 활동 얼마나 많은 공간이 필요한가?

목표 자연로그와 지수방정식을 사용하여 지구 전체를 사람으로 채우는 데 걸리는 시간을 계산한다.

지수적인 성장과 쇠퇴의 응용이 이 장에서 소개되었다. 함수 표기법을 사용하면 지수 인구 증가 공식은

$$P(t) = P_0 e^{kt}$$

이다. 여기서 $P(t)$는 t년 이후의 인구, P_0는 초기 인구, k는 연간 성장률, t는 경과된 연도 수이다.

A. 만약 지구의 인구가 현재의 성장률로 30년 안에 두 배가 된다면, 이 증가율은 얼마인가? (답은 백분율로 표시하여라.)

B. 지구의 총 표면적은 약 $5.1 \times 10^{14}\,\text{m}^2$이다. 이 표면적의 70%는 암석, 얼음, 모래 및 대양이다. 툰드

라, 호수 및 개울, 대륙붕, 거대 조류, 산호초, 그리고 강가로 구성된 전체 표면적의 또 다른 8%는 거주 공간에 적합하지 않다. 나머지 지역은 식량을 재배하거나 생활공간에 적합하다.

1. 식량을 재배할 수 있는 표면적을 결정하여라.
2. 생활공간에 사용할 수 있는 표면적을 결정하여라. 생활공간에 사용할 수 있는 표면적도 식량 재배에 사용할 수 있는 것으로 간주된다.

C. 각 사람이 생활공간을 위해 지구 표면의 100m^2를 필요로 한다고 가정하자. 지구의 인구를 위해 5.5×10^9을 사용한다.

1. 만약 생활공간이 하나도 식용으로 사용되지 않는다면, 지구의 살기 좋은 표면이 사람으로 덮는 데 얼마나 걸릴까? (A에서 찾은 성장률과 B2에서 찾은 표면적을 사용한다.)
2. 식량을 재배하기 위해 남은 표면적은 얼마인가?

D. 면적에서 1m^2인 공간을 측정한다. 지구상에 이렇게 빽빽하게 들어차고 싶은지 여부를 파트너와 상의하여라. 많은 사람들이 고층 아파트에 살고 있고 그것이 어떻게 1인당 사용되는 표면적으로 변환되는지 고려하여라.

E. 이제 각 개인에 대해 지구 표면의 100m^2가 생활공간과 식량 재배에 필요하다고 가정해 보자.

1. C에서와 동일한 인구와 성장률을 사용하여, 지구 전체를 사람으로 채우는 데 얼마나 걸릴지 결정하여라. (B2의 표면적을 사용한다.)
2. 100m^2는 1인당 생활공간과 식량 재배가 합리적인가? 다음 질문을 검토하여라.
   - 음식을 위해 동물을 기르는 데 얼마나 많은 공간이 필요하다고 생각하는가? 곡물, 견과류, 과일, 그리고 야채를 재배하기 위해서는 얼마나 필요할까?
   - 사막 지역, 산악 지역, 정글 지역에서도 음식이 잘 자랄까?
   - 야생동물을 위한 공간이나 자연생물을 위한 공간이 남아 있을까?
   - 쇼핑몰, 영화관, 콘서트 홀, 공장, 사무실 건물, 주차장을 위한 공간이 남아 있을까?
3. 결과와 논의 내용을 요약한 단락을 작성하여라.

10장 복습문제

[10.1] 각 그래프가 일대일 함수의 그래프인지 확인하여라.

1.

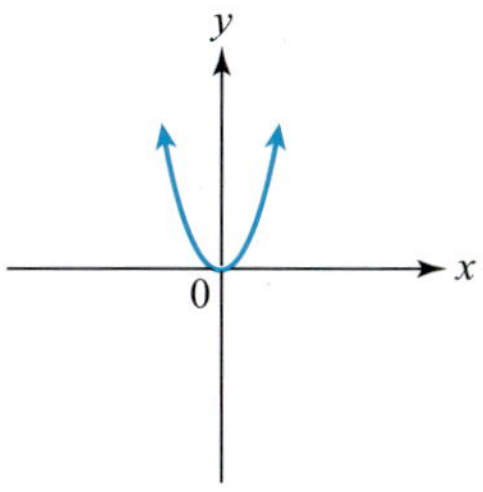

2.

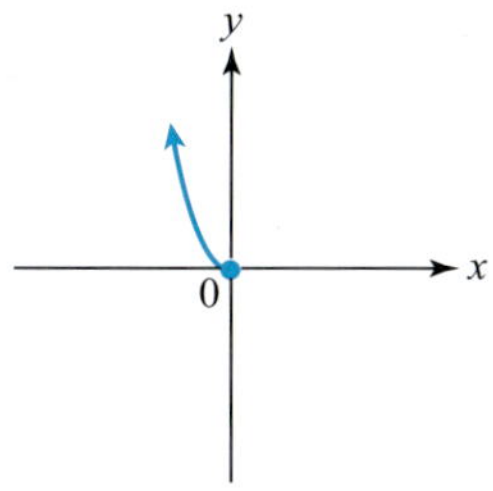

3. 표는 몇몇 인기 있는 12온스 탄산음료의 카페인 양을 열거하고 있다. 만약 탄산음료 집합이 정의역이고 카페인 양이 치역이라면, 일대일 함수인가? 왜 그런가? 혹은 왜 그렇지 않은가?

탄산음료	카페인(mg)
마운틴 듀	55
다이어트 콜라	45
닥터 페퍼	41
썬키스트 오렌지 소다	41
다이어트 펩시콜라	36
코카콜라	34

출처: 전미청량음료협회

[4~6] 각 함수가 일대일인지 결정하여라. 만약 그렇다면 그것의 역을 찾아라.

4. $f(x) = -3x + 7$

5. $f(x) = \sqrt[3]{6x - 4}$

6. $f(x) = -x^2 + 3$

[7~8] 그래프에 표시된 각 함수는 일대일이다. 역을 그려라.

7.

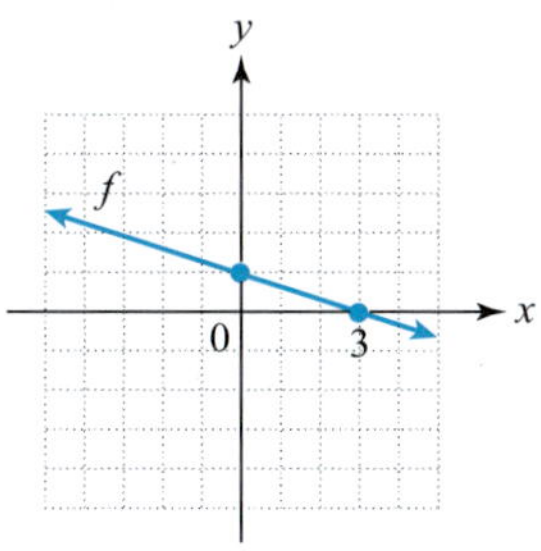

8.

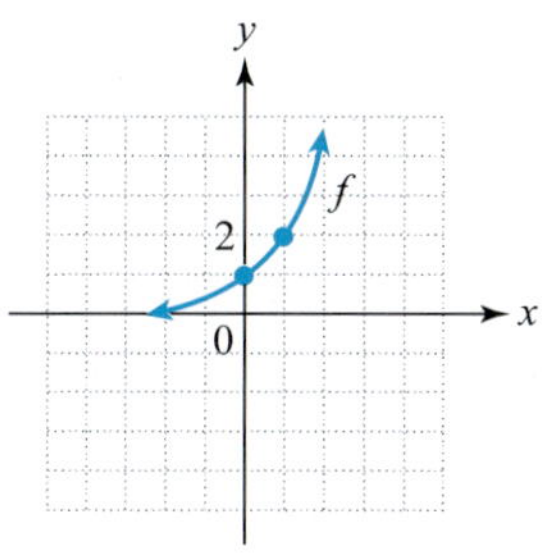

[10.2] 각 함수의 그래프를 그려라.

9. $f(x) = 3^x$

10. $f(x) = \left(\dfrac{1}{3}\right)^x$

11. $y = 3^{x+1}$

12. $y = 2^{2x+3}$

[13~14] 각 방정식을 풀어라.

13. $4^{3x} = 8^{x+4}$

14. $\left(\frac{1}{27}\right)^{x-1} = 9^{2x}$

15. 1960년부터 1990년까지 플라스틱에서 생성된 총 폐기물은

$$W(x) = 0.67(1.123)^x$$

에 의해 정의된 지수함수로 근삿값을 구할 수 있다. 여기서 $x=0$은 1960년, $x=5$는 1965년에 해당한다. 이 함수를 사용하여 각 연도의 플라스틱 폐기물 양을 추정하여라. (출처: 미국환경보호청, Characterization of Municipal Solid Waste in the United States: 1994 Update, 1995.)

(a) 1965 (b) 1975 (c) 1990

[10.3] 각 함수의 그래프를 그려라.

16. $g(x) = \log_3 x$ (힌트: 연습문제 9.)

17. $g(x) = \log_{1/3} x$ (힌트: 연습문제 10.)

[18~23] 각 방정식을 풀어라.

18. $\log_8 64 = x$

19. $\log_2 \sqrt{8} = x$

20. $\log_x\left(\frac{1}{49}\right) = -2$

21. $\log_4 x = \frac{3}{2}$

22. $\log_k 4 = 1$

23. $\log_b b^2 = 2$

24. 여러분이 이해한대로 $\log_b a$의 의미를 설명하여라.

25. $\log_b a$의 의미에 근거했을 때, $b^{\log_b a}$의 가장 간단한 형태는 무엇인가?

26. 한 회사는 총매출액(수천 달러)이

$$S(x) = 100\log_2(x+2)$$

에 의해 정의된 함수로 주어진다는 것을 알았다. 여기서 x는 주요 광고 캠페인이 소개된 후 몇 주 후인지를 나타내는 수이다.

(a) 캠페인이 시작된 지 6주 후에 총액은 얼마였는가?

(b) 함수의 그래프를 그려라.

[10.4] 로그의 성질을 적용하여 각 로그를 합 또는 차로 표현하여라. 모든 변수는 양의 실수를 나타낸다고 가정하자.

27. $\log_2 3xy^2$

28. $\log_4 \frac{\sqrt{x}\cdot w^2}{z}$

[29~30] 로그의 성질을 적용하여 각 식을 하나의 로그로 써라. 모든 변수는 양의 실수를 나타내고 $b \neq 1$이라 가정하자.

29. $\log_b 3 + \log_b x - 2\log_b y$

30. $\log_3(x+7) - \log_3(4x+6)$

[10.5] 각 로그를 계산하여라. 소수 넷째 자리까지 근삿값을 구하라.

31. $\log 28.9$ 32. $\log 0.257$ 33. $\ln 28.9$ 34. $\ln 0.257$

[35~36] 밑 변환 법칙(상용로그 또는 자연로그 포함)을 사용하여 각 로그를 찾아라. 소수 넷째 자리까지 근삿값을 구하라.

35. $\log_{16} 13$ 36. $\log_4 12$

[37~38] 공식 $\text{pH} = -\log[\text{H}_3\text{O}^+]$을 사용하여 주어진 하이드로늄 이온 농도로 각 물질의 pH를 찾아라.

37. 우유, 4.0×10^{-7} 38. 크래커, 3.8×10^{-9}

39. 만약 오렌지 주스가 pH 4.6이라면, 하이드로늄 이온 농도는 얼마인가?

40. 그램 단위로 측정한 방사성 물질의 양이

$$Q(t) = 500e^{-0.05t}$$

로 주어진다고 가정하자. 여기서 t는 하루 단위로 측정한다. 다음 시간에 존재하는 양을 찾아라.

(a) $t = 0$ (b) $t = 4$

41. 10.5절의 연습문제 40에서 매년 복리 r의 이자율(소수)로 투자할 때 당신의 돈을 두 배로 늘리는 데 필요한 연도를 제공하는

$$t(r) = \frac{\ln 2}{\ln(1+r)}$$

로 정의된 더블링 함수(doubling function)를 소개했다. 각 이자율로 돈을 두 배로 받는 데 얼마나 걸리는가? 가장 가까운 해로 반올림하여라.

(a) 4% (b) 6% (c) 10% (d) 12%

(e) (a)~(d)의 각 답을 다음 수와 비교하여라.

$$\frac{72}{4}, \quad \frac{72}{6}, \quad \frac{72}{10}, \quad \frac{72}{12}$$

무엇을 찾았는가?

42. 이 그래프는 1992년부터 1999년까지 캘리포니아의 상업용 임대료의 퍼센트 변화를 보여준다. 임대료의 퍼센트 변화는

$$g(x) = -650 + 143\ln x$$

에 의해 정의된 로그함수에 의해 근삿값이다. 여기서 x는 1990년 이후 연 수를 나타낸다.

(a) $g(92)$와 $g(99)$를 찾아라.

(b) 결과를 그래프의 해당 값과 비교하여라.

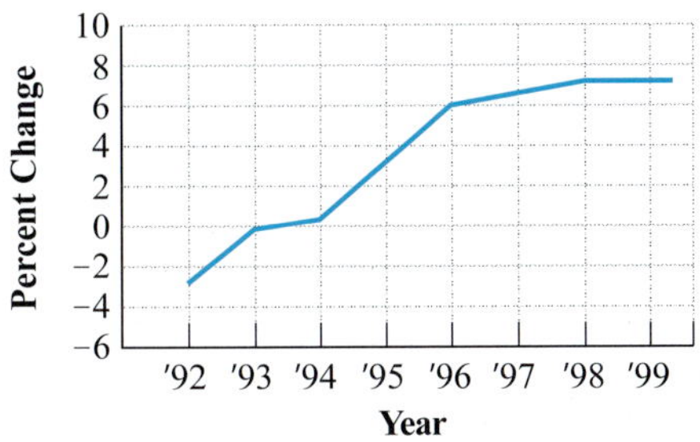

[10.6] 각 방정식을 풀어라. 해를 소수 셋째 자리까지 구하라.

43. $3^x = 9.42$

44. $2^{x-1} = 15$

45. $e^{0.06x} = 3$

[46~51] 각 방정식을 풀어라. 정확한 해를 구하라.

46. $\log_3(9x+8) = 2$

47. $\log_5(y+6)^3 = 2$

48. $\log_3(p+2) - \log_3 p = \log_3 2$

49. $\log(2x+3) = 1 + \log x$

50. $\log_4 x + \log_4(8-x) = 2$

51. $\log_2 x + \log_2(x+15) = \log_2 16$

52. 방정식 $\log x^2 = 2$의 '해'에서 오류를 설명하여라.

$\log x^2 = 2$	원래의 방정식
$2\log x = 2$	로그의 멱 법칙
$\log x = 1$	양변을 2로 나눈다.
$x = 10^1$	지수 형태로 쓴다.
$x = 10$	$10^1 = 10$

해집합: $\{10\}$

[53~60] 각 문제를 풀어라. 필요하다면 계산기를 사용하여라.

53. 만약 20,000달러가 매 분기 7%의 복리로 적립된다면, 인출이 이루어지지 않는다고 가정했을 때 5년 후에 얼마나 많은 금액이 계산될 것인가?

54. 연 6%의 연속 복리로 10,000달러를 3년 동안 예금한다면 총액은 얼마인가?

55. 어느 것이 더 좋은 계획인가?
계획 A: 3년 동안 매 분기 4% 복리로 1000달러를 투자한다.
계획 B: 3년 동안 매달 3.9% 복리로 1000달러를 투자한다.

56. 연습문제 40에 기술된 방사성 물질의 반감기는 얼마인가?

57. 업무용으로 구입한 기계는 수년에 걸쳐 가치가 하락하거나 가치를 잃는다. 사용 수명이 다했을 때의 기계의 가치를 스크랩 값(scrap value)이라고 한다. 한 가지 감가상각 방법(연간 감가상각비의 일정한 비율로 가정되는 경우)에 의해 스크랩 값 S는

$$S = C(1-r)^n$$

로 주어진다. 여기서 C는 원가, n은 연의 유효 기간, r은 감가상각의 일정 비율이다.

(a) 유효 기간이 12년이고 지속적 연간 감가상각률이 15%인, 30,000달러를 지불하는 기계의 스크랩 값을 찾아라.

(b) 기계의 반감기는 6년이다. 연간 감가상각률을 찾아라.

58. 10.5절의 연습문제 39에서 2개의 독립적으로 진화하는 언어가 공통 조상 언어로부터 분리되기 때문에 $N(r)$의 연수는

$$N(r) = -5000\ln r$$

로 근사된다. 여기서 r은 현재 두 언어에서 공통되는 조상 언어에서 나오는 단어의 퍼센트이다. 2000년 전에 분할이 발생한 경우 r을 찾아라.

59. 다음 중 $7^x = 23$의 해와 같지 않은 것은?

A. $\dfrac{\log 23}{\log 7}$ B. $\dfrac{\ln 23}{\ln 7}$ C. $\log_7 23$ D. $\log_{23} 7$

60. 로그방정식 $\log(2x+3) = \log x + 1$을 고려하자.

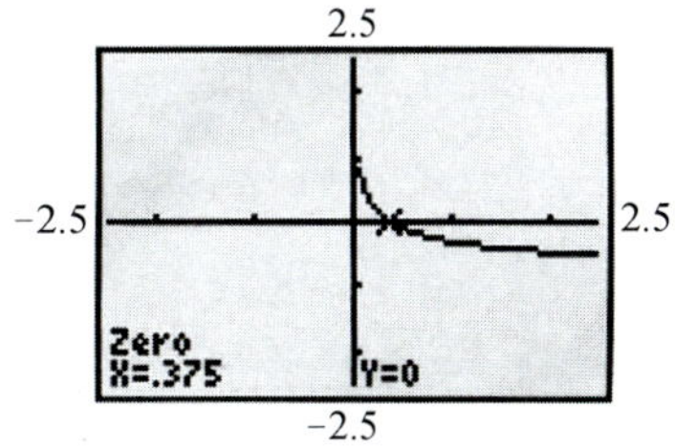

(a) 로그의 성질을 이용하여 방정식을 풀어라.

(b) $Y_1 = \log(2X+3)$이고 $Y_2 = \log X + 1$일 때, $Y_1 - Y_2$의 그래프는 표시된 것과 같다. 화면 하단의 디스플레이가 (a)에서 찾은 해집합을 확인하는 방법을 설명하여라.

관련 개념(문제 61~72)

개인 또는 그룹 과제용

[61~72] 지수와 로그의 성질 및 함수 간의 관계를 보기 위해 다음 문제를 순서대로 풀어라.

61. 표를 완성하고 $f(x) = 2^x$로 정의된 함수의 그래프를 그려라.

x	$f(x)$
-2	
-1	
0	
1	
2	
3	

62. 표를 완성하고 $g(x) = \log_2 x$로 정의된 함수의 그래프를 그려라.

x	$f(x)$
$\frac{1}{4}$	
$\frac{1}{2}$	
1	
2	
4	
8	

63. 연습문제 61과 62에서 발견되는 순서쌍에 대해 무엇을 알 수 있는가? 서로간의 관계에 있어서 f와 g를 뭐라고 부르는가?

64. 수직 또는 수평의 단어를 사용하여 빈칸을 채워라. 연습문제 61의 f 그래프는 __________점근선을 가지고 있고, 연습문제 62의 g 그래프는 __________점근선을 가지고 있다.

65. 지수의 성질을 이용하면, $\underline{\ ?\ } + \underline{\ ?\ } = \underline{\ ?\ }$ 이기 때문에 $2^2 \cdot 2^3 = 2^?$이다.

66. $32 = 4 \cdot 8$은 사실이다. 따라서 로그의 성질을 이용하면

$$\log_2 32 = \log_2 \_\_\_\_\_ + \log_2 \_\_\_\_\_ .$$

67. 밑 변환 법칙을 이용하여 $\log_2 13$의 근삿값을 찾아라. 계산기가 표시하는 만큼의 숫자를 지정하고 이 근삿값을 메모리에 저장하여라.

68. 여러분이 이해한 대로 $\log_2 13$이 무엇을 의미하는지 설명하여라.

69. 계산기를 사용하지 말고 $2^{\log_2 13}$을 간단히 하여라.

70. 계산기의 지수 키를 사용하여 연습문제 67에서 얻은 값을 2의 거듭제곱으로 올려라. 결과는 무엇인가? 이것은 왜 그런 것인가?

71. 연습문제 67의 결과를 바탕으로 점 (13, ____)은 $g(x) = \log_2 x$의 그래프 위에 있다.

72. 10.2절의 방법을 사용하여 방정식 $2^{x+1} = 8^{2x+3}$을 풀어라.

10장 혼합 복습문제

[73~78] 계산하여라.

73. $\log_2 128$
74. $5^{\log_5 36}$
75. $e^{\ln 4}$
76. $10^{\log e}$
77. $\log_3 3^{-5}$
78. $\ln e^{5.4}$

[79~87] 풀어라.

79. $\log_3(x+9) = 4$
80. $\ln e^x = 3$
81. $\log_x \frac{1}{81} = 2$
82. $27^x = 81$
83. $2^{2x-3} = 8$
84. $5^{x+2} = 25^{2x+1}$
85. $\log_3(x+1) - \log_3 x = 2$
86. $\log(3x-1) = \log 10$
87. $\ln(x^2+3x+4) = \ln 2$

88. 중소기업은 복사기의 가치가

$$f(t) = 5000(2)^{-0.15t}$$

로 정의한 함수에 따라 감소하고 있다고 추정한다. 여기서 t는 기계를 구입한 후 경과한 연수이고 $f(t)$는 달러이다.

(a) 기계의 원래 가치는 얼마인가? (힌트: $f(0)$을 찾아라.)

(b) 구입 후 5년 후 기계의 가치는 얼마인가? 가장 가까운 달러로 답하시오.

(c) 구입 후 10년 후 기계의 가치는 얼마인가? 가장 가까운 달러로 답하시오.

89. 연습문제 57에서 스크랩 값이 10,000달러, 비용이 30,000달러, 감가상각률이 15%인 경우 기계의 유효 기간을 찾으시오.

90. 1970년부터 1995년까지 선정된 수치에 기초하여, 회수된 도시 고형 폐기물의 일부분은

$$R(x) = 0.0597\,e^{0.0553x}$$

에 의해 정의된 함수로 근삿값을 구할 수 있다. 여기서 $x=0$은 1970, $x=10$은 1980에 해당한다. 이 모델에 따르면 1990년에 도시의 고형 폐기물 중 몇 퍼센트가 회수되었는가? (출처: Franklin Associates, Ltd, Prairie Village, KS, 미국의 도시 고형 폐기물 특성: 1995.)

생태학적 공동체에서 종의 다양성에 대한 한 가지 척도는 다양성의 지수, 즉 로그 표현

$$-(p_1 \ln p_1 + p_2 \ln p_2 + \cdots + p_n \ln p_n)$$

이다. 여기서 $p_1, p_2, \cdots, p_n$은 표본의 n개 종 각각에 속하는 표본의 비율이다. (출처: Ludwig, John and James Reynolds, Statistical Ecology: A Primer on Methods and Computing, New York, John Wiley and Sons, 1988.) 지역사회에서 100개의 표본이 다음 숫자를 산출하는 경우 소수 셋째 자리까지의 다양성 지수를 찾아라.

91. 한 종의 90개, 다른 종의 10개

92. 한 종의 60개, 다른 종의 40개

10장 테스트

1. 각 함수가 일대일인지 여부를 결정하여라.

(a) $f(x) = x^2 + 9$

(b)

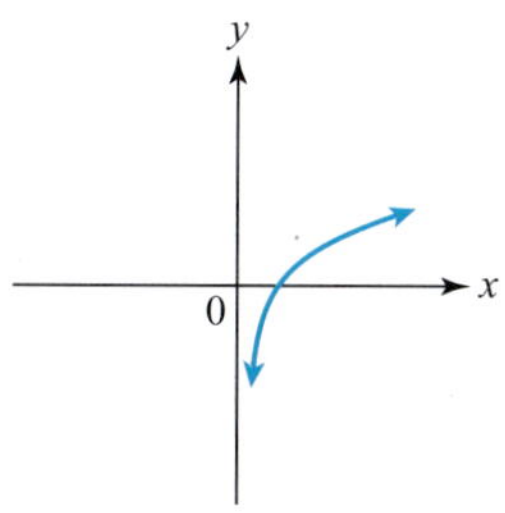

2. $f(x) = \sqrt[3]{x+7}$로 정의된 일대일 함수에 대하여 $f^{-1}(x)$를 찾아라.

3. 아래 f의 그래프가 주어졌다. f의 역함수를 그려라.

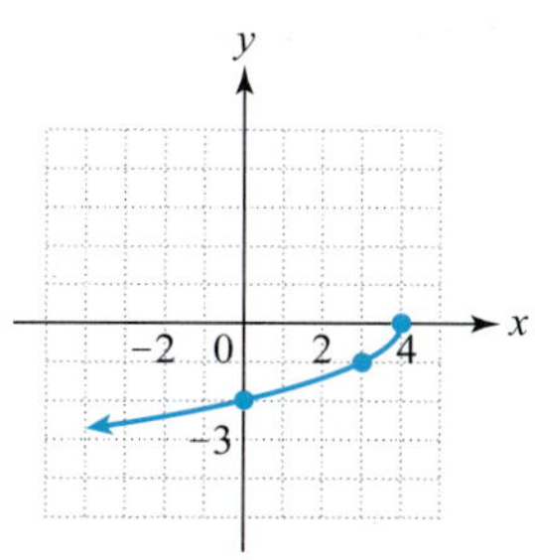

[4~5] 각 함수를 그려라.

4. $f(x) = 6^x$

5. $g(x) = \log_6 x$

6. 연습문제 5에서 함수의 그래프를 연습문제 4에서 어떻게 얻을 수 있는지 설명하여라.

[7~8] 각 방정식을 풀어라. 정확한 해를 구하라.

7. $5^x = \dfrac{1}{625}$

8. $2^{3x-7} = 8^{2x+2}$

9. 최근 보고서는 미국 히스패닉 인구가 1995년 2670만 명에서 2050년 9650만 명으로 증가할 것으로 예측하고 있다(출처: 미국인구조사국). 지수 성장 패턴을 가정하면 인구는

$$f(x) = 26.7e^{0.023x}$$

에 의해 근삿값을 가진다. 여기서 x는 1995년 이후의 연도 수를 나타낸다. 이 함수를 사용하여 각 연도의 히스패닉 인구의 수를 추정하여라.

(a) 2000 (b) 2010

10. 로그 형태로 써라: $4^{-2} = 0.0625$

11. 지수 형태로 써라: $\log_7 49 = 2$

[12~14] 각 방정식을 풀어라.

12. $\log_{1/2} x = -5$

13. $x = \log_9 3$

14. $\log_x 16 = 4$

15. 빈칸에 정답을 적어라. $\log_2 32$의 값은 __________이다. 즉, __________를 거듭제곱하면 그 결과는 __________가 된다.

[16~17] 로그의 성질을 이용하여 각 식을 로그의 합 또는 차로 써라. 변수는 양의 실수라 가정한다.

16. $\log_3 x^2 y$

17. $\log_5\left(\dfrac{\sqrt{x}}{yz}\right)$

[18~19] 로그의 성질을 이용하여 각 식을 하나의 로그로 써라. 변수는 양의 실수이고, $b \neq 1$이라 가정한다.

18. $3\log_b s - \log_b t$

19. $\dfrac{1}{4}\log_b r + 2\log_b s - \dfrac{2}{3}\log_b t$

20. 계산기를 사용하여 각 로그를 소수 넷째 자리까지 구하라.

(a) $\log 23.1$ (b) $\ln 0.82$

21. 밑 변환 법칙을 이용하여 $\log_3 19$를 표현하여라.

(a) 상용로그의 항으로 (b) 자연로그의 항으로

(c) 소수 넷째 자리까지 정확하게

22. 다음 방정식을 풀고, 소수 넷째 자리까지 해를 구하라.

$$3^x = 78$$

23. $\log_8(x+5) + \log_8(x-2) = 1$을 풀어라.

24. 1만 달러는 4.5%의 연간 이자를 받고 분기별로 복리된다고 가정하자. 만약 돈을 인출하지 않는다면 5년 후에 계좌에 얼마나 입금될까?

25. 연간 이자율 5%로 15000달러가 연속 복리로 투자된다고 가정하자.
   (a) 돈을 인출하지 않으면 5년 이내에 계좌에 돈이 얼마나 입금될 것인가?
   (b) 처음의 원금이 2배가 되는 데 시간이 얼마나 걸리는가?

1~10장 혼합문제

[1~4] $S = \left\{-\frac{9}{4}, -2, -\sqrt{2}, 0, 0.6, \sqrt{11}, \sqrt{-8}, 6, \frac{30}{3}\right\}$**라 하자. 각 집합의 원소가 되는** S**의 원소를 나열하여라.**

1. 정수 　 2. 유리수 　 3. 무리수 　 4. 실수

[5~7] 각 식을 간단히 하여라.

5. $|-8|+6-|-2|-(-6+2)$
6. $-12-|-3|-7-|-5|$
7. $2(-5)+(-8)(4)-(-3)$

[8~12] 각 방정식 또는 부등식을 풀어라.

8. $7-(3+4a)+2a = -5(a-1)-3$
9. $2m+2 \le 5m-1$
10. $|2x-5| = 9$
11. $|3p|-4 = 12$
12. $|3k-8| \le 1$
13. $|4m+2| > 10$

[14~15] 그래프를 그려라.

14. $5x+2y = 10$
15. $-4x+y \le 5$

16. 이 그래프는 시에라 퍼시픽 산업의 목재 수확량이 1997년 17,716에이커에서 1999년 9733에이커로 떨어졌다는 것을 보여준다.
   (a) 이것은 함수의 그래프인가?
   (b) 그래프에서 직선의 기울기는 얼마인가? 목재 수확량의 맥락에서 경사도를 해석하여라.

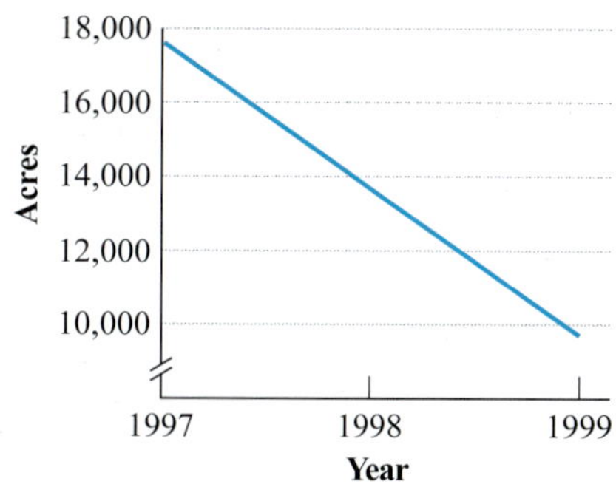

17. $(5, -1)$을 지나고 방정식 $3x-4y=12$인 직선과 평행한 방정식을 찾아라. 방정식을 기울기-절편 형태로 써라.

[18~20] 각 연립방정식을 풀어라.

18. $5x-3y=14$
$2x+5y=18$

19. $2x-\ \ 7y=8$
$4x-14y=3$

20. $x+2y+3z=11$
$3x-\ \ y+\ \ z=8$
$2x+2y-3z=-12$

21. 1파운드당 1달러의 사탕은 1파운드당 1.96달러의 사탕 10파운드와 혼합되어 1파운드당 1.60달러에 판매될 혼합물을 얻을 것이다. 1달러짜리 사탕 몇 파운드를 사용해야 하는가?

파운드 수	파운드당 가격	값
x	1.00달러	$1x$
	1.60달러	

[22~25] 표시된 연산을 수행하여라.

22. $(2p+3)(3p-1)$

23. $(4k-3)^2$

24. $(3m^3+2m^2-5m)-(8m^3+2m-4)$

25. $6t^4+17t^3-4t^2+9t+4$를 $3t+1$로 나누어라.

[26~31] 인수분해하여라.

26. $8x+x^3$

27. $24y^2-7y-6$

28. $5z^3-19z^2-4z$

29. $16a^2-25b^2$

30. $8c^3+d^3$

31. $16r^2+56rq+49q^2$

[32~35] 표시된 연산을 수행하여라.

32. $\dfrac{(5p^3)^4(-3p^7)}{2p^2(4p^4)}$

33. $\dfrac{x^2-9}{x^2+7x+12} \div \dfrac{x-3}{x+5}$

34. $\dfrac{2}{k+3}-\dfrac{5}{k-2}$

35. $\dfrac{3}{p^2-4p}-\dfrac{4}{p^2+2p}$

[36~39] 간단히 하여라.

36. $\sqrt{288}$

37. $2\sqrt{32}-5\sqrt{98}$

38. $\sqrt{2x+1}-\sqrt{x}=1$을 풀어라.

39. $(5+4i)(5-4i)$

[40~42] 각 방정식 또는 부등식을 풀어라.

40. $3x^2-x-1=0$

41. $k^2+2k-8>0$

42. $x^4-5x^2+4=0$

43. 합이 300이고 곱이 최대인 두 수를 찾아라.

44. $f(x)=\dfrac{1}{3}(x-1)^2+2$를 그려라.

45. $f(x)=2^x$를 그려라.

46. $5^{x+3}=\left(\frac{1}{25}\right)^{3x+2}$를 풀어라.

47. $f(x)=\log_3 x$를 그려라.

48. $\log_2 9=3.1699$이다. $\log_2 81$의 값은 무엇인가?

49. 로그의 곱, 몫, 멱 법칙을 이용하여 다음의 식을 다시 써라.

$$\log\frac{x^3\sqrt{y}}{z}$$

50. 특정 문화에 존재하는 박테리아의 수는

$$B(t)=25{,}000\,e^{0.2t}$$

에 의해 주어졌다. 여기서 t는 시간 단위이고 $t=0$은 정오에 해당한다. 다음에 존재하는 박테리아의 수를 십의 자리에서 반올림하여 찾아라.

(a) 정오

(b) 오후 1시

(c) 오후 2시

(d) 언제 박테리아의 수가 두 배가 될까?

11장 비선형함수, 원뿔 곡선, 비선형 연립방정식

11.1 함수에 대한 추가적인 그래프: 합성

학·습·목·표

1. $|x|$, $\frac{1}{x}$, $\sqrt{x}$로 정의된 기본 함수를 알아보고, 그래프를 해석한다.
2. 계단함수를 알아보고 그래프를 그려본다.
3. 합성함수를 찾는다.

앞 장에서 $f(x)=x^2$으로 정의된 함수를 소개하였는데 이 함수를 제곱함수라고 한다. 이것은 대수학에서 가장 중요한 기본 함수 중 하나이다.

목표 1 **$|x|$, $\frac{1}{x}$, $\sqrt{x}$로 정의된 기본 함수를 알아보고, 그래프를 해석한다** 기본 함수 중 또 다른 하나인 $f(x)=|x|$는 절댓값 함수라고 한다. 이 그래프는 선택된 순서쌍의 표와 함께 그림 1에 나와 있다. 정의역은 $(-\infty, \infty)$이고 치역은 $[0, \infty)$이다.

x	y
0	0
± 1	1
± 2	2
± 3	3

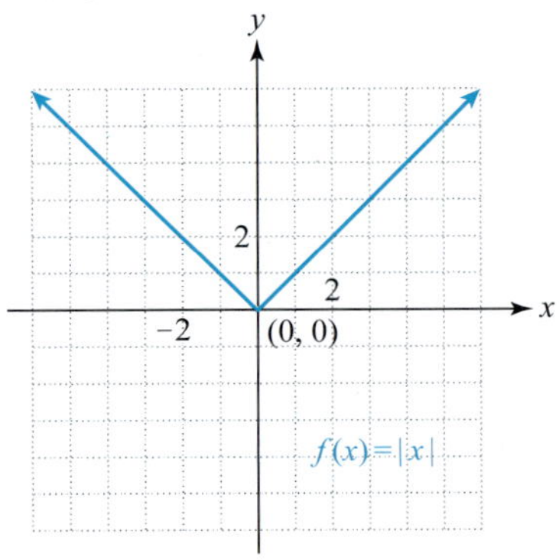

그림 1

역수함수 $f(x)=\frac{1}{x}$은 유리함수이다. 유리함수는 7장에서 소개되었다. 이 함수에 대한 그래프는 선택된 순서쌍의 표와 함께 그림 2에 나와 있다. 이 함수에 대해 x는 0과 같을 수 없으므로 x가 0에 가까워지면 $\frac{1}{x}$은 ∞ 또는 $-\infty$에 접근한다. 또한 $\frac{1}{x}$은 0과 같을 수 없으므로 x가 ∞ 또는 $-\infty$에 가까워지면 $\frac{1}{x}$은 0에 접근한다. 축은 함수에 대한 점근선이라고 한다. (점근선은 대학의 대수학 과목에서 더 자세히 연구된다.) 역수함수의 경우, 정의역과 치역은 모두 $(-\infty, 0)\cup(0, \infty)$이다.

x	y
$\frac{1}{3}$	3
$\frac{1}{2}$	2
1	1
2	$\frac{1}{2}$
3	$\frac{1}{3}$

x	y
$-\frac{1}{3}$	-3
$-\frac{1}{2}$	-2
-1	-1
-2	$-\frac{1}{2}$
-3	$-\frac{1}{3}$

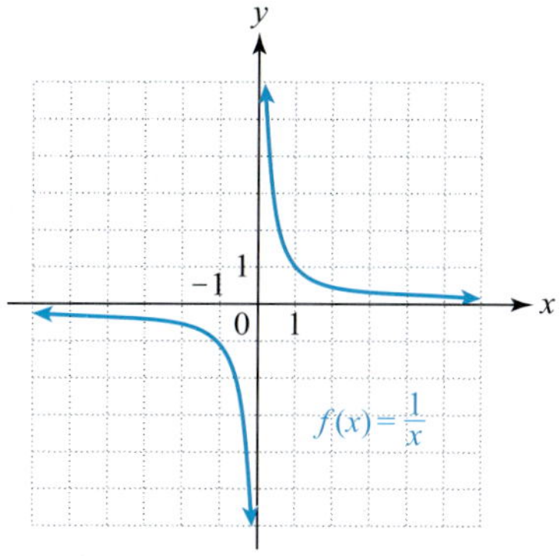

그림 2

x	y
0	0
1	1
4	2

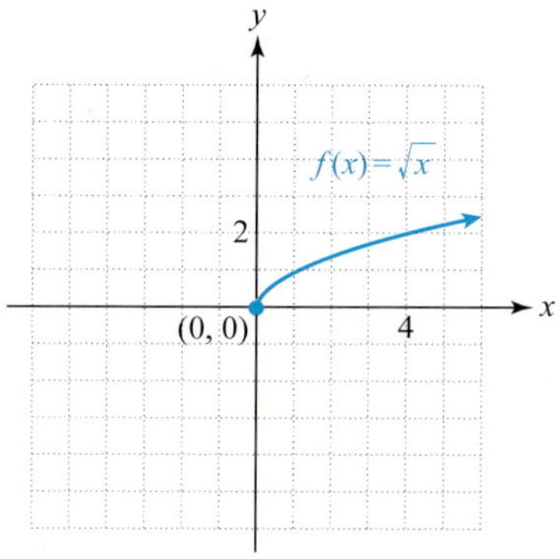

그림 3

제곱근 함수 $f(x)=\sqrt{x}$ 는 8장에서 소개되었다. 그래프는 그림 3과 같다. 함숫값을 실수로 제한하기 때문에 x는 음수 값을 가질 수 없다. 그러므로 제곱근 함수의 정의역은 $[0, \infty)$이다. 주제곱근은 항상 음수가 아니므로 치역 또한 $[0, \infty)$이다. 표의 값은 그림과 함께 나와있다.

9.5절에서 보았듯이 $f(x)=x^2$의 그래프를 이동하거나 변환할 수 있는 것처럼 다른 기본 함수의 그래프도 변환할 수 있다.

예제 1 수평 이동 적용

$f(x)=|x-2|$의 그래프

$y=(x-2)^2$에 대한 그래프는 $f(x)=x^2$의 그래프를 오른쪽으로 2만큼 이동에 의해 얻을 수 있다. 비슷한 방법으로 $f(x)=|x-2|$의 그래프도 그림 4처럼 $f(x)=|x|$를 오른쪽으로 2만큼 이동에 의해 얻을 수 있다. 그래프와 함께 정렬된 순서쌍의 표는 그림 1의 표와 비교해 이를 지원한다. 정의역은 $(-\infty, \infty)$이고 치역은 $[0, \infty)$이다.

x	y
0	2
1	1
2	0
3	1
4	2

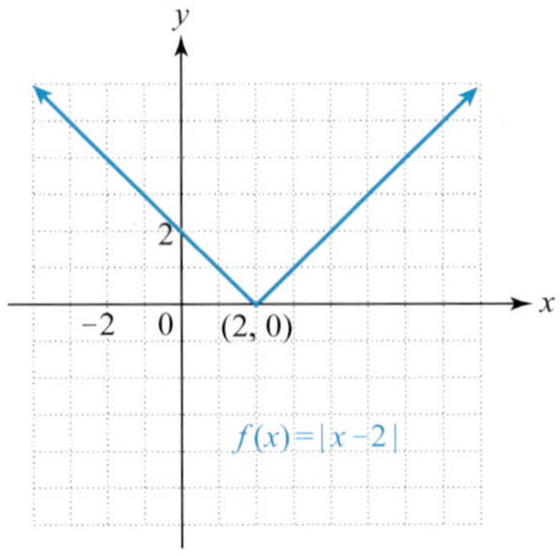

그림 4

✎연습문제 9를 풀어보자.

예제 2 수직 이동 적용

$f(x)=\dfrac{1}{x}+3$의 그래프

이 함수의 그래프는 그래프 $f(x)=\dfrac{1}{x}$을 위로 3만큼 이동에 의해 얻을 수 있다(그림 5). 정의역은 $(-\infty, 0)\cup(0, \infty)$이고 치역은 $(-\infty, 3)\cup(3, \infty)$이다.

x	y
$\frac{1}{3}$	6
$\frac{1}{2}$	5
1	4
2	3.5

x	y
$-\frac{1}{3}$	0
$-\frac{1}{2}$	1
-1	2
-2	2.5

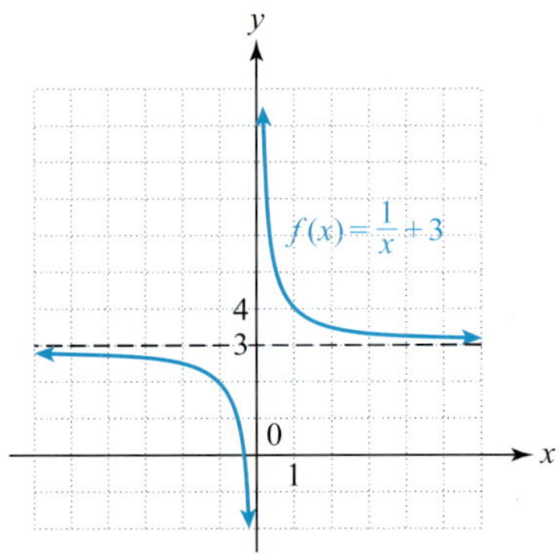

그림 5

✎연습문제 11을 풀어보자.

예제 3 수평과 수직 이동 모두 적용

$f(x)=\sqrt{x+1}-4$의 그래프

$y=(x+1)^2-4$에 대한 그래프는 $f(x)=x^2$의 그래프를 왼쪽으로 1만큼 가고 아래로 4만큼 이동에 의해 얻었다. 이 패턴을 따라 $f(x)=\sqrt{x}$의 그래프도 왼쪽으로 1만큼 가고 아래로 4만큼 이동에 의해 $f(x)=\sqrt{x+1}-4$의 그래프를 얻을 수 있다. 그림 6을 참조하시오. 정의역은 $[-1, \infty)$이고 치역은 $[-4, \infty)$이다.

x	y
-1	-4
0	-3
3	-2

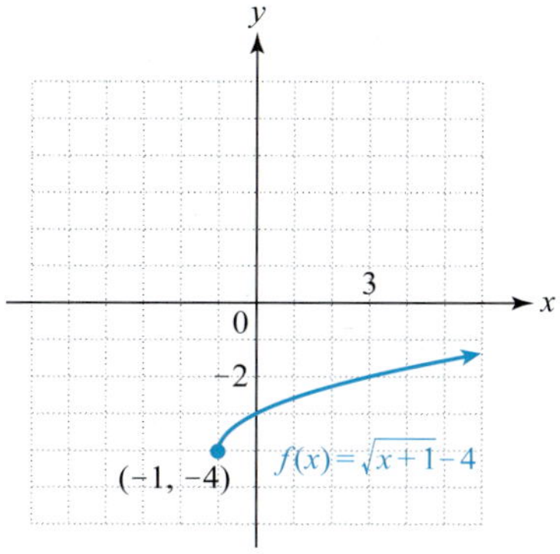

그림 6

■

✎연습문제 9를 풀어보자.

목표 2 계단함수를 알아보고 그래프를 그려 본다 최대정수함수는 $f(x)=[\![x]\!]$로 쓰고 $[\![x]\!]$가 x보다 작거나 같은 가장 큰 정수를 나타냄으로써 정의된다. 예를 들어, $[\![8]\!]=8$, $[\![7.45]\!]=7$, $[\![\pi]\!]=3$, $[\![-1]\!]=-1$, $[\![-2.6]\!]=-3$이다.

예제 4 최대정수함수의 그래프

$f(x)=[\![x]\!]$의 그래프

$[\![x]\!]$에 대하여, 만약 $-1\le x<0$이면 $[\![x]\!]=-1$이다. 만약 $0\le x<1$이면 $[\![x]\!]=0$이다. 만약 $1\le x<2$이면 $[\![x]\!]=1$이다. 그러므로 그림 7처럼 그래프는 일련의 수평선 선분으로 구성된다. 각각 하나에는 왼쪽 끝점이 포함되고 오른쪽 끝점은 제외된다. 이 선분은 이 패턴을 따라 좌우로 무한히 계속된다. x는 실수 값을 취할 수 있기 때문에 정의역은 $(-\infty, \infty)$이다. 치역은 $\{\cdots, -4, -3, -2, -1, 0, 1, 2, 3, 4, \cdots\}$이다. 그래프의 모양 때문에 이 함수를 계단 함수(step function)라고 부른다.

계단함수를 이동할 수 있다. 예를 들어, $h(x)=[\![x-2]\!]$는 $f(x)=[\![x]\!]$의 그래프를 오른쪽으로 2만큼 이동한 그래프와 같다. 비슷하게, $g(x)=[\![x]\!]+2$의 그래프는 $f(x)$의 그래프를 위로 2만큼 이동한 것이다.

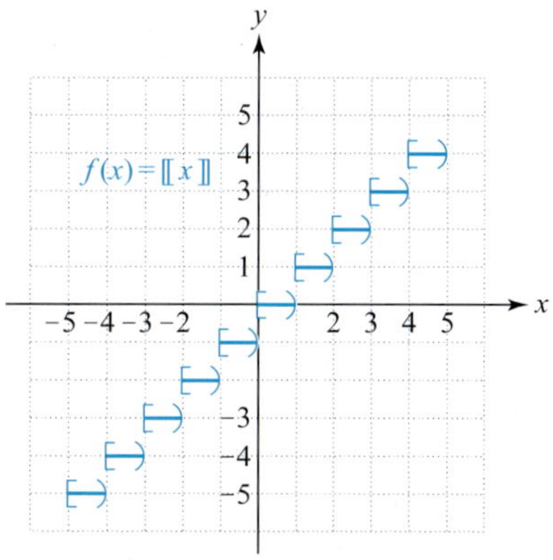

그림 7

■

✎연습문제 19를 풀어보자.

예제 5 최대정수함수 적용

익일 배달 서비스는 최대 2파운드 무게의 소포에 대해 25달러를 받는다. 추가 1파운드 또는 1파운드를 다소 초과하면 3달러의 추가 요금이 부과된다. $D(x)$는 무게가 x파운드인 소포를 보내는 비용을 나타낸다. 구간 $(0, 6]$에서 x에 대한 $D(x)$의 그래프를 그려라.

구간 $(0, 2]$의 x에 대하여 $y=25$, 구간 $(2, 3]$의 x에 대하여 $y=25+3=28$, 구간 $(3, 4]$의 x에 대하여 $y=28+3=31$이다. 계단함수에 대한 그래프는 그림 8에서 볼 수 있다.

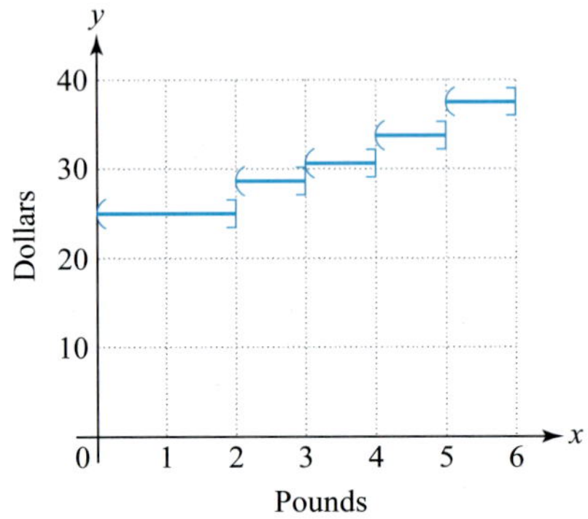

그림 8

연습문제 21을 풀어보자.

목표 3 합성함수를 찾는다 그림 9의 다이어그램은 함수 f를 집합 X의 각 원소 x를 집합 Y의 일부의 원소 y에 할당하는 것이다. 함수 g는 집합 Y의 각 원소를 집합 Z의 z값에 할당한다고 가정하자. f와 g를 이용하여 X의 원소 x를 Z의 원소 z에 할당한다. 그 결과 새로운 함수 h는 X의 원소 x를 Z의 원소 z에 할당한다.

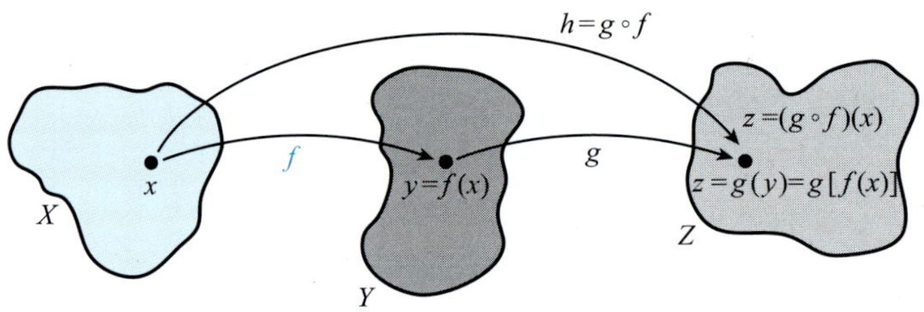

그림 9

함수 h는 함수 f와 g의 합성(composition)이라 하고 $g \circ f$로 쓴다.

합성함수

f와 g가 함수라면 f와 g의 **합성함수**(composition function) 또는 **합성**(composition)은 f의 정의역에 있는 모든 x에 대해 $f(x)$가 g의 정의역에 속하도록

$$(g \circ f)(x) = g[f(x)]$$

로 정의한다.

$g \circ f$는 "g 합성 f"라고 읽는다.

합성함수가 어떻게 발생하는지에 대한 실제 사례로서, 캘리포니아 연안의 유정이 누출되어 누출된 유전이 표면 위의 원형층에 퍼져 있다고 가정한다. 누출 시작 후 t분 단위로 원형 오일의 매끄러운 반경은 $r(t)=5t$피트로 주어진다. $A(r)=\pi r^2$은 반지름 r인 원의 면적을 제공하므로 면적을 얻기 위해 $A(r)=\pi r^2$에서 r에 $5t$를 대입함으로써 시간의 함수로 나타낼 수 있다.

그림 10

$$A(r)=\pi r^2$$
$$A[r(t)]=\pi(5t)^2=25\pi t^2$$

함수 $A[r(t)]$는 A와 r의 합성함수이다.

예제 6 합성함수 찾기

$f(x)=x^2$, $g(x)=x+3$라 하자. $(f\circ g)(4)$를 찾아라.

풀이

$(f\circ g)(4)=f[g(4)]$	정의
$=f(4+3)$	$g(x)$의 규칙 사용, $g(4)=4+3$
$=f(7)$	더하기
$=7^2$	$f(x)$의 규칙 사용, $f(7)=7^2$
$=49$	

연습문제 23을 풀어보자.

예제 6에서 만약 함수의 순서를 바꾼다면 g와 f에 대한 합성은 $g[f(x)]$로 정의된다. 다시 한 번 $x=4$로 놓으면,

$(g\circ f)(4)=g[f(4)]$	정의
$=g(4^2)$	$f(x)$의 규칙 사용; $f(4)=4^2$
$=g(16)$	4를 제곱한다.
$=16+3$	$g(x)$의 규칙 사용; $g(16)=16+3$
$=19$	

여기서 $49\neq 19$이므로 $(f\circ g)(4)\neq(g\circ f)(4)$이다. 일반적으로

$$(f\circ g)(x)\neq(g\circ f)(x).$$

예제 7 합성함수 찾기

$f(x)=4x-1$, $g(x)=x^2+5$라 하자. 다음을 찾아라.

(a) $(f\circ g)(2)$

풀이 $$\begin{aligned}(f \circ g)(2) &= f[g(2)] \\ &= f(2^2+5) \\ &= f(9) \\ &= 4(9)-1 \\ &= 35\end{aligned}$$

(b) $(f \circ g)(x)$

풀이 $g(x)$를 함수 f의 입력으로 사용하여라.

$$\begin{aligned}(f \circ g)(x) &= f[g(x)] \\ &= 4(g(x))-1 && f(x)\text{의 규칙 사용; } f(x)=4x-1 \\ &= 4(x^2+5)-1 && g(x)=x^2+5 \\ &= 4x^2+20-1 && \text{분배법칙} \\ &= 4x^2+19 && \text{항의 결합}\end{aligned}$$

(c) (b)를 이용하여 $(f \circ g)(2)$를 찾아라.

풀이 $$\begin{aligned}(f \circ g)(x) &= 4x^2+19 && \text{(b)로부터} \\ (f \circ g)(2) &= 4(2)^2+19 \\ &= 4(4)+19 \\ &= 16+19 \\ &= 35\end{aligned}$$

결과 35는 (a)의 결과와 같다. ■

연습문제 25, 29를 풀어보자.

11.1 연습문제

[1~4] 각 빈칸을 올바른 답으로 채우시오.

1. $f(x)=\dfrac{1}{x}$로 정의된 역수함수의 경우, ________는 정의역에 없는 유일한 실수이다.
2. $f(x)=\sqrt{x}$로 주어진 제곱근 함수의 치역은 ________이다.
3. $f(x)=|x|$의 그래프에서 가장 낮은 점의 좌표 (____, ____)이다.
4. 최대정수함수 $f(x)=[x]$의 치역은 ________이다.

[5~8] 실제로 점을 그려 보지 않고, 절댓값 표현식으로 정의된 각 함수를 해당 그래프와 일치시키시오. (예제 1)

5. $f(x)=|x-2|+2$

6. $f(x)=|x+2|+2$

7. $f(x)=|x-2|-2$

8. $f(x)=|x+2|-2$

A.

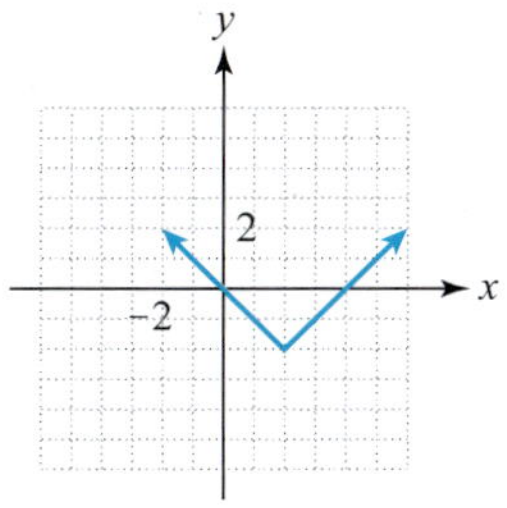

B.

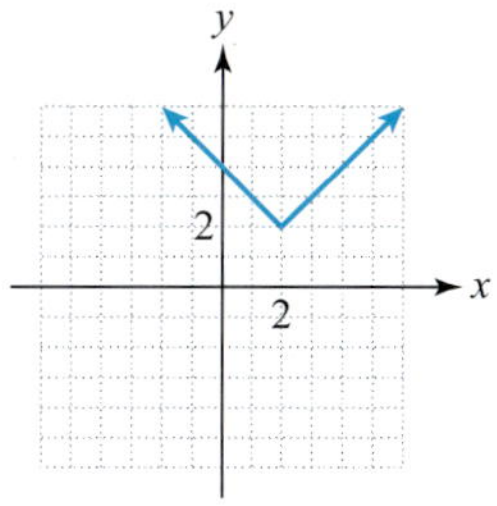

C.

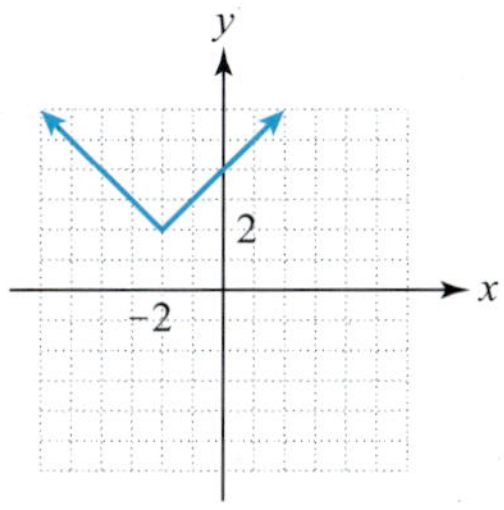

D.

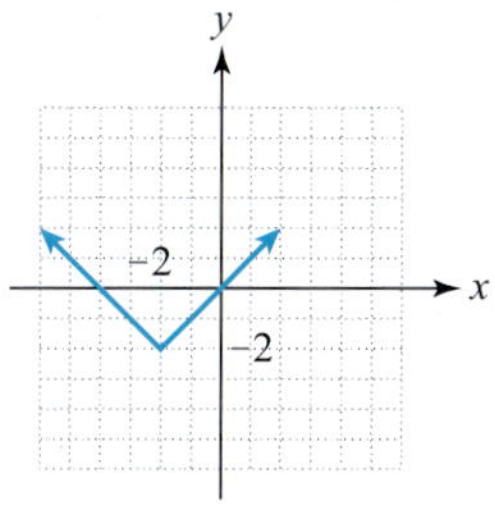

[9~17] 각 함수의 그래프를 그려라. 정의역과 치역을 정하시오.

9. $f(x)=|x+1|$

10. $f(x)=|x-1|$

11. $f(x)=\dfrac{1}{x}+1$

12. $f(x)=\dfrac{1}{x}-1$

13. $f(x)=\sqrt{x-2}$

14. $f(x)=\sqrt{x+5}$

15. $f(x)=\dfrac{1}{x-2}$

16. $f(x)=\dfrac{1}{x+2}$

17. $f(x)=\sqrt{x+3}-3$

18. $f(x)=\dfrac{1}{x-3}+2$의 그래프를 $g(x)=\dfrac{1}{x}$의 그래프로부터 어떻게 얻는지 설명하시오.

[19~20] 각 계단함수의 그래프를 그려라. (예제 4와 5)

19. $f(x)=\|x-3\|$

20. $g(x)=\|x+2\|$

21. 우편 요금은 첫 번째 온스당 37¢, 추가 온스당 23¢를 더하고, 각 편지에는 37¢의 우표가 한 장씩 들어 있고, 필요한 경우 23¢의 우표를 더 붙인다고 가정하자.

$$p(x)=\text{무게가 } x\text{온스인 편지에 찍힌 우표의 수}$$

로 정의된 함수를 그래프로 나타내시오. 구간 $(0, 5]$를 사용하시오.

22. 공항 주차장 이용 시 주차요금은 처음 30분에 3달러, 추가 30분 이하에 2달러이다. $f(x)=x$시간 동안 차를 주차시키는 비용이다. 이 함수의 그래프를 그려라. 구간 $(0, 2]$를 사용하시오.

[23~34] $f(x)=x^2+4$, $g(x)=2x+3$, $h(x)=x+5$**라고 하자. 각 값 또는 식을 찾으시오. (예제 6과 7)**

23. $(h\circ g)(4)$

24. $(f\circ g)(4)$

25. $(g\circ f)(6)$

26. $(h\circ f)(6)$

27. $(f \circ h)(-2)$　　28. $(h \circ g)(-2)$　　29. $(f \circ g)(x)$　　30. $(g \circ h)(x)$

31. $(f \circ h)(x)$　　32. $(g \circ f)(x)$　　33. $(h \circ g)(x)$　　34. $(h \circ f)(x)$

[35~36] 다음 문제를 푸시오.

35. $f(x)=12x$에 의해 정의된 함수는 x 피트의 인치 수를 계산하고 $g(x)=5280x$로 정의된 함수는 x 마일의 피트 수를 계산한다. $(f \circ g)(x)$는 무엇이고 무엇을 계산하는가?

36. 길이가 s인 정사각형의 둘레 x는 공식 $x=4s$에 의해 주어진다.
(a) x의 관점에서 s를 구하라.
(b) y가 이 사각형의 면적을 나타낸다면, y를 x의 함수로 써라.
(c) (b)의 합성함수를 사용하여 둘레가 6인 정사각형의 면적을 찾으시오.

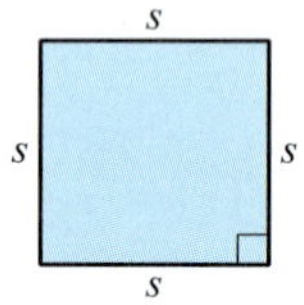

37. 열 변환 층이 도시 위에 있는 경우(로스앤젤레스에서 자주 발생함), 오염 물질은 수직으로 상승할 수 없지만 층 아래에 갇힌 상태로 수평으로 분산되어야 한다. 공장 굴뚝이 오전 8시에 오염 물질 방출을 시작한다고 가정하자. 오염 물질이 원형 영역에 수평으로 분산한다고 가정한다. t는 오염 물질 방출을 시작한 이후의 시간을 나타내며($t=0$은 오전 8시를 나타냄), 오염에 대한 원의 반지름은 $r(t)=2t$마일이라고 가정한다. $A(r)=\pi r^2$은 반지름 r인 원의 면적을 나타낸다.

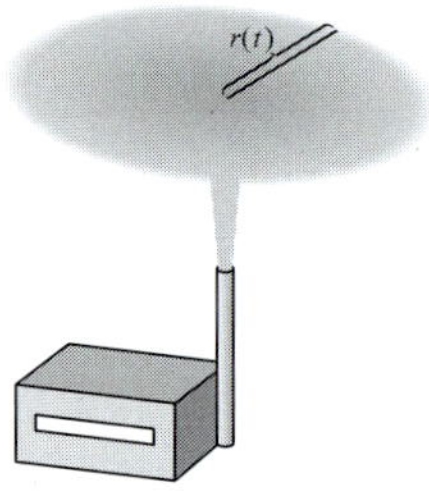

$(A \circ r)(t)$**를 찾고 해석하시오.**

38. 걸프만 연안의 유정이 유출되면서, 원유가 원 모양으로 수면에 퍼지고 있다. 유출이 시작된 후 t분 단위로 지면의 윤활유 반경은 $r(t)=4t$이다. $A(r)=\pi r^2$은 반지름 r인 원의 면적을 나타낸다. $(A \circ r)(t)$를 찾고 해석하시오.

11.2 원과 타원

학·습·목·표

1. 중심과 반지름이 주어진 원의 방정식을 찾는다.
2. 주어진 방정식에서 원의 중심과 반지름을 결정한다.
3. 타원의 방정식을 알아본다.
4. 타원의 그래프를 그려 본다.
5. 그래프 계산기를 사용하여 원과 타원의 그래프를 그려 본다.

무한 원뿔이 평면과 교차할 때 그 결과를 원뿔 곡선이라고 한다. 포물선은 원뿔형 단면의 한 예이다. 원, 타원 및 쌍곡선이 발생할 수 있다.

그림 11

목표 1 중심과 반지름이 주어진 원의 방정식을 찾는다 원은 고정된 점으로부터 고정된 거리에 있는 평면상의 모든 점들의 집합이다. 고정된 점을 중심(center), 고정된 거리를 반지름(radius)이라 한다. 거리 공식을 사용하여 원의 방정식을 찾는다.

예제 1 원의 방정식과 그 그래프 찾기

중심 $(0, 0)$, 반지름 3인 원의 방정식과 그 그래프를 찾아라.

풀이 만약 원 위에 점 (x, y)가 있다면, (x, y)와 중심 $(0, 0)$의 거리는 3이다. 거리 공식에 의해

$$\sqrt{(x_2 - x_1)^2 + (y_2 - y_1)^2} = d$$

$$\sqrt{(x - 0)^2 + (y - 0)^2} = 3$$

$$x^2 + y^2 = 9 \qquad \text{양변을 제곱한다.}$$

이 원의 방정식은 $x^2 + y^2 = 9$이다. 그래프는 그림 12와 같다.

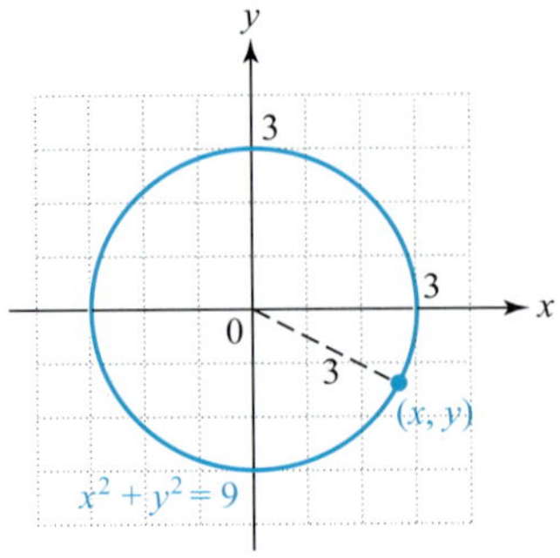

그림 12

■

✎연습문제 1을 풀어보자.

다음 예제에서 볼 수 있듯이 원의 중심이 원점에 있지 않을 수도 있다.

예제 2 원의 방정식과 그 그래프 찾기

중심 $(4, -3)$, 반지름 5인 원의 방정식과 그 그래프를 찾아라.

풀이 거리 공식에 의해

$$\sqrt{(x-4)^2+[y-(-3)]^2}=5$$

$$(x-4)^2+(y+3)^2=25 \quad \text{양변을 제곱한다.}$$

원을 그리기 위해, 중심 $(4, -3)$을 그린 다음 중심에서 오른쪽, 왼쪽, 위쪽 및 아래쪽으로 5만큼씩 이동한다. 한 번에 원의 4분의 1을 스케치하여 네 점을 통해 부드러운 곡선을 그리면 그림 13과 같다.

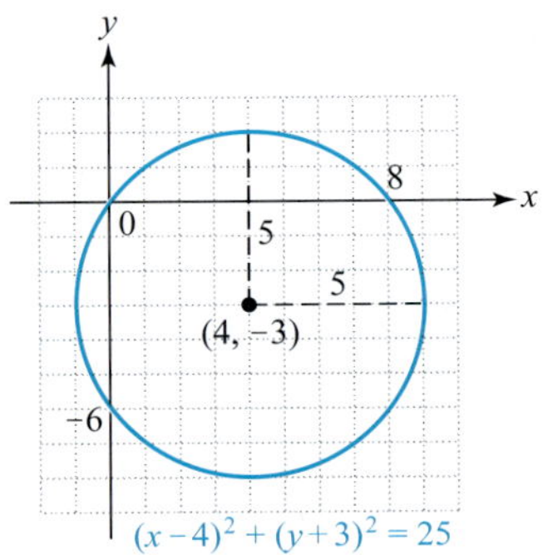

그림 13

■

✎연습문제 7, 23을 풀어보자.

예제 1과 예제 2는 반지름 r, 중심 (h, k)인 원의 방정식 형태를 제안했다. (x, y)가 원 위의 한 점이라면, 중심 (h, k)와 점 (x, y)의 거리는 r이다. 거리 공식에 의해

$$\sqrt{(x-h)^2+(y-k)^2}=r.$$

양변을 제곱하면 원의 방정식의 중심-반지름(center-radius) 형식이 된다.

원의 방정식 (중심–반지름 형식)

$$(x-h)^2+(y-k)^2=r^2$$

은 반지름 r, 중심 (h, k)인 원의 방정식이다.

예제 3 원의 방정식으로 중심–반지름 형식 이용하기

중심 $(-1, 2)$이고 반지름 4인 원의 방정식을 찾아라.

풀이 $h=-1$, $k=2$, 그리고 $r=4$에 중심-반지름 형식을 이용하면

$$(x-h)^2+(y-k)^2=r^2$$
$$[x-(-1)]^2+(y-2)^2=4^2$$
$$(x+1)^2+(y-2)^2=16$$

■

✎연습문제 9를 풀어보자.

목표 2 주어진 방정식에서 원의 중심과 반지름을 결정한다 예제 2의 방정식에서 $(x-4)^2$과 $(y+3)^2$을 풀면

$$(x-4)^2+(y+3)^2=25$$
$$x^2-8x+16+y^2+6y+9=25$$
$$x^2+y^2-8x+6y=0$$

이다. 이 일반적인 형태는 x^2과 y^2항의 계수가 같은 방정식은 원을 나타냄을 보여준다. 다음 예에서는 완전제곱하는 방법을 보여준다. 이 절차는 9장에서 설명했다.

예제 4 중심과 반지름을 찾기 위해 완전제곱하기

원 $x^2+y^2+2x+6y-15=0$의 중심과 반지름을 찾고 그래프를 그려라.

풀이 방정식은 x^2과 y^2항의 계수가 같기 때문에 그래프는 원의 그래프일 것이다. 중심과 반지름을 찾기 위해 x와 y의 완전제곱으로 나타낸다.

$x^2+y^2+2x+6y=15$	상수를 우변으로 이동한다.
$(x^2+2x)+(y^2+6y)=15$	완전제곱을 예상하고 다시 쓴다.
$\left[\frac{1}{2}(2)\right]^2=1 \quad \left[\frac{1}{2}(6)\right]^2=9$	각 중간 항의 계수의 반을 제곱한다.
$(x^2+2x+1)+(y^2+6y+9)=15+1+9$	x와 y 양쪽을 완전제곱한다.
$(x+1)^2+(y+3)^2=25$	우변의 수를 더한다.
$[x-(-1)]^2+[y-(-3)]^2=5^2$	중심-반지름 형식

마지막 방정식

$$[x-(-1)]^2+[y-(-3)]^2=5^2$$

또는

$$(x+1)^2+(y+3)^2=5^2$$

은 그래프가 중심 $(-1, -3)$, 반지름 5임을 보여준다. 그래프는 그림 14와 같다.

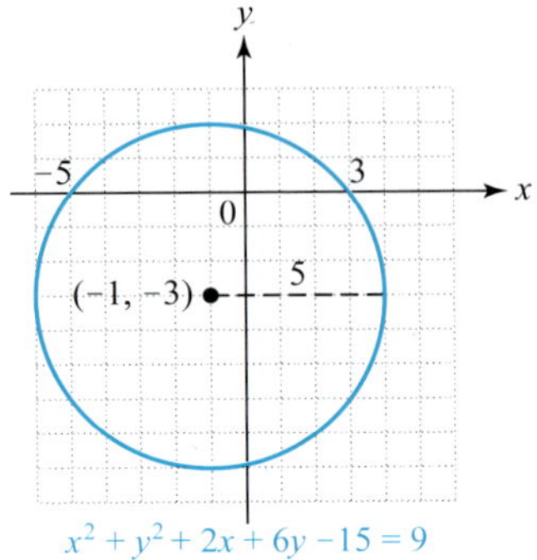

그림 14

■

연습문제 11을 풀어보자.

> ⓘ 참고 만일 예제 4가 $(x-h)^2+(y-k)^2=0$의 형식의 방정식으로 유도되면 그 그래프는 한 점 (h, k)이다. 만일 우변의 상수가 음수이면 그 방정식은 그래프를 갖지 않는다.

목표 3 타원의 방정식을 알아본다 타원은 두 고정점으로부터의 거리의 합이 일정한 평면상의 모든 점의 집합이다. 이 고정점을 초점이라고 한다. 그림 15는 초점 $(c, 0)$과 $(-c, 0)$, x절편 $(a, 0)$와 $(-a, 0)$, y절편 $(0, b)$와 $(0, -b)$인 타원을 나타내고 있다. 이러한 유형의 타원에 대해 고급 과정에서는 $c^2=a^2-b^2$을 사용하여 표현한다. 원점은 타원의 중심이다.

타원은 다음 방정식을 가진다.

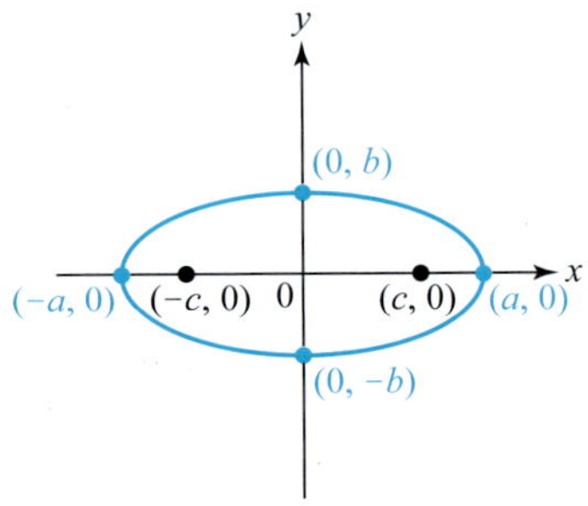

그림 15

> **타원의 방정식**
>
> x절편이 $(a, 0)$과 $(-a, 0)$이고, y절편이 $(0, b)$와 $(0, -b)$인 타원의 방정식은
>
> $$\frac{x^2}{a^2}+\frac{y^2}{b^2}=1$$

> ⓘ 참고 원은 $a^2=b^2$인 타원의 특별한 경우이다.

지구와 태양 주위의 다른 행성들의 경로는 대략 타원형이다. 태양은 한쪽 초점에 있고 우주의 한 점이 다른 초점에 있다. 통신 위성 및 다른 우주 차량의 궤도는 타원형이다. 타원형 자전거 기어는 다리의 타고난 강점과 약점에 반응하도록 설계되었다. 다리가 최소의 레버리지를 가진 파워 스트로크의 상단과 하단에서 기어의 저항은 거의 없지만 기어가 회전하면 그 외의 위치에서 저항이 증가한다. 이를 통해 다리가 가장 자연스럽게 더 많은 힘을 적용할 수 있다.

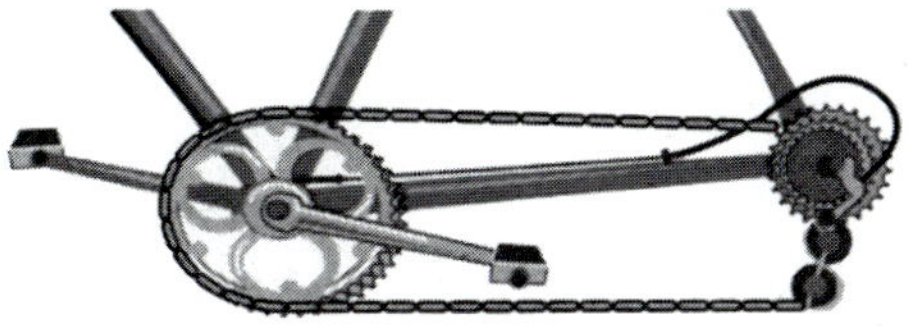

그림 16

목표 4 타원의 그래프를 그려 본다

원점에 중심을 둔 타원을 그래프로 나타내기 위해 4개의 절편을 그린 다음 그 점을 통해 타원을 스케치한다.

예제 5 타원의 그래프

각 타원의 그래프를 그려라.

(a) $\dfrac{x^2}{49}+\dfrac{y^2}{36}=1$　　　　(b) $\dfrac{x^2}{36}+\dfrac{y^2}{121}=1$

풀이 (a) $a^2=49$ 그래서 $a=7$이고, 이 타원에 대한 x절편은 $(7, 0)$과 $(-7, 0)$이다. 비슷하게, $b^2=36$이고 그래서 $b=6$, 이 타원에 대한 y절편은 $(0, 6)$과 $(0, -6)$이다. 절편을 그려서 타원을 스케치하면 그림 17의 그래프가 된다.

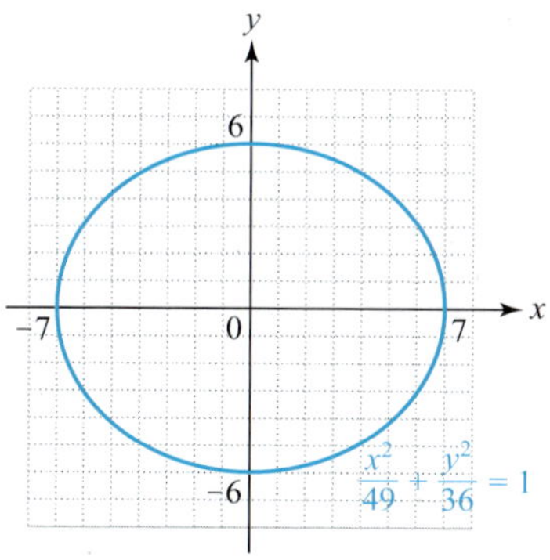

그림 17

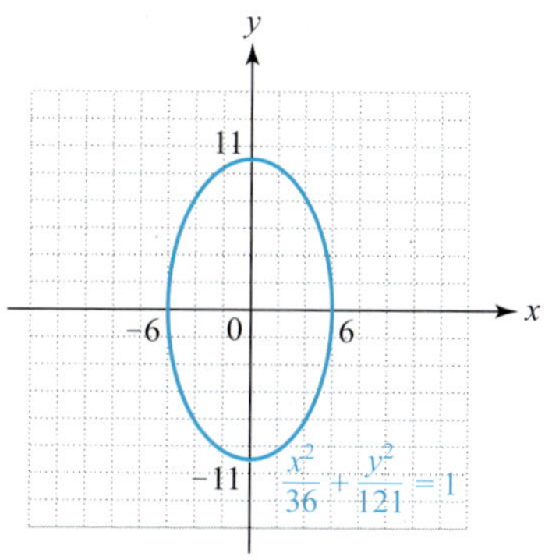

그림 18

(b) 이 타원에 대한 x절편은 $(6, 0)$과 $(-6, 0)$이고 y절편은 $(0, 11)$과 $(0, -11)$이다. 부드러운 곡선으로 결합한 타원 그래프는 그림 18에 그려져 있다. ■

연습문제 27, 31을 풀어보자.

함수 및 원의 그래프와 마찬가지로 타원의 그래프는 다음 예제와 같이 수평 및 수직으로 이동할 수 있다.

예제 6 수평과 수직으로 이동한 타원의 그래프

$\dfrac{(x-2)^2}{25}+\dfrac{(y+3)^2}{49}=1$의 그래프를 그려라.

풀이 $(x-2)^2$과 $(y+3)^2$은 원의 중심이 $(2, -3)$임을 가리키므로, 즉 이 타원의 중심과 같다. 그림 19는 그래프가 네 점 $(2, 4)$, $(7, -3)$, $(2, -10)$, $(-3, -3)$을 지나는 것을 보여준다. x값은 $\pm a=\pm 5$에 2를 더하여, y값은 $\pm b=\pm 7$에 -3을 더하면 알 수 있다.

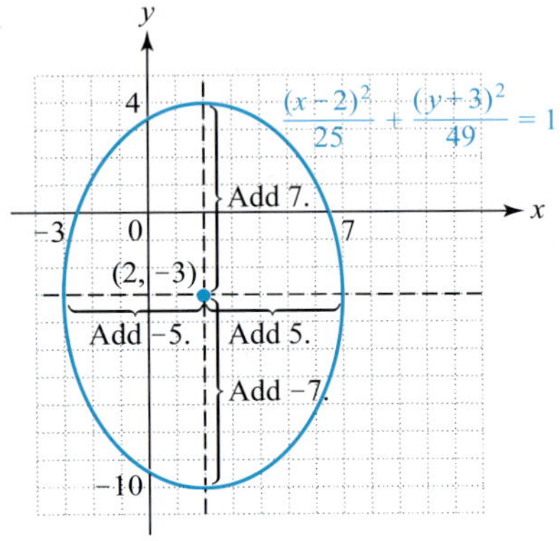

그림 19 ■

✎ 연습문제 35를 풀어보자.

목표 5 **그래프 계산기를 사용하여 원과 타원의 그래프를 그려본다** 그래프가 함수인 유일한 원뿔 곡선은 방정식이 $f(x)=ax^2+bx+c$인 수직 포물선이다. 그러므로 함수모드에서 그래프 계산기는 원 또는 타원의 그래프를 직접적으로 그릴 수 없다. 먼저 y에 대해 방정식을 풀어야 하며, 두 함수를 y_1, y_2로 놓는다. 그들 두 그래프를 합하면 전체 그래프가 그려진다. 예를 들면, $(x+3)^2+(y+2)^2=25$를 그리기 위해 y에 대하여 푸는 것으로 시작한다.

$$(x+3)^2+(y+2)^2=25$$

$$(y+2)^2=25-(x+3)^2 \qquad (x+3)^2\text{을 뺀다.}$$

$$y+2=\pm\sqrt{25-(x+3)^2} \qquad \text{제곱근을 취한다.}$$

$$y=-2\pm\sqrt{25-(x+3)^2} \qquad 2\text{를 뺀다.}$$

두 함수

$y_1=-2+\sqrt{25-(x+3)^2}$ 과 $y_2=-2-\sqrt{25-(x+3)^2}$

의 그래프를 그린다. 왜곡되지 않은 화면을 얻으려면 사각형 보기 창을 사용해야 한다. (자세한 내용은 사용 설명서를 참조하시오.) 2개의 반원은 연결이 끊어진 것 같다. 이것은 그래프가 그 지점에서 거의 수직적이기 때문에 계산기가 그 형태에 대한 실제 그림을 보여줄 수 없기 때문이다.

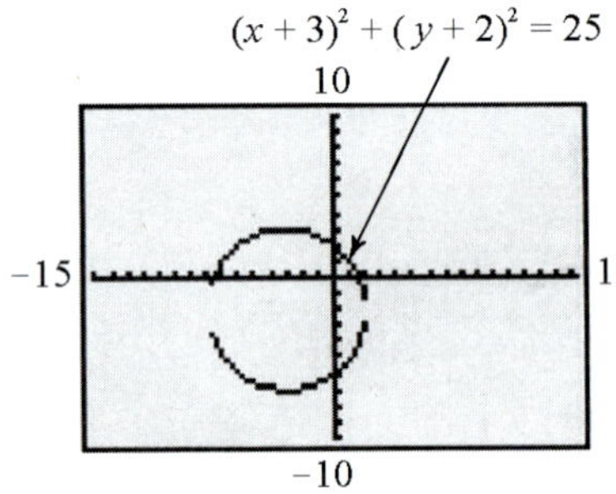

그림 20

11.2 연습문제

1. 방정식이 $x^2+y^2=25$인 원을 생각해보자. (예제 1)
   (a) 중심의 좌표는 무엇인가?
   (b) 반지름은 무엇인가?
   (c) 그래프를 그려라.

2. 원으로 정의된 점집합이 함수의 정의를 충족시키지 못하는 이유를 설명하시오.

[3~6] 각 방정식을 올바른 그래프와 일치시키시오.

3. $(x-3)^2+(y-2)^2=25$

4. $(x-3)^2+(y+2)^2=25$

5. $(x+3)^2+(y-2)^2=25$

6. $(x+3)^2+(y+2)^2=25$

A.
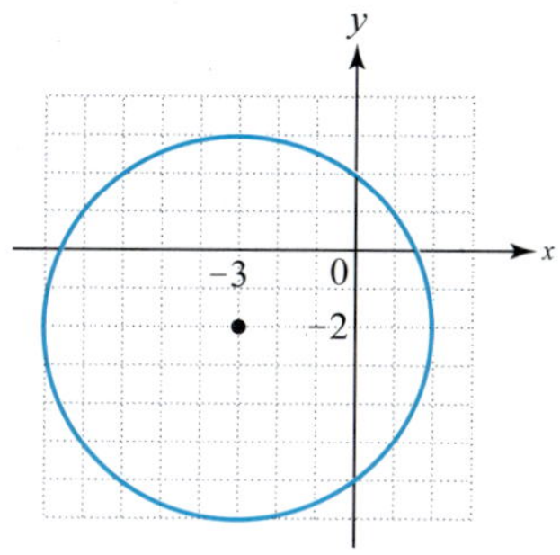

B.
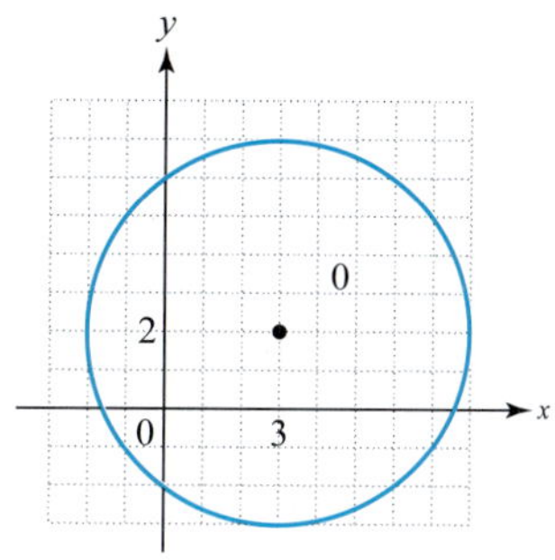

C.
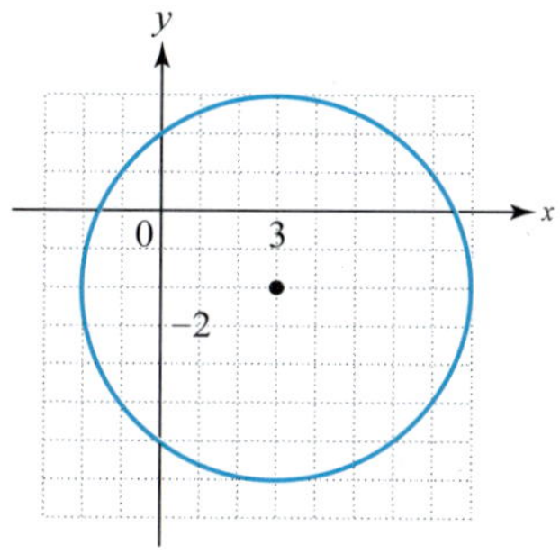

D.
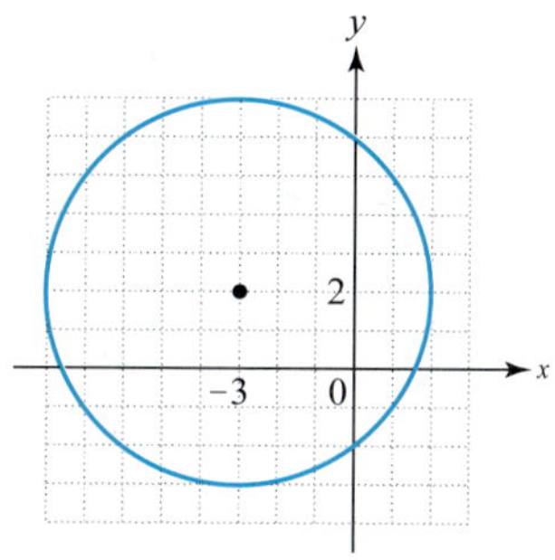

[7~10] 주어진 조건을 만족시키는 원의 방정식을 찾으시오. (예제 2와 3)

7. 중심: $(-4, 3)$; 반지름: 2

8. 중심: $(5, -2)$; 반지름: 4

9. 중심: $(-8, -5)$; 반지름: $\sqrt{5}$

10. 중심: $(-12, 13)$; 반지름: $\sqrt{7}$

[11~16] 각 원에 대해 중심과 반지름을 찾으시오. (힌트: 연습문제 15와 16에서 각 변을 공통인수로 나누시오.)

11. $x^2+y^2+4x+6y+9=0$

12. $x^2+y^2-8x-12y+3=0$

13. $x^2+y^2+10x-14y-7=0$

14. $x^2+y^2-2x+4y-4=0$

15. $3x^2+3y^2-12x-24y+12=0$

16. $2x^2+2y^2+20x+16y+10=0$

17. 그림과 같이 끈의 한쪽 끝을 압정으로 고정시키고 연필로 팽팽하게 끈을 당기고 곡선을 따라 종이에 원을 그릴 수 있다. 이 방법이 효과가 있는 이유를 설명하시오.

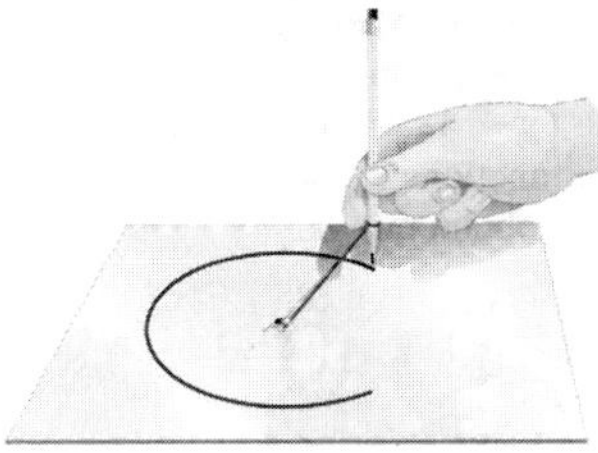

18. 이 그림은 루이지애나 주 브로브리지 가재 축제에서 가재 경주가 어떻게 진행되는지를 보여준다. 그와 같은 경주에 원형 '경주장'이 적절한 이유를 설명하시오.

[19~26] 각 원의 그래프를 그려라. 중심이 원점에 있지 않은 경우, 중심을 확인하시오. (예제 1, 2와 4)

19. $x^2+y^2=9$

20. $x^2+y^2=4$

21. $2y^2=10-2x^2$

22. $3x^2=48-3y^2$

23. $(x+3)^2+(y-2)^2=9$

24. $(x-1)^2+(y+3)^2=16$

25. $x^2+y^2-4x-6y+9=0$

26. $x^2+y^2+8x+2y-8=0$

[27~38] 각 타원의 그래프를 그려라. (예제 5와 6)

27. $\dfrac{x^2}{9}+\dfrac{y^2}{25}=1$

28. $\dfrac{x^2}{9}+\dfrac{y^2}{16}=1$

29. $\dfrac{x^2}{36}=1-\dfrac{y^2}{16}$

30. $\dfrac{x^2}{9}=1-\dfrac{y^2}{4}$

31. $\dfrac{y^2}{25}=1-\dfrac{x^2}{49}$

32. $\dfrac{y^2}{9}=1-\dfrac{x^2}{16}$

33. $\dfrac{x^2}{16}+\dfrac{y^2}{4}=1$

34. $\dfrac{x^2}{49}+\dfrac{y^2}{81}=1$

35. $\dfrac{(x+1)^2}{64}+\dfrac{(y-2)^2}{49}=1$

36. $\dfrac{(x-4)^2}{9}+\dfrac{(y+2)^2}{4}=1$

37. $\dfrac{(x-2)^2}{16}+\dfrac{(y-1)^2}{9}=1$

38. $\dfrac{(x+3)^2}{25}+\dfrac{(y+2)^2}{36}=1$

39. 그림과 같이 길이가 긴 끈의 두 끝을 고정하고 연필을 팽팽하게 당겨 곡선을 따라가면서 타원을 스케치할 수 있다. 이 방법이 효과가 있는 이유를 설명하시오.

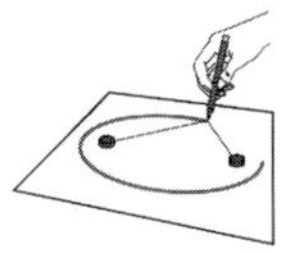

40. 원과 타원의 방정식 사이의 유사점과 차이점에 대해 토론하시오.

41. 그래프가 타원을 이루는 순서쌍의 집합이 함수의 정의를 만족시키지 못하는 이유를 설명하시오.

42. (a) $(x-4)^2+(y-1)^2=0$의 그래프에 몇 개의 점이 있는가? 설명하시오.
    (b) $(x-4)^2+(y-1)^2=-1$의 그래프에 몇 개의 점이 있는가? 설명하시오.

기술적 통찰 (문제 43~44)

43. 계산기 그래프에 표시된 원은 사각형 보기 창과 함께 함수 모드를 사용하여 작성되었다.
$(x+2)^2+(y-4)^2=16$의 그래프다. 이 그래프를 얻기 위해 사용된 두 함수 y_1과 y_2는 무엇인가?

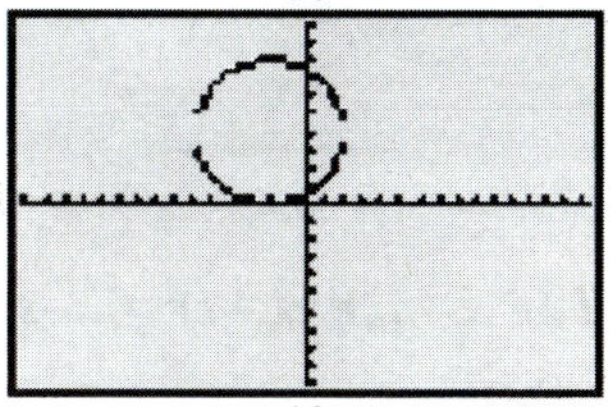

44. 계산기 그래프에 표시된 타원은 사각형 보기 창과 함께 함수 모드를 사용하여 작성되었다.
$\dfrac{x^2}{4}+\dfrac{y^2}{9}=1$의 그래프다. 이 그래프를 얻기 위해 사용된 두 함수 y_1과 y_2는 무엇인가?

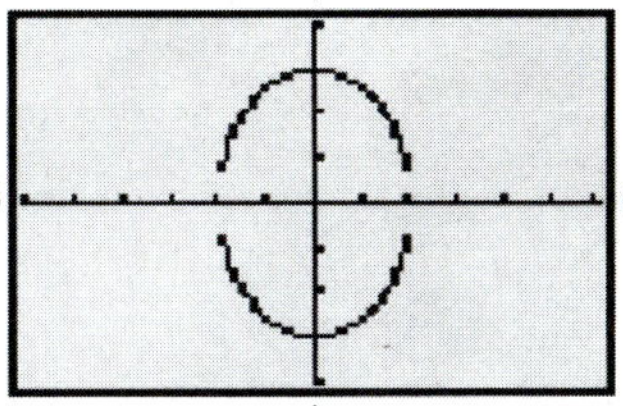

[45~48] 함수 모드에서 그래프 계산기를 사용하여 각 원이나 타원을 그래프로 나타내시오. 사각형 보기 창을 사용하시오. (목표 5)

45. $x^2+y^2=36$

46. $(x-2)^2+y^2=49$

47. $\dfrac{x^2}{16}+\dfrac{y^2}{4}=1$

48. $\dfrac{(x-3)^2}{25}+\dfrac{y^2}{9}=1$

[49~50] 각 문제를 푸시오.

49. 아치형은 반 타원형이다. 타원의 방정식은
$100x^2+324y^2=32,400$이며, 여기서 x와 y는 미터 단위이다.
(a) 아치의 중심 높이는 얼마인가?
(b) 아치의 바닥 넓이는 얼마인가?

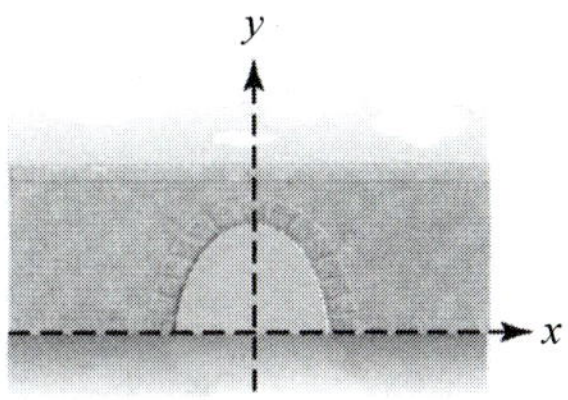

50. 일방통행 길은 그림에서와 같이 타원의 위쪽 절반의 형태로 된 육교 아래로 지나간다. 12피트 너비의 트럭이 육교 아래로 직접 지나간다고 가정해 보시오. 이 트럭의 최대 가능한 높이는 얼마인가?

[51~52] 그림 15를 참조하고 $c^2 = a^2 - b^2 (a^2 > b^2)$을 사용하시오.

51. 화성의 궤도는 한 초점에 태양이 있는 타원이다. 수백만 마일의 x와 y에 대해 궤도 방정식은

$$\frac{x^2}{141.7^2} + \frac{y^2}{141.1^2} = 1$$

이다.

(a) 화성과 태양의 최대거리를 찾으시오.

(b) 화성과 태양의 최소거리를 찾으시오.

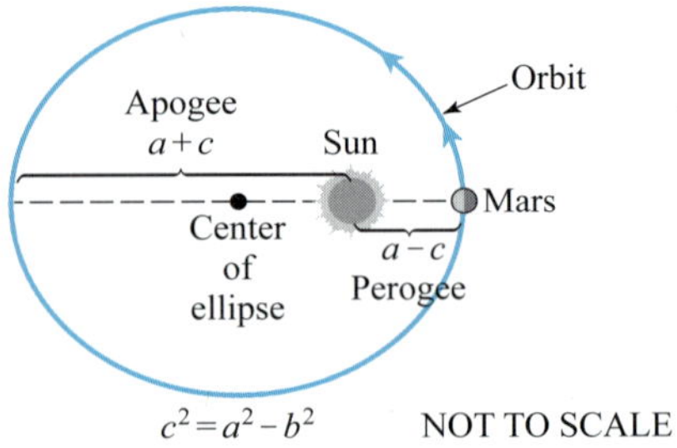

52. 태양 주변의 금성 궤도(초점의 하나)는 방정식

$$\frac{x^2}{5013} + \frac{y^2}{4970} = 1$$

를 가진 타원이고, 여기서 x와 y는 수백만 마일 단위로 측정된다.

(a) 금성과 태양의 최대거리를 찾으시오.

(b) 금성과 태양의 최소거리를 찾으시오.

[53~54] 다음 문제를 푸시오.

쇄석기(lithotripter)는 충격파를 사용하여 신장 결석을 부수는 기계이다. 환자는 타원의 한 초점에 신장결석이 위치하도록 타원형 통안에 들어간다. 빔이 다른 초점에서 튜브로 투영되어 신장 결석과 충돌하도록 반사된다.

53. 쇄석기가 방정식

$$\frac{x^2}{36} + \frac{y^2}{9} = 1$$

을 가진 타원을 기반으로 한다고 가정해보자.

타원의 중심으로부터 신장 결석과 빔이 얼마나 멀리 떨어져 있어야 하는가?

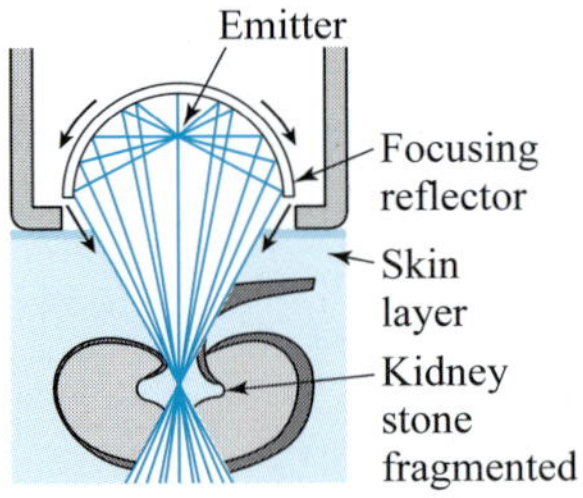

타원의 윗부분은 쇄석기가 신장 결석을 분쇄하는 방법에 대한 묘사이다.

출처: 쇄석기 그림에 타원을 그린 것. 미국의학협회, 의학백과사전, 1989.

54. 타원의 방정식이 $9x^2+4y^2=36$인 경우 연습문제 53을 다시 푸시오. (힌트: 타원의 방정식의 각 항을 36으로 나눈다. 여기서 $b>a$이므로 $c^2=b^2-a^2$을 이용한다.)

55. (a) $(c, 0)$와 $(-c, 0)$은 타원의 초점이고 점 (x, y)와 두 초점 사이의 거리의 합이 $2a$라고 가정하자. 그림을 참조하시오. 타원의 방정식이

$$\frac{x^2}{a^2}+\frac{y^2}{a^2-c^2}=1$$

임을 보이시오.

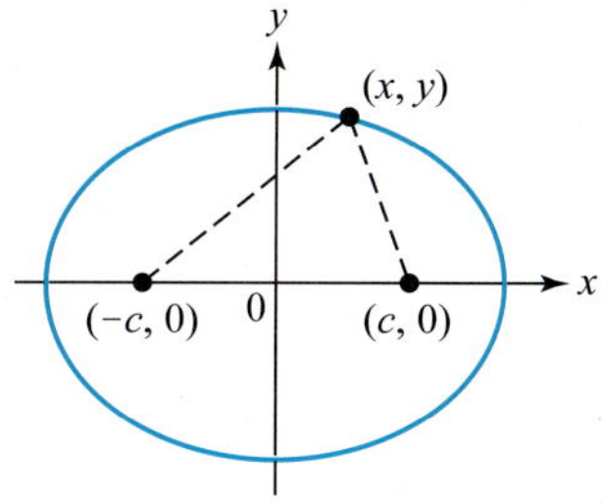

(b) 방정식 (a)에서 x절편이 $(a, 0)$과 $(-a, 0)$임을 보이시오.

(c) $b^2=a^2-c^2$이라 하면, 방정식 (a)에서 $(0, b)$와 $(0, -b)$는 y절편임을 보이시오.

56. 연습문제 55(a)의 결과를 사용하여 초점 $(3, 0)$과 $(-3, 0)$을 가지는 타원의 방정식을 찾으시오. 여기서 임의의 점에서 두 초점 사이의 거리의 합은 10이다.

11.3 쌍곡선과 근에 의해 정의된 함수

학·습·목·표

1. 쌍곡선의 방정식을 알아본다.
2. 점근선을 사용하여 쌍곡선의 그래프를 그려본다.
3. 방정식으로 원뿔 곡선을 식별한다.
4. 특정 제곱근 함수의 그래프를 그려본다.

목표 1 쌍곡선의 방정식을 알아본다 쌍곡선(hyperbola)은 2개의 고정점(초점)으로부터 거리의 차이의 절댓값이 일정하도록 평면에 있는 모든 점의 집합이다. 그림 21은 쌍곡선을 보여준다. 거리 공식과 위의 정의를 사용하여, 이 쌍곡선의 방정식은

$$\frac{x^2}{16} - \frac{y^2}{12} = 1$$

임을 보여줄 수 있다.

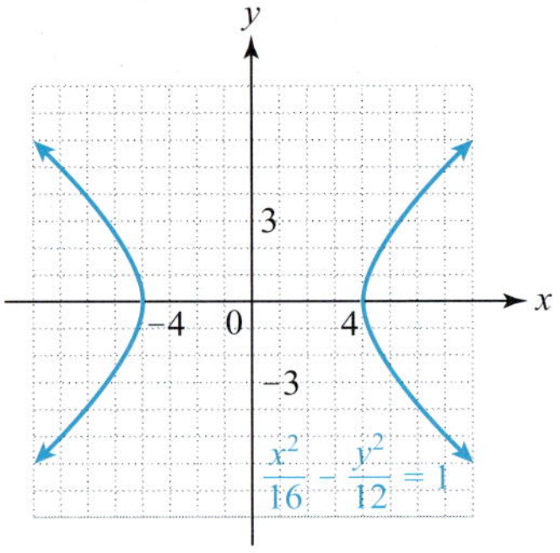

그림 21

원점을 중심으로 한 쌍곡선을 그래프로 나타내기 위해 절편을 찾아야 한다. 그림 21의 쌍곡선은 다음과 같이 진행된다.

x절편	y절편
$y=0$이라 하자. $\frac{x^2}{16} - \frac{0^2}{12} = 1$ $\frac{x^2}{16} = 1$ $y=0$ $x^2 = 16$ $x = \pm 4$ 16을 곱한다.	$x=0$이라 하자. $\frac{0^2}{16} - \frac{y^2}{12} = 1$ $x=0$ $-\frac{y^2}{12} = 1$ $y^2 = -12$ -12를 곱한다.
x절편은 $(4, 0)$과 $(-4, 0)$이다.	$y^2 = -12$에 대한 실수해는 없으므로 그래프는 y절편을 갖지 않는다.

$\frac{x^2}{16} - \frac{y^2}{12} = 1$의 그래프는 y절편이 없다. 다른 한편으로 그림 22의 쌍곡선은 x절편이 없다. 그 방정식은

$$\frac{y^2}{25} - \frac{x^2}{9} = 1$$

이고, y절편은 $(0, 5)$와 $(0, -5)$이다.

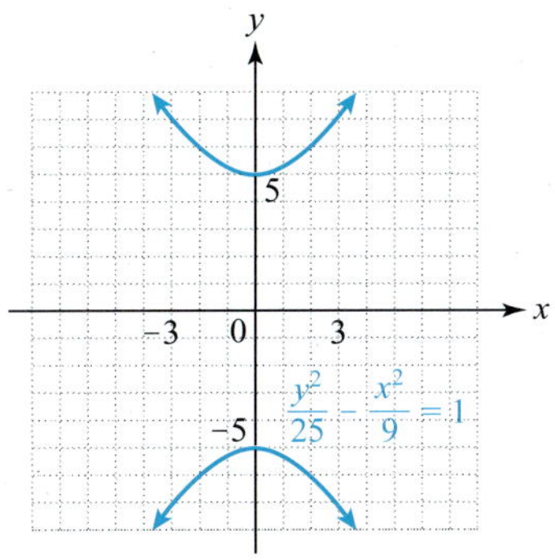

그림 22

쌍곡선의 방정식

x절편 $(a, 0)$과 $(-a, 0)$을 갖는 쌍곡선의 방정식은

$$\frac{x^2}{a^2} - \frac{y^2}{b^2} = 1$$

이고, y절편 $(0, b)$와 $(0, -b)$를 가지는 쌍곡선의 방정식은

$$\frac{y^2}{b^2} - \frac{x^2}{a^2} = 1$$

이다.

목표 2 점근선을 사용하여 쌍곡선의 그래프를 그려본다 쌍곡선 그래프의 두 부분은 점근선인 교차하는 한 쌍의 직선에 접근한다(그림 23을 참조). 점근선은 쌍곡선 그래프를 스케치하는데 유용하다.

쌍곡선에 대한 점근선

(a, b), $(-a, b)$, $(-a, -b)$ 및 $(a, -b)$에 꼭짓점이 있는 직사각형의 확장된 대각선은 쌍곡선

$$\frac{x^2}{a^2} - \frac{y^2}{b^2} = 1 \text{과 } \frac{y^2}{b^2} - \frac{x^2}{a^2} = 1$$

의 점근선이다.

이 사각형을 기본 사각형(fundamental rectangle)이라고 한다. 3장의 방법을 사용하여, 이러한 점근선의 방정식이

$$y = \frac{b}{a}x \text{ 와 } y = -\frac{b}{a}x$$

임을 보여줄 수 있다.

쌍곡선을 그래프로 표시하려면 다음 단계를 수행하시오.

쌍곡선 그리기

1단계 절편을 찾는다. x^2항이 양의 계수를 갖는 경우에는 $(a, 0)$과 $(-a, 0)$에서 절편을 찾거나 y^2항이 양의 계수를 갖는 경우에는 $(0, b)$ 및 $(0, -b)$에서 절편을 찾는다.

2단계 기본 사각형을 찾는다. (a, b), $(-a, b)$, $(-a, -b)$및 $(a, -b)$에서 기본 사각형의 꼭짓점을 찾는다.

3단계 점근선을 스케치한다. 직사각형의 확장된 대각선은 쌍곡선의 점근선이다. 그리고 그 방정식은 $y = \pm\dfrac{b}{a}x$이다.

4단계 그래프를 그린다. 절편을 통해 쌍곡선의 각 분기를 스케치하고 점근선에 접근한다(그러나 만나지 않음).

예제 1 수평적 쌍곡선을 그래프로 나타내기

$\dfrac{x^2}{16} - \dfrac{y^2}{25} = 1$의 그래프를 그려라.

풀이 • **1단계:** 여기서 $a = 4$이고 $b = 5$이다. x절편은 $(4, 0)$과 $(-4, 0)$이다.

• **2단계:** 네 점 $(4, 5)$, $(-4, 5)$, $(-4, -5)$, $(4, -5)$는 그림 23처럼 기본 사각형의 꼭짓점이다.

• **3과 4단계:** 점근선의 방정식은 $y = \pm\dfrac{5}{4}x$이고 쌍곡선은 x와 y가 절댓값이 커지고 그에 따라 이 선들에 접근한다.

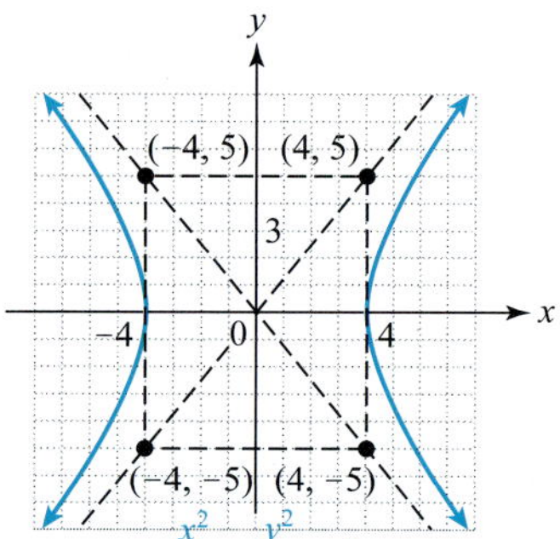

$\dfrac{x^2}{16} - \dfrac{y^2}{25} = 1$

그림 23 ■

연습문제 7을 풀어보자.

① 주의 쌍곡선 그래프를 스케치할 때 그래프가 점근선에 닿지 않도록 해야 한다.

예제 2 수직적 쌍곡선을 그래프로 나타내기

$\frac{y^2}{49} - \frac{x^2}{16} = 1$의 그래프를 그려라.

풀이 이 쌍곡선은 y절편 $(0, 7)$과 $(0, -7)$을 가진다. 점근선은 꼭짓점 $(4, 7)$, $(-4, 7)$, $(-4, -7)$, $(4, -7)$인 사각형에 대한 확장된 대각선이다. 방정식은 $y = \pm\frac{7}{4}x$이다. 그림 24를 참조하시오.

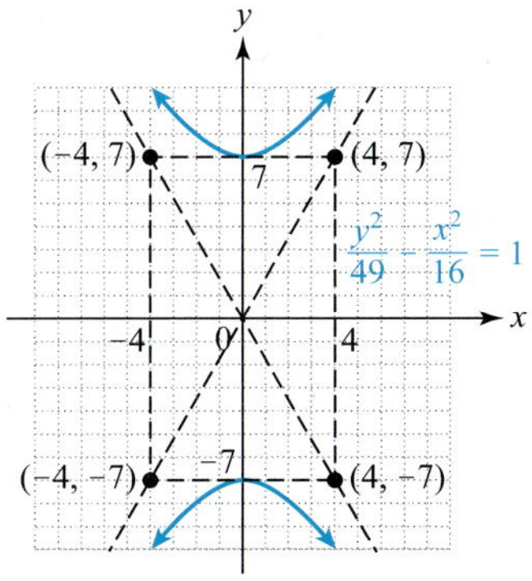

그림 24

연습문제 9를 풀어보자.

쌍곡선은 원과 타원과 같은 방식으로, 그래프 계산기로 그래프를 그릴 수 있다. 사각형 창은 쌍곡선에 대한 더 좋은 모양을 제공한다.

관련성

쌍곡선과 포물선은 한 종류의 전자파 안테나 시스템에 함께 사용된다. 시스템의 단면은 포물선과 쌍곡선으로 구성되며, 포물선의 초점은 쌍곡선의 하나의 초점과 일치한다.

포물선의 축에 평행하게 들어오는 전자파는 포물선에서 쌍곡선쪽으로 반사되어 쌍곡선의 다른 초점으로 되돌아가며 안테나의 원뿔이 신호를 포착한다.

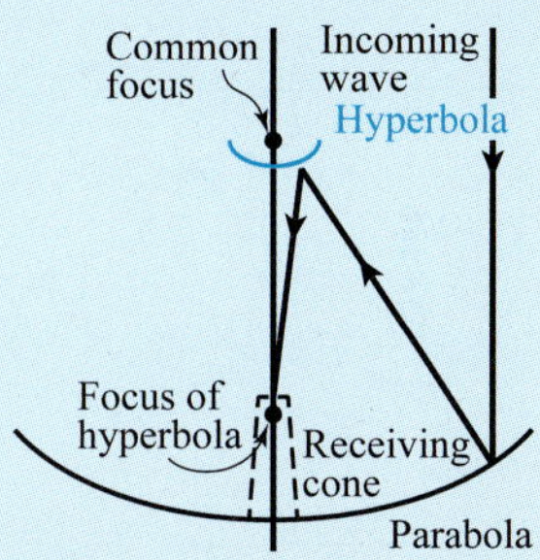

토론 또는 글쓰기

여기서 사용되는 포물선과 쌍곡선의 성질은 초점의 '반사 성질'이다. 이 이름이 적절한 이유를 설명하시오.

목표 3 방정식으로 원뿔 곡선을 식별한다 타원, 쌍곡선, 원 또는 포물선에 대해 주어진 형식 중 하나에서 이차방정식을 다시 작성하면 그래프가 이들 중 하나일 때를 결정할 수 있다.

원뿔 곡선의 요약

방정식	그래프	기술	식별
$y=ax^2+bx+c$ 또는 $y=a(x-h)^2+k$	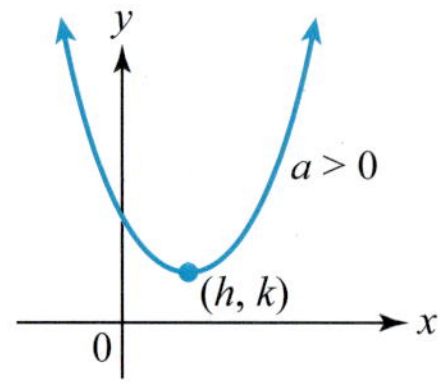 포물선	$a>0$ 이면 위로 열리고, $a<0$ 이면 아래로 열린다. 꼭짓점은 (h, k)	• x^2항이 있고, y는 제곱되지 않는다.
$x=ay^2+by+c$ 또는 $x=a(y-k)^2+h$	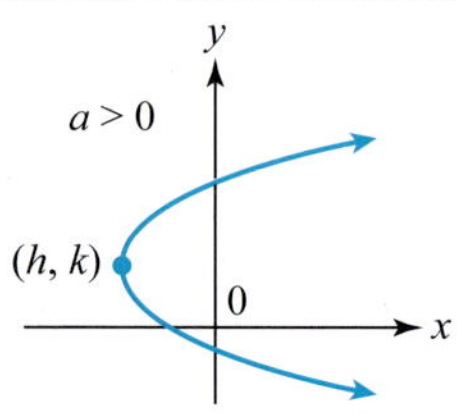 포물선	$a>0$ 이면 오른쪽으로 열리고, $a<0$ 이면 왼쪽으로 열린다. 꼭짓점은 (h, k)	• y^2항이 있고, x는 제곱되지 않는다.
$(x-h)^2+(y-k)^2$ $=r^2$	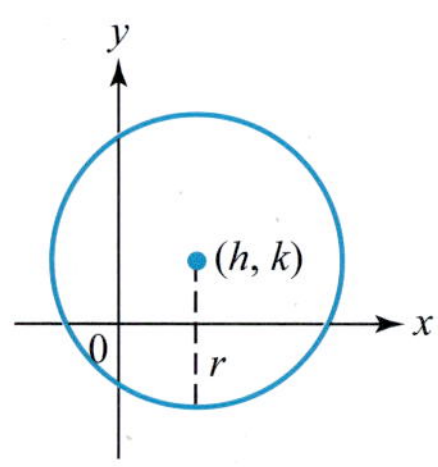 원	중심은 (h, k), 반지름은 r이다.	• x^2과 y^2항은 같은 양의 계수를 갖는다.
$\frac{x^2}{a^2}+\frac{y^2}{b^2}=1$	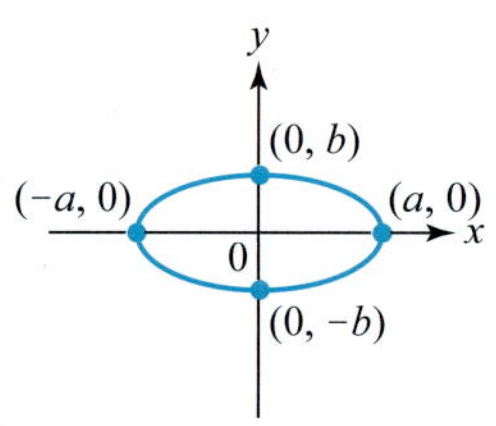 타원	x절편은 $(a, 0)$과 $(-a, 0)$. y절편은 $(0, b)$와 $(0, -b)$.	• x^2과 y^2항은 다른 양의 계수를 갖는다.
$\frac{x^2}{a^2}-\frac{y^2}{b^2}=1$	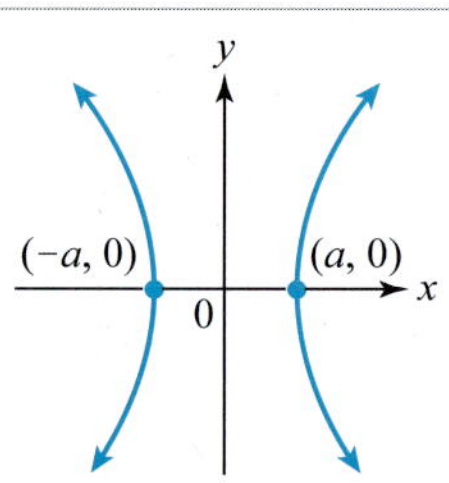 쌍곡선	x절편은 $(a, 0)$과 $(-a, 0)$. 점근선은 (a, b), $(a, -b)$, $(-a, -b)$, $(-a, b)$로부터 찾는다.	• x^2은 양의 계수를 갖는다. • y^2은 음의 계수를 갖는다.

방정식	그래프	기술	식별
$\dfrac{y^2}{b^2}-\dfrac{x^2}{a^2}=1$	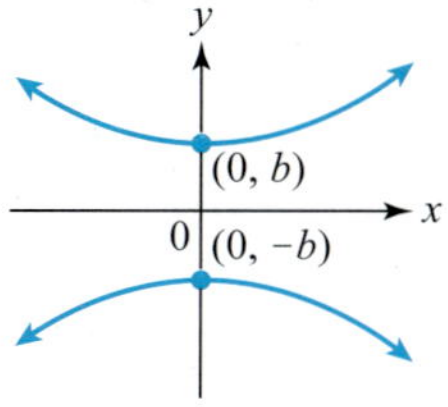 쌍곡선	y절편은 $(0, b)$와 $(0, -b)$. 점근선은 (a, b), $(a, -b)$, $(-a, -b)$, $(-a, b)$로부터 찾는다.	• y^2은 양의 계수를 갖는다. • x^2은 음의 계수를 갖는다.

예제 3 방정식의 그래프 식별하기

각 방정식의 그래프를 식별하여라.

(a) $9x^2=108+12y^2$

풀이 두 변수가 모두 제곱되어 있으므로 그래프는 타원 또는 쌍곡선이다. (이 상황은 타원의 특별한 경우인 원에 대해서도 발생한다.) 그래프가 타원인지 또는 쌍곡선인지 확인하려면 방정식을 x^2항과 y^2항은 방정식의 한 변에 있고 1이 다른 변에 있도록 방정식을 다시 작성하시오.

$$9x^2-12y^2=108 \qquad 12y^2\text{을 뺀다.}$$

$$\frac{x^2}{12}-\frac{y^2}{9}=1 \qquad 108\text{로 나눈다.}$$

마이너스 부호이므로 이 방정식의 그래프는 쌍곡선이다.

(b) $x^2=y-3$

풀이 두 변수 중 하나인 x만 제곱이므로 이것은 수직 포물선 $y=x^2+3$이다.

(c) $x^2=9-y^2$

풀이 방정식의 같은 변에 변수 항을 가져온다.

$$x^2+y^2=9 \qquad y^2\text{을 더한다.}$$

이 방정식의 그래프는 중심이 원점이고 반지름이 3인 원이다. ■

연습문제 17, 21을 풀어보자.

목표 4 특정 제곱근 함수의 그래프를 그려본다 하나 이상의 점에서 함수의 그래프와 수직선이 교차하지 않는다는 것을 상기한다. 따라서 이 장에서 논의된 수평 포물선, 모든 원과 타원 및 대부분의 쌍곡선은 함수 조건을 충족시키지 못하는 그래프의 예이다. 그러나 그래프의 일부분만 고려하면 그림 25와 같이 함수의 그래프를 볼 수 있다.

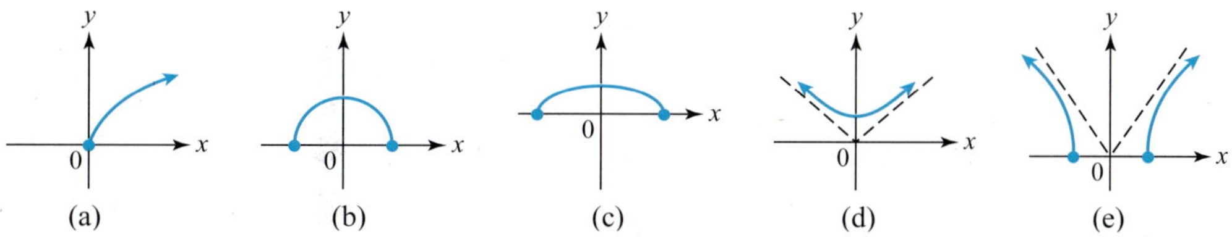

그림 25

그림 25의 (a), (b), (c), (d)는 원뿔 곡선의 상단 부분이 표시된다(각각 포물선, 원, 타원 그리고 쌍곡선). (e)는 쌍곡선의 상단 두 부분이 표시된다. 그래프는 수직선 테스트의 조건을 만족하므로 함수의 그래프이다.

8.1절과 11.1절에서 $f(x)=\sqrt{x}$에 의해 정의된 제곱근 함수를 관찰했다. 그림 25에 표시된 그래프 유형에 대한 방정식을 찾기 위해 정의를 확장한다.

제곱근 함수

$$f(x)=\sqrt{u}$$

형식의 함수를 $u \geq 0$인 대수 표현식 u에 대한 **제곱근 함수(square root function)**라고 한다.

예제 4 반원 그래프

$f(x)=\sqrt{25-x^2}$의 그래프를 그려라. 정의역과 치역을 구하라.

풀이 $f(x)$를 y로 바꾸고 양변을 제곱하면 방정식

$$y^2=25-x^2 \quad \text{또는} \quad x^2+y^2=25$$

를 얻는다. 이것은 중심이 $(0, 0)$이고 반지름이 5인 원의 그래프이다. $f(x)$ 또는 y는 원래 방정식의 주제곱근이므로 $f(x)$는 음수가 아니어야 한다. 그러면 그림 26과 같이 그래프가 원의 위쪽 절반으로 제한된다. 그래프와 수직선 테스트를 사용하여 실제로 함수인지 확인한다. 정의역은 $[-5, 5]$이고 치역은 $[0, 5]$이다.

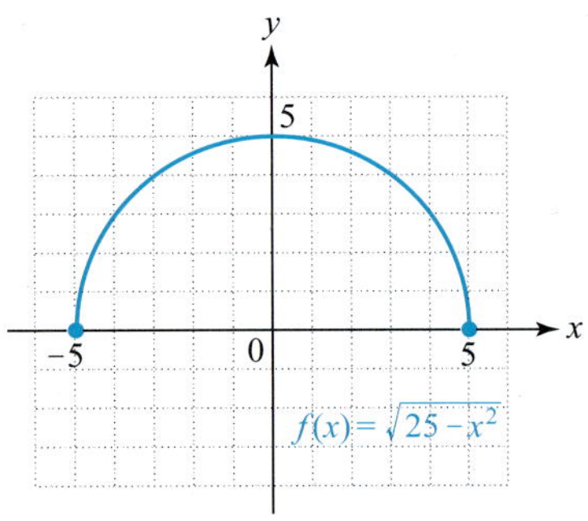

그림 26 ■

연습문제 25를 풀어보자.

예제 5 타원의 일부분의 그래프

$\frac{y}{6}=-\sqrt{1-\frac{x^2}{16}}$의 그래프를 그려라. 정의역과 치역을 구하라.

풀이 형태가 알려진 방정식을 얻기 위해 양변을 제곱한다.

$$\frac{y^2}{36}=1-\frac{x^2}{16}$$

$$\frac{x^2}{16}+\frac{y^2}{36}=1 \qquad \frac{x^2}{16}\text{을 더한다.}$$

x절편은 $(4, 0)$, $(-4, 0)$이고 y절편은 $(0, 6)$, $(0, -6)$인 타원의 방정식이다. $\frac{y}{6}$는 원래 방정식에서 음의 제곱근이므로 y는 양수가 아니어야 하며 그림 27과 같이 그래프를 타원의 아래쪽 절반으로 제한해야 한다. 수직선 테스트를 사용하여 함수의 그

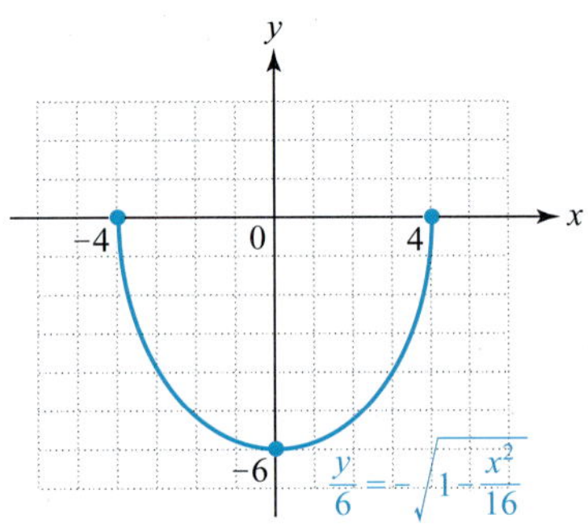

그림 27

래프인지 확인한다. 정의역은 $[-4, 4]$이고 치역은 $[-6, 0]$이다. ■

연습문제 27을 풀어보자.

루트 함수는 함수이므로 그래프 계산기로 직접 입력하고 그래프로 나타낼 수 있다.

11.3 연습문제

[1~4] 이전 절의 타원과 이 절의 쌍곡선을 토대로 각 방정식을 그래프와 일치시켜라.

1. $\dfrac{x^2}{25}+\dfrac{y^2}{9}=1$

2. $\dfrac{x^2}{9}+\dfrac{y^2}{25}=1$

3. $\dfrac{x^2}{9}-\dfrac{y^2}{25}=1$

4. $\dfrac{x^2}{25}-\dfrac{y^2}{9}=1$

A.

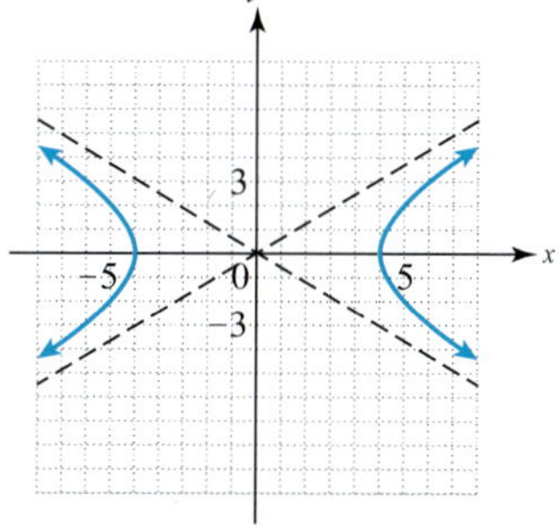

B.

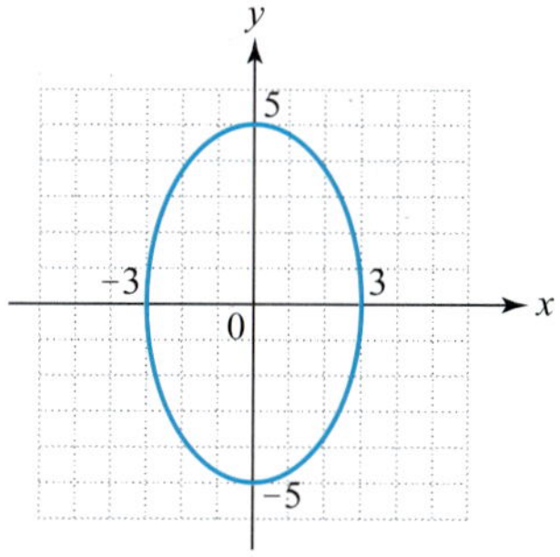

C.

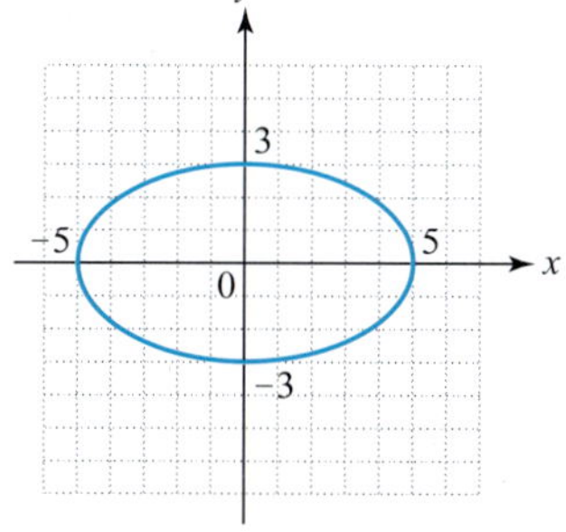

D.

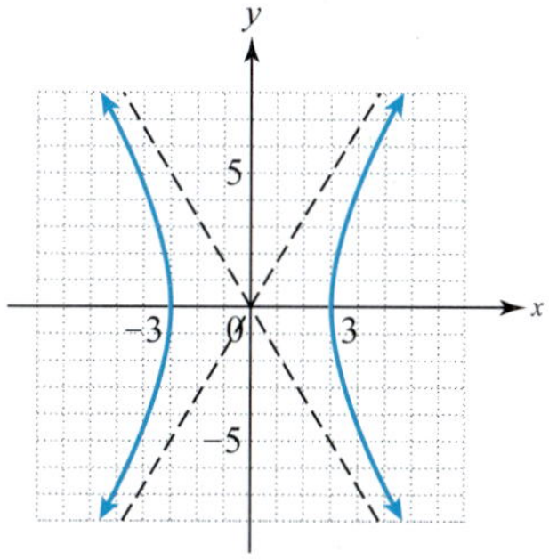

5. 방정식으로부터 쌍곡선의 분기가 상하 좌우로 어떻게 열리는지에 대한 설명을 써라.

6. 기본 사각형을 사용하여 쌍곡선을 스케치하는 방법을 설명하시오.

[7~14] 각 쌍곡선의 그래프를 그려라. (예제 1과 2)

7. $\dfrac{x^2}{16}-\dfrac{y^2}{9}=1$

8. $\dfrac{y^2}{4}-\dfrac{x^2}{25}=1$

9. $\dfrac{y^2}{9}-\dfrac{x^2}{9}=1$

10. $\dfrac{x^2}{49}-\dfrac{y^2}{16}=1$

11. $\dfrac{x^2}{25}-\dfrac{y^2}{36}=1$

12. $\dfrac{y^2}{9}-\dfrac{x^2}{4}=1$

13. $\dfrac{y^2}{16}-\dfrac{x^2}{16}=1$

14. $\dfrac{x^2}{25}-\dfrac{y^2}{9}=1$

[15~23] 각 방정식의 그래프를 포물선, 원, 타원 또는 쌍곡선으로 식별한 다음 스케치하시오. (예제 3)

15. $x^2-y^2=16$

16. $x^2+y^2=16$

17. $4x^2+y^2=16$

18. $x^2-2y=0$

19. $y^2=36-x^2$

20. $9x^2+25y^2=225$

21. $9x^2=144+16y^2$

22. $x^2+9y^2=9$

23. $y^2=4+x^2$

24. 타원과 쌍곡선의 정의 사이의 주요 차이점을 여러분 방식으로 설명하라.

[25~30] 무리식으로 정의된 각 함수를 그래프로 나타내시오. 정의역과 치역을 구하라. (예제 4와 5)

25. $f(x)=\sqrt{16-x^2}$

26. $f(x)=\sqrt{9-x^2}$

27. $f(x)=-\sqrt{36-x^2}$

28. $f(x)=-\sqrt{25-x^2}$

29. $\dfrac{y}{3}=\sqrt{1+\dfrac{x^2}{9}}$

30. $y=\sqrt{\dfrac{x+4}{2}}$

[31~33] 11.2절의 예제 6에서 타원의 중심이 원점으로부터 멀리 이동될 수 있음을 보았다. 같은 과정이 쌍곡선에도 적용된다. 예를 들어, 쌍곡선

$$\frac{(x+5)^2}{4}-\frac{(y-2)^2}{9}=1$$

은 $\dfrac{x^2}{4}-\dfrac{y^2}{9}=1$와 같은 그래프이지만 중심이 $(-5, 2)$인, 오른쪽에 있는 그래프이다. 원점으로부터 중심이 이동한 각 쌍곡선의 그래프를 그려라.

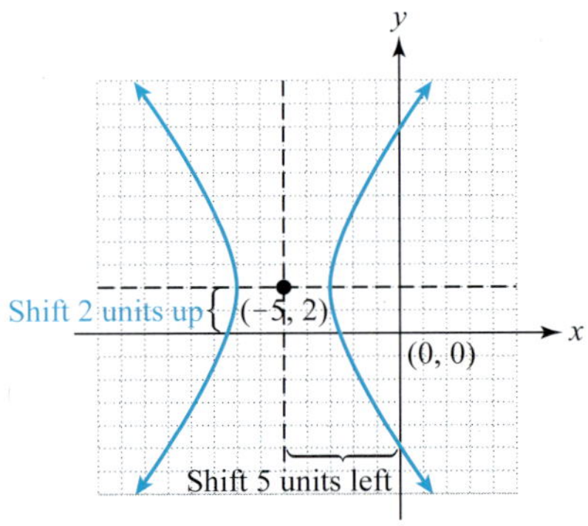

31. $\dfrac{(x-2)^2}{4}-\dfrac{(y+1)^2}{9}=1$

32. $\dfrac{(x+3)^2}{16}-\dfrac{(y-2)^2}{25}=1$

33. $\dfrac{y^2}{36}-\dfrac{(x-2)^2}{49}=1$

34. $\dfrac{(y-5)^2}{9}-\dfrac{x^2}{25}=1$

[35~37] 각 문제를 푸시오.

35. 스포츠 단지에 있는 두 건물은 쌍곡선의 분기의 일부처럼 방정식

$$400x^2-625y^2=250{,}000$$

과 같이 모양이 지정되고 배치되었다. 여기서 x와 y는 미터 단위다.

(a) 가장 가까운 지점에 건물이 얼마나 멀리 떨어져 있는가?

(b) 그림에서 거리 d를 찾으시오.

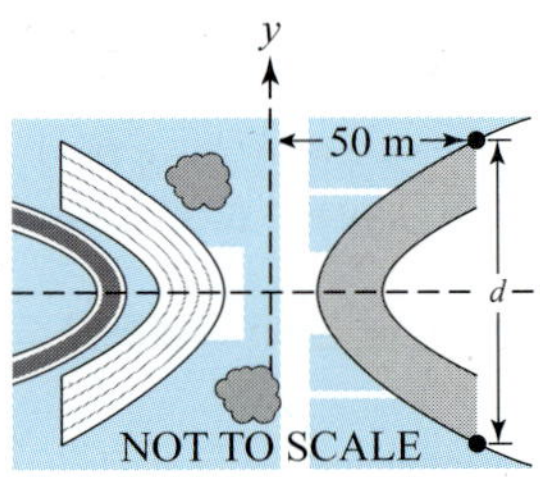

36. 럭비에서 트라이(미식축구의 터치다운과 유사) 후에 득점 팀은 추가 점수를 얻으려고 킥을 시도한다. 시도는 득점한 지점 뒤에서 바로 시작해야 한다. 키커는 거리를 선택할 수는 있지만 공을

옆으로 움직일 수는 없다. 키커의 최선의 선택은 방정식

$$\frac{x^2}{g^2}-\frac{y^2}{g^2}=1$$

을 갖는 쌍곡선에서 볼 수 있다. 여기서 $2g$는 목표 포스트 사이의 거리이다. 쌍곡선은 점근선에 접근하기 때문에 키커가 쌍곡선 대신에 점근선상의 점을 추측하는 것이 더 쉽다. 이 쌍곡선의 점근선은 무엇인가? 왜 그것들을 추정하는 것이 상대적으로 쉬운가? (출처: Isaksen, Daniel C., "How to Kick a Field Goal," The College Mathematics Journal, September 1996.)

37. 위성이 궤도에 진입할 때 궤도의 모양은 속도에 의해 결정된다. 궤도는 속도 V가 초당 미터로 부등식

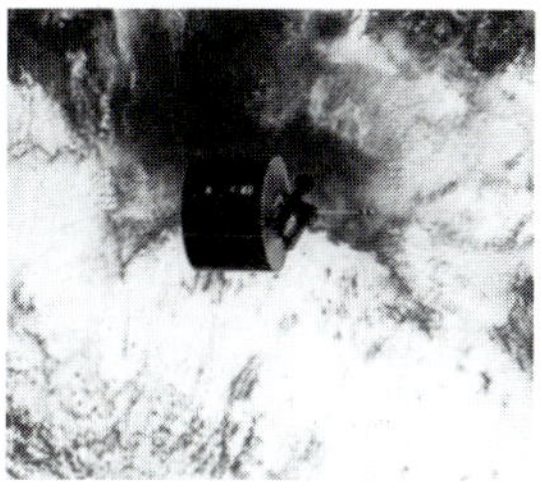

$$V>\frac{2.82\times10^7}{\sqrt{D}}$$

을 만족시키면 쌍곡선이 될 것이다. 여기서 D는 지구의 중심으로부터의 거리(미터)이다. $D=4.25\times10^7$의 경우 궤도가 쌍곡선인 V의 값은 얼마인가? (출처: Kaler, James B., Astronomy!, Addison-Wesley, 1997.)

38. 노동인구의 여성의 비율은 수년 동안 꾸준히 증가하고 있다. 선 그래프는 1975년부터 1999년까지의 기간 변화를 보여준다. 여기서 $x=75$는 1975, $x=80$은 1980을 나타낸다. 그래프는 수평 쌍곡선의 위쪽 분기와 비슷하다. 통계적 방법을 사용하여, 대응하는 제곱근 방정식

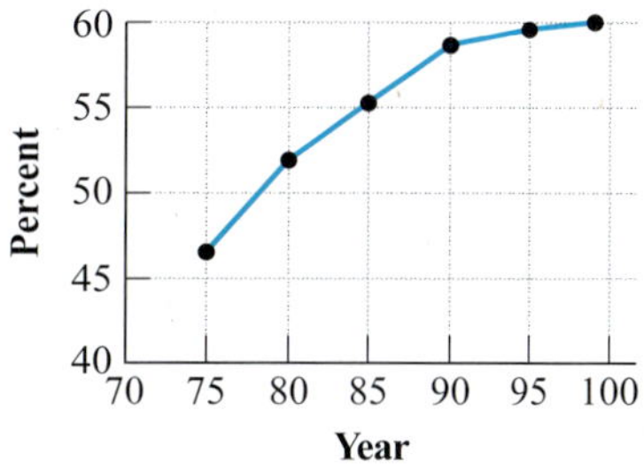

$$y=0.607\sqrt{383.9+x^2}$$

을 찾았는데, 이는 선그래프와 거의 비슷하다.

(a) 그래프에 따르면 1985년에 여성의 몇 퍼센트가 노동에 종사하고 있는가?

(b) 방정식에 따르면, 1985년에 일하는 여성의 비율은 몇 퍼센트인가? (가장 가까운 퍼센트로 반올림)

기술적 통찰 (문제 39~40)

39. 그림에 표시된 쌍곡선은 사각형 보기 창을 사용하여 함수 모드로 그래프로 그려졌다. 이것은 $\frac{x^2}{9}-y^2=1$의 그래프이다. 이 그래프를 얻기 위해 사용된 두 함수 y_1과 y_2는 무엇인가?

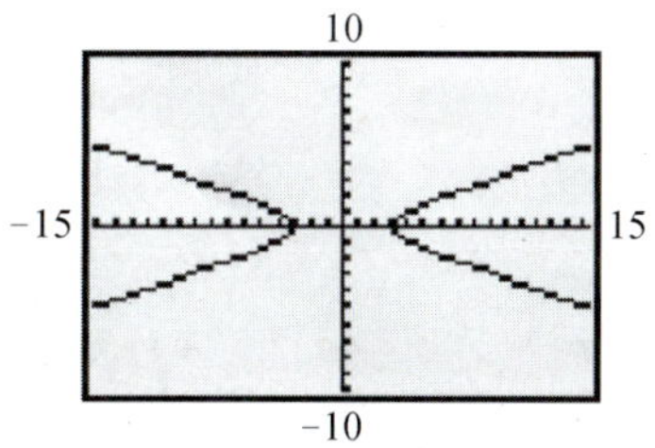

40. 그림에서 보여주는 $\frac{y^2}{9} - x^2 = 1$의 그래프에 대해 연습문제 39를 반복하시오.

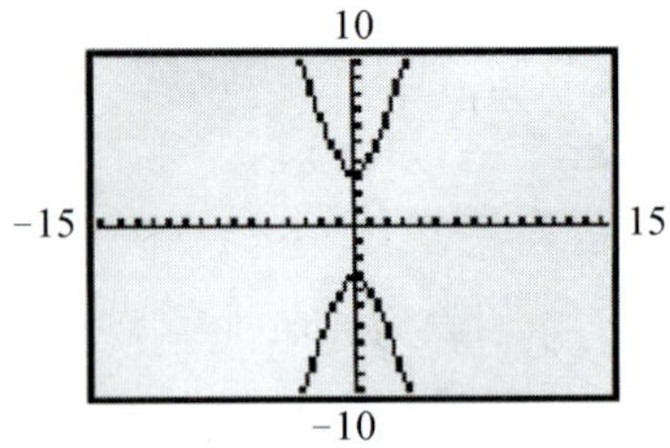

[41~44] 함수 모드에서 그래프 계산기를 사용하여 각 쌍곡선을 그래프로 나타내시오. 사각형 보기 창을 사용하시오.

41. $\frac{x^2}{25} - \frac{y^2}{49} = 1$

42. $\frac{x^2}{4} - \frac{y^2}{16} = 1$

43. $\frac{y^2}{9} - x^2 = 1$

44. $\frac{y^2}{36} - \frac{x^2}{4} = 1$

45. 쌍곡선의 중심이 원점에 있고, 초점이 $(-c, 0)$과 $(c, 0)$에 있고, 쌍곡선의 임의의 점 (x, y)에서 두 초점까지의 거리의 차의 절댓값은 $2a$이다. $b^2 = c^2 - a^2$라 하자. 쌍곡선의 방정식이

$$\frac{x^2}{a^2} - \frac{y^2}{b^2} = 1$$

임을 보여라.

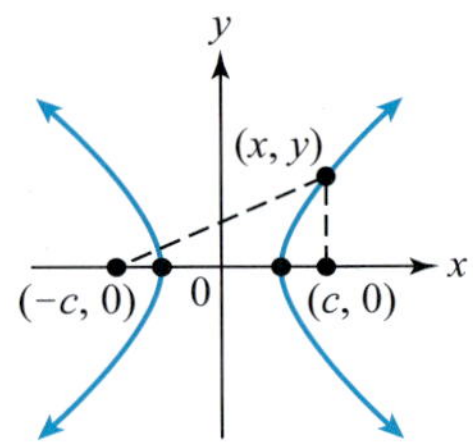

46. 연습문제 45의 결과를 사용하여 중심은 원점, 초점은 $(-2, 0)$과 $(2, 0)$에, 쌍곡선의 임의의 점에서 두 초점까지의 거리의 차이의 절댓값이 $2a$와 같은 쌍곡선의 방정식을 찾으시오.

11.4 비선형 연립방정식

학·습·목·표

1. 대입에 의해 비선형 연립방정식을 푼다.
2. 두 이차방정식에 대한 연립방정식을 소거법을 이용하여 푼다.
3. 여러 가지 방법들이 필요한 연립방정식을 푼다.
4. 비선형 연립방정식을 풀기 위해 그래프 계산기를 사용한다.

어떤 항이 하나 이상의 변수 또는 차수가 2 이상의 변수를 갖는 방정식을 비선형방정식(nonlinear equation)이라 한다. 비선형 연립방정식은 적어도 하나의 비선형방정식을 포함한다.

비선형 연립방정식을 풀 때, 교점의 가능한 개수를 결정하기 위해 연립방정식의 그래프의 개형을 시각화하는 것이 도움이 된다. 예를 들어, 한 그래프가 포물선이고 다른 그래프가 직선인 두 방정식이 포함된 연립방정식인 경우 그림 28에서처럼 교점이 0, 1 또는 2점일 수 있다.

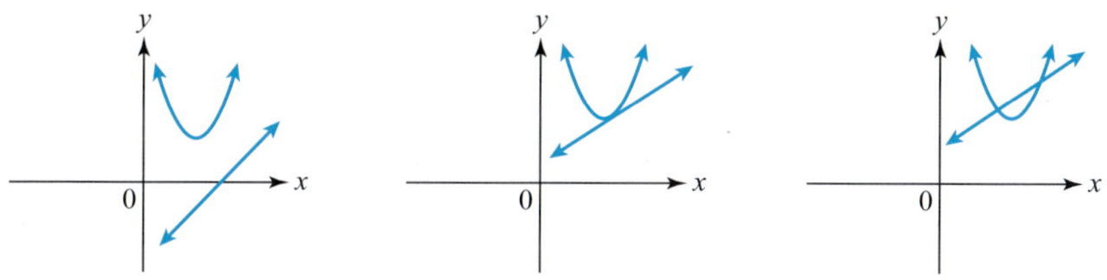

교점이 없음 교점이 한 점 교점이 두 점

그림 28

목표 1 대입에 의해 비선형 연립방정식을 푼다 비선형 연립방정식을 소거법, 대입법 또는 둘의 조합으로 해결한다. 대입법은 보통 방정식 중 하나가 선형일 때 가장 좋다.

예제 1 대입에 의한 비선형 연립방정식의 풀이

다음 연립방정식을 풀어라.

$$x^2 + y^2 = 9 \quad (1)$$
$$2x - y = 3 \quad (2)$$

(1)의 그래프는 원이고 (2)의 그래프는 직선이다. 그래프가 교차할 수 있는 방법을 시각화하면 교점이 0, 1 또는 2점일 수 있음을 나타낸다. 두 변수 중 하나에 대해 선형방정식을 먼저 푸는 것이 가장 좋다. 그 결과를 비선형방정식에 대입하여 하나의 변수로 방정식을 얻는다.

$$2x - y = 3 \quad (2)$$
$$y = 2x - 3 \quad (3)$$

방정식 (1)에서 y에 $2x-3$을 대입하자.

$$x^2+(2x-3)^2=9$$
$$x^2+4x^2-12x+9=9$$
$$5x^2-12x=0$$
$$x(5x-12)=0 \qquad \text{공통인수 } x$$
$$x=0 \quad \text{또는} \quad x=\frac{12}{5} \qquad \text{영인수 성질}$$

방정식 (3)에서 $x=0$이면 $y=-3$을 얻는다. 만약 $x=\frac{12}{5}$이면 $y=\frac{9}{5}$이다. 연립방정식의 해집합은 $\left\{(0,\ -3),\ \left(\frac{12}{5},\ \frac{9}{5}\right)\right\}$이다. 그림 29에서 그래프는 2개의 교점임을 확인할 수 있다.

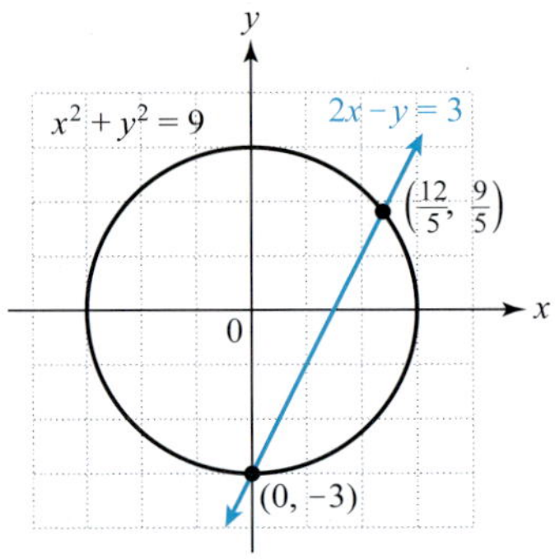

그림 29

■

연습문제 19를 풀어보자.

예제 2 대입에 의한 비선형 연립방정식의 풀이

다음 연립방정식을 풀어라.

$$6x-y=5 \qquad (1)$$
$$xy=4 \qquad (2)$$

(1)의 그래프는 직선이다. 특히 식 (2)와 같은 방정식을 설명하진 않았다. 그러나 점들을 찍어보면 그래프가 쌍곡선임을 볼 수 있다. 직선 및 쌍곡선을 시각화하면 교점이 0, 1 또는 2점일 수 있음을 나타낸다. 어느 방정식에도 제곱된 항이 없으므로 변수 중 하나에 대해 둘 중 하나의 방정식을 풀어서 다른 방정식에 대입하여 풀 수 있다. x에 대해 $xy=4$를 $x=\frac{4}{y}$로 풀어 방정식 (1)의 x에 $\frac{4}{y}$를 대입한다.

$$6\left(\frac{4}{y}\right)-y=5 \qquad \text{방정식 (1)에 } x=\frac{4}{y} \text{ 대입}$$
$$\frac{24}{y}-y=5$$
$$24-y^2=5y \qquad y(y\neq 0)\text{를 곱한다.}$$
$$0=y^2+5y-24 \qquad \text{표준형}$$

$$0=(y-3)(y+8) \qquad \text{인수분해}$$
$$y=3 \quad \text{또는} \quad y=-8 \qquad \text{영인수 성질}$$

이 결과값을 $x=\frac{4}{y}$에 대입하여 대응하는 x의 값을 구할 수 있다.

$$y=3\text{이면 } x=\frac{4}{3}\text{이고, } y=-8\text{이면 } x=-\frac{1}{2}$$

이다. 연립방정식의 해집합은 $\left\{\left(\frac{4}{3}, 3\right), \left(-\frac{1}{2}, -8\right)\right\}$이다. 그림 30의 그래프에서 두 교점을 볼 수 있다.

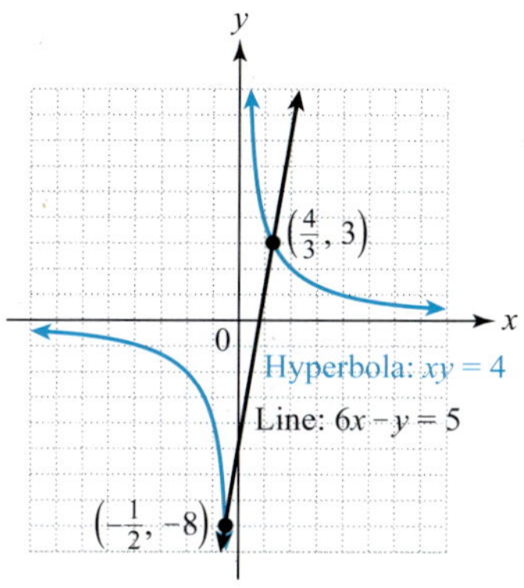

그림 30

✎연습문제 21을 풀어보자.

목표 2 두 이차방정식에 대한 연립방정식을 소거법을 이용하여 푼다 두 방정식이 이차식일 때 소거법이 자주 이용된다.

예제 3 소거법에 의한 비선형 연립방정식 풀이

다음 연립방정식을 풀어라.

$$x^2+y^2=9 \qquad (1)$$
$$2x^2-y^2=-6 \qquad (2)$$

(1)의 그래프는 원이고 (2)의 그래프는 쌍곡선이다. 가능한 분석에 의해 교점이 0, 1, 2, 3 또는 4개 있을 수 있다. 두 방정식을 더해 y를 소거하면 x에 대해 풀 수 있는 방정식이 남는다.

$$\begin{aligned} x^2+y^2 &= 9 \\ 2x^2-y^2 &= -6 \\ \hline 3x^2 \qquad &= 3 \\ x^2 &= 1 \\ x=1 \quad \text{또는} \quad x &= -1 \end{aligned}$$

x의 각 값은 원의 방정식 중 하나에 대입하여 대응하는 y값을 구할 수 있다. 방정식 (1)을 이용하

면 다음과 같다.

$x=1$일 때	$x=-1$일 때
$1^2+y^2=9$	$(-1)^2+y^2=9$
$y^2=8$	$y^2=8$
$y=\sqrt{8}$ 또는 $y=-\sqrt{8}$	$y=2\sqrt{2}$ 또는 $y=-2\sqrt{2}$
$y=2\sqrt{8}$ 또는 $y=-2\sqrt{2}$	

해집합은 $\{(1, 2\sqrt{2}),\ (1, -2\sqrt{2}),\ (-1, 2\sqrt{2}),\ (-1, -2\sqrt{2})\}$이다. 그림 31에서 4개의 교점을 볼 수 있다.

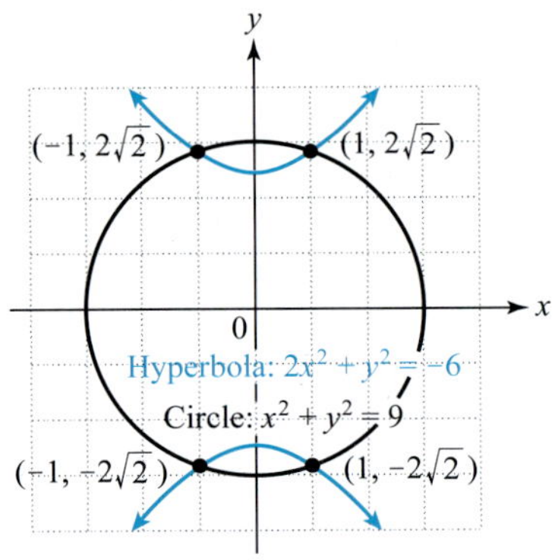

그림 31

✎연습문제 35를 풀어보자.

목표 3 여러 가지 방법들이 필요한 연립방정식을 푼다 이차방정식의 연립방정식을 풀기 위해서는 여러 가지 방법이 필요하다.

예제 4 여러 가지 방법들로 비선형 연립방정식 풀이

다음 연립방정식을 풀어라.

$$x^2+2xy-y^2=7 \quad (1)$$
$$x^2-y^2=3 \quad (2)$$

(1)과 같은 방정식을 그래프로 나타내지는 않았지만 그래프는 쌍곡선이다. (2)의 그래프도 또한 쌍곡선이다. 2개의 쌍곡선은 0, 1, 2, 3 또는 4개의 교점을 가질 수 있다. 여기서는 대입법과 결합하여 소거법을 사용한다. 방정식 (2)의 각 변에 -1을 곱한 다음 방정식 (1)에 결과를 더함으로써 제곱 항을 소거하는 것으로 시작한다.

$$\begin{array}{rcr} x^2+2xy-y^2 &=& 7 \\ -x^2 \qquad\quad +y^2 &=& -3 \\ \hline 2xy &=& 4 \end{array}$$

다음은 $2xy=4$를 y에 대해 푼다. (어느 변수든 할 수 있다.)

$$2xy = 4 \qquad (3)$$
$$y = \frac{2}{x}$$

이제, 원의 방정식 중 하나에 $y = \dfrac{2}{x}$를 대입한다. 방정식 (2)에 대입하는 것이 더 쉽다.

$$
\begin{aligned}
x^2 - y^2 &= 3 && (2)\\
x^2 - \left(\frac{2}{x}\right)^2 &= 3 \\
x^2 - \frac{4}{x^2} &= 3 \\
x^4 - 4 &= 3x^2 && x^2(x \neq 0)\text{을 곱한다.}\\
x^4 - 3x^2 - 4 &= 0 && 3x^2\text{을 뺀다.}\\
(x^2-4)(x^2+1) &= 0 && \text{인수분해}\\
x^2 - 4 = 0 \quad &\text{또는} \quad x^2 + 1 = 0 \\
x^2 = 4 \quad &\text{또는} \quad x^2 = -1 \\
x = 2 \quad \text{또는} \quad x = -2 \quad &\text{또는} \quad x = i \quad \text{또는} \quad x = -i
\end{aligned}
$$

이 4개의 x값을 식 (3)에 대입하면 y에 해당하는 값을 얻을 수 있다.

$x = 2$일 때, $y = 1$, $\quad x = i$일 때 $y = -2i$

$x = -2$일 때 $y = -1$, $\quad x = -i$일 때 $y = 2i$

방정식 (3) 대신에 방정식 (1)이나 (2)에 x값을 대입하여 해를 찾을 수 있고 외적인 해법을 얻는다. 주어진 방정식 둘 모두에서 모든 해를 확인하는 것이 항상 좋다. 해집합에는 4개의 순서쌍이 있고 2개의 실수 값과 2개의 허수 값이 있다. 해집합은 다음과 같다.

$$\{(2, 1), (-2, -1), (i, -2i), (-i, 2i)\}$$

그림 32에 표시된 연립방정식의 그래프는 그래프가 실수 평면에 있기 때문에 2개의 실수 교점만 볼 수 있다. 허수 성분을 갖는 2개의 순서쌍은 연립방정식의 해이지만 그래프에는 나타낼 수 없다.

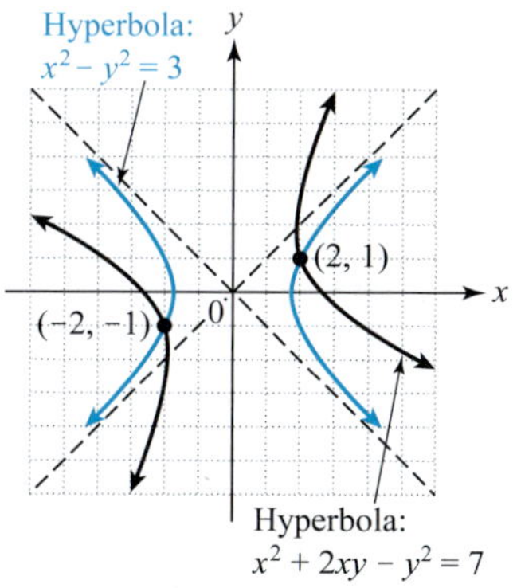

그림 32

연습문제 39를 풀어보자.

ⓘ **참고** 이 절의 예제에서는 각 연립방정식에서 그래프의 가능한 교차점 수를 분석했다. 그러나 예제 2와 4에서는 그래프가 학습되지 않은 방정식으로 연구했다. 연립방정식을 풀기 위해 교점의 수를 반드시 시각화할 필요는 없음을 유의하자. 또한, 예제 4에서와 같이 실수 평면에서 교점을 나타낼 수 없는 비선형 연립방정식에 대해 허수해들이 있는 경우가 있다. 그래프의 기하학적 시각화는 이러한 연립방정식을 푸는 데 도움이 된다.

목표 4 비선형 연립방정식을 풀기 위해 그래프 계산기를 사용한다 비선형 연립방정식의 방정식을 y에 대해 풀 수 있으면 그래프 계산기로 연립방정식의 그래프를 나타낼 수 있고 모든 교점들을 확인하기 위해 계산기의 기능을 사용할 수 있다. 예를 들어, 예제 3의 두 방정식은 4개의 개별 함수

$$Y_1 = \sqrt{9-X^2}, \quad Y_2 = -\sqrt{9-X^2},$$
$$Y_3 = \sqrt{2X^2+6}, \quad Y_4 = -\sqrt{2X^2+6}$$

를 그래프로 그려야 한다. 그림 33은 교점 중의 하나의 좌표를 표시한다.

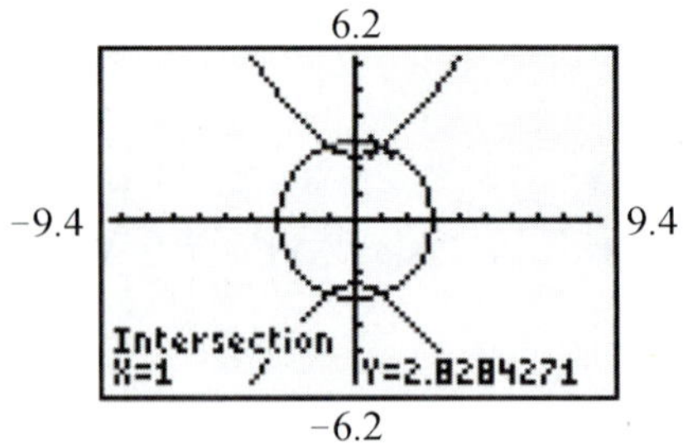

그림 33

11.4 연습문제

1. 대입법을 사용하여 다음 연립방정식을 푸는 데 이용할 단계에 대한 설명을 작성하라.

$$x^2+y^2=25$$
$$y=x-1$$

소거법이 이 연립방정식에 적합하지 않은 이유는 무엇인가?

2. 소거법을 사용하여 다음 연립방정식을 푸는 데 이용할 단계에 대한 설명을 작성하라.

$$x^2+y^2=12$$
$$x^2-y^2=13$$

[3~6] 각 그림은 연립방정식에서 한 쌍의 그래프를 나타낸다. 각 해집합에 몇 개의 점이 있는가?

3.

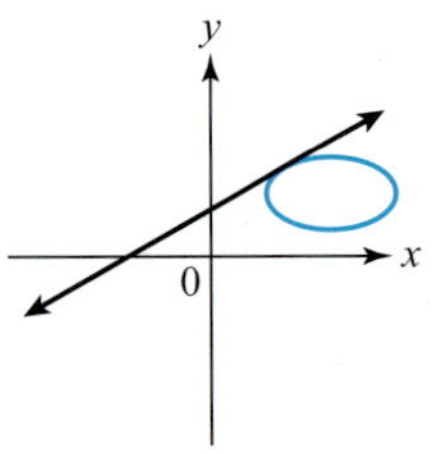

4.

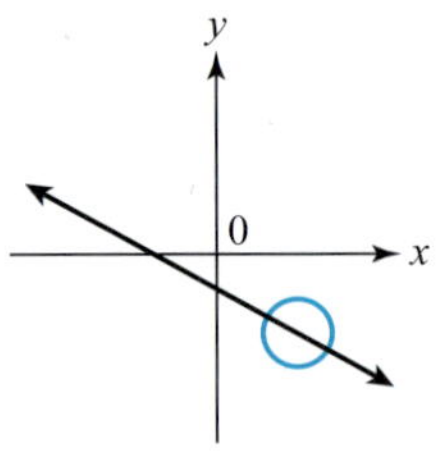

5.

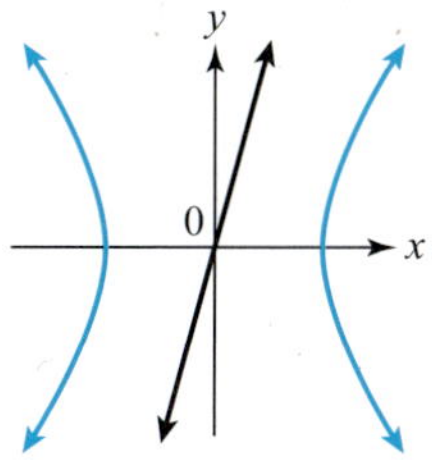

6.

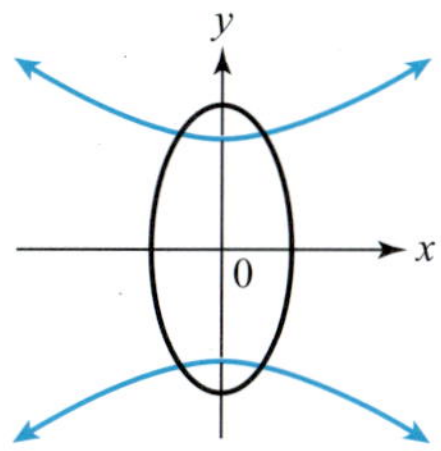

[7~14] 비선형 연립방정식은 그래프가 다음에 설명된 방정식으로 구성되어 있고, 두 그래프의 교점 수는 주어진 것으로 가정하자. 이러한 조건을 만족시키는 그림을 만들어라. (이것을 할 수 있는 방법은 여러 가지가 있을 수 있다.)

7. 직선과 원: 교점 0개

8. 직선과 원: 교점 1개

9. 직선과 쌍곡선: 교점 1개

10. 직선과 타원: 교점 0개

11. 원과 타원: 교점 4개

12. 포물선과 타원: 교점 1개

13. 포물선과 타원: 교점 4개

14. 포물선과 쌍곡선: 교점 2개

[15~30] 대입법에 의해 각 연립방정식을 풀어라. (예제 1과 2)

15. $y = 4x^2 - x$
$y = x$

16. $y = x^2 + 6x$
$3y = 12x$

17. $y = x^2 + 6x + 9$
$x + y = 3$

18. $y = x^2 + 8x + 16$
$x - y = -4$

19. $x^2 + y^2 = 2$
$2x + y = 1$

20. $2x^2 + 4y^2 = 4$
$x = 4y$

21. $xy = 4$
$3x + 2y = -10$

22. $xy = -5$
$2x + y = 3$

23. $xy = -3$
$x + y = -2$

24. $xy = 12$
$x + y = 8$

25. $y = 3x^2 + 6x$
$y = x^2 - x - 6$

26. $y = 2x^2 + 1$
$y = 5x^2 + 2x - 7$

27. $2x^2 - y^2 = 6$
$y = x^2 - 3$

28. $x^2 + y^2 = 4$
$y = x^2 - 2$

29. $x^2 - xy + y^2 = 0$
$x - 2y = 1$

30. $x^2 - 3x + y^2 = 4$
$2x - y = 3$

[31~42] 소거법 또는 소거법과 대입법의 결합에 의해 각 연립방정식을 풀어라. (예제 3과 4)

31. $3x^2+2y^2=12$
 $x^2+2y^2=4$

32. $2x^2+\ y^2=28$
 $4x^2-5y^2=28$

33. $2x^2+3y^2=6$
 $x^2+3y^2=3$

34. $6x^2+\ y^2=9$
 $3x^2+4y^2=36$

35. $5x^2-2y^2=-13$
 $3x^2+4y^2=39$

36. $x^2+6y^2=9$
 $4x^2+3y^2=36$

37. $2x^2=\ 8-2y^2$
 $3x^2=24-4y^2$

38. $5x^2=20-5y^2$
 $2y^2=2-x^2$

39. $x^2+xy+y^2=15$
 $x^2+y^2=10$

40. $2x^2+3xy+2y^2=21$
 $x^2+y^2=6$

41. $3x^2+2xy-3y^2=5$
 $-x^2-3xy+y^2=3$

42. $-2x^2+7xy-3y^2=4$
 $2x^2-3xy+3y^2=4$

[43~44] 그래프 계산기를 사용하여 각 연립방정식을 풀어라. 답을 대수적으로 확인하여라.

43. $xy=-6$
 $x+y=-1$

44. $y=2x^2+4x$
 $y=-x^2-1$

[45~50] 비선형 연립방정식을 이용하여 각 문제를 풀어라.

45. 직사각형 깔개의 넓이가 84ft^2이고 그 둘레는 38ft이다. 깔개의 세로와 가로의 길이를 찾아라.

46. 둘레가 50m이고 넓이가 100m^2인 직사각형 방의 세로와 가로의 길이를 찾아라.

47. 회사는 과학적 계산기의 가격 p(달러)가 방정식

$$px=16$$

에 의해 공급 x(천 단위)와 관련이 있음을 발견했다. 가격은 방정식

$$p=10x+12$$

에 의한 계산기의 수요 x(천 단위)와 관련이 있다. 균형 가격은 수요와 공급이 같게 되는 p값이다. 연립방정식을 풀어 균형 가격과 이 가격에서 수요와 공급을 찾아라. (힌트: 수요, 가격, 공급은 모두 양수여야 한다.)

48. 연습문제 47의 계산기 회사는 x(천) 계산기를 만드는 비용 y는

$$y=4x^2+36x+20$$

이고 x(천) 계산기의 판매 수입은

$$36x^2 - 3y = 0$$

이라고 결정했다. 연립방정식을 해결하여 비용이 수입과 같아지는 손익분기점을 찾아라.

49. 1970년대에 남성이 취득한 학사 학위 수는 줄어들기 시작했다. 그것은 1980년대에 상당히 일정하게 머물러 있었고, 1990년대에는 서서히 증가하기 시작했다. 한편, 여성이 취득한 학사학위 수는 이 기간 동안 꾸준히 증가했다. 상황을 모델링하는 함수는 다음 방정식에 의해 정의된다. 여기서 y는 x년도에 부여된 학위 수(천 단위)이고 $x = 0$은 1970년이다.

$$\text{남자: } y = 0.138x^2 + 0.064x + 451$$
$$\text{여자: } y = 12.1x + 334$$

이 연립방정식을 풀어 학사 학위가 남녀에게 같은 수를 부여한 연도를 찾아라. 그 해에 각 성별로 얼마나 많은 학사 학위가 수여되었는가? 만 단위로 답하여라. (출처: 미국국립교육통계센터, 교육통계 다이제스트, 연례.)

50. 칩 제조업체 인텔(Intel Corp.)의 앤디 그로브 회장은 컴퓨터의 가격 하락과 안정적인 인터넷 접속으로 이러한 비용의 추세선이 지나갔거나 곧 그렇게 될 것이라고 생각했다. 그는 휴대폰과 같은 컴퓨터가 인터넷접속을 팔기 위해서 헐값에 제공될 날이 멀지 않았다고 예측했다. 이를 확인하기 위하여 컴퓨터 가격을 1000달러로 가정하고 x를 사용할 개월 수라 하자. (출처: Corcoran, Elizabeth, “무료 컴퓨터를 멀리 할 수 있을까?” 워싱턴 포스트, Sacramento Bee, 1999. 2. 3.)

(a) 이 기간 동안 컴퓨터의 월간 가격 y에 대한 방정식을 써라.

(b) 평균 월간 온라인 가격은 약 20달러이다. 이 가격이 일정하게 유지된다고 가정할 때 이 가격을 나타내는 방정식을 써라.

(c) (a)와 (b)의 연립방정식을 풀어라. 상황과 관련해서 답을 분석하여라.

11.5 이차부등식과 연립부등식

학·습·목·표
1. 이차부등식의 그래프를 그린다.
2. 연립부등식의 해집합의 그래프를 그린다.

목표 1 이차부등식의 그래프를 그린다 선형부등식 $3x+2y \leq 5$는 먼저 경계선 $3x+2y=5$를 그려 그래프로 나타낸다. 이차부등식도 같은 방법으로 그래프를 나타낸다. 이차부등식은 차수가 2인 변수가 적어도 하나는 있고 2보다 큰 차수를 갖는 변수는 없는 부등식이다. 예를 들면 $x^2+y^2 \leq 36$이다. 부등식 $x^2+y^2 \leq 36$의 경계는 그림 34와 같이 방정식 $x^2+y^2=36$의 그래프이고 반지름이 6이고 중심이 원점인 원이다.

부등식 $x^2+y^2 \leq 36$는 경계뿐만 아니라 원의 내부점 또는 외부점 중 하나를 포함한다. $(0, 0)$과 같이 원 위에 있지 않은 테스트 점을 원 부등식에 대입하여 음영 처리할 영역을 결정한다. $0^2+0^2 \leq 36$은 참인 명제이므로 원 부등식은 원 내부에 점을 포함하고, 그림 34와 같이 경계와 음영 처리 영역을 나타낸다.

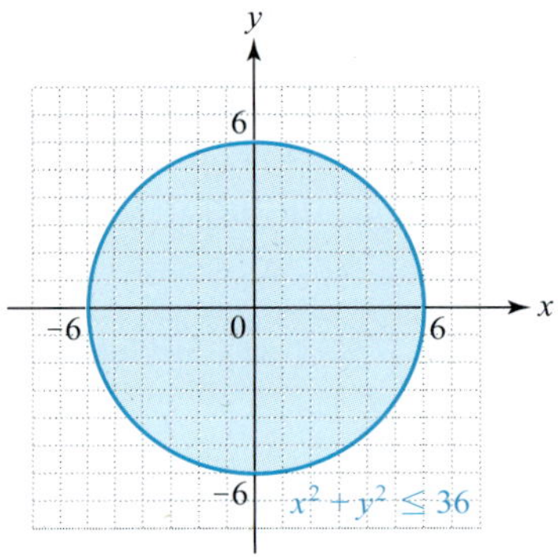

그림 34

《예제 1》 이차부등식의 그래프 그리기

$y < -2(x-4)^2-3$의 그래프를 그려라.

풀이 경계 $y = -2(x-4)^2-3$은 꼭짓점 $(4, -3)$을 갖는 아래로 열린 포물선이다. $(0, 0)$을 테스트 점으로 이용하면

$$0 < -2(0-4)^2-3$$
$$0 < -32-3$$
$$0 < -35 \qquad \text{거짓}$$

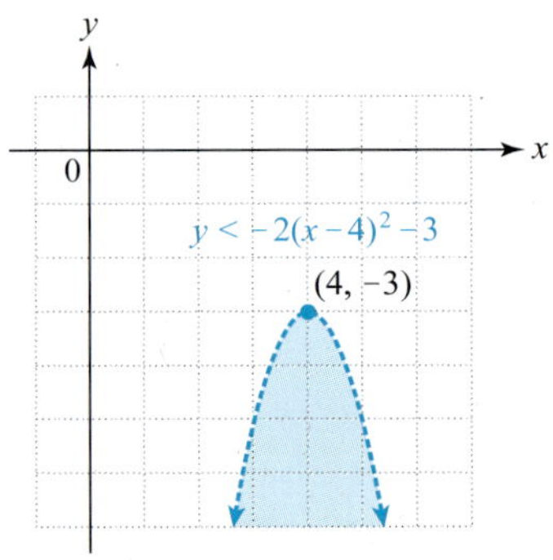

그림 35

마지막 부등식은 거짓 명제이기 때문에 $(0, 0)$을 포함하는 영역의 점은 부등식을 만족시키지 못한다. 그림 35는 마지막 그래프를 나타낸다. 포물선의 점 자체가 부등식을 만족시키지 않으므로 포물선은

점선으로, 포물선 내부(또는 아래)의 영역이 음영 처리된다. ■

✎연습문제 11을 풀어보자.

> ⓘ **참고** 대입이 쉽기 때문에 그래프가 실제로 $(0, 0)$을 통과하지 않으면 원점이 테스트 포인트가 된다.

예제 2 이차부등식의 그래프 그리기

$16y^2 \le 144+9x^2$의 그래프를 그려라.

풀이 먼저 다음과 같이 부등식을 다시 쓴다.

$$16y^2-9x^2 \le 144 \qquad 9x^2\text{을 뺀다.}$$

$$\frac{y^2}{9}-\frac{x^2}{16} \le 1 \qquad 144\text{로 나눈다.}$$

이 식은 경계가 $\frac{y^2}{9}-\frac{x^2}{16}=1$인 쌍곡선이라는 것을 나타낸다. 그래프는 수직 쌍곡선이기 때문에 원하는 영역은 분기 사이의 영역이거나 위쪽 분기 위의 영역과 아래쪽 분기 아래 영역 중 하나다. 테스트 점으로 $(0, 0)$을 선택하자. 원 부등식에 대입하면 참인 명제 $0 \le 144$이 되므로 그림 36에 나타낸 것처럼 $(0, 0)$을 포함하는 분기 사이의 영역이 음영 처리된다.

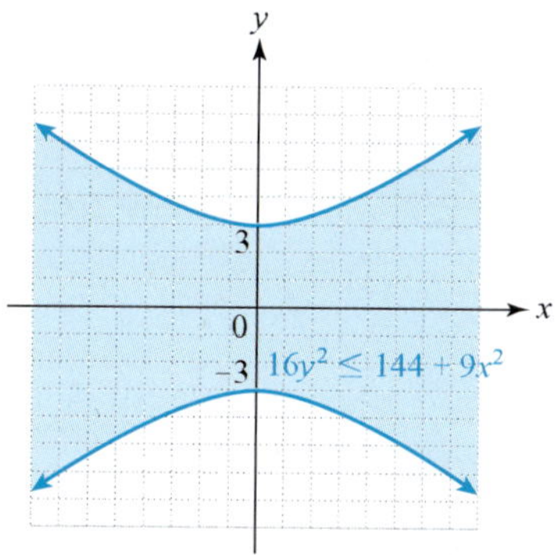

그림 36 ■

✎연습문제 17을 풀어보자.

목표 2 연립부등식의 해집합의 그래프를 그린다 동시에 2개 이상의 부등식이 고려된다면 연립부등식을 가진다. 연립부등식의 해집합을 찾기 위하여 연립부등식의 부등식 그래프(해집합)의 교점을 찾아야 한다.

예제 3 연립부등식의 그래프 그리기

다음 연립부등식의 해집합을 구하라.

$$2x+3y>6$$
$$x^2+y^2<16$$

풀이 $2x+3y>6$의 해집합을 그래프로 표시하여 시작한다. 경계선은 $2x+3y=6$이고 기호가 $>$이므로 점선이다. 테스트 점 $(0,0)$은 부등식 $2x+3y>6$에서 거짓 명제가 되므로 그림 37에서 볼 수 있는 것처럼 직선의 위의 영역을 음영 처리한다. $x^2+y^2<16$의 그래프는 반지름이 4이고 원점이 중심이며 점선인 원의 내부이다. (그림 38 참조)

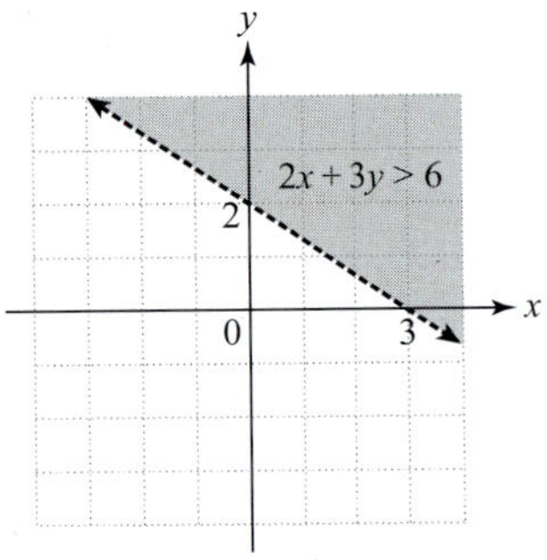

그림 37

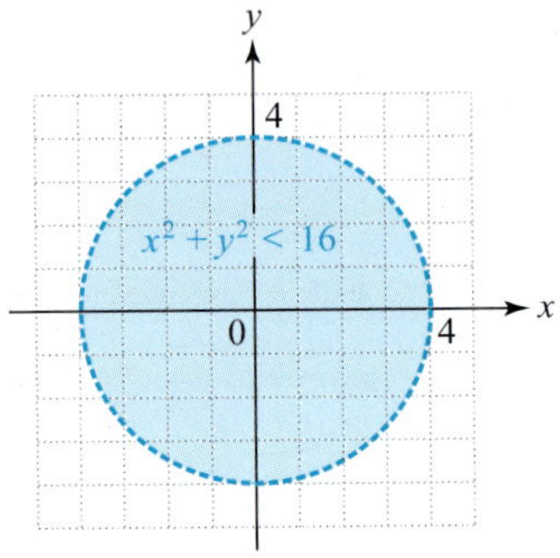

그림 38

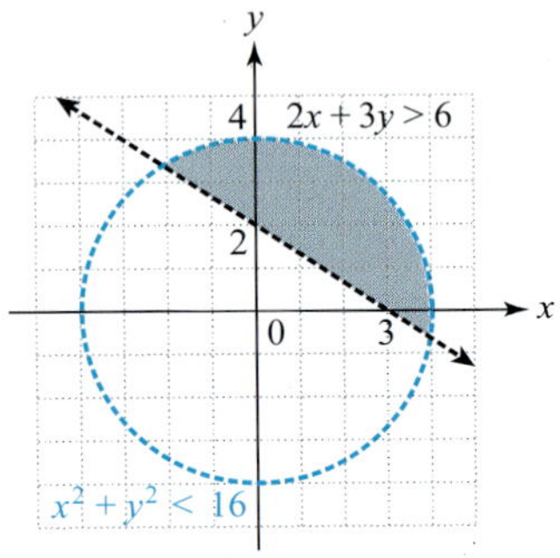

그림 39

마지막으로, 연립부등식의 해집합의 그래프를 얻기 위하여 두 부등식 그래프의 교점을 결정한다. 그림 39의 중첩 영역은 해집합이다. ■

연습문제 29를 풀어보자.

예제 4 세 부등식으로 이루어진 선형 연립부등식의 그래프 그리기

다음 연립부등식의 해집합의 그래프를 그려라.

$$x+y<1$$
$$y\le 2x+3$$
$$y\ge -2$$

풀이 동일 축상에 각각의 부등식을 개별적으로 그래프로 그린다. $x+y<1$의 그래프는 점선 $x+y=1$ 아래 모든 점으로 이루어진다. $y\le 2x+3$의 그래프는 실선 $y=2x+3$ 아래에 있는 영역이다. 마지막으로, $y\ge -2$는 실선의 수평선 $y=-2$ 위의 영역이다. 세 그래프의 교점인 연립부등식의 그래프는 그림 40의 두 경계선을 포함하며, 세 경계선으로 둘러싸인 삼각형 영역이다.

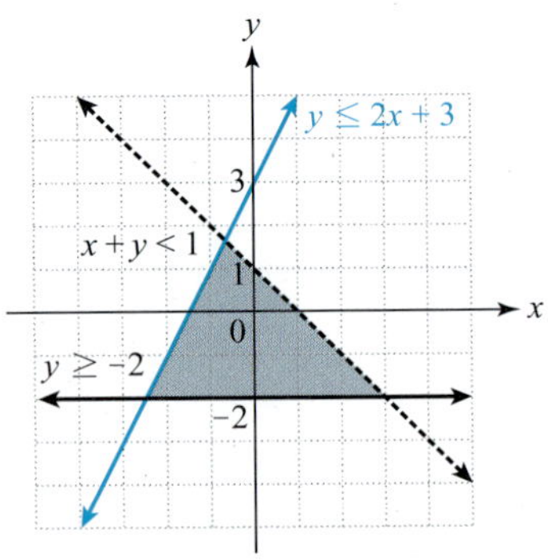

그림 40 ■

연습문제 31을 풀어보자.

예제 5 세 부등식으로 이루어진 연립부등식의 그래프 그리기

다음 연립부등식의 해집합의 그래프를 그려라.

$$y \ge x^2 - 2x + 1$$
$$2x^2 + y^2 > 4$$
$$y < 4$$

풀이 $y = x^2 - 2x + 1$의 그래프는 $(1, 0)$을 꼭짓점으로 갖는 포물선이다. 포물선 위의 점(또는 내부)은 조건 $y > x^2 - 2x + 1$을 만족한다. 따라서 포물선 위나 내부의 점들은 $y \ge x^2 - 2x + 1$의 해집합이다. 방정식 $2x^2 + y^2 = 4$는 타원이다. 보통은 점선으로 그린다. 부등식 $2x^2 + y^2 > 4$를 만족시키려면 점이 타원의 외부에 있어야만 한다. $y < 4$의 그래프는 점선 $y = 4$ 아래 모든 점을 포함한다. 마지막으로, 연립부등식의 그래프는 그림 41의 음영 영역으로 타원의 외부, 포물선의 경계 또는 내부, 직선 $y = 4$의 아래로 나타난다.

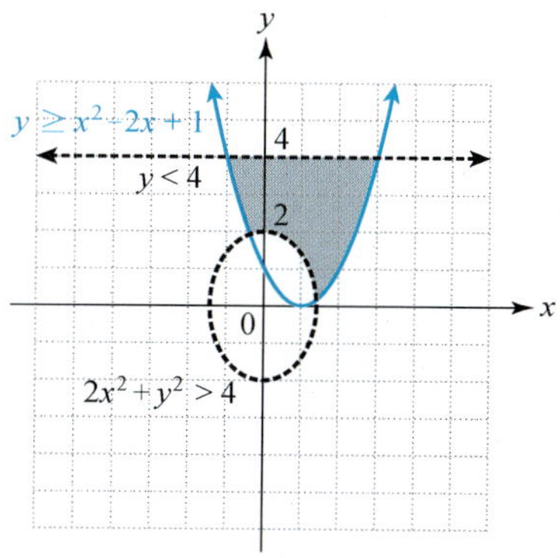

그림 41 ■

✎ 연습문제 33을 풀어보자.

11.5 연습문제

1. 다음 중 연립부등식의 해집합의 그래프에 대한 설명은 어느 것인가?

$$x^2 + y^2 < 25$$
$$y > -2$$

A. 원 $x^2 + y^2 = 25$의 외부와 직선 $y = -2$의 위 부분의 모든 점
B. 원 $x^2 + y^2 = 25$의 외부와 직선 $y = -2$의 아래 부분의 모든 점
C. 원 $x^2 + y^2 = 25$의 내부와 직선 $y = -2$의 위 부분의 모든 점
D. 원 $x^2 + y^2 = 25$의 내부와 직선 $y = -2$의 아래 부분의 모든 점

2. 각 빈칸에 알맞은 답을 채워라. 연립부등식

$$y > x^2 + 1$$
$$\frac{x^2}{9} + \frac{y^2}{4} > 1$$
$$y < 5$$

의 그래프는 포물선 $y=x^2+1$의 ____________(위/아래)이고 타원 $\frac{x^2}{9}+\frac{y^2}{4}=1$의 ____________(내부/외부)이며 직선 $y=5$의 ____________(위/아래)인 모든 점들로 이루어진다.

3. 비선형 부등식의 해집합 그래프를 그리는 방법을 설명하여라.

4. 비선형 연립부등식의 해집합 그래프를 그리는 방법을 설명하여라.

[5~8] 각각의 비선형 부등식과 그것의 그래프를 연결하여라.

5. $y \geq x^2+4$ 6. $y \leq x^2+4$ 7. $y < x^2+4$ 8. $y > x^2+4$

A.
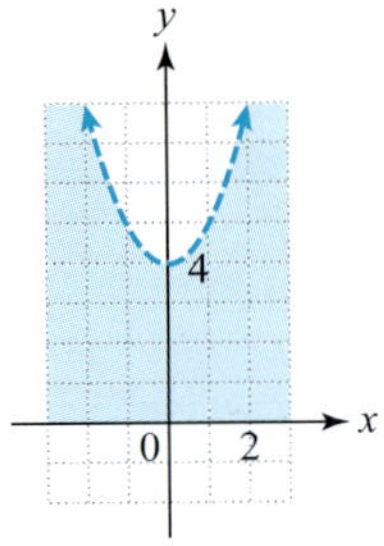

B.
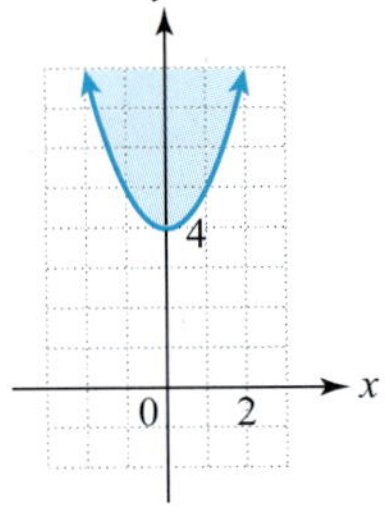

C.
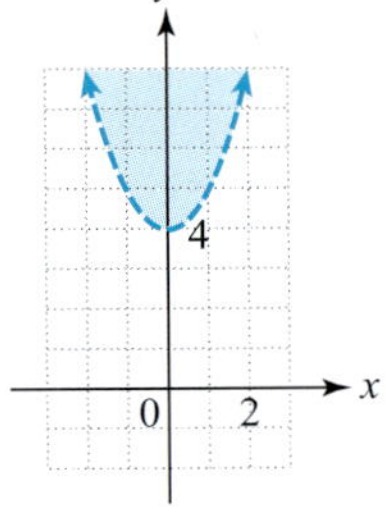

D.
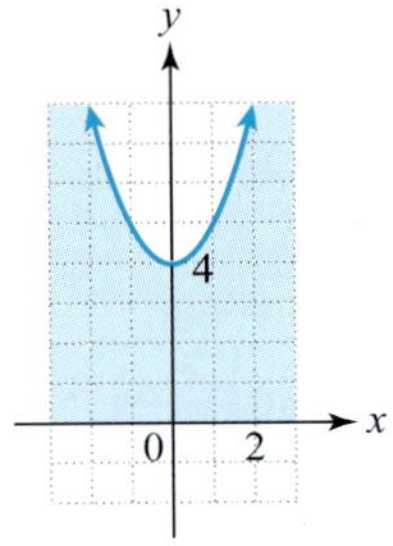

[9~22] 각각의 비선형 연립부등식의 그래프를 그려라. (예제 1과 2)

9. $y^2 > 4+x^2$
10. $y^2 \leq 4-2x^2$
11. $y+2 \geq x^2$
12. $x^2 \leq 16-y^2$
13. $2y^2 \geq 8-x^2$
14. $x^2 \leq 16+4y^2$
15. $y \leq x^2+4x+2$
16. $9x^2 < 16y^2-144$
17. $9x^2 > 16y^2+144$
18. $4y^2 \leq 36-9x^2$
19. $x^2-4 \geq -4y^2$
20. $x \geq y^2-8y+14$
21. $x \leq -y^2+6y-7$
22. $y^2-16x^2 \leq 16$

[23~34] 각각의 비선형 연립부등식의 그래프를 그려라. (예제 3~5)

23. $\begin{cases} 2x+5y<10 \\ x-2y<4 \end{cases}$

24. $\begin{cases} 3x-y>-6 \\ 4x+3y>12 \end{cases}$

25. $\begin{cases} 5x-3y \leq 15 \\ 4x+y \geq 4 \end{cases}$

26. $\begin{cases} 4x-3y \leq 0 \\ x+y \leq 5 \end{cases}$

27. $\begin{cases} x \leq 5 \\ y \leq 4 \end{cases}$

28. $\begin{cases} x \geq -2 \\ y \leq 4 \end{cases}$

29. $\begin{cases} y > x^2-4 \\ y < -x^2+3 \end{cases}$

30. $\begin{cases} x^2-y^2 \geq 9 \\ \frac{x^2}{16}+\frac{y^2}{9} \leq 1 \end{cases}$

31. $\begin{cases} x^2+y^2 \geq 4 \\ x+y \leq 5 \\ x \geq 0 \\ y \geq 0 \end{cases}$

32. $\begin{cases} y^2-x^2 \geq 4 \\ -5 \leq y \leq 5 \end{cases}$

33. $\begin{cases} y \leq -x^2 \\ y \geq x-3 \\ y \leq -1 \\ x < 1 \end{cases}$

34. $\begin{cases} y < x^2 \\ y > -2 \\ x+y < 3 \\ 3x-2y > -6 \end{cases}$

[35~42] 각 비선형 연립부등식에 대해 하나 또는 두 변수에 제한이 있다. 예를 들어,

$$x^2+y^2 \leq 4, \quad x \geq 0$$

의 그래프는 그림과 같다. x가 음수가 아니어야 한다는 제한 때문에 원의 내부의 반과 그것의 경계만 음영 처리된다. 주어진 제한으로 각 비선형 부등식을 그래프로 나타내어라.

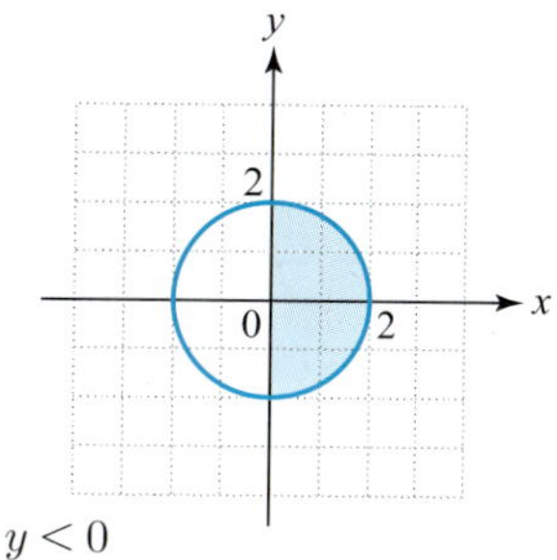

35. $x^2+y^2>36, \quad x \geq 0$

36. $4x^2+25y^2<100, \quad y<0$

37. $x<y^2-3, \quad x<0$

38. $x^2-y^2<4, \quad x<0$

39. $4x^2-y^2>16, \quad x<0$

40. $x^2+y^2>4, \quad y<0$

41. $x^2+4y^2 \geq 1, \quad x \geq 0, \quad y \geq 0$

42. $2x^2-32y^2 \leq 8, \quad x \leq 0, \quad y \geq 0$

[43~46] 그래프 계산기의 음영 기능을 이용하여 각 연립부등식을 그래프로 나타내어라.

43. $y \geq x-3$, $y \leq -x+4$

44. $y \geq -x^2+5$, $y \leq x^2-3$

45. $y<x^2+4x+4$, $y>-3$

46. $y>(x-4)^2-3$, $y<5$

11장 그룹 활동 　 자연 위성의 길 찾기

목표 주어진 데이터에서 타원의 방정식을 작성하고 그래프로 표시한다.

지구를 도는 달과 태양을 도는 핼리 혜성은 둘 다 자연 위성이다. 11.2절에서 행성의 궤적에 대한 타원의 방정식이 주어지고 태양으로부터 가장 먼 거리(apogee)와 태양으로부터 가장 짧은 거리(perigee)를 찾아야 하는 문제를 해결했다. 이 활동은 과정을 역전시킨다. 즉, 먼 거리와 짧은 거리가 주어지면, 타원의 방정식을 찾아야 한다.

A. 각 학생에게 표에서 자연 위성을 선택하도록 한다. 위성의 타원 궤도의 모양을 예측하시오.

자연 위성	Apogee	Perigee
달	지구로부터 406,700km	지구로부터 356,400km
핼리 혜성	태양으로부터 35AU*	태양으로부터 0.6AU

*1천문단위(AU)는 지구에서 태양까지의 거리이다. 　 출처: 월드북 백과사전

B. 위성에 대해 다음을 수행하여라.

1. a, b, c의 값을 찾아라. apogee$=a+c$, perigee$=a-c$, 그리고 $c^2=a^2-b^2$에 유의하여라.
2. $\frac{x^2}{a^2}+\frac{y^2}{b^2}=1$의 형식으로 타원의 방정식을 써라.
3. 그래프 계산기에서 그래프로 나타낼 수 있도록 방정식을 다시 써라. (11.2절, 목표 5 참조.)
4. 그래프 계산기에 방정식을 그려라. 전체 그래프를 보려면 창 설정을 조정하여라. 창이 올바르게 설정되면 타원의 실제 모양을 볼 수 있는 사각형 창이 나타난다.

C. 당신의 그래프를 동료의 그래프와 비교하여라.

1. 그래프에 A에서 예측한 모양이 반영되어 있는가?
2. 각 타원을 그래프로 표시하는 데 사용된 창은 무엇인가?

11장 복습문제

[11.1] 각 함수를 그려라.

1. $f(x)=|x+4|$　　2. $f(x)=\frac{1}{x-4}$　　3. $f(x)=\sqrt{x}+3$　　4. $f(x)=\|x\|-2$

[5~10] $f(x)=3x^2+2x-1$이고 $g(x)=5x+7$일 때, 다음을 찾아라.

5. $(g\circ f)(3)$　　6. $(f\circ g)(3)$　　7. $(f\circ g)(-2)$

8. $(g\circ f)(-2)$　　9. $(f\circ g)(x)$　　10. $(g\circ f)(x)$

[11.2] 각 원의 방정식을 써라.

11. 중심 $(-2, 4)$, $r=3$　　12. 중심 $(-1, -3)$, $r=5$　　13. 중심 $(4, 2)$, $r=6$

[14~17] 각 원의 중심과 반지름을 찾아라.

14. $x^2+y^2+6x-4y-3=0$　　15. $x^2+y^2-8x-2y+13=0$

16. $2x^2+2y^2+4x+20y=-34$　　17. $4x^2+4y^2-24x+16y=48$

[18~20] 각 방정식을 그려라.

18. $x^2+y^2=16$　　19. $\frac{x^2}{16}+\frac{y^2}{9}=1$　　20. $\frac{x^2}{49}+\frac{y^2}{25}=1$

21. 위성은 160km의 짧은 거리(perigee) 고도와 16,000km의 먼 거리(apogee) 고도를 가진 지구의 타원 궤도 안에 있다. 그림을 보시오. (출처: Kastner, Bernice, 우주 수학, NASA.). 타원의 방정식을 찾아라.

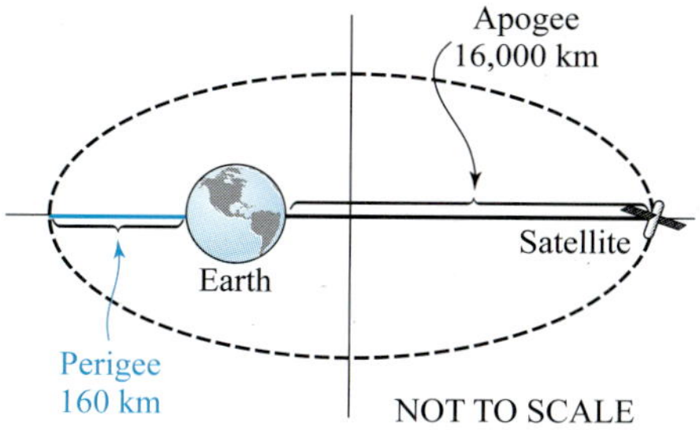

22. (a) 로마의 콜로세움은 $a=310\,\text{ft}$이고 $b=\dfrac{513}{2}\,\text{ft}$인 타원이다. 이 타원의 초점 사이의 거리를 찾아라.

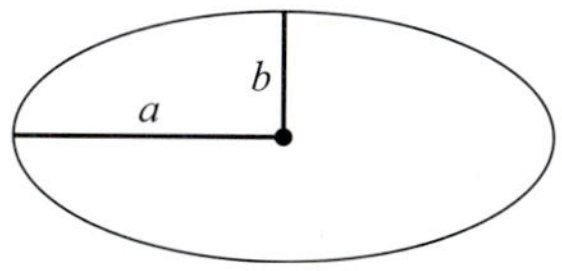

(b) 타원의 대략적인 원주에 대한 공식은

$$C \approx 2\pi\sqrt{\frac{a^2+b^2}{2}}$$

이다. 여기서 a와 b는 (a)에서 주어진 길이이다. 이 공식을 사용하여 로마의 콜로세움의 대략적인 원주를 찾아라.

[11.3] 각 방정식을 그려라.

23. $\dfrac{x^2}{16}-\dfrac{y^2}{25}=1$

24. $\dfrac{y^2}{25}-\dfrac{x^2}{4}=1$

25. $f(x)=-\sqrt{16-x^2}$

[26~31] 각 방정식의 그래프가 포물선, 원, 타원, 또는 쌍곡선인지 확인하여라.

26. $x^2+y^2=64$

27. $y=2x^2-3$

28. $y^2=2x^2-8$

29. $y^2=8-2x^2$

30. $x=y^2+4$

31. $x^2-y^2=64$

32. 선박과 비행기는 종종 LORAN이라는 위치추적 시스템을 사용한다. 이 시스템으로 M의 무선 송신기는 일련의 펄스를 전송한다(그림 참조). 각 펄스가 송신기 S에서 수신되면 펄스를 보낸다. P에 있는 배는 M과 S로부터 모두 펄스를 받는다. 배의 수신기는 펄스의 도착 시간의 차이를 측정한다. 특수 지도는 도착 시간(그림에서 거리 d_1과 d_2로 준다)의 차이에 해당하는 쌍곡선을 제공한다. 그런 다음 특정 쌍곡선의 분기에 배의 위치를 지정할 수 있다.

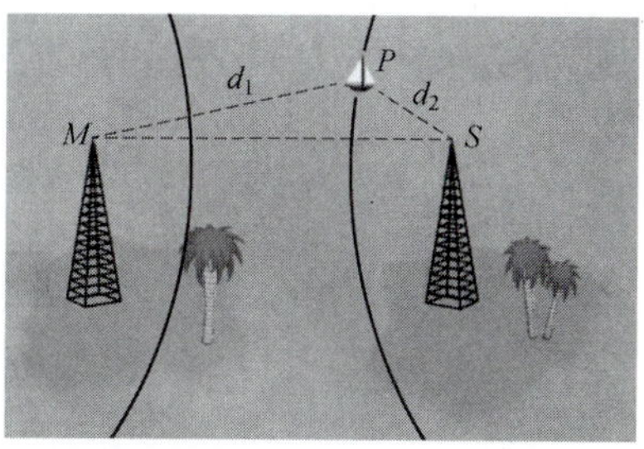

$d_1=80$마일, $d_2=30$마일, 그리고 송신기 M과 S 사이의 거리는 100마일이라고 가정한다. 정의를 사용하여 선박이 위치한 쌍곡선의 방정식을 찾으시오.

[11.4] 각 연립방정식을 풀어라.

33. $2y = 3x - x^2$
    $x + 2y = -12$

34. $y + 1 = x^2 + 2x$
    $y + 2x = 4$

35. $x^2 + 3y^2 = 28$
    $y - x = -2$

36. $xy = 8$
    $x - 2y = 6$

37. $x^2 + y^2 = 6$
    $x^2 - 2y^2 = -6$

38. $3x^2 - 2y^2 = 12$
    $x^2 + 4y^2 = 18$

39. 그래프가 원과 직선인 연립방정식에서 가능한 해는 몇 개인가?

40. 그래프가 포물선과 쌍곡선인 연립방정식에서 가능한 해는 몇 개인가?

[11.5] 각 부등식을 그려라.

41. $9x^2 \geq 16y^2 + 144$

42. $4x^2 + y^2 \geq 16$

43. $y < -(x+2)^2 + 1$

[44~46] 각 연립부등식을 그려라.

44. $2x + 5y \leq 10$
    $3x - y \leq 6$

45. $|x| \leq 2$
    $|y| > 1$
    $4x^2 + 9y^2 \leq 36$

46. $9x^2 \leq 4y^2 + 36$
    $x^2 + y^2 \leq 16$

관련 개념(문제 47~51)

개인 또는 그룹 과제용

4장에서는 세 가지 변수의 선형 연립방정식을 해결하는 몇 가지 방법에 대해 논의했다. 이러한 방법을 사용하여 같은 직선 위에 있지 않은 평면의 세 점을 지나는 원의 방정식을 찾을 수 있다. 원의 방정식은 어떤 a, b, c에 대하여 ($x^2 + y^2 + ax + by + c = 0$의 형식으로 쓸 수 있다. $(2, 4)$, $(5, 1)$, $(-1, 1)$을 지나는 원의 방정식을 찾기 위해 다음을 순서대로 풀어라.

47. 위에 주어진 일반형에서 $x = 2$, $y = 4$로 놓고 a, b, c가 있는 하나의 방정식을 결정하여라. a, b, c는 좌변에, 상수는 우변에 써라.

48. 점 $(5, 1)$에 대해 연습문제 47을 반복하여라.

49. 점 $(-1, 1)$에 대해 연습문제 47을 반복하여라.

50. 연습문제 47-49에서 찾은 방정식으로 구성된 연립방정식을 풀고, 이러한 조건을 만족하는 원의 방정식을 구하라.

51. 이 장의 방법을 사용하여 연습문제 50의 원의 중심과 반지름을 찾아라.

11장 혼합 복습문제

[52~59] 그래프를 그려라.

52. $\dfrac{x^2}{64}+\dfrac{y^2}{25}=1$

53. $\dfrac{y^2}{4}-1=\dfrac{x^2}{9}$

54. $x^2+y^2=25$

55. $x^2+9y^2=9$

56. $x^2-9y^2=9$

57. $f(x)=\sqrt{4-x}$

58. $3x+2y\geq 0$
$y\leq 4$
$x\leq 4$

59. $4y>3x-12$
$x^2<16-y^2$

60. 타원을 형성하는 점들의 집합이 함수의 정의를 만족하지 않는 이유를 설명하여라.

태양(초점) 주위의 수성의 궤도는 방정식

$$\frac{x^2}{3352}+\frac{y^2}{3211}=1$$

을 갖는 타원이다. 여기서 x와 y는 백만 킬로미터로 측정된다.

61. 태양에서 가장 멀리 떨어진 원지점(apogee)을 찾아라. (힌트: 11.2절, 연습문제 51 참조.)

62. 태양과의 거리가 가장 가까운 근지점(perigee)을 찾아라.

11장 테스트

[1~4] 각 함수를 A~D의 그래프와 일치시켜라.

1. $f(x)=\sqrt{x-2}$

2. $f(x)=\sqrt{x+2}$

3. $f(x)=\sqrt{x}\ +2$

4. $f(x)=\sqrt{x}\ -2$

A.
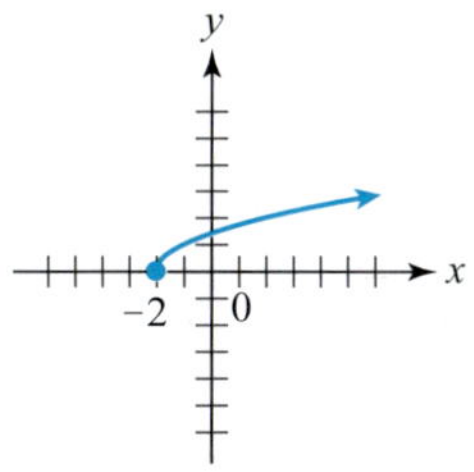

B.
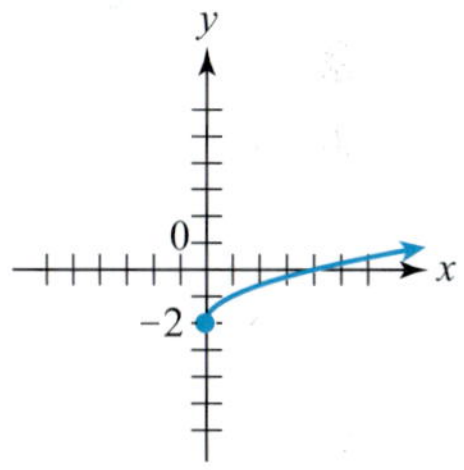

C.
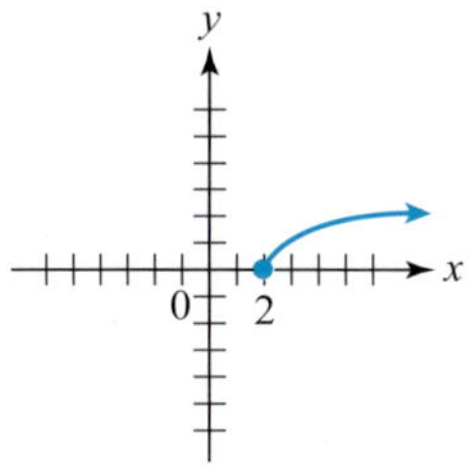

D.
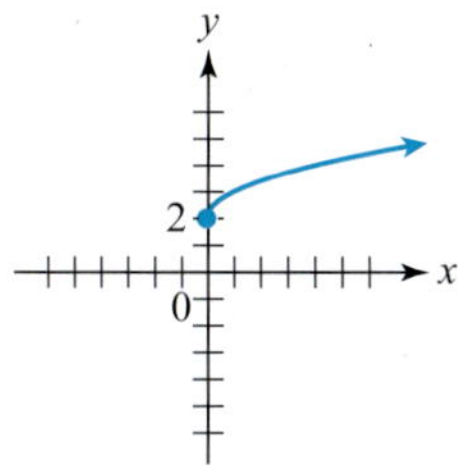

5. $f(x)=|x-3|+4$의 그래프를 그려라.

6. $f(x)=3x+5$와 $g(x)=x^2+2$에 대하여, 다음을 찾아라.

(a) $(f \circ g)(-2)$　　(b) $(f \circ g)(x)$　　(c) $(g \circ f)(x)$

7. 방정식이 $(x-2)^2+(y+3)^2=16$인 원의 중심과 반지름을 찾아라. 그래프를 그려라.

8. 방정식이 $x^2+y^2+8x-2y=8$인 원의 중심과 반지름을 찾아라.

[9~12] 그래프를 그려라.

9. $f(x)=\sqrt{9-x^2}$

10. $4x^2+9y^2=36$

11. $16y^2-4x^2=64$

12. $\frac{y}{2}=-\sqrt{1-\frac{x^2}{9}}$

[13~15] 각 방정식의 그래프가 포물선, 쌍곡선, 타원, 또는 원인지 확인하여라.

13. $6x^2+4y^2=12$

14. $16x^2=144+9y^2$

15. $4y^2+4x=9$

[16~18] 각 비선형 연립방정식을 풀어라.

16. $2x-y=9$
$xy=5$

17. $x-4=3y$
$x^2+y^2=8$

18. $x^2+y^2=25$
$x^2-2y^2=16$

19. 부등식 $y<x^2-2$를 그려라.

20. 연립부등식을 그려라. $x^2+25y^2\le 25$
$x^2+y^2\le 9$

1~11장 혼합문제

1. $-10+|-5|-|3|+4$를 간단히 해라.

[2~5] 풀어라.

2. $4-(2x+3)+x=5x-3$

3. $-4k+7\ge 6k+1$

4. $|5m|-6=14$

5. $|2p-5|>15$

6. $(2, 5)$와 $(-4, 1)$을 지나는 직선의 기울기를 찾아라.

7. $(-3, -2)$를 지나고 $2x-3y=7$의 그래프와 수직인 직선의 방정식을 찾아라.

[8~10] 각 연립방정식을 풀어라.

8. $3x-y=12$
$2x+3y=-3$

9. $x+y-2z=9$
$2x+y+z=7$
$3x-y-z=13$

10. $xy=-5$
$2x+y=3$

[11~12] 각 문제를 풀어라.

11. 알과 베브는 아파트에서 20마일 떨어진 곳으로 소풍을 갔다. 알은 자전거를 타고 갔고, 나중에 떠난 베브는 차를 가져갔다. 알의 평균속도는 베브의 평균속도의 절반이었고, 알이 베브보다 $\frac{1}{2}$시간 더 걸렸다. 베브의 평균속도는 얼마인가?

12. 프랜차이즈 자동차 튠업 상점의 체인인 인스타튠의 사장은 가맹점 영업권을 사고 상점을 여는 사람들이

$$f(x)=0.07x+135$$

에 의해 정의된 선형함수에 따라 회사 본사에 매주 수수료(달러)를 지불한다고 보고한다. 여기서 $f(x)$는 수수료이고 x는 상점에서 주중에 받은 총 금액이다. 일주일에 2000달러를 받는다면 주간 수수료를 찾아라. (출처: Business Week)

[13~15] 다음 문제를 풀어라.

13. $(5y-3)^2$

14. $(2r+7)(6r-1)$

15. $\dfrac{8x^4-4x^3+2x^2+13x+8}{2x+1}$

[16~18] 인수분해하여라.

16. $12x^2-7x-10$

17. $2y^4+5y^2-3$

18. z^4-1

19. a^3-27b^3

[20~23] 다음 문제를 풀어라.

20. $\dfrac{5x-15}{24}\cdot\dfrac{64}{3x-9}$

21. $\dfrac{y^2-4}{y^2-y-6}\div\dfrac{y^2-2y}{y-1}$

22. $\dfrac{5}{c+5}-\dfrac{2}{c+3}$

23. $\dfrac{p}{p^2+p}+\dfrac{1}{p^2+p}$

24. 카림과 자말은 사무실을 청소하려고 한다. 카림은 3시간 안에 혼자 일을 할 수 있고 자말은 2시간 안에 혼자 할 수 있다. 그들이 함께 일하면 얼마나 걸릴까?

[25~29] 다음을 간단히 해라. 모든 변수는 양의 실수라 가정한다.

25. $\left(\dfrac{4}{3}\right)^{-1}$

26. $\dfrac{(2a)^{-2}a^4}{a^{-3}}$

27. $4\sqrt[3]{16}-2\sqrt[3]{54}$

28. $\dfrac{3\sqrt{5x}}{\sqrt{2x}}$

29. $\dfrac{5+3i}{2-i}$

[30~34] 다음을 풀어라.

30. $2\sqrt{k}=\sqrt{5k+3}$

31. $10q^2+13q=3$

32. $(4x-1)^2=8$

33. $3k^2-3k-2=0$

34. $2(x^2-3)^2-5(x^2-3)=12$

35. $F=\dfrac{kwv^2}{r}$; v에 대하여 풀어라.

36. $f(x)=x^3+4$일 때, $f^{-1}(x)$를 찾아라.

37. $3^{\log_3 4}$를 계산하여라.

38. $e^{\ln 7}$를 계산하여라.

39. $2\log(3x+7)-\log 4$를 로그의 성질을 이용하여 하나의 로그로 써라.

40. $\log(x+2)+\log(x-1)=1$을 풀어라.

41. 4년 동안 10,000달러를 5%로 투자할 경우, 이자가 다음과 같이 합산되면 계좌에 얼마가 있을 것인가?

(a) 분기별 복리 (b) 연속 복리

다음 막대그래프는 인터넷상에서의 온라인 소매 판매액(수십억 달러)을 보여준다. 수십억 달러의 판매 y에 대한 합리적인 모델은

$$y=1.38(1.65)^x$$

에 의해 정의된 지수함수이다. x는 1995년 이후의 연도를 나타낸다.

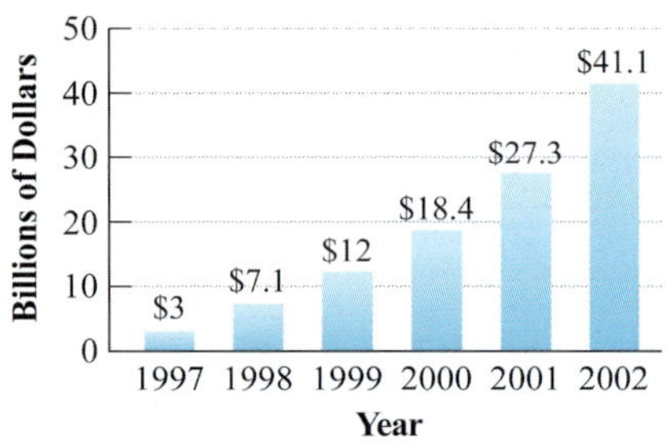

42. 이 모델을 사용하여 2000년 매출을 추정하여라. (힌트: $x=5$)

43. 이 모델을 사용하여 2003년 매출을 추정하여라.

44. $f(x)=x^2+2x-4$, $g(x)=3x+2$일 때 다음을 찾아라.

(a) $(g \circ f)(1)$ (b) $(f \circ g)(x)$

[45~50] 그래프를 그려라.

45. $f(x)=-3x+5$

46. $f(x)=-2(x-1)^2+3$

47. $\dfrac{x^2}{25}+\dfrac{y^2}{16}\le 1$

48. $f(x)=\sqrt{x-2}$

49. $\dfrac{x^2}{4}-\dfrac{y^2}{16}=1$

50. $f(x)=3^x$

Introductory Algebra

12장 수열과 급수

12.1 수열과 급수

학·습·목·표

1. 일반항으로 주어진 수열의 항을 찾는다.
2. 수열의 일반항을 찾는다.
3. 수열을 사용하여 응용문제를 푼다.
4. 합의 기호를 사용하여 급수를 구한다.
5. 합의 기호를 사용하여 급수를 쓴다.
6. 수 그룹의 산술평균(평균)을 찾는다.

수열은 정의역이 자연수의 집합인 함수이다. 직관적으로 수열은 순서가 중요한 수의 나열이다. 수열은 일상생활의 많은 곳에서 나타난다. 예를 들어, 자동차 또는 주택 융자를 갚기 위해 매월 대출금을 상환하는 부분은 수열의 형태다.

스페인 그라나다의 무어인 통치자의 거주지인 알함브라 궁전에서 술탄의 숙소는 흥미로운 건축 양식을 특징으로 한다. 바닥에는 2개의 일치하는 대리석 조각, 4개의 벽, 팔각형(8면) 천장, 16개의 창, 32개의 아치 등이 있다. 이 규칙이 무한히 계속되면 수들의 집합은 무한수열을 형성한다.

무한수열

무한수열은 양의 정수의 집합이 정의역인 함수이다.

목표 1 일반항으로 주어진 수열의 항을 찾는다 임의의 양의 정수 n에 대하여, 수열의 함숫값(y값)은 $a(n)$ 또는 $f(n)$ 대신에 a_n ("a sub-n"으로 읽음)으로 쓴다. 순서대로 작성된 함숫값 $a_1, a_2, a_3, \cdots$은 a_1을 첫째 항, a_2를 둘째 항 등으로 수열의 항들을 나타낸다. 수열을 정의하는 표현 a_n은 수열의 일반항이라 한다. 알함브라 궁전의 예에서 수열의 처음 다섯 항들은

$$a_1=2,\ \ a_2=4,\ \ a_3=8,\ \ a_4=16,\ \ a_5=32$$

이다. 이 수열의 일반항은 $a_n=2^n$이다.

《예제 1》 일반항으로부터 수열의 항 쓰기

주어진 무한수열 $a_n=n+\dfrac{1}{n}$에서 다음을 찾아라.

(a) 수열의 둘째 항

풀이 둘째 항 a_2를 얻기 위해 n에 2를 대입한다.

$$a_2 = 2 + \frac{1}{2} = \frac{5}{2}$$

(b) $a_{10} = 10 + \frac{1}{10} = \frac{101}{10}$

(c) $a_{12} = 12 + \frac{1}{12} = \frac{145}{12}$ ■

✎연습문제 1, 11을 풀어보자.

앞서 언급한 것처럼 수열은 특별한 종류의 함수이다. 그래프 계산기는 그림 1과 같이 수열을 생성하고 그래프로 나타낼 때 사용할 수 있다. 계산기는 점 모드로 그래프를 그리므로 그래프의 이산 점들은 연결되지 않는다. 수열의 정의역은 자연수로만 이루어진다는 점을 기억하자.

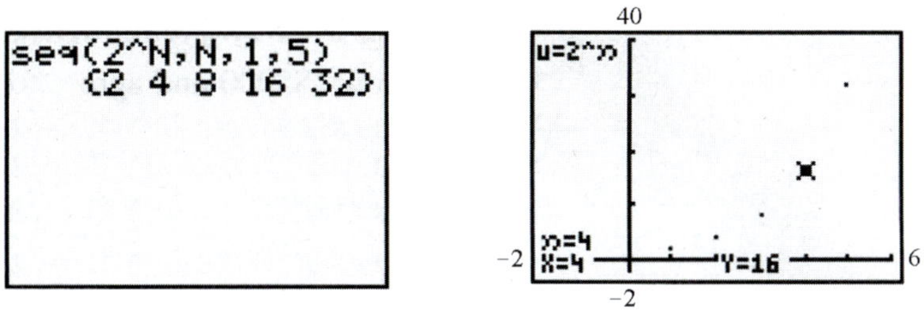

(a) 수열 $a_n = 2^n$의 처음 다섯 항

(b) 수열 $a_n = 2^n$의 처음 다섯 항은 이와 같이 그려진다. 표시된 점은 넷째 항이 16임을 나타낸다. 즉, $a_4 = 2^4 = 16$.

그림 1

목표 2 수열의 일반항을 찾는다 때로는 주어진 수열의 처음 몇 개의 항들에 맞춰 일반항을 찾아야 한다. 처음 몇 개의 항들로 일반항을 찾는 규칙은 없다. 사실 처음 세 개 또는 네 개 항들을 생성하는 두 개 이상의 일반항을 찾는 것도 가능하다. 그러나 많은 예제에서 항들은 일반항을 제시할 수 있다.

예제 2 수열의 일반항 찾기

다음 수열의 일반항 a_n의 표현식을 찾아라.

$$5,\ 10,\ 15,\ 20,\ 25,\ \cdots$$

풀이 첫째 항은 5(1), 두 번째 항은 5(2) 등이다. 검사를 통해 $a_n = 5n$은 주어진 처음 5개의 항들을 생성한다. ■

✎연습문제 17을 풀어보자.

> ⓘ **주의** 예제 2에서와 같이 일반항을 제시하기 위해 단지 몇 개 항들을 이용하는 경우의 한 가지 문제점은 동일한 처음 몇 개의 항을 제공하는 일반항이 둘 이상 있을 수 있다는 것이다.

목표 3 **수열을 사용하여 응용문제를 푼다** 실제 문제들은 종종 유한수열을 포함한다.

유한수열

유한수열은 처음 n개의 양의 정수만을 정의역으로 갖는다.

예를 들어, n이 5이면 정의역은 $\{1, 2, 3, 4, 5\}$이고 수열은 5개의 항을 갖는다.

예제 3 응용문제에서 수열 사용하기

케이시는 5,000달러를 빌리면서 매달 500달러를 지불하고 그 달 초부터 미지급 잔액에 대해 1%의 이자를 지불하는 것에 동의하였다. 이 기간이 끝날 때 처음 4개월 동안의 지불액과 남아 있는 부채를 찾아라.

풀이 지불 및 잔액은 다음과 같이 계산된다.

첫째 달 지불액: $500 + 0.01(5000) = 550$달러
잔 액: $5000 - 500 = 4500$달러
둘째 달 지불액: $500 + 0.01(4500) = 545$달러
잔 액: $5000 - 2 \cdot 500 = 4000$달러
셋째 달 지불액: $500 + 0.01(4000) = 540$달러
잔 액: $5000 - 3 \cdot 500 = 3500$달러
넷째 달 지불액: $500 + 0.01(3500) = 535$달러
잔 액: $5000 - 4 \cdot 500 = 3000$달러

처음 네 달 동안 지불액은 달러로

$$550,\ 545,\ 540,\ 535$$

이고, 이 기간이 끝날 때 잔액은 3000달러이다. ■

✎ 연습문제 21을 풀어보자.

목표 4 **합의 기호를 사용하여 급수를 구한다** 수열의 항들을 더하여 급수를 얻는다.

급수

지정된 수열의 항들의 합을 급수라 한다.

예를 들어, 예제 3에 나열된 지불액의 합 $550 + 545 + 540 + 535$를 고려하면 처음 4개월 동안의 총 지불액을 나타내는 급수를 얻을 수 있다.

수열은 유한 또는 무한일 수 있으므로 유한 또는 무한급수가 있다. 무한급수의 한 유형은 12.3절에서 논의되고 12.4절에서 논의될 이항정리는 중요한 유한급수를 정의한다. 이 절에서는 유한급수만을

다룬다.

해당 수열의 일반항에서 급수를 쓰기 위해 합 기호라고 하는 압축 기호를 이용한다. 예를 들어, 일반항 $a_n = 3n+2$인 수열의 처음 6개 항의 합은

$$\sum_{i=1}^{6}(3i+2)$$

처럼 그리스 문자 $\sum$(sigma)로 쓴다. 이것을 "$3i+2$의 $i=1$부터 6까지의 합"이라고 읽는다. 이 합을 찾으려면 다음과 같이 $3i+2$의 문자 i에 1, 2, 3, 4, 5, 6을 대입한다.

$$\begin{aligned}\sum_{i=1}^{6}(3i+2) &= (3\cdot 1+2)+(3\cdot 2+2)+(3\cdot 3+2)+(3\cdot 4+2)+(3\cdot 5+2)+(3\cdot 6+2)\\ &= 5+8+11+14+17+20\\ &= 75\end{aligned}$$

문자 i는 합의 첨자라 한다.

> ⓘ **주의** 이러한 i의 이용은 복소수 i와 아무런 관련이 없다.

예제 4 합 기호로 쓰인 급수 계산

항들을 적고 각 급수를 계산하여라.

(a) $$\begin{aligned}\sum_{i=1}^{5}(i-4) &= (1-4)+(2-4)+(3-4)+(4-4)+(5-4)\\ &= -3-2-1+0+1\\ &= -5\end{aligned}$$

(b) $$\begin{aligned}\sum_{i=3}^{7}3i^2 &= 3(3)^2+3(4)^2+3(5)^2+3(6)^2+3(7)^2\\ &= 27+48+75+108+147\\ &= 405\end{aligned}$$

■

✎ 연습문제 25, 27을 풀어보자.

그림 2는 예제 4에서 볼 수 있는 결과를 얻기 위해 그래프 계산기를 사용하는 방법을 보여준다.

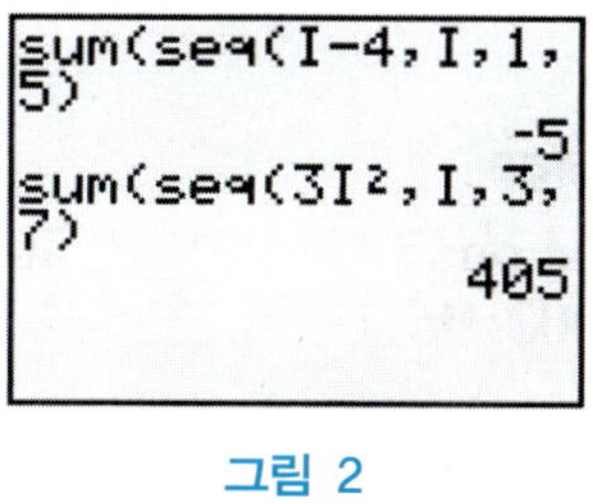

그림 2

목표 5 합의 기호를 사용하여 급수를 쓴다 예제 4에서는 합 기호로 시작하여 + 기호를 이용해서 각 급수를 썼다. 그것은 다른 방향으로 갈 수 있다: 즉, 주어진 급수를 합의 기호를 사용하여 쓸 수 있다. 이를 위해 항들의 규칙을 관찰하고 이에 따라 일반항을 쓴다.

예제 5 합 기호로 급수 쓰기

합 기호로 각 합을 써라.

(a) $2+5+8+11$

(b) $8+27+64+125+216$

풀이 (a) 먼저, a_1, a_2, a_3, a_4에 대해 이 4개의 항을 줄 일반항 a_n을 찾자. 검사(그리고 시행과 착오)는 $3i-1$은 다음과 같으므로 4개 항에 작동함을 보여준다.

$$3(1)-1=2$$
$$3(2)-1=5$$
$$3(3)-1=8$$
$$3(4)-1=11$$

(다른 표현이 있을 수도 있음을 기억하자. 네 항은 2개 이상의 수열의 첫째 항일 수도 있다.) i는 1부터 4까지이므로 다음과 같이 합을 쓸 수 있다.

$$2+5+8+11=\sum_{i=1}^{4}(3i-1)$$

(b) 이 수들은 2, 3, 4, 5, 6의 세제곱이므로

$$8+27+64+125+216=\sum_{i=2}^{6}i^3.$$

■

✎연습문제 37, 41을 풀어보자.

목표 6 수 그룹의 산술평균(평균)을 찾는다

산술평균 또는 평균

수 그룹의 산술평균 또는 평균은 기호를 $\bar{x}$로 쓰고 수들의 개수로 수들의 합을 나눈 값이다. 즉,

$$\bar{x}=\frac{\sum_{i=1}^{n}x_i}{n}.$$

여기서 x_i의 값은 그룹에서 개별적인 수들을 나타내고 n은 수들의 개수를 나타낸다.

예제 6 산술평균 또는 평균 찾기

다음 표는 1994년부터 2000년 사이 뉴욕증권거래소에 상장된 기업의 수를 보여준다. 이 7년 동안 연간 평균 상장 수는 얼마인가?

연도	상장 수
1994	2570
1995	2675
1996	2907
1997	3047
1998	3114
1999	3025
2000	2862

출처: 뉴욕증권거래소

풀이 $x_1 = 2570$, $x_2 = 2675$으로 하자. 그룹은 7개의 수가 있으므로 $n = 7$이다. 그러므로

$$\bar{x} = \frac{\sum_{i=1}^{7} x_i}{7}$$
$$= \frac{2570 + 2675 + 2907 + 3047 + 3114 + 3025 + 2862}{7}$$
$$= 2886 \quad \text{(소수 첫째 자리에서 반올림)}$$

이 7년 동안 연간 상장한 기업의 평균은 2886이다.

연습문제 51을 풀어보자.

12.1 연습문제

[1~10] 각 수열의 처음 다섯 항을 써라. (예제 1)

1. $a_n = n+1$
2. $a_n = n-4$
3. $a_n = \frac{n+3}{n}$
4. $a_n = \frac{n+2}{n+1}$
5. $a_n = 3^n$
6. $a_n = 1^{n-1}$
7. $a_n = \frac{1}{n^2}$
8. $a_n = \frac{n^2}{n+1}$
9. $a_n = (-1)^n$
10. $a_n = (-1)^{2n-1}$

[11~16] 각 수열의 표시된 항을 찾아라. (예제 1)

11. $a_n = -9n+2;\ a_8$
12. $a_n = 3n-7;\ a_{12}$
13. $a_n = \frac{3n+7}{2n-5};\ a_{14}$
14. $a_n = \frac{5n-9}{3n+8};\ a_{16}$
15. $a_n = (n+1)(2n+3);\ a_8$
16. $a_n = (5n-2)(3n+1);\ a_{10}$

[17~20] 각 수열의 주어진 항들에 대한 일반항을 찾아라. (예제 2)

17. 4, 8, 12, 16, ⋯

18. −10, −20, −30, −40, ⋯

19. $\frac{1}{3}, \frac{1}{9}, \frac{1}{27}, \frac{1}{81}, \cdots$

20. $\frac{1}{2}, \frac{2}{3}, \frac{3}{4}, \frac{4}{5}, \cdots$

[21~24] 수열의 처음 몇 항을 쓰고 각 응용문제를 풀어라. (예제 3)

21. 앤은 1000달러를 빌리고 매달 100달러와 미지급 잔액에 대한 1%의 이자를 지불하기로 한다. 처음 6개월 동안의 지불액과 이 기간이 끝날 때 잔여 부채를 찾아라.

22. 라리사 페레즈는 n번째 연말에 매년 $20{,}000+2500n$달러의 연봉으로 새로운 모델링 직업을 제안받았다. 처음 5년의 각 연말에 그녀의 연봉을 나타내는 수열을 써라. 이런 방식이 계속된다면, 열 번째 해가 끝날 때 그녀의 연봉은 얼마가 될까?

23. 자동차가 해마다 그 가치의 $\frac{1}{5}$을 잃는다고 가정해보자. 즉, 주어진 해가 끝날 때 그 값은 해당 연도 초의 가치의 $\frac{4}{5}$이다. 새 자동차 가격이 20,000달러라면 5년이 지나면 그 값은 얼마일까?

24. 어떤 차는 매년 그 가치의 $\frac{1}{2}$을 잃는다. 새 차 가격이 40,000달러라면 6년이 지나면 그 값은 얼마일까?

[25~32] 각 급수를 쓰고 계산하여라. (예제 4)

25. $\sum_{i=1}^{5}(i+3)$

26. $\sum_{i=1}^{6}(i+9)$

27. $\sum_{i=1}^{3}(i^2+2)$

28. $\sum_{i=1}^{4}i(i+3)$

29. $\sum_{i=1}^{6}(-1)^i$

30. $\sum_{i=1}^{5}(-1)^i \cdot i$

31. $\sum_{i=3}^{7}(i-3)(i+2)$

32. $\sum_{i=2}^{6}\frac{i^2+1}{2}$

[33~36] 각 급수의 항들을 써라.

33. $\sum_{i=1}^{5}2x \cdot i$

34. $\sum_{i=1}^{6}x^i$

35. $\sum_{i=1}^{5}i \cdot x^i$

36. $\sum_{i=2}^{6}\frac{x+i}{x-i}$

[37~42] 각 급수를 합 기호를 사용하여 써라. (예제 5)

37. 3+ 4+ 5+ 6+ 7

38. 1+ 4+ 9+ 16

39. $\frac{1}{2}+\frac{1}{3}+\frac{1}{4}+\frac{1}{5}+\frac{1}{6}$

40. $-1+2-3+4-5+6$

41. $1+4+9+16+25$

42. $1+16+81+256$

43. f는 모든 실수를 정의역으로 갖는 함수이고, $f(x)=2x+4$라 가정하자. 무한수열이 $a_n=2n+4$로 정의되었다고 가정하자. 함수와 수열 사이의 유사점과 차이점에 대해 토론하여라. 각각을 사용하여 예제를 제시하여라.

44. 다음에서 잘못된 것은 무엇인가?

$a_n = 2n + 4$에 의해 정의된 수열에서 $a_{1/2}$을 찾아라.

45. 수열과 급수 사이의 기본적인 차이점을 설명하여라.

46. $\sum_{i=1}^{3} 5i$와 $5\sum_{i=1}^{3} i$를 구하라. 합은 같다. 분배법칙이 두 합이 같게 되는 것을 보증하는데 어떤 역할을 하는지 설명하여라.

[47~50] 수들의 각 모임에 대한 산술평균을 찾아라. (예제 6)

47. 8, 11, 14, 9, 3, 6, 8

48. 10, 12, 8, 19, 23

49. 5, 9, 8, 2, 4, 7, 3, 2

50. 2, 1, 4, 8, 3, 7

각 문제를 풀어라. (예제 6)

51. 1996년부터 2000년 사이에 매년 투자자가 이용할 수 있는 뮤추얼 펀드의 수를 표에 나타내었다.

연도	가용 펀드 수
1996	6254
1997	6684
1998	7314
1999	7791
2000	8171

출처: 투자회사연구소

이 기간 동안 연간 평균 가용 펀드 수는 가장 가까운 정수로 얼마인가?

52. 1992년부터 1996년 사이의 뮤추얼 펀드의 총 자산은 매년 수십억 달러로 표에 나와 있다. 이 기간 동안 연간 평균 자산은 얼마인가? (소수 둘째 자리에서 반올림한 근삿값)

연도	자산(수십억 달러)
1992	1646.3
1993	2075.4
1994	2161.5
1995	2820.4
2006	3539.2

출처: 투자회사 연구소

관련 개념(문제 53~60)

개인 또는 그룹 과제용

[53~60] $a_1, a_2, a_3, \ldots, a_n$**과** $b_1, b_2, b_3, \ldots, b_n$**은 수열이고** c**는 상수이다. 양의 정수** n**에 대하여**

(a) $\sum_{i=1}^{n} c = nc$

(b) $\sum_{i=1}^{n} ca_i = c\sum_{i=1}^{n} a_i$

(c) $\sum_{i=1}^{n}(a_i+b_i)=\sum_{i=1}^{n}a_i+\sum_{i=1}^{n}b_i$ (d) $\sum_{i=1}^{n}(a_i-b_i)=\sum_{i=1}^{n}a_i-\sum_{i=1}^{n}b_i$

이다. 이러한 방법으로 작업을 쉽게 수행할 수 있는지를 보여주기 위해서 다음 문제를 순서대로 풀어라.

53. 성질 (c)를 사용하여 $\sum_{i=1}^{6}(i^2+3i+5)$을 세 합의 덧셈으로 써라.

54. 성질 (b)를 사용하여 연습문제 53의 두 번째 합을 다시 써라.

55. 성질 (a)를 사용하여 연습문제 53의 세 번째 합을 다시 써라.

56. 합의 기호를 사용하여 $1+2+3+4+\cdots+n=\frac{n(n+1)}{2}$을 다시 써라.

57. 합의 기호를 사용하여 $1^2+2^2+3^2+4^2+\cdots+n^2=\frac{n(n+1)(2n+1)}{6}$을 다시 써라.

58. 연습문제 56과 57에서 쓴 합과 주어진 성질을 사용하여 연습문제 53~55의 세 합을 구하라. 이것은 여섯 개의 항을 쓰지 않아도 $\sum_{i=1}^{6}(i^2+3i+5)$의 값을 준다.

59. 주어진 성질과 합을 사용하여 $\sum_{i=1}^{12}(i^2-i)$을 계산하여라.

60. 주어진 성질과 합을 사용하여 $\sum_{i=1}^{20}(2+i-i^2)$을 계산하여라.

12.2 등차수열

[학·습·목·표]

1. 등차수열의 공차를 찾는다.
2. 등차수열의 일반항을 찾는다.
3. 응용문제에 등차수열을 사용한다.
4. 등차수열의 지정된 항 또는 항의 개수를 찾는다.
5. 등차수열의 지정된 개수의 항들의 합을 찾는다.

목표 1 등차수열의 공차를 찾는다

이 절에서는 많이 응용되는 수열의 특별한 유형을 소개한다.

등차수열

첫째 항 이후의 각 항이 이전 항과 일정한 양만큼 다른 수열을 등차수열 또는 등차진행이라고 한다.

예를 들어, 수열

$$6,\ 11,\ 16,\ 21,\ 26,\ \cdots$$

은 두 이웃한 항들 사이의 차가 항상 5로 일정하므로 등차수열이다. 수 5는 등차수열의 공차라 부른다. 공차 d는 항들의 쌍 a_{n+1}에 a_n을 빼서 찾을 수 있다. 즉,

$$d = a_{n+1} - a_n.$$

예제 1 공차 찾기

다음 등차수열의 공차 d를 찾아라.

$$-11,\ -4,\ 3,\ 10,\ 17,\ 24,\ \cdots$$

풀이 등차수열이므로 d는 두 이웃한 항들 사이의 차다. 항 10과 17을 선택하면

$$\begin{aligned} d &= 17 - 10 \\ &= 7. \end{aligned}$$

항 -11과 -4는 $d = -4 - (-11) = 7$, 결과는 같다. ■

연습문제 7을 풀어보자.

예제 2 첫 항과 공차로부터 수열의 항 쓰기

첫 항 3과 공차 -2인 등차수열의 처음 5개의 항들을 써라.

풀이 둘째 항은 첫째 항 3에 -2를 더해 1을 얻어 찾는다. 다음 항은 1에 -2를 더해 얻고 같은 방법으로 나머지 항도 찾을 수 있다. 처음 5개의 항은

$$3,\ 1,\ -1,\ -3,\ -5.$$

■

연습문제 9를 풀어보자.

목표 2 등차수열의 일반항을 찾는다 예제 2를 일반화하여 등차수열의 첫째 항 a_1과 공차 d를 알면 수열은 다음과 같이 완전하게 정의된다.

$$a_1,\quad a_2=a_1+d,\quad a_3=a_1+2d,\quad a_4=a_1+3d,\quad \cdots$$

이 방법으로 수열의 항들을 쓰면 다음 규칙이 제시된다.

등차수열의 일반항

첫째 항 a_1과 공차 d인 등차수열의 일반항은

$$a_n=a_1+(n-1)d$$

$a_n=a_1+(n-1)d=dn+(a_1-d)$는 n에 관한 선형함수이므로 임의의 실수 k와 c에 대해 식 $kn+c$의 선형 표현식은 등차수열을 정의한다.

예제 3 등차수열의 일반항 찾기

다음 등차수열의 일반항을 찾아라.

$$-9,\ -6,\ -3,\ 0,\ 3,\ 6,\ \cdots$$

그런 다음 일반항을 이용하여 a_{20}을 찾아라.

풀이 여기서 첫째 항 $a_1=-9$이다. d를 찾기 위하여 두 이웃한 항을 빼자. 예를 들어,

$$d=-3-(-6)=3.$$

이제 a_n을 찾자.

$a_n=a_1+(n-1)d$	a_n의 공식
$\quad=-9+(n-1)(3)$	$a_1=-9,\ d=3$
$\quad=-9+3n-3$	분배법칙
$a_n=3n-12$	항을 결합한다.

따라서 일반항은 $a_n=3n-12$이다. a_{20}을 찾기 위해 $n=20$으로 놓자.

$$a_{20}=3(20)-12=60-12=48.$$

■

연습문제 13을 풀어보자.

목표 3 응용문제에 등차수열을 사용한다

예제 4 등차수열 적용하기

홉스의 삼촌은 홉스의 교육을 위한 저축을 시작하기로 결정했다. 그는 처음에 3000달러를 저축하고 매월 추가로 500달러를 저축한다. 따라서 한 달이 지나면 3000달러 + 500달러 = 3500달러가 된다. 24개월 후에 얼마나 될까? (이자는 무시한다.)

저축액은 등차수열을 이용하여 설명할 수 있다. n개월 후에 저축액은 다음과 같다.

$$a_n = 3000 + 500n \text{달러.}$$

24개월 후 저축된 금액을 찾기 위해 a_{24}를 찾는다.

$$\begin{aligned} a_{24} &= 3000 + 500(24) && n = 24 \\ &= 3000 + 12{,}000 && \text{곱한다} \\ &= 15{,}000 && \text{더한다} \end{aligned}$$

계좌에는 24개월 후에 15,000(이자는 무시)달러가 저축된다. ■

연습문제 47을 풀어보자.

목표 4 등차수열의 지정된 항 또는 항의 개수를 찾는다

일반항 공식에는 a_n, a_1, n, d의 네 개의 변수가 있다. 이들 중 세 가지를 알면 공식을 이용하여 네 번째 변수의 값을 찾을 수 있다. 다음 예제는 지정된 항을 찾는 방법을 보여준다.

예제 5 지정된 항 찾기

각 등차수열의 지정된 항을 찾아라.

(a) $a_1 = -6$, $d = 12$; a_{15}

풀이 일반항 공식 $a_n = a_1 + (n-1)d$를 이용한다. 우리는 $a_n = a_{15}$, $n = 15$를 원하므로

$$\begin{aligned} a_{15} &= a_1 + (15-1)d && n = 15 \\ &= -6 + 14(12) && a_1 = -6,\ d = 12 \\ &= 162 \end{aligned}$$

(b) $a_5 = 2$, $a_{11} = -10$; a_{17}

풀이 a_1과 d를 알면 어떤 항도 찾을 수 있다. 주어지 2개 항들로 a_n 공식을 이용하자.

$$\begin{aligned} a_5 &= a_1 + (5-1)d \\ a_5 &= a_1 + 4d \\ 2 &= a_1 + 4d && a_5 = 2 \end{aligned} \qquad \begin{aligned} a_{11} &= a_1 + (11-1)d \\ a_{11} &= a_1 + 10d \\ -10 &= a_1 + 10d && a_{11} = -10 \end{aligned}$$

이것은 a_1과 d라는 두 변수가 있는 연립방정식을 제공한다. a_1을 소거하기 위해 한 방정식에 -1을 곱하고 다른 방정식과 더하여 d를 찾는다.

$$
\begin{aligned}
-10 &= \quad a_1 + 10d \\
-2 &= -a_1 - \ 4d && 2=a_1+4d\text{에 } -1\text{을 곱한다.} \\
\hline
-12 &= \qquad\quad 6d && \text{더한다.} \\
-2 &= d && 6\text{으로 나눈다.}
\end{aligned}
$$

이제 두 방정식 중 한 방정식의 d에 -2를 대입하여 a_1을 찾는다.

$$
\begin{aligned}
-10 &= a_1 + 10(-2) && d = -2 \\
-10 &= a_1 - 20 \\
10 &= a_1
\end{aligned}
$$

a_n의 공식을 이용하여 a_{17}을 찾는다.

$$
\begin{aligned}
a_{17} &= a_1 + (17-1)d && n = 17 \\
&= a_1 + 16d \\
&= 10 + 16(-2) && a_1 = 10,\ d = -2 \\
&= -22
\end{aligned}
$$

■

연습문제 19, 23을 풀어보자.

때로는 다음 예제에서와 같이 수열에 몇 개의 항들이 있는지 알아야 할 때가 있다.

예제 6 등차수열 적용하기

다음 등차수열의 항의 개수를 찾아라.

$$-8,\ -2,\ 4,\ 10,\ \cdots,\ 52$$

풀이 n은 수열의 항의 개수를 나타낸다. $a_n = 52$, $a_1 = -8$, $d = -2-(-8) = 6$이므로 일반항 공식 $a_n = a_1 + (n-1)d$를 이용하여 n을 찾는다. 일반항 공식에 알고 있는 값을 대입하면 다음과 같다.

$$
\begin{aligned}
a_n &= a_1 + (n-1)d \\
52 &= -8 + (n-1)6 && a_n = 52,\ a_1 = -8,\ d = 6 \\
52 &= -8 + 6n - 6 && \text{분배법칙} \\
66 &= 6n && \text{항을 결합한다.} \\
n &= 11 && 6\text{으로 나눈다.}
\end{aligned}
$$

수열은 11개의 항이 있다. ■

연습문제 25를 풀어보자.

목표 5 등차수열의 지정된 개수의 항의 합을 찾는다 등차수열의 처음 n개 항들의 합 S_n의 공식을 찾기 위해 다음과 같이 쓸 수 있다.

$$S_n = a_1 + (a_1 + d) + (a_1 + 2d) + \cdots + [a_1 + (n-1)d]$$

이 같은 합은 다음과 같이 반대로 쓸 수 있다.

$$S_n = a_n + (a_n - d) + (a_n - 2d) + \cdots + [a_n - (n-1)d]$$

이제 다음 식을 얻기 위해 S_n의 두 표현식의 대응하는 항을 더한다.

$$2S_n = (a_1 + a_n) + (a_1 + a_n) + (a_1 + a_n) + \cdots + (a_1 + a_n)$$

이 식의 우변은 n개의 $a_1 + a_n$의 합이다. 따라서

$$2S_n = n(a_1 + a_n)$$
$$S_n = \frac{n}{2}(a_1 + a_n).$$

예제 7 처음 n개 항들의 합 구하기

$a_n = 2n - 5$인 등차수열의 처음 5개의 항들의 합을 찾아라.

풀이 처음 5개 항들의 합을 구하기 위해 공식 $S_n = \frac{n}{2}(a_1 + a_n)$을 이용할 수 있다. 여기서 $n = 5$, $a_1 = 2(1) - 5 = -3$, $a_5 = 2(5) - 5 = 5$이다. 합 공식으로부터

$$S_5 = \frac{5}{2}(-3+5) = \frac{5}{2}(2) = 5.$$

■

연습문제 39를 풀어보자.

수열을 정의하는 a_1과 d로 등차수열의 합 S_n을 표현하는 것이 유용할 때도 있다. 다음과 같이 할 수 있다.

$$S_n = \frac{n}{2}(a_1 + a_n) \quad \text{그리고} \quad a_n = a_1 + (n-1)d$$

이므로 일반항 a_n을 합의 식 S_n에 대입하여 다음과 같이 얻을 수 있다.

$$S_n = \frac{n}{2}(a_1 + [a_1 + (n-1)d])$$
$$S_n = \frac{n}{2}[2a_1 + (n-1)d]$$

다음 페이지의 요약은 등차수열의 처음 n개의 항들의 합을 찾는 데 사용할 수 있는 두 가지 형태를 제공한다.

등차수열의 처음 n개 항들의 합

첫째 항 a_1과 n번째 항 a_n 및 공차 d를 갖는 등차수열의 처음 n개 항들의 합은 다음과 같다.

$$S_n = \frac{n}{2}(a_1 + a_n) \quad \text{또는} \quad S_n = \frac{n}{2}[2a_1 + (n-1)d]$$

예제 8 처음 n개 항들의 합 구하기

첫째 항 3과 공차 -2를 갖는 등차수열의 처음 8개 항들의 합을 구하라.

풀이 $a_1=3$, $d=-2$와 $n=8$을 알고 있으므로 S_n의 두 번째 공식을 이용하자.

$$S_n=\frac{n}{2}[2a_1+(n-1)d]$$

$$S_8=\frac{8}{2}[2(3)+(8-1)(-2)] \qquad a_1=3,\ d=-2,\ n=8$$

$$=4[6-14]$$

$$=-32$$

■

연습문제 35를 풀어보자.

앞에서 언급했듯이, 임의의 실수 k와 c에 대하여 $kn+c$ 형태의 선형 표현은 등차수열을 정의한다. 예를 들어, $a_n=2n+5$와 $a_n=n-3$으로 정의된 수열은 등차수열이다. 이런 이유로,

$$\sum_{i=1}^{n}(ki+c)$$

는 첫째 항 $a_1=k(1)+c=k+c$와 일반항 $a_n=k(n)+c=kn+c$인 등차수열의 처음 n개 항들의 합을 나타낸다. 다음 예제에서와 같이 S_n에 대한 첫 번째 공식으로 이 합을 찾을 수 있다.

예제 9 S_n을 이용하여 합 구하기

$\sum_{i=1}^{12}(2i-1)$을 구하라.

풀이 이것은 $a_n=2n-1$인 등차수열의 처음 12개 항들의 합이다. 합 S_{12}는 S_n의 첫 번째 공식

$$S_n=\frac{n}{2}(a_1+a_n)$$

으로 찾을 수 있다. 여기서 $n=12$, $a_1=2(1)-1=1$이고 $a_{12}=2(12)-1=23$이다. 이 값을 합의 공식에 대입하면

$$S_{12}=\frac{12}{2}(1+23)=6(24)=144.$$

■

연습문제 41을 풀어보자.

그림 3은 그래프 계산기가 예제 9의 결과를 어떻게 지원하는지 보여준다.

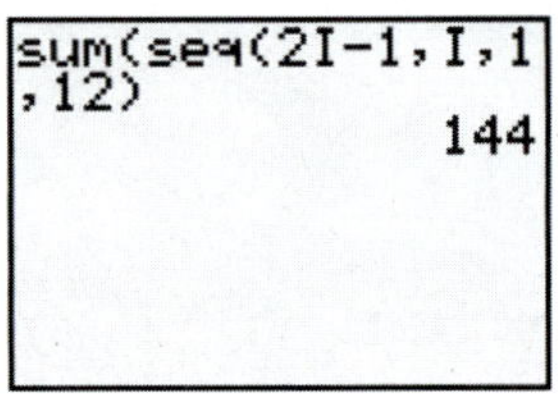

그림 3

12.2 연습문제

1. 여러 가지 예제들을 이용하여 등차수열의 의미를 설명하여라.

2. 공차를 찾기 위해 등차수열의 어떤 두 항들을 사용할 수 있는가? 설명하여라.

[3~8] 주어진 수열이 등차수열이라면 공차 d를 찾고, 등차수열이 아닌 경우 등차수열이 아니라고 말해라. (예제 1)

3. $1, 2, 3, 4, 5, \cdots$

4. $2, 5, 8, 11, \cdots$

5. $2, -4, 6, -8, 10, -12, \cdots$

6. $-6, -10, -14, -18, \cdots$

7. $-10, -5, 0, 5, 10, \cdots$

8. $1, 2, 4, 7, 11, 16, \cdots$

[9~12] 각 등차수열의 처음 5개 항들을 써라. (예제 2)

9. $a_1 = 5,\ d=4$

10. $a_1 = 6,\ d=7$

11. $a_1 = -1,\ d= -4$

12. $a_1 = -3,\ d= -5$

[13~18] a_n의 공식을 이용해 각 등차수열의 일반항을 찾아라. (예제 3)

13. $a_1 = 2,\ d=5$

14. $a_1 = 5,\ d= -3$

15. $3, \frac{15}{4}, \frac{9}{2}, \frac{21}{4}, \cdots$

16. $4, 14, 24, \cdots$

17. $-3, 0, 3, \cdots$

18. $-10, -5, 0, 5, 10, \cdots$

[19~24] 각 등차수열에 대한 지정된 항을 찾아라. (예제 2와 5)

19. $a_1 = 4,\ d=3\ ;\ a_{25}$

20. $a_1 = 1,\ d= -\frac{1}{2}\ ;\ a_{12}$

21. $2, 4, 6, \cdots\ ;\ a_{24}$

22. $1, 5, 9, \cdots\ ;\ a_{50}$

23. $a_{12} = -45,\ a_{10} = -37\ ;\ a_1$

24. $a_{10} = -2,\ a_{15} = -8\ ;\ a_3$

[25~28] 각 등차수열의 항의 개수를 찾아라. (예제 6)

25. $3, 5, 7, \cdots, 33$

26. $2, \frac{3}{2}, 1, \frac{1}{2}, \cdots, -5$

27. $\frac{3}{4}, 3, \frac{21}{4}, \cdots, 12$

28. $4, 1, -2, \cdots, -32$

29. S_n의 공식에서 n은 무엇을 나타내는가?

30. S_n의 두 공식은 각각 언제 쓰이는지 설명하여라.

관련 개념(문제 31~34)

개인 또는 그룹 과제용

[31~34] 다음은 $1+2+3+\cdots+99+100$을 독창적인 방법으로 찾는 방법을 보여준다. 순서대로 풀어라.

31. 다음을 생각해 보자.

$$S = \ \ 1+\ \ 2+\ \ 3+\cdots+99+100$$
$$\underline{S = 100+99+98+\cdots+\ \ 2+\ \ 1}$$

이 방정식의 좌변을 더하여라. 그 결과는 ________이다. 우변의 각 열을 더하여라. 그 합은 ________이 ________번 나타나므로, 곱하면 방정식의 우변의 합은 ________이다.

32. 좌변의 합을 우변의 합과 같게 놓고 방정식을 만들어라.

33. 연습문제 32의 방정식을 풀어서 원하는 합 S ________를 찾아라.

34. 연습문제 31~33에서 설명한 절차를 이용하여 합 $S=1+2+3+\cdots+199+200$을 찾아라.

[35~40] 각 등차수열에서 S_6을 찾아라. (예제 7과 8)

35. $a_1=6,\ d=3$
36. $a_1=5,\ d=4$
37. $a_1=7,\ d=-3$
38. $a_1=-5,\ d=-4$
39. $a_n=4+3n$
40. $a_n=9+5n$

[41~46] S_n의 공식을 이용해 각 급수를 구하라. (예제 9)

41. $\sum_{i=1}^{10}(8i-5)$
42. $\sum_{i=1}^{17}(i-1)$
43. $\sum_{i=1}^{20}(2i-5)$
44. $\sum_{i=1}^{10}\left(\frac{1}{2}i-1\right)$
45. $\sum_{i=1}^{250}i$
46. $\sum_{i=1}^{2000}i$

[47~54] 예제 4를 참조하여 각 응용문제를 풀어라. (힌트: 문제를 읽은 후 즉시 수열의 지정된 항을 찾아야 하는지 또는 수열의 항의 합을 찾아야 하는지 여부를 결정한다.)

47. 낸시의 숙모는 생일 첫날에 1달러, 둘째 날 2달러, 셋째 날 3달러를 그리고 이런 방식으로 30일 동안 입금하겠다고 약속했다. 한 달 동안 입금한 금액은 얼마인가?

48. 연습문제 47을 반복하여라. 그러나 예금은 2달러, 4달러, 6달러 등이고, 그 달은 윤년의 2월이라고 가정하자.

49. 랜디 모건이 5년 동안 6개월마다 50달러의 확실한 인상으로 매달 1600달러의 일자리를 제안받았다고 가정하자. 이 기간이 끝날 때 그의 봉급은 얼마나 될까?

50. 연습문제 49를 반복하여라. 그러나 초봉이 한 달에 2000달러이고 보장 인상액이 3년 동안 4개월마다 100달러라고 가정하자.

51. 극장 내 좌석 구역은 1열 20석, 2열 22석, 3열 24석으로, 그리고 이러한 방식으로 25열로 되어 있다. 마지막 줄에 좌석이 몇 개 있는가? 그 구역에는 좌석이 몇 개 있는가?

52. 호세 발데빌소는 피트니스 프로그램을 시작했다. 그는 첫 주에 하루에 10분씩 조깅을 할 계획이고, 매일 한 시간씩 조깅할 때까지 매주 10분을 추가할 예정이다. 어떤 주에 이런 일이 일어날까? 첫 4주 동안 그가 뛸 총 시간은 얼마나 되는가?

53. 아이가 블록을 쌓고 있다. 첫째 줄에 35개, 둘째 줄에 31개, 셋째 줄에 27개의 블록을 쌓는다. 이 패턴을 계속하면 정확히 1개의 블록을 포함하는 줄로 끝날 수 있는가? 그렇지 않으면 마지막 줄에 몇 개의 블록이 포함되는가? 이 줄을 얼마나 많이 만들 수 있는가?

54. 장작더미가 바닥에 28개, 그 위에 24개, 그 다음에 20개, 이러한 패턴으로 쌓여 있다. 만약 108개의 나무가 있다면, 몇 개의 줄이 있는가? (힌트: $n \le 7$)

12.3 등비수열

학·습·목·표

1. 등비수열의 공비를 찾는다.
2. 등비수열의 일반항을 찾는다.
3. 등비수열의 지정된 항을 찾는다.
4. 등비수열의 지정된 개수의 항들의 합을 찾는다.
5. 보통연금의 미래 가치에 대하여 공식을 적용한다.
6. 등비수열의 무한개의 항들의 합을 찾는다.

등차수열에서 첫째 항 이후의 각 항들은 이전 항에 일정한 수를 더해서 찾았다. 등비수열은 다음과 같이 정의된다.

등비수열

등비수열 또는 등비진행은 첫째 항 이후의 각 항들은 이전 항에 상수 배를 한 수열이다.

목표 1 등비수열의 공비를 찾는다 첫째 항 이후의 항을 이전 항으로 나눔으로써 공비라고 불리는, 곱하는 상수를 찾는다. 즉, 일반적인 공비는 다음과 같다.

$$r = \frac{a_{n+1}}{a_n}$$

예를 들어,

$$2,\ 6,\ 18,\ 54,\ 162,\ \cdots$$

은 첫째 항 a_1이 2이고 공비가 다음과 같은 등비수열이다.

$$r = \frac{6}{2} = \frac{18}{6} = \frac{54}{18} = \frac{162}{54} = 3$$

예제 1 공비 찾기

다음 등비수열에 대해 r을 찾아라.

$$15,\ \frac{15}{2},\ \frac{15}{4},\ \frac{15}{8},\ \cdots$$

풀이 r을 찾기 위하여 2개의 연속된 항들을 선택하고 두 번째 항을 첫째 항으로 나눈다. 수열의 두 번째 항과 세 번째 항을 선택하면

$$r = \frac{a_3}{a_2} = \frac{15}{4} \div \frac{15}{2} = \frac{1}{2}.$$

다른 2개의 연속적인 항들도 r을 찾기 위해 사용될 수 있다. 수열의 추가적인 항들은 각각의 연속항에 $\frac{1}{2}$을 곱하여 구할 수 있다. ■

✎연습문제 3을 풀어보자.

목표 2 등비수열의 일반항을 찾는다 등비수열 $a_1, a_2, a_3, \cdots$의 일반항 a_n은 다음과 같이 처음 몇 개의 항들을 적어보면 a_1과 r로 표시된다.

$$a_1, \quad a_2 = a_1 r, \quad a_3 = a_1 r^2, \quad a_4 = a_1 r^3, \ \cdots.$$

아래에 규칙을 제시하였다.

등비수열의 일반항

첫째 항 a_1과 공비 r인 등비수열의 일반항은

$$a_n = a_1 r^{n-1}.$$

① 주의 $a_1 r^{n-1}$을 찾을 때 올바른 순서의 연산을 사용하도록 주의하자. r^{n-1}의 값을 먼저 찾아야 한다. 그런 다음 결과에 a_1을 곱한다.

예제 2 일반항 찾기

예제 1에서 수열의 일반항을 찾아라.

풀이 첫째 항 $a_1 = 15$이고 공비 $r = \frac{1}{2}$이다. 일반항 공식에 대입하면 일반항은 다음과 같다.

$$a_n = a_1 r^{n-1} = 15\left(\frac{1}{2}\right)^{n-1}$$

곱셈을 하기 전에 지수를 적용해야 하기 때문에 더 단순화할 수 없다. ■

✎연습문제 11을 풀어보자.

목표 3 등비수열의 지정된 항을 찾는다 일반항에 대한 공식을 사용하여 특별한 항을 찾을 수 있다.

예제 3 지정된 항 찾기

각 등비수열의 지정된 항을 찾아라.

(a) $a_1 = 4,\ r = -3\ ;\ a_6$

풀이 $n=6$이라 하고 일반항 $a_n = a_1 r^{n-1}$로부터

$$\begin{aligned} a_6 &= a_1 \cdot r^{6-1} && n=6 \\ &= 4 \cdot (-3)^5 && a_1=4,\ r=-3 \\ &= -972. && (-3)^5 \text{ 먼저 계산한다.} \end{aligned}$$

(b) $\frac{3}{4}, \frac{3}{8}, \frac{3}{16}, \cdots ; a_7$

풀이 $r=\frac{1}{2}$, $a_1=\frac{3}{4}$이고 $n=7$이다.

$$a_7 = \frac{3}{4} \cdot \left(\frac{1}{2}\right)^6 = \frac{3}{4} \cdot \frac{1}{64} = \frac{3}{256}$$

■

✎연습문제 17, 19를 풀어보자.

예제 4 수열의 항 쓰기

첫째 항이 5이고 공비가 $\frac{1}{2}$인 등비수열의 처음 5개 항을 써라.

풀이 일반항 $a_n = a_1 r^{n-1}$을 이용하면,

$$a_1 = 5, \qquad a_2 = 5\left(\frac{1}{2}\right) = \frac{5}{2}, \qquad a_3 = 5\left(\frac{1}{2}\right)^2 = \frac{5}{4},$$

$$a_4 = 5\left(\frac{1}{2}\right)^3 = \frac{5}{8}, \qquad a_5 = 5\left(\frac{1}{2}\right)^4 = \frac{5}{16}.$$

■

✎연습문제 23을 풀어보자.

목표 4 등비수열의 지정된 개수의 항들의 합을 찾는다 등비수열의 처음 n개의 합 S_n에 대한 공식을 갖는 것이 편리하다. 먼저 S_n을 써서 공식을 개발할 수 있다.

$$S_n = a_1 + a_1 r + a_1 r^2 + a_1 r^3 + \cdots + a_1 r^{n-1}$$

다음으로 양변에 r을 곱한다.

$$rS_n = a_1 r + a_1 r^2 + a_1 r^3 + a_1 r^4 + \cdots + a_1 r^n$$

두 번째 식에서 첫 번째 식을 뺀다.

$$\begin{aligned} rS_n - S_n = &(a_1 r - a_1) + (a_1 r^2 - a_1 r) + (a_1 r^3 - a_1 r^2) \\ &+ (a_1 r^4 - a_1 r^3) + \cdots + (a_1 r^n - a_1 r^{n-1}) \end{aligned}$$

교환, 결합 그리고 분배법칙을 이용하여 다음 식을 얻는다.

$$\begin{aligned} rS_n - S_n &= (a_1 r - a_1 r) + (a_1 r^2 - a_1 r^2) + (a_1 r^3 - a_1 r^3) + \cdots + (a_1 r^n - a_1) \\ S_n(r-1) &= a_1 r^n - a_1. \end{aligned}$$

만약 $r \neq 1$이면, 이때

$$S_n = \frac{a_1 r^n - a_1}{r-1} = \frac{a_1(r^n - 1)}{r-1}. \qquad r-1\text{로 나눈다.}$$

이 설명을 요약하면 다음과 같다.

등비수열의 처음 n개 항들의 합

첫째 항 a_1과 공비가 r인 등비수열의 처음 n개 항들의 합은 다음 식과 같다.

$$S_n = \frac{a_1(r^n - 1)}{r-1} \qquad (r \neq 1)$$

만약 $r=1$이면, $S_n = a_1 + a_1 + a_1 + \cdots + a_1 = na_1$이다. S_n에 대한 공식에 $\frac{-1}{-1}$을 곱하면 때로는 더 적절한 공식을 얻을 수 있다.

$$S_n = \frac{a_1(r^n - 1)}{r-1} \cdot \frac{-1}{-1} = \frac{a_1(1 - r^n)}{1-r}$$

예제 5 처음 n개 항들의 합 구하기

첫째 항이 -2이고 공비가 3인 등비수열의 처음 6개 항들의 합을 구하라.

풀이 S_n의 공식에 $n=6$, $a_1 = -2$이고 $r=3$을 대입하면

$$S_n = \frac{a_1(r^n - 1)}{r-1}$$

$$S_6 = \frac{-2(3^6 - 1)}{3-1} \qquad n=6,\ a_1 = -2,\ r=3$$

$$= \frac{-2(729-1)}{2} \qquad 3^6\text{을 계산한다.}$$

$$= -728$$

■

✎연습문제 27을 풀어보자.

$\sum_{i=1}^{n} a \cdot b^i$ 형식의 급수는 첫째 항 $a_1 = a \cdot b^1 = ab$와 공비 b인 등비수열의 처음 n개 항들의 합이다.

예제 6 공식 S_n을 이용하여 합 구하기

$\sum_{i=1}^{4} 3 \cdot 2^i$를 찾아라.

풀이 급수는 $\sum_{i=1}^{n} a \cdot b^i$ 형태이므로 $a_1 = a \cdot b^1$과 $r=b$인 등비수열의 처음 n개 항들의 합을 나타낸다.

합은 다음 공식을 이용하여 구할 수 있다.

$$S_n = \frac{a_1(r^n - 1)}{r - 1}$$

여기서 $n=4$, $a_1=6$, $r=2$이다. 이제 S_n에 대입한다.

$$\begin{aligned} S_4 &= \frac{6(2^4-1)}{2-1} && n=4,\ a_1=6,\ r=2 \\ &= \frac{6(16-1)}{1} && 2^4\text{을 계산한다.} \\ &= 90 \end{aligned}$$

■

연습문제 31을 풀어보자.

그림 4는 그래프 계산기가 어떻게 항들을 목록에 저장하고 이 항들의 합을 찾는지 보여준다. 이것은 예제 6의 결과를 제시한다.

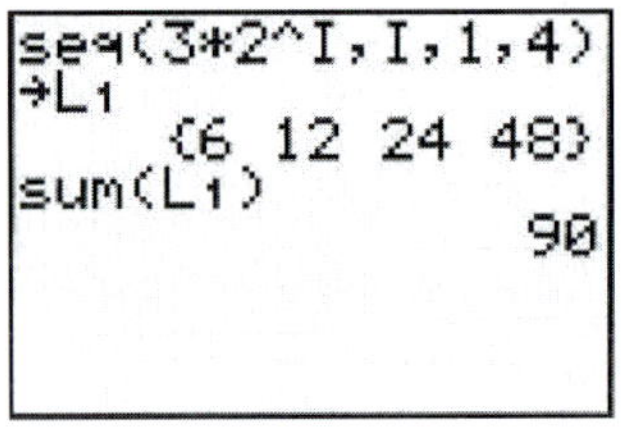

그림 4

목표 5 보통연금의 미래 가치에 대하여 공식을 적용한다 정기적으로 발생하는 균등한 지불액의 수열을 **연금**이라고 한다. 해당 기간 말에 지불이 이루어지고 지불 빈도가 복리 빈도와 같은 연금을 **보통연금**이라고 한다. 지불액 사이의 시간을 **지불 기간**이라 하고 첫 번째 지불 기간의 시작부터 마지막 기간의 말까지의 시간을 **연금 기간**이라고 한다. 예금의 최종 금액인 **연금의 미래 가치**는 모든 지불액이 연말까지 합산된 복합 금액의 합으로 정의된다.

예를 들어, 1500달러가 연말에 입금되어 다음 6년 동안 지불금액이 연간 8% 복리로 입금된다고 가정하자. 이 연금의 미래 가치를 찾기 위하여 1500달러의 지불금액 각각을 별도로 살펴보자. 이 지불금 중 첫 번째 금액은 다음과 같이 복리로 산출할 수 있다.

$$1500(1+0.08)^5 = 1500(1.08)^5$$

돈은 첫해 말에 입금되고 5년 동안 이자를 얻으므로 6 대신 지수를 5로 사용한다. 1500달러의 두 번째 지불금은 $1500(1.08)^4$의 복리 금액을 산출한다. 이런 식으로 계속하여 모든 항의 합을 구하면 다음과 같다.

$$1500(1.08)^5 + 1500(1.08)^4 + 1500(1.08)^3 + 1500(1.08)^2 + 1500(1.08)^1 + 1500$$

(마지막 지불액은 이자를 얻지 못한다.) 역순으로 읽으면, 이 표현식은 $a_1=1500$, $r=1.08$, $n=6$인 등비수열의 처음 6개 항들의 합이다. 따라서 합은 다음과 같다.

$$\frac{a_1(r^n-1)}{r-1} = \frac{1500[(1.08)^6-1]}{1.08-1} = 11{,}003.89$$

또는 11,003.89달러이다. 증명 없이 다음 공식을 진술한다.

보통연금의 미래 가치

$$S = R\left[\frac{(1+i)^n - 1}{i}\right]$$

(S는 미래 가치, R은 각 기말에 지불액, i는 기간당 이율, n는 기간 수)

《예제 7》 연금의 미래 가치에 대하여 공식 적용하기

(a) 록키 로데스는 선수 생활이 7년간 지속될 것이라고 생각하는 운동선수다. 그의 미래를 준비하기 위해 매년 복리 6%로 7년 동안 매년 연말에 22,000달러를 예금한다. 7년 후에 얼마나 예금되어 있을까?

풀이 그의 지불액은 $R = 22{,}000$, $n = 7$, $i = 0.06$으로 보통연금을 이룬다. 이 연금의 미래 가치(공식 이용)는 다음과 같다.

$$S = 22{,}000\left[\frac{(1.06)^7 - 1}{0.06}\right] = 184{,}664.43 \qquad \text{계산기 사용}$$

또는 184,664.43달러이다.

(b) 전문가들은 베이비 붐 세대(1946~1960년생)는 회사 연금이나 사회 보장 제도를 통해 부모가 했던 것처럼 편안한 은퇴를 제공할 수 없다고 말한다. 그들은 일찍 그리고 정기적으로 저축하기를 시작하는 것이 좋다. 베이비 붐 세대인 주디는 20년 동안 퇴직 준비를 위해 매월 복리로 7.2% 이자를 지급하는 계좌에 매월 말 200달러를 예금하기로 결정했다. 퇴직할 때 계좌에 얼마가 예금되어 있을까?

풀이 이자가 매월 복리이기 때문에 $i = \frac{0.072}{12}$, $R = 200$, $n = 12(20)$이다. 미래 가치는

$$S = 200\left[\frac{\left(1 + \frac{0.072}{12}\right)^{12(20)} - 1}{\frac{0.072}{12}}\right] = 106{,}752.47$$

또는 106,752.47달러이다. ■

연습문제 35를 풀어보자.

목표 6 등비수열의 무한개의 항들의 합을 찾는다 다음과 같은 무한 등비수열을 생각해보자.

$$\frac{1}{3}, \frac{1}{6}, \frac{1}{12}, \frac{1}{24}, \frac{1}{48}, \dots$$

그런 수열의 항들의 합은 어떻게 찾을 수 있을까? 처음 두 항들의 합은

$$S_2 = \frac{1}{3} + \frac{1}{6} = \frac{1}{2} = 0.5.$$

비슷한 방법으로

$$S_3 = S_2 + \frac{1}{12} = \frac{1}{2} + \frac{1}{12} = \frac{7}{12} \approx 0.583, \qquad S_4 = S_3 + \frac{1}{24} = \frac{7}{12} + \frac{1}{24} = \frac{15}{24} = 0.625,$$
$$S_5 = \frac{31}{48} \approx 0.64583, \qquad S_6 = \frac{21}{32} = 0.65625, \qquad S_7 = \frac{127}{192} \approx 0.6614583.$$

등비수열의 각 항은 이전 항보다 작기 때문에 각각의 추가 항은 합에 더 적게 기여한다. 소수(소수 셋째 자리 근삿값)로 처음 7개 항들과 10번째 항이 표에 나와 있다.

항	a_1	a_2	a_3	a_4	a_5	a_6	a_7	a_{10}
값	0.333	0.167	0.083	0.042	0.021	0.010	0.005	0.001

표에 제시된 것과 같이 항들의 값은 항이 증가하면 0에 점점 더 가까워진다. 이 개념을 표현하기 위해, n이 진동 없이 증가할 때($n \to \infty$라 씀), 항 a_n의 극한은 0이고 다음과 같이 쓴다.

$$\lim_{n\to\infty} a_n = 0$$

등비수열의 항들의 무한 합으로 정의할 수 있는 수는 항들의 유한 합의 표현에서 출발하여 찾을 수 있다.

$$S_n = \frac{a_1(r^n - 1)}{r - 1}$$

$|r| < 1$이면, n이 진동 없이 증가할 때 r^n의 값은 점점 0에 가까워진다. 예를 들어, 방금 $r = \frac{1}{2} = 0.5$인 무한수열을 얘기했다. 표는 n이 증가함에 따라 $r^n = (0.5)^n$이 소수 셋째 자리 수로 어떻게 작아지는지를 보여준다.

n	1	2	3	4	5	6	7	10
r^n	0.5	0.25	0.125	0.063	0.031	0.016	0.008	0.001

r^n이 0에 가까워지면, $r^n - 1$은 $0 - 1 = -1$로 가까워지고, S_n은 몫 $\frac{-a_1}{r-1}$에 가까워진다. 따라서

$$\lim_{r^n\to 0} S_n = \lim_{r^n\to 0} \frac{a_1(r^n - 1)}{r - 1} = \frac{a_1(0-1)}{r-1} = \frac{-a_1}{r-1} = \frac{a_1}{1-r}.$$

이 극한값이 무한 등비수열의 합으로 정의된다.

$$a_1 + a_1 r + a_1 r^2 + a_1 r^3 + \cdots = \frac{a_1}{1-r}, \qquad |r| < 1.$$

$|r| > 1$이면 어떻게 될까? 예를 들어, 수열이 다음과 같다고 하자.

$$6,\ 12,\ 24,\ \cdots,\ 3(2)^n,\ \cdots$$

이런 종류의 수열에서 n이 증가할수록 r^n의 값 또한 증가하고 합 S_n도 증가한다. 새로운 각각의 항이 점점 더 큰 양을 합에 더하기 때문에 S_n의 극한값은 존재하지 않고 합 S_n도 존재하지 않는다. $r = 1$이면 유사한 상황이 발생한다.

요약하면, 무한 등비수열의 항들의 합은 다음과 같이 정의된다.

무한 등비수열의 항들의 합

첫째 항이 a_1이고 공비 r이 $|r|<1$일 때, 무한 등비수열의 항들의 합 S는

$$S = \frac{a_1}{1-r}.$$

만약 $|r| \geq 1$이면, 합은 존재하지 않는다.

예제 8 무한 등비수열의 항들의 합 찾기

$a_1 = 3$이고 $r = -\frac{1}{3}$인 무한 등비수열의 항들의 합을 구하라.

풀이 위의 규칙으로부터 합은

$$S = \frac{a_1}{1-r} = \frac{3}{1-\left(-\frac{1}{3}\right)} = \frac{3}{\frac{4}{3}} = \frac{9}{4}.$$

■

✎연습문제 39를 풀어보자.

합 기호를 사용하여 무한 등비수열의 합은 다음과 같이 쓸 수 있다.

$$\sum_{i=1}^{\infty} a_i.$$

예를 들어, 예제 8에서 합은 다음과 같이 쓸 수 있다.

$$\sum_{i=1}^{\infty} 3\left(-\frac{1}{3}\right)^{i-1}$$

예제 9 무한 등비수열의 항들의 합 구하기

$\sum_{i=1}^{\infty}\left(\frac{1}{2}\right)^{i}$를 구하라.

풀이 $a_1 = \frac{1}{2}$이고 $r = \frac{1}{2}$인 무한 등비급수는

$$\frac{1}{2} + \frac{1}{4} + \frac{1}{8} + \cdots.$$

$|r|<1$이므로 다음과 같이 합을 구할 수 있다.

$$S = \frac{a_1}{1-r} = \frac{\frac{1}{2}}{1-\frac{1}{2}} = \frac{\frac{1}{2}}{\frac{1}{2}} = 1$$

■

✎연습문제 43을 풀어보자.

12.3 연습문제

1. 몇 가지 예를 사용하여 등비수열의 의미를 설명하여라.

2. 수열 $5,\ 5,\ 5,\ 5,\ \cdots$가 등차 또는 등비수열로 될 수 있는 이유를 설명하여라.

[3~10] 다음 주어진 수열이 등비수열이면, 공비 r을 찾아라. 수열이 등비수열이 아니면 아니라고 말하여라. (예제 1)

3. $4,\ 8,\ 16,\ 32,\ \cdots$

4. $5,\ 15,\ 45,\ 135,\ \cdots$

5. $\frac{1}{3},\ \frac{2}{3},\ \frac{3}{3},\ \frac{4}{3},\ \frac{5}{3},\ \cdots$

6. $\frac{1}{3},\ \frac{2}{3},\ \frac{4}{3},\ \frac{8}{3},\ \cdots$

7. $1,\ -3,\ 9,\ -27,\ 81,\ \cdots$

8. $1,\ -3,\ 7,\ -11,\ \cdots$

9. $1,\ -\frac{1}{2},\ \frac{1}{4},\ -\frac{1}{8},\ \frac{1}{16},\ \cdots$

10. $\frac{2}{3},\ \frac{2}{15},\ \frac{2}{75},\ \frac{2}{375},\ \cdots$

[11~16] 각 등비수열의 일반항을 찾아라. (예제 2)

11. $5,\ 10,\ \cdots$

12. $-2,\ -6,\ \cdots$

13. $\frac{1}{9},\ \frac{1}{3},\ \cdots$

14. $-3,\ \frac{3}{2},\ \cdots$

15. $10,\ -2,\ \cdots$

16. $-4,\ 8,\ \cdots$

[17~22] 각 등비수열의 지정된 항을 찾아라. (예제 3)

17. $a_1=2,\ r=5\ ;\ a_{10}$

18. $a_1=-1,\ r=3\ ;\ a_{15}$

19. $\frac{1}{2},\ \frac{1}{6},\ \frac{1}{18},\ \cdots\ ;\ a_{12}$

20. $\frac{2}{3},\ -\frac{1}{3},\ \frac{1}{6},\ \cdots\ ;\ a_{18}$

21. $a_3=\frac{1}{2},\ a_7=\frac{1}{32}\ ;\ a_{25}$

22. $a_5=48,\ a_8=-384\ ;\ a_{10}$

[23~26] 각 등비수열의 처음 5개 항을 써라. (예제 4)

23. $a_1=2,\ r=3$

24. $a_1=4,\ r=2$

25. $a_1=5,\ r=-\frac{1}{5}$

26. $a_1=6,\ r=-\frac{1}{3}$

[29~34] S_n 공식을 이용해 각 등비수열의 합을 찾아라. 소수 셋째 자리까지 답을 구하라. (예제 5와 6)

27. $\frac{1}{3},\ \frac{1}{9},\ \frac{1}{27},\ \frac{1}{81},\ \frac{1}{243}$

28. $\frac{4}{3},\ \frac{8}{3},\ \frac{16}{3},\ \frac{32}{3},\ \frac{64}{3},\ \frac{128}{3}$

29. $-\frac{4}{3}, -\frac{4}{9}, -\frac{4}{27}, -\frac{4}{81}, -\frac{4}{243}, -\frac{4}{729}$

30. $\frac{5}{16}, -\frac{5}{32}, \frac{5}{64}, -\frac{5}{128}, \frac{5}{256}$

31. $\sum_{i=1}^{7} 4\left(\frac{2}{5}\right)^i$

32. $\sum_{i=1}^{8} 5\left(\frac{2}{3}\right)^i$

33. $\sum_{i=1}^{10} (-2)\left(\frac{3}{5}\right)^i$

34. $\sum_{i=1}^{6} (-2)\left(-\frac{1}{2}\right)^i$

[35~38] 보통연금을 포함하는 각 문제를 풀어라. (예제 7)

35. 아버지는 딸이 태어난 날, 딸을 위해 저축 예금 계좌를 개설하고 1,000달러를 입금했다. 매년 생일을 맞아 또 1,000달러를 예치하고 스물한 살의 생일에 마지막 입금을 하였다. 계좌가 매년 9.5%의 복리로 지급되는 경우, 딸의 21번째 생일날이 끝날 때 계좌에 얼마만큼의 금액이 저축될 것인가?

36. 45세의 한 남성은 60세가 될 때까지 매 분기(연의 $\frac{1}{4}$) 말에 은퇴 계좌에 1,000달러를 입금한다. 계좌에 분기별 복리로 연이자 11%를 지불하면 은퇴 시기에 얼마만큼의 금액이 저축될 것인가?

37. 매 분기 말에 50세 여성은 분기별 복리로 7%의 이자를 지불하는 퇴직 연금 계좌에 1,200달러를 입금한다. 그녀가 60세가 될 때, 그녀는 전액을 인출하고 매월 복리로 9%의 이자를 지불하는 뮤추얼 펀드에 넣는다. 그때부터 그녀는 매월 말에 뮤추얼 펀드에 300달러를 입금한다. 65세가 되면 계정에 얼마나 입금될까?

38. 존 브레이는 12년 동안 매년 복리로 5%씩 지불하는 계좌에 해마다 매년 초 10,000달러를 예치한다. 그런 다음 그는 반년마다 복리로 6% 이자를 지급하는 다른 계좌에 총 금액을 9년 동안 예치한다. 전체 21년이 지난 후 입금된 최종 금액을 찾아라.

[39~46] 무한 등비수열의 합이 존재한다면 합을 찾아라. (예제 8)

39. $a_1 = 6,\ r = \frac{1}{3}$

40. $a_1 = 10,\ r = \frac{1}{5}$

41. $a_1 = 1000,\ r = -\frac{1}{10}$

42. $a_1 = 8500,\ r = \frac{3}{5}$

43. $\sum_{i=1}^{\infty} \frac{9}{8}\left(-\frac{2}{3}\right)^i$

44. $\sum_{i=1}^{\infty} \frac{3}{5}\left(\frac{5}{6}\right)^i$

45. $\sum_{i=1}^{\infty} \frac{12}{5}\left(\frac{5}{4}\right)^i$

46. $\sum_{i=1}^{\infty} \left(-\frac{16}{3}\right)\left(-\frac{9}{8}\right)^i$

[47~54] 각 응용문제를 풀어라. (힌트: 문제를 읽은 후 수열의 지정된 항 또는 수열의 항들의 합 중 어느 것을 찾아야 하는지 결정하여라.)

47. 어떤 공을 위에서 떨어뜨렸을 때 원래 높이의 $\frac{3}{5}$ 높이로 다시 튀어 오른다. 10피트 높이에서 떨어지면 4번째 튕긴 후 얼마나 높이 다시 튀어 오를까?

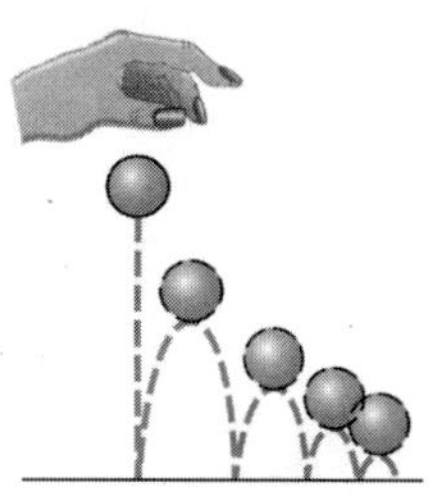

48. 완전히 감긴 요요는 길이가 40인치이다. 그것은 떨어뜨려 첫 반동 시 원래의 높이보다 15인치 낮은 높이로 되돌아간다. 요요가 멈출 때까지 이 '반동 비율'이 일정하다고 가정하면, 끈 위로 세 번째 떨어졌다 반동해서 다시 올라올 때까지 움직인 거리는 얼마일까?

49. 한 특정 물질은 매일 무게의 절반을 잃으면서 붕괴된다. 256g의 물질이 32g으로 줄 때 며칠이 걸리는가? 10일 후 남아 있는 물질은 얼마일까?

50. 추적 염료는 입력 및 배출이 있는 시스템에 주입된다. 한 시간 후 염료의 $\frac{2}{3}$가 남는다. 두 시간이 끝날 때 남은 염료의 $\frac{2}{3}$가 남고, 이런 과정이 계속된다. 한 단위의 염료가 주입되면 6시간 후에 남아 있는 양은 얼마일까?

51. 어떤 공동체의 전기 사용량은 연간 약 6% 증가했다.
(a) 공동체가 현재 11억 단위의 전기를 사용한다면 5년 동안 얼마를 사용할 것인가?
(b) 소비량을 두 배로 늘리는 데 필요한 연도 수를 찾아라.

52. 연습문제 51에서 공동체가 소비 증가를 연간 2%로 감소시킨다고 가정해보자.
(a) 지금부터 5년 동안 얼마를 사용할 것인가?
(b) 소비량을 두 배로 늘리는 데 필요한 연수를 찾아라.

53. 기계는 매년 그 가치의 $\frac{1}{4}$이 하락한다. 새로운 기계의 비용이 50,000달러라면 8년 후 그 가치는 얼마일까?

54. 연습문제 48을 참조하여 이론적으로 요요가 멈추기 전에 움직인 거리는 얼마일까?

관련 개념(문제 55~60)

개인 또는 그룹 과제용

1장에서 우리는 소수점 아래의 숫자가 반복되는 소수가 유리수라는 것을 배웠다. 즉, 정수의 몫으로 표현할 수 있다. 따라서 9가 끝없이 반복되는 소수

$$0.99999\cdots$$

는 유리수여야 한다.

[55~60] 이 유리수의 놀랍고 가장 단순한 형태를 발견하기 위해 다음을 순서대로 풀어라.

55. 긴 나눗셈 또는 이전 경험을 사용하여 $\frac{1}{3}$을 반복되는 소수 표현으로 써라.

56. 긴 나눗셈 또는 이전 경험을 사용하여 $\frac{2}{3}$를 반복되는 소수 표현으로 써라.

57. $\frac{1}{3}+\frac{2}{3}=1$이기 때문에, 연습문제 55와 56의 소수 표현의 합 또한 1과 같아야 한다. 덧셈을 위해 일반적인 방법으로 소수를 정렬하고 반복되는 소수의 결과를 얻어라. 이 소수의 값은 정확히 1이다.

58. 반복되는 소수 $0.99999\cdots$는 $a_1=0.9$, $r=0.1$인 등비수열의 항의 합으로 쓸 수 있다.

$$0.99999\cdots = 0.9+0.9(0.1)+0.9(0.1)^2+0.9(0.1)^3+0.9(0.1)^4+0.9(0.1)^5+\cdots$$

$|0.1|<1$이므로, 이 합은 공식 $S=\frac{a_1}{1-r}$을 이용해 찾을 수 있다. 이 공식을 이용하여 연습문제 55~57에서 다른 방법으로 찾은 결과를 지지하여라.

59. 연습문제 57과 58의 결과를 바탕으로 다음 중 어느 것이 참인가?

A. $0.99999\cdots < 1$ B. $0.99999\cdots = 1$ C. $0.99999\cdots \approx 1$

60. $0.49999\cdots = \frac{1}{2}$을 보여라.

12.4 이항정리

[학·습·목·표]
1. 이항식을 전개한다.
2. 이항전개의 지정된 항을 찾는다.

목표 1 이항식을 전개한다. 음이 아닌 정수 n에 대한 이항식 $(x+y)^n$을 적으면 수학 및 응용 연구에 중요한 표현식의 모임이 된다. 예를 들어,

$$\begin{aligned}
(x+y)^0 &= 1\\
(x+y)^1 &= x + y\\
(x+y)^2 &= x^2 + 2xy + y^2\\
(x+y)^3 &= x^3 + 3x^2y + 3xy^2 + y^3\\
(x+y)^4 &= x^4 + 4x^3y + 6x^2y^2 + 4xy^3 + y^4\\
(x+y)^5 &= x^5 + 5x^4y + 10x^3y^2 + 10x^2y^3 + 5xy^4 + y^5.
\end{aligned}$$

검사 결과 이러한 전개는 패턴을 따른다. 패턴을 식별함으로써 $(x+y)^n$에 대한 일반적인 전개식을 쓸 수 있다.

첫째, n이 양의 정수이면, $(x+y)^0$ 이후의 각 전개는 이항의 승수로 올라가는 것과 동일한 거듭제곱으로 증가하기 시작한다. 즉, $(x+y)^1$의 전개는 x^1를 첫째 항으로 갖고, $(x+y)^2$의 전개는 x^2를 첫째 항으로 가지며, $(x+y)^3$의 전개는 x^3을 첫째 항으로 갖는다. 이런 과정을 계속한다. 또한 각 전개의 마지막 항은 동일한 승수에 대한 y이므로 $(x+y)^n$의 전개는 x^n 항으로 시작하고 y^n 항으로 끝나야 한다.

x에 대한 지수는 첫 번째 이후에 각 항에서 1씩 감소하며, 두 번째 항에서 y로 시작하는 지수는 각 후속 항에서 1씩 증가한다. 따라서 $(x+y)^n$의 전개에서 변수는 다음 패턴을 갖는다.

$$x^n,\quad x^{n-1}y,\quad x^{n-2}y^2,\quad x^{n-3}y^3,\quad \cdots,\quad xy^{n-1},\quad y^n$$

이 패턴은 각 항의 x와 y에 대한 지수의 합이 n임을 나타낸다. 예를 들어, 위의 세 번째 항에서 변수 부분은 $x^{n-2}y^2$이고 지수 $n-2$와 2의 합은 n이다.

이제 앞선 전개의 관점에서 계수에 대한 패턴을 살펴보자. 계수를 삼각형 패턴으로 쓰면 17세기 수학자 블레즈 파스칼(Blaise Pascal)의 이름을 딴 **파스칼의 삼각형**이 처음으로 광범위하게 사용된다.

파스칼의 삼각형

1

1 1

1 2 1

1 3 3 1

1 4 6 4 1

1 5 10 10 5 1

⋮

이 방법으로 계수를 배열하면 삼각형의 각 숫자가 바로 위에 있는 두 숫자의 합이다(오른쪽에서 하나, 왼쪽에서 하나). 예를 들어, 위에서 다섯 번째 줄에서 1은 1(그 위에 있는 유일한 숫자)의 합이고, 4는 1과 3의 합이며, 6은 3과 3의 합이다.

$(x+y)^6$에 대한 계수를 얻기 위해 6번째 줄에서 숫자의 쌍을 더하여 테이블에 7번째 줄을 붙인다.

1 6 15 20 15 6 1

그런 다음 이 계수를 이용하여 $(x+y)^6$을 다음과 같이 전개한다.

$$(x+y)^6 = x^6 + 6x^5y + 15x^4y^2 + 20x^3y^3 + 15x^2y^4 + 6xy^5 + y^6$$

관련성

몇 년에 걸쳐 파스칼의 삼각형에서 많은 흥미로운 패턴이 발견되었다. 다음 그림에서 삼각형 배열은 다른 형식으로 작성되었다. 표시된 대각선을 따라 합은 이 장의 도입에서 언급한 피보나치수열의 항이다. 이 수열이 삼각형에 존재한다는 것은 파스칼에 의해 인식되지는 않았다.

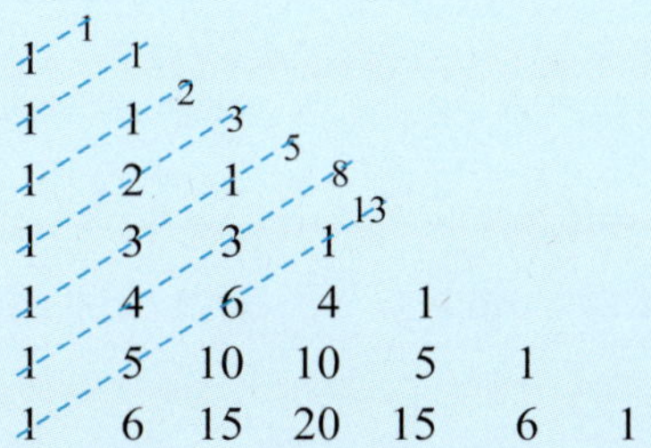

삼각수는 점의 삼각형 배열에서 점의 수를 세어서 구한다. 처음 몇 개의 삼각수가 아래 그림에 나와 있다.

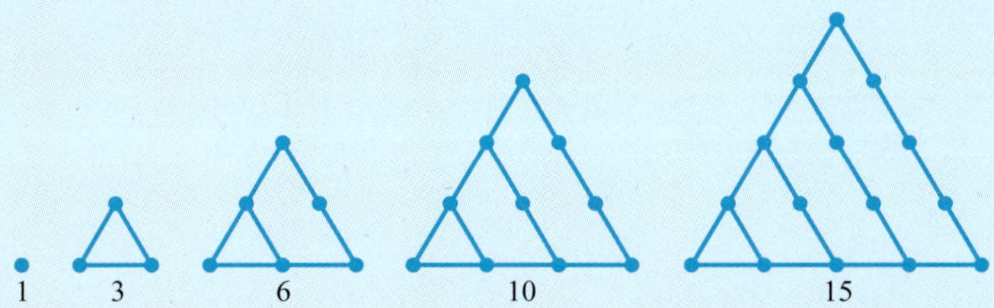

이 그림의 점의 수는 다음 그림과 같이 파스칼의 삼각형에 있는 수열인 수열 1, 3, 6, 10, ⋯을 형성한다.

```
                1
              1   1
            1   2   1
          1   3   3   1
        1   4   6   4   1
      1   5  10  10   5   1
```

토론 또는 글쓰기

1. 파스칼의 삼각형에서 대각선의 합의 수열 중 다음 두 수를 예측한다.
2. 삼각수의 나열에서 다음 다섯 개의 수를 예측한다.
3. 파스칼의 삼각형에서 찾을 수 있는 다른 수열을 설명할 수 있다.

양의 정수 n에 대해 $(x+y)^n$의 계수를 찾기 위해 파스칼의 삼각형을 사용할 수도 있지만 큰 n값에 대해서는 실용적이지 않다. 이 계수를 결정하는 보다 효율적인 방법은 기호 $n!$ ("n factorial"로 읽음)로 다음과 같이 정의된 표기법을 사용하는 것이다.

n 계승 ($n!$)

양의 정수 n에 대하여,

$$n(n-1)(n-2)(n-3)\ \cdots\ (2)(1) = n!$$

예를 들어,

$$3! = 3 \cdot 2 \cdot 1 = 6 \quad \text{그리고} \quad 5! = 5 \cdot 4 \cdot 3 \cdot 2 \cdot 1 = 120$$

n 계승의 정의로부터 $n[(n-1)!] = n!$이다. $n=1$이면 $1(0!) = 1! = 1$이다. 이런 이유로 0!은

$$0! = 1$$

로 정의한다.

연습문제 1을 풀어보자.

과학 및 그래프 계산기는 계승을 계산할 수 있다. 위의 세 가지 계승 표현의 예는 그림 5(a)에 나와 있다. 그림 5(b)는 몇 가지 큰 계승을 보여준다.

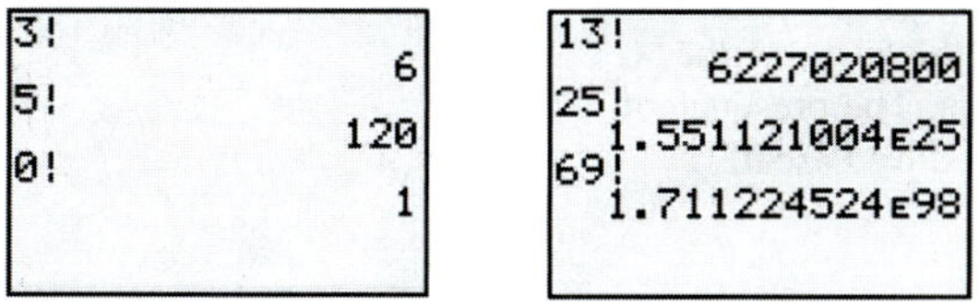

(a) (b)

그림 5

예제 1 $n!$의 표현식 구하기

각 표현식의 값을 찾아라.

(a) $\dfrac{5!}{4!1!} = \dfrac{5 \cdot 4 \cdot 3 \cdot 2 \cdot 1}{(4 \cdot 3 \cdot 2 \cdot 1)(1)} = 5$

(b) $\dfrac{5!}{3!2!} = \dfrac{5 \cdot 4 \cdot 3 \cdot 2 \cdot 1}{(3 \cdot 2 \cdot 1)(2 \cdot 1)} = \dfrac{5 \cdot 4}{2 \cdot 1} = 10$

(c) $\dfrac{6!}{3!3!} = \dfrac{6 \cdot 5 \cdot 4 \cdot 3 \cdot 2 \cdot 1}{(3 \cdot 2 \cdot 1)(3 \cdot 2 \cdot 1)} = \dfrac{6 \cdot 5 \cdot 4}{3 \cdot 2 \cdot 1} = 20$

(d) $\dfrac{4!}{4!0!} = \dfrac{4 \cdot 3 \cdot 2 \cdot 1}{(4 \cdot 3 \cdot 2 \cdot 1)(1)} = 1$ ■

연습문제 3, 7을 풀어보자.

이제 전개식의 계수를 다시 보자.

$$(x+y)^5 = x^5 + 5x^4y + 10x^3y^2 + 10x^2y^3 + 5xy^4 + y^5$$

두 번째 항의 계수는 5이고 그 항의 변수의 지수는 4와 1이다. 예제 1(a)에서 $\dfrac{5!}{4!1!} = 5$이다. 세 번째 항의 계수는 10이고 지수는 3과 2이다. 예제 1(b)에서 $\dfrac{5!}{3!2!} = 10$이다. 비슷한 결과가 나머지 항에도 적용된다. 첫째 항은 $1x^5y^0$으로 쓰고 마지막 항은 $1x^0y^5$로 쓸 수 있다. 그러면 첫째 항의 계수는 $\dfrac{5!}{5!0!} = 1$이 되어야 하고 마지막 항의 계수는 $\dfrac{5!}{0!5!} = 1$이 된다. 일반화하면 변수 부분이 x^ry^{n-r}인 $(x+y)^n$의 항의 계수는 다음과 같다.

$$\frac{n!}{r!(n-r)!}$$

> ⓘ **참고** 항의 계수의 분모 계승은 그 항의 변수의 지수와 같다.

표현식 $\dfrac{n!}{r!(n-r)!}$은 흔히 기호 ${}_nC_r$로 표시된다. 이것은 한 번에 r개를 취한 n개의 조합을 선택하면 결과가 그 표현식에 의해 주어진다. 그래프 계산기는 n과 r의 특정 값에 대해 이 표현식을 구할 수 있다. 그림 6은 계산기가 ${}_5C_4$, ${}_5C_3$과 ${}_6C_3$을 구하는 방법을 보여준다. 예제 1의 (a), (b)와 (c)에서 이 결과를 비교하자.

✎연습문제 5를 풀어보자.

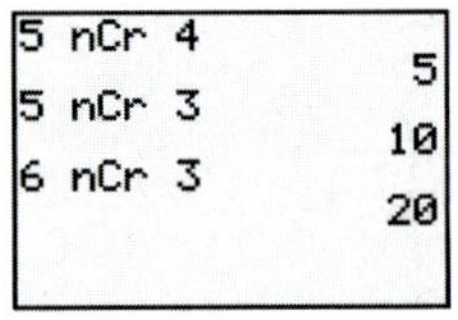

그림 6

이 작업을 요약하면 이항정리 또는 일반적인 이항전개를 제공한다.

이항정리

임의의 양의 정수 n에 대하여

$$(x+y)^n = x^n + \frac{n!}{(n-1)!\,1!}x^{n-1}y + \frac{n!}{(n-2)!\,2!}x^{n-2}y^2 + \frac{n!}{(n-3)!\,3!}x^{n-3}y^3 + \cdots + \frac{n!}{1!(n-1)!}xy^{n-1} + y^n.$$

이항정리는 다음과 같이 합기호로 쓸 수 있다.

$$(x+y)^n = \sum_{i=0}^{n} \frac{n!}{(n-i)!\,i!}x^{n-i}y^i$$

ⓘ 참고 문자 i는 합 기호를 사용하기 때문에 r 대신에 사용하였다. 허수 i가 아니다.

예제 2 이항정리 이용하기

$(2m+3)^4$를 전개하여라.

풀이

$$\begin{aligned}(2m+3)^4 &= (2m)^4 + \frac{4!}{3!\,1!}(2m)^3(3) + \frac{4!}{2!\,2!}(2m)^2(3)^2 + \frac{4!}{1!\,3!}(2m)(3)^3 + 3^4 \\ &= 16m^4 + 4(8m^3)(3) + 6(4m^2)(9) + 4(2m)(27) + 81 \\ &= 16m^4 + 96m^3 + 216m^2 + 216m + 81\end{aligned}$$

■

✎연습문제 17을 풀어보자.

예제 3 이항정리 이용하기

$\left(a - \frac{b}{2}\right)^5$을 전개하여라.

풀이
$$\left(a-\frac{b}{2}\right)^5 = a^5 + \frac{5!}{4!1!}a^4\left(-\frac{b}{2}\right) + \frac{5!}{3!2!}a^3\left(-\frac{b}{2}\right)^2 + \frac{5!}{2!3!}a^2\left(-\frac{b}{2}\right)^3 + \frac{5!}{1!4!}a\left(-\frac{b}{2}\right)^4 + \left(-\frac{b}{2}\right)^5$$
$$= a^5 + 5a^4\left(-\frac{b}{2}\right) + 10a^3\left(\frac{b^2}{4}\right) + 10a^2\left(-\frac{b^3}{8}\right) + 5a\left(\frac{b^4}{16}\right) + \left(-\frac{b^5}{32}\right)$$
$$= a^5 - \frac{5}{2}a^4b + \frac{5}{2}a^3b^2 - \frac{5}{4}a^2b^3 + \frac{5}{16}ab^4 - \frac{1}{32}b^5$$
■

✎연습문제 19를 풀어보자.

ⓘ **주의** 이항이 예제 3에서처럼 두 항의 차이일 때, 전개에서 항의 부호는 번갈아 나타난다. 두 번째 변수 표현 (예제 3에서 $-\frac{b}{2}$)에 홀수 지수를 갖는 항은 음수가 되며, 두 번째 변수 표현에 짝수 지수를 갖는 항은 양수가 된다.

목표 2 이항전개의 지정된 항을 찾는다 전체 전개를 쓰지 않고 이항전개의 임의의 단일 항을 결정할 수 있다. 예를 들어, $n \geq 10$이면 $(x+y)^n$의 10번째 항에 y가 9의 지수로 증가한다(y는 2번째 항에서 1의 제곱, 3번째 항에서 2의 제곱 등). 임의의 항의 x와 y의 지수의 합은 n이어야 하므로, 10번째 항의 x의 지수는 $n-9$이다. 이 양 9와 $n-9$는 계수의 분모에서 계승을 결정한다. 따라서

$$\frac{n!}{(n-9)!9!}x^{n-9}y^9$$

는 $(x+y)^n$의 10번째 항이다. 이 개념의 일반화는 다음과 같다.

이항전개의 r번째 항

$n \geq r-1$일 때 $(x+y)^n$의 전개의 r번째 항은 다음과 같다.

$$\frac{n!}{[n-(r-1)]!(r-1)!}x^{n-(r-1)}y^{r-1}$$

이 일반적인 표현식에서 y의 지수로 시작하는 것을 기억하자. 이 지수는 항수 r보다 1 작다. 그런 다음 n에서 지수를 뺀 다음 x의 지수 $n-(r-1)$을 얻는다. 그 다음에 두 지수는 계수의 분모에서 계승값으로 사용된다.

예제 4 이항전개의 단일항 찾기

$(a+2b)^{10}$의 4번째 항을 찾아라.

풀이 4번째 항에서 $2b$는 $4-1=3$의 지수를 갖고 a는 $10-3=7$의 지수를 갖는다. 4번째 항은

$$\frac{10!}{7!3!}(a^7)(2b)^3=\frac{10\cdot 9\cdot 8}{3\cdot 2\cdot 1}(a^7)(8b^3)$$
$$=120a^7(8b^3)$$
$$=960a^7b^3$$

연습문제 29를 풀어보자.

12.4 연습문제

[1~12] 각 식을 계산하여라. (예제 1)

1. $6!$
2. $4!$
3. $\frac{6!}{4!2!}$
4. $\frac{7!}{3!4!}$
5. ${}_6C_2$
6. ${}_7C_4$
7. $\frac{4!}{0!4!}$
8. $\frac{5!}{5!0!}$
9. $4!\cdot 5$
10. $6!\cdot 7$
11. ${}_{13}C_{11}$
12. ${}_{13}C_2$

[13~22] 각 식을 이항정리를 이용하여 전개하여라. (예제 2와 3)

13. $(m+n)^4$
14. $(x+r)^5$
15. $(a-b)^5$
16. $(p-q)^4$
17. $(2x+3)^3$
18. $\left(\frac{x}{3}+2y\right)^5$
19. $\left(\frac{x}{2}-y\right)^4$
20. $(x^2+1)^4$
21. $(mx-n^2)^3$
22. $(2p^2-q^2)^3$

[23~28] 각 이항전개의 처음 4개 항을 써라.

23. $(r+2s)^{12}$
24. $(m-n)^{20}$
25. $(3x-y)^{14}$
26. $(2p+3q)^{11}$
27. $(t^2+u^2)^{10}$
28. $(x^2-y^2)^{15}$

[29~38] 각 이항전개의 지정된 항을 찾아라. (예제 4)

29. $(2m+n)^{10}$; 4번째 항
30. $(a-3b)^{12}$; 5번째 항
31. $(x+\frac{y}{2})^8$; 7번째 항
32. $(3p-2q)^{15}$; 8번째 항
33. $(k-1)^9$; 3번째 항
34. $(-4-s)^{11}$; 4번째 항
35. $(x^2-2y)^6$의 가운데 항
36. $(m^3+3)^8$의 가운데 항

37. $(3x^3-4y^2)^5$에서 x^6y^4을 갖는 항

38. $\left(x^3-\frac{2}{x}\right)^6$에서 x^{10}을 갖는 항

12장 그룹 활동 미래를 위한 투자

목표 피복리 계산; 월별, 분기별 및 연간 목리의 효과를 이해한다.

이 장에서는 대출, 뮤추얼 펀드, 저축 예금, 연금 등 다양한 금융 및 투자 옵션들을 보았다. 이 활동으로 다양한 복리 기간으로 연금을 분석한다.

대학에 가기 위해 저축하고 싶은 열 살짜리 아이가 있는 가족을 생각해보자. 그 가족은 세 가지 다른 저축 옵션을 고려하고 있다.

옵션 1: 분기별 복리 연금

옵션 2: 월별 복리 연금

옵션 3: 고등학교까지 저축을 미룬다(즉, 마지막 4년). 매년 복리 연금에 돈을 넣는다.

A. 그룹의 각 구성원은 세 옵션 중 하나에 대한 총 저축액을 계산하도록 한다. 다음 공식을 사용하여라. 여기서 S는 미래 가치, R은 각 기간의 지급 금액, i는 연간 이자율을 연간 기간 수로 나눈 값, n은 복리 기간의 총합이다.

각 옵션에 대해 아래에 주어진 특정 정보를 사용하여라.

$$S=R\left[\frac{(1+i)^n-1}{i}\right]$$

옵션 1: 분기당 300달러(3개월), 이자율은 5%, 연금은 분기별 복리로 저축할 계획이다. 저축 기간은 8년이다.

옵션 2: 매달 100달러, 이자율은 5%, 연금은 매달 복리로 저축할 계획이다. 다시 말하지만, 저축 기간은 8년이다.

옵션 3: 4년 동안만 기다리고 저축할 계획이다. 일년에 2400달러, 이자율은 5%이며, 연금은 매년 복리로 저축할 것이다.

B. 답을 비교하여라.

1. 각 옵션을 사용하여 얼마나 투자되고 있는가?
2. 가장 많이 저축한 옵션은 무엇인가?
3. 이 옵션이 왜 더 많은 저축을 했는지 설명하시오.
4. 저축 방법을 결정할 때 고려해야 할 다른 사항은 무엇인가?

12장 복습문제

[12.1] 각 수열의 처음 네 개의 항을 써라.

1. $a_n = 2n-3$
2. $a_n = \dfrac{n-1}{n}$
3. $a_n = n^2$
4. $a_n = \left(\dfrac{1}{2}\right)^n$
5. $a_n = (n+1)(n-1)$

[6~7] 항들의 합으로써 각 급수를 써라.

6. $\sum_{i=1}^{5} i^2 x$
7. $\sum_{i=1}^{6} (i+1)x^i$

[8~10] 각 급수를 계산하여라.

8. $\sum_{i=1}^{4} (i+2)$
9. $\sum_{i=1}^{6} 2^i$
10. $\sum_{i=1}^{7} \dfrac{i}{i+1}$

11. 표에 나와 있는 1996년에서 2000년 사이의 뮤추얼펀드 퇴직자산의 산술평균 또는 평균을 구하라. 소수 첫째 자리로 답하여라.

연도	자산 (십억달러)
1996	1166
1997	1509
1998	1899
1999	2462
2000	2408

출처: 투자회사 연구소

[12.2~12.3] 각 수열이 등차수열, 등비수열 또는 둘 다인지 결정하여라. 만약 수열이 등차수열이면 공차 d를 찾고, 등비수열이면 공비 r을 찾아라.

12. 2, 5, 8, 11, ...
13. $-6, -2, 2, 6, 10, \ldots$
14. $\dfrac{2}{3}, -\dfrac{1}{3}, \dfrac{1}{6}, -\dfrac{1}{12}, \ldots$
15. $-1, 1, -1, 1, -1, \ldots$
16. $64, 32, 8, \dfrac{1}{2}, \ldots$
17. 64, 32, 16, 8, ...
18. 10, 8, 6, 4, ...

[12.2] 각 등차수열의 지정된 항을 찾아라.

19. $a_1 = -2,\ d=5;\ a_{16}$
20. $a_6 = 12,\ a_8 = 18;\ a_{25}$

[21~22] 각 등차수열의 일반형을 찾아라.

21. $a_1 = -4,\ d = -5$

22. $6, 3, 0, -3, \cdots$

[23~24] 각 등차수열의 항의 수를 찾아라.

23. $7, 10, 13, \cdots, 49$

24. $5, 1, -3, \cdots, -79$

[25~26] 각 등차수열에 대해 S_8을 찾아라.

25. $a_1 = -2,\ d = 6$

26. $a_n = -2 + 5n$

[12.3] 각 등비수열의 일반항을 찾아라.

27. $-1, -4, \cdots$

28. $\frac{2}{3}, \frac{2}{15}, \cdots$

[29~30] 각 등비수열의 지정된 항을 찾아라.

29. $2, -6, 18, \cdots ;\ a_{11}$

30. $a_3 = 20,\ a_5 = 80 ;\ a_{10}$

[31~34] 만약 존재한다면, 그 합을 찾아라.

31. $\sum_{i=1}^{5}\left(\frac{1}{4}\right)^i$

32. $\sum_{i=1}^{8}\frac{3}{4}(-1)^i$

33. $\sum_{i=1}^{\infty}4\left(\frac{1}{5}\right)^i$

34. $\sum_{i=1}^{\infty}2(3)^i$

[12.4] 이항정리를 사용하여 각 이항을 전개하여라.

35. $(2p-q)^5$

36. $(x^2+3y)^4$

37. $(\sqrt{m}+\sqrt{n})^4$

38. $(3a+2b)^{19}$을 전개하여 4번째 항을 써라.

39. $(-2k+3)^{25}$을 전개하여 23번째 항을 써라.

12장 혼합 복습문제

[40~43] 각 수열에 대해 지정된 항과 S_{10}을 찾아라.

40. a_{40} : 등차수열; $1, 7, 13, \cdots$

41. a_{10} : 등비수열; $-3, 6, -12, \cdots$

42. a_9 : 등비수열; $a_1 = 1,\ r = -3$

43. a_{15} : 등차수열; $a_1 = -4,\ d = 3$

[44~47] 각 등차수열 또는 등비수열의 일반항을 찾아라.

44. $2, 7, 12, \cdots$

45. $2, 8, 32, \cdots$

46. $27, 9, 3, \cdots$

47. $12, 9, 6, \cdots$

[48~54] 각 문제를 풀어라.

48. 메리의 썰매가 그녀의 집 근처 언덕을 내려갈 때, 그녀는 1초에 3피트를 가고, 그 후 매 초마다 앞의 초보다 4피트씩 더 많이 간다. 내려가는 거리가 210피트라면, 바닥에 닿는데 얼마나 걸리는가?

49. 보통 연금은 7년 동안 매 분기 말에 672달러가 예금되도록 설정되었다. 그 돈은 연 8%의 이자가 분기별로 복리된다. 연금의 미래 가치는 무엇인가?

50. P시의 주민은 매년 3%씩 증가하고 있다. 현재 주민 수는 50,000명이다. 만약 이 추세가 계속된다면, 6년 안에 주민 수는 얼마나 될까?

51. 펌프는 각 스트로크(stroke)를 사용하여 용기 안에 있는 액체의 $\frac{1}{2}$을 제거한다. 7번 스트로크 후 용기에 남아 있는 액체의 양은 얼마인가?

52. 반복되는 소수 $0.55555\cdots$를 생각해보자.
    (a) 이 소수를 무한 등비수열의 항들의 합으로 써라.
    (b) 이 수열에서 r은 무엇인가?
    (c) 만약 존재한다면, 이 무한합을 찾아라.

53. 무한 등비수열 $a_n=5(2)^n$의 항들의 합을 찾을 수 있는가? 설명하여라.

54. 등비수열의 임의의 두 항을 사용하여 공비를 찾을 수 있는가? 설명하여라.

12장 테스트

[1~3] 설명된 각 수열의 처음 5개 항을 써라.

1. $a_n=(-1)^n+1$
2. $a_1=4$이고 $d=2$인 등차수열
3. $a_4=6$이고 $r=\frac{1}{2}$인 등비수열

[4~5] 설명된 각 수열에 대해 a_4를 찾아라.

4. $a_1=6$이고 $d=-2$인 등차수열
5. $a_5=16$이고 $a_7=9$인 등비수열

[6~7] 설명된 각 수열에 대해 S_5를 찾아라.

6. $a_2=12$이고 $a_3=15$인 등차수열
7. $a_5=4$이고 $a_7=1$인 등비수열

8. 1996년부터 2000년까지 미국의 상업 은행의 수가 표에 제시되어 있다. 이 기간의 연평균 은행 수는 무엇인가?

연도	수
1996	66,733
1997	69,468
1998	70,731
1999	72,265
2000	72,998

출처: 미국연방예금보험공사, 은행통계, 연간.

9. 만약 7년 동안 각 분기 말에 보통 연금으로 4,000달러가 적립되고 6%의 이자가 분기마다 복리된다면, 이 기간 말에 계좌에 얼마가 있을 것인가?

10. 무한 등비급수는 어떤 조건에서 합을 갖는가?

[11~16] 각 합을 찾아라.

11. $\sum_{i=1}^{5}(2i+8)$　12. $\sum_{i=1}^{6}(3i-5)$　13. $\sum_{i=1}^{500}i$

14. $\sum_{i=1}^{3}\frac{1}{2}(4^i)$　15. $\sum_{i=1}^{\infty}\left(\frac{1}{4}\right)^i$　16. $\sum_{i=1}^{\infty}6\left(\frac{3}{2}\right)^i$

[17~20] 계산하여라.

17. $8!$　18. $0!$　19. $\frac{6!}{4!2!}$　20. ${}_{12}C_{10}$

21. $(3k-5)^4$를 전개하여라.　22. $\left(2x-\frac{y}{3}\right)^{12}$의 5번째 항을 써라.

[23~24] 각 문제를 풀어라.

23. 셰릴은 새 재봉틀을 300달러에 샀다. 그녀는 15개월 동안 매달 20달러를 지불하고, 매달 1%의 이자를 미납 잔액에 지불하는 데 동의했다. 기계의 총 비용을 찾아라.

24. 여름 동안 특정 곤충 서식지의 곤충 수는 매주 세 배가 된다. 7월 첫째 주말에 서식지에 20마리의 곤충이 있다면, 9월말까지 얼마나 많은 곤충이 존재하는가? (한 달은 정확히 4주라고 가정)

1~12장 혼합문제

이 일련의 연습문제는 본 과정의 최종 시험으로 간주될 수 있다.

[1~4] $P=\left\{-\frac{8}{3}, 10, 0, \sqrt{13}, -\sqrt{3}, \frac{45}{15}, \sqrt{-7}, 0.82, -3\right\}$**라 하자. 각 집합의 구성원인 P의 원소를 나열하여라.**

1. 정수　2. 유리수　3. 무리수　4. 실수

[5~7] 각 표현을 단순화하여라.

5. $|-7|+6-|-10|-(-8+3)$

6. $-15-|-4|-10-|-6|$

7. $4(-6)+(-8)(5)-(-9)$

[8~13] 각 방정식 또는 부등식을 풀어라.

8. $9-(5+3a)+5a=-4(a-3)-7$

9. $7m+18 \le 9m-2$

10. $|4x-3|=21$

11. $\dfrac{x+3}{12}-\dfrac{x-3}{6}=0$

12. $2x>8$ 또는 $-3x>9$

13. $|2m-5| \ge 11$

14. $(4, -5)$와 $(-12, -17)$을 지나는 직선의 기울기를 찾아라.

15. $(-2, 10)$을 지나고 방정식 $3x+y=7$과 평행한 직선의 방정식의 표준형을 찾아라.

[16~17] 그래프를 그려라.

16. $x-3y=6$

17. $4x-y<4$

18. 순서쌍들의 집합

$$\{(-3, 2), (-2, 6), (0, 4), (1, 2), (2, 6)\}$$

을 생각해 보자.

(a) 함수인가?

(b) 정의역은 무엇인가?

(c) 치역은 무엇인가?

[19~21] 표시된 방법을 사용하여 각 연립방정식을 풀어라.

19. $2x+5y=-19$
$-3x+2y=-19$ (소거법)

20. $y=5x+3$
$2x+3y=-8$ (대입법)

21. $x+2y+z=8$
$2x-y+3z=15$
$-x+3y-3z=-11$ (행 연산)

22. 1파운드당 3달러인 견과류는 1파운드당 4달러 25센트의 견과류 8파운드와 섞어서 1파운드당 4달러에 팔릴 혼합물을 얻을 수 있다. 3달러짜리 견과류 중 몇 파운드를 사용해야 하는가?

[23~25] 표시된 작업을 수행하여라.

23. $(4p+2)(5p-3)$

24. $(3k-7)^2$

25. $(2m^3-3m^2+8m)-(7m^3+5m-8)$

26. $6t^4+5t^3-18t^2+14t-1$을 $3t-2$로 나누어라.

[27~32] 인수분해하여라.

27. $7x+x^3$

28. $14y^2+13y-12$

29. $6z^3+5z^2-4z$

30. $49a^4-9b^2$

31. c^3+27d^3

32. $64r^2+48rq+9q^2$

[33~34] 각 방정식 또는 부등식을 풀어라.

33. $2x^2+x=10$

34. $k^2-k-6\le 0$

[35~36] 간단히 하여라.

35. $\left(\dfrac{2}{3}\right)^{-2}$

36. $\dfrac{(3p^2)^3(-2p^6)}{4p^3(5p^7)}$

37. $f(x)=\dfrac{2}{x^2-81}$ 에 의해 정의된 유리함수의 정의역은 무엇인가?

[38~39] 간단히 하여라.

38. $\dfrac{x^2-16}{x^2+2x-8}\div\dfrac{x-4}{x+7}$

39. $\dfrac{5}{p^2+3p}-\dfrac{2}{p^2-4p}$

[40~49] 풀어라.

40. $\dfrac{4}{x-3}-\dfrac{6}{x+3}=\dfrac{24}{x^2-9}$

41. $6x^2+5x=8$

42. $\sqrt{3x-2}=x$

43. $5\sqrt{72}-4\sqrt{50}$ 을 간단히 하여라.

44. $(8+3i)(8-3i)$

45. $f(x)=9x+5$일 때, $f^{-1}(x)$를 찾아라.

46. $g(x)=\left(\dfrac{1}{3}\right)^x$를 그려라.

47. $3^{2x-1}=81$을 풀어라.

48. $y=\log_{1/3}x$를 그려라.

49. $\log_8 x+\log_8(x+2)=1$을 풀어라.

[50~52] 그래프를 그려라.

50. $f(x)=2(x-2)^2-3$

51. $\dfrac{x^2}{9}+\dfrac{y^2}{25}=1$

52. $x^2-y^2=9$

53. 연립방정식을 풀어라. $xy=-5$
$2x+y=3$

54. $(-5, 12)$에 중심이 있고 반지름이 9인 원의 방정식을 찾아라.

55. $a_n=5n-12$에 의해 정의된 수열의 처음 다섯 개 항을 써라.

56. 각 합을 찾아라.
    (a) $a_1=8$이고 $d=2$인 등차수열의 처음 여섯 개 항의 합
    (b) 등비급수 $15-6+\dfrac{12}{5}-\dfrac{24}{25}+\cdots$의 합

57. 합을 찾아라: $\sum_{i=1}^{4} 3i$

58. $9!$을 계산하여라.

59. 이항정리를 사용하여 $(2a-1)^5$을 전개하여라.

60. $\left(3x^4 - \frac{1}{2}y^2\right)^5$의 전개에서 네 번째 항은 무엇인가?

Introductory Algebra
Eleventh Edition

기초수학

지은이 Margaret L. Lial · John Hornsby · Terry McGinnis
엮은이 응용수학부 교재편찬위원회
펴낸이 조경희
펴낸곳 경문사
펴낸날 2019년 3월 5일 1판 1쇄
2021년 3월 2일 1판 3쇄
등 록 1979년 11월 9일 제1979-000023호
주 소 04057, 서울특별시 마포구 와우산로 174
전 화 (02)332-2004 팩스 (02)336-5193
이메일 kyungmoon@kyungmoon.com

가 값 24,000원

ISBN 979-11-6073-195-8